建筑原理：形式材料的基本原则

[英] 盖尔 · 彼得 · 博登 | Gail Peter Borden
[英] 布莱恩 · 代尔福德 · 安德鲁斯 | Brian Delford Andrews 著
杨慧 译

Architecture Principia: Architectural Principles of Material Form

天津大学出版社
TIANJIN UNIVERSITY PRESS

建筑原理：形式材料的基本原则 | JIANZHU YUANLI：XINGSHI CAILIAO DE JIBEN YUANZE

图书在版编目（CIP）数据

建筑原理：形式材料的基本原则 /（英）盖尔・彼得・博登，（英）布莱恩・代尔福德・安德鲁斯著；杨慧译 . —天津：天津大学出版社，2022.1
ISBN 978-7-5618-7002-0
Ⅰ . ①建… Ⅱ . ①盖… ②布… ③杨… Ⅲ . ①建筑艺术 Ⅳ . ① TU-8
中国版本图书馆 CIP 数据核字（2021）第 169380 号

出版发行	天津大学出版社
地　　址	天津市卫津路 92 号天津大学内（邮编：300072）
电　　话	发行部：022-27403647
网　　址	publish.tju.edu.cn
印　　刷	廊坊市瑞德印刷有限公司
经　　销	全国各地新华书店
开　　本	210mm×285mm
印　　张	39
字　　数	1202 千
版　　次	2022 年 1 月第 1 版
印　　次	2022 年 1 月第 1 次
定　　价	188.00 元

作者介绍 | About the Authors

盖尔·彼得·博登（Gail Peter Borden）

皇家学院（RA, Royal Academy）成员
美国建筑师协会（AIA, American Institute of Architects）成员
美国注册建筑师委员会（NCARB, National Council of Architectural Registration Boards）成员

南加利福尼亚大学 University of Southern California
建筑学学科带头人 Architecture Discipline Head
建筑学专业研究生部主任 Director of Graduate Architecture
建筑学副教授 Associate Professor of Architecture

博登联合事务所 Borden Partnership llp
网址：www.bordenpartnership.com
总监 Principal

盖尔·彼得·博登曾就读于莱斯大学（Rice University），同时获得美术、艺术史和建筑学学士学位（均以优等成绩毕业）。毕业时，他获得了著名的威廉·沃德·沃特金斯旅行奖学金（William Ward Watkins Traveling Fellowship）、美国建筑师协会优秀证书（AIA Certificate for Excellence）、齐尔曼奖（the Chillman Prize）和约翰·斯威夫特美术奖章（the John Swift Medal in Fine Arts）。在获得得克萨斯州建筑基金会奖学金（Texas Architectural Foundation Scholarship）后，博登教授又回到莱斯大学，以优异成绩获得建筑学学士（Bachelor of Architecture，BARCH）学位[责编注]。后来他以优异成绩进入哈佛大学设计专业研究生院，获得建筑学硕士学位。

除拥有南加利福尼亚大学副教授的终身职位，博登还是建筑学科带头人和建筑学专业研究生部主任。2002年以来，他一直担任博登联合事务所总监，设计作品获得众多认可，包括：建筑联盟奖（the Architectural League Prize）、美国建筑师协会青年建筑师奖（the AIA Young Architect Award）、《建筑设计与施工》（*Building Design and Construction*）杂志评选的“40岁以下40人”奖（“40 Under 40” Award）以及美国建筑师协会（AIA）、建筑学院协会（ACSA，Association of Collegiate Schools of Architecture）和英国皇家戏剧艺术学院（RADA，Royal Academy of Dramatic Art）的众多奖项。博登还获得了得克萨斯州马尔法（Marfa）的奇纳地基金会（Chinati Foundation）艺术博物馆和大西洋艺术中心（the Atlantic Center for the Arts）颁发的驻场艺术家奖、博查德奖学金（the Borchard Fellowship）以及麦克道尔文艺营（the MacDowell Colony）奖等。他因丰硕的教学成果获得建筑学院协会教师新人奖（ACSA New Faculty Teaching Award），是建筑学院新入职教师中的佼佼者。博登在2010年出版了第一本著作《材料先例：现代构造类型学》（*Material Precedent: The Typology of Modern Tectonics*）（Wiley Press），2011年出版第二本著作《重要环节：建筑生产中的材料过程》（*Matter:Material Processes in Architectural Production*）（Routledge）。

博登作为一名艺术家、理论家以及建筑从业者，其研究和实践专注于当代文化中物质与建筑所发挥的作用。

布莱恩・代尔福德・安德鲁斯（Brian Delford Andrews）

皇家学院（RA，Royal Academy）成员

亚利桑那大学　University of Arizona
客座教授　Visiting Professor

安德鲁斯工作室　Atelier Andrews
网址：www.atelierandrews.com
总监　Principal

布莱恩・代尔福德・安德鲁斯曾就读于杜兰大学（Tulane University），在伦敦加入了建筑协会（Architectural Association）。从杜兰大学毕业时，安德鲁斯教授获得了美国建筑师协会金奖（AIA Gold Medal）和最佳论文奖（the Best Thesis Award）。他在普林斯顿大学（Princeton University）获得硕士学位，并在那里获得了斯基德莫尔，奥茵斯与梅里尔奖（the Skidmore, Owings & Merrill Prize）及旅行奖学金（Travel Fellowship）。

安德鲁斯目前是亚利桑那大学的客座教授。他曾在弗吉尼亚大学（University of Virginia）、雪城大学（Syracuse University）以及拉斯维加斯的内华达大学（University of Nevada）等多所大学任教。他是克莱姆森大学（Clemson University）罗伯特・米尔斯特聘教授（Robert Mills Distinguished Professor），也是内布拉斯加大学（University of Nebraska）海德卓越讲堂主席（Hyde Chair of Excellence）。此外，安德鲁斯还在加利福尼亚州和中东地区任教。南加利福尼亚大学为表彰他的教学工作，为其颁发了多个奖项，其中包括优秀教学指导奖（Outstanding Teaching and Mentoring Award）。他担任安德鲁斯 / 勒布朗工作室（Andrews/Leblanc）和安德鲁斯工作室（Atelier Andrews）的总监，他的作品赢得了国内外认可。他获得了建筑进步奖（Progressive Architecture Award）以及众多的建筑学院协会奖项、波士顿建筑师协会（Boston Society of Architects）奖以及英国皇家戏剧艺术学院奖。他的作品被广泛展出并出版。安德鲁斯目前正在撰写一本关于朱塞佩・特拉尼（Giuseppe Terragni）的幼儿园建筑的书。

安德鲁斯教授的研究和实践主要专注于现实社会中有关“空间碎片”（Spatial Detritus）概念的理论和设计。

前言 | Preface

建筑艺术的历史是由那些不断重复出现的趋势和被遵循的原则构成的。功能和形式具有随时间不断演变的特点，对建筑类型的认知方式也是彼此关联的，以上两点决定了社会中最大规模的文化实物——建筑将会成为什么样子，具有什么意义。已建成的城市环境是人们日常生活的中间媒介，也是这个时代技术特征与人类文化的真实记录，更是当下思维方式的具体体现。每一件脱颖而出的建筑艺术作品都是特别的，也都具有内在逻辑和理性。编写这本书的目的是解密建筑艺术的传承谱系，将其梳理为最基本的思维脉络，揭示那些反复出现问题的本质，虽然我们的文化、思想、社会都在不停进步，但这些最基本的脉络和问题依然存在。本书提出这些理论的目的，就是要解决我们在思考、理解、创造建筑作品时必须面对的那些已知的根本问题。本书的基本原则是通过对建筑形式的总结建立起一套系统的思想谱系。

本书的书名是《建筑原理》（*Architecture Principia*），书名中的“Principia”（原理）一词，是为了向艾萨克·牛顿爵士（Sir Isaac Newton）致敬，因为牛顿爵士开创性的三卷本著述就取名为《自然哲学的数学原理》（*Philosophiae Naturalis Principia Mathematica*），书中阐释了运动定律和万有引力定律。本书也具有类似的特点，将研究重点聚焦在贯穿于建筑艺术历史和建筑实践中的那些最基本原则。本书由设计师撰写，同时也是为设计师而写的。笔者的目的是编辑一本分析手册，把建筑历史中出现的那些各式各样的形式原则加以梳理，找出其背后的概念，整理成册以备查阅。这既是一项基础性的工作，也是一项创新性的研究。

本书采用的研究方法是案例分析法，通过历史上出现过的案例来展示和描述建筑艺术在形态构成方面的主要特征。书中的分析示意图以及附在每张图下的文字说明就是建筑作品中所包含的思想脉络以及固有的内在关系。通过强调这些不同的类型（例如，功能类型、形式类型、几何类型、材料类型等），对不同的思维模式分门别类地加以整理，从地理位置和历史年代两个方面着手，建立一种广泛又全面的认知，从而揭示我们当前城市形态的演变过程。

组织架构 | Organization

为了全面涵盖历史上思维方式的广泛性，本书分为15章。每一章介绍一个特定主题，这些主题对于建筑艺术的根本性质都是非常关键的。这样的处理方式便于在每个主题下面进一步清晰地阐述不同的单元和次级主题。在阐述主题下面的具体语境、形式手段及其在创新探索方面意义的时候，本书采用了文字加图示的方式，对所讨论的建筑作品是如何运用这些主题的加以详细说明。

这本书的主题架构如下。

01 组织体系 | Organization Systems

本书从建筑最基本的平面组织体系开始，定位、布局、功能这三者之间的关系是决定建筑秩序和意象图示的首要原则。而这种关系又主要通过几何图形以及与图形相关的空间等级关系来确定，因此，还需要处理设计议题中有关社会、功能、空间等诸多方面的问题并将设计概念和设计目的与之一一对应。中心体系（方形、圆形、希腊十字形、拉丁十字形、放射形）主要分析一些具有自我解析性（self-resolving）的几何形。线性体系（单边走廊式、双边走廊式、点对点）是指形式具有可以延长的性质。网格体系（位置、形态、结构、模块）是具有多种意义的系统。分散体系（包括有组织分散和无组织分散两种系统）用来描述某种组合中并不直接关联的两个客体之间的关系。代表着现代主义特征的自由平面是借助建筑技术、材料、结构的先进手段才得以实现的，这种自由平面帮我们突破了承重墙的限制，可以根据其他因素来决定空间的进一步分割，使形式获得流动性。体积规划则是通过运用剖面关系把各种空间区域组织起来。复合体系即是对以上各种组织手法进行合并、剪辑、拼贴、叠加，甚至打破。

02 建筑先例 | Precedent

在讨论了建筑形式的组织原则后，本书下一个话题就是对建筑先例进行直接的理论分析。建筑先例这个话题涉及历史的角色和作用以及不同历史时期的建筑形式如何相互借鉴的问题。我们对建筑先例的分析主要通过对地域文化和理论认识的演变过程进行观察，从而发现这些因素对建筑艺术形式产生的影响。通过这种建筑谱系的整理方式，我们的分析从一系列的建筑物立面、平面、空间类型开始，甚至包括受多种先例影响而形成的混合式的全新案例。建筑艺术形态研究除了将建筑形式之间的引用分门归类，还分析各类引用被采纳和接受的原因。

03 类型学 | Typology

与建筑先例直接相关的话题就是类型学的发展演变。类型学研究趋势的分类，其研究基础或是建筑形式或是建筑功能。在类型学中，几何类型学包括方形、圆形、椭圆形、三角形、多边形、螺旋形和星形等；功能类型学包括神庙 / 教堂、宫殿、住宅、博物馆、图书馆、学校、监狱、剧院、办公建筑 / 高层建筑、停车库、大学校园等。本书以文本和图示总结了各种类型体系的演变趋势，是对其演化和迭代的记录和呈现。

04 形式 | Form

形式是一栋建筑最重要的外在形象，对它进行分类的主要依据是推动其发展演进的主要驱动力。形式的分类是非常宽泛、多元的。柏拉图形式体系的基础是那些纯净几何形的相互关系。功能形式体系是指以实际功能需求和建筑目的为主导因素来塑造建筑形式。环境形式体系是基于周边物理环境和文化脉络来决定建筑形式。类型学形式体系是完全对过去功能形象的参照和延续，是对历史建筑的呼应。表现形式体系（或称“技术形式体系”）取决于建筑物采用的组织体系和建造技术，并在形式、环境、表现等方面做出恰当的回应。组织形式体系就是由组织体系（这是第1章讨论过的内容）衍生出的理想形式，是最普遍的建筑构成原则。几何形式体系是指运用几何原理（包括传统技术、描述性方法以及先进的数字技术）来判断建筑形式。其中一个相关的子类——对称形式体系，采用了轴向几何形成的反射线来建立秩序。等级形式体系通过建筑形式来表达一种有差别的梯度，在一个系统内呈现出彼此的差异。材料形式体系是依据材料特性和构造手段生成的建筑形式。感知形式体系则是根据人与空间互动（人既可以是空间观察者，也可是空间使用者）的知觉和感受来决定建筑形式。序列形式体系是感知形式体系的分支，通过空间移动以及在移动过程中发生的认识过程来决定建筑形式。轴向形式体系与序列形式体系密切相关，都是沿着一条特殊的线建立起空间等级关系，进而影响人们的感受和认知。

05 图底关系 | Figure/Ground

形式的辨识度实际上是图案与背景之间的一种辩证平衡，这种平衡关系是由设计图案和周围环境的对比展现出来的正与负的关系。这一章开篇就从诺里绘制的罗马地图开始，根据图案来认识这座城市。诺里的地图采用了涂黑和加粗的方法来表现建筑体量。通过分析涂黑和加粗部分的所在位置（位于建筑平面、建筑剖面或位于城市环境）及功能（防御工事、纪念性建筑、一般建筑物、服务设施、建筑材料）完成进一步的解读。

06 文脉 | Context

文脉指的是建筑物与其周边环境条件的关系。文脉的分类包括：自然环境条件；周边环境、文化环境、范围更广的城市环境条件；融合了文化、时间和技术的历史环境条件；展现材料特性与施工工艺关系的材料环境条件以及体现社会行为准则、互动关系、历史传统的文化环境条件。

07 几何图形 / 比例关系 | Geometry/Proportion

几何图形 / 比例关系是指能够呈现理想形式的那些数学规则。这些基本规则与建筑形式的对应关系，即比例关系体系。比例关系体系的内容既包括应用于建筑平面和立面的二维和三维模数，也包括在建筑空间、施工建造、认知体验中由比例关系带给使用者的感知和启示。同时，对变形几何和计算复杂性等高级技术的研究也包含在比例关系体系的相关内容中，这类新技术的应用可以使建筑空间更具动感，让建筑外表更加精巧。

08 对称 | Symmetry

对称重点讨论的内容是图形和轴线的关系，这些关系通过中轴线、双轴线、放射线、非对称（对轴线的否定）、局部对称、材料对称、功能对称等体现。

09 等级结构 | Hierarchy

等级结构关注的重点是，在同一个建筑构成中通过形式、轴线、视线关系 / 空间感知、体量、纪念性、控制力、几何形、功能、色彩、材料等方式进行的评估排序。

10 材料 | Material

关于材料的主要议题是建筑中所使用物质的物理性能和特征。通过使用这些物质我们可以构建形式（几何 / 体系 / 模式 / 装饰）、处理表面关系；完成建筑材料与建筑构造的结合，形成人对材料特性的感知；体现材料在建筑物理和建筑结构中的作用；提升建筑细部在设计概念和材质要素中的参与程度；展现建筑材料的生态学意义（包括原生材料和加工材料）；最终成就这些物质本身的意义及衍生。

11 装饰 | Ornament

装饰是指通过对建筑材料的加工和修饰为建筑物和构筑物增添优雅和美丽。根据这个定义，装饰并不是建筑主体的主要构成部分，就像不属于基本和声或主旋律的音符。但事实上还有一种说法——装饰，是把一栋普通房子变成建筑艺术的全部原因。在本章中，装饰被划分成一些不同的类型，如材料装饰（这是我们创造事物的最直接物理手段，也是不同施工阶段进行排序和建造的依据）；宗教性装饰（建筑形式中的文化符号标志）；表现性装饰（建筑材料的加工方式在某种特定状况下的自然表现）；结构装饰（关于结构受力的物理现象以及其与建筑功能和建筑装饰之间的关系）；参照性装饰（为了创建与其他建筑或某一主题的关系）；有机主义装饰（对特定自然环境的呼应）；最后就是历史性装饰（对某建筑或某已知形式的直接参照）。

12 模式 | Pattern

模式是指将独立单元通过重复或者韵律的方法，运用形状、色彩、构图等基本物质要件聚合起来形成的场域整体效应。这些变量可以发生在任何尺度下，比如体块 / 单元、局部 / 板块、开间 / 模块，直至其组合。

13 感知 | Perception

感知是建筑解读过程中最重要的因素，但它又是最难捉摸、最难把握的因素之一。与感知相关的主要类别如下：光、色彩、视觉焦点、透视关系（包括真透视和假透视）、材料、声音、记忆及环境。设计师利用这些要素及其在感知构成中的作用来引导用户体验，最终满足建筑或空间的功能需求。监测人体的感知质量，调整一些可操作的要素，可以改善人类五感对要素的接受度，监测的主要对象包括光、色彩、视觉焦点、核心位置或透视关系（真透视、假透视、多种透视）、材料、声音、记忆（历史）和环境及其对感知和构图的影响。

14 序列 | Sequence

年表、叙事以及在空间中的移动，都具有先后顺序，这种本质上的顺序关系，通过水平或者竖向的空间移动展现出来。其中，空间移动包含多种交通序列，如轴线序列、仪式序列、感知序列、组织序列和功能序列等。

15 意义与风格 | Meaning

本章重点聚焦于建筑运动的知识内容和理论基础，包括与其相关的其他主题和建筑先例以及对建筑形式的影响。了解这些运动对于理解本书如何发挥作用至关重要。本书将按时代顺序讨论建筑运动的主要理念，包括古典主义、罗曼式、哥特式、文艺复兴、矫饰主义、巴洛克式、新哥特式、工业主义、新古典主义、工艺美术运动、现代主义、理性主义、粗野主义、高技派、后现代主义、结构主义、后结构主义、解构主义、地域性现代主义、多元主义、全球主义等。

版式和主要特点 | Layout and Key Features

本书的版式是经过精心设计的，图示也经过了标准化处理，以便在讨论不同主题时依然可以形成统一的图示风格。每一页中，都进行了一系列的文字描述，帮助读者理解该主题的思考脉络及建筑中的某个特殊要素。

前文提到的各个章节，在每章开篇都配有一篇介绍性的短文，概括了基本原则、概念演进和相关子类。每两页为一组，通过对一系列案例的比较分析，对该主题下各个子类进行说明和阐释。一组两页，共分为四列：第一列是文字描述，随后三列是按照年代顺序排列的研究案例。

每个案例开头都配有三行标题。

第一行是项目名称和建筑师。

第二行说明了案例的地理位置和建成时间。对于某些城市建设案例，采用时间跨度的标注方法，以避免产生对项目规模和建设工期的误读。

第三行，首先按照案例设计或建造所遵循的建筑运动或风格流派将其定位，然后简要说明该案例在本章主题中的特征，最后说明该案例中的主要建筑材料，也包括对技术水平的介绍以及建筑实体与设计概念的差异性与局限性等内容。正文部分是对图示内容的文字解释，在广义的建筑原则中介绍案例的研究意义和价值。有些案例会在本书的多个章节中出现，但其插图和文字描述并不相同，因为建筑思想的复杂性使同一个案例适用于多个议题。之所以采用这种案例研究方法，是为了阐释建筑本身的复杂性与多原则性，几乎没有哪个案例只符合某个单一体系或只能进行一种解读。

20	组织体系	线性体系	单边走廊式	平面	建筑
	基本原则	组织体系	几何形	建筑解读	尺度

每页的顶部都有一条带状的页眉（见上图），它就是本书的分类体系，是本书之所以能用作参考工具的关键所在。页眉实际上是一套寻路系统，用于标记读者在书中的位置，并呈现该研究案例的上下主题。当进行更广泛的思考时，这也是读者所处位置的指示标志。除页码外，还有五个分类展示在此：基本原则、组织体系、几何形、建筑解读和尺度。其中，基本原则是本章的章标题，所有图示均需要透过章标题进行查看。页眉会出现在每组页面的左右两页，它是分析的基本依据。组织体系细分为子类专题（通常基于方法论），是为了在广义的基本原则下梳理特定思想。几何形用于描述子类专题，通常会参照案例使用的形式方法。建筑解读是指图示中使用的特定绘图类型，并将表征模型、优势地位与该特定绘图类型（如平面图、剖面图、立面图或轴测图）联系起来。尺度是指该基本原则具体实施的规模水平，如城市尺度、建筑尺度或细部尺度。有时，某个分类单元会故意留白，这种情况是因为并不需要中间层，因此正常跳过。然而，全书主题的一致性始终如一，不受留白影响。

本书独特的方法与设计包括：

- 全面审视建筑的基本主题；
- 对建筑先例采用了对比分析方式；
- 跨越整部建筑历史遴选研究案例；
- 图示语言连贯清晰；
- 对原则的解析既有文字解释也有图示说明，图文并茂。

基本原则 | Principia

主题的筛选和分类实际上是基于各种素材的形式对建筑谱系进行的系统化梳理。图示文件、特点分析、文字描述及历史定位，书中的这些内容为当代建筑基本原则建立起一套基于形式关系的研究目录。本书可以帮助设计师、历史学家和建筑相关专业的初学者理解社会、文化、功能和材料的复杂性及规整的建筑谱系。

致谢 | Acknowledgments

盖尔·彼得·博登：感谢我的父亲，他是一名作家，为我树立了榜样；感谢我的母亲，感谢她长久以来的信任；还有我的家人，布鲁克（Brooke）、弗丽达·多萝西（Frieda Dorothy）、盖尔·卡尔文（Gail Calvin），感谢他们一直以来的支持和关爱。

布莱恩·代尔福德·安德鲁斯：我要感谢我以前的教授和学生们的友谊与支持，感谢我的父母所做的一切，尤其是我的女儿康斯坦丝（Constance），感谢她的关爱以及给予我的灵感和鼓励。

我们要感谢威利-米雷尔·卢卡（Wili-Mirel Luca）对建筑无限的信赖、热情与热爱，这些都运用到对本书的研究和绘画中。

感谢以下审稿人对本书的深刻评论：鲍尔州立大学（Ball State University）的约瑟夫·比列罗（Joseph Bilello）、卡内基梅隆大学（Carnegie Mellon University）的杰里米·菲卡（Jeremy Ficca）、费城大学（Philadelphia University）的克雷格·S. 格里芬（Craig S. Griffen）、费里斯州立大学（Ferris State University）的戴恩·阿彻·约翰逊（Dane Archer Johnson）、辛辛那提大学（University of Cincinnati）的帕特里夏·库克（Patricia Kucker）、约翰逊县社区学院（JCCC，Johnson County Community College）的本杰明·佩里（Benjamin Perry）以及埃尔·森特罗学院（El Centro College）的瑞思·塔尔伯特（Rise Talbot）。

盖尔·彼得·博登

布莱恩·代尔福德·安德鲁斯

01

组织体系

Organization Systems

01– 组织体系：意象图示[译注1]与秩序 | Organization Systems：Parti and Order

无论是建筑创作还是建筑解读，最重要的是制定并应用一套完整的秩序或组织体系。组织体系指的是在建筑形式创建和构图布局中应用的几何原理。与平面类型相协调的建筑形体组合创造了建筑的特征与外形。经过长时间的积淀，这些特别而独立的（几何形体组合的）分类体系就被确定下来并逐渐发展兴起。本书以下内容正是要通过分析最基本的几何秩序体系、建筑组成的形式和关系以及建筑设计意象，来深入剖析这段发展历史。

意象图示，是指以图解方式阐释建筑设计的整体概念或思想。“意象图示”这个词最早在巴黎美术学院（Beaux Arts）作为术语使用，是表示解决建筑问题的基本图示。建筑设计意象可以采取多种形式，既可以在设计项目的不同方面单独使用（如平面图或立面图），也可以在多个方面共同使用。建筑设计意象本身是一种高度概括的归纳方法，它将所有图解概括为一个字或一个词语，使读者更容易理解设计者的意图。

一般而言，建筑组织体系（或建筑设计意象）应该包括以下几类：中心体系、线性体系、**网格体系**、分散体系、自由平面、体积规划和复合体系。对这些类型的定义和细分使本书成为一本规范的形式类型手册。这些类型涵盖了可以应用于每栋建筑的分类方法。虽然设计的理念、方案的细化、建筑的可读性都会因不同的建筑师、不同的项目、不同的材料技术甚至不同的时代而异，但规范的组织体系恒定不变。

建筑组织体系主要涉及建筑构图和建筑设计方法。这些体系构成了大多数建筑的基本（设计）原则，可用于建筑分析和城市规划。建筑作品通常由组织体系来定义（或归类），把建筑作品和组织体系联系起来，有助于对建筑进行整体认知。每栋建筑都包含着组织体系中的某些形式，人们也正是通过组织体系对建筑进行分类的。无论是可以快速直接辨识出的单一体系，还是经过复合、嫁接与组合的复杂体系，最基本的实体组织原则总是有限的，因此，阅读这些最基本的组织原则至关重要。为了了解不同的组织体系，掌握其设计可能性或特点，分析其发展历史及经典案例是必不可少的。这些体系终将派生出一套完整的空间类型和功能组织。

中心体系（Centralized） 回顾建筑组织体系的发展历史可以发现，中心体系最为常见。它重点关注建筑设计的中央空间或中心目标，常以方形、圆形、椭圆形、三角形、星形等几何图形形式出现。空间在建筑构成中通常是单一、完整、规则的实体，如教堂内部空间或建筑围合的庭院。中心体系一般采取整体结构或完整实体的方式来表达建筑或城市中的元素。

线性体系（Linear） 顾名思义，线性体系指沿着一条直线或一条轴线来组织建筑要素。线性体系可以是单边走廊式（single-loaded）或双边走廊式（double-loaded），也可以是点对点式的排列。这些方案既可用于表达建筑尺度（如简单的走廊），也可用于表达城市规模（如林荫大道）。单边走廊系统暗示着辅助空间被赋予了优先级并提升了重要性，双边走廊系统代表两侧均等，而点对点系统的重点则是被连接的两端。

网格体系（Grid） 网格体系也非常常见，而且在城市规划和结构系统领域是公认的分析方法。网格体系用于部署**多层次**、重复性的内容。在网格体系中，所有方向的基本单元都是标准一致的，具有重复性。这些体系被认定为是由**开间**（bays）和**模数**（modules）组成的网格，表现为正形体和负形体。它们在建筑或城市尺度上的强烈重复与无限拓展，常常是为了顺应特定的区域需求。在方式上，其或者协调地形，或者强调设计项目的某一部分，通过网格的变形、打断或分离建立设计项目与场地间的相对关系。

自由平面（Free Plan） 自由平面是 20 世纪的新发明，是关注空间连续性的新的组织体系。在建筑中，它允许墙体和空间在结构网格中自由伸展。最擅用自由平面的是勒·柯布西耶（Le Corbusier），由他设计的几个著名住宅项目均运用了自由平面策略。在城市层面上，各种建筑可以自由放置在相关环境中，而非必须形成古典式的城市轴线和对称空间。由密斯·凡·德·罗（Mies van der Rohe）设计的伊利诺斯理工学院（IIT，Illinois Institute of Technology）校园规划同样运用了自由平面。

分散体系（Dispersed Field） 分散体系首先是将建筑分解为离散而相关的要素，然后分析要素间的几何关系，包括各要素间的关系、要素与用地的关系以及用地与用地间的关系。要素之间的几何关系有的是有序的，可以直接辨识；有的是暗中隐藏的，并不明显显露；有的甚至是完全无序、毫无共性的。与上述体系一样，分散体系也适用于表达建筑尺度和城市规模。典型的古罗马营寨城就是一个有序的分散体系，它将不同尺度的建筑布局在一个严格编组的区域内。而广大城市郊区的发展却是无序地分散与蔓延。在郊区，独立的区域性建设决策凌驾于布局组织的整体规划之上，这导致了并置排列与杂乱无章。

体积规划（Raumplan） 体积规划由阿道夫·卢斯（Adolf Loos）提出并首先应用。为了区别各个房间的不同功能，在建筑布局中不同功能的房间被安排于不同的位置，除此之外，在建筑剖面设计中，不同功能的房间在竖向也有不同的组合。体积规划模型的复杂性给其应用造成诸多限制，如今体积规划多用于在相邻的空间中表现视觉结构和空间层次，进而展现主次空间错综复杂的逻辑关系。维也纳的莫勒住宅和布拉格的缪勒住宅都是极好地阐释体积规划体系的案例。

复合体系（Hybrid） 复合体系是将上述两种或两种以上体系融合应用到一项建筑设计中。复合体系的设计案例既包括规则与不规则空间的复合［如弗兰克·盖里（Frank Gehry）的毕尔巴鄂古根海姆美术馆］，也包括遵循传统的中心型庭院与活泼自由平面的复合［如丽娜·柏·巴蒂（Lina Bo Bardi）的柏·巴蒂住宅］。复合体系有着悠久的历史，许多建筑师穷其一生都在研究，不断尝试复合体系的调整与改善，并致力于将其应用于当代建筑设计中。由中心体系、线性体系、网格体系、分散体系可组成不同的复合体系，几乎每种不同的组合都出现在实际的项目当中。文艺复兴时期对所有体系的提炼细化，对整个组织体系的发展起到了巨大的推动作用，也正是从文艺复兴时期开始，组织体系才正式应用于建筑设计中。现代主义运动（Modernism）开辟了新的空间和组织体系类型，如自由平面和体积规划，加速了复合体系的应用，由此产生的新形式和基本原理通过相关的概念意图和技术能力得到发展演化。

关键一点是，建筑师和设计师要真正理解这些体系，将其作为基本原则去分类研究，而不能只当作公式直接套用。只有参照历史先例对新建项目进行比较分析，不断理解与追索，才能将这些知识潜移默化，传承发扬。

中心体系 | Centralized

中心体系依靠**几何放射形**来强调中心点。它通过正方形、圆形、希腊十字形、拉丁十字形或其他放射形状进行几何定义，其几何体系的层级结构主导了整个建筑构成。次级形式系统（secondary formal systems）服从基础几何系统（primary geometry）的影响力和地位。几何形式容易识别，又理性衍生，其纯粹性帮助使用者获得清晰的建筑理解，构建完整的意象地图（mental map）。这种对建筑的整体认知便于人们在中心体系的层级结构和形式中获得连续的自我定位。最终，人们能清晰地认识到其所处的空间位置、目标位置及整个建筑体系的层级关系。

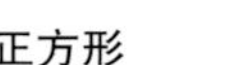

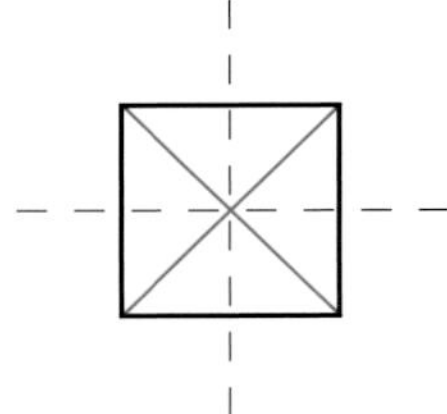

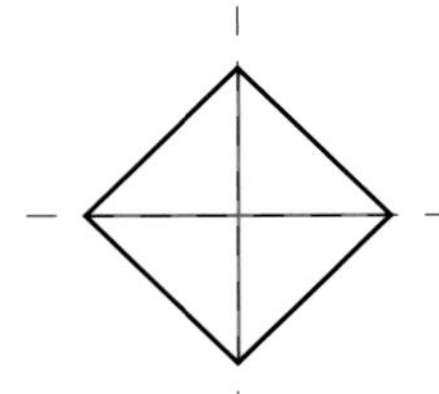

放射式

离心式

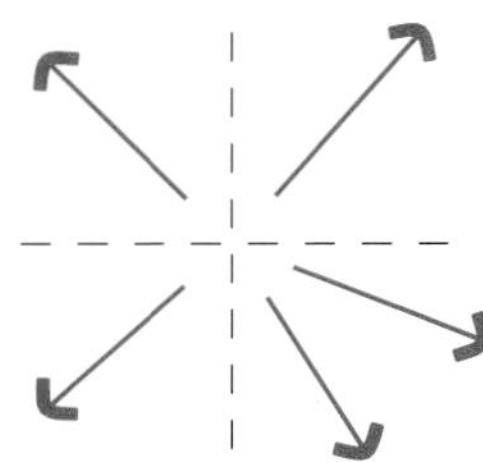

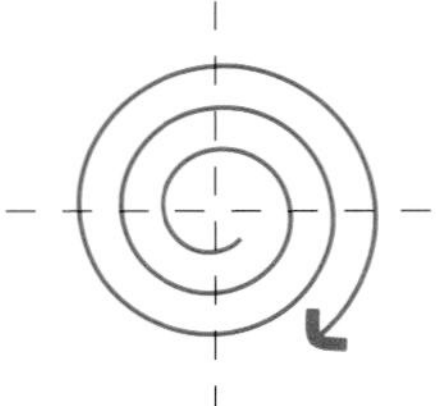

圆形

拉丁十字形

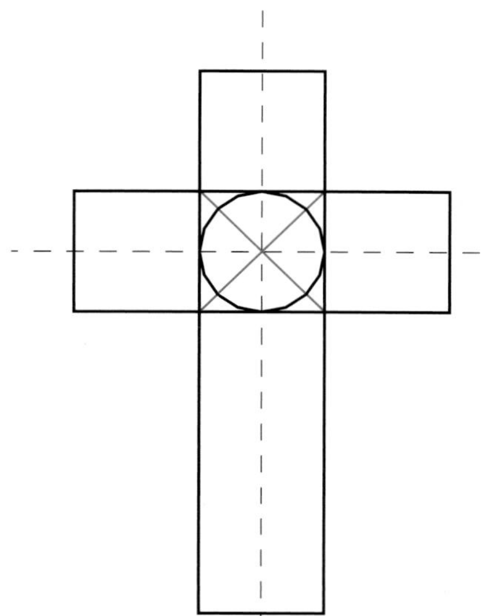

希腊十字形

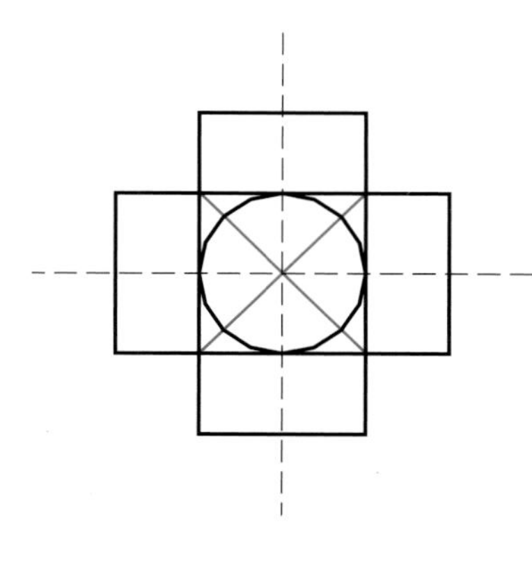

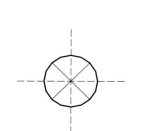

向心式

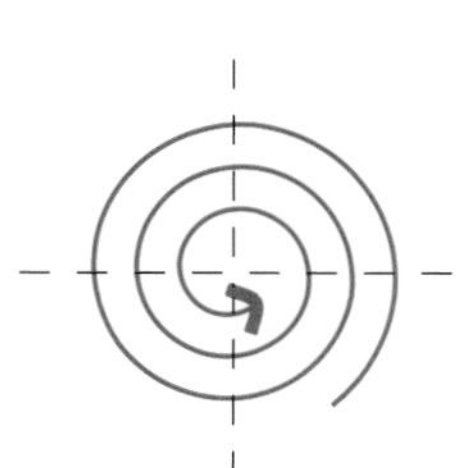

中心式

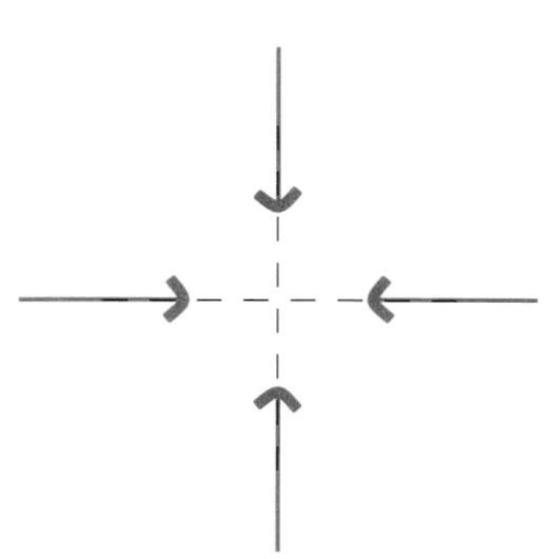

带有轴向的中心式

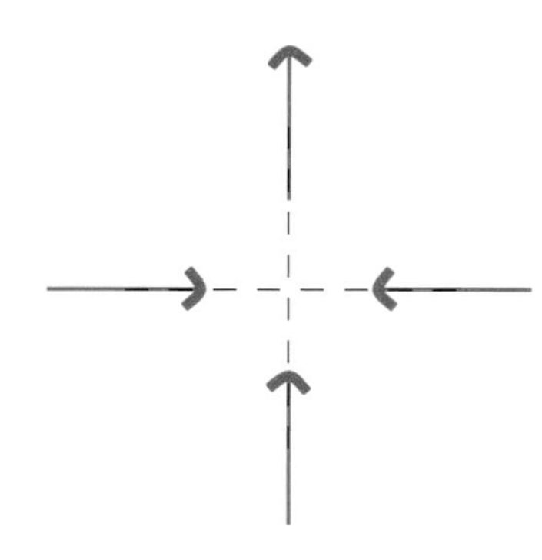

正方形 | Square

正方形是由相互垂直并与各边成 45° 相交的两条对角线定义的。正方形通过面的重复定位四个主要方向，保持其几何形状，同时强调轴线（对角线）、中心点（对角线的交点）和面（对角线和边形成的等腰直角三角形）。四个面的均等性形成了一个多方向、不分级的**外观**，均衡并重复，正如圆厅别墅和埃克塞特图书馆所展现的那样。正方形，其几何形状的生成简洁、明晰、平等。

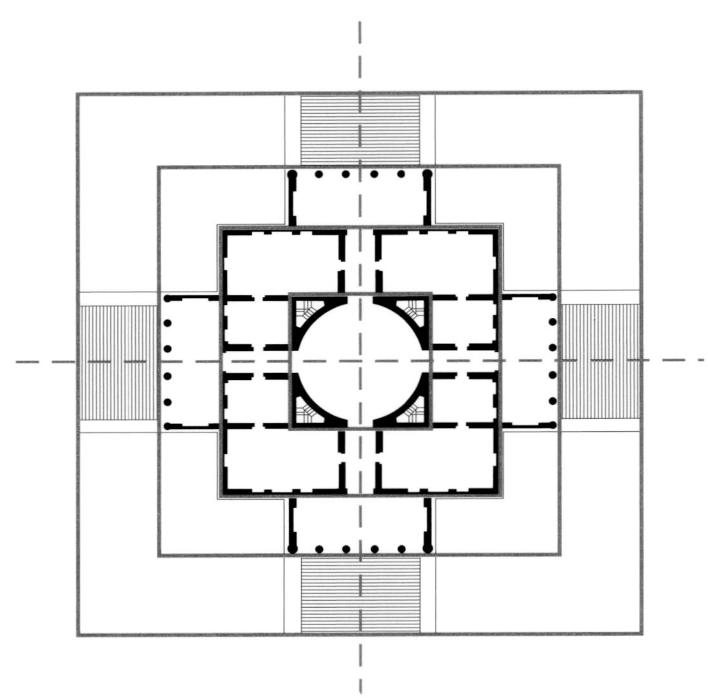

圆厅别墅，安德烈·帕拉迪奥
维琴察，意大利　1571 年
[文艺复兴鼎盛时期，圆顶十字轴线广场，砖石砌块[译注2]]

Villa Rotunda, Andrea Palladio
Vicenza, Italy　1571
[High Renaissance, cross axis square with dome, masonry]

圆厅别墅的正方形从中心向外双倍扩大。建筑形式的建立始于中心的建筑主体，然后对这座圣堂般的建筑四边的立面进行重复放大。经过正方形中心的交叉轴线，成为对称的立面、均衡的布局、中央循环路径以及四个立面入口的轴线。这些不同的面和轴线向东、西、南、北四个方向延伸。

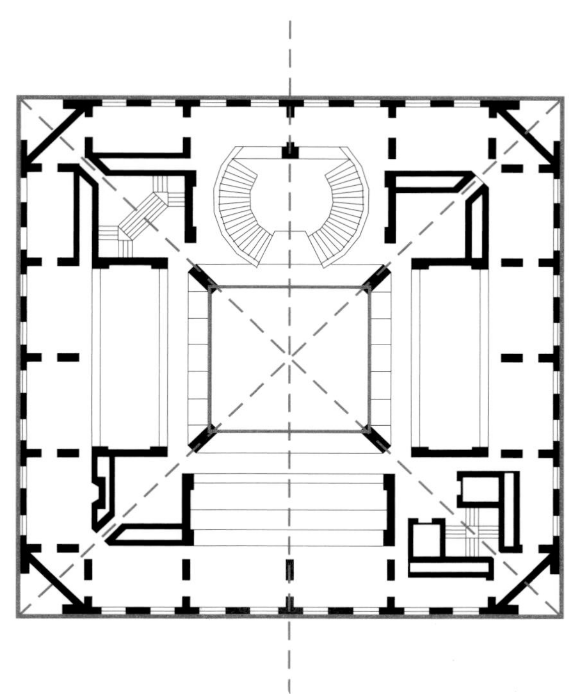

埃克塞特图书馆，路易斯·康
埃克塞特，新罕布什尔州 1972年
[现代主义后期，中心式正方形，砖石砌块与混凝土]

Exeter Library, Louis Kahn
Exeter, New Hampshire 1972
[Late Modernism, centralized square, masonry and concrete]

在埃克塞特图书馆设计中，路易斯·康利用立方体，即柏拉图立体（Platonic solid，正多面体），生成一个独立的神秘形体，这个形体由两个立方体嵌套组成。该建筑利用正方形来限定其平面布局和立面设计［立面中由较低的地下室标高（subterranean level）确定正方形的底边］。内部的混凝土正方形界定了中庭。穿透每个立面的孔洞是从立面中心点辐射出的巨大圆形，其平坦的外壳看起来就像一个框架。内部混凝土框架的顶部由体量巨大的交叉梁连接对角。该建筑通过中心轴线与对角线强调中心位置，形成了中庭虚空间的中心式层级结构，也再次强化了正方形这一几何形体。

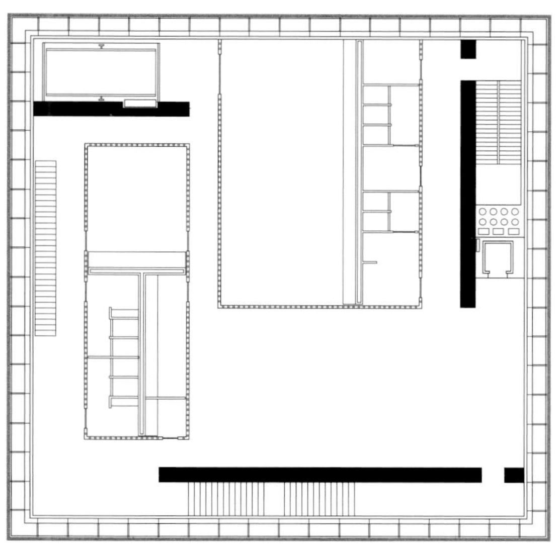

布雷根茨美术馆，彼得·卒姆托
布雷根茨，福拉尔贝格州，奥地利 1997年
[现代材料主义，堆叠的正方形，玻璃与混凝土]

Kunsthaus Bregenz, Peter Zumthor
Bregenz, Vorarlberg, Austria 1997
[Modern Materialism, stacked square, glass and concrete]

布雷根茨美术馆在外部尺寸和形式上与埃克塞特图书馆类似，但是采用了完全不同的空间组织和材料应用理念。平面和立面上的正方形，是以通透材料为基础的模块不断复制形成的图案。建筑内部平面保持了正方形的图形边界，但被三面精确定位的混凝土墙分割。混凝土墙为建筑平面赋予了方向，注入了活力，也打破了楼面板的均质性和单调性。

圆形 | Circle

圆形作为一种中心组织体系，充分利用了放射状几何图形产生的均衡性，以实现尽善尽美的形态组织。圆形在创造围绕中心点的层级结构方面有着先天的优势。这种形式同时也影响了外部造型的解决方案和内部空间的组织架构。圆形这种自我解析的几何图形，形成了一个以中心点为最高层级的空间，保证了多方向辐射的均衡性。圆形的图形本质自然而然地使其中心点占据主导地位。在人们观察时，这个中心点就成为一个控制点。当人或物占据中心点时，圆这种几何图形就引发了空间的圈层涌动，建立了空间边界，也增强了环状空间的层级。这种空间结果正好体现了圆形的几何意义本质。

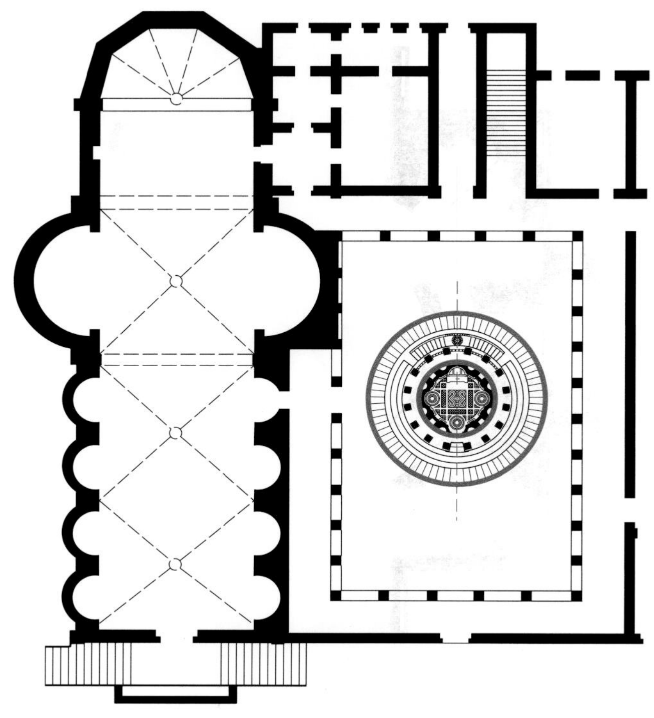

坦比哀多，多纳托・伯拉孟特
罗马，意大利　1502 年
[文艺复兴鼎盛时期，独立的圆形殉道堂，砖石砌块]

The Tempietto, Donato Bramante
Rome, Italy　1502
[High Renaissance, freestanding circular martyrium , masonry]

在坦比哀多建筑中，伯拉孟特运用小规模的殉道堂实现了一个简明、集中的圆形平面。建筑中各系统的协调统一、**比例关系**和细部处理，强化了整个建筑同心圆形的组织体系。从建筑整体的外部造型来看，环形的台阶、圆周上的柱列、半球形的穹顶及集合式的构图，强化了“圆”之基本形的清晰、典雅和简洁。

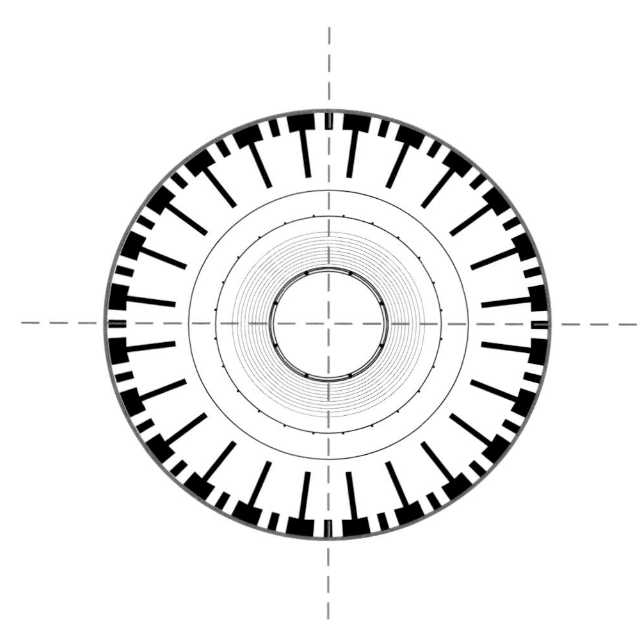

圣若望圣殿，米开朗琪罗·博纳罗蒂

未建成　1560 年

[风格主义，中心式圆形—正方形—希腊十字形，砖石砌块]

San Giovanni dei Fiorentini, Michelangelo Buonarroti

Unbuilt　1560

[Mannerism, centralized circle–square–Greek Cross, masonry]

圣若望圣殿并未建成，在设计中，米开朗琪罗同时运用了相互重叠的圆形（限定主要的内部**鼓状**空间）、正方形（确定转角空间）和希腊十字形。后者（希腊十字形）既用于生成必要的十字轴线以确定入口，也用于重复具有代表性的十字形，还强化了正厅、耳堂和祭坛的相互关系。三个形体相互叠加产生的新图形是对每个形体的重塑和再造。同时使用多种几何图形，既应考虑图形间的融合度，也应顾及每个图形自身的形式特质与功能优势。

圆形监狱，杰里米·边沁

未建成　1785 年

[新古典主义，便于监视的放射式平面，砖石砌块]

Panopticon, Jeremy Bentham

Unbuilt　1785

[Neoclassicism, radial plan for visual surveillance, masonry]

基于监视的基本需求，建筑采用了放射形的平面布局。作为一所监狱设计，该方案将监控室布置在中心位置，将单人牢房布置在圆周上。通过这样的布局建立起的视觉控制，使中心位置的监控室可以看到圆周上的每个角落。这样，在主要位置上的一个控制点就可以让所有囚犯时时处于被监控的状态，迫使他们必须循规蹈矩，有良好的行为表现，因为没有人知道自己什么时候被监视。圆形的布局通过圆心、半径和圆周的几何构成，建立了监视者和被监视者之间的视线联系。

拉丁十字形 | Latin Cross

拉丁十字形通过主轴线的延伸（通常是东西方向）来限定空间秩序，这个简明的层级结构创建了一个四翼离散的建筑形式。区别于其他三个方向，建筑的西翼延伸形成建筑入口。空间层级继续延伸，在中殿创造了一个适合观众集会的场所，而位于同一轴线东端的尽头布置耳堂和唱诗班，耳堂作为空间背景，唱诗班则是第二层级的主要场所。耳堂一般位于相交主轴线的两端，同样属于第二层级的空间，其与中殿的联系较弱，却对强调圣坛的中心位置起着至关重要的作用。更进一步，位于轴线相交处的穹顶获得了更高的空间层级，由其位置及多样化的结构和空间形式可体现出来。拉丁十字形的整体组合源于早期的耶稣受难图。

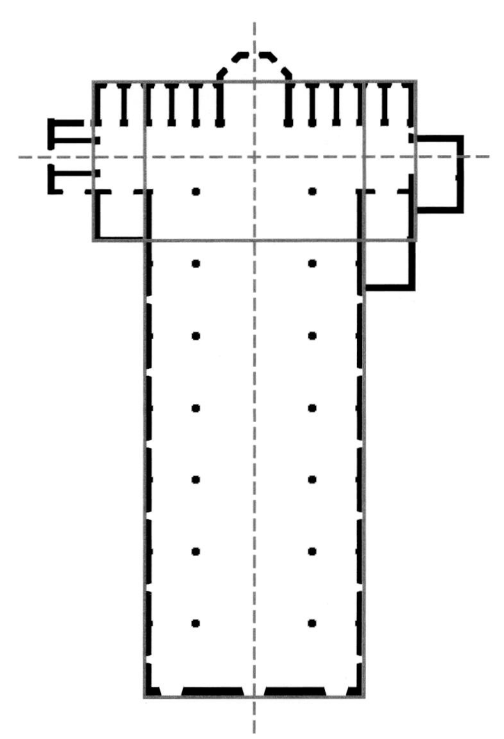

圣十字教堂，阿诺尔福·迪·坎比奥
佛罗伦萨，意大利　1442 年
[中世纪晚期，拉丁十字形教堂，砖石砌块]

Santa Croce, Arnolfo di Cambio
Florence, Italy　1442
[Late Medieval, Latin Cross church, masonry]

佛罗伦萨的圣十字教堂是世界上最大的方济各会教堂，最初由阿诺尔福·迪·坎比奥设计，采用埃及“T”形十字架（Egyptian Tau Cross Plan，也称“埃及圣安东尼十字架”）的平面形式 [圣方济各（St. Francis）的象征]。这种类型的规划平面是“耳堂”设计的最初形式，随后才产生了拉丁十字形平面形式。埃及“T”形十字平面强调了祭坛位置的重要性。最初的十个小礼拜堂坐落于祭坛的两旁，增加了第二轴线的重要性。但是这种在以后的教堂设计中非常关键的比例关系却没有在圣十字教堂的建设中鲜明显现。

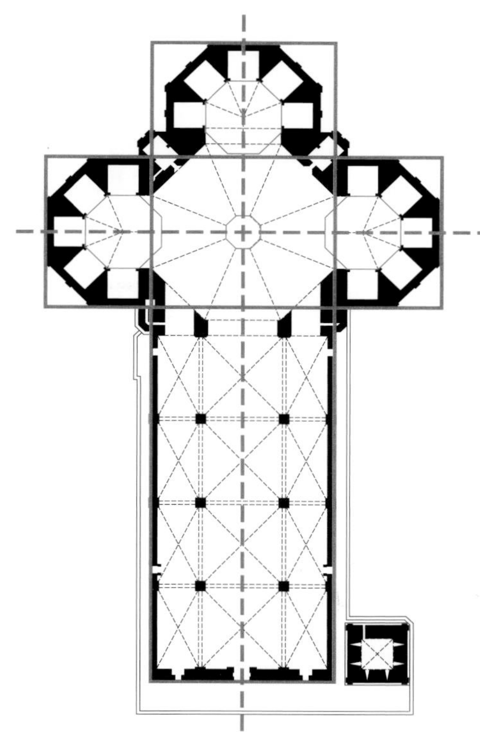

圣母百花大教堂（又译“圣母玛利亚百花大教堂”“花之圣母大教堂”“佛罗伦萨大教堂”），迪·坎比奥和布鲁内列斯基
佛罗伦萨，意大利　1462 年
[哥特式，拉丁十字形教堂，砖石砌块]

Santa Maris del Fiore, di Cambio and Brunelleschi
Florence, Italy　1462
[Gothic, Latin Cross church, masonry]

圣母百花大教堂坐落于佛罗伦萨，是一座哥特式大教堂。它围绕着由中殿和耳堂相交而成的大型八角形进行建设。该八角形是为了支撑布鲁内列斯基设计的巨大穹顶而建造。连接祭坛的三个壁龛是完全相同的；教堂中殿构成了除壁龛以外的第四面，并一直延伸至建筑西立面。圣母百花大教堂的平面是经过改良的拉丁十字形，耳堂和唱诗班的空间被大壁龛取代。对后世影响十分重大的拉丁十字形平面形式在此时还未显现其重要性，但建筑最基本的组织形式仍显而易见地由拉丁十字形所限定。布鲁内列斯基在穹顶建设过程中的种种劣迹[译注 3]，经常使这个清晰的早期拉丁十字形建筑黯然失色。

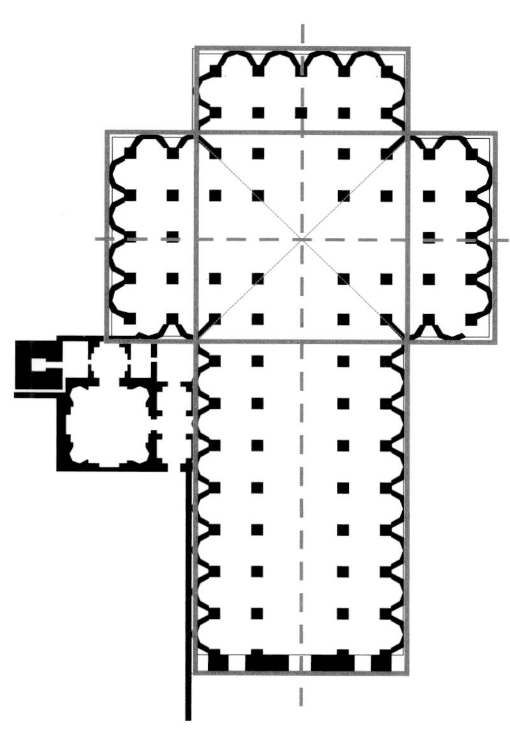

圣灵大教堂，菲利波·布鲁内列斯基
佛罗伦萨，意大利　1482 年
[文艺复兴，中心式拉丁十字形教堂，砖石砌块]

San Spirito, Filippo Brunelleschi
Florence, Italy　1482
[Renaissance, centralized Latin Cross church, masonry]

圣灵大教堂是拉丁十字形教堂的优秀典范。教堂中殿和耳堂构成的交叉空间是一个完整的高度有序的系统，确立了祭坛的地位和空间层级结构。作为一个基于正方形平面且尺寸按其边长成倍增长的建筑结构系统，建筑左右两侧的中厅以正方形的平面形式进行建造，每个中厅都与一个小礼拜堂相连。正方形以两倍、四倍的倍数扩大，形成一系列尺寸丰富的正方形空间，构成教堂的中殿和耳堂。而环绕整个教堂内部的室内柱廊是其最巧妙、最具独创性的设计之一。布鲁内列斯基娴熟地将文艺复兴体系中的空间比例关系引入圣灵大教堂的规划设计中。

希腊十字形 | Greek Cross

希腊十字形的发展演进与中心式圆形平面密切相关。希腊十字形平面由位于等臂十字轴线两端的耳堂所限定，垂直正交的几何形建立了均衡的、具有空间主导性与优先权的中央空间，而从中央空间发出的向各个方向的辐射通常和四个轴线方向相呼应。这些位置关系建立起一套标准化的地域环境，同时也确立了两轴相交所形成的中心位置的空间主导性。形式等级的建立及中心位置的确立，与宗教象征、仪式秩序和体验感知密不可分。建筑内部采用中心体系很难区分两条轴线的优先次序，也很难对建筑外立面进行主次排序，但中心体系的运用能够十分有效地将所有注意力集中在建筑内部的某个特殊点上。

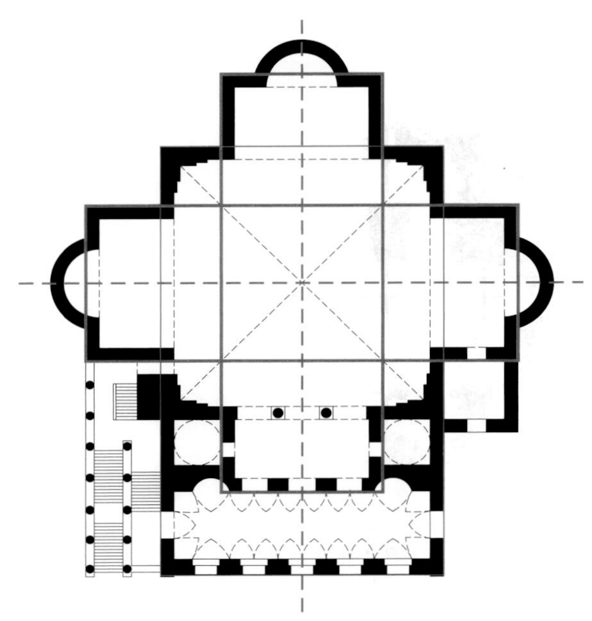

圣塞巴斯蒂亚诺教堂，莱昂·巴蒂斯塔·阿尔伯蒂
曼图亚，意大利　1475 年
[文艺复兴，希腊十字形还愿教堂平面，砖石砌块]

San Sabastiano, Leon Battista Alberti
Mantua, Italy　1475
[Renaissance, Greek Cross votive church plan, masonry]

许多文艺复兴时期的教堂在早期设计中都打算采用希腊十字形的平面组织形式。中心式的希腊十字形具有四臂等长的特质，更加契合文艺复兴时期纯粹的几何理念。但基于需要容纳大量民众集会的功能考虑，中心式的希腊十字形平面并未得到贯彻实施。圣塞巴斯蒂亚诺教堂是第一批希腊十字形教堂，具有三个等长的臂，而第四臂与教堂前厅相连，直接延伸至教堂正立面。圣塞巴斯蒂亚诺教堂实际上是一所还愿教堂（也称“感恩教堂”），主要功能为供奉祭品而非传统集会，这可能也解释了为什么阿尔伯蒂能够采用希腊十字形的平面设计。

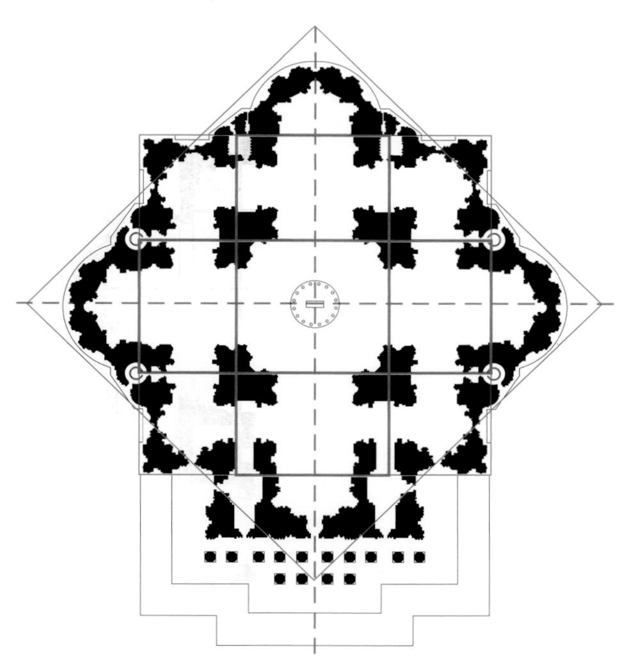

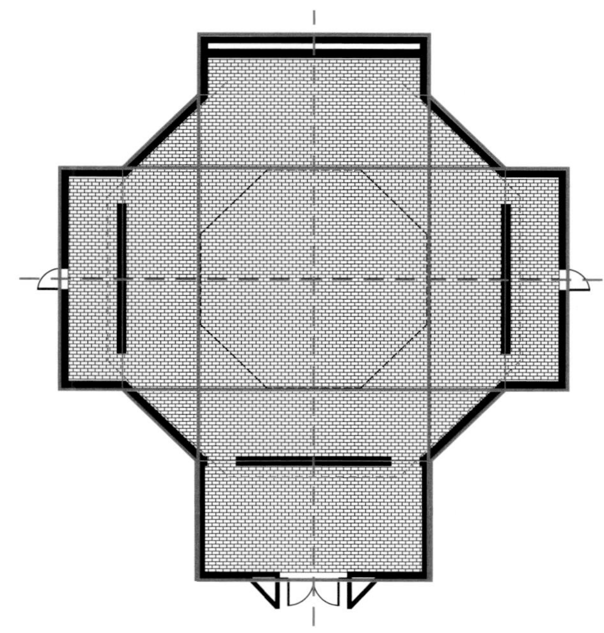

圣彼得大教堂，米开朗琪罗·博纳罗蒂
罗马，意大利 1547 年
[文艺复兴，穹顶与希腊十字形平面，砖石砌块]

St. Peter's Basilica, Michelangelo Buonarroti
Rome, Italy 1547
[Renaissance, dome and Greek Cross plan, masonry]

当米开朗琪罗接手圣彼得大教堂的规划设计时，他需要面对诸多前期建筑师的遗作[译注 4]。米开朗琪罗像大多数后文艺复兴时期（late Renaissance）的建筑师一样，渴望完成希腊十字形的平面形式。其原因有二：其一，希腊十字形更符合文艺复兴时期追求的纯粹的几何理念；其二，希腊十字形的设计使穹顶从教堂前方的圣伯多禄广场（Saint Peter's Square）来看更美观。最初伯拉孟特已经设计了圣彼得大教堂的希腊十字形平面，但其拱座（pier）[译注 5]无法在结构上支持穹顶，米开朗琪罗接管后重新设计了平面，设置了足够大的柱子，并将建筑平面整体布局在一个正方形内。新的平面布局更加开放，实现了空间流动，打破了伯拉孟特的区域分割和空间束缚。后来，建筑师卡洛·马尔代诺（Carlo Maderna）加建了一段巴西利卡式[译注 6]大厅，将中殿延伸（成为拉丁十字形平面），打破了中心式的组织体系，也阻挡了从广场欣赏教堂穹顶的视线。

罗斯科教堂，菲利普·约翰逊
休斯敦，得克萨斯州 1971 年
[现代主义后期，希腊十字形，砖石砌块]

Rothko Chapel, Philip Johnson
Houston, Texas 1971
[Late Modernism, Greek Cross, masonry]

罗斯科教堂是对传统希腊十字形平面的现代主义风格转译，建筑的主要功能是收藏马克·罗斯科（Mark Rothko）[译注 7]的抽象绘画作品，并非服务于某一种宗教派别。为了同时满足曼尼家族收藏（the de Menil collection）和圣托马斯大学（University of St.Thomas）的扩充需求，建筑师菲利普·约翰逊沿用了校园中的石砖和钢板材料，形成独立的集中形制。罗斯科的画作色彩朴素、色调暗淡，这源于其绘画的独特设计与构图经验。通过希腊十字的形制，罗斯科教堂的中厅及其空间形态营造出建筑室内多面空间的纯粹性和多向性。最终建筑作品展现的是一个具有独立造型的外部形式，而建筑内部的空间构成则加强了对绘画作品的直接展示功能。

放射式 | Radial

放射式组织体系是将线性体系与拉丁十字或希腊十字内在的交叉原则融合在一起形成的一种综合性组织体系。由离散点和放射延伸（向内聚合或向外扩散）建立起的不同层级结构定义了点、线（边或轴）、面的相互关系。交叉形成的中心点可以看作向心力向内作用的聚合点，也可以看作从原点向外分散的辐射点。所有这些形式上的解读可以依据建筑类型学的功能需求和体验需求来灵活运用。放射式组织体系的几何形状具有明确的等级结构，但这也使得在其中心、边界及入口等级之间存在固有矛盾。

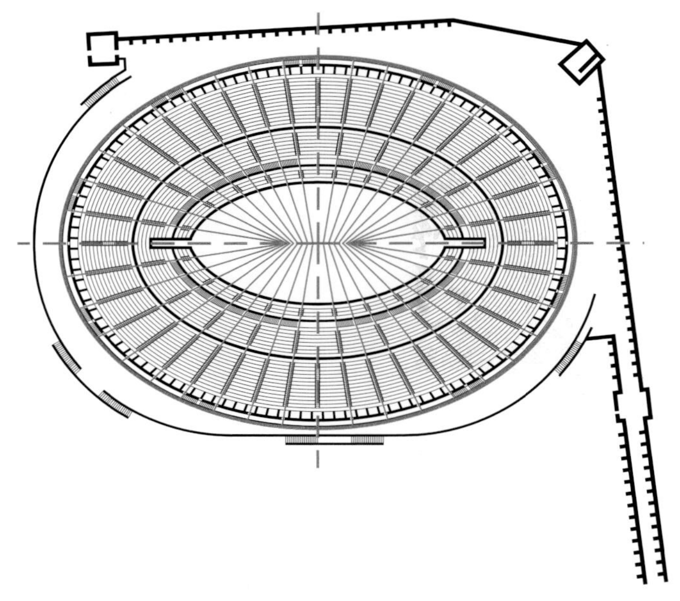

庞贝露天剧场

庞贝古城，意大利　公元前 70 年

[古典主义，椭圆形的露天剧场，砖石砌块]

Pompeii Amphitheater

Pompeii, Italy　70 BCE

[Classicism, oval shaped outdoor theater, masonry]

庞贝露天剧场采用放射式空间布局建造了一种典型的观演空间。中央舞台控制全场，座位向外辐射，可以使观众获得相同的视听体验。从实用性原则出发，建筑采用了放射状的平面和阶梯式的剖面，二者结合能让观众得到最优化的体验效果。

帕尔马诺瓦，文森佐·斯卡莫齐
帕尔马诺瓦，意大利 1593 年
[文艺复兴，星形堡垒，砖石砌块]

Palmanova, Vincenzo Scamozzi
Palmanova, Italy 1593
[Renaissance, star shaped fortress town, masonry]

帕尔马诺瓦是以放射状几何形为主导发展建设的。依据城墙上的防御视线，城中街道采用重复、放射、同心式的布局形态。整个帕尔马诺瓦由放射状的几何平面所限定。城市中心是一个六边形的城市广场，以每条边的中点确定主要放射状街道的布局方位。尽管在建筑布局中存在局部的变形，但放射式组织体系和城市规划的管控治理造就了帕尔马诺瓦非凡独特的城市形象。

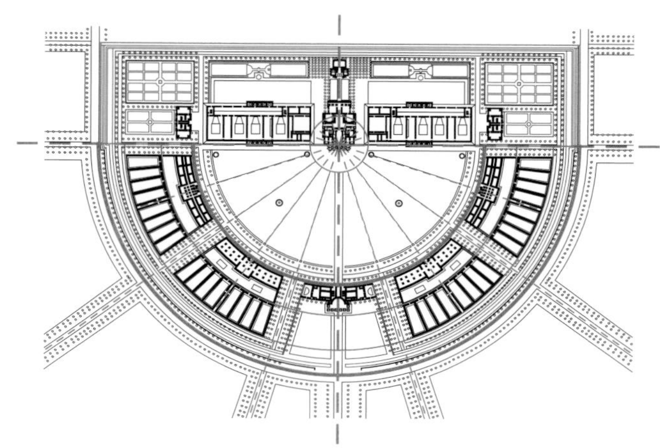

皇家盐场，克劳德·尼古拉斯·勒杜
阿尔克-塞南，法国 1779 年
[新古典主义，半圆形的工业综合体，砖石砌块]

Royal Saltworks, Claude Nicolas Ledoux
Arc-et-Senans, France 1779
[Neoclassicism, semi-circular industrial compound, masonry]

皇家盐场的建成部分是一个半圆形的乌托邦式的建筑综合体。其建筑功能涵盖制盐工厂、职工宿舍、军事前哨、花园及行政办公，该建筑展现了理想状态下自给自足的社区景象。在皇家盐场设计中，半圆形限定了其空间形态，监控轴线约束了其功能组织，最终形成了具有层级结构的布局形式。圆周上的建筑物处于从属地位，接受位于圆心的指挥官办公室的指挥。放射状的布局、中心点的汇集作用以及对称轴的建立均有利于在建筑综合体中进行视线监控。

线性体系 | Linear

在线性组织体系中通常会依托细长的轴线衍生出一种狭窄的横截面。线性体系的类型取决于平面轴线的布局，而形式的建立则基于与交通流线关联的各功能空间的相对位置。这些形式包括单边走廊式、双边走廊式和点对点式布局。每种形式的建立在某些局部的和关键的因素上都有差异，最终产生了变化万千的形式。这些形式通常被归类为“条式”建筑（“bar” buildings），可以产生出一种最基本的、随处可见的建筑类型。

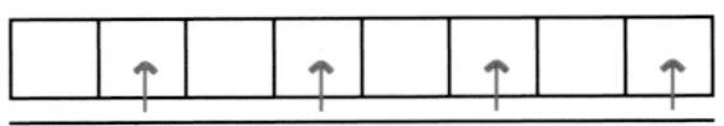

直线

单边走廊式

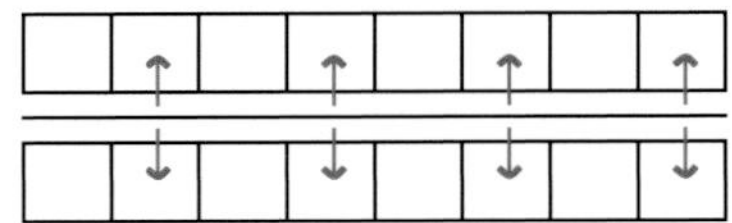

直线

双边走廊式

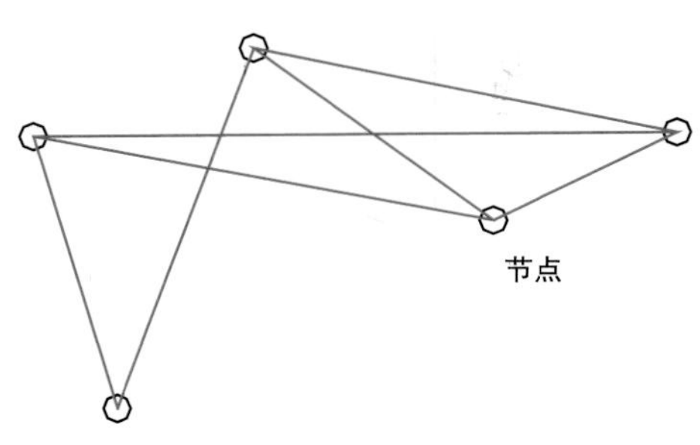

点对点式

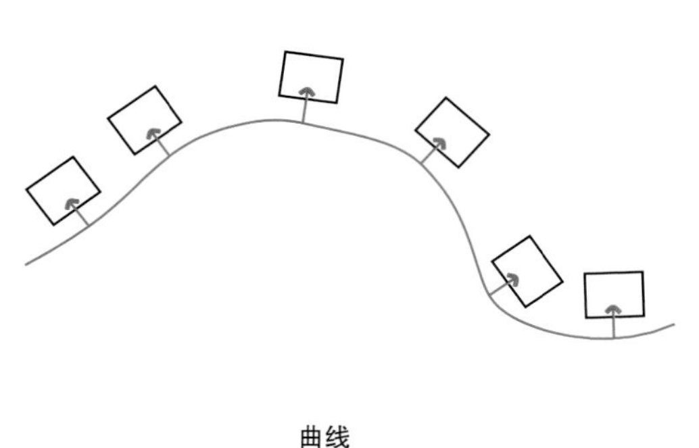
曲线

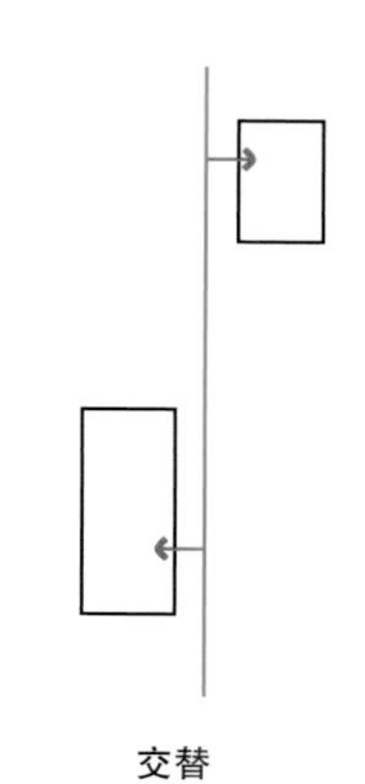
交替

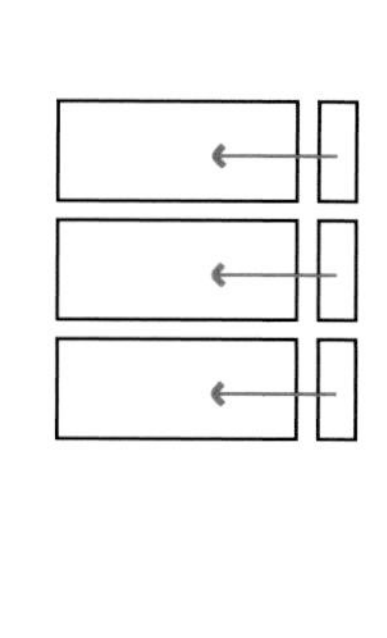
堆叠

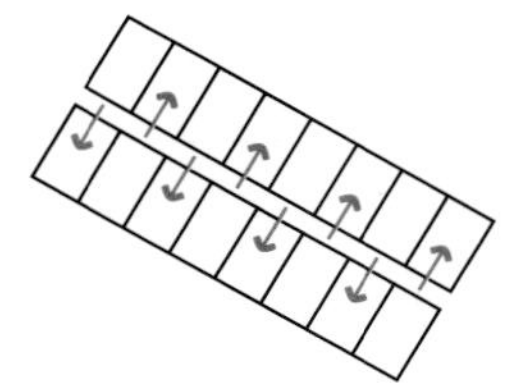
交替

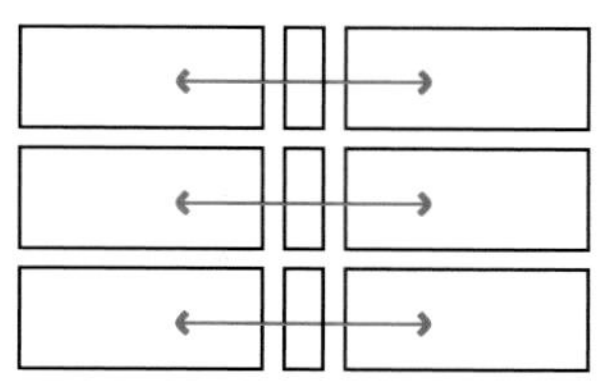
堆叠

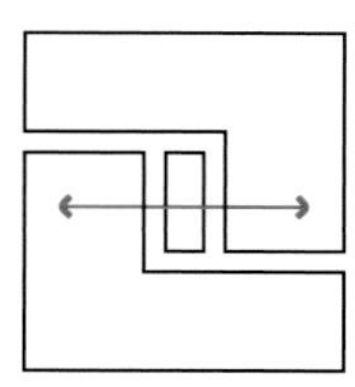
堆叠的变形

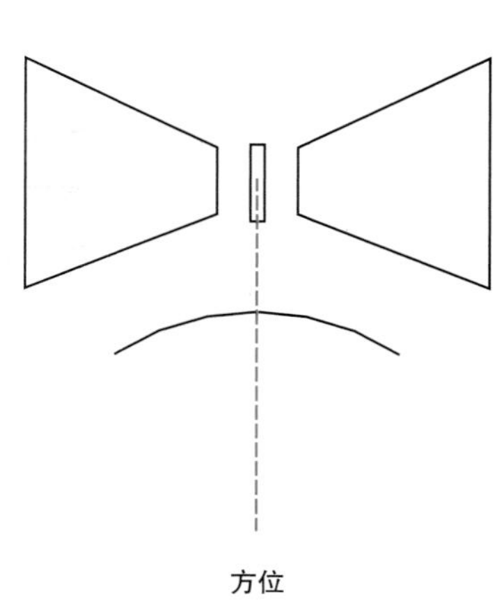
方位

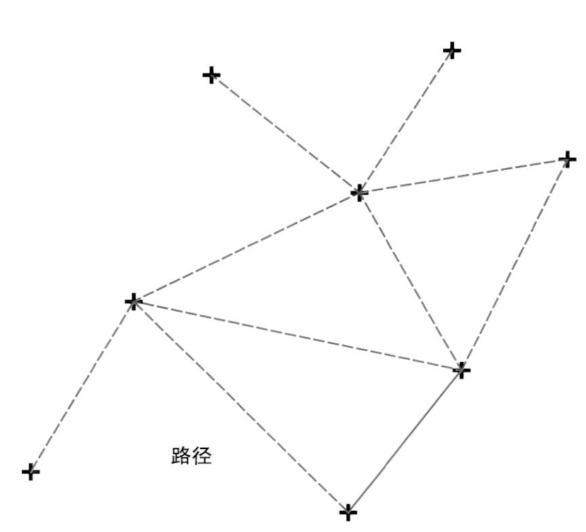
路径

单边走廊式——建筑尺度Ⅰ

Single-Loaded—Architecture

建筑中单边走廊形成的线性交通路径与其一侧相邻的功能空间平行。这种布局将使交通空间从作为目的地的功能空间中明确划分出来。线性平面更适用于单元重复类型的建筑，比如住宅，它能适应较短的进深和较薄的楼体，保证在建筑空间中光线的自然通透和空气的横向流通。

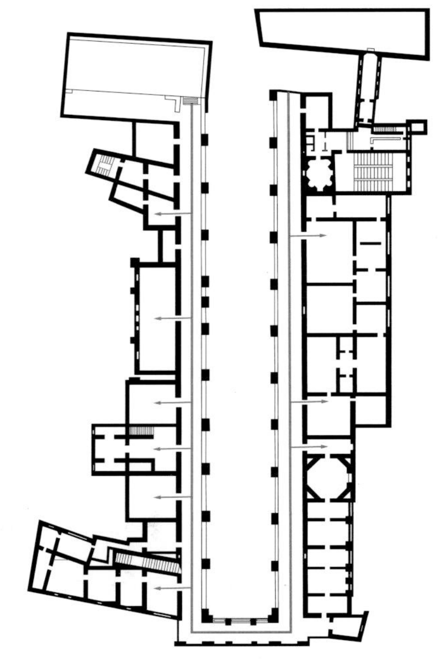

乌菲齐美术馆，乔治·瓦萨里

佛罗伦萨，意大利　1560年

[文艺复兴，由城市环境定义的线性庭院，砖石砌块]

The Uffizi, Georgio Vasari

Florence, Italy　1560

[Renaissance, urban wrapper defining linear courtyard, masonry]

乌菲齐美术馆是单边走廊式建筑，其形式与尺度为城市空间确立了边界。这个空间从城市的高密度肌理中雕琢出来，并且相应地使交通流线中重复层叠的路径相贯通。美术馆中陈列展品的房间分散布局，而单边走廊使其中靠近内部环路的那些展室实现了互通。所产生的连续城市（空间）边界生成了富有强烈规律性的内侧立面，同时遮挡住了其身后不同规模的展馆空间。这种线性交通流线在城市空间和美术馆内部展室之间建立了有效的缓冲。

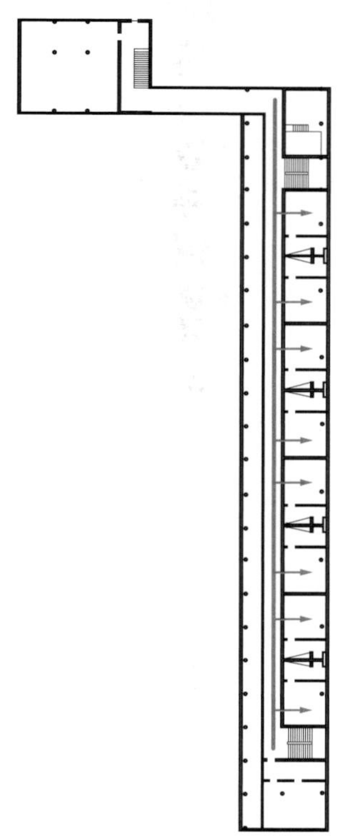

纳康芬公寓楼，莫伊塞·金兹伯格
莫斯科，俄罗斯（苏联） 1932 年
[现代主义，线性的平面与交错的剖面，混凝土]

Narkomfin, Moisei Ginzburg
Moscow, Russia 1932
[Modernism, linear plan with interlocking section, concrete]

作为早期现代主义住宅项目，纳康芬公寓楼是一个典型的单边走廊式建筑。在确定了建筑单边的前提下，线性流线与一个个并列、重复的居住单元相平行。走廊尽端与垂直交通楼梯相连，将平面布局中许多重复出现的小单元包含于整体的交通流线中。这种严格的、重复的形式主义奠定了功能主义在现代主义构成中的重要地位。

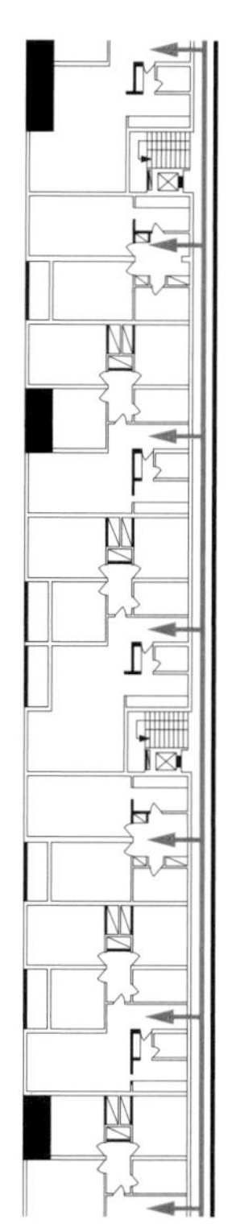

加拉拉特西公寓，阿尔多·罗西
米兰，意大利 1974 年
[后现代主义，线性重复住宅，混凝土]

Gallaratese Housing, Aldo Rossi
Milan, Italy 1974
[Postmodernism, linear repetitive housing, concrete]

加拉拉特西公寓是一幢长 200 米的建筑，外部的单边走廊连接各个居住单元。罗西的建筑语汇源于意大利理性主义运动，以功能为根本，采用流线型的形式主义设计手法。该案例是单边走廊式建筑设计的最佳方案，完美地展现了简洁、清晰、单元重复的建筑特点。

单边走廊式——城市尺度 | Single-Loaded—Urban

城市单边走廊式组织体系与建筑单边走廊式组织体系的设计原理相同，只是将比例扩大以适应城市肌理。其同样依靠各自系统中平行却分散的交通空间和休闲空间，但比例的扩大应该考虑到实际尺寸的扩大。建筑中的房间对应城市中的建筑，建筑中的过道对应城市中的街道。通常，城市单边走廊式布局取决于大型的开放空间，这些开放空间或者是城市结构中特意预留的空地（例如广场、公园、露天市场），或者是自然地貌的邻接空间（例如木栈道、海滨、江河）。

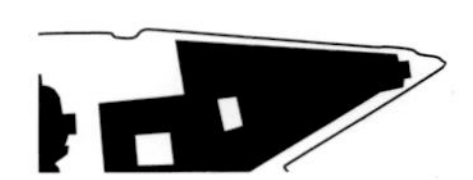

圣马可广场
威尼斯，意大利　15 世纪
[意大利文艺复兴，四周整齐划一的柱廊，砖石砌块]

Piazza San Marco
Venice, Italy　1400s
[Italian Renaissance, perimeter uniform colonnade, masonry]

圣马可广场四周发挥交通引导作用的柱廊就是一个城市中的单边走廊式规划方案，它通过连续、重复建立起广场四周立面的统一性。高度有序的立面将不同的空间比例联系起来，创造了独一无二的城市空间。除此之外，高度有序的立面还将不同的空间和功能连成一体，嵌入城市肌理。单边走廊式界定了建筑群的边界，开敞空间确立了广场的中心。交通流线的相容性、立面组织的重复性以及整个广场空间的连续性，均强调了圣马可广场在城市尺度中的空间延续和纪念意义。

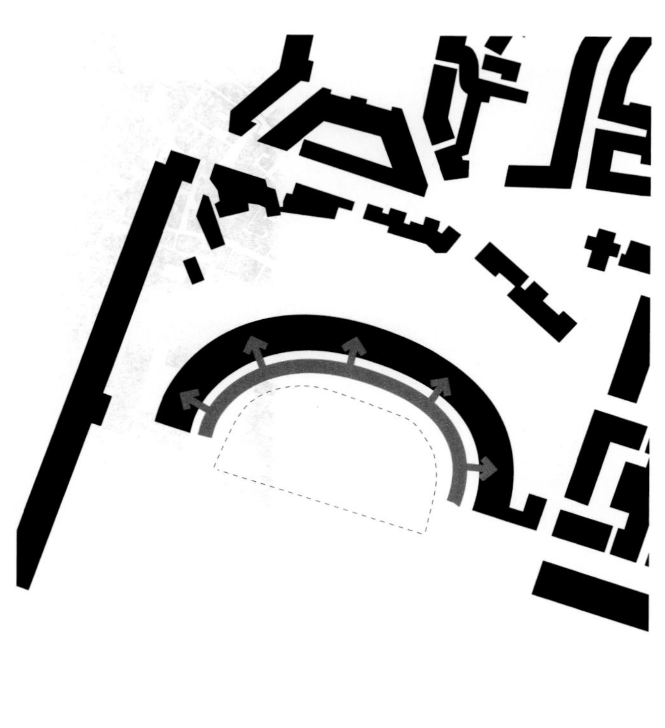

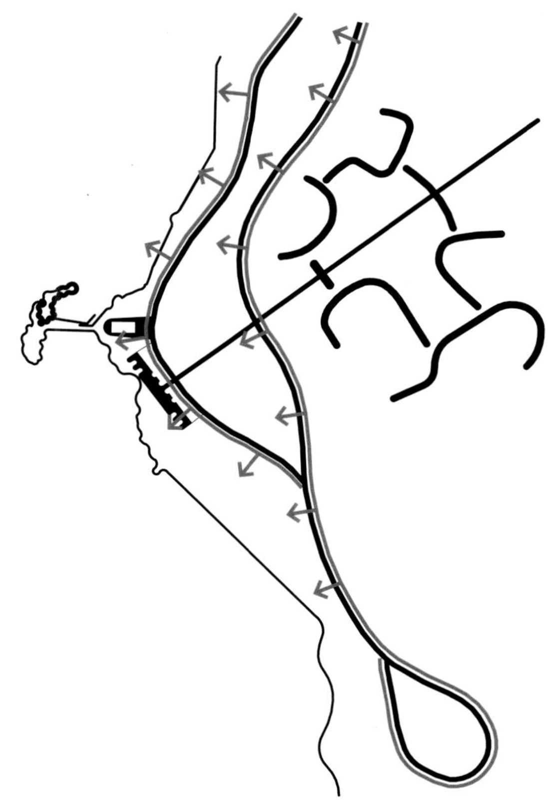

皇家新月楼，小约翰·伍德
巴斯，英格兰 1774 年
[乔治王时代，月牙形重复性单元住宅，砖石砌块]

The Royal Crescent, John Wood the Younger
Bath, England 1774
[Georgian, crescent shaped repetitive housing units, masonry]

与圣马可广场的柱廊非常类似，由小约翰·伍德设计的皇家新月楼同样使用了重复的单边走廊式柱廊系统。重复的单元使其具有连续性，在整个城市范围中清晰可辨。这种简洁的“新月”造型，是通过简明的海湾状建筑立面和与之相邻的同是海湾状的步行通道共同建立起来的。独立的居住单元像弯月一样成排组合，单边走廊式柱廊像项链一样将个人所有并独立使用的房屋联系起来，形成一个完整的组合。最终，皇家新月楼就成了这种集合式的实体形式。

阿尔及利亚规划，勒·柯布西耶
阿尔及利亚，非洲 1933 年
[现代主义，超线性平面，混凝土]

Plan for Algeria, Le Corbusier
Algeria, Africa 1933
[Modernism, hyper linear plan, concrete]

勒·柯布西耶所作的阿尔及利亚规划并未实施，规划方案采用单边走廊式的布局构建城市意象。在道路系统中，机动车行驶的公路被高高架起并位于城市布局的最上层，形成交通流线中的“走廊”，而城市就在这条公路之下发展建设，城市功能被挤压（extrude）在道路所限定的连续带状空间中，形成了一个被挤压的横截面，同时也描绘出一条连续的城市轮廓线。由此在城市中产生一种结合自然地形的曲线形的条形图（bar form），也创造出一个像蠕虫一样（worm-like）的单边走廊式建筑与城市。

双边走廊式——建筑尺度 I

Double-Loaded—Architecture

建筑中的双边走廊式组织体系由一条线性的中心交通路径所界定，中心线上的每一点都能到达走廊两边。作为一种最有效的组织方法，它起源于当代建筑规范，为通向走廊两边的不连续道路提供了一种内在联系。双边走廊式组织体系天生就能营造出一种积极空间，可以减少循环交通，降低循环流线在交通总量中的占比。其布局的有效性自然而然就能建立起具有内在联系的线性格局。

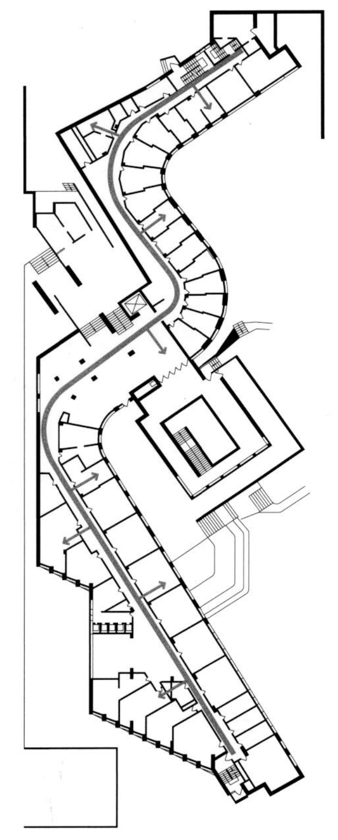

贝克公寓，阿尔瓦·阿尔托
剑桥，马萨诸塞州　1948 年
[现代主义，曲线形双边走廊式，砖石砌块]

Baker House, Alvar Aalto
Cambridge, Massachusetts　1948
[Modernism, double-loaded curved corridor, masonry]

由阿尔瓦·阿尔托设计的贝克公寓，通过镜像的布局手法提高了单边走廊结构的空间效率。贝克公寓中的走廊布置在中心位置，能同时联系两侧空间，便于形成均衡的居住空间。整个建筑平面蜿蜒曲折，新生成的几何形体既参照了毗邻河流的有机形态，又呼应了周边环境的自然特征，并且还能让每个房间获得最佳的视野和光照。

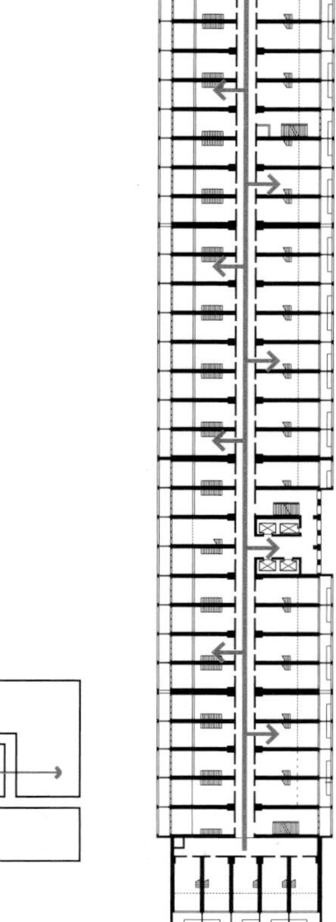

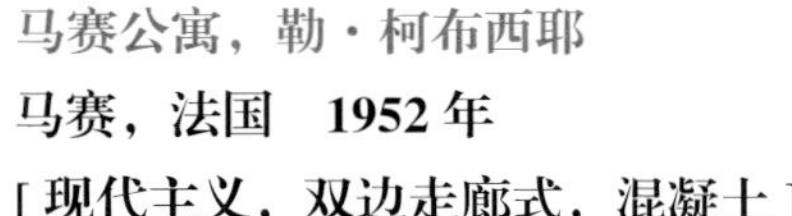

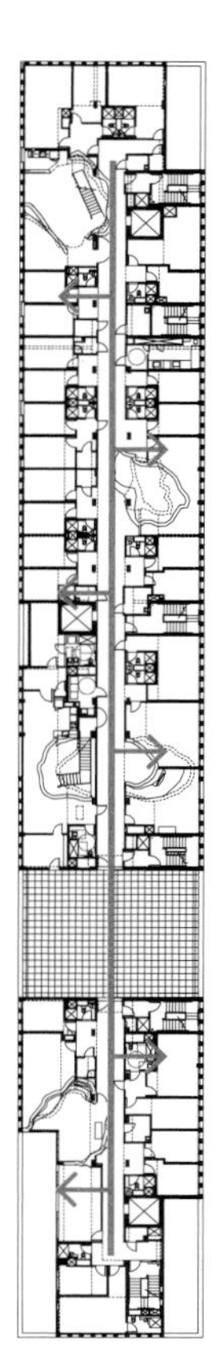

马赛公寓，勒·柯布西耶
马赛，法国　1952 年
[现代主义，双边走廊式，混凝土]

Unite d'Habitation, Le Corbusier
Marseille, France　1952
[Modernism, double-loaded corridor, concrete]

马赛公寓在其整体布局的"L"形空间结构中运用了双边走廊式结构，两个"L"形的空间形体在垂直方向上相互咬合拼接，每三层可以形成一个中央走廊。这种组织方式可以灵活设置出入口，便于直接进入"L"形空间单元的上层或下层，如此，马赛公寓实现了交通空间的最小化，也能确保住宅单元的数量。"L"形的空间组织也使每两层的住宅单元中都能预留出两层通高的空间，提高了居住空间的品质。

麻省理工学院西蒙斯学生宿舍楼，斯蒂芬·霍尔
剑桥，马萨诸塞州　2004 年
[后现代主义，双边走廊式，玻璃与金属]

Simmons Hall, Steven Holl
Cambridge, Massachusetts　2004
[Postmodernism, double-loaded corridor, glass and metal]

麻省理工学院西蒙斯学生宿舍楼与贝克公寓毗邻，均坐落在麻省理工学院校园中。其平面布局采用双边走廊式组织结构，将居住单元布置在中央走廊的两侧。垂直消融（vertical erosions）形成的独特构型被斯蒂芬·霍尔称作"混合内庭"（mixing chambers，在设计中通过有机构成的墙体表现出来）。垂直消融形成了一种类似中庭的空间，用于垂直方向的交通组织，能将水平方向的各种要素聚合统一起来，而这种高密度重叠的因素有利于促进社会交往及社区交流。

双边走廊式——城市尺度 | Double-Loaded—Urban

城市中的双边走廊式结构实现了中央交通流线的高效运营，中央交通流线周边往往与商务空间、办公空间及居住空间紧密结合。集中布置的商业设施会产生有组织的集聚效应，展现了最高效的、最具说服力的城市效率。林荫大道、商业街、购物中心甚至步行漫道，反映了社会行为的集约性，体现了城市活力，也代表了一种相互支持的生活方式。

香榭丽舍大街
巴黎，法国　1724 年
[新古典主义，林荫大道]

The Avenue de Champs–Élysées
Paris, France　1724
[Neoclassicism, boulevard]

城市中的双边走廊式结构几乎适用于所有街道，但是当其作为一个城市议题进行讨论时，还是应该将各类街道特征加以详细区分。林荫大道这种街道类型具有丰富的街道功能和多姿多彩的店面，需要对街道尺度、植物种植、交通流线等进行统筹考虑以提高街道连续性。香榭丽舍大街是一条带状商业街，街道中央设置有多条机动车道，两侧是宽阔的人行道，沿着店面还预留出可容纳大量行人的步行商业空间。香榭丽舍大街会聚了世界上最高端品牌的零售店、完善的街道基础设施、相似的街道功能（商业）以及紧密排布的店面，是世界知名的购物天堂。香榭丽舍大街这条林荫大道作为一种双边走廊式结构应用于大尺度的城市空间中，将位于巴黎老城的凯旋门（Arc de Triumph）与位于新区的拉德方斯大拱门（Grand Arch in La Defense）连接起来，香榭丽舍大街独具风范，一点也不逊色于这两座纪念性建筑。

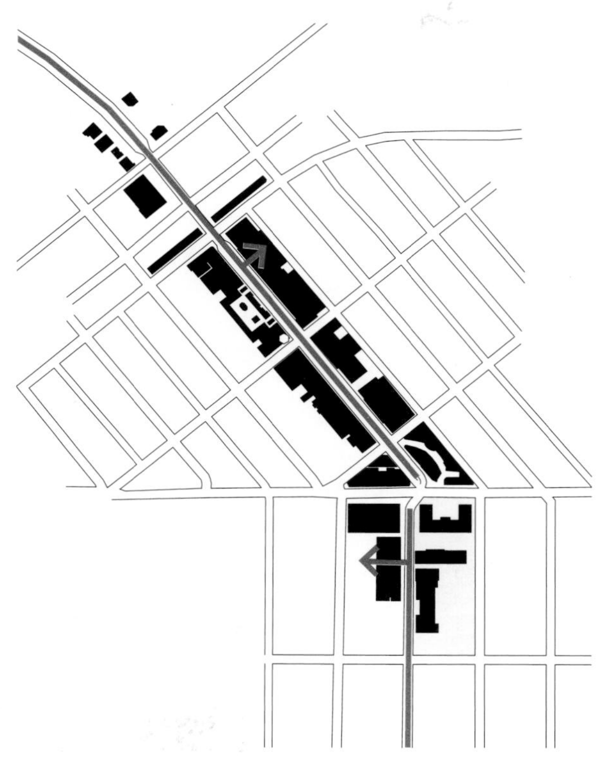

罗迪欧大道
比佛利山庄，加利福尼亚州　20 世纪 70 年代
[后现代主义，折中风格]

Rodeo Drive
Beverly Hills, California　1970s
[Postmodernism, eclectic styles]

罗迪欧大道是全球知名的零售商业中心，其形式为典型的街道布局，极具代表性的顶级奢侈品牌店沿街道两侧依次排开，店面相应的街道空间随之简单排列。这条双边走廊式的交通流线很大程度上是服务于步行交通的，机动车的存在也为步行游客提供“巡游”（cruising）服务。精致的店铺形成了街道立面，构成了城市肌理，也限定了这条双边走廊的边界。每个店铺通过其沿街立面的独特设计形成视觉吸引，加强了与整个街道的联系，店铺立面的识别性和吸引力不仅创造了街道形象，也促进了购买行为。

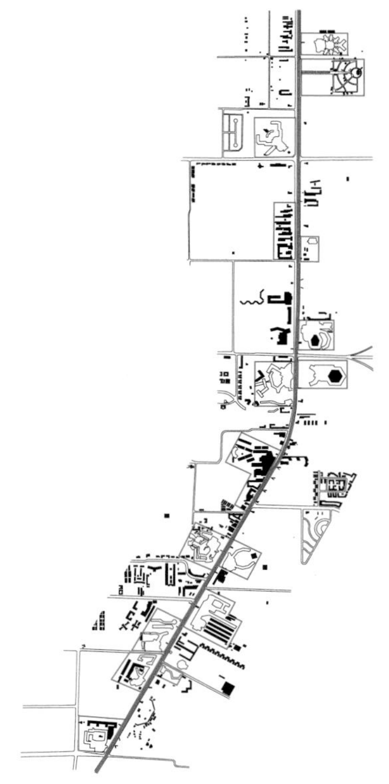

拉斯维加斯大道
拉斯维加斯，内华达州　20 世纪 70 年代
[后现代主义，线性带状折中风格]

Las Vegas Strip
Las Vegas, Nevada　1970s
[Postmodernism, linear strip eclectic styles]

拉斯维加斯大道是一条交通要道，其两侧分布着一系列酒店与赌场作为节点。曾经这些场所均以独立的、自我包容的小世界各自发展，如今它们却被这条共用的街道及街道承担的交通功能连接起来。不断扩张的城市综合体亦将步行交通与机动车交通引入其中。城市综合体的影响力不仅体现在其提供的独一无二的服务中，亦表现在其邻接度、密度与收纳性上。这条双边式的“纽带”（strip）成为城市的收纳者，将一系列赌场建筑紧密联系在一起，创造出了连续的城市体验。

点对点式——城市尺度 | Point-to-Point—Urban

点对点式布局是一种城市规划方法，即将一系列节点，如纪念性场所、地理标志、历史标记等，通过辐射状轴线式的林荫大道串联起来。这种道路创造出视觉廊道，并聚集、产生了不同层级的交通网络。如此形成的城市结构加强了空间的联系性，强调了个体在相对空间中的意义。公共性节点与纪念性节点得以凸显，与建筑填充形成的次级城市肌理形成鲜明对比。这种毗邻的排布使民众对置于环境（城市肌理）中的对象（纪念性场所）产生了共鸣。这些“点”成为独特而且有层级的元素。

罗马

17 世纪诺里平面图

[巴洛克式，线性街道连接广场]

Rome

17th Century Nolli Plan

[Baroque, linear streets connecting piazzas]

为了连接罗马的朝圣七大殿，教皇西克斯图斯五世（Pope Sixtus V，1520—1590 年）设计了全新的城市组织形态。西克斯图斯五世意欲践行文艺复兴的思想，即用次级的城市填充与主要的直线道路形成对比，他规划了一系列节点（置于轴线交点处的方尖碑）作为全新通路与交通模式的基础。这一惠及今日的规划系统不仅连接了教堂与城市的重要节点，而且利用专门预留的交通系统形成紧密结合的城市肌理。典型的案例之一是，在人民广场（Piazza del Popolo）正中有三条不同的轴线交会于方尖碑，这是罗马规划平面中最清晰的表达之一。

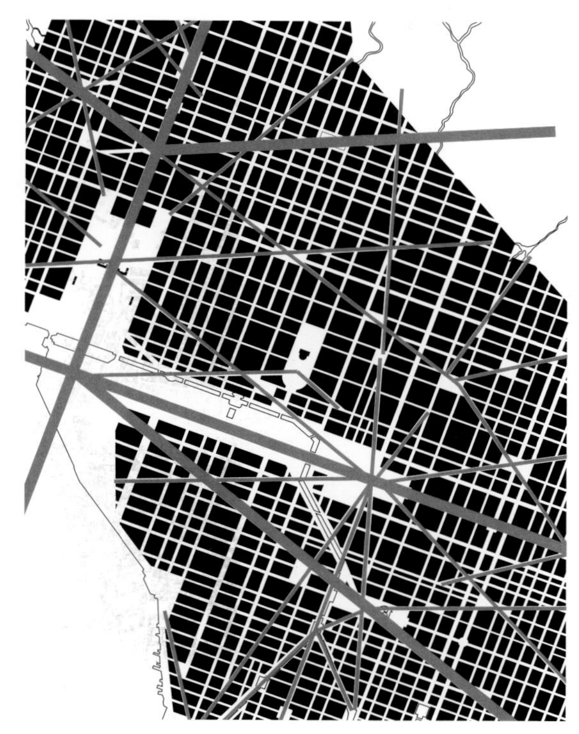

华盛顿特区，皮埃尔·朗方
1791 年
[新巴洛克式，以圆形或方形为中心向外辐射的宽阔林荫大道]

Washington, D.C., Pierre L'Enfant
1791
[Neo–Baroque, broad avenues radiating from circles and squares]

作为国家首都，华盛顿特区成为纪念性建筑、博物馆与政府建筑的集合地。华盛顿特区的城市设计运用了巴洛克式的设计手法，在城市结构中确立了不同层级的节点（开放空间），并用宽阔的放射状林荫大道将它们连接起来。市政基础设施亦通过点对点的视觉联系和物理连接构成完整体系，并与规则的网格状城市结构并存。统一的建筑物标准高度进一步强调了点对点式布局，并在 1899 年经法律确认，这种统一的组织方式得到认可。最终，最高层级的点对点式城市布局通过美国国会大厦（Capitol Building）与华盛顿纪念碑（Washington Monument）无可比拟的宏大规模展现出来。点对点式的城市结构具有一致性，形式上的部分消减或移除不影响其形成清晰的连接关系，也并不拘泥于街道网络的正交几何形式。

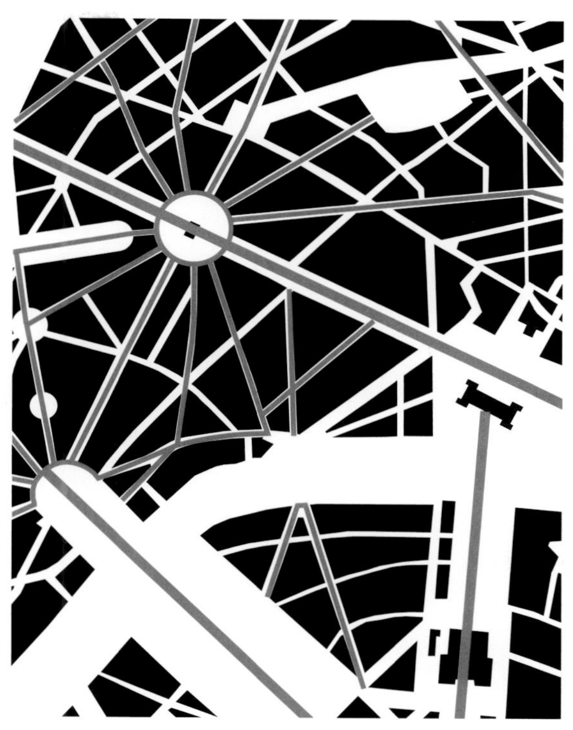

巴黎，乔治 – 欧仁·奥斯曼
1870 年
[法兰西第二帝国风格，连接起来的林荫大道]

Paris, Georges–Eugène Haussmann
1870
[Second Empire, connecting boulevards]

奥斯曼对巴黎城市结构的影响和冲击非常强烈而且无处不在，这主要体现在连接起来的林荫大道所形成的对比与统一之中。为了精简过度拥挤的“巴黎式”城市结构，奥斯曼谨慎地规划出一系列轴线，用宽阔宏伟的林荫大道将重要的纪念碑和文化设施串联起来；同时，大刀阔斧地开辟出用于精简城市结构的轴线，彻底将那些充斥着犯罪、被社会遗弃的“低级阶层”（lower class）社区贯穿起来。因此，奥斯曼所做的一系列变革不仅改变了城市的环境面貌，也改变了城市的社会结构。奥斯曼更进一步确定了诸如街道宽度、建筑高度、开间模数、水平方向的分层延伸、屋顶高度、建筑退让，甚至人行道设施配置及植物种植等城市建设细节——奥斯曼所做的巴黎改建内容通过正式的法律确认，得到了周密严格的执行，其对巴黎城市的综合影响是巨大而深远的。

网格体系 | Grid

网格是一种基本图形，其基于阵列式布局形成的多方向延展空间而生成。网格体系可以产生非常密集的相互交叉的线，这些线建立了模式化的点阵，同时形成了相邻的正交空间岛域（islands of space）。网格在 x 方向和 y 方向的间距是灵活自由的，便于实现更大的形式差异。多变的间距实现了网格多样化，其中，等距的间隔生成正方形网格，不等距的间隔形成了矩形的罗马网格（Roman grid），对网格的相关解读可以追溯至对以下概念的强调：点（结构）、相异的模式（图案的变化和网格间隔的变化）、模数（重复的单元间隔和增加的单元数量）以及多网格之间的相互关系和相对位置（重叠或进行移位变化的多元网格）。以上四个方面均可以动态地应用于城市和建筑中。网格体系可以用于界定建筑形式、结构模数、空间规划、装饰、图案，也可以单纯作为几何开间系统的基础体系。

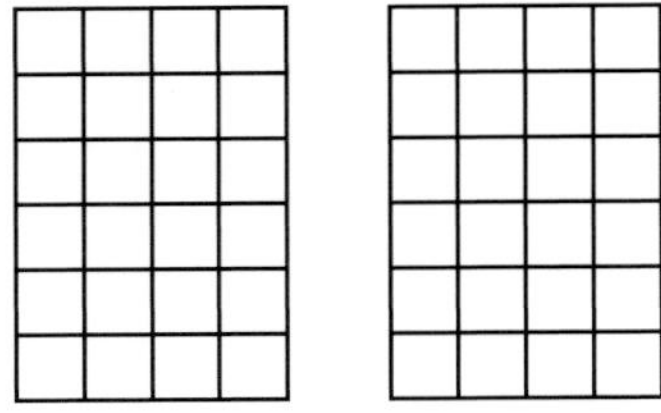

并排

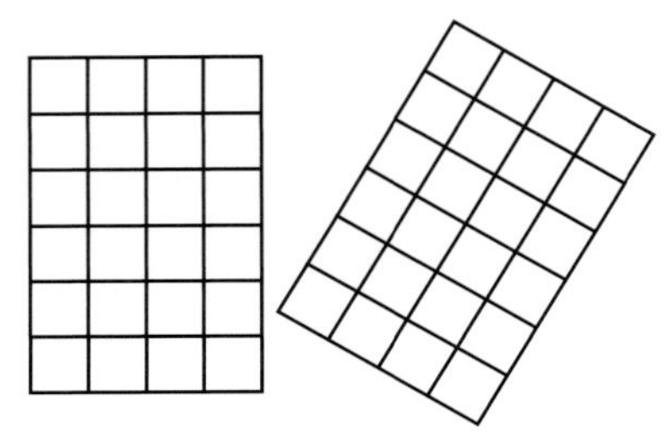

旋转

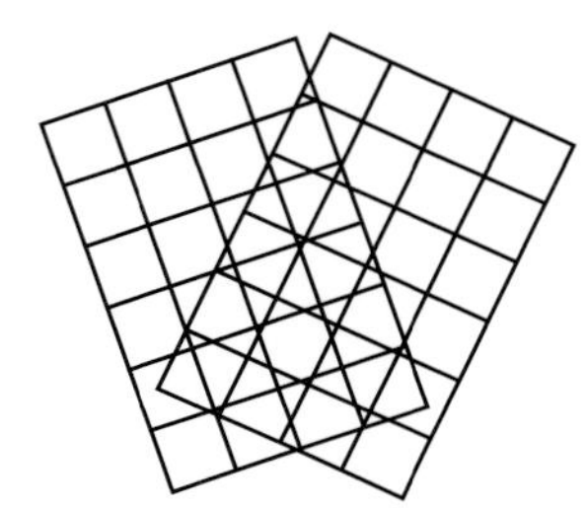

重叠

定位

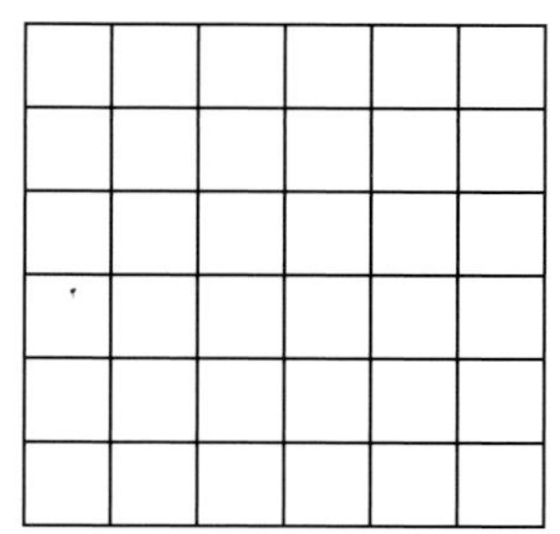
正方形网格

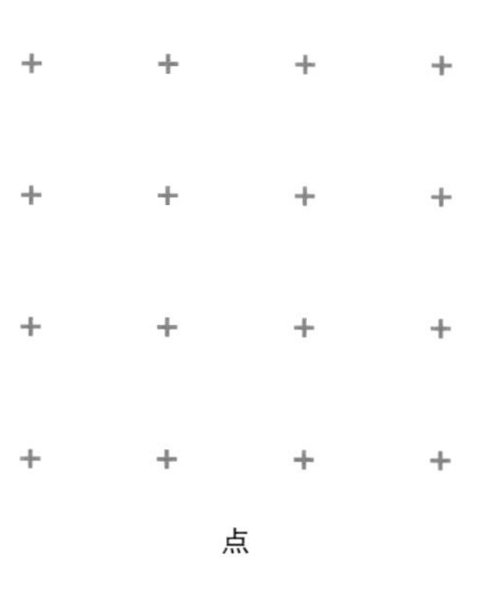
点

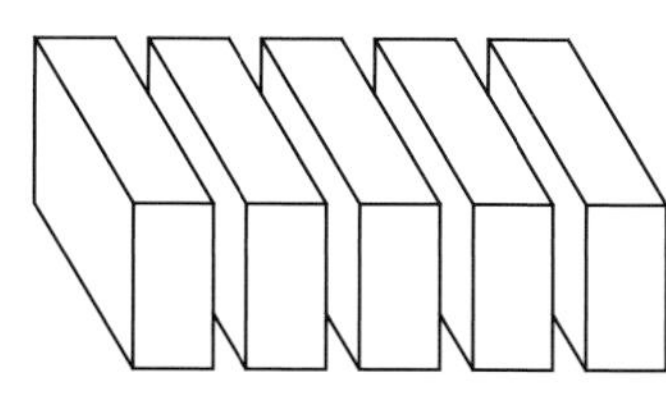
三维模数

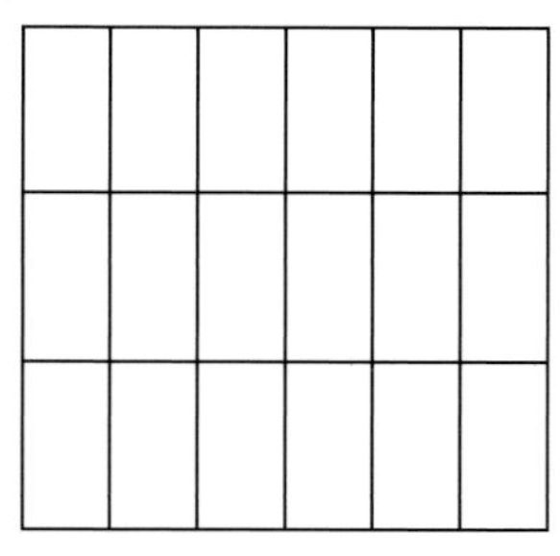
罗马网格

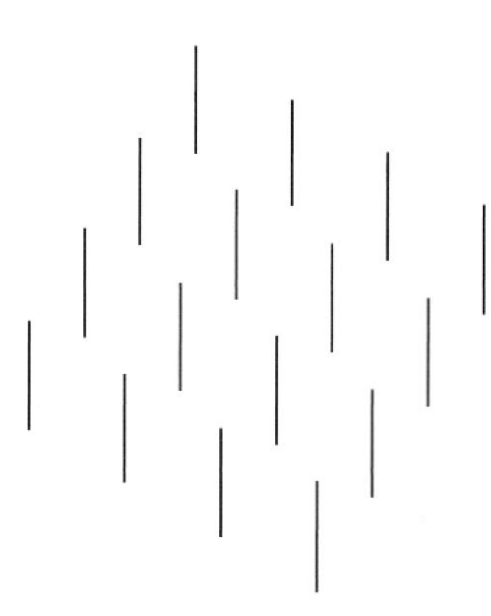
场域

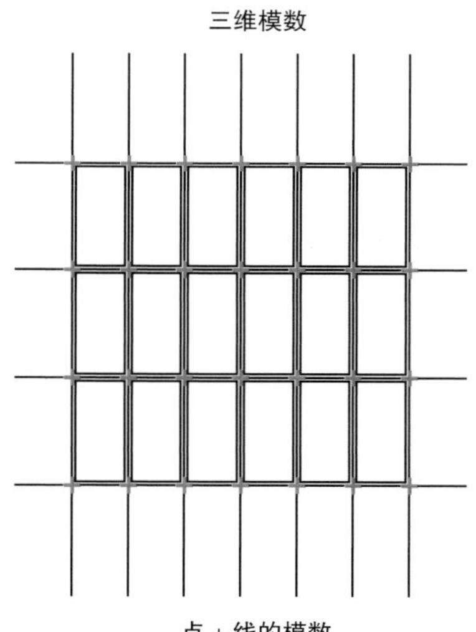
点 + 线的模数

形式

结构

模数

网格定位——建筑尺度 | Grid Position—Architecture

在建筑尺度层面，网格被广泛应用于空间形式的创造。网格的优势在于凸显了建筑实体与其周边环境的相对位置，建立了由此位置关系产生的空间对话。网格将一块块的用地统筹为一个整体，通过每个格子在位置和方向上的几何变化，确立了每块用地在更大场地中的相对关系。网格可以循环应用于场地设计、空间架构和 / 或建筑实体。由规则递增的网格建立起的场地相对关系，可以增进对网格本身的理解，也能加强对网格中建筑实体的解读。

柏林爱乐音乐厅，汉斯 · 夏隆

柏林，德国　1963 年

[折中现代主义，旋转的几何形，金属和混凝土]

Berlin Philharmonic Hall, Hans Scharoun

Berlin, Germany　1963

[Eclectic Modernism, rotated geometries, metal and concrete]

柏林爱乐音乐厅是德国首都最早的音乐演奏厅。它通过独特的建筑形式确立了其在城市中的标志性地位。在建筑设计中，一系列聚合的网格限定了空间，建筑内部的网格体系产生了一种集合式的形式上的对话与联系。建筑的外部也得到了精心设计，展现出和谐统一的特征，这不仅得益于高度构成式的网格形式，还得益于网格形式之间的空间组织及其相互作用。

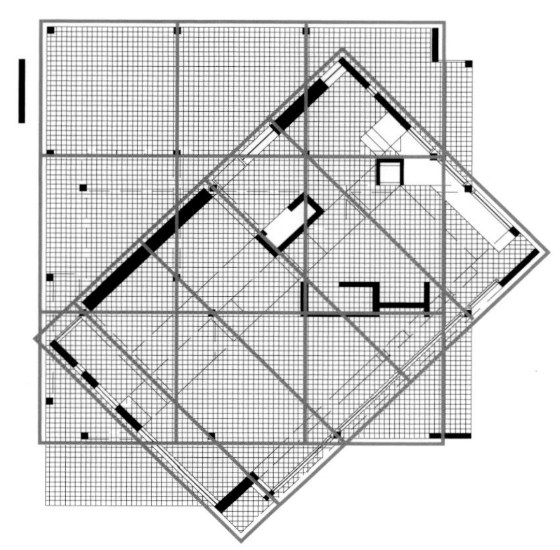

三号住宅，彼得・艾森曼
莱克维尔，康涅狄格州　1971 年
[解构主义，旋转的几何形，木材和灰泥]

House Ⅲ, Peter Eisenman
Lakeville, Connecticut　1971
[Deconstructivism, rotated geometries, wood and stucco]

三号住宅是在纯粹几何图形上形成的。首先，建筑通过两个网格来限定空间构成，网格的变化和叠加形成并置的、交叠的、**重组的**系统。网格之间或相互独立，或动态交织，或进而产生第三种关系，即交界清晰并互相呼应。在不同层次的网格之间，交界部分的空间决策成为重要的创作灵感，这也体现了艾森曼后功能主义（post-functionalism）的思想原则。

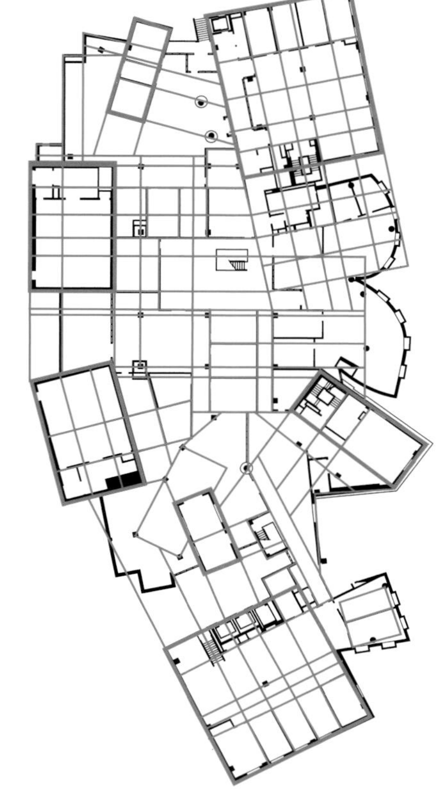

麻省理工学院斯塔特中心，弗兰克・盖里
剑桥，马萨诸塞州　2004 年
[解构主义，旋转的几何形，金属和砖石砌块]

Stata Center, MIT, Frank Gehry
Cambridge, Massachusetts　2004
[Deconstructivism, rotated geometries, metal and masonry]

斯塔特中心延续了盖里的建筑形式原则，盖里将建筑视为一个由流线型建筑组成的独立“村落”（village），这与他惯用的旋转的形式主义原则相一致。在斯塔特中心设计中，每个体块有自身的几何形，体块的旋转、变形及相互关系使各部分之间建立了相关性，同时为实现形式和空间体验上的感知做好了铺垫。分散的体块利用各自的几何形体实现了建筑在整体尺度上的分解，呈现出局部与整体、个体体块与整体建筑的动态视觉构成。

网格定位——城市尺度 | Grid Position—Urban

在城市尺度层面，城市网格的划分形成了城市肌理，建立了交通组织和街区格局。网格定位是一种应答机制（responsive mechanism），它既受文脉环境的影响，也与空间的层级划分相关。网格的基本尺度影响着城市的韵律节奏、规模范围和基础设施的布局。网格会根据自然地形和地势做出回应，并通过重叠、打破等方式形成各式各样的几何图形。这些图形连同规划中的城市节点体现了场地的地域特征与可识别性。

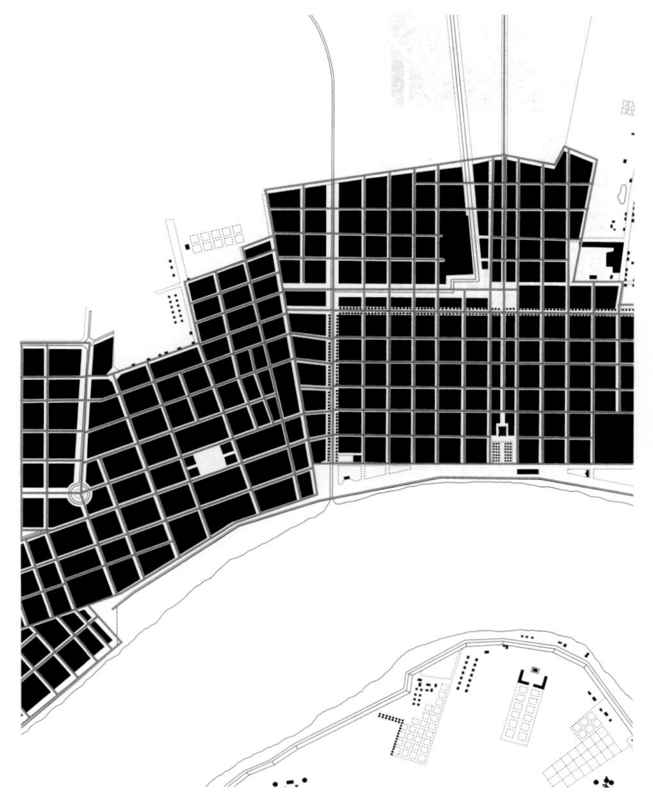

新奥尔良，路易斯安那州
1718 年
[法国殖民风格，顺应河流的放射状网格]

New Orleans, Louisiana
1718
[French Colonial, radial sections adjusting to river]

在新奥尔良，城市结构是由一系列的网格组成的。网格经过旋转顺应了密西西比河的自然弯曲，也形成了网格间隙。网格原本是严格规整的几何形，而按照理想城市结构的平面标准，网格体系应与蜿蜒的河流及更大区域中的自然环境相协调，因此，新奥尔良的网格形态必须进行调整。为了保持与滨水区的平行，网格被分割成楔形区域，并由此产生一系列网格间隙，这些间隙解决了网格与河流的拼接问题，也创造了城市肌理中顺应河流的放射状连接。

巴尔的摩，马里兰州
1869 年
[杰斐逊网格[译注 8]，顺应地形的拼接布局]

Baltimore, Maryland
1869
[Jeffersonian grid, topographic patchwork configuration]

巴尔的摩运用网格系统规划了一套标准而严密的城市开发系统。巴尔的摩的自然地貌横跨平缓的海滨与起伏的丘陵、山谷，这些自然要素产生了一系列不适合城市发展的区域，阻断了城市的肌理结构。针对这些被打碎的区域，网格自然而然就成为一种拼接手段（patchwork），用于调整和呼应（本区域与周边区域的）功能和形式。最终，依照当地的地形特征、生态系统和自然环境，产生了相互叠加、重叠整合的几何网格。

雅典，希腊
1909 年
[新古典主义，从帕提农神庙向外辐射的网格]

Athens, Greece
1909
[Neoclassicism, radial grids of extension geometry from Parthenon]

雅典始建于希腊化时期，拥有悠久的城市进化发展史。雅典卫城（全球最重要的建筑及文化古迹之一）是雅典建立的基础，它的存在具有非凡的意义。作为地理、地形和城市建筑的主要标志物，雅典卫城融于城市肌理中，其规模宏大又无处不在。城市周边的物质形态和文化均作为城市网格的层级发展起来。雅典的网格结构与雅典卫城的标志性形象密切相关，雅典城中新建了楔形的网格结构，就是为了联系和呼应雅典卫城的标志性形象。而最终形成的城市整体结构归根结底还是取决于单一的空间网格层级。

网格形式——城市尺度 | Grid Form—Urban

网格自身的行列关系建立起了不同的网格形式。网格单元的长宽比形成了网格肌理，也确立了网格方向，更进一步促进了对网格的感知。网格单元可以自我重复或自我演化（通过自身变化）。网格形状对城市结构的尺度和都市氛围的营造都有显著影响。

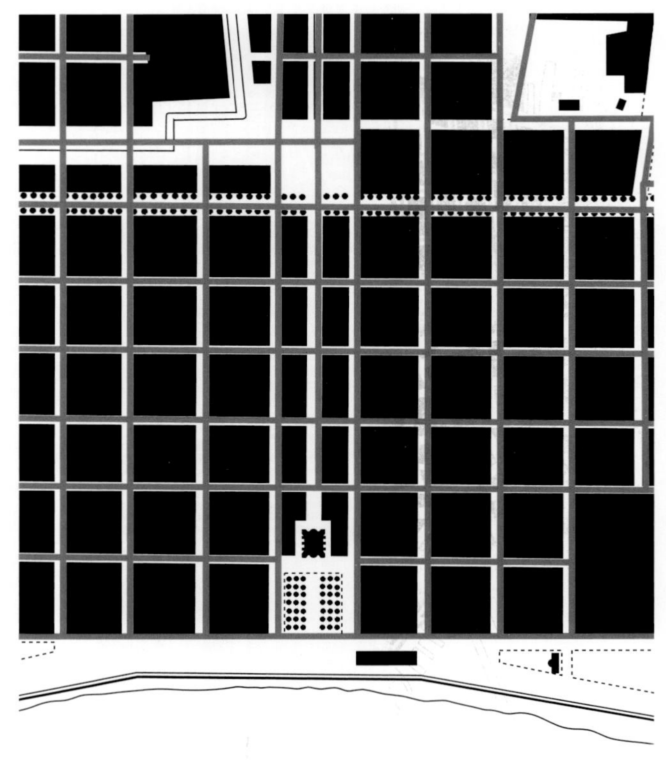

新奥尔良，路易斯安那州
1770 年
[法国殖民风格，正方形网格]

New Orleans, Louisiana
1770
[French Colonial, square grid]

新奥尔良的法国区部署于正方形网格中。正方形的等边特征便于形成基本的模数单元，适用于**多功能的空间场所**。正方形网格不存在线性肌理（grain）（基本单元的长和宽具有明显的等级和差异），也不会因此而产生方向性，所以正方形网格使整片区域具有了均质性。而均质的场地中庸平和，必须通过其他手段建立层级结构。所以在新奥尔良地区，河流、广场、公园以及网格之间的放射状连接都是建立层级结构的手段，这些要素能够为所在区域建立起空间形态和空间特征，形成富有特色的场所和社区，也为整个城市建立起丰富的空间层次体系。

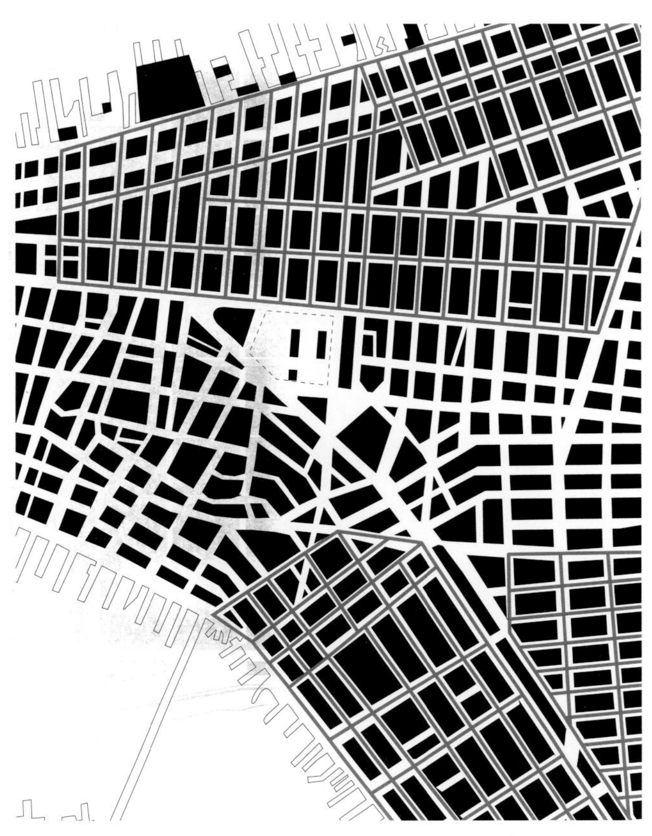

纽约市，纽约州

1811 年

[杰斐逊网格，矩形网格]

New York, New York

1811

[Jeffersonian grid, rectangular grid]

纽约的城市网格应用的是杰斐逊网格。不同的线性肌理（较短的东西向宽度与较长的南北向长度）生成了多种方向的场地形式（形式由不同的长宽比确定），便于人们形成对个体位置的认知和对个体在更大场地中运动路径的认知。同样，基于网格位置和网格在更大城市区域中的定位，网格形式在城市尺度中同样能创造出不同的方向性和地域特色。拉长的街区与曼哈顿地区原有的网格比例和尺度相协调，城市网格的长宽比也与当地的地理环境相适应。

巴里，意大利

1893 年

[新古典主义，网格变形]

Bari, Italy

1893

[Neoclassicism, transformational grid]

巴里的城市形态是依照城市发展的年代顺序更替演进的，它代表了一种城市发展中不同时代、不同规模、不同速度及相关组织体系互相融合的混合系统。始建于中世纪的肌理结构，在历史更迭中随着当地的政策变化而曲折发展，城市肌理被打破重组并演化形成传统的网格结构。而在现代，以追求高效的机动车通行效率为主导，一种标准化、理性化的城市发展状态应运而生。在巴里，自由随性的中世纪街道网格与标准理性的现代街道网格共存并形成对比，正体现了不同时代、不同规划方法对城市空间组织体系的影响和城市空间组织体系的转变。

网格结构——建筑尺度 | Grid Structure—Architecture

在任何构图中，网格都是一个不断重复的体系，具有标准性和一致性。网格的作用可以扩展到建筑的平面和剖面设计中，包括构图布局、功能边界、结构要素、平面图形等。网格还可以用作控制区域，为结构位置进行定位。这时，结构性网格能够帮助建筑师建立起更大构图范围内的标尺（meter）和组织体系。不同的网格密度和网格规律，既可以创造如**多柱式大厅**（hypostyle hall）那样的致密空间（列柱紧密排列形成的重复性空间），也可以形成更松散的空间场所（通过在结构上展现的、材料合理的、经过优化的结构框架来限定）。

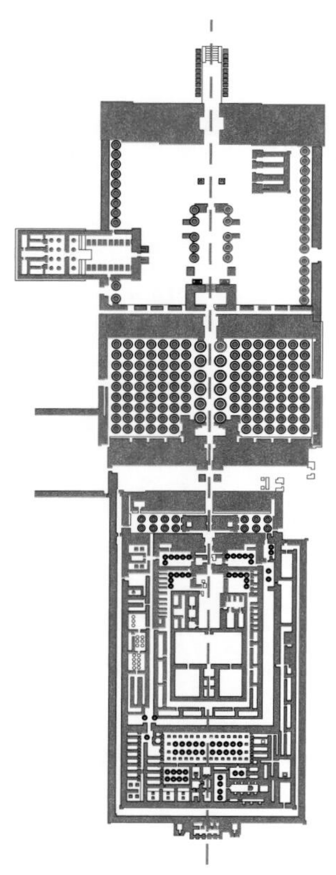

卡纳克的阿蒙神庙
卢克索，古埃及　公元前 1306 年
[埃及式，多柱式大厅，石砌建筑]

The Great Temple of Amun at Karnak
Luxor, Egypt　1306 BCE
[Egyptian, hypostyle hall, masonry]

位于卡纳克的阿蒙神庙是多柱式大厅的一个经典案例。阿蒙神庙通过布置密集有序的列柱来界定空间，建立起一个形式至上、规模宏大、多方向的前院，神庙的空间序列所产生的视觉冲击使人感受到了等级秩序和紧张刺激。在卡纳克，有多种类型的多柱式大厅。在阿蒙神庙的大厅中，柱子间不同的组合关系、不同网格的密度和不同单元的规模（相对于人的维度）均能体现人们所信仰的来世的经典比例。史诗般雄伟的神庙震撼着游客，向人们传达着神庙的力量、人生的意义和神祇的主宰。

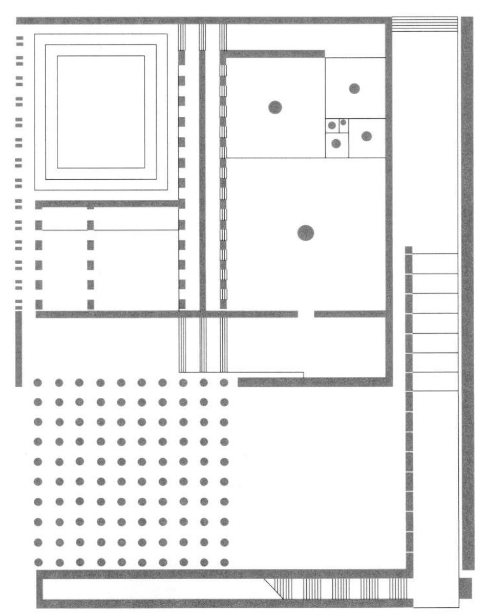

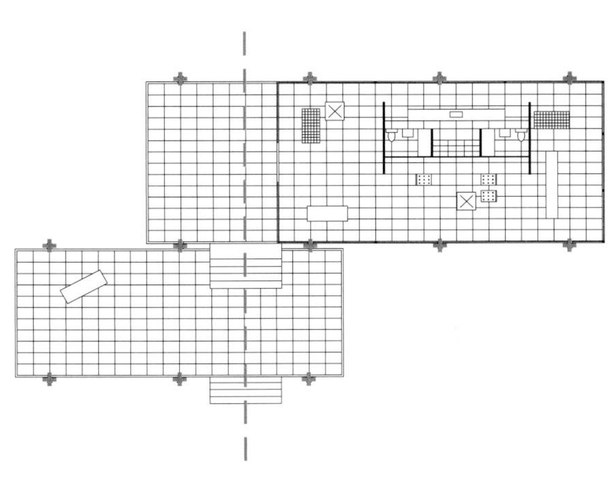

但丁纪念堂，朱塞佩·特拉尼
罗马，意大利　1942 年
[意大利理性主义，多柱式大厅，砖石砌体]

Danteum, Giuseppe Terragni
Rome, Italy　1942
[Italian Rationalism, hypostyle hall, masonry]

但丁纪念堂由朱塞佩·特拉尼设计，未建成。建筑内部的石砌列柱既没有柱头、柱础，也没有任何装饰，但丁纪念堂的百柱厅 [译注 9] 就是由这样的石砌列柱网格构成的。这个被赋予现代主义情感的网格空间通过典型的传统多柱式大厅建立起视觉密度。网格组织建立的无限扩展的空间模式象征着《神曲》开篇中的“幽暗森林” [译注 10]。基本的几何网格组织建立了空间的秩序性、透视性、重复性和连续性，也定义了空间的力量。

范斯沃斯住宅，密斯·凡·德·罗
帕拉诺，伊利诺斯州　1951 年
[现代主义，自由平面—通用空间，钢材与玻璃]

Farnsworth House, Mies van der Rohe
Plano, Illinois　1951
[Modernism, free plan–universal space, steel and glass]

在范斯沃斯住宅中，密斯·凡·德·罗运用网格作为组织方式，并大胆地对网格的规则性进行简化。作为空间主导的网格可以向四面八方无限延伸，而透明的玻璃边界不仅可以营造出广阔空间并能使建筑与周围的自然景观和谐交融。大胆的白色钢结构柱网创建出模数化的结构框架，限定了建筑的规模尺度，也在无限的空间中明确理性的“局部空间”（local space，指建筑本身）。范斯沃斯住宅的结构性网格通过光滑的底板和屋顶板消除了边界并扩展延伸，又进一步通过石灰华大理石地面的模数缩小了网格的结构和规模。清晰的细节使建筑的整体设计超越了其实体存在，得到的是多种材料体系的系统化组织和建筑与环境的综合感知。

网格模数——建筑尺度 | Grid Module—Architecture

网格作为一种建筑模数，用重复的空间建立了或隐藏（虚）或显现（实）的模数化模式，更广泛应用于建筑平面、立面和剖面的构成中。网格作为一种组织方法，可用于二维平面或三维空间，网格体系可以在构成中确立几何图形的控制地位，也可以由此形成更大的重复比例体系。与网格的重复性空间特质一样，局部的开间或单元也可以作为重复序列中的一个模数，既能构建建筑形式，也能启发建筑解读。

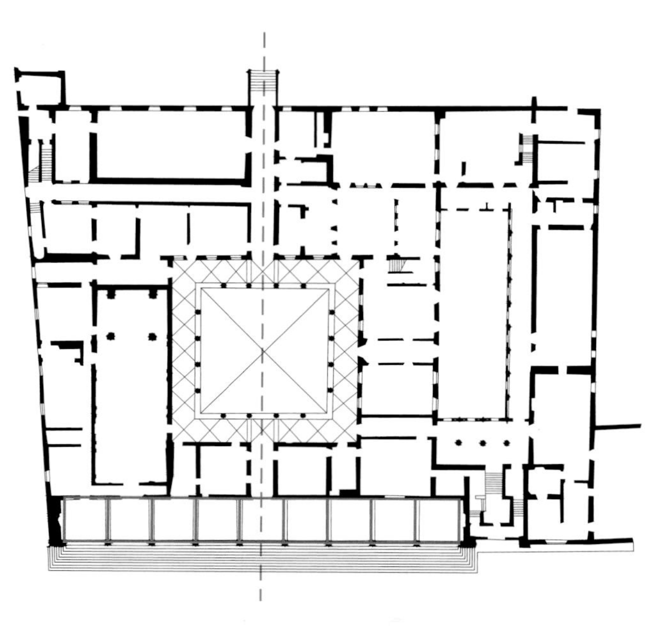

育婴堂，菲利波 · 布鲁内列斯基
佛罗伦萨，意大利　1445 年
[意大利文艺复兴，模数化的拱廊，砖石砌块]

Ospedale degli Innocenti, Filippo Brunelleschi
Florence, Italy　1445
[Italian Renaissance, modular arcade, masonry]

在育婴堂设计中，布鲁内列斯基利用正方形的设计元素赋予这座建筑一个清晰简洁的组织架构，以确保建筑与广场的明确关系。九个正方形的平行开间形成**敞廊**，延伸至育婴堂的整个立面，从而确立了建筑与广场之间的透明关系。敞廊中的圆柱（module）[译注 11] 恰好垂直于广场的轴线，从而通过它的延伸在广场内建立了一种纯粹的形式。这种规则的模数化比例，成为文艺复兴时期大部分建筑遵循的设计原则。

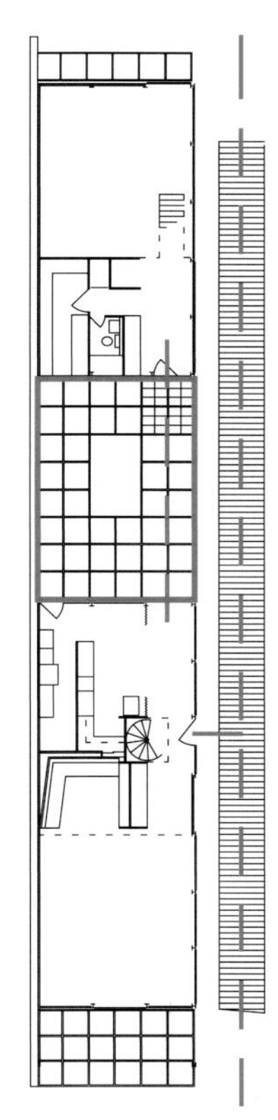

埃姆斯住宅，住宅研究8号案例（也称“8号实验住宅”），蕾·埃姆斯和查尔斯·埃姆斯夫妇
洛杉矶，加利福尼亚州　1949 年
[现代主义，重复模数，钢材与玻璃]

Eames House, Case Study 8, Ray and Charles Eames
Los Angeles, California　1949
[Modernism, repetitive module, steel and glass]

在住宅研究 8 号案例中，埃姆斯夫妇的设计兴趣在于可批量生产的建筑要素。该项目采用了重复的网格模数布局，通过标准化组件的应用使网格模数得以实现。建筑布局以模数化的钢材元件、精致的桁架和列柱为基础，确立了重复的开间体系。该体系以精细的标准将开间严格均等地划分，最终从众多聚合的面中得到一系列组合分层的网格。虽然这些建筑构造的标准手法是固定的，但通过巧妙和灵活的应用，重复的单元也可以建立一个完整的建筑体系。

67 号集合住宅，莫瑟·萨夫迪
蒙特利尔，加拿大　1967 年
[现代主义后期，模数单元的聚合，混凝土]

Habitat 67, Moshe Safdie
Montreal, Canada　1967
[Late Modernism, modular unit aggregation, concrete]

在 67 号集合住宅设计中，莫瑟·萨夫迪将模数的使用拓展到整个三维空间中。利用空间组织方法、形式构成手法和装配技术，模数主导着局部体块的构成和整体布局的架构。预制构件和预制装配式单元的堆叠和聚合建立了单元之间的相互关系，也确定了建筑局部和建筑整体的规格标准。通过预制体系，网格模数能够生成完整的建筑三维空间，但每个网格依旧保持原有的个体特征。67 号集合住宅设计充分体现了模数布局的构成方法、构造技术、组织体系和空间营造。

自由平面 | Free Plan

伴随结构与材料的进步而产生的自由平面，将坚实的、占主导地位的墙承重体系转变为柱承重体系。开放式构图的平面不再受到跨度、荷载或重力的过度约束，允许形成流动的空间和灵活的形式与效果。为了突出空间的连续，打破空间的划分，既可以将建筑内部的分隔做到最小化，又可以采用流线式的造型，还可以有计划地模糊结构、灵活处理设计边界。此外，独立内核（居住空间、交通流线与公共设施）的发展，允许把墙体视为家具的类似物进行摆放，将其从天花板平面中脱离出来，还可以经常变化表面材料。如今，建筑师已经综合掌握了自由平面的设计方法，这从根本上改变了建筑的空间布局与组织形式。

自由的运动

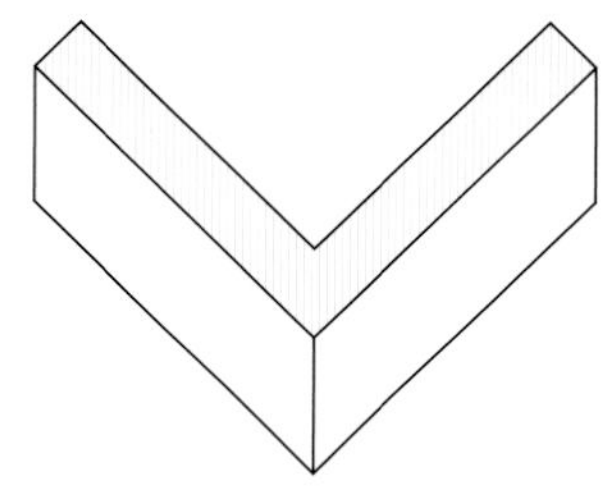

墙体的体量

自由的墙体定位

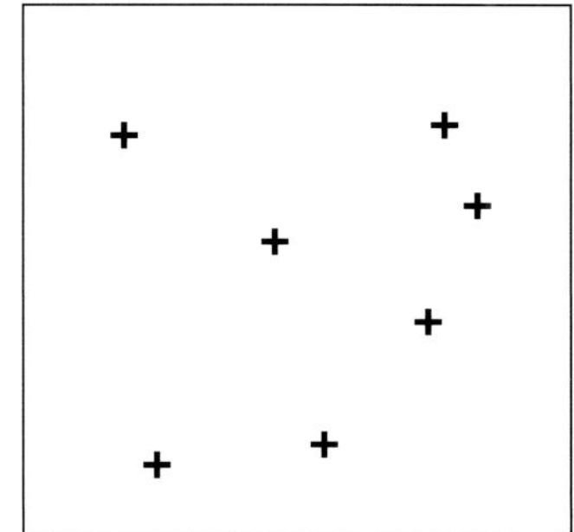
自由的结构定位

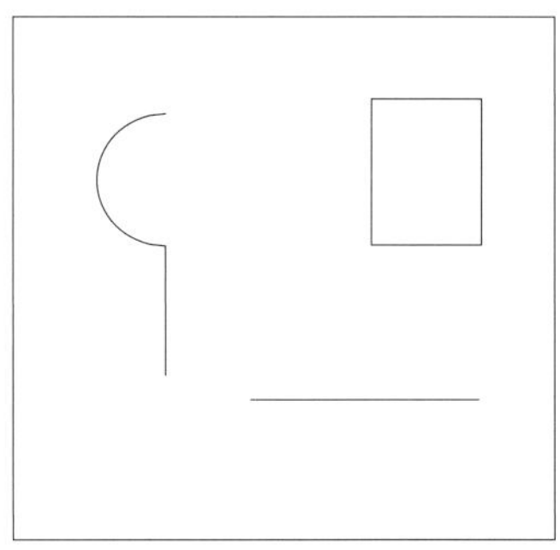
自由的形式

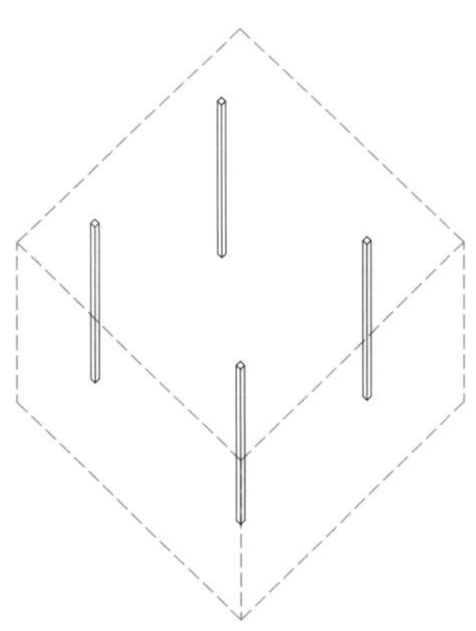
结构柱

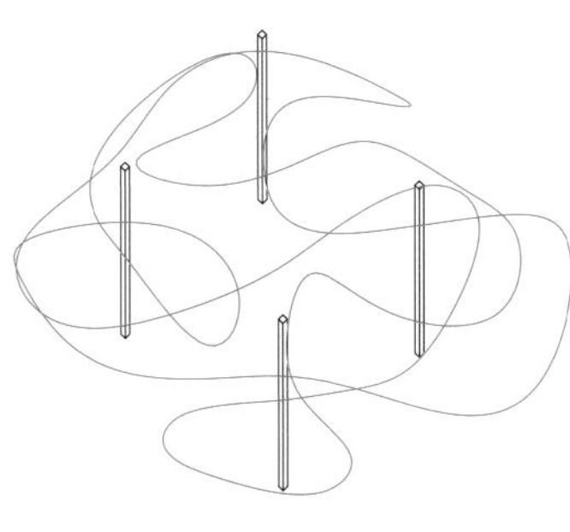
自由的运动

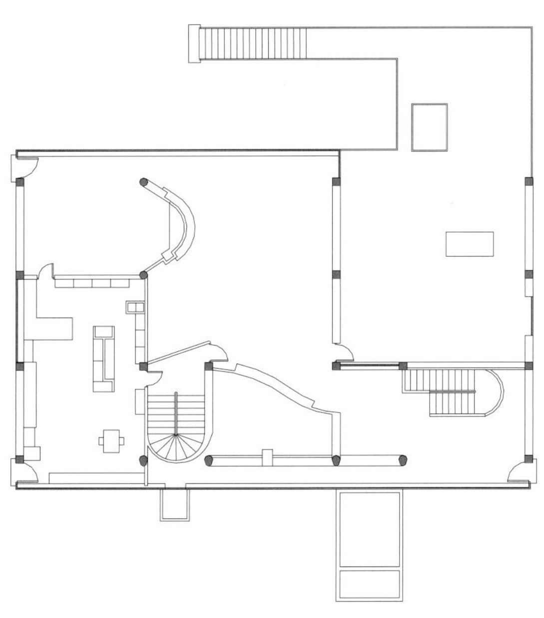

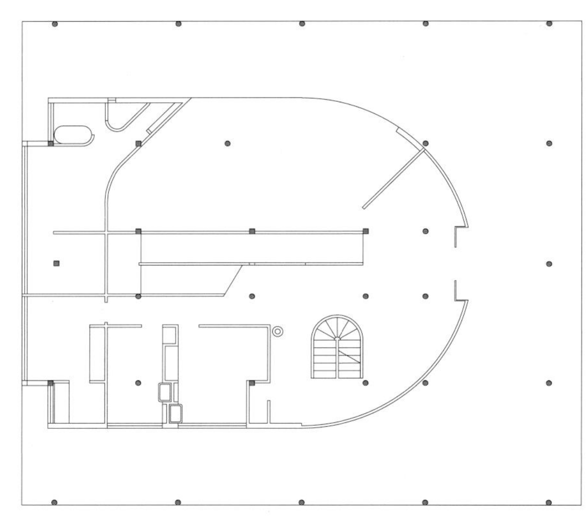

加歇的斯坦因别墅，勒·柯布西耶
加歇，法国 1927 年
[现代主义，自由平面，混凝土与砖石砌块]

Villa Stein at Garches, Le Corbusier
Garches, France 1927
[Modernism, free plan, concrete and masonry]

加歇的斯坦因别墅至今仍是柯布西耶创造性运用自由平面的案例之一。它建造于萨伏伊别墅之前，确立了自由平面的设计原则，虽然这些原则仅在建筑的**主层楼面**（the piano nobile）[译注 12] 得以实践。与萨伏伊别墅不同的是，斯坦因别墅的底层没有架空，但自由平面的理念还是显而易见。当进入建筑室内时会见到四根独立的柱子，这明确展示了建筑结构与表皮的分离。在主要公共楼层中还有多根与墙体分离的立柱，这些立柱独立于空间中央，周围环绕着非承重墙。最终，建筑空间由隔墙控制并统一协调，复杂的综合空间从结构需求中独立出来。

萨伏伊别墅，勒·柯布西耶
普瓦西，法国 1929 年
[现代主义，自由平面，混凝土与砖石砌块]

Villa Savoye, Le Corbusier
Poissy, France 1929
[Modernism, free plan, concrete and masonry]

萨伏伊别墅也许是最具代表性的现代住宅，它践行了勒·柯布西耶的“新建筑五点”[译注 13]：自由立面、横向长窗、**底层架空**、屋顶花园与自由平面。新建筑五点的内涵是相互影响、相互联系的。底层架空柱是将建筑提升起来的柱体，使建筑与地面脱离，并消除了墙体的承重任务。在外部，这种做法可以实现自由形态的立面。立面与承重及受力的要求相互脱离，如今成为独立的建筑构成部分。为突出这一特征，采用横向长窗来强调建筑立面边到边的连接性。长窗环绕整个建筑立面，打断了不透明表皮的连续性，因此进一步表达了建筑表皮与承重功能的相对分离与独立。相似的做法在建筑内部空间亦有体现。由于墙体已从承重功能中解放出来，其形式与位置是灵活的，允许采用各种造型、各种组合或完全开放的平面。这些典型的特征是自由平面的印记。

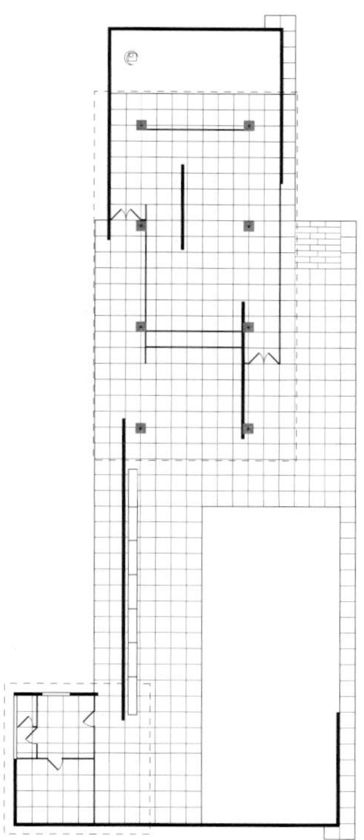

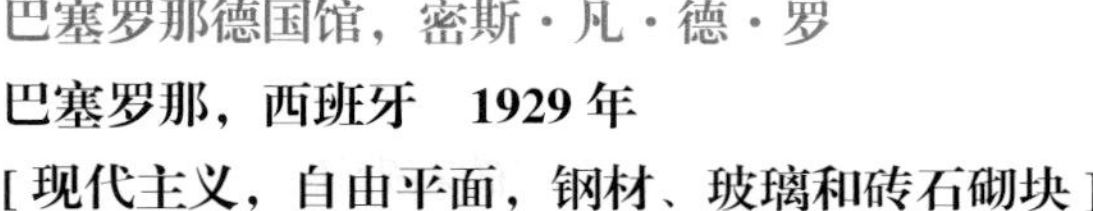

巴塞罗那德国馆，密斯·凡·德·罗
巴塞罗那，西班牙　1929 年
[现代主义，自由平面，钢材、玻璃和砖石砌块]

Barcelona Pavilion, Mies van der Rohe
Barcelona, Spain　1929
[Modernism, free plan, steel, glass and masonry]

巴塞罗那德国馆使用自由平面的组织方式在无限的空间内确立了一种特定的空间体验。流动的墙壁组合交错，戏剧性地从室内延伸到室外，消隐了边界，模糊了内外空间的界限。这个流动性空间从一种功能到另一种功能，从内部空间到外部空间，巧妙精湛又不着痕迹地唤起人们对模糊边界的感知。伴随着对超级新材料的推崇，如着色玻璃、水平方向拼配的纹理吻合的大理石墙面和镀铬的十字形列柱，德国馆的建筑设计具体展现了独立分散的各功能要素，也消除了那些认为建筑是传统的、静态的观点。这种空间和组织方式最终形成了一个具有高度流动性的自由平面。

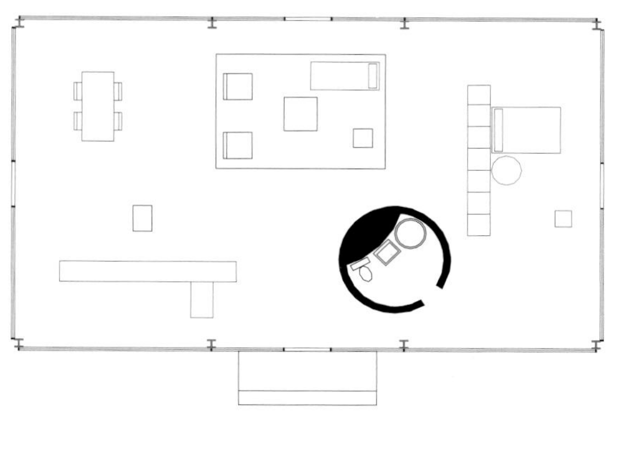

玻璃屋，菲利普·约翰逊
新迦南，康涅狄格州　1949 年
[现代主义，自由平面，钢材和玻璃]

Glass House, Philip Johnson
New Canaan, Connecticut　1949
[Modernism, free plan, steel and glass]

在菲利普·约翰逊设计的玻璃屋里，自由平面是通过空间的独特性来实现的。一个大体量的单一空间通过一个仅仅包含浴室和壁炉的“核心”（即圆柱空间）分隔开来，从而形成连续一致的空间。建筑功能的细分则通过家具的布置、基地的朝向“核心”的位置以及社会仪式的实体表达来实现。均质的透明立面进一步强调了自由平面。玻璃消融了建筑内外界限，并且改善了相邻内部空间的延展性、方向性、协调性和组织性。玻璃材料使建筑和场所结合起来，也使它们之间的相互依存关系和空间体验混合交错，融于一体。

分散体系 / 体块 | Dispersed Fields/Pods

分散体系由在同一个集合系统内组织起来的一系列分离的体块所限定，这一系列相互关联又缜密组织的分离的体块，聚合起来共同限定一个独立的构图。分离的体块与由体块的相对位置所形成的间隙空间，在外形和形式上同样重要。重复的模数单元，无论是系统化的、受约束的（有组织空间），还是在体块形式及连接方面个性化的、不受约束的（无组织空间），其概念上的空间布局都能清晰地表达一种集合式的、独立的、完整的空间配置。

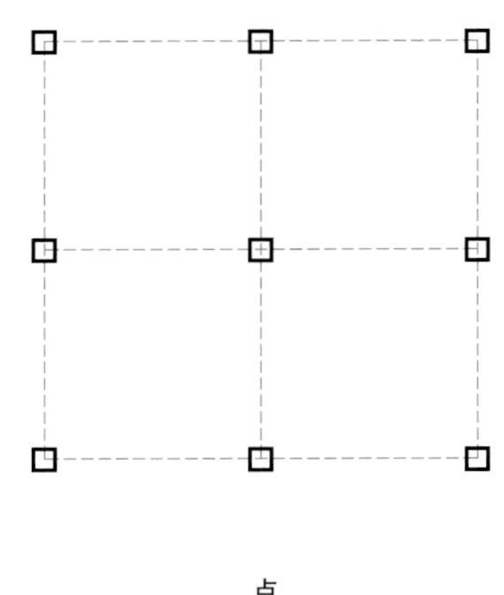

有组织的分散体系

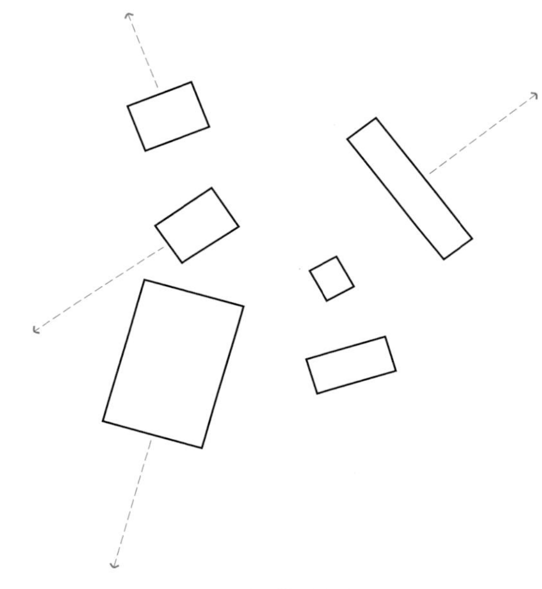

无组织的分散体系

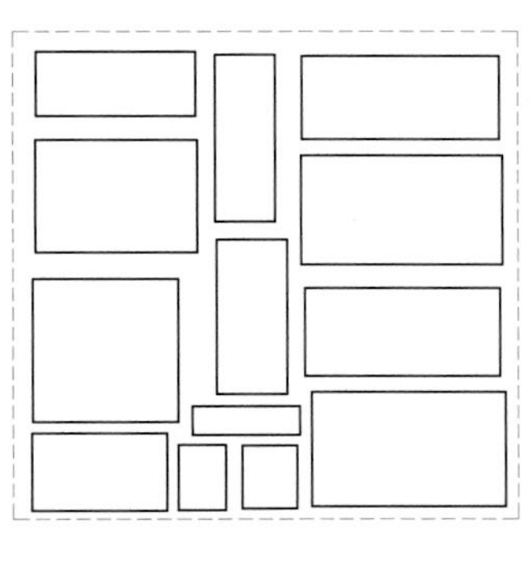

形成边界

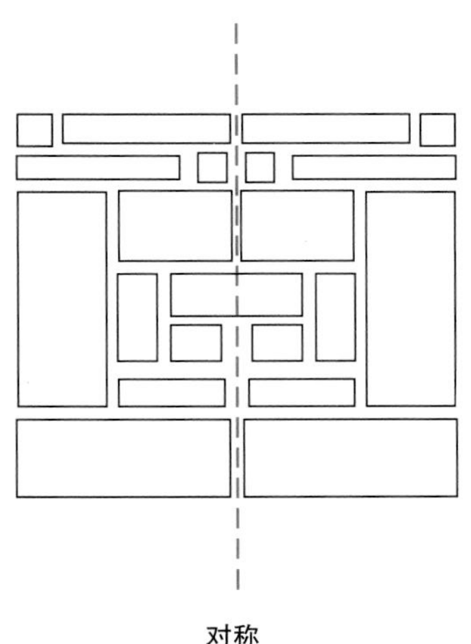

对称

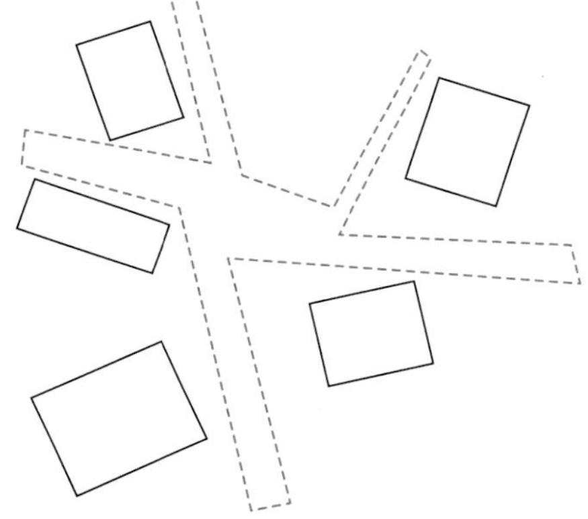

分散又相互联系的位置

[环路 + 路径]

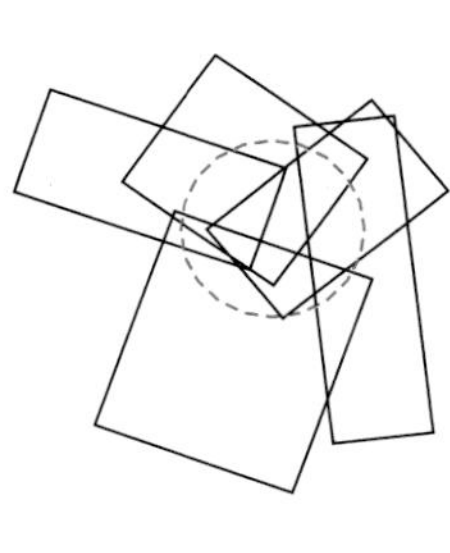

覆盖与重叠

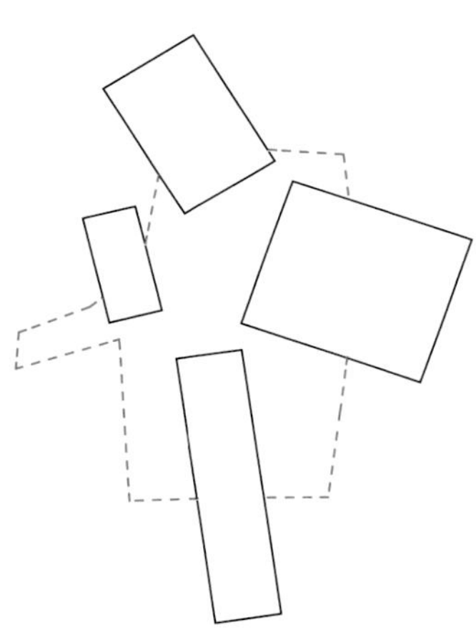

组织连接形式

有组织分散的空间或体块——建筑尺度 | Organized Fields / Pods–Architecture

分散体块的有组织布局应注意三个重要事项：

（1）模数的适用性由可拼接的、连续的、可批量生产的体块决定；

（2）多变但同源的体块关系，无论在形式上还是空间上都应均衡匹配，共同形成有序的空间整体和完整的空间感知；

（3）体块之间应具有强烈的几何关系，以形成有序的体块连接和紧密的形式关联。

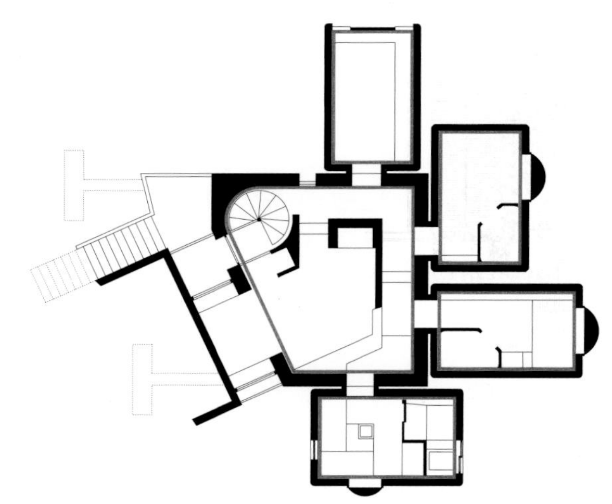

K 胶囊公寓，黑川纪章

东京，日本　1972 年

[新陈代谢派，独立单元，混凝土、金属和木材]

Capsule House K, Kisho Kurokawa

Tokyo, Japan　1972

[Metabolism, individuated units, concrete, metal and wood]

K 胶囊公寓由重复的分离体块限定。四个完全相同的金属模块从位于中心的混凝土支柱上悬挑出来，不同方向和特定功能为重复的单元带来了清晰的辨识度。四个模块单元保持完全相同的形状和尺寸，它们具有极其现代的外表，强调标准化，与其“插入”的内核形成了巨大反差。模块单元通过其相对位置和细分功能来展示自我、反映个性，而不同的位置与朝向能让高度标准化的单元突显其自身的特点。

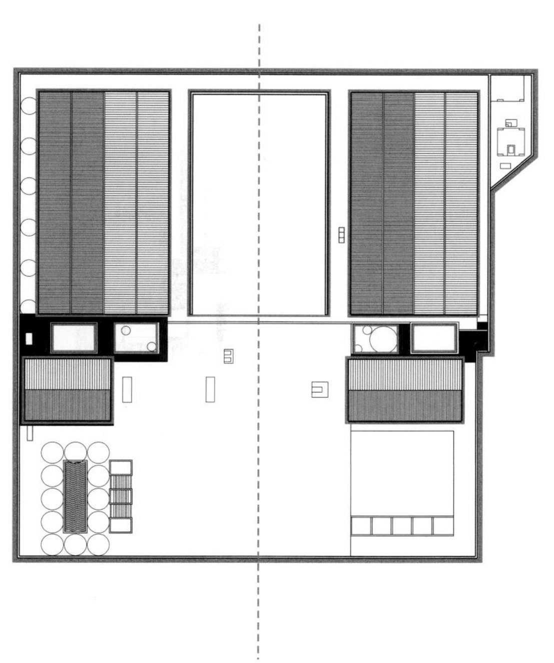

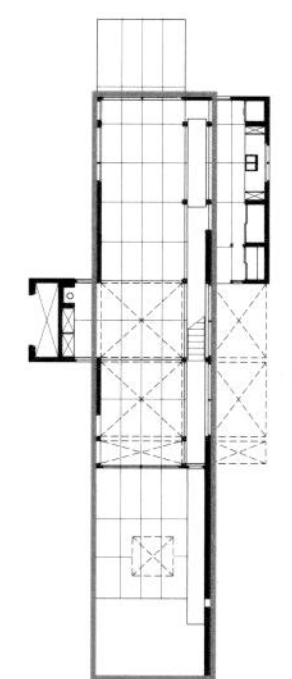

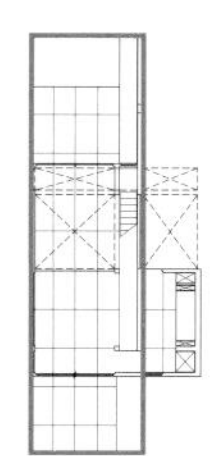

位于奇纳地的曼扎纳，唐纳德·贾德
马尔法镇，得克萨斯州 1974 年
[极简主义，对称排列的建筑，砖石砌块和金属]

Manzana de Chinati, Donald Judd
Marfa, Texas 1974
[Minimalism, symmetrical array of buildings, masonry and metal]

曼扎纳，还有另一个称谓是“城市街区”（The Block），它是一个由墙体围合而成的城市综合体，由极简主义雕塑家唐纳德·贾德设计并居住其中。建筑被高高的围墙隔离，构成了得克萨斯州马尔法镇中心的一个完整街区。建筑的外框创造了一个内部环境，形成了带有边界约束的空间组织。通过对既有建筑、可移动建筑和地面构筑物的处理和应用，贾德在高度组织化的空间内，将建筑的功能组成分解开来并设置了一系列分离的体块。对称的建筑布局、局部的功能差异、细分的内部空间、艺术品的排布位置及谨慎设计的不对称要素，促成了探索建筑的欲望，也形成了建筑的个性化特征。贾德对几何形体坚持不懈的追求使这个建筑得以成形。最终，这个经过深思熟虑而形成的空间组织既是一个建筑作品，也是一个经典的艺术作品。

22 号住宅，布莱恩·麦凯 – 莱昂斯
奥克斯纳海德，新斯科舍省 1997 年
[后现代地域主义，线性分散的轴向住宅]

House 22, Bryan MacKay–Lyons
Oxner's Head, Nova Scotia 1997
[Postmodern Regionalism, axial house dispersed in line]

在 22 号住宅设计中，布莱恩·麦凯 - 莱昂斯的布局手法既呼应了场地的物理环境，也呼应了半岛狭窄的地形特征，同时还将面向水域的建筑视野进行延伸。建筑师将该建筑设计为类似管状的形态，在建筑的两端大量使用透明玻璃，从视觉上延伸了建筑的视野。进而，通过相同形式（即管状）与材料（即透明玻璃）的重复运用，建筑上小小的突出物强烈地体现了建筑视线的延伸（清晰指向另一片水域）。由此建筑融入层次丰富的景观序列，水景、建筑、地景、建筑、水景交替出现。通过大胆运用体块移动，形成了小巧的突出物，将建筑神奇地融入风景之中。小巧的突出物既彰显了建筑自身的特点，也体现了由轴线组织起来的两个体块的纯粹性。

有组织分散的空间或体块——城市尺度 I

Organized Fields/ Pods–Urban

城市层面上的有组织分散是指相互分隔的组成部分清晰而单一地发展。这些组成部分利用有组织的网格交叉点和有组织的系统填充面（以网格体系为典型代表）形成图底关系。有组织分散是具有不同空间层级的，最小基本单元所组成的有组织分散是整个组织体系的功能梯度和形式**基准**。

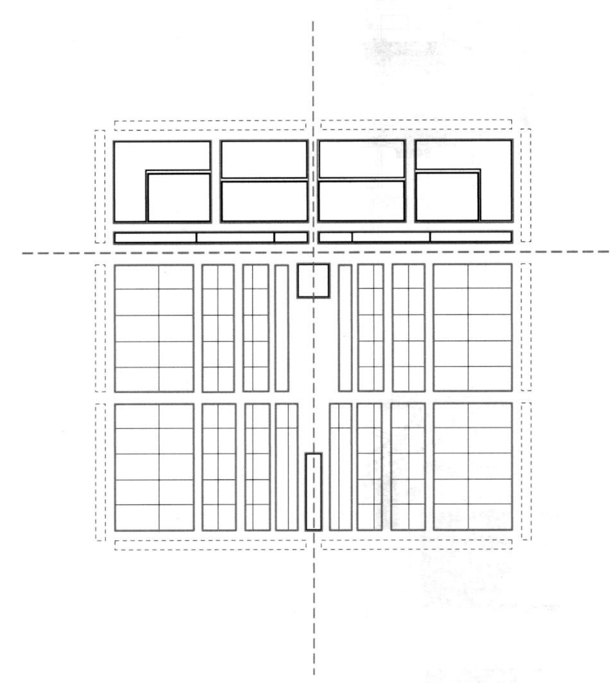

古罗马营寨城

分布于多处　大约公元 70 年

[罗马式，有组织分散的空间]

Roman Encampment

Various locations　ca. 70

[Roman, organized dispersed field]

古罗马营寨城是城市有组织分散空间的完美阐释。作为临时性营地或基础设施，古罗马营寨城采用的有组织分散布局手法是非常合理而且受到严格管控的。营寨城基于南北大街（Cardo）与东西大街（Decumanus）进行排布，沿着这些基本走向确定了主要轴线方向。依据位置关系与等级导则进行精密的规划并组织不同的功能，由此产生的城市平面布局具有高度的可复制性、内部组织性及合理控制性。

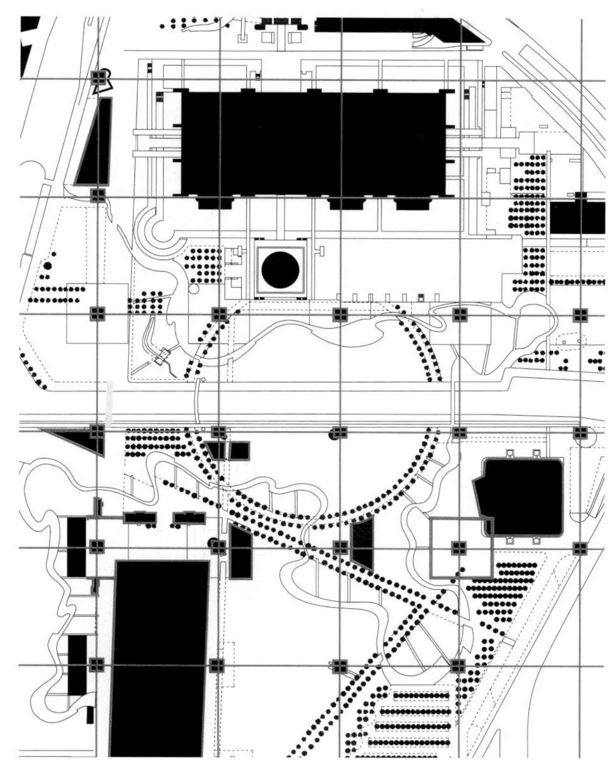

拉·维莱特公园，伯纳德·屈米
巴黎，法国　1982 年
[解构主义，阵列的网格空间]

Parc de la Villette, Bernard Tschumi
Paris, France　1982
[Deconstructivism, arrayed gridded field]

拉·维莱特公园采用了城市尺度的网格进行空间组织。一系列被解构的红色立方体放置在网格的交叉节点上。利用重复的位置将这些红色立方体编组成团，但它们又保持各自独立的构成方式。节点单元丰富多样，通过相似的位置、颜色及基本立方体构成一个整体。由此，在丰富的公园景观中，节点单元之间产生了如同家人般的亲密关系并且共同定义了拉·维莱特公园这一处有组织的空间。不同功能的用地和现存的建筑在场地中分散布置，而有组织的上层结构（即网格单元）作为一种联系空间将这些分散的用地和建筑联系起来，将其作为一个更大的完整景观来解读。最终，每个分散的体块都是个性化的，而整体布局却是高度统一的。这个分散的空间以一个规则的体系进行严格排列和景观组织，并且使人们形成一种时序性、场景化、基于记忆的感性认知，从而完成对拉·维莱特公园的空间体验。

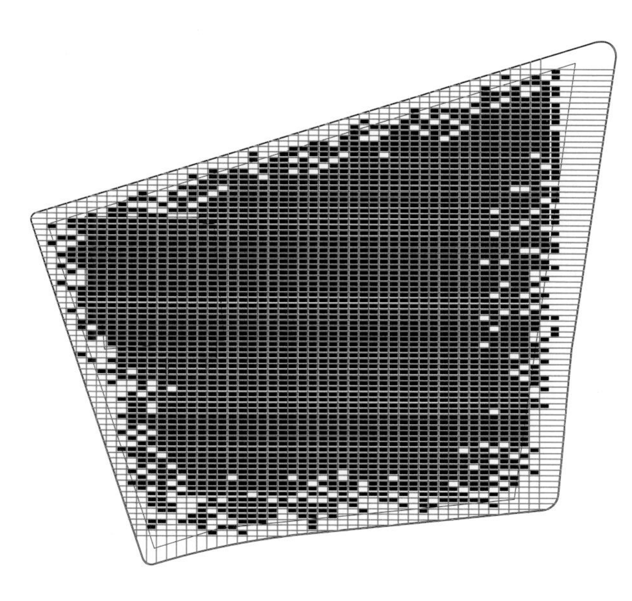

柏林大屠杀纪念馆，彼得·艾森曼
柏林，德国　2005 年
[后现代主义，重复空间，混凝土]

Berlin Holocaust Memorial, Peter Eisenman
Berlin, Germany　2005
[Postmodernism, repetitive field, concrete]

在柏林大屠杀纪念馆中，艾森曼采用了一个重复的有组织空间来阐释和强调大屠杀的规模和范围。矩形石料布置在场地中，通过阵列的方式将广阔的场地全部铺满。石料高度的变化和不间断的重复排列确立了一种纪念碑式的体验特性，而阵列之间细微的变化又同时创造出空间的标准性与多样性。纪念碑的重复排布代表了大屠杀的规模、范围及具有影响力的纪念性事件。这个集合空间统领了重复性的组织体系，较大的空间规模使其成为一处意义深远、具有重大影响力和丰富体验的城市象征。

无组织分散的空间或体块——建筑尺度 I
Disorganized Fields / Pods–Architecture

无组织分散式布局适用于那些注重场地体验和场地感知的建筑，这种布局既能最大限度地呼应基地条件，也能根据基地条件对自身做出局部调整。对布局的位置或形式的调整取决于基地条件，如环境、视野、光线、气流、地形等，既要考虑到各种条件的个体特征，也要考虑到它们之间的相互关系及协调统一。

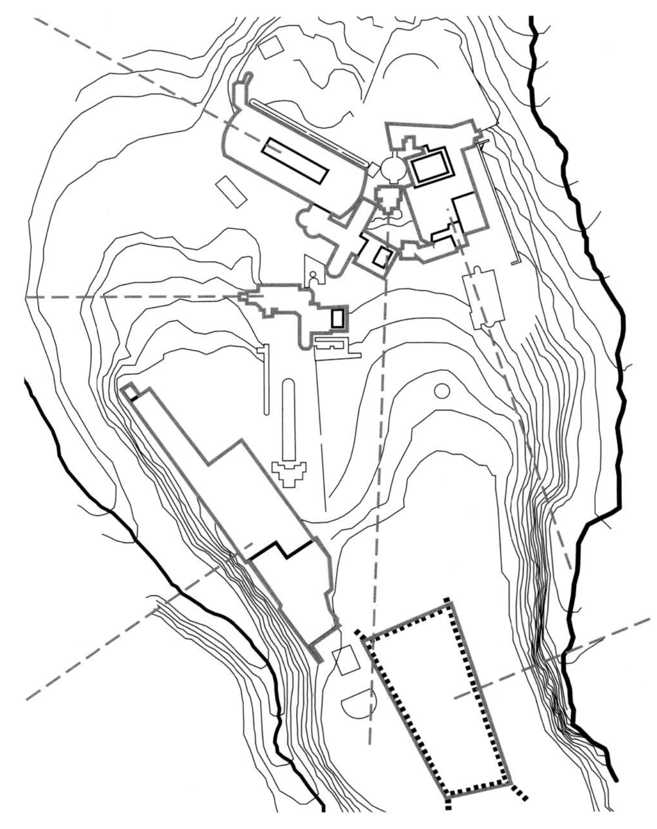

哈德良离宫（又译“哈德良别墅”）
蒂沃利，意大利　公元 120 年
[古典主义，多种建筑造型的组合，砖石砌块]

Hadrian's Villa
Tivoli, Italy　120
[Classicism, conglomeration of shifted buildings, masonry]

哈德良离宫坐落于郊野（而非城市），采用了重叠的不规则几何形组织，是无组织分散式布局在建筑中应用的典型案例。建筑布局的决策、各种轴线的确定、不同空间的生成及排列与组合，主要取决于基地的地形地貌。哈德良离宫之所以被认为是无组织分散式的，是因为它没有正交体系，相反，它构成了一系列看上去毫无关联的夹角空间。而规划的绝妙之处恰恰在于这些轴线和夹角能够形成一个完整的整体。哈德良离宫灵活多变的形式使它在 20 世纪 70 到 80 年代后现代主义的兴起中具有极大的影响力。

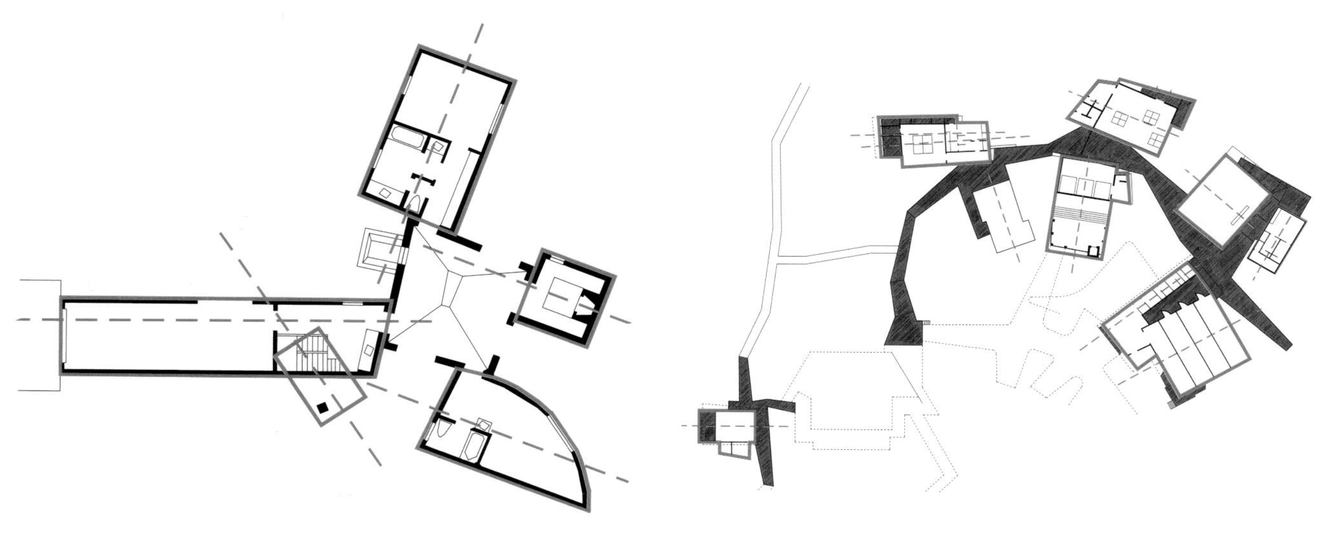

温顿宾馆，弗兰克·盖里
威扎塔，明尼苏达州　1987 年
[解构主义，多重形式组合，多种材料]

Winton Guest House, Frank Gehry
Wayzata, Minnesota　1987
[Deconstructivism, diverse aggregated forms, diverse materials]

温顿宾馆大量使用了后现代主义的设计手法，在形式、功能和材料应用方面成为建筑独立分区设计的标志性案例。每个功能分区对应一种独特的几何形式和包裹材料，以强化其建筑形式。集聚而成的建筑组合体是通过拼贴方法（collagist methods）完成的，即将不同的形式集合起来并置摆放（不需要再做任何调整）。最终产生的图形既具有个体辨识度，也具有整体识别性。

亚特兰大艺术中心，汤普森和罗斯事务所
新士麦那海滩，佛罗里达州　1997 年
[后现代主义，具有线性关联的多变的场馆，木材、混凝土]

Atlantic Center for the Arts, Thompson Rose
New Smyrna Beach, Florida　1997
[Postmodernism, linearly linked varied pavilions, wood, concrete]

亚特兰大艺术中心是坐落于佛罗里达州东部原始林地的集合式园区。作为一个著名的为艺术家提供住所的建筑项目，亚特兰大艺术中心对广大艺术工作者开放，并协助他们进行视觉媒体、舞蹈、表演、音乐和写作等方面的创作。这个建筑为每一个不同的艺术类别提供了独立的场馆。不同的场馆通过其在场地中的位置（相对于整片林地和其他场馆的位置关系）及其本身的建筑功能加以区分。各个场馆通过一系列步行道路互相连接，这些步行道路依照当地的统一标准进行建设，既是主要的交通流线，也是便于人们停留和交流的外部空间。

体积规划 | Raumplan

体积规划通过垂直方向上的变化来定义功能分区。竖向差异创造了不同的层高，实现了视线的层次感和空间的互联性。不同的竖向层级可以控制并支配位置关系、空间功能和场所环境，建立起一套完整的空间结构。体积规划是由阿道夫·卢斯创造的独特组织体系，具有强大的空间组织能力，但仍然是以剖面为前提进行功能布局的，由于这种内在的局限性，体积规划的应用范围受到限制。

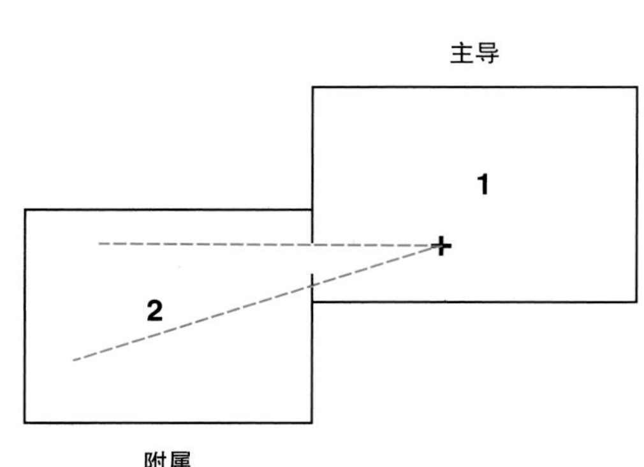

剖面中的视觉控制

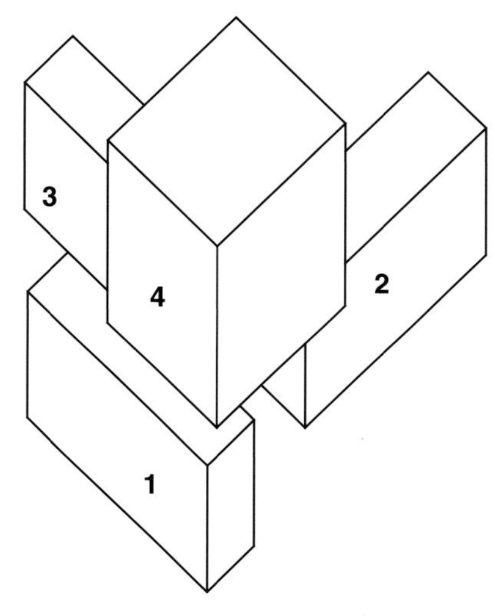

体积抬升

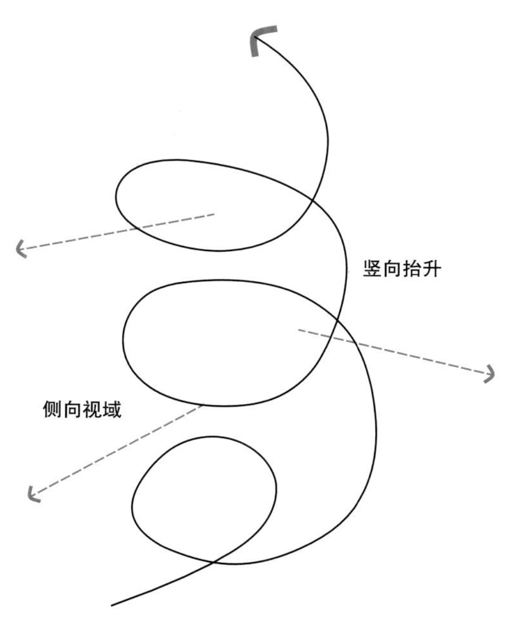

循环上升的空间体验

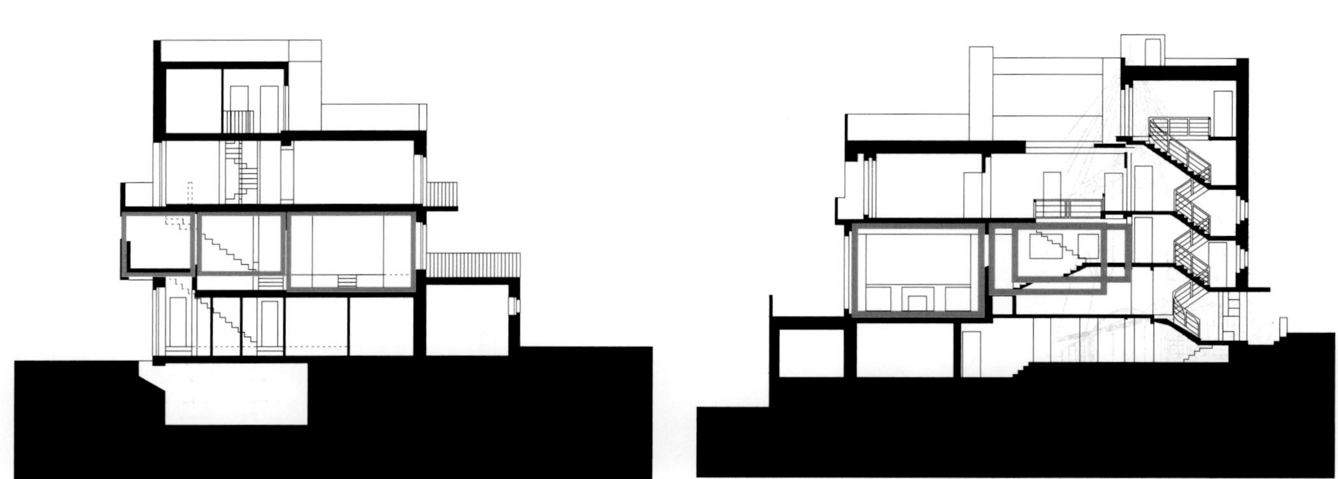

莫勒住宅（又译“穆勒住宅”），阿道夫·卢斯
维也纳，奥地利　1927年
[现代主义，体积规划，垂直方向的空间布局，砖石砌块]

Villa Moller, Adolf Loos
Vienna, Austria　1927
[Modernism, Raumplan, sectional arrangement of spaces, masonry]

莫勒住宅，与阿道夫·卢斯设计的大部分住宅建筑一样，仅在公共空间中采用了体积规划的设计手法。在这个特别的住宅项目中，卢斯从位于二楼中央的房间开始采用体积规划方法，这个房间没有任何功能，只是其他房间进行环绕布局的起点。从这个中厅出发，主人可以进入抬升的早餐室和图书室、下沉的音乐室，或者直接水平移步到餐厅，还可以通过隐入墙后的楼梯走到音乐室。卢斯将周边房间的各种功能及其与中厅的关系，作为一种基本的公共空间的布局手法，建立起不同等级空间之间的视线交互（虚）和边界交叉（实）。

缪勒住宅，阿道夫·卢斯
布拉格，捷克共和国　1930年
[现代主义，体积规划，垂直方向的空间布局，砖石砌块]

Villa Müller, Adolf Loos
Prague, Czech Republic　1930
[Modernism, Raumplan, sectional arrangement of spaces, masonry]

缪勒住宅以另一种不同的方式诠释了体积规划方法，通过一系列贯穿住宅的旋转楼梯实现了不同房间在竖向的变化。楼梯连通每个房间，从门厅开始，首先上升到起居室，然后是餐厅，最后在女主人更衣室（ladies room，位于三层）或女主人会客区（dammenzimmer，位于二层）结束。最终，房间的空间序列形成了住宅自身的三维图示，相似的布局手法也运用在缪勒住宅的其他楼层中。

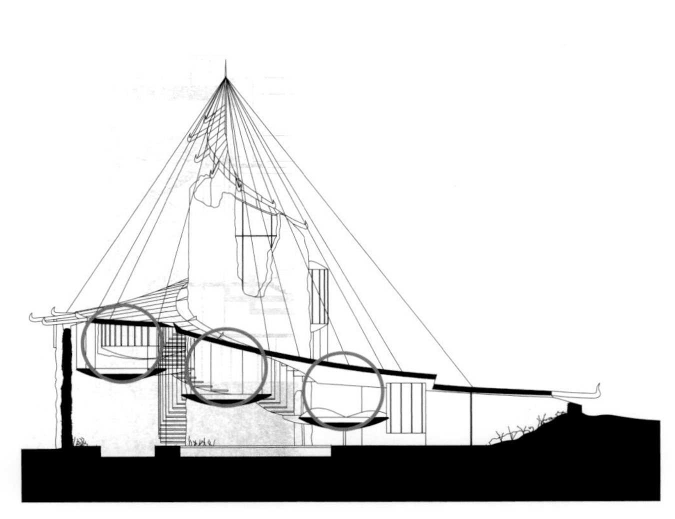

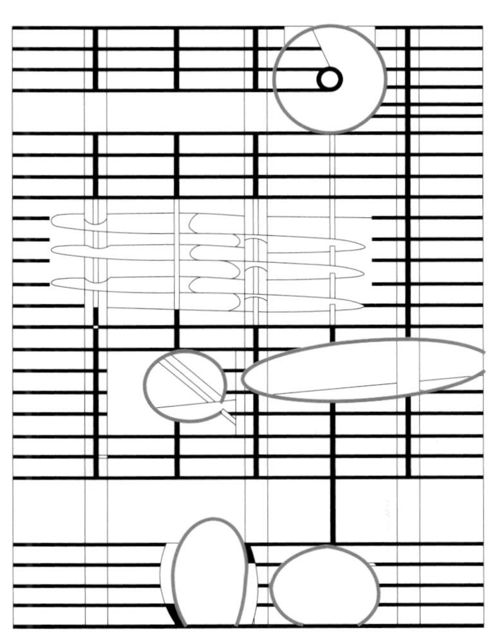

瓦文杰寓所，布鲁斯·戈夫
诺曼，俄克拉荷马州　1955 年
[现代表现主义，悬浮托盘，金属和砖石砌块]

Bavinger House, Bruce Goff
Norman, Oklahoma　1955
[Expressionist Modernism, suspended trays, metal and masonry]

瓦文杰寓所是一栋 96 英尺（约 29.26 米）长的螺旋形建筑，内部空间在垂直方向拥有不同标高。不同的层高限定了不同的空间边界，确立了不同的空间功能。考虑到向下的视野，开放式露台为各层提供了垂直方向上的相互联系，扩展了俯视的视野，却又保证了仰视的私密性。这种有机的形式明显带有赖特风格，但其独一无二的空间结构展示的却是明显的卢斯风格。

法国国家图书馆，雷姆·库哈斯，大都会建筑事务所
巴黎，法国　1989 年
[后现代主义，被消减的立方体图书馆，未建成]

Très Grande Bibliotheque, Rem Koolhaas, OMA
Paris, France　1989
[Postmodernism, cubic book field with subtracted spaces, unbuilt]

雷姆·库哈斯与大都会建筑事务所运用空间消减的手法将体积规划的方法应用在法国国家图书馆这个虽未建成但仍具标志性的项目中。首先，建筑师设计了一个立方体实体作为图书馆的**实墙**（“full” poche），再将重要的公共空间和交通路径从这个立方体中雕刻出来。功能独立的空间穿插交错，完成了不同层高空间的体积规划。对不同空间的辨识依靠其形式的纯粹性实现。图书馆中不同的空间形体由加厚的石墙所限定的边界区分开来，再由交通流线（垂直的电梯塔、楼梯和自动扶梯组成的连续步道）将其连接，这种设计手法将体积规划方法中空间交叠和视觉渗透的典型特点发挥到极致。

复合体系 | Hybrid

也许最常见的情况并不是在一个项目中单独使用某一种组织体系，而是因地制宜地将多种组织体系综合使用。复合体系既可以整合多个系统的不同方面，也可以直接将不同的系统互相拼接合而为一，正因如此，在强调形式多于强调平面清晰度的多元主义风格和后现代主义风格中，复合体系才有可能是最常见的组织方法。不同组织体系的整合会更加注重空间类型的内在差异、形式组合的拼接方法、传统形式在现代文化背景下的重新定义、丰富的材料性能和技术革新以及其他的空间相关问题。由此，复合体系体现了空间的复合性、设计的包容性以及基本组织方式的多元演进（和共存共生）。

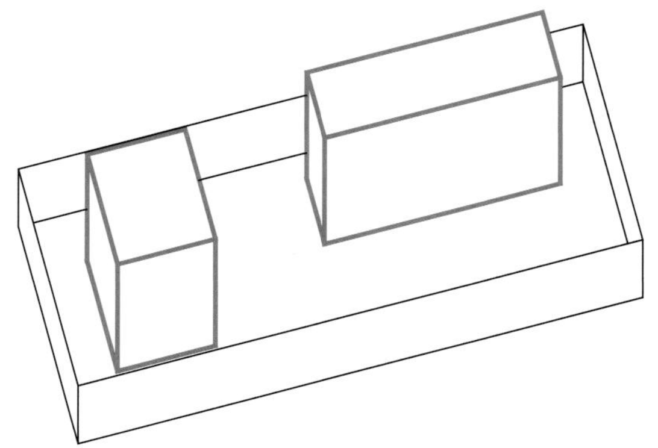

盒子中的盒子

积极空间与消极空间

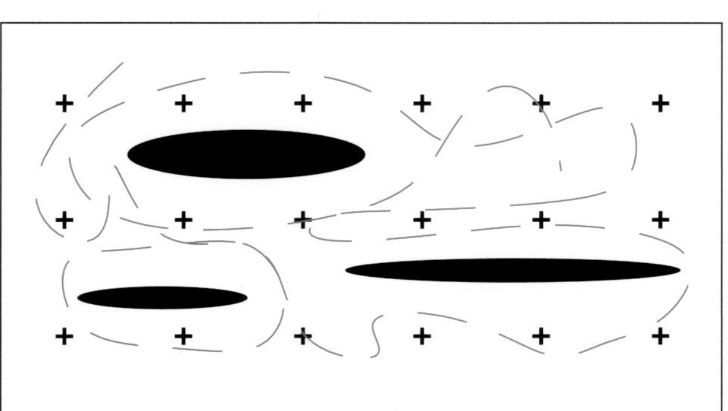

带有空洞（void）[译注 14]的自由平面

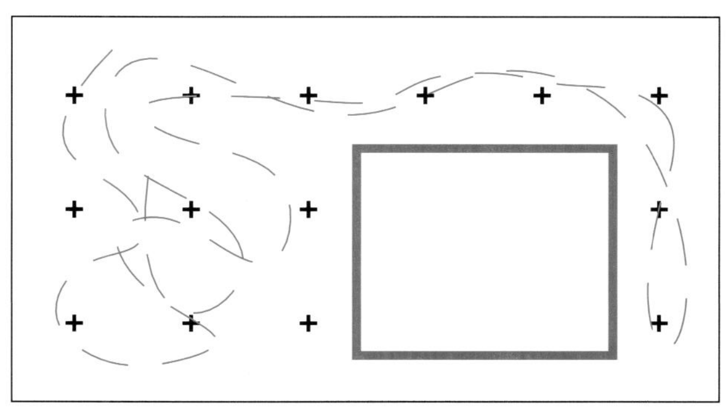

自由平面与庭院

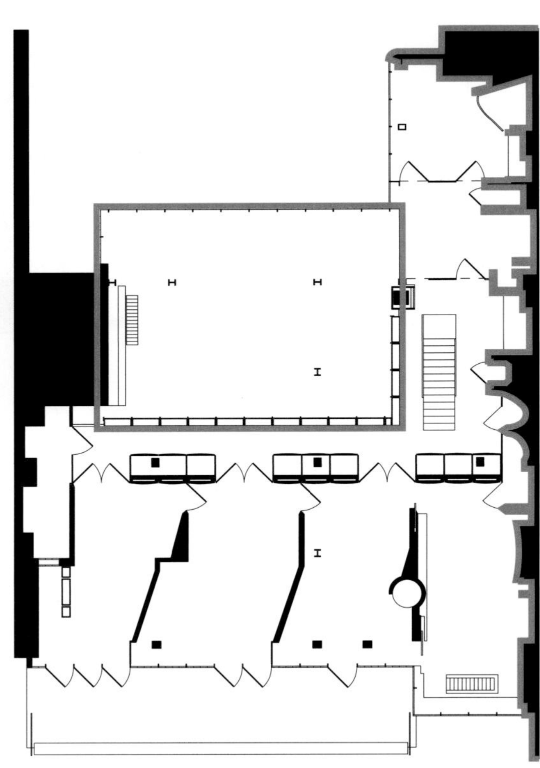

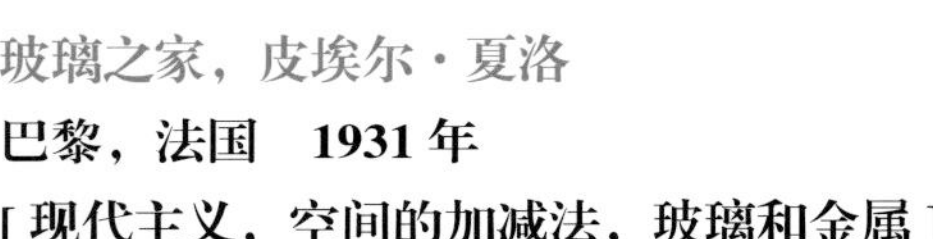

玻璃之家，皮埃尔·夏洛

巴黎，法国　1931 年

[现代主义，空间的加减法，玻璃和金属]

Maison de Verre, Pierre Charreau

Paris, France　1931

[Modernism, additive and subtractive spaces, glass and metal]

玻璃之家同时运用了设计方法中的加法和减法。侧边的墙体先加厚，再进行空间的消减与移动，形成了曲折的边界，限定出具有服务功能的辅助空间。而主要的两层通高的中厅空间，先通过空间消减得到通高的两层空间，再由增加的体块（位于二层的建筑体块和三层的架空走廊）和铰接式铆接金属框架限定，这样既展示了空间的分割与联系，也展示了细部组件的构造方式。这两种方法体现了截然相反的空间组织方式，形成了完全不同的空间形式结果。两种方法在同一建筑项目中的并存与混合使得其对比更加鲜明，既相互衬托，又相互强化。

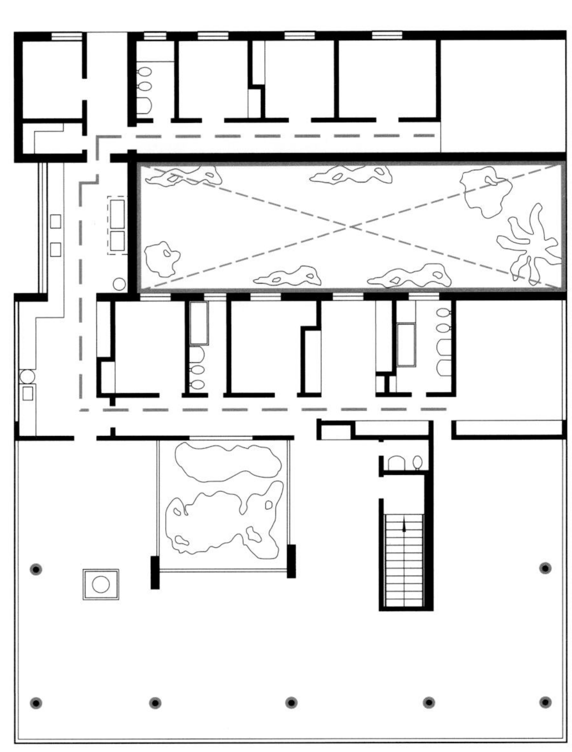

柏·巴蒂住宅，丽娜·柏·巴蒂

圣保罗，巴西　1951 年

[现代主义，自由平面与庭院，混凝土和玻璃]

Bo Bardi House, Lina Bo Bardi

Sao Paulo, Brazil　1951

[Modernism, free plan and courtyard, concrete and glass]

柏·巴蒂住宅将自由平面的设计思想和组织方式与传统的庭院式住宅融合在一起。柏·巴蒂将自由平面应用于大体量的开敞玻璃屋，与之形成对比的是朝向庭院的单元式私密服务空间。在柏·巴蒂住宅中，自由平面的部分被底层架空柱抬高，而庭院的边界依旧落在地面上，这一情况使两部分的对比更加明显，也使得住宅中两极化的空间感受极具魅力。

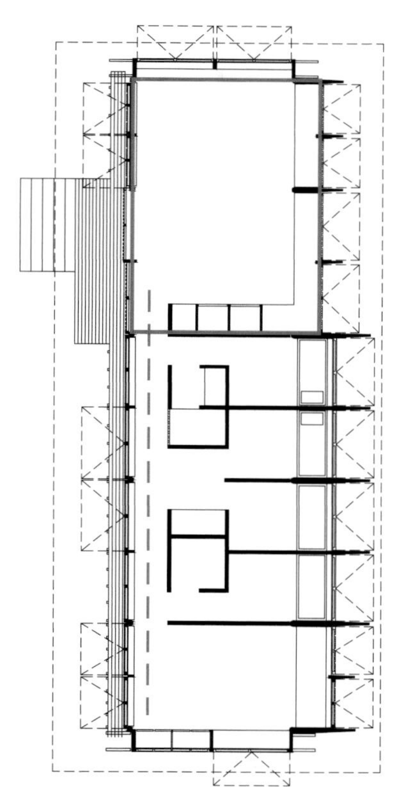

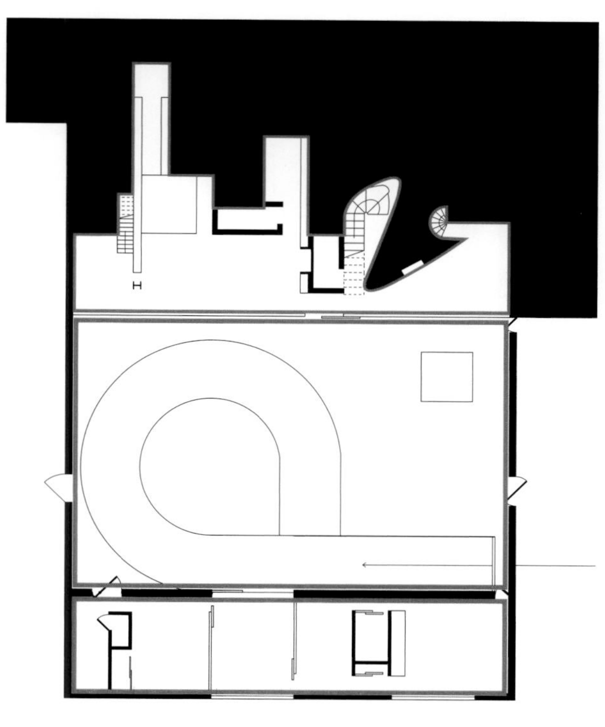

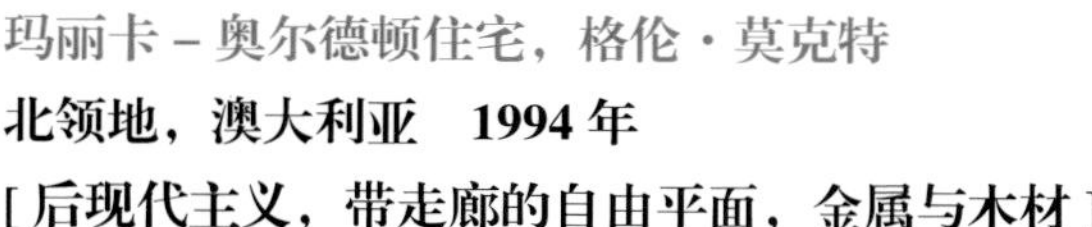
玛丽卡－奥尔德顿住宅，格伦·莫克特
北领地，澳大利亚　1994 年
[后现代主义，带走廊的自由平面，金属与木材]

Marika-Alderton House, Glenn Murcutt
Northern Territory, Australia　1994
[Postmodernism, free plan with corridor, metal and wood]

尽管玛丽卡－奥尔德顿住宅的占地面积很小，但却采用了一种先进的空间规划方式。公共空间安排在一个单独的自由平面内，不同功能的建筑能够进行多样的布置并相互联系。相反，私密空间被严格限制，分隔明确且划分清晰的卧室和浴室采用单边走廊式的组织方法来实现空间联通。自由平面与单边走廊式两种元素的组合实现了多方面的共存：公共与私密、日间与夜间、流动与固定、开放与封闭。

波尔多住宅，雷姆·库哈斯
波尔多，法国　1998 年
[后现代主义，空间的加减法，多种材料]

Bordeaux House, Rem Koolhaas
Bordeaux, France　1998
[Postmodernism, additive and subtractive spaces, diverse materials]

在组织结构上，波尔多住宅与玻璃之家的设计原则是一致的。库哈斯将尺度巨大、夸张的公共起居空间与消减（穿凿和移除）并且独立的服务空间并置排列。自由式的平面与精细的有机墙体形式，在空间尺度和形式表现上形成了鲜明对比。

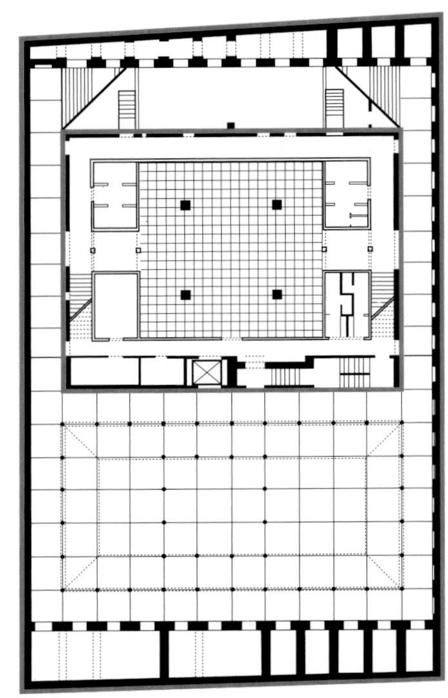

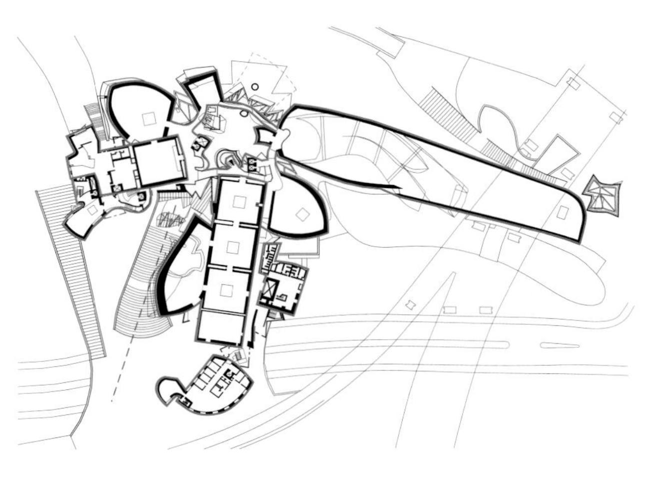

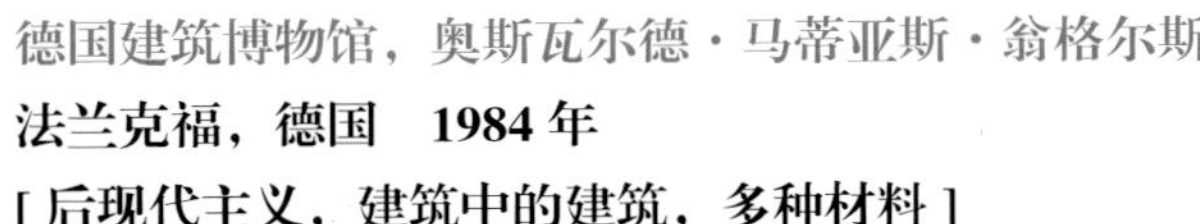

德国建筑博物馆，奥斯瓦尔德·马蒂亚斯·翁格尔斯

法兰克福，德国　1984 年

[后现代主义，建筑中的建筑，多种材料]

German Architecture Museum, Oswald Mathias Ungers

Frankfurt, Germany　1984

[Postmodernism, building within a building, diverse materials]

德国建筑博物馆是一个对现存老建筑的改造项目。翁格尔斯基本保持了老建筑的既有风貌，但在其内部强有力地插入了一座全新建筑。老的古典主义建筑主要由砖石材料砌筑而成，新的后现代主义建筑则完全是白色的，没有明显的材料特征。这样的材料差别使新旧建筑对比强烈，而相似的设计原则确保了二者的和谐共存。

毕尔巴鄂古根海姆美术馆，弗兰克·盖里

毕尔巴鄂，西班牙　1997 年

[现代表现主义，有规律的图案化空间，金属]

Guggenheim Bilbao, Frank Gehry

Bilbao, Spain　1997

[Expressionist Modernism, regular and figured spaces, metal]

毕尔巴鄂古根海姆美术馆运用了多种组织类型与空间形式。与盖里的其他方案一样，该建筑依据空间功能与展馆类型划分为多个离散的部分，然后根据每个部分独特的使用功能与空间体验效果定义其空间形式。通过对多样化体块进行旋转与排布，再将外包的**表皮**覆盖其上，盖里创造出了更加独特的空间形式。从正交直线到高曲率曲线，体块形式与空间功能表现出多变的组织性与富有层次的策略性，形成了抽象拼贴画似的形式与视觉表现主义的体验。

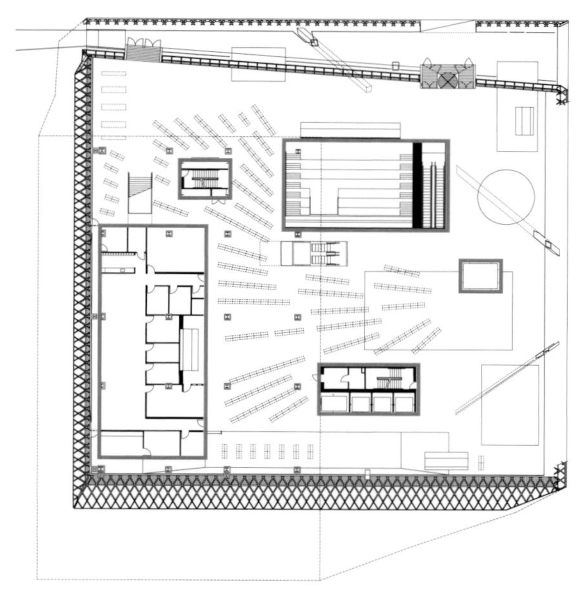

西雅图公共图书馆，雷姆·库哈斯
西雅图，华盛顿　2004 年
[后现代主义，连续的自由平面，混凝土和玻璃]

Seattle Public Library, Rem Koolhaas
Seattle, Washington 2004
[Postmodernism, continuous free plan, concrete and glass]

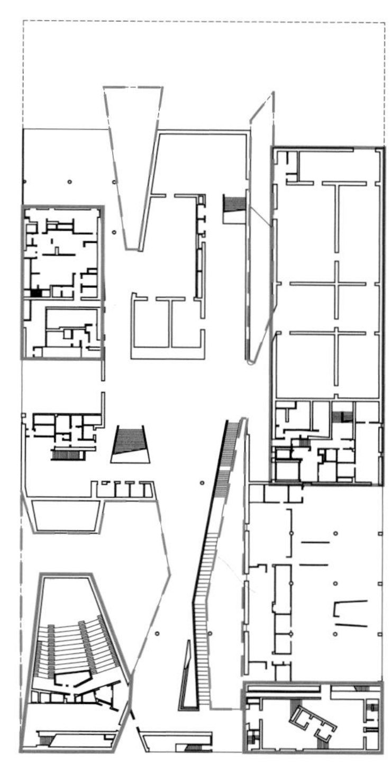

笛洋美术馆，赫尔佐格与德·梅隆事务所
旧金山，加利福尼亚州　2005 年
[后现代主义，带有庭院的自由平面，金属和玻璃]

De Young Museum, Herzog and de Meuron
San Francisco, California 2005
[Postmodernism, free plan with courtyards, metal and glass]

西雅图公共图书馆，在建筑功能和空间形式上均有所创新。从传统功能的重构到新功能的增加，均体现了这些创新与变革。例如，在西雅图公共图书馆设计中，库哈斯将几个期刊阅览室打造成一个“客厅”（living room）。功能上创新的构思都在图书馆独特的环境里表现出来，独特的环境就是集合其空间功能和建筑形式的聚合体。垂直方向的设计布局是由一条线性的漫步路线（promenade）决定的，这体现了设计师惯用的设计方法和设计经验。不同的空间序列分出层次，是为了灵活又精心地编排这些相互贯穿的空间，这种组织体系的创新渗透在每处空间的最细微之处。例如，书架沿着坡道缓缓延伸，跟随地面的走向折叠向上，创造了独特的空间，在垂直方向上也形成了独特的层次。多个空间集合式与单一空间独立式的组织方法均运用在该图书馆的设计中，诠释了“功能造就形式”的设计方法。

笛洋美术馆采用的是简单的**毯式建筑**（mat building）[译注 15] 设计手法，由一个规则的结构性网格和相对传统的正交画廊来控制整个设计构成。笛洋美术馆的创新之处在于使易变的 [译注 16]、带有孔洞和凹痕的建筑表皮实现了精心又明确的建筑表达。其三维动感的展现则是通过将差异性和当地特征引入体量巨大的建筑平面而得以实现。向外拉动不同的功能体块留出内部的庭院，而庭院转角处使用弧形的玻璃既避免了尖锐生硬的空间转折，反过来又创造出更加发散的几何形体，再利用玻璃的反射和折射使这个大体量的毯式建筑向外部空间开放，将院内和院外的景色融为一体，产生奇妙的艺术效果。最终，庭院形成了整个基地空间的突破口，用来打断连续的建筑空间。而考虑到当地的雕刻工艺与条件，建筑师还为笛洋美术馆设计了第二套复合体系，以完成另一个常规的传统建筑平面。

建筑先例

Precedent

02– 建筑先例 | Precedent

建筑先例分析是建筑设计中最重要、应用最广泛的方法之一。建筑先例分析法关注的是建筑或空间所运用的创意、理念或形式。参照已有作品的创意，建筑师适当地演绎，会将原有的创意引入新的发展方向。建筑先例的意义在于设计作品承载了人们的经验和记忆，而其本身又可以作为评估框架来使用。因此建筑先例与建筑历史的角色相互交织、密不可分。

建筑先例建立在历史背景与设计发展的相互关系上，对它的理解有赖于我们对既有建成建筑的分析能力和对展现建筑形式和意图的基本原则的剖析能力。随之我们将这些原则转化为有效的设计工具并运用它们去创造一个全新的作品，也许新的作品只是对历史的直接参照或仅仅是隐晦的模仿。

下面对广泛的建筑式样、差异化的建筑先例及其参照标准进行了分类。类型如下：

· 与自然环境因素相关的地域性建筑；

· 与场所和传统相关的文化语汇；

· 与方法论和抽象形式相关的知识、理论及哲学的发展轨迹；

· 源于工艺、构造和建造的建筑材料和施工技术；

· 源于类型学和特定功能的历史先例。

地域先例（Vernacular Precedent）地域先例一般与历史建筑紧密相关，产生于特定的时间和地点，它们对后来的建筑产生了深刻影响。地域先例不同于类型学，类型学主要关注功能空间或功能类型，而地域先例涉及的领域更为广泛，更多关注技术要素和建筑对场所与环境的呼应。通常，地域先例注重的是项目的建筑语汇，既包括外在的建筑形式与空间，还注重其内在的基本原理。由此，建立起一套由内及外的建筑形式语汇是解读地域先例的关键方法。

文化先例（Cultural Precedent）文化先例关注的是建筑功能与形式对文化风俗的反映。纵观历史，建筑总是与礼制、宗教、仪式及重大事件密切相关，特别是与建筑所处的社会背景、建造者及建筑服务对象紧密联系。相关的建筑形式在建筑形成过程中起到了至关重要的作用。建筑师可以将与文化传统相关的礼制秩序、宗教准则和仪式规程用作设计依据进行建筑创作，或直接使用，或演进修正。而文化参照的来源何其丰富，宗教、教育、军事、文学及电影作品只是文化之光的冰山一角。

知识先例（Intellectual Precedent）知识先例在本质上并没有具体的形式，但仍旧是建筑设计中最有力、最有用的工具之一。知识先例不像其他先例那样与某些具体条件相关，而是与基本的支撑理念相关。在建筑运动中，往往需要抛开形式而关注理念，这种做法非常有效，对理念的关注常常会激发对建筑形式更灵活的解读与应用。建筑运动（在本书第 15 章“意义与风格”中按年代顺序有专门讨论）就是最直接的使用知识先例的方式。例如，当建筑师决定创作一个极简主义的设计方案时，他应以知识先例为基础而不囿于形式讨论。

材料先例（Material Precedent）材料先例正如其名称所显示的一样，与材料的物质实体和应用历史相关。材料是建筑建造的基础。材料形成了一种建筑语汇，用以表达如何完成建造、如何影响创作、如何参与形式发展。建筑学的根基是建造技术。材料先例与施工技术（文化先例的相关要求）和环境特征（地域先例的决定因素）均具有相关性，这阐释了材料先例具有关联性、紧密性的本质。材料通常与技术工具、施工方法、装配方式和形式生成密切结合，例如，大理石的材料性能、施工工艺和形式组合就与木材和塑料不同。材料先例起源于历史传统，同时也随着新材料和新技术的更新持续演进。但伴随着装配工艺的不断发展，既有材料的局限性也在逐步体现，建筑材料与传统的制造业、装配方式和施工方法都受到了巨大挑战，但正是不断地接受挑战并不懈发展，才使材料先例的范畴不断扩大。

历史先例（Historical Precedent）历史先例是最明显、最常见的先例类型。它范围广阔，涵盖上述所有的先例类型。历史先例特指那些使用历史要素作为设计出发点的建筑作品。它植根于功能类型学（以建筑如何使用为基础），但其范围可以拓展到与建筑学相关的所有领域，如自然环境、形式传统和文化策略。历史先例关注以前出现的一切事物。伴随着建筑的发展和理念的进步，历史先例也在不断建设完善、演进更新。

显然，以上这些分类是被杂糅综合运用的。例如，美国南部的一处农舍为了应对当地的气候条件（地域先例），形成了当地的文化约束（文化先例），衍生出当地居民的民族特征和习俗传统（知识先例），使用本土工艺和材料（材料先例），并与住宅类型和农场类型均有着直接的历史关联（历史先例）。更细致地说，每个分类都代表了一个不同的历史方面，都是建筑谱系中有效的模型参照，永立于建筑先例的肩膀之上。

要想将建筑先例作为设计工具使用，设计师需要具备广泛的建筑历史方面的知识，不仅包括建筑功能方面的知识，还包括社会人文方面的知识。正是这些知识才使建筑师能够正确审视这些模型参照并在设计中适当地运用。建筑先例本身带有明显的政治因素和文化因素，而建筑师必须始终铭记这些背景语境的影响。目前，建筑先例仍然是最有效、最强大的方法论之一，它提供了大量的丰富信息，也提供了或公开明显或隐蔽微妙的创新机会。对建筑先例进行可能的合并及综合可以形成多重层次的不同组合，帮助设计师完成建筑创作。建筑先例在建筑教育、设计理论［从维特鲁威到阿尔伯蒂再到柯林·罗（Collin Rowe）］和创作实践方面一直是一种最基本的工具。建筑师们将坚持不懈地持续探索建筑的形式与意义，不断寻求新的想法及策略，在此情况下，建筑的历史及以往的参照就变得必不可少、至关重要。

建筑谱系 | Lineages

通过对相关历史的研究，建筑师掌握了建筑形式的演变规律。通过不同的建筑类型和建造项目确保建筑的历史遗存并强调类似的建筑设计原则和手法，是整个设计过程的基础所在，也定义了不同的建筑谱系。对建筑先例最直接的应用是在特定功能类型学范畴内运行的。这些基于类型学的分类创建了建筑谱系，建筑谱系成为整个建筑历史的脉络。传统建筑特定的迭代和演进主要通过建筑平面和立面的发展来体现，直到文艺复兴时期，建筑形式才真正进入人们的讨论话题。而对整个进化谱系的审视可以快速阐明建筑先例以及类型学的重要意义。建筑先例的影响及效果作为一种初期的检查可以为后期的扩展性和延续性留出余地。正是通过这种方式，人们可以在建筑年表中研究丰富多样却又不断重复出现的各种建筑。通过对建筑谱系的仔细追溯，基本原理和基础要素就会自然而然地显现。随着时间的推移，建筑形式上的变化会朝着解决功能问题的方向发展。而受到建筑风格或习惯做法的影响，这些最终成为基于审美的解决方案。这种情况最明显的体现是文艺复兴时期教堂立面的涡卷线脚（scroll），几乎在整个文艺复兴时期都能找到它的踪影。涡卷线脚最初由阿尔伯蒂设计，应用于佛罗伦萨新圣母玛丽亚大教堂的两个侧殿中，用来隐藏两个倾斜的屋顶。而到了下一个世纪，许多建筑师还在重新修正这个范式，直到帕拉迪奥将古典庙宇引入寻常百姓的建筑中，另辟蹊径地解决了这个问题。通常建筑谱系会保持一种相似的功能类型，然而情况也有例外，建筑师会糅合建筑的其他方面，如将几何形体作为建筑分析的出发点。建筑谱系的出现佐证了建筑业是一种建立在文化演进基础上的行业，历经几个世纪依旧如此。

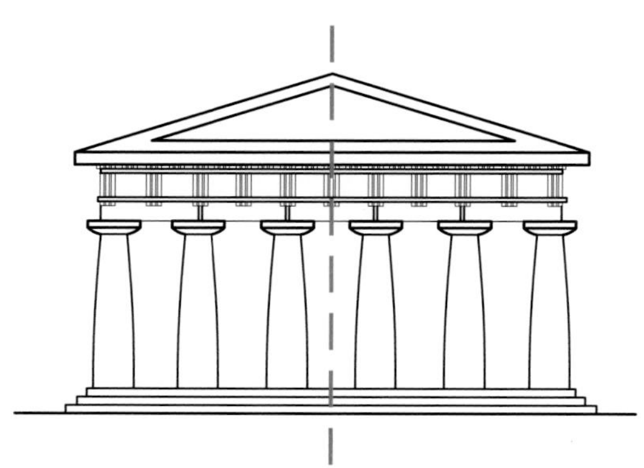

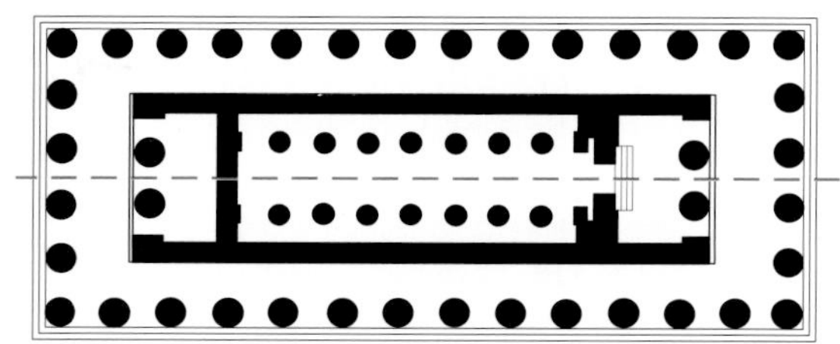

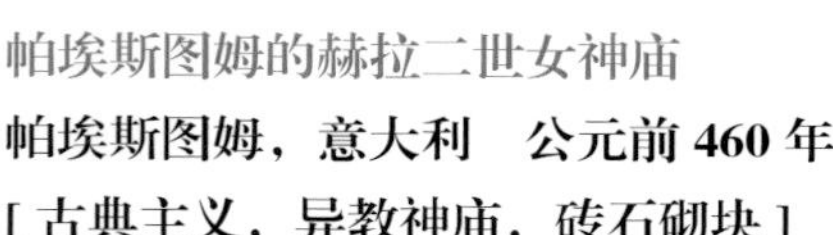

帕埃斯图姆的赫拉二世女神庙
帕埃斯图姆，意大利　公元前 460 年
[古典主义，异教神庙，砖石砌块]

Temple of Hera II at Paestum
Paestum，Italy　460 BCE
[Classicism，pagan temple，masonry]

位于帕埃斯图姆的赫拉二世女神庙是早期神庙类型的建筑案例。它的正立面是典型的六柱式，这种构造形成了门廊与主入口的中轴线。这些柱子矗立在柱座或柱础上，形成柱廊或周柱廊，构成周柱式建筑。由主入口引导进入建筑内部的大空间——**内殿**（cella），内殿中轴线两侧均有两排小柱。与入口相对的另一端是**后殿**（opisthodomos），也称“金库”（treasury）。这种布局在大多数希腊神庙中都很常见。

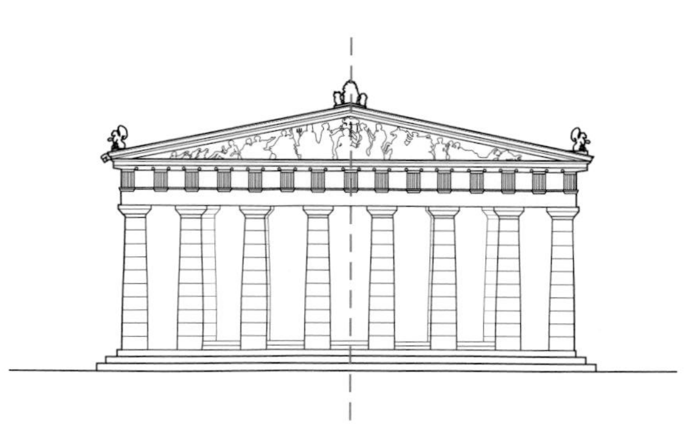

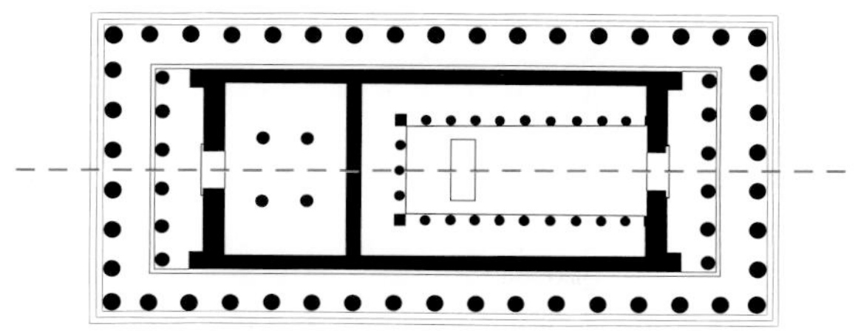

帕提农神庙，菲狄亚斯
雅典，希腊　公元前 432 年
[古典主义，异教神庙，砖石砌块]

Parthenon，Phidias
Athens，Greece　432 BCE
[Classicism，pagan temple，masonry]

位于雅典的帕提农神庙是一处**多立克式围柱式神庙**。在帕提农神庙中，正立面的柱子变成了八根，整体比例也经过重新设计，以精确反映建筑的尺度和重要性。门廊，也就是建筑正立面列柱与建筑内厅之间的空间，其列柱数量则从帕埃斯图姆时期的两根大幅增加到帕提农神庙的六根。放置雅典娜雕像的内殿，三面均设有柱子，这与早期神庙建筑中常见的两边有柱的形式存在明显差异，此外后殿的规模相比早期也变大了。尤其是三角楣饰（神庙屋顶顶部的三角形墙面，又称“山花”），其构建的比例、雕带（frieze）[译注 1] 和雕像等装饰部件，与早先的神庙相比有巨大差异，而且有了较大改进。这些雕刻作品对于提升建筑的交流表达能力是必不可少、十分必要的。

神（寺）庙被认为是人类文明的初始建筑设计类型之一。以下的建筑案例追溯了神庙的发展历程，将其作为典型的建筑类型和历史先例进行展示。所选用的案例均用于阐释神庙演变过程中的关键要点，重点强调的是受到形式、政治、宗教和场地条件等局地因素的影响而导致的重大改变和类型差异。

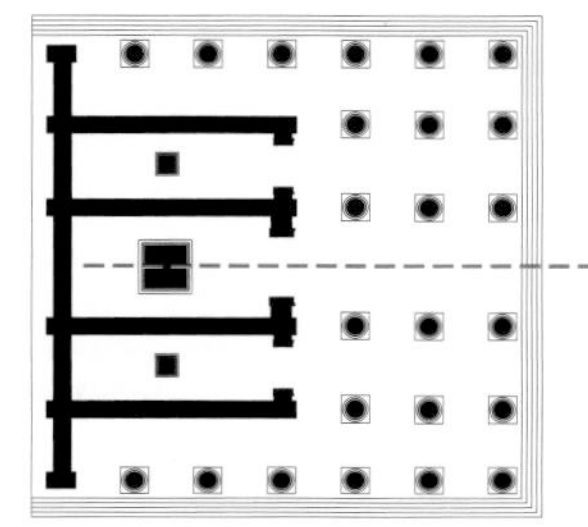

朱庇特神庙

罗马，意大利　公元前 69 年

[古典主义，异教神庙，砖石砌块]

Temple of Jupiter

Rome，Italy　69 BCE

[Classicism，pagan temple，masonry]

朱庇特神庙之所以与其他庙宇不同是因其自身的场地条件。它矗立在卡比托利欧山（Capitoline Hill）的山巅之上，可以俯瞰古罗马广场（Forum）[译注 2]。这样的场地条件决定了它只能优先处理三个立面，这与一般希腊神庙所要求的四个标准立面存在差异。与所有的古典主义神庙一样，朱庇特神庙的正立面也拥有偶数根柱子（此处为六根），然而不同的是，中间两根柱子的间距被放大以体现不同的空间等级。前厅门廊处设有三排列柱而两侧均只有一排。这种平面形式反映了罗马人对于从正立面进入庙宇的限定。在朱庇特神庙里专门设置了三个房间用于存放宗教古籍，这标志着功能空间从典型的神庙建筑中分离出来，而以往的神庙就是对其所敬奉神的雕像的展示。

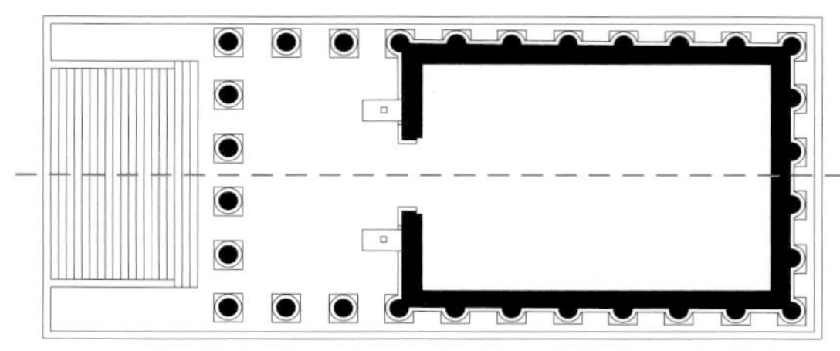

卡利神殿（又译“尼姆方屋”“四方神殿”或“四方屋”）

尼姆，法国　公元前 16 年

[古典主义，带有前厅柱廊的矩形神庙，砖石砌块]

Maison Carrée

Nimes，France　16 BCE

[Classicism，frontal colonnaded rectilinear temple，masonry]

卡利神殿由马库斯·维普萨尼乌斯·阿古利巴(Marcus Vipsanius Agrippa）建设，以纪念他的两个儿子。神殿由纪念神明转向了纪念凡人，这种功能性的转变代表了建筑功能向基于史实的历史类型的演进，具有重大意义。与许多早期神庙不同的是，卡利神殿并没有环绕建筑的柱廊，取而代之的是将列柱嵌入外墙之中。这看上去与早期神庙有很大区别，但它仍然与早期神庙有着千丝万缕的联系，比如穿过入口的主轴线依旧是神庙空间的主导。单一主轴线代表的是皇帝的权力而不是希腊的民主。卡利神殿采用的是科林斯柱式，反映的是建筑的精确性和对细节的关注。此外，卡利神殿对正立面进行了比例调整，用于加强对建筑垂直方向的强调，这在早期案例中未曾出现过。

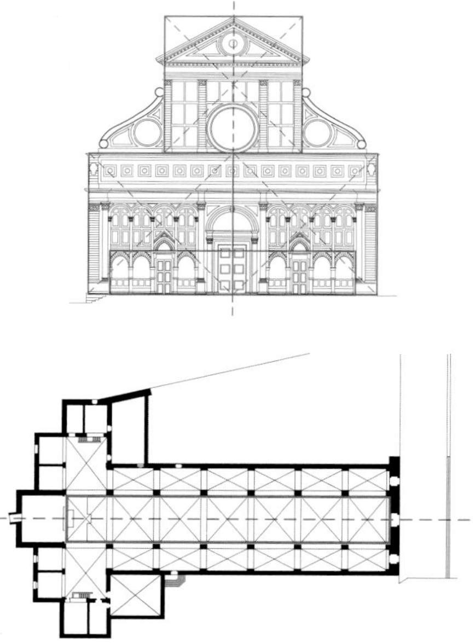

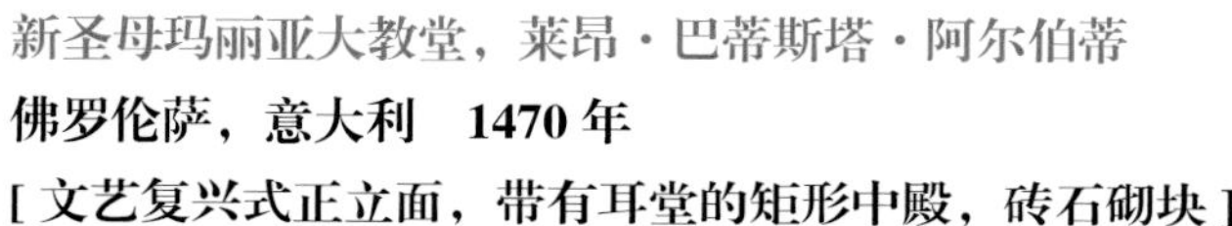

新圣母玛丽亚大教堂，莱昂·巴蒂斯塔·阿尔伯蒂

佛罗伦萨，意大利　1470 年

[文艺复兴式正立面，带有耳堂的矩形中殿，砖石砌块]

Santa Maria Novella，Leon Battista Alberti

Florence，Italy　1470

[Renaissance facade，rectangular nave with transept，masonry]

新圣母玛丽亚大教堂这座哥特式教堂完工近二百年后，阿尔伯蒂才被邀请进行正立面的设计与建造。他面对的问题是如何将文艺复兴时期的古典主义语汇融入传统教堂的立面造型中。除此之外，阿尔伯蒂还十分敏锐地捕捉到哥特式教堂的原始语汇。阿尔伯蒂将传统佛罗伦萨哥特式建筑的绿色和白色大理石与古典主义元素，如神庙前厅和比例体系等结合起来，综合了哥特式与古典主义这两种风格。巨大的涡卷线脚，其最初的设计作用是遮盖侧廊，这一设计特点为众人接受并一直沿用了几个世纪。

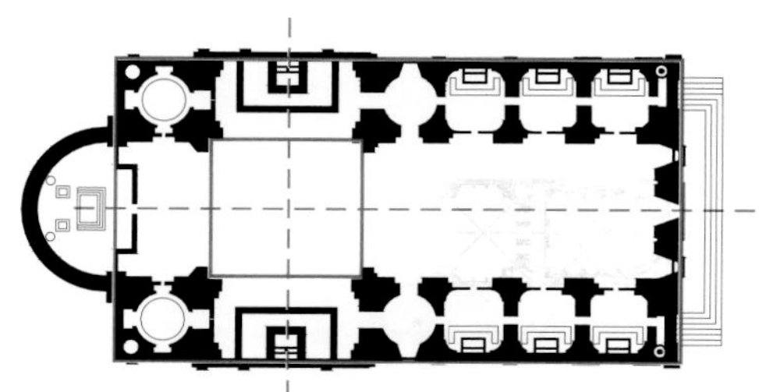

罗马耶稣会教堂，贾科莫·巴罗齐·达·维尼奥拉

罗马，意大利　1580 年

[文艺复兴，拉丁十字形，砖石砌块]

Il Gesu，Giacomo Barozzi da Vignola

Rome，Italy　1580

[Renaissance，Latin Cross，masonry]

罗马耶稣会教堂是后文艺复兴时期教堂设计的顶峰之作。其正立面设计借鉴了一百多年前阿尔伯蒂的建筑思想。下层的**壁柱**（pilasters，嵌在墙中的柱子）直接与教堂上层的立面对齐。这一做法不仅强调了中殿的位置，而且能够通过建筑的外部元素显示内部的空间组织。下层的阁楼（attic）[译注 3] 是上层布局的基础，它将上、下两层紧密结合成为一体。值得注意的是，正立面中的垂直元素和水平元素达到了平衡。如同阿尔伯蒂一样，维尼奥拉也使用涡卷线脚这一要素将侧殿的屋顶纳入建筑立面的总体构成中。

教堂正立面的发展是最著名、最清晰的建筑谱系之一。在此，本书将文艺复兴时期教堂正立面的变化演进作为一个特别的部分和一项特殊的要素进行着重强调。这一谱系也阐释了教堂平面的调和一致，自哥特式以来，虽历经文艺复兴时期新古典语汇的复兴，但是教堂的平面格局基本保持不变。所有的项目都基于以前的教堂设计建造，并惯用早前的案例来引导当下的设计。

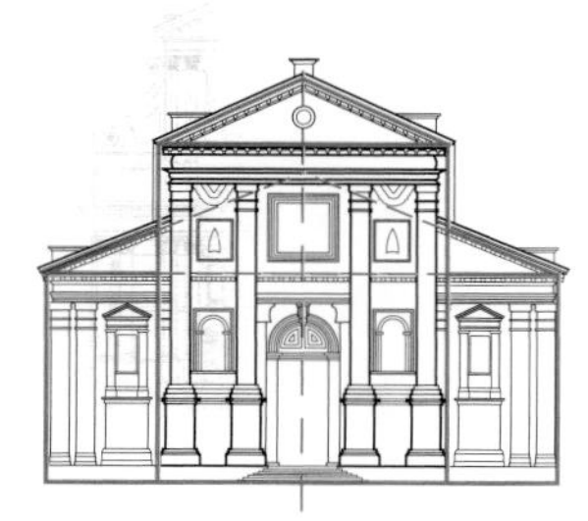

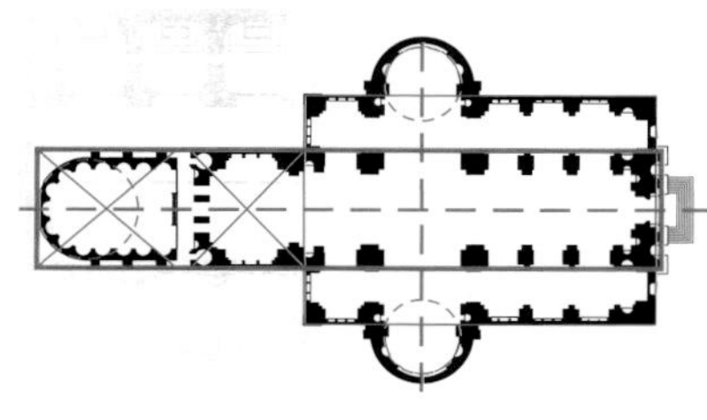

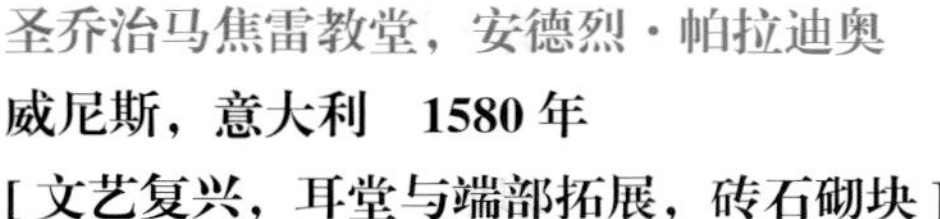

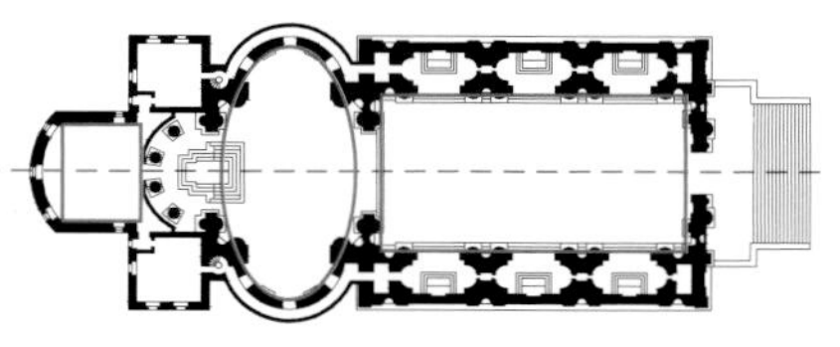

圣乔治马焦雷教堂，安德烈·帕拉迪奥
威尼斯，意大利　1580 年
[文艺复兴，耳堂与端部拓展，砖石砌块]

San Giorgio Maggiore，Andrea Palladio
Venice，Italy　1580
[Renaissance，transept and head additions，masonry]

圣乔治马焦雷教堂通过对异教神庙的运用阐释了教堂立面的另一重大转变。帕拉迪奥在设计圣乔治马焦雷教堂时将两种教堂类型进行了叠加，这与他设计的圣方济各教堂（San Francesco della Vigna）如出一辙。利用三角楣饰自然形成的三角形造型，帕拉迪奥能够将所有建筑元素融为一体，也能对侧廊屋顶进行有效遮盖。这种处理手法使古典主义元素能够融合到教堂这一类型的建筑形式中。与增加涡卷线脚相比，这一方法也使教堂立面更为整体化，尽管涡卷线脚在意大利南部更为流行。帕拉迪奥赋予建筑要素的比例关系和空间间距以极大的自由，但仍然能够运用古典主义形式来解决基督教教堂立面中的空间问题。

威尼斯救主堂，安德烈·帕拉迪奥
威尼斯，意大利　1591 年
[文艺复兴，三个层次的平面，砖石砌块]

Il Redentore，Andrea Palladio
Venice，Italy　1591
[Renaissance，three layered plan，masonry]

在进行威尼斯救主堂的设计时，帕拉迪奥运用了与圣乔治马焦雷教堂同样的设计理念，即综合多种庙宇的前殿形式创造新的主立面，立面形式同时也反映其内部空间。威尼斯救主堂的正立面共融合了五种前殿形式，这五种形式位于同一水平线上。他采用了更大的**勒脚**（plinth，一种被抬高的基础），以便建筑立面能够在同一水平线上进行布局。这种方法解决了一些有关对齐和比例的难题，如早期出现在圣方济各教堂和圣乔治马焦雷教堂立面中的类似问题。威尼斯救主堂的主要立面正对大运河，以确保其建筑立面能够在主轴线上完整可视。一系列复杂的比例关系（不同的几何体系控制着整体构图）保证了整体构成的统一性。通过这种多层叠加的立面构成，帕拉迪奥能够将古典主义语汇融入高度的建筑复杂性中，使威尼斯救主堂成为文艺复兴时期教堂立面的巅峰之作。

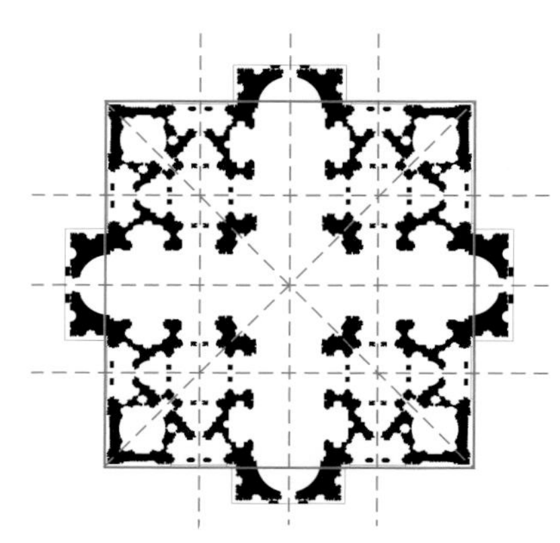

圣彼得大教堂，多纳托·伯拉孟特

罗马，意大利　1506 年

[文艺复兴，希腊十字形，砖石砌块]

St. Peter's Basilica，Donato Bramante

Rome，Italy　1506

[Renaissance，Greek Cross，masonry]

在圣彼得大教堂的首次平面设计中，伯拉孟特采用的是希腊十字形的平面形式。希腊十字形因其呈现出的建筑形式的纯粹性在文艺复兴时期广受欢迎。希腊十字形平面可以理解为带有垂直的等长双臂的正方形。两臂的轴线串联着耳堂、中殿和内堂。两臂是等长的，在末端均设有一个半圆形后殿（apse）[译注 4]。因此，拉丁十字中自然形成的空间等级在希腊十字中就已不复存在。在圣彼得大教堂的设计中，两条轴线的交叉处是主祭坛（high altar），主祭坛之上的穹顶是根据万神庙的穹顶设计建造的。主祭坛的四个对角方向是由小穹顶标识的四个独立空间，每个空间都是一个小教堂。这种空间组织结构经过历次平面更新依然被保留了下来。但从结构上看，大穹顶的四个支柱并不能提供足够的支撑力量，因而在后期的规划建造中得到了扩大和增强。

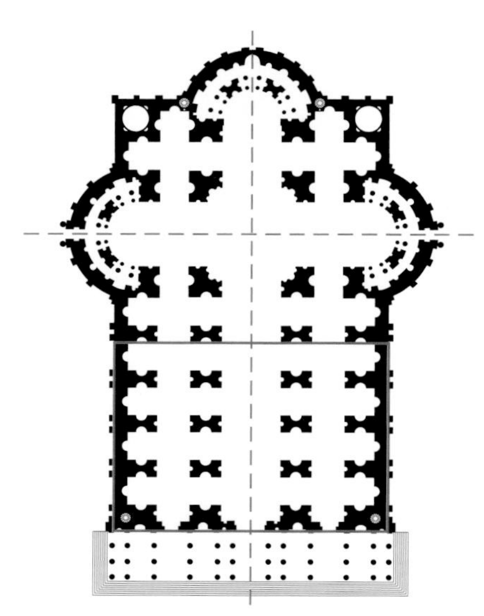

圣彼得大教堂，拉斐尔

罗马，意大利　1513 年

[文艺复兴，拉丁十字形，砖石砌块]

St. Peter's Basilica，Raphael

Rome，Italy　1513

[Renaissance，Latin Cross，masonry]

教皇尤利乌斯二世（Pope Julius）死后，由拉斐尔接管了圣彼得大教堂的设计工作，他对教堂平面做出了相当大的改变。最引人注目的地方是它重新回归到拉丁十字形的平面结构，并将教堂中殿改为五开间，而且在开间两侧的走廊尽端均设置半圆形的小教堂。诚然，这些改变依然遵循伯拉孟特最初的组织原则，但其意义却非常重大。拉斐尔设计的教堂平面趋于矩形，显得更加巨大。额外增加的回廊（ambulatories，带有顶棚的廊道）也使教堂两翼的半圆形后殿及内堂（chancel）[译注 5] 的位置更加突出。总体来说，拉斐尔设计的教堂平面并不像伯拉孟特的原始设计那样动态和富有活力，但是它既满足了结构要求，也在功能上为公众集会提供了充足的空间。

圣彼得大教堂绝对是一个引人入胜又不可多得的案例，只需通过这一个案例即可阐明整个建筑谱系。圣彼得大教堂既是宗教制度的代表，也是文化习俗的反映，正是基于这样的重要意义，它吸引了大量建筑师运用各自所处时代的独特思想和原则对其进行改造。随着时代更迭，对圣彼得大教堂的改造也呈现出周期性的规律。每次改造更新都建立在前人基础之上，同时对建筑平面和立面进行扩展延伸和重新组合。本书在建筑谱系的有关内容中记录了圣彼得大教堂建筑平面的变化演进和发展历程，包括最初的伯拉孟特平面，随后相继由拉斐尔和米开朗琪罗设计的平面以及最终的卡洛·马尔代诺平面。

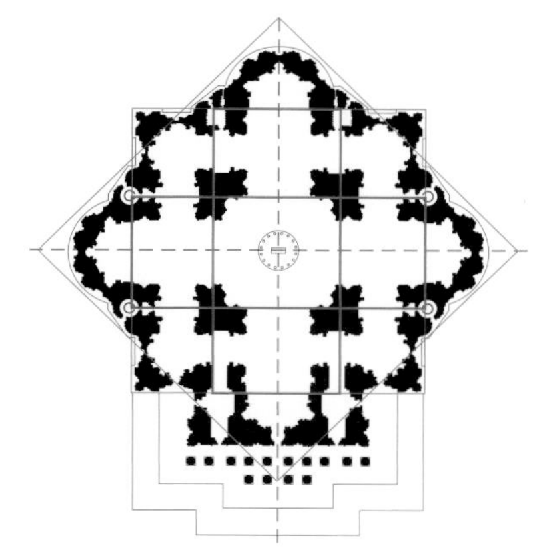

圣彼得大教堂，米开朗琪罗·博纳罗蒂
罗马，意大利　1547 年
[文艺复兴，希腊十字形，砖石砌块]

St. Peter's Basilica，Michelangelo Buonarroti
Rome，Italy　1547
[Renaissance，Greek Cross，masonry]

米开朗琪罗在小安东尼奥·达·桑伽洛（Antonio da Sangallo the Younger）对该项目的短暂主持之后才正式接管圣彼得大教堂的设计工作。米开朗琪罗立即恢复希腊十字形的建筑平面，即伯拉孟特最初的设计意图。米开朗琪罗将墙壁和拱座稍微加厚，使其结构性更强，这样就能得到一个更具凝聚力的中心式平面，这种做法在今天依然沿用。在巩固了墙壁之后，米开朗琪罗就能进行一些修改，以弱化伯拉孟特最初针对半圆形后殿的设计。这使米开朗琪罗创造出了文艺复兴时期最动感又起伏流畅的墙壁。这些对建筑平面的修正同时也为圣彼得大教堂最关键部分的建设——米开朗琪罗穹顶——打下了坚实基础。

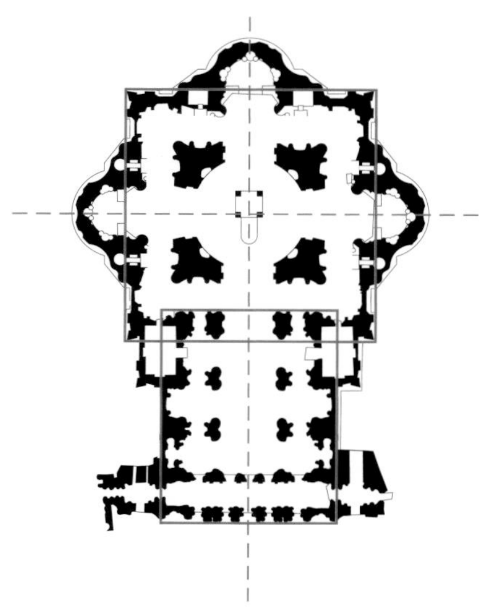

圣彼得大教堂，卡洛·马尔代诺
罗马，意大利　1607 年
[文艺复兴，拉丁十字形，砖石砌块]

St. Peter's Basilica，Carlo Maderna
Rome，Italy　1607
[Renaissance，Latin Cross，masonry]

米开朗琪罗去世后的多年间，一直由马尔代诺负责圣彼得大教堂的设计与建设工作。起初马尔代诺有一个大胆的设想，要环绕圣彼得大教堂布置一圈小教堂，但最终他只是将圣彼得大教堂的建筑平面回归到拉丁十字形的布局结构。这是因为反宗教改革运动（Counter-Reformation）认为希腊十字形是异教徒的样式而拉丁十字形才是基督教教义的象征。马尔代诺在米开朗琪罗希腊十字形平面的基础上增加了三个开间，新开间的尺寸与原有尺寸略有不同，从而明确标识出二人项目的碰撞与区别。马尔代诺还略微调整了中心轴线的角度，使建筑立面能与教堂前广场中心位置的方尖碑严整对齐。

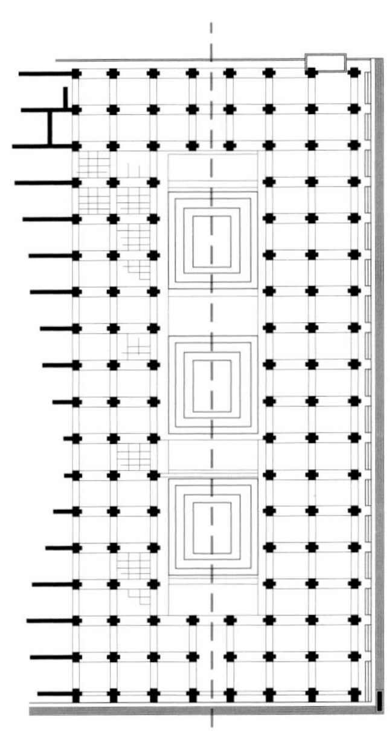

朱利亚神殿

罗马，意大利　公元前 46 年

[古典主义，巴西利卡，砖石砌块]

Basilica Giulia

Rome，Italy　46 BCE

[Classicism，Basilica，masonry]

朱利亚神殿是古罗马广场上体量最大的建筑，曾用于市民集会和其他公共事务。朱利亚神殿空间巨大，四边被两层柱廊围绕。这种结构形式被公认为是五廊式教堂（five-aisle church）的先驱样式。朱利亚神殿可以从各处进入，因此它几乎不存在空间分级。这种巴西利卡式的罗马教堂平面成为基督教会的第一典范。朱利亚神殿是为平民设计的世俗建筑，因此巴西利卡式的罗马教堂平面显然要比那些异教神庙更为大众所接受。

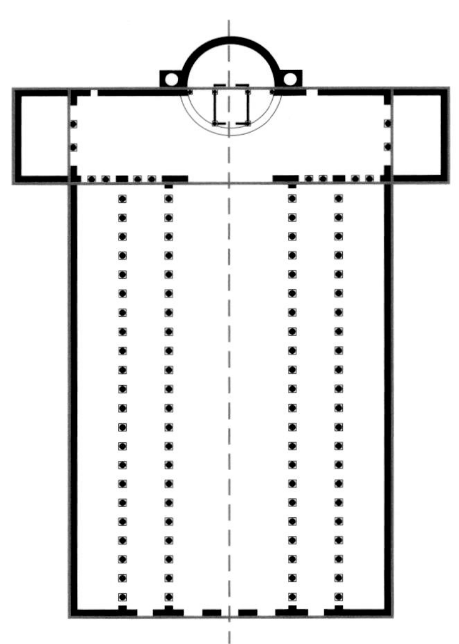

老圣彼得大教堂

罗马，意大利　公元 326 年

[中世纪，早期的拉丁十字形，木材和砖石砌块]

Basilica of Old St. Peter

Rome，Italy　326

[Medieval，Early Latin Cross，wood and masonry]

老圣彼得大教堂[译注 6]最早是一个五廊式教堂，在祭坛尽头与主廊垂直设有一组耳堂。老圣彼得大教堂的平面布局和形状都能让人联想到最初的巴西利卡式罗马教堂，二者的不同仅仅在于老圣彼得大教堂通过轴线关系确定了空间层级，并通过与主轴垂直的耳堂强调祭坛的地位。同时，教堂的前院指明了主立面的位置，也指示了前厅的位置所在，更进一步强化了内部空间的主轴线。

教堂这种建筑类型拥有一套最详尽、最多元、也最为复杂的建筑谱系。它始于最初的古罗马建筑雏形，借鉴了基督教教堂的基本建筑类型。随着基督教文化的发展盛行，政治决策和宗教意图改变了每一轮建筑迭代的设计理念。建筑结构和建筑材料的进步为教堂的形式演进提供了机遇，与早期的教堂案例相比，如今的教堂已然拥有了更广阔的视野和更高的希冀，同时也具备更强劲有力的实力将愿望变为现实。

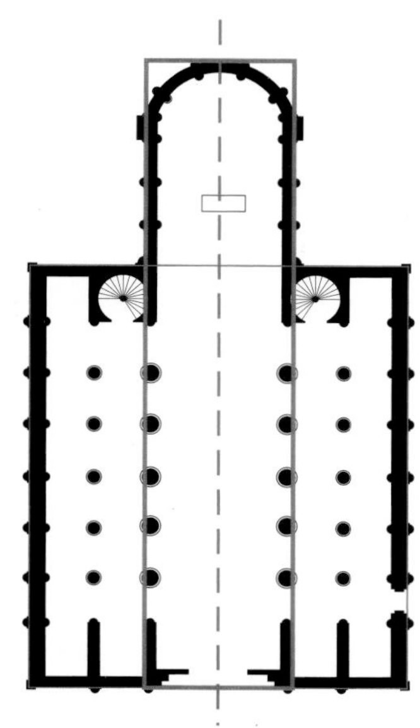

圣阿邦迪奥大教堂
科莫，意大利　1095 年
[罗曼式，五廊式教堂，木材和砖石砌块]

Sant Abbondio
Como，Italy　1095
[Romanesque，five-aisle church，wood and masonry]

位于科莫的圣阿邦迪奥大教堂是现存为数不多的五廊式教堂之一。在教堂平面中几乎无法识别出耳堂的位置，但这也使得教堂内部的空间结构更加完整统一。教堂外部以两个钟楼标示出耳堂的位置所在。环绕祭坛的空间，或称“内堂”，则进行了扩大和拉伸，这种形式也同样用于建筑外部空间。圣阿邦迪奥大教堂是罗曼式建筑的典型代表，通过对祭坛和内堂的强调表达了对教堂内部空间和外部形式的统一控制。

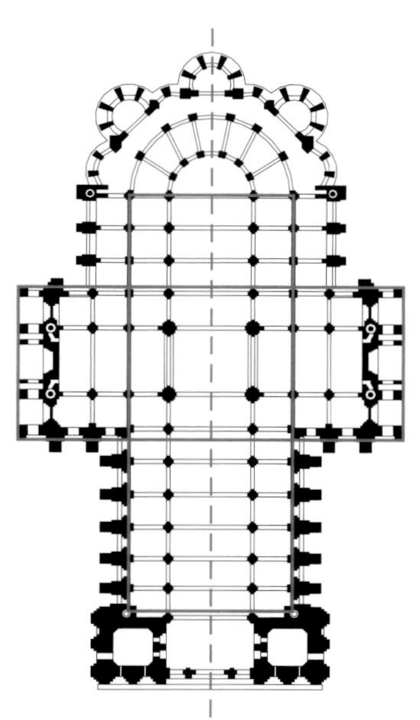

沙特尔大教堂
沙特尔，法国　1260 年
[哥特式，拉丁十字形，石材砌块]

Chartres Cathedral
Chartres，France　1260
[Gothic，Latin Cross，stone masonry]

沙特尔大教堂代表了哥特式高度发展时期的顶峰之作。其平面形式采用的是拉丁十字形，而在整体高度上被高高拔起向上延伸的顶部成为教堂的标志性特征。同时还对墙体进行了适当拆解，将自然光线引入教堂内部。因教堂中殿的高度已经达到了建筑结构与风力荷载的极限，所以对于哥特式教堂的重要标志物飞扶壁来说，本来只是用作辅助性的外部结构，在此却成为必要的支撑物，不可或缺。而在建筑的整体结构中，墙体不断减少是为了留作花格窗（tracery）[译注 7]，大面积的精致玻璃填充使更多的光线照入，既增添了教堂的光影效果，也照亮了人们的精神世界，彩色玻璃窗上还绘有《圣经》主题的绘画，向人们默默讲述着《圣经》故事。玫瑰花窗移至中殿前端，既解决了屋顶的拱顶形式问题，也赋予了三段式教堂立面不同的层次等级。

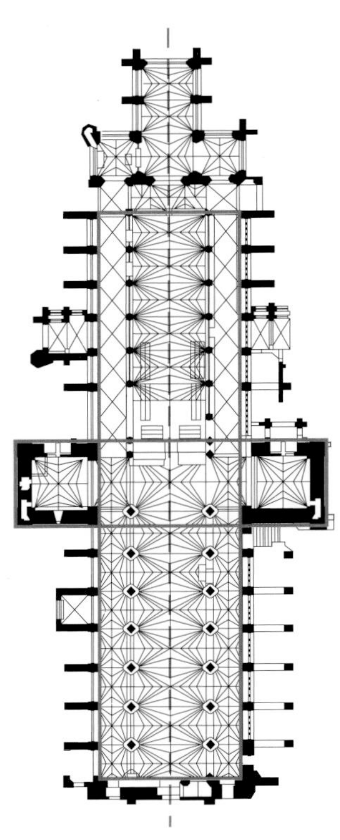

埃克塞特大教堂

埃克塞特，英格兰　1050—1342 年

[从罗曼式到哥特式，拉丁十字形，砖石砌块]

Exeter Cathedral

Exeter，England　1050–1342

[Romanesque to Gothic，Latin Cross，masonry]

埃克塞特教堂的发展代表了从罗马时期教堂到哥特时期教堂的跨越。教堂的正立面用玫瑰花窗限定了中央开间，但是却将侧边小教堂的拱顶暴露在外。同时，它延续了早前教堂案例的立面特征，中殿和侧边小教堂的屋顶坡度都是确定不变的。埃克塞特教堂中央大殿的内层天花板有一处极具观赏性的花格窗，瑰丽的色彩在结构主架中闪烁着耀眼的光斑，既实现了竖向荷载向天花板和屋顶的传递，同时也实现了几何造型的转移。精美绝伦又错综复杂的内部装饰在教堂的雕塑、立面及窗户中得到了充分展示。窗玻璃使用的是玫瑰花窗的标准圆形，其继续向下延伸直达墙壁，几乎要将石头的体量化解，使墙壁显得愈发轻盈。在埃克塞特教堂大殿高度形式化的组织体系中，还存在多个装饰性节点，使整个教堂的装饰艺术达到前所未有的顶点。

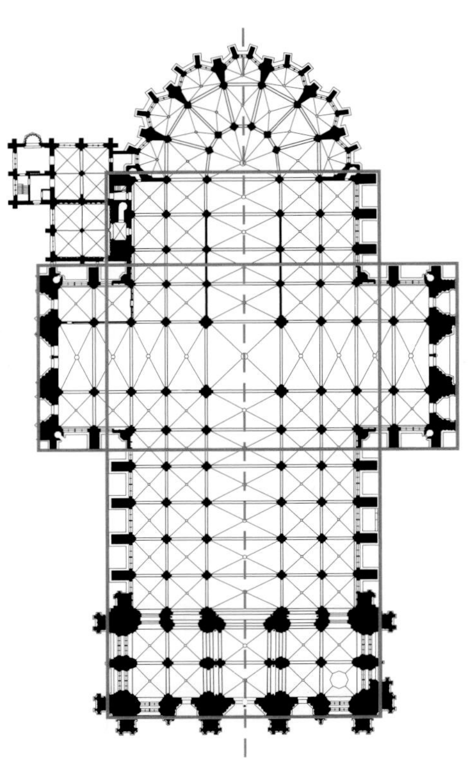

科隆大教堂

科隆，德国　1248—1880 年

[哥特式，拉丁十字形，石材砌块]

Cologne Cathedral

Cologne，Germany　1248–1880

[Gothic，Latin Cross，stone masonry]

科隆大教堂再次体现了德国人对哥特式教会建筑设计原则的精细阐释。科隆大教堂前建有塔楼，其位置对称、角度陡峭，屋顶由石板盖起。非常精细、动态造型的飞扶壁环绕布局，在拉丁十字形的平面结构四周形成包络的环形。由于上壁与下壁存在侧向推力，这种结构性受力表达在教堂的整体结构骨架上，就产生出各种建筑要素的密集组合。正是对这些精细结构要素的集体认知，形成了科隆大教堂的整体布局。

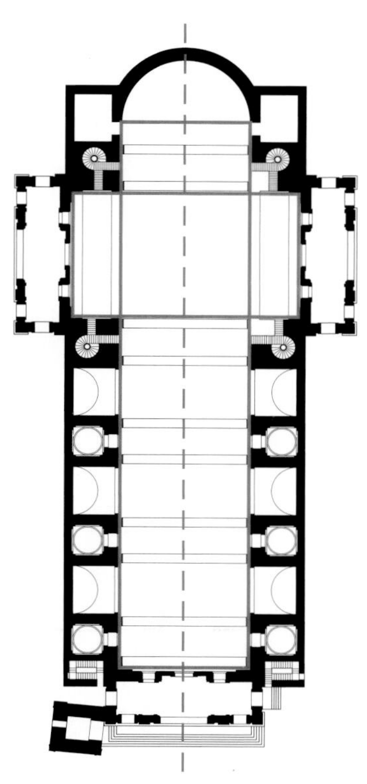

圣安德烈大教堂，莱昂·巴蒂斯塔·阿尔伯蒂
曼图亚，意大利　1476 年
[文艺复兴，拉丁十字形，砖石砌块]

Sant Andrea，Leon Battista Alberti
Mantua，Italy　1476
[Renaissance，Latin Cross，masonry]

圣安德烈大教堂的平面布局反映了阿尔伯蒂对将墙体作为建筑装置的痴迷程度。阿尔伯蒂设想的拉丁十字形教堂平面是一个巨大的独立空间，而不再像布鲁内列斯基设计的教堂那样普遍被列柱分隔成了小空间。所以在圣安德烈大教堂内没有设置侧廊，只有一个连续的中殿空间。阿尔伯蒂将一连串的私人小教堂整合起来用于代替传统布局中的侧廊。圣安德烈大教堂的中殿跨度与早期教堂相比更加巨大，这是阿尔伯蒂在教堂设计中跨出的意义深远的一步。此外，教堂平面的比例关系也与主立面密切相关，并在主立面中继续重复相同的比例关系。

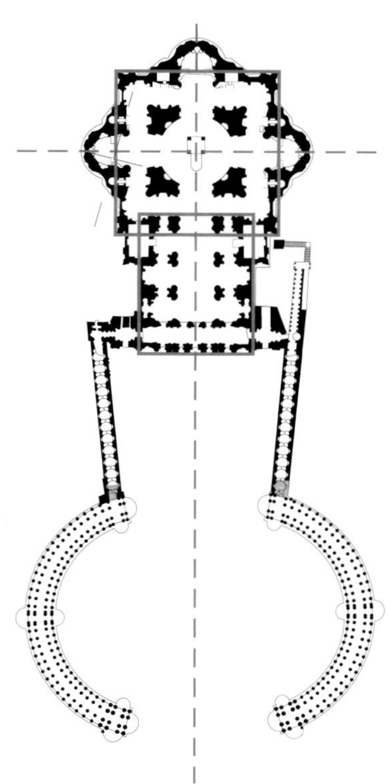

圣彼得大教堂，多种平面形式
罗马，意大利　1506—1667 年
[文艺复兴，拉丁十字形，砖石砌块]

St. Peter's Basilica，various
Rome，Italy　1506–1667
[Renaissance，Latin Cross，masonry]

位于梵蒂冈的圣彼得大教堂是教堂演进过程中的巅峰之作，它得到四位独立建筑师的青睐，而且建造周期超过百年。最初由伯拉孟特设计的平面是希腊十字形，随后拉斐尔将其改为拉丁十字形，到米开朗琪罗时又重新使平面恢复到早期伯拉孟特的设计思想，最终，马尔代诺在米开朗琪罗的设计基础上增加了三个开间，用于满足宗教需求和解决功能问题。今天圣彼得大教堂所展现的平面结构形式既是米开朗琪罗中心式理念的体现，也是经过马尔代诺的平面延伸而创建的中心式平面的体现，尽管其平面是拉丁十字形的。而贝尔尼尼设计的教堂前臂，提高了教堂对巴洛克式前广场的空间控制力。

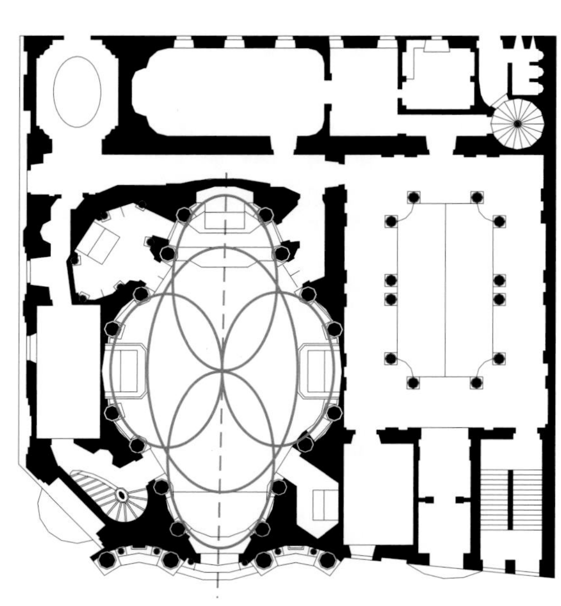

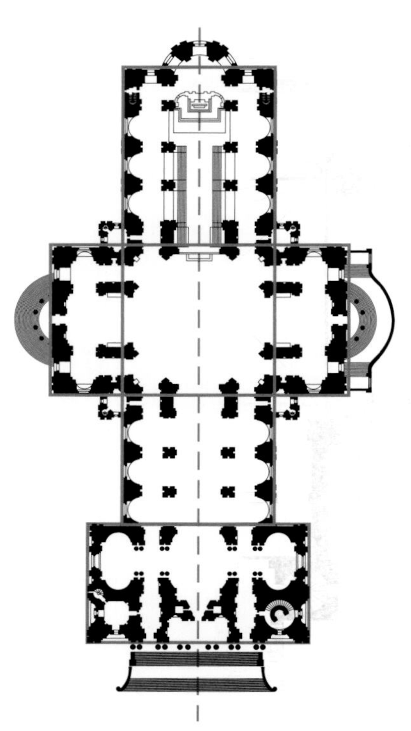

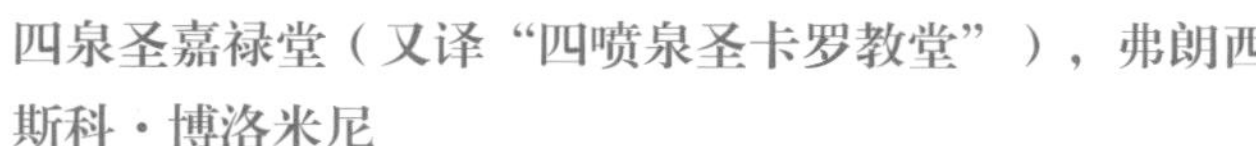
四泉圣嘉禄堂（又译“四喷泉圣卡罗教堂”），弗朗西斯科·博洛米尼

罗马，意大利　1641 年

[巴洛克式，椭圆形，砖石砌块]

San Carlo alle Quatro Fontane，Francesco Borromini

Rome，Italy　1641

[Baroque，oval，masonry]

四泉圣嘉禄堂的平面结构形式反映出博洛米尼对椭圆形空间类型的迷恋。当时伽利略发现行星的运行轨迹是椭圆形的（这与之前认为的圆形路径是相悖的），受此启发，四泉圣嘉禄堂的平面由一系列椭圆形相互重叠组合而成，最终形成了一个错综复杂又紧密相关的建筑空间。教堂的墙面是波动起伏的，呼应了各种椭圆形的压力感。祭坛和两个小教堂纳入教堂的主体空间之中，不再隐藏于过廊、耳堂或内堂之中。教堂穹顶也是一个巨大的椭圆形，对其下方复杂的平面形式具有控制力。几何形状的复杂性在各个方面都充分展示了四泉圣嘉禄堂的动感形式。

圣保罗大教堂，克里斯托弗·雷恩爵士

伦敦，英格兰　1668—1710 年

[英国文艺复兴后期，拉丁十字形，砖石砌块]

St. Paul’s Cathedral，Sir Christopher Wren

London，England　1668–1710

[Late English Renaissance，Latin Cross，masonry]

圣保罗大教堂建立在伦敦最古老的教堂遗址之上，历经多次设计。在 1666 年的伦敦大火中，原先的教堂遭受严重破坏，最后一次的更新建设便交由克里斯托弗·雷恩爵士负责。雷恩爵士的设计采用英国后文艺复兴时期的风格，在希腊十字基础上形成了加长版的修改方案。教堂内中殿和唱诗席的宽度均等，平面中最大不同在于东端是半圆形后殿，而西端是一个前厅并带有两个较大的小教堂。耳堂的宽度与中殿和唱诗班席的宽度相等，但长度略短。这体现了教堂各部分之间的恰当空间等级关系，但仍然保持了中心式的空间体验。主祭坛的位置并不在两轴的交叉点，而是在唱诗班席的最东端。为避免设置飞扶壁而将墙壁增厚，就在侧立面中实现了最大的空间规模和最少的细节交叉点。最终教堂的整体构成融合了哥特式大教堂的有关传统和其所处的后文艺复兴时期的建筑语汇。

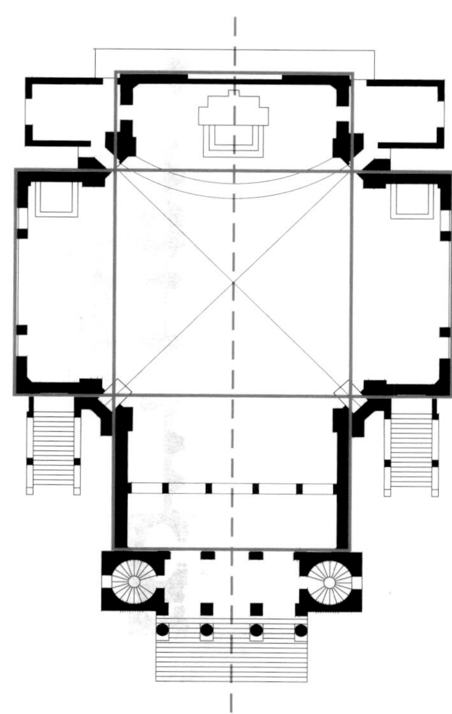

斯泰因霍夫教堂，奥托·瓦格纳建筑事务所

维也纳，奥地利　1907 年

[新艺术运动，希腊十字形，钢材和砖石砌块]

Steinhof，Otto Wagner

Vienna，Austria　1907

[Art Nouveau，Greek Cross，steel and masonry]

由奥托·瓦格纳设计的斯泰因霍夫教堂坐落于大山之巅，是斯泰因霍夫精神病医院（the Steinhof Psychiatric Hospital）的组成部分。由于教堂尺寸较小，平面采用了简单的希腊十字形，只是在朝向入口的方向适度延伸形成一处前厅。教堂采用的是对称式平面布局，大量借鉴了文艺复兴时期提出的理想平面（ideal plans）设计思想，如米开朗琪罗设计的圣彼得大教堂的希腊十字形平面。斯泰因霍夫教堂最引人注目的是其材料特性与装饰性，这在建筑的内部和外部均有明显体现。建筑新技术的发展使钢材和砌块材料也能应用于教堂这类传统的历史先例建筑类型中。

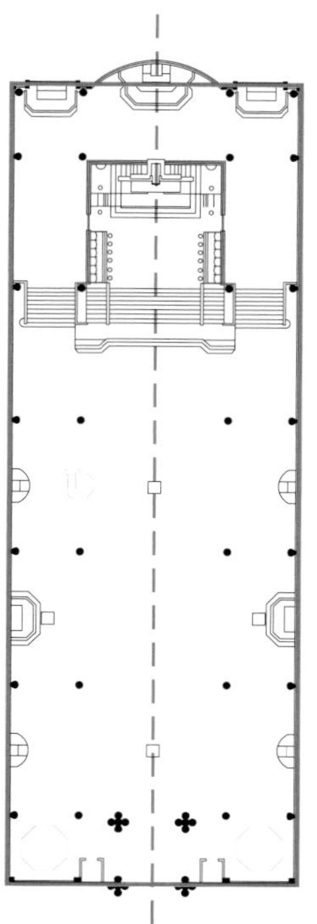

勒兰西教堂，奥古斯特·佩雷

勒兰西，法国　1922 年

[现代主义，矩形平面，混凝土]

Notre-Dame du Raincy，Auguste Perret

Raincy，France　1922

[Modernism，rectangular plan，concrete]

勒兰西教堂的平面是矩形的，由四排独立式支柱支撑起大型的混凝土顶棚。勒兰西教堂的平面形式极为简洁，可以使到访者将注意力完全集中于对建筑材料特性的关注上。小礼拜堂、前厅、祭坛都融入同一个大空间中，由一系列复杂的比例关系控制着建筑平面和内部空间。建筑在教堂这类历史先例中的重大演变，源自传统建筑形式的转化，而这种转化正是通过现浇混凝土等新材料的发展才得以实现的。

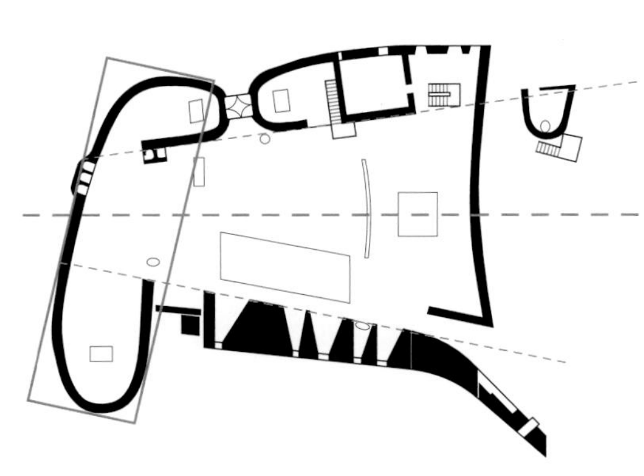

朗香教堂，勒・柯布西耶

朗香镇，法国　1955 年

[现代表现主义，自由平面教堂，砖石砌块和混凝土]

Notre Dame du Haut，Le Corbusier

Ronchamp，France　1955

[Expressionist Modernism，free plan church，masonry and concrete]

朗香教堂是体现现代主义原则并具有表现主义意义的典型案例，曲线的形式保证了朗香教堂具有传统宗教教堂的仪式感与纪念性，并能将传统教堂设计与现代情感融为一体。朗香教堂实现了教堂建筑的主要功能，如祭坛、钟楼、彩色玻璃窗和祭衣间（存放弥撒祭服的房间），这种以空间的有机组织和空间体验为基础的建筑形式产生了一种高度组织布局化的静谧体验。起伏的几何形状形成了独一无二的建筑形式，伴随着自然光线的运用，展现了朗香教堂的精神和灵性。

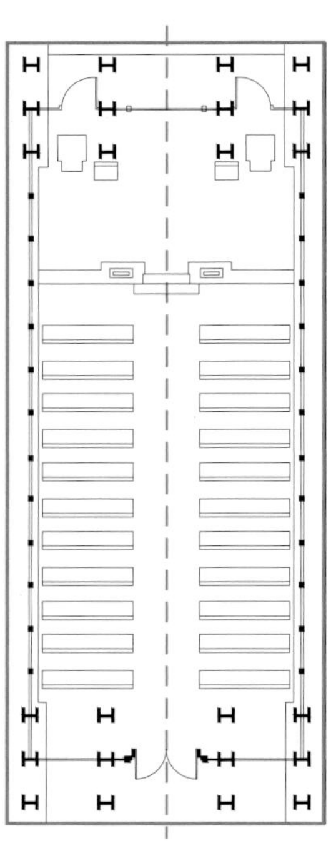

荆棘冠教堂，费伊・琼斯

尤里卡・斯普林斯，阿肯色州　1980 年

[现代主义后期，斜网格教堂，木材和玻璃]

Thorncrown Chapel，Fay Jones

Eureka Springs，Arkansas　1980

[Late Modernism，lattice framed sanctuary，wood and glass]

建设荆棘冠教堂是为了赞颂其周边美丽的自然景致。建筑本身完全服务于结构中的表现主义，不断重申并颂扬其材料性、重复性、垂直性，并强调与周围森林建立的联系。层叠交错的木枋，其规格尺寸以两个成年人能在森林中搬抬为标准，通过重叠和重复创造出了一个高密度的结构性空间。简单的矩形平面呼应了传统教堂组织体系中的中央通道与前端祭坛的连接。四周的玻璃以其透明的特性消融了墙的边界。重复而精致的支柱进一步消隐了建筑的围合结构。这就实现了建筑与外界的联系——斑驳的光线、垂直的树木、美丽的森林。建筑的地面，不管是在平面形式上还是材料运用上，都像是从基地中生长出来一样，有机融入周围环境中。空间的力量源于联系性与关联度，荆棘冠教堂正是通过与自然美的完美结合展现了其自身的空间力量。

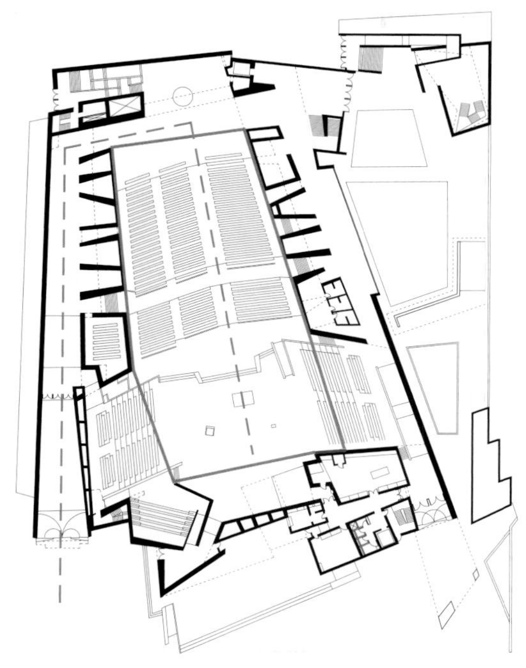
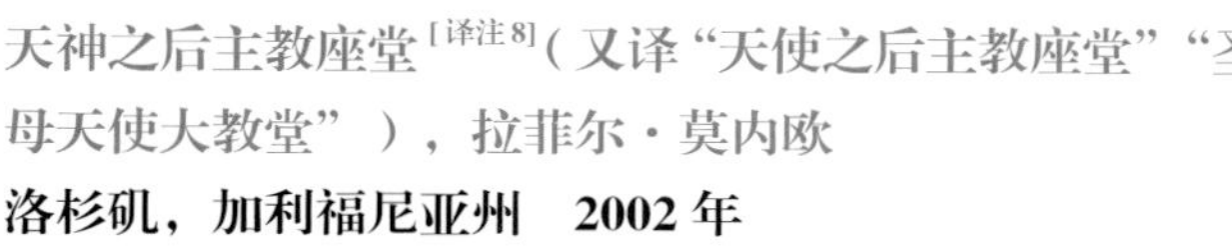

天神之后主教座堂[译注8]（又译“天使之后主教座堂”“圣母天使大教堂”），拉菲尔·莫内欧
洛杉矶，加利福尼亚州　2002 年
[后现代主义，折叠的轴线，混凝土和石材]

Cathedral of Our Lady of the Angels，Rafael Moneo
Los Angeles，California　2002
[Postmodernism，folding axis，concrete and stone]

作为对天主教传统教义的现代阐释，位于洛杉矶的天神之后主教座堂采用了极富后现代主义特征的设计方法进行设计。其依然强调居于中央的礼拜空间，同时仔细斟酌交通流线的布置、材料物质特性的表达、形式的组织和空间的划分。步行流线沿着一处城市广场缓缓上升，经过建筑侧边一处体量巨大但装饰丰富的大门，先将访客吸引到教堂的背面，然后再折回圣会主厅。这是对传统空间序列的反转。材料特征的变化也使传统的石材建筑主体转变为外露的现浇钢筋混凝土结构。彩色玻璃窗以雪花石膏薄片代替，可以使自然柔和的光线大量进入。建筑形式与空间组织也是裂变、相互渗透、非直角相交的。建筑师通过运用多种空间夹角实现了各空间之间的自然流动，也实现了将开放的小礼拜堂嵌入列柱之间并沿中心大厅线性排列。综上，洛杉矶天神之后主教座堂的整体构成，既有对传统教堂布局的尊重和参照，也有创新性的空间演变。

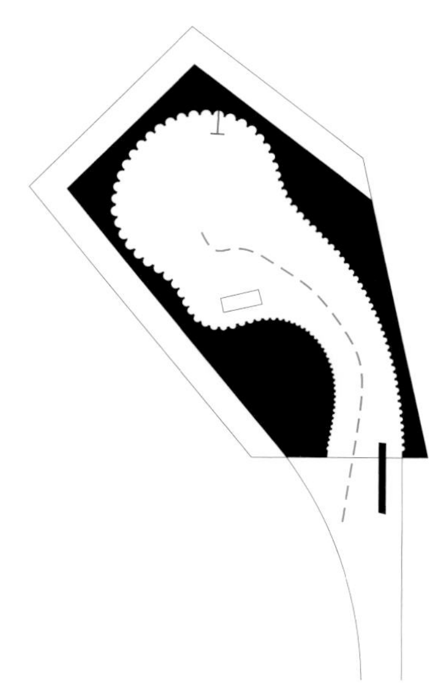

克劳斯兄弟田野教堂（又译“克劳斯兄弟小教堂”），彼得·卒姆托
沃亨道夫，埃费尔，德国　2007 年
[后现代主义，材料加工过程中形成的小教堂，混凝土和铅]

Brother Claus Field House，Peter Zumthor
Wachendorf，Eifel，Germany　2007
[Postmodernism，material process formed chapel，concrete and lead]

克劳斯兄弟田野教堂是一个现代风格的礼拜教堂，利用有限的资源和特殊的工艺建造而成，为偏远社区的人们服务。教堂的建设过程其实就是建筑材料的加工过程，这是运用建造逻辑生成的有机设计。在教堂内部由一系列斜向支撑的原木形成有机的空间边界，教堂外部则依照惯例由多个光滑的小面拼接而成。内部与外部之间的空间通过混凝土连续层进行填充。随后，内部原木被烧掉，既给人们留出做礼拜的空间，同时也形成了带有特殊焦炭光泽的圆齿状墙面。由此，这种反映材料加工过程的不加修饰的真实性和通俗易懂的可读性就形成一种既抽象又原始的空间形式与体验。空间层级和组织体系在教堂这种建筑类型的历史先例中是完全不拘形式的，其目的正是体现空间的精神力量并将这种力量化作不朽的空间体验。

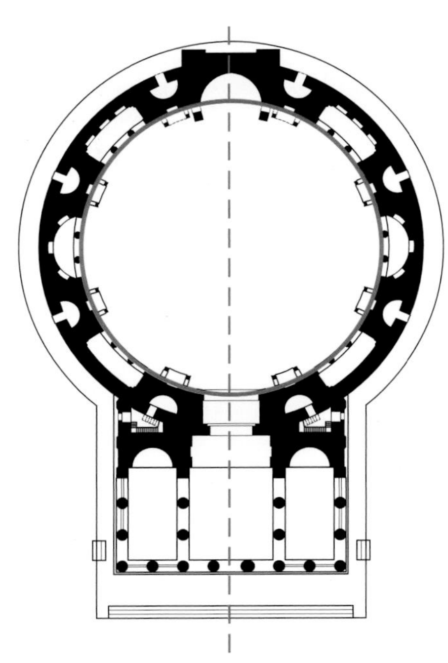

万神庙

罗马，意大利　公元 126 年

[古典主义，神庙建筑，砖石砌块]

Pantheon

Rome，Italy　126

[Classicism，temple，masonry]

在诺里的罗马平面中，可以清晰地看到在万神庙中占主导地位的圆形鼓状建筑形态。中心式的建筑平面让人回想起希腊神庙的代表之作——位于德尔斐(Delphi)的阿波罗神庙（Greek Temple of Apollo），但万神庙采用史诗般的宏大体量并非为了强调其功能性，而是为了使其圆形空间更具精神意义，也更能令人印象深刻。圆顶**天眼**（oculus，穹顶顶端开放的圆形孔洞）重新建立起顶棚的几何结构，通过光线在穹顶上的运动轨迹再次校准了时间，印证了斗转星移之间时光的流逝。

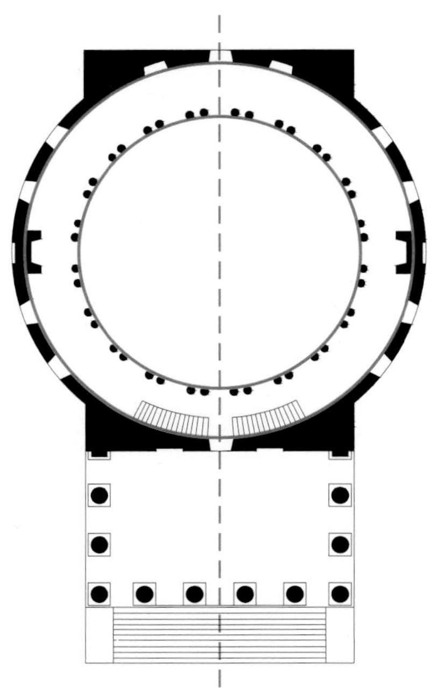

弗吉尼亚大学圆形大厅，托马斯·杰斐逊

夏洛茨维尔，弗吉尼亚州　1826 年

[新古典主义，图书馆，砖石砌块]

University of Virginia Rotunda，Thomas Jefferson

Charlottesville，Virginia　1826

[Neoclassicism，library，masonry]

弗吉尼亚大学的圆形大厅采用了万神庙的规划平面和建筑造型。特别是建筑造型方面，二者的建筑形式惊人地相似。二者建筑结构的几何形式与古典主义语汇在许多方面都互相关联。同万神庙一样，圆形大厅在特定环境中占据着重要地位。圆形大厅采用的是半球形而非整个球体，作为其空间环境的类型。与万神庙直接进入主空间不同，杰斐逊在圆形大厅中设计了一处入口通向下层的两个鼓状房间，以此入口接纳并确认了最重要的草坪轴线。从轴线的端部，结合圆形大厅的入口门廊，开始了对建筑、大草坪及整个校园主轴线的营建。始于鼓状几何形的校园规划，保持了开放的视野和景观焦点，校园随轴线向西延伸，明显与美国城市向西扩张的趋势相吻合，所以弗吉尼亚大学的校园建设既是美国未来发展的象征，也体现了国家发展机遇的哲学寓意。

圆形建筑，无论在形式、功能，还是在几何形体方面，都是最基本的类型。究其根源，可以一直追溯到罗马式建筑，在当代建筑中也能看到它的广泛应用。作为一种易于辨识的图形，圆形建筑一直是地球或者天堂的象征，在不同的宗教和文化中也一直是一种强而有力的建筑类型。

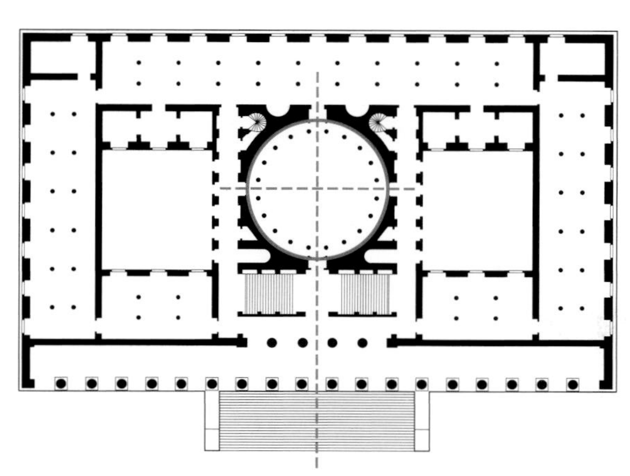

柏林老博物馆，卡尔·弗里德里希·申克尔
柏林，德国　1830 年
[新古典主义，带有圆形大厅的对称式矩形，砖石砌块]

Altes Museum，Karl Friedrich Schinkel
Berlin，Germany　1830
[Neoclassicism，symmetrical rectangle with rotunda，masonry]

柏林老博物馆的中央圆形大厅让人回想起万神庙，二者的形制、造型以及空间效果都极其相似。在古典主义风格中应用圆形大厅的设计，对建筑整体及轴线的定位都极为重要。圆形大厅在高度上控制着建筑的其他部分，圆厅共包含两层房间，由二十一根柱子环绕，每个柱间的凹处都嵌有一尊雕像。两层房间通过圆形大厅组成一个整体，吸引观众穿过门廊再经过楼梯，直至最终进入宏大的圆厅空间之中，不断强化的流线营造出雄伟又威严的空间体验。同样也是在圆形大厅的引导下，观众穿过十字相交的交通轴线进入博物馆后续的走廊和展室继续参观。

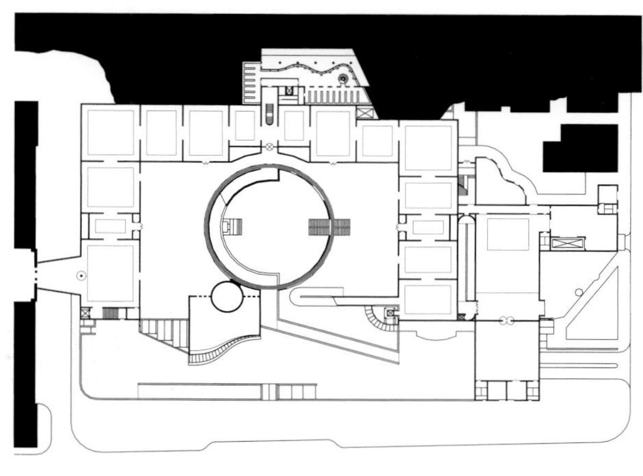

斯图加特国立美术馆新馆，詹姆斯·斯特林
斯图加特，德国　1983 年
[后现代主义，开放的圆形大厅，砖石砌块]

Neue Staatsgalerie，James Stirling
Stuttgart，Germany　1983
[Postmodernism，open rotunda，masonry]

在斯图加特国立美术馆新馆设计中，斯特林运用圆形在建筑中心创造出一处虚空间。圆形大厅是建筑外部的一处空间，其作为最主要的空间节点连接了多条交通路径，为观众提供了不间断的、连续的往返空间。圆形大厅连接起建筑内部和外部的交通路径，既将建筑内部各式各样的画廊联系起来，也调和了建筑与周围街道的巨大差异。简洁的空间和留白的影响力，其实完全依赖于对“圆”这种几何图形的参照和应用以及对圆形大厅这种建筑类型的全新解读。圆形大厅的建筑先例依然保持中心式的布局，但在斯图加特国立美术馆的空间表达上，建筑内部的圆形大厅已经反转成为建筑的外部空间。

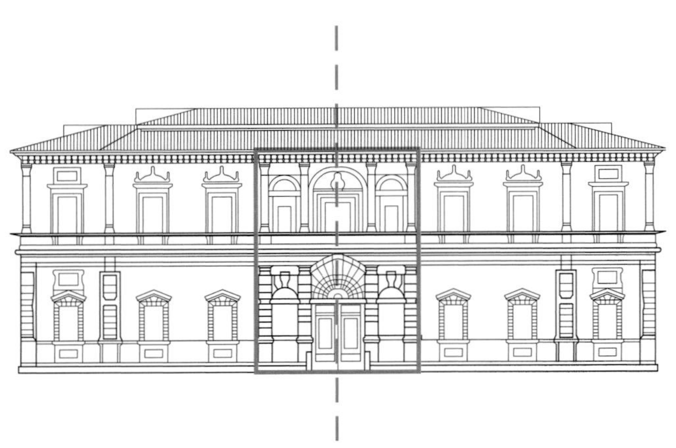

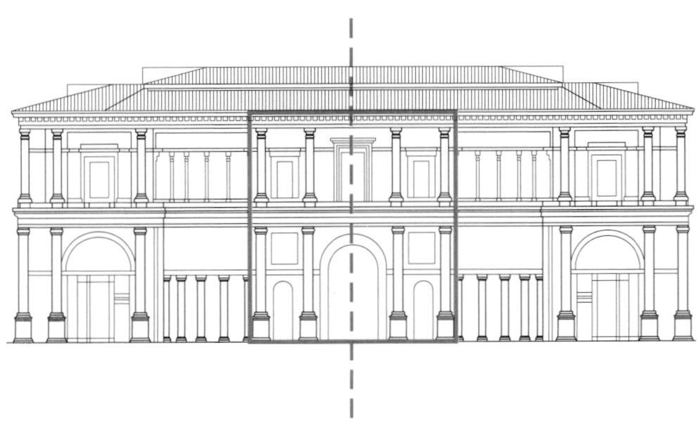

朱利亚别墅，贾科莫·巴罗齐·达·维尼奥拉

罗马，意大利　1555 年

[后文艺复兴时期，富有层次的庭院住宅，砖石砌块]

Villa Giulia，Giacomo Barozzi da Vignola

Rome，Italy　1555

[Late Renaissance，layered courtyard house，masonry]

在朱利亚别墅设计中，中央开间控制着整个主入口立面，运用粗犷的石雕工艺进行大胆雕琢。它代表了建筑的本初思想，也是对洞穴或建筑基本概念的一种暗喻。中央开间的竖向比例关系被减弱，从而将人们的注意力吸引到中央轴线的层级关系上。乡村生活不仅是洞穴建筑的象征，也展现了一种防御保卫的意象。从根本上说，朱利亚别墅重复性的**立面**展示了建筑本身的历史脉络，而主入口立面正是整个脉络的开端。

朱利亚别墅，贾科莫·巴罗齐·达·维尼奥拉

罗马，意大利　1555 年

[后文艺复兴时期，富有层次的庭院住宅，砖石砌块]

Villa Giulia，Giacomo Barozzi da Vignola

Rome，Italy　1555

[Late Renaissance，layered courtyard house，masonry]

朱利亚别墅的第二道门是凯旋门式的大门，它是朱利亚别墅主庭院的半圆形立面的组成部分。其比例和入口大门极为相似，然而建筑整体在此处变得更加精致和微妙。出现在入口处的壁龛在此处更加开放，墙体也薄了不少。自此，在朱利亚别墅中贯穿始终的特征形成了新的建造趋势，即每经过一道门，建筑都更加精致也更加透明。

在建筑谱系中，对建筑的审视主要聚焦于以下这栋建筑中一系列平行立面的演变：维尼奥拉的朱利亚别墅。在朱利亚别墅中有一系列的立面或大门，以粗琢的入口大门作为开端，以花园中的瑟利奥拱形窗（Serlio window，即帕拉迪奥式拱形窗）作为结尾。从本质上讲，这种建筑序列正是一种建筑方法的尝试，通过将同一栋建筑的不同立面按年代排序，用来记录并阐释建筑（洞穴、凯旋门、框架结构及瑟利奥拱形窗）更迭的历史。

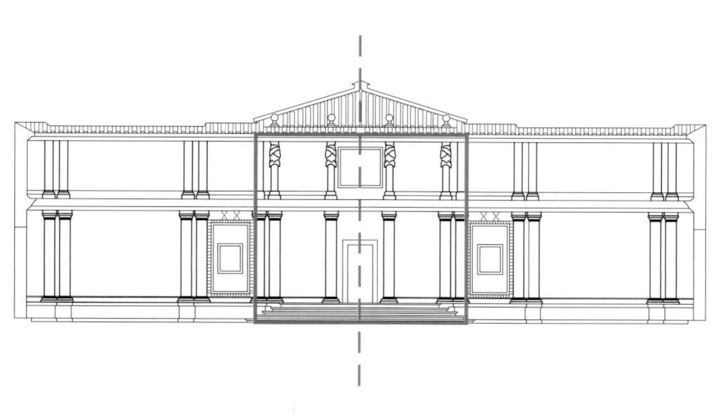

朱利亚别墅，贾科莫·巴罗齐·达·维尼奥拉
罗马，意大利　1555 年
[后文艺复兴时期，富有层次的庭院住宅，砖石砌块]

Villa Giulia，Giacomo Barozzi da Vignola
Rome，Italy　1555
[Late Renaissance，layered courtyard house，masonry]

第三道门通向花园庭院（the casino）及更低一层的水神殿（the nymphaeum）或称“岩穴”（grotto）。它由三个大的开口组成，不再依靠拱形门作结构构件。三个开口的跨度均等，在每个跨距上都使用了**过梁**（lintel）。开口之上是带有女像柱（caryatids）的阁楼嵌板，用于强调门的结构。开口的位置离墙很远，是为了表达这种类似框架的建筑结构理念，而非古代那种以墙作为建筑结构的概念。

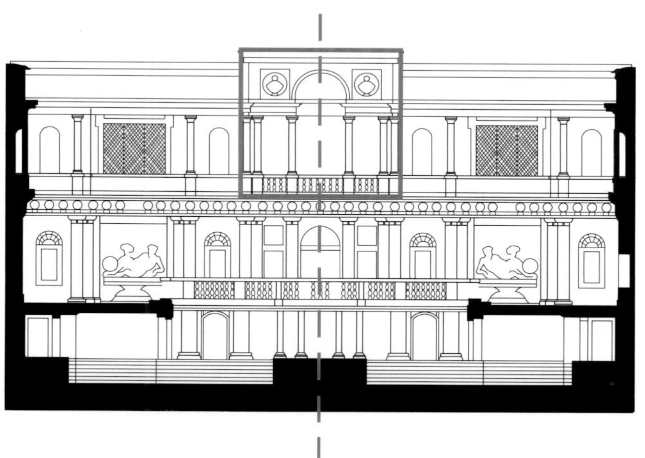

朱利亚别墅，贾科莫·巴罗齐·达·维尼奥拉
罗马，意大利　1555 年
[后文艺复兴时期，富有层次的庭院住宅，砖石砌块]

Villa Giulia，Giacomo Barozzi da Vignola
Rome，Italy　1555
[Late Renaissance，layered courtyard house，masonry]

视线穿过水神殿，看到的是整个序列的最后一道大门，它通向别墅中最后一个花园，依旧是整个序列的视觉组成部分。瑟利奥母题（Serlian motif）或者帕拉迪奥母题（Palladian motif）应用于此，形成整个建筑中最复杂、最精致的大门。其立面元素代表了当时最高级、最精确的建筑元素。实际上，朱利亚别墅的这些大门正是通过一种线性的轴向序列完整记载了建筑的历史。

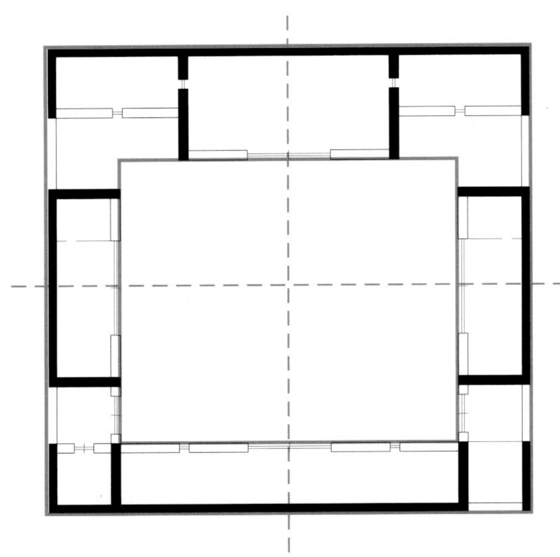

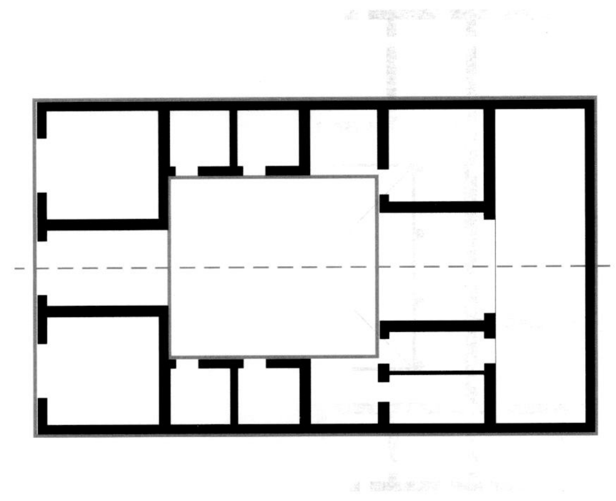

中国四合院
中国　公元前 1122 年
[中国风格，中心式庭院，木材和砖石砌块]

Chinese Courtyard House
China　1122 BCE
[Chinese，centralized courtyard，wood and masonry]

中国四合院十分注重内部方形庭院几何形式的纯粹性，四合院中的建筑一般沿着南北轴和东西轴布局，而方形庭院营造出的空间品质与周围环绕的建筑明显不同。因此，不同于欧洲和中东地区以加减关系创造庭院，中国四合院是由围绕着庭院空间的建筑单体聚合而成。在其施工体系中，以重复的组合式木质构件和砖石砌块建造，辅以反映自然力量的装配式构件系统，无论在局部还是整体上都实现了明显的构图分割。院子里的每间房屋均能保持其所有权的独立性，通常不同的房屋归属于不同的家庭成员。院子本身是私密的、适合冥想沉思，这一点与公共社区截然相反，四合院中常常还有多重院落层层后退，以提供更强的隐私空间。

伊特鲁里亚的庭院建筑
庞贝古城，意大利　公元前 80 年
[罗马式，连续的庭院建筑，砖石砌块]

Etruscan House
Pompeii，Italy　80 BCE
[Roman，sequential courtyard house，masonry]

庞贝古城中典型的罗马式建筑拥有矩形平面并且几乎完全没有外窗。在伊特鲁里亚的庭院建筑中布局有一系列的中庭和院落，其内部的房间正是围绕这些外部空间进行组织排布的。空间的流动始于带屋顶采光井（conpluvium，一种屋顶孔洞）的第一个院子，屋顶采光井使雨水呈漏斗形汇入方形蓄水池（impluvium，地面中的洼地部分），卧室环绕着方形蓄水池布置。它后面是客厅（tablinium，会议厅、接待厅或餐厅）。整个空间序列结束于最后一个院子，这个院子包含一处花园，周围由周柱廊（peristylium）或者柱廊（colonnade）环绕。随着庭院这一类型的不断演进，院落的尺度和数量均有所增加，最终单独一处庭院建筑几乎就可以覆盖罗马的整个街区或整个岛屿。

在众多国家和文化中，庭院都是最普遍的建筑元素之一。究其本质，庭院是一种将外部空间引入建筑内部的方式。庭院是一处与众多功能及众多房间都存在联系的空间，因此庭院可以成为建筑的核心空间。庭院这一类型已经跨越了几个世纪，但其物质特性和建造结构却鲜为人知。很难想象在城市文脉中如果没有庭院会是什么样子。庭院能将光和空气引入建筑内部，也能使单薄的建筑层次形成有秩序的空间序列。

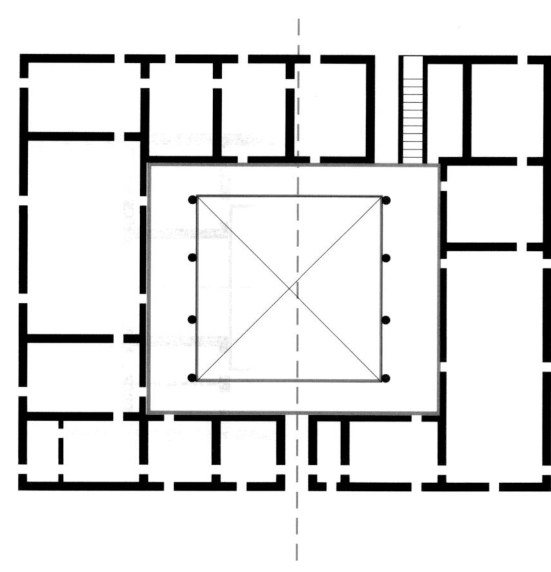

佛罗伦萨的庭院建筑

佛罗伦萨，意大利　14 世纪

[文艺复兴，中心式的庭院建筑，砖石砌块]

Florentine House

Florence，Italy　14th century

[Renaissance，centralized courtyard house，masonry]

佛罗伦萨的庭院建筑以中央庭院为核心进行布局，是意大利宫殿建筑类型的基础。内化的庭院生成一种新的外部空间，将相关建筑议题和对立面的审视转化到内部空间来处理。这也引入了三维空间中如何处理转角这一难题。文艺复兴时期的建筑历史就是不断解决转角问题的过程。中央庭院四周的柱廊可以作为某一房间的交通路径深入整个交通流线，也可以使自然光线和空气流通穿透缩短的横截面。在佛罗伦萨的庭院建筑中，庭院这一类型还涉及多层结构的配置和布局的转化问题。

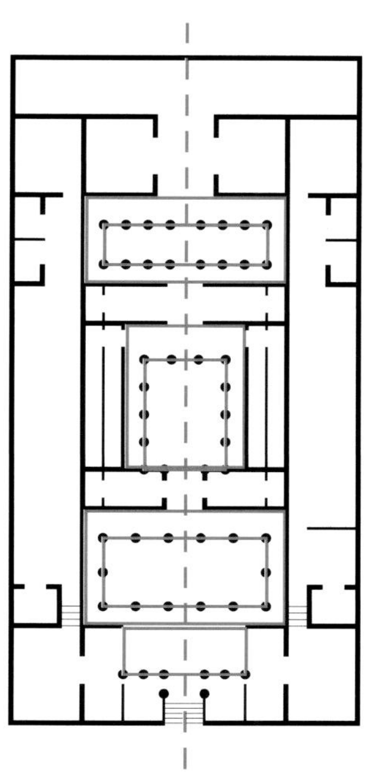

波斯的庭院建筑

伊朗　16 世纪

[伊斯兰风格，对称的有层次的庭院，砖石砌块]

Persian Courtyard House

Iran　16th century

[Islamic，symmetrical layered courtyards，masonry]

在波斯的庭院建筑中，伊朗建筑所展现的才华与威严通过富有层次的、极具观赏性的庭院得到了充分表达。周边不同的功能区共围合出三个内部庭院；每个庭院的尺寸不尽相同，环绕着庭院的柱廊也变化多样，但都形成了遮阴的回廊或人行步道。庭院本身还布设有水体和植物景观，既创造出一处内部花园，也为建筑空间打造了一套被动冷却系统。在波斯的庭院建筑中，从房间不能直接进入庭院，庭院并不被简单地当成交通空间，而是作为最终的目的地保护起来。同时，这里的房间也并没有指定专门的功能，而是随季节变化酌情而定。

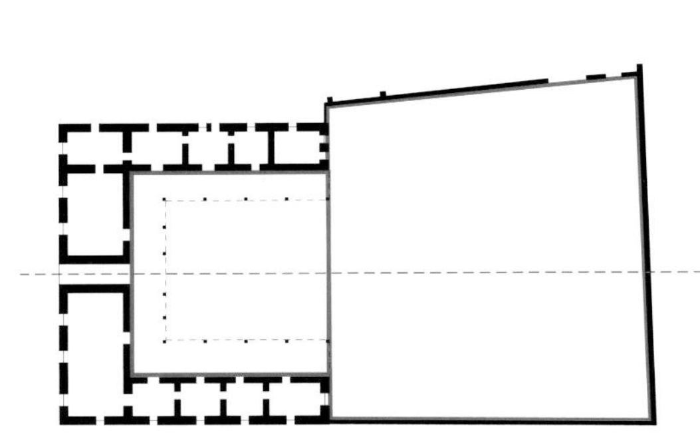

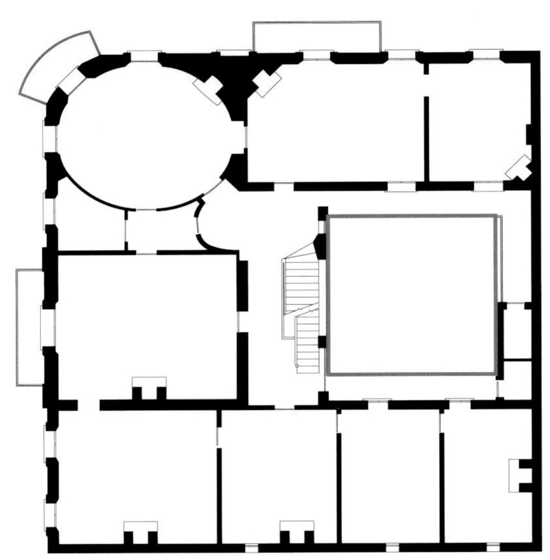

西班牙的庭院建筑，艾斯图迪欧之家

圣迭戈，加利福尼亚州　1827 年

[西班牙殖民风格，带有中央庭院的“U”形空间，木材和砖石砌块]

Spanish Courtyard House，Casa de Estudillo

San Diego，California　1827

[Spanish Colonial，U-shaped with central courtyard，wood and masonry]

以圣迭戈老城的庭院建筑为代表的西班牙庭院建筑是一种简单的中心式庭院。房间沿庭院的边界排列，依托外部交通流线中带有屋顶的游廊将各房间连接起来。住宅的前缘有较大的形式空间，包括客厅和小礼拜堂、客房和主卧室；住宅两翼是较小的工作间和次要的卧室。该住宅平面中强烈的对称性产生了空间形式的等级关系，对庭院的定位是住宅中的联系空间。同时，厚实的砖坯墙体既提供了结构维护也作为保温层使用，而狭长的房间和纵深型的布局结构也实现了光线和空气对建筑内部的渗透。

新奥尔良的庭院建筑

新奥尔良，路易斯安那州　19 世纪

[法国殖民风格，中央庭院式建筑，木材和砖石砌块]

New Orleans House

New Orleans，Louisiana　19th century

[French Colonial，central courtyard house，wood and masonry]

新奥尔良有多种类型的庭院建筑，常见于法国人聚居区致密的城市肌理中。这些建筑是典型的多层住宅，交通流线主要沿着庭院的边缘进行组织排布，或者是沿着上层楼面的阳台，或者是沿着底层的骑楼（overhang）。通常情况下，主要的起居房间均向庭院敞开。更具代表性的是庭院中央布置有一处喷泉并种植许多植物，可以提供遮阳和被动冷却（即自然冷却）以消除闷热。与其他庭院不同，新奥尔良住宅的庭院入口在整个空间层级中只属于次要等级，并沿着庭院的边缘设置。

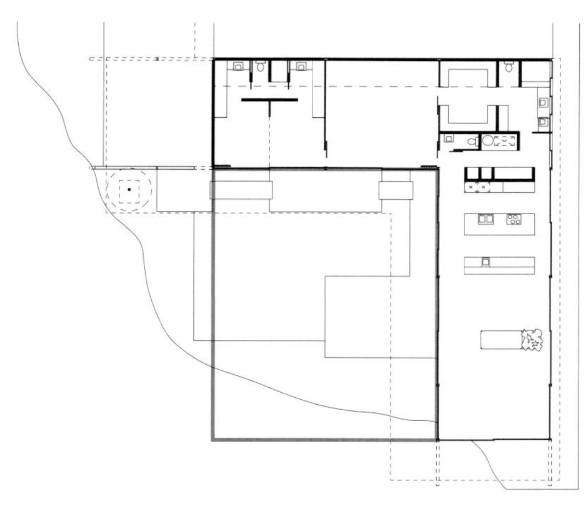

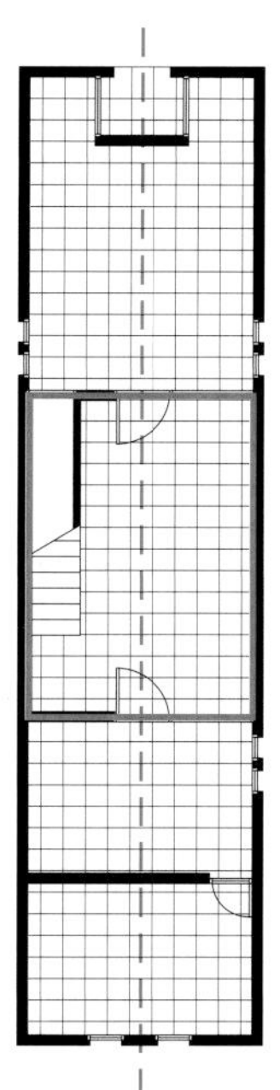

住宅研究 22 号案例[译注 9]

洛杉矶，加利福尼亚州　1945–1966 年

[现代主义，从室内到室外的自由平面，木材、钢材和玻璃]

Case Study Houses [#22]

Los Angeles，California　1945–1966

[Modernism，free plan indoor–outdoor，wood，steel and glass]

住宅研究实验是美国现代民用住宅的一系列实验。住宅案例研究运用战后发明的新材料和新技术，并致力于在南加州温和的气候环境中应用，生产出一批小巧精致又简单纯粹的实验性现代住宅。住宅案例的一系列研究由《艺术与建筑》杂志（*Arts & Architecture*）赞助并主办，参加者包括但不限于皮埃尔・柯尼希（Pierre Koenig）、蕾・埃姆斯与查尔斯・埃姆斯夫妇（Ray and Charles Eames）、埃罗・沙里宁（Eero Saarinen）、克雷格・埃尔伍德（Craig Ellwood）和理查德・努特拉（Richard Neutra）。尽管每个建筑师采用不同的空间形式和建筑材料，但最终的建设目标却是相同的：开放的现代住宅和相互联系的室内外空间。庭院、游泳池和大块可开启的玻璃板材，共同凸显了美丽的建筑环境，而住宅则消融在环境之中，简化了建筑构成。住宅案例研究的系列作品已成为现代家庭生活的标志性案例。

住吉的长屋[译注 10]，安藤忠雄

大阪，日本　1976 年

[后现代主义，庭院式住宅，混凝土]

Azuma House，Tadao Ando

Osaka，Japan　1976

[Postmodernism，courtyard houses，concrete]

当代日本的庭院式住宅，已经完全接受了东京极度昂贵又极度窄小的空间配置特征，并将传统的庭院式住宅进行调整以适应高密度的城市建设。住吉的长屋，作为一处文化先例，其贡献在于利用榻榻米垫的尺寸推进了空间的模块化设计[译注 11]。住吉的长屋中，茶庭（teahouse）[译注 12]被扩展至家庭生活空间中，体现了几何美学与人生哲学的结合。平衡自然环境，接受自然变迁，庭院不仅是一处空间，而是纳入物质与形式对话的要素，框定了四季，沉寂了时间，也标定了年代。尽管庭院的尺度狭小，但设计中充分考虑到住宅空间的流动性，并将自然景观一直延续引入室内，庭院作为一处留白的空间，给人的感受仍是开放和宽阔的。在住吉的长屋中，庭院不仅要满足简单的功能性或实用性要求，也要体现建筑美学与生活哲学。

神庙前殿 + 圆形陵墓 = 万神庙
Temple Front + Circular Mausoleum = Pantheon

这个等式有可能被人们认作“组合”的溯源之一。这个等式是将一个圆形的结构，如奥古斯都陵墓（Mausoleum of Augustus，公元前 28 年），一个坚实的陵墓建筑，附加上神庙的立面，从而形成了万神庙（公元 126 年）。神庙前殿，以卡利神殿（公元前 16 年）为代表，加上建筑的入口和轴线关系，再借助其重要性和纪念性，扩展了神庙建筑和古典主义的建筑语汇。这个等式的结果使罗马人现在不得不考虑万神庙巨大的内部空间以及随之而来的空间跨距问题。

组合 | Assemblages

组合的概念是指建筑师以两栋建筑或两种建筑类型为引用先例，将其结合成为一个连贯的整体以定义新的意向图示。纵观历史，“组合”已经成为一种非常有效的做法，时常帮助建筑师开发出新的概念和类型。“组合”既可以是抽象拼贴画式的拼贴集合，也可以是综合式的混合搭配，但参与组合的二者之间的相互关系一定要形成完全独特的第三部分。

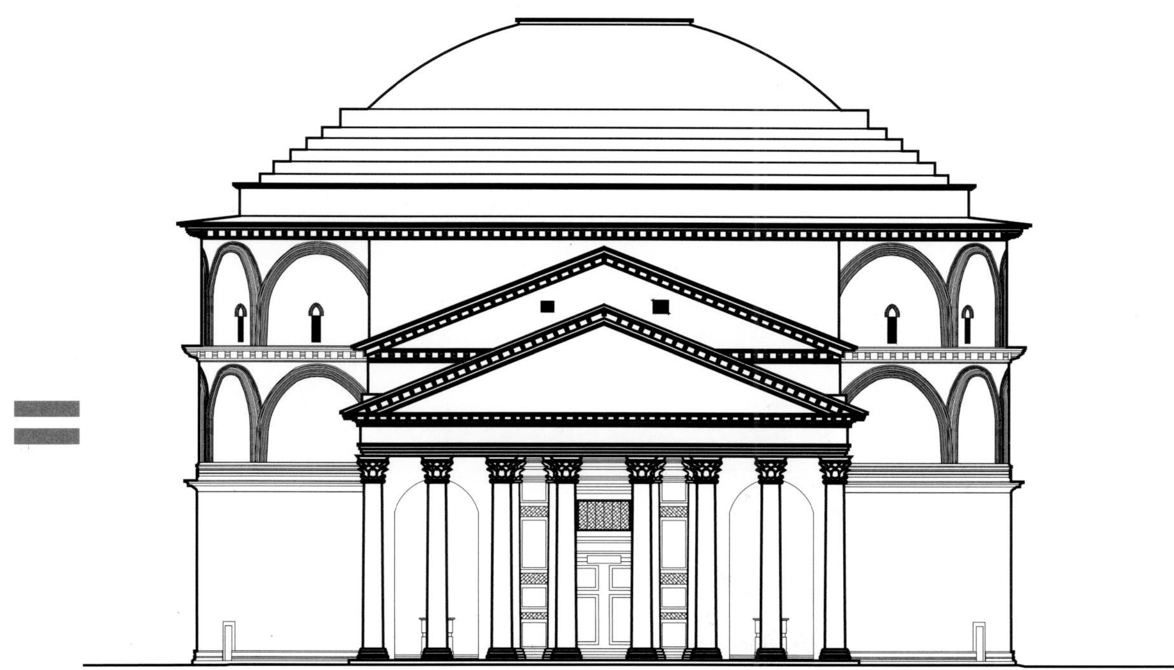

神庙正立面 + 罗马凯旋门 = 圣安德烈大教堂正立面
Temple Front + Roman Triumphal Arch = Sant Andrea

阿尔伯蒂在设计位于曼图亚（意大利北部城市）的圣安德烈大教堂（1476 年）时造就了这个等式。他将两种异教元素分层叠放形成这个教堂的正立面。阿尔伯蒂将凯旋门和神庙正立面两种元素以拼贴的形式组合在一起，重新诠释的不仅是教堂的外观，还有教堂的空间。在之后的几年中，异教元素的使用和上下分层的构图手法成为文艺复兴时期建筑师们惯用的设计方法，有的建筑师甚至疯狂痴迷于此。然而，与这个等式格格不入的是玫瑰花窗，这也是阿尔伯蒂所纠结的部分，他的结论是玫瑰花窗就是立面上的一个尴尬元素，就像一个帽子“戴”在三角形的山花上。

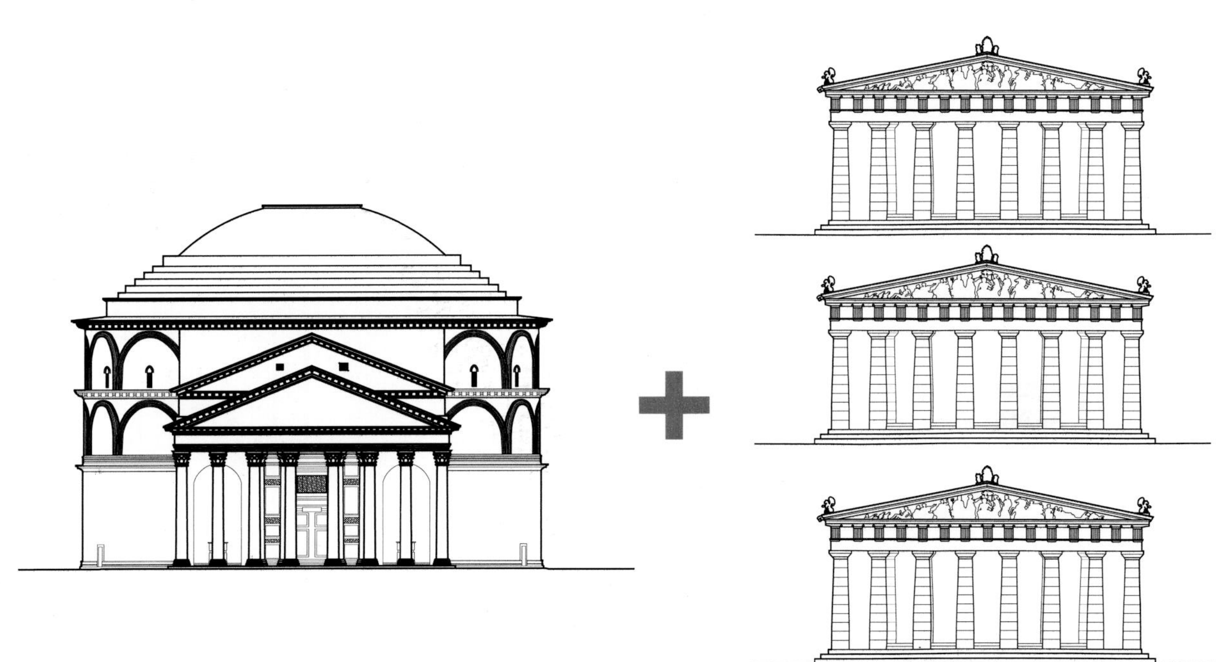

四个神庙前殿 + 万神庙 = 圆厅别墅
4 Temple Fronts + Pantheon = Villa Rotunda

为了完成圆厅别墅（1571 年）的形式构成，帕拉迪奥采用了一个中心式的建筑——万神庙——作为设计基础，新增的三个神庙前殿使两个主要的横轴得以确认。圆厅别墅坐落于山丘之上，可以俯瞰整个维琴察（Vicenza，意大利东北部城市），也能欣赏各个方向的壮丽景色，因此，这种多焦点的方向性在圆厅别墅中得以完美呈现。这是一个很好的案例，证明了早期的组合（万神庙）可以被进一步修订以创建新的组合。建筑先例的层次感也展示出建筑谱系的源远流长和历史性参照的深厚积淀。

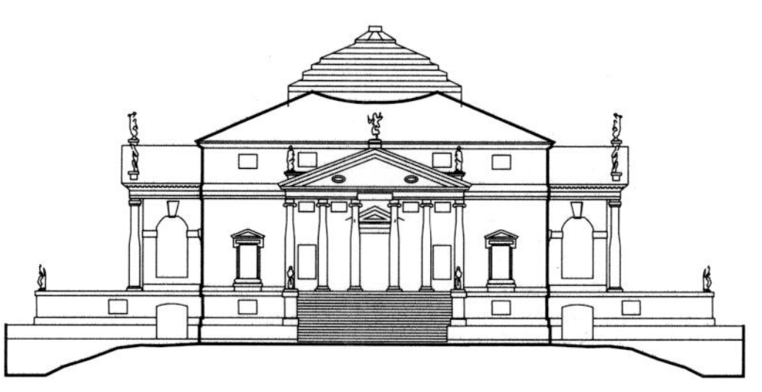

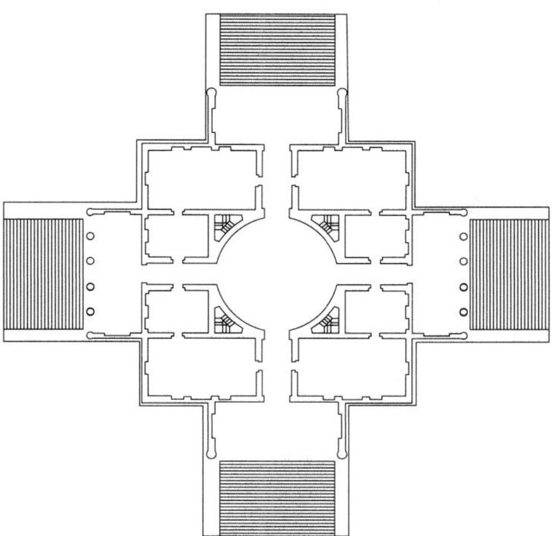

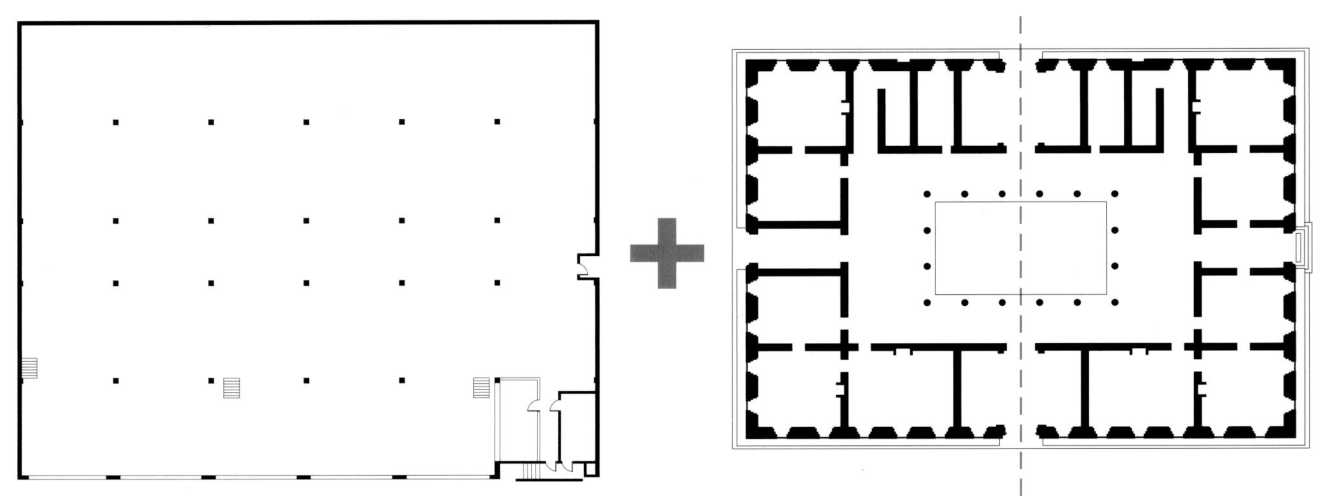

仓库 + 宫殿 = 博物馆
Warehouse + Palace = Museum

纵观历史，许多博物馆都是由以前的宫殿改造而成的。巴黎的卢浮宫（Louvre）和圣彼得堡的艾尔米塔什博物馆（Hermitage，常称“冬宫博物馆”）[译注 13]，就是这个等式的最好例证。在这里，我们以斯特罗齐宫（Palazzo Strozzi）[译注 14]（1538 年）这个典型案例来说明仓库建筑中自由平面与形式的结合，该案例形成了新的博物馆类型，即插图所示的大英博物馆（British Museum）（1850 年）。这些建筑以前被用作奢华的皇室住宅，现在主要用作仓储设施，存放那些极其贵重的无价艺术品，这个概念等同于把仓库和宫殿结合起来形成博物馆。该等式被几代人持续使用，因此现在博物馆的建筑设计仍然类似于宫殿建筑，但是博物馆的典型造型是没有开窗或极少开窗，所以博物馆建筑依旧呈现出仓库的样子。

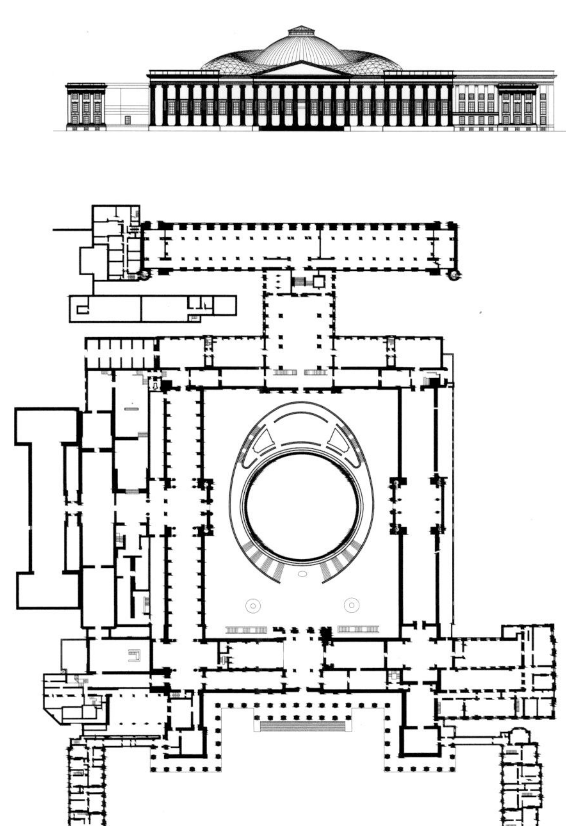

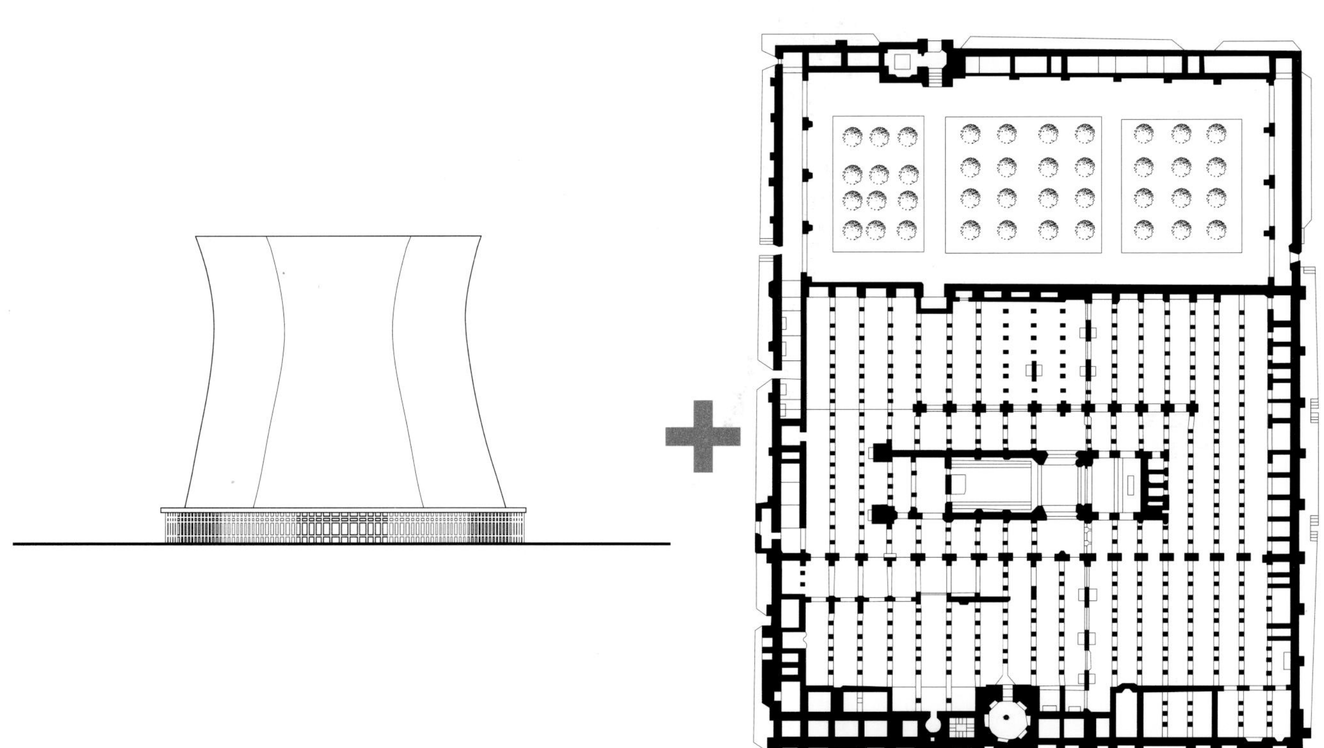

核反应堆 + 清真寺 = 议会大厦 [译注 15]**，昌迪加尔，勒·柯布西耶**

Nuclear Reactor + Mosque = Palace of Assembly, Chandigarh, Le Corbusier

由勒·柯布西耶设计的议会大厦（1963 年）是昌迪加尔行政中心建筑综合体的核心建筑物。议会大厦的主体部分是礼堂，便于政府机构进行集会与交流。这种建筑形式来源于勒·柯布西耶早期提出的"新建筑五点"（five points）。横向长窗（ribbon window）演化成了加深的**遮阳板**，用于协调光线并模糊内部空间与外部空间的界限。底层架空柱（pilotis）换成了扩大的柱网，覆盖了整个建筑，清真寺柱廊的延伸（起初用于布置外部座席）可以用来布置议会大厦的结构性功能并完成其造型上的几何构成。屋顶花园（roof garden）从一处可利用的绿色空间转变为经过雕刻和具有造型的屋顶，并通过带有天窗的大烟囱来加强屋顶形式。自由立面（free form facade）和自由平面（free plan）的设计主导了整个建筑的多元化空间，该空间以周边环绕建筑的条形围栏为界。议会大厦中主会议大厅的顶部采光通过巨大的像炮筒一样的结构（light cannon）来实现，其外形采用抛物线造型，与核反应堆的冷却塔具有相同形状——另一种纯粹功能主义的派生形式，这成为其空间体验和空间效率的显著特征。昌迪加尔议会大厦像是被整体安置在清真寺的柱网结构中，这样的结合非常抽象，但同时也毫无疑问，这种形式构图非常具有参考意义。

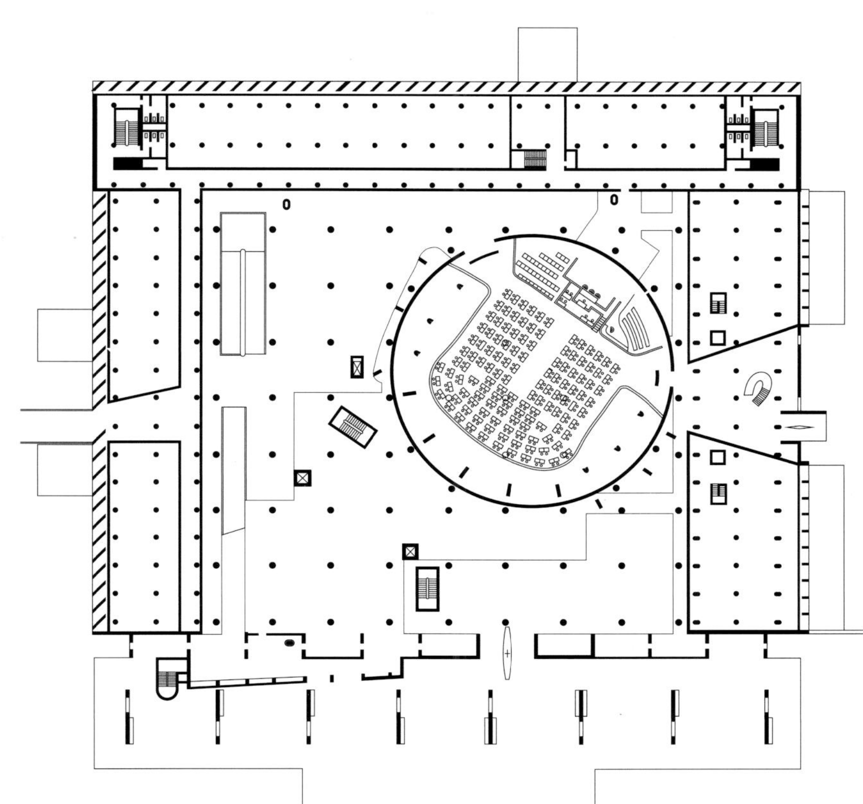

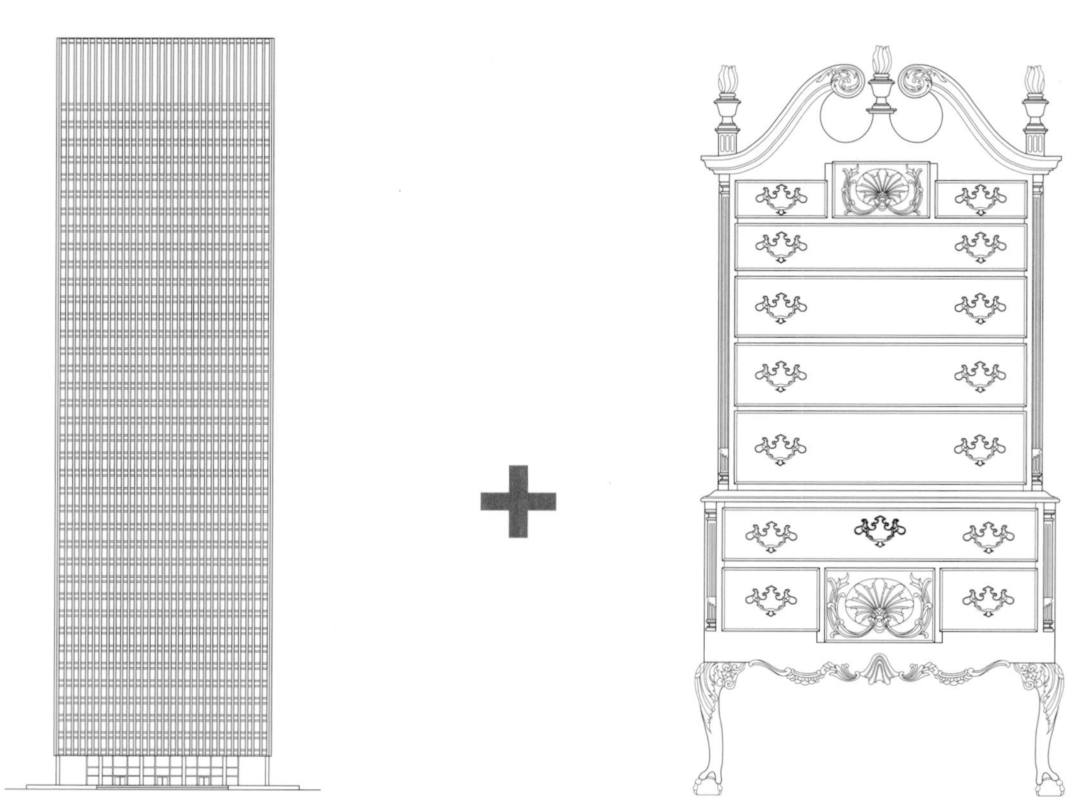

西格拉姆大厦 + 齐本德尔式家具 = 美国电话电报公司大厦，菲利普 · 约翰逊
Seagram Building + Chippendale Furniture = AT&T Building, Philip Johnson

美国电话电报公司大厦（1984 年）既能反映现代高层建筑的纯粹性和普遍性（以西格拉姆大厦为代表，密斯 · 凡 · 德 · 罗设计，1958 年），又能依据古典主义建筑底部、中部、顶部的构图概念，将现代主义建筑中简洁流畅的特征融入其“中部”的构图中。在美国电话电报公司大厦设计中，约翰逊将西格拉姆大厦和齐本德尔式家具（1754 年）的显著特征进行合并，以装饰性的顶部为建筑加冠，但对其历史特性和比例关系的考虑不太认真。在建筑顶部增加装饰以增强企业的标志性，这种设计手法是历史案例在当代的最佳应用，具有时代意义。标志性的视觉联想和高度的可辨认性能促进企业蓬勃发展，是其品牌架构的开端。可识别的形式结合分立的公司实体，在此建筑上便成为一种品牌标识（logo）。

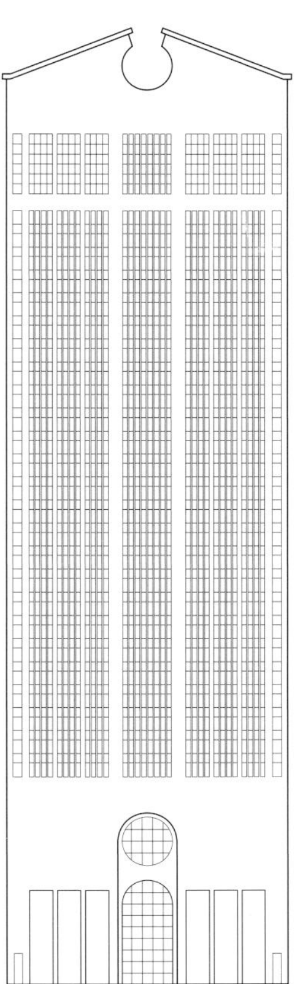

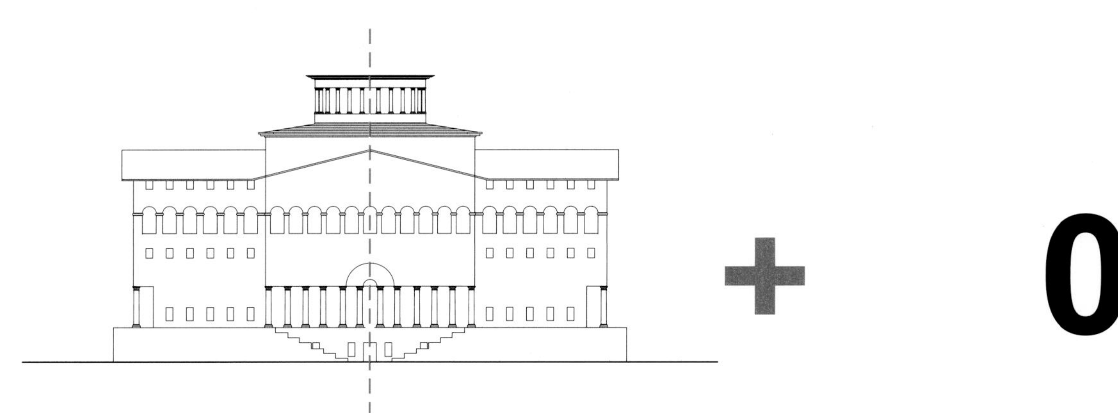

教育建筑，勒杜博物馆[译注16]+0= 休斯敦大学，菲利普·约翰逊
House of Education, Ledoux + 0 = University of Houston, Philip Johnson

休斯敦大学建筑学院（1985 年）的设计使菲利普·约翰逊登上了后现代主义的巅峰。他希望能从历史中发现新的机遇，用作现代建筑的形式与参照。约翰逊曾经将一个未建造的项目直接转移到新的设计场地和项目中。勒杜博物馆，从 18 世纪后期即作为阿尔克-塞南的皇家盐场的支撑性建筑。约翰逊采纳了原有建筑形式并进行了顺序调整，只改变其功能平面、材料和尺度。新的组织结构是将四个多层的设计工作室环绕布置在中心式的正方形中庭周围。正方形的带有开放式屋顶的坦比哀多（tempietto，一种小型的圆形教堂）位于建筑顶部，采用的是玻璃地板，便于用作天窗，为主要的室内空间采光。而建筑材料则是将勒杜最初计划的石材转变为棕色砖材，以便与休斯敦大学校园中的其他材料颜色相匹配。这种对原有建筑形式的直接借用，说明了作者对原创性的漠不关心，反而对历史先例报以后现代主义者的感性态度并傲慢地借用。在这里，有关“复制”的讨论显然是既围绕着设计意图展开，也与设计建造的内容有关。

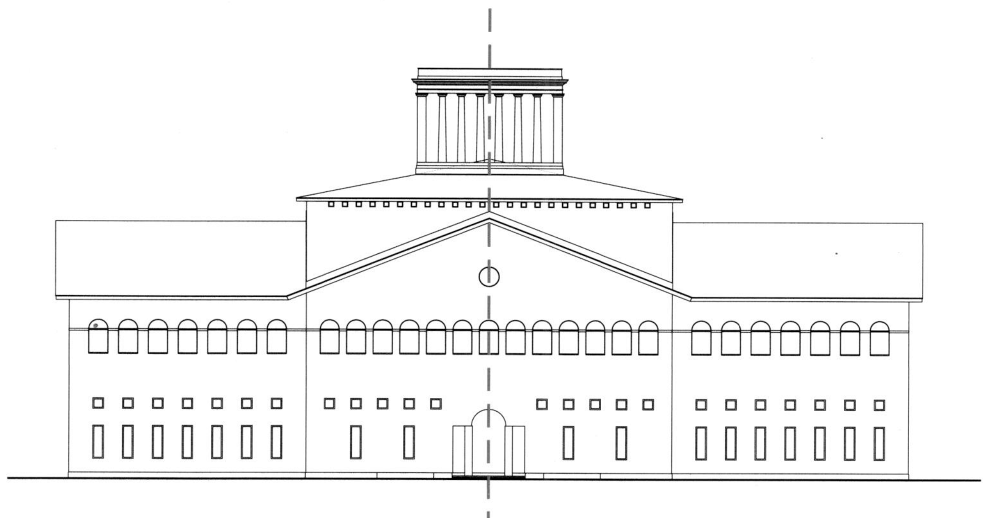

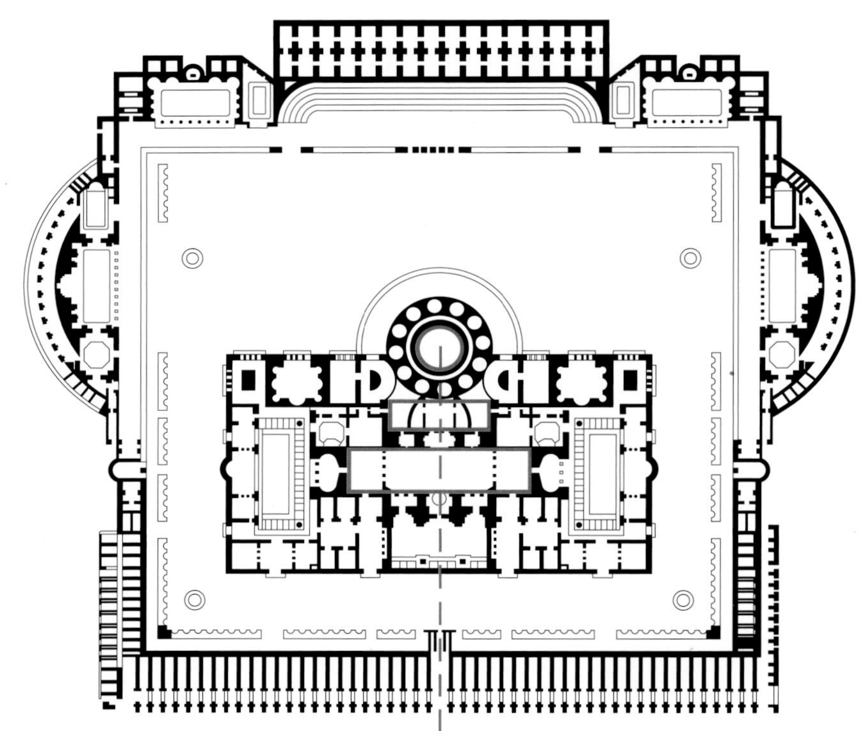

卡拉卡拉浴场
罗马，意大利 公元 216 年
[罗马式，浴场，砖石砌块]

Baths of Caracalla
Rome, Italy 216
[Roman, baths, masonry]

像大多数罗马浴场一样，卡拉卡拉浴场主要由三组空间构成：**冷水浴室**（frigidarium）、**温水浴室**（tepidarium）和**热水浴室**（caldarium）。这三组空间通过一系列门槛的设置互相分离，这些门槛形成了一条轴线，使三个浴室在轴线上相互联系，但同时在空间上又确保它们之间相互分离。这些浴室支配着卡拉卡拉浴场的空间和功能，也向人们展现了罗马式建筑及其建设工程的最高成就。帕拉迪奥曾经运用罗马式浴场的相关知识来解决威尼斯救主堂中的设计问题。与卡拉卡拉浴场一样，威尼斯救主堂也由三个主要的空间组成：中殿（包括侧廊）、祭坛（在交叉处）和修道院唱诗班坐席（一般以唱诗班屏栏相隔）。这三个空间的布局正是与罗马浴场的三个空间相呼应。除此之外，帕拉迪奥还以罗马浴场中典型的窗户类型作为教堂的侧天窗（clerestory，高于视平线的高窗）。

比较 | Comparatives

很多建筑之间存在着非常密切的关系，时常会被放在一起成对地加以讨论。形态分析用于分析建筑之间如何联系、一个建筑如何引发另一个建筑的出现。特别是当前对建筑先例的运用如此明显，以至于两个建筑间的联系就像是与生俱来的一样。

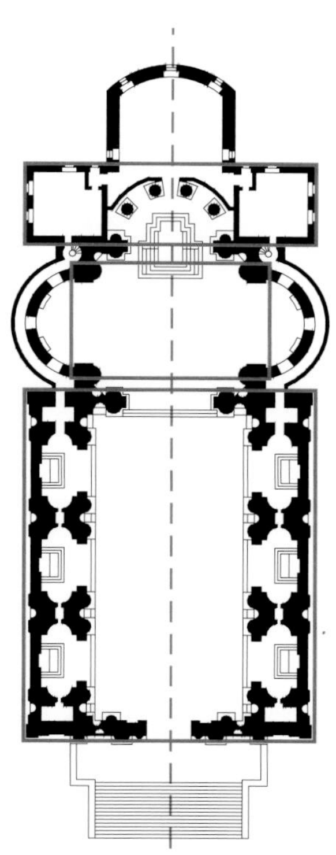

威尼斯救主堂，安德烈·帕拉迪奥
威尼斯，意大利　1591 年
[文艺复兴，教堂，砖石砌块]

Il Redentore, Andrea Palladio
Venice, Italy　1591
[Renaissance, church, masonry]

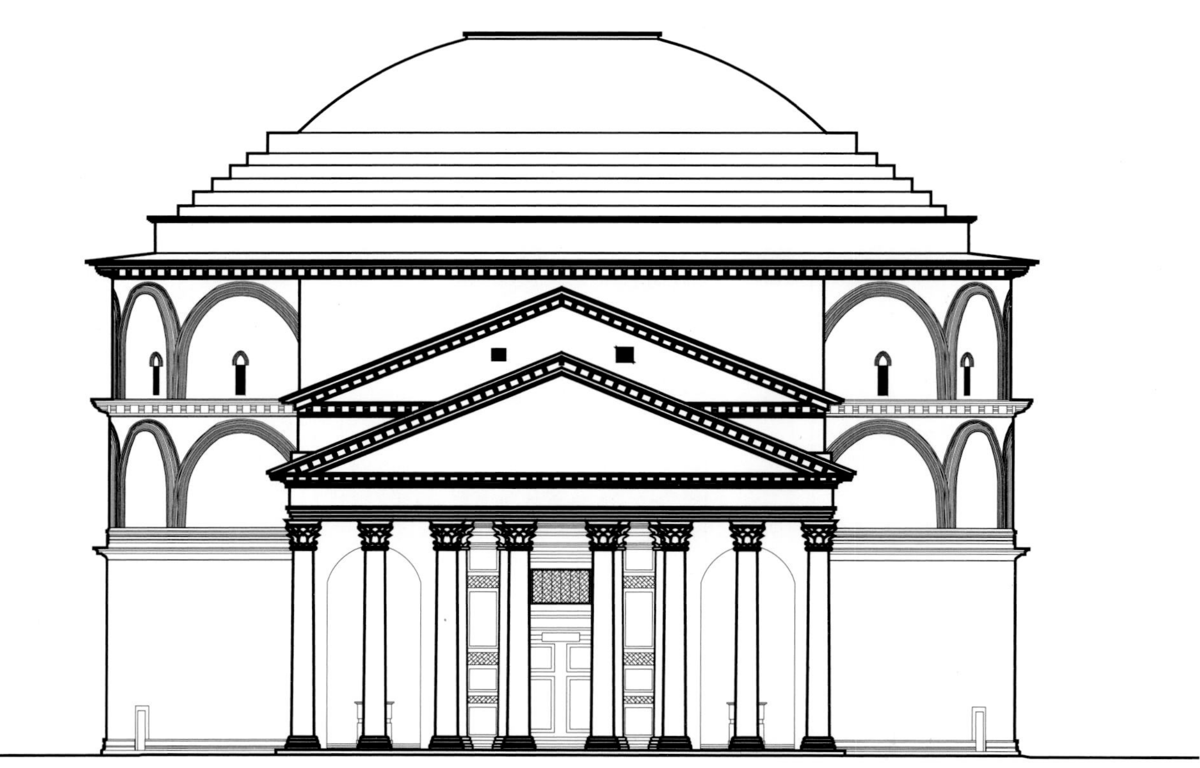

万神庙
罗马，意大利　公元 126 年
[古典主义，神庙建筑，砖石砌块]

Pantheon
Rome, Italy　126
[Classicism, temple, masonry]

万神庙引发了大量建筑案例的出现，这些建筑受其外形影响力、形式的清晰性、几何的纯粹性所影响。弗吉尼亚大学的圆形大厅就是受罗马万神庙影响而产生的一座建筑。圆形建筑与古典神庙前殿的结合创造出一种混合的形式，而且这种形式在建筑历史上反复出现。弗吉尼亚大学的圆形大厅就是其中一个绝佳的案例，其影响力经久不衰。在万神庙建成 1800 年后，托马斯·杰斐逊在圆形大厅中采用的建筑形式几乎与万神庙完全相同。采用万神庙作为建筑先例是因为它同时具有物质主导性和轴向等级性。同样值得注意的是罗马式建筑的历史参考价值，它代表了一种在法律、智慧和民主之上建立起来的社会秩序。这种解释来自建筑本身所构建的层级结构以及建筑对其文脉环境和景观环境的响应。以罗马万神庙为例，建筑坐落于城市肌理当中，可以说建筑是环境的产物。而在夏洛茨维尔，弗吉尼亚大学的圆形大厅却是整个校园的主体建筑。圆形大厅创建了整个校园的西向轴线，确定了宿舍和教室侧翼柱廊的起点，并以其为中心建设了校园中央草坪，这种至高无上的空间等级和至关重要的地理区位正是通过圆形大厅的建筑形式被最终确定下来。

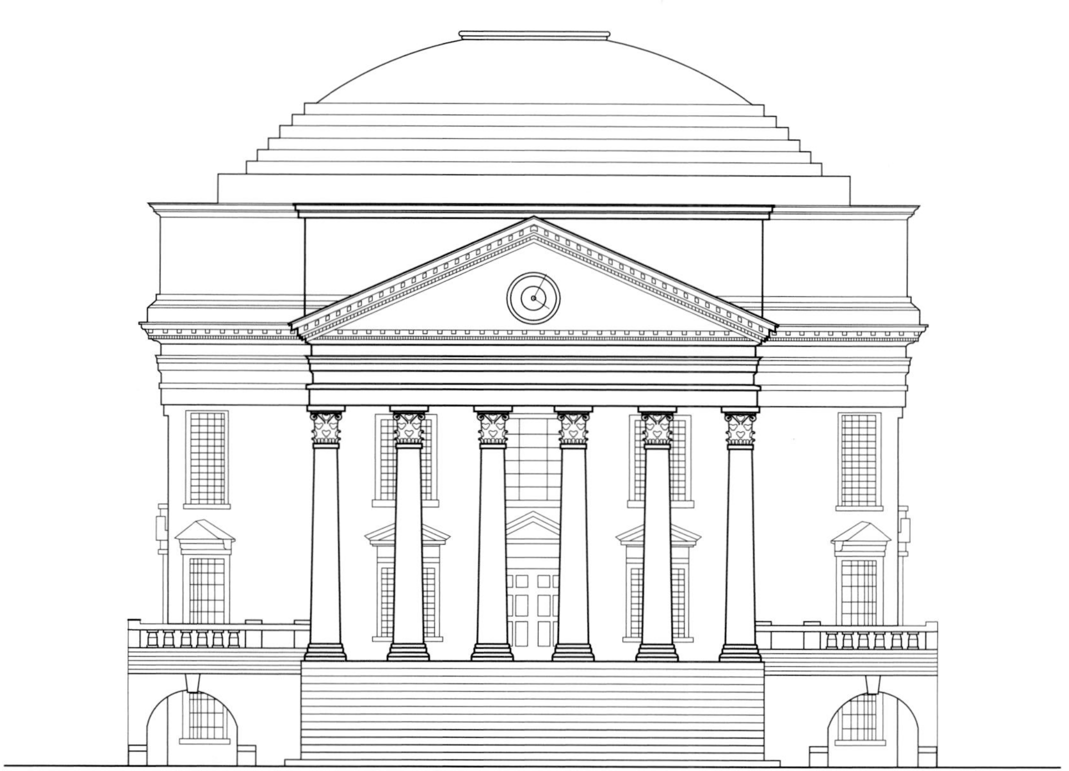

弗吉尼亚大学圆形大厅，托马斯·杰斐逊
夏洛茨维尔，弗吉尼亚州　1826 年
[新古典主义，圆形建筑，砖石砌块]

UVA Rotunda, Thomas Jefferson
Charlottesville, Virginia　1826
[Neoclassicism, rotunda, masonry]

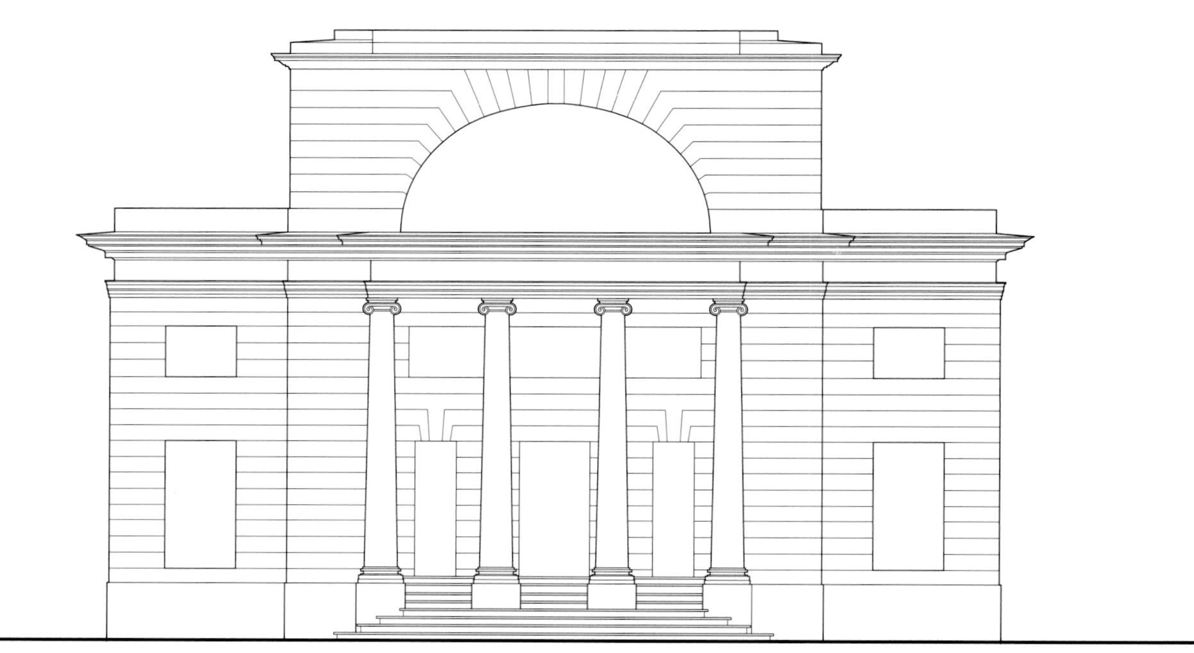

圭马德旅馆，克劳德·尼古拉斯·勒杜
巴黎，法国　1770 年
[新古典主义，住宅和剧院，砖石砌块]

Hotel Guimard, Claude Nicolas Ledoux
Paris, France　1770
[Neoclassicism, residence and theater, masonry]

在圭马德旅馆与其入口处的小剧院之间建有一处庭院。庭院通向旅馆的入口，采用的是半圆形后殿的形状，并向上延伸形成半圆形的屋顶。剖开庭院之后，建筑立面呈现的是一条檐口线，这个檐口线由两个独立的柱子及两个附墙的壁柱支撑。杰斐逊曾经担任美国驻法国大使，对圭马德旅馆非常熟悉。在弗吉尼亚大学的大草坪上，杰斐逊以 9 号楼作为建筑学院院长的住所，完美重现了圭马德旅馆的建筑立面。这两个建筑物的主要区别在于 9 号楼在进入入口之前需要经过很深的柱廊，所以其整体布局并不容易被人们理解。

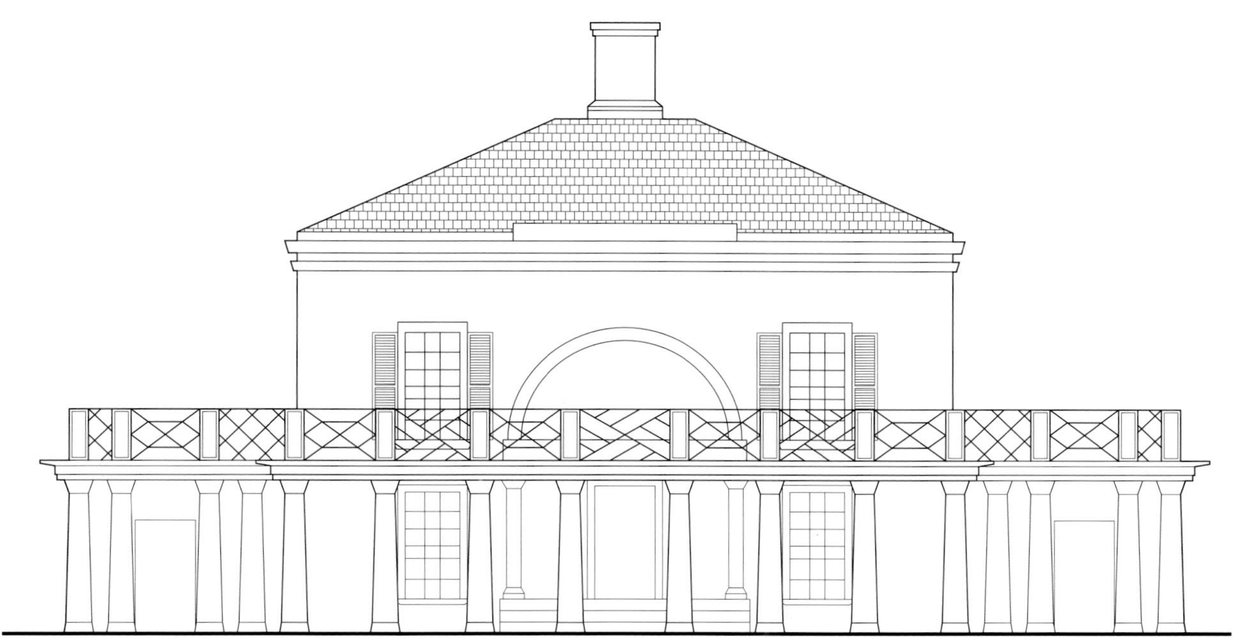

弗吉尼亚大学 9 号楼，托马斯·杰斐逊
夏洛茨维尔，弗吉尼亚州　1826 年
[新古典主义，住宅，木材和砖石砌块]

Pavilion 9 at UVA, Thomas Jefferson
Charlottesville, Virginia　1826
[Neoclassicism, residence, wood and masonry]

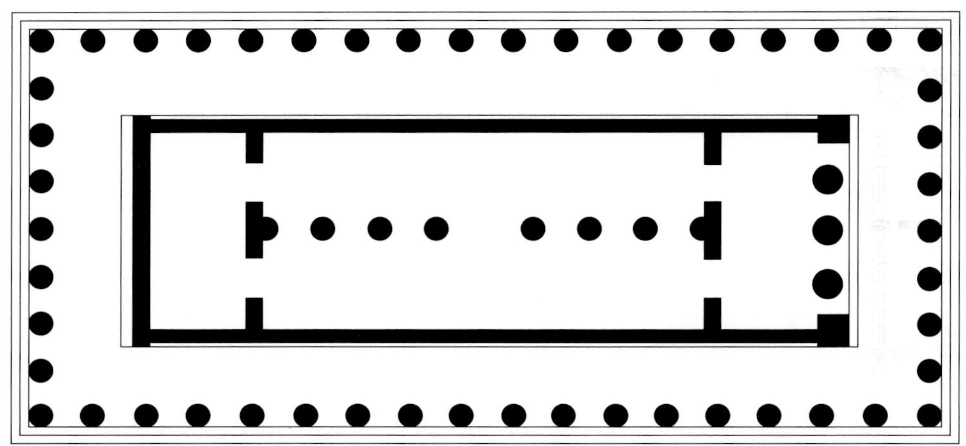

帕埃斯图姆教堂

帕埃斯图姆，意大利　公元前 550 年

[古典主义，巴西利卡（古罗马长方形廊柱大厅），砖石砌块]

Basilica at Paestum

Paestum, Italy　550 BCE

[Classicism, basilica, masonry]

帕埃斯图姆教堂的非凡之处在于，它的正立面有九根柱子，但更为传统的做法却是偶数根列柱。这必然导致有一根柱子占据了建筑中央轴线的位置。人们相信这样做的目的是试图说明这个建筑不是为异教徒的众神修建，而是为了让市民共同使用。然而，研究已经表明，这实际上是为赫拉女神（the Goddess Hera）修建的庙宇。更为关键的是这样一个事实，在 18 世纪，人们认为它是教堂而非庙宇。拉布鲁斯特自然很清楚这些对帕埃斯图姆教堂的解读，他以中心柱廊的类型学方法为模型进行圣日内维耶图书馆的设计建造。拉布鲁斯特相信以中心排列的柱廊就可以判定这个教堂是为市民建造的民用建筑，而不是为神而建设的宗教建筑。同样，他觉得圣日内维耶图书馆也是为了巴黎的市民而建，因此采用了中心柱廊这种设计意象。

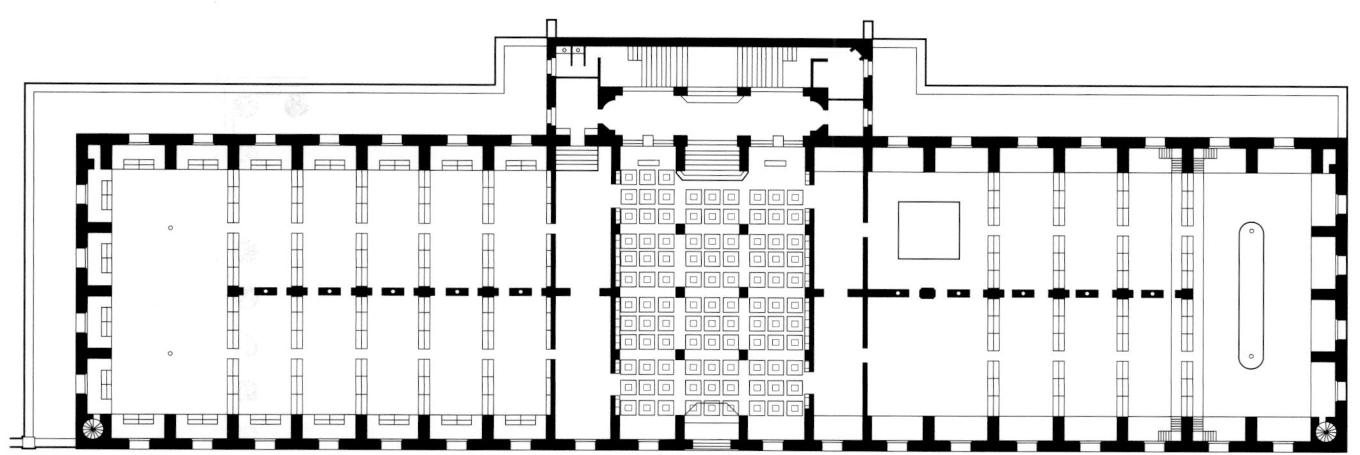

圣日内维耶图书馆，亨利·拉布鲁斯特

巴黎，法国　1851 年

[新古典主义，图书馆，钢材和砖石砌块]

Bibliotheque St. Genevieve, Henri Labrouste

Paris, France　1851

[Neoclassicism, library, steel and masonry]

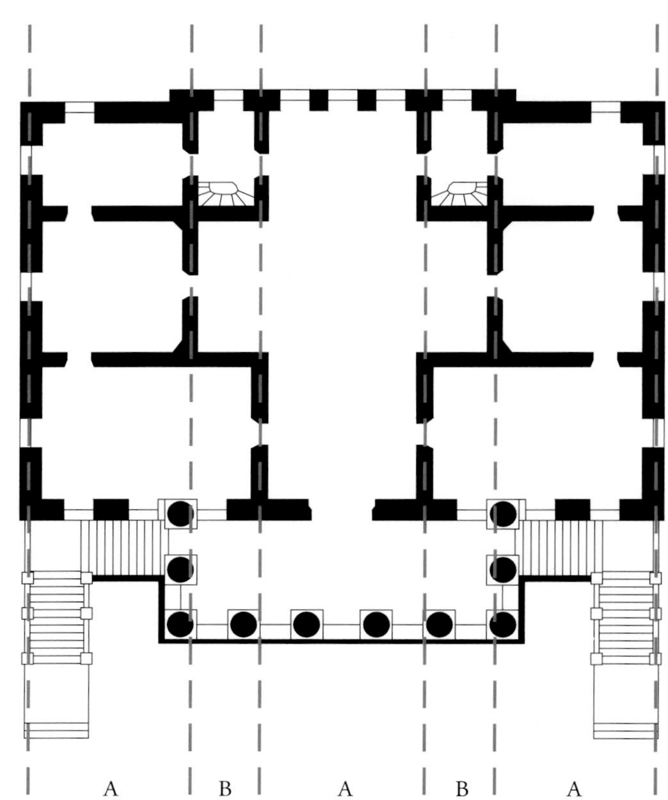

马尔康坦塔别墅，安德烈·帕拉迪奥
米拉，意大利　1560 年
[文艺复兴，开间对称的平间，砖石砌块]

Villa Malcontenta, Andrea Palladio
Mira, Italy　1560
[Renaissance, symmetrical bayed plan, masonry]

在马尔康坦塔别墅的建筑平面中含有一个开间系统（bay system），此开间系统决定了建筑的整体结构和组织体系。开间系统大约是按照“A-B-A-B-A”的规律交替布置大小开间。建筑的承重墙跟随这个系统，进而房间的大小和形状也由此决定。例如，在建筑平面中内部楼梯被布置在较小开间的“B”部分，而更为重要的公共空间则布置在较大开间的“A”部分。柯布西耶在规划加歇别墅时，运用了完全相同的开间布局结构。柯布西耶运用了自由平面的结构形式来布局建筑平面空间，并没有采用承重墙结构。马尔康坦塔别墅与加歇别墅这两个建筑之间存在的关联最早是由柯林·罗发现的，这一发现极大地改变了建筑师和历史学家对柯布西耶作品的看法。

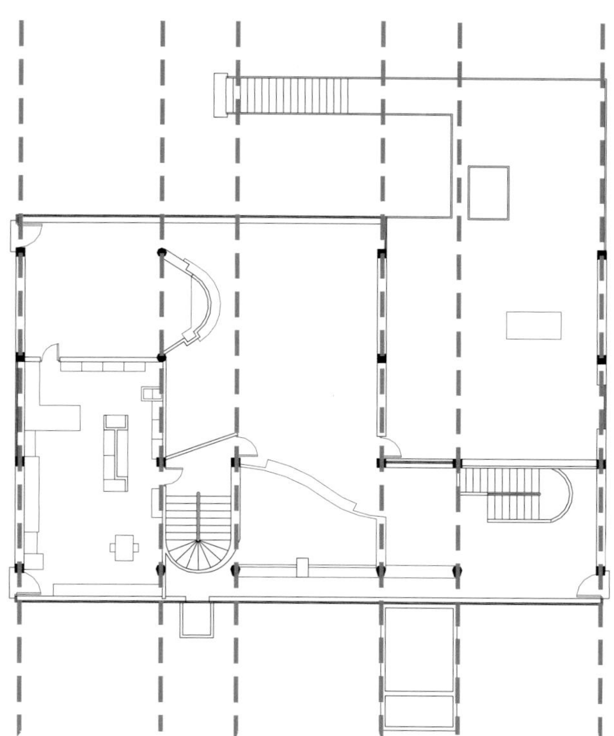

加歇别墅（又译“斯坦因住宅”），勒·柯布西耶

加歇，法国　1927 年

[现代主义，自由平面，混凝土和砖石砌块]

Villa Stein at Garches, Le Corbusier

Garches, France　1927

[Modernism, free plan, concrete and masonry]

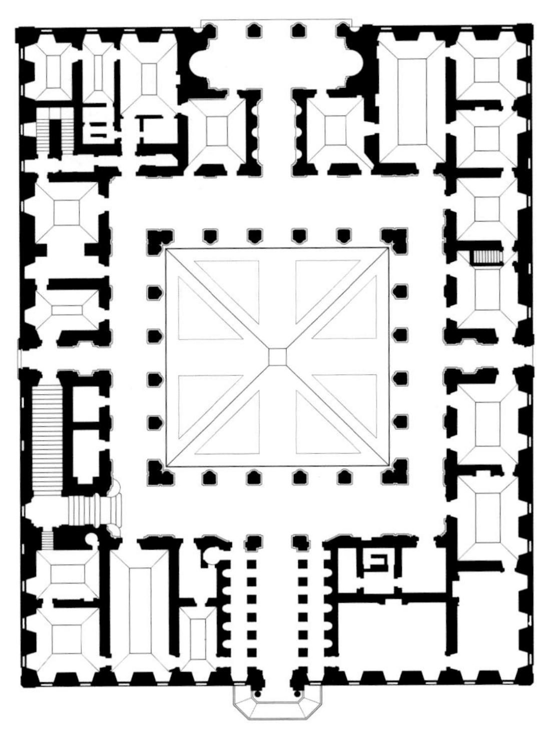

法尔尼斯宫，小安东尼奥·达·桑伽洛
罗马，意大利　1534 年
[文艺复兴，宫殿，砖石砌块]

Palazzo Farnese, Antonio da Sangallo the Younger
Rome, Italy　1534
[Renaissance, palace, masonry]

法尔尼斯宫是 16 世纪文艺复兴时期宫殿建筑（Renaissance Palazzi）[译注 17] 中最宏伟壮丽的案例之一，其开阔的建筑平面占据了一个完整的城市街区，它是意大利佛罗伦萨早期宫殿建筑类型的典型代表和精华所在。法尔尼斯宫是一栋三层建筑，带有一个正方形的中央庭院。一层大部分的房间均可经由庭院到达，但建筑内部房间的排布仍是一一对应成行排列（门厅的一种轴线布局方式）。法尔尼斯宫的布局明显存在两条轴线，在建筑中心呈直角相交。主轴线沿宫殿长边展开，将建筑入口和建筑背面的花园联系起来；而次轴线则沿短边方向展开。法尔尼斯宫和法西奥大厦之间存在许多联系，它们都是带有正方形庭院的矩形建筑，都属于多层建筑，都拥有相似的比例体系，也都完整占据了一个城市街区。建筑的平面语汇就存在于那些值得人们注意的相似性上。特拉尼以文艺复兴时期的宫殿建筑为原型，用这种方式在伟大的意大利土地上建造了法西奥大厦。特拉尼的设计与法尔尼斯宫的不同之处在于现在的庭院已经转变为一处内部空间，强烈的轴线关系也不复存在。然而在建筑的整体组织策略中，庭院周围房间的布局以及庭院和房间的关系仍旧被延续下来。

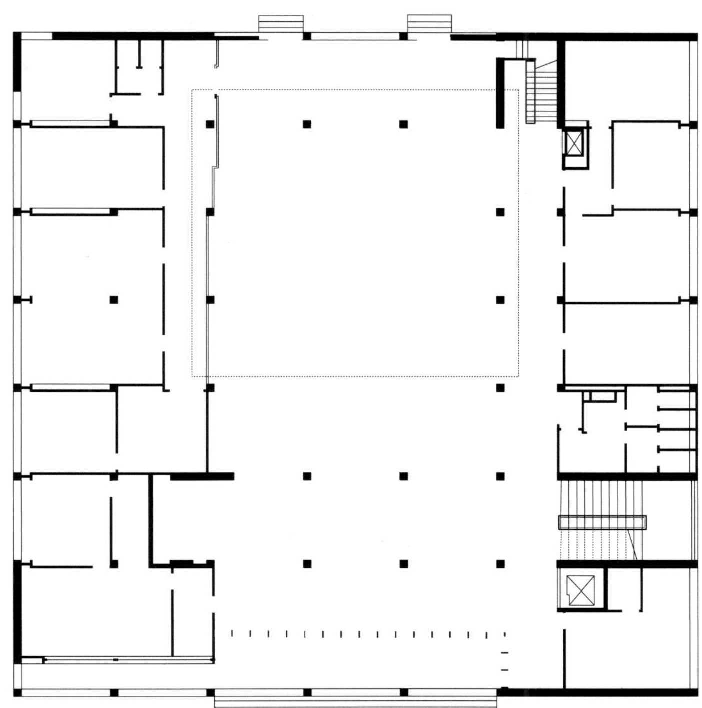

法西奥大厦，朱塞佩·特拉尼
科莫，意大利　1936 年
[意大利理性主义，中心式的中庭，混凝土和砖石砌块]

Casa del Fascio, Giuseppe Terragni
Como, Italy　1936
[Italian Rationalism, centralized atrium, concrete and masonry]

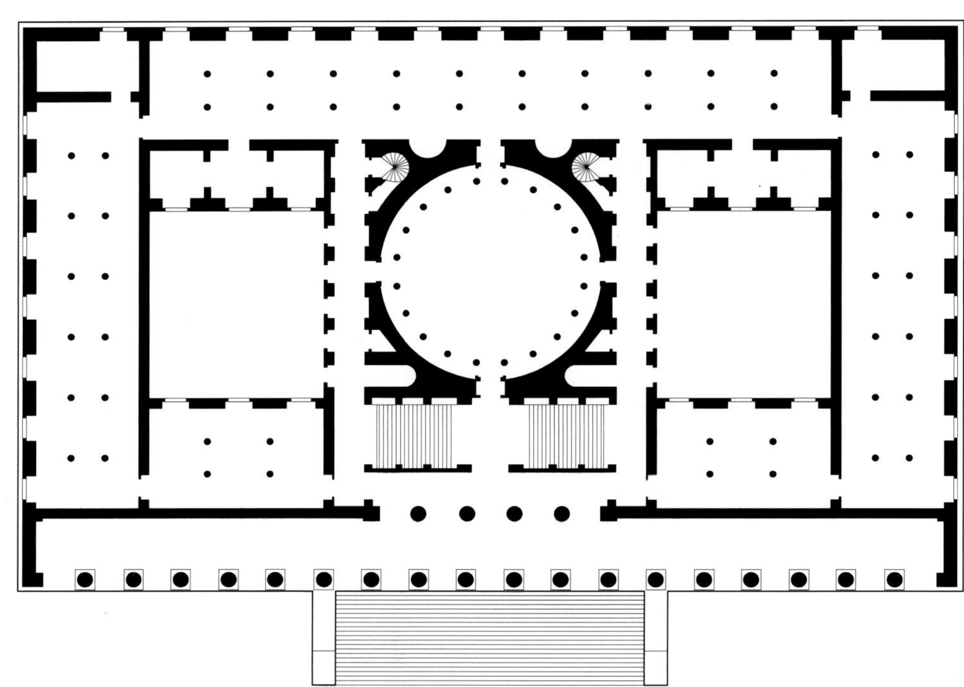

柏林老博物馆，卡尔·弗里德里希·申克尔
柏林，德国　1830 年
[新古典主义，博物馆，砖石砌块]

Altes Museum, Karl Friedrich Schinkel
Berlin, Germany　1830
[Neoclassicism, museum, masonry]

柏林老博物馆的建筑平面是一个简单矩形，在矩形中心布置了一个圆形要素。这个圆形要素在建筑外部以一种正方形的造型进一步表达出来，并凸出于博物馆的屋顶之上。从本质上说，申克尔是要在宫殿中央设计一个万神庙。博物馆的前面是一组体量巨大、具有纪念性的开放柱廊，用来强调博物馆前巨大的广场，同时也能将博物馆的入口序列组织起来。柯布西耶在设计位于昌迪加尔的议会大厦时，运用的正是申克尔在柏林老博物馆中建立的空间模式。人们可以清楚地看到被巨大柱廊环绕着的“U”形建筑充斥着建筑的核心空间。柏林老博物馆中的万神庙在此已经转变为主要的集会空间。体量巨大的柱廊多半得以完整保存。昌迪加尔议会大厦与柏林老博物馆的主要差异是圆形大厅已经偏离建筑中心，建筑整体也由矩形变成了正方形。

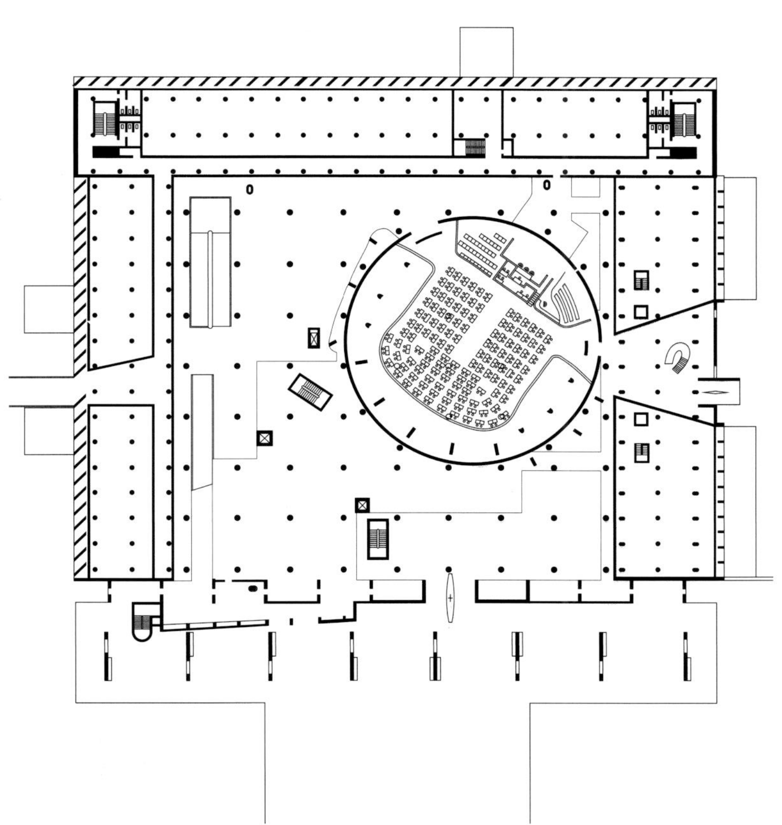

昌迪加尔议会大厦，勒·柯布西耶
昌迪加尔，印度　1963 年
[现代主义，议会大厦，混凝土]

Chandigarh, Le Corbusier
Chandigarh, India　1963
[Modernism, parliament house, concrete]

类型学
Typology

03– 类型学 | Typology

类型学是利用分类学方法对不同特征的建筑及城市空间进行分类的理论，是一种关于类型的研究。从建筑学角度而言，类型学对建筑学教育及方法论有着深远的影响。不同时期的建筑特征有着内在的关系，建筑师试图建立的当代建筑特征与各历史时期的建筑特征也是相互联系的。对建筑设计来说，理解建筑类型的历史十分重要，利用或反利用这种历史去建立、演进及呼应建筑谱系也很重要。不同类型的建筑先例在设计过程中的含义以及由此而来的类型更迭是建筑学科的基础。在类型学的视角下，还存在一系列更加明确地着眼于某分类主题的次级类别。其中，四种最流行的次级类别分别是几何类型学（或称“形式类型学”）、功能类型学、组织类型学和材料类型学。

几何类型学或形式类型学（Geometric or Form Typology）形式在任何设计作品中都是最具影响力、最有辨识度的属性。人们更倾向于使用形式，而非其他特征来鉴别及描述建筑。有关建筑功能变化但建筑形式保持不变的案例有很多。在不同功能的建筑中，占主导地位的几何图形和形式造型都具有重要意义。例如，一座立方体形式的建筑可以是陵墓，可以是住宅，亦可以是其他各种各样的建筑类型。形式上的分类可以是二维的，也可以是三维的。这使得形式既可以进行整体解读，也可以在平面、剖面或立面上分别进行解读。如果一个人能够考虑到简单方形平面的无数可能性或几何立面构成的丰富多样性，那么他就能迅速地理解建筑历史及与之相关的建筑先例的影响力与价值。

功能类型学（Programmatic or Functional Typology）功能类型学的基础是建筑的功能需求。某一建筑的功能需求通常会随着时间推移发生缓慢的变化，这种缓慢的演变通过该建筑类型的重复出现逐步形成了清晰的模式。通过对具有相似功能的建筑先例进行研究，可以帮助建筑师创造另一种范式。明显占有主导地位的建筑类型包括住宅、教堂、学校、医院等。每一种功能类型都有着各自的纵向演变轨迹，而在各功能类型之间也可能产生互相交叉、互相结合的横向关联。

组织类型学（Organizational Typology）组织类型学研究的是用作管理技术的一系列规划体系。组织体系的历史同时也是建筑的历史（参见本书第 1 章），组织体系的建立源于建筑平面的基本类型：中心体系、单边走廊式、双边走廊式、自由平面、分散体系及体积规划等。组织类型学关注建筑形式与功能的多样性。在中心体系中，中心式的建筑可以是教堂、陵墓、住宅或博物馆，共同的几何形式特征将不同功能的建筑联系起来，形成统一的组织类型。同样，采用自由平面组织方法的建筑也可以拥有完全不同的形式和功能，却又因为它们具有同样的组织体系而建立起相互关系。纵观历史，这些组织体系往往极其简单。早期线性体系或中心体系是伴随着一些建筑要素的引入逐步演进而形成的，这些建筑要素包括庭院、立面、空间序列、透视效果以及最终这些要素的综合效果。组织类型学之间的联系是固有的、内在的。无论是否刻意为之，组织类型学的基本框架都是进行建筑解读的内在基础。

材料类型学（Material Typology）建筑材料，就像建筑形式一样，是一种具有明确辨识度的强有力的建筑特征，能够用于建筑识别和分类。建筑材料和建筑构造总是能与已经消失的传统建筑形式和构造方法联系起来。例如，所有木结构的建筑（或者任何其他建筑材料及其组合原则）都与其材料的物质特性有关。材料类型学的基础是人们对材料制造、材料应用以及材料在设计中适用性的认知。材料类型学在许多方面都可作为基本原则，因为对建筑材料的认知是即时生效的，不需要全面地以建筑功能、形式及组织体系的整体认知作为支撑。

类型学的关键问题之一是对历史价值体系的认知与认可。从根本上看，在每一个设计项目中，一定存在对既有知识的理解和评价。有关类型学的检测和分析，对于清晰理解现存问题的复杂性和未来机遇的挑战性是非常关键的。因此，对于设计者来说，积极认真地研究历史上的建筑，形成一种建筑创新方法，能够增加和扩展建筑谱系。类型学的分类既可以基于建筑功能的通用性，也可源于简单的材料体系。无论如何，类型学建立了建筑创造的基本原则，也创立了新旧建筑形式的关系准则。

几何类型学 / 形式类型学 |
Geometric Typology / Form Typology

几何类型学（或称“形式类型学”）利用正方形、圆形、椭圆形、三角形、多边形和星形等基本几何图形来检验形式类型的相互关系。对于图形的理解不仅需要同时在建筑和城市规模层面中进行描述，还需要分析积极的几何形式和消极的负空间。通过对形状、规模及空间或实体定义的变化进行研究，这些相互关联的系统实现了在每个类别下的子类细分。

正方形（Square）正方形是最常见、最易辨认的形状之一，中心式的正方形存在于世界各地的不同文化中。正方形规整的几何特征便于人们进行空间感知，即使是在没有看到平面全部或空间整体的情况下。正方形固有的稳定性和形式感提供了一种形式的独立性。同时正方形本身能够再分割为其他的几何形状和组织结构，这个特点使正方形可以通过内在的轴线关系与其他图形产生密切联系。正方形能够应用于建筑尺度或城市尺度，如楼宇、庭院、街区和广场。

圆形（Circle）中心式的圆形是所有组织体系中最古老的一种。就像正方形一样，在不同的文化和年代中都能找到圆形的踪影。例如，巨石阵就是圆形这种组织体系的原始影响力的最好证明。哈德良墓园（Hadrian's Tomb，又称“圣天使堡”，原为哈德良大帝为其家族规划的墓园）、阿尔托的林地教堂（Woodland Chapel）及其他类似的案例都是对圆形的形式演进和永恒本质的描述。几乎所有的宗教建筑都在设计中使用了方形或圆形（或两者兼用）。在城市层面，圆形因为它的纯粹性和独特性在快速的城市扩张中被用于特征识别和地域特性的形成，如在 18 世纪的乔治王时代，圆形成为当时城市中最主要的外观表现。

椭圆形（Oval）罗马最具代表性地将椭圆形作为流行造型用于露天剧场或体育场等建筑类型中，同时也将椭圆形作为城市规划中的必需元素，椭圆形贯穿整个罗马帝国的建设。巴洛克时期，椭圆形因其几何形状的复杂性和多节点方向性广受欢迎。椭圆形被广泛应用于建筑和城市几何学中，特别在巴洛克时期的罗马，椭圆形是主要的应用图形。直至今日，设计师依然在现代和当代建筑设计中运用椭圆形，并在其中继续探索其几何连续性与空间复杂性。与圆形图形的中立性不同，椭圆形会使平面具有强烈的方向性。

三角形（Triangle）三角形不如正方形或圆形那么常见，在建筑层面上三角形通常用于庭院设计，而在城市层面则通常用于广场布局，以解决交通路径方面的一系列问题。三角形的边和顶点，常常给人一种强烈的方向感，三角形的边能将周边的视线汇聚，再朝着角的方向运动。三角形的应用主要受外部因素的影响，如建筑红线的要求、轴线的汇聚等。

多边形（Polygon）纵观历史，多边形曾被用于表达节点的重要性。多边形比圆形或正方形更复杂、更多变，通常用来标志单个空间或场所的层次等级。佛罗伦萨圣若望洗礼堂（the Baptistery）和乌菲齐美术馆的论坛室（the Tribune Room），都是运用多边形实现空间独特性、确定空间优先级的典范。多边形还经常用作城市内的开放空间，成为容纳城市多条轴线的复合中心。

螺旋形（Spiral）螺旋形的使用起源于古巴比伦的巴别塔（the Tower of Babel）[译注 1]。螺旋形能自然而然地形成图形中心，但是应该注意螺旋形与其他中心式组织体系的区别。螺旋形用于室内空间时，具有明显的向中心集聚的视线引导；而应用于室外则完全相反，螺旋形能产生向周围环境（景观或城市肌理）发散的视线引导。随着观测者与螺旋中心的位置变化，螺旋形的每一层都能带给人们独一无二的感受。

星形（Star）在过去，星形几乎是专门用于堡垒要塞的几何图形。星形堡垒的尖状城墙充当了弹丸的导向装置，并且有助于构建射击瞄准线。但是在快速进化的现代战争中，星形堡垒的防御结构很快就落伍了。星形堡垒是在当时历史条件下产生的人工建筑物，其高度集中的形式具有重要意义，在当代城市结构中，这种几何类型依然具有历史研究价值。

作为图形 / 形式的正方形——建筑尺度 I
Square as Figure / Form—Architecture

正方形，作为建筑形式和轮廓的生成本源，在建筑平面、剖面和立面中均具有类型学意义。纯粹的形式、简单易懂的几何形状和可预测的图形关系，使正方形成为建筑的基本形式。正方形的几何形式非常清晰、有力，便于人们进行空间认知和空间描述，即使在不能完全感知空间整体的情况下。在建筑平面中，正方形已经从一种用于控制空间结构和组织体系的排列方法（如安德烈·帕拉迪奥的圆厅别墅）演进为一种抽象的、无方向性的形式构图（如密斯·凡·德·罗的柏林新国家美术馆）。在建筑立面中，正方形也从一个基本的层级框架发展为无方向性的空间边界（无论是建筑与周边环境的关系或是单纯的建筑外轮廓），或用作一种通用模式（如网格模数）或用作一种特定构图 [如 SANAA 设计的关税同盟管理与设计学院（Zollverein School of Management and Design），将方形作为构图焦点]。

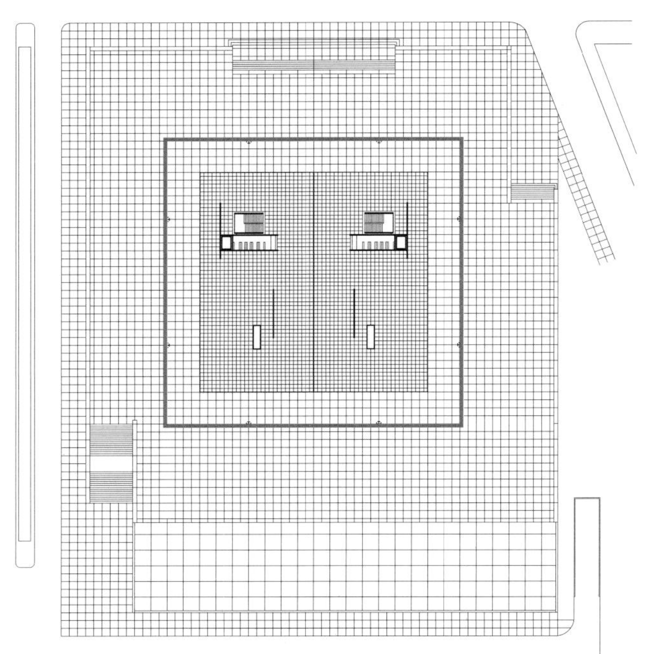

柏林新国家美术馆，密斯·凡·德·罗
柏林，德国　1968 年
[现代主义，自由平面 / 通用空间，钢材和玻璃]

Neue Nationalgalerie Museum，Mies van der Rohe
Berlin，Germany　1968
[Modernism，free plan / universal space，steel and glass]

密斯·凡·德·罗设计的柏林新国家美术馆在平面布局中非常坚定地采用了正方形作为基本图形。建筑四周以玻璃围合，依靠方形屋顶的厚重感、尺寸模数和整体造型展现出整个建筑的形式特征。正方形的建筑平面并未限定方向，结合更大体量的正方形底座和嵌入式的柱式结构，无限延展了空间感。最终，这个坐落在平坦宽阔场地上的建筑作品既是视线的焦点，又能与周围环境融为一体。周边场地变成了展览馆的一部分，人们对建筑围合边界的感知也随之延伸。

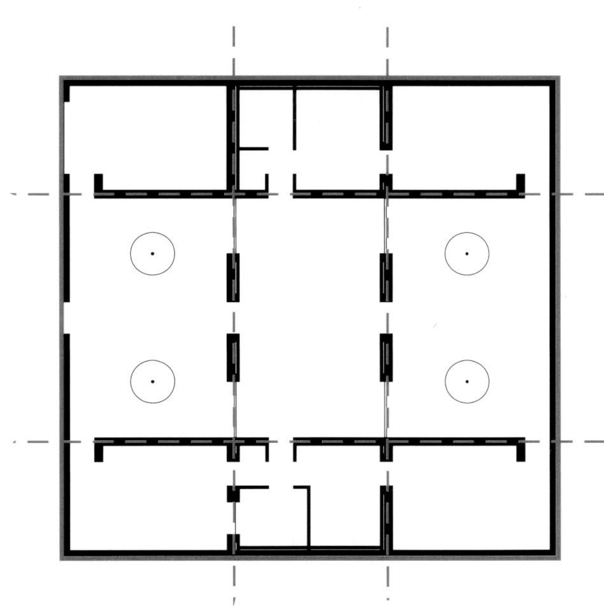

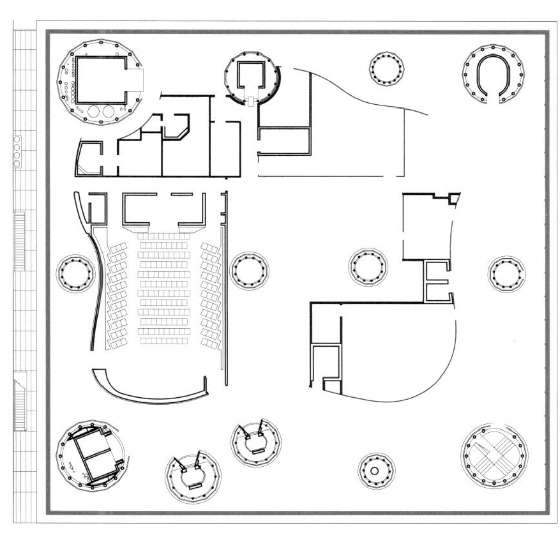

加斯帕住宅，阿尔伯托·坎波·巴埃萨
扎霍拉，西班牙　1992 年
[极简主义，集中的九宫格式庭院，砖石砌块]

Casa Gaspar，Alberto Campo Baeza
Zahora，Spain　1992
[Minimalisism，centralized nine-square courtyard，masonry]

加斯帕住宅将方形平面分割成九块。建筑中间部分既开敞又透明，但建筑周边却封闭起来以提供独立的空间。清一色的白色砌块组合形成的几何体量，呈现出抽象性的带有明显人工痕迹的空间特质，而正是通过这种视觉的对比性和复杂性才使自然事物（庭院中的树木）得到了强调和突出。利用正方形的对称性质，建筑平面的轴线沿一个方向将房屋分为几个条状空间，形成“庭院—内部空间—庭院”的布局形式。庭院部分被进一步细分为四个私密的小院落，小院落与其相邻的功能空间和两个更大的公共院落相连，它们都位于中央居住空间的两侧。在加斯帕住宅设计中，内部空间与外部空间排布的紧密性、空间划分手法的一致性、建筑材料由内而外的连续性以及正方形的纯粹性，共同生成了高度抽象的空间。

仙台媒体中心，伊东丰雄
仙台，日本　2000 年
[建筑结构的后现代主义，自由平面，钢材和玻璃]

Sendai Mediatheque，Toyo Ito
Sendai，Japan　2000
[Structural Postmodernism，free plan，steel and glass]

在仙台媒体中心设计中，建筑由玻璃围合形成透明边界，伊东丰雄用这种强有力的正方形几何形体来表达玻璃围合的纯粹性与朴素性。透明的玻璃边界与扭曲的管柱在空间形式与外部造型上产生了强烈对比，管柱在垂直方向上贯穿整个建筑，但在每层之间都存在位置上的偏移和体量（指管柱粗细）上的变化。而正方形的围合实现了建筑内部管柱的有机组织和结构的精巧编织。柏拉图式理想的基本几何形式——圆形和方形——与精妙灵动的准确结构在该建筑中实现了巧妙的并存。温和独特的玻璃围合对建筑形体产生了消减，而动态的管柱编织结构与功能核却是建筑中的实体表达，在此，几何形体与功能结构实现了和谐统一。

作为图形 / 形式的正方形——城市尺度 I
Square as Figure / Form—Urban

在城市尺度下，正方形可以作为一种图形形式或基底轮廓，既能限定独立的建筑实体，也能限定集合式的建筑单元组群。作为一种基本的几何形体，正方形能为重复性的用地布局建立基本模数，也能以其比例和尺度确立城市结构的空间品质。正方形是城市网格中最常见的基础图形，但在实际案例中却很少有完美的应用。

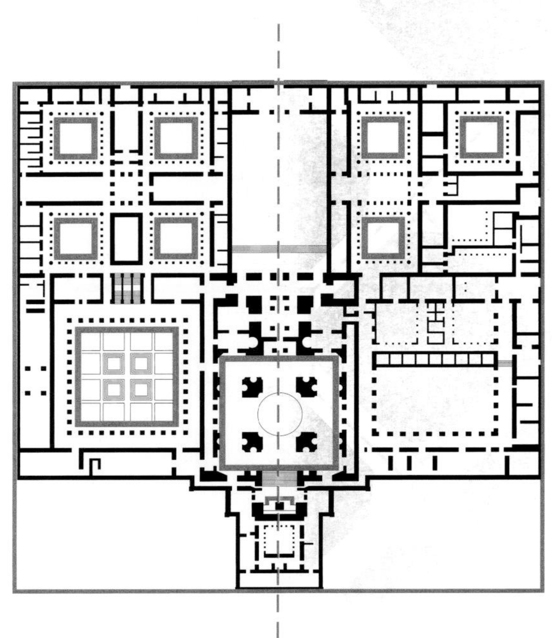

埃斯科里亚尔建筑群[译注2]，胡安·巴蒂斯塔·德·托莱多

圣洛伦佐·德·埃斯科里亚尔镇，西班牙　1584 年

[文艺复兴，带有多重庭院的中心轴线式宫殿，砖石砌块]

El Escorial, Juan Bautista de Toledo

San Lorenzo de Escorial, Spain　1584

[Renaissance, central axis palace with multiple courtyards, masonry]

方形模块的重复使用赋予了埃斯科里亚尔建筑群巨大的城市体量。正方形作为一种限定外部场地架构的积极的空间图形，能够为整个空间框架确定边界。同样，正方形也适用于建筑的组织结构，在大体量的城市空间中限定各种建筑空间。在埃斯科里亚尔建筑群中，重复的庭院空间、各种房间甚至小礼拜堂，都是由正方形限定所得。

巴塞罗那的城市街区，西班牙
19 世纪 50 年代
[新古典主义，经过倒角的重复性场地，砖石砌块]

Barcelona Block, Spain
1850s
[Neoclassicism, repetitive field with chamfered corner, masonry]

19 世纪中叶的城市扩张使巴塞罗那从中世纪的城市基底发展为网格化的街区布局。正方形是网格化布局的基础图形，正方形经过倒角创造出的开放空间即成为城市的庭院。因此在城市中，正方形既可以作为积极空间，也可以作为消极空间。巴塞罗那城市街区的建设始于传统的正方形街区，沿用了均衡统一的比例和高度。通过在每个街区中挖出一个次等级的正方形，创造出每个街区的中央庭院，使建筑底层的居住条件得到优化，获得更好的采光和通风效果。最后，对四角的斜切（通过以下方法实现：先将正方形进行 45° 旋转，然后将正方形移动到街角位置，再切去每个象限的一个角）营造出更宽阔的沿街立面，既便于每个网格节点的定位寻址，也便于形成独特的图形化的城市开放空间，以实现对街道的线性空间体验能从一个街区到另一个街区匀速展开。

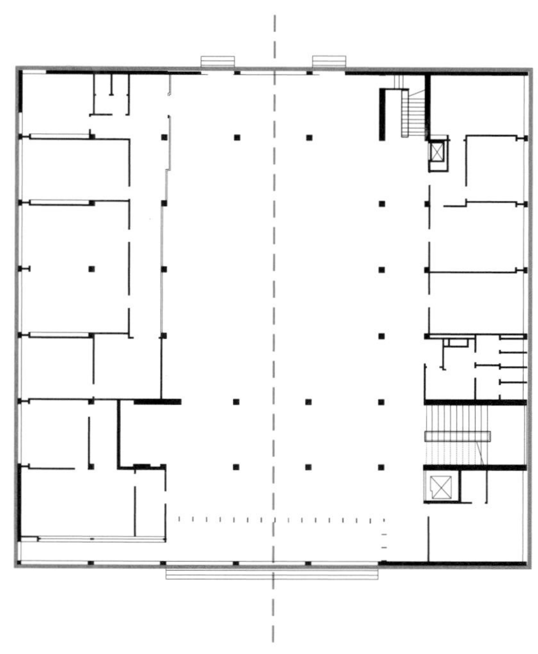

法西奥大厦，朱塞佩・特拉尼
科莫，意大利　1936 年
[意大利理性主义，城市实体，砖石砌块]

Casa del Fascio, Giuseppe Terragni
Como, Italy　1936
[Italian Rationalism, urban object, masonry]

法西奥大厦是在本尼托・墨索里尼（Benito Mussolini）的命令下为意大利法西斯政党建设的政治项目。法西奥大厦通过几何形态彰显出其在城市中的等级地位与重要性。它建立在科莫重要的城市中心区，用正方形的平面形式去抗衡中世纪的城墙和现存城市结构中略微不规则的几何形态。法西奥大厦体现出的形式极简理性、材料隐匿性及规模比例都有助于形成强大的力量感和独特性。

作为开放空间的正方形——建筑尺度 I
Square as Void—Architecture

正方形除了被用作积极空间的表现形式外，还可以用作消极空间或建筑中空，二者具有同样的辨识度。无论是消减掉的体块还是余留下的空间，同样需要依靠其几何形体才能完成空间限定。消极空间中留白的区域创建了一处有界空间，空间由其边界限定，这种边界既可以是图形的边线，也可以是面域的边界。正方形的几何结构拥有相互关联的中心点和轴线，这些点线关系能使空间界面上的部分节点建立关联，并能影响和控制整体的空间造型与形式解读。

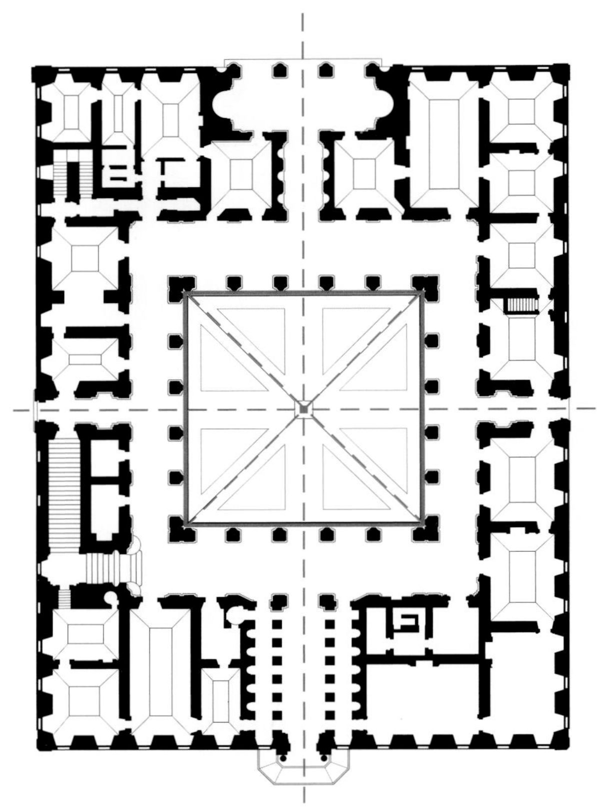

法尔尼斯宫，小安东尼奥·达·桑伽洛
罗马，意大利 1541 年
[文艺复兴，庭院建筑，砖石砌块]

Palazzo Farnese, Antonio da Sangallo the Younger
Rome, Italy 1541
[Renaissance, courtyard building, masonry]

法尔尼斯宫由位于中央的正方形庭院所限定，采用了典型的庭院式布局类型。这一处纯粹的内部空间，其边界围绕着一圈环形柱廊，柱廊在尺寸规格上不尽相同，赋予了整个内部空间不同的层次等级。在中心庭院中，最重要的是两条轴线，这两条轴线是最主要的仪式性交通路径，并在中央庭院的中心点处相交，形成了交叉布局结构。这一处中央庭院被公认为是法尔尼斯宫中最卓越、最重要的开放空间。

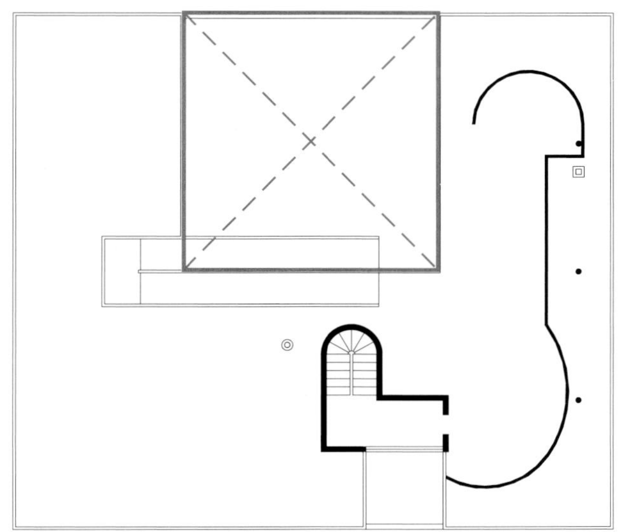

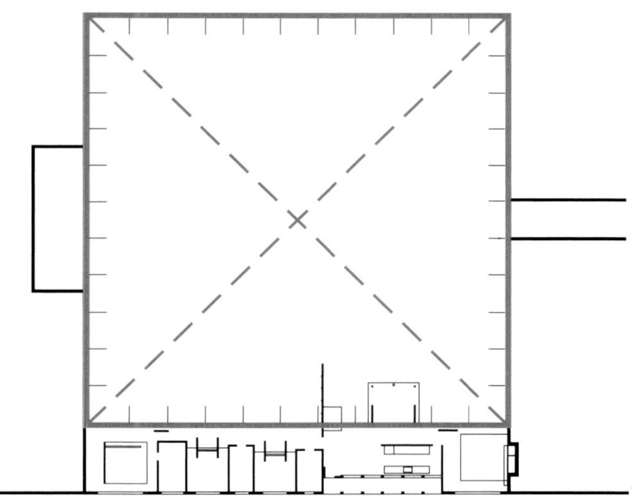

萨伏伊别墅，勒·柯布西耶

普瓦西，法国　1929 年

[现代主义，国际风格，自由平面，混凝土和砖石砌块]

Villa Savoye, Le Corbusier

Poissy, France　1929

[Modernism, International Style, free plan, concrete and masonry]

萨伏伊别墅没有参照任何历史先例中的形式和材料，甚至可以说是完全脱离了历史先例，这就使萨伏伊别墅在空间构成中完全依赖正方形在结构网格体系中的几何抽象性和系统性。作为开放空间的正方形，在二层平面上得到了充分显现；屋顶花园中，正方形的几何构成再次得到强化。用作顶棚的三层平台，再次以正方形的完美形式限定平面中的开放空间。自由平面的应用实现了起居室、坡道和相邻的覆顶户外空间在正方形几何造型中的自由流动。

马歇尔别墅，丹顿，考克，马歇尔建筑设计事务所

菲利普岛，维多利亚省，澳大利亚　1990 年

[极简主义，单边走廊式的庭院，混凝土]

Marshall House, Denton, Corker, Marshall

Phillip Island, Victoria, Australia　1990

[Minimalism, single-loaded courtyard, concrete]

马歇尔别墅中，线性的建筑内部空间提供了墙体边界，围合出大体量的正方形庭院。建筑部分作为基准面，环绕着中部的开放空间。厚重的黑色混凝土墙体围合出建筑中的房间，建筑房间与方形庭院的结合体现出墙体与其相邻的开放空间在实体性与体量感这两方面的对比。正方形的空间等级通过入口到庭院的轴线关系得到进一步的强调，尽管房间入口的布局采用非对称式，但并不影响正方形的空间等级。

作为开放空间的正方形——城市尺度 I
Square as Void—Urban

正方形作为城市结构中的开放空间与其作为建筑中的开放空间作用相似，但应注意调整正方形的尺寸规模，使其与城市尺度相适应。开放空间的限定依赖其周边建筑的环绕与围合，开放空间的重要性一般由周边环境结构的丰满度和连续性来决定，而开放空间的层次等级是由场地及其周边环境在城市结构中的空间职责和功能定位来决定。

布鲁日，比利时
1128 年
[中世纪，方形结构，不规则场地中的几何空间]

Bruges, Belgium
1128
[Medieval, fabric with square, geometric void in irregular field]

布鲁日作为中世纪的新型城镇，通过纯粹的正方形几何减法展现了规整式与自由式城市景观的几何对比。在步行尺度下，从致密的城市肌理中切割出来的开放空间形成了城市的客厅，在这里可以实现城市活动的聚合和城市人群的聚集。从正方形的四角放射出四条主要的城市街道一直延伸至周围的城市结构中。

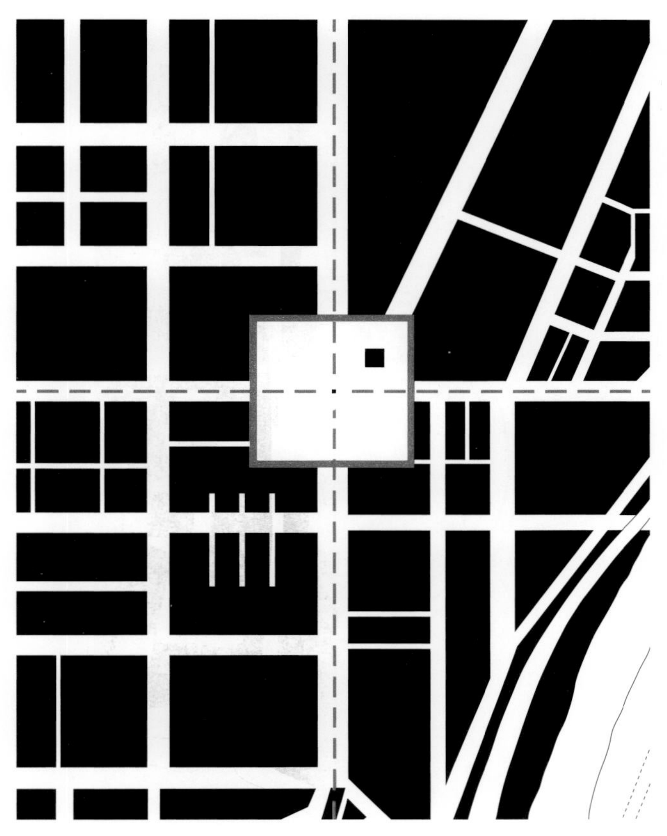

克利夫兰，俄亥俄州
1796 年
[杰斐逊网格，带有节点空间的网格]

Cleveland, Ohio
1796
[Jeffersonian Grid, grid with nodal void]

克利夫兰是一个典型的美国中西部城市，是在杰斐逊网格基础上兴建而成的。在克利夫兰城市结构中，正方形网格占主导地位。但正方形网格既不顺应城市现存的自然特征，也不呼应蜿蜒有机的河流形态，只是简单地终止于河岸。城市开放空间是从网格肌理中切割出来的，一般以网格节点作为开放空间的中心。正是由于这种肌理的中断，正方形才被赋予了空间层级。如，位于城市中心的正方形广场就被赋予了功能特权，设置为市民中心。市民中心直接坐落于机动车道路相交的十字路口，将单一城市空间划分成四个不同形状的岛域，每个岛域的边界是由伸入该地块的正方形广场的边界进行延伸所限定的。

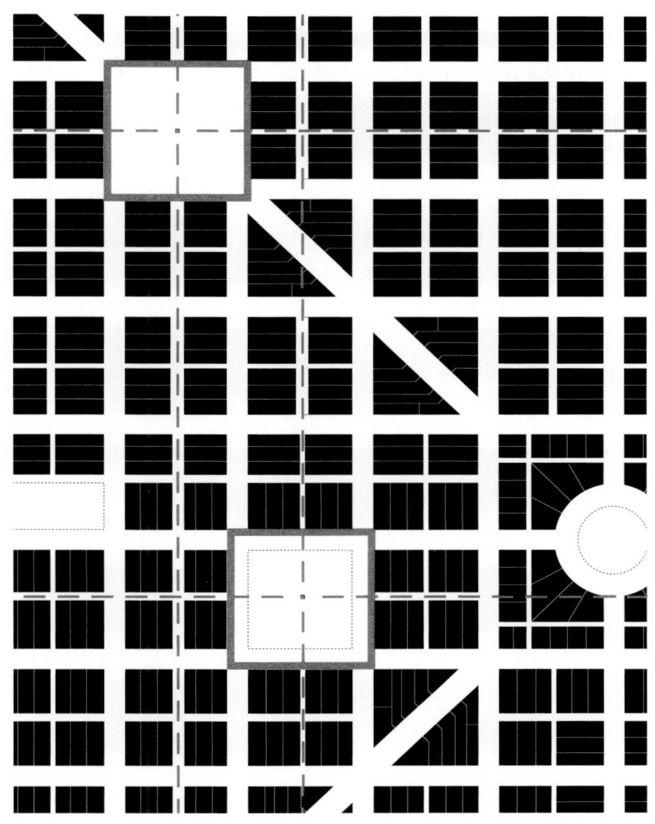

印第安纳波利斯，印第安纳州
1821 年
[杰斐逊网格，象限方格网]

Indianapolis, Indiana
1821
[Jeffersonian Grid, quadrant square grid]

印第安纳波利斯的城市结构由正方形网格主导。每个由街道网格限定的正方形都被进一步细分。与克利夫兰相似，网格生硬地穿越当地的河流地貌。正方形在城市结构中会进行一系列的偏移和移动。城市中的开放空间就是城市街区被切割消减后的剩余空间，也正因此产生了开放的城市广场。

作为图形 / 形式的圆形——建筑尺度 I
Circle as Figure / Form—Architecture

圆形，可以自然而然地生成一种中心式的组织结构，常用于形成建筑的形式或图形。圆形作为一种常用的几何图形，在各类文化的建筑中都会用到。圆形可以在空间中建立焦点，其自我解析性有利于形成固有的空间等级，难以打破、否定或改变。圆形是无方向的 [除了在垂直方向上无限延伸的**宇宙之轴**（the axis mundi）外]，由圆心向外等距辐射，可以在圆内形成自我参照。圆形的自我解析性难以进行图形修饰或图形扩展，所以圆形创造的多是具有内向性的独立的建筑实体。回溯历史可以发现，圆形通常被用来塑造形式等级，或用于展现视觉全景。

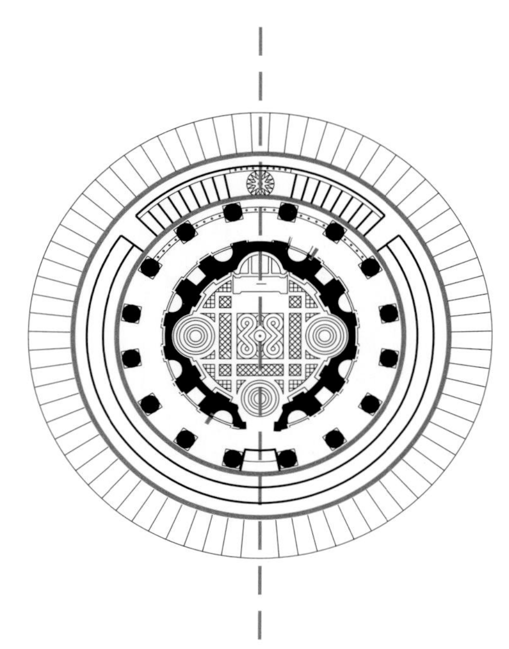

坦比哀多，多纳托 · 伯拉孟特
罗马，意大利　1502 年
[文艺复兴，罗马神庙，砖石砌块]

Tempietto, Donato Bramante
Rome, Italy　1502
[Renaissance, Roman temple, masonry]

在坦比哀多设计中，圆形被用来标记圣彼得殉难的地方。圆形平面坐落于矩形庭院之中，圆形与矩形的并置突出了坦比哀多的几何形体。坦比哀多中共布置了四层同心圆，每层都采用了不同的形式、功能和密度。楼梯和基座形成最外层圆形，用于结构支撑的柱廊形成第二层圆形，内部砌筑的墙体形成第三层，而室内空间则形成第四层。

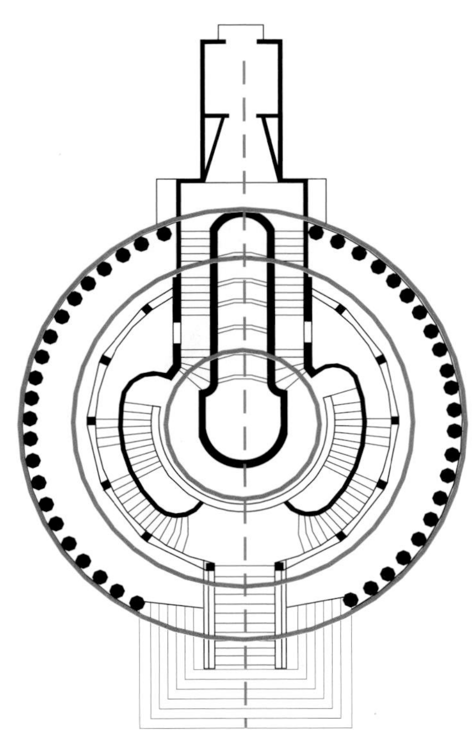

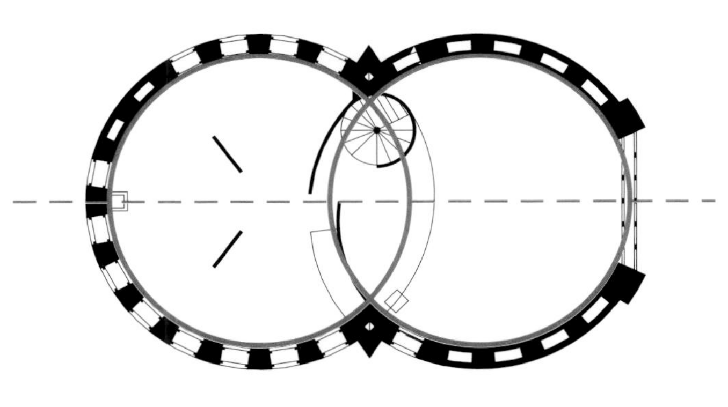

玻璃展馆（又译“玻璃屋”），布鲁诺·陶特
科隆，德国　1914 年
[现代表现主义，中轴对称，玻璃和金属]

Glass Pavilion, Bruno Taut
Cologne, Germany　1914
[Modern Expressionism, axial symmetry, glass and metal]

陶特运用圆形创造了一幢不朽的建筑。玻璃展馆以其交通流线和叠水瀑布形成一条轴线，来强调单一方向的建筑纹理（这与典型的交叉轴线即双向纹理不同）。建筑基座、围护结构以及次一级的水池基座均为圆形并以同心圆的方式进行布局，这些重复的圆形始终在强调中心几何形的形式特征。

梅尔尼科夫故居，康斯坦丁·梅尔尼科夫
莫斯科，俄罗斯　1927 年
[构成主义，自由平面，石膏砌体]

Melnikov House, Constantine Melnikov
Moscow, Russia　1927
[Constructivism, free plan, plaster masonry]

梅尔尼科夫故居以两个相交的圆形定义了整个建筑的组织体系。连接两圆中心和入口大门的轴线，形成了线性的平面肌理。两个相交圆形构成的卵形空间被用于交通流线的组织。梅尔尼科夫故居中的房间并没有完全受圆的形状特性所影响，反而更多是将圆形作为一种中和条件下的图形。

作为图形 / 形式的圆形——城市尺度 I

Circle as Figure / Form—Urban

圆形在建筑尺度中的应用已经形成了一定的方法和原则，当圆形应用于城市尺度时，这些方法和原则同样适用，圆形形式仍然具有中心主导性。圆形这种独特的形式甚至可以扩大应用于整个街区。圆形形式自我解析的几何特征有利于其进行几何形体的实体化，这一点可以在致密又相互垂直的城市肌理环境中通过对比圆形地块的曲线与典型方形地块的直线明显表现出来。这种曲与直的对比，可以在更大的用地范围中为某一城市元素指明位置，并突出其空间等级和重要意义。

奥古斯都陵墓

罗马，意大利　公元前 28 年

[古典主义，中心式，砖石砌块]

Tomb of Augustus

Rome, Italy　28 BCE

[Classicism, centralized, masonry]

奥古斯都陵墓是孤立的圆形形态。作为罗马皇帝的陵墓，这里保存有神圣的奥古斯都大帝的遗骸。同时作为一处有重要意义的场所，在柏树山（人工建造的城市尺度下的圆锥形坡台，覆满柏树）的主墓核心之中还嵌套了一处稍小规模的圆形洞室。真正的遗骸正是存放在这个圆鼓形的洞室中。奥古斯都陵墓通过其规模尺度和几何形式，在相互垂直的城市肌理中突出了其功能与等级。

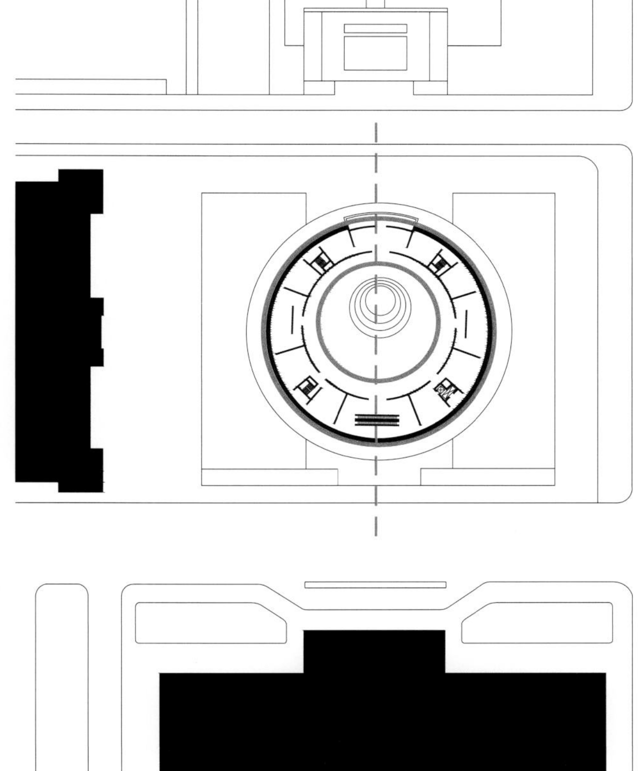

巴黎商务证券交易所
巴黎，法国　1783 年
[新古典主义，中心式，砖石砌块]

La Bourse de Commerce
Paris, France　1783
[Neoclassicism, centralized, masonry]

巴黎商务证券交易所原本是作为农产品交易场所使用的，为适应证券交易所的功能，这幢圆形的建筑经历了一系列的调整和变化，包括建筑屋顶、外表皮及围墙高度。但不管这座建筑如何重新布局，其圆形形式以及具有统御地位的中心大厅始终维持原貌。现今，建筑的整体构成即是由带有新古典主义表皮的圆形形式将该建筑围合成一个客观存在的连接体，一侧联系巴黎致密的城市肌理，另一侧连接右岸的雷阿勒公园（gardens of Les Halles）[译注 3]。

赫希洪博物馆，戈登·邦沙夫特
华盛顿特区　1974 年
[现代主义后期，同心圆环形成中央开放空间，混凝土]

The Hirschhorn Museum, Gordon Bunshaft
Washington, D. C.　1974
[Late Modernism, concentric rings with central void, concrete]

赫希洪博物馆以圆形的形式使其交通流线的组织达到最优。外圈的交通流线是完全不透明的，目的是使储藏在这里的画作免受紫外线伤害。内圈则是完全透明的，使雕塑藏品能充分地沐浴自然光。中央的圆形中空以及那极富表现力的、代表着现代主义构图的拔地而起的圆环，均是通过圆形的应用产生了一种抽象又极简的形式表达。而通过与周围直线环境的对比，赫希洪博物馆圆形的几何特性又得到了进一步的强调。

作为开放空间的圆形——建筑尺度 I

Circle as Void—Architecture

通过图形空间的消减和移除可以创造建筑中空，特别当使用圆形进行消减时，强调的是开放空间的留白而非留下的建筑实体。建筑四周立面的连续性在建筑表面内难以形成局部的个性化表达。正是依赖立面设计的一致性使开放空间获得强调，限定出开放空间的建筑实体，与其所限定的开放空间形成了截然相反的对照关系。圆形开放空间并不强调空间等级的方向性，其强调的是圆形中心相对于边缘的重要性。

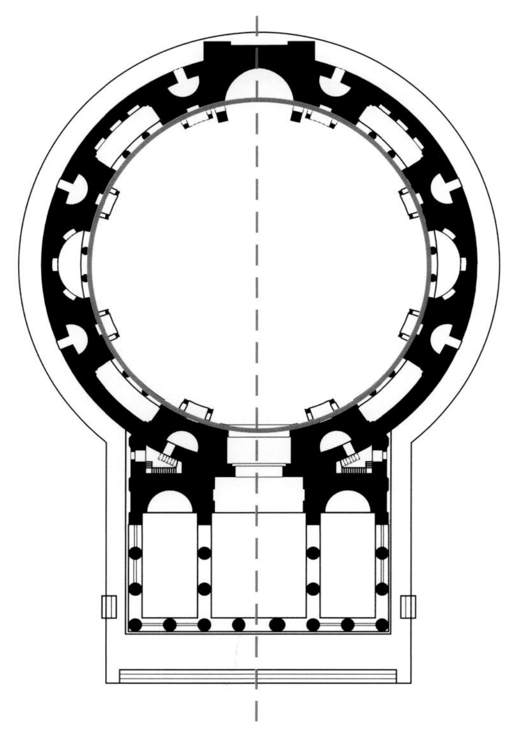

万神庙

罗马，意大利 公元 126 年

[古典主义，神庙建筑，砖石砌块]

Pantheon

Rome, Italy 126

[Classicism, temple, masonry]

在诺里的罗马平面图中，可以清晰地看到万神庙那占主导地位的圆形鼓状建筑形态。中心式的建筑平面让人回想起希腊神庙的代表之作——位于德尔斐的阿波罗神庙，但万神庙采用史诗般的宏大体量并非为了强调其功能性，而是为了使圆形空间更具精神意义，也更能令人印象深刻。圆顶天眼（穹顶顶端开放的圆形孔洞）重新建立起顶棚的几何结构，通过光线在穹顶上的运动轨迹再次校准了时间，见证了斗转星移之间时光的流逝。

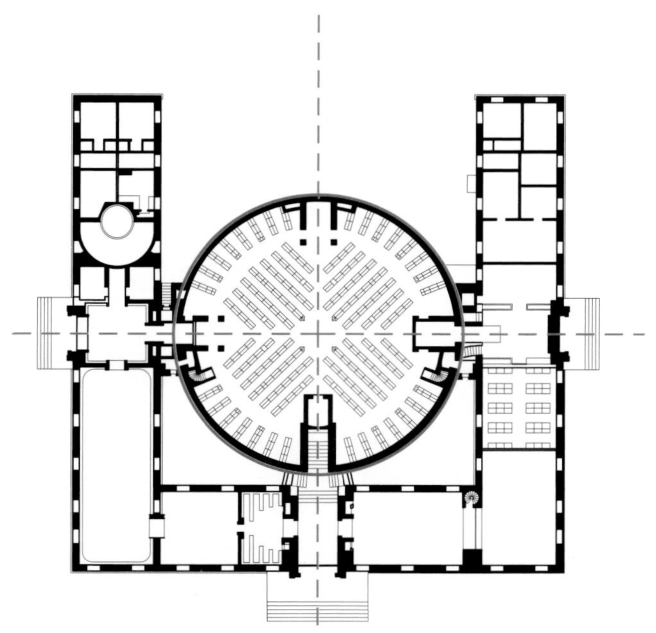

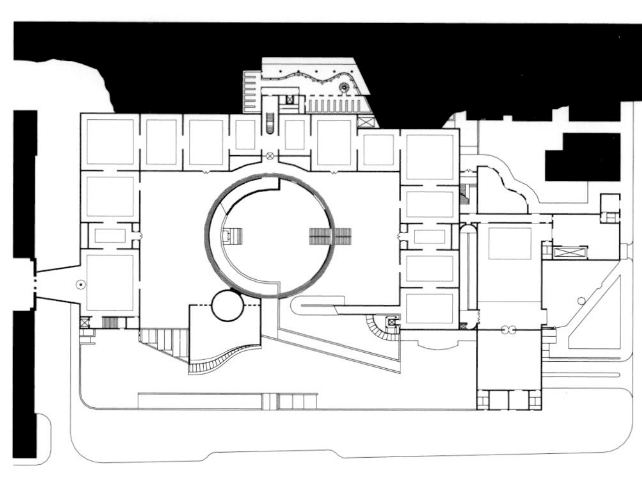

斯德哥尔摩图书馆，古纳尔·阿斯普朗德(又译“古纳·阿斯普伦”)

斯德哥尔摩，瑞典　1927 年

[现代主义早期，中心式鼓状建筑，砖石砌块]

Stockholm Library, Gunnar Asplund

Stockholm, Sweden　1927

[Early Modernism, centralized drum, masonry]

斯德哥尔摩图书馆由位于建筑中央的圆形鼓状阅读室作为主导。在建筑平面中，“U”形的辅助空间围合中央的阅览室；圆形形态的运用，无论在空间等级还是功能等级上均强调了鼓状空间的地位。从建筑外部来看，鼓状中心的高耸显示出它的特殊意义；而从建筑内部来看，鼓状中心的墙壁形成了整体式的书架。位于建筑中央的圆形鼓状阅读室收录了各个学科丰富的书籍资料。通过几何形体和功能组织的有机结合，中心式的鼓状中心得到了加强。

斯图加特国立美术馆新馆，詹姆斯·斯特林

斯图加特，德国　1983 年

[后现代主义，线性排列，石材覆面]

Neue Staatsgalerie, James Stirling

Stuttgart, Germany　1983

[Postmodernism, linear enfilade, stone cladding]

斯特林在斯图加特国立美术馆新馆的中心位置布置了一处圆形庭院。该圆形庭院是交通流线上的重要空间节点，整个建筑的步行流线不断往返其中。圆形庭院与内、外部的交通流线重叠相连，也与周边相邻的街道环境建立起了联系。建筑中部的圆形庭院，其空间的简洁性和控制力完全来源于圆形的几何形态。

作为开放空间的圆形——城市尺度 I

Circle as Void—Urban

圆形在城市中常被用作开放空间，通常应用于交通枢纽或环形交叉口的设计。在城市肌理中，圆形开放空间一般由统一的建筑立面围合形成边界，再以放射式的切入点与周围环境衔接，这种组织手法使圆形形式不断得以强化。圆形形状的整体性可以实现图形边界的平等性（equality）与隐匿性（anonymity），也可以实现针对开放空间而非建筑实体的强调。

胜利广场，朱尔斯·阿尔杜安·芒萨尔（又译“于勒·阿杜恩·孟莎”）
巴黎，法国 1685 年
[巴洛克式，圆形结点]

Place des Victoires, Jules Hardouin Mansart
Paris, France 1685
[Baroque, circular node]

胜利广场是一处有六条大道穿过的圆形开放空间。在圆的中心，这个级别最高的位置上矗立着国王路易十四的骑马纪念雕像。圆形的广场空间通过标准化的建筑立面和复折式的芒萨尔屋顶（the Mansard roof）[译注 4] 得以强调。

圆形广场，小约翰·伍德
巴斯，英格兰　1766 年
[乔治王时代，带有中央绿地的圆环]

The Circus, John Wood the Younger
Bath, England　1766
[Georgian, circular ring with central green]

作为一种纯粹的几何形式，位于巴斯的圆形广场建立起一种阵列式、有秩序的住宅建筑边界，也定义出一处圆形的城市空间。圆形广场是典型的乔治王时代风格（Georgian Style）[译注 5]，在圆形的中心布置有景观公园，而圆形的边界则被三条空间轴线均匀打断。最终圆形广场成为城市结构中的空间节点。

皇家环形广场
爱丁堡，苏格兰　19 世纪 20 年代
[乔治王时代，以公园为中心的圆环]

The Royal Circus
Edinburgh, Scotland　1820s
[Georgian, circular ring with park center]

乔治王时代建有一系列圆形的开放空间，皇家环形广场就是其中之一，它强调建筑边缘的连续性，并为风景如画的中央公园限定边界。环形广场的交通流线沿广场的边缘展开，环形广场像三明治一样夹于建筑与公园之间，最终形成融于自然环境的建筑空间。

作为图形 / 形式的椭圆形——建筑尺度 I

Oval as Figure / Form—Architecture

椭圆形是一种多中心的几何图形，多中心不仅提高了其形式的复杂程度，还促进了形式的感知和方向性的最终形成。从圆形到椭圆形的发展演变，强调的是建筑细部及其复杂性，这与从文艺复兴到巴洛克时期的过渡阶段所强调的内容基本一致。通过两轴的延伸，椭圆形以其固有的几何特征形成了一种纹理，可以沿长轴和短轴两个方向延伸形成不同路径。因此可以说，椭圆形在其基本的几何形体中已经建立起内在的等级性。

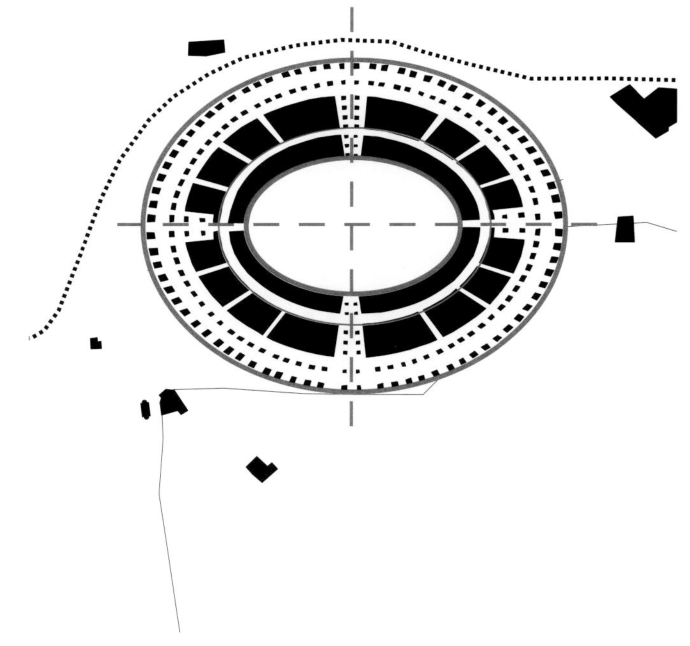

古罗马斗兽场

罗马，意大利　公元 80 年

[罗马式，古典平面，砖石砌块]

Roman Coliseum

Rome, Italy　80

[Roman, classical plan, masonry]

古罗马斗兽场采用椭圆形的布局结构，以满足视觉效果的要求。为了给现场观众提供最佳的观赏视线，斗兽场在其布局结构中，为围绕在竞技场周围观看角斗士格斗、体育赛事、舞台表演甚至海战演习的观众预留了观演空间。带有阶梯式平台座位的斜坡结合椭圆形平面的基本几何图形，为运动竞技场这一建筑类型建立了一种最基本的平面类型，甚至在今天看来这也是最理想的形式组合。

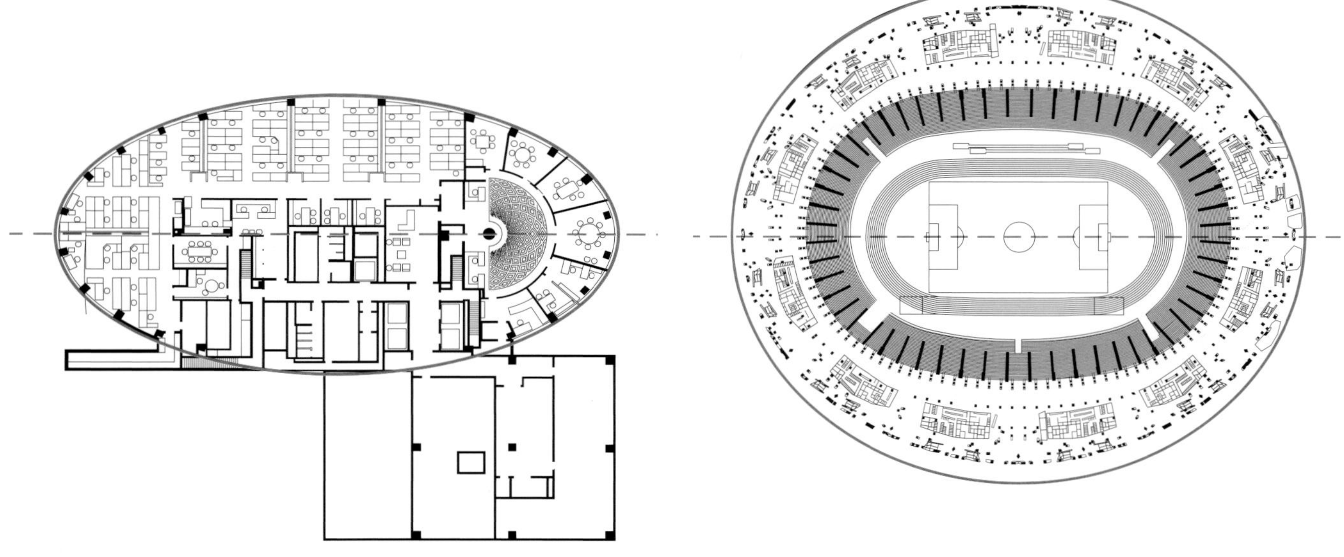

第三大街 885 号，口红大厦，菲利普·约翰逊
纽约市，纽约州　1986 年
[后现代主义，带形长窗，钢材、玻璃和砖石砌块]

885 Third Avenue, Lipstick Building, Philip Johnson
New York, New York　1986
[Postmodernism, ribbon-windows, steel, glass and masonry]

在第三大街 885 号一座高层建筑的塔楼上，菲利普·约翰逊创建了一种后现代的组合形式，即功能性的平面布局（实现建筑边界透明度的最大化和楼面板厚度的最小化）与光滑的流线型外形的组合。该建筑物被昵称为“口红大厦”是因为它的外形与口红非常相似。带形长窗的带状分层结合椭圆形的平面设计，创造了 360° 的全景视野。这种形式将传统的以高层建筑的长方形平面作为遵循条件而形成城市街区的正交形式，转变为遵循空气动力学原理而形成的几何形式。

“鸟巢”体育场，赫尔佐格和德·梅隆事务所
北京，中国　2008 年
[后现代主义，不规则的格式框架体育场，混凝土和钢材]

The Bird's Nest Stadium, Herzog and de Meuron
Beijing, China　2008
[Postmodernism, irregular lattice frame stadium, concrete and steel]

“鸟巢”体育场是为 2008 年奥林匹克运动会而设计建造的，它采用了古罗马斗兽场的平面设计类型。“鸟巢”体育场主要承担田径赛事，椭圆形的跑道与椭圆形的看台结合，共同建立起体育场主要的内部形态。古罗马斗兽场这种在历史上早已应用、在功能上业已成熟的平面类型，能够很好地适应赫尔佐格和德·梅隆事务所的设计思路和方法。他们的建筑作品通过对建筑外表皮的研发，再结合对材料、结构、表面及图案模式的改良和创新，形成了既符合传统又简洁独特的个性。在“鸟巢”体育场这个案例中，结构网架通过高密度的搭接和非正交的相交聚合在一起，形成了一种多孔、同质、均匀、富有动态的个性化外壳造型。

作为开放空间的椭圆形——建筑尺度Ⅰ
Oval as Void / Space—Architecture

椭圆形可以用作开放空间，同样是运用了其长轴延伸的几何特异性，同时椭圆形还具有光滑的边界、明确的方向及多节点的中心，可以利用这种独特的造型形成消极空间——从城市结构或建筑实体中消减出来即可。在巴洛克时期的城市规划中，利用椭圆形的节点空间可以实现具有等级层次的多线形的交通节点（multi-linear nodes），既可以是轴线式也可以是放射式。而无论是应用在城市尺度还是建筑尺度，都会形成一处步移景异的空间，当人们沿着椭圆形空间运动时，会随着方向的不断转变感受到景色的不断变化。最终结果是对用作开放空间的椭圆形式和尺度感知形成随时间变化的动态认知，实现椭圆形的动态性和复杂性，并充分强化其几何形内在的体验性应用。

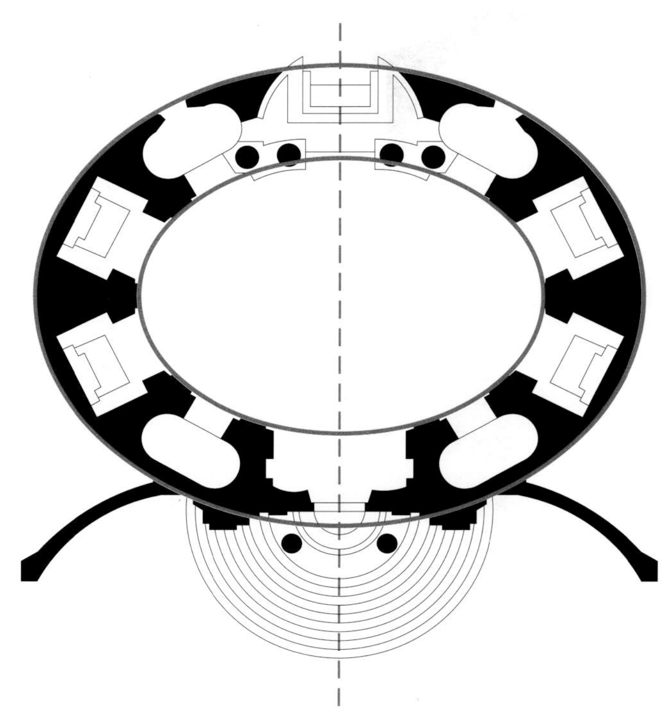

奎琳岗圣安德烈教堂，吉安·洛伦佐·贝尔尼尼
罗马，意大利 1678 年
[巴洛克式，短轴椭圆形平面，砖石砌块]

Sant'Andrea al Qirinale，Gian Lorenzo Bernini
Rome, Italy 1678
[Baroque, short-axis elliptical plan, masonry]

奎琳岗圣安德烈教堂可以说是巴洛克式形式应用和几何应用的顶峰之作。教堂平面之所以采用椭圆形这种扁平化的几何图形，主要是受场地环境条件对建筑边界的限制。多焦点椭圆形的应用以及相关的紧凑形式使椭圆形的几何形体及其空间感知被进一步复杂化。逼仄的横轴空间建立起从侧向入口到祭坛之间的横向联系。教堂四周围绕着一系列从墙体中消减出来的分散的小礼拜堂。

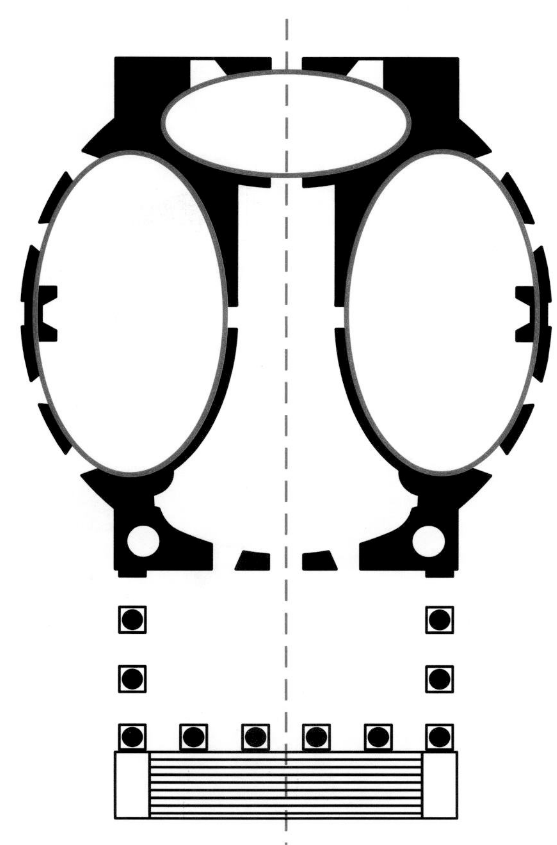

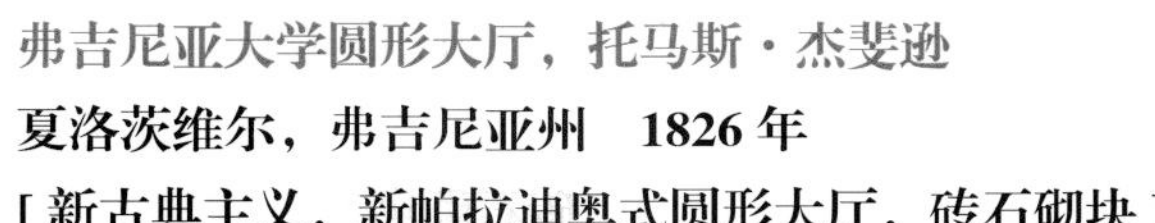

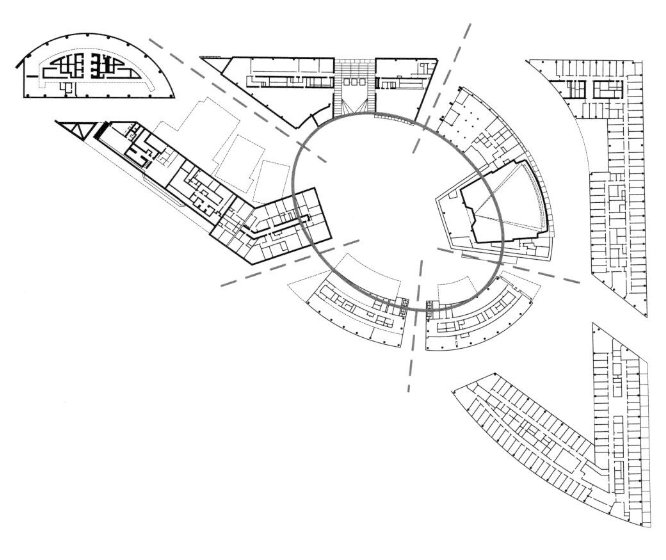

弗吉尼亚大学圆形大厅，托马斯·杰斐逊
夏洛茨维尔，弗吉尼亚州　1826 年
[新古典主义，新帕拉迪奥式圆形大厅，砖石砌块]

UVA Rotunda, Thomas Jefferson
Charlottesville, Virginia　1826
[Neoclassicism, Neo–Palladian rotunda, masonry]

弗吉尼亚大学的圆形大厅采用了与万神庙相同的平面布局和外形表达。中央圆形大厅中以重复性的变化营造出下层平面的独特性，这种重复性的变化使两个成对的椭圆形议事厅相互平行，并在大厅后方的低处形成一个次一等级的横向椭圆形。最终，平面中从圆形到椭圆的变形以及立面中从圆形到球形的变化（如同万神庙一样），均与入口门廊的方向性取得一致，也以此为起点，形成了弗吉尼亚大学从圆形大厅、中央草坪直到整个校园的主要轴线。椭圆形的几何形体确立了中央草坪向西延伸的导向性，建立起重复性的校园平面，为开敞的校园景观打开了视线，明确了视觉焦点，并以校园中的建筑物象征并暗喻了美国（向西部发展）的未来和机遇。

索尼中心，赫尔穆特·雅恩
柏林，德国　2000 年
[后现代主义，椭圆形的中心陈列区，玻璃和钢材]

Sony Center, Helmut Jahn
Berlin, Germany　2000
[Postmodernism, elliptical center court, glass and steel]

索尼中心是波茨坦广场地区的一个开发项目，二战后这里一直是闲置的城市用地，仿佛是留在柏林市中心城市肌理中的一块伤痕。索尼中心的建设突破了新建街区的边界，造就了体量巨大的建筑集群。这些相互分散的建筑要素通过中央椭圆形的消减，重新确立了各自的建筑特征并相互协调取得统一。结构细致又复杂的玻璃屋盖覆在中央，其光滑透明的效果使中央椭圆空间无论从建筑内部还是城市高处均有良好的可读性。

作为开放空间的椭圆形——城市尺度 I

Oval as Void / Space—Urban

与圆形一样，作为城市开放空间的椭圆形也是典型的城市交通节点，可以引出无数条轴线。椭圆形在巴洛克时期开始盛行，是因为这一时期的科学证明了行星围绕太阳运行的轨迹是椭圆形而非圆形。同时，人们对于将这种复杂的天体轨道图形应用于建筑布局的愿望与日俱增。与其他图形相比，椭圆形是一种更复杂的形状，可以形成更动态的解读，椭圆形也是继文艺复兴时期讲求秩序的思想之后的一种自然进步。

竞技广场

卢卡，意大利　约公元 100 年

[罗马式，圆形露天剧场遗址]

Piazza dell'Anfiteatro

Lucca, Italy　circa 100

[Roman, remnants of amphitheater]

位于卢卡的竞技广场是由一系列建筑围合而成的，这些建筑大多是以罗马早期露天剧场为基础进行建设的。竞技广场这一处城市开放空间，其形状取决于以往的功能定位对优化观演视线的需要。多条轴线贯穿建筑围墙的连续表面。这个由建筑围墙环绕出的完全包围式的广场空间使椭圆形的空间形态更有力量，也更令人叹服。

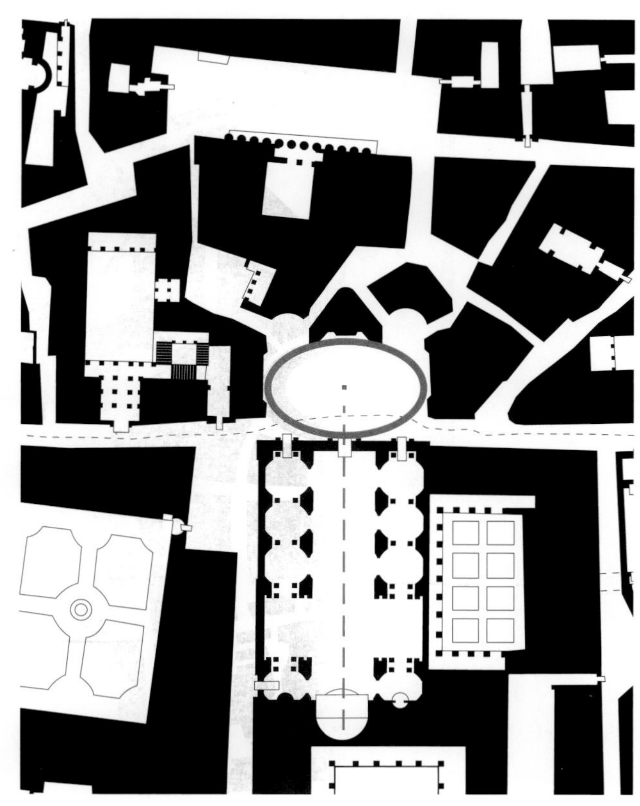

圣依纳爵堂前广场
罗马，意大利　1626 年
[巴洛克式，椭圆形广场]

Piazza at Sant Ignazio di Loyola
Rome, Italy　1626
[Baroque, elliptical piazza]

本案例是罗马圣依纳爵堂[译注 6]（Church of Sant Ignazio）的前广场，由一系列建于巴洛克时期的圆形和椭圆形空间组成。圣依纳爵堂前广场是巴洛克理念在城市尺度上的早期尝试之一。它拆除了大量既有建筑以形成一种高度统一的样式。广场空间内部贯穿了多条轴线，但不同于文艺复兴时期广场空间对轴线的偏重，巴洛克式的圣依纳爵堂前广场在其几何结构上强调的是转角空间。

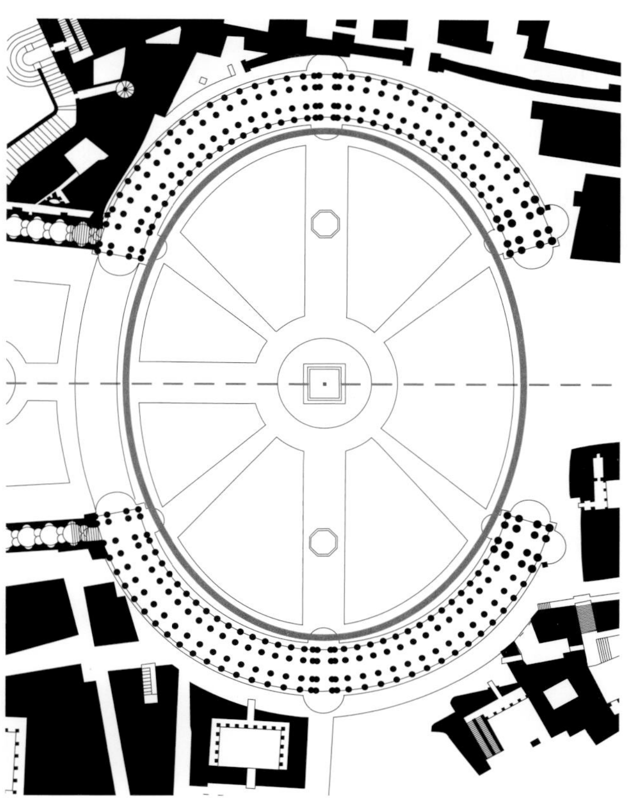

圣彼得大教堂前广场，吉安・洛伦佐・贝尔尼尼
梵蒂冈，意大利　1667 年
[巴洛克式，椭圆形柱廊]

St. Peter’s Basilica, Gian Lorenzo Bernini
Vatican City, Italy　1667
[Baroque, elliptical colonnade]

与竞技广场和圣依纳爵堂前广场不同，圣彼得大教堂前广场是通透的，其边界由贝尔尼尼设计的体量巨大的重复性柱廊所限定。在巴洛克时期众多的建筑和城市实践中，圣彼得大教堂前广场无疑是最盛大、最壮丽的。一条轴线从圣彼得大教堂起始，平分广场空间后穿过广场中央的方尖碑。在广场上，以两个大型喷泉作为焦点，确定了圣彼得大教堂前广场这一椭圆形空间的尺寸与形状。

作为图形 / 形式的三角形——建筑尺度 I
Triangle as Figure / Form—Architecture

三角形是最简单的几何结构，能够利用最少的元素建立起一个二维的平面形式。三角形中两边汇聚于一点，形成一定的角度，在视觉上会自然而然地形成一种加速空间。夹角引发空间的收缩，增强了透视效果中的距离感知。在城市结构中，当道路与规整的正交方格网肌理产生倾斜交叉时，就会形成三角形的形式，三角形通常就是在这些相互关联的场地环境中被界定出来。由于基地条件的限定而形成的三角形建筑，又反过来对三角形场地进行再一次的扩展与强调。

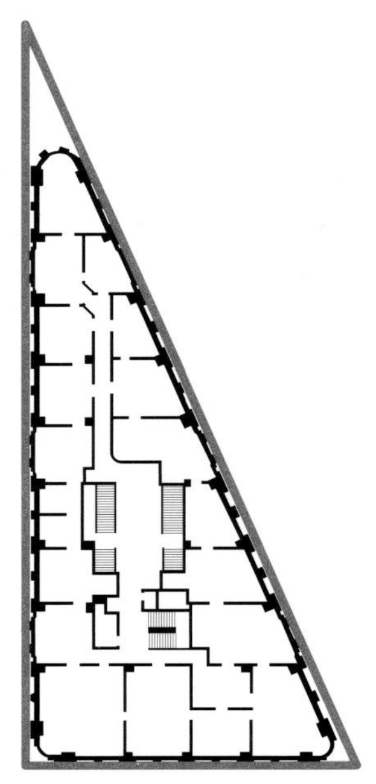

熨斗大厦，丹尼尔·汉德森·伯纳姆
纽约市，纽约州　1902 年
[现代主义早期，早期的摩天大楼，钢材和砖石砌块]

Flatiron Building, Daniel Hudson Burnham
New York, New York　1902
[Early Modernism, early skyscraper, steel and masonry]

熨斗大厦是一个在城市环境中运用三角形形式的建筑先例。在城市道路的交叉路口处，这一栋纤薄高耸的建筑标识出三角形的城市形态，建筑形式与城市肌理相得益彰。熨斗大厦位于城市开放空间中的显著位置，立面肌理清晰，建筑所呈现的交角与道路的十字交叉相互呼应，更能凸显其明快的线条和优美的造型。从城市规划的角度来看，三角形在街区层面的形式进一步衍化，拓展了城市结构与肌理，重新加强了原本被弱化的透视焦点，让城市环境更加丰富多彩。

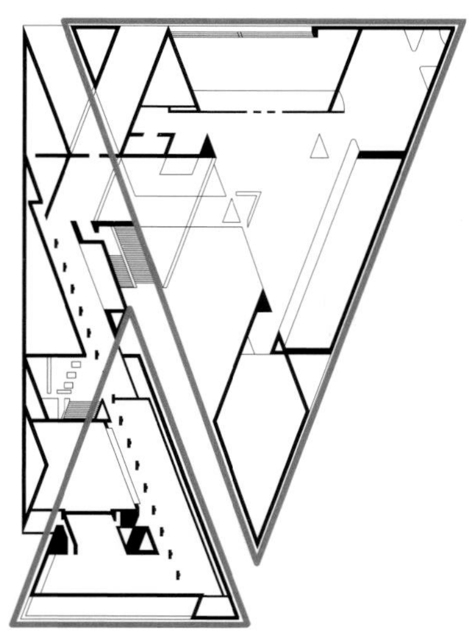

国家美术馆东馆，贝聿铭

华盛顿特区　1978 年

[现代主义后期，三角形中庭，混凝土和石材]

East Wing of the National Gallery, I.M. Pei

Washington, D.C.　1978

[Late Modernism, central triangular atrium, concrete and stone]

国家美术馆东馆的设计思路源于华盛顿特区的朗方规划方案（L'Enfant's plan），在其放射式道路的基础上逐渐演化而来。国家美术馆东馆位于国家广场（National Mall）的前端，而广场的两侧则是佛罗里达州史密森学会（Smithsonian Institution）的各类博物馆。东馆是老馆的扩建部分，不论是空间功能还是布展管理，东馆的扩建扩大了老馆的收藏，现在的展品已经将现代主义运动时期的艺术品包括在内。东馆采用三角形的平面形式，是美国国会大厦前的矩形广场以及由国会大厦开始向西北延伸的放射式林荫大道共同组织产生的结果。由于基地形状难以处理，在东馆建造之前，这里多年来一直处于闲置状态。在贝聿铭的方案中，通过一条直线将三角形基地进一步拆分为两个三角形，强化了三角形的使用，再通过建筑造型进一步强调，以三角形的井式梁板（waffle-slab）结构系统和中庭天窗的三角锥构架最为显著。无论是城市尺度还是建筑尺度，无论是建筑师的设计理念还是使用者的知觉体验，三角形在国家美术馆东馆的建设中贯穿始终。

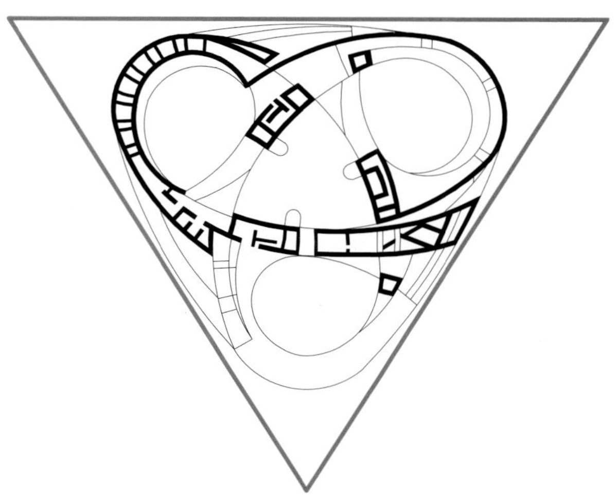

奔驰博物馆，UN Studio 建筑事务所

斯图加特，德国　2006 年

[后现代主义，双螺旋交通流线，钢材和玻璃]

Mercedes Benz Museum, UN Studio

Stuttgart, Germany　2006

[Postmodernism, double helix circulation, steel and glass]

在奔驰博物馆设计中，由于交通组织采用了曲线及平面轴线的组织形式，三角形即成为建筑平面的边界条件。建筑楼板被设计成三个相互连通的环形，从剖面上看，三层楼板逐渐上升，呈螺旋状环绕着中央大厅。穿过中央大厅，沿人行步道可以从一层直到顶层，然后可以选择机动车路线或者步行路线返回一层。由此，三个连通的环形决定了整个建筑的三角形形式。

作为开放空间的三角形——建筑尺度 I

Triangle as Void / Space—Architecture

在建筑设计中以三角形来塑造开放空间，确实不如方形或圆形常见，但纵观历史也不乏优秀案例。三角形常用于一些条件受限的小规模地块，或受周边影响的特殊地块，当难以设置传统的方形庭院时，设计师通常会采用一种与众不同的几何图形——三角形来化解局限和影响。三角形这种形式虽然不是典型的建筑几何形式，但这并不妨碍它具有典型建筑语汇的特质，去应对一些限制和约束条件。与其他几何形式一样，三角形本身固有的几何特性和比例上的均衡性都要和建筑原则相互匹配。但应注意，除非基地条件受限，设计中应较少主动使用三角形来塑造开放空间。

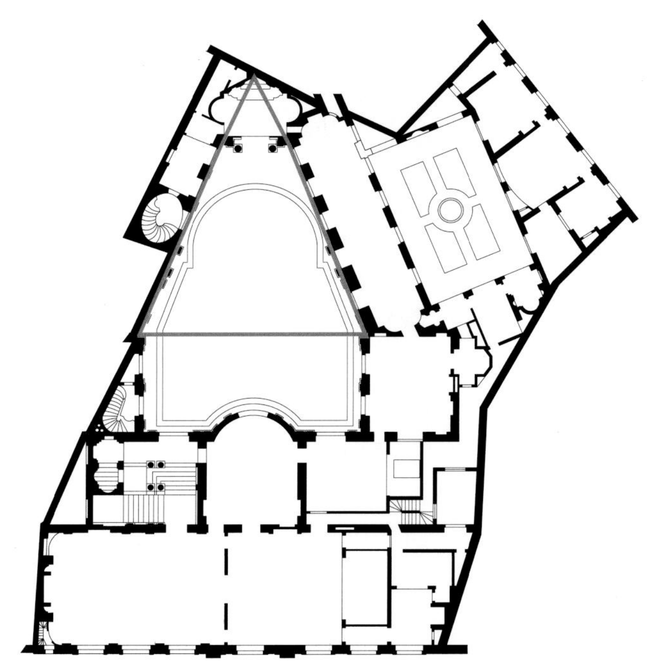

博韦酒店，安托尼·勒·保特利

巴黎，法国　1656 年

[巴洛克式，三角形庭院，砖石砌块]

Hotel de Beauvais, Antoine le Pautre

Paris, France　1656

[Baroque, triangular courtyard, masonry]

博韦酒店坐落于一处不规则的地块上，难以布置传统的方形或矩形庭院。因此，保特利将建筑的主要入口设置在主立面的中心位置，再将轴线延伸到基地内部，通过三角形庭院的设计将建筑形式和基地形状结合起来。与多数官邸建筑一样，为了维持清晰明确的三角形庭院形状，允许围合庭院的房间跟随基地形状做出相应的变形。

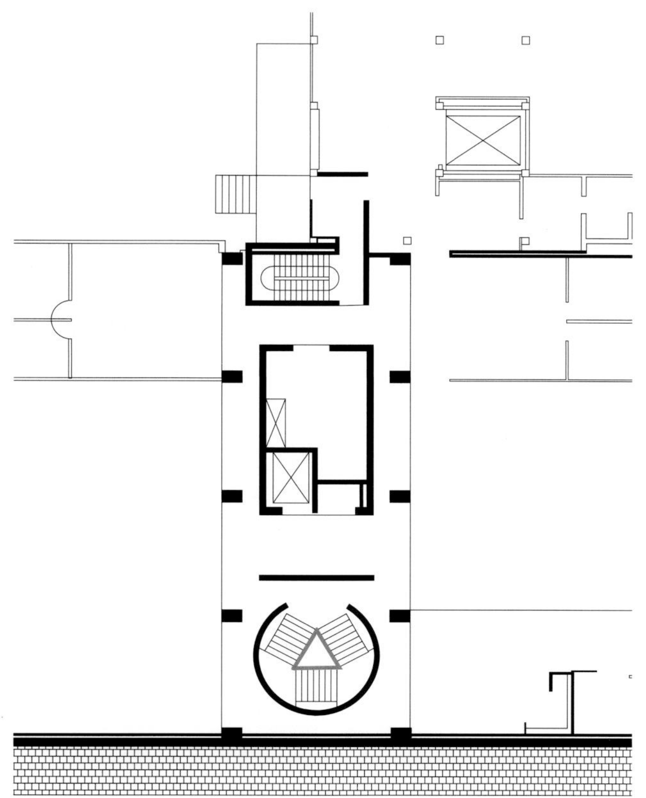

耶鲁大学美术馆，楼梯，路易斯·康
纽黑文，康涅狄格州　1953 年
[现代主义，柏拉图式的三角楼梯，混凝土]

Yale Fine Arts Gallery, Stair, Louis Kahn
New Haven, Connecticut　1953
[Modernism, Platonic forms–triangle stair, concrete]

在耶鲁大学美术馆设计中，路易斯·康在建筑的形式组织中引入了三角形这种特殊元素。该建筑运用矩形格网来组织结构和空间。在正交的矩阵格网中，路易斯·康构建了一处混凝土材料的圆形楼梯塔，并在其中布置了三角形的楼梯。这种形式的处理手法，是将两种截然不同的柏拉图式基本几何形结合在一起，并且通过将这两种基本的形式要素与美术馆中的其他部分区分开来，强调其重要性和独特性。楼梯是美术馆中最主要的垂直交通构件，使用者将体验到在两种形式——建筑整体的正交格网结构和三角形楼梯的柏拉图式几何结构——之间的不断穿梭。

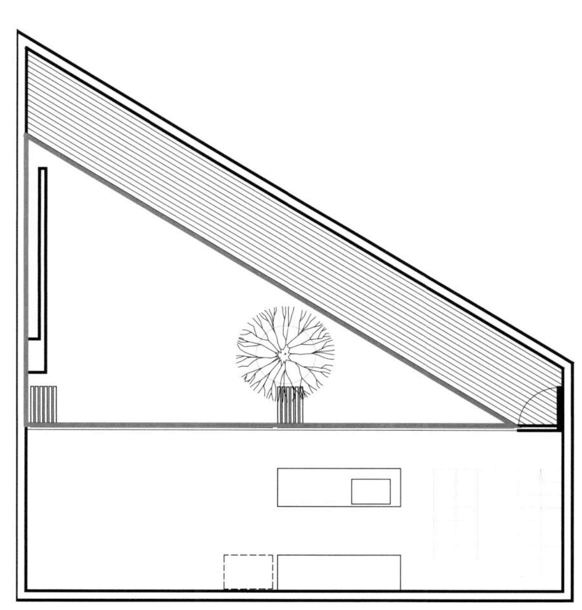

花园住宅，保坂猛建筑都市设计事务所
横滨，日本　2007 年
[后现代主义，可开启的外立面，混凝土和玻璃]

Garden House, Takeshi Hosaka Architects
Yokohama, Japan　2007
[Postmodernism, operable facade, concrete and glass]

花园住宅是一个简洁的矩形形体，旁边有一处三角形庭院。所有的设计构思都围绕着这个由三角形界定出的庭院展开。建筑与相邻的庭院共同化解了由不规则几何地形带来的难题。为了保持建筑形式的纯粹性和积极性，所有的变化都赋予了作为负空间（消极空间）的侧庭院。这个三角形的庭院空间，在横滨繁华的高度开发的城市环境中营造出一片难得的城市绿洲。

作为开放空间的三角形——城市尺度 I
Triangle as Void / Space—Urban

三角形在城市尺度中作为开放空间使用，同样是源于城市结构的几何形状。当地块太小无法在一个完整街区上操作，或者该地块在空间位置和视觉路径上有成为城市引导性景观的需要时，可以由积极的建筑实体围合出三角形的开放空间。通过三角形的顶点建立轴线关系，随着三角形空间的展开，轴线越接近顶点，越能建立起基于路径和视线关系的内在空间层次和焦点感知。

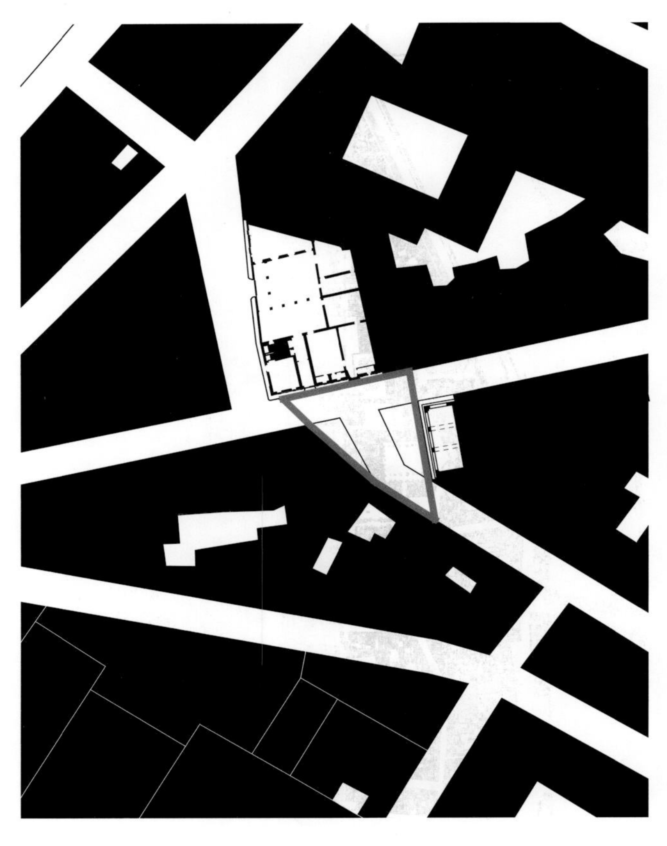

鲁切拉广场

佛罗伦萨，意大利　1451 年

[意大利文艺复兴，广场成为其毗邻宫殿空间的焦点，砖石砌块]

Piazza Rucellai

Florence, Italy　1451

[Italian Renaissance, Piazza as focal cone for adjacent palazzo, masonry]

鲁切拉广场是鲁切拉宫（the Palazzo Rucellai）的三角形前广场，整个广场由两条城市道路轴线交会而成，是一个由交通道路形成的网状结构。因其独特的环境条件，鲁切拉广场既是空间定位的制高点，也是交通路径的重要节点。在佛罗伦萨致密的城市结构中，鲁切拉广场成为一种稀缺要素，允许空间在此展开，迎接周边街道上的观察者。这种空间的释放使建筑立面得以全面展示，与城市中狭窄的道路形成的典型视觉倾斜截然不同。建筑师利用扩大的视锥角来优化鲁切拉宫高度构成化的正立面处理方法。而作为城市空间的三角形几何形状，可以直接利用周边的形式结构实现对建筑布局的展现。

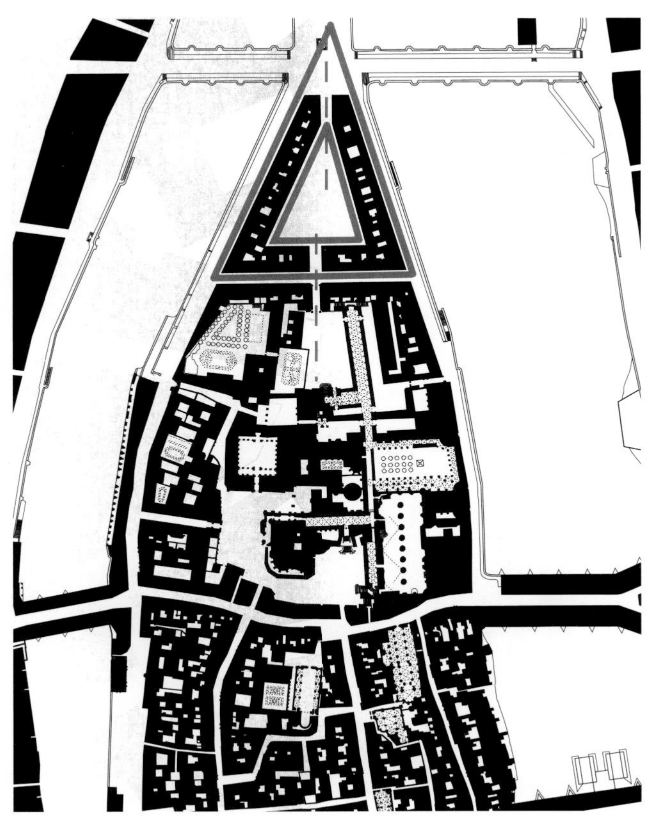

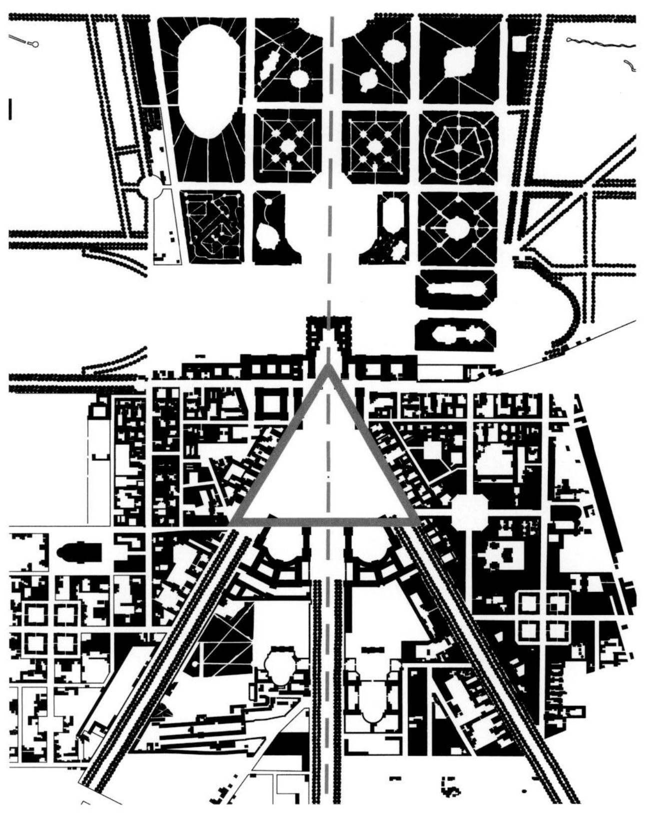

太子广场，西岱岛（又译“西堤岛”“城岛”）
巴黎，法国　1607 年
[法国古典主义，轴对称，砖石砌块]

Place Dauphine, Ile de la Cite
Paris, France　1607
[French Classicism, axial symmetry, masonry]

太子广场位于巴黎西岱岛的尖端，是由城市肌理与河流汇集的自然地形相互融合而形成的。塞纳河的冲刷与侵蚀，使西岱岛在城市形态中不断重塑。太子广场所形成的三角形城市庭院创造出一种等级分明的图形，将法国政府的中央法院（the Central Courts）与位于西岱岛端部的亨利四世骑马塑像联系起来。三角形的形式从中央法院平坦的界面（限定底边）开始呈漏斗状逐渐收缩，一直收缩至亨利四世骑马塑像（创建顶点并构成三角形），形成的轴线可以一直延伸到塞纳河对岸。三角形通过均匀的、重复性的建筑立面明确限定出来，既形成了连续的边界，也保证了图形的连贯性。三角形的开敞空间现在作为公园使用，两翼对称，轴向贯通。

凡尔赛宫入口广场
凡尔赛，法国　1774 年
[巴洛克式，皇室风格的轴对称，砖石砌块]

Versailles Entry Court
Versailles, France　1774
[Baroque, royal–axial symmetry, masonry]

三角形的入口广场只是凡尔赛宫庞大几何形体中的一个片段，所有形体的建立都是为了彰显国王路易十四的统治地位。几何形体的顶点是国王的床榻，建筑、花园，甚至周边的城市结构，都以轴线对称的排布方式从顶点放射出去，并沿放射轴线建立其空间等级关系。接近放射结构顶点的，就是凡尔赛宫殿建筑群的三角形入口广场。在这里，城市结构转变为宫殿结构。三角形形成的漏斗形中心锥（focal cone）强化了国王的威严和统治地位，也彰显了建筑的等级秩序。三角形的形式特征可以引导人们的行进和视线方向朝向宫殿，最终引导人们感知宫殿的气派和国王的权力。

作为图形 / 形式的多边形——建筑尺度 I
Polygon as Figure / Form—Architecture

本书中所阐述的多边形，是包括三边形和四边形在内的多边几何图形，除了介绍图形，本书还阐释了图形中多重表面带来的形式复杂性。这些几何图形大多是中心式的，通常象征着数字符号并具有指示功能。多边形由一个起始点确定中心，多条线段在一个平面内首尾相接有序排列形成边界，图形的边（或者称为“面”）的数量决定其类型和形状。例如，五边形有五个面，六边形有六个面，八边形有八个面，依此类推。面的数量决定了多边形的清晰程度和对每个面的感知，或者说，面的数量也决定了面以何种集合形式形成二维平面。

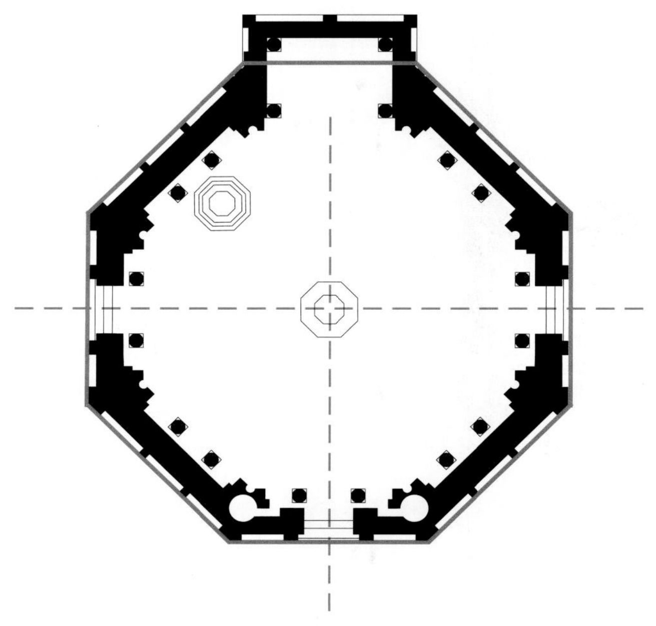

佛罗伦萨圣若望洗礼堂
佛罗伦萨，意大利　1059 年
[罗曼式，中心式双轴对称，砖石砌块]

Florence Baptistery
Florence, Italy　1059
[Romanesque, centralized biaxial symmetry, masonry]

佛罗伦萨圣若望洗礼堂是圣母百花大教堂建筑群的三个主体建筑之一 [其他两个是圣母百花大教堂（the Duomo）和乔托钟楼（the Campanile）]，洗礼堂的地位举足轻重，在整个城市中占有一席之地。洗礼堂从不同的角度看其外观完全一样，是一个具有强烈体积感的建筑实体，这在佛罗伦萨致密的城市结构中是十分罕见的。洗礼堂采用八边形的几何形式，摒弃了建筑中“前立面”和“后立面”的概念。八边形的形式营造出各个方向的均等性。八个面自然可以引申出多种意义的轴线，所有轴线集合在一个图形中，消减了彼此的结构等级，产生了均匀分布的空间。

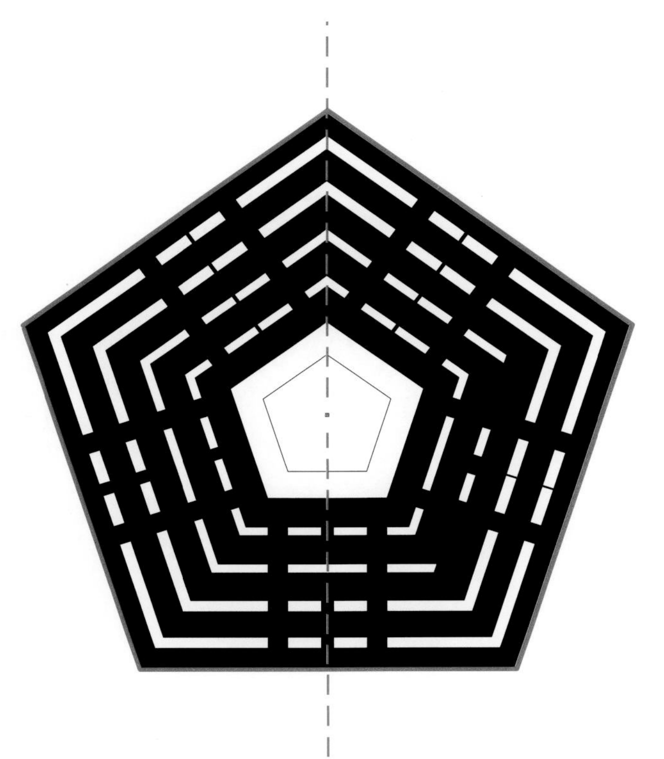

五角大楼，乔治·贝格斯特罗姆
华盛顿特区　1943 年
[新古典主义，同心环，钢材和砖石砌块]

The Pentagon, George Bergstrom
Washington, D.C.　1943
[Neoclassicism, concentric rings, steel and masonry]

五角大楼是美国军方总部——国防部所在地。它采用了五边形的几何形式，利用五条边赋予陆军、海军、空军、海军陆战队和海岸警卫队五个军种均衡平等的权限。五边形的形式在建筑平面中通过一系列的同心环得以层层重复和强化。每一环都采用双边走廊式布局，环形建筑与外部庭院在各层之间交替布置，以获得最大化的采光和通风。五条边分别代表了五个军种各自拥有的专长和特色，而五条边相互联合形成一个完整的形状则表示五个军种团结一心、通力协作。在五角大楼的建筑设计中，五边形的几何形状不仅满足了建筑的形式和功能要求，也展现了深刻的象征意义。

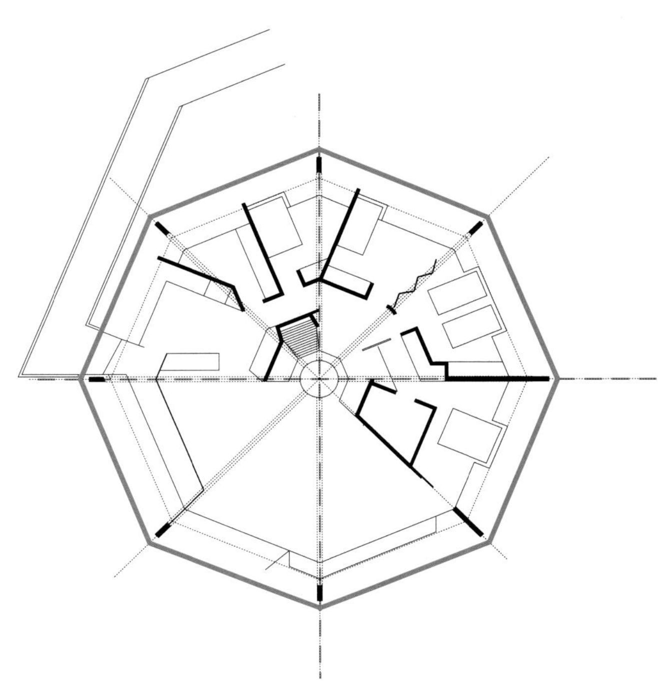

马林公寓，约翰·劳特纳
洛杉矶，加利福尼亚州　1960 年
[现代英雄主义，臭氧层，混凝土、钢材和玻璃]

Malin Residence, John Lautner
Los Angeles, California　1960
[Heroic Modernism, Chemosphere, concrete, steel and glass]

马林公寓（通常被称为“臭氧层住宅”）采用八边形的平面形式是因其并不稳固的基地条件和有限的预算控制。马林公寓坐落在洛杉矶丘陵地区一处陡峭的坡地上，该建筑采用集合式的柱状基础，可以降低平整场地的成本。马林公寓采取八边形的平面形式，从中柱向外悬挑，在八边形的八个节点处相互连接构成框架结构。这种平面组织形式将建筑分成两半，北半部是一个较大面积的起居室，南半部则分为四个楔形的房间，南北两部分组合在一起即是完整的八边形。八边形以其固有的几何特征使马林公寓的结构框架、平面布局及组织形式都具有独一无二的非凡特性。

作为图形 / 形式的多边形——城市尺度 I

Polygon as Figure / Form—Urban

多边形在城市尺度上的应用一般基于功能的考虑，如优化防御性视线，打破刻板的正交网格，在城市结构中创建次级开放空间等。无论何种情况，多边形中直线的边均便于施工和建造，而多边形顶点处的不同转角则可以构造出多种形式，这些形式或是对原有形式的调整修正，或是与周边环境协调统一，最终可以营造出丰富的内外部空间。

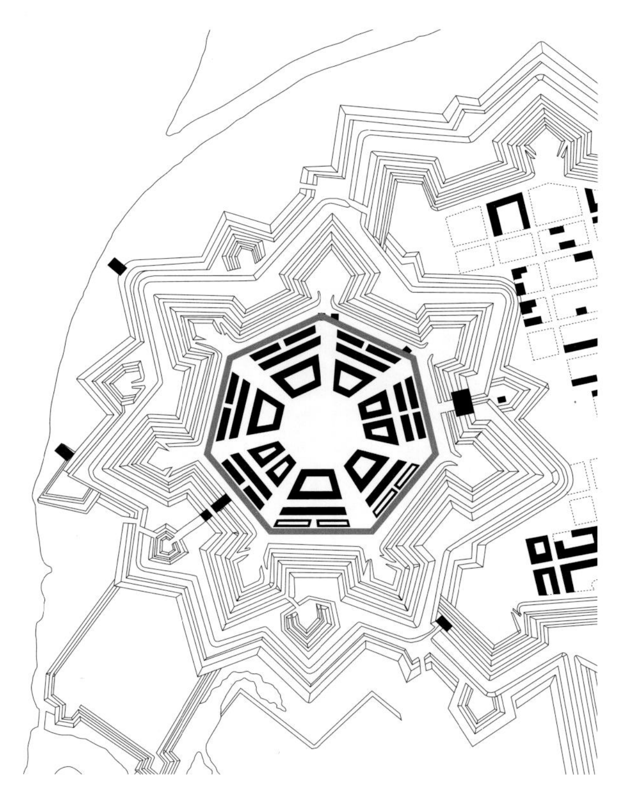

曼海姆堡，德国

1645 年

[军事要塞，防御工事，砖石砌块]

Fort Mannheim, Germany

1645

[Military Fortress, defensive fortification, masonry]

德国的曼海姆堡是一个多边形造型的城市，完全出于防御目的而建。出于视线控制和弹道轨迹的考虑，城市必须选择一种可以在各个方向上均能提供视线防御和战略优势的平面形式。曼海姆堡是由传统的城市网格划分出来的，城市的道路和街区就布局在正交的网格组织中。这种城市结构通过三角形的边界进行围合，并形成连贯的城市边缘，由此也创建出多边形的城市形态。

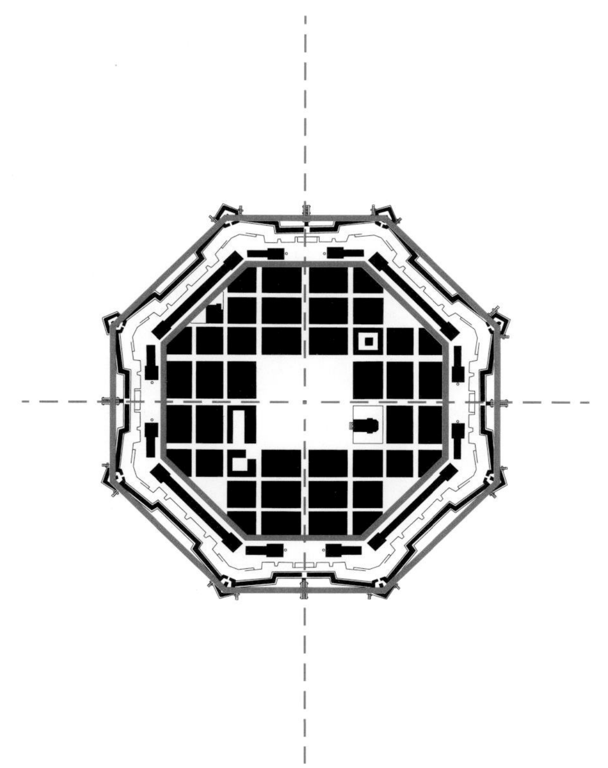

新布里萨克，法国，马奎斯·德·沃邦
1696 年
[军事要塞，防御工事，砖石砌块]

Neuf–Brisach, France, Marquis de Vauban
1696
[Military Fortress, defensive fortification, masonry]

新布里萨克是一个采用同心几何形进行平面布局的法国小镇。整个小镇的布局是从中心广场开始的，城市的网格以中心广场的四条边为基准，以方形街区的形式向外辐射并有序延伸。随之，四个延伸的平面在城市结构网格中限定出希腊十字的形式，再将这四个平面边角相连，就得到一个八边形。然后继续用一连串的三角形防御工事环绕八边形，形成外围圈层。虽然初始的几何形在不断演变，但形式的纯粹性在图形的迭代重复中始终如一，与小镇延伸依次形成的各个形状保持一致。

巴塞罗那的城市街区，西班牙
19 世纪 50 年代
[新古典主义，经过倒角的重复性场地，砖石砌块]

Barcelona Block, Spain
1850s
[Neoclassicism, repetitive field with chamfered corner, masonry]

巴塞罗那创新性地在城市街区中采用了多边形的布局形式。在巴塞罗那巨大的方形城市网格中，既没有采用强调网格中心的中心式图形结构，也没有采用强调网格边界的边缘形式，而是以多边形作为城市的基本布局单元。最初的城市街区仍然是传统的方形街区，伴随着中部镂空形成中心庭院并对四个街角进行倒角，完成了对街道交叉口的强调。在巴塞罗那[译注 7]，多边形的形状形成了精致的城市肌理，有利于改善街道采光、调节建筑密度、促进人车行进和基础设施的建设，同时具有明显的正方形网格和多边形体块的特征。

作为开放空间的多边形——建筑尺度 I

Polygon as Void / Space—Architecture

多边形是典型的中心式空间，无论何种作用力都可以在这个空间中形成统一、综合的整体。多边形可以实现多条轴线穿过其中而依然保持井然有序。通常情况下，多边形各边是均等、平衡的，但这并不妨碍多边形可以变得更复杂、更有活力。

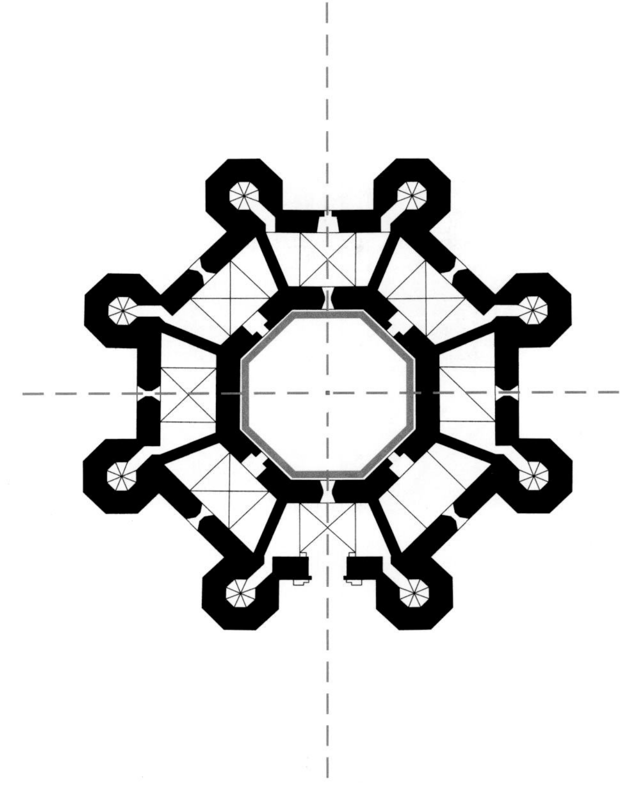

蒙特城堡

巴里，意大利　1250 年

[中世纪，堡垒中央是八边形庭院，砖石砌块]

Castel del Monte

Bari, Italy　1250

[Medieval, fortress with central octagonal court, masonry]

蒙特城堡是应用八边形的典型案例。它采用了八边形的建筑形式，建筑中央留有一处八边形的庭院，建筑的八个顶点环绕着八个八边形的塔楼。外部的塔楼内部为楼梯或观察哨。塔楼的相交线构成了城堡建筑主体的几何形式——希腊十字平面，这也形成了八边形的中央庭院。城堡共有三个入口到达中央庭院。整个城堡在城墙内只设置了一层房间，城墙的整体厚度即是这一层房间的厚度。房间中央均开设窗户以连接城堡内外，这些窗户之间通过成行排列或者分层重复的方式相互联系。城堡内部的结构墙都是由中心点向外辐射，并与八个塔楼对齐。

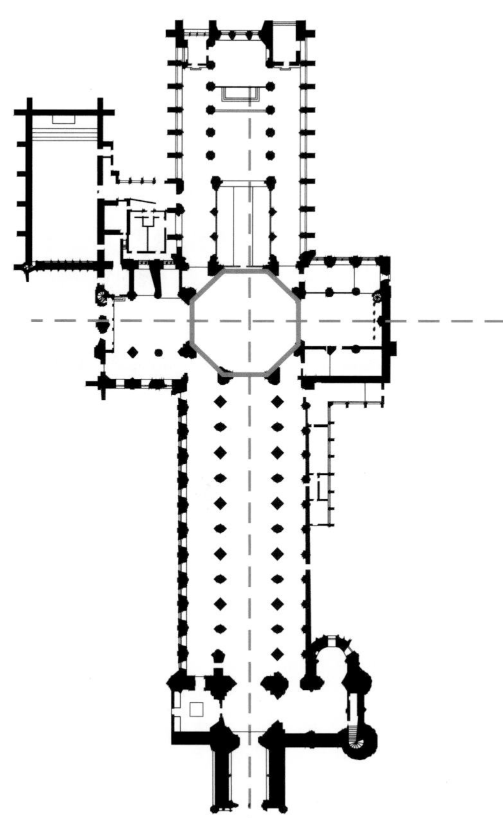

伊利大教堂的穹顶

剑桥郡，英格兰　14 世纪

[中世纪，多边形的中央穹顶，砖石砌块]

Ely Cathedral Dome

Cambridgeshire, England　1300s

[Medieval, polygonal central dome, masonry]

在伊利大教堂中，由中厅和耳堂十字相交而成的中央空间是八边形的。宽大的中心柱廊、教堂中殿以及耳堂，均通过八边形的中央空间联系起来。八边形的四条斜边分别对应着较小的侧廊，大量柱群的组合是支撑八边形空间形式的基础，这种方式可以使哥特式建筑在不影响教堂其他空间通透性体验的同时，构建出中心式的中央空间。

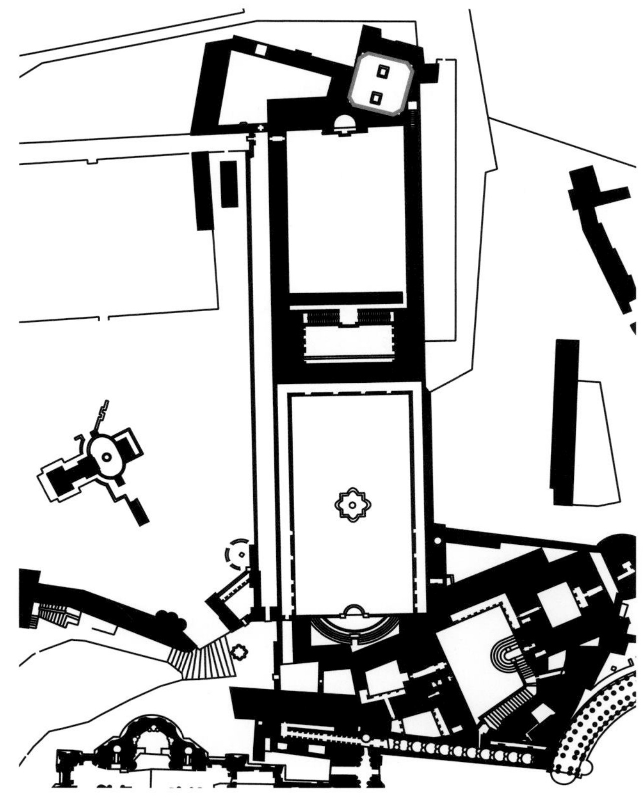

梵蒂冈博物馆的庭院

梵蒂冈，意大利　1701 年

[古典主义，八边形庭院，砖石砌块]

Vatican Museum Courtyard

Vatican City, Italy　1701

[Classicism, octagonal courtyard, masonry]

梵蒂冈博物馆的八边形庭院是将松果庭院（the Pigna Courtyard）远端的各种要素集聚在一起的一个重要参考点。八边形庭院将所有的“角”（angles）协调起来，通过圆形门厅和主要门廊连接圆形大厅（the Circular Hall）、缪斯大厅（the Hall of the Muses）和动物雕刻馆（the Animal Room）。梵蒂冈博物馆中共有两扇门通往庭院，庭院的每个角落均摆放着重要的雕塑作品，角落空间也成为雕塑艺术品的陈列和展示空间。八边形庭院是博物馆的主要外部空间，实现了博物馆中空间的平稳过渡，并为游人提供了休息场所。

作为开放空间的多边形——城市尺度 I

Polygon as Void / Space—Urban

在城市尺度中，多边形开放空间最主要的优势源自多边形本身所具有的接纳多方向轴线的能力。大多数由多边形塑造的开放空间都对城市公共生活的展开至关重要。不同于常见的方形（方形是典型的具有两条轴线的图形），多边形可以开发多条轴线、多个视角及多种场地条件。

坎波广场，锡耶纳

1349 年

[中世纪山城，扇形的城市中心]

Campo, Sienna

1349

[Medieval Hill town, fan-shaped city center]

中世纪城市锡耶纳，有一处非对称、多边形的城市中心空间。这个被称为“坎波”[译注 8] 的中心广场是城市的主要政治空间，因其在赛马节期间作为赛马场使用而闻名世界。整个广场共有十一个入口可以进入，每个入口尺度各异、各不相同。与文艺复兴时期的广场空间不同，坎波广场几乎没有空间等级的划分，在整个空间中也不存在任何轴线。这种自由流动的空间在广场竖向剖面中也有类似的体现。坎波广场并非平坦的水平面，而是呈波浪状起伏的倾斜平面，从平面图来看，坎波广场被划分为九个扇形区域。

帕尔马诺瓦，意大利
1845 年
[军事要塞，同心圆环绕的中心开放空间]

Palmanova, Italy
1845
[Military Fortress, concentric rings around center void]

在帕尔马诺瓦城的中心有一处呈六边形的公共空间，城中有六条主要道路与这个空间相连，其中三条道路直达城门。帕尔马诺瓦城的整体形状是一个九角星。它是一座军事要塞，所以城市外部墙体的形状是由其防御功能决定的。通过一系列规则几何图形的变化，城市中的街道模式和城市中央多边形的开放空间形成了理性的几何式平面。严谨的几何构形促成了紧密的城市肌理结构。

堪培拉，澳大利亚
1911 年
[现代主义早期，同心平面与放射式连接]

Canberra, Australia
1911
[Early Modernism, concentric plan with radial connectors]

堪培拉的城市平面是一个多中心平面，主要采用圆形和多边形作为其规划的主要几何形式。城市肌理中密度最大的区域主要集中在一个六 / 八边形的空间内，其中心是一个圆形的公园。有六 / 八条路分别穿过六 / 八边形各边的中心点。堪培拉的这个六 / 八边形空间，采取的是以汽车为导向的空间尺度，因此缺乏欧洲那种更为传统的多边形空间中存在的人与空间的亲密关系和私密性。与锡耶纳的坎波广场不同，堪培拉这处多边形空间是由大量独立的建筑作为“墙”围合而成的，从而形成一种不连续的、不完全封闭的空间。

作为图形 / 形式的螺旋形——建筑尺度 I

Spiral as Figure / Form—Architecture

螺旋形是一种双向几何形，可以提供同心且连续的线性路径。“双向”是指螺旋形既可以是向心式的（朝着中心向内螺旋），也可以是离心式的（远离中心向外螺旋），对方向性的这种解读使螺旋形可以具有膨胀和收缩两种状态。向心螺旋展现出一种“中心指向”的层级结构，中心点是中间各层路径最重要的目标所在。离心螺旋展现的则是以边缘、终点、周长为目标的层级结构，外部圈层的延伸是其关注的重点。

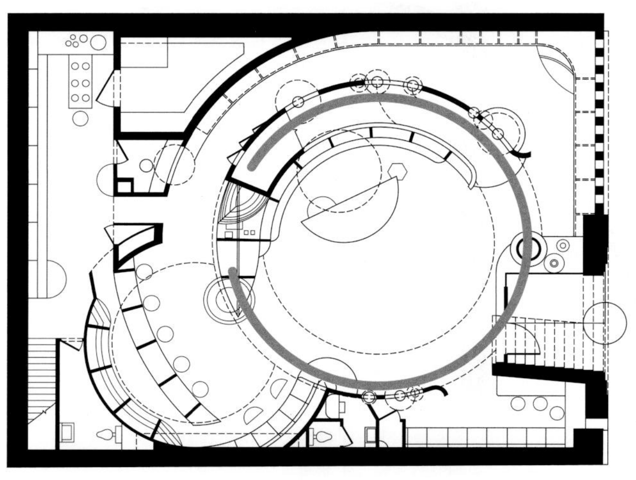

莫里斯商店，弗兰克·劳埃德·赖特

旧金山，加利福尼亚州　1948 年

[现代主义，圆形螺旋坡道，混凝土]

V.C. Morris Shop, Frank Lloyd Wright

San Francisco, California　1948

[Modernism, circular spiral ramp, concrete]

在莫里斯商店设计中，赖特采用螺旋形作为交通流线的几何形式。建筑中地面随着边界的缓缓抬升形成了倾斜的平面，这种设计方式为赖特后来在纽约所做的古根海姆博物馆的图解式设计前身。在莫里斯商店和纽约古根海姆博物馆这两个建筑方案中，垂直方向上螺旋形的交通流线决定了对建筑基本形式的解读（本案中只存在于建筑内部的形式，而在古根海姆博物馆中建筑的内、外形式兼有体现），也创造了建筑中的漫行步道。这种缓慢上升的流动的边缘活动创造了一种极度精致的视觉享受（体验）。螺旋形，不仅是一种顺序，同样也是一种形式。

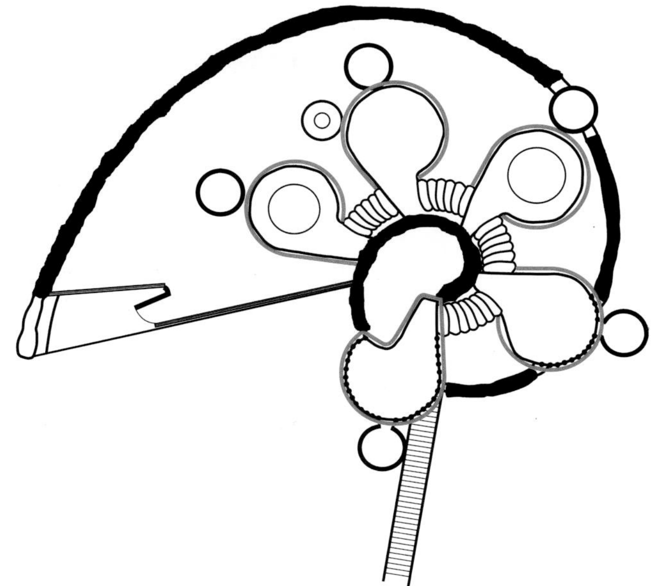

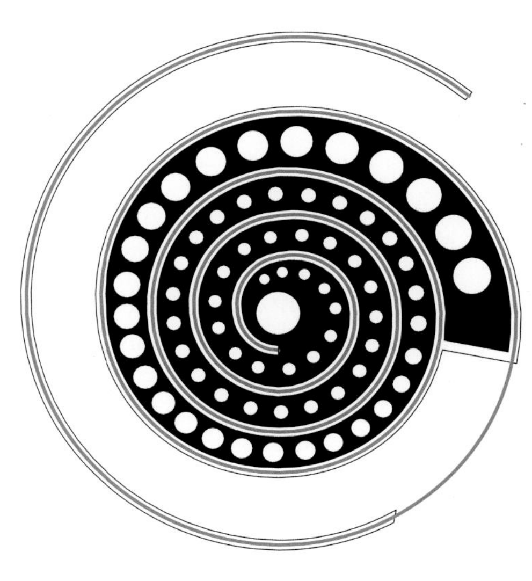

贝维格住宅，布鲁斯·戈夫

诺曼，俄克拉荷马州　1955 年

[现代表现主义，螺旋式抬升的住宅，砖石砌块和钢材]

Bavinger House, Bruce Goff

Norman, Oklahoma　1955

[Expressionist Modernism, spiral-terraced house, masonry and steel]

在贝维格住宅中，螺旋线环绕一个单一的中心点形成螺旋上升的状态，构成垂直方向的组织体系（即体积规划法）。悬挂在螺旋线上的各个房间中按照一定规律植入不同的功能。它们彼此拼合，在垂直方向上形成一个放射状的螺旋形，这种组织方式既形成了独立元素之间的秩序性和层次感，也保持了建筑作为一个整体的完整性。起支撑作用的一条条托架从中央桅杆（central mast）上悬挑出来，以指数形式排列[译注 9]，在各自的几何位置上共同形成了整个结构。

感恩教堂，菲利普·约翰逊

达拉斯，得克萨斯州　1976 年

[后现代主义，螺旋形教堂，混凝土]

The Chapel of Thanksgiving, Philip Johnson

Dallas, Texas　1976

[Postmodernism, spiral chapel, concrete]

感恩教堂诞生于后现代主义几何表现手法的运用之中，它采用螺旋形式创造出一种标志性的建筑形象。这个混凝土结构的教堂像巴别塔或阶梯形金字塔（ziggurat）[译注 10] 那样以螺旋形式创造出庇护之地的内部空间和外部造型。成为某种标识的螺旋形通过其复杂的几何形式建立起一种独一无二的感官体验。

作为图形 / 形式的星形——建筑尺度 I

Star as Figure / Form—Architecture

星形是最复杂、最特别的几何拓扑学形状。受形式所限，星形的变化十分有限。星形的出现源于其在空间功能上能够提供防御性。因为星形的边界具有多个小面，能够抵御各个方向的瞄准线和射击轨迹，因此常在军事要塞中应用。星形是一种中心式的组织结构，呈现的是对纯粹几何形和组织体系的追求，能在有限空间中创造出防御性边界，上述三点使星形成为一种封闭却高效的几何形态。

法尔尼斯庄园，贾科莫・巴罗齐・达・维尼奥拉

维泰博，意大利 1560 年

[文艺复兴，五边形平面中的圆形庭院，砖石砌块]

Villa Farnese, Giacomo Barozzi da Vignola

Vitterbo, Italy 1560

[Renaissance, pentagonal plan circular courtyard, masonry]

法尔尼斯庄园采用的是内墙曲折的五边形平面布局形式，五个点的连接由五条边的连接所限定，由此建立起的空间中的点的秩序形成了五角星的形式。外部星形的几何形状由内部的圆形形式所平衡，使星形结构从大的建筑体量中突显出来。垂直方向的楼梯和前厅刚好填补了两个几何形状之间的空隙。法尔尼斯庄园基地的轴线与城市中的空间等级轴线叠加在一起，轴线始于城镇，穿过建筑中椭圆形的台阶，在两个方形花园处分成两支，继续向前延伸。这种序列形式打破了星形结构五条边的均匀性。庄园设计是出于防御目的，五角星的外形和由此形成的突出堡垒有利于扩大火力扫射范围。法尔尼斯庄园防御性的建筑平面与文艺复兴时期精细的空间秩序和装修风格相结合，创造了令人赞叹的构图形式。

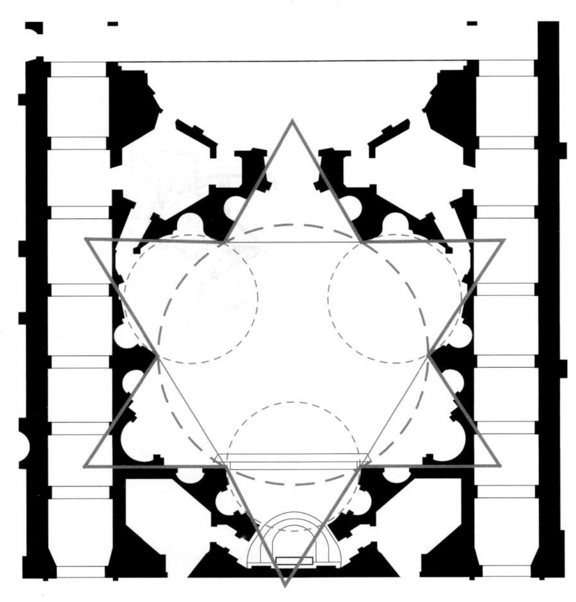

圣依华智慧堂，弗朗西斯科 · 博洛米尼

罗马，意大利　1650 年

[巴洛克式，星形庇护所，砖石砌块]

Saint Ivo Della Sapienza, Francesco Borromini

Rome, Italy　1650

[Baroque, star-shaped sanctuary, masonry]

圣依华智慧堂位于罗马大学（University of Rome）的修道院中。其建筑内部的平面为六角星形形式。位于建筑中央的是一处圆形空间，沿其圆周均匀分布着六个半圆形空间。圆形两侧的侧廊限定出入口和祭坛（从入口到祭坛是院落轴线的延伸），也限定出其他四个侧殿。侧廊空间以半球形向上延伸，逐渐变窄，相互交织，收敛成锥形，以此形成了圆形的穹顶结构，因此圣依华智慧堂才有复杂性与图案性兼具的**穹顶**造型。在屋顶处相互交叉的几何形构成了肋拱，肋拱又反复运用六边形的形式特征，由此创造出了极具动感的、起伏的建筑表面。

麦克亨利堡

马里兰州　1798 年

[军事要塞，带有中央庭院的五角形场地]

Fort McHenry

Maryland　1798

[Military Fortress, pentagonal court with central courtyard]

麦克亨利堡由五角星形的防御围墙围合而成，内有五边形的综合军事要塞。五边形的一边向外凸出，形成的第六个角作为要塞入口，这种**隘口**（sallyport）[责编注] 形式经常用于建筑入口设计。麦克亨利堡的设计充分考虑了视线瞄准和火炮射击轨迹，因此在巴尔的摩港及附近水域地区，它是一处能有效对周围进行监视的防御性前哨。麦克亨利堡具有重要的历史意义，它是 1812 年战争的主战场。在抵御英国海军入侵海港的保卫战中，弗朗西斯 · 斯科特 · 基（Francis Scott Key）在此地写下了美国国歌《星光灿烂的旗帜》。建筑中同心环、防御工事和护城壕沟均顺应了从多边形到星形的反复过渡，也实现了从独立的建筑形式到覆土建筑再到军事工事的转变。

作为图形 / 形式的星形——城市尺度 I

Star as Figure / Form—Urban

星形在过去常常用于城市轮廓的设计，它主要应用于城市堡垒和军事要塞。使用星形进行建造的一个重要原因是其斜向的城墙可以使射向堡垒的炮弹发生偏移，从而起到保护要塞的作用。这种特殊的形状早在 19 世纪就开始应用了，但是随着武器的发展，星形这种形状很快就被淘汰了。

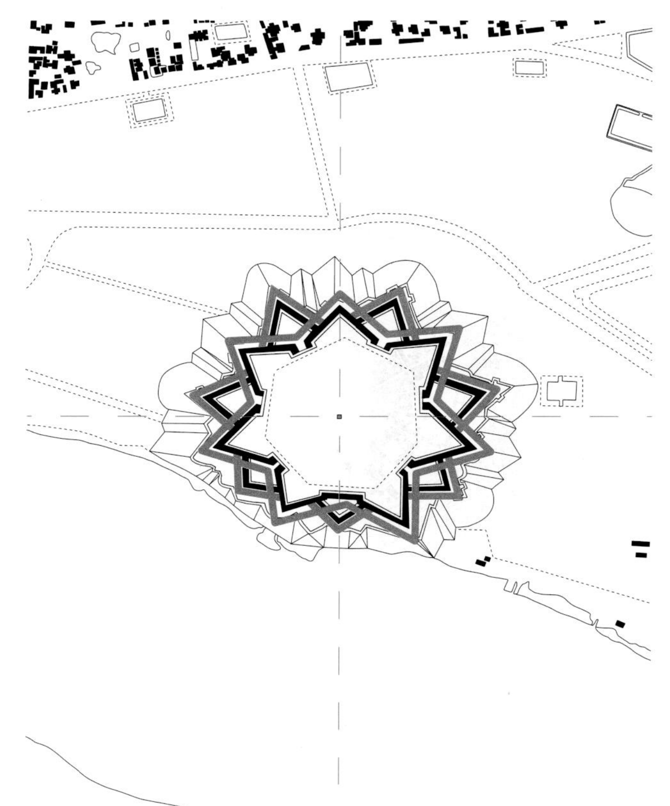

威廉堡，加尔各答

1842 年

[军事要塞，相互叠加的两层七角星]

Fort William, Calcutta

1842

[Military Fortress, two overlain seven-pointed stars]

威廉堡坐落于加尔各答的伊甸园（Eden Garden）中心，它采用的是多角星形形状。其中心区域布局运用的是松散的网格结构形式，由三层墙体包围。威廉堡采用的多角星形结构，使其在周边环境中脱颖而出，代表了至高无上的权力。三层墙体中，最外层墙体上共有十三个点状洞口，中间层墙体上有七个，最内层墙体上有九个，墙上所有的点状洞口都被认为是防御工事，具有抵抗炮火的作用。

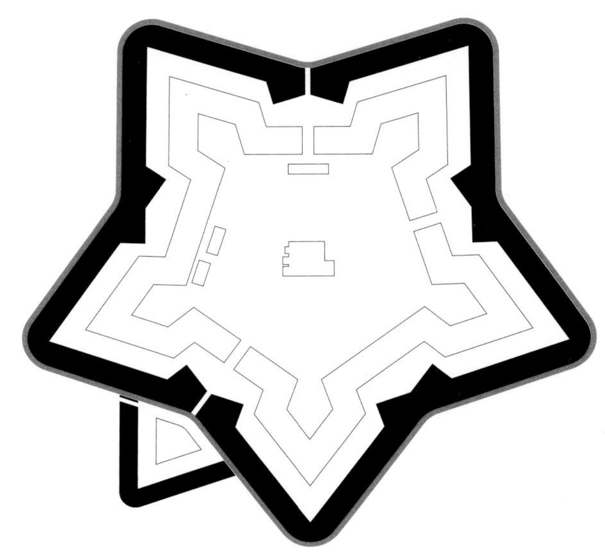

帕尔马诺瓦，意大利
1845 年
[军事要塞，九星之上的九星]

Palmanova, Italy
1845
[Military Fortress, nine-pointed star atop nine pointed star]

帕尔马诺瓦，既是一座城市，也是一座要塞和城堡。有许多小型的方形广场以放射状的组织模式围绕着城中央的六边形开放空间。城市形态是由依托大九芒星形要塞设置的另一个九角堡垒而奠定的。大多数像这样的堡垒城市，“角”都具有防御功能。帕尔马诺瓦城非凡又独特的原始形态得以完整保存，成为该类型的最佳范例。

五棱郭堡，函馆，日本
1866 年
[军事要塞，五角星，砖石砌块]

Goryokaku Fort, Hakodate, Japan
1866
[Military Fortress, five-pointed star, masonry]

这座军事要塞坐落于日本南部的函馆市，是在日本建造的最大的西式堡垒（western forts）。它采用了五角星的平面形式，与传统的日本堡垒相比具有更多的火力射击位置。和大多数堡垒一样，军事要塞的平面形式和建筑特征取决于对火炮等战时武器能力的工程计算。与欧洲一些军事堡垒一样，五棱郭堡垒的外围环绕着同样是五角星形状的护城河。

功能类型学 I
Programmatic / Functional Typology

最常见的类型学形式是功能类型学和形式类型学。它们所涉及的一系列建筑物都有一个共同特点，那就是以最基本的功能元素作为建筑组织的基础。一般来说，建筑形式的相关演进是伴随着建筑技术和施工工艺的一系列发展与变化而进行的。每种建筑类型背后都有一个完整的建筑谱系，每一个谱系都是由最开始的初始模型形成的，也都经历了持续不断的转变和优化。通常情况下，转变的发生是没有预先征兆的。不过也有一些时候，由于一些重大技术发现或重要文化事件，建筑类型也有可能从根本上发生改变。功能类型学的主要分类如下。

神庙 / 教堂（Temple/Church） 神庙或教堂类型学已成为所有类型学中应用最广泛、最具操作性的类型之一。这是因为神庙或教堂具有强烈的功能性的构成形式，这种构成形式允许外界对其进行轻微的修饰和改变，这不仅不会影响其原有的构成形式，还能与其典型的功能性产生大胆的共鸣。神庙或教堂建筑会采用“大房间”（只关注一个方向的行进轴线）这种人尽皆知的基本思想。神庙或教堂是现存最古老的建筑类型之一，这种功能类型学已经连续不断地存在了几个世纪，一直延续从未间断，并随着文化的转变和更迭进行着反复的自我修正与文化融合。

宫殿（Palazzo） 宫殿类型学最初是从文艺复兴时期发展起来的。它主要将典型的罗马式住宅的特征进行延伸，包括对住宅内部庭院进行扩展。早期的宫殿主要服务于佛罗伦萨的贵族，建筑形式方面的改变主要是为了适应建筑规模的增大、建筑功能的多样化、防御理念的落实以及与城市的呼应。通常宫殿建筑的高度为三层，内部有一处形状规整的中央庭院，庭院的存在使自然光线和新鲜空气能够渗透到每个房间。而这个中央庭院也成为建筑物乃至城市中最重要的空间之一。

住宅（House）住宅类型学无疑是所有类型学中使用最广泛、无处不在的一类。在住宅类型学中，每种文化都已经发展出一个属于自己的独立样式。环境需求、文化等级以及地方法律均是住宅类型抉择和变更的决定性因素。自人类首次利用山洞或树木来实现庇护功能开始，人类需要用住宅作为家庭庇护所的基本需求始终没有改变。住宅是最早出现的第一种建筑类型，现在依然是一种进行建筑思想探索的有效实验途径（归因于住宅不同的规模和数量）。

博物馆（Museum） 早期的博物馆建筑是典型的为其他功能而设计的建筑类型，如宫殿或办公建筑，这一点从国王、皇帝或沙皇的居所建筑中可以清晰地看出来。宫殿或办公建筑很容易转换为博物馆，因为它们的房间大小和交通流线都适用于博物馆建筑的展示功能。随着时间的推移，建筑师总结出了博物馆这类建筑的功能要求及形式特征。它是一种随着艺术本质变化而不断发展变化的建筑类型学。

图书馆（Library） 图书馆是一种古老的建筑类型，起源于约公元前 2000 年的埃及。早期的图书馆建筑含有泥板文书和涡卷线脚，通常具有行政属性。在希腊和罗马时期，图书馆建筑发展成为贮藏、存储之所，不仅用来存放各种记录文件，也开始存放各种文学作品和书籍。进入中世纪，由教会负责与图书馆建筑相关的扩建和经营，图书馆这一建筑类型逐渐定性，并得以延续。而由于存储文件材质的不断变化，图书馆建筑类型也一直在持续地变化。

学校（School） 学校这一建筑类型已经存在了数千年，与图书馆有着密不可分的紧密联系。最初的学校是由个人住所这类建筑形式发展而成的。随后，希腊人将学校单独作为一类公共机构，并为其确立了基本范式。罗马人继续发展了学校这一建筑类型，后由教会接手负责学校的管理运行，并开始融入其他功能，最终形成了当今人们通用的模式。

监狱（Prison）直到目前，人们仍然不能明确判定监狱这种建筑类型出现的准确时间，虽然监禁罪犯的需要很早就有并会一直持续下去。希腊和罗马分别拥有独特的监狱形式，它们建立起了一种建筑范式，与现今监狱建筑所使用的范式非常相似。到了中世纪，罪犯通常被关押在城堡或官府的地牢里。监狱建筑具有严格的形式类型，稳固地扎根于其标准化的建筑功能中，纵使时间飞逝、斗转星移，但监狱建筑只发生了微小的变化。

剧院（Theater）众所周知，剧院建筑最初是由希腊人发展兴起的，随着时代的发展，剧院建筑发生了许多改变。从建筑形式来说，这种改变经历了从希腊和罗马的圆形露天剧场，到文艺复兴时期的舞台剧场，最终实现了包含观看戏剧、舞蹈功能和电影功能的现代剧院建筑。

办公建筑 / 高层建筑 / 商业建筑（Office / High-Rise/ Commercial）一般来说，办公建筑 / 高层建筑 / 商业建筑类型都与商业建筑相关，因此这一类型学涵盖了十分广泛的建筑类型。当然，最初的办公空间和商业空间均是住宅建筑的一部分。有趣的是，这类功能其实并不需要建立一个独立的类型，因为商业活动几乎可以体现在任何空间，无处不在。希腊和罗马的市场、中东的露天市场（souks，指中东地区的露天市场）以及服务于其他文明的各种建筑物和构筑物，都有助于形成此类丰富多样又富于变化的建筑类型学，如今这一类型还发展出摩天大楼、精品店、办公园区等不同的建筑形式。

停车库（Parking Garage）停车库类型学是伴随着汽车的出现新近才产生的。虽然很新，但是它取决于车辆工程方面的机械性限制。车辆尺寸和转弯半径决定了停车场的基本要求，也建立起一系列恒定的形式和最优化的排布。多年来停车场建筑中出现的变化通常体现在建筑的语言风格、建筑材料以及建筑装饰等方面。

大学校园（Campus）“Campus”一词源于拉丁语中用于描述场地的术语，最早用来描述普林斯顿大学。如今，这种类型通常用来指代教育机构或其合作机构的建筑物和场地。大学校园中包括许多建筑物，它们的功能布局和相关的组织体系大多具有独特的形式特征与风格特色。

神庙 / 教堂 | Temple / Church

纵观历史，神庙 / 教堂类型学是最知名、最易辨识的一种功能类型学。神庙 / 教堂中神圣空间的营造通常遵循一个非常简单的原则，即线性空间的应用。线性空间可以自然而然地实现空间要素的等级划分，等级最高的要素（通常是祭坛）被布置在线性空间的尽端，与入口相对。这种最基本的建筑类型，虽然在历史长河中经历了无数次的迭代、调整与呈现，但其内在本质基本保持不变。埃及神庙使用了这种模式，后来希腊人继续使用，数不胜数的众多神庙在希腊文化中是不可或缺的重要一环。不同的是，埃及神庙看上去是雕刻出来的负空间（消极空间），而希腊神庙一直是独立式的实体建筑。后来罗马人把这个形式作为自己的建筑特征，并展开进一步的改进。罗马神庙在视觉上和希腊神庙非常相似，但是罗马神庙通常与周围环境有较强的轴向关系。罗马人大多会以建筑与其城市文脉的关系为关键条件来建造他们的神庙。在中世纪的黑暗时期，神庙被基督教的巴西利卡取代。巴西利卡是一种融合了罗马教堂和现代基督教教堂特征的教堂形式，这种形式就是后来发展为哥特式大教堂的五廊式教堂（the five-aisle church）的前身。哥特式大教堂对教堂形式的改变非常轻微，仅是在教堂空间中确立了祭坛的等级地位，形成了十字形教堂的耳堂。随后，拉丁十字形的教堂形式成为哥特时期和罗马时期几百年间教堂建筑的主导。随着文艺复兴运动的到来，出现了发展中心式教堂或希腊十字形教堂的需求。但除了有对信徒座席进行排布的功能要求之外，希腊十字形教堂（虽然广受文艺复兴时期建筑师的青睐）真正建成的实例非常少。文艺复兴时期教堂的另一个转变是多廊式教堂转变为单一空间教堂。这种形式通常是通过在教堂的两侧设置一些小礼拜堂、增加教堂中殿之上屋顶的跨度来实现的。文艺复兴时期对教堂形式的另一个关注点是耳堂，出现了一些强迫耳堂空间必须使用规则形式的案例。自文艺复兴以来，神庙 / 教堂这种建筑类型经历了诸多挑战，但是其基本模式未有大的变化。

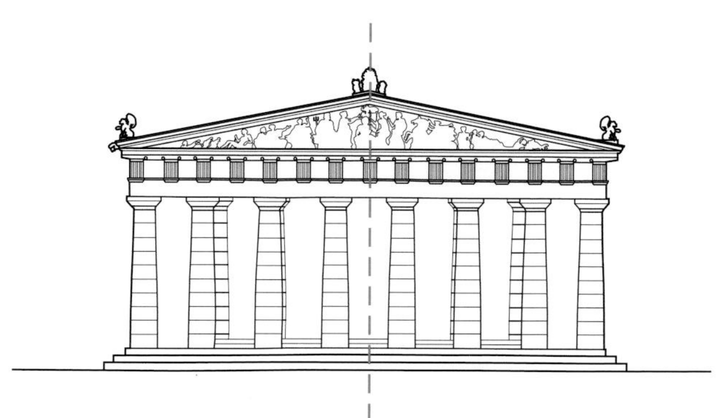

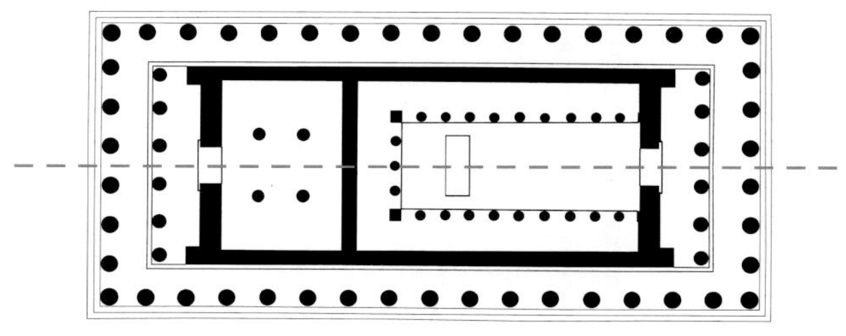

帕提农神庙，菲狄亚斯
雅典，希腊　公元前 432 年
[古典主义，圆厅神庙，砖石砌块]

Parthenon, Phidias
Athens, Greece　432 BCE
[Classicism, circular rotunda temple, masonry]

位于雅典的帕提农神庙是一处多立克式围柱式神庙。它有一个对称的平面，四面环绕着多立克式的柱子。帕提农神庙中巨大的单一空间（内殿）占据了平面中的主要位置，是建筑平面的主导，雅典娜的巨型雕像就立于此处。这个单一空间是举行宗教仪式的主要场所。帕提农神庙的后部是后殿，是重要的金库。环绕这些空间的柱廊也是帕提农神庙中的关键要素，对建筑功能的组织有着重要意义。

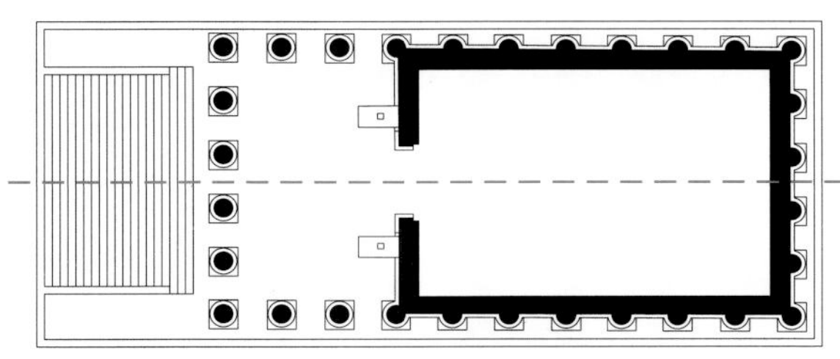

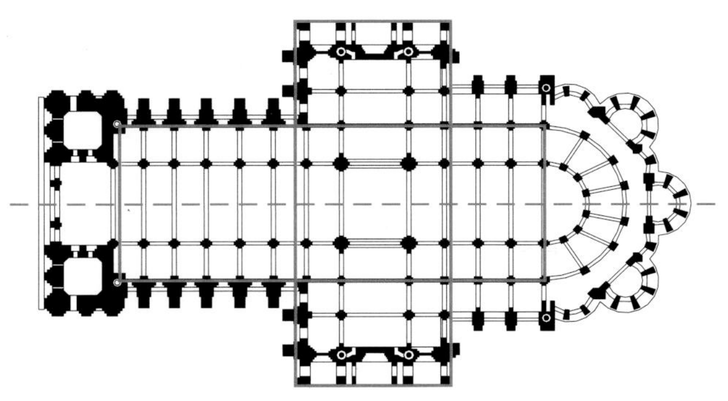

卡利神殿（又译“尼姆方屋”）

尼姆，法国　公元前 16 年

[古典主义，带有前厅柱廊的矩形神庙，砖石砌块]

Maison Carrée

Nimes, France　16 BCE

[Classicism, frontal colonnaded rectilinear temple, masonry]

卡利神殿代表了神庙理论中的一个重要转变。不同于沿建筑四面均可进入的希腊神庙，罗马神庙强调的是主入口的轴线。卡利神殿与早期的希腊神庙相似，但是环绕四周的柱子却隐藏于墙体之中，除了主轴线入口没有再设置其他入口。卡利神殿坐落于高高的麓原之上，突显了其雄伟壮丽和纪念意义。

沙特尔圣母大教堂

沙特尔，法国　1260 年

[哥特式，拉丁十字形，砖石砌块]

Chartres Cathedral

Chartres, France　1260

[Gothic, Latin Cross cathedral, masonry]

沙特尔圣母大教堂采用了拉丁十字形平面，主立面带有两个塔楼和一个前厅。其中殿面宽为三开间，在十字形交叉的耳堂处延伸为五开间，教堂尾部是一个体量巨大、形式复杂的半圆形回廊，其内部包含多个小礼拜堂。沙特尔圣母大教堂后部走廊数量的增加，反映了这一部分在建筑平面中的重要性，甚至比前殿更为重要。

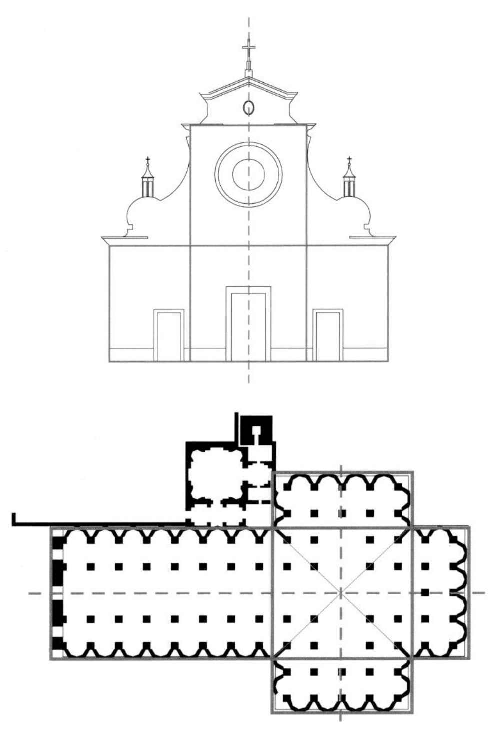

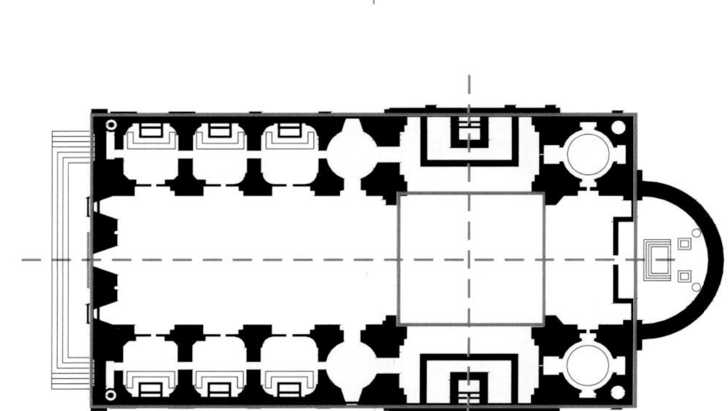

圣灵大教堂，菲利波·布鲁内列斯基
佛罗伦萨，意大利 1482 年
[文艺复兴，中心式拉丁十字形教堂，砖石砌块]

San Spirito, Filippo Brunelleschi
Florence, Italy 1482
[Renaissance, centralized Latin Cross church, masonry]

圣灵大教堂能够代表文艺复兴时期教堂设计的诸多理念。教堂内部柱廊的开间与中殿巨大的方形开间相一致。实际上，圣灵大教堂的整个建筑平面正是以正方形作为主要构建模块进行布局的。该平面形成了一个完美的拉丁十字式几何形式，使观者能够体察出几何形状的纯粹性和完整性。圣灵大教堂中最具独创性的设计是其连续的柱廊，柱廊环绕着中殿和耳堂，可以毫不夸张地说，柱廊几乎包围了整个内部空间。

罗马耶稣会教堂，贾科莫·巴罗齐·达·维尼奥拉
罗马，意大利 1584 年
[文艺复兴，中心式拉丁十字形教堂，砖石砌块]

Il Gesu, Giacomo Barozzi da Vignola
Rome, Italy 1584
[Renaissance, centralized Latin Cross church, masonry]

罗马耶稣会教堂是后文艺复兴时期教堂设计的顶峰之作。该平面反映了特利腾大公会议(Council of Trent)[译注 11] 的诸多决议。教堂并没有设置前厅，信徒们可以直接步入教堂。维尼奥拉对教堂进行了重新设计，将教堂中殿设计成一处独立的空间，而非传统教堂中带有两边侧廊的布局形式。取代侧廊的是一系列小礼拜堂。中殿巨大的空间使人随时都可以看到主祭台。耳堂的十字布局更加紧凑，使人们的注意力完全集中于主祭台之上。

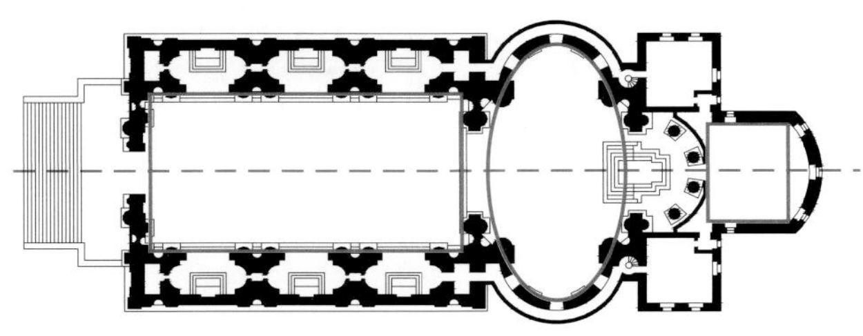

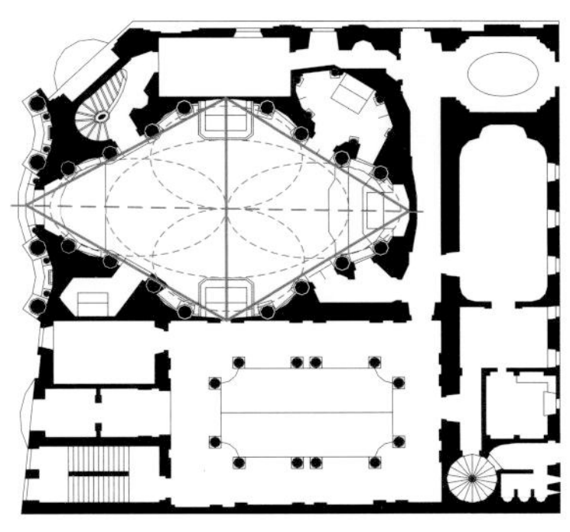

威尼斯救主堂，安德烈・帕拉迪奥

威尼斯，意大利　1591 年

[文艺复兴，中心式拉丁十字形教堂，砖石砌块]

Il Redentore, Andrea Palladio

Venice, Italy　1591

[Renaissance, centralized Latin Cross church, masonry]

威尼斯救主堂的平面布局反映了帕拉迪奥对历史和古典建筑的兴趣。与罗马耶稣会教堂一样，威尼斯救主堂也反映了特利腾大公会议期间教堂设计的一系列变化。威尼斯救主堂在平面布局中采用的空间组织体系体现了对罗马浴场建筑的怀念。罗马浴场建筑一般分为三个部分——冷水浴室、温水浴室和热水浴室，所有的组成部分均按照浴室的布局要求进行空间组织。在威尼斯救主堂中，帕拉迪奥利用中殿、耳堂和圣坛作为纽带，与古典建筑风格一一对应。与维尼奥拉的做法相同，帕拉迪奥也用小教堂代替了侧廊，并简化了耳堂，从而使人们将更多的注意力集中于圣坛之上。

四泉圣嘉禄堂（又译“四喷泉圣卡罗教堂”），弗朗西斯科・博洛米尼

罗马，意大利　1646 年

[巴洛克式，中心式椭圆形教堂，砖石砌块]

San Carlo alle Quatro Fontane, Francesco Borromini

Rome, Italy　1646

[Baroque, centralized oval church, masonry]

四泉圣嘉禄堂是巴洛克式教堂的典型代表。由于场地规模较小，博洛米尼没有足够的空间布局拉丁十字或者希腊十字形的平面形式。取而代之，他运用两个三角形的组合形成了菱形平面。博洛米尼将主祭坛布置在长轴的末端，并将两个小祭坛布置在短轴的两端。事实上，博洛米尼是要将祭坛完全暴露在人们的视线之中，而非将其隐藏，这种做法也标志着教堂设计中出现了动态的转变。为了配合菱形的平面形式，博洛米尼采用了一系列的椭圆形形式（最明显的是椭圆形穹顶），创造出了复杂又单一、完整又奇特的空间，这一手法影响至今。

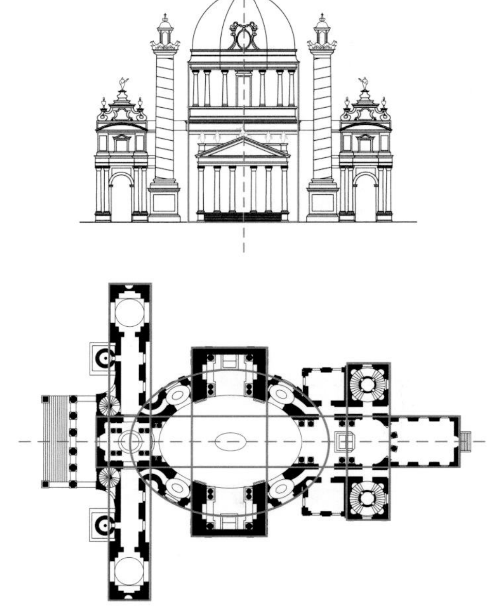

奎琳岗圣安德烈教堂，吉安·洛伦佐·贝尔尼尼
罗马，意大利 1670 年
[巴洛克式，中心式椭圆形教堂，砖石砌块]

Sant'Andrea al Quirinale, Gian Lorenzo Bernini
Rome, Italy 1670
[Baroque, centralized oval church, masonry]

奎琳岗圣安德烈教堂是巴洛克时期一座具有深远意义的教堂。教堂平面是巨大的椭圆形，厚实的墙壁之中隐藏有一些小礼拜堂。教堂的主轴线沿着椭圆形的短轴方向进行布置，而非常见的沿长轴方向布置。椭圆周边的小礼拜堂都指向各自对应的焦点而非椭圆的几何中心。尽管如此，地面上的铺装图案仍然强调了空间的中心位置，使平面布局中各种不同的元素得以整合，形成和谐统一的整体效果。

圣卡尔教堂，约翰·费舍尔·冯·埃尔拉赫
维也纳，奥地利 1737 年
[洛可可式，具有轴线层次的教堂门廊，砖石砌块]

Karlskirche, Johann Fischer von Erlach
Vienna, Austria 1737
[Rococo, temple portico with axial layering, masonry]

圣卡尔教堂体现的是折中主义的设计风格，它糅合了大量的建筑元素，而这些元素看上去像是出自完全不同的时代。在圣卡尔教堂的设计中，最值得关注的正是约翰·费舍尔·冯·埃尔拉赫如何将这些明显不相干的元素融合为一个紧密联系的整体。教堂四面皆可观赏，文艺复兴时期单纯以正立面为导向的建筑辨识方法此时已经不再适用，取而代之的是三维立体的完整呈现。整个建筑组群已然可以代表一座城市，而不仅仅是建筑自身。圣卡尔教堂的平面设计构成是以一处被抬升的古典主义入口门廊作为开端，门廊通向前厅，前厅位于双塔楼连线与入口轴线相交处。跨越前厅即是主圣堂，巨大的椭圆形空间被两条轴线平分。同时，交叉轴线将两个对称布置在教堂两侧的小礼拜堂联系起来。但祭坛的表达则像是第三元素一样，延伸出教堂主体建筑之外。

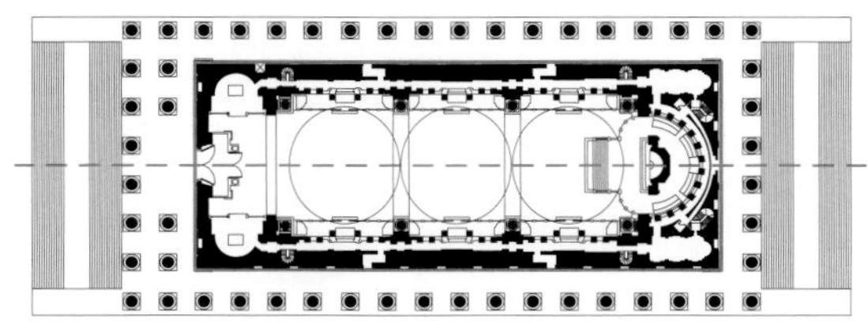

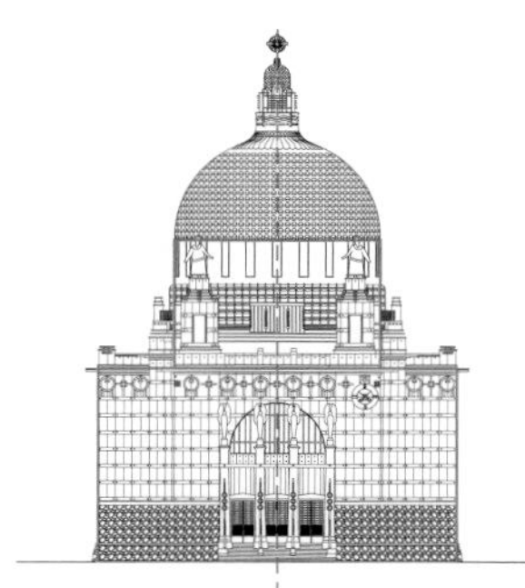

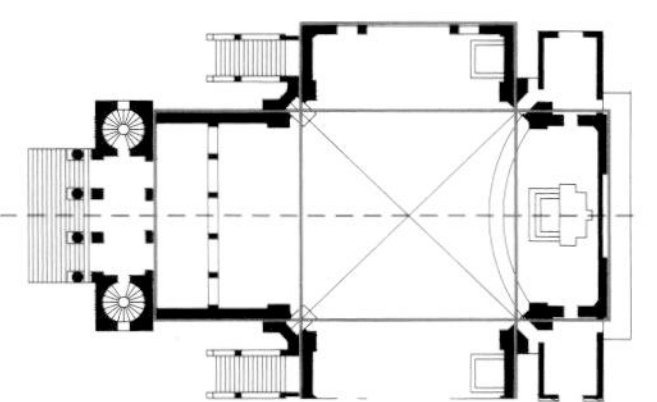

圣玛德莲教堂（又称“巴黎军功庙”）[译注 12]，彼埃尔–亚历山大·维尼翁

巴黎，法国　1842 年

[新古典主义，设有柱廊的矩形教堂，砖石砌块]

La Madeleine, Pierre-Alexandre Vignon

Paris, France　1842

[Neoclassicism, colonnaded rectilinear church, masonry]

圣玛德莲教堂最初是作为纪念建筑来使用的，后来才被供奉为教堂使用。圣玛德莲教堂的风格与 18 世纪盛行的巴洛克和洛可可风格迥然不同。它是以法国尼姆的卡利神殿为原型进行设计的，在建筑中体现了回归简约的风格特点。其建筑平面是一个简单的矩形，内部还有第二层矩形，即一圈柱廊。建筑上方有三个圆顶，分别对应平面中的三个开间。每个开间的两边都布置有较大规模的礼拜堂，这些礼拜堂通过平行于教堂中殿的走廊联系起来。祭坛布置在大厅后端半穹顶的下方。教堂内部在规划布局和室内装饰方面很大程度上借鉴了罗马浴场建筑的设计。

施坦霍夫教堂，奥托·瓦格纳建筑事务所

维也纳，奥地利　1907 年

[新艺术运动，希腊十字形教堂，砖石砌块]

Kirche am Steinhof, Otto Wagner

Vienna, Austria　1907

[Art Nouveau, Greek Cross church, masonry]

施坦霍夫教堂采用文艺复兴时期教堂的理想平面组织其建筑空间。希腊十字形平面，这种被人们认作是和谐完美、绝对集中的布局方式，很好地契合了这座由瓦格纳设计的非凡的教堂。瓦格纳之所以能够实施希腊十字形的设计方案，是因为施坦霍夫教堂并非一处公共教堂，而是一家医院的组成部分，使用教堂的人数相对较少，便于控制人流量，因此，瓦格纳不需要担心大量信徒同时涌入。而一般需要容纳较多信徒时，通常采用拉丁十字形布局方式。施坦霍夫教堂的装饰设计也有很多创新，并不局限于特定的设计类型。

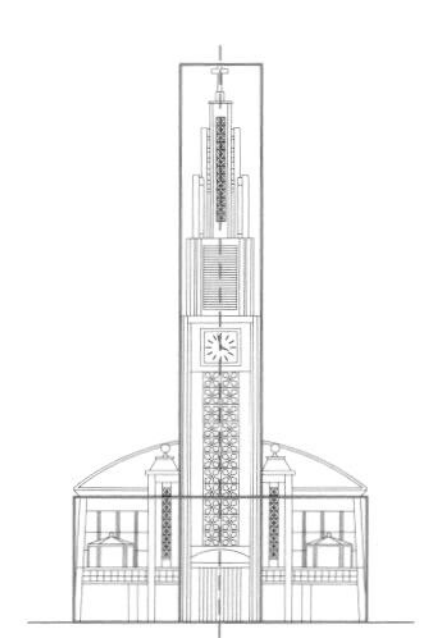

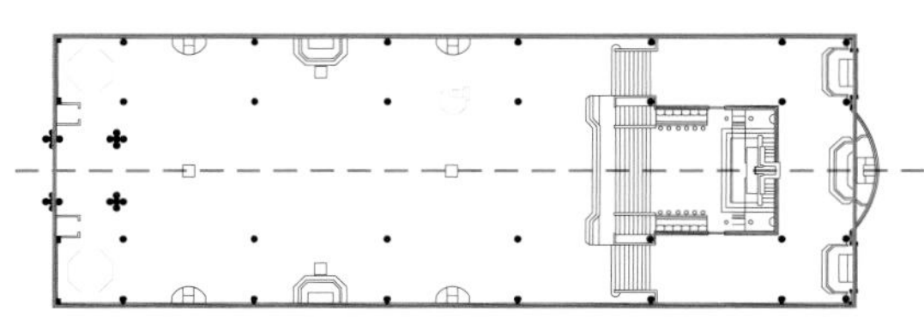

勒兰西教堂，奥古斯特·佩雷
勒兰西，法国 1923 年
[现代主义早期，轴向教堂，混凝土]

Notre Dame du Raincy, Auguste Perret
Raincy, France 1923
[Early Modernism, axial church, concrete]

勒兰西教堂由奥古斯特·佩雷设计，是对传统教堂的现代诠释。从建筑平面上看，它共有三条走廊并且在两侧设有小礼拜堂。教堂入口处设有一处独立的前厅；圣坛依然位于传统位置——从入口延伸出来的轴线上。从建设方式来看，勒兰西教堂采用的是混凝土现浇模式，这在教堂建筑史上是一种全新的语汇。建筑内部的柱子很细，展示了混凝土这种新材料的强度与性能，横跨教堂中殿的混凝土坦拱也很好地体现了这一点。勒兰西教堂结构的垂直性让人联想到哥特式建筑。清水混凝土保持着未完成时的样子，是其建造过程的记录。在建筑平面基本保持不变的情况下，只利用建筑材料促进某一建筑类型的演进，勒兰西教堂给出了一个非常好的例证。

朗香教堂，勒·柯布西耶
朗香镇，法国 1955 年
[现代表现主义，自由平面教堂，砖石砌块和混凝土]

Notre Dame du Haut, Le Corbusier
Ronchamp, France 1955
[Expressionist Modernism, free plan church, masonry and concrete]

朗香教堂，可以说是勒·柯布西耶设计作品的重大转折。柯布西耶的早期设计作品主要依赖“类型”与“模数”进行设计。而在朗香教堂设计中，他试图用一种新的隐喻式的建筑语言来替代之前的设计理念。朗香教堂的建筑形象与传统教堂相去甚远，但其平面形式却依然植根于典型的教堂类型学。从建筑的平面形式来看，朗香教堂只有一个大空间，由穿过中央祭坛的线性轴线引导而成。教堂内的靠背长椅布置在一侧，看上去是为了打破轴线带来的对称性。与传统教堂一样，朗香教堂中的小礼拜堂也是沿着建筑边缘进行布置。而朗香教堂更令人惊叹的是其体量巨大、厚重的入口处墙体，其使用基地上原有教堂（被战火毁坏）的石材砌筑而成。另外，夸张的混凝土屋顶也模糊了线性轴线带来的直线关系。尽管朗香教堂的设计手法有些激进，但它仍然是传统教堂建筑形式的演化。

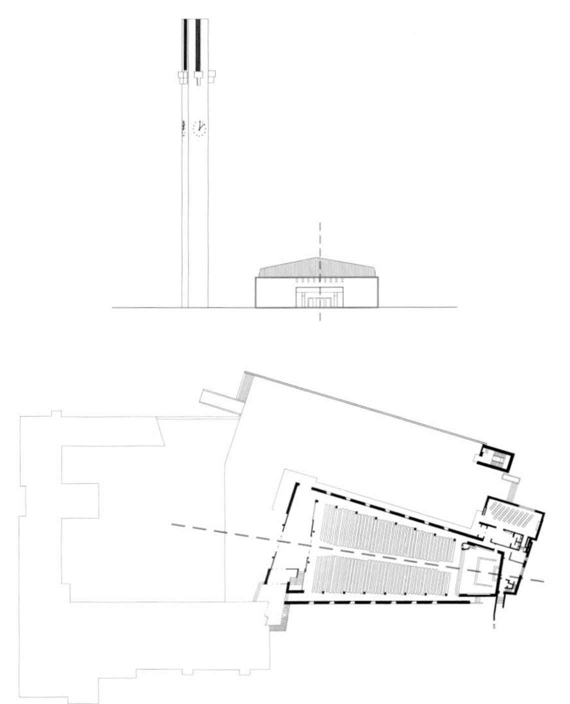

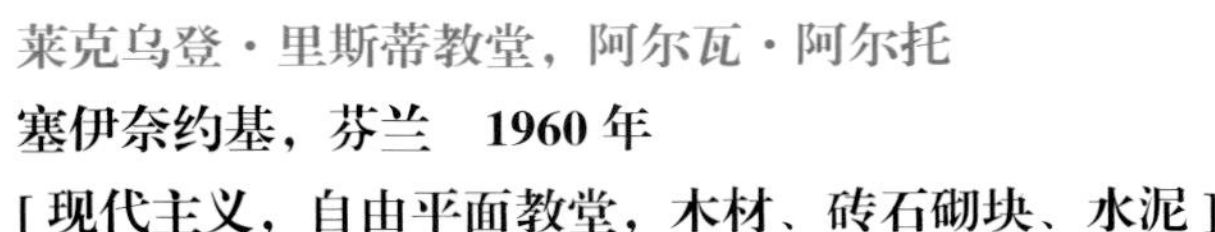

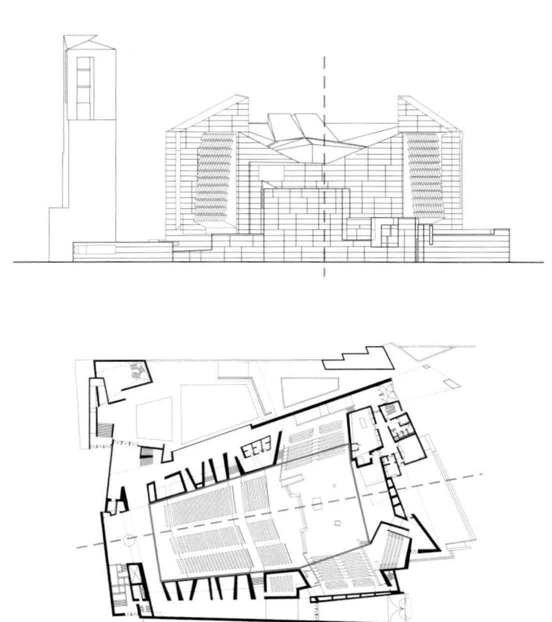

莱克乌登·里斯蒂教堂，阿尔瓦·阿尔托
塞伊奈约基，芬兰　1960 年
[现代主义，自由平面教堂，木材、砖石砌块、水泥]

Lakeuden Risti Church, Alvar Aalto
Seinajoki, Finland　1960
[Modernism, free plan church, wood, masonry, concrete]

莱克乌登·里斯蒂教堂遵循许多建筑模式，这些模式是由在基督教教堂中举行的宗教仪式确立下来的。这座教堂建筑的不同之处在于，它可以通过一系列入口进入教堂，而非传统教堂中典型的按空间等级确定一个中央入口，当然它依然设有一个中央入口。从整体形式上看，莱克乌登·里斯蒂教堂呈现出对称的梯形形式。该建筑由两个独立部分组成：中殿与圣坛。圣坛看起来像是一个较小的建筑嵌入较大的中殿建筑之中。在天花板上采用了典型阿尔托风格的曲面来增强光学和声学效果，体现了莱克乌登·里斯蒂教堂从形式和声学角度对传统教堂建筑类型提出的质疑。

天神之后主教座堂（又译“天使之后主教座堂”“圣母天使大教堂”），拉菲尔·莫内欧
洛杉矶，加利福尼亚州　2002 年
[后现代主义，轴向教堂，混凝土]

Cathedral of Our Lady of the Angels, Rafael Moneo
Los Angeles, California　2002
[Postmodernism, axial cathedral, concrete]

天神之后主教座堂坐落于洛杉矶 101 号高速公路的边缘，是传统教堂的另一种表现形式。要为一栋建筑选择合适的形式，首先需要考虑其基地的独特条件。天神之后主教座堂基地的中心位置是一个大型庭院，穿过庭院才能到达建筑入口。通往教堂入口的路一直沿着建筑的左侧行进，营造出一种必须经过前厅才能通向洗礼堂的意境。洗礼堂与圣坛均位于教堂的轴线上，各居一端。在天神之后主教座堂设计中，传统的宗教元素无一缺失，在建筑中都有体现，但它们仅仅用于识别角度或标记场地条件。

宫殿 | Palazzo

宫殿类型学的发展在文艺复兴时期得到了广泛关注和极大支持，最主要的发展集中在文艺复兴早期的佛罗伦萨。典型的宫殿布局是大体量的三层建筑围合一处内部庭院，宫殿的主要房间大部分位于建筑二层或**主层楼面**（piano nobile）。对建筑师来说，创造适宜的比例十分重要，在典型的宫殿平面中，采用的是方形构成和黄金分割。而建筑立面的处理通常是采用三种不同风格的石材，由**束带层**进行分隔。三种石材风格的区别在于：建筑一层的石面最为粗糙，建筑二层和三层的石面逐渐精细。同样，石材的精细等级也体现在壁柱所应用的各种柱式中，从多立克柱式到爱奥尼克柱式再到科林斯柱式，都有所体现。宫殿建筑的这种模式在整个文艺复兴时期基本上没有改变。当建筑师面对不规则的建筑基地时，保证中心庭院的纯正几何形式是最重要的议题，围绕在庭院周边的房间只作为其围合边界而已。早期的宫殿建筑不仅为世界上其他许多宫殿提供了建设模式，也为银行和办公建筑提供了设计原型，尤其是在英国和美国。

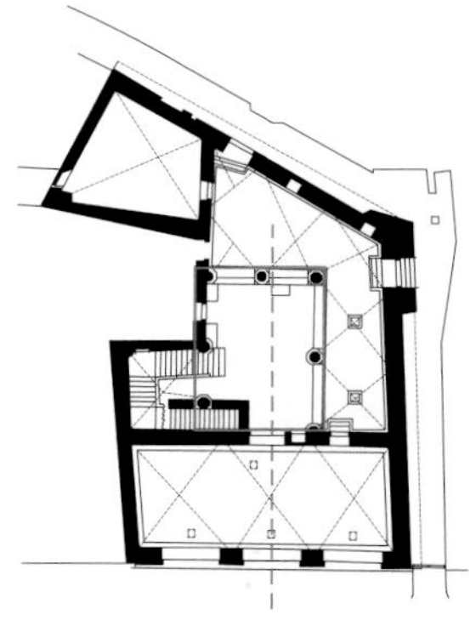

达万扎蒂宫

佛罗伦萨，意大利 14 世纪后期

[中世纪，庭院式宫殿的原型，砖石砌块]

Palazzo Davanzati

Florence, Italy late 14th century

[Medieval, prototype of courtyard palazzo, masonry]

达万扎蒂宫是一座中世纪宫殿，由三处住所组合而成。宫殿中央是一处开放式的庭院，并以此庭院为中心展开平面的整体布局。宫殿中所有主要房间都面向庭院开放。建筑上层也是如此，露台跟随着交通流线环绕庭院一周。这种将庭院布置在中心的宫殿布局模式在城市中广为应用，甚至贯穿整个文艺复兴时期。由于建筑基地的限制，环绕庭院排布的房间经常因受限而调整，但中央庭院依旧保持了完美的矩形形态。

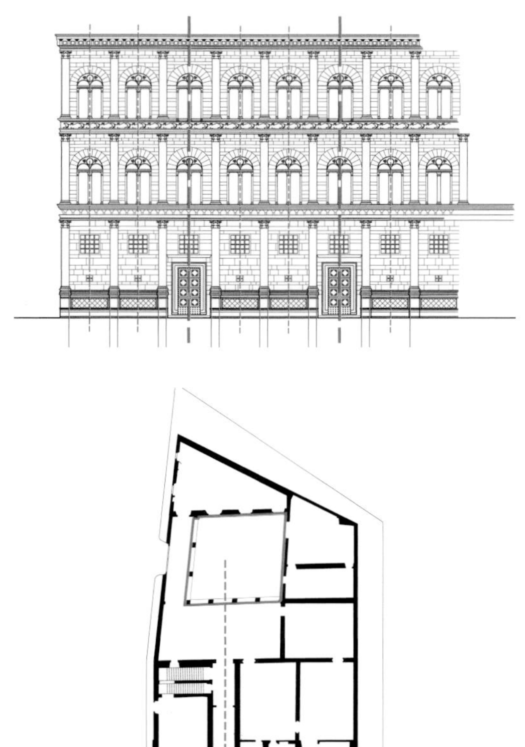

鲁切拉宫，莱昂·巴蒂斯塔·阿尔伯蒂
佛罗伦萨，意大利　1451 年
[文艺复兴，带有矩形庭院的宫殿，砖石砌块]

Palazzo Rucellai, Leon Battista Alberti
Florence, Italy　1451
[Renaissance, rectangular courtyard palazzo, masonry]

鲁切拉宫是文艺复兴早期宫殿的经典案例，其平面阐释了庭院在宫殿建筑中的重要性。由于场地本身并不规则，鲁切拉宫的中央庭院呈菱形形式，但这并不影响庭院使周边房间保持一种秩序感和层次感。建筑与基地的关系是鲁切拉宫布局的重点和难点，最终庭院的位置选择偏离场地中心，大部分房间排布在靠近基地前街的一侧，并沿着庭院右侧布置。鲁切拉宫真正的创新之处在于建筑主立面，这是阿尔伯蒂在文艺复兴早期相关理论的实证。八开间的整体组织源自罗马斗兽场的设计原型，建筑主立面中的石材和壁柱刻意做得非常细，是为了表达这些石器构造并非用于承重，而只是一种组织形式的应用。

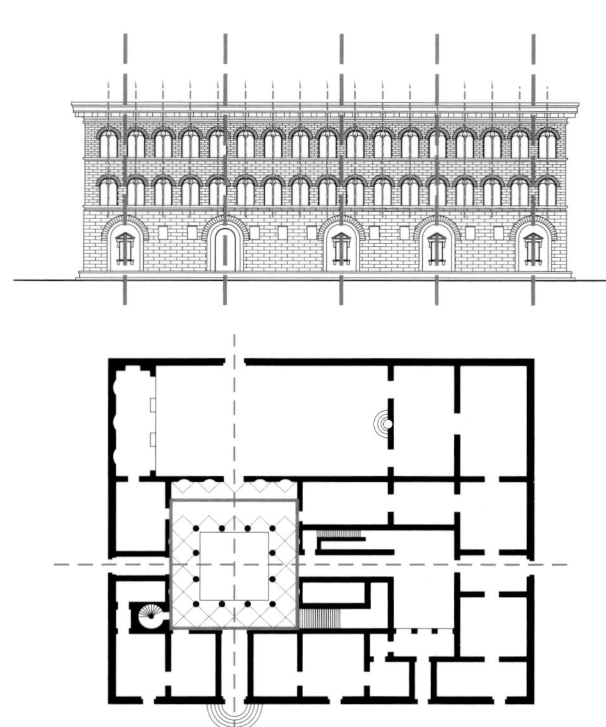

美第奇·里卡迪宫，米开罗佐·迪·巴多罗米欧
佛罗伦萨，意大利　1460 年
[文艺复兴，带有矩形庭院的宫殿，砖石砌块]

Palazzo Medici Riccardi, Michelozzo di Batolomeo
Florence, Italy　1460
[Renaissance, rectangular courtyard palazzo, masonry]

美第奇·里卡迪宫被认为是文艺复兴早期最重要的建筑遗址之一，由它建立的许多建筑语汇和设计规则对后世有着重要影响。庭院位于宫殿的中心位置，周围房间环绕，形成纯粹的方形形式。庭院的立面通过开放式的敞廊清晰表达出来，敞廊下部开敞，顶部带有雕刻图案。建筑外部分为三层，每层由不同粗细石工的束带层分隔。三层的高度自下而上形成一定的比例。建筑顶部采用的是古典檐口形式。美第奇·里卡迪宫以及文艺复兴早期的许多宫殿，都是中世纪与文艺复兴时期宫殿风格的融合样式。

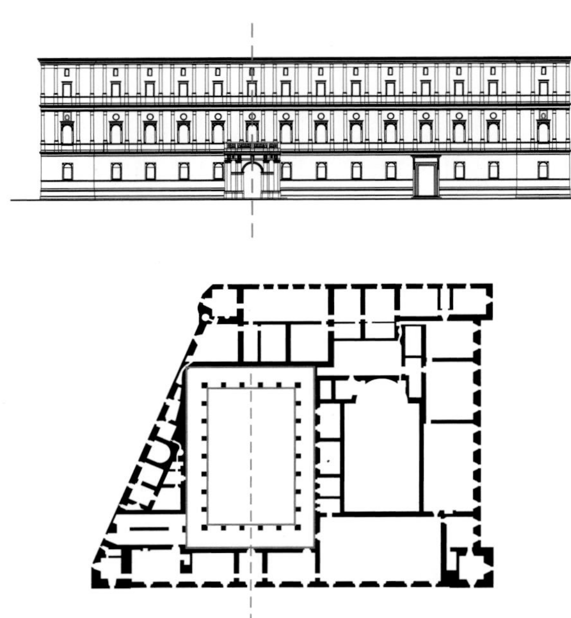

文书院宫，多纳托·伯拉孟特
罗马，意大利 1513 年
[文艺复兴，带有矩形庭院的宫殿，砖石砌块]

Palazzo Cancelleria, Donato Bramante
Rome, Italy 1513
[Renaissance, rectangular courtyard palazzo, masonry]

文书院宫是在罗马建造的第一座文艺复兴风格的宫殿。它的庭院规模远远大于佛罗伦萨的那些宫殿，并且按照黄金分割的几何比例进行平面布局。文书院宫的正立面使人联想到位于佛罗伦萨的鲁切拉宫。庭院内共有四十四根大理石柱子，材料取自庞贝剧院（theater of Pompeii）[译注 13] 的遗迹。文书院宫的正立面体量巨大却采用非对称形式，实际上是为了适应非对称的宫殿内部平面。与庭院直接相邻的是建于公元 5 世纪的达马索圣洛伦佐教堂（Church of San Lorenzo in Damaso）。伯拉孟特不仅能很好地利用以前建筑形式中的材料和柱式，而且能将其吸收内化，最终形神兼达，获得了后人的赞扬。

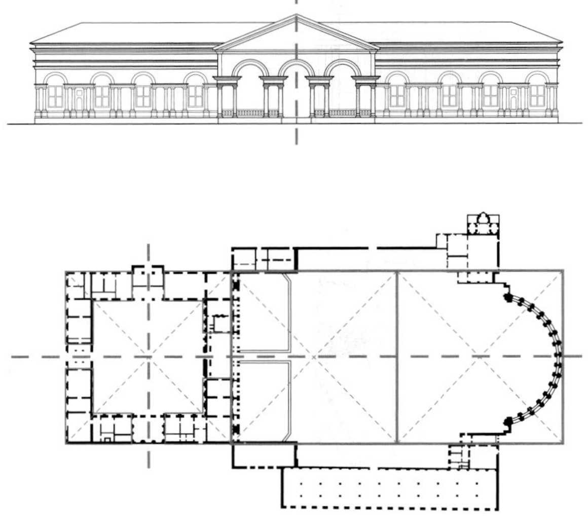

德泰宫，朱利奥·罗马诺
曼图亚，意大利 1534 年
[矫饰主义，带有矩形庭院的宫殿，砖石砌块]

Palazzo del Te, Giulio Romano
Mantua, Italy 1534
[Mannerism, rectangular courtyard palazzo, masonry]

德泰宫是一座郊区别墅，坐落于曼图亚中心城区的外围。它是朱利奥·罗马诺为曼图亚公爵费德里科·贡扎加（Federico Gonzaga）设计建造的。其矫饰主义的建筑风格和建筑细部在建筑学界和设计领域十分流行，受到学者和建筑师的追捧。但是与其立面展现出来的矫饰主义风格完全不同，德泰宫的建筑平面既简单又直接，就是在方形平面的中央设置了一个方形庭院。庭院中有两条轴线交叉穿过，其中一条从入口延伸而来一直穿越到与庭院相邻的更大的主建筑中。德泰宫的房间呈直线形排布在庭院四周，却只在视觉上与庭院相连（房间不能直通庭院）。德泰宫的主立面和庭院可以说是在古典建筑语汇中进行的一系列复杂精巧的实验。罗马诺善于打破古典主义的既定规则，并乐在其中不断尝试，这在当时虽稍显乖张但不失为一种有趣的时尚。

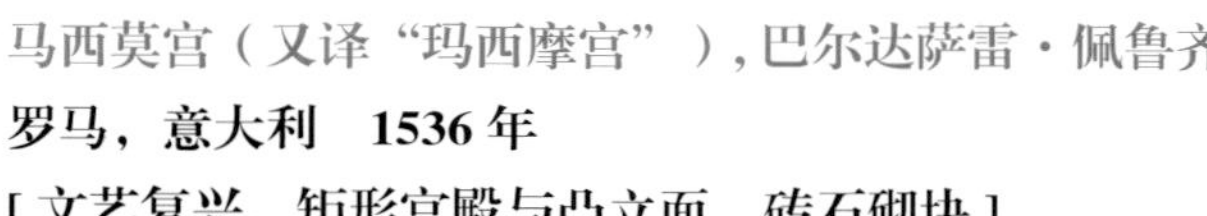

马西莫宫（又译“玛西摩宫”），巴尔达萨雷·佩鲁齐

罗马，意大利　1536 年

[文艺复兴，矩形宫殿与凸立面，砖石砌块]

Palazzo Massimo, Baldassare Peruzzi

Rome, Italy　1536

[Renaissance, rectangular palazzo with curved facade, masonry]

马西莫宫与众不同之处在于其凸多边形形式的建筑主立面，这是因为马西莫宫是在图密善剧场（Odeon of Domitian）原有基础上建造而成的。马西莫宫的建筑平面非常巧妙，通过局部对称的手法组织围绕在庭院周边的房间，以此来调整基地扭曲的情况。当不同的网格发生冲突时，加厚的墙体可以作为一种弥补不规则场地的方法。前厅作为建筑入口的标志特征，缓解了由于主立面直接面向道路而形成的人流压力。建筑中的一条轴线将两个规则的庭院与建筑入口联系在一起，进而一直延伸到街道。马西莫宫整体的建筑平面展示了建筑师如何在不规则的场地条件下创造出规则的建筑空间。

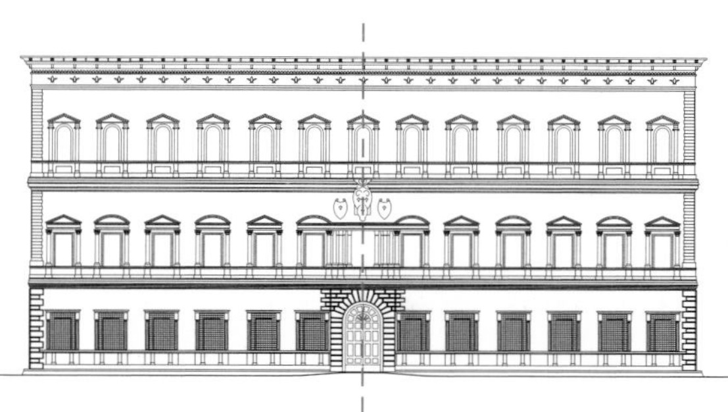

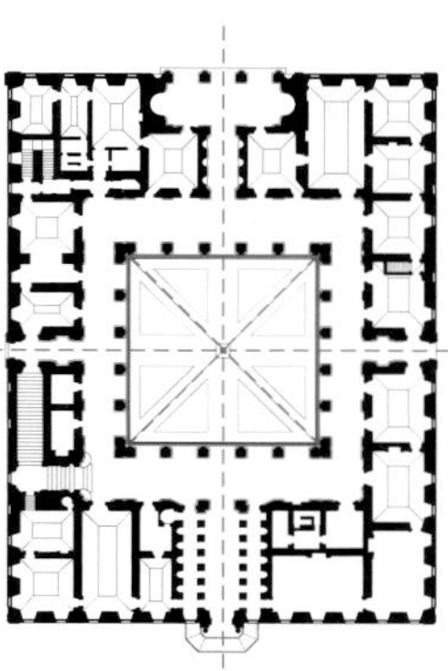

法尔尼斯宫，小安东尼奥·达·桑伽洛

罗马，意大利　1541 年

[文艺复兴，带有矩形庭院的宫殿，砖石砌块]

Palazzo Farnese, Antonio da Sangallo the Younger

Rome, Italy　1541

[Renaissance, rectangular courtyard palazzo, masonry]

法尔尼斯宫的设计展现了典型的带有矩形庭院的宫殿设计模式，该模式在文艺复兴时期被确立为一种独立的建筑类型。法尔尼斯宫在其几何中心设置了一个矩形庭院，庭院四周由拱廊围合，拱廊的高度看上去是一致的，但实际上沿边的拱廊较矮，四角的拱廊较高。这种细微的差别为建筑轴线赋予了等级和层次，但整个庭院平面依然保持了完美的正方形形式。法尔尼斯宫的设计强调了基本形式的重要性，更加说明了庭院是宫殿建筑的重要组成部分。

住宅 | House

住宅是最常见的建筑类型，在众多建筑类型学中，它有着悠久的历史和繁复的演进历程。每种文化都会产生一系列建筑类型，与其宗教礼仪、气候特征、场所精神相对应。住宅的许多类型甚至跨越了时代和文化的差异，比如庭院住宅，这一特殊的住宅类型在不同的社会背景中均有独特的发展。在地中海，罗马人发明了带有庭院、方形蓄水池和花园的庞贝住宅，后来其成为文艺复兴时期宫殿建筑样式的参考；在中国和中东地区也有类似的庭院住宅，建筑的外表呈现出内向性的特征，强调的是对私人空间的约束与控制；在美国南部和墨西哥，受气候条件和文化特征的驱动，庭院住宅发展为一种从室内延续到室外的生活空间。一般情况下，只要天气温暖适宜，庭院住宅就适用。纵使在不同的气候区，庭院住宅也广受欢迎，因为在庭院住宅中，太阳光能够照进房间内部，自然通风条件也十分良好。住宅建筑的其他类型还包括猎枪住宅(Shotgun House[译注 14],美国东南部)、狗跑住宅（Dogtrot House[译注 15]，美国东南部）、三层复式住宅（波士顿）、褐石建筑（the Brownstone）（纽约）和牧场住宅（美国）。文化隔离会产生不同的住宅类型，住宅类型的最终形成是气候条件和文化特征双重作用的结果。

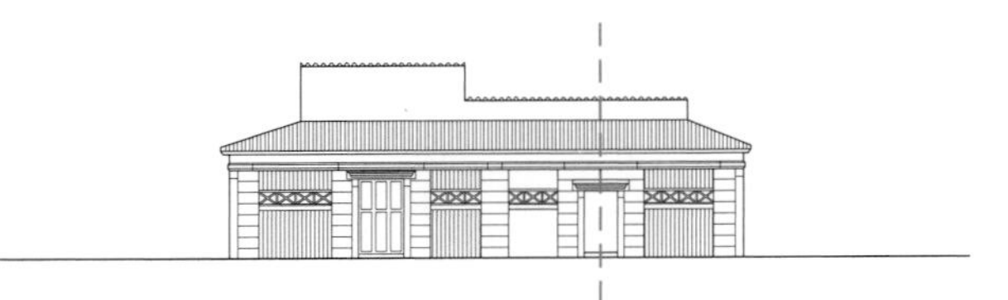

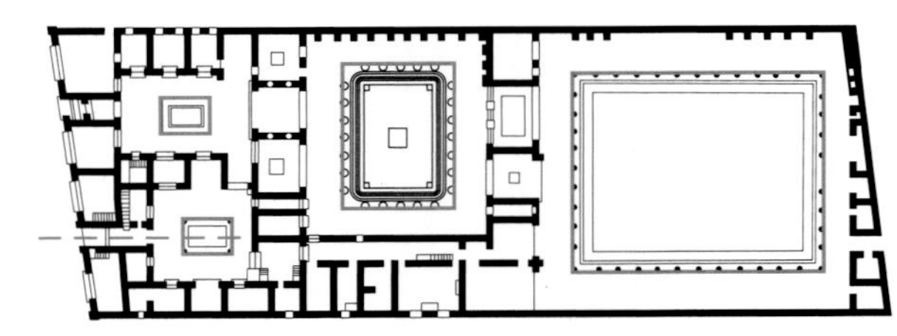

庞贝古城的农牧神[译注 16]之家
庞贝，意大利　公元前 2 世纪
[罗马式，庭院住宅，砖石砌块]

Pompeii House of the Faun
Pompeii, Italy　second century BCE
[Roman, courtyard house, masonry]

农牧神之家是庞贝古城中规模最大的、令人印象最为深刻的私人住宅，也是庭院住宅这一类型中最典型、最重要的建筑案例，其主要建筑特色是对中庭的排布与组织。农牧神之家占据了城市中一个完整的街区或“因苏拉”（insula）[译注 17]，住宅前设有店面或单室商店“塔伯那”（tabernae）[译注 18]，沿街道呈线形布置。当穿过农牧神之家这个商业街区时，一共会经过四个庭院。其中两个位于建筑主体之中，带有典型的方形蓄水池，屋顶上的采光井开口与地面上喷泉的位置相互对应，以便下雨时汇水。第三个庭院面积较大，四面皆由柱廊环绕。最后一个庭院实际上是一处很大的花园，其中三面由柱廊环绕。这四个庭院规模逐渐增大，私密性也越来越好。庭院起到了消减建筑体量、填充城市肌理的作用，逐渐成为住宅建筑甚至城市中最主要的空间组织手法。

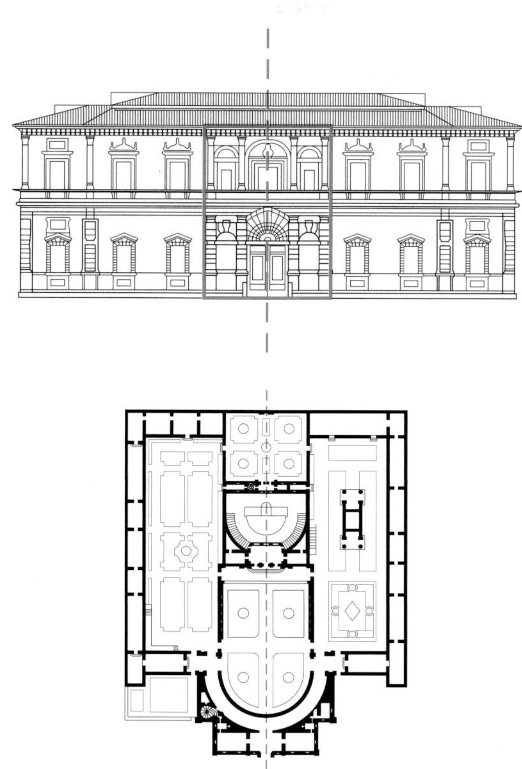

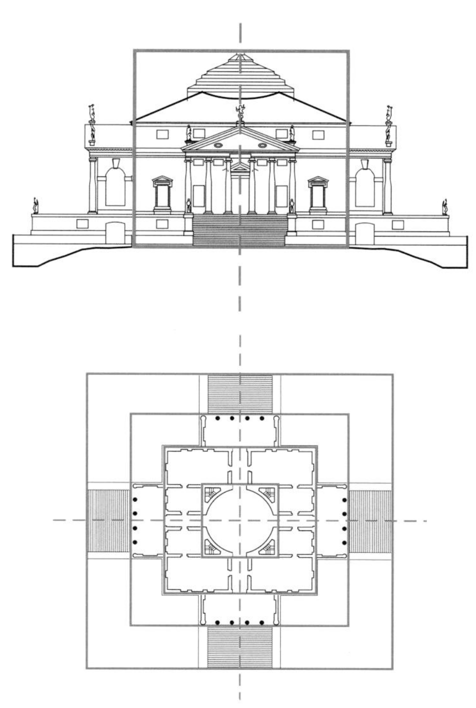

朱利亚别墅，贾科莫·巴罗齐·达·维尼奥拉
罗马，意大利　1553 年
[文艺复兴，轴向式庭院住宅，砖石砌块]

Villa Giulia, Giacomo Barozzi da Vignola
Rome, Italy　1553
[Renaissance, axial courtyard house, masonry]

朱利亚别墅是一座郊区别墅，坐落于罗马城郊，教皇尤利乌斯三世（Pope Julius III）正是在此被处以死刑。它是矫饰主义别墅的优秀案例，被认为受到伯拉孟特在梵蒂冈的一系列场地处理手法的影响。该别墅用于节日庆典和尤利乌斯艺术藏品的存储和展示。外部的场院及房间主导着建筑的外部形式，也控制了建筑的平面构成。传统别墅建筑中的所有功能在赌场建筑（the urban casino）[译注 19] 中都已排布完整，这是建筑庭院序列中的第一层空间。房间环绕着半圆形拱廊进行排列，但依旧保持着正交的几何形体，这是建筑中最有趣的一点。水神殿（水神纪念碑以及涌动的泉水）位于主轴线上并下沉凹入地面，常作浴场使用。朱利亚别墅是对建筑与景观基本关系的一次深刻探讨。

圆厅别墅，安德烈·帕拉迪奥
维琴察，意大利　1571 年
[文艺复兴，多方向交叉轴线的方形庭院，砖石砌块]

Villa Rotunda, Andrea Palladio
Vicenza, Italy　1571
[Renaissance, multi-directional cross axis square, masonry]

受罗马万神庙的启发，帕拉迪奥意欲在圆厅别墅中解决建筑在多元空间中的可读性问题。当建筑摆脱了城市肌理的限制与约束，形式的选择就需要全面考虑建筑路径与空间体验的多方优势。为了解决这个问题，帕拉迪奥选择使用有组织的几何形和对称结构。圆厅别墅的形式衍生于正方形的内切圆，将切点分别相连即建立起相互交叉的两条轴线。这些点成为一系列附属方形庭院的中心，方形庭院以建筑主体方形尺寸的一半向外凸出，形成四个完全一致的神庙前殿，并以此确立了建筑的边界。圆厅别墅的中心是一处带有半球形穹顶的圆形大厅。建筑内部的组织既是对秩序性、平衡性的映照，也是对形态构成的方向性和纯粹性的多元解读。圆厅别墅是处理几何形与秩序性的杰出作品。

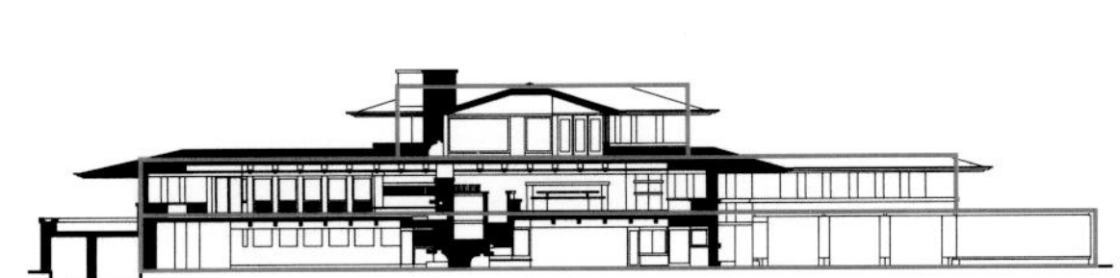

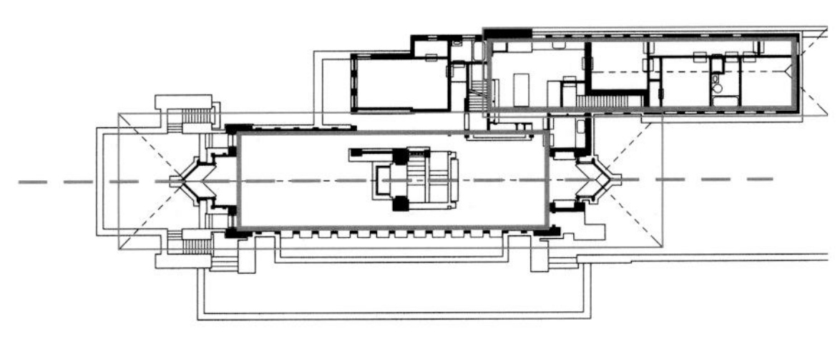

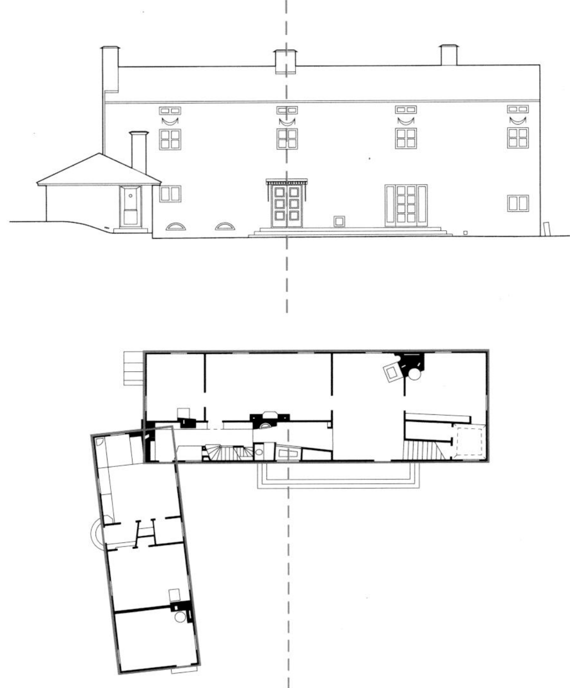

罗比住宅，弗兰克·劳埃德·赖特
芝加哥，伊利诺斯州 1909 年
[草原式风格，线性离心式住宅，砖石砌块和钢材]

Robie House, Frank Lloyd Wright
Chicago, Illinois 1909
[Prairie Style, linear centrifugal house, masonry and steel]

罗比住宅是赖特草原式住宅的巅峰之作。井然有序的水平线、以壁炉为中心的风车式旋转空间、为了保护高处的玻璃窗而出挑的悬臂、嵌入式的家具等，这些设计均是为了保证空间的整体性。罗比住宅呈现出的是一座精心设计的典型的美式现代建筑。它不仅提升了美国西部的建筑水平，也确立了独户住宅（single family house）这一住宅类型的主导地位，对未来百年的土地利用模式产生了重要影响。

斯内尔曼别墅，古纳尔·阿斯普朗德
斯德哥尔摩，瑞典 1918 年
[新古典主义，单边走廊式住宅，木材]

Villa Snellman, Gunnar Asplund
Stockholm, Sweden 1918
[Neoclassicism, single-loaded house, wood]

斯内尔曼别墅是一座现代住宅，进深仅能容纳一个房间和一条小走廊。别墅一楼包含主要的功能房间，一条走廊将房间与起居室联系起来。在住宅主体的一侧还布置了一栋体量较小的建筑，与主体之间呈现较小的夹角，设有厨房和佣人房。从建筑的平面看，这个小的夹角并没有对功能布置产生太大的影响。然而，位置的变化和方向的旋转使人们对建筑立面的理解发生了改变，特别是上下层窗户在立面中的对应关系，看起来就像在平面中有一个曲柄迫使低层的窗户进行移动。值得注意的是，尽管这所住宅的建筑体量很小，但却仍然保留了许多大别墅的形式理念和样式，比如一套单独供佣人使用的楼梯、独立的吸烟室以及位于二层的图书室等。斯内尔曼别墅一度被人们评价为后现代主义和解构主义的先驱之作。

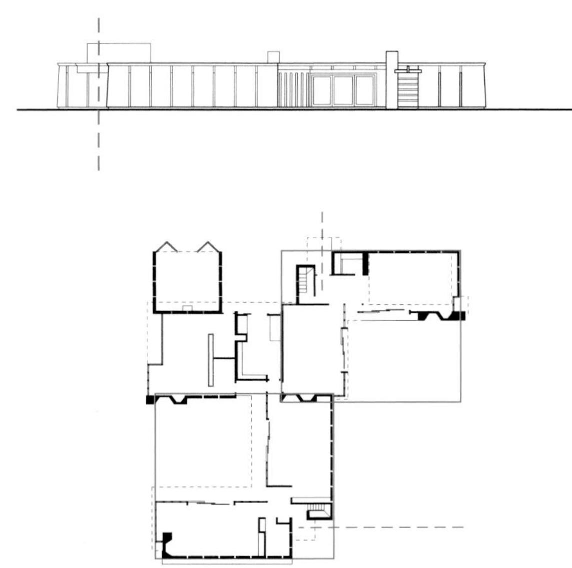

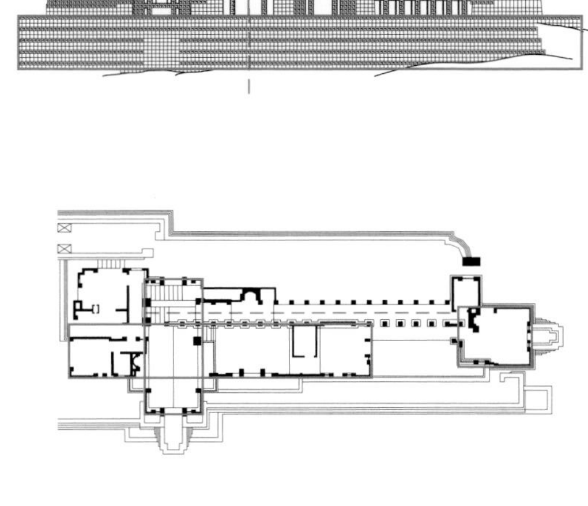

国王路住宅，鲁道夫·辛德勒
洛杉矶，加利福尼亚州　1922 年
[现代主义，风车式旋转的住宅平面，木材和混凝土]

Kings Road House, Rudolf Schindler
Los Angeles, California　1922
[Modernism, pinwheel plan house, wood and concrete]

国王路住宅是在南加州气候条件下进行的现代主义建筑实验的产物，是“独户住宅”这一住宅类型的实验性案例，由鲁道夫·辛德勒设计，可供两个家庭（其中包括设计师本人）工作和生活，含有一个公用的厨房和一间客房。设计师在建筑平面中使用了一种巧妙的风车式旋转平面（pin-wheeling plan），这种布局形式保证了建筑相邻各部分的连接，同时又保证了其个性化与私密性。复杂的连锁形式及材料真实特性的表达（建材加工和构造施工全过程）均使建筑室内与室外的界限变得模糊。在建筑设计中，向上倾斜的现浇混凝土墙用作固定构件，以精致的木材与可滑动的帆布拉幕墙与之平衡，可开启的边墙和透明的玻璃转角模糊了边界，这些建筑和景观的形式进一步强化了建筑室内外生活环境对南加州温带气候的适应性。

恩尼斯住宅，弗兰克·劳埃德·赖特
洛杉矶，加利福尼亚州　1923 年
[现代主义，线性平面住宅，混凝土砖石砌块]

Ennis House, Frank Lloyd Wright
Los Angeles, California　1923
[Modernism, linear plan house, concrete masonry]

恩尼斯住宅是赖特设计的“织物块”（textile-block）系列住宅中的一个案例。为了使场地建设技术花费较少，混凝土砌块单元被广泛应用于结构、形式及装饰体系中。该单元模块是一种重要的图形模式，在整个建筑中占据了主导地位，并为 x、y、z 三个维度确立了空间的模数，这个小的单元模块也从单个的图形模式转换成建筑的整体形式。在陡峭的基地上，建筑承重墙也起到稳固场地的作用，使建筑形式与场地紧密关联，同时，混凝土织物块这种建筑材料的积聚形成了建筑的体量和柱廊的形式，唤起了对原始建筑形式的回忆。但建筑的实际情况是结构性很差（特别是建在地震活跃区）[译注 20]，而且设置了非常多的渗水孔洞（因为气候潮湿多雨引发了许多严重问题）。

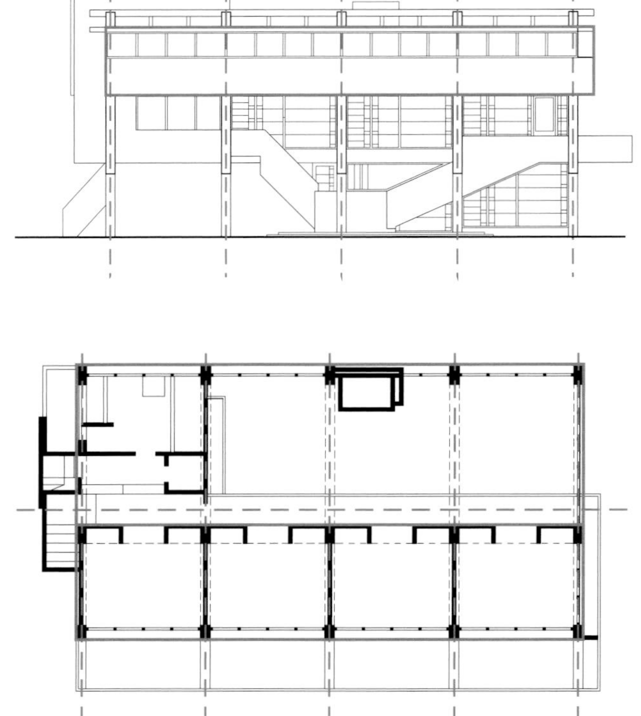

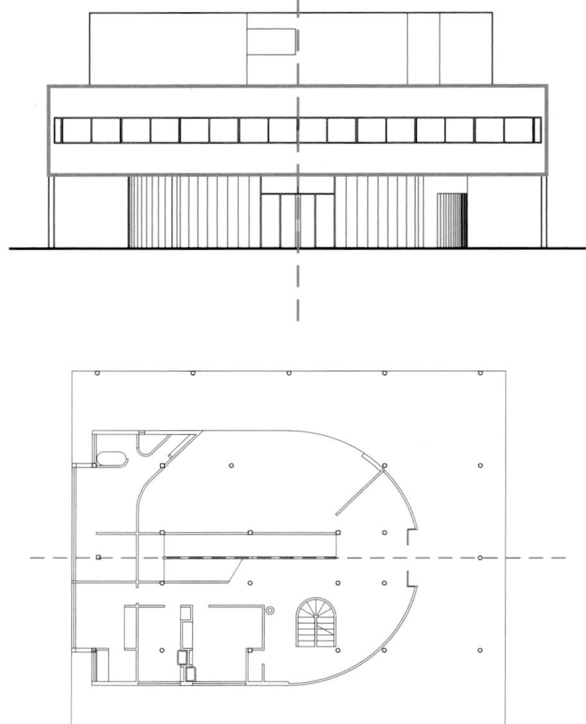

洛弗尔海滨别墅，鲁道夫·辛德勒
组波特海滩，加利福尼亚州 1926 年
[现代主义，自由平面住宅，混凝土]

Lovell Beach House, Rudolf Schindler
Newport Beach, California 1926
[Modernism, free plan house, concrete]

洛弗尔海滨别墅由一系列平行平面组成，每一面平行的现浇混凝土墙都代表了建筑中重复出现的结构标记。承重墙体系还为穿越其中的管道系统预留了空间。以骨架为代表的结构体系，从内向外应用于整个建筑设计之中，是具有极高辨识度的体量特征和空间系统。这种形式不论在建筑内部还是外部，都能创造出独特鲜明的建筑形体和丰富自由的空间体验。

萨伏伊别墅，勒·柯布西耶
普瓦西，法国 1929 年
[现代主义，自由平面，混凝土和砖石砌块]

Villa Savoye, Le Corbusier
Poissy, France 1929
[Modernism, free plan, concrete and masonry]

萨伏伊别墅是勒·柯布西耶“住宅是居住的机器”思想的代表作。它不加修饰，形式简单。为了实现简洁抽象的形式，萨伏伊别墅甚至消除了材料本身的颜色，只保留白色和基本的色彩对比[译注 21]。萨伏伊别墅中开敞的平面模糊了历史上那些被限制、被隔离的规则空间所代表的组织体系和空间等级。在萨伏伊别墅中，空间可以相互流通、自由流动，甚至弱化了室内与室外的界限。萨伏伊别墅所呈现的现代主义理念，如今得到了充分发展与应用。

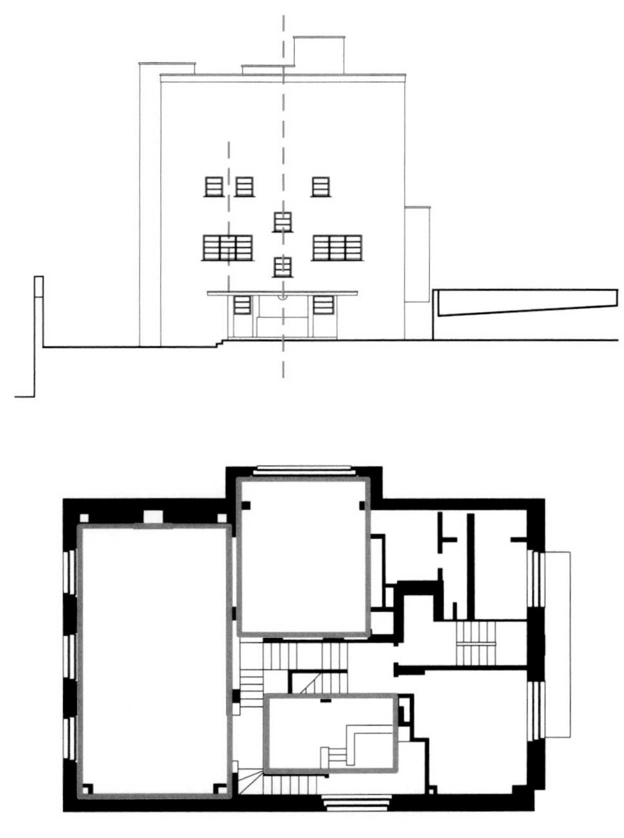

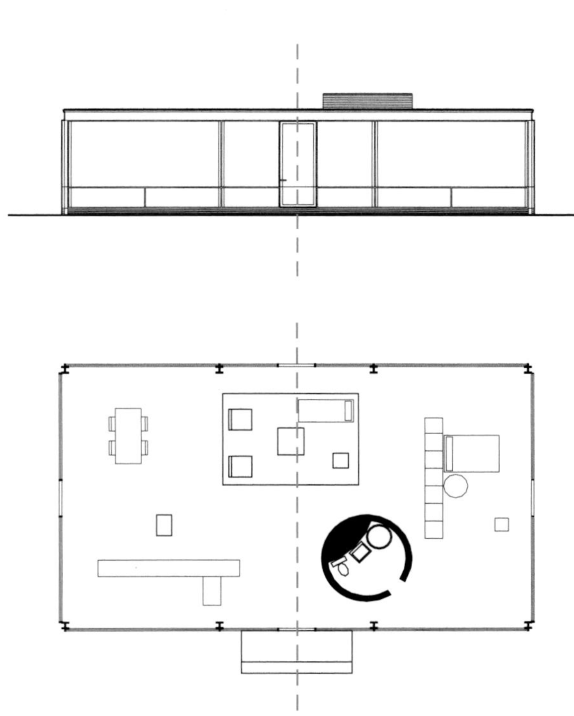

缪勒住宅，阿道夫・卢斯
布拉格，捷克斯洛伐克　1930 年
[现代主义，运用体积规划法设计的住宅，砖石砌块]

Villa Müller, Adolf Loos
Prague, Czechoslovakia　1930
[Modernism, Raumplan house, masonry]

缪勒住宅创造了一种基于体积规划法的独特的室内空间组织方式。这栋建筑在空间的三个维度上进行扩展，创造出分散却有组织的房间布局，这些房间在竖向关系中是有秩序的、相互渗透的，这种布局方式其实也是对空间等级制度的一次审视与质询。建筑师阿道夫・卢斯为了体现具有“经济性”和“功能性”的设计理念，将建筑内部错综复杂的剖面设计掩饰在缺少装饰、完整单一又原始简单的外部造型之中。在建筑材料方面，经济性与功能性的原则依然适用，虽然在建筑内部运用了丰富的大理石、木制品及丝制表面等多种材料，但建筑外部依然只有中性的白色。

玻璃屋，菲利普・约翰逊
新迦南，康涅狄格州　1949 年
[现代主义，自由平面住宅，玻璃和钢材]

Glass House, Philip Johnson
New Canaan, Connecticut　1949
[Modernism, free plan house, glass and steel]

由菲利普・约翰逊设计的玻璃屋可以说是“自由平面”在住宅建筑类型中应用的极致案例。一个大的单一空间仅仅使用一个包含浴室的“核心空间”进行划分，这使整个建筑具有强烈的连续性和一致性。而室内空间的功能细分则是通过家具的摆放位置、功能空间与建筑基地以及“核心空间”的关系、社交活动中人的行为活动来实现。建筑四周透明的玻璃消融了室内外的界线、延伸了视线、明确了轴向，也协调了室内各功能区的关系，并形成了室内的功能布局。玻璃这种透明的材料，实现了建筑与场地的融合，使它们相互依附，形成了内外交织、空间交互的奇妙体验。

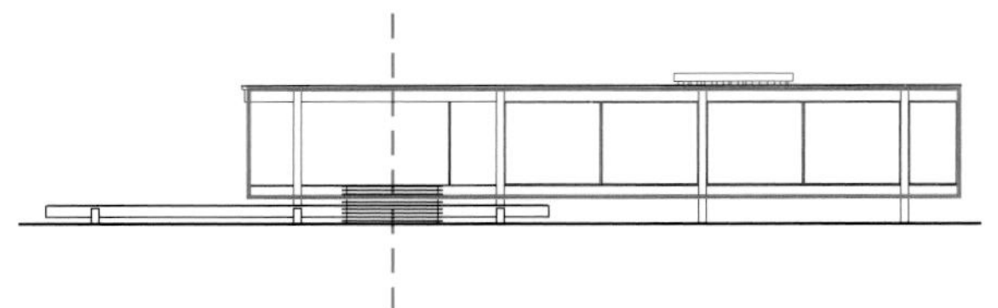

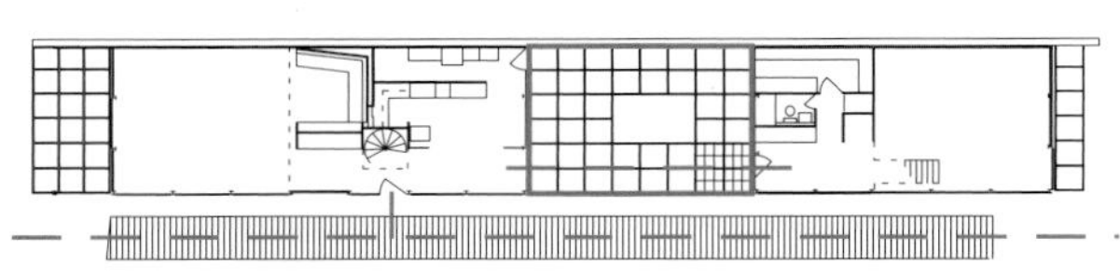

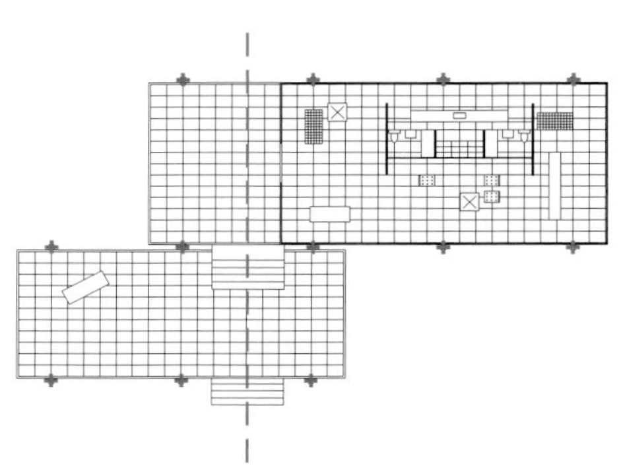

埃姆斯住宅，蕾·埃姆斯和查尔斯·埃姆斯夫妇
太平洋帕利塞兹社区，加利福尼亚州 1949 年
[现代主义，半预制式的开放平面住宅，钢材]

Eames House, Ray and Charles Eames
Pacific Palisades, California 1949
[Modernism, semi-prefabricated open plan house, steel]

埃姆斯住宅，即人们熟知的住宅研究 8 号案例（也称“8 号实验住宅”），是埃姆斯夫妇为自己设计的私人住宅，包含生活起居空间和工作空间。埃姆斯住宅是住宅研究实验项目中的典型作品，体现了对现代主义建筑的反思，设计中应用了新型建筑材料与施工工序，通过真实的建造过程一一实现。埃姆斯住宅是在战后工业化生产模式和轻型钢标准化的基础上设计完成的。用坚固实墙取代了的精细的框架结构、透明的玻璃材料、在标准化的建筑体系中依然多变的局部构成，共同形成了埃姆斯住宅的最终形式。简洁的条形平面从中间打断，两边的建筑限定出中间的庭院，这样处理是为了考虑基地的剖面关系，并保留现有的成排树木。埃姆斯住宅设计与建造的主要依据是那些适用于规模化生产的新技术，埃姆斯住宅既是体现人文主义精神的建筑作品，也是现代化工业形式的重要展现。

范斯沃斯住宅，路德维希·密斯·凡·德·罗
帕拉诺，伊利诺斯州 1951 年
[现代主义，自由平面住宅，钢材与玻璃]

Farnsworth House, Ludwig Mies van der Rohe
Plano, Illinois 1951
[Modernism, free plan house, steel and glass]

范斯沃斯住宅由密斯·凡·德·罗设计，巧妙地运用了建筑体量的消减手法。类似于前文提及的由菲利普·约翰逊设计的玻璃屋，范斯沃斯住宅仿佛是一个架空的透明盒子，将建筑与场地的关系实现了精巧的分离，建筑消隐了边界，打破了传统住宅常规的功能分区。玻璃幕墙完全透明的观感使建筑空间与周围环境融为一体，景观既是建筑的组成部分，也成为建筑的美化与烘托。建筑形式的基本属性深植于严谨的几何结构中，也渗透在生活的方方面面。范斯沃斯住宅被誉为现代还原主义的巅峰之作。

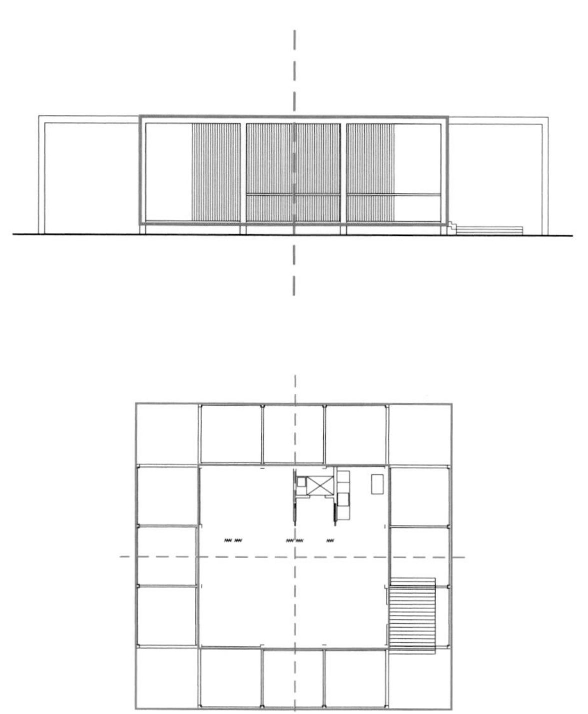

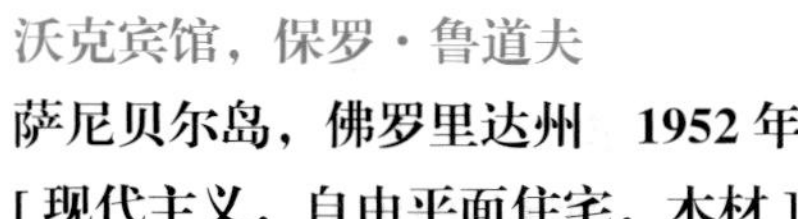

沃克宾馆，保罗·鲁道夫
萨尼贝尔岛，佛罗里达州　1952 年
[现代主义，自由平面住宅，木材]

Walker Guest House, Paul Rudolph
Sanibel, Florida　1952
[Modernism, free plan house, wood]

沃克宾馆是鲁道夫设计生涯早期的建筑作品，是一个进深仅有 24 英尺（约 7.31 米）的简单方形空间。宾馆内部结构被细分为卧室、餐厅、起居室和服务用房（厨房 / 浴室）等四部分空间。建筑内部这四部分的几何结构是建筑向外扩展的基本框架，在此基础上形成了建筑外部三跨的开间结构。当宾馆打烊时，77 磅（约 34.9 千克）的配重钢球带动木质百叶窗面板缓缓下降，将整个建筑遮蔽起来。宾馆营业时，百叶窗沿窗轴上翻，随着窗板的开启呈现出窗板下通透的空间。建筑轻巧，细节简约，沃克宾馆的设计灵感源于标准化成品板材的使用以及现代主义对场地气候条件的回应。

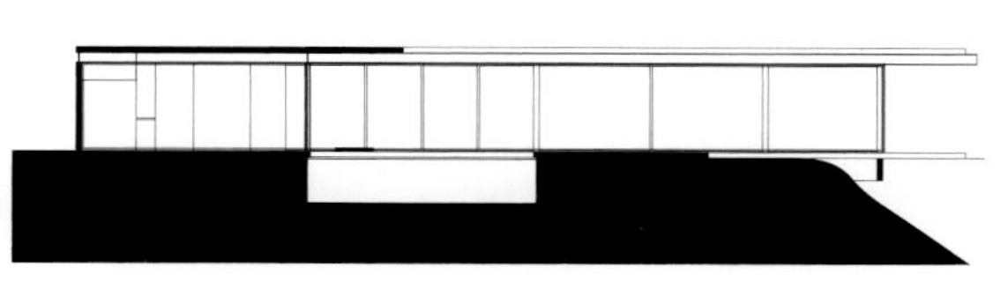

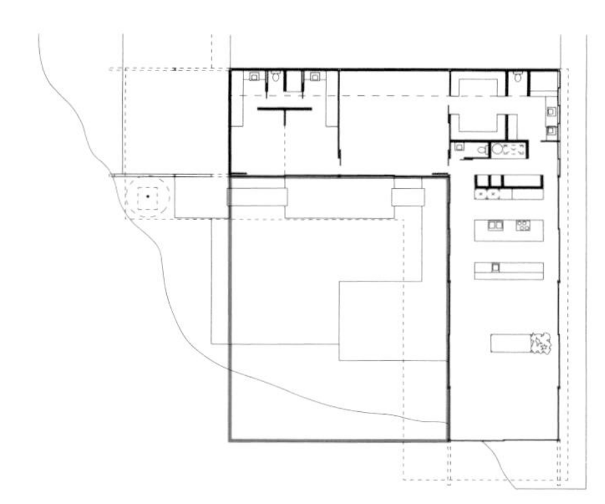

住宅研究 22 号案例，皮埃尔·柯尼希
洛杉矶，加利福尼亚州　1960 年
[现代主义，自由平面住宅，钢材]

Case Study House No. 22, Pierre Koenig
Los Angeles, California　1960
[Modernism, free plan house, steel]

住宅研究 22 号案例即斯特尔住宅（the Stahl House）。皮埃尔·柯尼希采用钢结构展现出极简主义建筑形式的强大表现力，勾勒出精致的建筑轮廓。通过屋檐的悬挑处理，建筑仿佛飘浮于洛杉矶城的山丘之中，展现出空中楼阁的意象。住宅外观轻盈精巧，屋檐的出挑、室内外地坪的平滑过渡、可移动的室内陈设以及开阔的视野，均强调了建筑的水平状态，再加上通透的建筑轮廓以及作为建筑边界的可开启玻璃门，进一步强化了建筑室内与室外的联系。住宅采用了简单的“L”形平面形式，在两翼之中围合出一个游泳池空间。住宅中最具私密性的卧室空间位于住宅后部，而开放性的生活空间则悬挑在山脊的边缘。

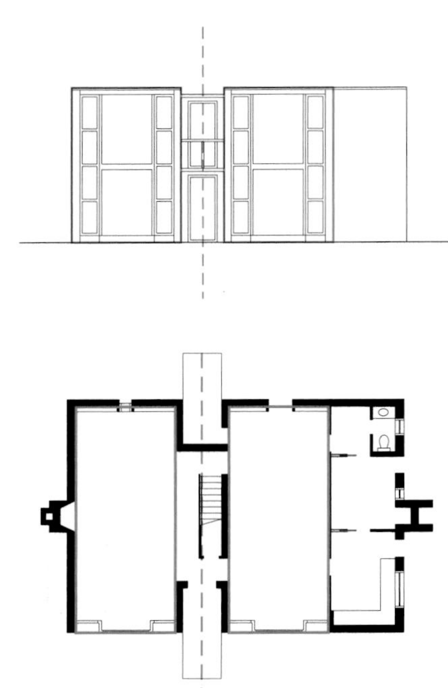

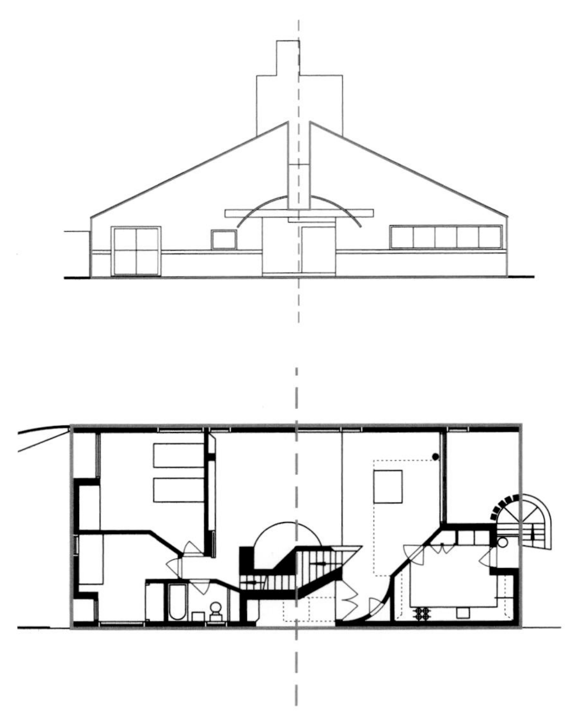

埃西里科住宅，路易斯・康

栗山，宾夕法尼亚州 1961 年

[现代主义后期，平面开放式住宅，砖石砌块]

Esherick House, Louis Kahn

Chestnut Hill, Pennsylvania 1961

[Late Modernism, planar open plan house, masonry]

由路易斯・康设计的埃西里科住宅，其建筑形式源于平行、重复、正交等平面几何图形所展现的简洁与永恒，再通过对材料的仔细考量将几何的美学逐一实现。路易斯・康利用砖石自身的重量感与体积感将墙体加厚，在住宅中自然而然地形成各功能空间的层级关系。两处主要的私密空间布置在建筑上层，中间由竖向交通空间分隔，考虑到服务用房的数量较多但体量较小，将其全部布置在建筑的一端。建筑入口设置在立面的中心位置（该空间在一层用作入口和餐厅，在二层则用作卧室）。建筑东半部分，服务性空间的集中布置增加了空间的密度；西半部分，夸张的两层通高的起居室延伸了空间高度。这座住宅有着清晰的平面组织和剖面关系以及通过材料划分的空间分区，不失为路易斯・康在现代主义后期的精致作品。

母亲之家，罗伯特・文丘里

栗山，宾夕法尼亚州 1964 年

[后现代主义，矫饰主义平面住宅，木材]

Vanna Venturi House, Robert Venturi

Chestnut Hill, Pennsylvania 1964

[Postmodernist, mannerist plan house, wood]

母亲之家是罗伯特・文丘里设计生涯中第一个建成的重要作品，他在 1966 年出版的《建筑的复杂性与矛盾性》（*Complexity and Contradiction in Architecture*）一书中提到，该建筑是为母亲设计的，是后现代主义情感特征的表达。建筑设计高度参照了早期历史建筑的形式，却摒弃了这些参考案例的社会背景、文化脉络甚至空间感知。建筑采用了拼贴主义的构成手法，即局部移动但整体关联。母亲之家的设计理念在于象征意义的表达而非空间功能的组织，因此建筑就像是山墙、山花、拱等诸多建筑要素的大集合。母亲之家借鉴了百家之长，从帕拉迪奥设计的巴巴罗别墅的水神殿（Nymphaeum，建筑后部的立面）到米开朗琪罗的庇亚城门（Porta Pia，沿街立面），正是对这些历史案例的参照使母亲之家成为正统设计。建筑采用了非常严格的对称形式，但是建筑的平衡态势并非通过对称的构图来实现，而是通过不断重复那些完全相等的模块元素来实现。

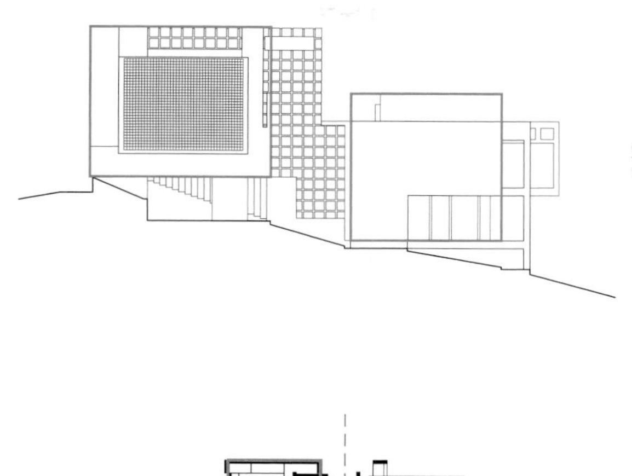

十号住宅，彼得·艾森曼
未建成　1982 年
[解构主义，自由平面住宅]

House X, Peter Eisenman
Unbuilt　1982
[Deconstructivism, free plan house]

十号住宅是后现代主义建筑的巅峰之作，标志着建筑设计向后结构主义的转变，并最终过渡到解构主义。这个未建成的设计项目共分三层，其建筑形式来源于几何美学与哲学的交叉融合。十号住宅延续了早期从一号住宅到四号住宅的设计原则，但是从许多方面来说，十号住宅更加复杂也更加完整，是建筑思维的产物。在十号住宅中，以解构主义手法进行平面的组织和排布，只有通过一些“住宅”的元素才能展现出原来这是一个住宅建筑，比如实墙、开窗、结构上的留白等，再通过一些空间的创造来明确建筑的体量与功能。这个高度概念化、高度构图化的设计虽未建成，却是对后现代主义理论的一种充分扩展，并以此为标志开启了未来十年的解构主义新纪元。

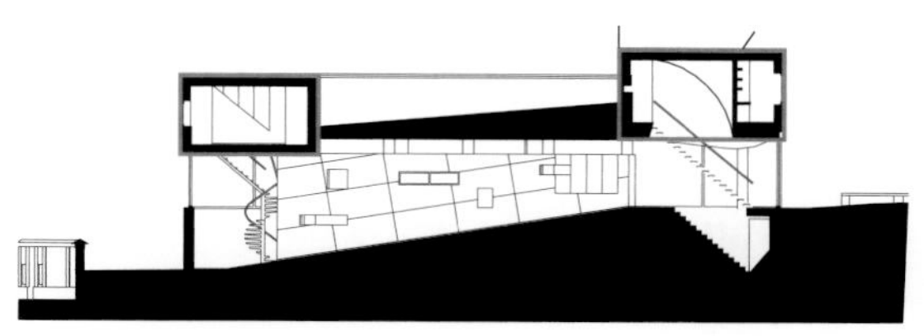

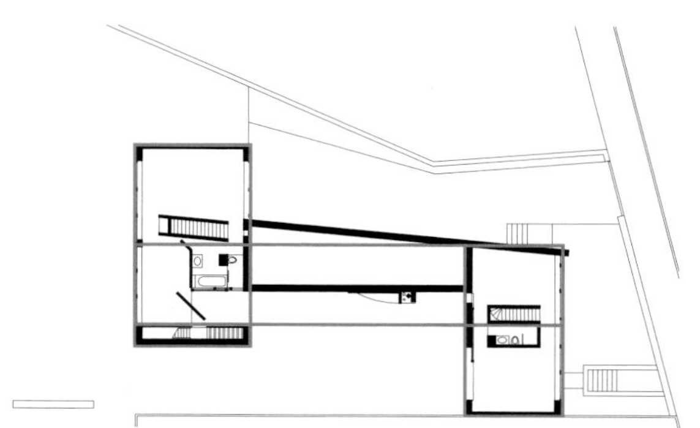

艾瓦别墅，雷姆·库哈斯
巴黎，法国　1991 年
[解构主义，自由平面住宅，钢材]

Villa Dall’Ava, Rem Koolhaas
Paris, France　1991
[Deconstructivism, free plan house, steel]

艾瓦别墅充分体现了后现代主义设计手法对空间构成和材料特性的控制能力。由柯布西耶定义的“新建筑五点”（可以基地周边勒·柯布西耶的许多作品作为参考）：横向长窗、自由立面、底层架空、屋顶花园和自由平面，在艾瓦别墅中十分隐晦地表达出来。自由立面被打断，向下沉入基地，建筑仿佛是在基地之上架设的桥梁。底层架空柱被拉长并朝不同方向倾斜，宛如一片“柱子的森林”，这是对柯布西耶底层架空的变形和借鉴。地面层以可开启的玻璃门窗环绕，形成了通透的空间围合。屋顶花园一直延伸到建筑顶层的游泳池。建筑形式中最巧妙的处理在于各种建筑材料的拼贴使用，正是这种拼贴组合使该建筑成为当代居住建筑中最能表达后现代特征的优秀作品。

博物馆 | Museum

博物馆作为一种独立的建筑类型出现是缘于私人收藏的兴起。最初的博物馆建筑可追溯到宫殿或别墅，按类别划分依然属于住宅建筑。随着公共艺术馆的出现，一些建筑才逐渐具有了博物馆的独立功能。巴黎的卢浮宫和圣彼得堡的艾尔米塔什博物馆就是这种功能演进的最好例证。整个 19 世纪，见证了现代博物馆作为一种独立的建筑类型从无到有、拔地而起的全过程。最初对博物馆的定义为一系列成行排列的房间，其典型特征是顶部照明。从建筑类型的角度来看，博物馆是受到最多挑战、经历最多变化的一种建筑类型。与建筑漫步的原始联系、基于光影和空间的建筑体验及以高知人群作为主要受众，博物馆的这些特点使其有更多机会成为具有文化属性的标志性建筑。

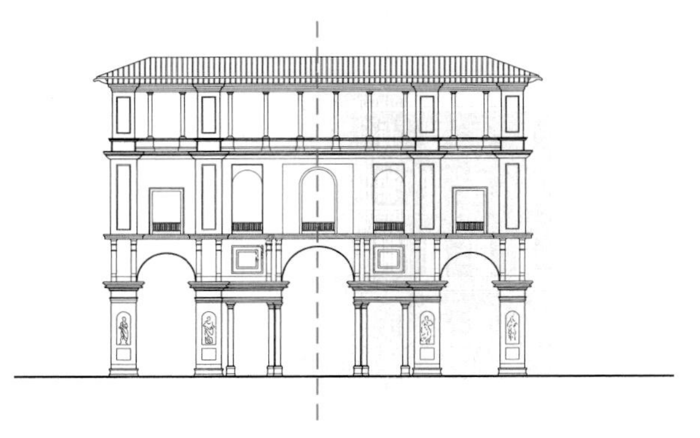

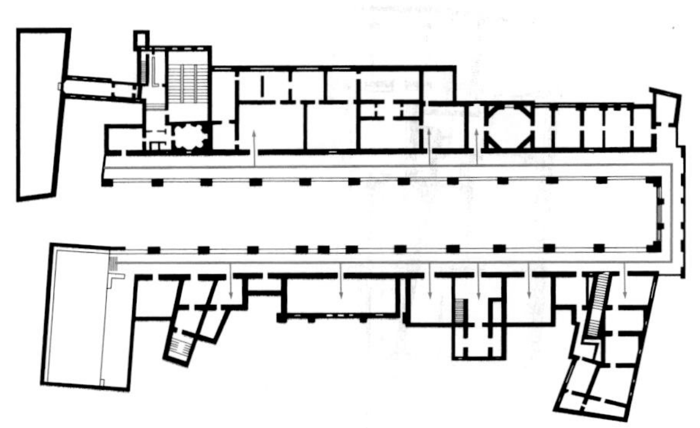

乌菲齐美术馆，乔治·瓦萨里
佛罗伦萨，意大利　1560 年
[文艺复兴，由城市环境定义的线性庭院，砖石砌块]

The Uffizi, Georgio Vasari
Florence, Italy　1560
[Renaissance, urban wrapper defining linear courtyard, masonry]

乌菲齐美术馆是典型的博物馆建筑，并以一己之力为城市空间限定了边界。其单边式走廊在建筑中是连接分散布局的各个展品陈列室的交通内环，在城市中是限定空间的一条线性边界。起初，乌菲齐美术馆被设计为佛罗伦萨地方长官的办公室，后来用于收藏美第奇家族的绘画及雕塑作品，也因此成为最早的博物馆建筑之一。乌菲齐美术馆的线性布局便于按时间的先后顺序布置展品，在建筑形式中综合考虑了策展布展的需求。

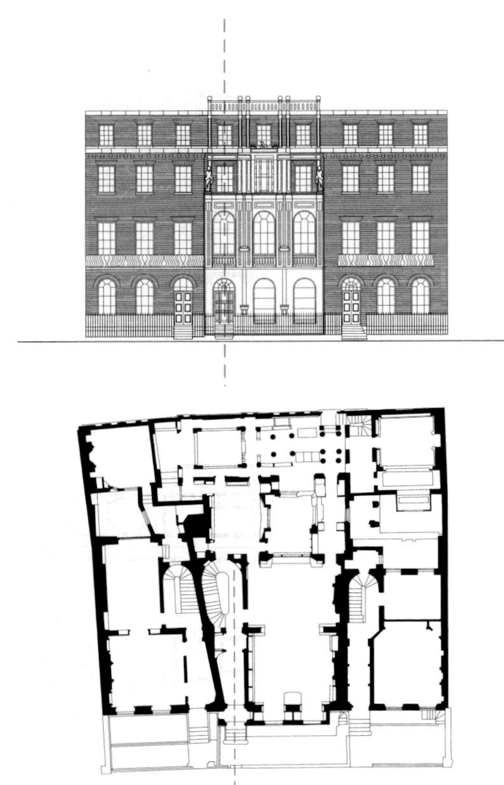

约翰·索恩博物馆，约翰·索恩

伦敦，英格兰　1824 年

[新古典主义，住宅博物馆，砖石砌块]

John Soane House, John Soane

London, England　1824

[Neoclassicism, house as museum, masonry]

1806 年，约翰·索恩被委任为英国皇家艺术学院的建筑学教授，此后不久，他将自己的大量藏书、石膏像和模型等安置在私宅之中，起先是为了便于学生在上课前后随时取用。正是这些私人收藏赋予了建筑以博物馆的功能，使他的私宅转变为博物馆。其组织形式遵循了“奇珍屋”（wunder box）的原则，即各种展品密集地陈列在紧凑的空间里。多年来，索恩持续对建筑空间进行剪裁、调整和扩展，采用多种方式完善展品的存储和展示，优化空间的感知与体验。可开启的墙壁、连锁式的空间以及错综复杂的装置，使博物馆建筑中空间的体验与藏品的体验同样精彩，这也是索恩博物馆的魅力所在。

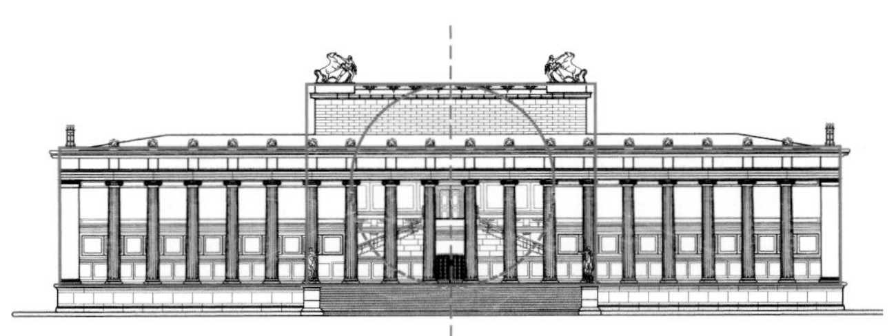

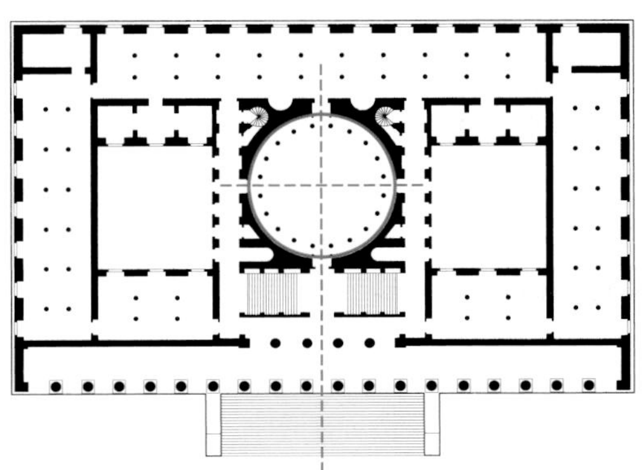

柏林老博物馆，卡尔·弗里德里希·申克尔

柏林，德国　1830 年

[新古典主义，中央圆形大厅式博物馆，砖石砌块]

Altes Museum, Karl Friedrich Schinkel

Berlin, Germany　1830

[Neoclassicism, central rotunda museum, masonry]

柏林老博物馆的中央圆形大厅让人想起万神庙，二者的形制、造型及空间效果都极其相似。在古典主义风格中应用圆形大厅的设计，是为了在建筑中设立一个能够掌控全局的空间，以此将整个建筑组织成一个完整的整体。圆形大厅吸引着观众穿过门廊再经过楼梯，直至最终进入宏大的圆厅空间之中，不断强化的流线营造出雄伟又威严的空间体验。而后通过轴线继续引导观众，两条相互交叉的轴线用来分散，观众穿过交通轴线后进入博物馆后续的走廊和展室继续参观。柏林老博物馆中房间众多但组织有序，这意味着建筑师运用了组织展览的策划管理方法，为松散的空间限定了展览主题和内容，以保证其散而不乱的组织效果。

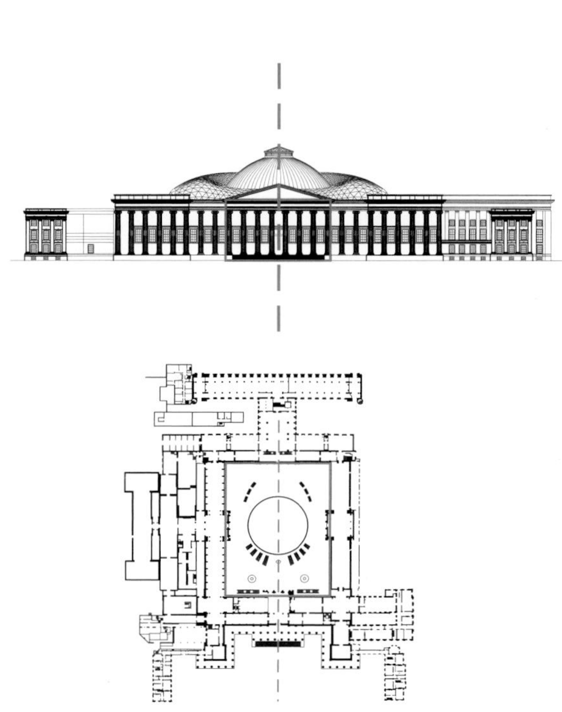

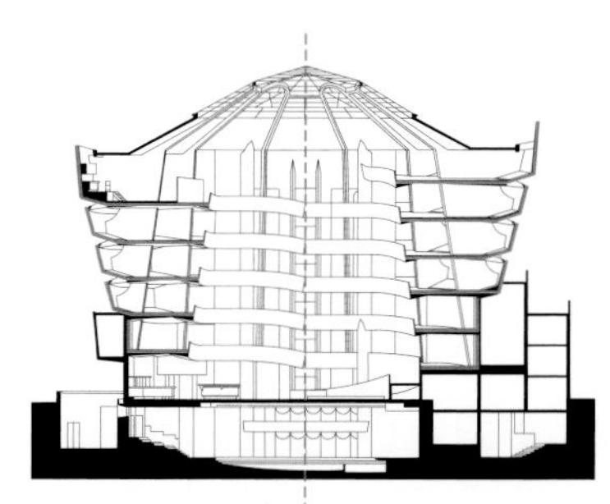

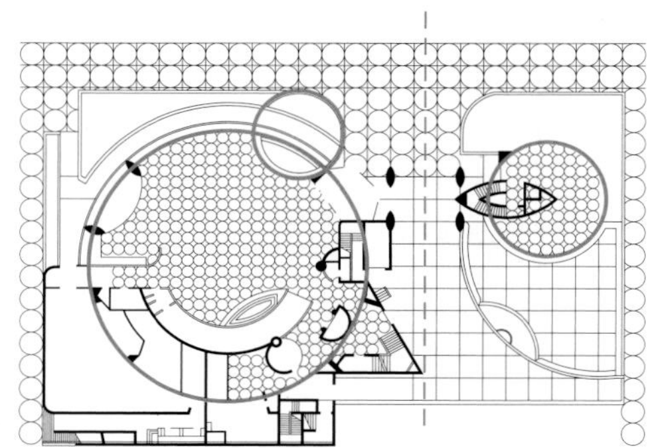

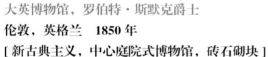

大英博物馆，罗伯特·斯默克爵士

伦敦，英格兰 1850 年

[新古典主义，中心庭院式博物馆，砖石砌块]

British Museum, Sir Robert Smirke

London, England 1850

[Neoclassicism, central courtyard museum, masonry]

大英博物馆被认为是世界上最经典的博物馆之一，纪念性的设计元素和新古典主义的表达手法将其塑造为伦敦最重要的建筑之一。大英博物馆收藏着世界各地的珍品。其建筑借鉴了宫殿设计理念，一系列大型展室呈行列式直线排布，围绕在中央大型庭院的四周。两条空间主轴穿过中央庭院。布置在庭院四条边中心位置的或是特展展厅，或是圣堂，目的是再一次强调两条空间轴线。在博物馆的主立面上，建筑的左右两翼伸展出去，限定了博物馆的前广场。自此，这种以巨大柱廊主导的立面形式确立了博物馆这一建筑类型的视觉形象。

古根海姆博物馆，弗兰克·劳埃德·赖特

纽约市，纽约州 1959 年

[现代主义，围绕中庭旋转的螺旋式美术馆，混凝土]

The Guggenheim Museum, Frank Lloyd Wright

New York, New York 1959

[Modernism, ramping spiral gallery around atrium, concrete]

古根海姆博物馆是赖特的最后一个大型建筑作品，连续的步道自下而上穿越了整个博物馆及其中的藏品，形成了博物馆独一无二的平面布局与建筑形式。螺旋的形式、纯白的材料、毫无缝隙的立面，镶嵌在纽约市规则的正交城市肌理网格中，却平滑顺畅、毫不违和，观众的兴趣就在这种空间感知中被完全激发出来。在博物馆入口，观众被门厅低矮的天花板压抑着，直到进入巨大的中庭空间才突然释放，中庭以玻璃镶嵌屋顶，空间空灵开敞。然后，观众乘电梯到达顶层，再沿着螺旋形的坡道向下漫步。各种画作就陈列在这些连续的墙面上。从某种程度上来说，在古根海姆博物馆中，建筑的功能需要妥协于这些弧形的墙面。为了保持设计概念的纯粹性而使建筑功能做出牺牲，这也使古根海姆博物馆成为第一个“以展品为主、以展览服务为宗旨”的博物馆建筑设计先例。

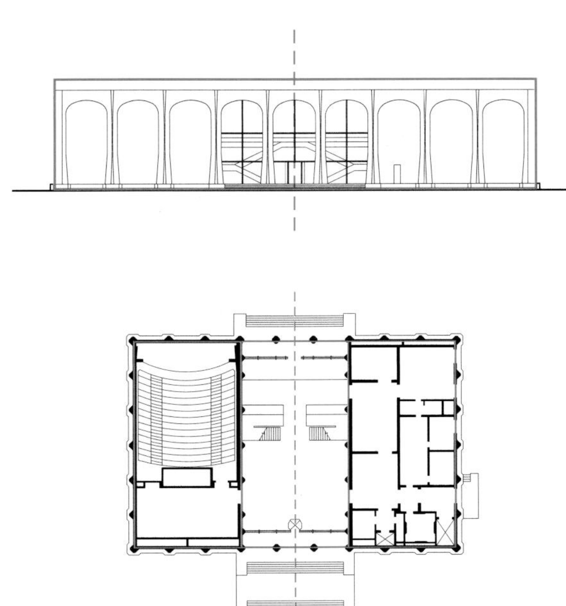

谢尔顿博物馆，菲利普·约翰逊
林肯市，内布拉斯加州　1964 年
[现代主义，中央大厅式博物馆，混凝土和石材]

Sheldon Museum, Philip Johnson
Lincoln, Nebraska　1964
[Modernism, central hall museum, concrete and stone]

谢尔顿博物馆坐落于内布拉斯加州立大学的校园中，是一座沿用古典主义组织形式的现代建筑。它的平面采用了对称式的三部分结构，中央是体量巨大的入口门厅，两个画廊分别位于门厅两侧。建筑的外部饰面和室内铺设所使用的材料均是石灰华大理石，而大部分的细部则由青铜打造。这座建筑综合了古典主义的建筑特征，比如严谨的对称、适宜的比例以及相关材料的使用，但实质上建筑所采用的建筑语汇仍然是彻彻底底的现代主义。

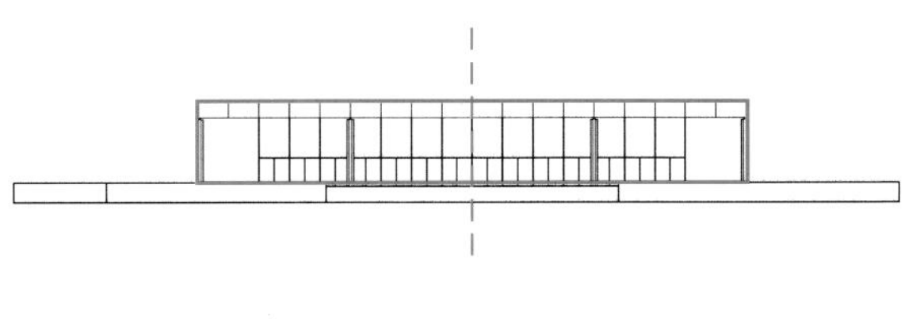

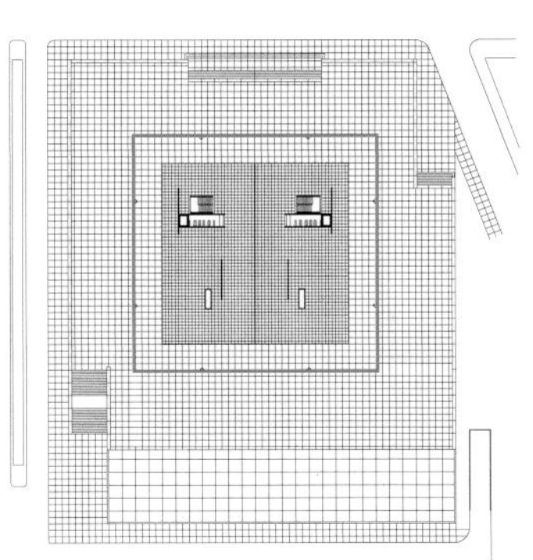

柏林新国家美术馆，密斯·凡·德·罗
柏林，德国　1968 年
[现代主义，自由平面—通用空间，钢材和玻璃]

Neue Nationalgalerie Museum, Mies van der Rohe
Berlin, Germany　1968
[Modernism, free plan-universal space, steel and glass]

柏林新国家美术馆是密斯最后的建筑创作，在建筑中，玻璃和钢面板的使用帮助密斯实现了通用空间的设计理想。建筑的设计意象是“混凝土基座之上的玻璃美术馆”（基座内包含基本的功能空间，也设有许多展厅），由外部八根立柱支撑起来的巨大钢结构屋面，标识出美术馆的主要建筑形式。建筑四周的界限受到最大程度的弱化和消隐处理，玻璃幕墙既是在巨大屋顶的覆盖之下，又继续向内作退线处理。光洁的场地反射着太阳光，玻璃幕墙上映射着场地的景象，建筑仿佛融于环境之中。而建筑的内部空间取消了分区，空间的连续性得以继续增强。几何形的工整与简约、材料的尺寸与张力，均使美术馆营造出平静、安定与永恒的展览空间。

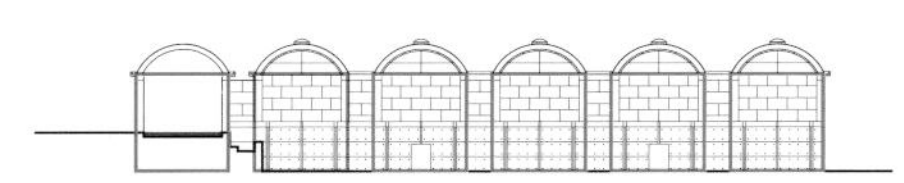

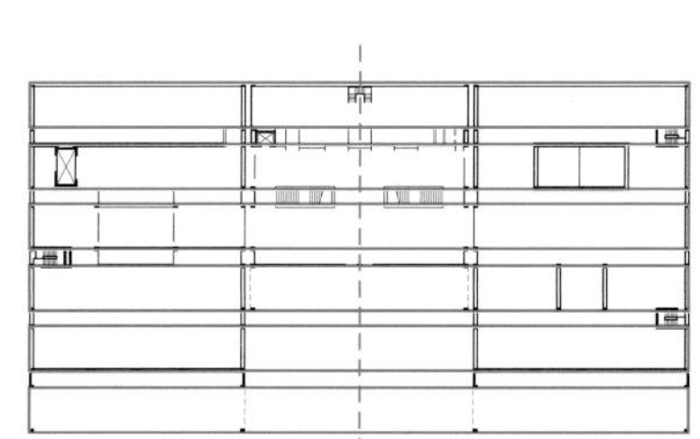

金贝尔艺术博物馆，路易斯·康
沃思堡市，得克萨斯州 1972 年
[现代主义，平行式画廊，混凝土]

The Kimbell Art Museum, Louis Kahn
Fort Worth, Texas 1972
[Modernism, parallel galleries, concrete]

金贝尔艺术博物馆最主要的特征是平行重复的一系列筒形拱顶，每个筒形拱顶形成的开间都是独立的，再以开间的组合形成一栋完整的毯式建筑，兼顾了建筑的功能性与空间效率。建筑在顶部开窗，使光线在拱形的天花板表面形成反射，着重刻画出建筑最具特色的部分——屋顶。建筑由混凝土框架结构支撑，从西侧立面开始共设有三个 100 英尺（约 30.48 米）的开间，支撑结构之上拱顶的聚合形成了毯式建筑重复的层次。在拱顶之下，预留出三个庭院空间。金贝尔艺术博物馆是对罗马形式的简单参照，使用了丰富的建筑材料如混凝土面板、石灰华、白栎木等，首次将光确立为建筑表现的主导因素。同时因为天花板的精心设计，博物馆为观众创造出高雅精致的观赏体验。

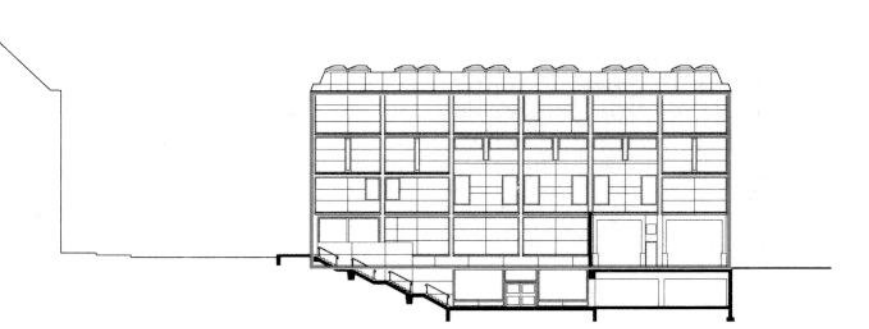

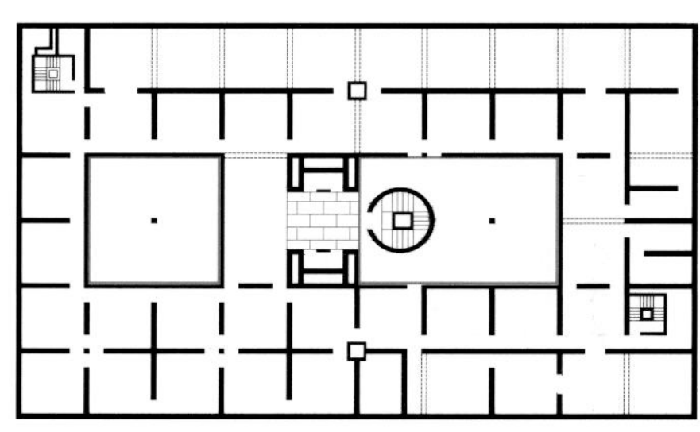

耶鲁大学英国艺术中心，路易斯·康
纽黑文市，康涅狄格州 1974 年
[现代主义，带有中庭的博物馆，混凝土]

Yale Center for British Art, Louis Kahn
New Haven, Connecticut 1974
[Modernism, atrium museum , concrete]

耶鲁大学英国艺术中心是路易斯·康的最后一个作品，是建筑师设计思想的集大成者。受基地条件及城市环境的限制，建筑被定义为一个方方正正的盒子，但丰富的建筑层次突破了方盒子的限制，使建筑在环境中突显出来。混凝土的三维结构框架十分明显，在室内和室外均清晰可见。石材的覆面镶板作为建筑的外部填充，而内部则使用白栎木镶板。巧妙的剖面布局、精致的屋顶节点，在漫射光的烘托之下创造出安静私密的室内空间。室内巨大的柱子彰显出纪念意义，配合娴熟的材料应用技巧，使耶鲁大学英国艺术中心成为庄严而永恒的博物馆建筑。

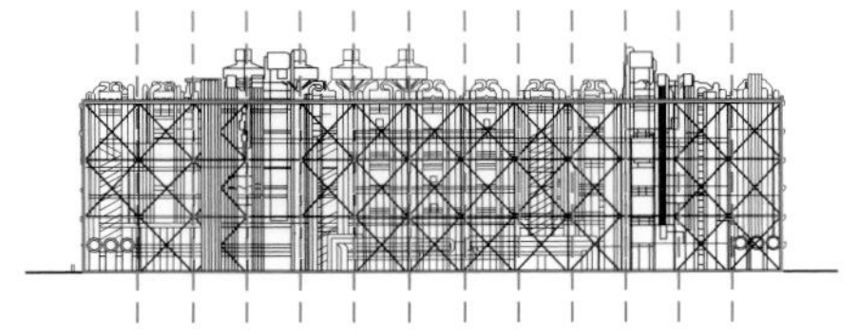

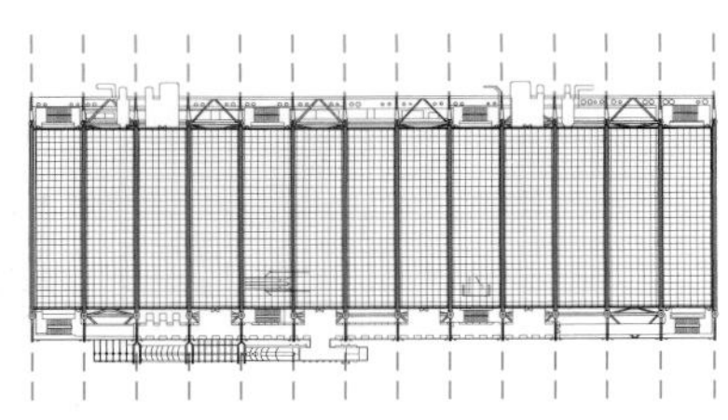

蓬皮杜中心，伦佐·皮亚诺与理查德·罗杰斯
巴黎，法国　1974 年
[现代高技派，自由平面式博物馆，钢材、玻璃和混凝土]

Centre Pompidou, Renzo Piano and Richard Rogers
Paris, France　1974
[Hi-Tech Modernism, free plan museum, steel, glass, concrete]

蓬皮杜中心在设计之初就确定了以人为本、为人民而建的美好愿景，它在设计中让出了场地的一半面积用作公共广场，供人们集会等使用，对公众完全开放，这种设计非常独特。而为了平衡建筑面积，博物馆将高度增加了一倍，这也使其突破了严格控制的巴黎天际线基准高度，以新文化建筑的姿态在巴黎老城低缓的天际线中高调宣示其特行独立的存在。再看建筑本身，就像是把内部完全翻出来，各个系统都以不同的颜色仔细标记，这既是对自身建筑结构的阐释，也是蓬皮杜中心作为工业美学表现主义作品的证明。在颜色系统中，蓝色表示空调管道，绿色表示供水管道，灰色表示二级结构，红色表示交通流线，整栋建筑形成了非常清晰的易于辨识的标志系统。各种支撑系统的外化为建筑内部自由平面的实现提供了条件，可以完全适应各种展览的布局要求。竖向交通设置在一条玻璃管道中，呈阶梯状悬挂在建筑表皮之外，这种夸张的形式成为广场上最引人注目的立面。建筑立面的活泼造型、建筑自身的空间活力以及博物馆功能所带来的人群及各项活动，都使蓬皮杜中心成为城市中最耀眼的风景。

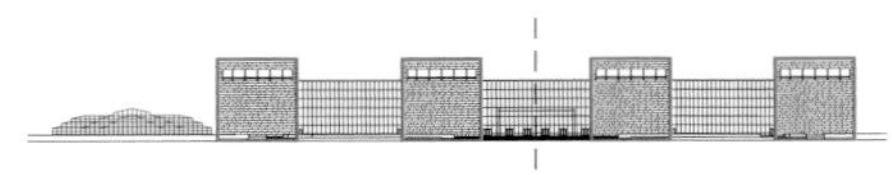

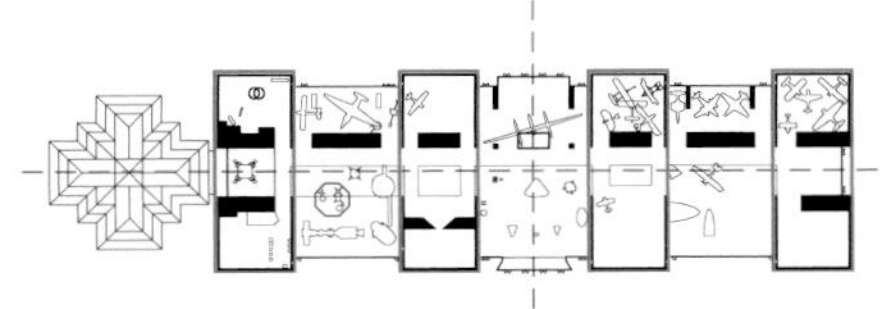

美国国家航空航天博物馆，美国 HOK 设计公司
华盛顿特区　1976 年
[现代主义，开放式中庭分层的博物馆，混凝土和钢材]

National Air and Space Museum, HOK
Washington, D.C.　1976
[Modernism, open atrium layered galleries, concrete and steel]

美国国家航空航天博物馆坐落在华盛顿特区的国家广场上，与史密森学会相对，是规模最大的航空航天飞行器历史博物馆。建筑被设计为四个均匀分布的立方体，由大理石覆面（采用田纳西州的粉色大理石是为了与国家美术馆的色彩相匹配），立方体之间以茶色玻璃材质连接。不透明的立方体部分包含服务空间、剧院和室内展厅，立方体之间的区域是巨大的庭院空间，为悬挂在空中的飞行器展品提供了“飞行”空间。建筑西面的玻璃墙其实是一个巨大的入口，便于大型飞行器的移动和组装。国家航空航天博物馆的整体尺度与美国国家美术馆一致，二者面对着国家广场，遥相呼应。其实国家航空航天博物馆的位置已经决定了它必须使用大体量、纪念性的建筑形式，其自身的展品特征也要求巨大的空间尺度，因此建筑本身作为一个桥梁将自身需求与场地要求结合在一起，通过四个体积巨大的仓储式盒子空间，建筑成功地将室内的展示空间同周围的环境达成了统一。

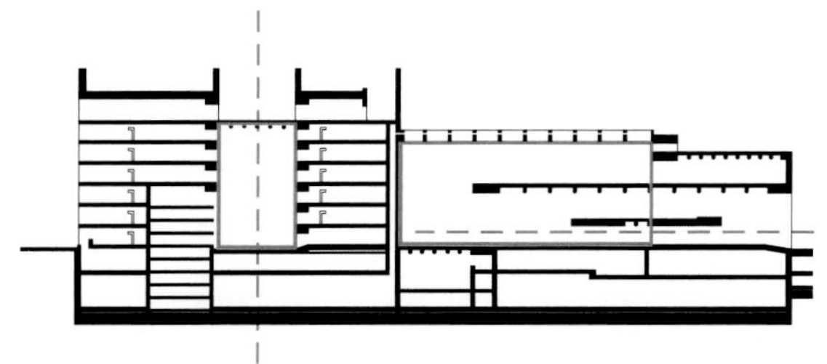

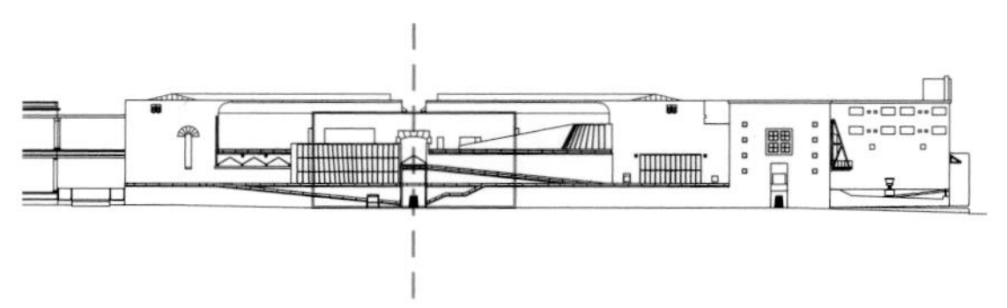

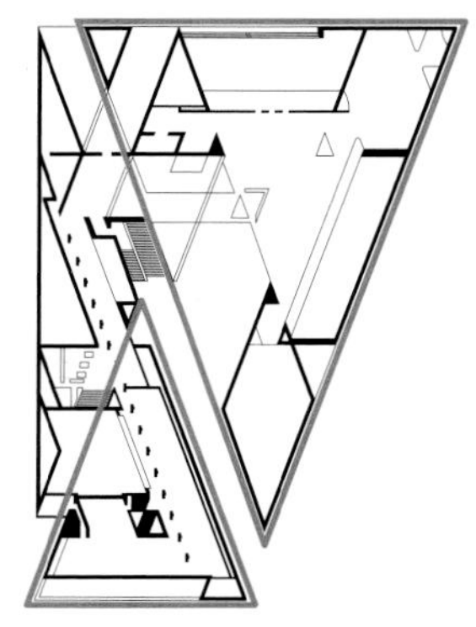

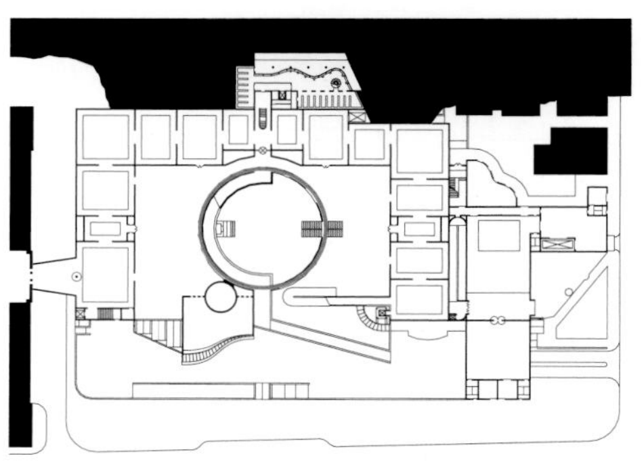

国家美术馆东馆，贝聿铭
华盛顿特区　1978 年
[现代主义后期，三角形中庭，混凝土和石材]

East Wing of the National Gallery, I.M. Pei
Washington, D.C.　1978
[Late Modernism, central triangular atrium, concrete and stone]

体量巨大、多层的中央庭院构成了国家美术馆东馆的核心空间，而核心空间周边环绕的展室却采用了亲切的尺度和传统的展览分区。建筑中，尺度的精准把握和风格的准确表达创造出高度抽象又极具表现力的现代展览空间。位于中央的既集聚又混合的多层开放空间以及以此形成的流动的中庭空间，能将地面和空中的展品联系起来。交通流线也是多层次、多方位的，让人们在环绕着中庭的各个展室之间上上下下、进进出出，创造出复杂却又活跃的空间经验。

斯图加特国立美术馆新馆，詹姆斯・斯特林
斯图加特，德国　1983 年
[后现代主义，线性布局，石材覆面]

Neue Staatsgalerie, James Stirling
Stuttgart, Germany　1983
[Postmodernism, linear enfilade, stone cladding]

在斯图加特国立美术馆新馆设计中，斯特林将古典主义的建筑形式与现代主义的自由平面相融合，其结果是在美术馆和展览空间开阔的场地中创造出一种离散形式（由后现代的历史拼贴方法所定义）的空间体验。对建筑整体构成的精准控制源于对交通流线的审慎设计。在建筑中引入了一条漫行步道，促成了建筑中空间秩序的统一，这条漫行步道既是场地纵向关系的引导，也是布置展览的线索。

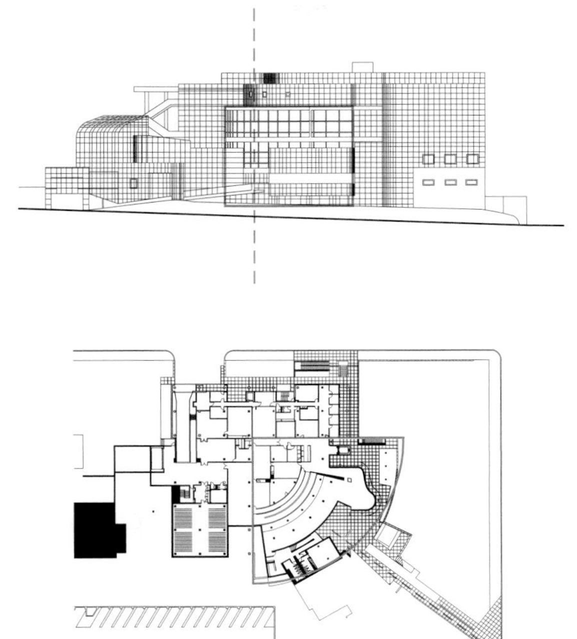

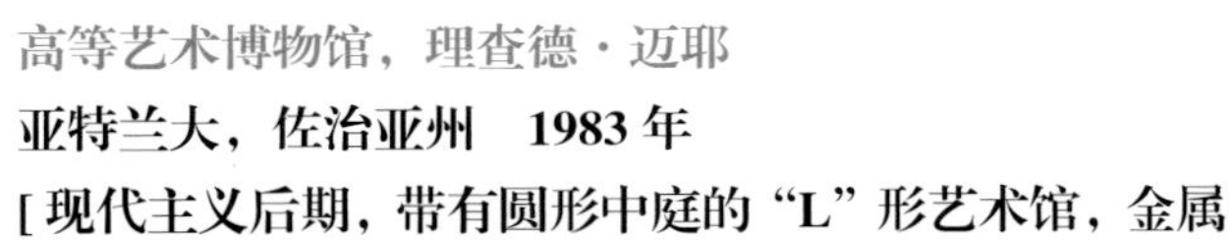

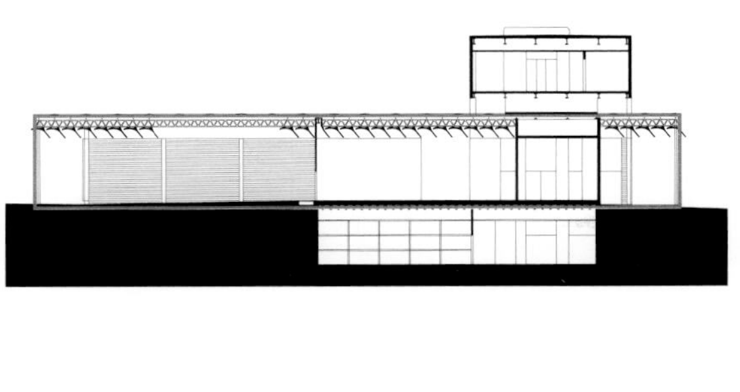

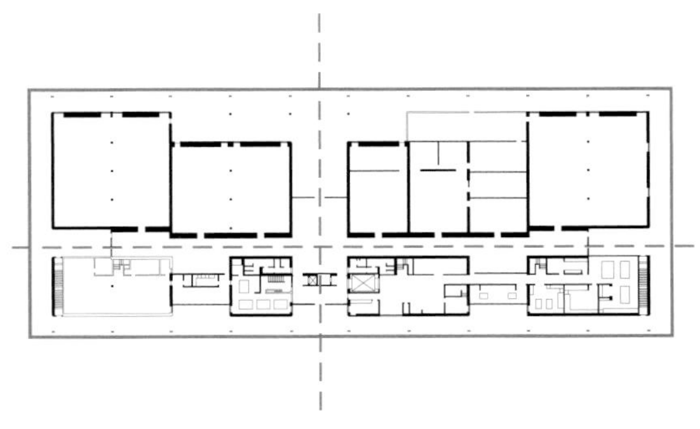

高等艺术博物馆，理查德·迈耶

亚特兰大，佐治亚州　1983 年

[现代主义后期，带有圆形中庭的“L”形艺术馆，金属]

High Museum of Art, Richard Meier

Atlanta, Georgia　1983

[Late Modernism, L-shaped galleries with circular atrium, metal]

在高等艺术博物馆的设计中，呈“L”形布置的展室限定出位于中央的中庭空间。建筑中的交通流线与弗兰克·劳埃德·赖特设计的纽约古根海姆博物馆一样，是由一条漫行步道引导观众穿过中庭，乘坐电梯到达顶层，再随着步道缓缓下降，依次经过各层的展览空间。但在高等艺术博物馆中，这一条逐层下降的步道是“之”字形坡道，在中庭和建筑主立面之间来回往复，而游客也在不断穿梭之中体会到了空间转换的乐趣。步道最终的落点是博物馆的一层地面。随着转折步道形成的墙体与结构之间独特的关系赋予了空间连续性，同时将展览空间细分为更小尺度的展示空间。高等艺术博物馆是迈耶设计生涯中最具表现力的建筑作品之一，它既是一座成功的博物馆建筑，也是一个非凡的城市地标。

梅尼尔私人收藏馆，伦佐·皮亚诺

休斯敦，得克萨斯州　1986 年

[现代高技派，双边走廊式，多种建筑材料]

The de Menil Collection, Renzo Piano

Houston, Texas　1986

[Hi-Tech Modernism, double-loaded corridor, diverse]

梅尼尔私人收藏馆是伦佐·皮亚诺设计的第一个博物馆，也是皮亚诺已经趋于稳定的建筑风格的综合展示。像路易斯·康一样，皮亚诺致力于将这座博物馆打造成自然光的空间产物。建筑的大部分只有一层，由精致的铰接式屋顶覆盖，建筑平面的整体形式就像一些互不连接的体块堆在一起（所有体块只与位于中央的双边式走廊相连，走廊穿入前厅，形成了交叉的双轴），但所有的建筑体块与空间始终保持在屋顶覆盖的边界之内。屋面上设有预制式的混凝土光散热片（precast concrete light fins），其目的是反射自然光，以形成均匀的照度，同时避免任何光线或有害紫外线直接照射艺术品。建筑的各项尺度均经过精心考量，基地周边是广阔的城市空间，适宜的规模尺度能使建筑顺利地融入城市肌理，统一的色彩也使其与周围的住宅建筑取得一致。梅尼尔私人收藏馆是一栋公共建筑，正是这些统一与一致使其优雅地坐落于休斯敦混杂的城市基底之中，毫无违和之感。

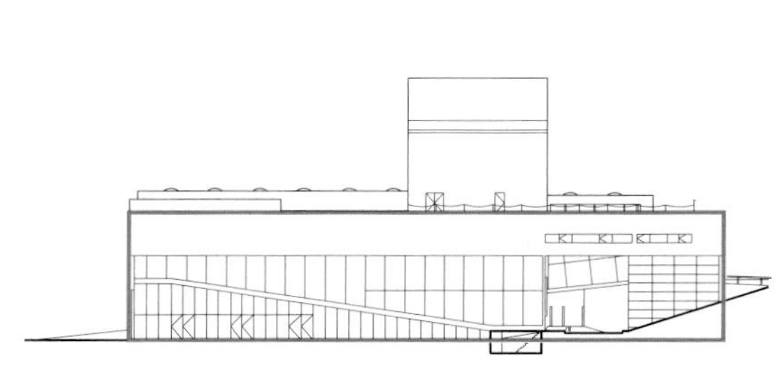

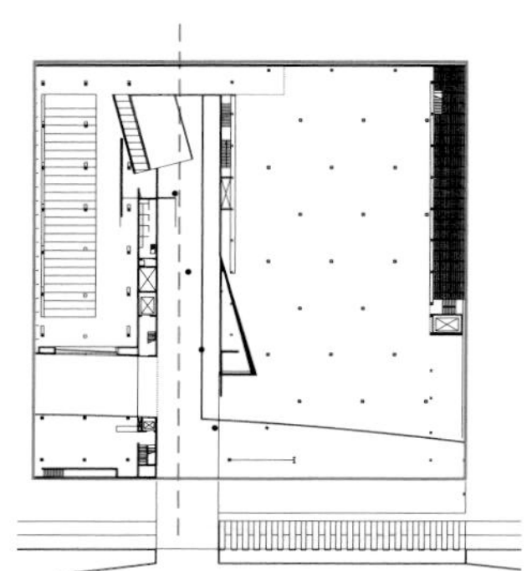

康索现代艺术中心，雷姆 · 库哈斯
鹿特丹，荷兰　1992 年
[后现代主义，剖面中的双边走廊式，多种建筑材料]

Kunsthal, Rem Koolhaas
Rotterdam, Netherlands　1992
[Postmodernism, double-loaded sectional corridor, diverse]

康索现代艺术中心由雷姆 · 库哈斯设计，通过一条漫行步道连接各个展室。但是不同于弗兰克 · 劳埃德 · 赖特设计的纽约古根海姆博物馆中的环形步道或理查德 · 迈耶设计的亚特兰大高等艺术博物馆中的“之”字形步道，康索现代艺术中心采用的是中心式步道，并以此作为主要的空间组织工具，将各个空间联系起来。在建筑的竖向设计中采用了错层设计，错层的楼面与坡道两端接驳以形成过渡平台，便于实现竖向交通缓慢的分段式抬升，防止因坡道过长带给人们爬坡的压力。康索现代艺术中心的空间组织集中有序，不失传统博物馆建筑的灵活性，既保证了各部分空间的独立功能，又通过步道将各展览空间联系起来，以此保证了空间组织的效率，最终形成了既精致又完整的空间体验。

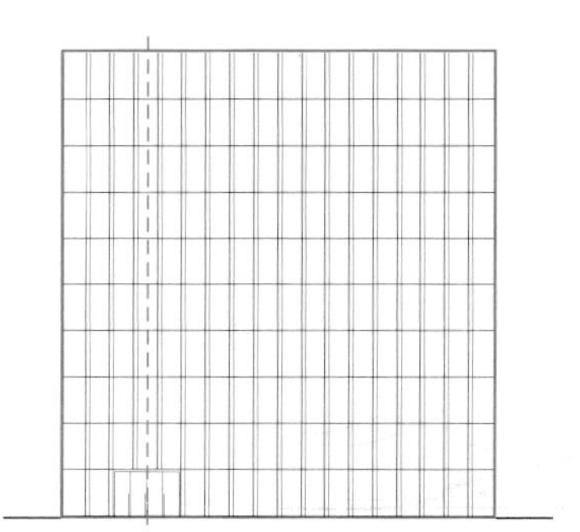

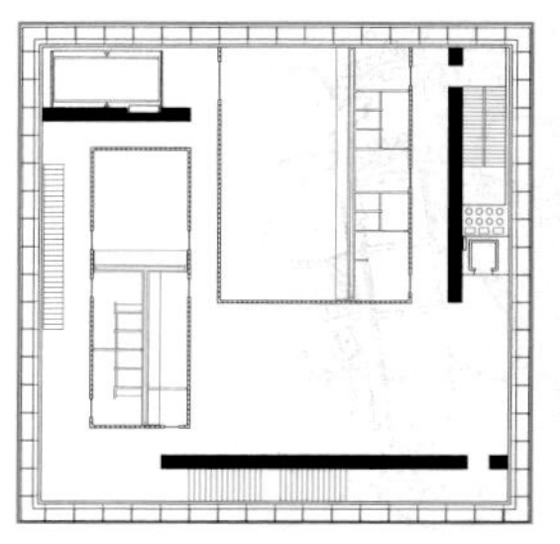

布雷根茨美术馆，彼得 · 卒姆托
布雷根茨，福拉尔贝格州，奥地利　1997 年
[现代主义，多层的自由平面式博物馆，玻璃和混凝土]

Kunsthaus Bregenz, Peter Zumthor
Bregenz, Vorarlberg, Austria　1997
[Modernism, multi-story free plan museum, glass and concrete]

布雷根茨美术馆通过巧妙的材料运用形成了十分微妙的空间效果。立方体的建筑形式、隐匿的建筑功能、白色玻璃板包覆的外墙、整齐划一的均匀开间，营造出神秘庄严又宁静的建筑氛围。建筑的内部平面仅仅通过三面精确定位的混凝土墙来分隔，保证了正方形边界的连续性。真正的实用功能在墙外，但展览空间却在墙内。作为一栋博物馆建筑，布雷根茨美术馆呈现出的是一个安静又隐秘的方盒子，展品在其中得以安置、展示，并在空间中被赋予新的释义。巧妙的结构方案和庄严的连续空间是布雷根茨美术馆的两大主要特征。

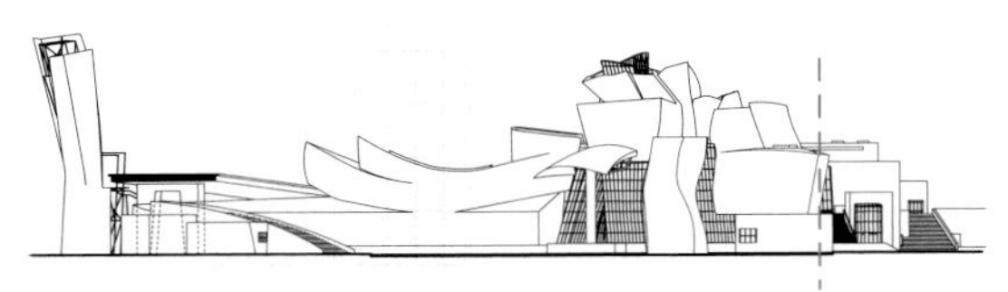

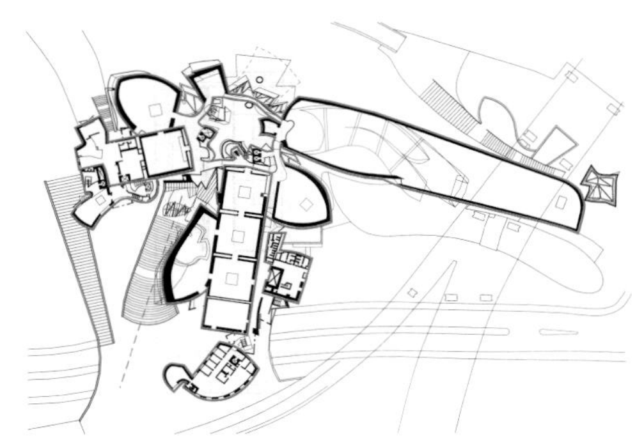

毕尔巴鄂古根海姆美术馆，弗兰克·盖里
毕尔巴鄂，西班牙　1997 年
[现代表现主义，自由平面式博物馆，金属和玻璃]

Guggenheim Bilbao, Frank Gehry
Bilbao, Spain　1997
[Expressionist Modernism, free plan museum, metal and glass]

毕尔巴鄂古根海姆美术馆是将建筑本身作为艺术作品进行设计的最明显案例，特意来此参观建筑的游客与入室参观展览的游客几乎一样多，毕尔巴鄂古根海姆美术馆充分展现了建筑形式的魅力，是全球公认的地标性建筑。建筑的形式和材质都极具表现力，该建筑因此成为弗兰克·盖里的巅峰之作，美术馆的建筑形式得到清晰的展现，建筑本身就是视觉焦点，人们的视线落在建筑上，眼中再无其他。毕尔巴鄂古根海姆美术馆和盖里的许多方案一样，依据功能需求和展览类型在平面中细分出许多独立的元素。每个元素经过旋转、定位，再用带有间隙的覆层覆盖，以此创造出一种更加发散的形式表达。从垂直正交转向自由曲线，建筑的形式与功能中融合了多种组织秩序和空间层次，通过视觉表现主义的方式最终形成了拼贴主义的外部造型和空间体验。

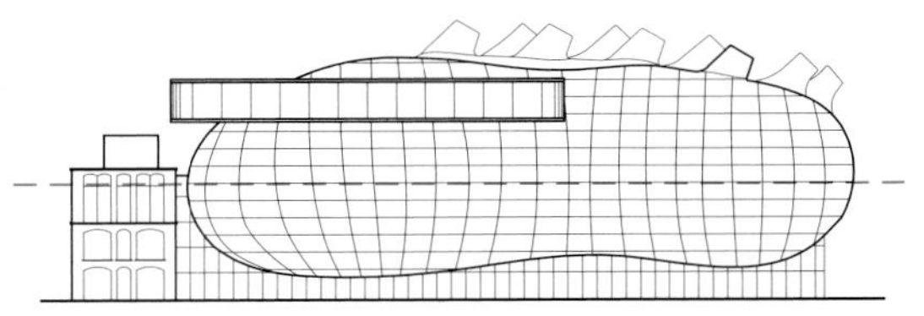

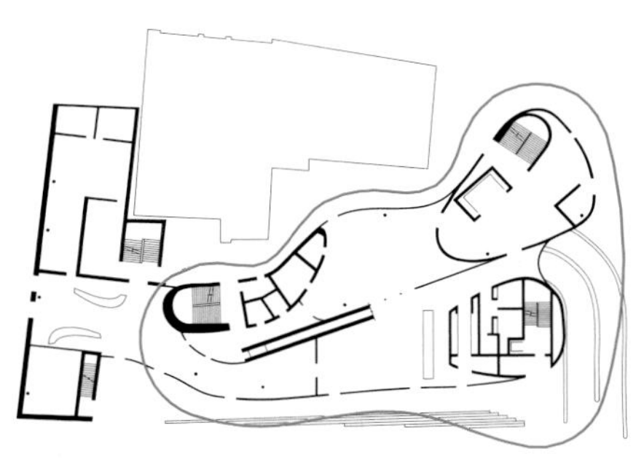

格拉茨美术馆，空间实验室——库克与福尼尔
格拉茨，奥地利　2003 年
[现代表现主义，自由平面式博物馆，塑料]

Kunsthaus Graz, Spacelab – Cook and Fournier
Graz, Austria　2003
[Expressionist Modernism, free plan museum, plastic]

格拉茨美术馆以几何形式的标志性特征创造出一种易识别又好辨认的建筑造型。这个造型对城市肌理来说就是一次突变，激发起人们强烈的好奇心，也为建筑带来持久的关注。格拉茨美术馆的风格属于有机的、曲线式的形式主义，建筑的表皮材质是夸张的蓝色反光塑料，与周围建筑的传统形式、高度甚至砌体材料都形成了鲜明对比。通过构建标志性的外部形式以及建筑表皮可用于灯光表演和内部照明的设计，均实现了对博物馆类型的谱系拓展。因为建筑表皮也是整个建筑空间体验的重要组成部分，因此博物馆中各种展览的策划与布局也纷纷移向室外，扩展了展览的空间，也扩大了展览的影响力。

图书馆 | Library

图书馆建筑类型与博物馆类似，最初是住宅、教堂或神庙建筑中的私人空间。图书馆建筑最早可以追溯到埃及，在亚洲、伊斯兰教国家、希腊和罗马等也很常见。图书馆中存放着各种档案，也承载着一个城市乃至国家的记忆。在中世纪，图书馆是教会的组成部分并受其管理。位于佛罗伦萨的劳伦图书馆（Laurentian Library），是第一批对公众开放的图书馆之一。直到 15 世纪，伴随着印刷机的发明和书籍的大量生产，才产生了与现代图书馆类似的功能空间。后来，图书馆作为积累知识的集中资源，成为大学和政府机关的重要组成部分。19 世纪是一个特别的时间节点，至此，图书馆建筑正式成为一种独立的建筑类型，为社会大众提供服务。这种新的建筑类型衍生出一系列建筑功能和构成要素，如书库、阅览室、各种管理用房以及其他配套服务用房。而对于如何排布这些特别的功能和空间，历代建筑师均享有很高的自主权，并乐于创新，因此在图书馆建筑类型中产生了众多形式丰富、造型新颖的建筑作品。

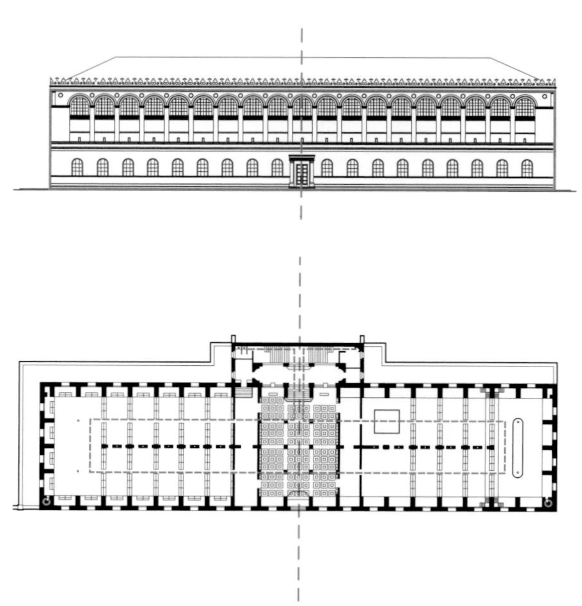

圣日内维耶图书馆，亨利 · 拉布鲁斯特
巴黎，法国　1851 年
[新古典主义，带有拱顶的阅览室，砖石砌块和铁]

Bibliothèque St. Geneviève, Henri Labrouste
Paris, France　1851
[Neoclassicism, vaulted reading room, masonry and iron]

体量巨大的阅览室是圣日内维耶图书馆的核心空间，也是其平面布局的主导要素，是以帕埃斯图姆（Paestum，意大利坎帕尼亚大区的城镇）巴西利卡教堂的平面为蓝本进行设计的。这两组建筑都以成组成列的柱子形成内部空间的中轴线，既直接展现出建筑的结构形式，又不必采用实体轴线的方式。拉布鲁斯特充分利用柱廊的这个特征，作为图书馆建筑与巴西利卡教堂的区分之处，他认为图书馆应该服务于大众，而教堂也应该为公民服务而不是为神。体量巨大的阅览室位于圣日内维耶图书馆的主层楼面（piano nobile），占据了图书馆完整的一层平面，其墙壁采用双壁系统，墙壁中容纳了所有书架。拉布鲁斯特的这种建筑布置方式将阅览室与书库直接打通，嵌在墙壁中的书架就像墙壁一样支撑起整个图书馆建筑。

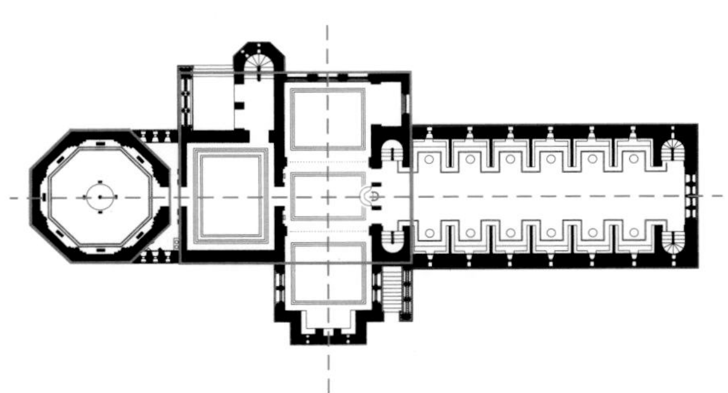

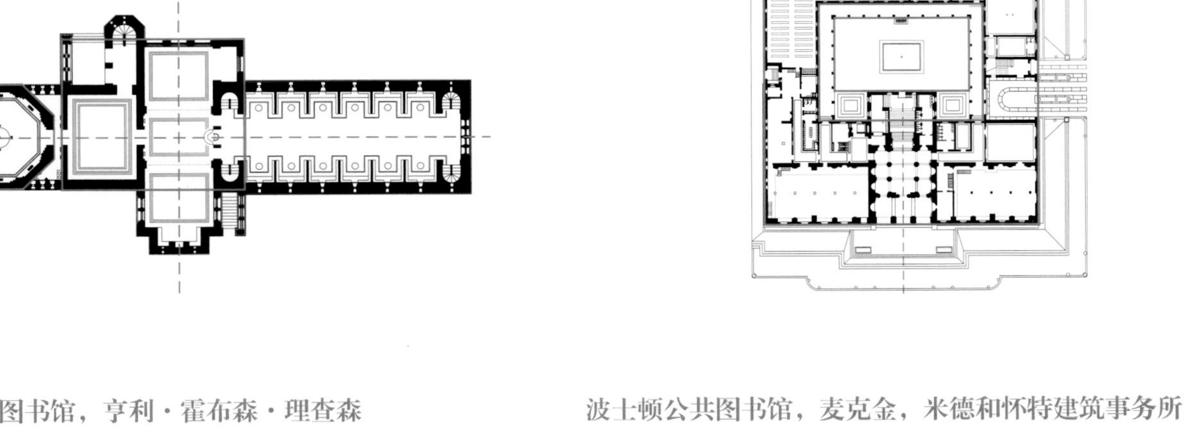

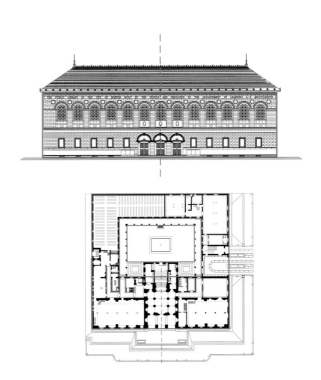

温恩纪念图书馆，亨利·霍布森·理查森
沃本，马萨诸塞州　1879 年
[罗曼式复兴风格 [译注 22]，拉丁十字形图书馆，砖石砌块]

Winn Memorial Library, Henry Hobson Richardson
Woburn, Massachusetts　1879
[Romanesque Revival, Latin Cross library, masonry]

温恩纪念图书馆是理查森的设计作品之一，也是其设计风格的集大成者。建筑的整体造型与拉丁十字形教堂非常类似。书库采用的是长长的线性平面形式(中殿)，阅览室位于垂直于中殿的轴线上（耳堂）。再向前是画廊，即入口大厅（圣坛），由此最终进入博物馆，一个紧临画廊的圆形空间（唱诗席）。但是与教堂不同的是，温恩纪念图书馆中不同功能的空间保持着相互分离的离散状态。这是一个研究同一种建筑类型如何适应不同的功能类别、同一种空间组织如何解决两种功能需求的典型案例。

波士顿公共图书馆，麦克金，米德和怀特建筑事务所
波士顿，马萨诸塞州　1895 年
[新古典主义，中央庭院式图书馆，钢材和砖石砌块]

Boston Public Library, McKim, Mead and White
Boston, Massachusetts　1895
[Neoclassicism, central courtyard library, steel and masonry]

波士顿公共图书馆具有非常清晰的平面布局，即一个入口空间穿过两层平面，直达中央庭院。在中央庭院中设置了入口门厅和主楼梯。建筑主立面的入口空间面向科普雷广场（Copley Plaza），让人联想到巴黎圣日内维耶图书馆的建筑立面，但实际上入口上方的拱门所参考的却是阿尔伯蒂设计的马拉泰斯提亚诺教堂 [译注 23] 的样式。建筑中的庭院源于伯拉孟特在罗马建造的文书院宫。当然，麦克金，米德和怀特建筑事务所在建筑中也创造了新的形式，比如为实现大跨距的建筑空间而采用的拱顶结构。

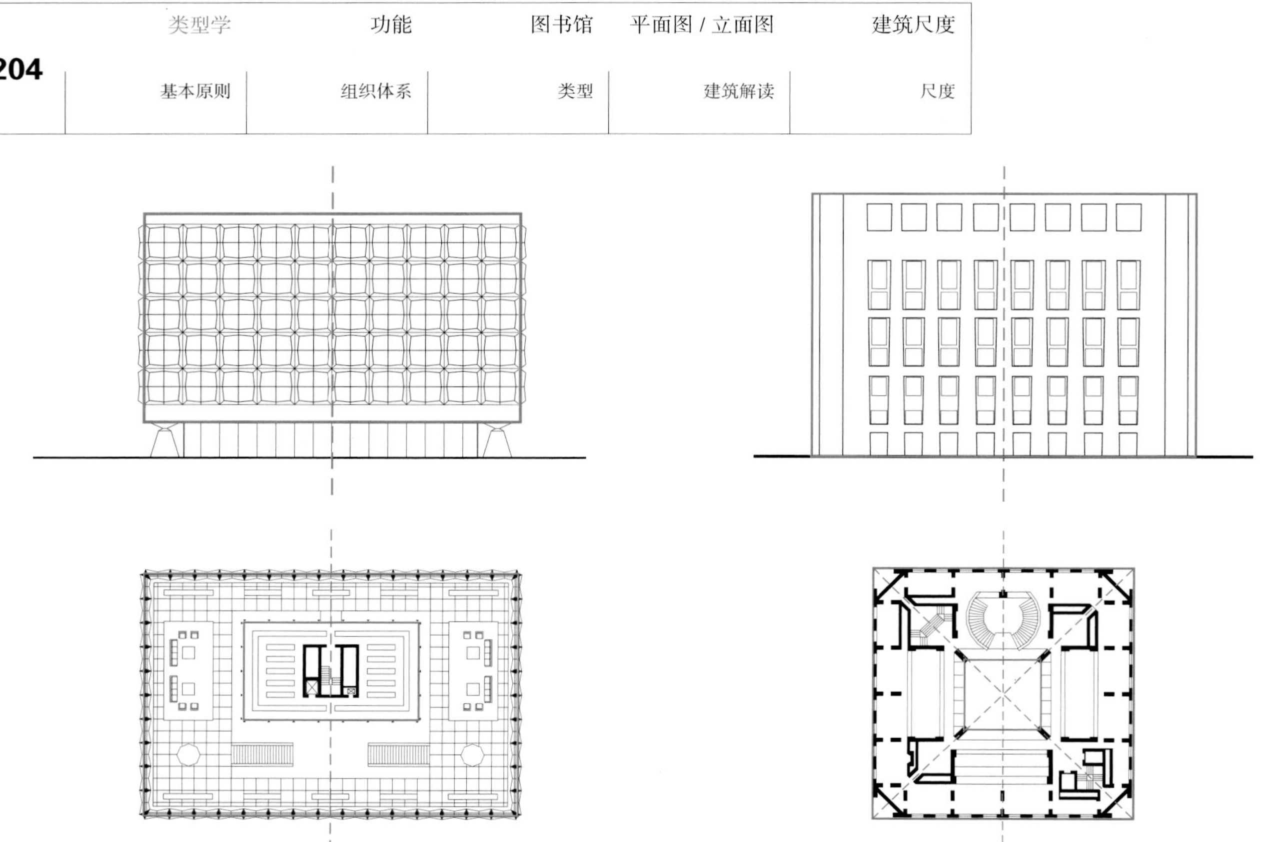

拜内克古籍善本图书馆，戈登·邦沙夫特，SOM
纽黑文，康涅狄格州 1963 年
[现代主义，中心式的玻璃堆叠，混凝土和砖石砌块]

Beinecke Rare Book Library, Gordon Bunshaft, SOM
New Haven, Connecticut 1963
[Modernism, centralized glass stack, concrete and masonry]

拜内克古籍善本图书馆是在半透明大理石建筑中又放置了一个玻璃建筑。位于图书馆中央的六层玻璃塔即书库，就像一个巨大的展示柜，专门用于存放古籍善本。环绕着玻璃塔的是架空的半透明大理石建筑，它像一个神秘的保护装置。两个盒子之间的空间是大堂和阅览区。玻璃塔与大堂的地板之间留有空隙，正是为了强调两者之间的分离。主楼层的下面是办公区，一系列的办公室采用的是传统的回廊式布局，中间围合出一个下沉式的露天庭院，这里是工作人员最喜爱的小憩空间。

埃克塞特图书馆，路易斯·康
埃克塞特，新罕布什尔州 1972 年
[现代主义后期，集中式方形庭院，砖石砌块与混凝土]

Exeter Library, Louis Kahn
Exeter, New Hampshire 1972
[Late Modernism, centralized square atrium, masonry and concrete]

在埃克塞特图书馆设计中，两个嵌套的立方体奠定了建筑功能的空间组织。建筑四周的砌块墙壁和重复的开窗为个人阅览区限定了边界。在外部边界与内部的混凝土方形盒子之间是书库区的中央天井。建筑中对于图形的组织明了清晰，对图形与光、图形与材料的关系处理得精致纯熟，在建筑细部的复杂性与建筑节点控制力的对比下，强调了建筑形式的简洁与朴素。

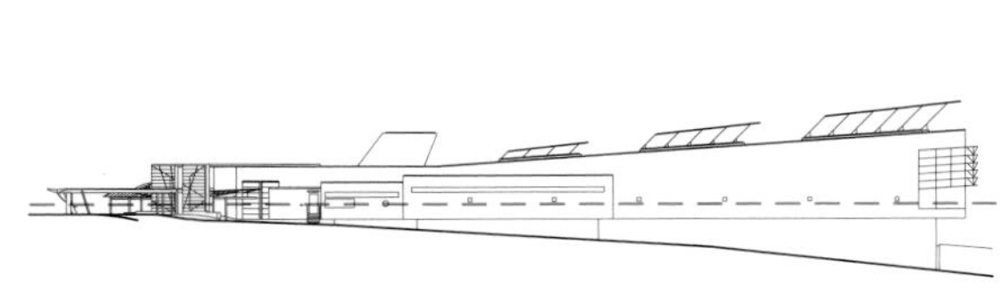

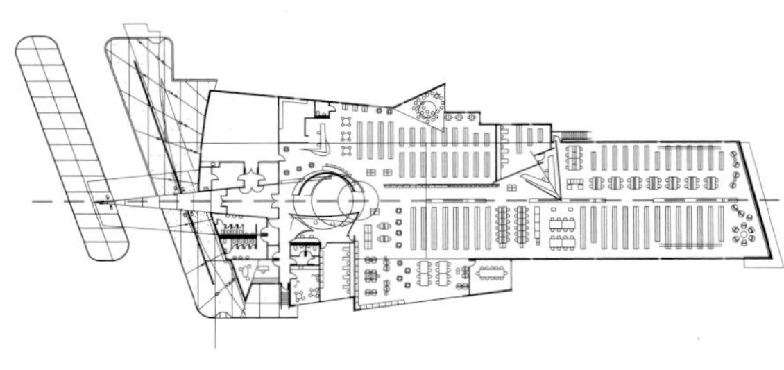

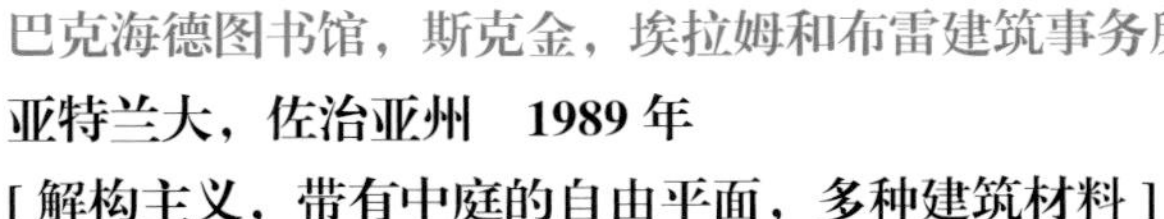

巴克海德图书馆，斯克金，埃拉姆和布雷建筑事务所

亚特兰大，佐治亚州　1989 年

[解构主义，带有中庭的自由平面，多种建筑材料]

Buckhead Library, Scogin，Elam and Bray

Atlanta, Georgia　1989

[Deconstructivism, free plan with central atrium, diverse]

斯克金，埃拉姆和布雷建筑事务所在整个亚特兰大范围建设了一系列公共图书馆，巴克海德图书馆就是其中之一。虽然建设经费有限，但巴克海德图书馆依然创造出一个富有活力、独一无二的建筑形式。建筑师为了严格遵照解构主义的形式规则与空间序列，在最初设计中将该建筑作为一种演进实验，讨论在不同尺度和多种营造方法的条件下，形式与空间的关系与效果。空间的序列从骨架式的停车通道前门廊开始，穿过大厅，在总服务台处与一条动态的离散轴线相交，最后穿过屋顶，以悬挑出去的阅览室作为终点，在此，亚特兰大市中心的完整天际线一览无余，空间序列也达到了高潮。空间形式受到功能需求的限制，但通过材料的应用和形式的抽象完全可以创造出新的构成特点。图书馆建筑通常都是独立的建筑节点，多通过空间形式的动感与绚丽表达内部功能的打断与分散。

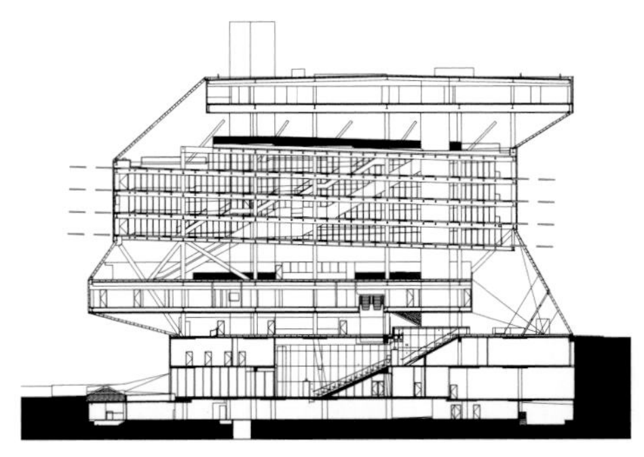

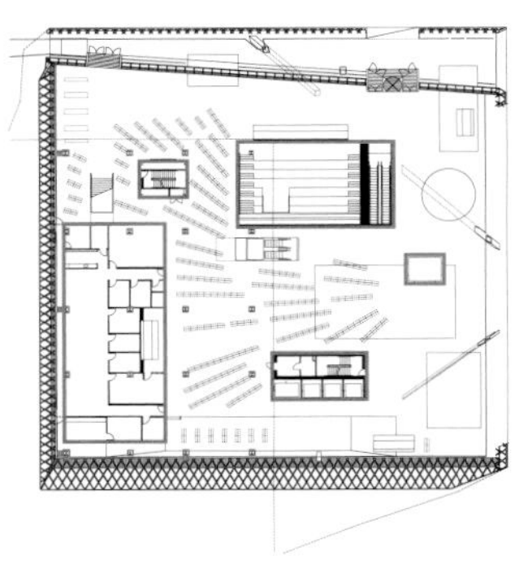

西雅图公共图书馆，雷姆·库哈斯，大都会建筑事务所

西雅图，华盛顿　2004 年

[后现代主义，连续的自由平面，混凝土和玻璃]

Seattle Public Library, Rem Koolhaas, OMA

Seattle, Washington　2004

[Postmodernism, continuous free plan, concrete and glass]

西雅图公共图书馆的独特之处在于建筑中所体现的形式、功能以及二者关系在类型学上的创新。建筑中一系列结构上的重构以及新奇的功能，按照当时媒体的评价，是将图书馆的功能向城市“客厅”进行了转变，这些创新功能的思想体现在独特的城市环境中，最终建筑以功能的集合需求为主导，形成了集合式的形式。在剖面上，一条独特的体验式的漫步长廊呈线性排列，不同功能要素的布局都是通过这条长廊来界定的。对空间序列的分层处理用来缓和、协调空间的相互渗透，整体的创新则延伸到建筑中每个部分的细微之处。例如，书库设计是对图书馆建筑的重新思考，书库跟随连续的地面缓缓上升再向上折叠，尽管从剖面来看书库是分层的，但这种布置却带来一种对空间的不同解读。整体和局部的空间组织手法在建筑中交织使用，创建了以功能示意图驱动的建筑形式生成方式。

学校 | School

学校这种建筑类型伴随着人类文明的诞生就确定了一种或几种形式。第一所具有学校性质的建筑是古希腊的雅典娜神庙，学者、哲学家、诗人聚集在此讨论彼此的工作与作品。罗马人延续了这一传统并扩大了学校的使用功能，如角斗士的训练。中世纪的大多数学校，像图书馆建筑一样，由教会主办并受其管理。再后来大学出现，学校开始教授除宗教之外的其他学科的知识。当然"学校"这一术语自出现之初，指的就是人们在其中接受教育的建筑物。学校既可以是一个单一的房间（实际情况也通常是这样），也可以像大型综合体那样由许多建筑组成一个建筑组群。

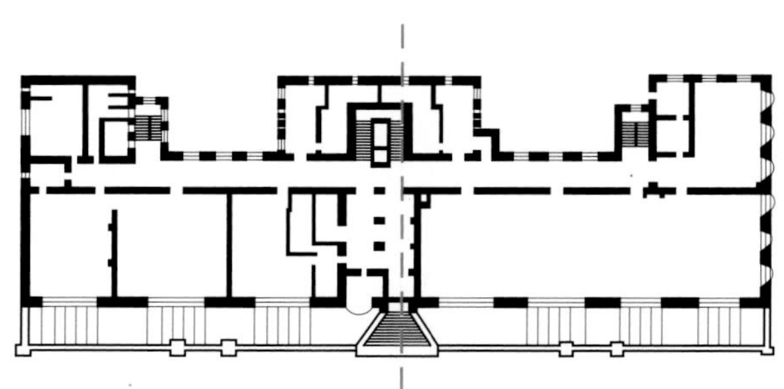

格拉斯哥艺术学院，查尔斯·雷尼·麦金托什
格拉斯哥，苏格兰 1909 年
[新艺术运动，单边走廊式，砖石砌块]

Glasgow School of Art, Charles Rennie Mackintosh
Glasgow, Scotland 1909
[Art Nouveau, single-loaded corridor, masonry]

格拉斯哥艺术学院的建设参照了世俗教育机构（secular institution of learning）[译注 24] 的设计理念。大体量的石制建筑，采用了局部对称的布局手法和新的大面积平面玻璃制造技术，由此建立起一种新的建筑类型。格拉斯哥艺术学院采用的组织体系是以一条单边式走廊串联所有房间，其中所有的工作室朝向北边，以保证工作室能透过大窗获得充足又稳定的自然光。图书馆、演讲厅等重要房间布置在长长的走廊尽端，就像船锚一样起到固定空间的作用。这座建筑背后所凸显的意义是，虽然采用的只是简单的空间组织类型，但并没有简单地模仿宫殿或教堂等以前的建筑特征或语汇，尽管其他许多建筑都是这么做的。

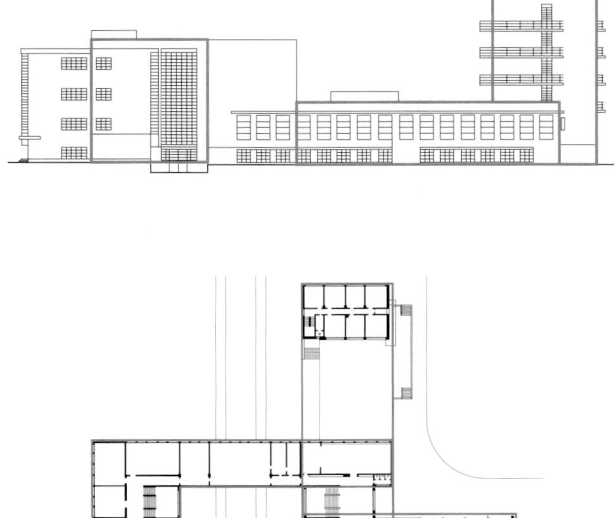

包豪斯，沃尔特·格罗皮乌斯

德绍，德国　1932 年

[现代主义，风车式的旋转形式，玻璃、钢材和混凝土]

Bauhaus, Walter Gropius

Dessau, Germany　1932

[Modernism, pin-wheel plan, glass, steel and concrete]

包豪斯将三个独立的建筑体块以风车式的旋转形式进行了布局。每个体块都有不同的功能：学生宿舍、技能学校和厂房。这些功能由一系列线性的桥梁元素联系起来，这些桥梁元素具有办公室和礼堂等功能。除了组织体系上的创新，包豪斯也表现出建设理念和形式语言方面的创新。这座建筑综合体被视为艺术和建筑学院教学理念的具体体现。平面构成、透明性、建筑结构等思想，在包豪斯的建筑教学中占有非常重要的地位，因此其校园建筑本身也应是这些思想的体现。

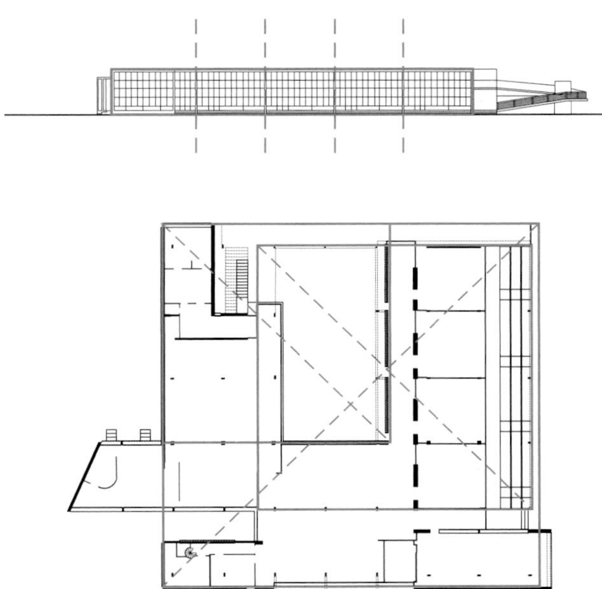

安东尼奥·圣伊利亚幼儿园，朱塞佩·特拉尼

科莫，意大利　1937 年

[现代主义，庭院，混凝土]

Asilo Sant'Elia, Giuseppe Terragni

Como, Italy　1937

[Modernism, courtyard, concrete]

安东尼奥·圣伊利亚幼儿园是特拉尼最成熟的设计作品之一。其建筑组织以庭院为基础，矩形的变化和移位使其平面构成显得非常复杂，这种方式在特拉尼的很多设计作品中都有体现。幼儿园的建筑平面以及那些移位、凸出、壁龛让人联想到画家马里奥·雷迪斯（Mario Radice）的作品，雷迪斯和特拉尼既是朋友也是同事。该幼儿园的建筑轮廓是一个方形，在基地中经过旋转，尽最大可能获得最大面积的覆盖范围。这一次的转变使建筑从周围紧密的城市环境中跳脱出来，与远处巴拉德罗城堡（Castello Baradello）的塔楼建立了空间联系。东侧的四间教室带有可移动的墙壁，可以调整墙壁形成一个完整的长空间。院子的对面是餐厅，室内游戏室设置在最前方主导着立面。北侧的边界是打开的，对着外面的花园。安东尼奥·圣伊利亚幼儿园表达了特拉尼的建筑思想以及政治时代的教育理念。

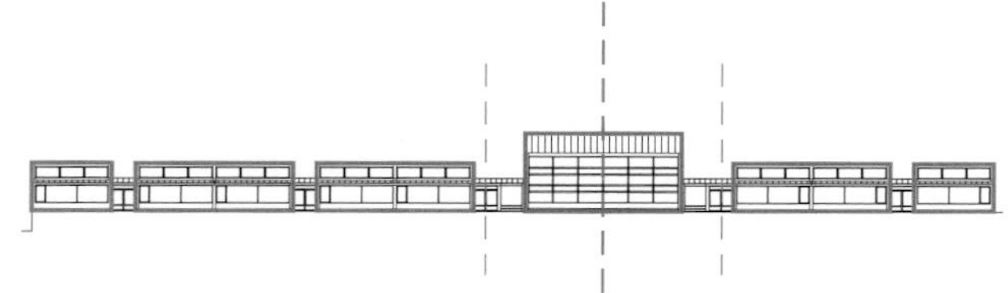

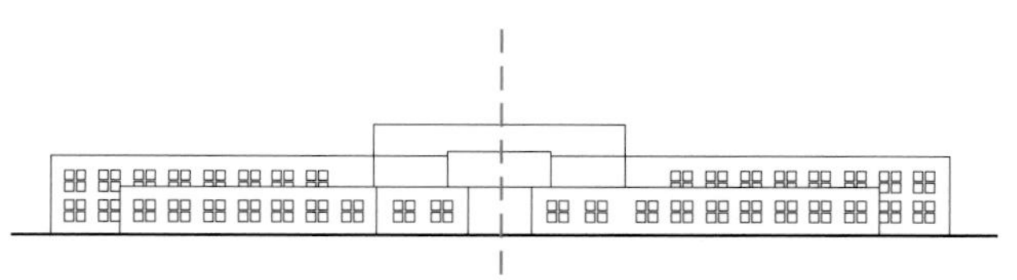

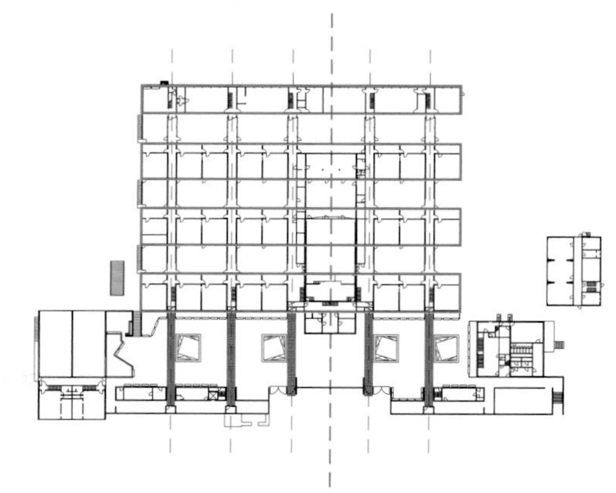

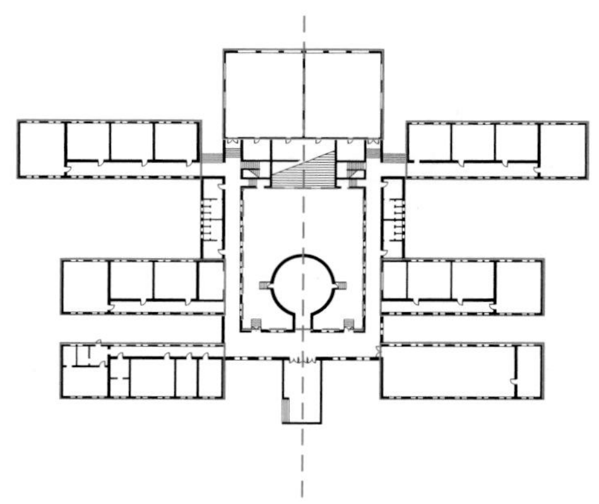

蒙克嘉德学校，阿恩·杰克布森

哥本哈根，丹麦 1958 年

[现代主义，多重庭院的毯式建筑，砖石砌块]

Munkegards School, Arne Jacobsen

Copenhagen, Denmark 1958

[Modernism, multiple courtyard mat, masonry]

蒙克嘉德学校共有 17 个小庭院，为教室带来了既独立又共享的外部空间。学校中共有五条双边式走廊，穿越学校的整个进深，连接起所有教室。由教室围合的是一个封闭的庭院。穿过庭院的这一段走廊采用玻璃材质，利用建筑材料的消隐使空间的连续性得以继续。不曾间断的室内外空间的联系主导了建筑平面的最终生成。

法尼亚诺·奥洛纳小学，阿尔多·罗西

法尼亚诺，奥洛纳，意大利 1976 年

[新理性主义，对称的中心式庭院，砖石砌块]

Elementary School in Fagnano Olona, Aldo Rossi

Fagnano, Olona, Italy 1976

[Neo-Rationalism, symmetrical centralized courtyard, masonry]

法尼亚诺·奥洛纳小学采用的建筑形式是以中央建筑为主体，向外延展出六个体块。其中，建筑两翼分别是行政办公区和食堂，而其他四个体块则用作教室。一个大型体育馆位于建筑后方，标志着庭院空间的结束。位于庭院中心位置的是圆柱形的图书馆。另外，一部大楼梯从高处滑入庭院，可以作为儿童即兴表演的临时剧场。法尼亚诺·奥洛纳小学吸取了都市主义的教训，借鉴了以城市公共空间作为空间隐喻的处理方法。当人们在这个高度有序的建筑综合体中向前行进时，可以在所有时间维度中明确感知建筑中的轴线关系及明显的对称性。

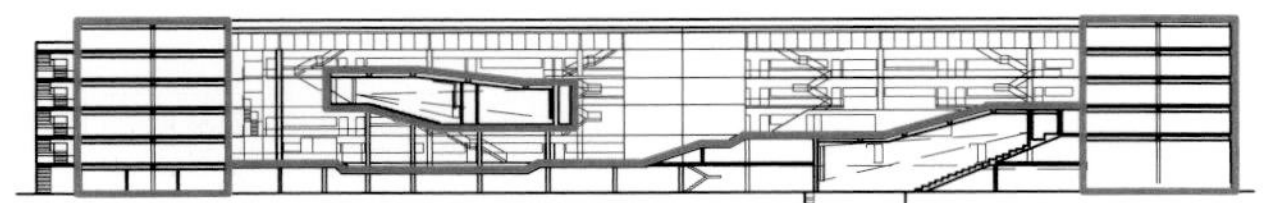

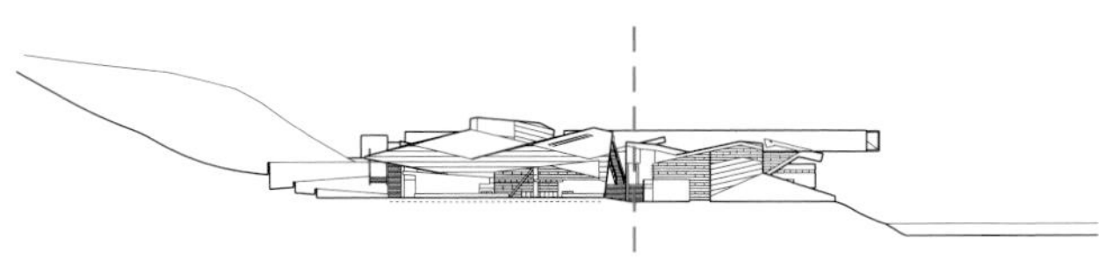

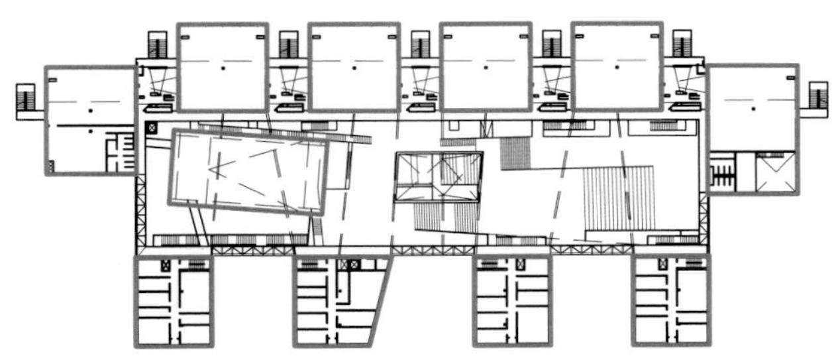

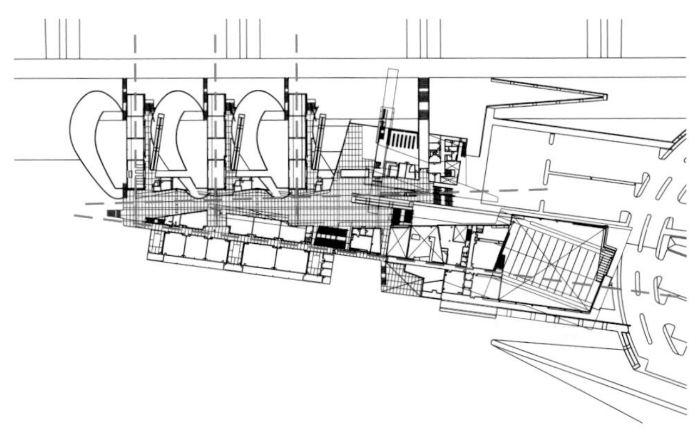

马恩建筑学校，伯纳德·屈米
马恩河流域，法国　1999 年
[后现代主义，建筑内分散的体块，金属]

Marne School of Architecture, Bernard Tschumi
Marne les Vallée, France　1999
[Postmodernism, dispersed objects within a building, metal]

马恩建筑学校采用的建筑形式是一个大体块包裹着一系列分散的小体块。突出于大体块之外的，一侧是办公室和讨论室，另一侧是六个大型工作室。一条连续的包厢走廊将所有独立体块联系起来。大体块内的空间并没有明确的功能划分，只是用作一些上上下下的楼梯或平台，在其下设有另一个礼堂和其他服务功能空间。马恩建筑学校被设想为一种便于窥探的拼贴画（a voyeuristic collage of events），是对传统价值观的彻底打破和背离。

钻石牧场高中，墨菲西斯建筑事务所
钻石吧（洛杉矶东部城市），加利福尼亚州　2000 年
[现代表现主义，双边外部走廊式，金属]

Diamond Ranch High School, Morphosis
Diamond Bar, California　2000
[Expressionist Modernism, double-loaded exterior corridor, metal]

钻石牧场高中的设计并没有使用单独某一种秩序或体系，而是依靠表现主义和拼贴主义的手法为其设计概念赋予具体形式。建筑师采用了多种夹角和丰富的图形来表达建筑自身的活力和表现力。尽管建筑外部灵动活泼，但学校内部功能空间的组织还是遵照着线性元素的布局方式，包括教室和大体量的建筑顶部，建筑顶部的功能是体育馆和行政办公。纵观建筑基地，从其剖面来看，非常适宜建筑综合体的建设，建筑的功能可以植入层层叠叠的景观当中、景观表层甚至景观之上。

监狱 | Prison

自文明社会开始以来，人们就意识到“监禁”是必需的功能要求。早期的监狱建筑一般是城堡的地牢或者就是一个简单的牢笼。监狱一般只是一个大空间，任囚犯在其中自生自灭。通常情况下，监狱并不区分年龄或性别。正如文献记载的那样，直到 19 世纪，监狱建筑才得到独立使用。在英国维多利亚时代，监狱改革带来了重大变化，比如单人间牢房的出现以及其他很多关于人权的改革。监狱，作为一种独立的建筑类型，牢房单元通常都是统一、毫无变化的，但其排列方式却各有不同。监狱中其他一些较大的空间，如餐厅、健身房、医院、宗教设施及学校等，是现代社会的新型监狱才具有的功能。

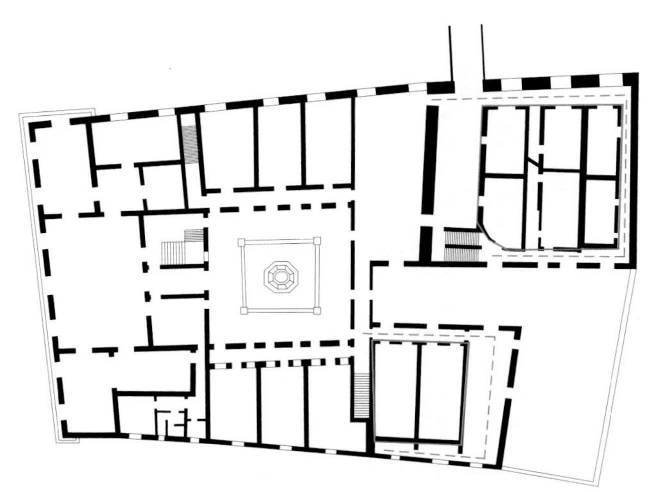

普里奇欧尼宫，安东尼奥·孔迪诺
威尼斯，意大利　1614 年
[文艺复兴，单边走廊式围合的边界，砖石砌块]

Palazzo delle Prigioni, Antonio Contino
Venice, Italy　1614
[Renaissance, single-loaded perimeter corridor, masonry]

紧临威尼斯总督府的普里奇欧尼宫被认为是最早的监狱建筑。其基本的平面组织体系是，18 个拱顶小房间沿着一条单边式走廊进行布置。走廊上设有窗户，可以朝向中央庭院打开。但是牢房并没有窗户，只能从走廊间接采光。牢房全部由开采自伊斯特利亚半岛（Istria）的石材建造而成，而且墙面和地板都覆盖着厚厚的木板。每个牢房都被赋予了一个特别的名称，如恶徒（Goleotta）、火焰（Vulcana）、母狮（Leona）等。

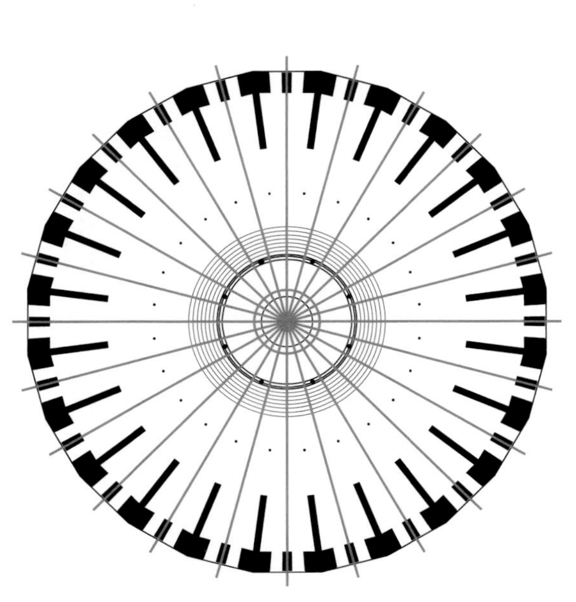

圆形监狱，杰里米·边沁
未建成 1785 年
[新古典主义，便于监视的放射式平面，砖石砌块]

Panopticon, Jeremy Bentham
Unbuilt 1785
[Neoclassicism, radial plan for visual surveillance, masonry]

圆形监狱这种监狱类型是为了建立起对囚犯的视觉监视而演化出来的。一般来说，在监狱建筑的中心设有一座瞭望塔，使守卫能够监视整个空间。每个囚犯都被单独安置在一间牢房中，牢房布置成环形，构成建筑的外墙。这种监狱类型实现了以最少的守卫连续监视最多的犯人。这种等级关系也使囚犯需要一直保持良好的行为，因为他们不知道自己什么时间被监视。在建筑类型中，边沁的圆形监狱以其显著的圆形形式确立了一种独立的监狱类型。

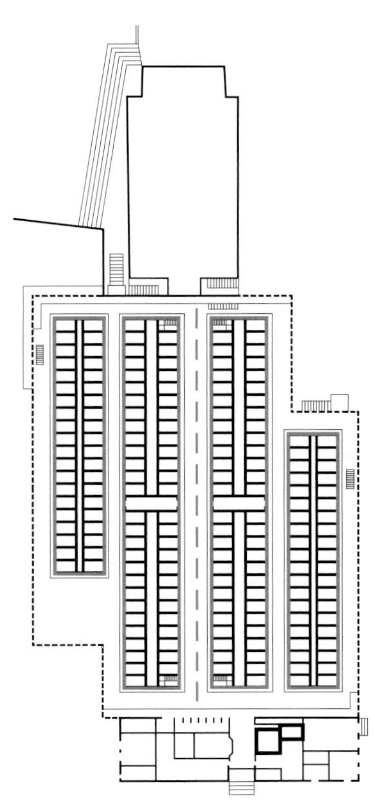

阿尔卡特拉斯岛[译注 25]监狱，鲁本·特纳少校
旧金山，加利福尼亚州 1912 年
[新古典主义，建筑内分散的个体，混凝土]

Alcatraz Prison, Major Reuben Turner
San Francisco, California 1912
[Neoclassicism, dispersed objects within a building, concrete]

阿尔卡特拉斯岛监狱的牢房并没有直接布置在主体建筑中，主体建筑实际上只是一个巨大的单一空间，在这个空间包裹之下的一系列小建筑才是真正的牢房所在。这些小建筑的设计是为了使牢房单元形成背对背的布局，两排牢房中间是一面共用的墙，便于机械通风。从这些牢房单元看出去，或者只能看到另一排牢房单元，或者视线能穿过窗户一览旧金山湾的景色。

剧院 | Theater

虽然西方戏剧史起源于大约公元前 500 年的希腊，但剧院建筑可以追溯到公元前 2500 年左右的埃及，其与宗教活动有着密切的联系。从建筑类型来看，希腊的戏剧表演场所是露天剧场，这种建筑形式影响深远，一直沿用至今。从建筑形式来看，露天剧场一般采用的形式是，半圆形的石头看台成组排列，以舞台为中心层层抬高。这种放射式组织体系的生成是基于对观演视线的优化和舞台效果的最佳呈现，这种布局方式即使在当代剧院建筑中也经常使用。在剧院建筑类型中，功能需求是决定其建筑形式的最重要因素。早期的希腊剧院，不论形式还是功能均对后世产生了持久影响，甚至如今每一个电影院、大礼堂，都依稀留存着希腊剧院的影子。

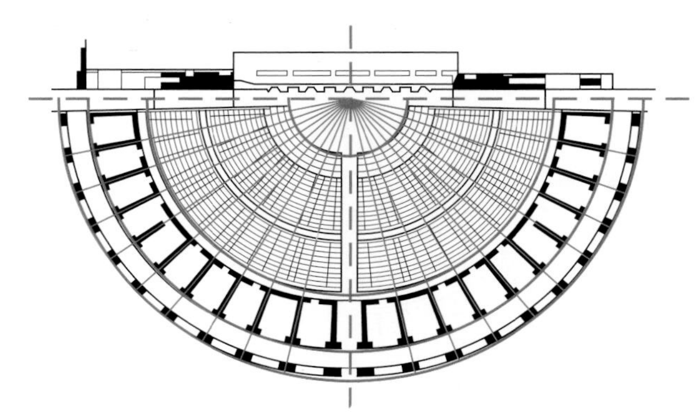

奥斯提亚·安提卡剧院
奥斯提亚，意大利　公元前 12 年
[古典主义，半圆形露天剧场，砖石砌块]

Theater at Ostia Antica
Ostia, Italy　12 BCE
[Classicism, semi-circular outdoor theater, masonry]

奥斯提亚·安提卡剧院是典型的罗马式剧院。它位于市集广场附近东西大街的中点位置。半圆形的平面形式保证了良好的视野和亲切的氛围。统一的半径不会让观众觉得自己离舞台太远，所有人均可享有最佳的观赏视线，体验最优的音响效果。奥斯提亚·安提卡剧院以石材建成，最多可容纳 4000 名观众。这种剧院的样式在罗马帝国时期广为流行，后来几百年间的剧院建筑均参照此模式标准进行建设。

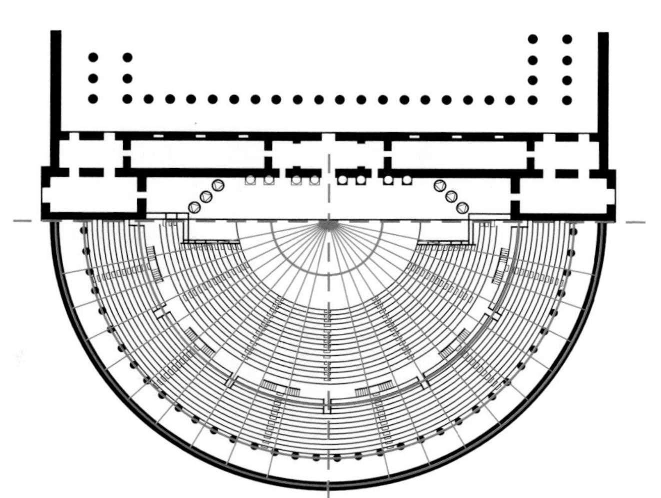

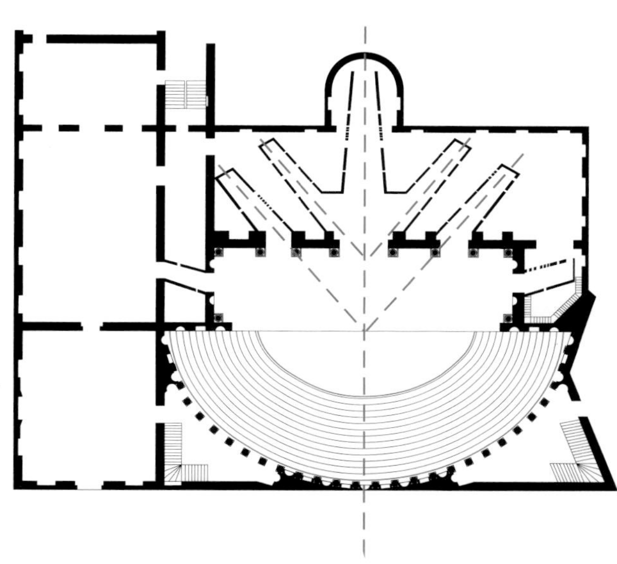

赫罗迪斯·阿迪库斯剧场，赫罗迪斯·阿迪库斯
雅典，希腊　公元161年
[古典主义，半圆形露天剧场，砖石砌块]

Odeon of Herodes Atticus, Herodes Atticus
Athens, Greece 161
[Classicism, semi-circular outdoor theater, masonry]

赫罗迪斯·阿迪库斯剧场坐落于雅典卫城的山坡上，与其他罗马剧院有着相似的外形和功能。巨大的高墙环绕着剧院，形成音乐演奏和戏剧表演的舞台背景。在建筑的最初形式中，这一面三层高的墙体还支撑着一个木制的屋顶，为乐队和舞台遮阴。

奥林匹克剧院，安德烈·帕拉迪奥
维琴察，意大利　1585年
[文艺复兴，半圆形的室内剧院，木材和砖石砌块]

Teatro Olimpico, Andrea Palladio
Vicenza, Italy 1585
[Renaissance, semi-circular indoor theater, wood and masonry]

奥林匹克剧院坐落于维琴察，为奥林匹克学院（the Academia Olimpica）[译注26]建造，是对半圆形古罗马剧场形式的改造与演进。帕拉迪奥是在一栋既有建筑内建造了这个木制的剧场，建筑中舞台的概念得到延伸，从背景幕布前的表演空间扩展到三维的城市空间中。文艺复兴后期透视画法受到社会推崇，受其影响，帕拉迪奥在舞台上共安排了五套不同的街道场景，呈现出多层次的假透视（false perspectives）[译注27]效果。舞台采用了大型铰接墙的形式，墙面上有丰富的装饰细节，一般是对建筑细部的描绘和奥林匹克学院成员的雕像。奥林匹克剧院是现存唯一一处文艺复兴时期的剧院建筑，通常也被认为是对古典戏剧的保护，因为这是最后一处适合古典戏剧表演的场所了。

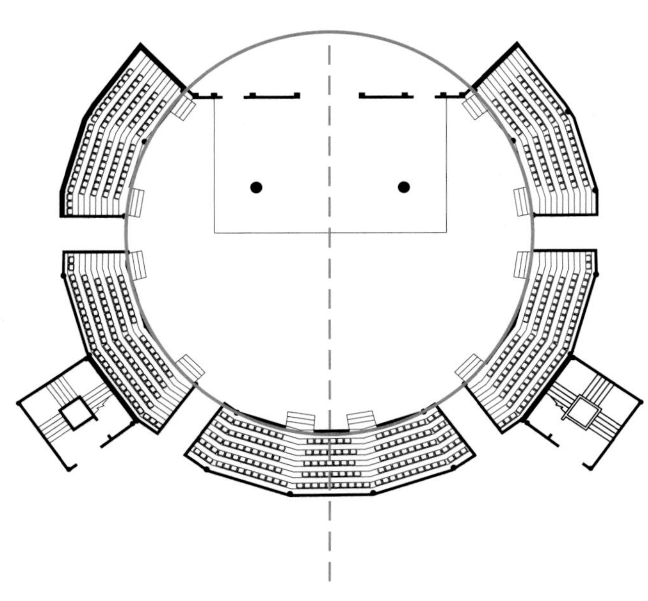

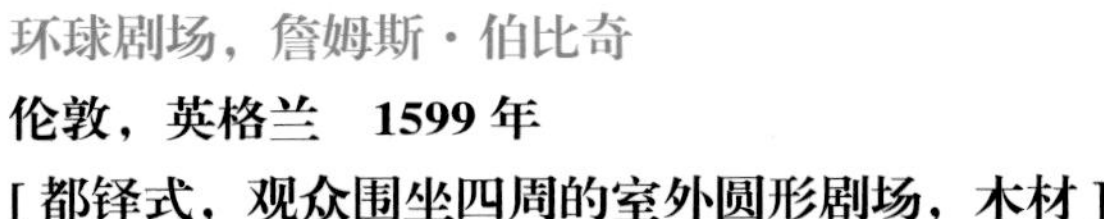

环球剧场，詹姆斯·伯比奇

伦敦，英格兰　1599 年

[都铎式，观众围坐四周的室外圆形剧场，木材]

The Globe Theater, James Burbage

London, England　1599

[Tudor, outdoor circular theater in the round, wood]

环球剧场是一栋三层的露天建筑，共有二十个立面，因此看上去像一个圆形剧场。一个大舞台占据了平面的中心位置，城市中的贫困居民经常在此聚集。观众席的座位共有三层，限定出剧场的边界，也将座席划分为不同的等级，富裕的观众可以选择更优的位置。舞台被抬升起约 5 英尺（约 152.4 厘米），以便演员从下面进入。在舞台上方还悬挂了一个屋顶，方便演员从顶部降落。剧场中每个单场表演可以容纳 3000 名观众。环球剧场的布局与莎士比亚紧密相关，因为该剧场是由其演艺公司“宫务大臣剧团”（Lord Chamberlain’s Men）[译注 28] 设计和修建的。

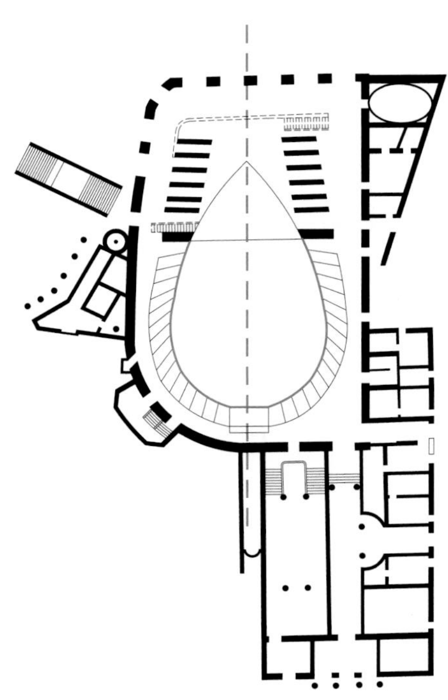

凤凰剧院，麦杜那兄弟

威尼斯，意大利　1837 年

[新古典主义，马蹄形平面，木材和砖石砌块]

Fenice Theater, Meduna Brothers

Venice, Italy　1837

[Neoclassicism, horseshoe plan, wood and masonry]

坐落在威尼斯的凤凰剧院是一座典型的 19 世纪剧院建筑。其平面形式为马蹄形，六层座位中只有一层布置在地面层，其他五层均为包厢，环绕着剧场设置。室内以金箔装饰，十分华丽。梦幻般的建筑形式及色彩装饰很好地呼应了剧院建筑以及戏剧本身的奇幻色彩，因此凤凰剧院后来成为剧院内饰的代名词，是全球剧院建筑竞相效仿的对象。然而 1996 年的一场火灾却将整个建筑完全毁去，后来由后现代建筑师阿尔多·罗西负责重新设计建造，恢复了 1837 年的显赫与辉煌。但这是一个极具争议的行动，引发了大量关注，争议的焦点是到底应该更新重建还是原样恢复。

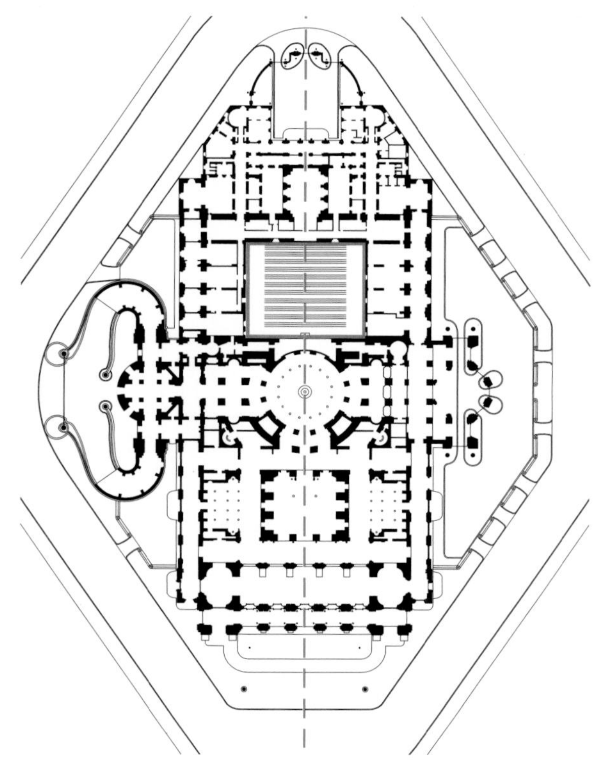

巴黎歌剧院，夏尔·加尼叶
巴黎，法国 1874 年
[新巴洛克式，马蹄形平面的室内剧院，砖石砌块]

Paris Opera House, Charles Garnier
Paris, France 1874
[Neo-Baroque, horseshoe plan indoor theater, masonry]

巴黎歌剧院可以说是所有剧院建筑中最知名、最具辨识度的一个。它威严高贵、富有纪念意义，是新巴洛克风格的缩影。建筑师加尼叶设计的建筑入口的空间序列直至今日依然是巴黎最令人激动的建筑元素之一。巴黎歌剧院占据了一个完整的菱形街区。建筑入口从一组柱廊开始，紧接着进入一个巨大的门厅，就像教堂的前厅。下一个空间是楼梯大厅，这里是建筑中最精彩的部分，被许多人评价为新巴洛克风格的集大成者。整个空间序列的高潮部分是马蹄形的剧院本身。一系列墙面直接穿过建筑，在舞台前端汇集，这样的设置将整个建筑平均分开，形成两个对称的部分。由于平面构成的复杂性、创新性和灵活性，建筑中舞台及其支撑空间的实际体量要超过座位区。

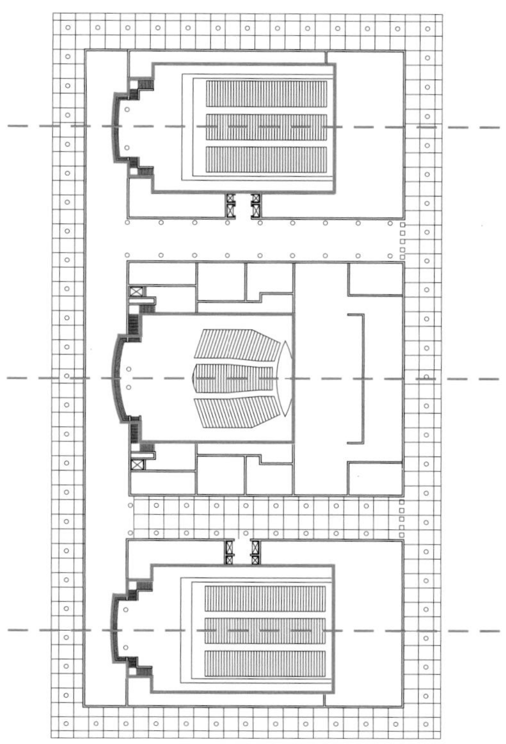

肯尼迪艺术中心，爱德华·德雷尔·斯通
华盛顿特区 1971 年
[现代主义后期，多剧场演出大厅，金属与石材]

The Kennedy Center, Edward Durrell Stone
Washington, D.C. 1971
[Late Modernism, multi-theater performance hall, metal and stone]

肯尼迪艺术中心屹立在波托马克河（Potomac River）上，非常醒目，是一座由三个大的表演空间和五个小的表演空间共同组成的建筑综合体。建筑外形被设计为在一个大盒子之上嵌入了三个小盒子。采用这个设计概念是为了调解附近罗纳德·里根机场（Ronald Reagan Airport）中飞机起降产生的噪声。三个主要的表演空间，即音乐厅（Concert Hall）、歌剧厅（Opera House）和艾森豪威尔剧场（Eisenhower Theater），由国际大厅（Hall of Nations）和国家大厅（Hall of States）分隔开来。肯尼迪艺术中心的主要立面正对着波托马克河，具有广阔的柱廊和巨大的门厅。这个立面空间以其宏伟的比例关系、记录了隆重时刻的红地毯以及人工吹制的吊灯，营造出表演空间的庄重仪式感。

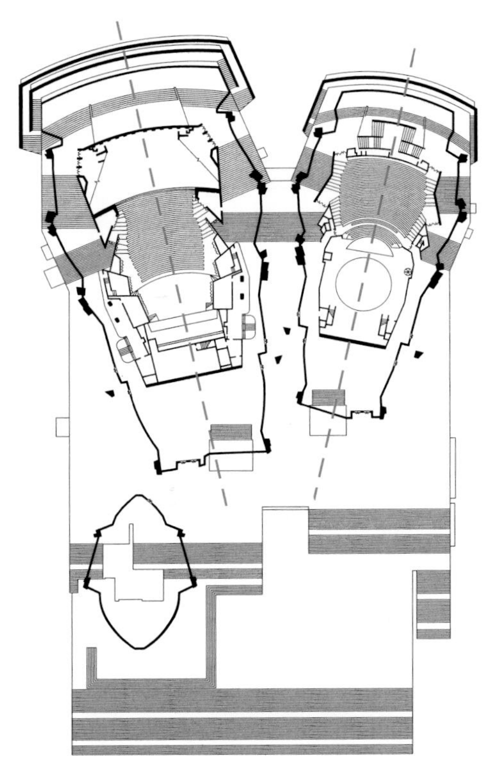

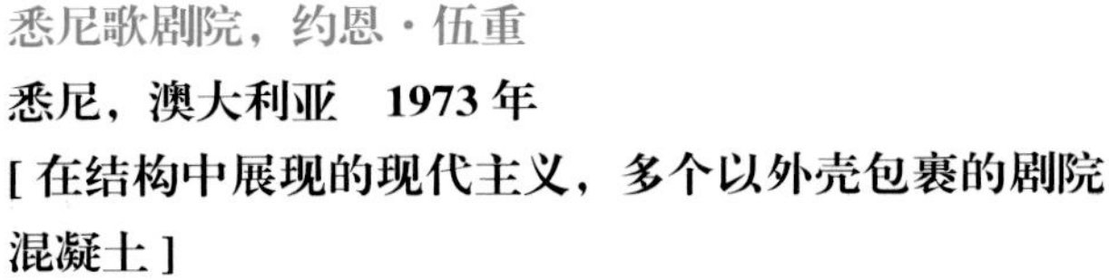

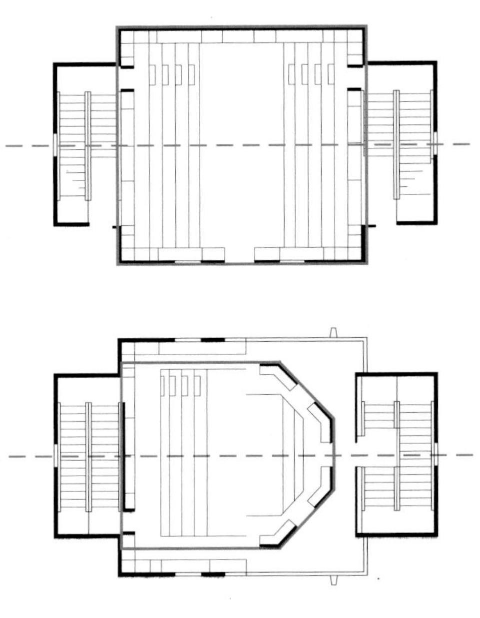

悉尼歌剧院，约恩·伍重
悉尼，澳大利亚　1973 年
[在结构中展现的现代主义，多个以外壳包裹的剧院，混凝土]

Sidney Opera House, Jorn Utzon
Sidney, Australia　1973
[Structural Modernism, multi-shelled theaters, concrete]

悉尼歌剧院具有极高的辨识度，往往一眼就能认出，这得益于其巨大的混凝土外壳构成的建筑形象。这些外壳组成了一系列相互关联的层次结构，屹立在纪念性的高台上。两组外壳群界定了不同的表演空间。音乐厅和歌剧院分别位于西部和东部外壳群的覆盖之下。复杂的建筑形式曾经遭受严肃的批评，因为建筑只是为了维持外壳造型的形式感和纯粹性，而未考虑在此造型下如何保证内部空间的音响效果和功能组织。另外，悉尼歌剧院的竣工时间比原计划拖后了整整十年，实际建设成本也远超预算的 14 倍，其中的故事使其声名远播，广受谈论。

世界剧院，阿尔多·罗西
威尼斯，意大利　1979 年
[后现代主义，漂浮的剧院，钢材和木材]

Ⅱ Teatro del Mondo, Aldo Rossi
Venice, Italy　1979
[Postmodernism, floating theater, steel and wood]

世界剧院是一个漂浮的剧院（建在一艘驳船上），是为 1979 年威尼斯双年展（the Venice Biennale）[译注 29] 而建的。罗西用传统的几何形式呈现出明亮的色彩，与威尼斯的砖石建筑形成对比。舞台坐落在方形平面的中心位置，两侧设有看台。在舞台空间的上方，八边形的包厢可以俯瞰整个舞台。这座小型建筑的内部和外部均使用木材在钢架结构之上进行覆面。世界剧院使人们回想起威尼斯早期的漂浮剧院。

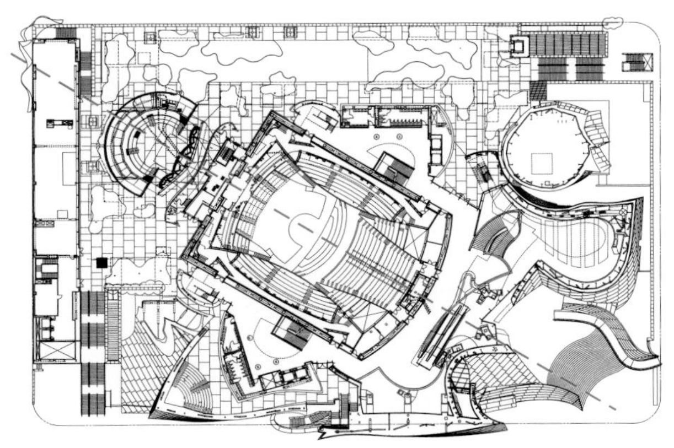

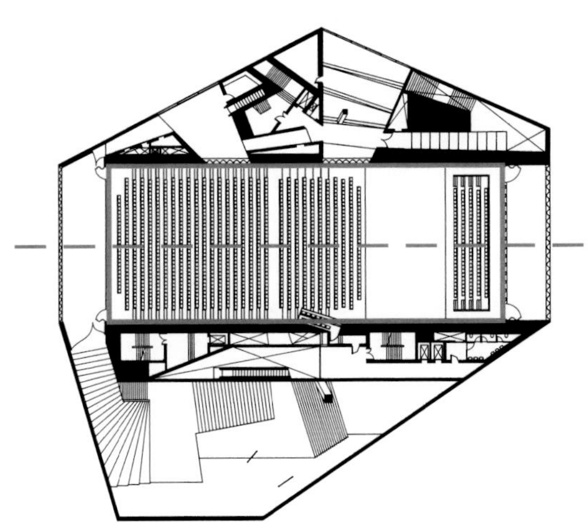

迪士尼音乐厅，弗兰克·盖里
洛杉矶，加利福尼亚州　2003 年
[后现代主义，音乐厅，钢材]

Disney Concert Hall, Frank Gehry
Los Angeles, California　2003
[Postmodernism, concert hall, steel]

迪士尼音乐厅是表现主义形式的巅峰之作。建筑的外部形态是动态的、复杂的，而音乐厅内部不论形式还是图形都相当传统。盖里非常清楚，保证音质和改善混响是多年来建筑师们一直追求的终极目标，而在迪士尼音乐厅，这些物理问题都得到了完美解决。为了取得良好的音响效果，建筑主体采用了“木盒子”的概念，外面覆以表现主义特征的金属面板，而人群集散和交通的空间就夹在木料和金属两层之间。

波尔图音乐厅，雷姆·库哈斯，大都会建筑事务所
波尔图，葡萄牙　2005 年
[后现代主义，音乐厅，石板混凝土]

Casa da Musica，Rem Koolhaas，OMA
Porto，Portugal　2005
[Postmodernism, concert hall, concrete with stone panels]

波尔图音乐厅像是屹立在大广场上的多面体盒子。其外部形式既不是基于声学效果的考虑，也不是从城市环境和文脉出发，而是单纯以形式的纯粹性主导了整个设计。主音乐厅被深埋在建筑中，并且做足了伪装，从建筑外部很难判断。整个建筑由两块巨大的平行墙面构成，主音乐厅横跨其间，其他许多功能也都是从这两面墙向外延伸出去的。有几扇窗面向大堂敞开，室内空间充满阳光，也以此引导从外部进入的交通流线。屋顶花园仿佛是从这个扭转的盒子中雕刻出来一般，设在屋顶的最高处，四周没有界面限定，只是仰望着天空。波尔图音乐厅是一栋独一无二的音乐厅建筑，在雕塑化的多面体盒子中依然严格遵循着正交原则。

办公建筑 / 高层建筑 / 商业建筑 I
Office / High-Rise / Commercial

约 150000 年前，从人类发生第一次交易活动开始，商业建筑类型就随之发展起来。最初，交易活动并不需要建筑，只要情况适宜、场所便利，交易活动就自然而然地发生了。目前已知最早的交易市场类型其实是海滩，因为来自不同地方的商贩会自发地聚集在海滩上进行商品互换。从城市的发展角度看，任何城市中心的空间布置都具有类似市场的功能，也因此形成了“市集广场”。从建筑的发展角度看，有太多的结构样式被用于商业建筑之中。最早的形式可以追溯到一辆简易的手推车甚至一顶帐篷，只要能装得下商贩的货品就可以。后来，形式开始变得复杂，也开始承载一些建筑意义，如遍布中东的巴扎（bazaar，集市、市场）或苏克（souk，指中东地区的露天市场）以及古罗马的市场。办公建筑就是伴随着市场的成熟而出现的，其本质是商人协商并完成交易的场所。在市场或集市上，协商与交易行为基本上可以选择在任何地方进行。然而，随着文明的进步，办公建筑开始作为独立的建筑类型。比如，罗马的神庙和教堂，文艺复兴时期的教堂、会堂及宫殿，甚至还出现了其他建筑或功能类型，如证券交易所。准确来说，第一个严格按照办公功能设计的是佛罗伦萨的乌菲齐美术馆，其最初的功能是美第奇家族的办公大楼。如同商业取代了宗教成为社会发展的最重要推动力一样，办公建筑取代教堂，在建筑学发展中也具有相同意义。

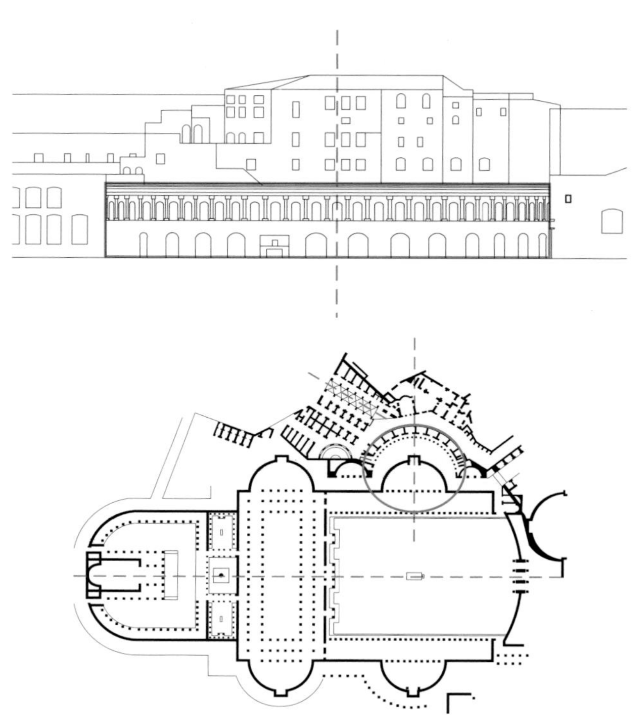

图拉真广场市场，大马士革的阿波罗多洛斯
罗马，意大利　公元 112 年
[文艺复兴，半圆形的室内剧场，木材和砖石砌块]

Markets of Trajan’s Forum, Apollodorus of Damascus
Rome, Italy　112
[Renaissance, semi-circular indoor theater, wood and masonry]

图拉真市场是罗马图拉真广场的重要组成部分，其形式既精美复杂又饱含象征意义。图拉真市场采取了半圆形的形式，将立面全部朝向广场，就像广场的半圆形后殿，也是广场的背景。在半圆形部分的立面之上和背后，才是真正的市场空间。其平面布局是，线性的大厅位于中央，一系列摊位排布在两侧。这座建筑具有重要的历史意义，它是真正建成的最早专门用于商业的建筑之一。其多层的建筑结构是现代大型购物中心的前身。图拉真市场是罗马公共建筑中为数不多的原本就外露的砖砌建筑物，而不是广为流行的大理石饰面建筑。

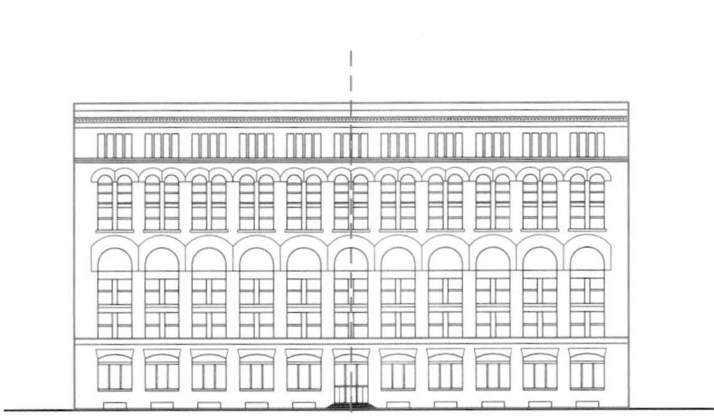

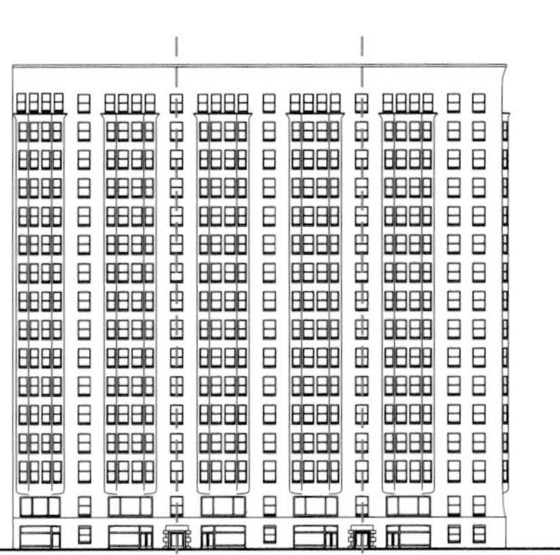

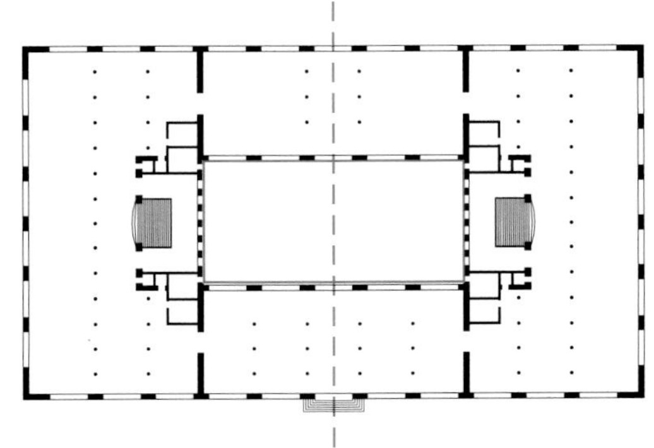

马歇尔·菲尔兹百货大楼，亨利·霍布森·理查森
芝加哥，伊利诺斯州　1887 年
[理查森式风格，仓储式商业建筑，铸铁和砖石砌块]

Marshall Fields Building, Henry Hobson Richardson
Chicago, Illinois　1887
[Richardsonian, commercial warehouse, cast iron and masonry]

马歇尔·菲尔兹百货大楼的建成向世人阐释了如何在不借鉴任何历史意象的情况下顺利建成大型商业建筑。这座建筑看上去就像一块巨大的石头，而在当时，这样的形象被认为是非常现代的。理查森利用外部的石墙来表达内部结构和材料特性。同时外部的石墙也形成了建筑装饰。其建筑平面是宫殿平面的变形，但依旧保留了对称的形式以及在中央设置大空间的布局手法。建筑的结构体系是一种铸铁柱网与承重砖墙相结合的体系。

蒙纳德诺克大厦，伯纳姆和鲁特建筑事务所
芝加哥，伊利诺斯州　1891 年
[理查森式风格，双边走廊式办公建筑，砖石砌块]

Monadnock Building, Burnham and Root
Chicago, Illinois　1891
[Richardsonian, double-loaded linear office building, masonry]

人们通常认定蒙纳德诺克大厦是第一座摩天大楼。它高 16 层，却是在传统的承重砌体结构下建设完成的。建筑高度和压缩荷载这两项要求决定了建筑基础需要采用 6 英尺（约 182.88 厘米）厚的砖墙。为了适应这种加厚的基础，建筑采用了一种优雅的起伏垂线式的施工方式，后来这种外部造型反而成为识别这座建筑的视觉特征。外墙的巨大体量迫使大堂（一般来说，大堂是办公建筑中面积最大、最豪华的空间）成为一条狭窄的大理石走廊，但这并不影响其美丽的建筑形象。

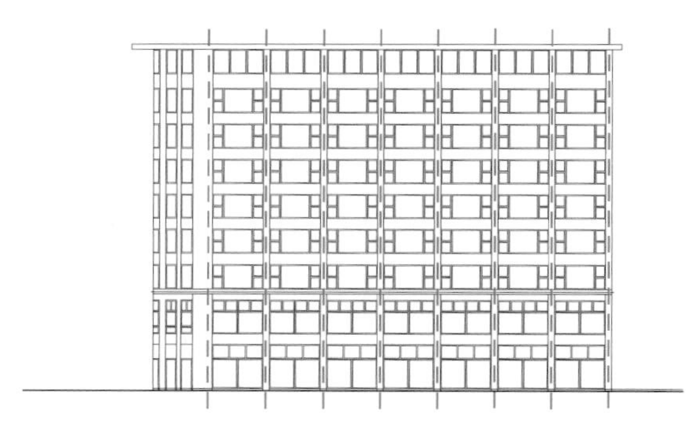

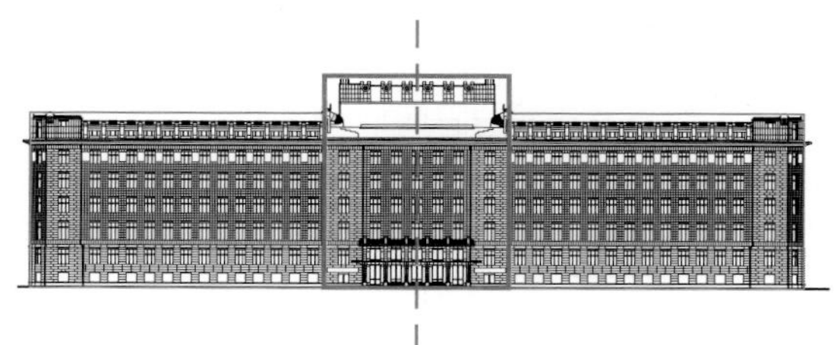

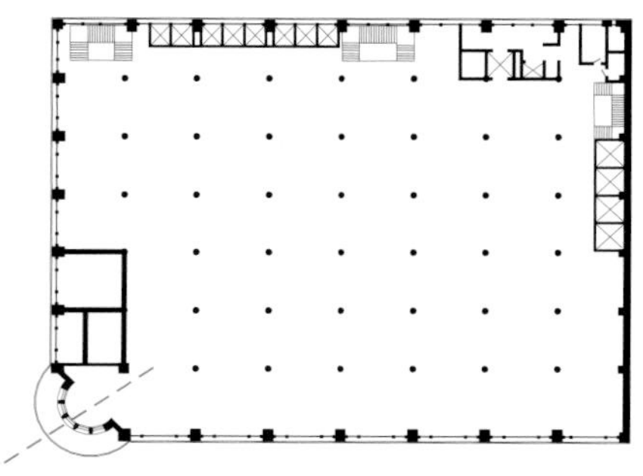

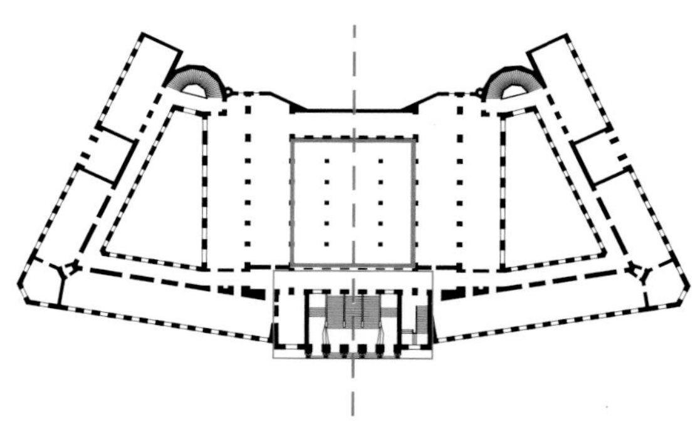

卡森·佩雷·斯科特大厦（或称“卡森·佩雷·斯科特百货商场”，现在是“沙利文中心”），路易斯·沙利文

芝加哥，伊利诺斯州 1899 年

[现代主义早期，百货商场，钢材和砖石砌块]

Carson Pirie Scott Building, Louis Sullivan

Chicago, Illinois 1899

[Early Modernism, department store, steel and masonry]

卡森·佩雷·斯科特大厦以理性的网格框架作为建筑结构和形式构成的基础。建筑一层和二层用作百货公司，这就需要创造大空间，仅留结构柱网作为支撑。建筑外部采用了传统的三段式立面处理手法，也作为其框架结构的展现。建筑基部的设计充分展示了建筑轻盈、精致的特点，在建筑中基部也作为一种装饰元素，与底部两层的消费功能相得益彰。立面的中段部分采用了简洁的表达，仅在结构框架表面覆上了白色瓷砖。

邮政储蓄银行，奥托·瓦格纳建筑事务所

维也纳，奥地利 1912 年

[现代主义早期，消减的形式与技术的表达，多种建筑材料]

Postal Office Savings Bank, Otto Wagner

Vienna, Austria 1912

[Early Modernism, reductive form with technical expression, diverse]

邮政储蓄银行以源自新型工业材料的建筑装饰来定义其建筑表现。建筑平面直接采用了古典主义的组织方式。建筑共有三个庭院空间，占据了整个街区，在体量巨大的建筑物中设置庭院，可以使其中许多办公室和房间采用自然光照明。中心庭院的首层是玻璃屋盖的室内储蓄大厅。这个大厅细节丰富，是对建筑理念的独特展现。钢制的柱子直接暴露在外，灯具和热风管也直接露出，甚至被用作建筑的装饰特征。地板和天花板均是玻璃制造，在建筑中形成了竖向空间的大贯通。建筑的外部则完全被石头覆盖，但是铝合金的紧固件依然裸露在外。这种对建筑细部的清晰表达后来成为瓦格纳专用的建构表现方式。

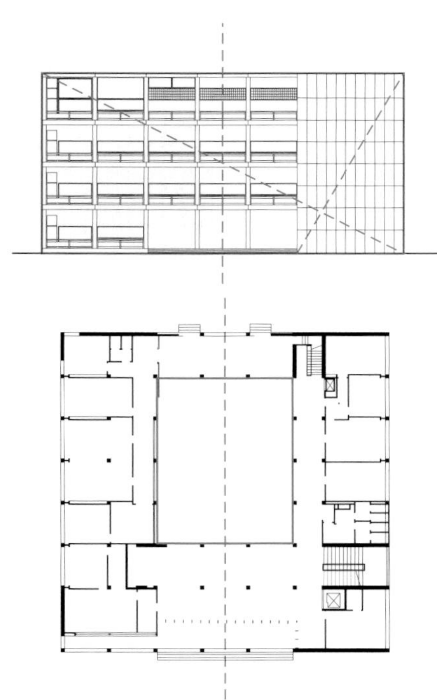

法西奥大厦，朱塞佩·特拉尼
科莫，意大利　1936 年
[意大利理性主义，城市实体，砖石砌块]

Casa del Fascio, Giuseppe Terragni
Como, Italy　1936
[Italian Rationalism, urban object, masonry]

法西奥大厦代表了意大利理性主义建筑的顶峰造诣。它构建出一个鲜明的白色几何图案，与主要的中世纪风格城市形态形成了对比。作为法西斯党的总部，其选址与科莫主教座堂毗邻，象征着教会和政府之间的对话与联系。法西奥大厦的平面布局以文艺复兴时期的宫殿平面为基础，只是以各式各样的办公室取代了宫殿中的居住空间。特拉尼采用的是网格结构，便于调整其跨度以形成面积较大的会议室，庭院为封闭式，便于举行大规模的仪式活动。这栋建筑以白色大理石进行贴面，使其在其他褐土色的建筑中脱颖而出。法西奥大厦不仅是一栋办公建筑，也是为政治宣传而作的一篇优美建筑散文。

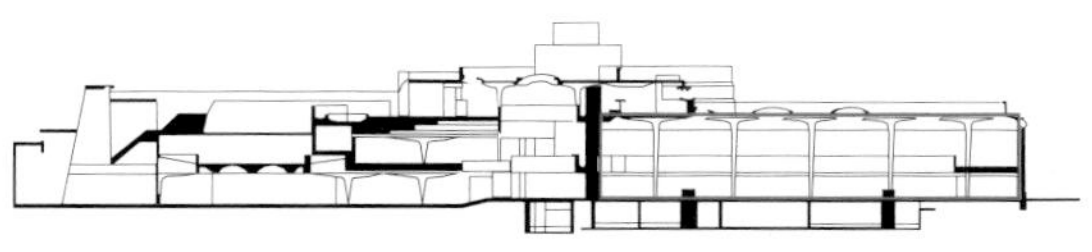

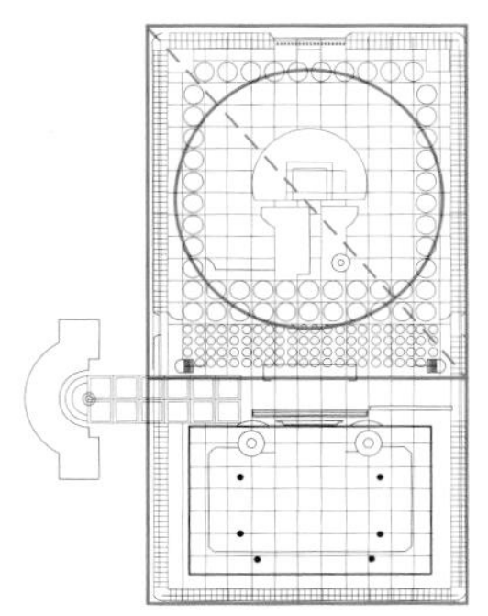

约翰逊制蜡公司大厦，弗兰克·劳埃德·赖特
拉辛，威斯康星州　1939 年
[现代主义，流线型的开放式大厅，混凝土和砖石砌块]

Johnson Wax Building, Frank Lloyd Wright
Racine, Wisconsin　1939
[Modernism, open hall with streamlined form, concrete and masonry]

约翰逊制蜡公司有一个流线型的建筑外观，磨圆的转角、各层之间倾斜的连接、拉长了的砌块层，均增添了立面的动感。甚至连室内家具的形式和功能，也由赖特设计、斯蒂尔凯斯（Steelcase，美国著名的家具制造商）制造，以此强化了这种流线型的特质。从建筑功能的组织来看，一个大面积的开放的秘书工作区被周围的个人办公室所环绕，管理部门的会议室四周包裹着夹层。“大工作间”是开放式的大厅，由巨大的混凝土**树形**柱支撑，这些树形柱上大下小呈倒锥形，寓意为植物向上生长的状态。圆形的天花板留有错接的缝隙，其中用玻璃管进行填充，便于采光。

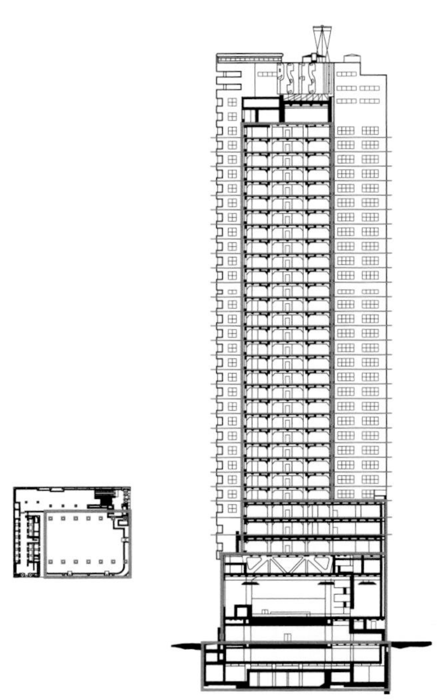

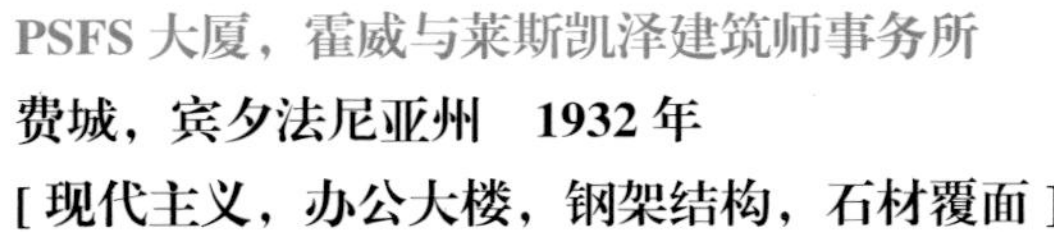

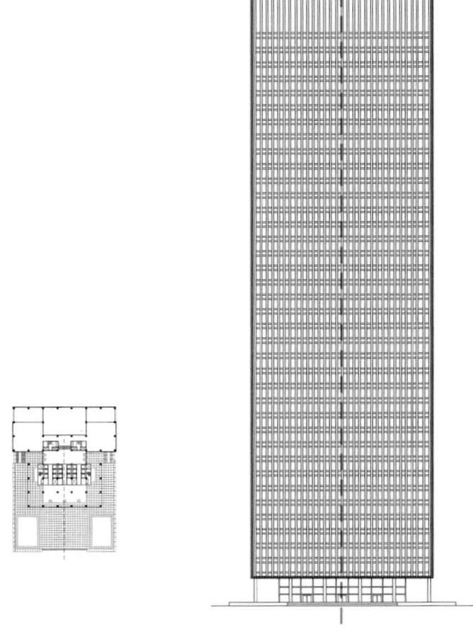

PSFS 大厦，霍威与莱斯凯泽建筑师事务所
费城，宾夕法尼亚州 1932 年
[现代主义，办公大楼，钢架结构，石材覆面]

PSFS Building, Howe and Lescaze
Philadelphia, Pennsylvania 1932
[Modernism, office tower, steel frame, stone cladding]

PSFS 大厦（Philadelphia Saving Fund Society Building，费城储蓄基金会大楼）为现代摩天大楼的建设确立了一个基本范式，即将建筑的各个部分分离开来进行单独展示。电梯、楼梯和卫生间组成建筑的核心筒部分，呈现为直上直下的青砖塔楼样式。办公空间以服务性塔楼为中心向外延伸出来，由竖向柱子支撑。柱子是办公建筑立面形式的主导元素，**拱肩**占次要地位，这一点从拱肩外部的青砖覆面也能体现出来。建筑一层悬挑于整体的结构框架之外，是为了形成全玻璃幕墙的立面形式。建筑中将各个不同的功能进行独立呈现，建筑师的这种方式为办公建筑创造了一种以功能为主导的全新建筑语言。

西格拉姆大厦，密斯·凡·德·罗
纽约市，纽约州 1958 年
[现代主义，自由平面与位于中央的服务核心筒，钢材和玻璃]

Seagram Building, Mies van der Rohe
New York, New York 1958
[Modernism, free plan with central service core, steel and glass]

西格拉姆大厦的建设促进了现代主义高层建筑的发展，随后商业办公大楼基本都选用了这种建筑形式。西格拉姆大厦的形式和细节被竞相模仿、不断重复，几乎在世界各地的每个城市都能看到它的影子。西格拉姆大厦是极简主义在建筑领域的应用，通过建筑材料的特性展现出工业化形式的发展成果，其开放式的建筑平面和位于中央的服务核心筒使办公空间得到了高度细化。建筑结构的外化表达以及建筑底部、中部、顶部清一色的立面，使建筑呈现出均匀统一的形象，形成了无限延伸的视觉感知。密斯期望通过建筑结构的完整展现来真实表达建筑整体的组织系统，但消防规范并不允许钢构件外露，必须将其包裹起来。为了恢复结构系统在视觉上的可识别性，工字钢被重新应用于建筑表面，最终形成了这座功能布局灵活、外部形象极具特性的现代主义办公大楼。

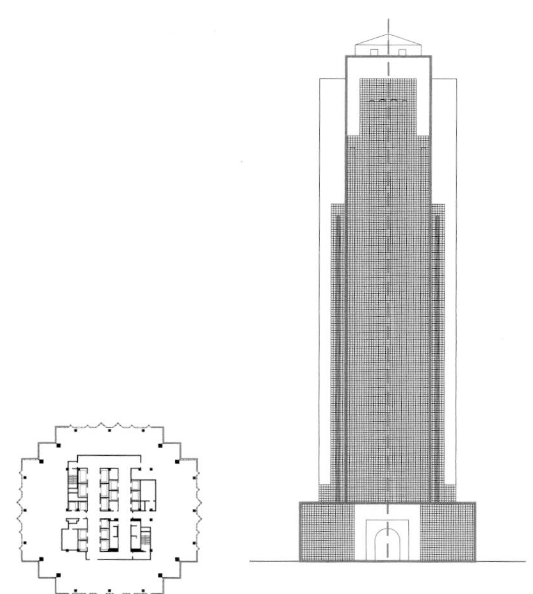

特兰斯科大厦[现为威廉斯大厦（Williams Tower）]，
菲利浦·约翰逊和约翰·伯奇
休斯敦，得克萨斯州　1983 年
[后现代主义，方形平面与锯齿形转角，玻璃]

Transco Tower, Philip Johnson and John Burgee
Houston, Texas 1983
[Postmodernism, square plan with crenellated corners, glass]

特兰斯科大厦是当时休斯敦市中心及周边区域的最高建筑。这是一座后现代主义的混合式建筑，说它“混合”是因为其模仿了两栋建筑，其一是位于得克萨斯州的一栋中高层公共建筑，另一个是约翰逊自己之前设计的位于明尼阿波利斯市的投资者多元化服务公司中心（Investors Diversified Services, Inc. Center）。特兰斯科大厦将这两栋独立的建筑套叠在一起，对建筑材料、尺度比例甚至基地条件进行了适当调整，形成了一种独特的组合体。建筑平面采用传统的中央服务核心筒，周围的边界是夸张的**锯齿**，以便形成最多的“转角办公室”。特兰斯科大厦是功能主义的具体实践，既有对之前建筑形式的参照，也能照顾到它的区位特征（市中心的周边区域），是后现代主义办公建筑的巅峰之作。

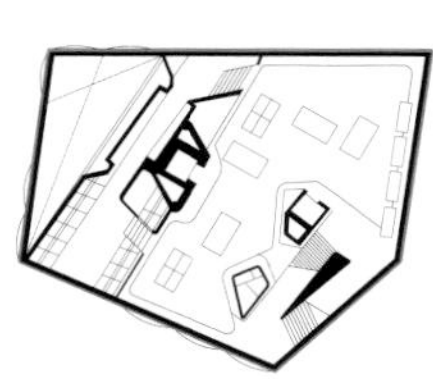

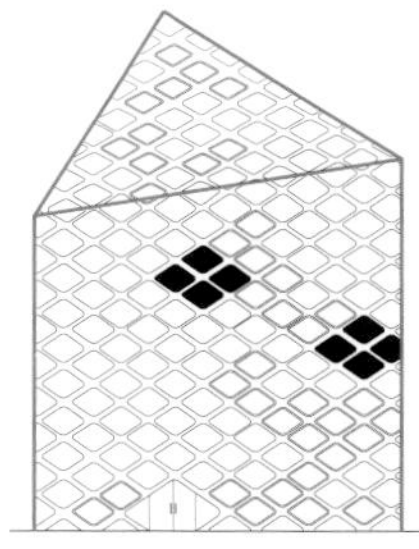

普拉达总部，赫尔佐格和德·梅隆事务所
东京，日本　2002 年
[后现代主义，多边形平面与斜向网格表皮，玻璃]

Prada Headquarters, Herzog and de Meuron
Tokyo, Japan 2002
[Postmodernism, polygonal plan with diagonal grid skin, glass]

普拉达总部是专门为普拉达品牌而设计的，建筑平面采用了五边形的形式。建筑外部以斜向网格包裹，网格中的填充板呈现了多种曲率（平面板、凹面板和凸面板），建筑表面丰富的光影变化带来了别样的体验和理解。建筑的表面就像是一个超大的展示橱窗，其光学效果（包括室内和室外）非常活跃、充满动感，观众在空间中行进时，随着位置的变化会感受到光线路径的转变和反射效果。建筑内部为开放式，各层楼板相互交错，但从剖面来看依然可以保持连续性。核心筒和菱形管的运用进一步扩大了空间，也进一步对功能进行细分，从结构上完成了建筑的整体形式。依赖空间体验、表皮、形式而生成的普拉达总部，对办公 / 商场这一建筑类型进行了优化，成为功能混合但依旧具有高度构图化特征的建筑设计。

停车库 | Parking Garage

停车库通常不如其他建筑类型那样拥有极高的关注度。从停车库的发展历程来看，因为汽车的实际大小并没有发生显著变化，所以停车库这种建筑类型的功能和形式一直保持相对稳定。因此，早期的停车库和现在最新的停车库无论在建筑结构上还是空间布局上，并非相去甚远。有趣的一点是，建筑师往往并不在意尺寸恒定的问题，在他们的愿景中停车库这一建筑类型应得到长足发展，而不仅仅是一个建筑物这么简单，并且许多建筑师真正付诸实践，以停车功能为主导开展了许多建筑设计。当然大多数停车库还是继续采用方盒子的造型以满足停车功能，然而一些建筑师却将停车库的概念向外延伸，使其成为技术与美的象征。

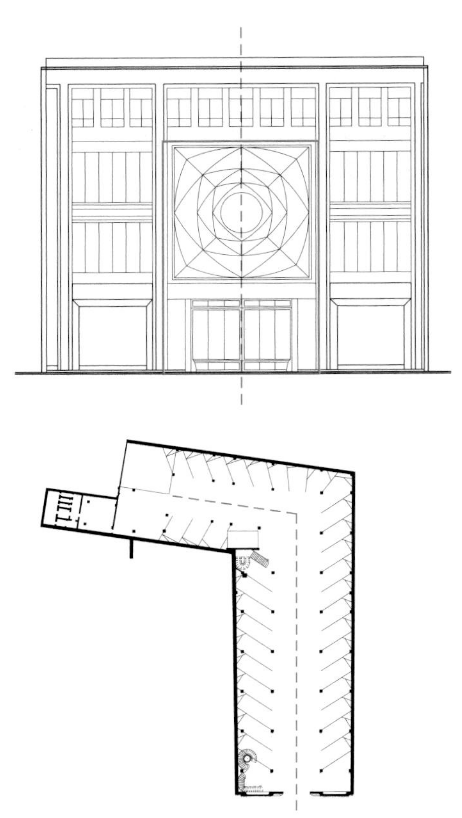

公共停车车库，奥古斯特·佩雷
巴黎，法国　1905 年
[早期工业风，“L”形停车结构，混凝土]

Garage de la Societe, Auguste Perret
Paris, France　1905
[Early Industrialism, L-shaped parking structure, concrete]

公共停车车库是第一个停车库建筑，为之后的停车库设定了建设标准。佩雷以直接又明确的方式解决车库的功能需求。他意识到，调整汽车停放的角度，特别是斜向停车，既可以满足必需的停车空间要求，也能适应设计基地中紧凑的城市用地边界。公共停车车库中，地面平坦，有多部电梯来实现汽车的竖向移动。停车库中央是三层通高的大厅，通过天窗可以获得完全的自然光。二层和三层各有一座可移动的天桥连接两侧停车区域并通达电梯。在建筑外部，立面上居于中央位置的巨大全玻璃花窗展现了停车库的空间概念；在建筑内部，则以混凝土框架展示了其内部结构。

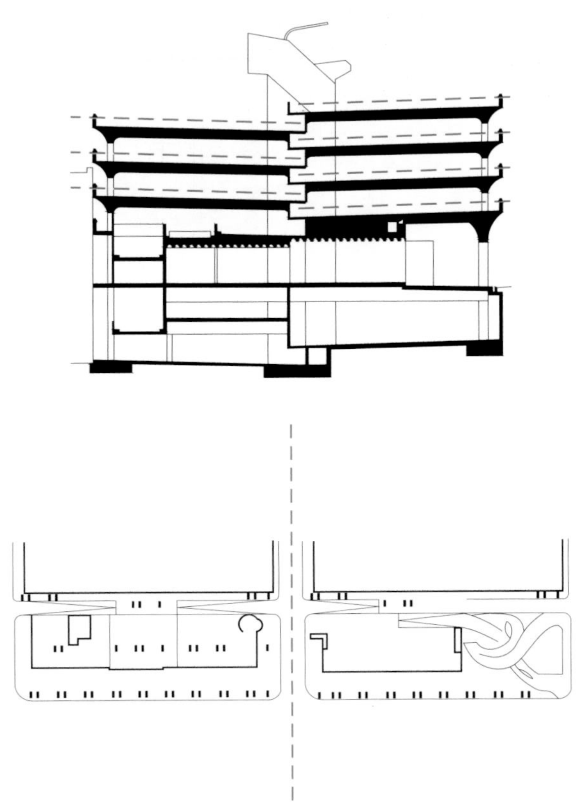

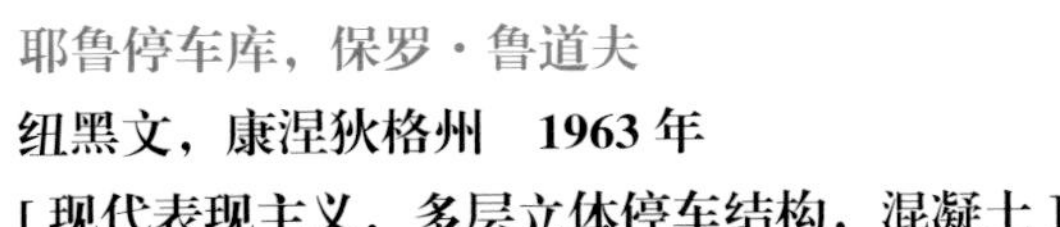

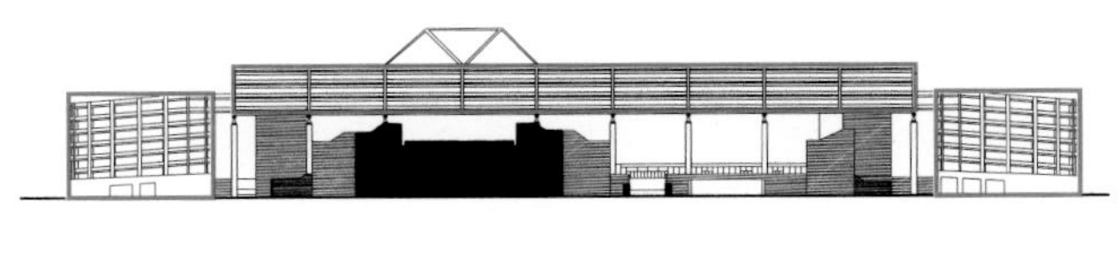

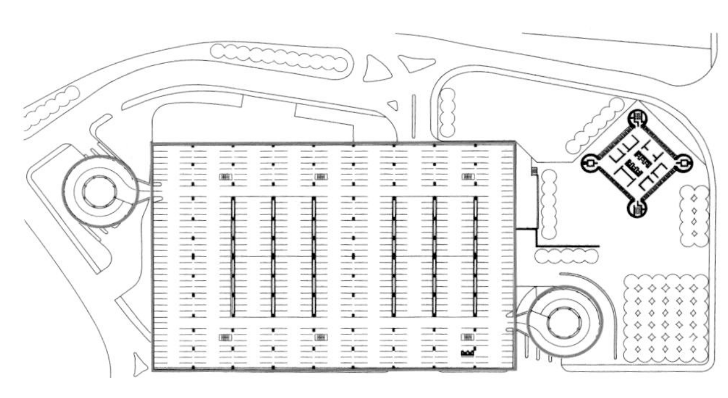

耶鲁停车库，保罗·鲁道夫

纽黑文，康涅狄格州　1963 年

[现代表现主义，多层立体停车结构，混凝土]

Yale Parking Garage, Paul Rudolph

New Haven, Connecticut　1963

[Expressionist Modernism, Multilevel parking structure, concrete]

鲁道夫曾经说过，他希望人们提问这栋大楼的功能到底是什么。在此之后，“视觉语言”（visual language）就正式成为停车库的代名词。耶鲁停车库的结构长度超过 800 英尺（约 243.84 米），真正发展为一种独立的建筑类型，而不仅仅是一个简单设计的房子。耶鲁停车库全部采用现浇混凝土结构，施工过程完全公开。即使后期安装的照明灯具也是以铰接形式嵌在混凝土中。此外，停车库以巨大的体量毫无争议地在城市中树立起一个重要地标。停车库在地面层架空，有许多坡道连接上下，这样可以使下层用作商店和零售空间。从根本上说，鲁道夫是以高速公路和州级基础交通设施的形式与造型为参考，设计出了耶鲁停车库这栋不同寻常的建筑。

纽黑文停车库，罗奇–丁克路建筑事务所

纽黑文，康涅狄格州　1972 年

[现代主义，剧场之上的停车库，钢材]

New Haven Parking Garage, Roche-Dinkeloo

New Haven, Connecticut　1972

[Modernism, parking garage over theater, steel]

纽黑文停车库位于纽黑文体育馆的顶层，因为该地区不允许修建地下停车场，就需要以巧妙的方法来解决停车问题。也正是因为这个规定，在纽黑文体育馆建设项目中，停车库成为设计方案的主导议题，超大体量的圆形坡道盘旋至屋顶，引导车辆入库停车，这一形象后来成为纽黑文现代主义的标志性符号。纽黑文停车库的建筑平面其实是非常简单的网格结构，除了车库是盘旋在体育馆上空之外，其他部分的网格从上层一直通达地面。巨大的结构梁安装在车库上方，悬挑起整个车库的开间跨度。建筑中考顿耐候钢［考顿钢（corten steel），一种特种钢，耐腐蚀］的使用也成为建筑工业技术的发展标志。

大学校园 | Campus

“大学校园”一词通常用来描述包含一系列建筑、像公园一样的环境，它是高等教育机构的一部分。校园里通常包含学术、行政和休闲建筑以及宿舍楼，所有这些建筑的区位和相互关系使校园成为一个整体。“校园”这个词最初用来描述新泽西州普林斯顿大学及其周围的用地。后来，这个典型的美式词汇开始在欧洲使用，更多地用来形容城市环境。在美国，大学校园已经成为一种富有创意的文化产品。所以，美国的一些重要建筑及其相关的空间都设置在大学校园中。

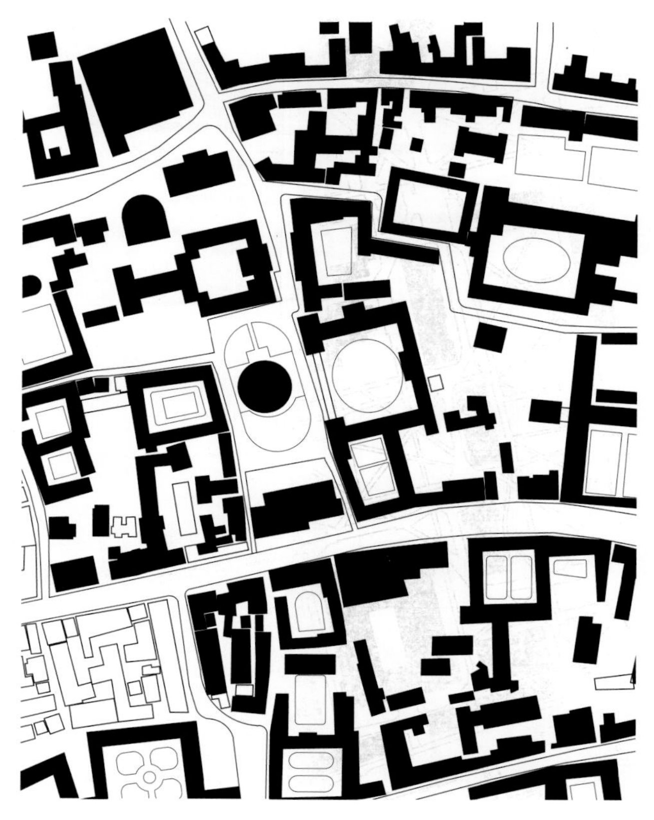

牛津大学

牛津，英格兰　1585 年

[哥特式，融入城市肌理的大学校园，砖石砌块]

Oxford

Oxford, England　1585

[Gothic, campus integrated into city fabric, masonry]

牛津大学是最古老的大学之一，但它并没有依照典型的大学校园设计框架进行建设。相反，牛津大学完全融入牛津市的城市肌理之中，甚至无法找到一条明显的界线把大学和城市分开。牛津大学有许多独立的学院，每个学院都有自己独立的设施。学院总是围绕中心庭院或绿地而建，其建筑无一例外都是哥特式风格。这些特征也为世界上许多大学确定了风格基调。

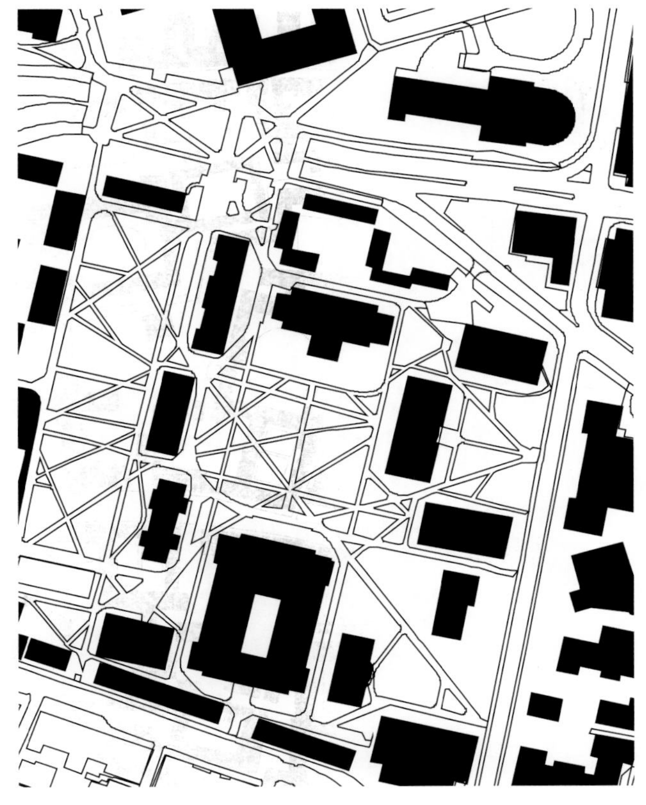

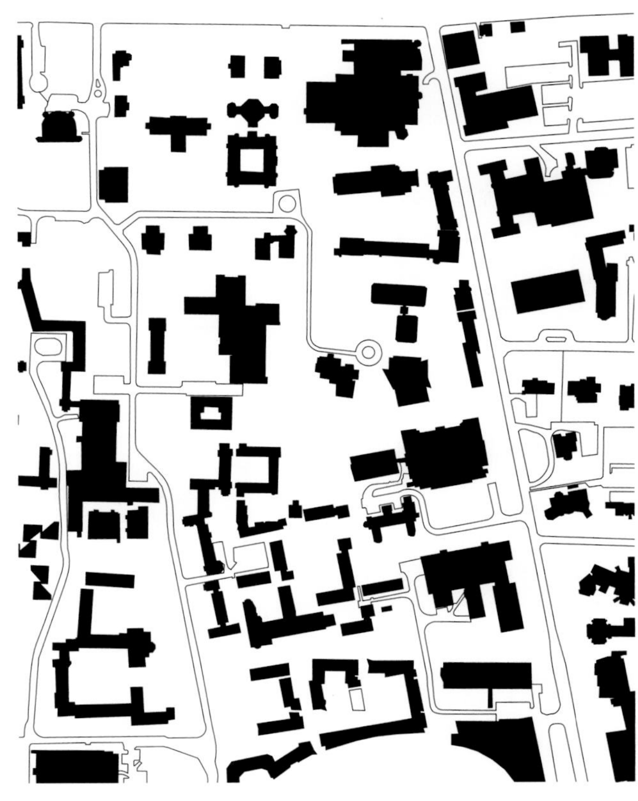

哈佛大学

剑桥，马萨诸塞州　1636 年

[多样化，融入城市肌理的大学校园，砖石砌块]

Harvard University

Cambridge, Massachusetts　1636

[Diverse, campus integrated into urban fabric, masonry]

哈佛校园的布局以哈佛园为中心，逐渐扩散到周边剑桥市的城市环境中。校园规划采用四方院的组织形式建立起空间的一致性，受城市建筑密度的影响且伴随着哈佛大学长时期的发展演变，校园中保存着各式各样、独一无二的历史建筑，涵盖了三百年的建筑风格，也成就了哈佛校园独特又多样的特点。这些建筑风格包括早期的乔治王时代风格，以亨利・霍布森・理查德 [赛维大厅（Sever Hall）] 为代表、占主导性的罗曼建筑风格，同时也包括以柯布西耶（卡彭特中心——柯布西耶在美国唯一的建筑作品）、何塞・路易斯・塞特（Jose Luis Sert）、詹姆斯・斯特林、查尔斯・格瓦斯梅（Charles Gwathmey）和伦佐・皮亚诺为代表的现代建筑风格。

普林斯顿大学

普林斯顿，新泽西州　1756 年

[新哥特式，节点式大学庭院，砖石砌块]

Princeton University

Princeton, New Jersey　1756

[Neo-Gothic, nodal college courtyards, masonry]

普林斯顿大学与牛津大学非常相似，校园布局都是围绕着一个中央庭院展开，校园建筑都是典型的哥特式风格。普林斯顿大学的各个学院因各自独特的建筑风格和良好的社会评价成为大学的关键所在，这一点也同牛津大学一样。学生入校时会被分配到各自的学院，在学期间将一直居住在自己的学院里。每个学院都有各自的食堂、图书馆和教室。与牛津大学不同的是，普林斯顿大学以拿骚街（Nassau Street）作为分割线与城市相互分开。这个分割线后来作为“城市与大学”（Town and Gown）[译注 30] 的代名词，指的是一所大学因一条路或一条街道而与城市或城镇分离的情况。

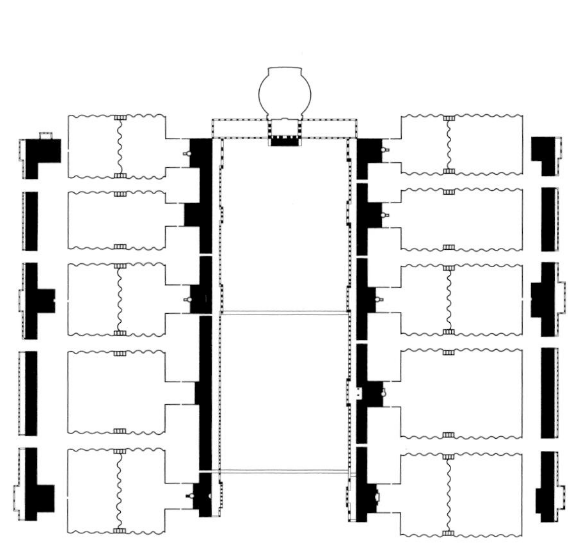

弗吉尼亚大学，托马斯·杰斐逊

夏洛茨维尔，弗吉尼亚州 1826 年

[新古典主义，轴向中央草坪，木头和砖石砌块]

University of Virginia, Thomas Jefferson

Charlottesville, Virginia 1826

[Neoclassicism, axial central lawn, wood and masonry]

弗吉尼亚大学建设之初的设想是成为一个可以自给自足的学术庄园，杰斐逊设计的学校规模是一百名学生加十名教授。学生们住在草坪两侧的五十个房间里，教授们则住在十个独立的住宅中，与学生宿舍分开。草坪的面积很大，有丰富的植物层次，一条单边式柱廊环绕着草坪并连接起学生宿舍和教授住宅。杰斐逊将校园中的建筑物一并纳入学校的建筑教育之中，运用古典主义的建筑语汇来表达各种不同的建筑作品。这些建筑有的是完全创新，有的则是在古典主义基础上对形式或语言的衍生。

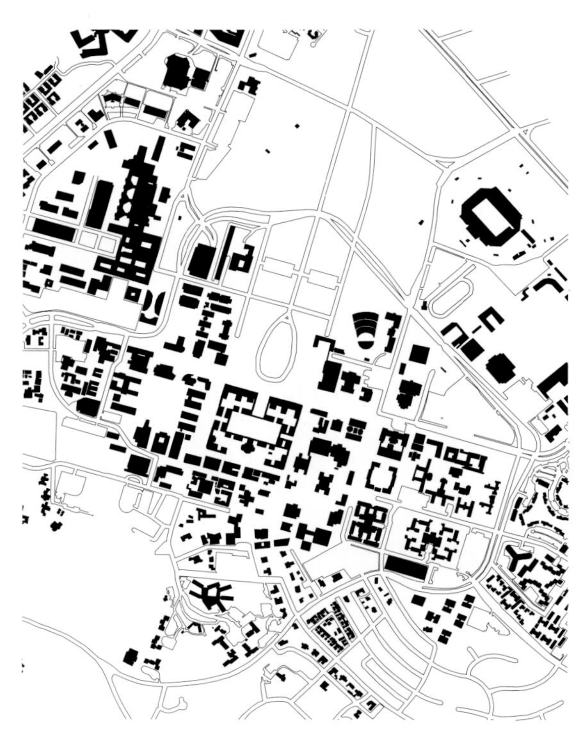

斯坦福大学，弗雷德里克·劳·奥姆斯特德

帕洛阿尔托，加利福尼亚州 1888 年

[西班牙殖民风格，庭院和四方院，砖石砌块]

Stanford University, Frederick Law Olmstead

Palo Alto, California 1888

[Spanish Colonial, courtyards and quadrangles, masonry]

基于利兰·斯坦福（Leland Stanford）的引领与美好愿景，斯坦福大学于1888年由奥姆斯特德设计建立而成。奥姆斯特德认为斯坦福大学的校园平面应集简单和清晰于一体。校园中，南北走向的主轴线把棕榈大道（Palm Drive）、纪念园（Memorial Court）、中心方院（Inner Quad）和纪念教堂（Memorial Church）串联起来。伴随着校园的发展与建设，东西走向的次轴线通过中心方院向外延伸，连接一系列其他四方院。在最初的规划方案中，东西向轴线两侧设计有三个较小的庭院和四个较大的四方院。令人遗憾的是，随着时间的流逝，奥姆斯特德原规划中清晰、朴素的平面到如今只有入口处的椭圆形空间和中心方院被保留下来，人们只能通过这些存留的空间体会奥姆斯特德当初的设计。

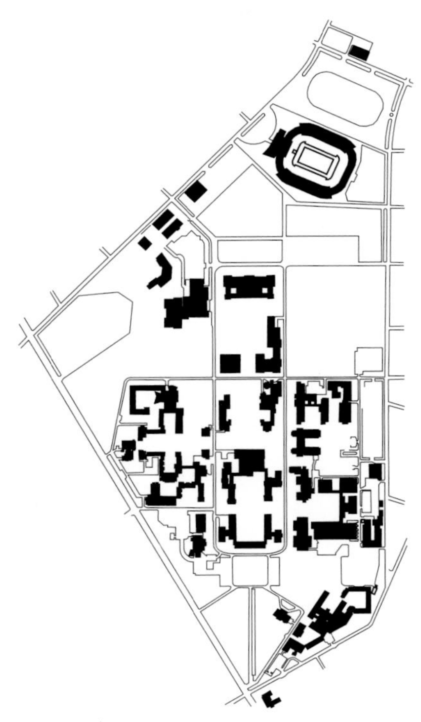

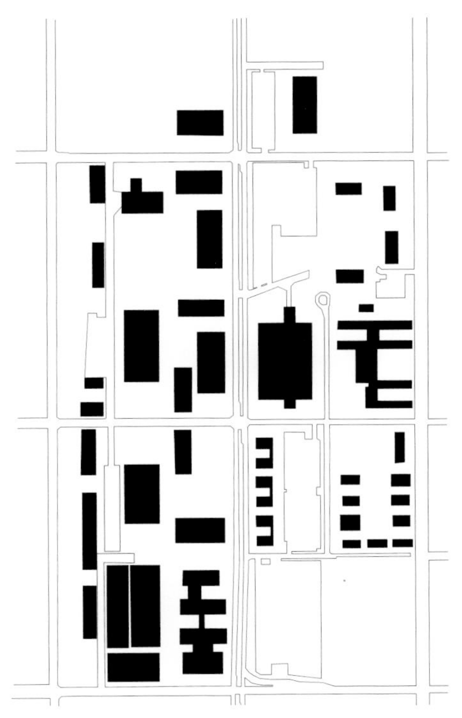

莱斯大学，拉尔夫·亚当斯·克拉姆
休斯敦，得克萨斯州　1911 年
[新拜占庭式建筑，中央方院，砖石砌块]

Rice University, Ralph Adams Cram
Houston, Texas　1911
[Neo-Byzantine, central quadrangle, masonry]

莱斯大学的校园建设以洛维特大厅（Lovett Hall，以第一任校长的名字命名）为中心，校园轴线以莱斯大学那令人印象深刻的出入口为起点，穿过城市主要街道，贯穿校园中主要的四方院，最终到达图书馆而结束。校园轴线使莱斯大学从城市的街道网格结构中突显出来。由四座建筑围合成的中央方院是特别的设计，在同一条轴线上多次重复，得以强调。一系列的四方院被中心环路围绕，形成了校园的中心圈层。次圈层则由各专业实验室、学生宿舍等建筑围合形成，两个圈层相互作用使校园空间更加完整并丰富起来。校园布局的空间层级和一致的建筑材料面板 [使用非常厚的砂浆制成的圣乔砖（St. Joe brick）]，创造了统一规则的莱斯大学校园空间。

伊利诺斯理工学院，密斯·凡·德·罗
芝加哥，伊利诺斯州　1943—1957 年
[现代主义，自由平面式校园，玻璃、钢材和砖石砌块]

Illinois Institute of Technology, Mies van der Rohe
Chicago, Illinois　1943–1957
[Modernism, free plan campus, glass, steel and masonry]

纳粹力量在德国的兴起迫使包豪斯大学于 1933 年关闭，校长密斯·凡·德·罗被迫离开。后来密斯在芝加哥定居下来，成为芝加哥阿莫尔理工学院（Armor Institute of Technology，后更名为“伊利诺斯理工学院”）的建筑系主任。上任后，密斯立即被要求协助完成校区的整体规划及建筑设计。在密斯的设计中，建筑物围合形成开放的四方院形式，有利于空间在建筑与方院之间自由流动。紧密的钢架结构以共面玻璃和砖石砌块填充，形成了建筑表皮，并以此为建筑语汇为校园中建筑的构成设立了规则，既突出了高等学府对知识的推崇，也强调了现代主义风格所追求的灵活性。在校园中，密斯·凡·德·罗共设计了二十栋建筑 [其中为人熟知的建筑包括校友堂（Alumi Hall）、礼拜堂（Chapel）以及克朗楼（又称“皇冠厅”）——即建筑学院]，这些作品是密斯设计理念的展现，表达了密斯对校园空间和材料的理解。

形式

Form

04– 形式 | Form

在所有建筑要素中，最具主导力、最具表现力的也许就是形式。形式的推演以及形式与视觉的关系贯穿建筑设计的整个过程，当确定建筑特征时，当所有局部的设计方案整合在一起时，形式的作用就体现出来了。形式是建筑分类的主导因素，厘清形式的起源、演变以及对形式演变过程的清晰再现，都非常重要。

以下不同的形式类别就以其形成之初的主导因素而分别命名。

柏拉图形式体系（Platonic Formalism）柏拉图形式体系的基本建筑模数来源于对纯粹理想几何形体的表达，比如立方体、球体、锥体（金字塔）等。作为原始的几何图形，柏拉图形式体系在本质上具有高度的抽象性，这种抽象性来源于人对图形的理解及其在建筑中的外在表现，并与几何结构和文化参照直接相关。

功能形式体系（Functional Formalism）形式追随功能是现代主义的核心原则。形式可以作为功能需求的直接转译，形式的表达可以与建筑功能直接相关，如果满足以上条件，就可以判定这是形式追随功能的表现。将实际的功能需求纳入形式的表达，可以追溯到形式植根于功能的本质论解释以及二者之间存在的内在联系。

环境形式体系（Contextual Formalism）在环境形式体系中，形式的确定依赖于基地的先天条件和对场地细节的深入挖掘。这需要结合当地传统，如使用本土材料、遵循建造传统、回应当地气候等。依托当地的建筑先例，一些反复出现的形式已深深融入根深蒂固的本土文化之中，随着时代的更迭，又一代代地加以修正和改进，在逐渐变化与适应之后形成了独立的发展。其中，**类型学形式体系**（typological formalism）是环境形式体系中的一个子类，注重功能类型的参照和延续，聚焦于建筑功能的历史文脉以及建筑先例中功能性的演进与发展。在组织体系和功能体系的历史传统框架下，类型学形式体系建立在建筑先例的基础上，通过对建筑谱系的研究和参照，为建筑创建可识别、易辨认的类型特征。

表现形式体系或技术形式体系（Performative or Technological Formalism）表现形式体系是对功能要件的反映，主要受结构、材料、环境（光、风、方向和位置）以及能源等因素的制约。表现形式体系的本质就是将这些功能性的限制因素转化为具体的形式反应。转化过程中主张的综合性、独一性要求，在形式上需要以可变性和复杂性与之呼应，而这一切最终都要求各种作用力在形式上达到完美契合与高度共鸣。

组织形式体系（Organizational Formalism）组织形式体系的主要形式来源于组织体系中最关键的形态学概念，主要遵循以平面为基础的形成机制，是平面组织在水平方向的派生。因此，中心式的模式一般会呈现放射状的形式，而单边走廊式则趋向于线性的形式，诸如此类。平面组织体系与形式体系之间存在的这种对应关系，使建筑在最终构图中更容易提高辨识度。而存在于这种对应关系中的重复性的建筑谱系，是基于建筑先例所进行的重复性、迭代的演化，它推动了组织形式体系的发展。

几何形式体系（Geometric Formalism）几何形式体系是一种形式创作的过程，它关注平面组织、尺寸比例、重复与变化，并遵循其中的几何学规则、原理和秩序，以此进行形式的推演。网格、黄金分割甚至勒·柯布西耶提出的独特的模数理念，都依赖于远古数字命理中对真理的信仰以及在模数、比例、几何关系中所宣扬的理想几何。**对称形式体系**（Symmetrical Formalism）是几何形式体系的一个子类。通过一条镜像轴线（或一系列镜像轴线）就能在方案中建立起天然的轴线关系，形成最直观的等级和层次。图面中，一侧对另一侧的反射可以创建强烈的空间秩序，在人们大脑中的意象地图（mental map）里形成完整的空间构图，便于在偌大的建筑空间关系中形成连续的位置判定。**等级形式体系**（Hierarchical Formalism）源自几何形式体系。在秩序、比例及模数的基础上，形式可以促使各部分之间的相互关系形成不同的层次结构。由此，通过规模、位置、长度、装饰或其他方式，基本几何形就建立起了等级形式体系。

材料形式体系（Material Formalism）材料形式体系的建立源于建筑空间设计中相关建筑材料的物理性质及其相互关系。材料的最终表现特性，受不同的制造过程及其产生的材料模块以及将原材料加工成建筑构件的制造技术制约。构造系统最终决定了材料的几何形状、装配组合的表现、施工建设的要求和最后执行材料安装的实际操作。单一材料的细节特征与装配后的整体配置定义了材料形式体系。

感知形式体系（Experiential Formalism）感知形式体系是基于人体在视觉和生理上对物体的感知方式的一种衍生和应用。其形成过程主要通过透视图或基于模型的展示衍生而来，当人在空间中移动时，人们参与到这些经过设计的、按先后顺序呈现出来的空间中，逐渐感知空间和体验建筑的过程，即是感知形式体系的生成过程。由于感知形式体系的发展过程以人的感知为根本，所以这种构成方式的结论往往被认为是非理性的，因为其整体的组成是通过个体关系而非整体系统本身决定的，而个体往往具有很大的差异性和不确定性。作为感知形式体系的一个分支，**序列形式体系**（Sequential Formalism）是以路径作为感知序列的基础。在建筑中漫行步道的引导下，跟随路径生成的空间顺序既形成对建筑的感知，又完成序列形式体系的建立。**轴向形式体系**（Axial Formalism）又是序列形式体系下的一个分支，通常是对称形式体系和等级形式体系的产物。该体系专注于线性路径，通过平面中的形式组织建立起一个主导路径，这条路径一般会成为其他几何形态进行运动的基准线，如对称、等级、体验和序列等形式体系的建立以及多种体系的混合。北京的紫禁城就是该形态的主要案例，一条中心轴占据主导地位，控制着整个空间结构，在此基础上通过空间序列和等级分层，为庞大的建筑群建立了序列和层次。空间是沿轴线对称的，由此人的体验也被锚定在严格的轴线几何结构中。

在当代建筑中，功能与形式彼此间相互分离。当我们分析更复杂的几何图形时，通常以环境适应性或性能标准进行评价，现在还发展出一种高度可变的几何图形，其复杂性可以通过先进的数字处理和参数化设计过程来实现。在这些新形式中人们经常会提到仿生学，以对自然的模仿来回应迭代和变化。组件（结构、构造或其他）的大规模定制，是在具有系统化场域效应的更大领域内呈现出的独特的本地化效益。

无论什么样的种类或者类别，形式对于建筑都是至关重要的。它既是物质要素也是精神要素，在建筑师系统化的建筑理论和形式本质的具体外化之间搭建起沟通的桥梁。

柏拉图形式体系 | Platonic Formalism

柏拉图形式理论要求根据形式的本质来定义形式。柏拉图形式理论认为，形式不是由视觉所见直接确定的，而是通过趋近心理中的理想形式（即概念中的纯粹形式）而确定的。在柏拉图形式理论中描绘了三维几何形式的基本形：球体、立方体和锥体。形式的理想主义是十分重要的，不仅因为其形式的纯粹性，还因为其几何体系的清晰度能够定义自身的形式。因此，物质的外形不仅决定了其呈现出的视觉表达的纯粹性，也决定了其形式起源于概念上的纯粹性。

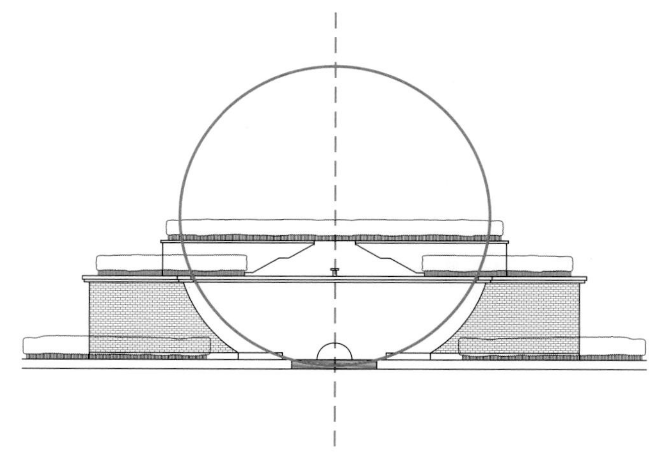

牛顿纪念堂，艾蒂安－路易·布雷
未建成　1784 年
[新古典主义，纪念性建筑，砖石砌块]

Newton's Cenotaph, Étienne-Louis Boullée
Unbuilt　1784
[Neoclassicism, heroic architecture parlant, masonry]

球体（SPHERE）：在牛顿纪念堂设计中，布雷采用了球体造型，希望以一种田园诗般优美的形式来纪念牛顿几何和数学理念的纯粹性。通过利用球体的几何概念，传达天空中星座的组成和意义，为纪念堂提供了有效的设计思路。球体，作为一个均匀离心的形式，球心和边界是同时限定的。其外部形式是球体，内部空间仍然是球体，相同的视觉体验源于球体几何形式的纯粹性以及球体感知中同时存在的简单性和复杂性。

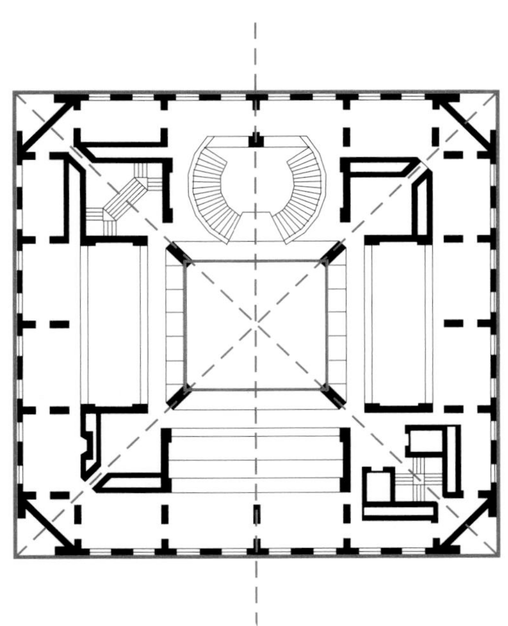

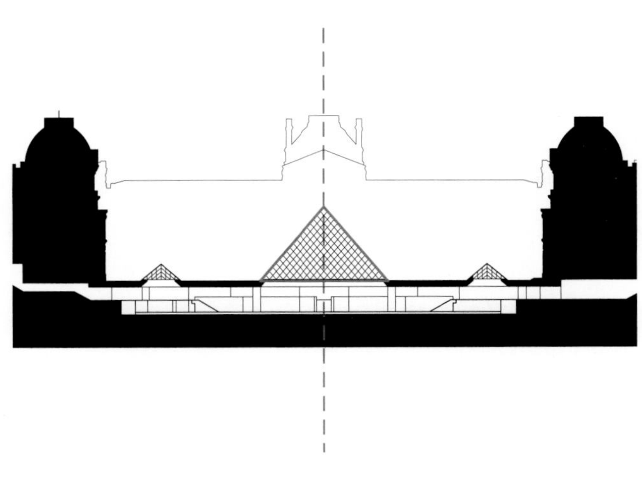

埃克塞特图书馆，路易斯·康
埃克塞特，新罕布什尔州　1972 年
[现代主义后期，中心式的方形，砖石砌块和混凝土]

Exeter Library, Louis Kahn
Exeter, New Hampshire　1972
[Late Modernism, centralized square, masonry and concrete]

立方体（CUBE）：在埃克塞特图书馆设计中，路易斯·康运用柏拉图式理想图形中的正方形，组成完美的立方体，营造出一种独立于世、别具深意的氛围。立方体，既是图书馆功能布局的组织手法，也是图书馆建筑形式的组织原则。路易斯·康利用两个独立的立方体相互嵌套，生成与图书馆功能属性相对应的区域，如书库、阅览区以及最值得称赞的中庭空间。埃克塞特图书馆外部的立方体是由砖砌成的，展示了砖砌结构中常见的重复施工技术。内部的立方体由混凝土建造而成，限定出中庭空间。立方体的每个立面都留有一个圆形洞口（圆形也可以理解为一种柏拉图理想图形），圆形的圆心与立方体立面的中心点重合，对立面的消减使整个阅读空间呈现一种类似框架结构的形式。总的来说，在埃克塞特图书馆中采用了多种手法进行立方体的应用，将立方体这种富有表现力形式的多种属性充分发挥出来。

卢浮宫，贝聿铭
巴黎，法国　1989 年
[后现代主义，纪念性的金字塔形式，钢材和玻璃]

Louvre, I.M. Pei
Paris, France　1989
[Postmodernism, monumental pyramidal form, steel and glass]

锥体（金字塔，PYRAMID）：卢浮宫，无论在建筑意义上还是城市肌理中都是具有历史意义的标志性博物馆建筑，当面对卢浮宫的扩建任务时，贝聿铭采用了金字塔的理想形式，并将这种形式安放在既有空间的主导轴线上，使其融入卢浮宫建筑群业已形成的自我对称之中。通过在卢浮宫广场的中心位置创建一处新的入口，贝聿铭可以通过这个单一的点，重新组织起整个卢浮宫建筑群的交通流线和空间层次。金字塔形式是一种理想几何体，对内可以完成自我解析，对外可以通过其独特的形式与周边规整的环境形成强烈对比。复杂的设计和精细的玻璃表面，淡化了金字塔的形体，进一步强调了与周边环境的对比。材料的转换，展示了玻璃技术与主体建筑中砌块体系的巨大反差，同时玻璃技术的应用也反驳了传统形态学认知中金字塔只能是实体体量的观点。

功能形式体系 | Functional Formalism

在功能形式体系中，建筑的功能表现在建筑的形式中。这种功能与形式的平衡在工厂或发电厂等工业建筑中的表现最为明显。这里的建筑更“工程化”（engineered）而非建筑化，所以一举一动都追求经济和质量的平衡。为了将建筑物的“功能”转换成一个关系清晰的三维结构体系，就需要对空间的性质和类型有成熟深刻的理解。功能形式体系植根于现代主义的基本原则，并将“形式追随功能”的理念广泛传播。在功能需求有严格限定的情况下，“形式追随功能”可以被证实是有效并成功的。然而，当对建筑的功能要求更加人性化、相对放松时，则往往会呈现过于简单或平凡的结果。功能形式体系，尽管存在这些缺点，但如果使用者的意图合理并能得以谨慎运用，仍然是创造形式的一种可行选择。

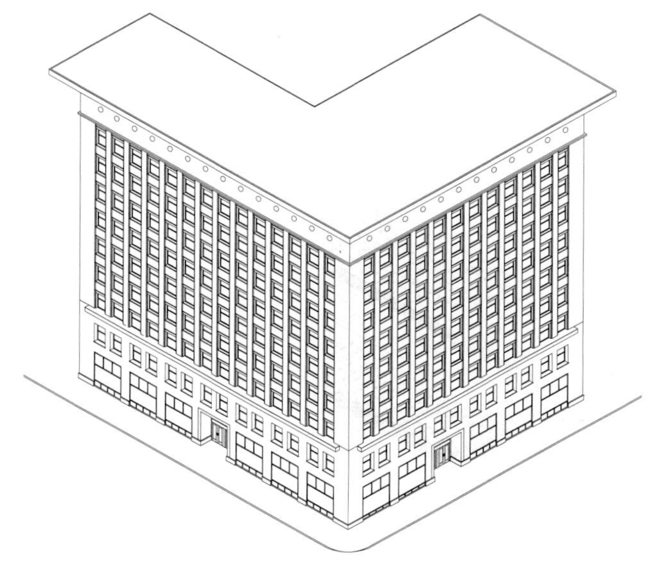

温赖特大厦（又称“温赖特密苏里州办公大厦”），阿德勒和沙利文建筑事务所
圣路易斯，密苏里州 1891 年
[现代主义早期，带有核心筒的开放式平面，钢架结构和砖石砌块]

Wainwright Building, Adler and Sullivan
St. Louis, Missouri 1891
[Early Modernism, open plan with core, steel frame and masonry]

温赖特大厦是阿德勒和沙利文建筑事务所设计的第一座摩天大楼。设计师认为这是一种新的建筑类型，应强调建筑立面的垂直性以突出其形式的意义。该建筑采用的是经典三段式的立面构成手法，由基部、中段和顶部三部分连接而成。建筑满足了功能形式体系的概念，创建了一种新的建筑语言，将“摩天大楼”完全看作类型而将“办公建筑”视为功能。温赖特大厦并没有被伪装成其他任何形式，只是以它的形式追随了功能。

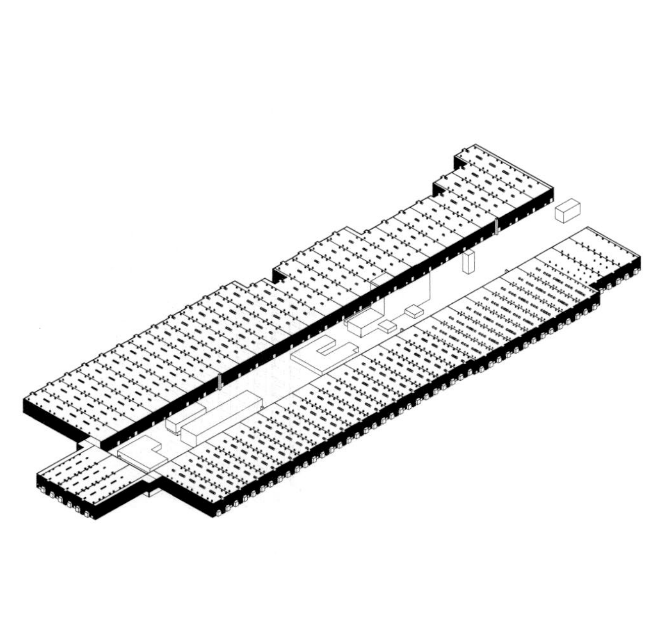

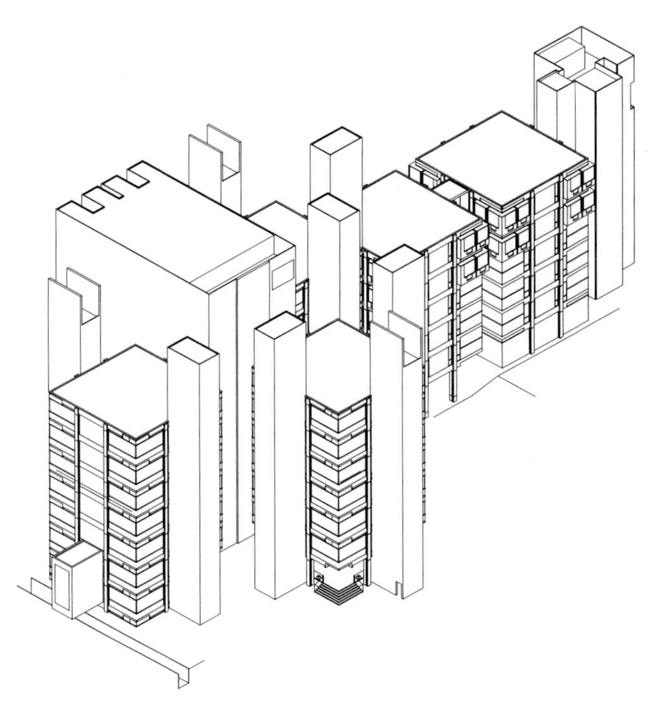

K-25 工厂，SOM 建筑设计事务所
橡树岭，田纳西州　1945 年
[现代主义，“U”形的铀浓缩工厂，混凝土]

K-25 Plant, SOM
Oak Ridge, Tennessee　1945
[Modernism, U-shaped uranium enrichment plant, concrete]

1945 年，当这个巨大的工厂建设完成时，它就成为世界上最大的建筑，长 0.5 英里（约 804.67 米），宽 1000 英尺（约 304.8 米）。它是功能形式体系的著名案例，因为其建筑尺度完全由建筑内将要容纳的功能及其工艺流程所决定。K-25 工厂中，铀的浓缩是通过气体扩散来完成的，因此在建筑功能上要求设置非常长的直线空间。同时这一过程还需要大量的电能，因此 K-25 工厂的选址临近田纳西州发电厂。该建筑被视为功能需要的外在表现，也是依托形式进行选址的重要案例。

理查德医学研究中心，路易斯 · 康
费城，宾夕法尼亚州　1961 年
[现代主义后期，中心式实验室，混凝土和砖石砌块]

Richards Medical Center, Louis Kahn
Philadelphia, Pennsylvania　1961
[Late Modernism, centralized laboratories, concrete and masonry]

在理查德医学研究中心设计中，路易斯 · 康先将建筑项目中各种各样的功能分开，然后根据其材料或形状上的差别重新连接这些功能，由此产生的复杂的建筑形式成为建筑功能的直接体现。由于该建筑要作为医学研究中心使用，因此在设计中有非常特殊的要求。路易斯 · 康通过全新的组织体系以及建筑结构中的细微差别，回应并满足了这些要求。灵活的实验室组织、功能的划分、建筑体系的集成，将该建筑项目的设计特色与路易斯 · 康的设计理论完美融合。

环境形式体系 | Contextual Formalism

环境形式体系是指从周围环境中衍生出来的形式。环境要素，如形状、高度、纹理、装饰以及城市空间策略等，均可作为主导因素服务于形式的生成。在现代主义之前，这种方法相当普遍，甚至常常是下意识地使用。到了后现代主义时期，环境形式体系盛行至极，甚至不加鉴别地滥用，以致形成了一些不成功的、教条式的、乏味的建筑。但当恢复对其严格控制时，环境形式体系依然是最强大和最有效的工具之一，适合任何建筑师使用。从某种程度上说，从周围环境中获得形式是有道理的，符合常理。因为只要参照别人的形式就不会达到唯一、独特的效果，因而不可避免地要经历一系列转变，特别是进行一些参照本地环境的局部更改。然而，在参照中保留下来的不变的要素（如高度、材料）仍然要与本地环境以及最初的参照模式保持清晰的联系。

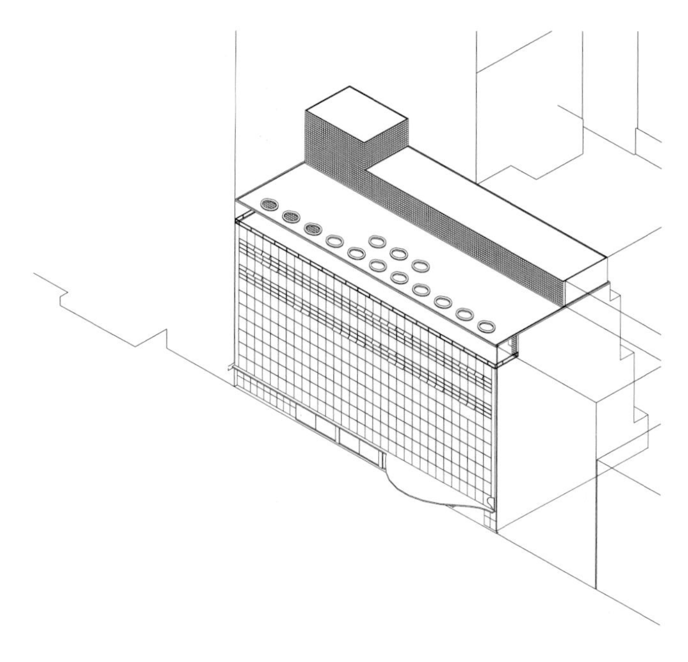

现代艺术博物馆，爱德华·德雷尔·斯通
纽约市，纽约州　1939 年
[现代主义，国际风格的博物馆，玻璃和钢材]

The Museum of Modern Art, Edward Durrell Stone
New York, New York　1939
[Modernism, International Style museum, glass and steel]

位于纽约的现代艺术博物馆是环境形式体系在现代主义建筑中的应用实例。尽管其风格属于极简主义和现代主义，但该建筑依然遵循由周围老旧的历史建筑建立起来的环境原则。通过大量模仿建筑先例的环境形式特征，现代艺术博物馆与周边建筑的高度及周边街道的关系都形成了共鸣，在珍贵材料的使用方面，甚至室外庭院的组织等方面也都达到了和谐的效果。正因为这些特点，博物馆与其相邻的建筑环境以及更大范围的城市环境都形成了融洽的关系。

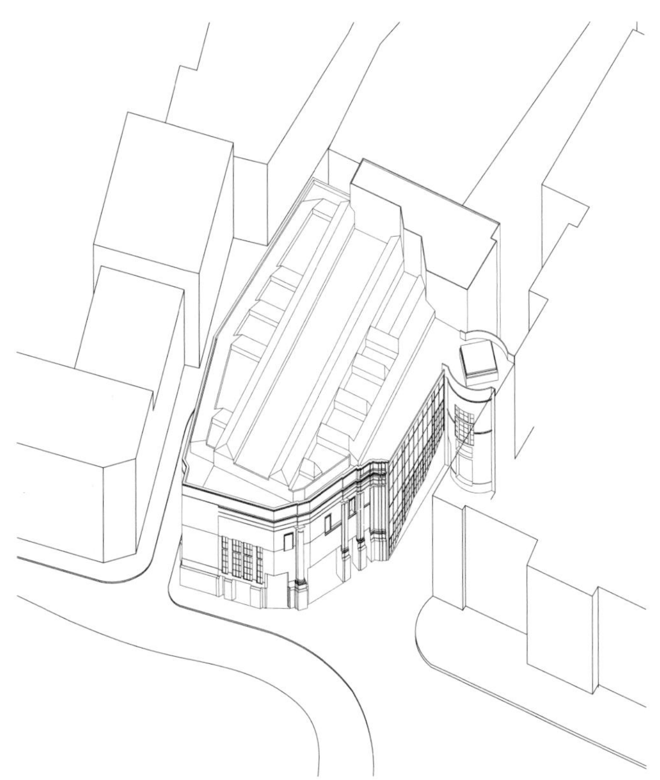

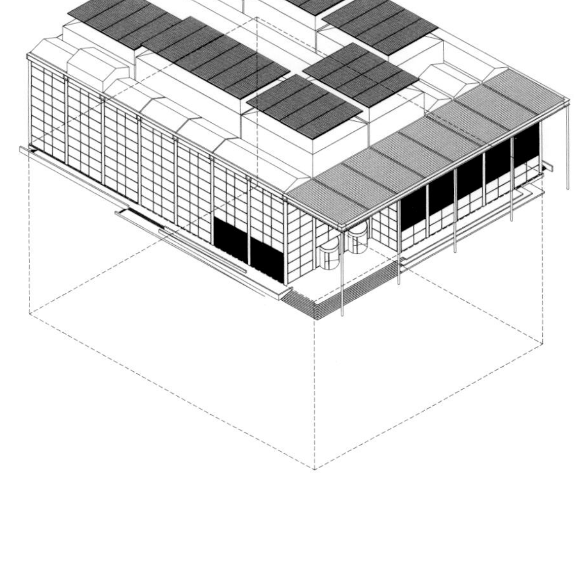

塞恩斯伯里展览馆，英国国家美术馆，罗伯特·文丘里和丹尼斯·斯科特·布朗建筑事务所

伦敦，英国　1991 年

[后现代主义，重复的环境形式立面，石材和玻璃]

Sainsbury Wing, National Gallery, Robert Venturi, Denise Scott Brown and Associates

London, England　1991

[Postmodernism, iterative contextual facade, stone and glass]

文丘里和丹尼斯·斯科特·布朗建筑事务所在伦敦设计的英国国家美术馆扩建项目——塞恩斯伯里展览馆，是体现环境形式体系的经典案例。在这个扩建项目中，依照环境形式体系的原则，将面对着特拉法尔加广场（Trafalgar Square）的建筑主立面进行了弱化处理。在此条件下，文丘里尝试将周边多个建筑一起融入塞恩斯伯里展览馆的立面设计中，最终导致该建筑成为古典主义形式与语汇中的一次碎片化的立面练习[译注 1]。

尼姆方形艺术中心[译注 2]，诺曼·福斯特

尼姆，法国　1993 年

[高技派，现代的卡利神殿（又译“尼姆方屋”），玻璃和钢材]

Carré d'Art, Norman Foster

Nimes, France　1993

[High-Tech, modern Maison Carrée, glass and steel]

当福斯特开始建造这座建筑时，原本目的是翻新被新博物馆和以前的卡利神殿占据的小广场。尼姆方形艺术中心共有九层楼高，五层位于地下。这是参照周围环境做出的决策，这一决定使新建建筑能够与周围既有建筑的高度相匹配，并与环境尺度相融合。尽管建筑使用了玻璃和钢这两种截然不同的材质，并且各自呼应着独特的功能，但整个建筑依然通过尺寸关系、几何图形和形式比例体现了环境形式体系的思想。

表现形式体系 | Performative Formalism

表现形式体系源于建筑中的功能职责系统。自然力如太阳（光和热）、风、水以及主动机械系统（active mechanical systems），每一个都有一系列的要求、职责和工艺，每一项都可以影响和决定形式。形式可以采用被动系统，也可以采用主动系统。随着建筑建设中对效率及生态的要求日益增加，以及建筑设计和建造技术的能力及复杂度不断提高，表现形式体系为实现“对环境系统和建筑形式的响应”提供了越来越多的机会。

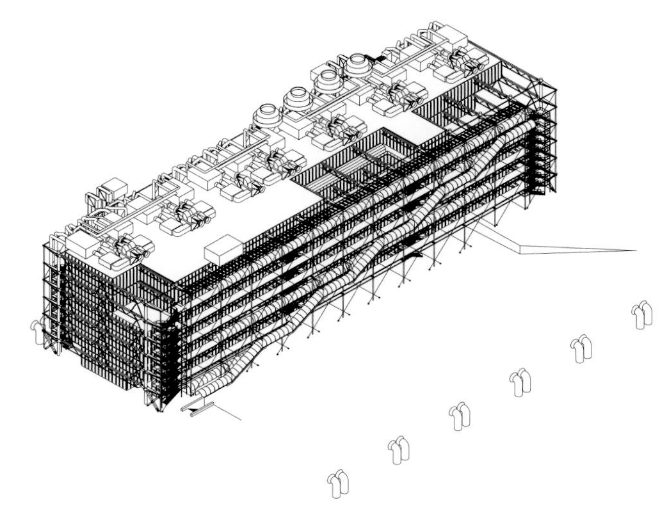

蓬皮杜中心，伦佐·皮亚诺与理查德·罗杰斯
巴黎，法国　1974 年
[高技派，自由平面式博物馆，钢材、玻璃和混凝土]

Centre Pompidou, Renzo Piano and Richard Rogers
Paris, France　1974
[High-Tech, free plan museum, steel, glass, concrete]

作为一座为人民而建的博物馆，皮亚诺和罗杰斯以独特又鲜明的设计手法，将建筑内部完全翻转出来，向人们展示了建筑中通常被隐藏起来的各项功能和系统。每个系统都以不同颜色进行仔细标记，这既是对自身建筑结构的阐释，也是蓬皮杜中心作为工业美学表现主义作品的证明。在颜色系统中，蓝色表示空调管道，绿色表示供水管道，灰色表示二级结构，红色表示交通流线，整栋建筑形成了非常清晰、易于辨识的标志系统。各种支撑系统的外化为建筑内部自由平面的实现提供了条件，可以完全适应各种展览的布局要求。竖向交通设置在一条玻璃管道中，呈阶梯状悬挂在建筑表皮之外，这种夸张的形式成为广场上最引人注目的立面。建筑立面的活泼造型、建筑自身的空间活力以及博物馆功能所带来的人群及各项活动，都使蓬皮杜中心成为城市中最耀眼的风景。在此，建筑功能的展现定义了其形式的构成。

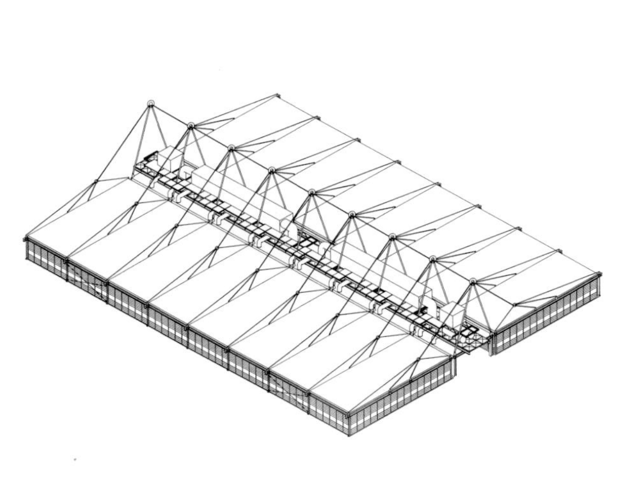

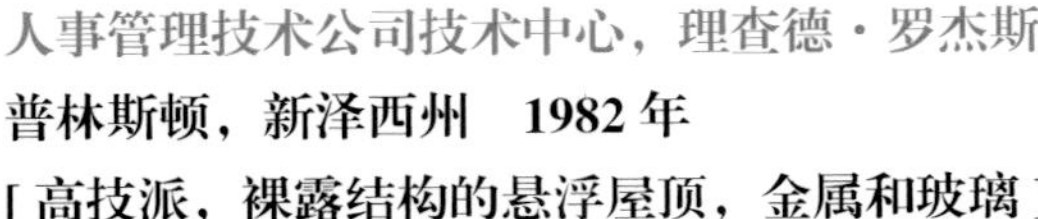
人事管理技术公司技术中心，理查德·罗杰斯
普林斯顿，新泽西州　1982 年
[高技派，裸露结构的悬浮屋顶，金属和玻璃]

PA Technology Center, Richard Rogers
Princeton, New Jersey　1982
[High-Tech, exposed suspended roof, metal and glass]

在人事管理技术公司［Personnel Administration Technology Ltd.，博安咨询集团（PA Consulting Group）的前身］的技术中心，罗杰斯继续对建筑系统进行了富有表现力的外化，用于定义建筑的形式。结构和通风系统悬挂在屋顶上方，以实现楼层平面的畅通无阻，最大限度地保持其连续性和灵活性。英雄式的桅杆夸张地延伸到屋顶上方，长长的悬索支撑着甲板平台。机械系统沿轴线方向填充下面的空间，并逐渐调整、改变位置。颜色被用于标记各个独立的系统并加以强调。边界原本就是简洁的，又通过镶嵌在细薄竖框中的玻璃网格进一步淡化、隐匿了边界，但却更加强调屋顶富有表现力的动感形式。

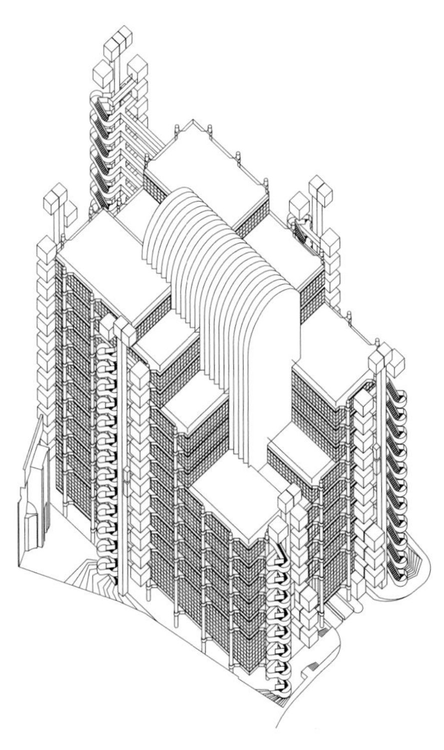

劳合社（又译“劳埃德保险社”），理查德·罗杰斯
伦敦，英国　1986 年
[高技派，由服务空间环绕的自由平面，不锈钢]

Lloyd’s of London, Richard Rogers
London, England　1986
[High-Tech, free plan with encircling services, stainless steel]

劳合社的建筑表现源于其平面的组织体系。建筑的功能被分散到边缘，允许开放式的建筑平面保持最大的灵活性。浴室和楼梯位于外围边界处，与传统的核心筒居于中心位置的做法正好相反，因此这种布局取代了以前依赖建筑表皮和外在形式才能形成建筑可识别性的做法，建筑中每个单独部件都可以通过其功能或运行方式来决定建筑的形式。各个功能都统一包覆不锈钢的外壳，通过对实用性和表现性的高度展现，赋予建筑独特的性格。由此，最终形成的建筑解读是，展示每个独立功能的**人性化尺度**，将重复性和集合性聚合起来，从实际需要出发，创造出系统化的构图。

组织形式体系 | Organizational Formalism

组织形式是指由建筑的组织系统确立的形式。这些系统通常是简单的、可识别的。因此形式和组织之间可以实现相互增强。组织形式体系与功能形式体系不同，后者由空间的使用功能驱动，而前者由系统的规划来控制。组织形式可以不考虑功能而独立存在。这两者在本质上是相互联系的，但同时也可以是分离、独立的。例如，有些建筑共享一种组织体系类型（如线性组织体系），但它们在功能上是完全不同的（如办公室或酒店）。组织形式体系通常源自最基本的图形，需要补充其他层次的信息才能完成对它的理解，也需要辅以外界的影响力才能形成其对建筑体系的管控。

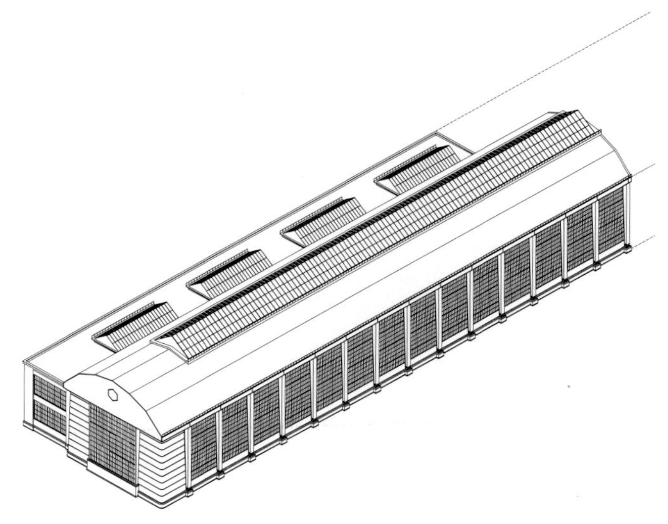

AEG 涡轮机工厂，彼得·贝伦斯
柏林，德国　1910 年
[现代主义，带幕墙的三铰钢拱，多种建筑材料]

AEG Turbine Factory, Peter Behrens
Berlin, Germany　1910
[Modernism, three-hinged steel arch with curtain wall, diverse]

AEG 涡轮机工厂的形式基于其涡轮机的尺寸。因此，建筑规模的确定是为了满足建筑的功能要求和涡轮机制造的空间要求。例如，屋顶高度是由在该空间内操作起重机所需的尺寸决定的。而不需要这种尺度和类型的功能则布置在较矮的空间中，置于建筑一侧。整个建筑群设置在一个网格结构上，以实现建筑平面的最大灵活性，建筑的尺寸和形式是各部分进行连接的决定因素。

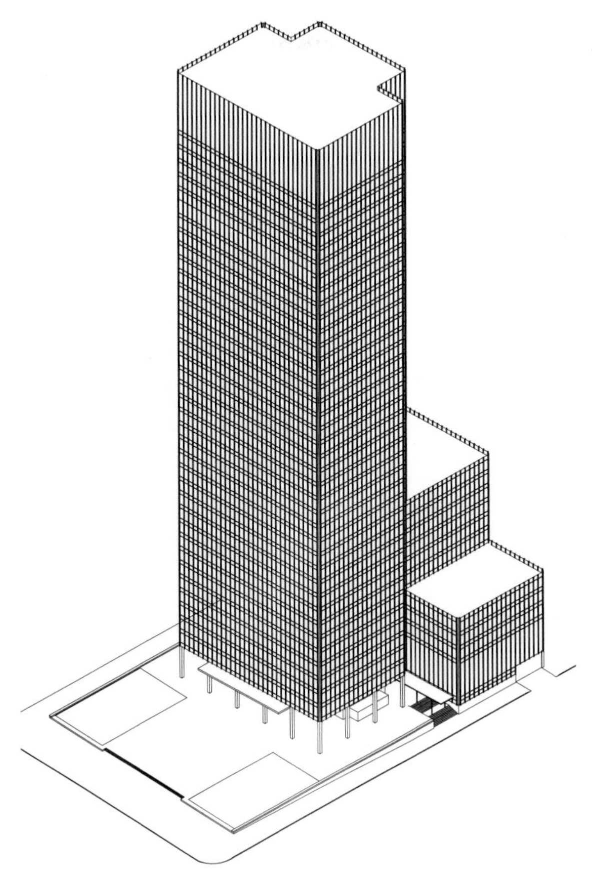

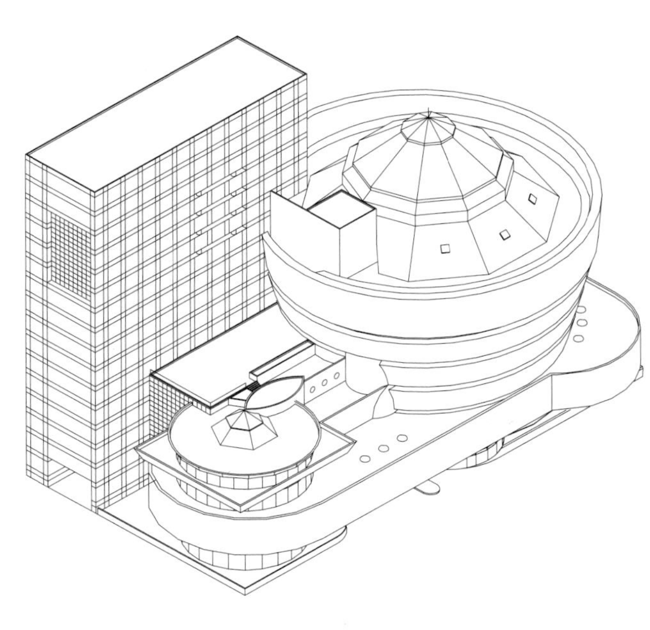

西格拉姆大厦，密斯·凡·德·罗
纽约市，纽约州　1958 年
[现代主义，自由平面及中央核心筒，钢材和玻璃]

Seagram Building, Mies van der Rohe
New York, New York　1958
[Modernism, free plan with central core, steel and glass]

西格拉姆大厦是组织形式体系中十分重要的案例。作为第一座不依赖历史参照的摩天大楼，它以剖面上的分层和重复性的楼板形成了简单的体块形式。它是由基地上包络线（envelope）[译注 3] 的可建构性、自由平面的灵活性以及网格结构的秩序性共同创建的形式。建筑语言的明确性是如此重要也如此清晰，以至于西格拉姆大厦被后人广泛模仿，甚至“现代摩天大楼”定义的形成也与其有着密不可分的关系。

古根海姆博物馆，弗兰克·劳埃德·赖特
纽约市，纽约州　1959 年
[现代主义，围绕中庭旋转的螺旋式美术馆，混凝土]

The Guggenheim Museum, Frank Lloyd Wright
New York, New York　1959
[Modernism, ramping spiral gallery around atrium, concrete]

显而易见，纽约的古根海姆博物馆属于组织形式体系。其中主要的画廊是由螺旋上升的坡道构成，清晰地表达出它们的外在形式。赖特将这种组织形式作为整个建筑的生成器。建筑与周围环境形成鲜明对比，螺旋斜坡流线型的曲线不仅提高了它本身的存在感，也提升了几何形状的形式表现力。

几何形式体系 | Geometric Formalism

几何形式体系来源于对几何形体的强化和判定，以达到将组合模数、尺寸、结构或外形规范化和系统化的目的，并以此建立形式。依赖几何原理的纯粹性，形式体系完全接受几何形体的控制与调节。随着计算建模能力的增强，非线性几何扩展领域随之出现，并增加了潜在形式的复杂性。由此产生的形式集合具有很强的几何确定性，因此对它们无论是概念上的描述还是实际视觉感官中的感知，都是交织在一起、相互吻合的。

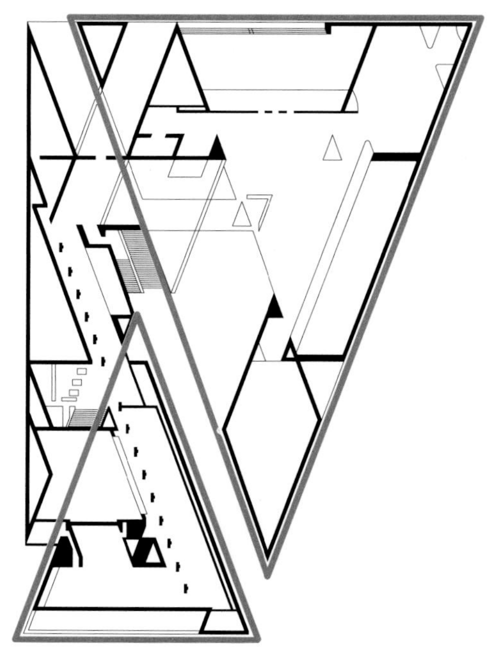

国家美术馆东馆，贝聿铭
华盛顿特区　1978 年
[现代主义后期，三角形中庭，混凝土和石材]

East Wing of the National Gallery, I.M. Pei
Washington, D.C.　1978
[Late Modernism, central triangular atrium, concrete and stone]

华盛顿特区规划由朗方设计，具有新巴洛克风格，它确定了城市中许多建筑的形状和形式。其中最著名的是贝聿铭设计的国家美术馆东馆，东馆从设计理念到形体生成均是华盛顿城市规划中三角形布局原则的体现。贝聿铭以朗方规划中放射状街道和矩形广场的形式冲突作为灵感，构建了一个具有强烈几何感的形式体系。再将基地进一步划分为一系列独立的三角形，使原来一直相互矛盾的建筑形体与三角形场地彼此结合起来。三角形这种几何形状甚至在最微小的细节上也能清晰表达出建筑特征，如建筑中庭里采用的三角形格子板及金字塔形的天窗。三角形完全渗透到整个建筑的设计理念和形式感知当中，在所有尺度上均有体现。

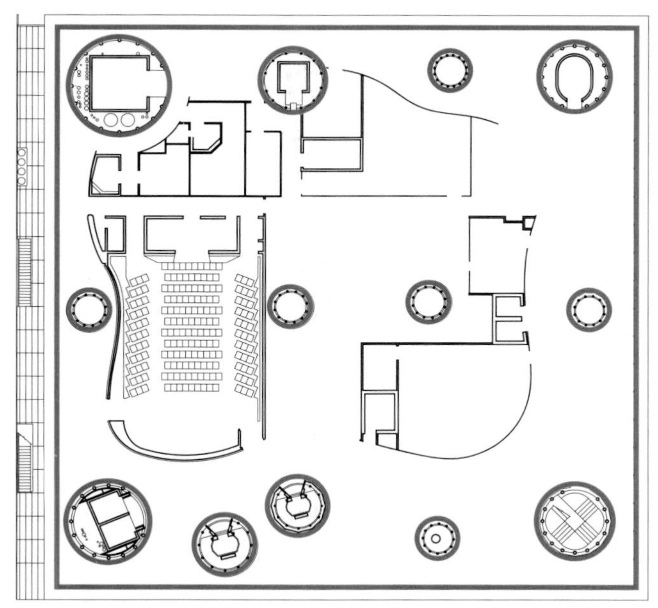

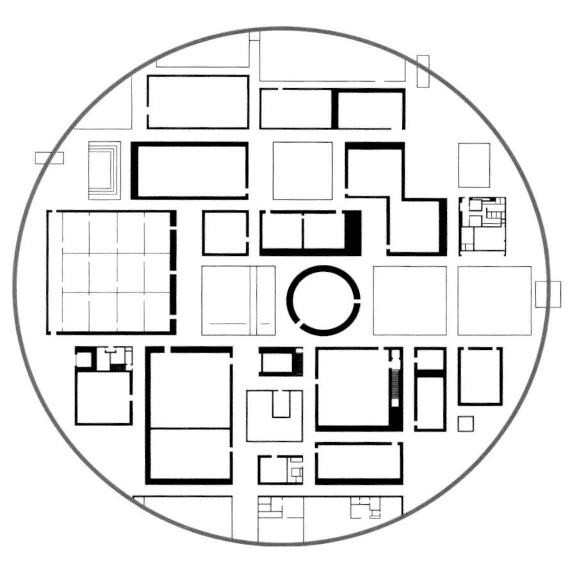

仙台媒体中心，伊东丰雄
仙台，日本　2000 年
[后现代主义，自由平面以管柱为节点，钢材和玻璃]

Sendai Mediatheque, Toyo Ito
Sendai, Japan　2000
[Postmodernism, free plan with nodal cores, glass and steel]

由伊东丰雄设计的仙台媒体中心，运用强有力的正方形几何形体建立起建筑的基本平面，再通过使用透明玻璃限定出了建筑的边界。而与这种纯粹性的建筑体系相对立的是动态的、弯曲多变的管柱，它们在垂直方向上贯穿了整个建筑。建筑外部纯粹又统一的几何形式及简单的方形外壳，与建筑内部有机的管柱及其精密的布局之间形成了强烈对比。内外部两个独立系统的结合，允许以建筑外形的纯粹形式为背景，将建筑的内部结构作为对象来进行解读。这种几何形式的对比被不断使用，正是因为建筑外部是直线形的方盒子，可以完美容纳内部的弯曲管柱。几何形式体系通过正方形的外观建立了一个基准，然后用曲线管柱中的局部变形将其彰显。

21 世纪当代艺术博物馆，SANAA 建筑事务所
金泽，日本　2004 年
[后现代主义，圆形画廊与直线房间，玻璃]

21st Century Museum of Contemporary Art, SANAA
Kanazawa, Japan　2004
[Postmodernism, circular gallery with rectilinear rooms, glass]

21 世纪当代艺术博物馆是以建筑平面为基础完成了整个建筑设计。简单的几何组织呈现出多变、精致的布局，这是通过建筑尺寸、位置和材料的相互配合、相互累加而形成的最终效果。所有这些基本几何形，被一个更纯粹的完形——圆形所包裹，并以圆形边界形成建筑轮廓。内部的各个房间是这些几何形状在空间中的拉伸，依据房间的功能及规模需求，在尺寸、高度和位置上进行不同程度的拉伸。整个建筑的组织就像云的聚合，圆形的边界既是蒸汽上升的通道也是聚合的边界，而通过玻璃材质的巧妙运用将建筑立面隐匿起来，使整个建筑看上去像一片飘浮的云。在 21 世纪当代艺术博物馆中，图形是纯粹的几何形，对图形的处理也只是最简单的拉伸，但二者的结合却创造出了极富层次的建筑画面。

材料形式体系 | Material Formalism

材料形式体系的含义是，建筑形式的建立由其所使用的物质或材料决定。考虑到建筑系统中的物理性能、结构强度及构造能力等实际问题，材料经常成为形式体系创建的主导因素，可以说形式是材料的衍生产品。在设计中，必须拥有一种能够综合空间、形式、物质的高度敏感性，才能在确定形式的过程中同时完成对文化传统和乡土情怀的溯源，以及对本地材料有效性、建造传统、功能特性和气候条件的回应，才能以尊重的态度采取特定的工艺和材料。

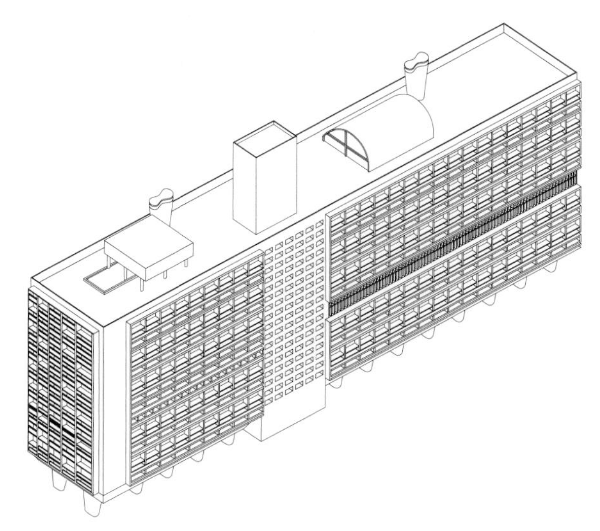

马赛公寓，勒·柯布西耶
马赛，法国　1952 年
[现代主义，双边走廊式，混凝土]

Unite d'Habitation, Le Corbusier
Marseille, France　1952
[Modernism, double loaded corridor, concrete]

马赛公寓建筑形式体系的建立是以对混凝土建设工艺的敏感性为基础。由于当时马赛建造技术的限制，只能采用混凝土材料，混凝土可以完全满足易得、充足、耐用、易施工、多样性等要求。除此之外，混凝土可以进行现场浇筑这一特性也为其带来很大的灵活性，这种单一的材料可以同时用于建筑结构、饰面、墙面、柱子、地面、遮阳板甚至家具。混凝土这种具有流动性的材料可以根据模具的形状创建多种形式类型，独立形式或重复形式均可实现。通过预制板和其他板型的浇筑，材料的表面 / 饰面为马赛公寓创立了特征形象，同时也揭示了施工的顺序和方法。建筑中不同颜色、形状、肌理及功能的相互融合，源于勒·柯布西耶对材料的纯熟掌控能力。

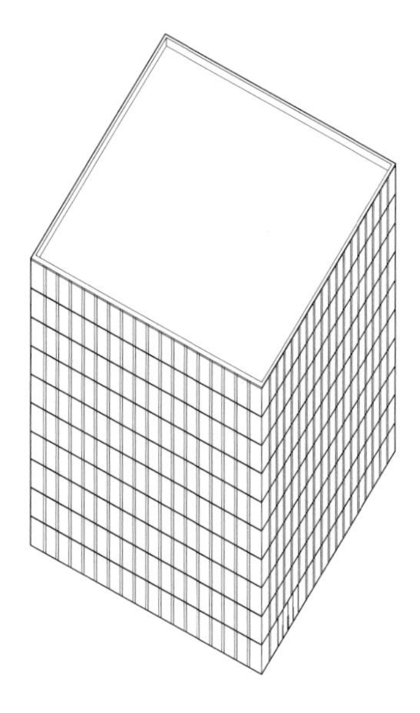

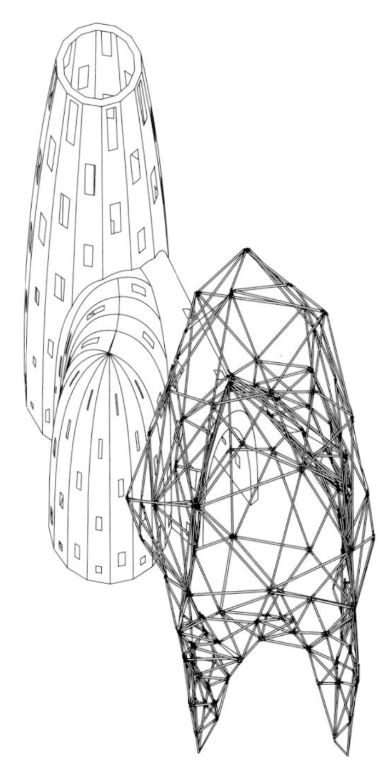

布雷根茨美术馆，彼得·卒姆托
布雷根茨，福拉尔贝格州，奥地利　1997 年
[现代主义，多层的自由平面式博物馆，玻璃和混凝土]

Kunsthaus Bregenz, Peter Zumthor
Bregenz, Vorarlberg, Austria　1997
[Modernism, multi-story free plan museum, glass and concrete]

由彼得·卒姆托设计的布雷根茨美术馆因材料使用中表现出来的一丝不苟和毫不妥协的精神从而形成了一种独特的存在形式。建筑外部以白色玻璃板包覆外墙，造就了整个建筑物的神秘感。同时，材料模块的重复使用也创造了一种无尽模式，主导了建筑语言的形成。这个安静的、隐匿的盒子造型非常契合博物馆的功能要求，便于内部展品的陈设和展示，并利用空间赋予新的诠释。布雷根茨美术馆借助单一外部材料的使用和巧妙的结构解决方案，实现了对建筑形式的完美诠释，这些都离不开对建筑材料的慎重选择和认真思考。

轻型框架，盖尔·彼得·博登
银湖，加利福尼亚州　2010 年
[超现代材料，两种材料的展览馆，聚氯乙烯和金属]

Light Frames, Gail Peter Borden
Silver Lake, California　2010
[Material Ultra-Modernism, two material pavilions, PVC and metal]

轻型框架指的是材料与应用展览馆（Materials & Applications gallery）[译注 4] 设计的以展示材料特性为目的的艺术装置。它由两个展篷组成，每个展篷的形式都由一定的材料特征及其物理性能共同确定。1 英寸（约 2.54 厘米）规格的电子导管用于多变的三角形结构中，形成了带有影子的框架塔。乙烯基结构则用于双层的几何形的充气墙，为小教堂引入了自然光。然后，三角形结构与乙烯基结构又与被截去顶角的四边形金字塔结构进行重复连接，直至形成漏斗状的开口。形式与材料的对话营造出了特别的光影效果，带给观众奇妙的空间体验。这种集合式的构图形式是一种诗意的、真正的“材料”建筑。

感知形式体系 | Experiential Formalism

感知形式体系是最强大但也最难捉摸的形式类型之一，因为它的产生需要具备很强烈的情感因素。这种类型的形式通常只能通过建筑中的居住活动来理解。对这种形式的使用，特别是按时间顺序排列的空间活动或者说穿越了时间的空间，决定了这种形式的产生。空间、物质、序列、叙事的相互叠加可以增强空间经验。事实上，并没有一种明确的建筑要素可以用来标定一个建筑是否属于感知形式体系，发挥决定性作用的因素其实是用于控制该体系的“经验的协奏”。

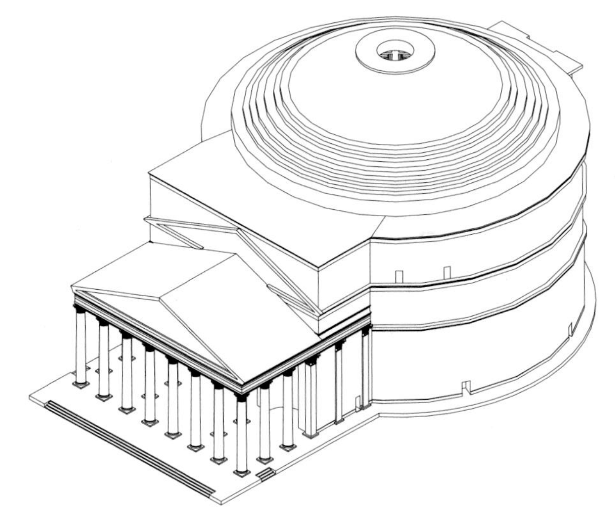

万神庙
罗马，意大利　公元 126 年
[古典主义，神庙建筑，砖石砌块]

Pantheon
Rome, Italy　126 年
[Classicism, temple, masonry]

万神庙是感知形式体系中具有开创性的案例。它依靠圆形和球体的完美形式与人类对话。建筑外部圆形的鼓状建筑形态在其周围环境中脱颖而出，暗示着内部空间会具有无与伦比的体验品质。万神庙的空间序列从建筑门廊（或称“柱廊”）开始，在此观察者要面对古老的柱子和上方沉重的木梁。然后穿过厚重的青铜大门，人们看到的是一个完美的几何空间：巨大的球体，正上方是圆顶天眼，建筑与天空在此联系起来。材料、规模、形状及形式，共同实现了体验和感知的完美结合。

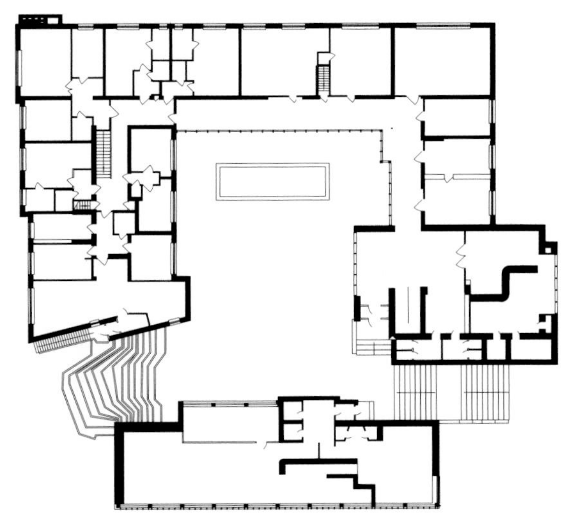

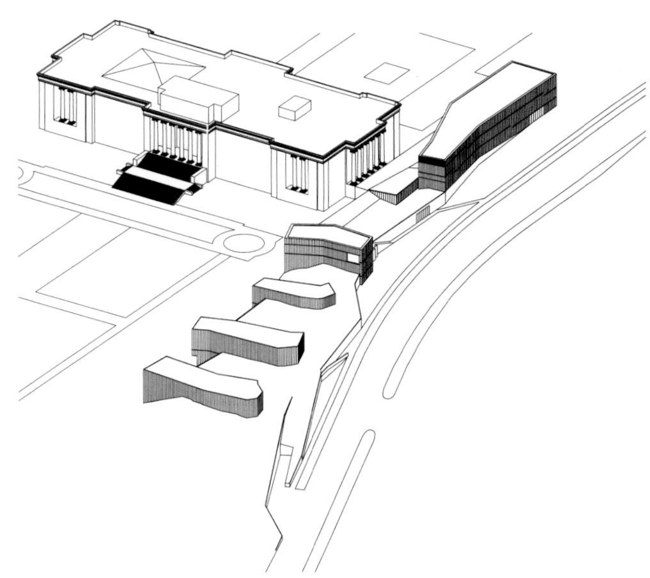

珊纳特赛罗市政中心，阿尔瓦·阿尔托
珊纳特赛罗，芬兰　1952 年
[现代主义，庭院的感知序列，砖石砌块]

Saynatsalo Town Hall, Alvar Aalto
Saynatsalo, Finland　1952
[Modernism, courtyard with experiential sequencing, masonry]

珊纳特赛罗市政中心是阿尔托作品中最具代表性的建筑设计之一。对该建筑的感知应从建筑本身的孤立性开始。建筑基地孤单地坐落于森林环境中，直接将建筑形式与自然环境形成鲜明对比。使用者可以通过一个巨大的楼梯进入庭院，即整个建筑的核心空间。尽管与森林隔绝，但使用者仍然可以看到外面的旷野。建筑中使用的材料——砖、木材、铜——在表达建筑的感知特征上发挥了明显作用。场地、形式、布局、物质性和序列共同形成了一个感知形式体系的建筑，而所有这些全部来自阿尔托对**场所精神**（genius loci）的敏感性。

纳尔逊—阿特金斯艺术博物馆，斯蒂芬·霍尔
堪萨斯城，密苏里州　2007 年
[后现代主义，带有灯箱的地下博物馆，玻璃]

Nelson-Atkins Museum of Art, Steven Holl
Kansas City, Missouri　2007
[Postmodernism, underground museum with light boxes, glass]

霍尔设计的纳尔逊—阿特金斯艺术博物馆扩建项目是感知形式体系的代表案例，体现了建筑师谨慎的场地规划和精准的材料使用。原先的博物馆基于古典主义风格，采用的是简洁的长方形形式，霍尔却在五个不同位置以不同的规模和形式进行了新的建造，新旧二者形成了鲜明对比。巨大的玻璃形式沿着博物馆场地的西侧聚集，并层层向下延伸出一系列露台，逐渐远离原来的博物馆。建筑由透明的玻璃覆面，就像一个个超大体量的灯箱。在夜间，外部隐藏的细节和内部通透的照明，形成与夜晚完全相反的体验，引人注目。霍尔几乎没有进行专门的景观设计，只对建筑进行了处理，他以最少的景观设计创造出仿佛在开放草坪上设置了发光雕塑一样的效果。

序列形式体系 | Sequential Formalism

序列形式体系是指按特定年代顺序经历了一系列事件而形成的建筑形式。建筑师希望通过这种方法引导用户的体验，加强其对建筑的感知。序列形式体系易于在建筑外部产生共鸣，但这种形式主义往往产生于建筑内部，是一种内部现象。序列形式体系与感知形式体系密切相关，它们都试图用不同的框架结构或者空间来引导使用者的感知，并传达出一种具有故事性的感觉或氛围。

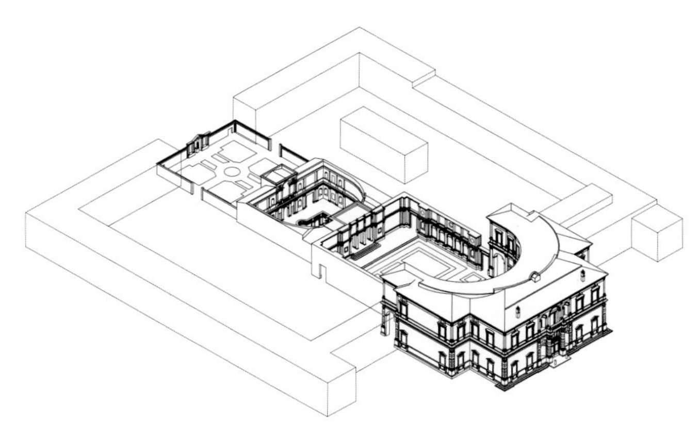

朱利亚别墅，贾科莫·巴罗齐·达·维尼奥拉
罗马，意大利　1555 年
[后文艺复兴时期，富有层次的庭院住宅，砖石砌块]

Villa Giulia, Giacomo Barozzi da Vignola
Rome, Italy　1555
[Late Renaissance, layered courtyard house, masonry]

朱利亚别墅通过一系列立面和庭院布局将特定的序列作为建筑物的理想形态。庭院具有多种功能，如花园和水神殿，建筑立面中则应用了一系列历史参照，阐释了该建筑的历史（参见第 2 章中的“建筑谱系”）。通常，居住者都是沿着中心轴线进入花园，而在其他空间则是旁观者的身份，被迫远离轴线而不能融入规则的对称构图中。在建筑的整体序列中，每个庭院、每道门都是完全不同的，因此都可以形成自己独立的形式记忆。

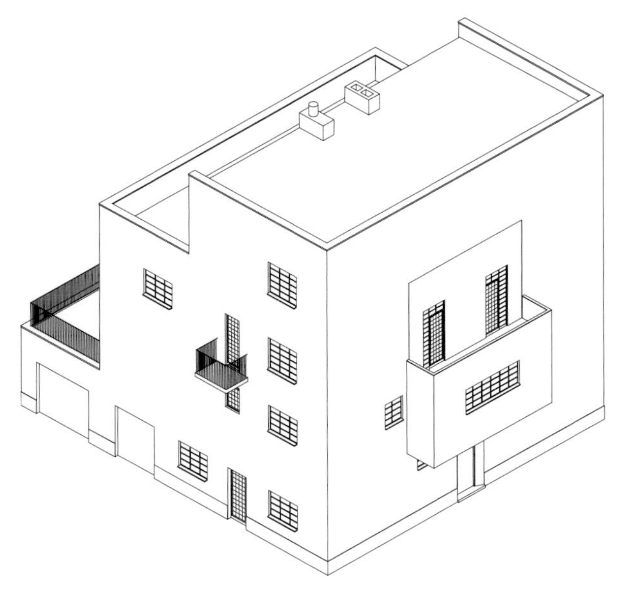

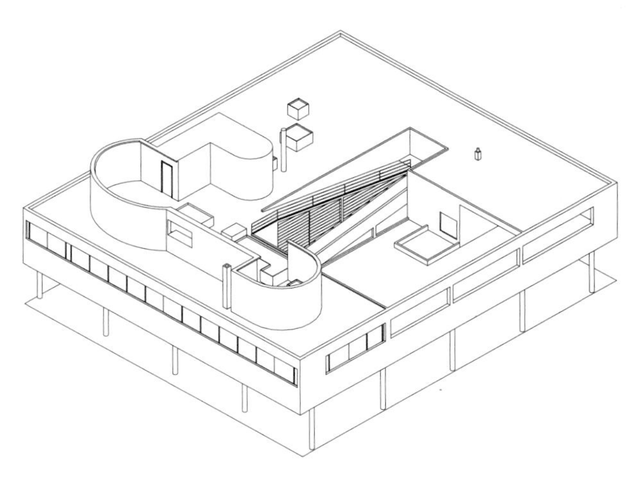

莫勒住宅（又译“穆勒住宅”），阿道夫·卢斯
维也纳，奥地利　1927 年
[现代主义，体积规划，垂直方向的空间布局，砖石砌块]

Villa Moller, Adolf Loos
Vienna, Austria　1927
[Modernism, Raumplan, sectional arrangement of spaces, masonry]

由阿道夫·卢斯设计的莫勒住宅，以体积规划的空间布局手法实现了序列形式体系的构建。这种形式体系只能从建筑内部进行体验，从外观形态上无论如何也感知不到。卢斯专注于这种体积规划的理念，致力于将其作为空间和形式的发生器，应用于他的住宅设计中。这种创新的形式让使用者的行进方向在剖面中组织起来，而不是在平面中依靠轴线完成，虽然后者更为普遍。中心房间或称“门厅”，是莫勒住宅中主层楼面的起始点，使用者可以由此进入别墅内任何主要的公共空间。在莫勒住宅中，序列形式体系产生了一个复杂而又丰富的内部空间，然而这种体系在质朴的、超现实主义的、对称的建筑外观中被极力否定。

萨伏伊别墅，勒·柯布西耶
普瓦西，法国　1929 年
[现代主义，自由平面，混凝土与砖石砌块]

Villa Savoye, Le Corbusier
Poissy, France　1929
[Modernism, free plan, concrete and masonry]

萨伏伊别墅位于巴黎郊区，其设计序列从可以进入建筑的机动车道开始。汽车可以环绕建筑行驶一周（以此确定建筑的形状以及首层墙壁的尺度），并可以直接在建筑入口处落客，让使用者不必在车库和入口之间往返 。当进入玻璃大厅时，使用者将面对一个斜坡，这里正是空间序列发生的起点。斜坡缓缓上升到主层楼面的门厅，继续向前可以直接到达客厅。私人空间在门厅之后藏了起来，保持着私密性并从斜坡序列中脱离开来。客厅通过巨大的滑动玻璃幕墙连接到露台。斜坡继续向外延伸，穿过露台可以直接到达屋顶花园，屋顶花园中建有日光浴室，有一面像**观景台**一样的落地窗。这样的空间序列是经过精心安排的，既符合传统又兼具变革性、创新性。

图底关系
Figure/Ground

05– 图底关系 | Figure / Ground

图底关系是一种用于呈现空间解读的技术。这种方式可以表达空间的辩证关系，如实体空间与虚体空间、正空间与负空间、开放空间与封闭空间、可使用空间与不可使用空间等，这些相对条件的并列展示，为建筑绘图、分析以及可视化提供了一种全新的方法。

图形与其并列要素之间可以进行相互反转，互为图底，如此这种图形关系可以适用于空间系统、材料系统、结构系统甚至几乎任何系统。图和底的反转增强了对比性，使得图和底的潜在关系或经过反转得到的颠覆性的形式条件更具识别性。作为一种图形技术，系统整体的易读性取决于呈现的规模尺度（从建筑构图中一面墙壁的尺度到城市构图中一栋建筑的尺度）以及正与负的表达（是实墙还是空间，是白色还是黑色）。

诺里的罗马地图（Nolli map of Rome）吉安巴蒂斯塔·诺里（Giambattista Nolli）是建筑师、测绘员，他把自己的整个职业生涯都奉献给了罗马城的文献记录和制图表达。绘制于 1748 年的罗马地图，是第一张通过划分公共空间和私人空间来展现城市形象的图像地图。该地图以连续开放的图形表示公共领域，同时用涂黑及加粗的色块代表建筑，地图的最终成果阐释了多层次的空间归属和空间管控。诺里的罗马地图提供了一种基于所有权私有化和公共领域连续性的罗马城的解读方式，将城市街道、广场、详细的公共设施和宗教设施的建筑平面作为连续的图形紧密联系起来，并以不透明的色块表示城市中的私有空间。最终，诺里的罗马地图形成了一张非常形象的平面地图，是对城市及其层次结构的全新呈现。

涂黑和加粗（Poche）“Poche”一词来源于法语单词“pocket”[译注 1]。涂黑和加粗这种方法参考的是建筑制图中以黑色填充墙壁或建筑物的图示表现方法，既强调中间部分的连续性，又直接刻画图形的边界，这种方法在图形与空间之间建立起清晰的平衡。19 世纪之前的建筑均体现着一种直观的厚度。当代的建筑设计与工程量化、结构知识和材料科学是紧密结合的，但在 19 世纪之前这些设计基础是严重匮乏的，建筑师无法预测各种建筑要素的结构性能，因此材料的利用效率十分低下。设计师们专注于厚实又巨大的建筑体量以便作为防御工事并满足人们对持久与永恒的追求，但设计师应对风化问题的能力却十分有限。由于社会待遇的不平等以及君主政治制度，廉价劳动力的供应可以源源不断，相关的社会阶级制度在建立从公共服务到基础供应（serviced-to-served）的紧密关系的同时，需要两套循环系统来满足不同的服务需求。除以上这些因素外还有其他更多条件共同为“涂黑和加粗”提供谱系的分类依据，确定其与规模、功能、墙体厚度之间的关系。

不同位置的涂黑和加粗［Positional Poche（s）］

图示表征方法在不同尺度和不同图像平面中的拓展，便于将图示的条件和原则应用于所选择的绘图类型中，包括平面图和剖面图，每种类型都可以在建筑尺度和城市尺度中加以应用。

平面图中的涂黑和加粗（Plan Poche）在建筑尺度的平面图中，涂黑和加粗的使用展示出墙体的构造厚度。通过这种表达方式，使材料、用途、等级和结构的含义更加清晰明确。

剖面图中的涂黑和加粗（Sectional Poche）涂黑和加粗在剖面中的使用就是将平面中的应用规则转换到剖面之中。剖面图中的涂黑和加粗是一种展示被剖切到的顶棚与倾斜楼板之间地形关系的图示方法。因此剖面元素的复杂性有助于表现整个空间的复杂性以及竖向上多变的转换和序列。

城市中的涂黑和加粗（Urban Poche）城市中的涂黑和加粗指的是一种对城市结构的理解，是对城市特定空间，或者更宽泛地说，是对城市范畴中开放空间和封闭空间关系的理解，就像诺里地图一样。在某些情况下，地形条件或环境特征的复杂性以及已建成的城市景观，有助于对城市密度以及基于地理环境（水平或垂直）的城市发展与增长方式进行多样化解读。

防御性的涂黑和加粗（Defensive Poche）防御性的涂黑和加粗是指为了满足设置防御工事的需要而在墙壁厚度上进行的加粗。因加粗而增加的视觉深度及建筑体量使墙壁这种典型的不可居住的尺度扩展至足够大的规模以容纳基本的居住功能。其最终结果是以消减的方式赋予墙壁创造空间的能力：即从涂黑及加粗的体块中通过消减和切割创造空间。

纪念性的涂黑和加粗（Monumental Poche）纪念性的涂黑和加粗源于对英雄主义的永恒渴望，也因此具有非常严格的尺度等级。纪念性建筑，例如吉萨金字塔，外部坚固稳定，便于在建筑内部通过材料的移除创造空间。

结构性的涂黑和加粗（Structural Poche）结构性的涂黑和加粗是以图示表达建筑结构**横断面**的一种方式。作为一种多样化的连接方式，涂黑和加粗可以将结构体系的层次与墙壁的体量作为一个整体进行表达。因此，结构性的涂黑和加粗是在围护结构的连续性中对建筑构造和结构组织的清晰阐释。

服务性的涂黑和加粗（Service Poche）服务性的涂黑和加粗表现了对功能空间的加厚处理，这种处理可以显现出社会层级中服务性与被服务性的等级结构带来的制约条件，也可以直截了当地描绘出与需求和功能（核心）相关的功能元素，以表示与仪式性空间的对照。通过强化稳固的图形边界强调了功能空间的密度，促使一系列个性化的移动集聚以形成更大规模的超级结构图形。

材料性的涂黑和加粗（Material Poche）材料性的涂黑和加粗不仅指建筑项目完成后材料最终的实际应用，还包括项目进程中建构和施工的顺序。彼得·卒姆托设计的克劳斯兄弟田野教堂（the Brother Claus Field Chapel）即是源于建筑过程中材料特征的展现。该教堂通过原木的搭建创建出建筑的内部图形，建筑外部则采用传统**模板**包围着堆叠的原木，二者之间的空间以现浇钢筋混凝土填充。然后内部的原木被引燃，在耐火混凝土中燃烧。内部原木被烧光后，留出的空间真正用作教堂。剩余部分正是材料性的涂黑和加粗。

功能性的涂黑和加粗［Programmatic Poche（s）］

功能性的涂黑和加粗源自建筑制图中涂黑和加粗的应用，其应用依据是以墙体厚度表达建筑造型的那些基本原理。墙体内部的涂黑或沿墙体轮廓的加粗，完成了对建筑体量和建筑表皮的刻画，定义了各功能类型的建筑表达和空间含义。

正空间与负空间 | Positive / Negative

正、负空间之间的平衡关系即是建筑实体和开放空间之间的根本关系。任何建筑形式的可识别性都是通过“正”的物质形式与由此产生的“负”空间的相互关系实现的。正与负二者共同创造了完整的整体，“完整”（total）的定义即为“全部”（full）。在建筑中，正与负的相互关系更为重要，因为从建筑尺度来说，建筑形式是视觉与物质的设计产物，但事实上我们所使用的并非建筑形式而是剩余的空间。在建筑实体和建筑形式的创造过程中同时进行着空间的生成，二者之间的平衡形成了真实与暗喻之间的持续对话。图形和场域是由图示表征法衍生出的视觉术语。二者表述了一种实体与空间相互对话的方法。该方法引入了体量之间的多种对话。这种对话既可以发生在与建筑的不透明性相关的墙体厚度之中，也可以发生在与城市结构相关的建筑尺度中。图示中利用填充强调图形稳固性的方法称为“涂黑和加粗”；而填充的所谓“中间”部分的体量，正是稳固性的表现，在绘图中将各种线条连接起来，模糊了内部空间的衔接，着重表现了不可穿越的坚固实体以及内、外空间图形的边界。这种图示表达最终完成了建筑中所谓“内”（in）、“外”（out）与“中间”（between）之间的平衡。而这些图形的平衡正是建筑形式与空间相互关系的重要基础。

诺里的罗马地图 | Nolli Plan of Rome

1736 年，吉安巴蒂斯塔·诺里受教皇本尼狄克十四世（Pope Benedict XIV）的委托开始绘制一幅最新、最精确的罗马地图，十二年后，诺里完成了这幅千年以来最伟大的罗马平面图之一，通常人们直接称其为“诺里平面图”（Nolli Plan），该平面图主要以列奥纳多·布法里尼（Leonardo Bufalini）早期的罗马平面图为基础，但二者存在一些显著的差异。首先，诺里将地图的方向从东向改为磁北方向，这反映出大多数地图都普遍接受了以北向作为定位方向的做法。其次，诺里地图更加准确。事实上正是因为它太精确了，直到 1970 年政府规划委员会才决定将诺里平面图对公众开放使用。最后，也是最重要的一点，诺里平面图不仅将建筑形式与开放空间区分开来，还分别注明公共空间与私人空间。布法里尼平面采用了图底关系制图技术作为一种表达方法来说明什么是建筑、什么是开放空间。建筑被涂成黑色的实体色块，开放空间则保留为白色。诺里将这种区分更进一步，将所有的公共空间作留白处理。在地图中，外部空间和内部空间没有明显区别，形成了一个新的探索空间及其所有权关系的城市图示。这代表了一种全新的城市概念，忽然之间城市不再仅仅是由建筑物、街道和广场来表达，城市可以看作一个相互连接的空间，既包括内部空间也包括外部空间。即使是隐蔽性空间，如庭院和小巷，也开始对城市的认知做出贡献。印刷术在诺里平面图中也发挥了重要作用，确认了罗马著名的山丘地形，并展示出其对城市规划和空间组织做出的贡献。

平面图中的涂黑和加粗 | Plan Poche

平面图中的涂黑和加粗一般用于两种尺度，或用于建筑内的墙壁，或用于城市中的建筑。它清晰表明了公共可达的开放空间与私人化的内部空间之间的区别。平面中的涂黑和加粗既可以创立边界，又可以阻断通路，还可以创建不透明性。对边界的刻画强调了空间的形式和图形，而空间正是通过对边界的刻画形成的。两者之间的平衡即是空间作为中介的体现——空间的构思是三维的，空间的表达却是二维的。

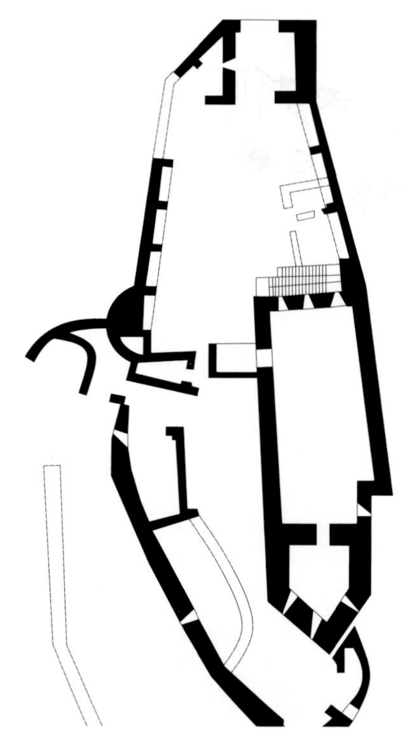

中世纪城堡——拉斯图尔城堡
拉斯图尔，法国　13 世纪
[中世纪，防御性塔楼，砖石砌块]

Medieval Castle – Castle of Lastours
Lastours, France　13th century
[Medieval, defensive towers, masonry]

拉斯图尔城堡的塔楼和防御工事是典型的平面图中的涂黑和加粗。城堡完全由石头建成，依据当时的建造技术，墙体必须建造得非常厚重才能保障城堡的高度及稳定性，并满足防御功能。瞭望塔是城堡防御最严密的区域，因此也是城堡最大体量的加粗部分。对墙体的加粗体现了建筑结构固有的防御性和保护性。为了达到必需的高度，墙体必须保持一定的厚度，因此较大的建筑体量有助于实现建筑涂黑和加粗时带来的空间变化。

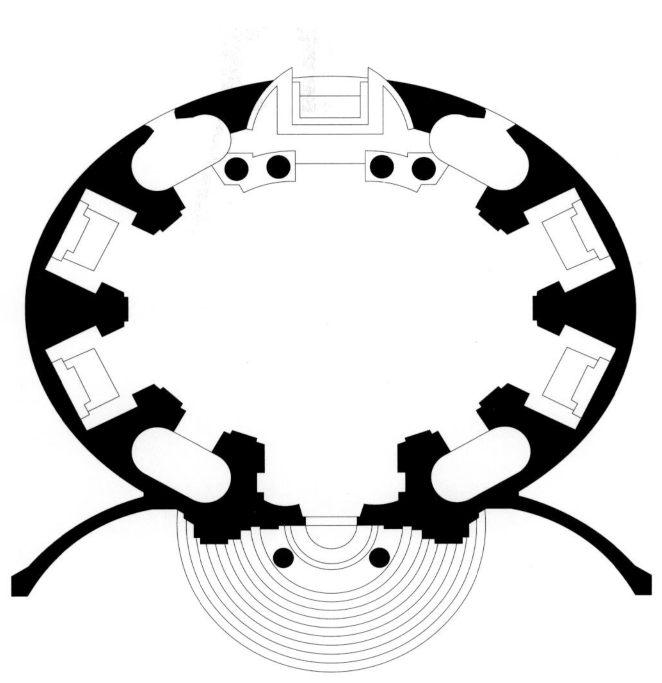

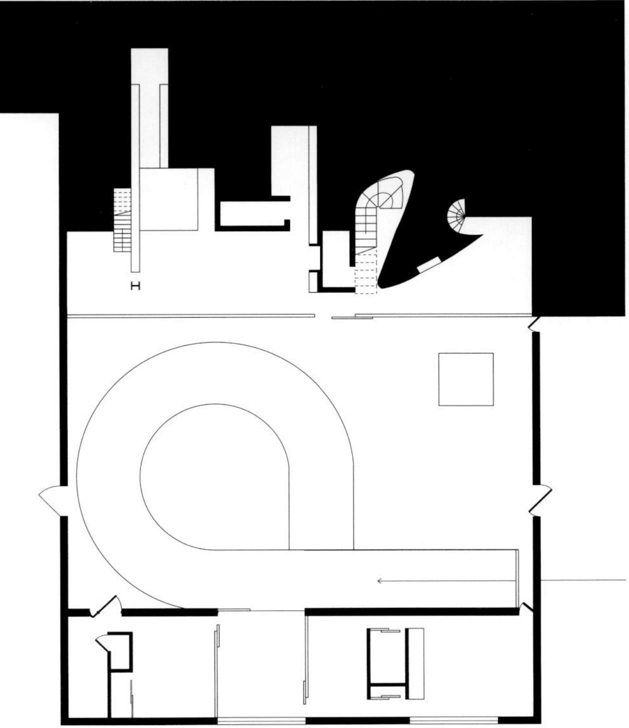

奎琳岗圣安德烈教堂，吉安·洛伦佐·贝尔尼尼
罗马，意大利　1678 年
[巴洛克式，短轴椭圆形平面，砖石砌块]

Sant'Andrea al Qirinale, Gian Lorenzo Bernini
Rome, Italy　1678
[Baroque, short-axis elliptical plan, masonry]

奎琳岗圣安德烈教堂使用平面图中的涂黑和加粗作为空间与结构的一种连接方式。嵌在加厚墙体内的一系列小礼拜堂环绕着椭圆形圣殿，同时加厚的墙体支撑着穹顶以及整个教堂。从前曾发生过从圣殿中将小礼拜堂移除的情况，因而，案例中将小礼堂嵌入墙壁之中保存下来的方法是非常独特的，这是一个构思巧妙又极富动感的解决方案。小礼拜堂本身并没有集中于中心一点，而是聚焦于椭圆形平面的两个焦点上，由此形成一个多中心的空间，这与平面中的涂黑和加粗有直接的关系。

波尔多住宅，雷姆·库哈斯
波尔多，法国　1998 年
[后现代主义，空间的加减法，多种材料]

Bordeaux House, Rem Koolhaas
Bordeaux, France　1998
[Postmodernism, additive and subtractive spaces, diverse materials]

波尔多住宅在组织结构方面与玻璃之家的设计原则是一致的，尺度巨大又夸张的公共起居空间与通过空间消减创建出来的独立服务空间并置排列。自由式的建筑平面与增厚墙壁的有机消减，在空间尺度和形式表现上形成了鲜明对比。平面涂黑中的平衡感，通过个性化的形式进行高度图案化的处理，与自由平面的开放领域并列共存，展示出空间和形式的对比。

剖面图中的涂黑和加粗 | Sectional Poche

如同平面图中的涂黑和加粗，剖面图中的涂黑和加粗扩展了墙面的雕塑化造型，阐释了地面（地板）和天花板的关系。其形成的是 y 轴上的空间雕刻，实现了竖向空间的动态表达。在剖面图中，平面图所描绘的各种墙体，有机会展示其与其他所有平面的结合，如过渡性的斜坡、起伏的天花板以及结合人体尺度及空间需求将墙壁增厚便于使用。涂黑和加粗的意义在于，能够将单个建筑实体的两个表面分离开，从而允许对其形式和原理进行独立控制。

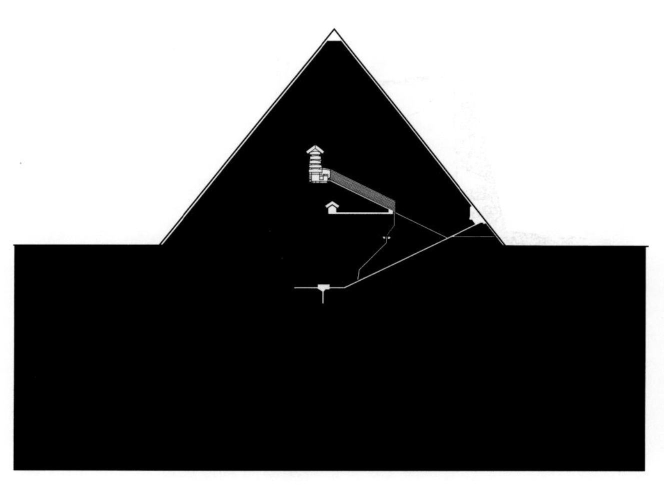

齐奥普斯金字塔
开罗，埃及　公元前 2560 年
[埃及风格，纯粹的柏拉图式锥体形式，砖石砌块]

Pyramid at Cheops
Cairo, Egypt　2560 BCE
[Egyptian, pure Platonic pyramidal form, masonry]

齐奥普斯金字塔是建筑材料与功能相结合的产物。金字塔是法老的陵墓，这种现世生活的纪念碑与宗教信仰，特别是灵魂在来世的转移，息息相关。精心建造的金字塔由大体量的干砌填充单元砌筑而成，最终形成了宏大又稳固的中心形式。在更大规模的金字塔中，还设有一系列的房间，里面存放着法老本人的木乃伊，还有一些供仆人使用以及收纳财物的额外空间。一连串的地下隧道为监管埋葬事务的祭司和工人提供了流通的空气和进出的通道。金字塔的剖面是一种令人惊叹又体量巨大的涂黑，只有一些非常私密的空间深嵌其中。

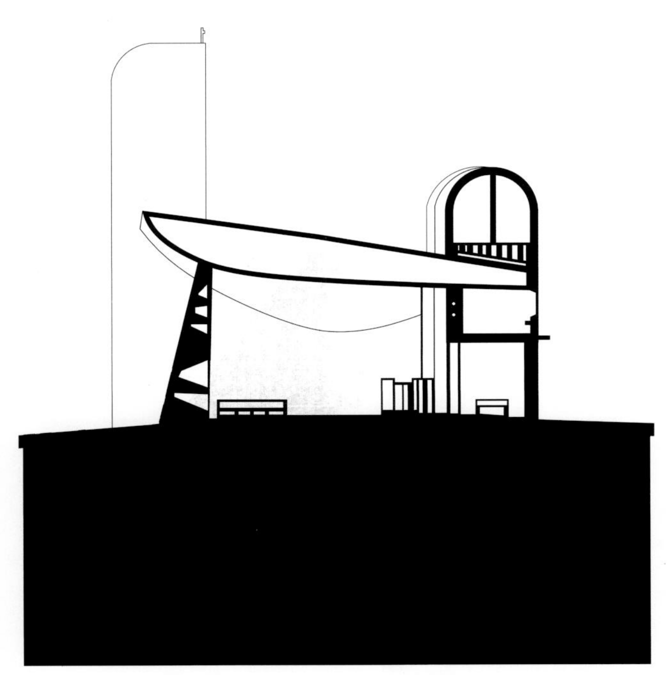

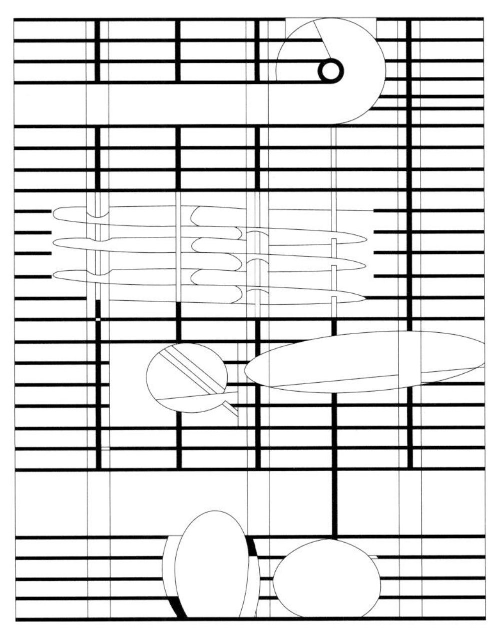

朗香教堂，勒·柯布西耶
朗香镇，法国　1955 年
[现代表现主义，自由平面式教堂，砖石砌块和混凝土]

Notre Dame du Haut, Le Corbusier
Ronchamp, France　1955
[Expressionist Modernism, free plan church, masonry and concrete]

朗香教堂开创性地将现代主义的原则、表现主义的形式及教堂的传统功能融为一体。教堂结合了多种建筑技术，如大体量的、以灰泥覆盖的砌块墙体是用基地上原有教堂拆除后的碎石材料所建，富有象征含义的屋顶是用混凝土现场浇筑而成，随着建筑墙体形成了结构上的涂黑，最终完成了建筑体量的设计。勒·柯布西耶巧妙地应用侧墙的厚度布置了一套孔洞系统（an aperture system），内墙和外墙中均有不同尺寸的开孔，两者之间形成了截去顶端的金字塔形投影。这种漏斗形的孔洞穿透厚重的墙壁体量，结合插入其中的彩色玻璃，创造出多重的墙壁效果，既能投射出一种具有指示意义、拥有宗教色彩的光线，同时又能实现对墙体本身厚重体量的溶解。

法国国家图书馆，雷姆·库哈斯，大都会建筑事务所
法国，巴黎　1989 年
[后现代主义，被消减的立方体图书馆，未建成]

Très Grande Bibliotheque, Rem Koolhaas, OMA
Paris, France　1989
[Postmodernism, cubic book field with subtracted spaces, unbuilt]

法国国家图书馆运用了剖面中加粗的概念并用加粗所表达的图形敏感性强调了建筑的功能性需要。库哈斯按照建筑传统将建筑体量依照建筑本身的建造厚度进行分配，将可视化技术延伸到书库设计中。由于书籍本身的坚实度以及书架体系紧密排列形成的密度，使建筑被视为一个均衡地存放图书的立方体。在这个“立方体”的建筑体量中，主要的功能空间是被消减出来的。建筑采用的是象征性的造型，每一种功能均被转换成独立的形式，从加粗的建筑立方体中、从书库的造型中雕刻出来。库哈斯首先对建筑进行完整填充，再通过巧妙设计进行精心的移除，以这样的方式对公共可达空间做出了限定。建筑实现了其功能的实用性和现实性，同时实践了独特的负空间营造方法。

立面图中的涂黑和加粗 | Elevational Poche

立面图中的涂黑和加粗是在建筑立面中所做的减法，这是一种独特又极具影响力的方法。立面中的加粗或涂黑适用于多种尺度和层次，小到建筑立面的材质、进深、阴影，大到与周围建筑物的相对位置，均可清晰展现。立面中的涂黑及加粗可以表达出进深的层次和空间的前后关系；反之，当需要表达一些特定的概念性想法或表现性理念时，如为了展示对气候条件的呼应或为了展现材料特性时，通过立面中的涂黑和加粗可以形成鲜明的对照。阴影的深度可以使建筑更具三维立体性，增强建筑的识别性和纪念性，并在建筑表面的围合中创造新的空间。

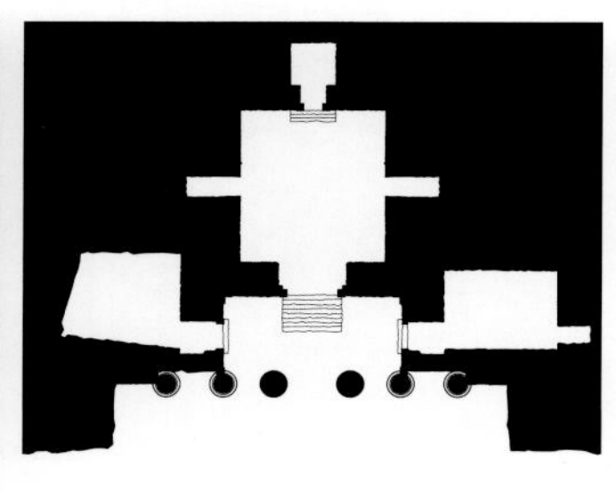

卡兹尼神殿（因当地传说建筑顶部藏有宝藏，故该神殿俗称“佩特拉宝库”）

佩特拉，约旦　公元前 100 年

[希腊东部风格，神庙建筑，石材]

Treasury at Petra

Petra, Jordan　100 BCE

[Eastern Hellenistic, temple, stone]

卡兹尼神殿是立面涂黑和加粗的典型案例。建筑的正立面是从环绕建筑的山体中直接切割出来的。建筑立面是统一的整体，其所强调的对连续性、深度及图案消减的理解与感知，均源于立面中涂黑和加粗所固有的特征。原生岩石的粗糙巨大与古典装饰的精雕细琢之间的对比，强化了建筑的非凡特性。通过立面涂黑和加粗的运用，卡兹尼神殿表达了对建筑和结构的典型方法及形式易读性的质疑。

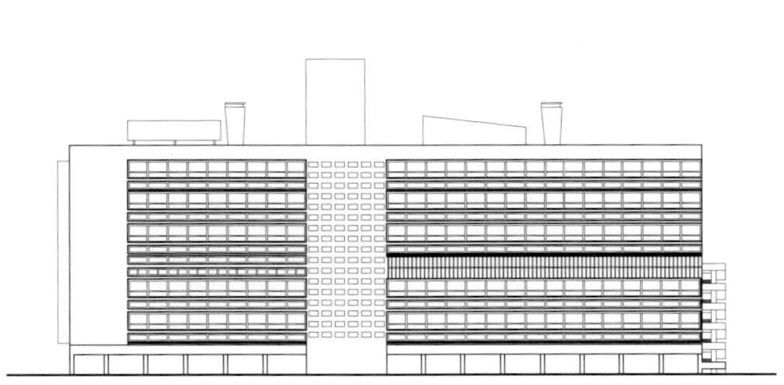

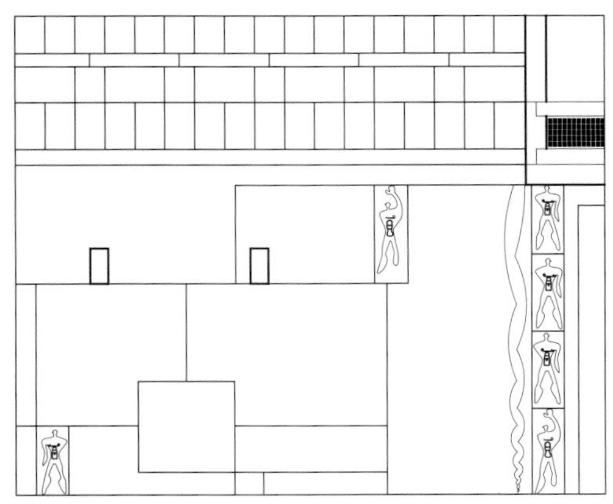

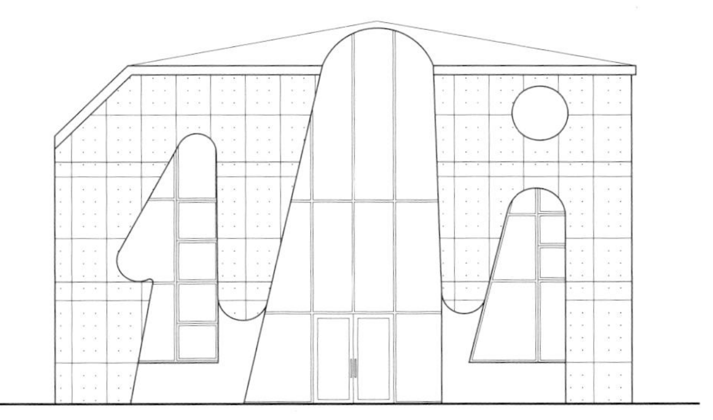

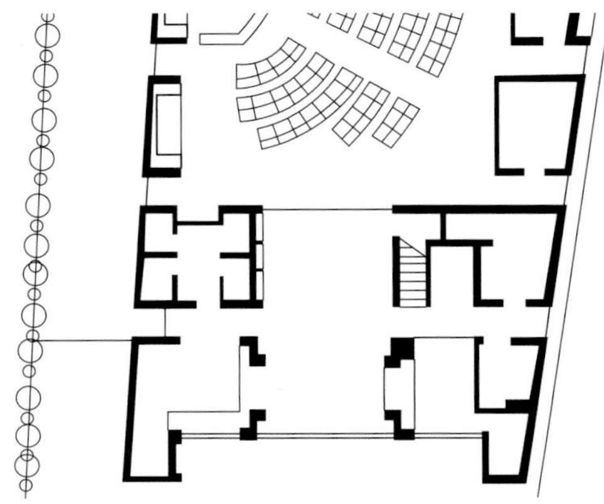

马赛公寓，勒·柯布西耶
马赛，法国　1952 年
[现代主义，双边走廊式，混凝土]

Unite d'Habitation, Le Corbusier
Marseille, France　1952
[Modernism, double-loaded corridor, concrete]

马赛公寓在不同的尺度和进深中均使用了立面中的加粗和涂黑。其中规模最大、最引人注目的特征是在立面中对遮阳板的重复使用。建筑的外部框架由混凝土现浇而成，模板与铸件本身所固有的正负关系直接形成了非常相似的图案。由此，建筑整体的连续性感知使人们产生了错觉，仿佛建筑是一整块巨大的混凝土，每个单元是在其中雕刻出来的。而由雕刻产生的阴影与深藏其中的内部空间，既可以保护建筑免受日光侵害，也益于塑造建筑整体的复杂性，最终也以此为特征形成了建筑的整体形象。从更小的尺度来看，勒·柯布西耶将模数人（the modular man）和其他印记嵌入较低楼层的建筑立面中，既作为建筑表面的装饰元素，也形成建筑中的比例参照。

原宿教堂，西尔格鲁建筑创意公司
东京，日本　2005 年
[后现代主义，开放式的教堂平面，钢材与混凝土]

Harajuku Church, Ciel Rouge Creation
Tokyo, Japan　2005
[Postmodernism, open plan church, steel and concrete]

原宿教堂中祭坛部分的围合由玻璃幕墙完成，通透的玻璃使祭坛空间与人行道空间直接衔接。这种空间的延伸形成了清晰有效的立面加粗，使教堂中最重要的节点得以明确展现：对祭坛空间的特殊处理使教堂中的声音产生两秒的延迟。建筑师通过立面加粗的方式将元素提取出来，成功强调了建筑中的关键部分，使之成为建筑形式的起源、建筑感知的触媒以及空间生成的动因。

城市中的涂黑和加粗 | Urban Poche

涂黑和加粗这种具有代表性和概念性的技术手段可以拓展应用到城市环境中，在城市尺度下应用涂黑和加粗进行城市空间的生成和消减，有利于进行复杂的空间集合或空间营造。建造技术的水平、空间增减的体量、空间使用的依据以及空间生成的方式（例如城市气候、几何形式、地质条件及防御需求）会随着城市空间布局而产生变化。由此产生的城市空间，如通路、集合空间、多种空间模数（这些都是基于城市肌理的消减而形成），体现了独特的空间营造方法，并由此呈现出同样独特的空间解读和体验感知。前文讨论的诺里平面图是解读城市体量的代表性案例，城市中难以定性的公共空间和私人空间在图中被描绘为开敞空间和封闭空间。城市尺度中空间结构的消减可以通过以下案例逐一体现。

格雷梅，卡帕多西亚，土耳其
公元前 7 世纪
[安纳托利亚风格，穴居之城，挖出来的城市，地面的挖除]

Goreme, Cappadocia, Turkey
7th century BCE
[Anatolian, cave town, dug out city, subtractive earth]

卡帕多西亚聚落被称为“地下之城”，它是临时避难所，而非永久居住地。那些以史前金属工具开凿的古老洞穴，由躲避侵略者的基督徒不断挖掘扩大。分散的出入口是精心设计的，便于空气流通和废弃物疏散，出入口、水井、烟囱以及相互连接的人行通道，共同构成了一个体量巨大的地下城市综合体。地下城的上层空间用作生活区，下层空间用于储藏、酿酒、面粉碾磨，并有简易的教堂做礼拜。地下城使用火把照明，城中的每一处墙壁都被火把熏黑了。这个具有复合功能的地下城完全采用地下挖凿的方式来创建空间以满足使用需求，并基于空间的尺寸要求和功能的实用性要求，完成了具有本土特色的形态设计。

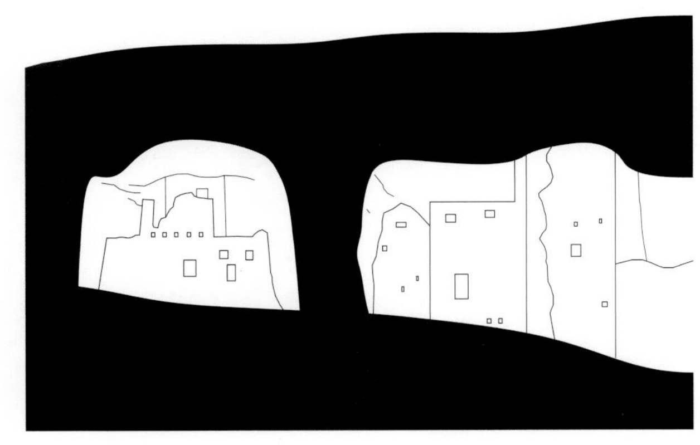

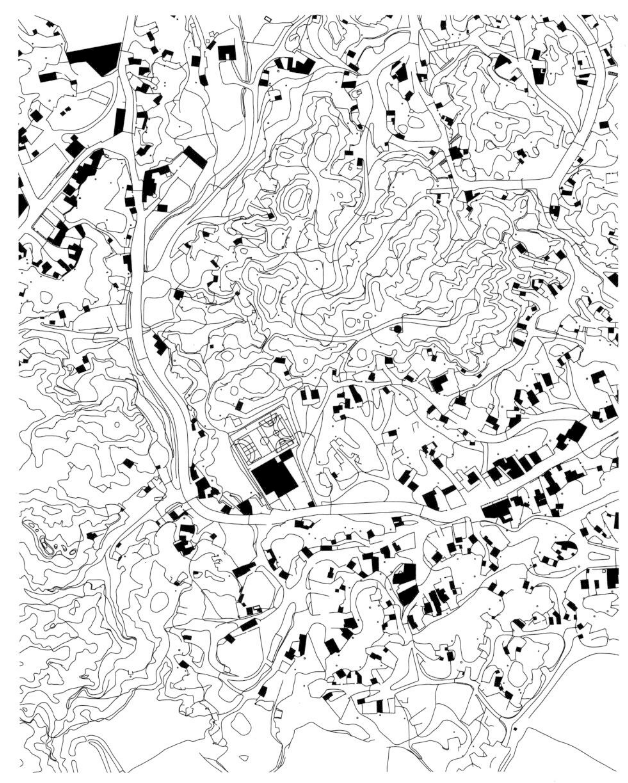

吉拉悬崖住宅

银城，新墨西哥州　1300 年

[莫戈隆风格，墙壁中的住宅，砖石砌块]

Gila Cliff dwellings

Silver City, New Mexico　1300

[Mongollon, wall dwellings, masonry]

新墨西哥州西南部的吉拉悬崖住宅是莫戈隆人（Mongollon peoples）在悬崖凹进处建造的一系列紧密相连的建筑。悬崖住宅或是消减空间，在岩石表面直接建设或雕刻而成；附加空间，在自然条件下由砖石砌筑而成。在鼎盛时期，整个建筑群拥有 46 个房间，可容纳 10~15 个家庭。结合自然条件的建筑方法，既允许进行减法，也允许使用加法。将山体洞穴的天然有机条件与理性规划的竖直建筑物融合起来，由此产生的组合是一个真正的城市中的涂黑与加粗。

巴里奥穴居，瓜迪克斯，西班牙

16 世纪

[穴居，挖出来的城市，地面的挖除]

Barrio Troglodyte, Guadix, Spain

16th century

[Troglodyte, dug-out city, subtractive earth]

瓜迪克斯地区的居住特色是大部分城镇居民都住在地下的洞穴住宅中。这种地下洞穴住宅被称为“巴里奥穴居”，发展地下住宅，一是为了适应气候条件（地面的自然隔热性能可以躲避瓜迪克斯的酷暑），二是因为当地的地质条件良好，土质易于挖掘同时又能保持结构稳定。巨大的烟囱竖立起来，将新鲜空气和自然照明引入地下空间。入口和塔楼通常被漆成白色，以示区别，这种做法既能提供一种造型上的统一形式，又能为地下空间反射自然光线，改善自然空间的卫生条件。空间减法的建造方式在概念上和字面上的意义是通过材料的去除来定义空间，从而创造或扩展住宅。集合式的构成创造了一个城市地下综合体，虽然永远不能完全可见，但是源于其特殊的建造方式依然形成了独特的形式和空间。

军事性 / 防御性的涂黑和加粗 I
Military / Defensive Poche

军事性或防御性的涂黑和加粗，作为一种可以在战时抵御炮弹攻击的方法得到了普遍发展。其最初的设计和布局是为了抵御攻击，后来成为许多早期城市和军事要塞所遵循的最基本的形式法则。它的建设理念很简单，即越厚、越高的墙壁越难以攀登或攻破。因此，墙壁的体量成为一项重要的建筑要素。防御工事也依据其规模和材料特性逐渐形成了自己的建筑风格。随后的设计更关注建筑结构，因此建筑往往具有较长的使用寿命，宏伟的建筑承受得住经年累月的风化侵蚀，世代传承，守卫子孙。柏林的高射炮塔（是二战期间在欧洲及美国建成的军事堡垒工事的代表作）即使在今天看来也保持着坚不可摧的形象。

罗马城墙
罗马，意大利　公元前 378 年
[罗马式，防御性城墙，砖石砌块]

Roman Wall
Rome, Italy　378 BCE
[Roman, defensive wall, masonry]

罗马城墙分两个时期建设完成。塞尔维安城墙（Severian Wall）由罗马国王塞尔维乌斯·图利乌斯(Servius Tullius）建造，而奥勒良城墙（Aurelian Wall）是奥勒良皇帝时期建造的。这些城墙的平均厚度约 12 英尺(约 3.66 米)，平均高度约 24 英尺（约 7.32 米）。城墙环绕着罗马城，为城市提供了数百年的保护。雄伟的城墙同时拥有具象和抽象的双重意义。从具体功能角度看，城墙不仅难以攀登，而且可以有效抵御轰击。从抽象意义来看，城墙是罗马权力和力量的象征，横亘在任何潜在的入侵者面前。在城墙与城市道路交界的关键点上，设有许多出入口通向罗马城外。城墙中有许多地方是中空的，其内部可以作为瞭望塔之间的交通通道。

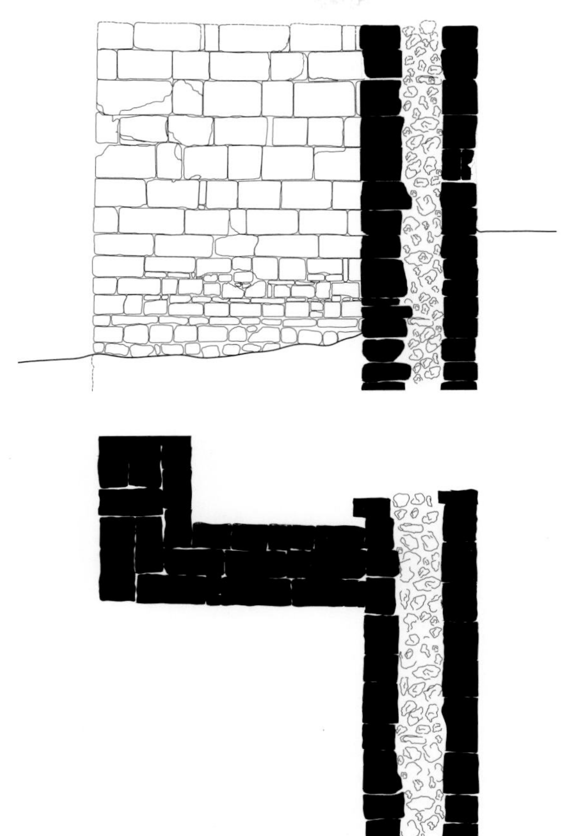

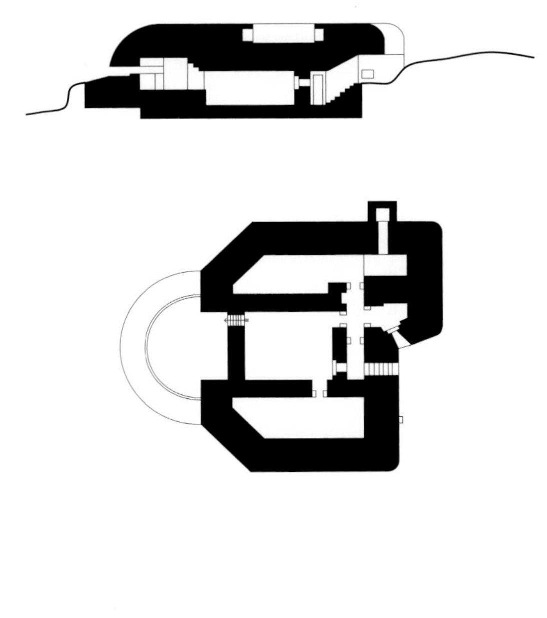

卡诺萨城堡

艾米利亚·罗马涅大区，意大利　公元 940 年

[中世纪，城堡，砖石砌块]

Castle of Canossa

Reggio Emilio Romagna, Italy　940

[Medieval, Castle, masonry]

城堡的类型有很多种，但中世纪时期的城堡最为常见，因为地区的安全性在中世纪最受重视。建筑体量随着防御目的而发展，防御性的加粗和涂黑集中表现在外墙的建造中。城堡外墙是主要的防御边界，因此建得更厚、更高。卡诺萨城堡的设计十分典型，城堡环绕着中心庭院设置，又大又厚的外墙连接着位于各个角落的圆形塔楼，包裹着中心庭院。塔楼及城墙是推动防御性涂黑和加粗应用的重要元素。再利用空间减法，从塔楼及城墙中消减一些要素用于射击、瞭望、移动或撤退等防御目的。城堡内墙则明显薄得多，也并未在设计中采用加粗和涂黑。

碉堡

布列塔尼，法国　1940 年

[军事工事，半地下隐蔽所，钢筋混凝土]

Bunker

Brittany, France　1940

[Military, semi-subterranean shelter, reinforced concrete]

第二次世界大战期间，欧洲各地均修建了许多碉堡，其中多数是德军沿诺曼底海岸所建的。这些碉堡由大量的钢筋混凝土现浇而成，其设计目的是抵御炮弹及炸弹的直接轰击。它们通常建造于半地下，设有枪炮射击孔。碉堡中涂黑和加粗的应用与早期的防御工事略有不同，因为现代通常使用钢铁材料来加固墙体。由于工程技术的发展，这种类型的涂黑和加粗提高了人们对材料的认识；更加复杂的特定功能需求促使形成了更具弹性的设计方法。这些碉堡建设得如此规范，时至今日仍有许多碉堡屹立不倒。

纪念性的涂黑和加粗 | Monumental Poche

当被用作纪念目的、产生纪念性影响时，前文提到的许多涂黑和加粗的类型可以重新归入纪念性类型。当提及建筑的形式意义、纪念意义和文化意义时，通常会与某个特定城市、特殊事件或政治运动的特征联系起来。在这些案例中，涂黑或加粗被用作规模与体量的设计策略，用于创建尺度巨大、体量恢弘的建筑，使其快速成型并获得关注。这种涂黑或加粗传达了一种具有纪念性意义、宏伟有力的感觉。通常这些纪念性建筑在设计之初另有目的，而随着时间的推移逐渐成为其他含义的代表。比如爱丁堡城堡（Edinburgh Castle），最初采用防御性涂黑和加粗是为了满足其功能需求，但如今它是纪念性涂黑和加粗的案例，因为其已经成为爱丁堡城市的地标建筑。

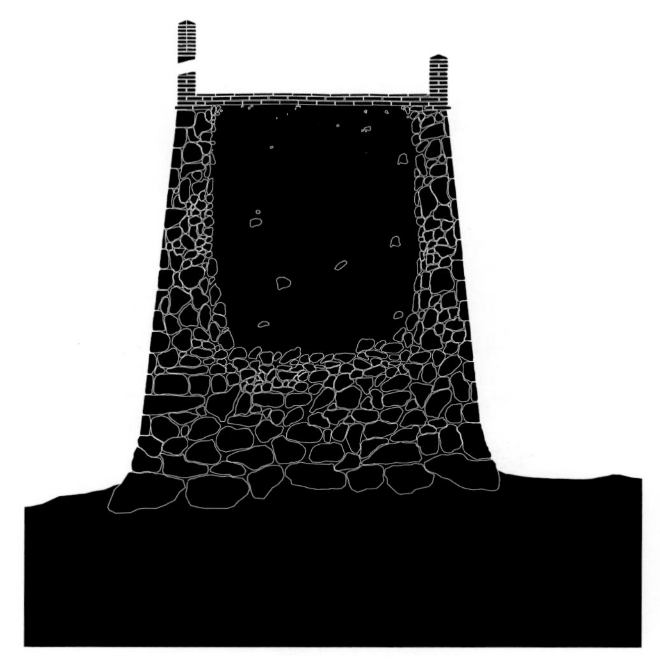

中国长城，秦始皇
中国北方 公元前 220 年
[中国风格，防御性城墙，砖石砌块]

Great Wall of China, Qin Shi Huang
Northern China 220 BCE
[Chinese, defensive wall, masonry]

长城在中国北方地区绵延 8000 多千米。它是一种防御性城墙，最初是为了保护中国北方免受游牧部落侵袭而建。长城墙体的厚度大约为 20 英尺（约 6.1 米），高度常常可达 30 英尺（约 9.14 米）。作为地球上有史以来体量最大的建筑物，这个独一无二的不朽遗迹已成为一个国家的代表和象征。与许多内部中空的墙体构造不同，中国长城的内部完全是实心的。

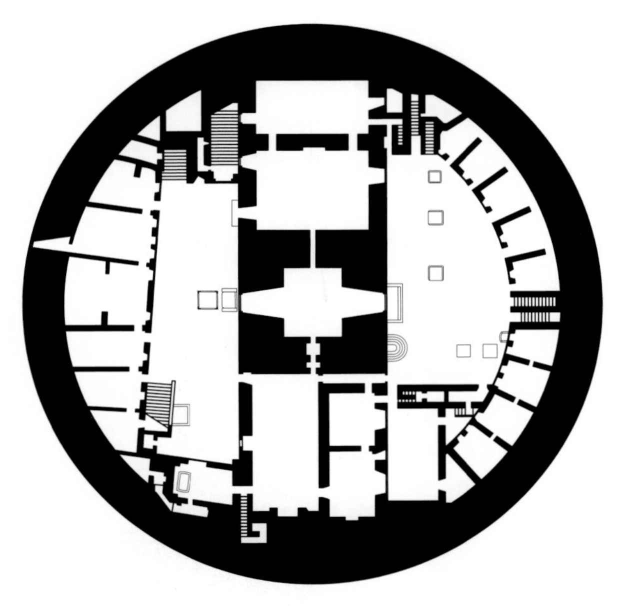

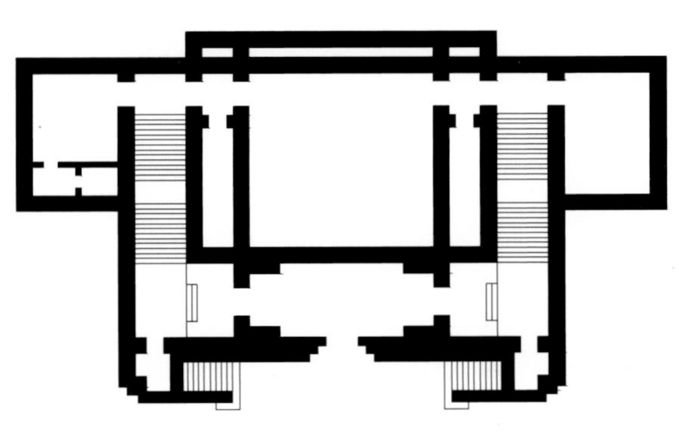

圣天使堡，哈德良
罗马，意大利　公元 139 年
[古典主义，陵墓，砖石砌块]

Castle Sant Angelo, Hadrianus
Rome, Italy　139
[Classicism, Mausoleum, masonry]

圣天使堡也是一个典型的纪念性涂黑和加粗的案例，城堡位于罗马梵蒂冈附近，前身是哈德良皇帝的陵墓，这一点与列宁墓相似。在该建筑中，大部分涂黑和加粗是为了形成厚重的基础以支撑鼓状墙身。圣天使堡最初采用白色大理石装饰建筑表面，屋顶遍植柏树，形成了经典的“柏树山”(cypress hill)造型，以呼应其“埋葬”的发音[译注 2]。几个世纪以来，为了适应各种不同的功能，整个城堡都进行了改建，堡垒、城堡主体以及教皇的住所均发生了改变。城堡内部是体量巨大的结构墙及黑暗的房间，这激发了乔凡尼·巴蒂斯塔·皮拉内西(Giovanni Battista Piranesi ）的创作灵感，他在这里完成了著名的蚀刻系列版画——《监狱》（*Prison*）。

列宁墓，阿列克谢·维克多罗维奇·休谢夫
莫斯科，俄罗斯　1930 年
[构成主义，陵墓，大理石]

Lenin’s Mausoleum, Alexey Viktorovich Shchusev
Moscow, Russia　1930
[Constructivism, tomb, marble]

列宁墓建造于红场，它将阶梯形金字塔（典型的纪念性要素）作为其墓葬功能的象征，是纪念性涂黑和加粗的典型应用。列宁墓的纪念性很容易从其建筑体量、材料特征及坐落位置中体现出来。实际上，建筑并不像看起来那么巨大，只有一条迂回曲折的交通路线引导游客到达存放列宁遗体的地下室。通往墓室的走廊占据了建筑加粗的绝大部分。实际上，在苏联的一些国家事件和游行活动中，列宁墓一直作为领导人的主席台使用，这也加深了其纪念意义。

结构性的涂黑和加粗 | Structural Poche

结构性的涂黑和加粗是指加厚的墙体或地板，用于体现建筑物中必需的材料体量，从而更好地凸显建筑结构。通过对作用于结构上的各种作用力的工程判定，可以科学地确定建筑外形与尺度。而通过涂黑和加粗，所确定的建筑规模和体量可以得到进一步强调。考虑到建造的完成需要多种组件和分段结构，结构性涂黑和加粗可以帮助实现整体装配系统的统一性，以此来展现建筑完整的体量和连续的轮廓。结构性的涂黑和加粗是由需求决定的，但是最终展示出的却是以视觉性、构成化、表现性为特征的建筑形象。

万神庙
罗马，意大利　公元 126 年
[古典主义，神庙建筑，砖石砌块]

Pantheon
Rome, Italy　126
[Classicism, temple, masonry]

万神庙上大体量的混凝土穹顶集中于一圈拱石之上，形成了圆形天眼，穹顶由八个大型桶形拱顶支撑，这八个桶形拱顶又由八个大型石墩支撑。混凝土穹顶上有很多花格镶板，其厚度从下往上逐渐减小，抵消了一部分由超大跨度结构引起的荷载。天花板和内墙空间上所做的消减是为了减小荷载并消除结构上不必要的重量。教堂外围墙体上消减出来的空间被设计成具有装饰性的半圆形后殿，用于纪念性雕像的摆放。这些需要自承重的厚重墙体展现出的结构性加粗，将实际操作中的设计原理与工程原理清晰地表达出来。

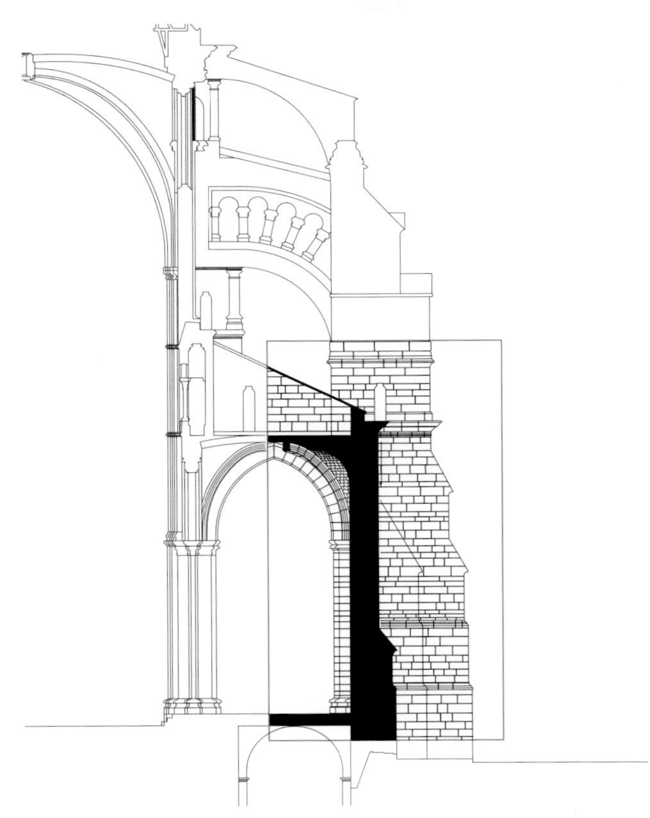

沙特尔大教堂
沙特尔，法国 1260 年
[哥特式，拉丁十字形，石材砌块]

Chartres Cathedral
Chartres, France 1260
[Gothic, Latin Cross, stone masonry]

沙特尔大教堂是哥特式建筑鼎盛时期的巅峰之作。教堂采用了拉丁十字形平面构图，建筑高耸入云，墙体上的镂空部分将光线引入，坚固厚重的墙体转化为带有精巧花窗的骨架结构。教堂中殿的高度达到了相关风荷载的结构上限，因此，为了提供必要的横向支撑，建筑师设计了教堂外部的次级结构——飞扶壁（后来成为所有哥特式教堂的标志）。如今，墙体作为结构骨架并大量填充了玻璃材质，使教堂室内获得更好的采光效果，彩色玻璃上绘有丰富的图案装饰，讲述着《圣经》故事，也照亮了人们的精神世界。耳堂两端玫瑰花窗的建造，既可以消解拱顶的荷载，同时也使教堂的三段式立面更具层次感。

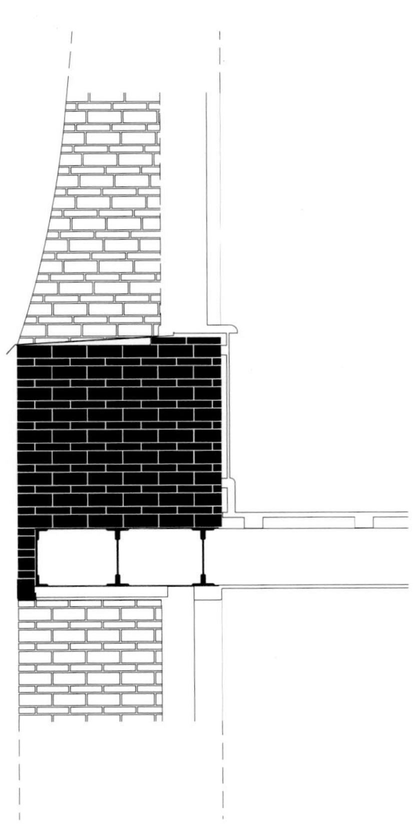

蒙纳德诺克大厦，伯纳姆和鲁特建筑事务所
芝加哥，伊利诺斯州 1891 年
[理查森式风格，双边走廊式办公建筑，砖石砌块]

Monadnock Building, Burnham and Root
Chicago, Illinois 1891
[Richardsonian, double-loaded linear office building, masonry]

通常，蒙纳德诺克大厦是人们认定的第一座摩天大楼。它高 16 层，却是在传统的承重砌体结构下建设完成的。建筑高度和压缩荷载这两项要求决定了建筑基础需要采用 6 英尺（约 1.83 米）厚的砖墙。为了适应这种加厚的基础，建筑采用了一种优雅的起伏垂线式的施工方式，后来这种外部造型反而成为识别这座建筑的视觉特征。外墙的巨大体量迫使大堂——传统办公建筑中面积最大、最豪华的空间之一——在此成为一条狭窄的大理石走廊，但这并不影响其美丽的建筑形象。建筑中受限的尺寸、光照、视觉开放度及物理空间的可达性也都是依据结构性墙体本身的特点形成的。蒙纳德诺克大厦展现了承重砌体应用于高层建筑的最大技术极限。

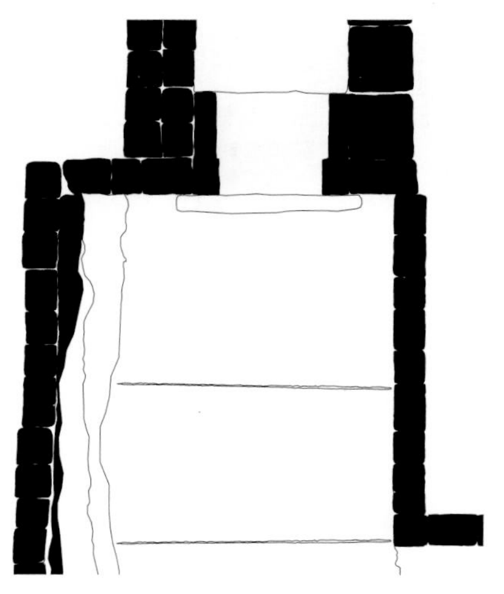

非确定性的涂黑和加粗 | Indeterminate Poche

非确定性的涂黑和加粗是指结构性、材料性、防御性三种涂黑和加粗类型的融合。它源自三种类型共同的功能表现，但不同年代的具体实施具有不确定性。在开始对建筑结构进行物理分析之前的年代，工程项目的建造以人的经验、直觉和传统做法为主导。人们无法根据自然规律调整建筑细部以抵抗建筑的自然风化，无法进行精确的设计和军事武装的优化，也无法准确预测建筑材料的性能或特征，这些非确定性的涂黑和加粗只是简单地通过体量的放大来确保建筑的功能表现。即，当某些特殊功能的建造存在不确定性时，一般会在尺寸上进行过渡补偿，而这些过渡补偿最终与施工技术一起成为建筑尺度的决定因素。墙面可能由于侵蚀及脱落而缺少了几英寸，但墙体结构不会受到影响。手工制作或雕凿而成的材料存在的易变形性可以通过建造的简化解决。建筑项目是通过预测其功能意图来形成建筑体量的，但最终依然具有不确定性。

迈锡尼的狮子门

希腊 公元前 1250 年

[古希腊，过梁上的装饰性浮雕，砖石砌块]

The Lion Gate of Mycenae

Greece 1250 BCE

[Ancient Greek, ornamental relief above lintel, masonry]

狮子门是城市的入口大门，雕刻于过梁三角石上的浅浮雕装饰具有极其重要的意义。狮子门代表了建筑整体造型中的一般结构性受力，通过其表面的装饰加以强调。狮子门使用传统的大体量抬梁式结构在防护性的石墙中创建了一个开口。石墙由大块的石头干砌而成，形状松散，外观粗糙。墙体的计量强度和稳定性并非通过任何数学计算进行预测，而是由传统建造经验、原材料的易得性以及建筑规模所决定。所有这些方面都采用了过高的估计，但正是因此建筑获得了缓冲机会，以应对不可预见的风化作用、结构及防御需求等。

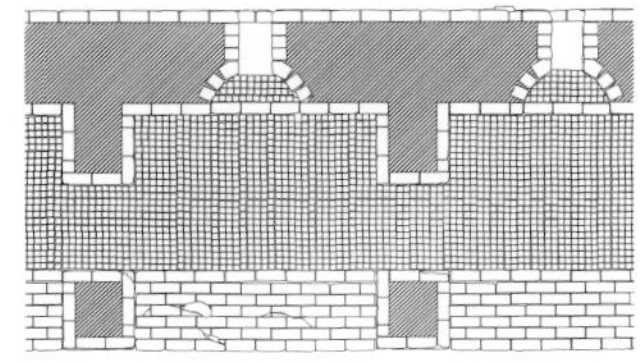

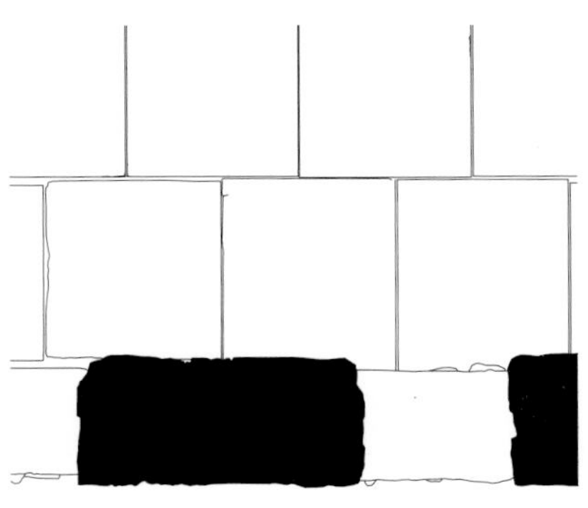

奥勒良城墙

罗马，意大利　公元 275 年

[罗马式，军事性的黏土砖墙，砖石砌块]

Aurelian Wall

Rome, Italy　275

[Roman, clay masonry military wall, masonry]

奥勒良等两位皇帝[译注 3]对罗马城墙的建设均是为了应对公元 270 年的蛮族入侵而采取的紧急措施。城墙是体量巨大的防御性壁垒，采用传统的罗马建造技术建造而成。迈锡尼狮子门是以砖块或石材砌筑的实体城墙，与其不同，罗马城墙是以细长、轻薄、黏土所制的“罗马砖”(Roman brick)进行饰面，墙中填充了碎石、砂浆，再以黏土包覆。罗马城墙的这种混合建造方式，有助于打造精致的墙面，实现灵活的墙体宽度。墙体加粗所产生的厚度，是以适应结构需求、防御需求及减缓风化为目的，同时也保证墙体的稳定性和使用寿命。墙体厚度的决定因素并非物理或数学的计算应用，而是比例关系与近似估算，所有这些都使罗马城墙成为非确定性的涂黑和加粗。

中世纪城墙

坎特伯雷，英格兰　1050 年

[中世纪，大体量的防御工事，砖石砌块]

Medieval Wall

Canterbury, England　1050

[Medieval, massive defensive fortification, masonry]

中世纪城墙是典型的坎特伯雷风格的城墙，主要为满足防御目的而建。城墙的设计完全是防护性的，之所以采用巨大体量是为了抵抗入侵者的围攻。体量之大使城墙内部和顶部都可加以利用，墙体是通过内部砌块平行填充而形成的多重**隔板**建设完成的。城墙的建设是为了彰显力量使基业永固。城墙顶部是锯齿形雉堞，为弓箭手提供保护并抵御外来攻击，城墙转角锚固的角塔，是为了提高防御等级、扩大射程范围并提升攻击优势，因此无论是位置关系还是布局结构，城墙均可提供一个安全的防护屏障。中世纪城墙是依靠实践性知识和传统技术建造而成的，而非数学分析的预测。因此，无论是材料施工还是建筑性能，该城墙都是一种非确定性的涂黑和加粗。

等级性的涂黑和加粗（服务性 / 被服务性）|
Hierarchical Poche（Service / Served）

等级性的涂黑和加粗源于对建筑服务要素进行组织的需求，使其得以继续隐藏在平面图的公共空间序列之中。其中服务性的涂黑和加粗可以有多个结构配置，最常见的两个包括：中心式的实体及线性的边界。空间组织是功能平面形成过程中至关重要的元素，通过概念性的图示技术进行功能组织及形式组织。这种服务性涂黑和加粗所做的“填充”，与公共空间的等级秩序共同强化了这些共生的并行系统之间的关系。

圆厅别墅，安德烈 · 帕拉迪奥
维琴察，意大利　1566 年
[文艺复兴，别墅建筑，砖石砌块]

Villa Rotunda, Andrea Palladio
Vicenza, Italy　1566
[Renaissance, villa, masonry]

在圆厅别墅设计中，帕拉迪奥将功能性服务要素隐匿于建筑基底部分涂黑和加粗的体量之中。帕拉迪奥将建筑比作人体，建议将建筑中最拘泥规则和细节的部分（相关服务性功能）隐藏起来，就如同人体的基本骨架也被隐藏起来一样。在圆厅别墅中，这一点在主层得到了充分体现，四部楼梯对称地围绕着圆厅，均包含在建筑涂黑和加粗的内部。这种等级性的涂黑和加粗是帕拉迪奥式别墅和宫殿的典型特征。

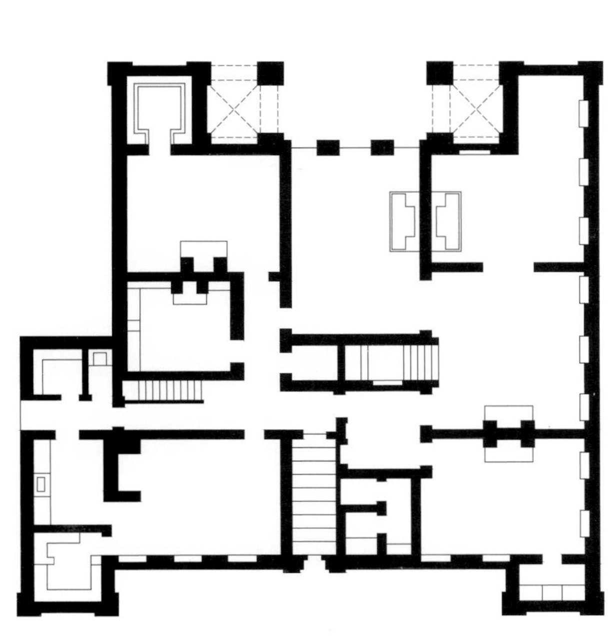

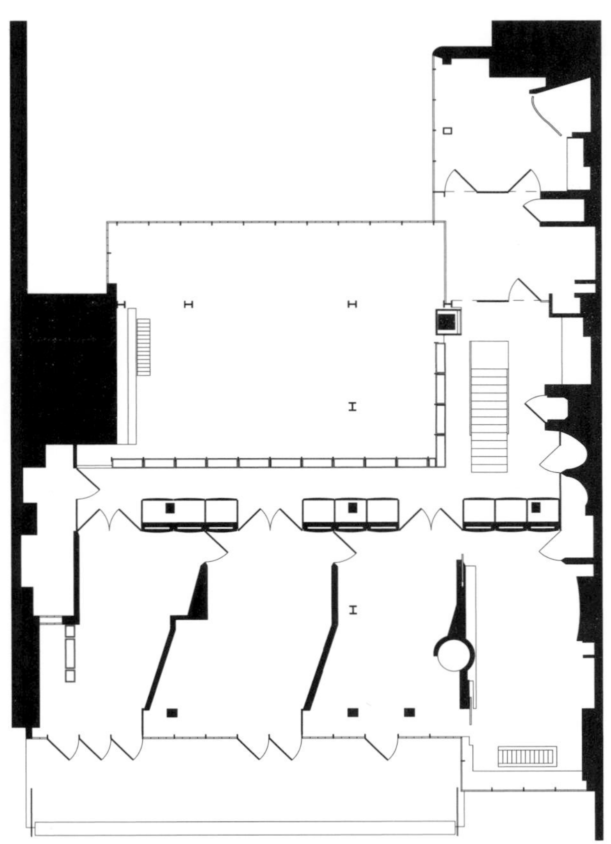

霍姆伍德住宅，埃德温·鲁琴斯
赫特福德郡，英格兰　1901 年
[工艺美术运动，住宅，砖石砌块与木材]

Homewood, Edwin Lutyens
Hertfordshire, England　1901
[Arts and Crafts, House, masonry and wood]

与鲁琴斯的许多住宅项目类似，霍姆伍德住宅采用了涂黑和加粗的设计概念，使服务性要素一直隐藏于住宅内部。功能性需求，如楼梯、厨房、浴室等，在视野范围内隐蔽，使等级较高的空间及基础性空间能够轻易辨识，而服务性空间则退入涂黑和加粗之中。这种服务性与被服务性之间的平衡关系贯穿了鲁琴斯的整个职业生涯，在其许多住宅项目中均有体现。这种等级性涂黑和加粗的表达最典型的应用是在建筑组织体系和平面构成中，将服务性要素进行集中联合和聚集以便避开视线。

玻璃之家，皮埃尔·夏洛
巴黎，法国　1931 年
[现代主义，空间的加减法，玻璃和金属]

Maison de Verre, Pierre Charreau
Paris, France　1931
[Modernism, additive and subtractive spaces, glass and metal]

皮埃尔·夏洛在玻璃之家这座住宅建筑的侧墙中采用了等级性涂黑和加粗。侧边的墙体先加厚，再进行空间的消减与移动，形成了曲折的边界，限定出用于服务性功能的辅助空间。这种空间组织方式虽然在历史案例中常见，但是在现代主义语境中却具有革命性意义。夏洛就像文艺复兴时期的建筑师那样，选择将服务性要素（浴室、电梯和储藏室）放置于涂黑和加粗中。尽管存在形式上的联系，但是这些元素并非设计意义的本源，即使这些元素被投以相同的关注度和相应的空间联系。相反，这些元素的功能及其文化等级使其被归入等级性的涂黑和加粗类型中。

材料过程中的涂黑和加粗 | Material Process Poche

材料过程中的涂黑和加粗指的是物质材料自有的厚度以及使用材料进行建造的过程。无论是取决于建筑材料自身从一块实体材料到构建出整体体量的增量关系，还是取决于建筑装配体系中从内部空间到建筑表面的材料变化，材料过程均是一种分段式的、有关构造的视觉表现，可以建立连续的空间边界。在材料构建或聚合过程中，通过将其各部分的构成特点和个体性质进行集合，使各种材料形成独立又统一的整体，因此，对材料过程的解析可以有效展示设计的宏观意图。它揭示了材料过程对最终形式结果的影响，并解释了由最终形式结果产生的空间可读性。

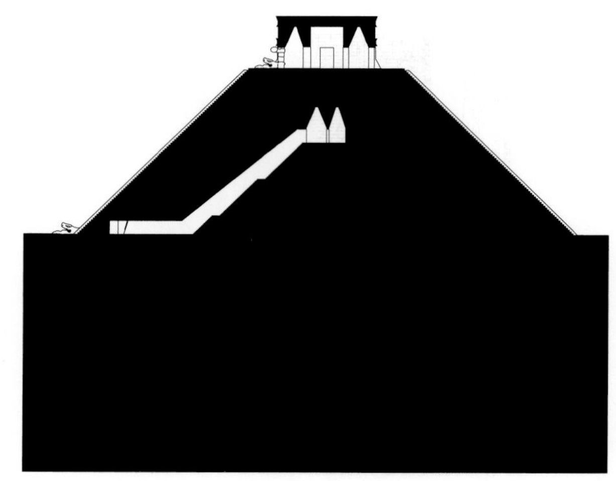

奇琴伊察金字塔
尤卡坦半岛，墨西哥　公元 250 年
[玛雅风格，以台阶为对称轴的阶梯式金字塔，砖石砌块]

Main Temple at Chichen Itza
Yucatan, Mexico　250
[Mayan, stepped pyramid with axial staircase, masonry]

奇琴伊察金字塔使用的是原始建造技术，石块材料体量巨大，但堆砌与切割技术却拥有令人惊叹的精准度。石块大多是局部衔接，镶嵌着繁复的装饰性浅浮雕。其整体形式由多种尺度的梯田组合这一概念发展而来。厚重的形式化的石头阶梯层叠而上，位于中心的台阶却采用了人性化的尺度，金字塔的四个面都是如此重复。奇琴伊察金字塔体现了高精确度的建造水平和对大体量石材部件的准确控制，其建造误差非常小，即使参照现代标准也具有令人惊叹的准确性。由此形成的材料性的涂黑和加粗，通过各层梯田的聚合与堆叠技术所创建的坚固体积与构图表现出来。剖面图中所展现的涂黑源于金字塔的建造技术，与建筑的坚固性、建筑体量及建筑材料三者均存在形式上的关联。建筑外观的坚固性体现了材料与功能的完美组合。

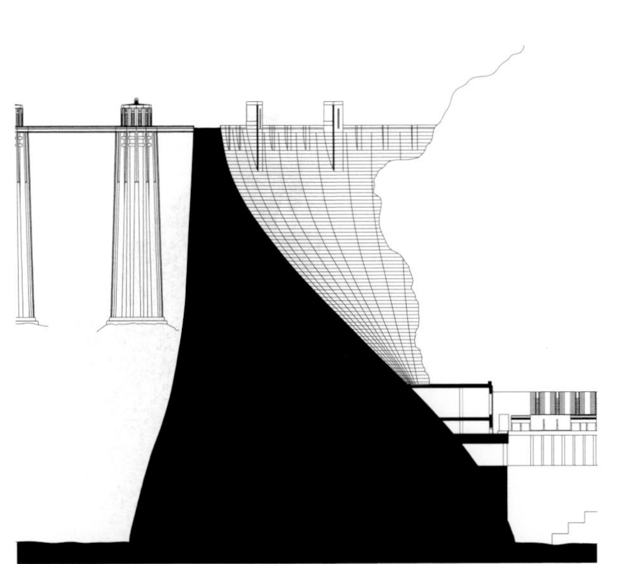

胡佛水坝，弗兰克 ·克罗

布莱克峡谷，博尔德市，内华达州　1936 年

[现代主义，用于水力发电的混凝土水坝，混凝土]

Hoover Dam, Frank Crowe

Black Canyon, Boulder City, Nevada　1936

[Modernism, concrete dam for hydroelectric power, concrete]

胡佛水坝以其庞大的规模而著称。建筑材料的选择取决于该材料的连续性及抗渗性，混凝土作为一种“固体”材料（通过水化作用在微观尺度上进行结构性连接得以凝固），具有满足以上需求的终极性能。混凝土的原始属性是各种原材料的混合，因此现场“制造”混凝土有利于通过一定的施工顺序，实现所要求的大规模和大范围建造。胡佛水坝的整体外形源于坝体的几何功能及其与周围岩壁和水流等自然环境的结合。这项工程的宏大规模及其材料的选择都需要对建筑构造进行细致的理解，比如水化过程中会发生放热反应，这就需要为材料的输送和冷却建立一套复杂的系统。由此，最终形成的材料性涂黑和加粗定义了大坝横截面的厚度，并允许在坝体体量内嵌入功能性的通道空间。

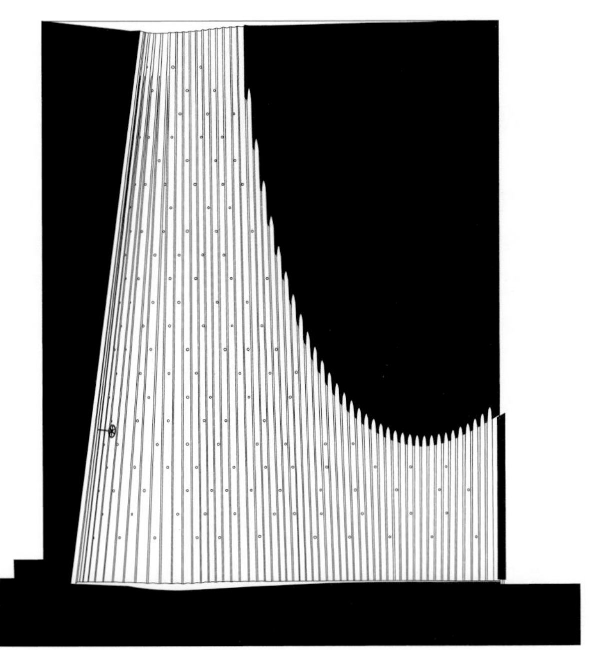

克劳斯兄弟田野教堂（又译“克劳斯兄弟小教堂”），彼得 · 卒姆托

沃亨道夫，埃费尔，德国　2007 年

[后现代主义，材料加工过程中形成的小教堂，混凝土和铅]

Brother Claus Field House, Peter Zumthor

Wachendorf, Eifel, Germany　2007

[Postmodernism, material process formed chapel, concrete and lead]

克劳斯兄弟田野教堂是一个现代风格的礼拜教堂，利用有限的资源和特殊的工艺建造而成，为偏远社区的人们服务。教堂的建设过程其实就是建筑材料的加工过程，这是运用建造逻辑生成的有机设计。在教堂内部由一系列斜向支撑的原木形成有机的空间边界，教堂外部依照惯例由多个光滑的小面拼接而成。内部与外部之间的空间通过混凝土连续层进行填充，形成了材料性的涂黑和加粗。随后，内部原木被烧掉，既给人们留出做礼拜的空间，同时也形成了带有特殊焦炭光泽的圆齿状墙面。由此，这种反映材料加工过程不加修饰的真实性和通俗易懂的可读性就形成一种既抽象又原始的空间形式与体验。克劳斯兄弟田野教堂的建筑形式是由建筑的建造过程以及在此过程中的材料逻辑形成的，正是因此，该建筑成为材料性涂黑和加粗的典型案例。

功能性的涂黑和加粗 | Programmatic Poche

功能性的涂黑和加粗是指建筑的实体形式是由功能性支撑空间的体量增厚所形成的。目前，在每一幢建筑物中，以功能性服务为基础的项目采用的是不同的组织结构。根据组织结构、平面布局及空间集合，通过功能来创建形式密集度的方式即引入了功能性涂黑和加粗的概念。功能密集度的运用便于形成平面或剖面中的功能性涂黑和加粗，但每一项都需依赖服务性项目本身的实用性和功能性。

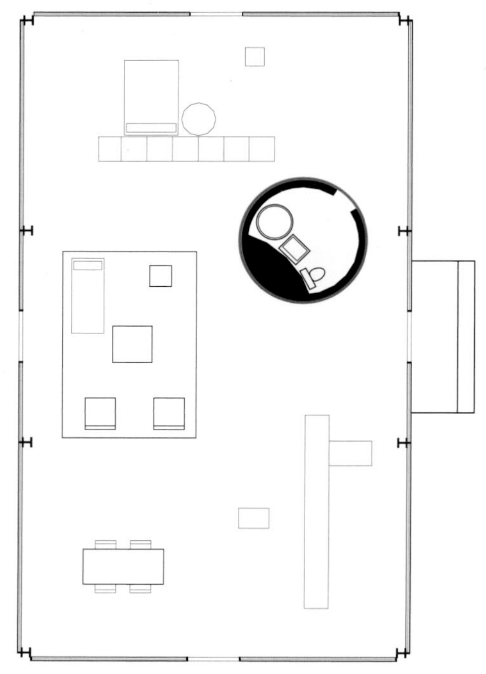

玻璃屋，菲利普·约翰逊
新迦南，康涅狄格州　1949 年
[现代主义，自由平面住宅，玻璃和钢材]

Glass House, Philip Johnson
New Canaan, Connecticut　1949
[Modernism, free plan, steel and glass]

在菲利普·约翰逊设计的玻璃屋中，“自由平面”的设计概念通过空间的独特性得以实现。一个大的单一空间仅仅使用一个装有浴室与壁炉的“核心空间”进行划分，这使整个建筑具有强烈的连续性和一致性。随后进行的室内空间功能的细分则是通过家具摆放位置、功能空间与建筑基地以及“核心空间”的关系，还有社交礼制中人的行为活动来限定。自由平面的效果通过统一透明的建筑立面得到进一步强调。玻璃消融了室内外的界线、延伸了视线、明确了轴向，也协调了室内各功能区的关系，形成了室内的功能布局。玻璃这种透明的材料，实现了建筑与场地的融合，使它们相互依附，形成了内外交织、空间交互的奇妙体验。功能性的涂黑和加粗源于“核心空间”所具有的实体性，“核心空间”包含多种服务性元素，使集中空间的“闭合”与其他自由平面的“开放”形成对比。

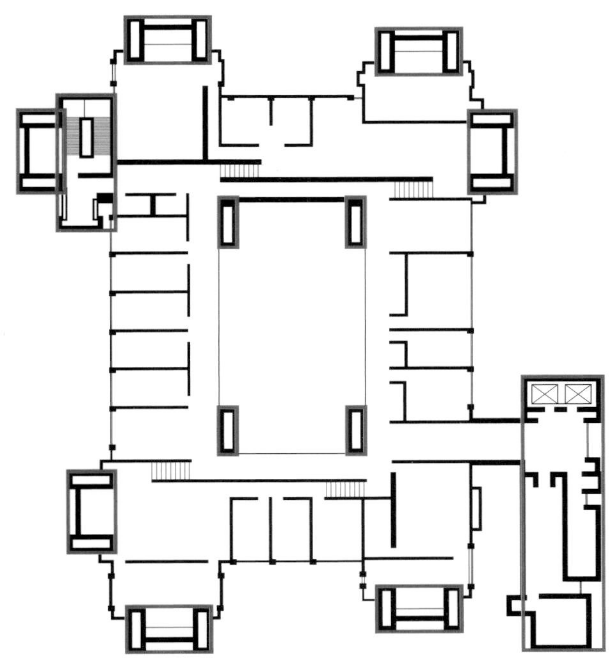

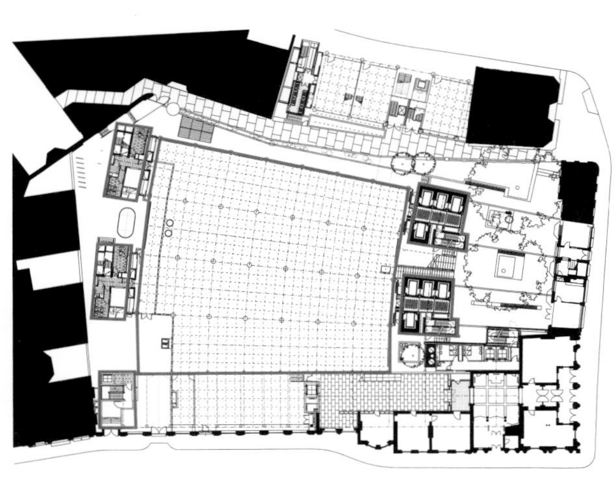

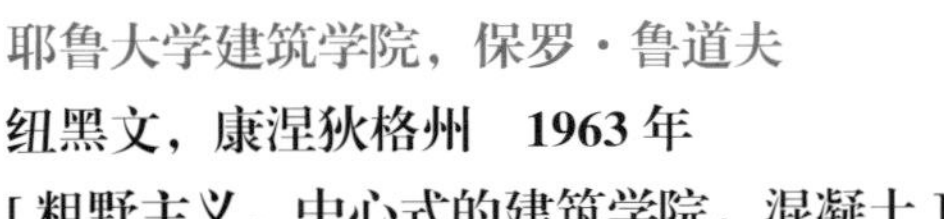

耶鲁大学建筑学院，保罗·鲁道夫
纽黑文，康涅狄格州 1963年
[粗野主义，中心式的建筑学院，混凝土]

Yale School of Architecture, Paul Rudolph
New Haven, Connecticut 1963
[Brutalism, centralized architecture school, concrete]

耶鲁大学建筑学院以其粗野主义的形式和材料为典型特征。建筑外观是整体统一的，建筑表面混凝土的连续性以及带有织物质感的琢面饰面（bush-hammered finish）进一步增强了其视觉效果。建筑的整体构成就像密集的堡垒，这一特征体现在环绕建筑边界的发挥服务性功能的聚合之中。其最终的结果是，一系列几乎不透明的竖向塔状造型围绕着中央的开放式工作室空间。功能性的涂黑和加粗可以影响平面、立面、剖面的形式效果，通过聚合特定的功能形成围合式的边界，创造出不透明、相互连接、以功能为驱动的建筑外形。

劳合社（又译“劳埃德保险社”），理查德·罗杰斯
伦敦，英国 1986年
[现代高技派，由服务空间环绕的自由平面，不锈钢]

Lloyd's of London, Richard Rogers
London, England 1986
[Hi-Tech Modernism, free plan with encircling services, stainless steel]

劳合社的建筑表现源于其平面的组织体系。建筑的功能被分散到边缘，允许开放式的建筑平面保持最大的灵活性。建筑外围所设置的功能，与传统的核心筒居于中心位置的做法正好相反，这种布局消除了对建筑表皮的依赖，取而代之，建筑功能或其运行方式才是建筑形式的决定因素。建筑中的各项功能都统一包覆不锈钢的外壳，通过对实用性和表现性的高度展现，赋予建筑独特的性格。由此，最终形成的建筑解读是，展示每个独立功能的人性化尺度，将重复性和集合性聚集起来，从实际需要出发，创造出系统化的构图。劳合社的建筑平面揭示了建筑边缘的功能密度以及功能集中的外部区域，并将其作为建筑外围的涂黑和加粗，这与建筑中部灵活的办公空间、中心式的开放平面形成了鲜明对比。

06

文脉
Context

06- 文脉 | Context

建筑的生成、选址及感知都需要在一定的环境和背景中进行，这种特定的环境和背景即为文脉。文脉涉及建筑所处的整体物理环境，如周边建筑物与场地的几何形态、尺度规模、材质特征、功能用途、风土人情等，所有这些条件都有可能影响建筑设计。

不同的文脉元素形成了不同的文脉类型，产生了不同的文脉影响效果。例如，自然文脉关注场地位置、自然条件和周边环境；城市文脉关注空间形态、几何形式、尺度规模和空间层级；历史文脉关注建筑物在其历史谱系中所受到的风土环境与类型学的影响；材料文脉关注物质材料、工艺流程、建筑构造对建筑的影响；文化文脉关注设计中的集体信仰和文化影响。每种文脉类型都取决于建筑在相关谱系、传统、文化及现状条件中的定位，每栋建筑都必须面对这些条件并在其中进行谨慎比对和参照。以下将对不同文脉类型进行详尽阐释。

自然文脉（Natural Context）自然文脉是指建筑物所处位置的生态环境和地形条件。地理位置或区位（如山谷地带）、毗邻的自然地貌（如河流、湖泊、植被）以及建筑基地及周边可用于开发的自然资源（基于建筑材料和建造技术确定）都可归为此类。此外，方位、朝向、风力、水文及温度等同样也是自然文脉的重要因素。以上这些要素通常是讨论基地选址的要点，都属于自然文脉之列。

城市文脉（Urban Context）城市文脉是指建筑物所处的人工环境。从城市性（urbanity）研究[译注1]的相关议题中可以看出，基地所在区域的城市条件（在不同规模尺度下都清晰可辨）决定了基地的文脉。地理区位、退线要求、几何形态、布局关系以及上述每个体系之间的遵照或者背离，都对城市文脉主义起到了决定性作用。城市结构是实践经验的总结，是法制授权的产物，也是历史逻辑的再现。城市结构本身就可以提供关于城市形态、几何构形、城市规模和等级的相关决策，这些决策往往成为城市新区建设实施和管理运营的基本框架。

历史文脉（Historical Context）同其他文脉类型一样，历史文脉是指对传统谱系的继承、对特定历史条件的回应。除此之外，历史文脉也指基于地理环境、功能要求、材料特性和建造技艺等多种条件所形成的某种特定形式。也就是说，历史文脉会涉及建筑在风土性、类型学、材料学及构造技术等多方面的传统习俗，并伴随这些传统习俗进行更广泛的发展和对历史意义的总结。历史文脉不仅关乎建筑选址，也关注建筑功能的利用、本土材质的选择和建造技法的传承，更关系到人们对建筑谱系中各种形式的广泛理解。

材料文脉（Material Context）材料文脉的形成依托建造技艺和建造材料在设计中的表达，这涉及建筑谱系中丰富的历史传承。因此，一座砖砌建筑可以参照建筑谱系中早期的砖砌建筑案例进行比对和评价。同样，这座砖砌建筑也可以参照与之同一时期或同一历史谱系中的非砖砌建筑（如钢、木、塑料等材质），比较其相似性和差异性，从而获得对砖砌建筑的理解和认识。材料文脉是基于建造材料对建筑构造和建筑形式的影响而产生的。建造技术的水平、建筑构造的表达、建筑造型的表现以及由此合力而成的建筑形式，都属于材料文脉之列。将零件组装成节点，将小单元连接成大空间，利用空间完成一定的功能，由部分元素构成整体形态，以上这些决策的相互关系及其在历史谱系中的相对位置是材料文脉的基础。

文化文脉（Cultural Context）文化文脉是文脉类型中影响最广泛，或许也是最模糊的一种类型。文化文脉主义并不关注建筑与周边局部环境的物质联系，而是着重研究某个特定时期的文化相对论、科技水平和社会发展现状，文化文脉主义涉及的多是人文社科领域。趋势、态度、观念、技艺能力及社会结构都能决定某一时期文化文脉的复杂性。文化文脉试图把握时代特征，并通过建筑将它展现出来。文化文脉主义以平和的态度对待激进的时尚冒险，用审慎的设计决策体现对时代精神的精准把握。

建筑对特定文脉的展现以及由此确立的建筑在整个文脉主义中的定位，都与设计师对文脉的理解紧密相关。最重要的一点是，设计师对现状条件所进行的分析研究，不仅应包括实体条件和形式条件，还应包括隐含其中的历史条件和文化条件。新建建筑及其复合功能的构建源自对以下三点内容的综合理解：建筑发展的历史、场地的地形条件和自然环境、建筑建造的文化背景和社会背景，这三点是设计初期分析研究的基本内容。文脉主义是对当代潮流的认可与继承或否定与批判。设计师可以将文脉条件直接应用于建筑设计中，也可以依照自己的认知、运用自己的智慧对文脉条件进行重新诠释或再加工，甚至可以选择有意忽略。现代文脉主义源于对文脉情况的理解，通过对文脉的积极应用实现其统合、抽象与延伸。

自然文脉 | Natural Context

自然文脉指的是建筑所处基地的自然环境要素，包括生态系统、本土植物、岩土类型、气候、气象、朝向、水文、地形等。每种要素都有与建筑设计相融合的条件和机会。例如，建筑的功能布局、当地传统、物理联系、位置选择、建筑材料、规模尺度等，每种要素都能促进建筑与自然环境之间基础关系的建立，这种基础关系有利于在建筑形式与当地自然文脉之间建立有效的沟通和对话。

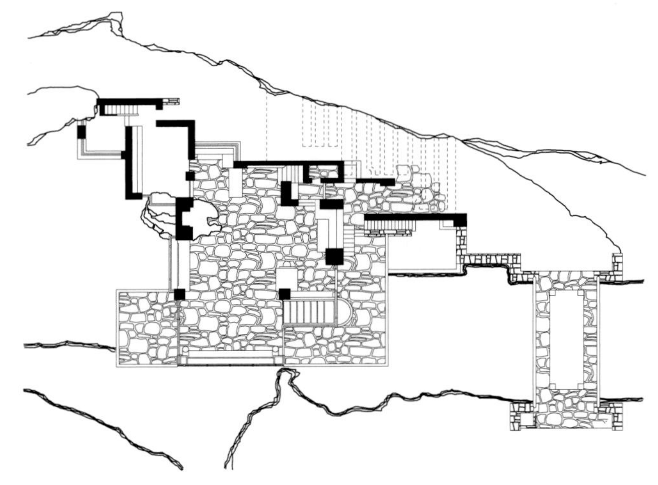

流水别墅，弗兰克·劳埃德·赖特
熊奔溪，宾夕法尼亚州　1936 年
[现代主义，悬臂式的层级阶梯式楼板，多种建筑材料]

Fallingwater, Frank Lloyd Wright
Bear Run, Pennsylvania　1936
[Modernism, cantilevered layered terracing floor plates, diverse]

流水别墅是一座具有标志意义的现代居住建筑，是自然文脉主义的典型案例。它直接坐落于自然瀑布之上，令人惊叹。建筑中央立有一根石柱，仿佛一棵在丛林中生长的大树，石柱上伸展出的悬臂式混凝土结构，就像从大树上生长出来的巨大翅膀，这正是建筑基于基地和自然环境形成的特有结构。可开启的透明玻璃幕墙，伴随着其他建筑材料，从室内延伸到室外，消融了室内外的界线。空间的连续以及建筑与自然环境的有机结合共同创造了这座建筑，实现了新建建筑与原有环境的完美融合。有机主义就是在自然文脉主义中汲取了灵感、获得了启示，在自然环境中生成并贯穿整个建筑设计。

荆棘冠教堂，费伊·琼斯

尤里卡·斯普林斯，阿肯色州　1980 年

[现代主义后期，重复性的木构框架，木材和玻璃]

Thorncrown Chapel, Fay Jones

Eureka Springs, Arkansas　1980

[Late Modernism, repetitive wood structural frame, wood and glass]

荆棘冠教堂仿佛是从地面上浮现出来的。教堂仿照周围森林环境的垂直感，采用精致的木梁进行架构，既可突出建筑的高度，又使其与周边的树木环境相互融合。细长条的玻璃相互连接起来，使视线畅通无阻，室内外空间得以连续。石材从场地中显露出来，作为建筑的基底，限定了教堂室内地面的界限。在施工过程中，要求轻踏地面，进场的木材不能大于两个人可徒手搬运的尺寸。通过对木材规格的坚持，保证了建筑的轻盈之感，同时也表达了对场地的尊重。荆棘冠教堂的整体布局过程就是建筑材料与外部场地的融合过程，从建筑材料的选择，到建筑形式的生成，再到建筑效果的表达，材料文脉主导了整体的方案设计以及实施过程。

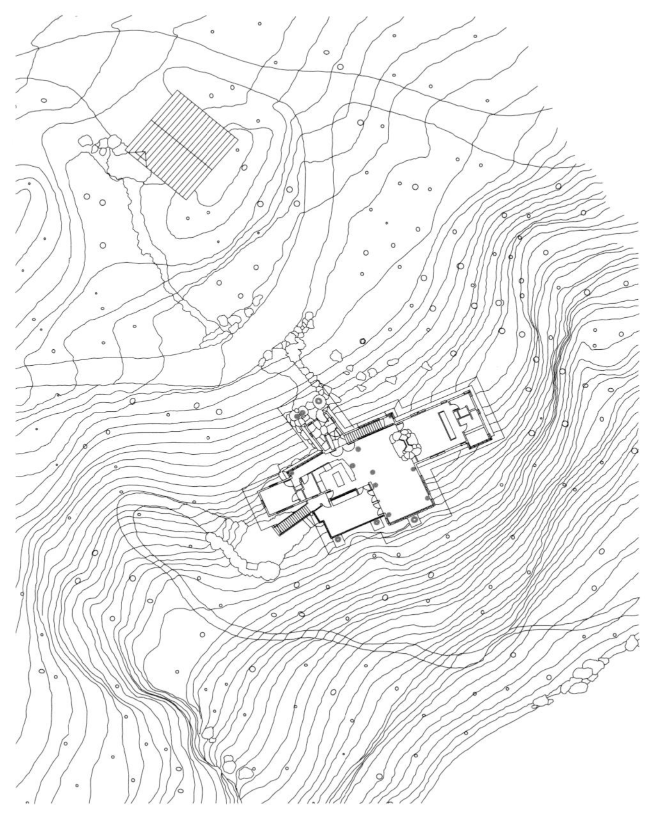

阿迪朗达克住宅，波林，西万斯基，杰克逊建筑师事务所

纽约州北部　1991 年

[后现代主义，基于场地环境的独户式住宅，木材]

Adirondack House, Bohlin Cywinski Jackson

Upstate New York　1991

[Postmodernism, site-based single family house, wood]

阿迪朗达克住宅采用了当地的建筑形式和建造工艺，以展现当地的建筑材料和建造传统。木质结构柱层层叠加，通过材料的统一快速建立起建筑与场地的关系。由于住宅坐落于树木繁茂的山坡上，建造过程中必须砍掉几棵树，但在施工时会将砍掉的树木重新打磨用作柱子，并依然安置到原来的位置。建筑的选址和建材的样式使原有树木得以利用，原始的场地特征也得以延续。

城市文脉 | Urban Context

坐落于城市中的建筑，本身就是城市文脉的一部分。因此，建筑必须与当地条件形成呼应。这种呼应可能是对当地条件的顺应，也可能是有意对抗。邻近建筑间形成的相互关系定义了城市，并阐述了城市文脉的概念。此概念将焦点集中在那些力求与城市文脉相联系的建筑上，而非忽视城市文脉的建筑。同时，所关注的相互关系可能会来自诸如规模、退线、材料和功能等议题。城市文脉一直是最具影响力、最具辨识度的设计响应之一。

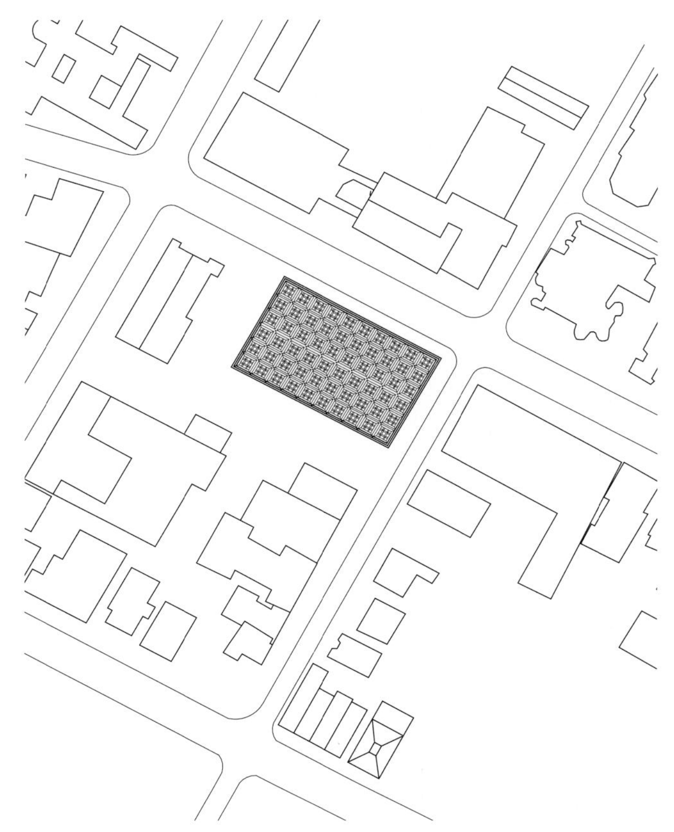

耶鲁大学英国艺术中心，路易斯・康
纽黑文，康涅狄格州　1974 年
[现代主义，博物馆，混凝土]

Yale Center for British Art, Louis Kahn
New Haven, Connecticut　1974
[Modernism, museum, concrete]

耶鲁大学英国艺术中心是城市文脉指导下的建筑作品，其建筑规模和建筑形式均与场地环境形成了呼应。耶鲁大学英国艺术中心参考了周边建筑以确定其建筑高度和整体尺度，且能够与周边肌理完美契合。同样，选择了相似的方法处理建筑与街道的关系，通过沿街建立商铺以及将入口设置在街角等方式增强了其与周围环境的联系。然而，混凝土和拉丝钢板与周围主要的砖砌建筑并列而置，使建筑材料与周围环境形成了鲜明对比。

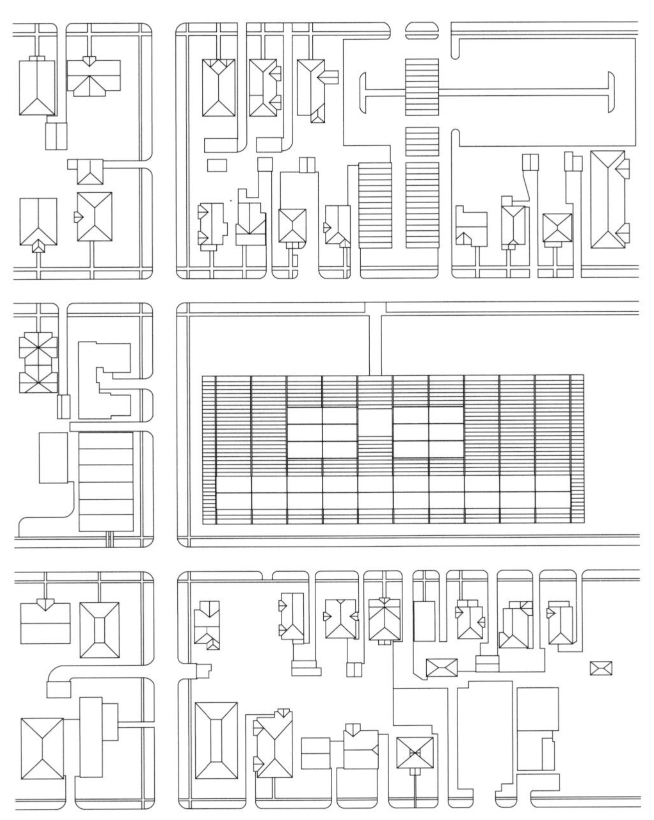

梅尼尔私人收藏馆，伦佐·皮亚诺
休斯敦，得克萨斯州　1986 年
[现代高技派，双边走廊式，多种建筑材料]

The de Menil Collection, Renzo Piano
Houston, Texas　1986
[Hi-Tech Modernism, double-loaded corridor, diverse]

梅尼尔私人收藏馆通过运用一系列形式化、概念性的技术手段，创造出一种具有控制力的城市文脉主义。该博物馆坐落于住宅区内。皮亚诺通过水平方向的延伸来控制建筑的高宽比，防止博物馆因体量过大而压制周边的住宅建筑。博物馆外围设计有一个连廊，使其边界更加明显并且强化了住宅式的门廊在周围环境中的视觉效果。壁板材料选用的是柏木，也是为了与周围的墙板保持一致。最后，皮亚诺还买下了周围的房屋并将其集体刷为灰色，以此创造出一个高度一致的城市文脉，这种文脉向外扩散形成了完整的博物馆园区。

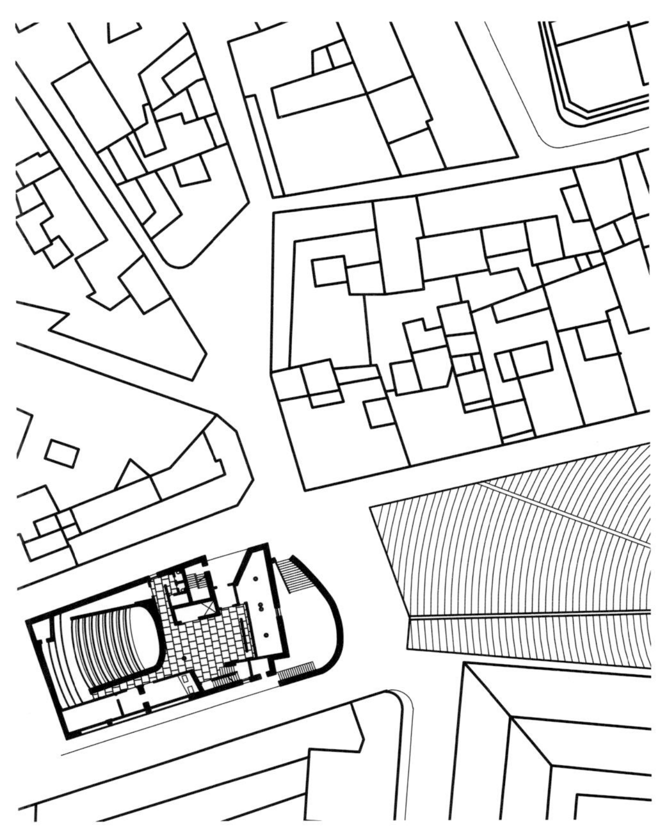

穆尔西亚市政厅，拉菲尔·莫内欧
穆尔西亚，西班牙　1998 年
[后现代主义，政府建筑，混凝土与石材饰面]

Murcia Town Hall, Rafael Moneo
Murcia, Spain　1998
[Postmodernism, government building, concrete with stone facing]

莫内欧对建筑规模的谨慎控制以及对建筑材料的精心选择，使穆尔西亚市政厅成为体现城市文脉主义的典型案例。考虑到所处城市广场的规模，市政厅的设计充分尊重广场的整体立面、用地规模以及由周边建筑所构成的城市空间关系。建筑采用与环境相匹配的砌体材料面板，配合其装配体系，通过建筑构造形成了一种抽象概念。最后，建筑的功能组织和空间层级以及主层楼面的巨大开窗，也都源于城市管理系统对城市文脉的呼应。

历史文脉 | Historical Context

历史文脉主义追求的是对地方历史、建筑类型或者特定功能的理解，并受此驱动形成了完整的建筑理念。历史意识与历史参照的概念在后现代主义早期广泛应用于建筑形式的创建之中，并形成了较高的辨识度，但其实从其概念形成之初，就成为重要的建筑议题。历史文脉主义的一个典型案例就是罗马城，经典的神庙建筑在城市中不断被使用，其实就暗示着与先前历史文化千丝万缕的联系。对建筑师来说，参照历史模式、强调一些相似的形式与功能，这些做法是非常常见的。然而在现代主义的后期，建筑师们倾向于优先进行建筑创新或建筑再造，因此历史文脉的概念被逐渐淡化。但是后现代主义的出现似乎预示着历史文脉主义这种研究方法的回归，并将其看作一种严肃的设计理念。

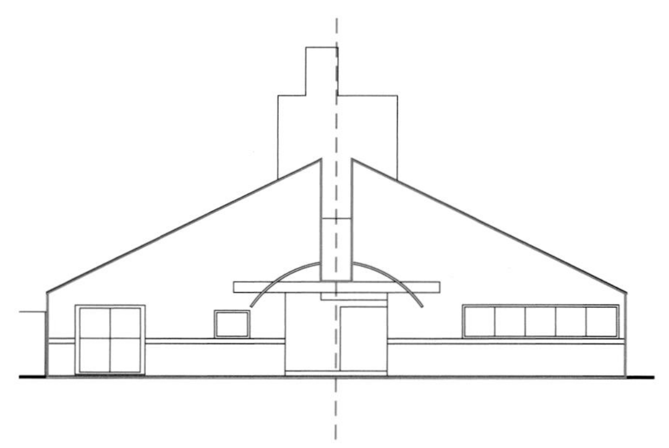

母亲之家，罗伯特·文丘里
栗山，宾夕法尼亚州　1964 年
[后现代主义，矫饰主义平面住宅，木材]

Vanna Venturi House, Robert Venturi
Chestnut Hill, Pennsylvania　1964
[Postmodernist, mannerist plan house, wood]

文丘里在母亲之家的设计建造中，通过一系列细微却重要的位置变动体现了对历史文脉主义的运用。文丘里将山墙、山花、拱等历史元素从其原来的典型应用环境中提取出来并加以处理，以拼贴方式运用到母亲之家的形式与结构当中。文丘里对空间组织与建筑感知的控制，主要通过对称与非对称的设计技巧来完成，这反映了该建筑与历史模式和历史典范之间的关系。母亲之家的正立面分为多层，是为了通过这些虽然琐碎但依然可以辨识的历史元素展现其与米开朗琪罗的庇亚城门之间存在着一定的关系。在建筑平面设计中也存在着一种细致又微妙的关系，这种关系实现了建筑内部的功能响应与外部的空间设计。

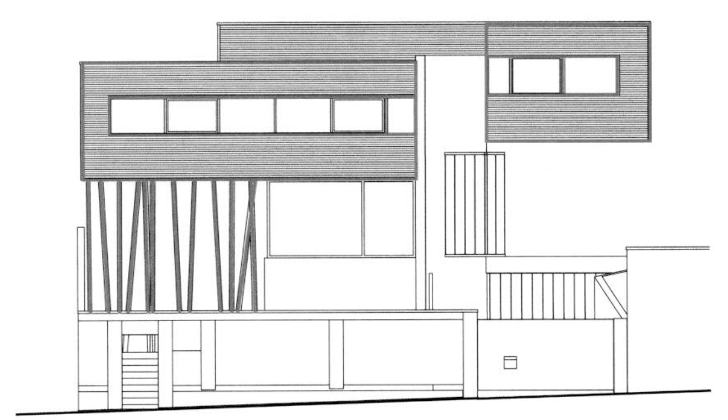

十桃树广场大厦，迈克尔·格雷夫斯
亚特兰大，佐治亚州 1990 年
[后现代主义，多层次的塔式建筑，砖石砌块和钢材]

Ten Peachtree Place, Michael Graves
Atlanta, Georgia 1990
[Postmodernism, layered tower, masonry and steel]

作为后现代主义和历史文脉主义的领军人物，迈克尔·格雷夫斯将这两种理念作为组织与布局方法运用于其后期的所有作品。以十桃树广场大厦为例，迈克尔·格雷夫斯采用一种新鲜有力的方式展现历史要素，并且十分重视各部分的比例及其相互关系。每个元素都被分离出来仔细研究，好像它们是独立的建筑一样。在此，不同的形式和图形都是被抽象出来的历史片段，参照拱、柱、门廊等元素进行重新拼贴。以上元素将重新组合成一幢摩天大楼，继续遵循着基础、柱身和檐口等历史传统模式。材料的统一性带来了建筑整体构成的统一性，也允许建筑形式中的部分偏差。该建筑中，窗户基本上是横向设置的，以此来平衡建筑的竖向高度，建筑檐口位于建筑顶部，同样也体现了对建筑细部的抽象化表达。

艾瓦别墅，雷姆·库哈斯
巴黎，法国 1991 年
[解构主义，自由平面住宅，钢材]

Villa Dall’Ava, Rem Koolhaas
Paris, France 1991
[Deconstructivism, free plan house, steel]

艾瓦别墅是在历史文脉主义背景下建造而成的，以表达对勒·柯布西耶以及他提出的“新建筑五点”理论的敬意。艾瓦别墅坐落的社区中，包含其他几座由勒·柯布西耶设计的住宅，大师的这些遗作成为艾瓦别墅建筑形式的生成器，给予其风格、历史以及文脉等方面的影响。库哈斯谨慎而隐晦地运用了勒·柯布西耶标志性的“新建筑五点”，对横向长窗进行了划分和移动；对底层架空柱进行了扭曲和倾斜；屋顶花园继续延伸并用作泳池功能；自由平面通过形式上灵活的构图扩展了室内外的关系。就连勒·柯布西耶在多个项目中使用的体验式、电影性的设计元素——斜坡，也被库哈斯精心布置在艾瓦别墅设计中。以勒·柯布西耶的“新建筑五点”作为历史参照，库哈斯对其重新诠释并以戏谑的态度加以运用和调整，艾瓦别墅虽然源于柯布西耶的设计，但经过重新组织与编排，巧妙地独辟蹊径，成为独特的建筑作品。

材料文脉 | Material Context

材料文脉是指利用场所、气候、生态、地质、建造传统及本土建筑系统的所有物质环境，用于推动建筑组织布局的基础条件。既有的自然体系，可作为风土传统和文化先例，以当地的建筑技术及便捷可得的建筑材料，在建筑形式和功能上做出相关反应以应对气候条件，既有的自然体系还可以为材料的融合提供对话元素，设定相关参数。场所以及场所中现有的各种要素为材料文脉奠定了基础。

特里斯坦・查拉住宅，阿道夫・卢斯
巴黎，法国　1927 年
[现代主义，材料文脉影响下的带状立面，灰泥和石材]

Tristan Tzara House, Adolf Loos
Paris, France　1927
[Modernism, contextual materially banded facade, stucco and stone]

不同于卢斯设计的其他以“体积规划”理念为基础的现代主义建筑，特里斯坦・查拉住宅运用材料文脉主义的设计手法与蒙马特高地（the Montmartre）的环境进行衔接。蒙马特街区的显著特征是夸张的局部变化和用粗糙的本地石材建设的挡土墙。在查拉住宅中，卢斯以最小规模的白灰外墙延续其反装饰理念，但是在局部调整中，卢斯做出了让步以呼应当地的石墙特色。此外，住宅室内运用了多种建筑材料，创造出丰富的内部功能和空间效果。查拉住宅的设计继续使用粗糙的本地石材，而且建筑立面中石材部分的墙高与周边挡土墙几乎一致，通过这两种方式，卢斯将其建筑表现的纯粹主义愿景融入了材料文脉主义之中。

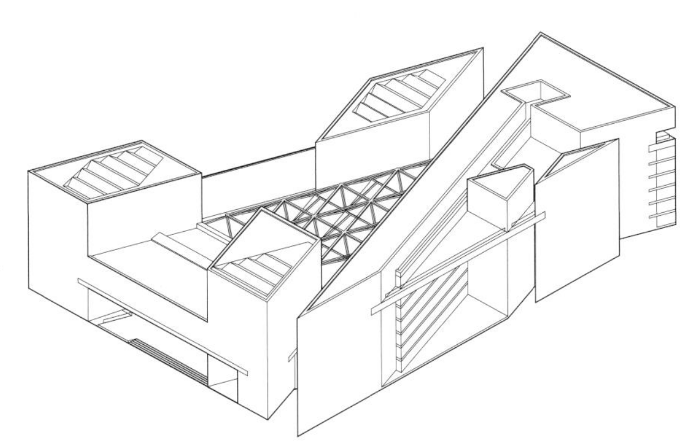

国家美术馆东馆，贝聿铭
华盛顿特区　1978 年
[现代主义后期，三角形中庭，混凝土和石材]

East Wing of the National Gallery, I.M. Pei
Washington, D.C.　1978
[Late Modernism, central triangular atrium, concrete and stone]

国家美术馆东馆是史密森学会所属国家美术馆的扩建部分，必须对华盛顿特区的文脉关系担负起必要的责任（既要呼应朗方规划方案中放射状道路构成的三角形基地，又要呼应周边建筑高度），又不能破坏西馆既有的新古典主义风格。同时，国家美术馆的扩建部分还要求能体现馆中藏品的现代主义特色，综上，贝聿铭需要妥善处理旧与新、传统和现代的关系。为了成功做到这一点，贝聿铭选择将材料特性作为桥梁，协调多种建筑形式的变化。他选用混凝土材质表达建筑结构的灵活性和建筑形式的真实性，混凝土表面不加修饰以直接体现其建造过程。尽管东、西两馆在建筑材料、形式及规模方面都存在显著的对比，但为了进一步在文脉上加强与西馆的统一，贝聿铭回到同一个采石场收集与西馆材质相同的大理石骨料和大理石粉，以确保两馆具有相同的色彩和视觉纹理。

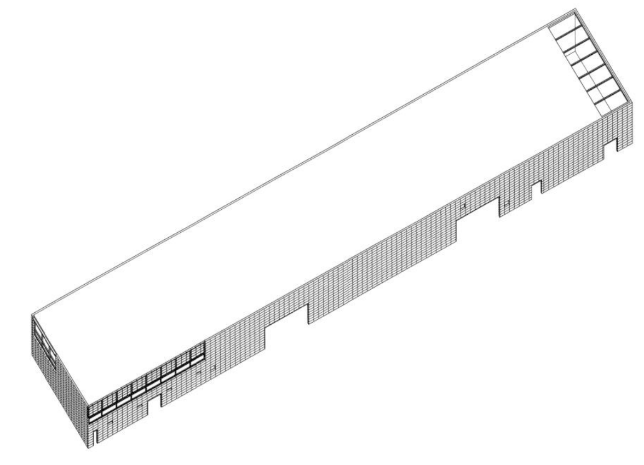

多米尼斯酒庄，赫尔佐格和德·梅隆事务所
扬特维尔，加利福尼亚州　1998 年
[后现代主义，以乱石筑基的酒庄建筑，玻璃和石材]

Dominus Winery, Herzog and de Meuron
Yountville, California　1998
[Postmodernism, rip rap stone bar, glass and stone]

多米尼斯酒庄以简单的形式进行布局，建筑重点转向建筑表皮的材料衔接。建筑采用线性布局，容纳了多种设备用于葡萄酒的加工处理，建筑采用钢制框架，覆以玻璃，最外层以乱石筑基围合，将整个框架隐藏起来。开采自当地岩石的石块松散地堆叠在金属网笼中，形成了多孔透气的砌筑墙，这正是当地挡土墙的典型形式。石块大小不同、规格多样，石块的大小和形状决定了堆叠密度及空隙大小，而这些空隙反过来又控制着光向建筑内部渗透的程度。在多米尼斯酒庄案例中，正是通过材料文脉主义思想的巧妙运用，使建筑材料与构造相互结合，确定了建筑的独特特征。

文化文脉 | Cultural Context

文化文脉主义是一种基于建筑基地的场所精神与文化脉络的设计方法。文化文脉主义可以通过材料、类型、先例和文化地理等方面来实现。文化文脉主义对各个方面进行辨识并将其融合，共同作用于同一个项目。文化文脉并不仅仅依赖于某一种文脉类型，而是向外延伸，涉及与建筑区位和功能相关的多种文化要素，成为基于场地的建筑形成方式。

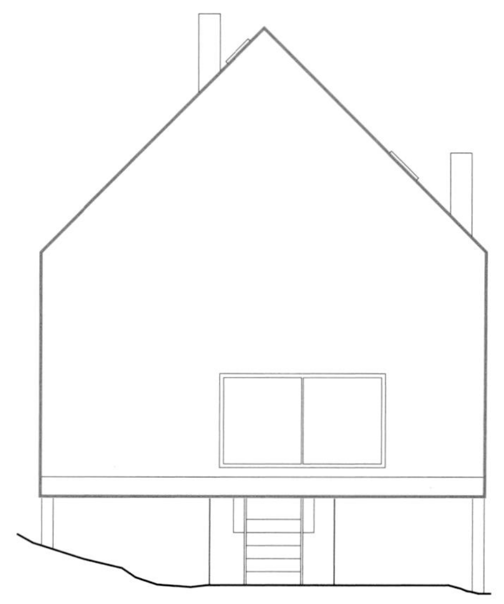

鲁丁住宅，赫尔佐格和德・梅隆事务所
莱芒，法国　1993 年
[后现代主义，住宅，混凝土]

Rudin House, Herzog and de Meuron
Leymen, France　1993
[Postmodernism, house, concrete]

鲁丁住宅在许多方面都体现了文化文脉主义概念的具体应用。文脉主义主要通过运用标志性的住宅外形来确立。而住宅建筑的通用形象在鲁丁住宅项目中被提升（名副其实）为一个可以被所有人理解的文化符号。通过将设计元素进行一系列的抽象处理，鲁丁住宅看起来非但不庸俗，反而通过其建筑外形、材料特性的表达以及仿佛飘浮于空中的整体造型，展现出优雅、有力的形象。只有通过对设计元素的不断抽象，建筑才能成为文化文脉的作品，而不仅仅是对前人作品的模仿。

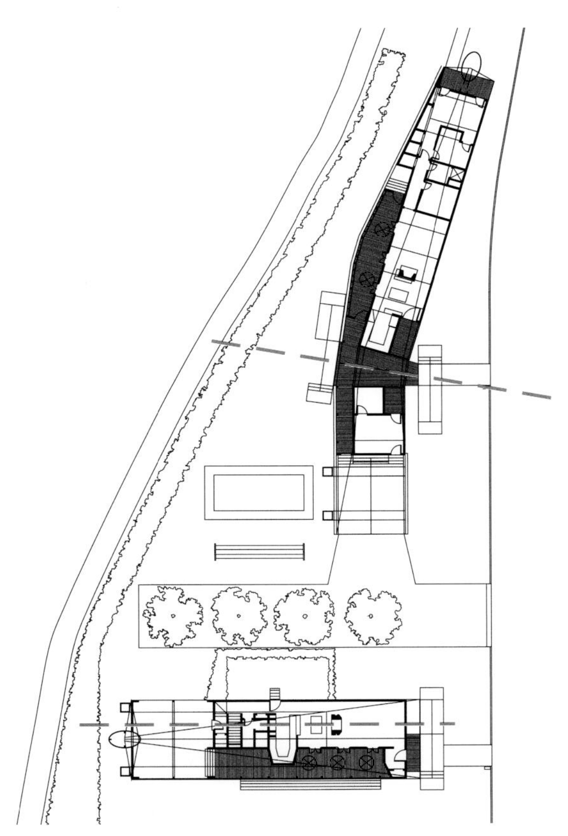

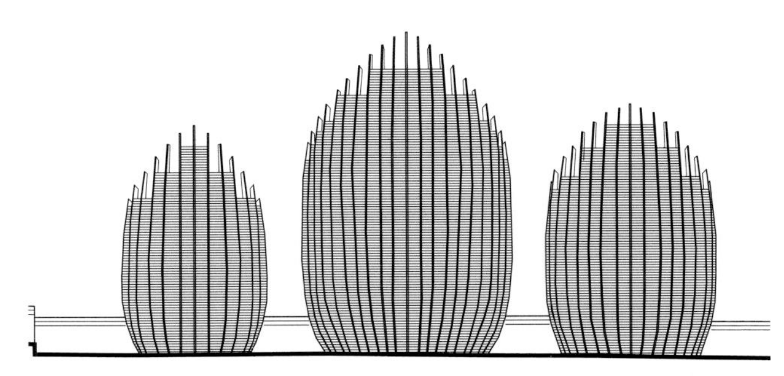

彭萨科拉住宅，安德鲁斯和勒布朗工作室

彭萨科拉，佛罗里达州　1996 年

[后现代地域主义，风土民居，木材]

Pensacola Houses, Andrews and LeBlanc

Pensacola, Florida　1996

[Postmodern Regionalism, vernacular houses, wood]

彭萨科拉住宅中的两幢建筑采用了完全不同的两种建筑类型，这种空间组织和建造方法在美国东南部十分常见，是该地区特有的建筑风格。在彭萨科拉住宅的两栋建筑中，一栋是基于盒式住宅类型而建造的，另一栋则基于狗跑住宅类型。两栋住宅都采用了传统的比例关系、建筑材料以及平面组织形式，作为对当地特定文化的回应。可持续发展的思想也是彭萨科拉住宅设计的主导思想之一，如屋顶排水口的设置是为了收集雨水并加以利用。

玛丽・吉巴澳文化中心（又译“栖包屋文化中心”），伦佐・皮亚诺

努美阿，新喀里多尼亚　1998 年

[高技派，具有风土特色的分散体块，木材]

Marie Tjibaou Cultural Center, Renzo Piano

Noumea, New Caledonia　1998

[Hi-Tech, vernacular formed pods, wood]

由伦佐・皮亚诺设计建造的玛丽・吉巴澳文化中心项目体现了文化文脉主义的力量和影响力。该文化中心的设计是以卡纳克人（Kanak people）居住的传统村寨为原型。整个建筑群由三个村寨组成，每个村寨包含十个大棚屋，这些大棚屋再由一条长长的弯曲小路联系起来，不禁让人联想起卡纳克村寨举行传统仪式的小巷。除了这些平面上的设计之外，皮亚诺选择使用传统的木质材料，以期通过建造工艺和材料本身来建立并延续文化文脉。最后，建筑的整体造型也能使人回想起卡纳克村寨的传统建筑形象。玛丽・吉巴澳文化中心通过多个不同方面真正归结了文化文脉建筑的本质特征。

几何图形 / 比例关系
Geometry/Proportion

07– 几何图形 / 比例关系 | Geometry/Proportion

几何图形是建筑形式的构成元素之一，它在人类的所有文明中都有应用并一直是人们深入研究的议题。几何图形可以作为一种指导设计的方法，也可以作为一种外形和形式选择的中介因素。纵观建筑历史，建筑师早就开始依靠几何图形进行建筑计算和设计指导。几何图形能够帮助建筑师将局部设计与建筑整体联系起来，也使他们明白像门窗这种小型构件的形状该如何设计。几何图形还能帮助建筑师在实际地块中落实空间策略，通常建筑师会以几何图形为标尺在建筑设计中进行用地及相关基础设施的管理和控制。

点 / 线 / 面（Point / Line / Plane）“点”“线”“面”这些术语描述的是建筑形式构成中最基本的部分。“点”是场地内的一个点。点没有方向，也没有角度和质量。将这个点朝着一个方向移动便形成了线。线定义了边界和图形，暗示了空间的范围，却没有真正形成空间。朝着一定的方向移动这条线（不是简单地延伸）便产生了面。面没有厚度，但是它定义了空间，产生了秩序，形成了几何图形。“点”“线”“面”这三种独特的几何元素是所有建筑的基础构成模数，也是任何有关几何图形或比例关系讨论的基础。

三维体积 / 体量（Three-Dimensional Volume / Mass）形式演变的下一个阶段是将点、线、面转换为三维物体。当对“面”进行操作，要求创建体积和三维形体时，形式就被赋予了体积或体量。形式的体积是指某个形状界限范围内的空间总量。在此情况下，体量是指为物体或形式所赋予的体积感和重量。体积和体量是三维建筑的基础构成模数。理解体积和体量概念在建筑形式中的具体表现，是建筑认知的基础，尽管这是最基本、最初级的内容，但依然是建筑中最值得深思熟虑的议题之一。

平面中的二维模数（Two-Dimensional Module in Plan）平面中的二维模数是所有建筑的设计基础。它是指利用平面图形作为一种二维的图解方式来创造重复性的图形，这种图形又直接反作用于二维图解的细分。当把二维的几何图形和比例系统用作建筑的组织结构时，平面就被赋予了更多意义。正方形平面（几个世纪以来一直用于建筑平面中）即是这样的一种几何图形，它建立了建筑中最基本的比例关系。正方形在建筑设计中成功实现了建筑平面的平衡与和谐。还有许多二维模数也可以进行类似的讨论与应用，但正方形是最常用也是最基本的二维模数，其他模数多源于此。

作为图形 / 形式的立面中的二维正方形模数（Two-Dimensional Square Module in Elevation as a Figure / Form）二维形式的正方形在作为立面元素应用时与其在平面中的应用具有相同的意义。二维形式的正方形在立面图中的应用需要依靠建筑师的有意设计来实现。而平面中的正方形，从许多层面或意义上来说都似乎是建筑具有的自然属性，建筑平面仿佛本就应该是正方形的。人们对平面与立面中正方形的感知是完全不同的两种方式。另一方面，立面图为设计者提供了一个全新的维度，要求一定的理解能力与知识水平以突破平面的限制。正方形是一种柏拉图式的理想形式，为几何图形和比例关系确立了基准，当作为立面要素使用时，将强化建筑师对整体构成的有意控制。

作为开放空间的二维正方形模数（Two-Dimensional Square Module as a Space / Void）在二维的几何图形体系内，空间的概念较为复杂，因为它由两个独立的元素组成（一个正的实体，一个负的空间），需要处理二者之间的特殊关系。将空间用作开放空间（空间是通过对实体进行消减而生成的），需要对空间与实体二者的相互关系以及其将要参与构建的形式进行精心设计。这种关系在建筑实体环境中强调了空间作为开放空间本身的地位。相比之前的各种条件，对空间进行的操作要求转变思路，接受开放空间的独特含义与认知。

作为图形 / 形式的圆形（Circle as Figure / Form）圆形这种几何图形本身就具有强大的标志性和影响力。许多人认为圆形是最早应用的图形，也是最基本的图形。纵观建筑历史，圆形是许多概念和思想的象征符号，如地球、天堂、社会甚至文明。由于形式的纯粹性，圆形传达比例关系的能力十分有限，但用圆形表达相互作用时又往往受比例关系的影响。圆形或者球体的本质是封闭的，难以表达轴线关系，也难以创建入口。但圆形和球体二者与建筑的关系源远流长，因此一直被广泛使用。

从圆形到鼓形（Circle-to-Drum）平面中的圆形经常被转换为鼓形形式。这种建筑手法非常常见，沿圆形的周长进行简单的向上延伸和向下挤压，就可以形成一个由围墙限定的、高度恒定的圆形空间。不同的高宽比可以产生不同的空间比例，再结合建筑材料的物质特性，共同决定了建筑内部空间的性质。这种将二维形状延伸以创建三维形式的做法简单便捷、易于操作，但却可以创造极其复杂又丰富的空间。从圆形到鼓形的组合或许是最常见的空间设计策略，其效果也最为显著。

一般空间 / 开放空间（Generically Space / Void）开放空间是一个复杂但成熟的概念，它阐释了建筑实体与其所包含空间的关系。有时，形式与开放空间具有非常明确的一对一关系，二者互为映衬。但是两者之间也存在着关系并不紧密的情况，此时彼此之间的差异反而成为一种相辅相成的方式。在空间关系中，可识别性是十分关键的，因为能否成功地进行空间解读取决于是否具有对形式的辨识能力，反过来说，即能否在形式中辨识出开放空间的能力。

三角形（Triangle）在三角形三条边的范围内，存在无限的可能性。不同于其他柏拉图式理想的基本几何形式，三角形并非只有一种形式。等边三角形的三边相等、三角相同，这种相同部分的重复性最容易识别，也是最为常见的。三个角相互连接，角的细微变化就可以产生多变的形式。因此三角形中的图形关系绝不是简单的正方形和矩形可比拟的。三角形的边与其相对的顶点关系最为密切。这一系列不同类型的关系形成了三角形的复杂性与不规则性，正因如此，建筑师在几个世纪以来一直为之深深着迷。文艺复兴时期，三角形在绘画中颇为流行，并得到了广泛应用，影响深远，但三角形在建筑中的应用却并不常见。

根号矩形（平面、剖面、立面）局部和整体［Root Rectangles（Plan, Section, Elevation）Localized and Whole］在所有比例系统中，长宽比为$\sqrt{2}$的矩形最为常见，也最为精巧。两个长宽比为$\sqrt{2}$的矩形可以形成第三个长宽比也是$\sqrt{2}$的图形，$\sqrt{2}$矩形是唯一具有这种特质的图形。换句话说，两个$\sqrt{2}$矩形以长边并置短边相接的方式并列放置，会形成一个较大的但是长宽比依然为$\sqrt{2}$的矩形。许多建筑师和艺术家（尤其是文艺复兴时期）对这种比例关系十分着迷，并对其进行了充分的应用。$\sqrt{2}$矩形是由正方形演变而来，将正方形中相对的两个顶点以一条对角线进行连接，然后将该对角线旋转 45°，即可以形成$\sqrt{2}$矩形的长边。再按照同样的步骤对$\sqrt{2}$矩形进行操作，还可以得到$\sqrt{3}$矩形，只是对角线旋转的角度不同，以此类推。这种比例关系是理性的，通俗易懂，操作简单。正是因此，根号矩形得以广泛应用。

黄金分割（平面、剖面、立面）局部和整体［Golden Section（Plan, Section, Elevation）Localized and Whole］黄金分割，又称“黄金比例”，几千年来这一比例关系一直深深吸引着人们。黄金分割的比例要素在建筑、数学、绘画甚至音乐等领域都得到了广泛应用。在建筑领域的应用可以追溯到帕提农神庙和维特鲁威，后来包括阿尔伯蒂、帕拉迪奥以及勒·柯布西耶等建筑大师也成为该比例关系的拥趸。黄金分割的魅力一方面来源于它的非理性特征，另一方面来自其通过简单的正方形叠加就能进行自我生成的能力。黄金分割不同于其他任何几何体系，它发现于自然界，因此具有通用性并得到了普遍认可。黄金分割的生成：首先将一个正方形一分为二，然后作二分之一正方形的对角线，将对角线向下旋转，直到与原正方形的底边对齐。由此，底边延伸部分与正方形原有底边的比例是（$\sqrt{5}$—1）/2，这个无理数即黄金比例 0.618。

二维和三维的模数形式（Two-Dimensional and Three-Dimensional Module Form）通常上述比例关系主要应用于二维空间，但是有时这些比例关系也会扩展应用到三维空间中。虽然并不常见，但十分有力地证明了建筑中的比例与绘画中的比例是完全不同的。这种空间比例的概念在文艺复兴时期得到了确认。从此，比例成为一种区分建筑与艺术的方法，并取代了直觉成为创建建筑体系的一种方式。

变形几何与计算复杂性（Distorted Geometries and Computational Complexities）计算复杂性和变形几何出现在建筑领域的计算机革命期间，是一种合而为一的思想与图形的表达方式，也是以前的建筑师完全无从获得、无法使用的。通过传统的建筑表现系统的扭曲迭代，产生了复杂的几何形体，可以创造出富有动态、异常耀眼的个性化空间。场地、有机拟人化、参数建模以及脚本控制等相关问题更是形成了一些多样又意外的机遇。这些复杂的几何机制不仅影响着建筑的空间和结构，同样也增加了建筑表皮设计中图案和纹饰的复杂性。

点 / 线 / 面 | Point / Line / Plane

在对几何图形的描述中，最基本的构成模数是点（明确确定了某个位置而非其他）、线（对两个点的连接）、面（线的集合定义为面）。正是这些最基本的元素定义了几何图形，在每个构图中都具有潜在的意义。这些基本元素的可识别性是显而易见的，并融合于建筑构成之中。将这些元素转换为建筑中的柱、墙、框架及表面的过程就是将几何图形从绘画转换为建筑的过程。

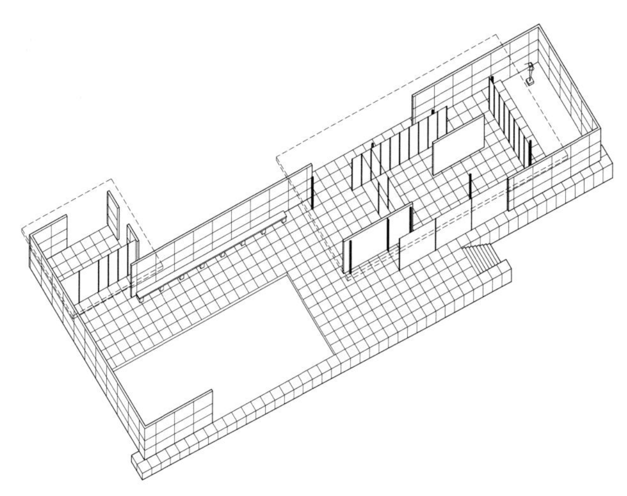

巴塞罗那德国馆，密斯·凡·德·罗
巴塞罗那，西班牙　1929 年
[现代主义，自由平面，砖石砌块、钢材和玻璃]

Barcelona Pavilion, Mies van der Rohe
Barcelona, Spain　1929
[Modernism, free plan, masonry, steel and glass]

面：巴塞罗那德国馆使用自由平面的组织方式在无限的空间内确立了一种特定的空间体验。这个流动性空间从一种功能到另一种功能，从内部空间到外部空间，巧妙精湛又不着痕迹地唤起人们对模糊边界的感知。面的使用对空间的扩展至关重要，图形的平滑延展也暗示了空间的运动。建筑中垂直的各个面被延伸的巨大地面和顶面夹在中间，细薄的平面形式与丰富的建筑材料形成了鲜明对比。延展的表面是建筑内部和外部联系的桥梁，限定了面的形式，也展示了面所呈现的空间意义。

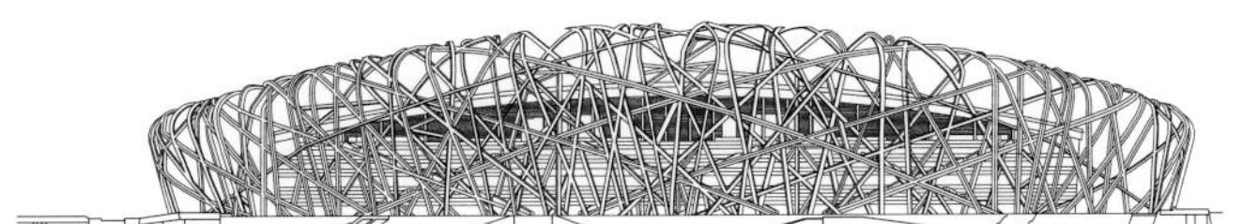

"鸟巢"体育场，赫尔佐格和德·梅隆事务所
北京，中国　2008 年
[后现代主义，不规则的格式框架体育场，混凝土和钢材]

The Bird's Nest Stadium, Herzog and de Meuron
Beijing, China　2008
[Postmodernism, irregular lattice frame stadium, concrete and steel]

线：鸟巢体育场几乎完全由表皮的表现形式和建筑语汇来定义整个建筑。建筑表皮实际上由成千上万条线组成，这些线看似以随机角度进行交叉，但由这些交叉形成的一系列网状结构最终完成了体育场的建筑形态构成。在鸟巢体育场中，构造、图案和材料三者通过共同的元素——线，得到了巧妙结合，产生了一个具有几何密集性和标志性的独特建筑。鸟巢体育场展示了一个简单的建筑元素，如一条线，如何通过一定程度的重复使用而形成一个非正交但高度有序的建筑系统。

上海世博会英国馆，赫斯维克建筑事务所
上海，中国　2010 年
[后现代主义，象形的中心式展馆，光纤棒]

UK Pavilion Shanghai Expo, Heatherwick Studio
Shanghai, China　2010
[Postmodernism, figurative centralized pavilion, fiber optic rods]

点：上海世博会英国馆的建筑形式极具戏剧性，可以形成非常强烈的感官体验。建筑由线性的光纤棒聚合而成，每条光纤棒的端部都封存着某一种类的种子标本。光纤棒通过点的延伸形成了光的增强投射，最终以有机物的种子标本形成光的投射顶点。由此，每一条线都被转移到了一个点，线的聚集反而形成点的分散，而分散的点最终造就了这座具有艺术氛围的英国馆。成千上万的光点更是限定出奇异的室内空间。这一系列点的聚集，既形成了建筑的外形特色，也限定了整个空间领域。

三维体积 / 体量 | Three-Dimensional Volume / Mass

将二维的元素如点、线、面等转换到三维中，通过对体积和体量的考量就形成了空间和领域。体积指的是包含在某个形体内的有界空间。体量指的是对形体的体积感或重量的理解。这两个概念都涉及建筑形式和空间的可识别性，但在各自体系的创建和连接时，二者又分别隐含着不同的概念特征。空间的概念化所进行的选择与表达需要生动的建筑语言框架，以帮助空间概念向建筑形式和感知意向进行直接转化，并最终完成对建筑的解读和体验。

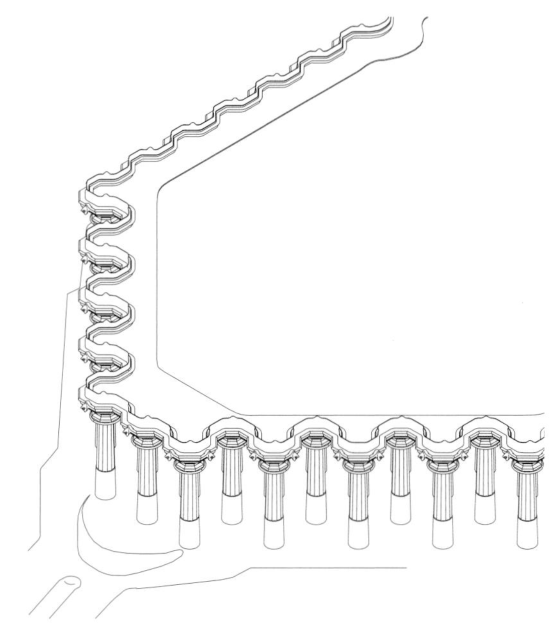

桂尔公园（又译“奎尔公园”“古埃尔公园”），安东尼·高迪
巴塞罗那，西班牙　1914 年
[现代表现主义，极具结构表现力的公园，砖石砌块]

Park Güell, Antoni Gaudi
Barcelona, Spain　1914
[Expressionist Modernism, structurally expressive park, masonry]

桂尔公园是高迪最具代表性的作品之一，它将景观和建筑充分结合在一起。特别是柱廊，与台阶相结合，既是对地形的处理，也表达了场地中不同形式的连接。以柱廊连接基地地形与建筑形式，这种方式创造了一种极具表现力的倾斜的扶壁墙，跨越了建筑结构的限制，将最优化的建筑结构（对物理需求的回应）、充满异国情调的雕塑化的建筑表现以及高度个性化、带有建筑师个人风格的建筑形式完美融合在一起。结构和装饰通过不同建筑材料的应用得以实现，无论是岩石类型的选择还是材料形式的统一，材料的应用使建筑看上去如同从地面中自然浮现出来一般。然后这些材料通过不断重复形成更大的图案，应用于更大规模的组织体系与建筑构成之中。桂尔公园中，将材料和形式的体量应用于柱廊，便于创建消减的空间，从整个场地的坡度和体量处理来说，空间的消减既是建筑内部空间的形成，也是坡地体量的移除。

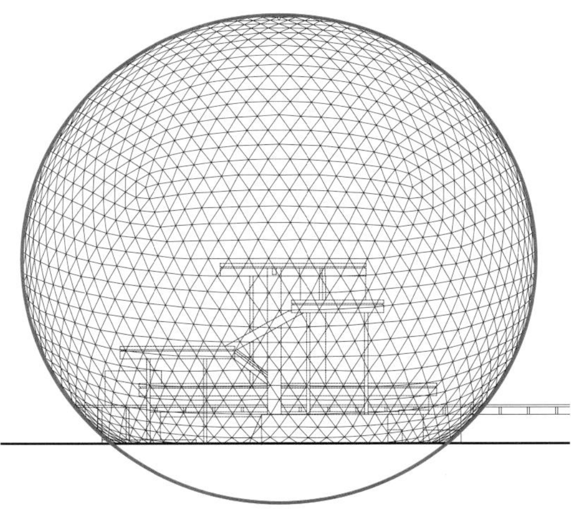

肯尼迪国际机场 TWA 航站楼，埃罗·沙里宁
纽约市，纽约州　1962 年
[现代主义后期，自由流动的弧形机场航站楼，混凝土]

TWA Terminal, Eero Saarinen
New York, New York　1962
[Late Modernism, free-flowing curved airport terminal, concrete]

TWA 航站楼是通过体量的应用获得建筑表面连续性的典型代表。外形呈现为实体却也流动，连续的表面是有机形式主义的表现，模糊了墙壁、地板、天花板的界限，使其融为一体，形成独特的建筑形态。TWA 航站楼的设计参照了空气动力学中流动性的定义，建筑采用了有机形式主义的构成方式，隐喻飞行的姿态以及对未来主义的追求。超凡脱俗的建筑构成，为游客提供了独特的技术性体验。几何形式主义也决定了在形式的连续性之下必然产生各种空间的有趣碰撞。

世博富勒球，巴克敏斯特·富勒与贞夫翔二
蒙特利尔，加拿大　1967 年
[现代主义后期，网格球顶，金属]

Expo Pavilion, Buckminster Fuller and Shoji Sadao
Montreal, Canada　1967
[Late Modernism, geodesic dome, metal]

世博富勒球采用重复性的超几何控制单元来塑造宏观尺度与微观尺度。从整体尺度来看，球体的稳定性、连续性和独特性为建筑提供了一个系统化且高度稳定的整体形式。从局部尺寸来看，三角网格的使用创建出规则的网格，利用相同元素的重复生成了稳定的形状。局部与整体的相对关系以及聚合体系的几何控制，正是通过空间的体积才建立起从几何图形到建筑形式系统化的关联关系。世博富勒球对建筑表面进行了结构优化，并将材料和自重减至最小，最终形成了具有一定体积的空间。

平面中的二维模数 | Two-Dimensional Module in Plan

二维的平面几何体系以数学基本原理作为主要组织方式。二维的平面几何体系是典型的组合体系，其所限定的相关参数几乎适用于所有的建筑平面。其中，“模数”（module）这一术语即是指使用某一个建筑元素作为一个“单位”（unit），并以此作为建筑尺寸的增量单位。模数的内部组织也可以说是一种分割系统，为确定或调整建筑物其他部分的比例或顺序创建标准。其实当建筑物开始使用尺寸系统时，就会与建筑的尺度和比例产生综合联系，此时，模数这个概念就已经建立起来了。

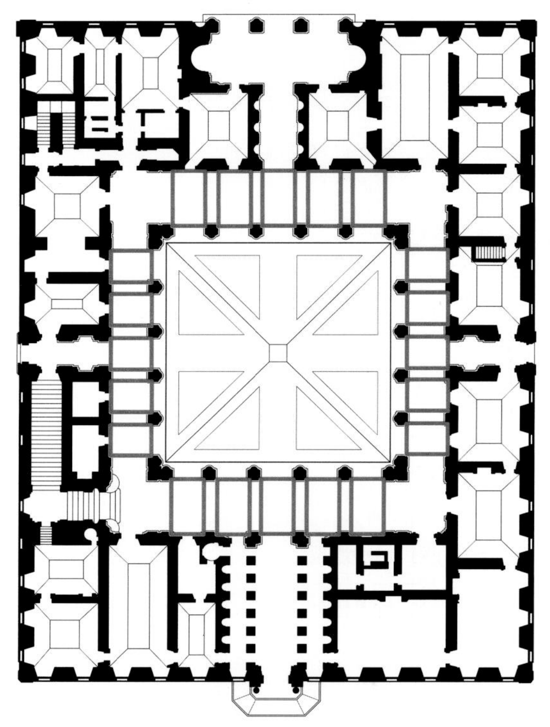

法尔尼斯宫，小安东尼奥·达·桑伽洛
罗马，意大利　1541 年
[文艺复兴，庭院建筑，砖石砌块]

Palazzo Farnese, Antonio da Sangallo the Younger
Rome, Italy　1541
[Renaissance, courtyard building, masonry]

在法尔尼斯宫的建筑平面中，模数这一概念被用来建立组织体系中的几何结构。模数由中央庭院确立，每个开间连接着一个独立单元。其他所有房间及开放空间都是从这个尺度中衍生出来的。模数概念将建筑的各个方面综合联系起来，这不仅体现在建筑平面中，在建筑立面和剖面中也有所体现。法尔尼斯宫的庭院共使用了两种尺度，每种尺度都代表了一种主题的变化，它们作为空间与组织的抽象构图重现在整个建筑中。

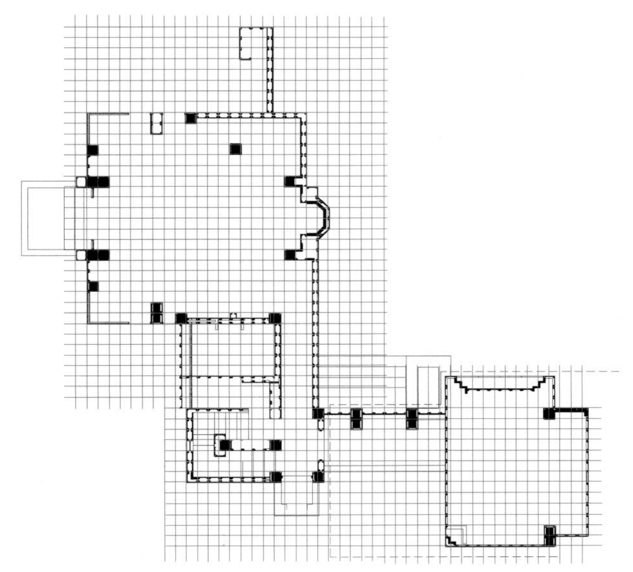

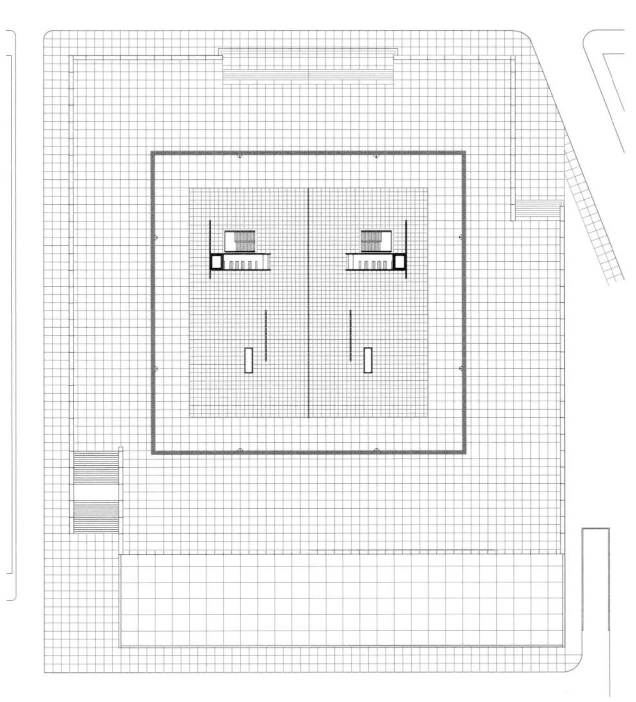

弗里曼住宅，弗兰克·劳埃德·赖特
洛杉矶，加利福尼亚州　1924 年
[现代主义， 织物块住宅，混凝土砖石砌块]

Freeman House, Frank Lloyd Wright
Los Angeles, California　1924
[Modernism, textile block house, concrete masonry]

弗里曼住宅是赖特设计的织物块系列住宅中的一个案例，它使用独立的混凝土砌块单元来控制建筑物的模数和尺寸。所有砌块都是正方形的，相同且重复使用，只是表面装饰的数量略有不同。这种形式上的关联性以及大规模的使用，既创建了自己独特的样式，又与洛杉矶本地住宅建筑相联系。织物块的应用不仅仅是建筑模式的生成，因为织物块所创建的建筑表现系统可以真实地适应住宅所有的功能元素。在建筑外部，织物块的模数及排列与窗洞的开口相协调。在建筑内部，内墙的织物块与地板的纹样也相一致。弗里曼住宅是由模数块扩展出来的简单体系，是体现赖特风格的一个完整案例。

柏林新国家美术馆，密斯·凡·德·罗
柏林，德国　1968 年
[现代主义，博物馆，钢架结构]

Neue Nationalgalerie Museum, Mies van der Rohe
Berlin, Germany　1968
[Modernism, museum, steel frame]

由密斯·凡·德·罗设计的柏林新国家美术馆以建筑大厅的铺装图案作为建筑模数的设置依据。每块铺装石材都是正方形的，尺寸约 4 英尺（约 1.22 米）见方。该模数的重复运用，不仅形成了整个大厅的铺装图案，也促成了建筑其余部分的生成。博物馆的每个组成部分以及建筑的整体尺寸都是以这个铺装网格为基础。当人们走过这座建筑时会清晰地看到并感受到基础网格，也会注意到铺地图案中的线将所有的建筑元素都进行了平分，如立柱和**窗棂**。该模数也一直延展至垂直方向，用于统一立面和剖面的比例关系。

作为图形 / 形式的立面中的二维正方形模数 I

Two-Dimensional Square Module in Elevation as a Figure / Form

在比例系统的范畴中，正方形是历史上最普遍也是最常用的立面图形之一。当正方形这种模数系统被应用于立面中时，与其应用于平面中一样，会给人一种既严谨又富有秩序的感觉。正方形的模数系统有着不容置疑的优秀品质和伟大意义。正方形是一种几何体系，但已经跨越了文化和美学的界限，在不同建筑时代的诸多建筑运动中都有广泛应用。正方形跟随着建筑的发展不断应用，逐渐形成了典型又完美的品质，这种品质已远远超出了图形原本的简单意义，使正方形成为定义建筑立面的基本元素。

特里斯坦·查拉住宅，阿道夫·卢斯

巴黎，法国　1927 年

[现代主义，材料文脉影响下的带状立面，灰泥和石材]

Tristan Tzara House, Adolf Loos

Paris, France　1927

[Modernism, contextual materially banded facade, stucco and stone]

特里斯坦·查拉住宅将正方形作为建筑立面中最主要的组织特征。基于材料文脉的理念，建筑基础部分选用了一种大块的石材，以便与住宅周边既有的石头挡土墙形成呼应。而石墙上部的墙面则进行了刷白和光滑处理，以强调立面上半部分的正方形形式。虽然墙面上有很多凹进和开孔，但立面整体的正方形形式依然存在，从未丢失。在这个特别的建筑中，卢斯使用正方形来象征查拉的达达主义艺术家身份。正方形是纯粹形式的代表，恰恰与达达主义所信仰的虚无主义形成了对比。

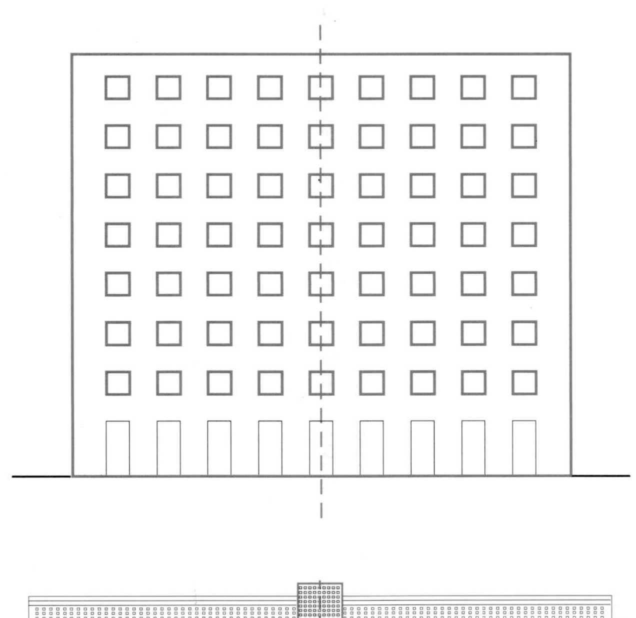

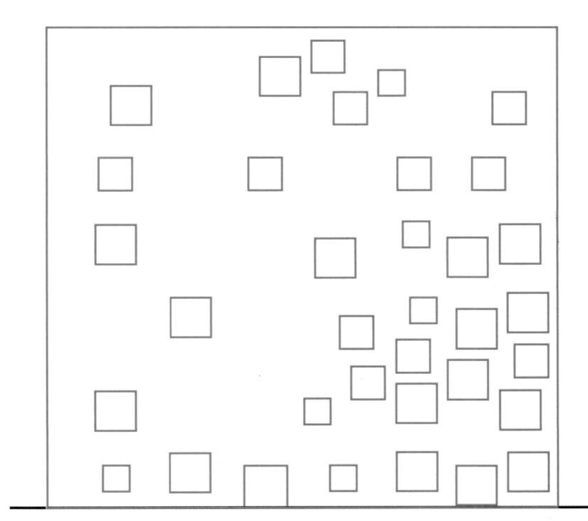

圣卡塔尔多公墓，阿尔多·罗西
摩德纳，意大利　1978 年
[后现代主义，网格空间，灰泥粉饰的砖石砌块]

San Cataldo Cemetery, Aldo Rossi
Modena, Italy　1978
[Postmodernism, grid field, stucco-clad masonry]

圣卡塔尔多公墓坐落于整个建筑群的中央位置，这个布满正方形孔洞的巨大正方体是整个建筑群的主体建筑。这里存放着众多**骨灰瓮**，是名副其实的“亡者之家”。圣卡塔尔多公墓使用正方形作为其基本构成要素，建筑的平面、立面、剖面都是正方形，方形窗的应用更是进一步强化了这一特征。骨灰瓮也都放置于方格之中，但与安置骨灰瓮的方格相邻的格子是空的，二者相间既可以形成规则的网格，也可以预留窗口直接从室外看到室内。建筑所处的中心位置、涂饰的红色、夸张的建筑尺度，所有这些特征都在反复强调圣卡塔尔多公墓在整个墓园组织布局中的最高等级和重要意义。

德国关税同盟管理与设计学院，SANAA 建筑事务所
埃森，德国　2006 年
[后现代主义，不同规模的方形，混凝土]

Zollverein School of Management and Design, SANAA
Essen, Germany　2006
[Postmodernism, iteratively scaled field, concrete]

德国关税同盟管理与设计学院将正方形用作建筑构建的基本模数和引发空间变化的触媒。建筑的整体外形是一个正方体，平面、剖面和各个立面都是正方形。在建筑的立面中进一步使用一系列大大小小的正方形构成窗口，正方形的窗户轮廓分明，是图形的直观展现，但这些正方形与建筑的内部空间并没有什么联系，只是为了与各层地板对齐。该建筑展示了正方形元素的纯粹性与影响力，在同时期的后现代主义建筑中脱颖而出。两个正方形的核心筒贯穿整个建筑。建筑顶层设有一个花园，屋顶上正方形的洞口像是建筑的眼睛，与天空相望，将建筑和天空连通。

作为开放空间的二维正方形模数 | Two-Dimensional Square Module as a Space / Void

建筑中开放空间的概念最早是在现代主义时期出现的，伴随着建筑与立体主义绘画的融合应运而生。通过在建筑中独立设计开放空间，建筑师们可以探索更多的理念，如空间体验、空间时序及现象透明性等，不仅如此，开放空间将建筑内部和外部区分得更加明确。作为二维模数的正方形提供了一种图案模式，通过正方形的组合完成空间形式的生成。这种图案模式通常表现在结构网格或立面组合中，既可以应用于对建筑实体的控制，也可以暗示开放空间的细分。

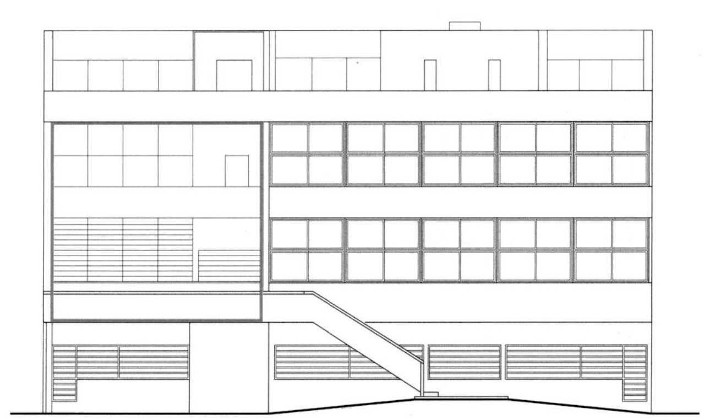

加歇别墅（又译“斯坦因住宅”），勒·柯布西耶
加歇，法国　1927 年
[现代主义，自由平面，混凝土和砖石砌块]

Villa Stein at Garches, Le Corbusier
Garches, France　1927
[Modernism, free plan, concrete and masonry]

加歇别墅是勒·柯布西耶利用开放空间理念进行建筑实验的早期作品之一。加歇别墅中对开放空间的利用主要体现在面向花园的立面上。立面构图的左侧留有一个巨大的正方形孔洞，这个孔洞形成了建筑的室外露台，并且在剖面图中可以看出其与顶部的屋顶花园是相连的。正方形孔洞与花园立面建立了一种具有比例关系的秩序感，并将其与建筑正立面最终连接起来。

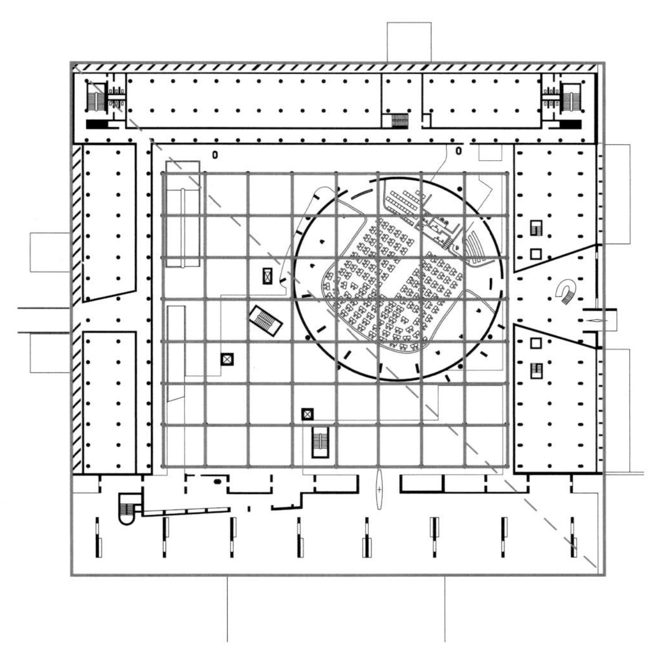

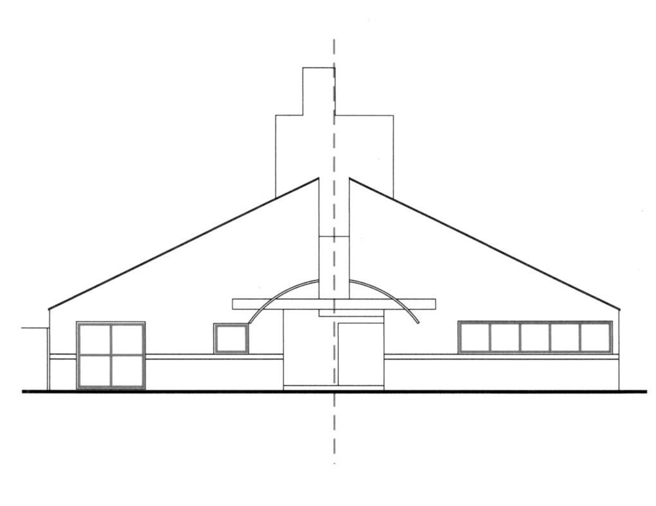

昌迪加尔议会大厦，勒·柯布西耶
昌迪加尔，印度　1963 年
[现代主义，自由平面，混凝土]

Palace of Assembly, Le Corbusier
Chandigarh, India　1963
[Modernism, free plan, concrete]

勒·柯布西耶设计的昌迪加尔议会大厦是以正方形作为二维模数的典型案例。该建筑采用“U”形结构，中心包裹着一个大型的内部庭院。这个内部的空间由柱子形成的网格形式所限定。进行平面组织的模数，通过柱网的排列来体现，阐释了应用于整个建筑中的三维矩阵的概念。建筑中还有若干部分插入结构网格之中，通过空间造型强化了网格。昌迪加尔议会大厦的整体形式是正方形的，建筑中的每个模数也都是正方形，但内部庭院中的结构空间却表现为矩形。

母亲之家，罗伯特·文丘里
栗山，宾夕法尼亚州　1964 年
[后现代主义，矫饰主义平面住宅，木材]

Vanna Venturi House, Robert Venturi
Chestnut Hill, Pennsylvania　1964
[Postmodernism, mannerist plan house, wood]

母亲之家的主立面采用正方形作为主要的二维构成元素，以表现其复杂的装配系统。但模数系统在立面结构中的应用面临着挑战，即如何通过不对称的手法创造出平衡与稳定。文丘里利用十个相等的正方形顺利地解决了这一问题。在建筑入口一侧，文丘里以四个正方形构成大面积的开窗，又在其右侧设置了一个单一正方形的小窗。而在建筑入口的另一侧，文丘里将五个正方形排列成线，形成长窗，并且与另一侧的单个正方形小窗位于同一高度。入口两侧的正方形数量相等，但在结构上又符合各自不同的功能需求。这种方式展示出了二维正方形模数系统的复杂性与矛盾性。

作为图形 / 形式的圆形 | Circle as Figure / Form

无论作为图形还是形式，圆形都是最简单的封闭几何图形。先确定一个固定点作为中心，再以一个固定距离为半径旋转一周，由此确定第二个点并创建理想的圆形边界。由于圆形自身的平衡性，其本身固有的集中化特性使其无法通过轴向的方式强调某个单一的点。同样由于圆形自身的平衡性，使圆形除了尺寸大小外无法形成任何其他比例关系，也正是因此，圆形的应用往往具有经典的纪念意义。比如鼓形、圆形大厅或者剧院建筑，圆形这种几何图形所固有的对形式的主导属性往往暗示着更高的功能层级和实际等级。

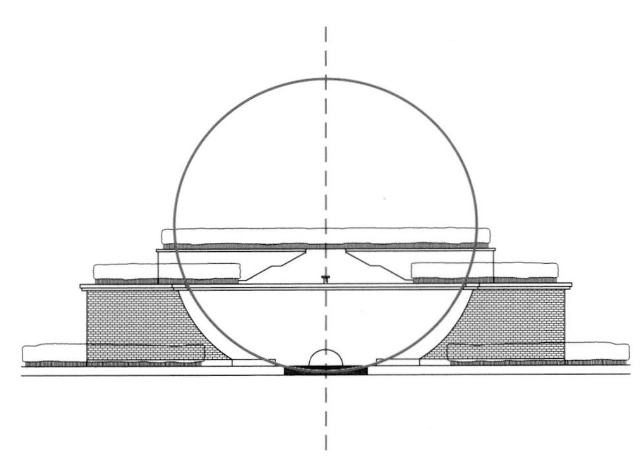

牛顿纪念堂，艾蒂安 – 路易 · 布雷
未建成　1784 年
[新古典主义，纪念性建筑，砖石砌块]

Newton’s Cenotaph, Étienne-Louis Boullée
Unbuilt　1784
[Neoclassicism, heroic architecture parlante，masonry]

牛顿纪念堂虽是一个未建成的项目，但它是圆形在建筑平面、剖面、立面中的典型应用。建筑采用球体形式，外部形态完全展露，内部空间保持延续，几何图形既是可感知的奇异空间纯粹性的代表，也是牛顿发现微积分的纯粹性的代表。利用数字来创建另一种语言的能力，必须建立在规则体系和原则体系的合理性之上，这也正是牛顿纪念堂设计的灵感和方法。庞大的规模、形式与空间的简洁性与同时性，使牛顿纪念堂成为对其几何原形——圆形的完美诠释。

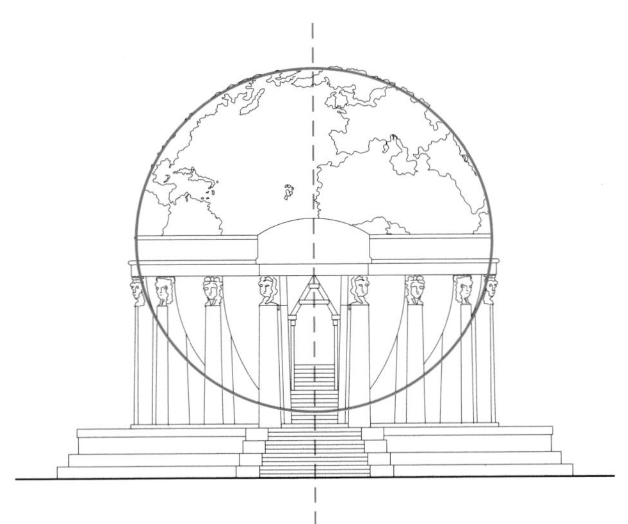

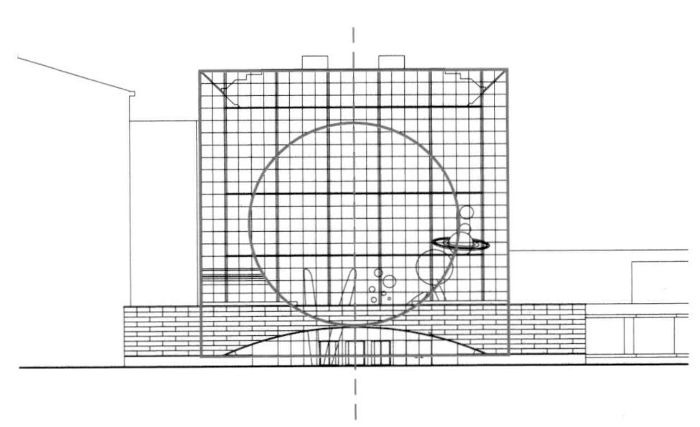

地球神殿，让 – 雅克 · 勒克

未建成　1790 年

[新古典主义，多层次的纪念建筑，砖石砌块]

Temple of the Earth, Jean-Jacques Lequeu

Unbuilt　1790

[Neoclassicism, layered monument, masonry]

勒克的地球神殿与牛顿纪念堂有着极大的相似之处，但其建筑规模明显减小，并将球体围在柱廊之上。它保持了球体的纯粹几何结构，但重复的列柱完全环绕着建筑，明显是对希腊神庙类型的借鉴。圆形作为一种几何图形，通过对球体这种形式的独特且纯粹的运用，在建筑平面、剖面和立面上均保持着主导地位。

玫瑰中心，詹姆斯 · 波尔夏克

纽约市，纽约州　2000 年

[后现代主义，以天文馆的球体天象仪作为建筑实体，玻璃和钢材]

The Rose Center, James Polshek

New York, New York　2000

[Postmodernism, sphere of planetarium as object, glass and steel]

玫瑰中心是新兴视觉技术的产物。采用球体形态是为了进行天象仪的安置，它需要以弯曲的建筑内表面来模拟天空的造型，因此以球体形态打造了弧形的顶棚。最终的球体形式被包裹在建筑的支撑体系（托起整个建筑形体的钢铁构架）和视线通透的外立面（设计精致、引人注目的玻璃幕墙）之间。因此，球体依然是建筑立面中所能看见的主体形式。

从圆形到鼓形 | Circle-to-Drum

将简单的圆形固定在平面上，然后向上延伸，即可形成鼓形。鼓形是对圆形的最简单的空间延伸。这是最基本的建筑变形，却可以形成复杂又丰富的空间效果。这也是最基本的建筑形式，其历史悠久，具有丰富的应用先例和多种建筑解读，因此许多建筑都采用从圆形到鼓形的形式作为自己的意象图示。这种特别的组合形式已存在了数个世纪，现在依然在不断创新以满足当代建筑功能、结构及材料的新要求。

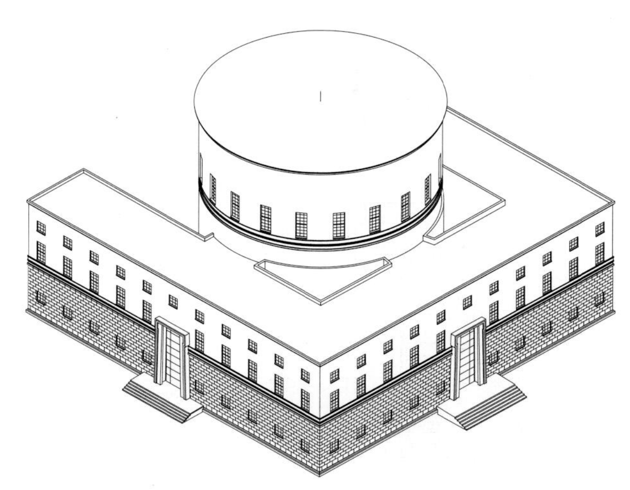

斯德哥尔摩图书馆，古纳尔 · 阿斯普朗德
斯德哥尔摩，瑞典 1927 年
[现代主义早期，中心式鼓状建筑，砖石砌块]

Stockholm Library, Gunnar Asplund
Stockholm, Sweden 1927
[Early Modernism, centralized drum, masonry]

斯德哥尔摩公共图书馆的平面采用“U”形内接圆形的建筑形式。在建筑平面中，圆形向上延伸，形成整个建筑综合体的中央鼓形。鼓形形式是一个简单的单一空间，主导着建筑的构成，也阐释了从圆形到鼓形作为一种建筑空间策略的重要性。最重要的建筑功能以及最复杂的几何图形都出现在鼓形之中，强化了其作为平面等级要素的身份特征。而在立面中，鼓形向上延伸高于周围建筑，再次表明其在建筑空间层级中的重要性和独特性。

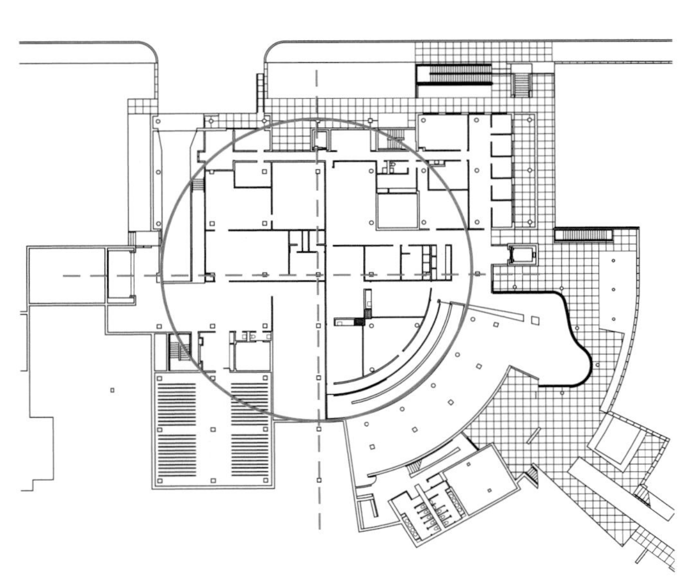

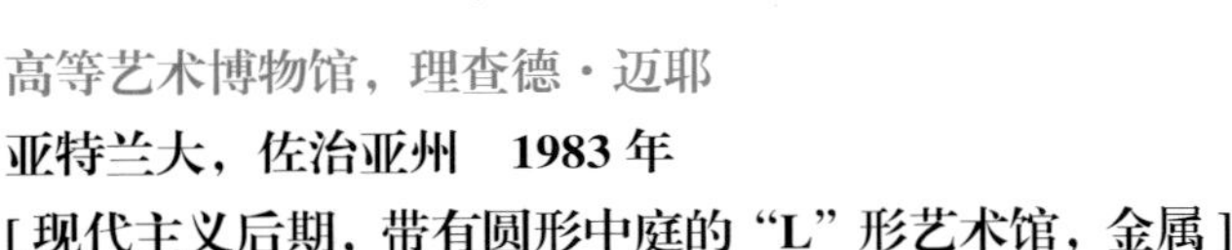

高等艺术博物馆，理查德·迈耶
亚特兰大，佐治亚州　1983 年
[现代主义后期，带有圆形中庭的“L”形艺术馆，金属]

High Museum of Art, Richard Meier
Atlanta, Georgia　1983
[Late Modernism, L-shaped galleries with circular atrium, metal]

高等艺术博物馆在平面中使用了一个四分之一圆，并向上拉伸形成了四分之一鼓形。这部分的形体包含主要的垂直交通，可以连接所有展室，博物馆中的展室呈“L”形布局，围合出建筑的中庭。从外观上看，鼓形拥有一个更重要的作用，它是由建筑结构框架和透明玻璃组成的通透形式，因此游客在其后坡道上的移动将使空间变得更加活泼生动。作为建筑中主要的仪式流线，圆形坡道的形式完整展露出来以表现其位置关系和相互影响，也再次重申了从圆形到鼓形的组织概念。

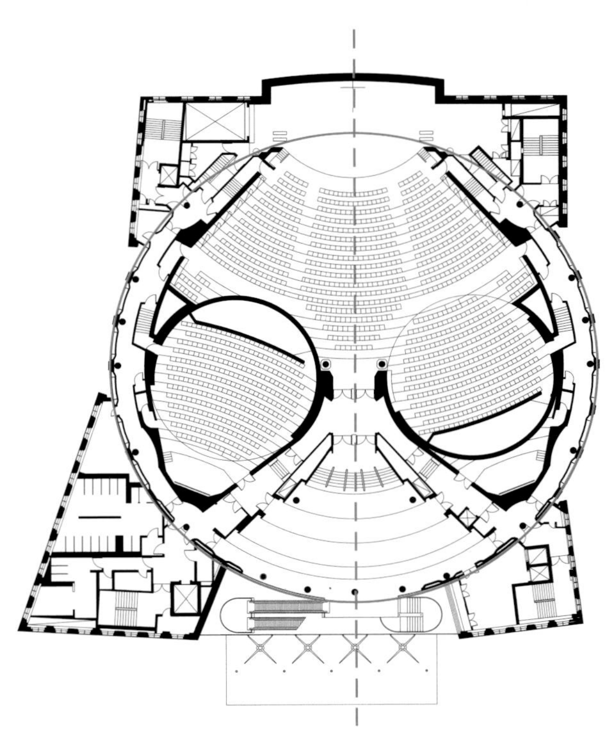

爱丁堡国际会议中心，特里·法雷尔爵士
爱丁堡，苏格兰　1995 年
[后现代主义，鼓形会议中心，石材]

Edinburgh International Conference Center, Sir Terry Ferrell
Edinburgh, Scotland　1995
[Postmodernism, drum conference center, stone]

爱丁堡国际会议中心（简称“EICC”）是一个圆鼓形建筑，坐落于城市总体规划所划定的城市西端交易区（Exchange District）的中心位置。其会议空间外部采用的巨大鼓状形态参照了周边环境的肌理形式，并重新建构了区域环境的空间层级，爱丁堡国际会议中心的独特几何形态塑造了一个区域性的节点，同时从建筑整体来看，它展示了建筑单体以及建筑组群的存在价值和重要意义。无论是建筑单体还是建筑组群，爱丁堡国际会议中心有意识地追求建筑上的个性化解读（基于建筑实践和政治原因），但是整体仍然保持了和谐的状态。就像罗马万神庙一样，爱丁堡国际会议中心的鼓状城市形象在周边城市肌理的密度和正交性中完全是一个地标性、主导性的存在。

作为开放空间的圆形 | Circle as Space/Void

开放空间与圆形的关系指的是：将二维的圆形图形投射到三维的球体形态时，圆形中的消减对应在球体中就形成了空间。相对于形式的可识别性，由圆形的图形形状定义的空间才是焦点所在。空间的形成，或是通过移除完整的形式（牛顿纪念堂），或是通过移除片段的形式（埃克塞特图书馆和法国国家图书馆）。从形式纯粹性到空间纯粹性的转化，借助圆形的几何均衡性及简洁性创造出了一个个史诗般的形象。

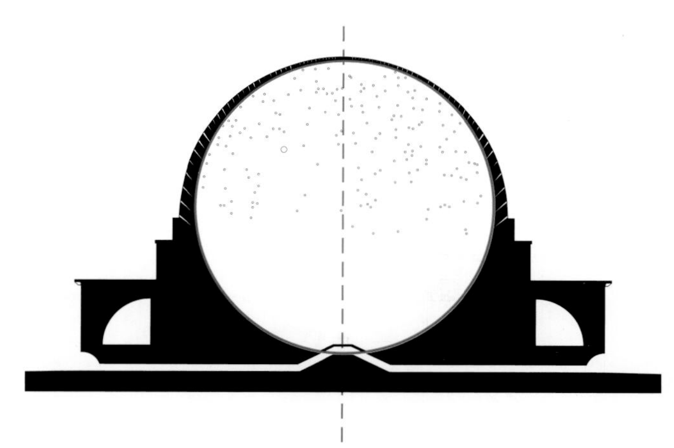

牛顿纪念堂，艾蒂安 – 路易・布雷
未建成　1784 年
[新古典主义，纪念性建筑，砖石砌块]

Newton's Cenotaph, Étienne-Louis Boullée
Unbuilt　1784
[Neoclassicism, heroic architecture parlante, masonry]

牛顿纪念堂集中体现了以圆形作为开放空间的设计理念和形式处理手法。建筑中引人注目的外部球体形式使其非常容易识别，同时也易于展现该建筑综合体的特征及其与地球的关系。建筑内部也同样是球体形式，球体是天空形象的抽象，还含有各类星星和星座。这个空间是纯粹的，无论是其自身的空间连续性还是对牛顿及其理论的展现。与其他案例比如罗马的万神庙不同，牛顿纪念堂并不依赖于概念的抽象表达，更多是依靠球体作为开放空间，以简洁的形态和宏大的规模带来真实的力量。

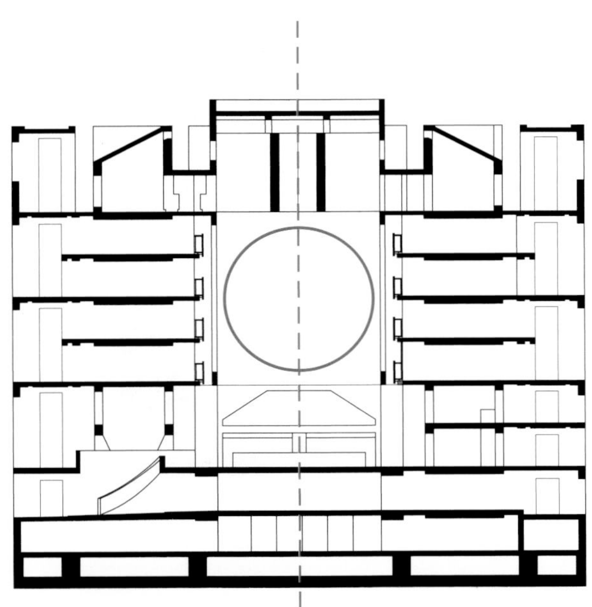

埃克塞特图书馆，路易斯·康

埃克塞特，新罕布什尔州　1972 年

[现代主义后期，中心式的方形，砖石砌块与混凝土]

Exeter Library, Louis Kahn

Exeter, New Hampshire　1972

[Late Modernism, centralized square, masonry and concrete]

在埃克塞特图书馆建筑中，路易斯·康巧妙地将立方体和球体两种柏拉图式理想形体结合在一起，以立方体作为建筑物的整体外部形态，以球体作为占据立方体中心的开放空间。在建筑内部还有一个混凝土材质的立方体用来组织中庭，立方体的每面墙都有巨大的圆形洞口，由此强调了中心的球体空间是建筑中重要的开放空间。在建筑中心进行的球形空间的消减，是对建筑内部形体的移除，几何形体的纯粹性以及建筑实体与开放空间的均等性主导了埃克塞特图书馆的建筑构成。

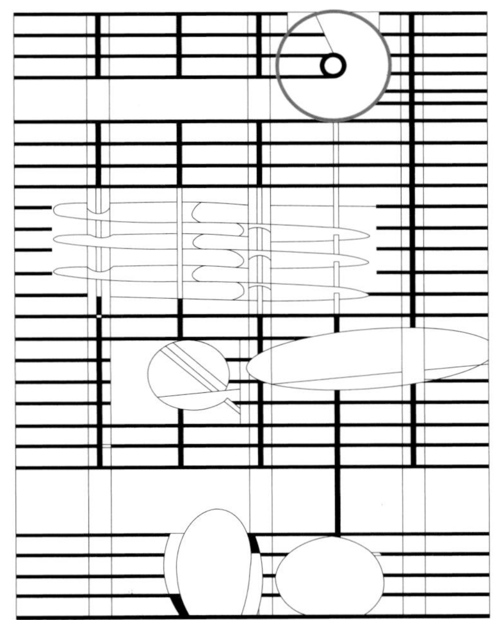

法国国家图书馆，雷姆·库哈斯，大都会建筑事务所

巴黎，法国　1989 年

[后现代主义，被消减的立方体图书馆，未建成]

Très Grande Bibliotheque, Rem Koolhaas, OMA

Paris, France　1989

[Postmodernism, cubic book field with subtracted spaces, unbuilt]

法国国家图书馆是一个充满书架的巨大立方体，书架可以看作对图书馆墙体的加粗，再从加粗的墙体中进行空间消减形成一系列房间、坡道和过渡空间，以构成图书馆的其余功能。最大的空间以曲线构成并与坡道连接，形成了大体量的体积规划形式。这种由曲线限定的空间是圆形作为开放空间的完美代表。法国国家图书馆通过在设计中运用减法，以全新的方式形成具有特色的新奇空间。由开放空间进行限定，消减而形成的内部形态最终决定了建筑的整体形象。

三角形 | Triangle

三角形作为一种几何图形，可能是由直线围合而成的最简单的闭合图形。三角形的结构形式本身就具有稳定性，因此常应用于结构桁架（structural trusses）、斜向支撑（diagonal bracing）、圆顶建筑（geodesic domes）和空间网络结构（space frames）等二维或三维的结构当中。三角形的形式简单，只需调整内角度数，就可以实现丰富的图形变化。从锐角到钝角，顶点角度的细微差异就能形成三角形个体之间巨大的差异，最终可以形成极其丰富的形式与结构。

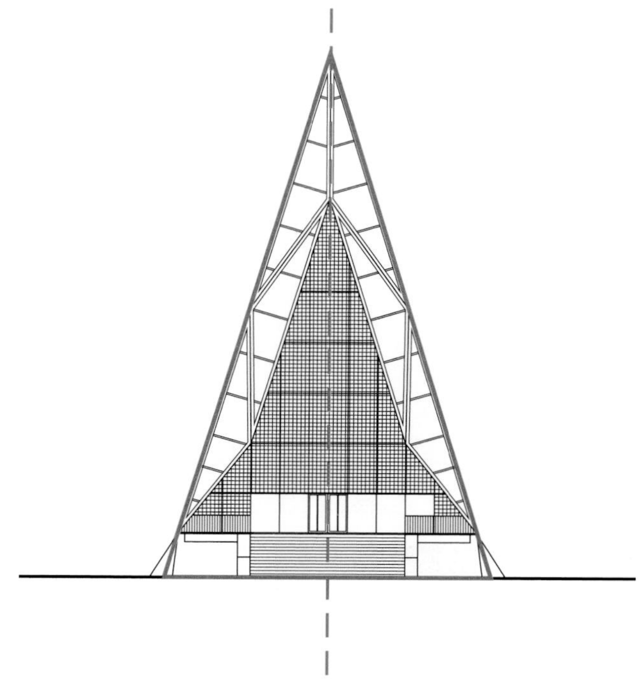

美国空军学院教堂，沃尔特·纳什，SOM
科罗拉多泉，科罗拉多州　1962 年
[现代主义后期，重复的三角形结构，钢材和玻璃]

Air Force Chapel, Walter Netsch, SOM
Colorado Springs, Colorado　1962
[Late Modernism, repetitive triangulated structure, steel and glass]

美国空军学院教堂以重复的三角形结构来暗喻飞机的飞行，其夸张的教堂形式被誉为教堂建筑的巅峰之作。教堂的十七个尖顶聚集在一起，构成一组密集重复的三角形阵列，如同一个战斗机群。夸张的规模和紧凑的布置，使形式的特殊效果得以突出与加强。通常教堂建筑所采用的半圆拱形是圆形几何的典型形式，而此处的三角形则是拱形形式的优化。军事上的超功能化要求允许对传统形式进行极简主义的阐释，允许消除所有形式上的过渡，也允许建筑单体的夸张造型和仪式性的光影表达。正是通过三角形的几何稳定性和简单性确定了建筑的身份和特征。

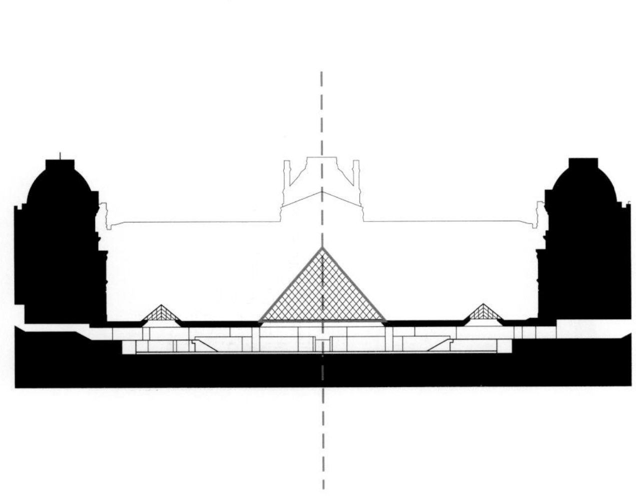

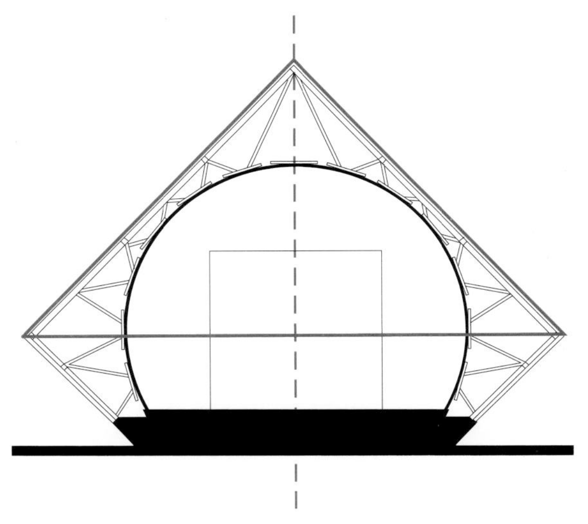

卢浮宫扩建项目，贝聿铭
巴黎，法国　1989 年
[后现代主义，纪念性的金字塔形式，钢材和玻璃]

Louvre, I.M. Pei
Paris, France　1989
[Postmodernism, monumental pyramidal form, steel and glass]

金字塔是一种形式上的纯粹几何形体，但在卢浮宫扩建项目中金字塔形式的运用与周边建筑文脉是完全相异的，历史上对金字塔形式的应用都是建筑实体，但在此却通过精巧的设计和玻璃表皮的细部处理，将金字塔形式进行了去物质化处理，这些对比和个性都是显而易见的。三角形的使用正是为了与既有的建筑环境形成对比，同时也能确保其纯粹形式的庄严性。通过三维三角形的反向支撑，玻璃表面的结构节点形成了致密的网络结构，使玻璃表皮的结构连接能够实现透明表面的最优化，同时还能表现出三角形原始形状的细节和深刻的含义。

今井医院日托中心，坂茂
大馆，秋田县，日本　2001 年
[后现代主义，重复的肋结构，木材和织物]

Imai Daycare Center, Shigeru Ban
Odate, Akita, Japan　2001
[Postmodernism, repetitive rib structure, wood and fabric]

坂茂设计的今井医院日托中心，用圆形的单板层积材（LVL，laminated veneer lumber）作为建筑结构中的梁，将方形屋顶包住。正方形经过旋转，再沿地平面切断，形成类似三角形的挤压造型。三角形的几何纯粹性便于应对该地区的大雪负荷。陡峭的坡度有助于快速排水。从三角形的外部造型到圆形的内部形式，这个转译过程是通过结构性格架的填充来实现的，这样既可保证几何图形的纯粹性又能创造出互不相同的内外造型。从剖面来看，三角形的简单性以图形的加长作为补充，从而形成了一个具有自相似性的加长管状空间。在该建筑中，三角形作为一种棱柱造型，通过简单的形式与原始风格，为建筑提供了易识别的外观和独一无二的特征。

根号矩形（平面、剖面、立面）局部和整体 |
Root Rectangles （Plan, Section, Elevation）Localized and Whole

$\sqrt{2}$ 矩形（$\sqrt{2}$ square）是一种比例系统，它源自正方形，便于形成复杂的组合。选取正方形，画出一条对角线，然后将该对角线向下旋转与原正方形的底边平行，以此对角线为长边即形成了新的$\sqrt{2}$ 矩形。再按照同样的步骤对$\sqrt{2}$ 矩形（并非原来的正方形）进行操作，还可以得到$\sqrt{3}$ 矩形（$\sqrt{3}$ square），以此类推。两个同样的$\sqrt{2}$ 矩形相互拼接，可以创建第三个也是$\sqrt{2}$ 比例的相似图形，这是$\sqrt{2}$ 比例系统中最显著的特性之一。

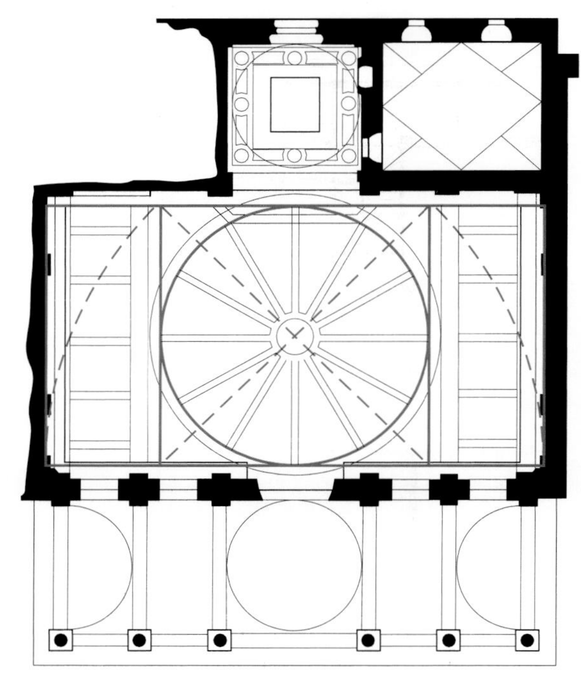

巴齐礼拜堂，菲利波 · 布鲁内列斯基
佛罗伦萨，意大利　1461 年
[文艺复兴，教堂，砖石砌块]

Pazzi Chapel, Filippo Brunelleschi
Florence, Italy　1461
[Renaissance, chapel, masonry]

在巴齐礼拜堂设计中，布鲁内列斯基使用$\sqrt{2}$ 矩形作为空间设计的手法进行教堂平面布置。教堂的中心空间设计了一个正方形以匹配位于顶棚中心的主穹顶。虽然这个正方形在地面的图案中并不清晰可辨，但它向两个方向延伸形成了两个$\sqrt{2}$ 矩形，每个矩形都包含着位于中心的正方形。因此，教堂空间是通过两个$\sqrt{2}$ 矩形的重叠形成的。在剖面中可以看到，主穹顶下方的空间也具有$\sqrt{2}$ 的比例关系，以$\sqrt{2}$ 矩形确立了顶棚的高度。

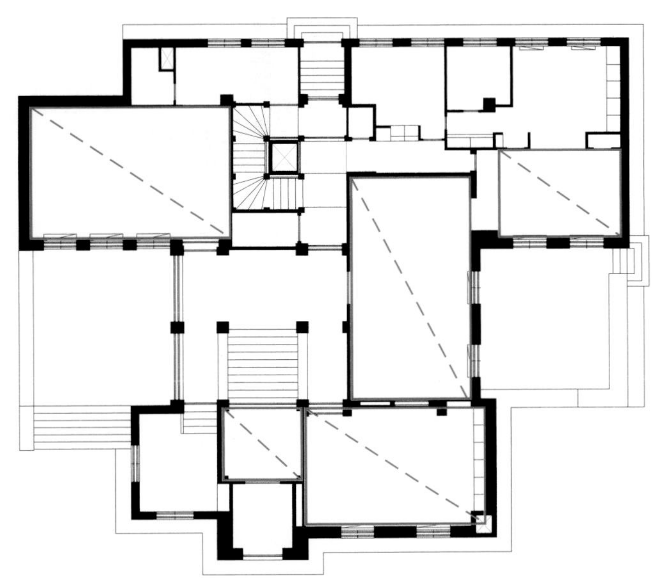

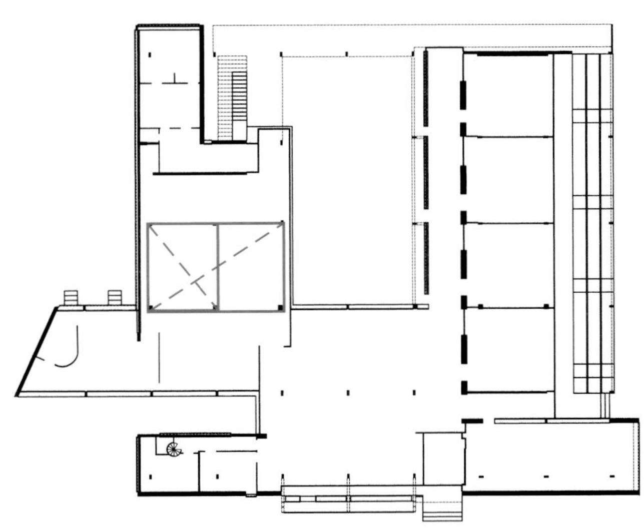

维特根斯坦住宅，路德维希·维特根斯坦
维也纳，奥地利　1926 年
[现代主义，住宅，砖石砌块]

Wittgenstein House, Ludwig Wittgenstein
Vienna, Austria　1926
[Modernism, house, masonry]

由哲学家路德维希·维特根斯坦设计的维特根斯坦住宅，在一层平面设计中建立了一个比例系统。该平面中每个主要房间都采用了不同但和谐的比例关系。入口门厅的比例是 1∶1，沙龙（salon）[译注 1] 的比例是 1∶2，图书室是 2∶3，餐厅是 3∶4，最后会客室的比例则是 4∶5。通过使用这种简单的和谐比例系统，维特根斯坦建立起一个超越了单纯直觉关系的平面组织体系。

安东尼奥·圣伊利亚幼儿园，朱塞佩·特拉尼
科莫，意大利　1937 年
[现代主义，庭院，混凝土]

Asilo Sant'Elia, Giuseppe Terragni
Como, Italy　1937
[Modernism, courtyard, concrete]

在安东尼奥·圣伊利亚幼儿园平面中，特拉尼使用 $\sqrt{2}$ 矩形作为平面的组织方式进行结构布局。每个结构性开间都由 $\sqrt{2}$ 矩形进行限定，当这些开间两两组合时，将形成第三个 $\sqrt{2}$ 矩形。因此，特拉尼使用一种系统就可以管理建筑的整个结构。然后他又采用了另一种不同的系统——黄金分割，来确定建筑的空间组织。而最终两个系统相互结合，形成一个重叠的矩形体系，共同创建出复杂的形式矩阵。

黄金分割（平面、剖面、立面）局部和整体 | Golden Section（Plan, Section, Elevation）Localized and Whole

黄金分割是一个比例手法，从文艺复兴时期到现在都很受欢迎。它是一种非常有效的调节建筑各部分大小和比例的方式。黄金分割与正方形有着非常特殊的关系：如果在正方形中标记出一个黄金分割的空间，则余下的空间也符合黄金分割。每移除一个正方形，就会产生一个新的黄金分割，如此黄金分割不断旋转，将创建无限的黄金分割。将黄金分割所得的正方形的各个基点进行连接，即可以形成一个螺旋形，这种序列也称为“斐波那契数列”（Fibonacci sequence）。

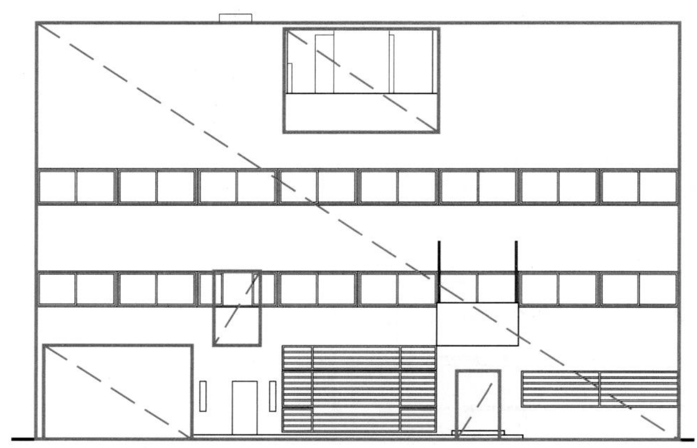

加歇别墅（又译“斯坦因住宅”），勒·柯布西耶
加歇，法国　1927 年
[现代主义，自由平面，混凝土和砖石砌块]

Villa Stein at Garches, Le Corbusier
Garches, France　1927
[Modernism, free plan, concrete and masonry]

加歇别墅的主立面由一系列相互关联的黄金分割构成。黄金分割确立了主立面的整体形式及中央的顶部开口。除此之外，前部的入口大门和主层楼面的整体阳台也呈现出黄金分割比例关系。勒·柯布西耶使用黄金分割这种比例手法指导建筑创作，他相信经典比例系统的使用能够建立起现在与过去的联系。

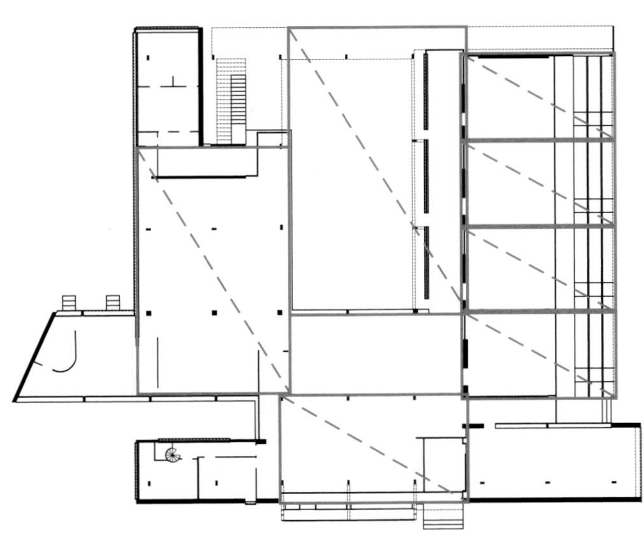

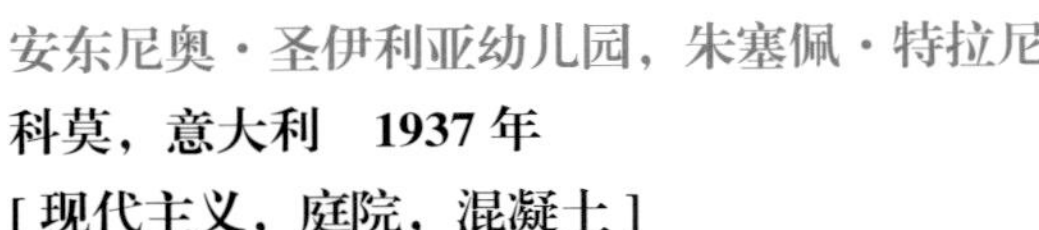

安东尼奥·圣伊利亚幼儿园，朱塞佩·特拉尼
科莫，意大利　1937 年
[现代主义，庭院，混凝土]

Asilo Sant'Elia, Giuseppe Terragni
Como, Italy　1937
[Modernism, courtyard, concrete]

安东尼奥·圣伊利亚幼儿园由特拉尼设计，以黄金分割布置建筑中各主要功能空间。室内活动室、食堂及庭院都应用了黄金分割比例系统。每间教室都是一个正方形，然而当玻璃门被打开时，教室随即向外延伸，涵盖了室外的部分，由此室内外空间共同完成了黄金分割的比例构成。黄金分割还用于入口立面，并以此确定了其他许多元素的尺寸和形状，同时也是建筑整体构成和平面组织的依据。

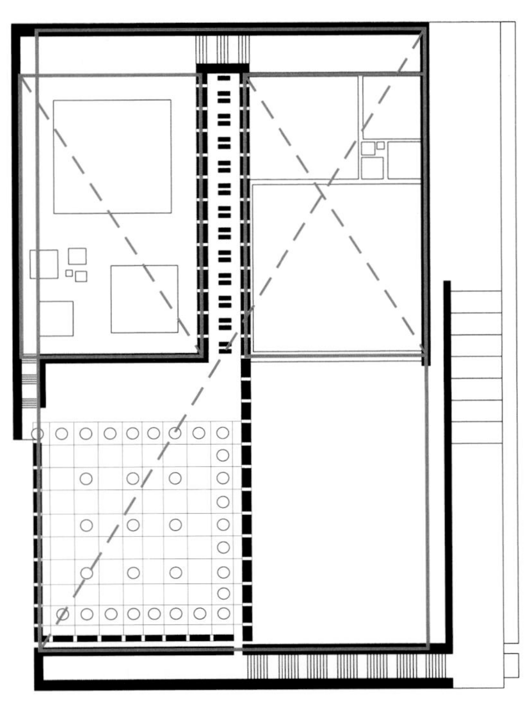

但丁纪念堂，朱塞佩·特拉尼
罗马，意大利　1942 年
[意大利理性主义，带有玻璃柱的网格大厅]

Danteum, Giuseppe Terragni
Rome, Italy　1942
[Italian Rationalism, grid hall of glass columns]

但丁纪念堂是为了纪念诗人但丁·阿利吉耶（Dante Aligheri）而建，它是一个未建成的建筑项目，黄金分割是其主要的设计手法。但丁纪念堂被认为是《神曲》（*Divine Comedy*）的建筑演绎，一系列的空间代表着不同的诗歌篇章，包括《地狱》（*Inferno*）、《炼狱》（*Purgatory*）和《天堂》（*Paradise*）。每个空间或全部或部分地运用黄金分割进行表达。而建筑的整体形式源于马克森提乌斯浴场（Baths of Maxentius）废墟中一个开间的样式，其坐落于帝国广场大道（Via dei Fori Imperiali）对面［从前称“罗马广场大道”（Via dell'Impero）］。但丁纪念堂由两个重叠的正方形构成，通过六个主要的黄金分割平面进行层次的拆分。特拉尼通过传统比例系统的现代化应用，将意大利文化、黄金分割比例关系及数学思想有机联系起来。

二维和三维的模数形式 | Two-Dimensional and Three-Dimensional Module Form

二维以及最终的三维模数增加了建筑方程的复杂性，正是因此，可以将建筑从与绘画的概念性联系中剥离出来。几何学与数学原理通过多种组织方式应用于建筑外部表现和内部空间组织，使建筑作为一个整体的认知和理念得以完善。当建筑师开始使用二维比例系统来解决立面和平面的图形问题时，就自然而然又合乎逻辑地将比例特性引入建筑空间之中。三维模数形式在文艺复兴时期就得到了广泛认可，随着不断发展一直沿用至今。

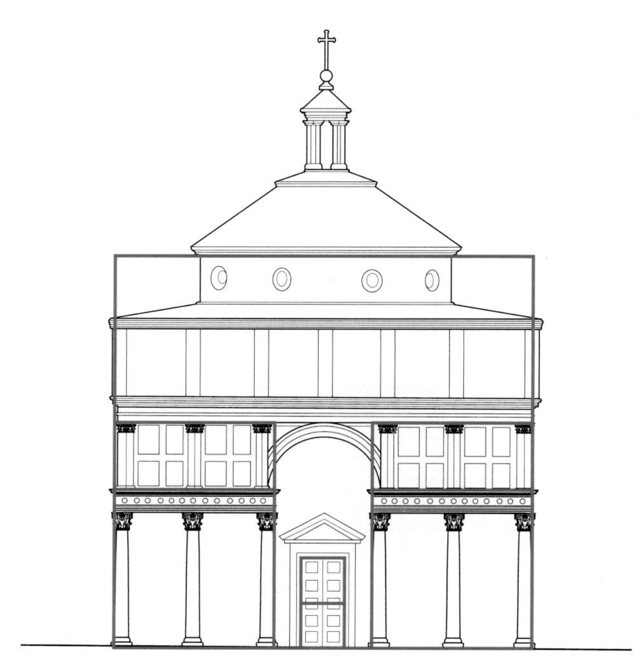

巴齐礼拜堂，菲利波 · 布鲁内列斯基
佛罗伦萨，意大利 1461 年
[文艺复兴，私人教堂，砖石砌块]

Pazzi Chapel, Filippo Brunelleschi
Florence, Italy 1461
[Renaissance, private chapel, masonry]

巴齐礼拜堂采用正方形作为立面的组织方式。立面两侧各有三根柱子，各自形成一个正方形，阁楼的镶板层又构成了另外的半个正方形。正方形上下堆叠，限定出中间的拱形开口。入口大门也是由两个正方形堆叠形成。最后，建筑的宽度和高度（至鼓形部分小圆窗上方的屋顶轮廓线）也是相等的，形成了构成建筑整体的正方形。

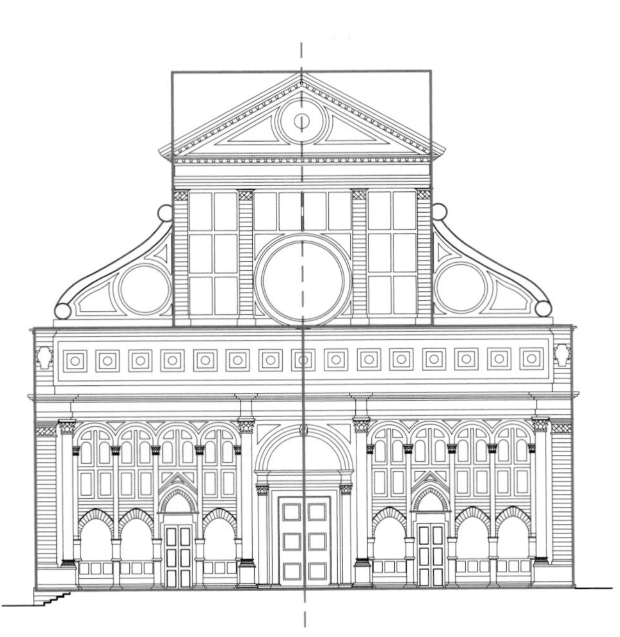

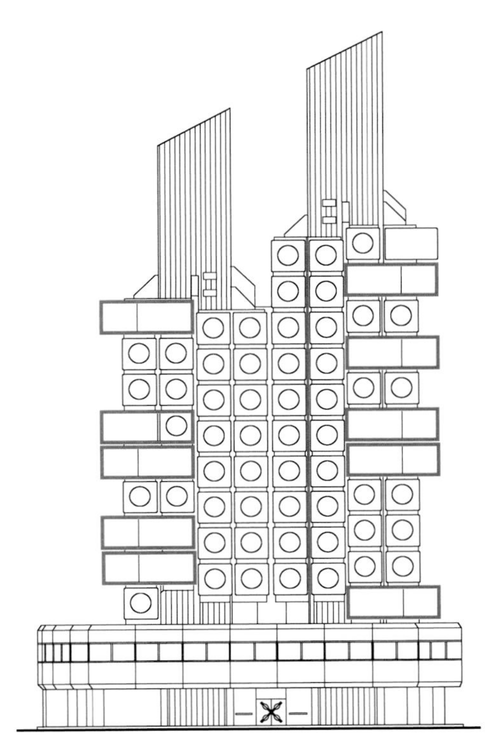

新圣母玛利亚大教堂，莱昂·巴蒂斯塔·阿尔伯蒂

佛罗伦萨，意大利　1470 年

[文艺复兴风格的立面，有十字形翼部的矩形中殿，砖石砌块]

Santa Maria Novella, Leon Battista Alberti

Florence, Italy　1470

[Renaissance facade, rectangular nave with transept, masonry]

新圣母玛利亚大教堂的立面是使用二维模数组成的综合建筑整体的实例。阿尔伯蒂接手了未完工的建设项目，并被迫在特定的环境参数内进行设计。对阿尔伯蒂来说，他所面临的挑战是如何将古典建筑语汇叠加到传统的哥特式立面形式上。而正方形的几何形式帮助他实现了这一点。立面的下部将两个相等的正方形并排放置，而教堂立面的上部则是第三个相等的正方形。教堂前部的两侧是两个涡卷线脚，采用的是前述正方形模数的四分之一，用于遮挡前面的屋顶形式。

中银舱体大楼，黑川纪章

东京，日本　1972 年

[日本新陈代谢运动，塔式住宅，钢材与玻璃纤维]

Nakagin Capsule Tower, Kisho Kurokawa

Tokyo, Japan　1972

[Japanese Metabolism, residential tower, steel and fiberglass]

中银舱体大楼由黑川纪章设计，是日本新陈代谢运动的罕见案例。它以非常清晰的方式展示了三维模数概念的应用。建筑以两座垂直的交通塔楼为中心，四周围绕着一系列居住舱体及体块。无论从平面还是三维空间的角度，每个体块都非常容易被识别为一个完整的独立单元。每个居住舱体都有圆形舷窗，有助于在复杂的建筑矩阵中辨别形式相同但又完全独立的居住单元。居住舱体可以任意移除，这是新陈代谢派的建筑产生差异及趣味性的一种方式。

变形几何与计算复杂性 I
Distorted Geometries and Computational Complexities

变形几何已经在几何议题中出现，无论方法还是形式均有涉及。近几十年来，数字技术的不断成熟使建筑的表现、可视化及操作过程更加轻松，从建筑理念到真实建造的转译过程更加便捷，同时几何变形的复杂性也大大提高，因此促进了多种几何类别的发展。交互式几何（interactive geometries）促使拟人化、文化要素以及基于场地的影响因素参与到几何系统之中；响应式几何（responsive geometries）集成了多种技术，能够将影响因素转换为静态或动态的表现形式；表现式几何（performative geometries）可以通过几何响应回应实际需求及环境需要；有机几何（organic geometry），或称“生物模拟”（bio-mimicry），寻求的是在形式及功能上顺应自然；触觉几何（haptic geometries）是以分散的形式体系完成高度敏感的几何响应。在几何变形过程和计算系统中产生的多样化几何系统以及由此产生的对更新、更复杂的形式主义的兴趣，进一步促使人们对非正交系统和变形几何产生越来越浓厚的兴趣。

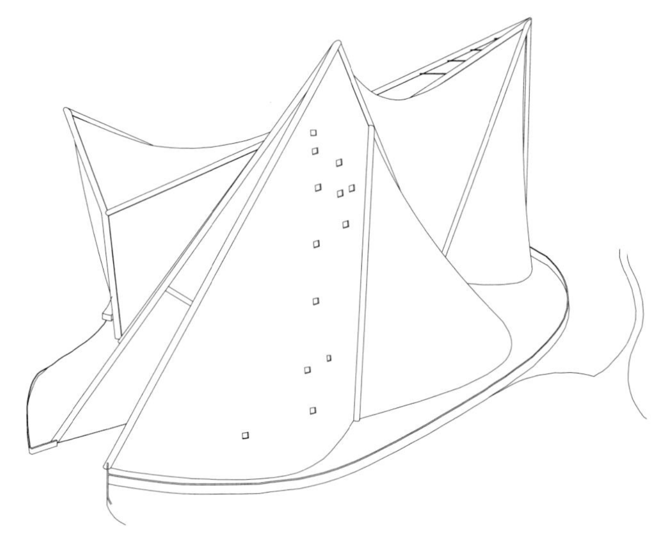

飞利浦馆，勒·柯布西耶
布鲁塞尔，比利时　1959 年
[现代主义，自由形态的展览馆，金属拉伸结构]

Phillips Pavilion, Le Corbusier
Brussels, Belgium　1959
[Modernism, free-form exhibition pavilion, metal tensile structure]

飞利浦馆是勒·柯布西耶晚期的一系列建筑作品之一，其采用了更具表现主义特征的几何形式主义。在建筑中，他采用双曲抛物面薄壳（hyperbolic paraboloid shell）的结构几何造型。地面层的平面由建筑结构的基本几何图形限定而成。一系列对角线组成了竖向桅杆，外壳的剩余部分则由直纹曲面（ruled surface）的连接阵列组成。三角形框架确立了主要的边界，从而形成重复的、逐渐细分的曲面线（surface lines）。夸张的英雄式的建筑形式与轻薄精致的规模及材料应用，共同创造出了动态的外形，而这种动态的外形从本质上说是几何形体衍生的产物。这些形式是通过扭曲几何的规则体系计算而来的。

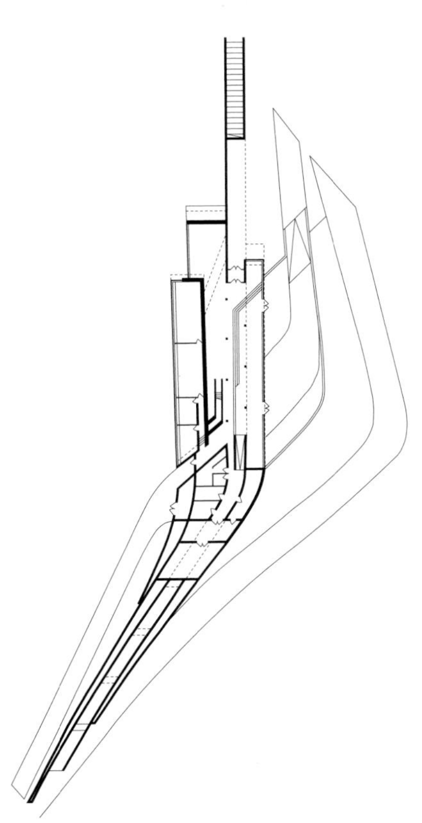

维特拉消防站，扎哈·哈迪德
莱茵河畔魏尔城，德国　1994 年
[解构主义，形式上具有表现力的平行边，混凝土]

Vitra Fire Station, Zaha Hadid
Weil am Rhein, Germany　1994
[Deconstructivism, formally expressive parallel bands, concrete]

维特拉消防站是扎哈·哈迪德的早期作品，展示出扎哈所应用的投影几何的绘画方法。通过对流体造型的捆扎来保持形式的连续性，细长表面的平滑形式被精心设计，以便在动态剖面步道中体现加速透视的优点。受表现主义的形式反应制约，建筑表面进行了精细的雕琢以形成效果良好的构成图案。维特拉消防站是通过二维图形技术的表征方法产生的三维空间的转译。其表现形式从单一、固定的传统优势，转向沿某一序列行进的移动视角。由此最终形成的细长外形，以其平滑度和流动性在方法论的几何过程中定义了一种高度具体的形式主义。

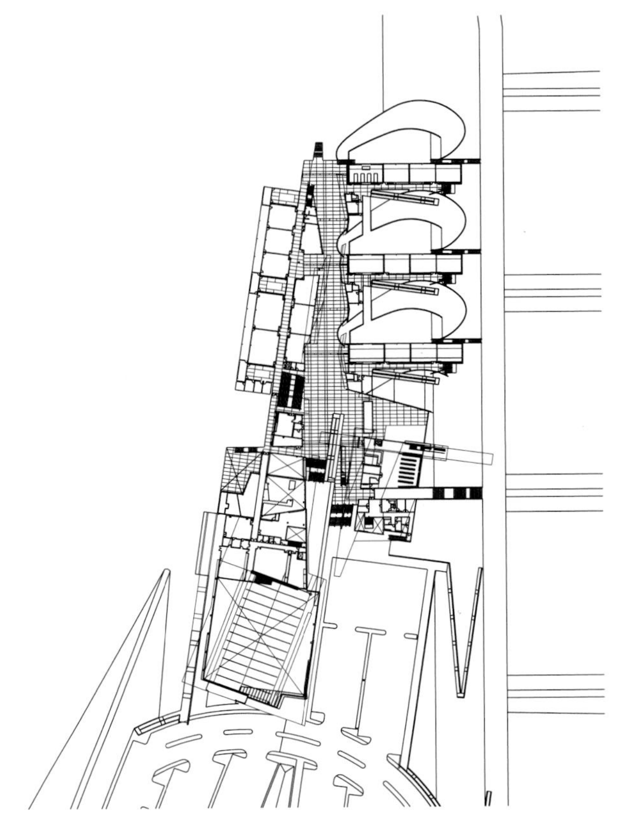

钻石牧场高中，墨菲西斯建筑事务所
钻石吧（洛杉矶东部城市），加利福尼亚州　2000 年
[现代表现主义，双边外部走廊式，金属]

Diamond Ranch High School, Morphosis
Diamond Bar, California　2000
[Expressionist Modernism, double-loaded exterior corridor, metal]

钻石牧场高中的设计并没有单独使用某一种秩序或体系，而是依靠表现主义的手法为其设计概念赋予具体的形式。建筑中包含一系列的线性元素，这些元素在一个扭曲的系统中组合起来，目的是集中人们的注意力，突出校园中精彩的时刻与活动。这些视觉和空间的焦点成为学生们的聚集点，由此实现了社会环境、物质环境及建筑活动的融合。建筑的整体构成正是通过其几何意图的扭曲来定义与呈现的。

对称
Symmetry

08– 对称 | Symmetry

对称即两侧相等，以一条轴线形成的互为镜像、完全相同的形象。对称是一种基本的建筑原则，它根植于古典主义的秩序和基本原理，既是自然事物的完美典范（人体的形式在本质上即是对称的），也是跨越不同尺度和文化的建筑理想。如果在建筑形象中能画出一条轴线或对称线，那么建筑就被认为是对称的，由此所呈现的结果是，建筑一侧是什么样子，另一侧就是它的反像。在建筑的整体造型中，对称是一种能帮助其实现平衡的方法。在现代主义时期，对称理念受到了挑战，因为建筑师们开始转向相关研究，如非对称构成、基于场地的复杂性构成，等等。当前，设计师受到现代绘画和雕塑的影响，消除了刻板的表现和明显的秩序性；对称，在此之前一直被看作规则，而现在则变成了例外。但无论如何，对称绝不会从建筑师的画板中消失，即使在今天，它仍然是平面组织和建筑体验的强大工具。

镜像对称（Bilateral Symmetry）镜像对称又称“中轴对称”（axial symmetry），明确描述了一种被划分为两个相同部分的对称类型。这是建筑中最常见的一种对称形式，并且经常应用于建筑的立面和平面中。这种简单的对称形式可以使建筑营造出一种平衡和谐之感。20世纪早期现代主义出现之前，镜像对称一直应用于各种文化构思和功能布局中。镜像对称理念认为，既然人体是对称的，那么建筑也应遵循同样的规则。镜像对称不仅存在于建筑尺度中，也存在于城市尺度的设计中。在城市尺度中，镜像对称被用来创建大型的对称林荫大道和生活街区，并为古代和现代城市结构中等级体系的形成提供基本元素。

非对称（Asymmetry）非对称是指一种不完全的对称，是故意形成整体的差异平衡或不平衡的一种构成方式。值得关注的是，非对称的建筑和从未考虑使用对称的建筑是有区别的。二者之间的根本区别在于，非对称的建筑构成通常在视觉上或概念上依然是平衡的，是经过审慎考虑的有意为之，而不对称的构成则没有涉及这一点。

局部对称（Local Symmetry）局部对称指的是对称条件已经产生，但是仅体现在建筑的某一特定元素或局部的构成之中。局部对称允许整体构成是非对称的，但包含其中的各种要素依然受对称手法营造的构建秩序所控制。这种类型的对称常应用于立面构图之中，而在建筑平面或城市设计中则不多见，因为立面构图能够更清晰地展现从局部到整体的关系。局部对称的使用可以在各个部分之间建立一种平衡的张力，而对于从局部到整体的解读则成为一种次要的关系和对话。

材料对称（Material Symmetry）材料对称是通过材料及其构造和装配来构建与对称相关的视觉秩序和平衡。通常这种情况与镜像对称相互配合；然而，材料及其建筑语言可以作为一种先例——允许以材料的连接作为建筑构成的主导因素。现代运动见证了材料对称的兴起，这是由于建筑师们希望寻求一种不依赖严格镜像对称的形式，因此材料对称就成为平衡建筑构成的一种新方法。

功能对称（Programmatic Symmetry）功能对称是在平面图或建筑构成中通过平衡功能空间的方式所实现的对称。通常功能空间具有相似的形状，但只要功能平衡，也可以允许形式上不平衡，这是功能对称独有的特征。功能对称，就像材料对称一样，经常发生在镜像对称的组织结构中。尽管如此，功能对称依然可以作为一种独立的构成方式决定一个建筑项目的概念框架。

镜像对称——建筑平面 I
Bilateral Symmetry—Architectural Plan

镜像对称的理论基础与人体天生的对称性具有密切联系。设计师沉迷于自然与建筑之间的相似性，并注意到人体的对称性具有理性的秩序，因而才能控制人体并保持平衡。通过对自然的模拟，建筑诠释了一种更高等级的秩序，而这种秩序的表现正是典型的镜像对称的应用。

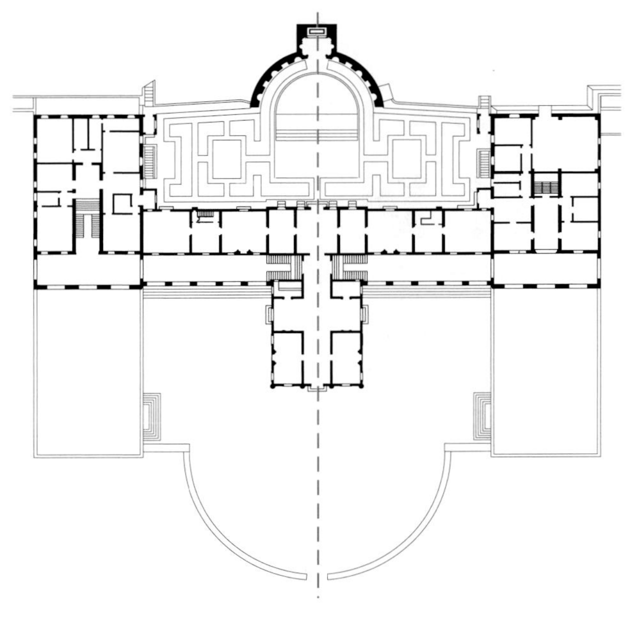

巴巴罗别墅，安德烈·帕拉迪奥
马塞尔，意大利 1560 年
[文艺复兴，模数化的拱廊，砖石砌块]

Villa Barbaro, Andrea Palladio
Maser, Italy 1560
[Renaissance, modular arcade, masonry]

巴巴罗别墅是镜像对称的典型案例。建筑的平面组织完全是依托别墅中心的轴线展开的。轴线从乡村景色开始，穿过建筑，最终到达别墅后面的人工岩穴(grotto)。这条轴线仅用于平面组织，由于别墅剖面中存在水平高度的变化，故该轴线并非代表一条可用的交通路径。同样，建筑中还有一条横轴贯穿整个建筑，然而横轴并不要求具有与中心轴线相同的对称性。巴巴罗别墅的平面和立面均是围绕中心轴线进行对称式的布局。对称是帕拉迪奥建筑作品的宗旨，其整个职业生涯始终坚持对称的重要理念。

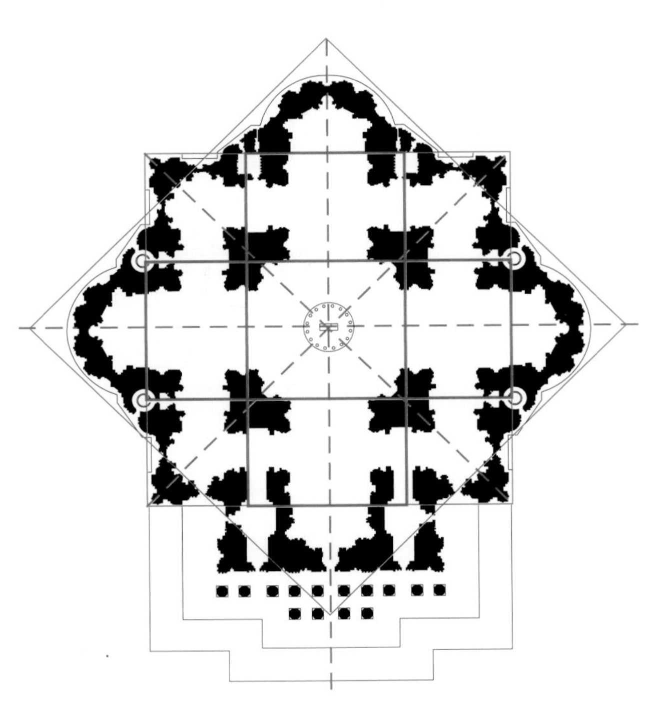

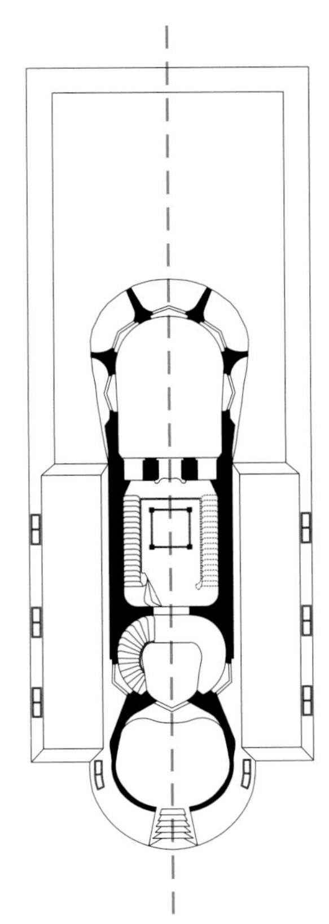

圣彼得大教堂，米开朗琪罗·博纳罗蒂
罗马，意大利　1547 年
[文艺复兴，穹顶与希腊十字形平面，砖石砌块]

St. Peter's Basilica, Michelangelo Buonarroti
Rome, Italy　1547
[Renaissance, dome and Greek Cross plan, masonry]

与帕拉迪奥一样，米开朗琪罗所有的建筑作品都围绕对称原则进行组织架构。圣彼得大教堂是将对称性组织原则应用于建筑平面中多个方向的重要案例。米开朗琪罗采用希腊十字形作为圣彼得大教堂的平面形式，不仅形成了两个主轴方向的对称，而且沿对角轴线也是对称的。对文艺复兴后期的建筑师来说，希腊十字形的多轴对称平面是尽善尽美的完美平面，因为它对对称原则的利用比拉丁十字形更为充分和彻底。

爱因斯坦天文台，埃里希·门德尔松
波茨坦，德国　1921 年
[现代表现主义，瞭望塔，砖石砌块]

Einstein Tower, Erich Mendelsohn
Potsdam, Germany　1921
[Expressionist Modernism, observation tower, masonry]

爱因斯坦天文台是表现主义建筑的早期实例之一，人们期望它能打破当时盛行的一些建筑传统。尽管被寄予厚望，门德尔松还是继续采用对称的组织方式，发扬其形式与构成的影响力。天文台独特的形态是对建筑的新奇探索，为了平衡建筑形式的复杂性与独创性，对称的应用跨越了结构限制，取得良好的平面组织秩序和几何规则。

镜像对称——建筑立面 I

Bilateral Symmetry—Architectural Elevation

镜像对称在建筑立面上的应用是最容易辨识的。与建筑平面相比，立面中的对称更容易感知和辨认，而平面只有通过按先后顺序形成的心理地图或具体的图像表征才能辨识出来。因此，镜像对称作为一种组织手段，其可识别性和公开性的特征赋予建筑立面极大的影响力和责任。当镜像对称应用于建筑立面的构成时，自然而然地就能将不同的理念融合在建筑与其组织结构之中并成为一个整体。建筑的灵感来自政治、自然及宗教中的层级结构，并在建筑形式和构成中进行公开表达。而立面对称的平衡性、可识别性及可预见性可以建立起一种熟悉感，正是这种熟悉感使其持续成为一种普遍的使用条件。

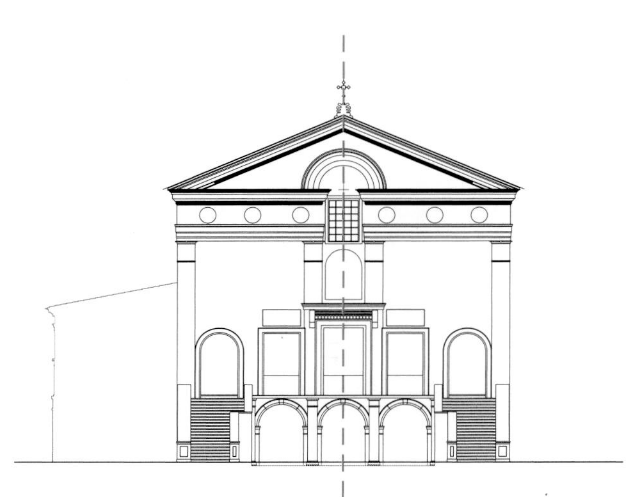

圣塞巴斯蒂亚诺教堂，莱昂·巴蒂斯塔·阿尔伯蒂

曼图亚，意大利　1475 年

[文艺复兴，希腊十字形还愿教堂平面，砖石砌块]

San Sabastiano, Leon Battista Alberti

Mantua, Italy　1475

[Renaissance, Greek Cross votive church plan, masonry]

阿尔伯蒂设计的圣塞巴斯蒂亚诺教堂是建筑立面中应用镜像对称的经典案例。与文艺复兴时期的许多建筑师一样，阿尔伯蒂坚定不移地贯彻对称原则，不遗余力地体现对称的影响力以及在建筑构成中的控制力。但与圣安德烈教堂不同（也在曼图亚），圣塞巴斯蒂亚诺教堂的立面几乎与教堂内部没有什么关系。立面就像是一个面具，通过其对称性将整个建筑融合为一个平衡、庄严的整体。但不幸的是，阿尔伯蒂未能按其设计细节完成整个立面，而现在也只有一部分被保留了下来。

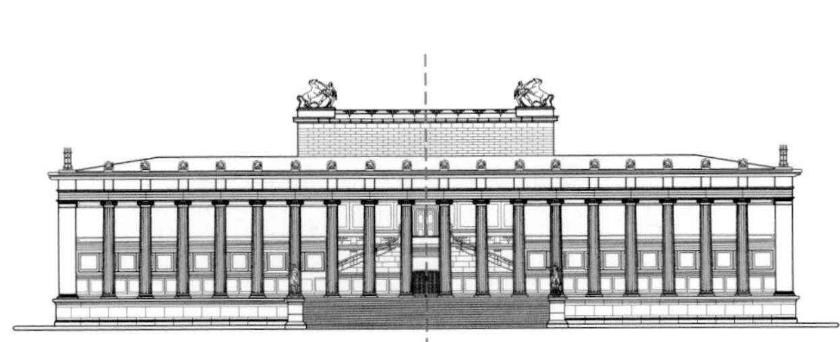

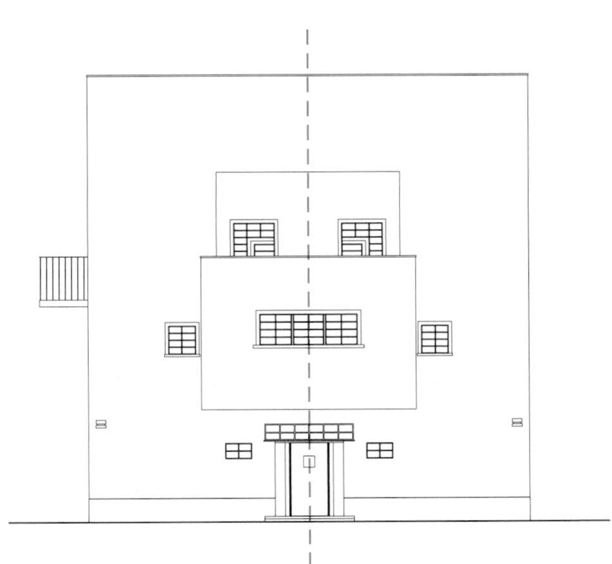

柏林老博物馆，卡尔·弗里德里希·申克尔
柏林，德国　1830 年
[新古典主义，博物馆，砖石砌块]

Altes Museum, Karl Friedrich Schinkel
Berlin, Germany　1830
[Neoclassicism, museum, masonry]

由申克尔设计的柏林老博物馆是一个对称式建筑，建筑的立面与周围环境的尺度相对应。该建筑毗邻一处非常大的城市空间，因此立面需要呈现一个适当的界面。由于城市空间缺乏主轴线，申克尔可以通过建筑立面的衔接自由地构建城市空间秩序。最终，建筑立面从城市肌理中获得灵感，通过适当调整自身比例，以对称的形式将邻近空间的尺度结合起来。申克尔设计的立面将一系列巨大的柱子重复组织在一个柱廊中，营造出无限延伸的感觉。而从立面的尺度和秩序到内部秩序的转化则完全隐藏在整体构成之中。

莫勒住宅（又译“穆勒住宅”），阿道夫·卢斯
维也纳，奥地利　1927 年
[现代主义，体积规划，垂直方向的空间布局，砖石砌块]

Villa Moller, Adolf Loos
Vienna, Austria　1927
[Modernism, Raumplan, sectional arrangement of spaces, masonry]

阿道夫·卢斯以莫勒住宅的设计阐述了私密性立面的观点。卢斯认为，建筑不应该使人感到不适，应该保持对传统外部秩序的参照，而他设计的大部分住宅建筑也都是以对称的立面形式呈现的。卢斯认为，对称的立面具有人文意义，是每个人都理解和熟悉的。每栋住宅都把自己呈现为一个良好的、能与周边保持一致的建筑。外部空间的秩序与内部空间的层次形成对比，并在垂直方向上受体积规划的组织影响。对卢斯而言，建筑立面是一张真实的面孔，向世界呈现出正确与舒适的形象，只允许从住宅内部打破对称，以反映居住者在住宅中的各项复杂操作。

镜像对称——城市尺度 | Bilateral Symmetry—Urban

当镜像对称应用于城市尺度时，强调的是城市空间的等级秩序和宏大的感知体验。通过对称轴形成的高度有序的重复序列，自然而然成为城市中的轴向要素，有助于城市中重要道路的布局和雄伟空间场所的营造。对称空间的内在本质是对重复构成的不断平衡，当镜像对称应用于大尺度的城市空间中时，一个微小的差异就会对整体平衡性产生重大影响。通过镜像对称方式形成的这种平衡形式，在城市尺度中创造出了高度秩序化的空间布局，为构建有序的城市肌理做出重要贡献。

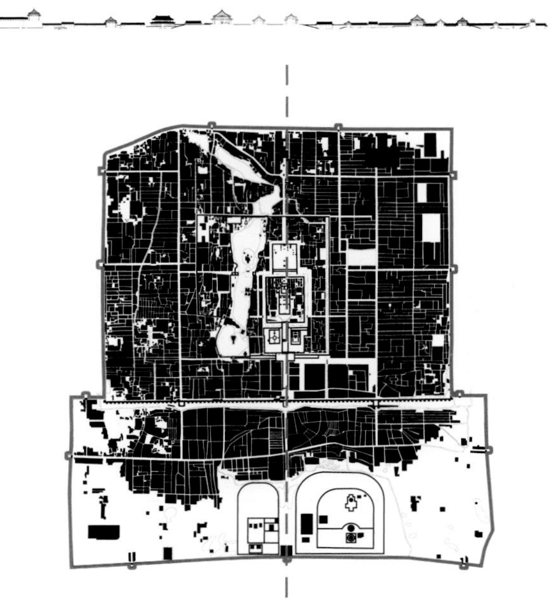

紫禁城

北京，中国　1420 年

[中国风格，中央轴线及轴线上的节点，砖石砌块与木材]

The Forbidden City

Beijing, China　1420

[Chinese, central axis with nodes, masonry and wood]

紫禁城始建于明代，是皇帝的住所，皇室家族的居住地，也是中国的礼教中心和政治中心。庞大的紫禁城有近千个建筑，组成不同的院落空间，展示了不同的等级制度和礼教制度。紫禁城中的建筑布局沿中轴线严格对称，体现出森严的等级秩序。反复利用纯粹的几何图形进行平面布局，形成了具有平衡感的总体平面，由此最终形成了紫禁城这一处具有强烈仪式感的皇家建筑群。这种仪式感又使建筑群更显规模庞大、恢弘壮丽，对后世也产生了深远影响。同时，中轴对称的组织形式也实现了不同社会等级和政治群体的毗邻而居与和谐共存。

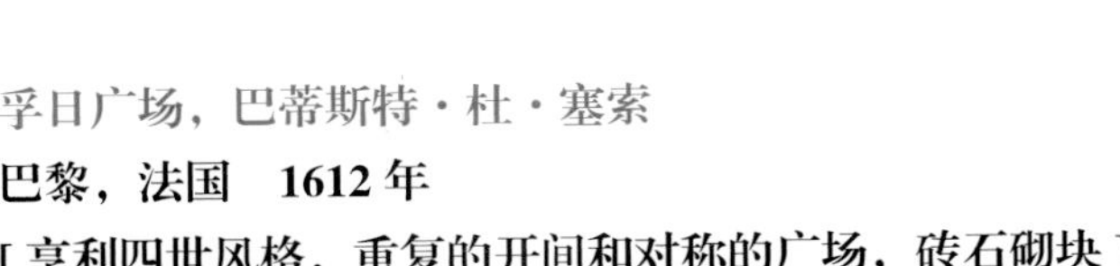

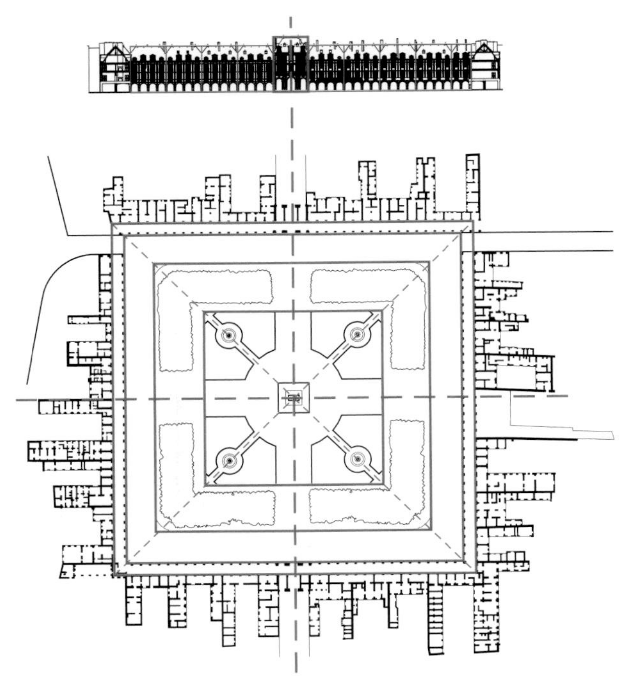

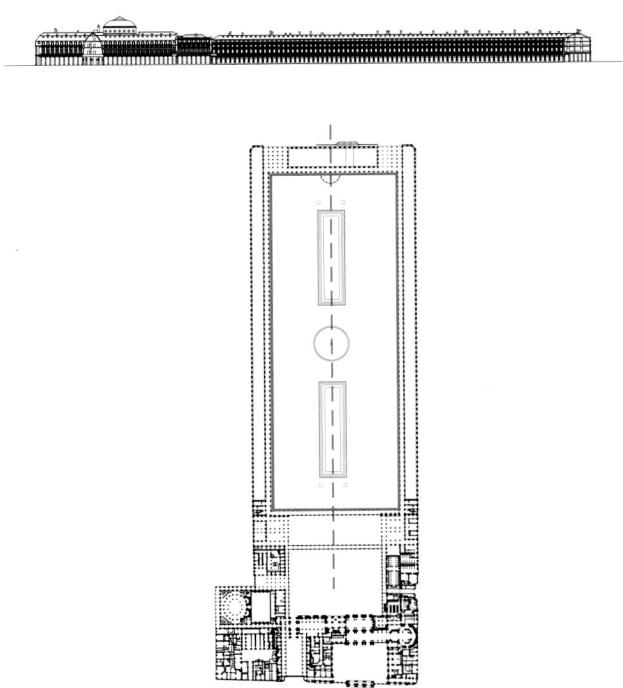

孚日广场，巴蒂斯特·杜·塞索
巴黎，法国　1612 年
[亨利四世风格，重复的开间和对称的广场，砖石砌块]

Place des Vosges, Baptiste du Cerceau
Paris, France　1612
[Henry IV style, repetitive bayed symmetrical square, masonry]

作为巴黎最古老的按照规划建设的广场，孚日广场是皇家城市规划的早期范例之一。它的平面是纯正的几何正方形，长、宽均为 140 米。红砖砌筑的开间与拱廊之上石制**屋角砖**形成的饰条相互交错，为广场形成了均匀又统一的界面。广场北面的界面在国王楼（the Pavilion of the King）处间断，同样，南面是在王后楼（the Pavilion of the Queen）处间断，这两处的屋顶线相对于其他位置进行了统一抬升，由此被赋予了更高的等级。这两个展览馆以三个拱门确定了入口，并强调了立面组织中对称式的轴线。整体的和谐是通过重复性立面的一致性、几何图形的纯粹性以及建筑立面和空间的轴线对称来实现的。

罗亚尔宫，雅克·勒默西埃
巴黎，法国　1629 年
[法国巴洛克式，轴线对称的矩形庭院，石材]

Palais-Royal, Jacques Lemercier
Paris, France　1629
[French Baroque, axial rectangular courtyard, stone]

罗亚尔宫最初被称为“主教宫”（Palais-Cardinal），是红衣主教黎塞留（Cardinal Richelieu）的住所，他是国王路易十三（King Louis XIII）的首席大臣。罗亚尔宫的平面布局由住宅空间围成的狭长矩形中心庭院所界定，庭院周围环绕着一圈柱廊。中心轴线以入口空间为起点，引人注目的宏伟主入口确立了中心轴线。重复性的开间和三段式立面构成了一个纯粹的、规则的空间，表达了秩序和力量，同时又在巴黎的城市肌理中创造出一个私密空间。

非对称 | Asymmetry

非对称并不是简单的“对称”的反义词，从概念角度来看，它指的是一种建筑构成的平衡性，而这种平衡性不是直接通过镜像对称的形式体现的。如果一个建筑是不对称的而且这种情况是偶然产生的，那么这显然与刻意设计成不对称的建筑是完全不同的。对新艺术主义和现代主义运动之前的建筑师来说，以对称方式组织建筑立面是常规的做法。新的建筑运动为建筑师提供了更复杂的平衡形式，远远超越了简单的镜像对称。但只有当非对称的背后具有某些特定的设计意图时，才可以用特定的建筑环境进行解释。非对称是一种更复杂、更老练的平衡，并可以按人们的期望形成可控、可调整的平衡，类似传统的对称手法所达到的那样。

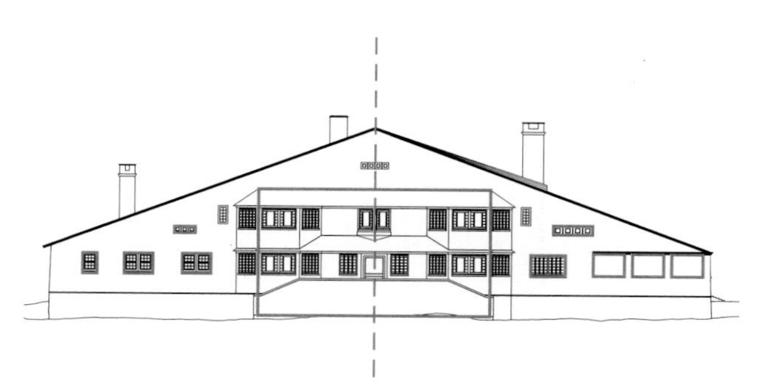

威廉·G. 洛住宅，麦克金，米德和怀特建筑事务所
布里斯托，罗德岛　1887 年
[木瓦风格[译注 1]，房子，木结构]

William G. Low House, McKim, Mead and White
Bristol, Rhode Island　1887
[Shingle Style, house, wood frame]

威廉·G. 洛住宅通过建筑细部非对称的精心布置形成了建筑整体的对称形式。建筑的主立面以屋顶巨大的三角形形式为主导，将整个建筑包裹其下。两组凸窗的开间是完全一致的，形成了一种对称感。但相比之下，住宅右侧较低的一侧设计有一处大型的外部通廊，使建筑形成了非对称但又完全平衡的立面。同时，烟囱的位置也是非对称的，因其首先考虑的是功能需求而非追求建筑构成形式的绝对纯粹性。

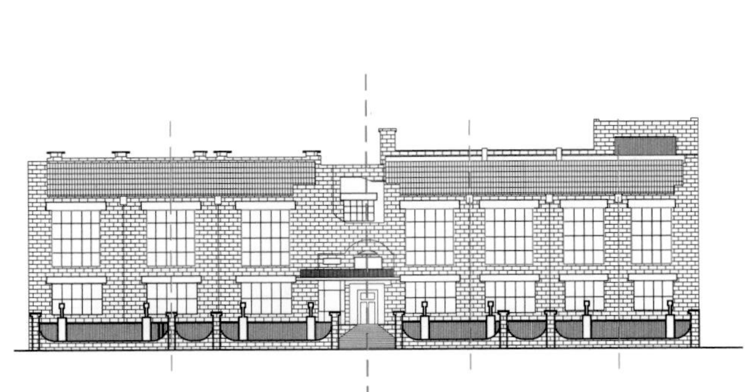

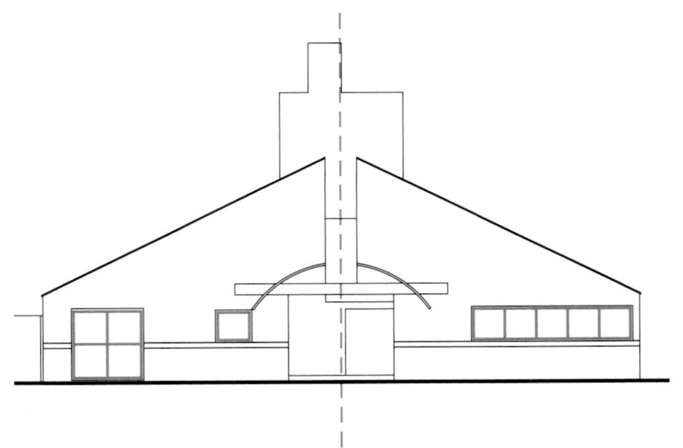

格拉斯哥艺术学院，查尔斯·雷尼·麦金托什
格拉斯哥，苏格兰　1909 年
[新艺术运动，线性平面的学校建筑，砖石砌块]

Glasgow School of Art, Charles Rennie Mackintosh
Glasgow, Scotland　1909
[Art Nouveau, linear plan school, masonry]

格拉斯哥艺术学院是麦金托什建筑作品中运用非对称设计手法的典型案例。尽管其建筑平面的整体形式从本质上来说依旧是对称的，但麦金托什在建筑立面中进行了细小却关键的调整（特别是在入口处），使得原本完全相同的建筑两翼形成略微不同的布局形式。建筑的左翼有三个凸窗，每扇窗有五个窗格。建筑的右翼则有四个凸窗，其中两个有五个窗格，另外两个有四个窗格。建筑的入口大门及其上方学院主任办公室的窗户均向右微微偏移，来补偿窗格数量的变化。建筑前的围栏向前延伸，建立起独立的基准面，并不遵循建筑主体的非对称手法。整座建筑的非对称是细微又巧妙的，通过整体构成取得了布局的平衡。

母亲之家，罗伯特·文丘里
栗山，宾夕法尼亚州　1964 年
[后现代主义，矫饰主义平面住宅，木材]

Vanna Venturi House, Robert Venturi
Chestnut Hill, Pennsylvania　1964
[Postmodernism, mannerist plan house, wood]

母亲之家的整体形式是对称的，但窗户的布局体现了非对称性。建筑右侧五个窗户排列成一条线，参考的是柯布西耶带形长窗的设计手法。建筑左侧同样也布置了五个窗户，但文丘里将其中的四个进行组合，形成一个巨大的四方窗（four-square-window），第五个窗户布置在四方窗的右侧，以此呼应建筑入口另一侧的带形长窗。文丘里通过这种非对称的设计实现了建筑布局的完整平衡。

局部对称 | Local Symmetry

对称手法的使用并不需要刻意地出现在建筑结构这一层次，在建筑布局形式中，许多构件或者元素的组合通常采用局部对称的手法。局部对称可以作为一个模块出现在一个对称的立面中，也可以作为一个元素出现在非对称的立面中，成为整个建筑的焦点。局部对称是一种相当复杂的操作，要求建筑师对建筑构成中的非对称有清晰的认识，了解对称元素如何影响立面以及它对建筑本身意味着什么。

巴西利卡，帕拉迪奥
维琴察，意大利 1549 年
[文艺复兴后期，巴西利卡（古罗马长方形廊柱大厅），石材立面]

The Basilica, Palladio
Vicenza, Italy 1549
[Late Renaissance, basilica, stone facade]

坐落于维琴察的巴西利卡所采用的帕拉迪奥式窗户（Palladian windows）是在具有重复模数的建筑细部中应用局部对称的典型案例。这种窗户类型的特征是拱门的两侧各有一个圆柱支撑。这种样式起源于瑟利奥（Serlio）拱形窗，但由帕拉迪奥将其推广开来，因此后来以帕拉迪奥的名字命名。帕拉迪奥式窗户这种元素，不管其在立面上的位置如何，都应引起人们的关注，一部分原因是其自身的对称性对立面整体构成产生的影响力，而其对称性又依赖中心拱与两侧圆柱之间的匹配关系。这种帕拉迪奥母题具有内在的对称性，无论其位置如何或存在的构成环境如何，都不会影响对称的本质。

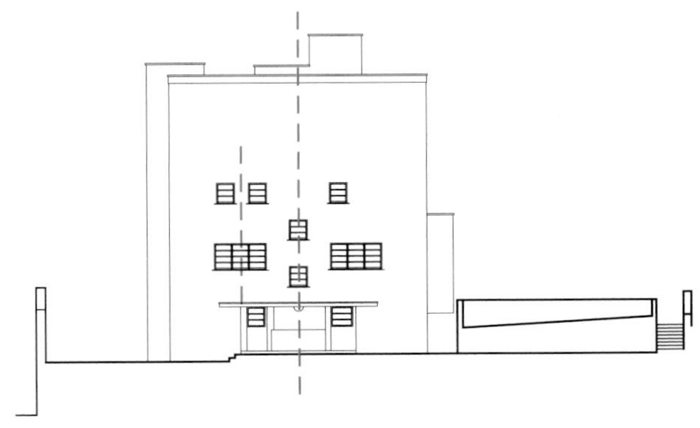

米拉公寓，安东尼·高迪
巴塞罗那，西班牙　1910 年
[新艺术运动，公寓建筑，石材立面]

Casa Mila, Antoni Gaudi
Barcelona, Spain　1910
[Art Nouveau, apartment building, stone facade]

米拉公寓的基本建筑形式由起伏的石材表面构成。在这种有机的形式体系中，局部对称被用作一种基本的空间秩序。建筑的某些部分，如主入口左侧的立面集群和建筑中的公共部分，实际上都是完全对称的，为建筑构图提供了几何规则和等级秩序。高迪设计的米拉公寓始于入口的对称，但是当离开入口时，立面就变得起伏且没有规则。入口部分的局部对称是建筑立面的基础，以此将其余起伏的部分稳定下来。

缪勒住宅，阿道夫·卢斯
布拉格，捷克斯洛伐克　1930 年
[现代主义，运用体积规划法设计的住宅，砖石砌块]

Villa Müller, Adolf Loos
Prague, Czechoslovakia　1930
[Modernism, Raumplan house, masonry]

缪勒住宅突破了卢斯在其早期住宅项目中惯用的对称传统，也许是因为该住宅位置偏远且独立，故具有良好的识别性。通常，卢斯只会在面向公众的立面中运用对称的设计手法。然而在缪勒住宅设计中，四个立面都运用了局部对称的手法，而且每个立面都有一条明确的对称轴贯穿其中。每个立面的构成都是平衡的，但却通过分散设置的窗户形成不同的变化。最终，建筑的每个立面确实使用了局部对称，由卢斯建立却又被他亲自打破。缪勒住宅是现代主义运动以来最复杂的立面形式之一，它清晰地展示了卢斯对建筑外部构图组织能力的信赖与坚持。

材料对称 | Material Symmetry

材料对称指的是依赖对材料的选择和使用在视觉上形成组合效果的几何形状。材料对称仍然遵循对称的惯用做法以及镜像的轴线和视觉平衡的构图，不同之处在于，材料对称的形式需要通过其使用的材料来体现，即材料对称的形式从属于材料特性。虽然二者经常重合，但是材料对称的识别性确实发生在建筑材料和建筑构造这一尺度中。所以，建筑的对称性与建筑构件尺寸、构件模度以及建筑整体的材料构成等多个维度都息息相关。

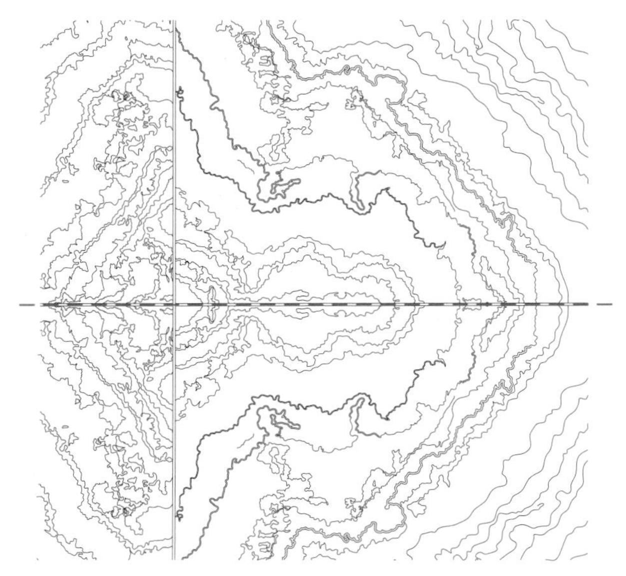

巴塞罗那德国馆，密斯・凡・德・罗
巴塞罗那，西班牙　1929 年
[现代主义，自由平面，钢材、玻璃和砖石砌块]

Barcelona Pavilion, Mies van der Rohe
Barcelona, Spain　1929
[Modernism, free plan, steel, glass, and masonry]

巴塞罗那德国馆采用了自由平面的布局形式，在无限的空间内清晰表达出各种特定的要素。空间的流动，从一种功能到另一种功能，由内部到外部，纯熟又巧妙地模糊了边界。建筑师将建筑的形式进行简化，对细部构件的表达也是最低限度的，但通过清晰连接的材料面板为建筑带来了丰富的空间变化和无上的空间意义。德国馆中著名的大理石墙的材料构成采用的是“书籍匹配”（book-matched）[译注 2] 的方式，即将石材切割成平行的石片，石片的布局中相邻两片的色彩和纹路必须相互匹配，就像打开的书页一样。同时，石片的接缝就会形成一条对称轴线。在整个建筑空间中，大理石是唯一具有纹理、比例和细节的材料。因此，大理石这种镜像的主导力就可以表现为对整个建筑空间组织的解读，即建筑空间是一个局部对称的空间，其上下两部分是相同的。这种大胆的形式组织让人联想到经典不衰的古典建筑秩序与法则，但又通过轴线的重新定位完成了高度现代化的适应性调整。

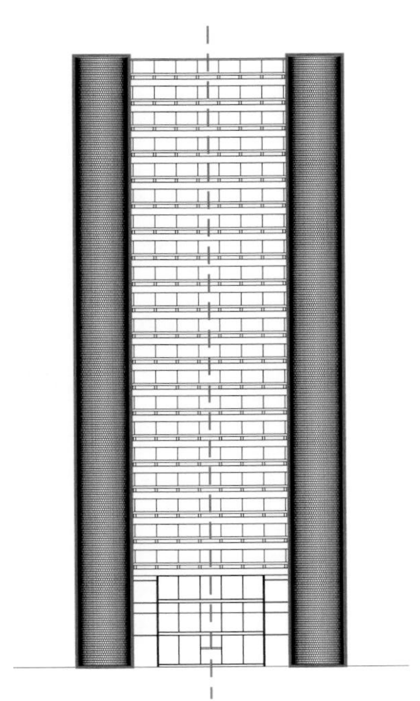

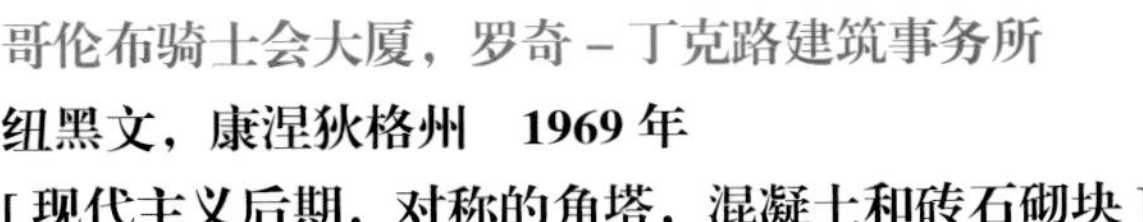

哥伦布骑士会大厦，罗奇－丁克路建筑事务所
纽黑文，康涅狄格州　1969 年
[现代主义后期，对称的角塔，混凝土和砖石砌块]

Knights of Columbus Building, Roche-Dinkeloo
New Haven, Connecticut　1969
[Late Modernism, symmetrical corner pillars, concrete and masonry]

哥伦布骑士会大厦是一栋简洁的办公建筑，在平面组织中将电梯核置于中央位置，其余部分则保持开放性和灵活性。四个转角突出于建筑主体，布置的是消防楼梯和卫生间，并以混凝土镶砖加以强调。由这种功能布局所形成的立面效果就是体量巨大的对称塔楼。不透明的黏土砌块以对称的位置关系创建了一个简洁又统一的整体形象，使建筑在所有方向上呈现出来的都是完全相同的特征，没有任何差异。建筑形象的对称性和材料的对称性出现在整个建筑的组织布局中，产生了宏伟的视觉效果与空间规模。

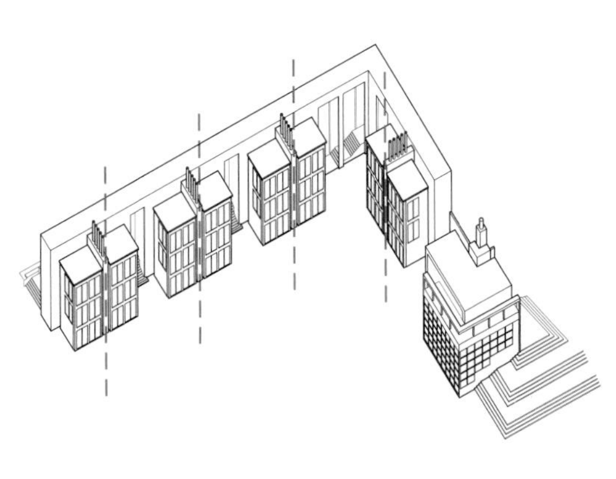

米德尔顿庄园酒店，W.G. 克拉克和查尔斯・梅尼菲
查尔斯顿，南卡罗来纳州　1986 年
[现代主义后期，对称的居住空间，木材和砖石砌块]

The Inn at Middleton Place, W.G. Clark and Charls Menefee
Charleston, South Carolina　1986
[Late Modernism, symmetrical room towers, wood and masonry]

米德尔顿庄园酒店通过局部的材料对称创建了居住空间的开间，居住部分共有三层，一片加厚的墙体作为镜像轴线将其一分为二。局部的材料对称形成了重复的模块，这些模块沿着“L”形建筑平面的长边以一定的规律重复出现。以材料为基础形成的局部秩序通过对重复性的酒店房间进行局部调整，创造了一种突出的构成效果，同时，考虑到基地、尺度、朝向和形式等因素，在建筑整体构成中也允许应用不规则原则。重复出现的木构单元由不同的节点与主体固定，节点部分容纳的是通用的共享空间，并进一步强调了整体组织构成中的非对称性和局部的等级关系。为了突出这种内部秩序，建筑材料的应用从灰泥砌块转变为大胆的黑色涂漆墙板，鲜明的对比吸引了人们的视线。

功能对称 | Programmatic Symmetry

功能对称是一种强大的组织体系。从本质上讲，只有建筑的直接使用者才可以感受到功能对称。这是一种与建筑平面和功能组织有着紧密联系的对称类型，因此不能简单地通过建筑立面或第三方用户来研究。考虑到建筑功能所具有的主导地位以及对历史建筑的类型学参照，功能对称通常是优先于其他对称形式的，虽然如此，在功能对称中依然存在一些对镜像对称的参考，功能对称也是镜像对称的一部分。

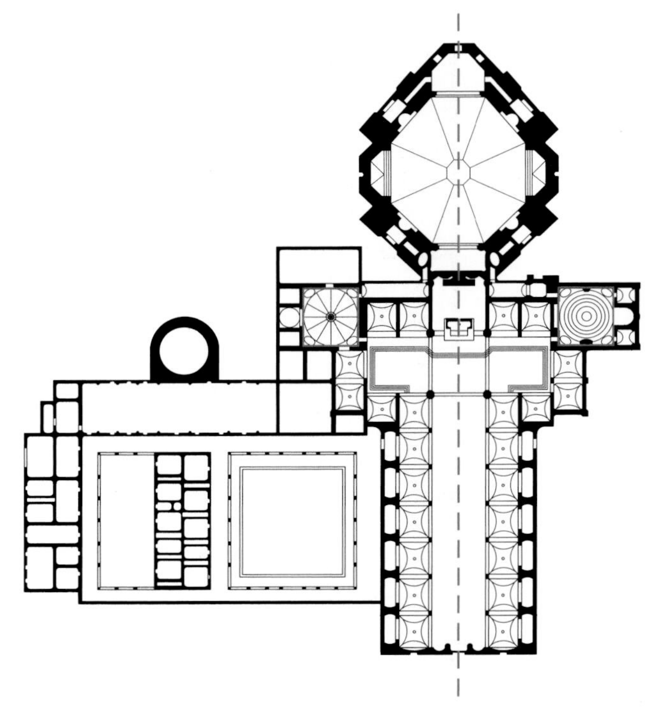

圣洛伦佐教堂，菲利波·布鲁内列斯基和米开朗琪罗·博纳罗蒂

佛罗伦萨，意大利　1459 年

[文艺复兴，拉丁十字教堂，砖石砌块]

San Lorenzo, Filippo Brunelleschi and Michelangelo Buonarroti

Florence, Italy　1459

[Renaissance, Latin Cross church, masonry]

由菲利波·布鲁内列斯基设计的旧圣器收藏室和米开朗琪罗设计的新圣器收藏室在圣洛伦佐教堂内形成了明显的功能对称。旧圣器收藏室是一个正方形的房间，位于教堂北翼，朝教堂中心开口。布鲁内列斯基将其设计成一个完美的正方形，从剖面看则是内接球体的立方体。圣洛伦佐教堂是文艺复兴早期的建筑实例，对后世建筑师产生了深远影响。大约一百年后，米开朗琪罗为圣洛伦佐教堂设计了新圣器收藏室，与旧圣器收藏室的位置正好相对，以此形成了功能对称的开创性案例。尽管米开朗琪罗设计的新圣器收藏室在各个方面都更加复杂，但其空间的功能形状以及在建筑平面中的最终位置都和布鲁内列斯基的原作完全一致。

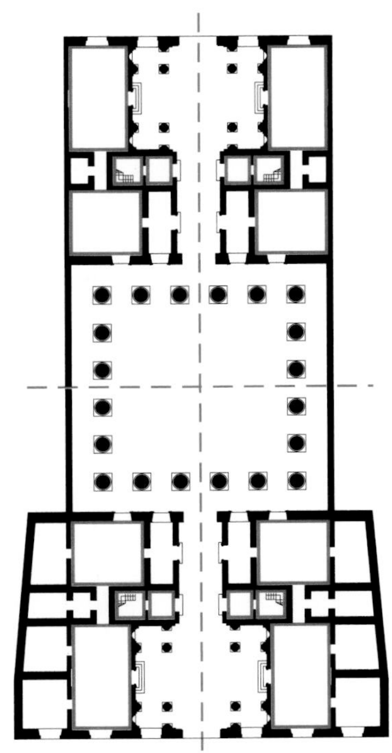

波尔图宫，安德烈·帕拉迪奥
维琴察，意大利　1544 年
[文艺复兴后期，庭院式宫殿，砖石砌块]

Palazzo Porto, Andrea Palladio
Vicenza, Italy　1544
[Late Renaissance, Courtyard Palace, masonry]

波尔图宫并未建成，但其最初的设计确实是两栋完全相同的建筑，由一个大庭院连接（或可理解为分割）。帕拉迪奥认为这座建筑是传统的宫殿式建筑，但并没有依照传统将庭院布置在宫殿中心，他将宫殿建筑对折，并将其“孪生兄弟”布置在庭院的另一侧。帕拉迪奥之所以如此决策，可能是因为基地的形状很长又不宽，因此才使用功能对称作为解决场地问题的方法。

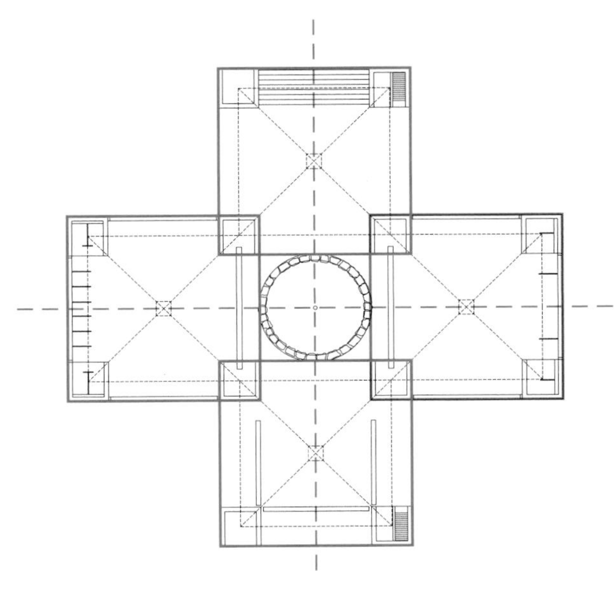

特伦顿浴场，路易斯·康
特伦顿，新泽西州　1959 年
[现代主义，希腊十字形浴场建筑，砖石砌块和木材]

Trenton Bath House, Louis Kahn
Trenton, New Jersey　1959
[Modernism, Greek Cross bath house, masonry and wood]

特伦顿浴场依据人群性别进行功能组织的划分，是功能对称的典型案例。两个更衣室平衡地布置在希腊十字形平面相对的两侧，分别对应男性和女性用户。康在每个体块的屋顶上增设了金字塔形的屋顶，使两部分体块更加独立又更加一致地联系起来，并使功能对称的效果得到更明显的体现。特伦顿浴场如此着重于表现功能对称的控制力，以至于空间层级、建筑入口等其他设计理念似乎显得微不足道了。

等级结构
Hierarchy

09– 等级结构 | Hierarchy

一直以来，等级结构都是最复杂的建筑设计原则之一。其复杂性来源于这样一种事实：等级结构与建筑的诸多层面不同，它不是完全不言自明的，必须经常被动地获得解释和证明。而解释和证明又具有多样性和固有的不确定性。然而，或许就是这种天然的属性或不确定性才使等级结构成为具有重大意义又不断发展的建筑原则。就其本质而言，等级结构的思想将永远不会被建筑师放弃，其描述性的本质，以相互关联又多样性的建筑形式为基础建立起来，一直是整个建筑行业的基本原则和信条。同时，等级结构几乎可以作为任何设计或设计中任何方面的生成机制，如建筑平面设计、立面设计、某个房间的设计甚至整个城市的设计，均可适用。

形式等级/几何等级（Formal / Geometric Hierarchy）形式等级或几何等级是最容易辨识的等级类型，它常应用于建筑形状或形式的对比。但这并不意味着一栋建筑必须采用外国风格或杂糅风格：简单地说，形式等级或几何等级就是指构成元素在一栋建筑内或周边建筑之间所运用的形状对比和差异。

城市形态等级（Urban Formal Hierarchy）当连续的城市体系出现明显的间断并允许不同的组织体系加入时（例如，弗兰克·劳埃德·赖特在纽约城中设计的古根海姆博物馆），城市形态等级才会形成，而且城市形态等级中并没有明确的可复制模式。唯一明晰又重要的一点是城市主义并不会与周围的城市肌理相互融合，例如，人们完全可以想象在文艺复兴的城市背景中存在一个中世纪的街区，反之也是成立的。

轴线等级（Axial Hierarchy） 轴线等级是指以一条轴线为主导的等级体系，轴线等级强调的是轴线的端点。数不尽的建筑都遵循着这一原则，如教堂建筑类型的平面组织就是基于从入口到圣坛的这条轴线。轴线等级适用于多种尺度的建筑，小到单个房间，大到整个建筑群。

城市轴线等级（Urban Axial Hierarchy）城市轴线等级是指以一条或一系列轴线对城市整体布局进行组织或控制的情况，但这通常仅是在政治上可行的情况下才会发生。要控制整个城市的街道布局，以今天的社会来看似乎是不可能的，然而在过去，教皇、皇帝和国王都有能力重新设计整个城市，并随意选择轴线数量和等级。由此，轴线成为这类情况的典型代表，或用于连接各等级节点，或用于城市结构的切割或贯通，以形成城市中的重要元素和空间。

视觉 / 知觉等级（Visual /Perceptual Hierarchy）从本质上说，视觉等级或知觉等级是更为复杂的等级类型之一。它在很大程度上依赖于感知，而感知却因人而异。视觉等级是面对建筑、景观或城市项目时的直观所见，因此对设计项目的理解至关重要。对于视觉景象的精心设计可借助于单条轴线或整体组织体系，也可以借助一系列分散的位置变动进行局部安排和设计，逐步达到视觉高潮。

规模等级（Hierarchy of Scale）规模等级是依靠尺寸的梯度变化展示重要性的一种方式，规模等级高度依赖设计场地对各类要素关系的理解和认知。典型的做法是将尺度扩大以强调重要的意义，然而相反的操作也同样可行，较小的元素也可以用来表达重要性。这一原则不仅适用于单体建筑，也适用于建筑组群在城市环境中的感知以及这种感知如何受规模所影响。在许多不同的城市中，规模都发挥着巨大作用，特别是对城市整体的认知和理解中，规模是一个重要因素。通常，对这些因素的识别依靠规模的增加，但反过来也依然有效，规模的缩小也可以增强识别性、凸显意义。

纪念等级（Hierarchy of Monument）纪念性建筑在等级结构中占有独特的地位，其本身的属性就决定了一定的等级。纪念性建筑的等级通常由其位置、规模、材料和形式等方面来确定，所有这些方面都有助于形成最有影响力、最具辨识性的等级结构类型。

视线控制等级（Hierarchy of Visual Control）视线控制等级是指设计师对使用者的感知进行限定或引导，以此作为建筑理念的展现方式。视线控制等级可以在多个层面得到体现，设计师可能会故意掩饰或显露一些景观要素，或者有意提供一些视觉线索，从而引导使用者发现“意外”的空间。通过空间的隐藏和显露以及对使用者体验顺序、数量和内容的精心安排，这一等级类型也可作为一种空间管理的手段。

功能等级（Programmatic/Functional Hierarchy）建筑师通常会将一栋建筑的功能分离开来，再依照各种功能在建筑内的等级关系进行重新连接。功能等级这一类型可以通过形式、材料和轴线进行表达。各功能部分在建筑内部协调相互之间的联系，并在建筑内部形成等级关系。

色彩等级（Color Hierarchy）通过色彩的运用表达等级结构是建筑项目中表达重要性和相对意义的一种常见又有效的方法。色彩等级的实现，或是通过一种颜色与另一种颜色的对比在各部分之间建立相对的等级层次，或者通过颜色的运用隐藏一些元素以营造不同的建筑意境。色彩本身是具有特定含义的，这也是几个世纪以来建筑师们一直进行的探索和追求。

材料等级（Material Hierarchy）材料等级一直是建筑界的重要议题。在各种文化中都存在一种基本的方法和理念，即通过材料特性的应用为建筑实体赋予重要意义。发现与建筑意义有关的材料价值，是以材料特性展现建筑要素重要性的直接转译。

形式等级 / 几何等级——建筑尺度 I
Formal / Geometric Hierarchy—Architecture

形式等级或几何等级是通过系统间不同形式的对比建立起来的。人眼的识别方式是不断在事物的周围环境中辨别相对关系，因此眼睛能够轻而易举地识别出某个模式中的变化。人眼的这种转换特质是等级体系和设计原则的基础。然而，单独的差异并不意味着等级制度，它只是一种差异。正是相对关系的复杂性和相互关联性决定了等级的控制力或等级制度。

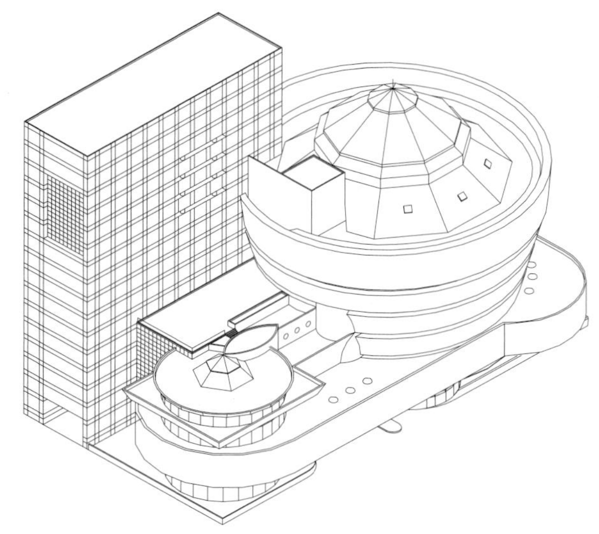

古根海姆博物馆，弗兰克·劳埃德·赖特
纽约市，纽约州　1959 年
[现代主义，围绕中庭旋转的螺旋式美术馆，混凝土]

The Guggenheim Museum, Frank Lloyd Wright
New York, New York　1959
[Modernism, ramping spiral gallery around atrium, concrete]

位于纽约市的古根海姆博物馆，其建筑形式源于内部的螺旋步道。这种形式在建筑的整体结构和外部造型中均有体现，它将博物馆作为一个独特的、可变的单一几何体，与大道两侧的其他直线形建筑区分开来。古根海姆博物馆坐落于中央公园的正对面，这种城市空间条件使人们从很远之外就可以看到它，因此也进一步凸显了其建筑形象。这本是一个规则形态与不规则形态的简单对比，然而，赖特将过渡处理得如此自然，将博物馆建筑巧妙地融入城市肌理之中，并未出现原本可能出现的形式上的冲突。

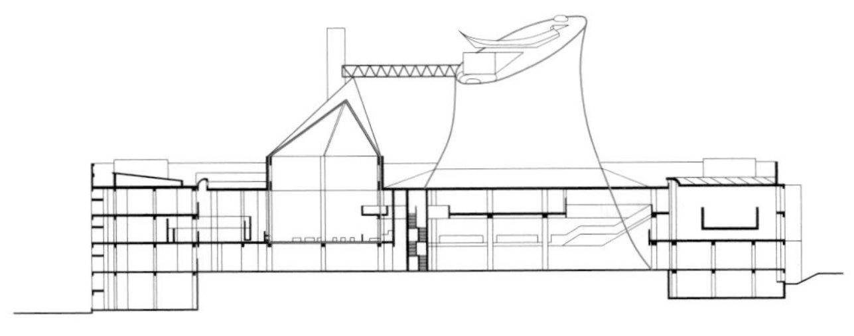

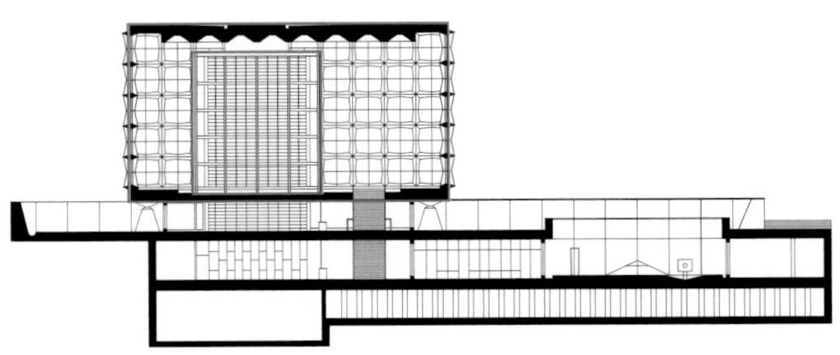

昌迪加尔议会大厦，勒・柯布西耶
昌迪加尔，印度　1963 年
[现代主义，议会大厦，混凝土]

Chandigarh, Le Corbusier
Chandigarh, India　1963
[Modernism, parliament house, concrete]

由勒・柯布西耶设计的议会大厦是昌迪加尔的核心形象建筑。其建筑的内部非同寻常，因为整个内部空间包含有无数的列柱。就在列柱之间、偏离中心的位置上布置了主议会厅，并且主议会厅采用的是夸张的曲线形式。这种圆形的空间形式与直角的边界形成了强烈对比，成为形式等级或几何等级中的典型案例。议会厅所采用的复杂的、曲线式的三维形态，不得不让人联想到核冷却塔的建筑形式。若隐若现的建筑形象与建筑空间中硬朗的列柱并置共存，这种组合极具表现力和冲击力。当人们在开放的列柱中穿行时，就会感受到有一个巨大的曲线造型的物体一直在附近徘徊。议会厅向上延伸直至建筑屋顶，并由巨大的天窗照亮整个空间，由此创造出引人注目的空间，像是在整个建筑中宣示它是最高等级的、代表政府意志的唯一空间。

拜内克古籍善本图书馆，戈登・邦沙夫特，SOM
纽黑文，康涅狄格州　1963 年
[现代主义，中心式的玻璃堆叠，混凝土和砖石砌块]

Beinecke Rare Book Library, Gordon Bunshaft, SOM
New Haven, Connecticut　1963
[Modernism, centralized glass stack, concrete and masonry]

拜内克古籍善本图书馆是一个严谨的矩形建筑，没有窗户。从外部来看，建筑就像是悬浮在空间之中。拜内克古籍善本图书馆坐落于耶鲁大学校园中，周围环绕着许多自相似的新哥特式建筑，通过将大体量、基于场地的矩形形式与周围建筑的传统装饰和细部并列放置，对比就这样产生了。正是运用形式的差异性，拜内克古籍善本图书馆实现了形式等级的构建。同时，去除建筑细部是对形式等级的进一步完善，也意味着去除风格和装饰并简化了形式。

形式等级 / 几何等级——城市尺度 I

Formal / Geometric Hierarchy—Urban

形式等级或几何等级在城市环境中的应用与其在建筑中的应用完全一致。通过在城市要素中插入与其形成对比的其他要素，就可以实现城市中形式等级的划分。常用的做法是在高密度的城市环境中插入开放空间或空地。也可以在城市肌理中采用减少轴线的方式，将多个要素连接起来，最终只聚焦于某一个等级要素。当城市肌理的特征发生局部变化时，如密度、规模或形式等变化时，就意味着城市尺度的形式等级形成了。

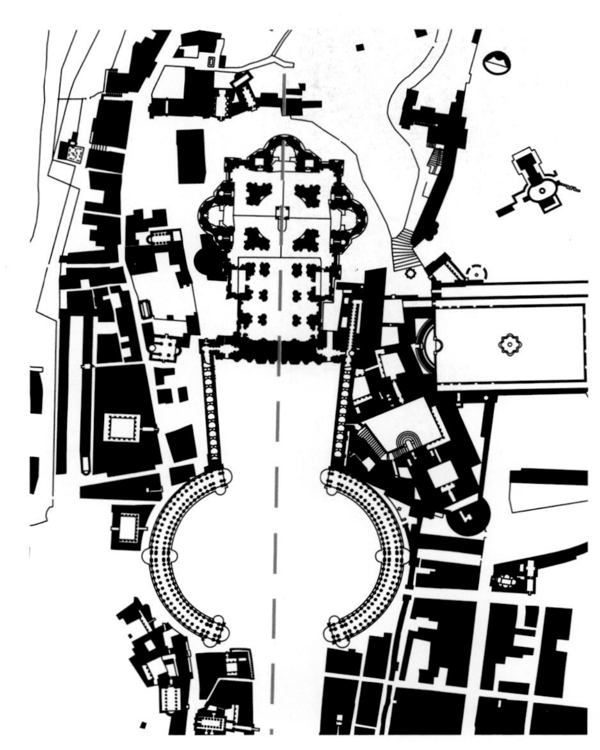

圣彼得大教堂前广场，多位建筑师

罗马，意大利　1667 年

[文艺复兴，穹顶与希腊十字平面，砖石砌块]

St. Peter's Basilica, various

Rome, Italy　1667

[Renaissance, dome and Greek Cross plan, masonry]

圣彼得大教堂以其自身的建筑形态联系起梵蒂冈和罗马两座城市，通过圣彼得大教堂对城市轴线的控制，梵蒂冈教堂建筑群构建了城市尺度下的形式等级。梵蒂冈的城市轴线由马塞洛·皮亚琴蒂尼（Marcello Piacentini）在 20 世纪 40 年代完成，以圣彼得大教堂的主立面为起点，穿过方尖碑，一直延伸到圣天使堡。这条轴线主导着周边的城市肌理，是城市尺度下形式等级的重要因素。从另一方面来说，由贝尔尼尼设计的教堂前广场同样以其尺度和造型、椭圆形的几何形态和重复的柱廊，成为形式等级的典型代表。其中，椭圆形的几何形态具有最高的等级，建立了一种无形的界限，限定出进入不同空间和等级结构的入口。

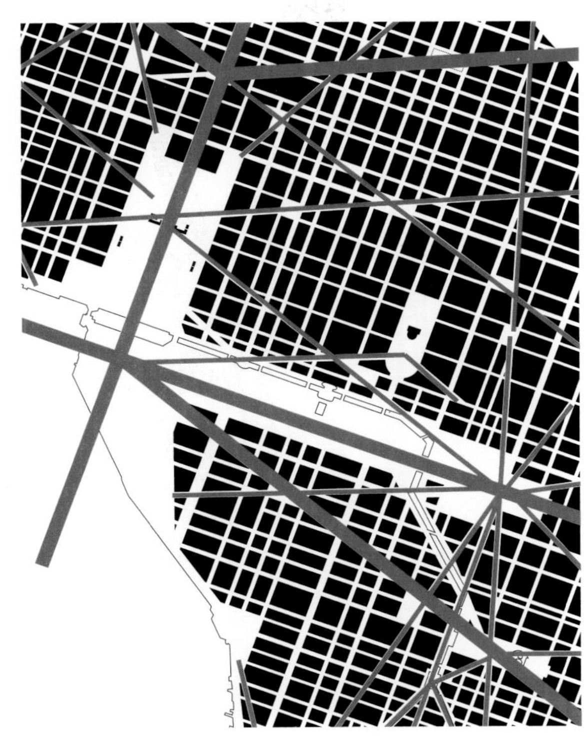

国家广场，皮埃尔·朗方
华盛顿特区　1791 年
[新巴洛克式，大规模的开敞绿色空间，植被]

The National Mall, Pierre L'Enfant
Washington, D.C.　1791
[Neo–Baroque, large, open, green space, vegetation]

国家广场是一片大规模的平坦又开敞的城市绿地，在朗方规划中占据了华盛顿特区的中心位置。华盛顿特区的城市规划方案效仿了欧洲巴洛克风格的规划方案，强调宽阔的林荫大道对各类纪念建筑的连接作用。在华盛顿特区的城市肌理中有无数的圆环与对角线，因此正交的带状绿地反而建立起一种中心主导性的城市形式等级。同时，这种等级体系通过附近布置的政治建筑、文化建筑和纪念建筑得到加强。轴线的起点是美国国会大厦，后方两侧分别是美国国会图书馆和最高法院；轴线继续向前穿过华盛顿纪念碑到林肯纪念堂结束。白宫所在位置则形成了与主轴交叉的十字轴线。国家广场周边的建筑还包括史密森学会，其建筑的整体构成包括新古典主义的风格、统一的大理石材料、与城市规划相匹配的几何建筑形式，明确地强调了国家广场的场所等级和功能等级。

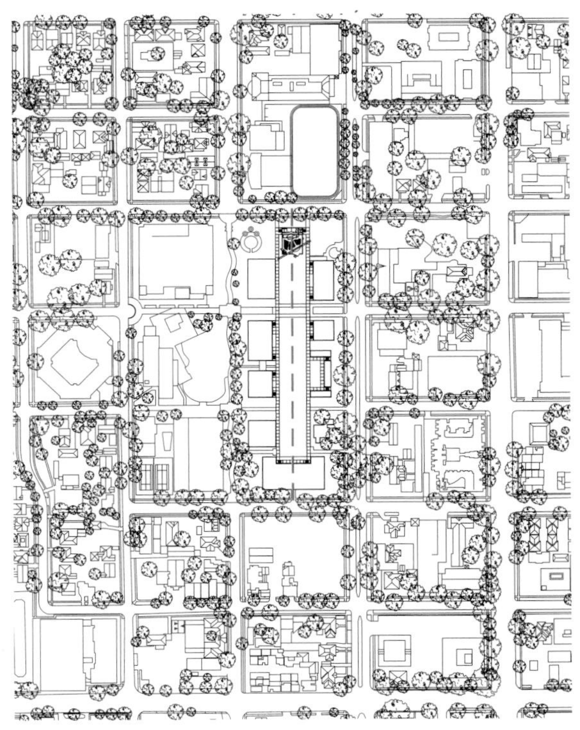

圣托马斯大学，菲利普·约翰逊
休斯敦，得克萨斯州　1959 年
[现代主义，以轴线布局的大学，砖石砌块和钢材]

University of St. Thomas, Philip Johnson
Houston,Texas　1959
[Modernism, axial university, masonry and steel]

由菲利普·约翰逊设计的圣托马斯大学是将杰斐逊设计的弗吉尼亚大学的组织体系与密斯·凡·德·罗设计的伊利诺斯理工学院的形式和构成进行综合的产物。约翰逊利用轴线条件，结合郊区景观的尺度和开敞性，建立起中央四方院的形式等级。圣托马斯大学的主要开敞空间周围是重要性最高的几座建筑，教堂与图书馆在主轴线上彼此相对，由一个精巧的钢制柱廊连接，既创建了统一而连续的边界，又为其限定出的城市空间带来了非凡的独特性和最高的等级性。

轴线等级——建筑尺度 | Axial Hierarchy—Architecture

轴线等级既简单又很容易识别。千百年来，轴线等级表达着重要性和等级性，跨越了多种文化一直沿用至今。轴线的各种应用，比如对称，都是人类渴望在混乱中寻求秩序的自然结果。从视觉上看，轴线意味着权威性和影响力，这对开口的布置或建筑实体的排列方式特别有效。

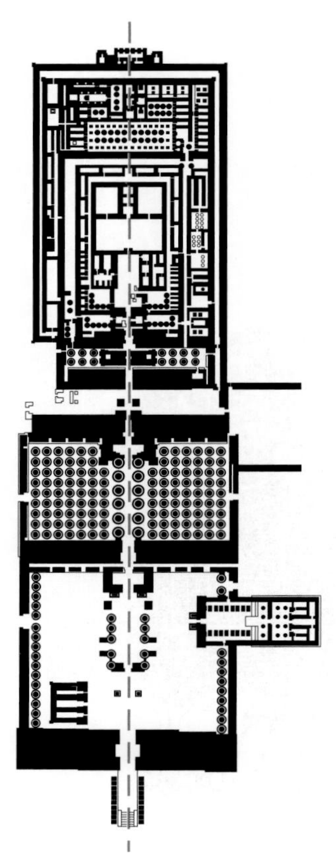

卡纳克神庙建筑群，法老拉美西斯二世
埃尔卡纳克，埃及　公元前 1351 年
[埃及风格，神庙建筑，砖石砌块]

Temple Complex at Karnak, Pharaoh Ramses ll
Al Karnak, Egypt　1351 BCE
[Egyptian, Temple, masonry]

卡纳克神庙建筑群是轴线等级结构的典型代表。六座塔的设置不仅标志着从游行路线到中王国庭院（Courtyard of Middle Kingdom）的轴线转折，也标示出各个序列空间的重要性。轴线等级体系通过空间的收缩得以加强，随着每一次过渡空间逐渐变小，直至庙宇的深处。

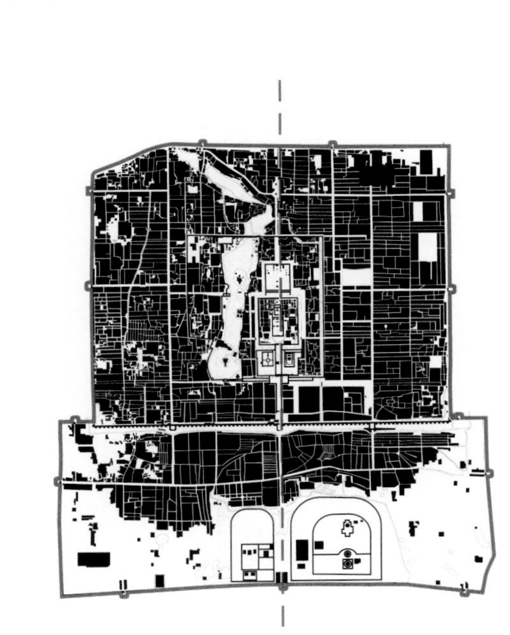

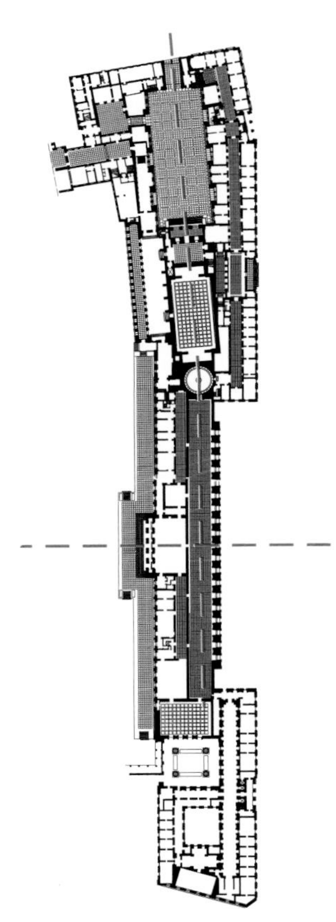

紫禁城
北京，中国　1420 年
[中国风格，中轴线连接各节点，砖石砌块和木结构]

The Forbidden City
Beijing, China　1420
[Chinese, central axis with nodes, masonry and wood]

紫禁城是依据轴线等级建立起来的。整个紫禁城被宫墙环绕，沿着中轴线展开空间组织，中轴线自午门起始，贯穿多个宫殿，最后止于御花园。紫禁城的轴线是为皇帝一人服务的。只有皇帝可以在中轴线上行进，因此通过轴线与空间形制、政治体制和精神信仰的结合，使紫禁城皇家建筑群的组织性更加强烈。通过中轴线的使用，建筑的形制等级也得以增强，并统领了仪典礼制的等级结构。

帝国总理府，阿尔伯特・斯佩尔
柏林，德国　1938 年
[新古典主义，带有多个庭院的线性建筑，砖石砌块]

The Chancellery, Albert Speer
Berlin, Germany　1938
[Neoclassicism, linear building with multiple courtyards, masonry]

由阿尔伯特・斯佩尔设计的帝国总理府，通过轴线这种组织方式的运用，引领来访者穿过数量众多的礼仪大厅、圆顶大厅及庭院，最终来到阿道夫・希特勒的私人办公室。在这里，轴线等级被用来建立一种控制性。访客绝不允许脱离轴线，他们必须一直跟随轴线直到终点。尽管这个设计方案有出于控制方面的需要，但轴线可以转折也可以返回，因此建筑中轴线的应用依然可以是复杂又细致的，这不仅增强了空间的丰富性与复杂性，还能在有限的场地中创造出更长的行进路径。

轴线等级——城市尺度 | Axial Hierarchy—Urban

城市环境中的轴线等级是城市设计中最易辨识、最有影响力的属性之一。轴线等级通常用在较古老的城市，如中世纪风格的老城，或进行城市发展的重新定位并以轴线作为其设计方法论的基本原理时。伦敦、罗马、巴黎等城市都经历过不同程度的变化。当然也有一些城市其设计的初衷就是为了再现欧洲伟大城市的荣光，因此将轴线等级用作其主要的设计理念。

罗马
17 世纪
[巴洛克式，以线性的街道连接广场]

Rome
17th Century
[Baroque, linear streets connecting piazzas]

罗马，16 世纪之前典型的中世纪城市，是一个令人瞩目的城市轴线等级的案例。教皇西克斯图斯五世（Pope Sixtus V）基于罗马城中七个朝圣教堂的位置重新设计了整个城市。他在中世纪的城市肌理中开辟了笔直的街道，创建了一系列轴线，并通过轴线将这些重要的宗教场所连接起来。他还创造了许多围合式的城市空间，通常每个空间都包含一处教堂建筑。几个世纪以来，罗马都是轴线等级结构的城市典范，证明了这种等级关系的基本原则和无限潜力。

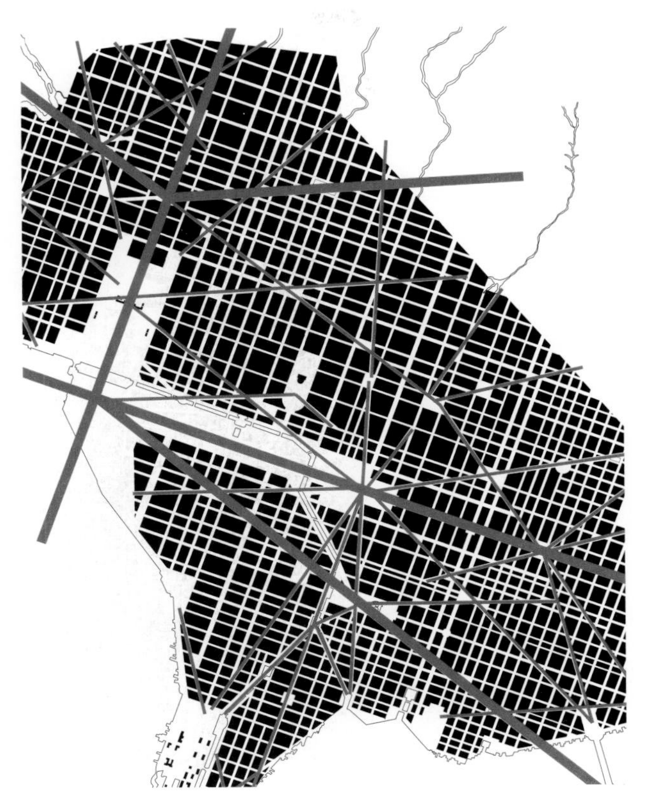

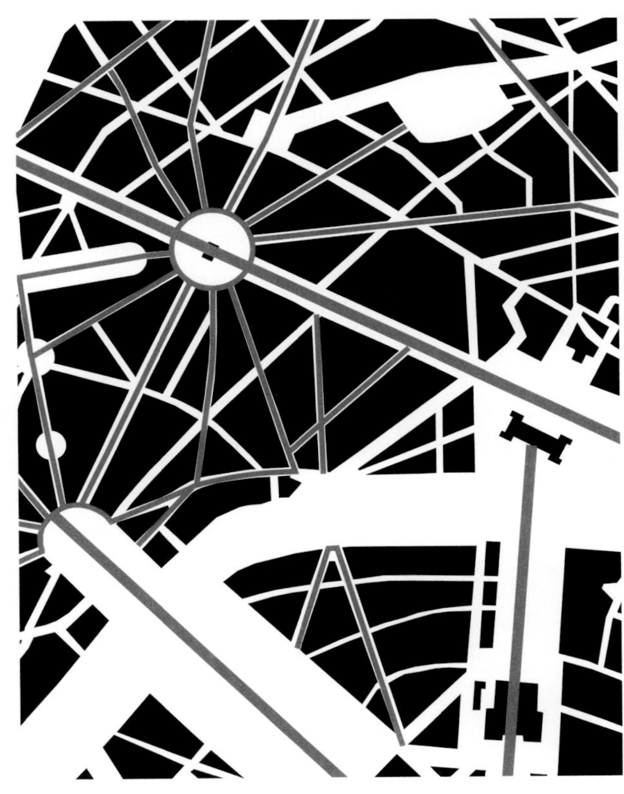

华盛顿特区，皮埃尔·朗方

1791 年

[新巴洛克式，以圆形或方形为中心向外辐射的宽阔林荫大道]

Washington, D.C., Pierre L'Enfant

1791

[Neo-Baroque, broad avenues radiating from circles and squares]

在进行华盛顿特区规划时，朗方设计了一系列直观的轴线，在巴洛克风格的城市结构中由这些轴线将重要的建筑物和纪念碑联系起来。城市中这些重要元素的视觉联系打破了常规的网格结构，使其成为华盛顿特区的代表形象，能够置身于伟大城市之列。华盛顿特区是作为全新的城市进行总体设计的，由于其没有任何中世纪城市结构的遗留，所以在新规划中可以设置更多的轴线，在视觉上也更容易理解。发散的形态与常规网格结构的鲜明对比，使重要轴线和放射状林荫大道清晰可辨并得到强调，同时也形成了完整的轴线等级。

巴黎，乔治–欧仁·奥斯曼

1870 年

[法兰西第二帝国风格，相互连接的林荫大道]

Paris, Georges-Eugène Haussmann

1870

[Second Empire, connecting boulevards]

当拿破仑三世要求奥斯曼进行巴黎城市的大改造时，巴黎还是一座非常拥挤又有些混乱的城市。奥斯曼遵循了由罗马人创立的城市模式，但在其中开辟了长长的街道，作为联系重要建筑物和纪念碑的轴线。奥斯曼在设计中有相当长远的打算，他要求预留开放空间和公园，规定了街道的宽度及建筑物的高度，除此之外，还确定了檐口高度、建筑材质、建筑退让等细节。在奥斯曼的改造方案中，宽阔的林荫大道和统一的建筑肌理成为巴黎的象征，形成了宏伟壮丽的城市形象。

视觉 / 知觉等级——建筑尺度 I
Visual / Perceptual Hierarchy—Architecture

视觉或知觉等级都依赖于人的五种感官确定建筑构成的意义及其相关性。建筑与空间很大程度上依靠视觉作为最重要的感知媒介，视觉上相互联系的建筑形式更易于识别。尺度、位置、材料、距离、形式以及这些要素的组合产生了视觉关系，并促进了等级关系的建立。各要素之间的关系存在于建筑的造型、形态和功能之中，或主导或从属，只有转变成一种通用的、清晰易懂的语言才能完成对建筑的理解。视觉等级的感知以及要素、空间、位置的相互关系决定了建筑的整体体验。

和平之后堂，彼得罗·科尔托纳
罗马，意大利　1667 年
[巴洛克式，戏剧性的主立面，砖石砌块]

Santa Maria della Pace, Pietro Cortona
Rome, Italy　1667
[Baroque, theatrical facade, masonry]

和平之后堂位于纳沃纳广场（the Piazza Navona）附近，由一条中世纪的长街引入，这条长街蜿蜒地串联起罗马的城市肌理，在街道上可以看见教堂华丽的巴洛克式主立面，虽不甚清晰但足够吸引人的目光。随着人们不断走近，教堂逐步展现出它的全貌。在这种环境条件下，视觉和知觉等级最为有效，直到游客到达教堂前的小广场，教堂一直吸引着人们的注意力。教堂主立面采用的是凸曲线的形式，呼应着天空，也创造了更有张力、更加丰富的感知等级。这座教堂在罗马深受欢迎，甚至不惜拆除周围的一些建筑来为其营造一个稍微大一点的空间，以便人们更加充分地欣赏其华丽的立面。

萨尔克生物研究所，路易斯·康
拉霍亚，加利福尼亚州　1965 年
[现代主义后期，对称布局的实验室，混凝土和木材]

Salk Institute, Louis Kahn
La Jolla, California　1965
[Late Modernism, symmetrical laboratories, concrete and wood]

萨尔克生物研究所是一个典型的通过中心空间确立视觉等级的建筑案例。办公室、实验室和服务空间平行地分布在中心庭院的两侧，每个房间都以其侧向面对着中央庭院。中央轴线处的水渠流向太平洋的方向，两侧建筑所形成的这个局部空间像是一个图框，中间的图景就是远方的海洋，不断展示着拉霍亚地区变幻莫测的光影变化与气象纵横。办公空间采用的是独特的建筑形式，缩小了规模，并在混凝土的框架结构中使用木质材料进行填充，展现出木材的细节。长条形的实验室组团整齐划一，办公空间在其前侧形成了独特的衔接区，后侧则是具有较小服务设施和实用功能的另一楼层。明确清晰的空间格局，各部分之间的相互关系和组织方式，展示了一种清晰可辨的视觉和知觉等级。

盖蒂别墅，鲁道夫·马查多与乔奇·西尔维蒂
马里布，加利福尼亚州　2006 年
[后现代主义，博物馆的扩建与更新，砖石砌块]

The Getty Villa, Rodolfo Machado and Jorge Silvetti
Malibu, California　2006
[Postmodernism, museum addition and renovation, masonry]

马查多与西尔维蒂主持了盖蒂别墅的扩建与更新工程，其中增加了一条仪式性的交通序列，该序列从坐落于马里布山坡（the Malibu hillside）上的停车场起始，穿过一系列节点性的室外空间，最终到达依托自然地形而建的露天剧场，从露天剧场继续向下延伸则是存世的罗马别墅的复制建筑。这条漫步长廊延续了罗马住宅与花园的历史脉络，它穿过变化丰富的地形景观，并由大量相互联系的土制房屋引导爬上山坡。这些房屋由不同的材料面层和不同的处理方式连接，模拟了古罗马遗迹中典型的地质分层和纹理特征。该案例中，视觉和知觉等级与地平面以及序列中的位置关系紧密相关，通过对形式和位置的巧妙连接，视觉和知觉等级创造出了一种恒定又清晰的场所与感知的相对关系。

规模等级——建筑尺度 I
Hierarchy of Scale—Architecture

建筑尺度下的规模等级是建筑师在单体建筑中常用的一种行之有效的方法，通过规模的变化来处理不同的设计要素，从尺度角度来实现对比感和秩序感。规模等级可应用于多种方式，从建筑整体到微小的细部。在三维空间中，任何由多个部分组成的建筑都可以运用这一概念，将规模作为说明和限定相对关系的一种方法。这种等级结构可以通过规模的变化和对比来实现，也可以延伸到比例和布局等相关思想和理念中。

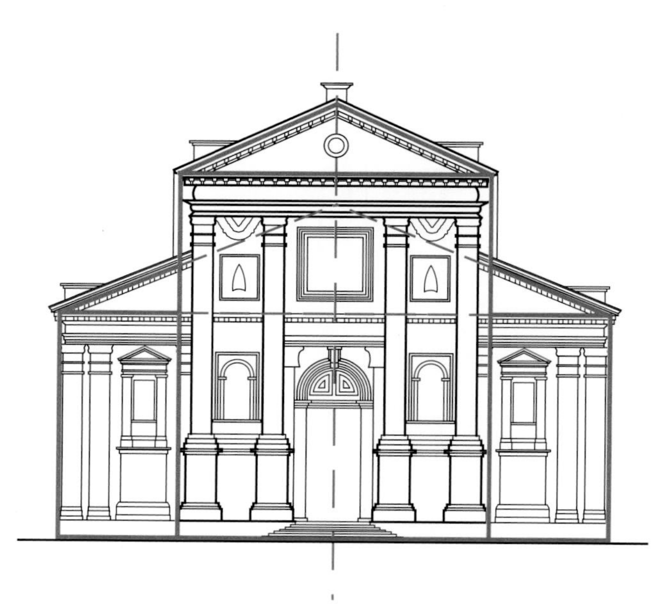

圣乔治马焦雷教堂，安德烈·帕拉迪奥
威尼斯，意大利 1580 年
[文艺复兴，耳堂与端部附加物，砖石砌块]

San Giorgio Maggiore, Andrea Palladio
Venice, Italy 1580
[Renaissance, transept and head additions, masonry]

在圣乔治马焦雷教堂的正立面中，通过三种不同比例柱式的运用，巧妙展示了建筑尺度下的规模等级。主殿前运用的是巨大的柯林斯柱式，用于主导立面的生成。较为低矮的前殿是教堂立面的第二层级，由一系列较小的柯林斯壁柱组成。最后，正立面两侧的壁龛通过使用更小的柯林斯柱式构成了第三层级。柯林斯柱式在三个不同尺度上的应用通过层级体系的内在逻辑达到统一，形成了具有完整性和统一性的整体构成。

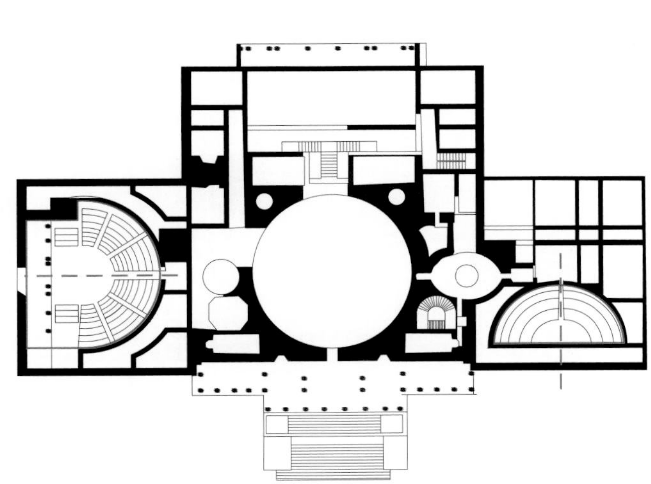

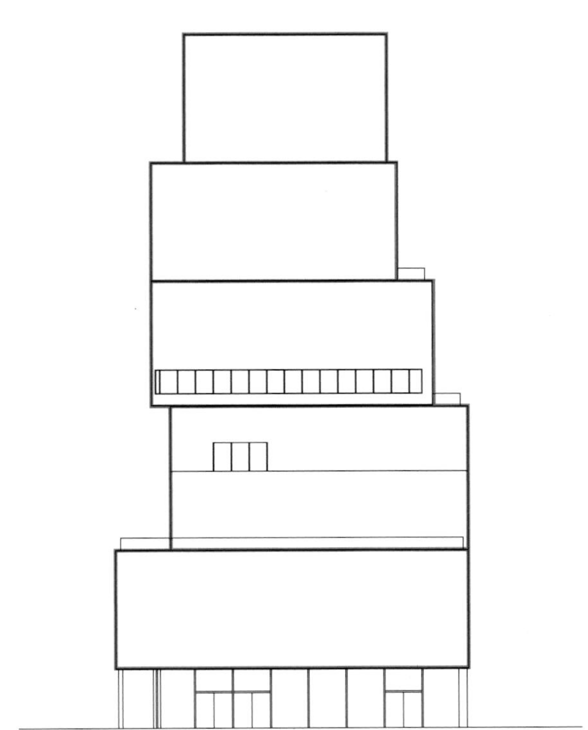

美国国会大厦，桑顿，拉特罗布和布尔芬奇
华盛顿特区　1811 年
[新古典主义，政府大楼，砖石砌块]

U.S. Capitol Building, Thornton, Latrobe, and Bulfinch
Washington, D.C.　1811
[Neoclassicism, government building, masonry]

位于华盛顿特区的美国国会大厦，在其建筑平面中展示规模等级的设计理念。虽然国会大厦的建筑立面保持着完全的平衡与对称，但其平面图却有着显著的不同。半圆形的阶梯会议室占据了建筑的右侧，与外立面的造型有着非常直接的关系，这里是参议院所在地。众议院则位于国会大厦的另一端，规模更大，并以完全不同的方向与立面连接。这两种空间虽然布局和朝向都不尽相同，但仍然统一于一个完全对称的建筑中。

新当代艺术博物馆，SANAA 建筑事务所
纽约市，纽约州　2007 年
[后现代主义，博物馆，多种材料]

New Museum of Contemporary Art, SANAA
New York, New York　2007
[Postmodernism, museum, diverse]

纽约新当代艺术博物馆是由 6 个矩形的金属网盒彼此稍加错位叠合而成的。每个盒子结构都有稍许不同的比例，并且盒子的宽度随建筑高度的提升而递减。规模等级的范围是由最低处和最高处的方盒子决定的，中间的盒子在这两个极值之间进行调节。这些盒子，每个都有一定程度的偏离中心核，最终形成了一种雕塑式的整体构成，同时也形成了近似又精细的等级层次感。

规模等级——城市尺度 | Hierarchy of Scale—Urban

想要在城市结构中建立清晰的等级关系，常用的方法是通过尺度来实现。只要建设出足够大的建筑，就会“自动”形成一种等级结构。而能够成功运用这种方法的建筑物一定不只是简单的“大”，还应具有其他突出之处，如材料特征、布局特征及风格与流派等。

圣母百花大教堂，菲利波·布鲁内列斯基
佛罗伦萨，意大利 1462 年
[中世纪晚期，拉丁十字形教堂，砖石砌块]

Florence Duomo, Filippo Brunelleschi
Florence, Italy 1462
[Late Medieval, Latin Cross church, masonry]

圣母百花大教堂是佛罗伦萨最重要的建筑物，以其超大的规模主导了整个城市的景观结构。从佛罗伦萨的任意一条街道几乎都可以看到圣母百花大教堂，人们甚至可以根据自己与大教堂红色圆顶的相对位置来判断方位。圣母百花大教堂通过与城市肌理的规模对比确立了其第一的等级地位。其宏大的建筑规模不止在远望时令人惊叹，在近观时亦是如此。几个世纪以来，圣母百花大教堂一直是世界上体量最大的建筑，正是由于它的庞大规模和精巧设计，一直受到世人的无上赞美和由衷敬仰。

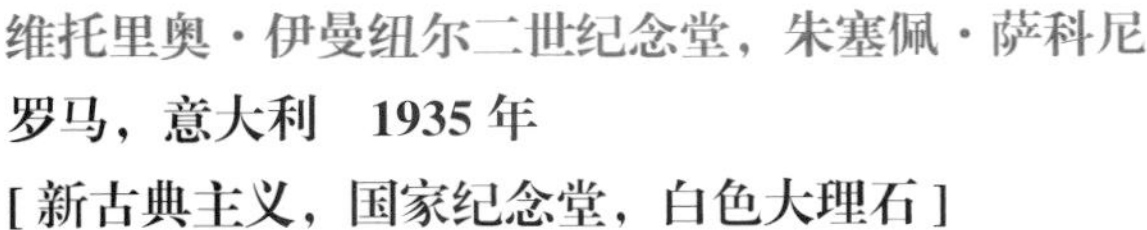

维托里奥·伊曼纽尔二世纪念堂，朱塞佩·萨科尼
罗马，意大利　1935 年
[新古典主义，国家纪念堂，白色大理石]

Monument to Vittorio Emmanuele II, Giuseppe Sacconi
Rome, Italy　1935
[Neoclassicism, national monument, white marble]

维托里奥·伊曼纽尔二世纪念堂的建筑规模堪比罗马斗兽场。它通常被人们称为“婚礼蛋糕”（the wedding cake），因其纯白色的大理石在阳光下闪烁着光芒，营造出令人难忘的意象，同时也展示了建筑与城市的规模对比和规模等级。但也正是由于位置、尺寸及色彩的原因让这座纪念堂一直备受争议。为了将这座纪念堂放置在城市中最重要轴线的末端，卡比托利欧山（Capitoline Hill）周边的那些中世纪历史建筑被拆除了大半。许多人视其巨大的建筑规模为一个严重的问题，又因其采用的白色大理石与周边环境尺度中的棕色和红色建筑形成不和谐对比，更加重了这一问题。

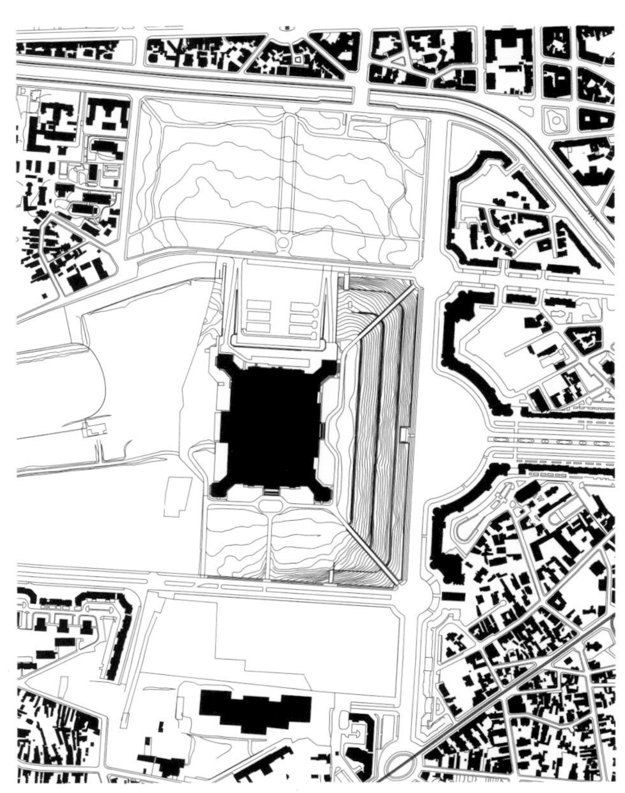

罗马尼亚人民宫，齐奥塞斯库主政时期
布加勒斯特，罗马尼亚　1989 年
[新古典主义，政府大楼，混凝土和白色大理石]

Palace of Parliament, Ceausescu Regime
Bucharest, Romania　1989
[Neoclassicism, government palace, concrete w/ marble]

罗马尼亚人民宫是城市规模的建筑物，是世界第二大单体建筑，很少有建筑物能与其比拟。它坐落于贯穿整个布加勒斯特长轴线的尽端，又采用了极尽奢华的建筑材料，这都使其成为城市规模等级体系中开创性的范例。但是，对罗马尼亚的人民来说，这栋庞大建筑的存在就像是一个烙印——它提醒人们自其建设实施以来整个国家就深陷债务和贫困之中。

纪念等级——城市尺度 I

Hierarchy of Monument—Urban

纪念等级指的是纪念性建筑在城市结构中的位置和重要性。纪念建筑一般都会采用独特的形式、夸张的尺度，并坐落在重要的位置，以纪念某个人或某个历史事件。纪念建筑的存在吸引了人们的注意力，或远或近，清晰地阐释了历史人物或事件的重要意义和错综历史。建筑实体本身或是建筑与周边城市肌理的关系，都可以表达这种纪念等级。

华盛顿特区，皮埃尔 · 朗方

1791 年

[新巴洛克式，从圆形和方形中辐射而出的宽阔林荫道]

Washington, D.C., Pierre L'Enfant

1791

[Neo-Baroque, broad avenues radiating from circles and squares]

作为国家首都，华盛顿特区集各种纪念建筑、博物馆和政府大楼于一体。华盛顿的城市设计采用了巴洛克式的布局手法，在城市结构中强调各等级节点的可识别性，并用宏大的放射状林荫大道将各个节点连接起来。城市基础设施中不同要素所进行的形式化、线性的、多节点的布局，与规则均匀的网格化城市结构并置共存，形成了强烈的点对点的视觉联系与物理联系。通过对节点建筑物高度的标准化控制，城市结构得到了进一步强调，城市中整齐划一的建筑高度突显了美国国会大厦的统领地位。由此，背景填充式的均匀城市密度就可以形成基于形式消减的清晰的连接关系，而无须拘泥于正交的几何结构。

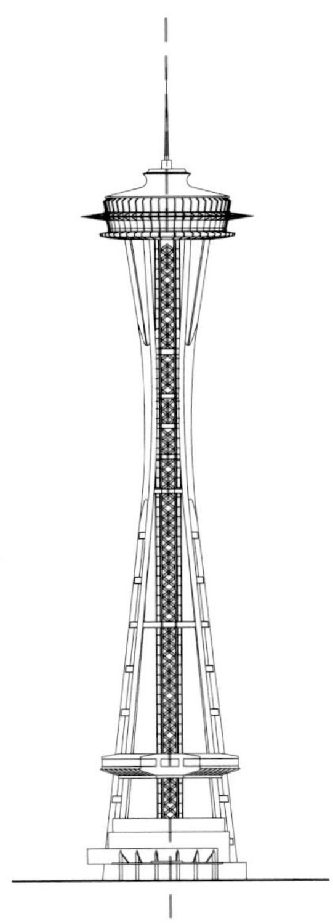

埃菲尔铁塔，古斯塔夫·埃菲尔

巴黎，法国　1889 年

[现代主义早期，为世界博览会修建的竖向纪念建筑，铁]

Eiffel Tower, Gustave Eiffel

Paris, France　1889

[Early Modernism, vertical monument for World's Fair, iron]

埃菲尔铁塔是巴黎最具标志性的纪念建筑。这座建筑为世界博览会而建。在巴黎原有的城市肌理中，建筑高度和建筑用材均是统一的，而这座结构性的铁塔却规模庞大、与众不同，又极富表现力。埃菲尔铁塔的形式源于结构的需要和所选材料的限制要求，从其形式表达来看，这个纪念建筑是其结构的真实反映。从功能上说，埃菲尔铁塔的空间利用效率很低，因为它只设有一个餐厅和观景平台，但作为标志性建筑，埃菲尔铁塔却是世界上最成功的纪念建筑之一。形式的多样性及尺度的主导性使埃菲尔铁塔的存在成为彰显纪念等级的不朽丰碑。

太空针塔，小约翰·格拉汉姆

西雅图，华盛顿州　1962 年

[现代主义后期，为世界博览会修建的竖向纪念建筑，混凝土]

Space Needle, John Graham Jr.

Seattle, Washington　1962

[Late Modernism, vertical monument for World's Fair, concrete]

太空针塔遵循与埃菲尔铁塔相同的设计准则，并形成了其纪念等级。太空针塔所采用的建筑高度和独特的形式是依照建筑结构和代表性形象的双重要求确定的。未来主义的形式、动态的形象以及塔体的高度使其成为一个独特又极具辨识度的著名标识。与埃菲尔铁塔相比，太空针塔坐落的位置相对于西雅图的城市结构和该地区起伏的地形是统一的，再考虑到大尺度的城市肌理与多样化的建筑类型以及争奇斗艳的各式建筑形式和建筑体量，太空针塔与其地理环境的差异要小得多，对城市文脉的影响力也小得多。

视线控制等级——建筑尺度 I
Hierarchy of Visual Control—Architecture

视线的主导地位和控制等级是由观察者与被观察者的相互关系确立的，并以此引入对建筑的控制。建筑的坐落地点、最佳的观赏位置以及建筑展现的顺序，是视觉关系的重要参数。在视线控制等级中，观察者和被观察者之间的互动可以说是一种对话，一种可以通过建筑技术引入的关于控制等级的独特对话。

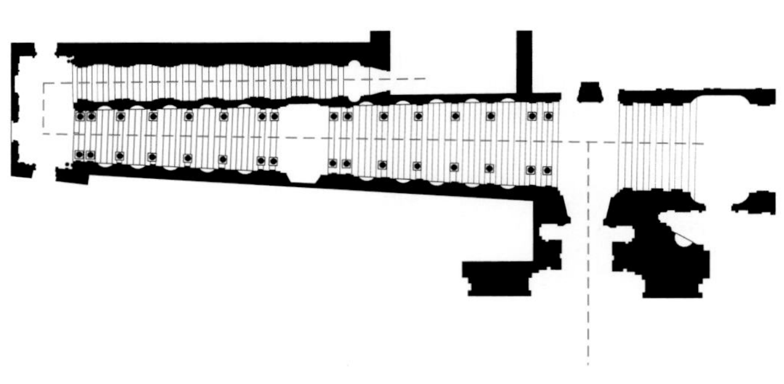

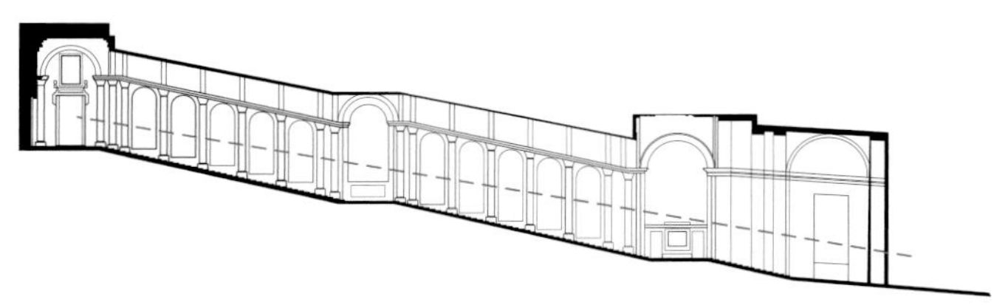

梵蒂冈与圣彼得教堂之间的连廊，梵蒂冈，吉安·洛伦佐·贝尔尼尼
梵蒂冈城，罗马，意大利　1666 年
[巴洛克式，教皇的楼梯通道，砖石砌块]

Scala Regia, Vatican, Gian Lorenzo Bernini
Vatican City, Rome, Italy　1666
[Baroque, papal pathway staircase, masonry]

梵蒂冈与圣彼得教堂之间的连廊是一个独特的建筑要素，它是进出梵蒂冈的门户所在。从教皇私宅穿过西斯廷教堂（Sistine Chapel）到达圣彼得教堂，这一段连廊是必经之路，作为教廷联系的御道，这个史诗般的壮丽楼梯连廊仅供教皇和尊贵的来宾使用。楼梯连廊采用的是巴洛克风格的建筑技术，形成了筒形的拱廊。场地本身的限制条件以及将空间精准延伸的设计意愿，要求将连廊的墙体转换角度并使空间逐渐变窄形成锥形，以创造一种具有纵深感的视觉景象。贝尔尼尼运用雕像的装饰效果和摆放位置来填补空间，在楼梯底部放置了一尊君士坦丁大帝（Constantine）的雕像，雕像旁边即是一扇窗户，恰好照亮了雕像的题词“In hoc signo vinces”，意为“凭此标记，汝将获胜”。这有助于让观众想起君士坦丁大帝的雄心壮志并提醒他们莫要忘记自己的宗教责任。

圆形监狱，杰里米·边沁
未建成　1785 年
[新古典主义，便于监视的放射形平面，砖石砌块]

Panopticon, Jeremy Bentham
Unbuilt　1785
[Neoclassicism, radial plan for visual surveillance, masonry]

圆形监狱的设计意图是要做一个监视装置，只需一人就可以监视所有囚犯。圆形监狱是一个巨大的圆形建筑，建筑中心是一座瞭望塔，在此一名警卫可以对数百名囚犯进行监控，牢房紧贴着监狱的围墙呈环形放射状排列。这种少数监视多数的方式，在监狱这种环境下，形成了视觉控制等级的一个典型案例。这种控制又通过圆形监狱中各部分空间的形状和位置得到几何形式方面的强化。尽管在这个案例中存在明确的控制及等级结构，但是由于其不人道的强制监控系统，这种布局类型的存在是相对短暂的。

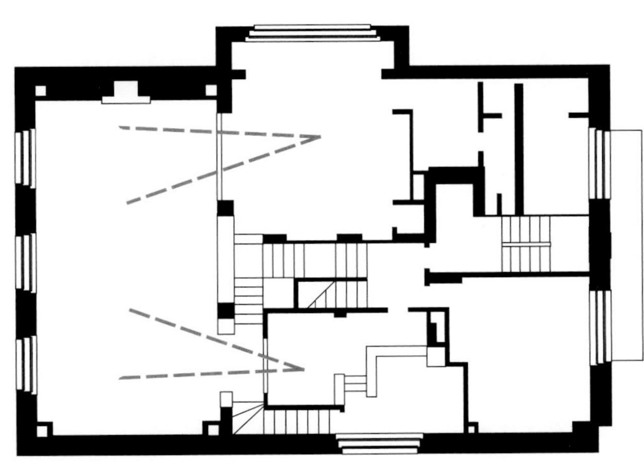

缪勒住宅，阿道夫·卢斯
布拉格，捷克斯洛伐克　1930 年
[现代主义，运用体积规划法设计的住宅，砖石砌块]

Villa Müller, Adolf Loos
Prague, Czechoslovakia　1930
[Modernism, Raumplan house, masonry]

缪勒住宅以体积规划理论为基础，形成了独特的室内组织体系，缪勒住宅在三个维度上拓展建筑空间，将住宅房间尽量分散布局，分段的空间序列相互穿插，使空间的等级关系不断发生变化。空间的分段布局形成了视觉画面的重叠，对角线上的视线关系呈现出等级层次和位置关系的相对性，低处的观察者被置于全景视野中，但无法看到高处的观察者，而高处的观察者却能够在不被其他人看到的情况下观察低处的房间。这种窥视性环境的戏剧感，建立起一种视觉等级，强化了空间位置、功能及物质材料之间的相互联系。

功能等级——建筑尺度 I

Programmatic / Functional Hierarchy—Architecture

功能等级是通过相对关系的应用来实现的。具体的功能活动基于实际发生的顺序或仪式化的固定程序可以建立起一种相对的等级关系。在使用期限、隐私程度、规模尺度或社会意义等方面，清晰地阐明个体的使用及其相对意义，可以使功能的实用性具体表现在一个相对的等级结构中。公共服务与基础供应、公共与私人、白天与夜晚、凌乱与洁净——所有这些都可以为功能等级相互关系的图解和识别提供辩证的分类依据。

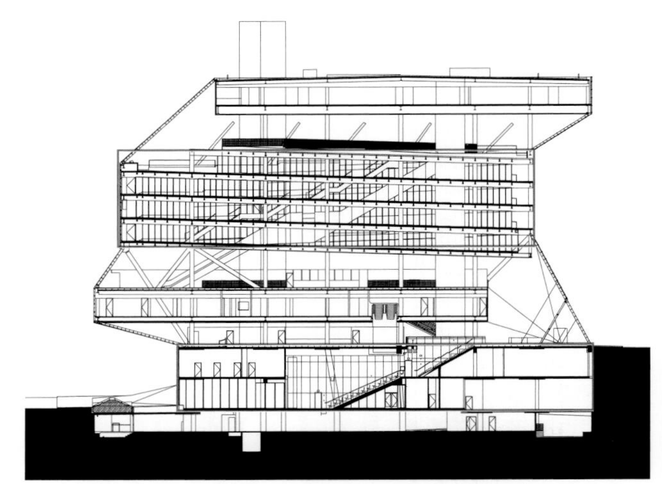

西雅图公共图书馆，雷姆·库哈斯，大都会建筑事务所
西雅图，华盛顿　2004 年
[后现代主义，连续的自由平面，混凝土和玻璃]

Seattle Public Library, Rem Koolhaas, OMA
Seattle, Washington 2004
[Postmodernism, continuous free plan, concrete and glass]

西雅图公共图书馆将功能作为其平面规划和建筑形式的触发点。在这个项目中，图书馆的传统功能以新颖的方式重新融入建筑，形成一系列相互关联的路径和空间，也形成了功能等级。书库被设计成一条坡道，联系起图书馆中的多个楼层，从本质上说书库就是整个建筑的重点所在。图书馆中的其他功能沿着书库坡道进行布置，从建筑布局来看，如此便形成了一个线性的漫步长廊，构成了整个图书馆的功能逻辑。创新性的功能理念在不同的区域得到开发利用，形成了独特的环境，进而构成了以功能性为驱动的建筑形式。整体及个体的组织方法互相协作，形成了多样性的功能空间，最终创造出丰富的形式和功能等级。

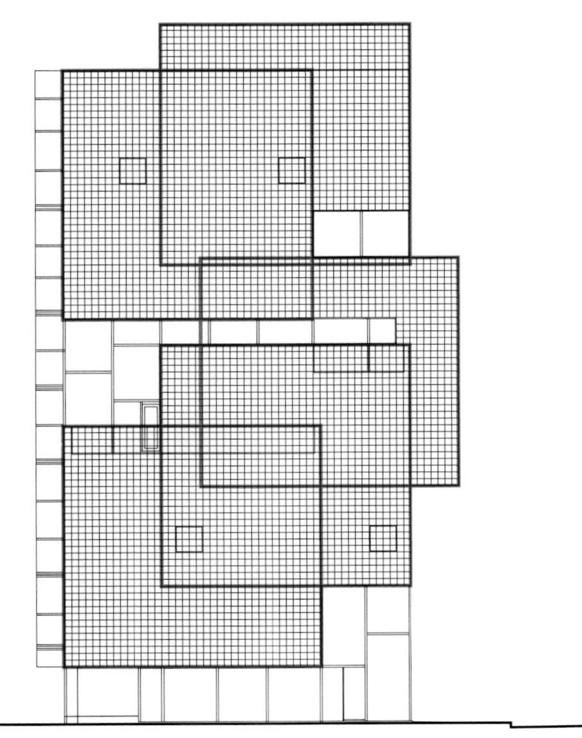

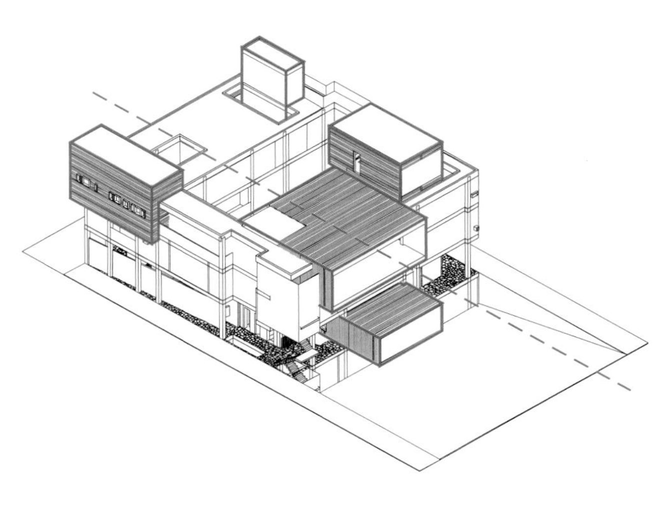

方糖大厦，阿部仁史工作室

仙台，日本　2008 年

[后现代主义，集合住宅，玻璃、钢材、混凝土和陶板]

Ftown Building, Atelier Hitoshi Abe

Sendai, Japan　2008

[Postmodernism, dwelling, glass, steel, concrete and clay]

方糖大厦是对办公建筑的一次理论性探索，将每个使用者的个性化功能需求独特地聚合起来并将其转化为易于辨识的建筑形式。作为一座高层塔式建筑，堆叠并带有几分连锁的形式形成了建筑中办公空间的视觉分离，但这种视觉分离依然保持了高层建筑类型的连续性。通常情况下，连续的楼板平面在垂直方向上的重复可以形成单一的形式并创建建筑的连续性，但却无法提供个性化的空间或针对特定用户的识别性。方糖大厦创新性地提出了特定区域的套间定制服务，根据不同用户的功能空间需求创造不同的空间形式。同时，这一机制也成为确定建筑外部形式的主导因素。

成都大厦，博登联合事务所

成都，中国　2010 年

[超现代主义，庭院与建筑实体，多种建筑材料]

Chengdu Building, Borden Partnership

Chengdu, China　2010

[Ultramodernism, courtyards and object volumes, diverse]

成都大厦也是对办公建筑的一次理论性探索，其设计具有独特的功能性和仪式性要求，因此选择矩形的不透明石制体块作为主要的建筑形态。通过一系列消减和移除形成了建筑内部的庭院，内部庭院既是形式上各个部分的划分，也便于建筑中的自然采光和通风。每处内部空间都有与之对应的外部空间。在庭院这部分中空的体积之上，还叠加了具有特定功能和重要等级的空间，由此庭院这一主要空间完成了 x、y、z 三个方向的悬挑和延伸。成都大厦中包含宴会厅、会议室、电影院、客房、健身及温泉设施，各个功能空间的等级结构在建筑材料和建筑形式的选择中均有体现，通过建筑的组织原则可以进行清晰的解读。

色彩等级——建筑尺度 | Color Hierarchy—Architecture

建筑中，色彩的使用是一种简单而且有影响力的表达等级关系（或是规范确定的等级体系，或是简单的相对关系）、增强光效、营造氛围的方法。依据色彩理论，建筑中的色彩可以应用于材质之间以及与周边环境色的对比，也可用于建筑的伪装、调和及弱化。建筑中的色彩是一种感性的知觉，与原材料的自然颜色是有区别的，色彩的使用及效果与人的感知更为密切，建筑中色彩的应用即是对原有颜色的有意识的二次叠加，这就是二者的不同之处。色彩的展现是对其想要表达的建筑效果、气氛及感知的有目的的设计。

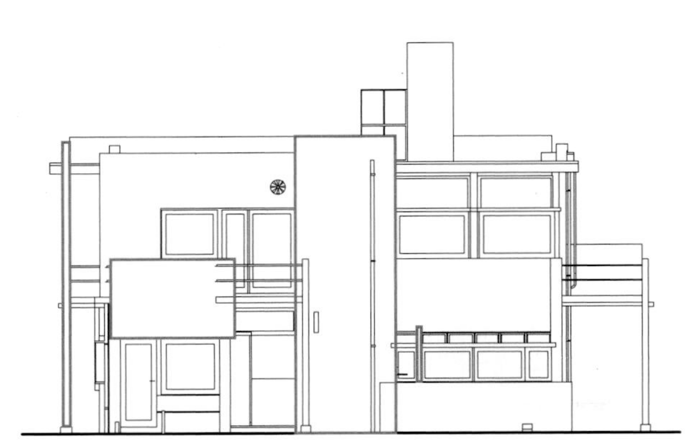

施罗德住宅，格里特・里特维尔德
乌得勒支，荷兰　1924 年
[荷兰风格派，带有可移动墙面的开放式建筑平面，砖石砌块]

Schröder House, Gerrit Rietveld
Utrecht, Netherlands　1924
[De Stijl, open plan of shifting planar walls, masonry]

施罗德住宅将荷兰风格派运动中关于构成和空间的相关概念扩展到了建筑领域。在主色调（黑色、白色和灰色）中色彩的使用便于在构图中区分显性和隐性的平面。建筑中的色彩是局部的个性化表达，是在连续的建筑表面中的碎片化处理。墙面的断裂与滑动形成了视觉的运动。有时，可伸缩的墙壁用作活动隔断，能使视觉的运动转变成身体的运动。正是这些独立的色彩完善了建筑形式，亦定义了建筑的特征。

蓬皮杜中心，伦佐·皮亚诺与理查德·罗杰斯
巴黎，法国　1974 年
[现代高技派，自由平面式博物馆，钢材、玻璃和混凝土]

Centre Pompidou, Renzo Piano and Richard Rogers
Paris, France　1974
[Hi-Tech Modernism, free plan museum, steel, glass, concrete]

蓬皮杜中心创新性地将色彩用作一种建筑元素。建筑本身就像是把内部完全翻转出来，展示其内部系统及功能。各个元素又将不同的色彩作为功能分类或机械系统的识别方式。蓬皮杜中心展示的是一个色彩鲜明的博物馆建筑，与巴黎典型的灰色石质风格形成鲜明对比。在色彩系统中，蓝色表示空调管道，绿色表示供水管道，灰色表示二级结构，红色表示交通流线。蓬皮杜中心的设计展现了建筑综合体中的各种功能和机械系统，体现了高技派的特征及色彩符号的集合。

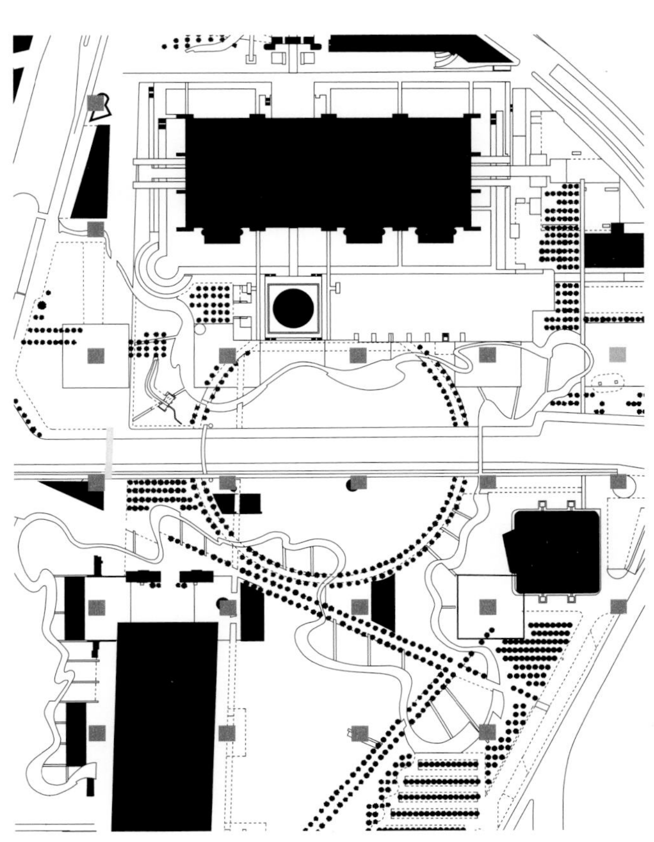

拉维莱特公园，伯纳德·屈米
巴黎，法国　1987 年
[解构主义，重复的节点和网格空间，金属]

Parc de la Villette, Bernard Tschumi
Paris, France　1987
[Deconstructivism, iterative nodal grid field, metal]

拉维莱特公园使用红色粉末涂层的金属材料来限定和连接整个建筑阵列。设计中将一系列场馆呈网格状布置，每个场馆都具有不同的功能和组织布局。通过对颜料颜色的基准控制，色彩保持了整个公园的连续性、聚集性和统一性。与自然环境截然不同的红色以其异质性进一步深化了构图的抽象性，这一点参考了俄国构成主义（Russian constructivism）[译注 1] 的色彩和形式，并以图形化的方式强调并统一了各个分散的展馆，形成了统一的建筑构图。

材料等级——建筑尺度 I

Material Hierarchy—Architecture

材料等级是指依据材料的组成性质及其相关的参考属性来划分其相互关系。与材料相关的属性包括稀有性、成本、重量、密度、来源和地理环境等品质，以此用于描述感受，即通过位置及构造上的衔接形成关于设计意图的探讨。在所有建筑中，材料的呈现必然会引发对可识别性与参考意义的讨论。既然不可避免，材料的应用就有机会来建立彼此的相互关系。材料等级并不是材料本身固有的属性关系或隶属关系，而是提供了一种表达和实现等级关系的方式。材料及材料在设计使用中的视觉关系，将有机会定义一种新的模式语言。

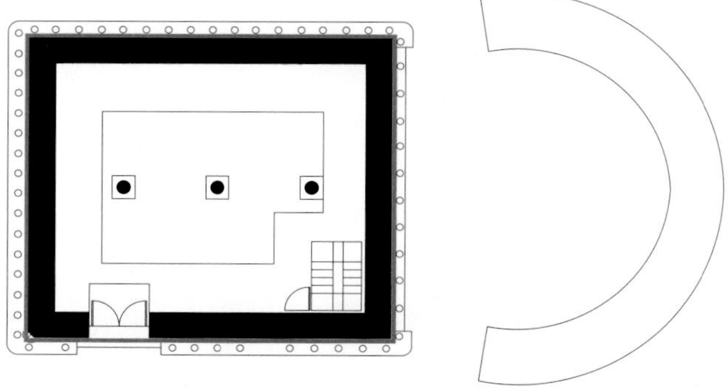

卡巴天房（又译“克尔白”“天房”），先知亚伯拉罕

麦加，沙特阿拉伯　公元前 5 世纪

[伊斯兰风格，立方体式的宗教建筑，砖石砌块和丝绸]

Kaaba, Abraham

Mecca, Saudi Arabia　5th century BCE

[Islamic, cubic religious structure, masonry and silk]

麦加的卡巴天房在穆斯林信仰中具有极为重要的文化地位和宗教意义。作为朝拜的圣地，每个穆斯林信徒都希望成功抵达，这是其毕生信念和宗教信仰的物质象征，建筑的等级早已牢固确立。从建筑材料上说，卡巴天房表现为由石材覆层的黑色立方体建筑，然后再由织物包裹表皮。其材料、色彩及稀有性的等级都是当地的本土石材不可比拟的，其手工雕凿的特征也体现出整体工艺过程的复杂性、高品质、匠心细致与精巧入微。无论是视觉表达、客观的物质展现或是建筑材料的描述均表达出建筑的重要等级和宗教意义。

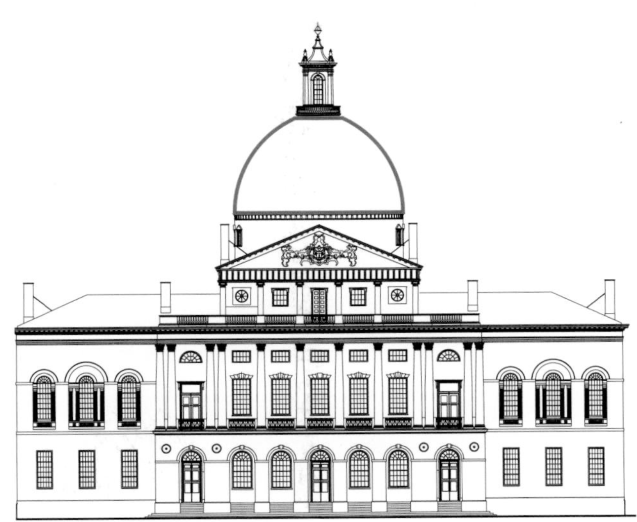

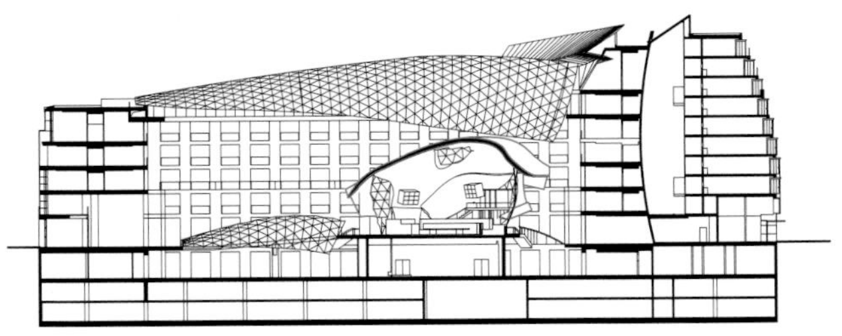

马萨诸塞州议会大厦的圆顶，查尔斯·布尔芬奇
波士顿，马萨诸塞州　1789 年
[新古典主义，金顶，贴有金箔的砖石砌块和木材]

Massachusetts State House Dome, Charles Bulfinch
Boston, Massachusetts　1789
[Neoclassicism, gilded dome, masonry and wood with gold leaf]

马萨诸塞州议会大厦的圆顶无论在建筑形式中还是在周围的城市肌理中都是独具特色的存在。半球形的造型及其显著的位置都十分醒目，金箔的使用使整个构图得到进一步的升华。建筑材料的珍贵性，结合圆顶巨大的尺度和绝佳的反射效果，形成了强烈的特殊属性，展示了明显的材料等级。建筑的整体表现通过对比及组织布局清晰地展示了建筑的文化意义及视觉效果。

德国中央合作银行，弗兰克·盖里
柏林，德国　2001 年
[后现代主义，内部庭院中的表现主义形态，多种建筑材料]

D.G. Bank, Frank Gehry
Berlin, Germany　2001
[Postmodernism, expressionist figure in internal courtyard, diverse]

德国中央合作银行与盖里的许多其他作品都有相似之处，将富有表现力的曲面形式与垂直的、未做修饰的设计元素形成鲜明对比，既形成了建筑主体结构，又将特征集中，建构了建筑等级和整体布局的焦点所在。在德国中央合作银行中，主体建筑的外形体现了周边环境的几何形式、尺度比例和材料特性。这栋建筑的极简设计主要是为了建构中庭空间。中庭空间覆盖着精致的玻璃天花板，成为整个构图的焦点。在建筑中，马头形状会议室的表现主义形态以及各种几何形状的定制金属板，流畅地展示着建筑特征，宣告自身的与众不同。犹如盒中的珍宝，物化的空间形象成为所有附属空间的焦点，在等级关系中通过与中庭空间的对话将所有空间联系起来。

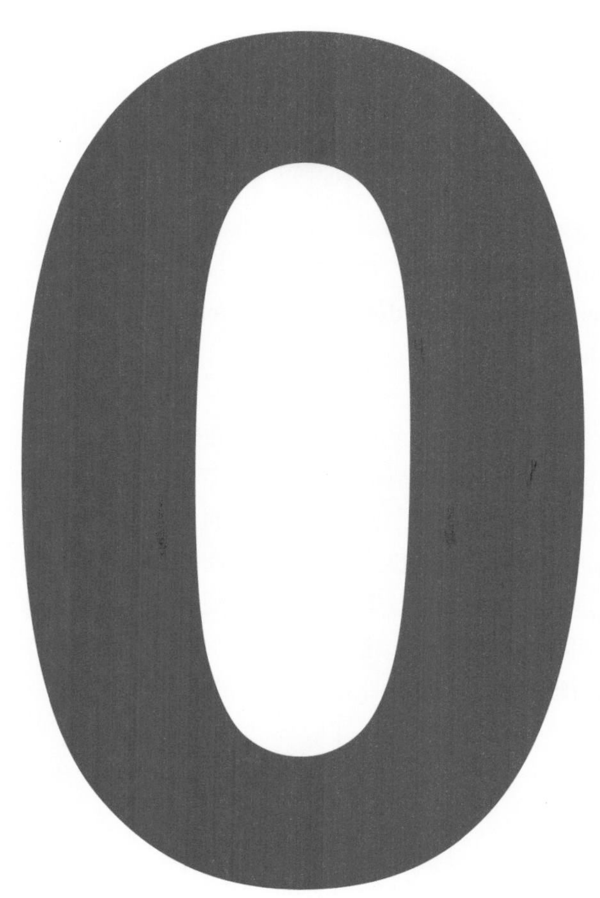
1

材料
Material

10– 材料 | Material

材料可以作为建筑形式和建筑构造的生成本源，本章所讨论及图示的各种分类都关注不同材料在建筑中的应用。材料，通过其工艺流程内在的几何结构、物理特性、构筑体系以及由此产生的相关模式和可能产生的装饰效果来生成形式，并赋予其特定属性。上述重要的对话关系体现了材料的内在结构以及静荷载与物质实践性的内在关系。最后，材料细节以及构造装配的表达方式又提供了一种物质思维的概念性句法，为表达装配与制造的连接关系奠定了基础。

形式——几何 / 体系 / 模式 / 装饰（Form—Geometry / System / Pattern / Ornament）形式的主要控制因素是几何图形，它可以提供描述性的数学规则。几何图形的特异性是依靠规则体系建立起来的，或是通过各种参数进行控制，或是由几何图形本身的内在属性或外在表现来决定，进而创造出了三维形体的视觉可识别性。作为控制因素的几何图形以及创建形式的三维形体，二者形成了一套向材料转译的规则，能将整体的形式意图、建筑的建设过程及所有的装配系统有序地交织在一起。这些控制因素的作用方式，既可以基地为出发点，也可以类型为出发点（形式类型或功能类型），还可以几何图形、材料、功能为出发点。对这些系统的控制，规范了整体化构筑的分割，引入了图案模式以及对图案的视觉控制，将建筑装饰体现在不可避免的系统化趋势中。建筑材料与几何图形的结合，通过系统化的图案模式，为材料形式的确立创造了前提条件。

结构（Structure）结构作为一种以物理关系为驱动的表现因素，是建筑设计中必不可少的创作要点。虽然从总体上说，是用途和功能需求以及形式和空间需求决定建筑的结构，但是构成系统的材料属性最终决定了符合自然规律的具体的具象形式。砖石砌块和混凝土在受压过程中表现出的固有强度以及钢材和木材双重的抗压、抗拉能力为材料的应用及其关联形式奠定了基础，无论局部构件或要素组合，甚至建筑的整体形式均以此为基础。梁的厚度、体系的属性，如墙体结构或箱形结构等类型以及材料所具有的融入这些系统的性能，决定了构造连接的形式和性质，并通过结构的表现与作用建立起客观物质与各种物理作用力之间的关系。

细部（Detail）材料细部是由材料的原始属性、决定其“产生”形式的制造过程以及建筑细木工的系统化三者综合决定的结果。这些既整合了各种装配技术，又决定了具体装配技术的选择，极大地影响了系统的整体性。细部作为从部分到整体的综合思维的标志，确立了材料的感知性和物质性。材料之间的连接属性与局部做法决定了细部的可识别性及影响效果。细部其实是对材料过程的表达。

在每一个主题类别中，主要的材料类型——木材、砖石砌块、混凝土、金属、玻璃和塑料——都根据它们的材料和工艺发展出不同的个性化的回应与意义。

除上述这些主题，以下类别提供了观察材料的不同视角。材料是建筑存在的基础，它们已然融合在本书讨论的所有主题中。各个章节都能找到相关案例，但本章下面所讨论和说明的是专门以材料因素本身作为概念方法和分类体系所具有的重要意义。

表面 / 表皮（Surface / Skin）在当代建筑系统中，工艺的细分使建设过程更加高效，技术工人更加独立。分散的建筑工具体系、形式体系、尺度体系及几何体系，通过细分完成了不同体系的叠加，形成了个体多样但整体协调的建筑系统。在这个综合的建筑系统中，一个关键体系是建筑表皮。就像人体一样，建筑的最外层也是一层实用的皮肤，为建筑提供最终的视觉解读。建筑外层表皮的物质特性极大地影响着建筑的装配构造、形式划分和外观，甚至影响着建筑作为一种客观实体的视觉与文化解读。

构造 / 技术（Tectonic / Technology）构造（作为对装配系统概念表达和视觉关联的控制）及其相关的技术水平是在材料内部及整个建造与装配系统中建立起来的。材料系统内技术的多样性和复杂性，与预期形式、连续程度或在更大范围和图形内各个组件的连接水平直接相关。无论是建立在传统结构和工艺之上，还是采用新兴科技和先进的施工技术，建筑构造体系和相关的技术水平都十分强调细部的重要性，而细部又与材料的概念以及材料形式的可识别性息息相关。

感知（Perception）材料的感知取决于宏观和微观两个尺度的判定，能够影响观众对规模和主体的判断。讨论感知应先从单位尺度说起，单位尺度由具体的材料及其内在固有的尺寸关系决定，材料中与人体尺度相适应的单位尺度和纹理尺度有助于建立感知对话。细木工体系、聚合规模以及局部和整体规模的形式决策共同创造了视觉环境。光、色、质相互作用，共同限定了空间，营造了氛围，也建立了感知的体验要素。

生态（Ecology）材料生态不仅指原材料产生的自然条件，也指材料经过制造和装配服务于建筑工作的整个生命周期和加工过程。材料生态还包括建筑内部各种材料的性能表现以及在所有过程中能源的消耗。所有客观的物质都有其固有的性能、对外力的响应、耐久性、毒性和承载力。系统的可持续性已经嵌入材料本身及相关的加工、制造和装配过程。这种可持续性可以在环境影响的相关议题中加以考察，如生命周期、能源、碳、水和废弃物等。材料生态是对所有因素的综合分析，是将材料与人力成本、功能需求、形式有效性等进行比较后形成的综合观点。

功能（Program）材料功能是指不同建筑类型具体功能要求之间的相互关系以及能够在具体应用中响应功能需求的相关材料性能。釉在卫生方面广泛使用，混凝土结构有利于降低振动，砂浆混凝土砌块能有效隔音，这些都是功能性材料的示例代表。它们是不同物理性能和材料属性的特定应用，用于表现特定的表现性、功能性或实用性。这种关系是材料选择的关键，因为材料的表现性和功能性关联已经为材料用途、细部和应用建立了强大的理论基础。

意义与影响——色彩 / 关联 / 历史（Meaning—Color / Association / History）通过色彩、关联和历史进行表达的材料意义是指跟随时间演进的文化关系。材料源于地方传统，根植于工匠技艺和易于获得的本地资源，但随着文化关联向客观对象的迁移，材料得到了不断打磨，也因此承载着丰富的意义。这种意义的大部分内容是本地化和个性化的，其表达的观点往往是由观者的文化阅历和个体经验所产生的，但就是在这样特定的情况下，相关的趋势和风格也可以识别。材料的意义与参照对于理解材料的感知至关重要。

材料形式——几何 / 体系 / 模式 / 装饰 |
Material Form—Geometry/System/Pattern/Ornament
木材 | Wood

木材，由于易于加工，可以作为连接构件形成夺目的装饰效果。个性化构件的重复（无论是装饰性的，还是表现性的）便于在几何系统中形成连续画面，并以视觉效果践行着装饰主义。早期的装饰性雕刻、维多利亚姜饼屋上精致的瓦片和旋涡形花样以及现代的开格百叶和屏风，装饰性木材广泛应用，上述这些只是其中的少数案例。在模式的建立过程中，最直接的形式生成方式就是对位置和尺度的重复，以此产生形式效果。再通过添加色彩、纹理和方向进一步补充和增强。这些分散的元素有利于个性化体系的图案结构进行组合、相互渗透，并最终完成其整体效果。木结构能够产生的形式效果是多样化的，这说明了木材这种材料的灵活性和易用性，也正因如此形成了木材特定的派生体系与形式。

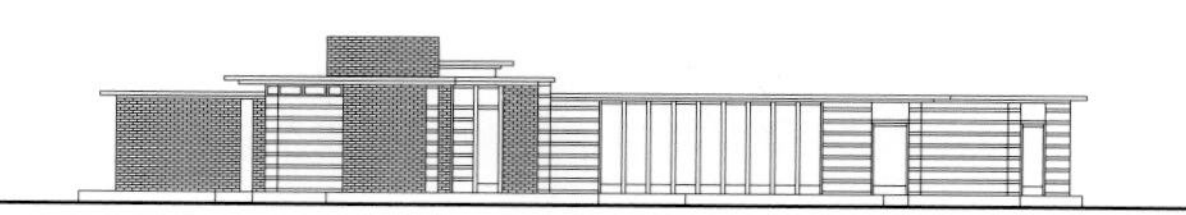

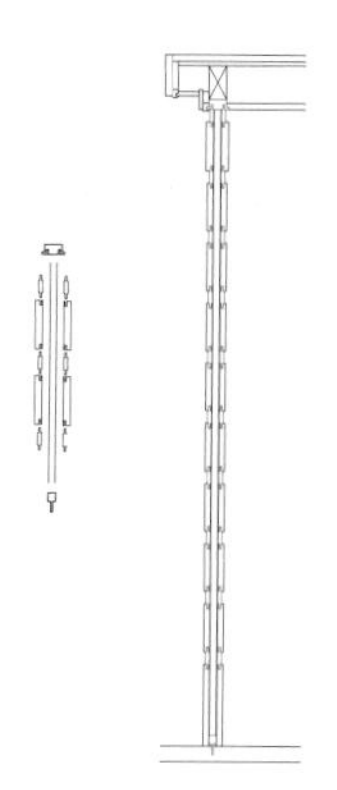

波普—利海住宅，弗兰克·劳埃德·赖特
亚历山大，弗吉尼亚州　1941 年
[现代主义，美国风“L”形住宅，木材]

Pope-Leighey House, Frank Lloyd Wright
Alexandria, Virginia　1941
[Modernism, Usonian L-shaped house, wood]

波普—利海住宅是赖特美国风建筑的典型代表。该住宅的设计旨在为美国中产阶级提供负担得起的独立住宅，体现了赖特的许多基本设计原则：水平伸展的建筑装饰、开放式的建筑平面、公共区域与私人区域的分离设计以及以壁炉为中心的平面布局形式等。通过使用独特的层压板拼接墙，这个装配式住宅在构造上形成一种三明治式的夹层结构，集成了壁板、支撑结构和室内表面。结合一条可开启的、窄窄的带状长窗，装饰性的直棱窗框在住宅表面不断重复，体现了视觉艺术和图式符号的主题。通过材料构造和性能建立起来的建筑体系，其创新之处在于将建筑的形式和感知融为一体。暴露在外的木纹壁板还清晰地展现出密封胶的使用，既体现了建筑材料的衔接方式，也形成了对视觉效果的美化。

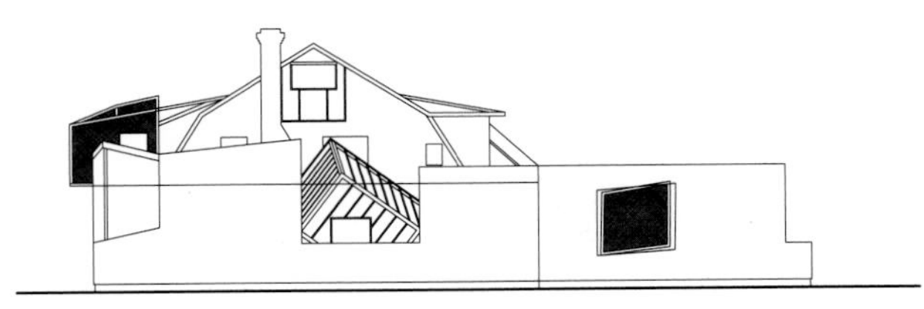

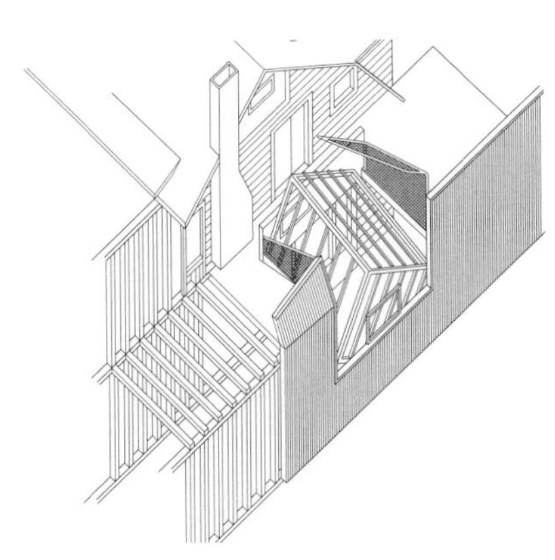

弗兰克·盖里自宅，弗兰克·盖里
圣莫尼卡，加利福尼亚州　1978 年
[解构主义，既有郊区住宅的改造，多种建筑材料]

Frank Gehry House, Frank Gehry
Santa Monica, California　1978
[Deconstructivism, reworking of existing suburban house, diverse]

弗兰克·盖里自宅是一次实验性的建筑扩建和更新实践，建立了一种解构式的建筑构成。它将现有住宅的木结构体系作为表现性的装饰，并在其上增添了多层罩面作为第二表面，创造出的加厚外壳在功能和视觉上都极具表现力。弗兰克·盖里自宅使用标准的 2×4 立柱墙结构（stud wall construction），该结构系统通常是覆盖在下层隐蔽使用，但在此却特意显露出来并着重彰显。三明治板材体系的消融揭示出建筑内部的结构和分层，这种做法得益于建筑构造的合理展开。建筑中，结构木材、瓦楞墙板以及链环的粗制加工，强调了工业化材料在建筑构成中的灵活性，也强调了借由灵活性完成的形式与功能整合的奇异性。

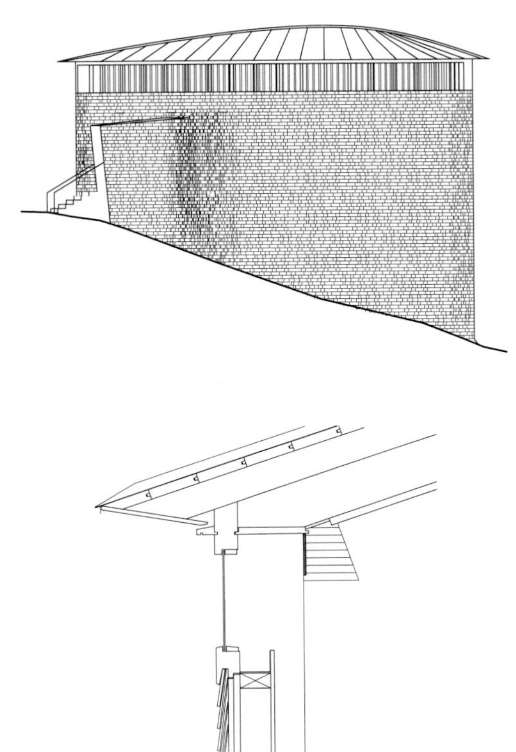

圣本尼迪克特教堂（又译“圣本笃教堂”或以其特征称为“叶子教堂”），彼得·卒姆托
苏姆维特格，格劳宾登州，瑞士　1989 年
[后现代主义，椭圆形的木制教堂，木材]

St. Benedict Chapel, Peter Zumthor
Sumvtig, Graubünden, Switzerland　1989
[Postmodernism, ovaloid wood chapel, wood]

圣本尼迪克特教堂对木材进行了多种形式的应用，展现了木材这一材料的广泛适用性。它采用的是骨架外露的重木围护结构柱和规则排列的屋顶梁。无论是结构柱还是屋顶梁，每个体系的建立都基于其建造过程，也就是基于其固有的材料特性及视觉效果。木瓦铺就的区域直接露天，接受自然的日晒雨淋，木地板、天花板，甚至家具也都以材料特性展示个性化的木构体系。各个系统共同构建了一个包容性的场所，展示了建筑形式与材料的宁静与质朴，营造出一个虔诚又神圣的环境。不断重复简单、单一的部件，小到木瓦片大到结构柱，整体的系统化建造创建出该教堂独特的图案模式和建筑形式。

材料形式——几何 / 体系 / 模式 / 装饰 |
Material Form—Geometry/System/Pattern/Ornament
砖石砌块 | Masonry

砖石建筑是一种内在的统一系统，是以各砌块单元独立的模数和尺寸为基础建立而成的。独特的基本单元通过砌块的聚集建立起场域效应。建筑系统中，刚性的砌块单元与可塑性的砂浆相结合，为整个系统引入了视觉图案。砖石建筑中层数和图案的变化不仅影响建筑美学的可识别性，也会影响整个建筑系统的结构性与实用性。作为承重体系或结构体系，砖石建筑所形成的是一个平面系统，通过砌块单元及细木工的变化可以形成颜色、形状和位置的变化（也即最终的形式与模式）。砌块的简单性及性能的耐久性使其成为建筑历史中一种具有深厚历史传统的建筑体系。砌块单元与建筑整体之间的形式关系建立起一种内在的正交形式，正是通过这种正交形式，砌块单元的几何结构和形式构成能够扩展至整个建筑中。

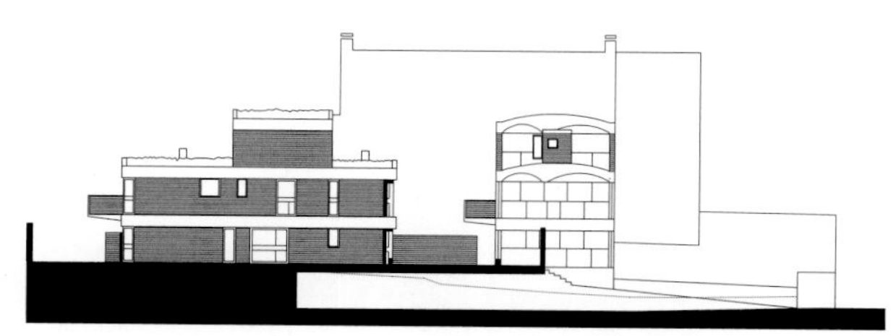

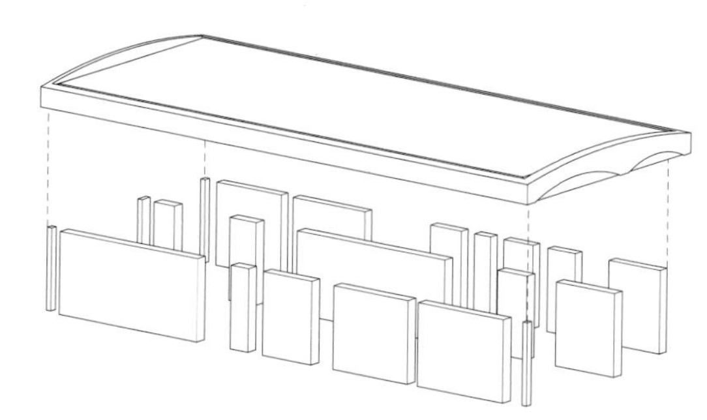

贾奥尔别墅，勒·柯布西耶
奈伊，法国　1956 年
[现代主义，混凝土框架与纹理填充，砖石砌块]

Maisons Jaoul, Le Corbusier
Neuilly-sur-Seine, France　1956
[Modernism, concrete frame with textured infill, masonry]

在贾奥尔别墅的建造中，通过外露侧墙中的一系列平行平面，展示了砖石砌块的材料特征。通过承重结构、混凝土填充、加筋黏土等的使用，垂直平面的统一性和着色法与水平的混凝土底板形成了强烈的视觉对比。材料使用中体现的粗野主义是勒·柯布西耶作品中广泛展现的代表性特征，柯布西耶认可建筑材料所呈现的粗糙性，也接纳建造过程的自然状态，他认为正是建筑表面的浇筑过程赋予了建筑代表性的纹理特征。砌块砖墙在建造时并未进行向中对齐，这给铺设带来了一种原始感，并允许平面表面间的细微错位。这些砌块砖墙用作拱顶模板，用于现场浇筑、粗制成型、拱顶支模。建筑由相互交错堆叠的多层承重砌体平面和混凝土制的、浅拱形楼板组成，并通过条形分层进行组织。材料及其建造过程定义了建筑的形式和空间肌理。

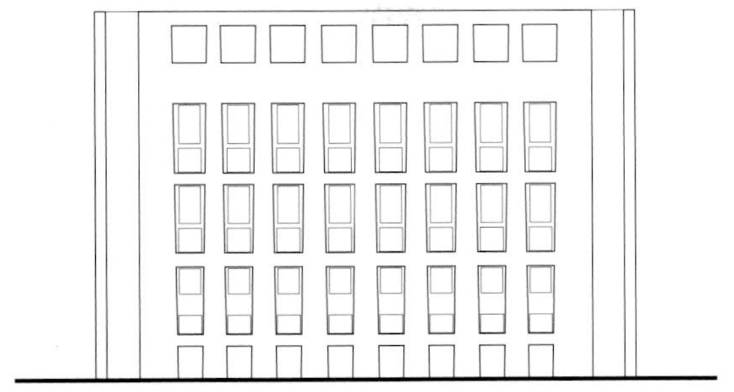

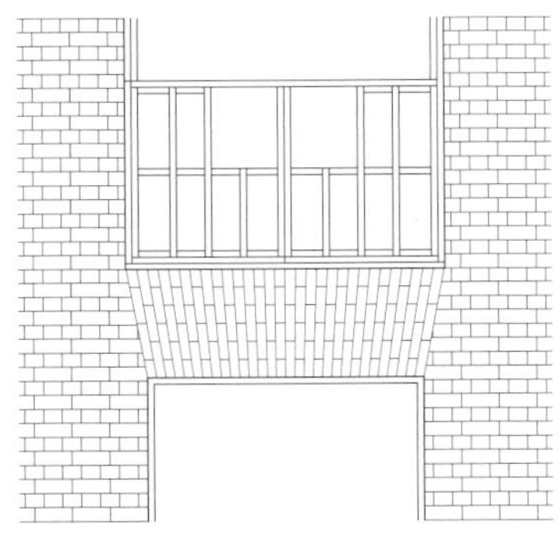

埃克塞特图书馆，路易斯·康

埃克塞特，新罕布什尔州 1972 年

[现代主义后期，中心式的方形，砖石砌块与混凝土]

Exeter Library, Louis Kahn

Exeter, New Hampshire 1972

[Late Modernism, centralized square, masonry and concrete]

埃克塞特图书馆是由砌块承重外墙所围合限定的。运用重复的网格立面，垂直方向上的分层处理是为了减轻承重墙的结构自重，竖向上每上升一层，就沿窗洞减少一圈砌块，这种做法的效果是增加了窗洞的高宽尺寸，实现了逐层过渡并减轻了建筑自重。建筑材料简洁的模块化取决于材料制作的工艺流程和适合工匠进行手工制作的人性化尺度。埃克塞特图书馆明显而直白地表达了建筑材料的物质特征、装配和构筑过程，但应注意建筑结构的物理性能才是最重要的决定因素。建筑表现的清晰性体现了建筑表达中的极简主义，也体现了其构成材料的形式规则的准确性。

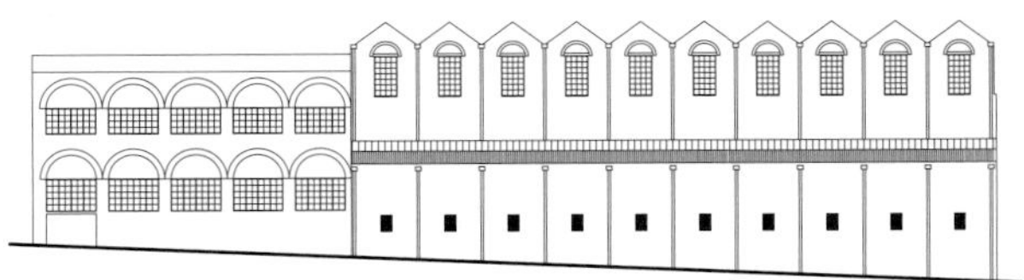

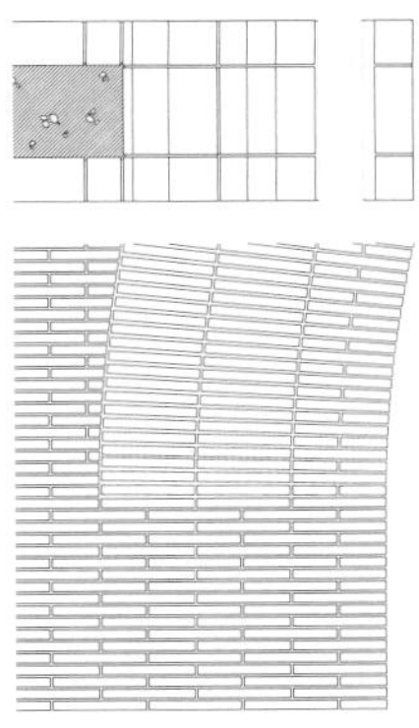

西班牙国家罗马艺术博物馆，拉菲尔·莫内欧

梅里达，西班牙 1986 年

[后现代主义，一系列平行的砖墙，砖石砌块]

The National Museum of Roman Art, Rafael Moneo

Merida, Spain 1986

[Postmodernism, series of parallel masonry walls, masonry]

在国家罗马艺术博物馆中，莫内欧根据博物馆中收藏的展品完成了建筑材料的选择和建筑形式的组织。建筑中采用了罗马砖（roman brick，比标准砖更长、更宽、更厚实）来构建承重体系，一片承重墙的形状即决定了建筑的整体形式。带有重复水平墙线的层层墙体，被设计成带有拱形开口的平行平面，重现了古罗马建筑的视觉特征，而且博物馆的选址正好位于梅里达考古遗址之上，这种墙体也遍布博物馆各展厅。对材质构造的朴素表达确立了建筑的视觉特征及形式特征。厚重墙体在结构上的分层、每个独立单元的色彩与花纹以及将结构受力传导到拱顶与支柱的明确形式，都体现了材料与形式的影响力与冲击力。

材料形式——几何 / 体系 / 模式 / 装饰 I
Material Form—Geometry/System/Pattern/Ornament
混凝土 I Concrete

混凝土是一种流动的建筑材料，其形状取决于所注入的模具形状。因此，**模具**是形式生成的全过程参与者，并对最终形式的确定发挥决定作用。混凝土材料可以适应各种可能形状的可塑性以及材料本身所固有的连续性，在微分子层面上就能统一作用，为混凝土材料赋予了形式主义特征，这一点是其他任何材料都不能比拟的。混凝土比其他材料更适用于无固定形态、曲线图形以及连续表面的建造。混凝土材料是几种原材料组合的结果（水、骨料、沙子和波特兰水泥），在固化过程中，混凝土通过放热反应而硬化，并非必须在空气中才能干燥，这一固化过程使其可以应用于水下。利用流动性创造出的混凝土材料，在受压时表现极佳，但缺乏抗拉强度。这一属性成为早期罗马形式建筑的决定因素，即通过形式的几何关系传递建筑荷载。随着贝塞麦锅炉（Bessemer furnace，即酸性转底钢锅炉）工艺的改进以及钢制品量产能力的提升，钢筋的应用与发展使钢筋混凝土这一复合材料得以实现。由此，在建筑结构中采用现浇钢筋混凝土这种复合材料，可以实现抗压和抗拉效果的均好性。混凝土中，骨料、饰面、表面处理方式以及浇筑技术的变化，可以创造出多种多样的混凝土种类，也可以形成多种多样的视觉和表现效果。以下案例将从浇筑技术、形式和饰面等方面来表达混凝土的材料特性。

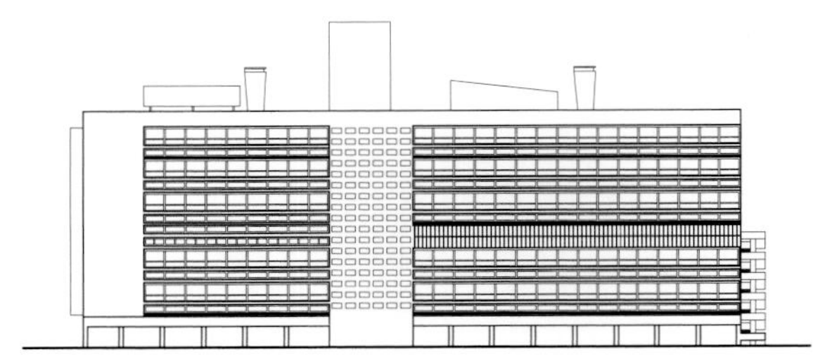

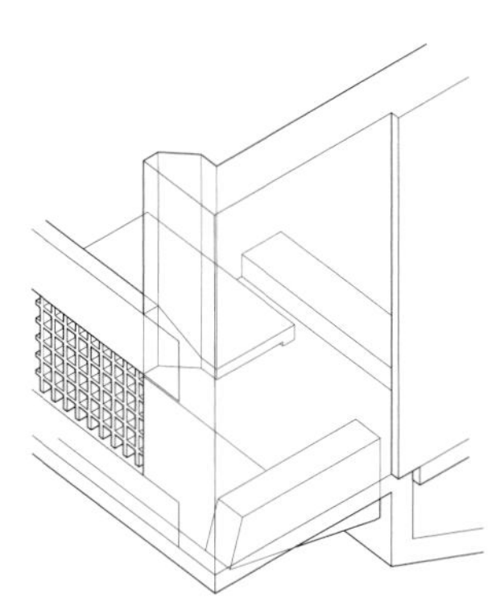

马赛公寓，勒·柯布西耶
马赛，法国　1952 年
[现代主义，双边走廊式，混凝土]

Unite d’Habitation, Le Corbusier
Marseille, France　1952
[Modernism, double-loaded corridor, concrete]

马赛公寓主要使用现浇混凝土这种独特的材料建造而成。当时建造居住综合体的工艺水平有限，所以选用现浇混凝土这种材料是合适又可行的。混凝土结构的灵活性使柯布西耶能将建筑材料一并用作建筑结构、饰面、围护、柱、地面、遮阳板，甚至是家具。其中，遮阳板为建筑赋予了一种特别的语汇：不断重复的悬挑和嵌板体系，既形成了图案模式，又创造了复杂精致的装饰类型。

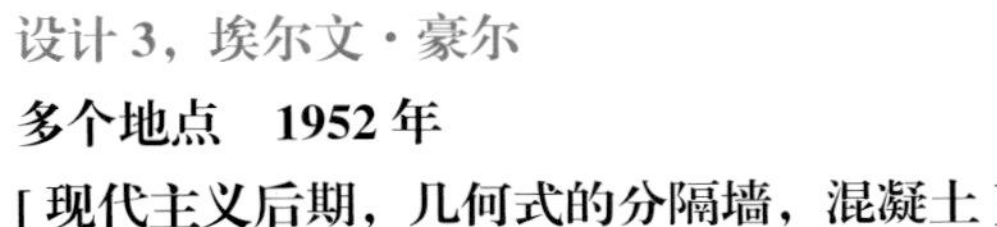

设计 3，埃尔文·豪尔

多个地点　1952 年

[现代主义后期，几何式的分隔墙，混凝土]

Design 3, Erwin Hauer

Various　1952

[Late Modernism, geometric screen wall, concrete]

设计 3 是埃尔文·豪尔进行“重复与统一”模块化研究的系列作品之一。在单元的横截面上通过曲线的过渡加入了三维的深度要素，豪尔所设计的复杂几何形式，有利于单元在聚集时形成重复性排列。通过单元的灵活组合，创造出多方向的空间效应。单元中被去除的部分不断向四周侵蚀，在单元之间形成了透明性和开放性，使得这种分隔墙的生成方式在前后两面都可以清晰辨识。对这种材料特性的应用形成了连续、光滑的建筑表面，通过精心制作形成一个复杂的单元，再应用重复铸模工艺，通过重复制造创建连续的单元。施工过程经过优化，形成了可重复的单元，当进行连续聚合时，具有空间效果的几何形式以其复杂性消除了单一单元的识别性，取而代之的是建立起一个整体的表面。建筑中，形式生成与建造过程是一体化完成的，正是基于混凝土的特性，形式生成过程及材料成型过程是一体化完成的。

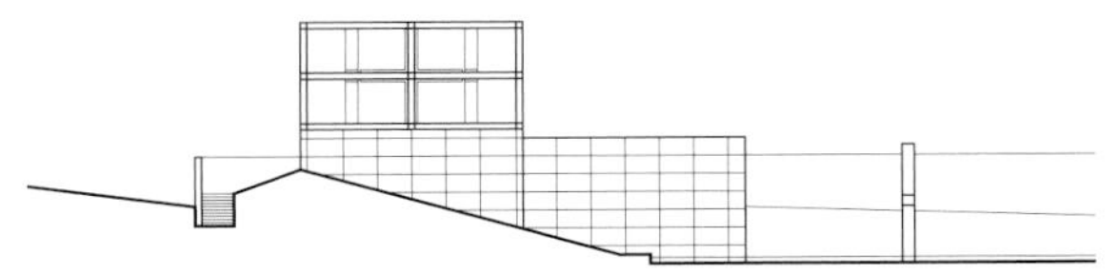

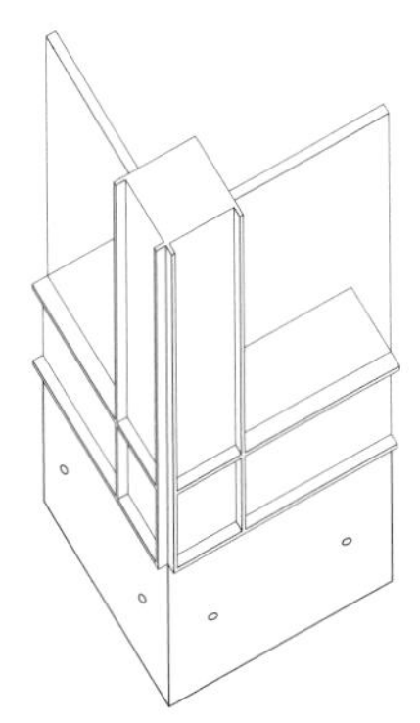

水之教堂，安藤忠雄

北海道，日本　1988 年

[后现代主义，双正方形教堂，混凝土]

Church on the Water, Tadao Ando

Hokkaido, Japan　1988

[Postmodernism, double square sanctuary, concrete]

水之教堂，可以说是安藤忠雄所有建筑作品的代表作，模板系统的精密性和模块化是它的建筑特征。安藤忠雄对色彩、外观和细部的精准控制通过建筑材料表现出来，并达到令人惊叹的工艺水平。建筑中的模架结构，在尺寸和位置上都有细致的设计，嵌入建筑表面形成三维的框架。通过模块化系统中嵌板的连接，无论是单纯的建筑材料还是空间的感知秩序都体现着建筑空间的概念性框架。整个建筑的系统化控制通过形式上的联系得到了更进一步的阐述。横向支撑将模架结构的两边联系到一起（防止因混凝土浇灌时产生的巨大压力而移动或开裂），横向支撑被填充，但模架结构依然保留在建筑表面。这些节点为连续性的表面确立了人性化的尺度。这种严谨的刚性结构仿佛将自然系统中的活力，如光、植物及人的活动，纳入了景框，并将其作为建筑的前景，衬托在混凝土建筑的宁静安详中。

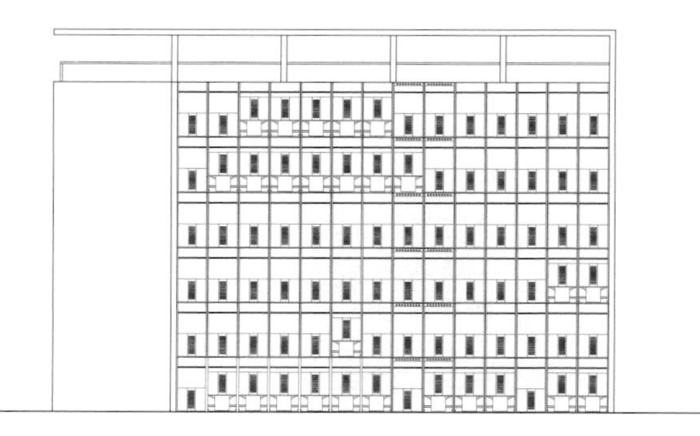

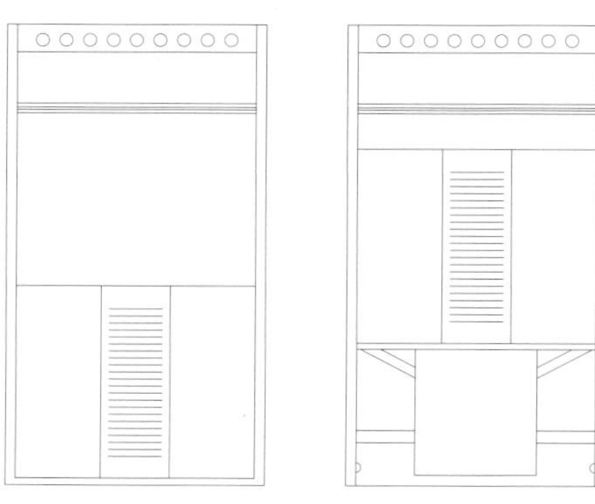

莫扎特广场住宅项目，让·普鲁维
巴黎，法国 1953 年
[现代主义，公寓建筑中可开启的立面，金属]

Mozart Place, Jean Prouvé
Paris, France 1953
[Modernism, operable facade of apartment building, metal]

材料形式——几何 / 体系 / 模式 / 装饰 |
Material Form—Geometry/System/Pattern/Ornament
金属 | Metal

几个世纪以来，金属一直用于珠宝和武器制作，或用于形式主体，或作为装饰材料。有限的可利用数量使金属材料的珍贵性与生俱来，并由于在绘图制版技术中的应用和发展更进一步彰显了其难得与可贵。金属材料可以通过铸造、锻造或其他方式构建成型，特定金属类型的冶金特性决定了其适用范围、操作方法以及由此形成的最终形式。尽管在技术上已经取得了巨大进步，但可用性、强度、延展性、耐腐蚀性与着色性等主要性能依然对金属材料的应用形式具有决定性影响。大规模生产完成了金属材料的形状分类，如板材、结构用型材、管材及其他特殊形状的材料，每种形状都具有一套标准化的原材料“类型”测定，并最终转化到建筑的形式中。原材料类型之间的相互关系是形式类型进行尺寸确定及制造技术选择的最终决定性因素。轧制、挤压、弯曲、冲孔、延展（仅举几例）都是切实可行的操作过程，决定并影响着可能的形式。各个组件的形状配合焊接、铆接和螺栓等装配技术，建立了一种方法将结构与表层体系整合到框架与表层体系中，并以此确立建筑形式的衔接。近年来，随着计算机数控加工技术 [computer numerically controlled(CNC)] 的引入，包括激光切割(laser cutting)、数控铣削（CNC milling）、水射流切割（water jet cutting）和等离子切割（plasma cutting）技术等，极大提高了金属形式体系的复杂性。这些技术与先进的成型与造型方法相结合，产生了复杂的建筑形式，甚至可以完成复合曲率完全无定形的几何形式。金属在热压作用下的可加工性，再结合其超强的强度粒度比，使其成为建筑结构和外维护体系中最主要、也是最灵活的建筑材料之一。以下建筑实例将从建筑表现、建筑形式、空间效果三个方面阐释金属材料对形式的创造力。

莫扎特广场住宅项目的主要特征是灵活铰接的可开启的建筑表皮，铝制的立面系统体现了普鲁维复杂精巧的构思，呈现出一种序列化的分段样式。立面中每个模块都经过审慎设计，共同打造出极具表现力的纤薄而轻巧的表面。这些模块可以用作百叶窗系统（用于保障照明及安全性）、通风系统（可开启的模块在尺寸和位置布局上均有不同，以保证通风质量和控制风量）、绝缘阻燃层（与铝材的导热性有关），这些功能系统最终统一于立面的**开窗设计**，使建筑实现了良好的视野和充足的采光。纤薄的铝材，结合其横截面的空心形式，在保障强度与刚度的同时，还能保持其轻盈性和耐久性。建筑立面中所体现的超级设计感以及对实用性功能的有效表达，展现了金属材料的真实性和明确的技术表现主义，这种技术表现主义源自材料特征及其建造过程与建筑功能的深度契合与高效协作。

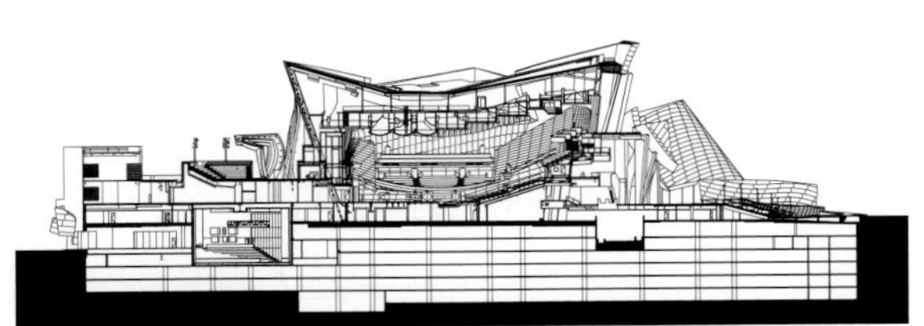

迪士尼音乐厅，弗兰克·盖里

洛杉矶，加利福尼亚州　2003 年

[后现代主义，直角方盒子之上自由形式的表皮，金属]

Disney Concert Hall, Frank Gehry

Los Angeles, California　2003

[Postmodernism, free formed skin over orthogonal box, metal]

迪士尼音乐厅的设计，以几何形状的薄板构建了建筑的外部形式，又以框架的结构体系形成了建筑的整体骨架。通过使用镶板系统，建筑复杂的整体形状被切块、分割，化大为小，化整为零，再对局部进行重新布局以完成建筑细部。借助金属材料的应用，建筑表面的厚薄尺寸及延展性有利于进行复合曲面的建构。在表层之下，建筑的钢架结构层使用的却是多种多样的正交超结构体系网格，又结合具体情况做了局部调整。柱网根据需要提供了必需的结构性能，除此之外，这个规则的、有条理的结构层依然完全隐匿在发挥主导作用的建筑表层之下。后现代主义的形式应用并不受空间功能支配，将建筑结构置于从属地位也是为强调外部表面的可识别性以及空间上的形式化造型，而所有这些都依赖于材料的性能特性及其巧妙应用。

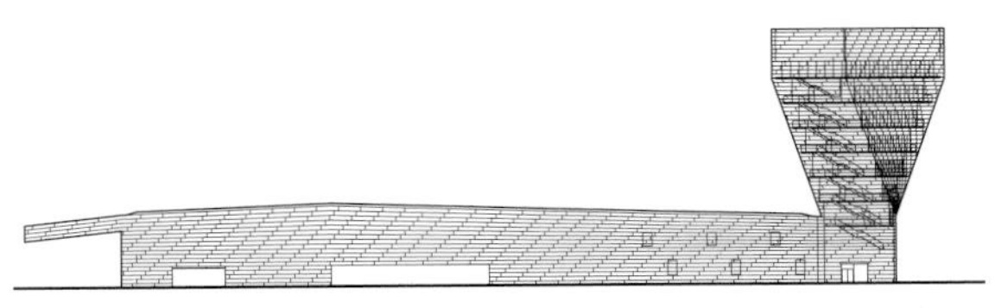

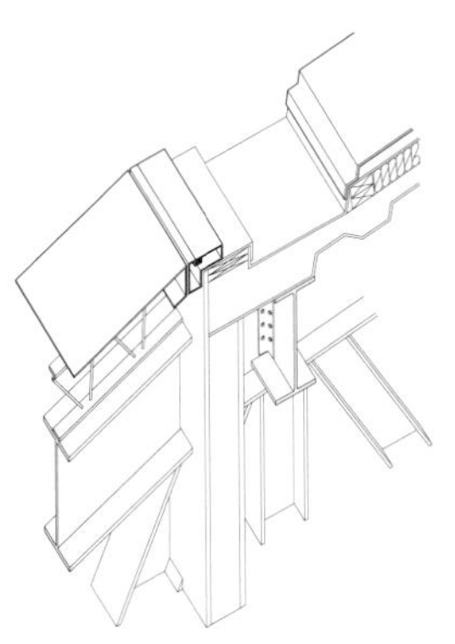

笛洋美术馆，赫尔佐格与德·梅隆事务所

旧金山，加利福尼亚州　2005 年

[后现代主义，带有庭院的自由平面，金属]

The de Young Museum, Herzog and de Meuron

San Francisco, California　2005

[Postmodernism, free plan with courtyards, metal]

笛洋美术馆的创新性来自对建筑表面的精细组织，特别是建筑表皮中各种孔洞和凹痕的设计。建筑表面所具有的三维动感源于一种设计方法，即在建筑表面中引入整体多样性和局部特性。使用穿孔（利用穿孔尺寸和位置的变化）、凹痕变形（利用凹形的后退和投影深度）的模式语汇，原本简单的形式化表面，通过技术手段的叠加和丰富的效果获得了视觉上的复杂性。多变又重复的建筑表面，其二维的光学现象便于进行模式的系统化，并形成统一的建筑特性。本案例结合先前场地中一片树林的参考意象以及基于不同距离形成的建筑表面的多样化解读，这种从图像到模式的转译在建筑体系中创建出参考意象与抽象几何之间的平衡。

材料形式——几何 / 体系 / 模式 / 装饰 |
Material Form—Geometry/System/Pattern/Ornament
玻璃 | Glass

玻璃具有易碎性，却又是一种十分独特的材料，可以根据装配体系中不同的细部处理，形成丰富多变的感知。玻璃在节点处的衔接方式为形式分割确立了维度，并为细木工体系建立了相关的视觉显示。这种构造体系建立在玻璃本身的内在品质和可感知的表现特征之上。反射率、不透明度、颜色、表面纹理、嵌入的图像以及辐射系数都将影响玻璃表面的最终视觉特征。玻璃的表现特征以及上述影响因素，融合在装配体系的实用性和工程性之中，将最终决定玻璃表面的形式和效果，也决定着玻璃作为一个建筑体系的最终解读。

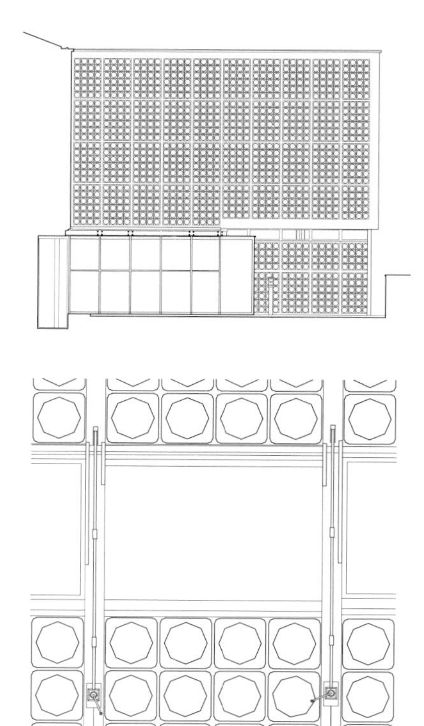

玻璃之家，皮埃尔・夏洛
巴黎，法国　1931 年
[现代主义，空间的加减法，玻璃]

Maison de Verre, Pierre Charreau
Paris, France　1931
[Modernism, additive and subtractive spaces, glass]

玻璃之家采用了半透明的玻璃块作为墙体的填充材料，并以此限定出建筑的主立面。住宅中主要的起居空间采用了两层通高的墙体，墙体中模块化、组合式的玻璃块体系以自身半透明表面的透光特性营造了开放通透的空间，同时也实现了墙体表面的尺寸细分。墙体完整的平面被分解为小块，再依据适合工匠进行手工制作的人性化尺度进行组合。墙体既能展现组合节点的图案模式，也能展现玻璃块单元通过自身的重复形成的纹理图案。玻璃墙体的简洁性与材料本身的神秘性共生并存，形成了玻璃之家的独特气质。视觉的复杂性源于建筑表面的通透性，体现在重复的玻璃块上缓缓移动的斑驳光影中。建筑最终能呈现动态又规则的表面是依靠玻璃这种材料的性能，它将感知效果与建筑图解精心设计整合为一。

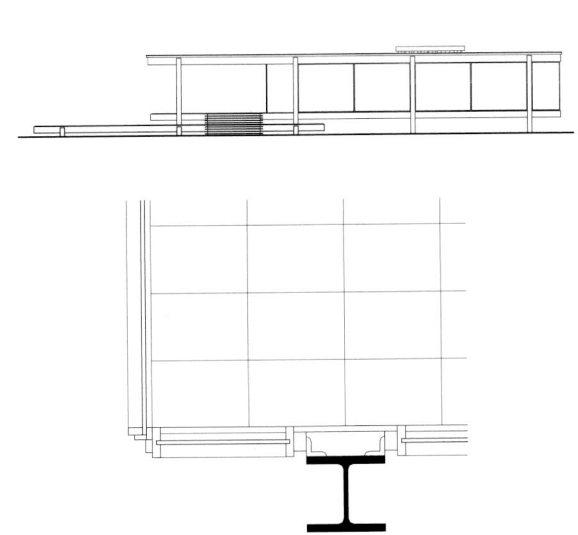
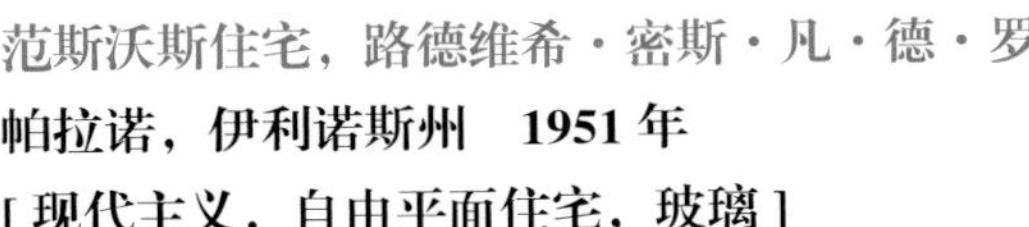

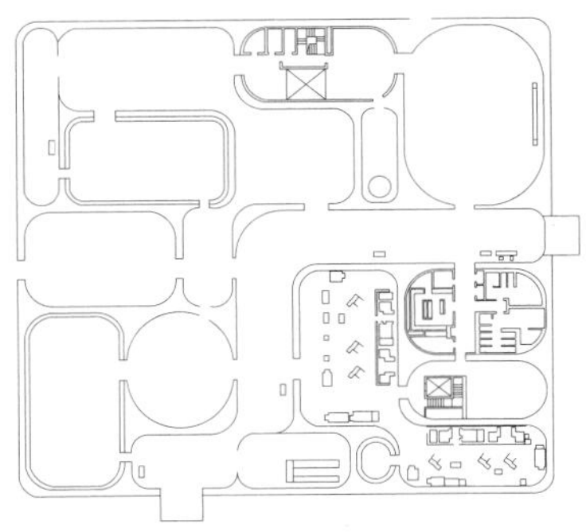
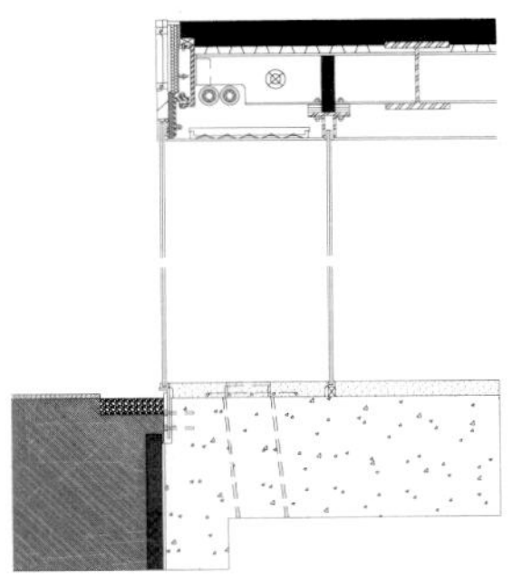

范斯沃斯住宅，路德维希·密斯·凡·德·罗
帕拉诺，伊利诺斯州　1951 年
[现代主义，自由平面住宅，玻璃]

Farnsworth House, Ludwig Mies van der Rohe
Plano, Illinois　1951
[Modernism, free plan house, glass]

范斯沃斯住宅是典型的利用玻璃材料弱化建筑存在感的设计案例。建筑中对各个系统的严格控制和精心设计，与建筑材料的超凡品质相得益彰。范斯沃斯住宅最终呈现的是一座还原性的建筑，在其整体布局和边界限定的过程中，未对周边自然环境产生任何破坏。住宅消隐了边界，打破了所有传统的功能分区甚至空间的划分，通过玻璃这种材料将室外的景观与室内活动融合在一起。

托莱多艺术博物馆之玻璃展厅，SANAA 建筑事务所
托莱多市，俄亥俄州　2006 年
[后现代主义，嵌套式的透明展厅，玻璃]

Glass Pavilion Toledo Museum of Art, SANAA
Toledo, Ohio　2006
[Postmodernism, nested transparent galleries, glass]

托莱多艺术博物馆中的玻璃展厅采用一种基础的流线型边界围合了一系列独立的内部房间，并将各个房间集合在一个大的流线型方形边界中。建筑外墙以无框玻璃进行连接，柔和的弧形表面使人暂时忽略了玻璃材料的易碎性。层层叠叠的玻璃着重强调曲面中精致的反射和折射。建筑表面仿佛被溶解掉了，这种效果打破了传统的墙体认知，转而强调自然光的空灵与缥缈。透明表面的层叠布局形成了一种模糊的反射，对视野中的物体产生了一种吸收效果，使物体的影像分散在各层玻璃表面中，呈现出一种抽象的连续性。

材料形式——几何 / 体系 / 模式 / 装饰 |
Material Form—Geometry/System/Pattern/Ornament
塑料 | Plastic

塑料是一种最新的材料类型，具有最复杂的加工和成型过程，但同时又具有最灵活的表现形式和表面性能。不同的化学组合可以提供不同的制造工艺，展现不同的材料性能及相关的形式功能，塑料的适用范畴涵盖了刚性铸造、碾磨及柔性弯曲，不同的形式使其可以形成织物一般灵活的表面。这种多样化的适用范围在同一个材料类别中产生了巨大差异。塑料已成为一种典型的指定材料，因为它具有成为隐蔽性合成材料的实际能力。近几十年来，一系列建筑技术和新的建成项目已经将塑料作为主要材料，也常常结合塑料的材料特性重新定义建筑表现与形式。从早期的实验性案例，如孟山都未来之家（以连续的表面及相关的形式弯曲为主要特征）和水立方（分割式充气枕中采用的是 ETFE 表面布局），到具有高表现性的案例，如 L 住宅中富有表现力的具象表面，最终的建筑形式均源于塑料在每个特定案例中所表现出的不同材料特性。

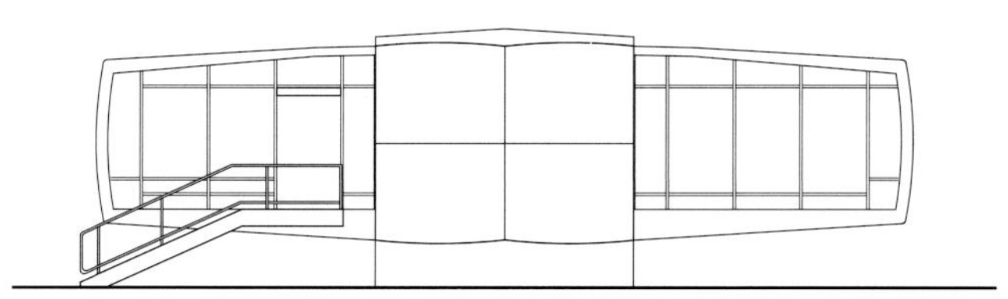

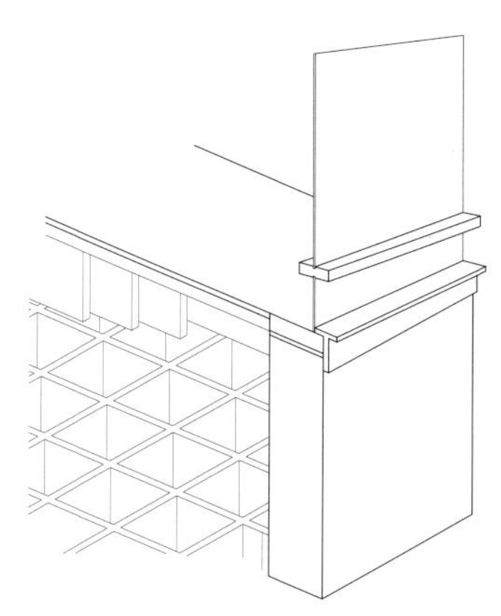

孟山都未来之家，古迪和汉密尔顿设计公司
阿纳海姆，加利福尼亚州　1957 年
[现代主义晚期，悬挑形式的十字形住宅，塑料]

The Monsanto House of Future, Goody and Hamilton
Anaheim, California　1957
[Late Modernism, cantilevered cruciform house, plastic]

孟山都未来之家的主要建筑特征是由四个完全相同的环形塑料悬臂组成中央十字形的建筑造型。古迪和汉密尔顿以重复的形状进行建筑形式的组织，每个悬臂在四个水平方向上是重复的，在立面中也是重复的。从个性化的结构定制来说，通过铸模的形式完成特定的曲线表面确实是一种高度灵活的方式，但从讲求效率的角度来说，对主要建筑造型进行重复显然会更加有效。孟山都未来之家的建筑形式根据塑料这种材料的性能创造了明确独特、没有接缝、干净纯粹的局部表面，并以局部表面的重复性强调建筑的整体外壳。建筑中，形式、外壳、结构三者同时具有连续性，形成了一种**单体结构**的建筑表面，而这个一体化的表面能够承担传统聚合式表面体系的所有功能。

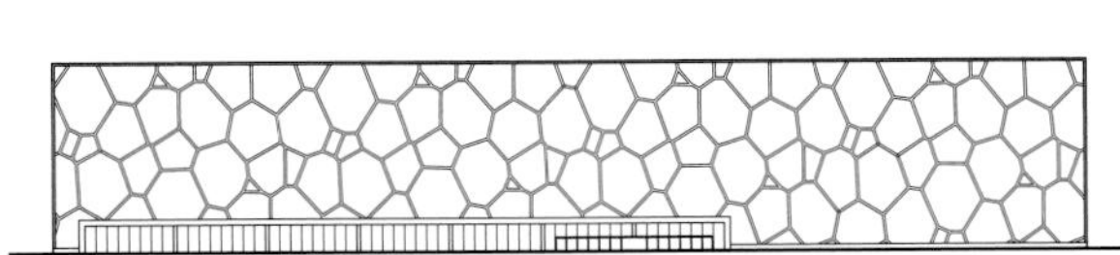

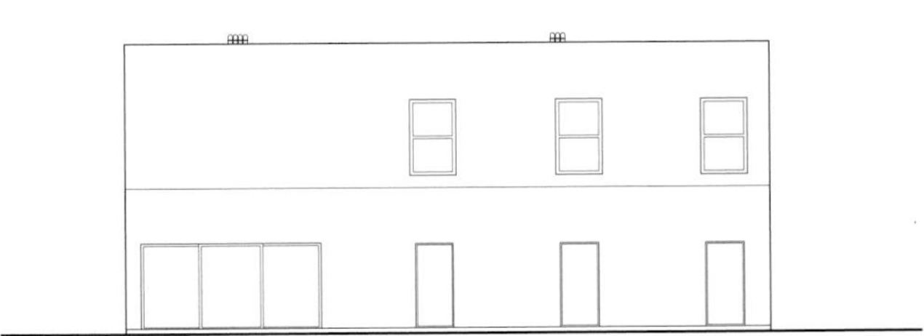

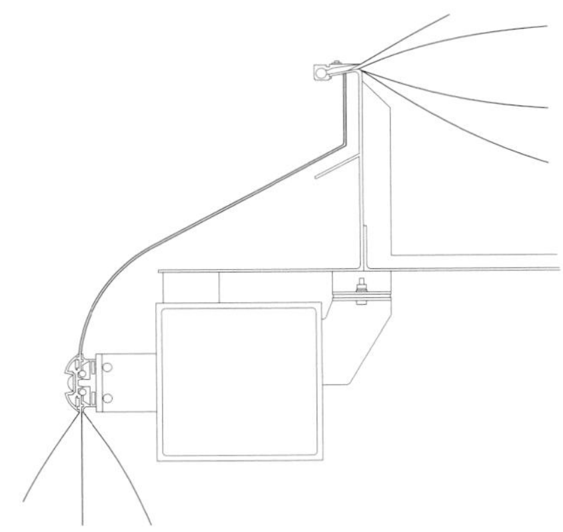

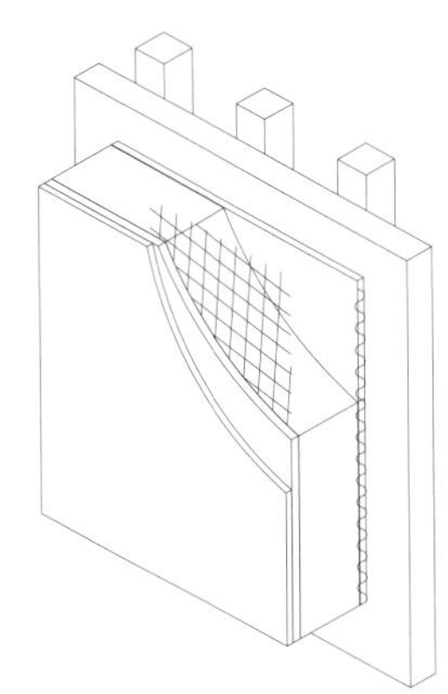

水立方，PTW 建筑师事务所

北京，中国　2007 年

[后现代主义，表面是不规则的聚四氟乙烯多边形膜材料，塑料]

Water Cube, PTW Architects

Beijing, China　2007

[Postmodernism, irregular ETFE-skinned Polygon, plastic]

水立方采用的建筑材料是聚四氟乙烯，通过不规则的分割形成由独立的气枕结构组合而成的建筑表面。设计参考了肥皂泡的自然形式，双壁表面有利于内部照明系统的形成，可以使整个建筑产生一种灯笼的光效。轻质的表面材料，轻盈又精致，对室内游泳馆这种单一体量的巨大空间来说，易于建筑表面的扩展；同时，双层表面有利于从建筑内部和外部都形成一个连续的完整表面。气枕具有绝缘和隔音效果，既能保持建筑表面的透明性，又可形成极易辨识的形式特征，还能呼应建筑的功能需求。

L 住宅，Moo Moo 建筑事务所

罗兹，波兰　2010 年

[后现代主义，材料创新的住宅，塑料]

L House, Moo Moo

Lodz, Poland　2010

[Postmodernism, materially innovative residence, plastic]

L 住宅源于传统的住宅建筑形式，但通过对形式的切割和表皮的剥离对建筑形式进行了抽象，再通过建筑外观所应用的神秘无缝材料进一步强化了抽象效果。建筑中所使用的 Thermopian 材料是一种具有可塑性的隔热绝缘材料，适用于任何颜色。Thermopian 材料的应用使 L 住宅一体化的整体式表面具有良好的隔热、隔音及绝缘性能。光滑的、没有任何瑕疵的建筑表面是深蓝色的，引领着棱柱形的建筑形式。L 住宅对传统的住宅形式进行了扩展，屋顶向上倾斜，形成了体量更大的住宅建筑形式，一段外墙与建筑主体剥离并形成一定角度，使透视的变形更加复杂。紧致的外形实现了建筑整体形式的可识别性。

材料结构 | Material Structure

木材 | Wood

木结构是最经济又普遍使用的建造类型之一（特别在美国）。木材体系伴随着相应工具的发展，跨越了不同的技术工艺和多层次的材料利用效率。木材的使用首先从原木小屋的建设开始，只需要进行简单的砍伐，而且大部分都是整棵的大树，再将其堆叠交叉即可，这样的建造只需很少的人工，但却需要消耗大量的材料。后来为了减轻材料的质量，大型木结构建筑（heavy-timber construction）将木材切割为大的部件，再装配成结构和外框。实现这样的材料效率需要进行结构计算，需要对材料的物理性质进行更加准确的理解。最后的发展则是杆件框架体系，现有两个主要类别：轻型木构架（balloon framing）和更为常见的平台框架（platform framing）。在轻型木构架中，墙壁高度即是建筑物的高度，地板则悬挂于垂直的墙面上。在平台框架中，每一层都是一个独立框架，将各个框架层叠起来就能形成新的框架，以此类推。杆件框架体系使用的是重复性的可量产部件，模块化的杆件易于现场切割，这种灵活性和重复性可适用于任何体系。作为一种被完全隐藏的系统（包括室内和室外），无论是垂直平面、水平平面还是倾斜平面，框架系统的致密性均便于其实现特殊的灵活性。以下是现代木构体系的建筑案例，是传统的建造技术与工程木材相融合的体现。其形式连接跟随材料构造和制造系统的发展，确立了特定的材料属性、功能与形式。

荆棘冠教堂，费伊·琼斯

尤里卡·斯普林斯，阿肯色州　1980 年

[现代主义后期，重复性的木构框架，木材和玻璃]

Thorncrown Chapel, Fay Jones

Eureka Springs, Arkansas　1980

[Late Modernism, repetitive wood structural frame, wood and glass]

荆棘冠教堂是以木材作为结构元素进行的一次建筑尝试。教堂极度强调垂直结构，是为了模仿周围的森林环境。建筑使用了基地中常见的自然材料。木质柱梁的重复排列创造出一个主导形象，形成了一种模式图案（pattern）或称“矩阵环境”（matrix），与教堂上空环绕四周的树枝交织在一起。当人们进入建筑空间，辨识出木构框架的层级结构是一种既定形式的建筑语言时，建筑对环境的模仿性就被清晰地察觉到了。

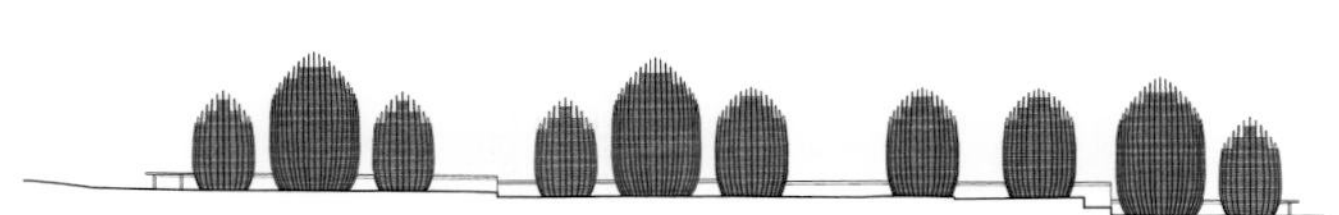

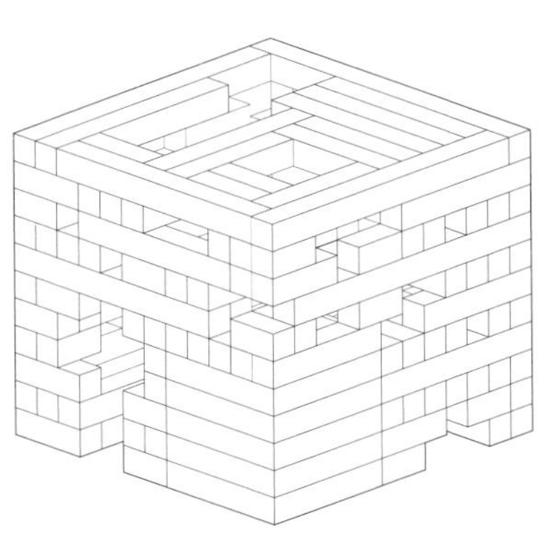

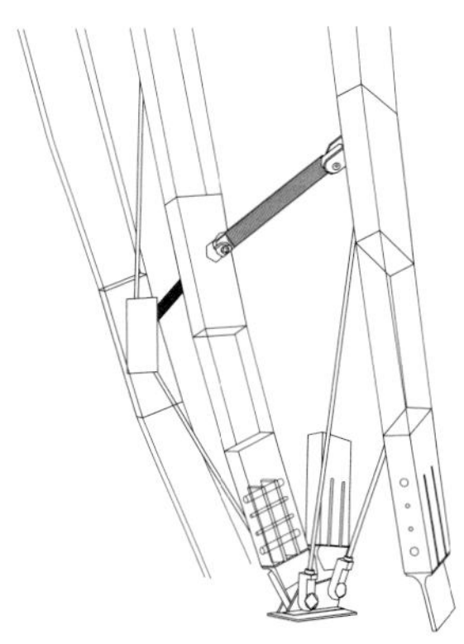

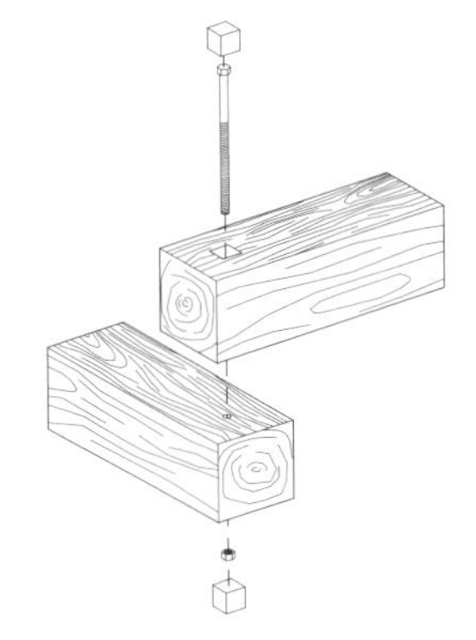

玛丽·吉巴澳文化中心（又译“栖包屋文化中心”），伦佐·皮亚诺
努美阿，新喀里多尼亚　1998 年
[高技派后现代主义，风土形式的体块，木材]

Marie Tjibaou Cultural Center, Renzo Piano
Noumea, New Caledonia　1998
[Hi-Tech Postmodernism, vernacular formed pods, wood]

玛丽·吉巴澳文化中心具有清晰的构造连接，既体现了响应场地特征的形式表达，也体现了当地风物的发展演进。该文化中心是用当地树木建造而成的，造型极富表现力，采用的是类似于杯形或风挖穴（wind-scooping）的形式。这些形式以大体量逐渐变细的复合梁作为骨架，再由横向木梁呈梯度进行连接，随着结构的上升，建筑形式逐渐分散。为了最大限度地优化和响应被动式和主动式照明和通风的需求，建筑的形式、表达和物质特性也都呼应了当地的气候条件和文化传统。因此，最终的建筑作品可以说是场所精神、基地特征、材料属性的综合产物，也是对整个建筑体系的清晰表达。

终极木屋，藤本壮介
熊本县，日本　2008 年
[后现代主义，堆叠而成的重型木结构建筑，木材]

Final Wooden House, Sou Fujimoto
Kumamura, Japan　2008
[Postmodernism, stacked heavy timber pavilion, wood]

终极木屋采用的是一种重型木材（heavy timber materials，大尺寸、直角打磨、实心的天然材料）与原木小屋装配体系（log-cabin assembly systems，运用自然重力关系进行堆叠和固定）相结合的建造方式。其最终形成了一种模块化、多方向的空间环境，以精确的直角边缘形成了柏拉图式的理想形体，从建筑内部来看，则是在所有六个坐标轴方向上都设置了多样化的阶梯状表面。这些多变的表面考虑到了行为活动的尺寸需求以及相关功能使用的舒适度。终极木屋既实现了形态与构造的简约性，也实现了形态与功能互动的多样性和抽象性。

材料结构 | Material Structure

砖石砌块 | Masonry

砖石砌块作为一种结构材料，在技术上的进步虽然较少，但在应用中却经历了重大发展。砖石砌块的主要类别有：黏土砌块、混凝土砌块、石砌块以及玻璃砖。它们都是以相同的简单工艺制造而来：从土地中取材，在高温下烧制成手掌大小的一块。在混凝土砌块中，烧制的黏土被混凝土替代，通过水化作用完成硬化。单独的砌块再通过聚合和装配形成更大的平面。最初，砌体系统是承重的，由此形成了线性墙面体系和拱形横跨技术。在当今的建设实践中，墙体得到加厚，其中包含能够保温防潮的空气层、绝缘层、更具表现性的弹性层、低成本的骨骼结构系统、外部防潮层以及不同的基础设施系统，如电力系统、电信系统和数据系统等。只有混凝土砌块仍然用作最基本的承重体系，但其应用也受到限制，因为当它用于只有一层砖厚的结构时，将缺少上述辅助系统的设置空间。因此，以砌块作为单一结构体系的建设案例是罕见的，多是运用其混合性能与其他材料系统进行组合。本小节案例说明的是砌体结构如何以其品质和性能充分应用于建筑的形式构成与功能概念。

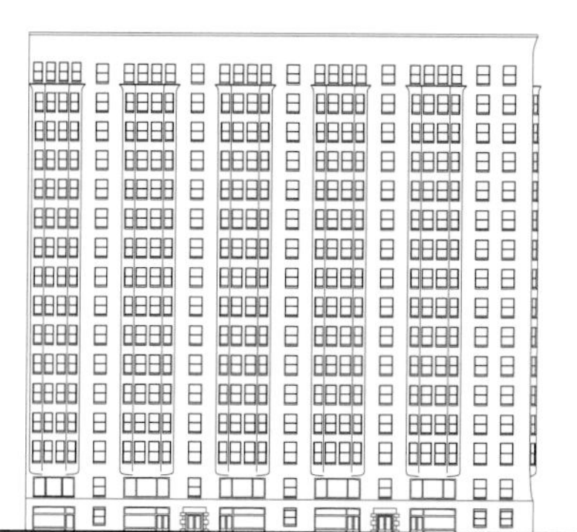

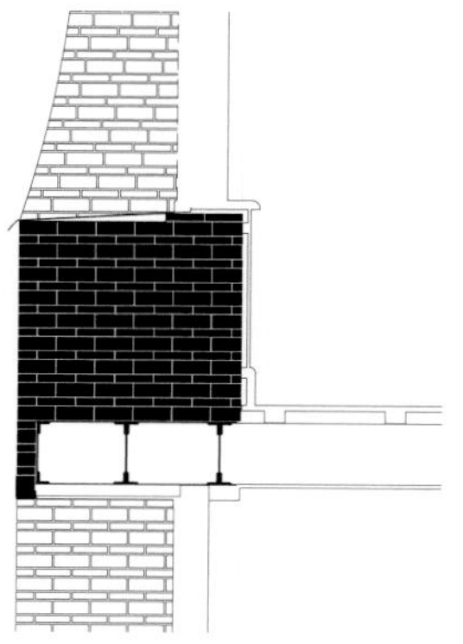

蒙纳德诺克大厦，伯纳姆和鲁特建筑事务所

芝加哥，伊利诺斯州　1891 年

[理查森式风格，双边走廊式办公建筑，砖石砌块]

Monadnock Building, Burnham and Root

Chicago, Illinois　1891

[Richardsonian, double-loaded linear office building, masonry]

蒙纳德诺克大厦通常被认为是第一座摩天大楼。它高 16 层，却依然采用传统的砖石承重结构方式。为了达到预期的建筑高度，又考虑到材料本身的承重限制，在建筑基础部分设置了 6 英尺（约 182.88 厘米）厚的砖墙。相对于建筑高度而言，加厚的墙体尺寸优化了材料性能，使黏土砌块的受力刚好低于其受力极值。只要再增加一个楼层就会导致材料崩塌。因此，结合承重结构和建造方式的共同要求，建筑形成了优雅、弯曲、垂直向上的线条，这些线条既是该建筑本身的识别特征，也是其在高层建筑谱系中的定位特点。

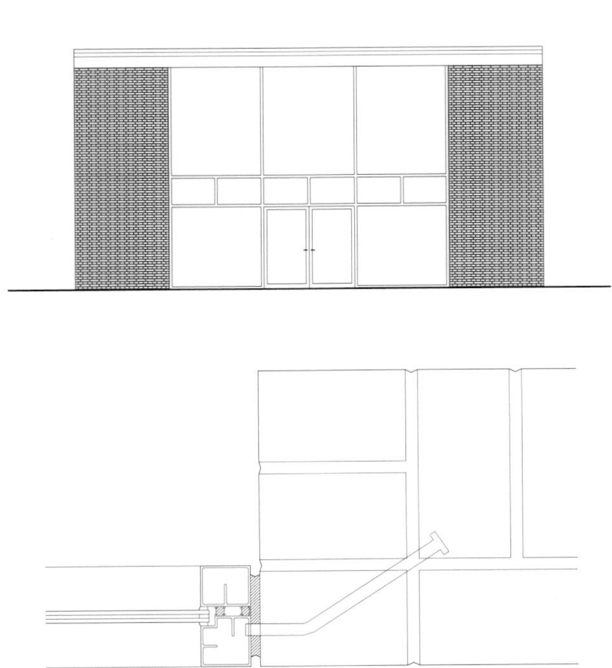

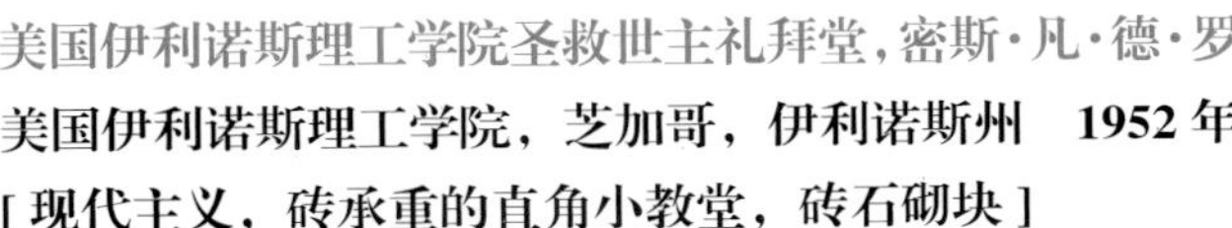

美国伊利诺斯理工学院圣救世主礼拜堂，密斯·凡·德·罗
美国伊利诺斯理工学院，芝加哥，伊利诺斯州　1952 年
[现代主义，砖承重的直角小教堂，砖石砌块]

Chapel of Saint Savior, Mies van der Rohe
IIT Campus, Chicago, Illinois　1952
[Modernism, orthogonal load-bearing brick chapel, masonry]

美国伊利诺斯理工学院圣救世主礼拜堂以标准砖为模数建造了承重墙体。建筑物被划分为五个相同的开间，中间三个开间是相通的，两侧均是不透明的连续砖砌墙面。简单的砖块单元、重复而不间断的墙面、砖块组合的内在模数，都能展现出砖材的精粹与魅力。密斯的材料哲学是以玻璃和钢材的应用为标志，而在本案例中，这种材料哲学也同样作为砖块单元的主导，强烈地表达出对材料精度和分辨度的推崇。

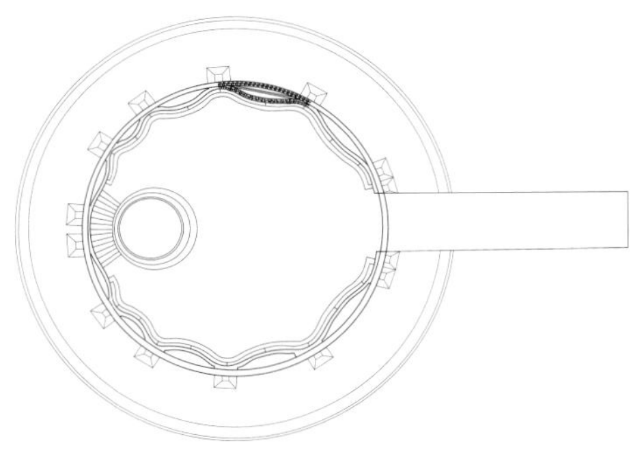

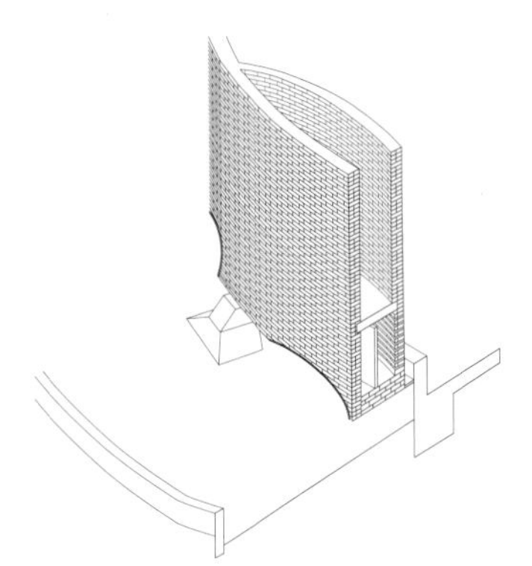

麻省理工学院小教堂，埃罗·沙里宁
剑桥，马萨诸塞州　1955 年
[现代主义，圆形圣殿，砖石砌块]

MIT Chapel, Eero Saarinen
Cambridge, Massachusetts　1955
[Modernism, circular sanctuary, masonry]

由埃罗·沙里宁设计的麻省理工学院小教堂，其整体造型源自黏土砌块单元的塑性组合。每块砖在连接时都从端部进行旋转，随着旋转角度的增加，整体的旋转创造出圆柱形的建筑体量。沙里宁选择使用的是烧结砖（clinker bricks，在烧制过程中变形的砖，通常是被丢弃的），所以教堂表面在形式、颜色及声音反射等方面呈现出了微妙的变化。双层承重砖墙既可以维持建筑外表面的连续性，又可以使内墙呈现波浪般的起伏变化。双层承重砖墙中，内壳采用的是开放的网格形式，砖块被交替去除，留出的间隙形成吸声囊，与其他坚硬的高反射率的墙面形成对比。砖石砌块的使用延伸出墙面，在地板和祭坛中也有应用。材料在整个建筑中是一个恒常的“协作者”，当建筑师充分理解了材料，材料就会协助其达成各种各样的建筑表现和审美目的。

材料结构 | Material Structure
混凝土 | Concrete

混凝土可用作结构体系，主要分为现浇和预制两大类。成型方式和应用位置的不同导致了工艺技术及其后形式主义的巨大差异。对于结构性的应用，现浇混凝土便于形成更加统一的形式，可以有效应对特定场地的限制条件和细节要求，而预制混凝土的特点则是精确、可预见、模块化（受运输要求的限制）。混凝土本身所具有的抗压特性是依赖模板形成的（钢筋可以提供必需的抗拉力，通过与钢筋的结合，混凝土就很容易得到强化），材料本身属性中的自然连续性和超级适应性能够适应多样化的形式类型，从梁柱到整体结构，到平面，再从建筑外部框架到壳体外形，在每一种布局中，混凝土的材料性能都基本保持不变。

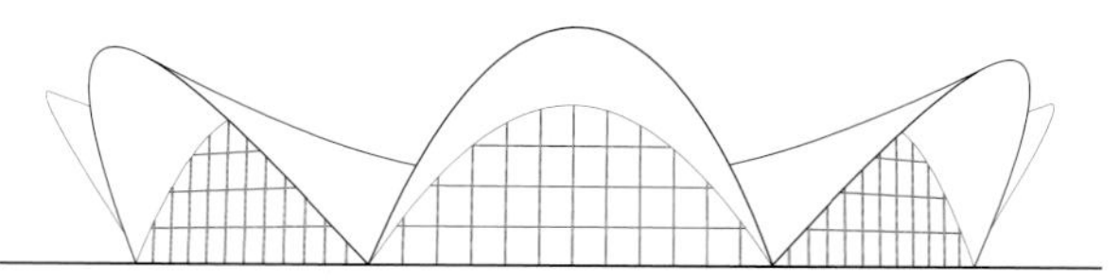

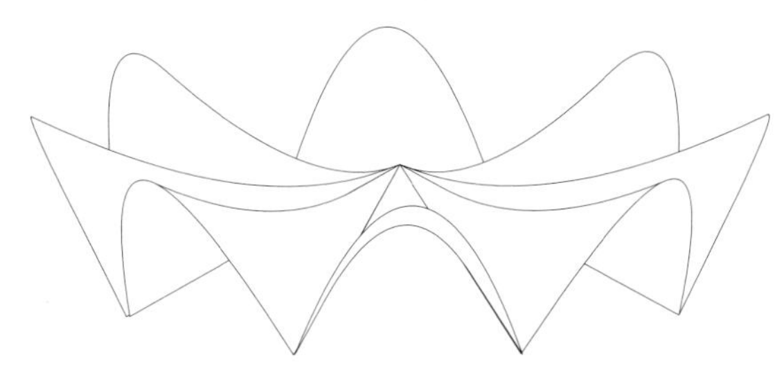

霍奇米洛克水上公园餐厅，费利克斯・坎德拉
霍奇米洛克，墨西哥　1958 年
[现代主义后期，放射状抛物线外壳，混凝土]

Los Manantiales, Félix Candela
Xochimilco, Mexico　1958
[Late Modernism, radial parabolic shell, concrete]

混凝土作为结构外壳的应用在霍奇米洛克水上公园餐厅中被展现得淋漓尽致，在其表面现有的纤薄条件下实现了最大的跨度。对连续的壳体系统进行的结构性改进，实现了整体表面厚度的均匀分布，这种方法需要对建筑的整体外形进行综合考量。一系列抛物线拱相互连接形成一个连续的表面，形式的融合构建出流动的外壳表面。外壳表面的奇异特性使建筑的整体形式达到了极致的纯净，并通过纤薄的表面得到了进一步优化，而建筑中其余的围合基本上都是透明的。建筑室内是一个单一的完整空间，不仅在视觉上拥有一眼望穿的通透视线，而且在空间效果上可以与外部的湖泊和景观融为一体。薄壳表面的奇异特性、对建筑结构的连续性要求、满足强度和形式深度的塑性曲线表面，所有这些特征只有借助现浇混凝土固有的材料特性才能得以实现。

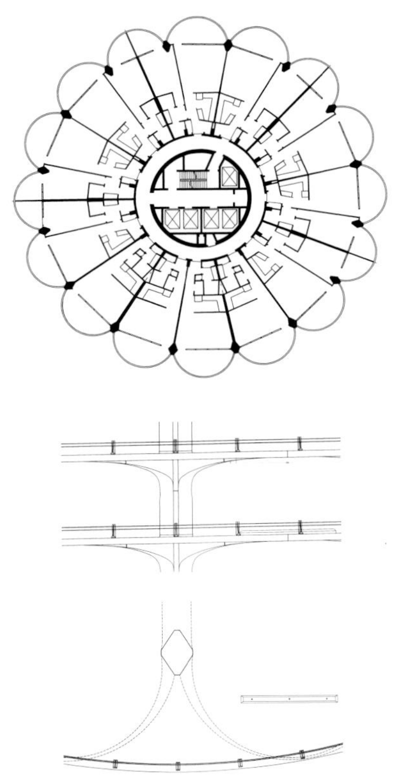

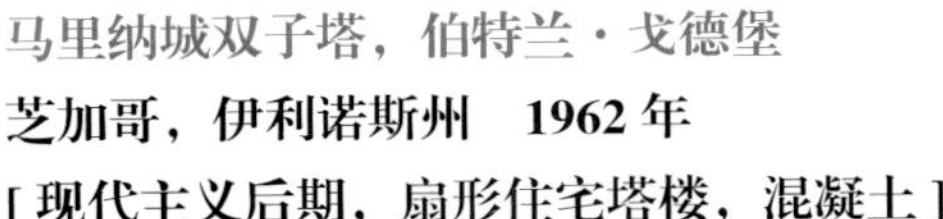

马里纳城双子塔，伯特兰·戈德堡

芝加哥，伊利诺斯州　1962 年

[现代主义后期，扇形住宅塔楼，混凝土]

Twin Towers at Marina City, Bertrand Goldberg

Chicago, Illinois　1962

[Late Modernism, scalloped residential tower, concrete]

马里纳城双子塔的特征在于其扇形边缘酷似“玉米棒”的圆柱体形式。扇形边缘的曲线形式直接衍生自混凝土材料的可塑性，建筑每层都由 16 个扇形构成，扇形与每间公寓的阳台相连，远离主要的起居空间。这种不同的建筑形制与玻璃和钢材的正交形式形成了鲜明对比，而正交性是密斯形式体系的主要特征，并主导了当时那个年代高层建筑的形式选择［典型形式可以参照密斯·凡·德·罗设计的湖滨大道 860-880 号双子塔公寓（860-880 Lakeside Drive Buildings）的外形特征］。同样，混凝土的可塑性也便于局部模块的曲线形式与建筑整体的圆柱形式组合为一体，既使材料直接暴露，也强调了对建筑形式表达的简洁性和纯粹性的推崇。

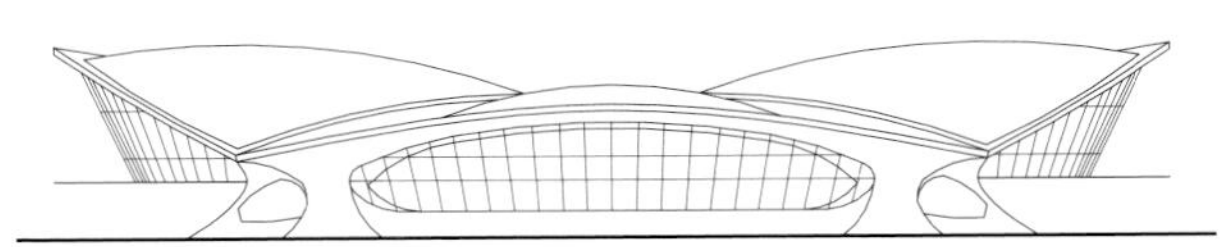

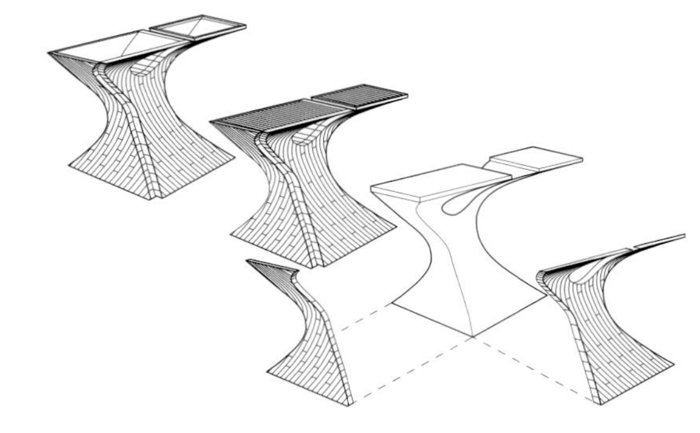

肯尼迪国际机场 TWA 航站楼，埃罗·沙里宁

纽约市，纽约州　1962 年

[现代主义后期，自由流动的曲线式机场航站楼，混凝土]

TWA Terminal, Eero Saarinen

New York, New York　1962

[Late Modernism, free-flowing curved airport terminal, concrete]

由沙里宁设计的 TWA 航站楼着重展现了混凝土材料本身所具有的可塑性和流动性特点。建筑师采用了连续表面的形式类型，从地板到墙壁再到天花板的流畅过渡正是混凝土材料直接作用形成的结果。材料本身的独特性和由此形成的形式独特性，创造出动态的空间效果，即使在细木工的微观尺度中也可以顺利应用。建筑形式的流动性和表面的雕琢在经过消减的内部空间与代表空气动力学的巨大外形这二者之间建立起了对话。TWA 航站楼的建筑形式主要是从材料如何构成空间这一议题的相关理解演变而来的。

材料结构 | Material Structure

金属 | Metal

结构金属虽然是伴随着铸铁技术的演变而形成的，但在当代建造中通常指的是钢材。金属通过挤压或轧制来固定形状，具有标准的尺寸和限定的截面形状。因此由金属生成的形式是框架式几何形体的派生产物。这些框架通过标准化与合理配置，或形成序列以确立一种更经济的建造方式，或变得更加不规则以专门应用于各种不同的局部形式。系统之间的连接（例如，螺栓、焊接或铆接）以及系统中横向稳定性的引入（例如，使用抗弯框架、斜撑框架或剪力墙）建立了节点的衔接，也为系统整体确立了视觉、形式及表现特征。无论是系统整体还是局部衔接，都源于材料本身特性及其成型过程、装饰细部及系统化的过程，整体与局部相辅相成，完成了最终的形式构成。

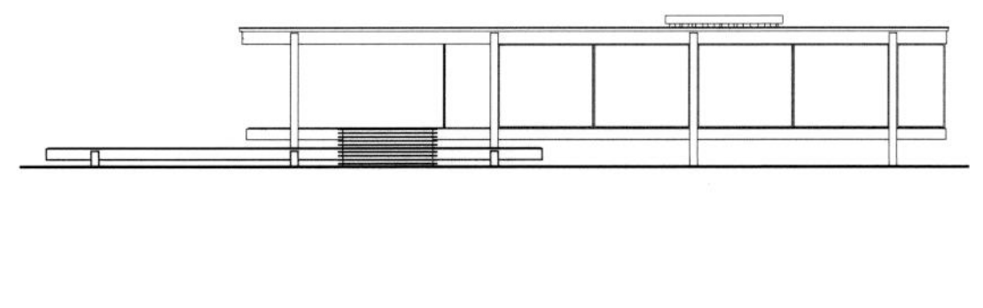

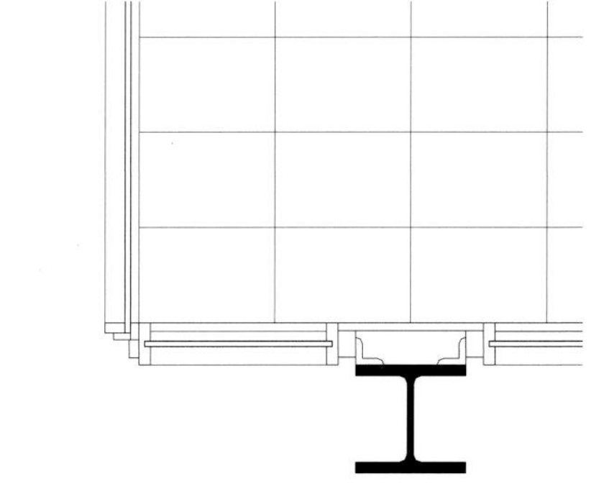

范斯沃斯住宅，路德维希·密斯·凡·德·罗
帕拉诺，伊利诺斯州　1951 年
[现代主义，自由平面住宅，钢材与玻璃]

Farnsworth House, Ludwig Mies van der Rohe
Plano, Illinois　1951
[Modernism, free plan house, steel and glass]

范斯沃斯住宅的秩序是由多层次的金属结构框架创造并建立起来的。白色钢立柱形成的网格系统是贯穿整个建筑架构的隐形体系。地板上的图案与天花板上的梁都是这种结构方式的有意延伸。这种工业化和机械风的感觉使室内空间冲破天花板的限制延伸到室外，并继续延伸到大自然中。透明的玻璃幕墙有利于展示钢结构在建筑中的主导性，透过玻璃幕墙，在远处树林的衬托下更强调了对钢结构的建筑解读。

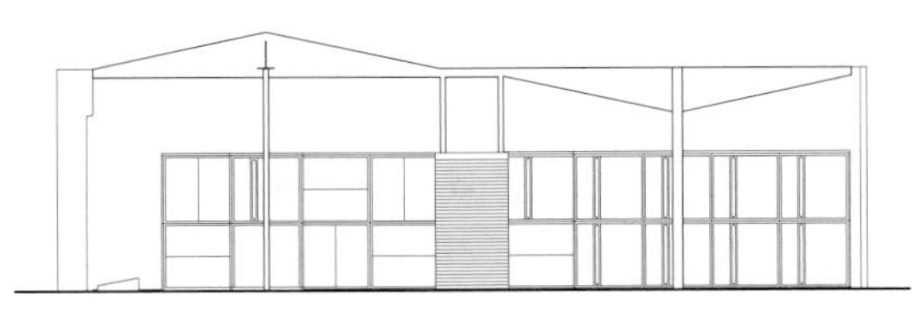

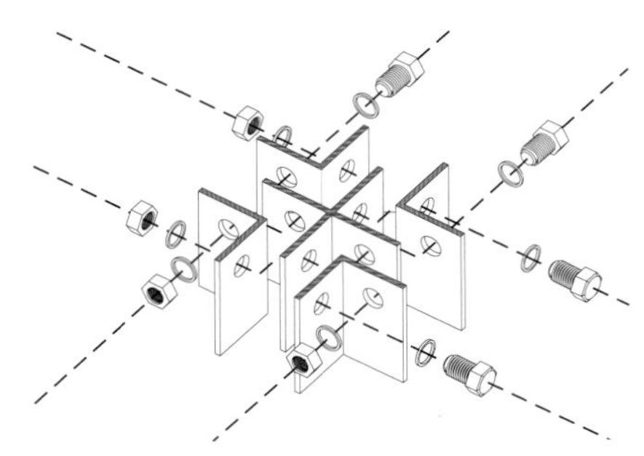

海蒂·韦伯展览馆，勒·柯布西耶
苏黎世，瑞士　1965 年
[现代主义，多面式独立屋面之下的方盒子建筑，金属]

Heidi Weber Pavilion, Le Corbusier
Zurich, Switzerland　1965
[Modernism, rectilinear cage under independent faceted roof, metal]

海蒂·韦伯展览馆由三部分组成，分别是一个由螺栓连接的模块化钢架、一条现浇混凝土坡道以及一个仿佛悬浮在整个建筑之上的超大结构的、焊接的、板形独立屋顶。三个部分相互独立，都有独自的构造体系，强调的是各部分之间的差异。通过对“L”形钢进行规则的重复，形成了基础建筑部分相互垂直的形式，又通过将“L”形钢角对角地进行放射状集合并以螺栓连接，形成了十字形柱（cruciform column）。整个结构体系搭建在一个三维的框架之内，经过内部填充以及外部光滑墙板的修饰得以形成颜色鲜明、图案繁多的建筑外形。该建筑中，螺栓连接体系与钢板焊接成型的整体式多面屋顶都是重要的特征。屋顶由多个面构成，从各个角度看均极富动感，屋顶的表现力与其下方规则的方盒子形成了鲜明对比。在海蒂·韦伯展览馆建筑中，三部分构成要素均体现了对其独立构造体系的致敬。

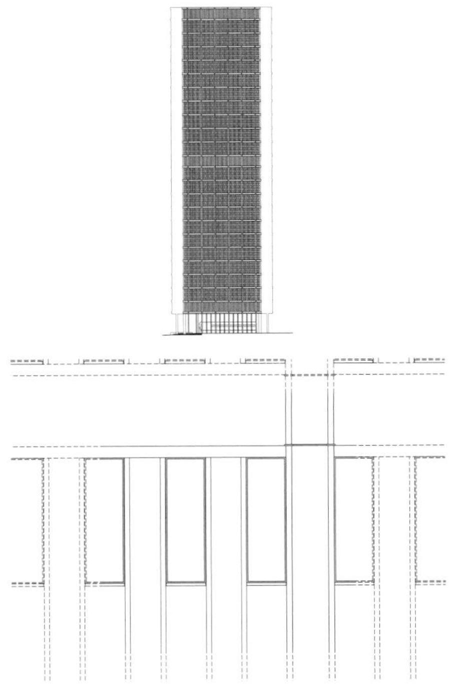

美国钢铁大厦，哈里森，拉莫维兹与阿贝建筑事务所
匹兹堡，宾夕法尼亚州　1970 年
[现代主义后期，带锯齿的三角形办公大楼，金属]

U.S. Steel Building, Harrison, Abramovitz and Abbe
Pittsburgh, Pennsylvania　1970
[Late Modernism, crenellated triangular office tower, metal]

美国钢铁大厦建筑表面使用的材料是考顿钢（钢材表层有一层锈红色的致密氧化物，可以形成密封效果，防止钢材进一步锈蚀）。这种独特的材料集合了金属的刚性与有机的纹理和色彩。此外，该建筑特别在外部设有巨大的充满水的柱子，以抵御金属对火的敏感性。在高温条件下，金属会产生形变甚至融化。将钢结构包裹在混凝土中，喷涂防火涂料，使用阻燃材料或其他材料加以保护，这些都是常见的解决方案，但是无一不是掩盖了材料的视觉特性。充水柱的使用是一种创新的解决方案，既能表达外露的金属形式及其材料特征，同时也能保持必要的耐火性能。美国钢铁大厦的设计植根于材料的表达和展示，准确地表达出建筑的产权特征（即美国钢铁公司的办公大楼）、材料的视觉特征及清晰的形式表达特征。

材料细部 | Material Detail

木材 | Wood

木材是一种相对柔软又具有延展性的材料，因此，它几乎可以加工成任何形式。从人类第一次有可利用的工具开始，木材就应用于细部的构建。这些细部可以用作结构材料、装饰物、连接件，甚至覆层。木材也许是用于细部操作的最常见材料，它有能力解决建筑语境中的许多问题，而且木材是一种可再生资源，在全球大部分地区都有种植。随着时间的推移，木料的生产和木材的使用已经发展到一定程度，具有了标准化的尺寸和形状，更易于在建筑细部中应用。这种广泛的可获得性，再结合操作的简便性，都有利于木材根据不同需求进行定制，使其在世界各地都得到了广泛应用。

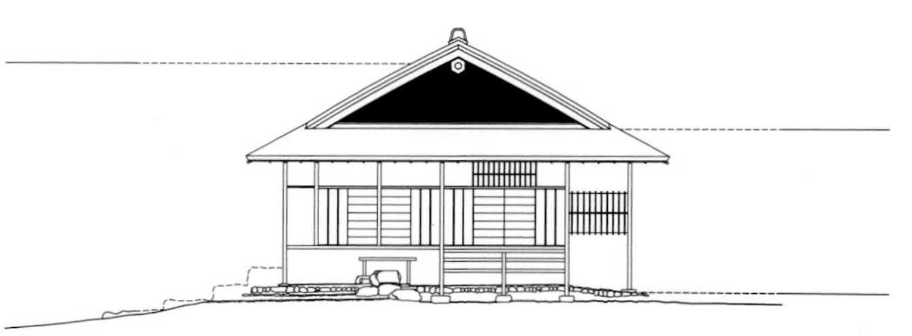

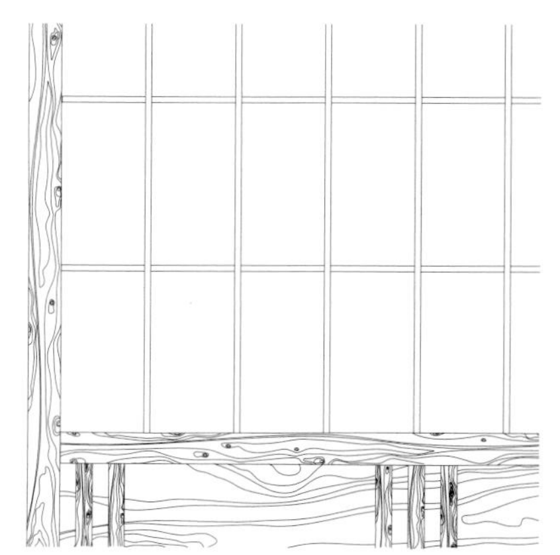

桂离宫，智仁亲王

京都，日本　1624 年

[传统日式风格，大型宫殿庭院，木材]

Katsura Imperial Villa, Prince Toshihito

Kyoto, Japan　1624

[Traditional Japanese, large palace, wood]

桂离宫被誉为日式园林建筑之风格典范，由一系列精巧的木构建筑组成，对现代主义建筑师产生了极大影响。整个桂离宫以简明朴素的风格将众多建筑联系起来，这种风格的确立源自以木材作为主要的建筑材料以及对木材的精确把控和娴熟运用。桂离宫中的每一个地方似乎都为了彰显对木材应用的深思熟虑和精湛技法。桂离宫中，各种梁、节点、地板以及众多的障子巧妙结合，使其最终成为世界上最受推崇的木构建筑之一。

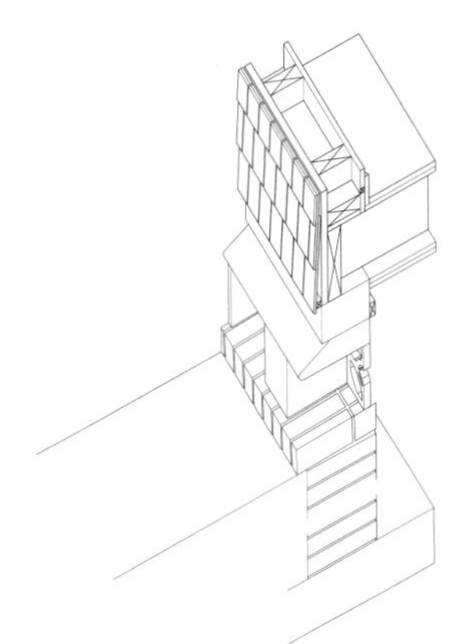

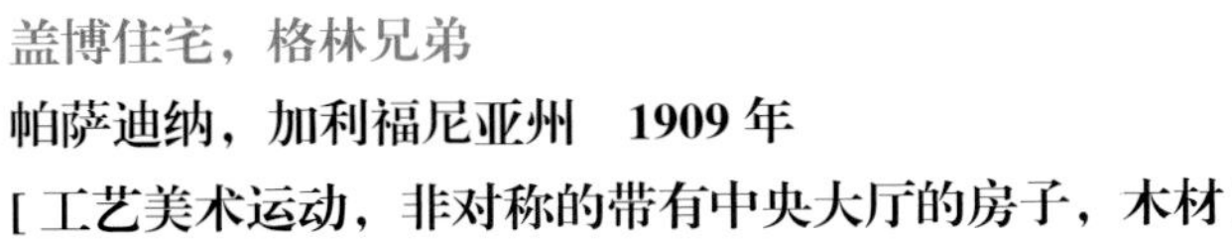

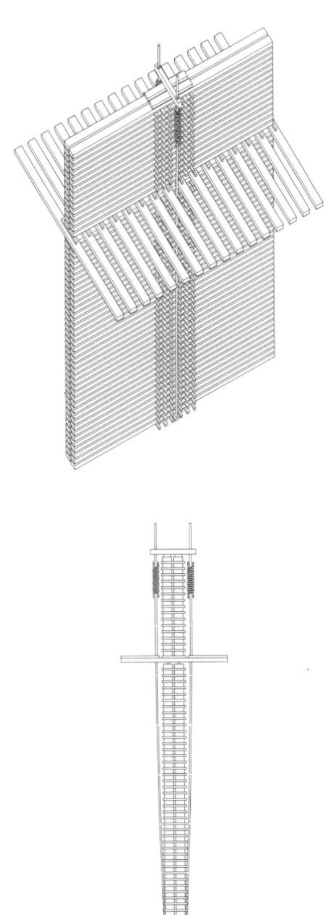

盖博住宅，格林兄弟

帕萨迪纳，加利福尼亚州　1909 年

[工艺美术运动，非对称的带有中央大厅的房子，木材]

Gamble House, Greene and Greene

Pasadena, California　1909

[Arts and Crafts, asymmetrical central hall house, wood]

位于帕萨迪纳市的盖博住宅由格林兄弟设计，体现了典型的以木材的材料细节为主导的建筑特色。这所住宅由 12 名工人完全使用手工工具、历时一年建设完成。建筑中的每一处都在不遗余力地彰显木制细部。豪华的楼梯间、壁炉架、镶板等著名要素都因精巧的结构和细致的装饰被广为称道。建筑中的其他木制部分，如侧面的木瓦屋面（长度均为 3 英尺，约 91 厘米），则通过着色或结构性的处理被隐藏起来，但这也体现了将木材作为主材的整体考虑。屋顶结构是外露的，以巨大悬挑进行了明确界定，清晰展现了构造中的有机装饰。

2000 年世博会瑞士馆，彼得・卒姆托

汉诺威，德国　2000 年

[后现代主义，堆叠而成的临时性展馆，木材]

Swiss Pavilion at Expo 2000, Peter Zumthor

Hanover, Germany　2000

[Postmodernism, stacked temporary pavilion, wood]

卒姆托为 2000 年世博会瑞士馆所做的设计是为了区别于其他展馆，旨在为已经游览了大量虚拟世界的游客创建一处舒缓的喘息之地。瑞士馆仅由木板进行构建，所有木板的尺寸完全一致（144 厘米 ×20 厘米 ×10 厘米）。这些木板的连接没有使用任何胶、钉或者螺丝，而是通过弹性钢索和杆件牵拉进行固定。展馆最终表达的理念与材料自身的特质有着内在关联。建筑细节并不只体现在木材的搭建工艺中，更多的是对尺寸标准化的推崇以及对木材本身魅力的呈现。世博会结束后，临时性的瑞士馆被拆除，这些木板也作为干燥木材进行了二次出售。

材料细部 | Material Detail
砖石砌块 | Masonry

砖石砌块通常被认为是最典型的结构材料，但也用于其他方面，为建筑物提供一种关于材质、纹理、细节的感知。当然，纯粹以砌体结构就可以形成一些细节，完成某种表现性的装饰，然而有时砌块的使用超越了单纯的结构作用，砌块所呈现的一些属性也是为了将某些特殊材料的属性保存下来。在罗马时期广为流行的建筑覆层，就是上述方法之一。符合这种类型的其他系统还包括装饰砌块、铺装和某些独立的砌块单元。建筑的细节就存在于这些系统以及系统间的组合协作中，不仅指独立的砌块单元，还包括其间的灰浆接缝。

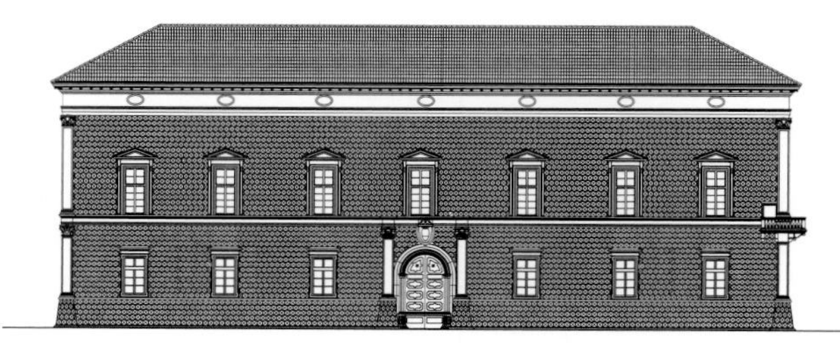

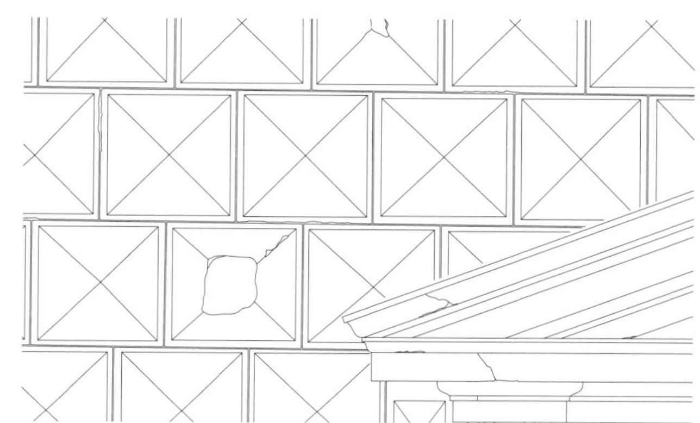

钻石宫，比亚吉奥 · 罗塞蒂
费拉拉，意大利　1493 年
[文艺复兴，外挂大理石覆层的宫殿建筑，砖石砌块]

Palazzo dei Diamanti, Biagio Rossetti
Ferrara, Italy　1493
[Renaissance, Palace with marble cladding, masonry]

位于费拉拉的钻石宫是意大利最著名的宫殿之一。它以极富表现力、非同寻常的白色大理石覆层而得名。覆层约由 8500 块白色大理石组成，每块大理石都被雕刻成金字塔形，代表着钻石。这座建筑的纹理质感以及由此产生的视觉刺激正是文艺复兴时期的一大亮点，这种特点一直启发着建筑师以砖石砌块的应用完成建筑细部的构建。

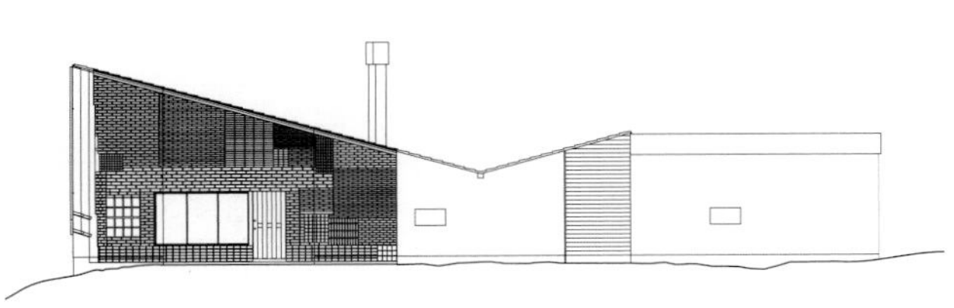

阿尔托夏日别墅，阿尔瓦·阿尔托
穆拉撒拉岛，芬兰　1953 年
[现代主义，实验性的带庭院的住宅，木材和砖石砌块]

Aalto Summer House, Alvar Aalto
Muuratsalo, Finland　1953
[Modernism, experimental courtyard house, wood and masonry]

阿尔托以其夏日别墅作为一次建筑实验，以研究建筑中空间与材料的不同组合特征。其中他对砖石砌块材料的研究最为著名，体现在面对小庭院的所有砖墙上。阿尔托将这些墙面当作采样板，不断探索和实验砖石材质所组成的图案模式以及结构性能，为以后更大尺度公共建筑的创作积累素材。多种砖块尺寸及其黏结方式最终打造了一幅组合式的砖墙艺术画作。这种对砖石砌块的丰富使用与别墅的外墙一侧形成了鲜明对比，因为外墙面直接使用黏土砌筑再涂以白漆，并带有规则的线条装饰。

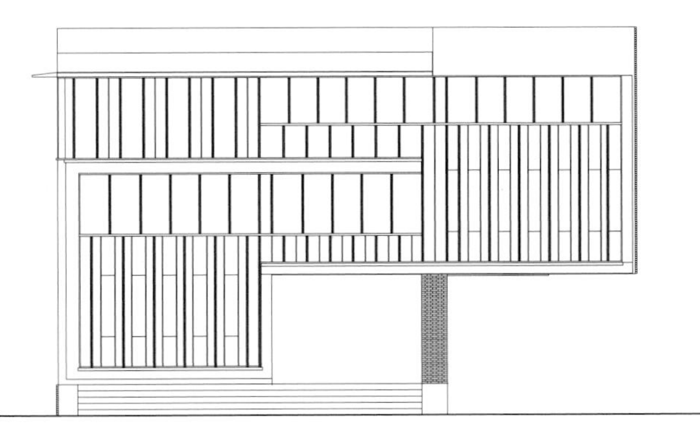

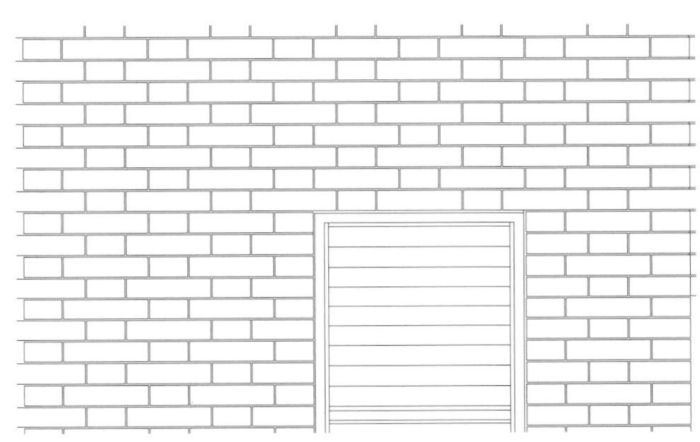

通州艺术中心门房，dA 建筑师事务所
北京，中国　2003 年
[后现代主义，门房，砖石砌块与木材]

Tongzhou Gatehouse, Office dA
Beijing, China　2003
[Postmodernism, gatehouse, masonry and wood]

在通州艺术中心门房设计中，dA 建筑师事务所创新性地使用了一种当地的灰砖，既新奇又具表现力。这种材料能够适应顺砖砌法和对缝砌法，还能通过一些砖块的移除创造一种肌理图案，并产生动态的、非实体的墙壁形式。对灰砖的一系列操作在原本单调的建筑表面上创建出多种多样的形式。在该建筑中，灰砖既是结构材料又是装饰元素，建筑材料所强调的重点转变为建筑的细部体系，彰显了砖材之美。

材料细部 | Material Detail
混凝土 | Concrete

混凝土是一种可塑性很强的材料，所以混凝土的形状取决于其模具的结构和设计。正因如此，可以说是模具决定了材料与形式之间的关系。混凝土由沙子、骨料、水和波特兰水泥（作为化学黏结剂）这几种原材料制成，先混合为液态，再通过水化作用这一化学过程固化成型。连接的细节发生在微观尺度上，建筑材料的衔接则发生在模板的尺度上。混凝土的物质特性和尺度以及建设过程中的装配构造和相关的必要技术组件，都与建筑的整体形式和设计意图有关。建筑细部成为与相关工艺和形式技术相协同的材料衔接，这些工艺和技术是临时性应用，随后就被移除。混凝土则在建筑表皮中被保留下来，在建筑构成或工件制品中成为最终的形式组织存留。

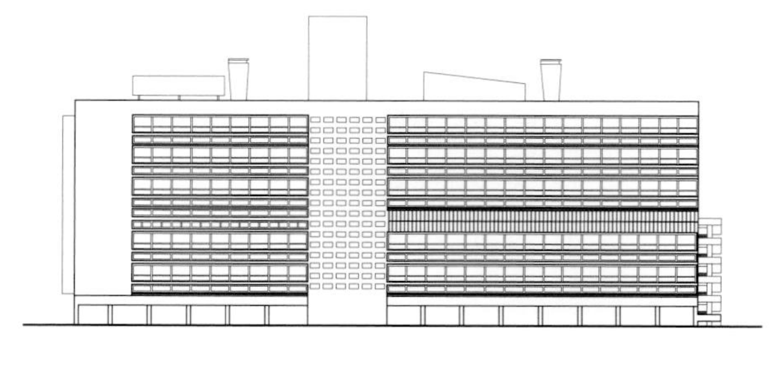

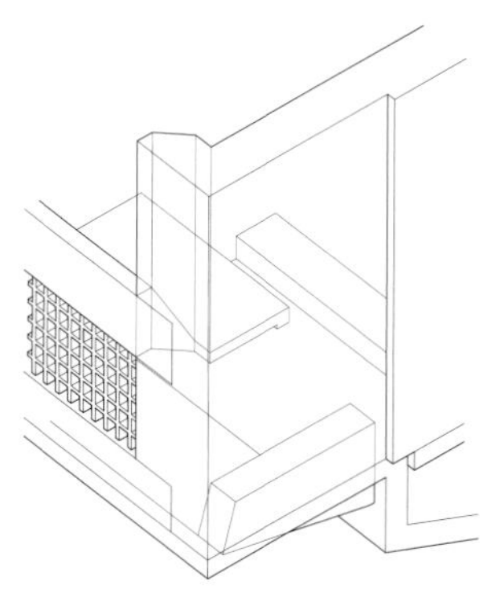

马赛公寓，勒·柯布西耶
马赛，法国 1952 年
[现代主义，双边式走廊，混凝土]

Unite d’Habitation, Le Corbusier
Marseille, France 1952
[Modernism, double-loaded corridor, concrete]

就混凝土的细节而言，马赛公寓是一个精确又自我呈现的建筑。整个建筑结构采用现浇混凝土构建而成，从本质上展现了建造的整个过程。墙壁、柱子、地板以及遮阳板等元素，都在阐释这个特定建筑体系以细节为中心的设计思想。在马赛公寓中，将各个单元部分进行叠加就形成了一个完整集合的建筑整体。功能空间以及其他更独特的部分都以相同的精确度进行建造，或者又完全不考虑精确性，最终在粗放的混凝土结构和精准的细节展现之间，建筑成为巅峰之作。

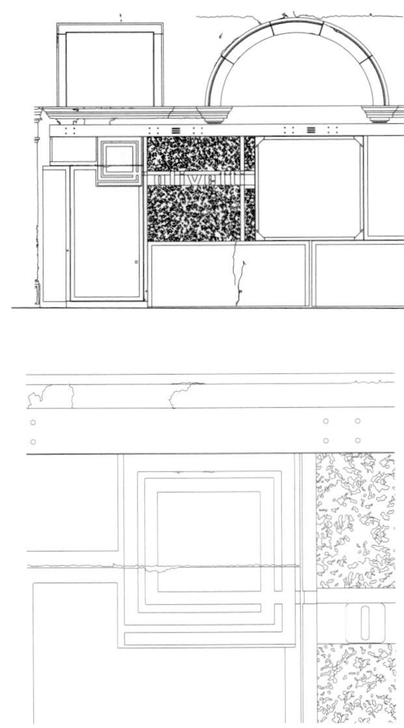

奥利维蒂陈列室，卡洛·斯卡帕
威尼斯，意大利　1958 年
[现代主义，建材标志与门，混凝土]

Olivetti Showroom, Carlo Scarpa
Venice, Italy　1958
[Modernism, materially articulated sign and door, concrete]

奥利维蒂陈列室体现了典型的斯卡帕风格，通过运用精致细腻又错综复杂的细部设计来建立局部构件和建筑整体的相互关系。犹如一篇用混凝土砌筑而成的散文，建筑外观精巧的二维设计通过对尺度、纹理、进深和各式模板的精确把握来共同完成。复杂的表面是依托精巧的模板制作工艺得以实现的。在单一材质的表面之外，变化的进深、丰富的肌理、主题之间的细节整合、精致的细木工以及建筑结构与膨胀缝之间的衔接，又创造出一个富有活力的外表面。可开启的混凝土门，位置独特、尺寸精确，更进一步展现了混凝土的工艺性和复杂性。机械式的铰链门与坚固的大体块混凝土相互平衡，混凝土墙面的厚重感逐渐消隐，取而代之的是丰富的细部。

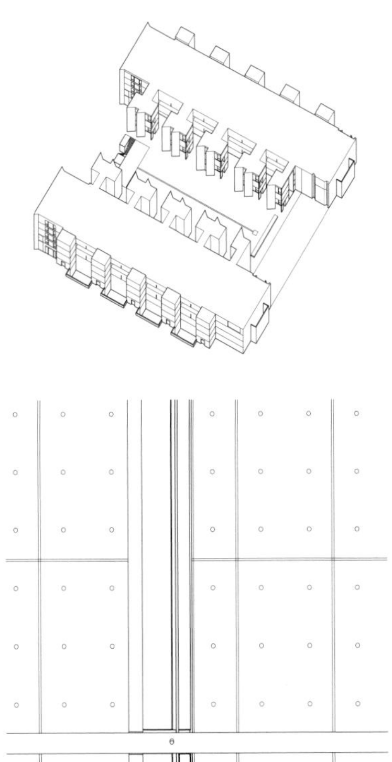

萨尔克生物研究所，路易斯·康
拉霍亚，加利福尼亚州　1965 年
[现代主义后期，对称布局的实验室，混凝土和木材]

Salk Institute, Louis Kahn
La Jolla, California　1965
[Late Modernism, symmetrical laboratories, concrete and wood]

萨尔克生物研究所是一个具有标志意义的项目，是现浇混凝土建筑的巅峰之作。材料本身的物质特性和建筑的建造结构主导了建筑形式、效果及最终表现。建造中由细木工匠来制作高精度的模板，同时路易斯·康又应用了开放连接(open joint)的概念(材料表面之间并不直接接触，而是通过一条侧缝进行巧妙衔接，再通过缝间的阴影形成材料表面的连续)。在混凝土表面内部，模板边缘用斜接方式来突出接缝，凸起的线条又在材料表面形成一种窗格花纹，而侧面的模板则用铅材填塞并刻意留下加工痕迹。节点的连接和建造过程为建筑叠加了人性化的尺度，将连续的表面、材料甚至整个建筑系统进行了划分，创造出形式与几何的清晰叠加。最终的建筑表达了对材料的赞美，混凝土材料能够适用于所有尺度，通过材料特征及建筑细部完成了建筑项目的特征建构。

材料细部 | Material Detail

金属 | Metal

用作建筑细部的金属在广义上泛指黑色金属和有色金属的完整集合，它们具有各种特性、尺度、性能和应用。每种特定的金属类型都有不同的颜色、耐候性、延展性、热膨胀系数和熔点，这些都会影响金属的形式结合与性能。金属的具体形式和应用是通过建筑细部的要求确定的。作为连接点的机械衔接，建筑细部集中而且揭示性地表达了材料及材料系统的设计与工程概念。

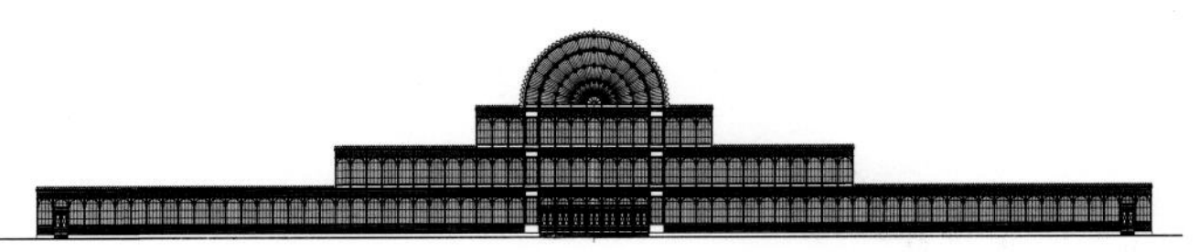

水晶宫，约瑟夫 · 帕克斯顿

海德公园，伦敦，英格兰　1851 年

[工业主义，预制式温室建筑，金属和玻璃]

Crystal Palace, Joseph Paxton

Hyde Park, London, England　1851

[Industrialism, prefabricated greenhouse, metal and glass]

水晶宫在建筑材料的发展历程中具有重要意义，具体表现在：金属和玻璃技术的创新，将结构元件和空间模块作为设计技术进行重复应用，预制组件以及工业化生产技术的使用。这些技术体系通过建筑细部一一表现出来。铸铁的分段结构体系形成了一系列的小元素，再通过重新聚合和装配，创建某一空间的局部构架，经过这样的处理建筑仍然具有高度的观赏性。这种强烈的分割将建筑物的体量分解成结构网格，它有利于展示透明表面的优先等级，同时通过单个网格与人体的关系构建了建筑整体的人性化尺度。

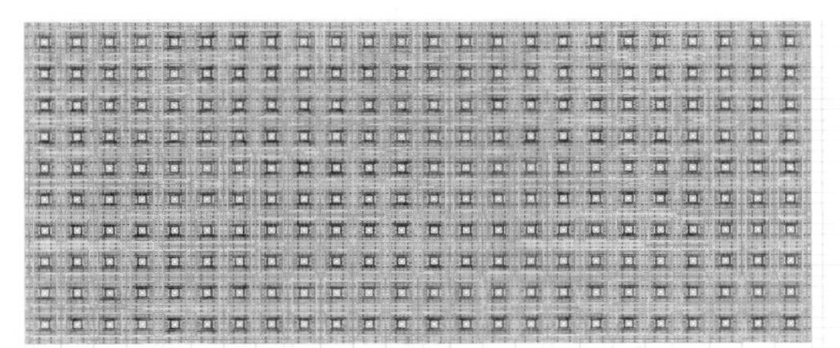

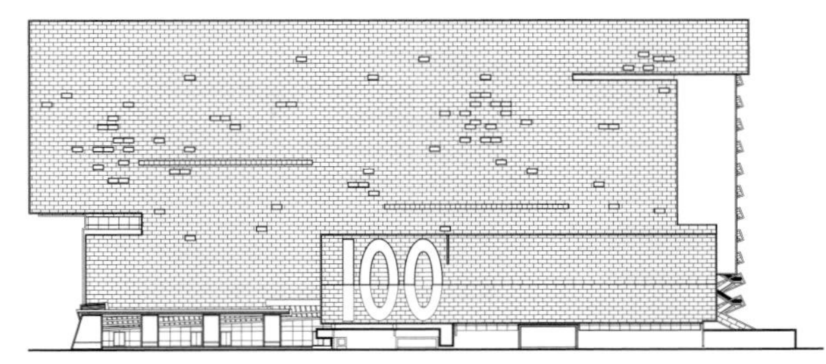

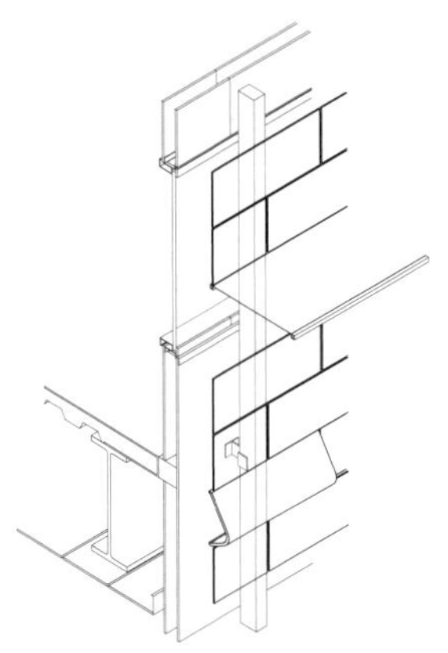

阿拉伯世界文化研究中心，让·努维尔
巴黎，法国 1988 年
[后现代主义，带有可开启孔洞的遮光板，金属和玻璃]

L'Institute du Monde Arab, Jean Nouvel
Paris, France 1988
[Postmodernism, sunscreen with operable iris, metal and glass]

阿拉伯世界文化研究中心最突出的特点是机械化的建筑表皮。嵌板累加形成网格，每块嵌板上都有精致的图案，在图案中心是一个复杂连接的**虹膜式孔洞**。整个建筑表皮的直观形象参考了传统的伊斯兰图案，并通过工业化、高科技、富有表现力的技术性细节及机械化完成了图案的现代化更新。整个构成依靠太阳能板的响应获得推进动力，在透明玻璃的光泽下，金属表面的光学效应能使材料和图案显得更加具体化。通过各体系之间富有表现力的衔接，建筑其余部分也形成了这种效果。在垂直和水平表面中都着重强调的透明性形成了视觉连续性，增强了组件、部件及细部连接件的主导性。

加州交通运输局第七区总部，墨菲西斯建筑事务所
洛杉矶，加利福尼亚州 2005 年
[后现代主义，动态的双层表皮办公大楼，金属]

Caltrans District 7 Headquarters, Morphosis
Los Angeles, California 2005
[Postmodernism, dynamic double-skinned office building, metal]

加州交通运输局第七区总部通过单一材料的不同表达和多样衔接方式来体现它的建筑特色。利用金属网格不同的视觉密度、表面之间的衔接（面）以及保留下来的起支撑作用的框架（线），镀锌板以及直接暴露的板间连接产生了一种简单直接的功能性装饰的视觉语言。规则体系的表达以及规则体系中的不同变化主导着线性形式的生成，由此产生的效果促成了向表现形式主义的演变。表面上不同密度的重叠网格和开孔则更具有感染力，随着光线变化，建筑表皮上短暂的光感以及视觉上难以辨认的深度也在变化。机械振动的瞬间（可开启面板的翻转）则可以通过材料反射、表面与细部的精细系统化作用产生动态效果。

材料细部 | Material Detail
玻璃 | Glass

玻璃的效果变化无常，是因为玻璃的透明性降低了其存在感。玻璃之间衔接的精致程度对于理解建筑框架、展示建筑表面有着重要作用。玻璃材料本身的属性（如透明度、颜色、反射率和辐射系数）与结构框架的构成和厚度进行结合，以体现玻璃细部。表面与边界的关系、框架内外部的透明度以及表面本身的反射和折射，均决定了玻璃材料的表达效果和理解认知。

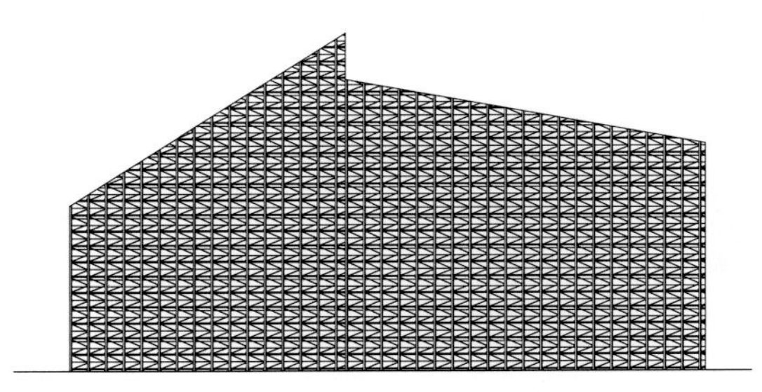

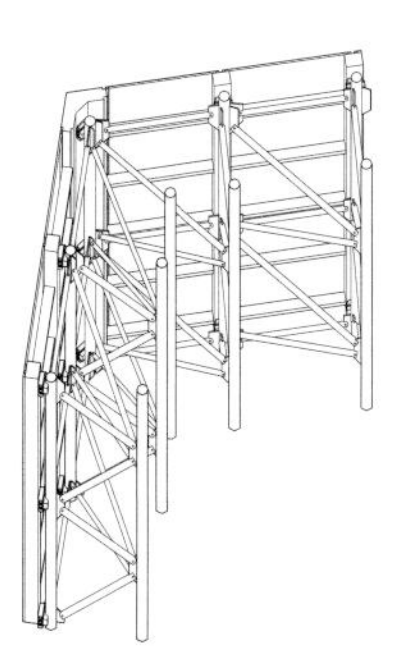

水晶大教堂，菲利普·约翰逊
加登·格罗夫，加利福尼亚州 1980 年
[后现代主义，对称式全玻璃大教堂，玻璃]

Crystal Cathedral, Philip Johnson
Garden Grove, California 1980
[Postmodernism, all glass symmetrical mega-church, glass]

水晶大教堂的完成代表了不能以透明玻璃建设大体量建筑这一历史遗留问题的顺利解决，从而实现了教堂材料类型的全新转变。大教堂中还装配有电视转播设备，隐喻开放与互联，而材料的特征又进一步增强了这种隐含意义。建筑表面的细部处理是通过玻璃尺寸与标准化的经济性来实现的。每块玻璃之间用窗棂连接，虽然略显笨拙但降低了造价，并通过大面积的均匀使用来抵消窗棂的厚重感。在水晶大教堂设计中，完全是以玻璃的大面积集合效应控制着建筑中的所有常规细节。

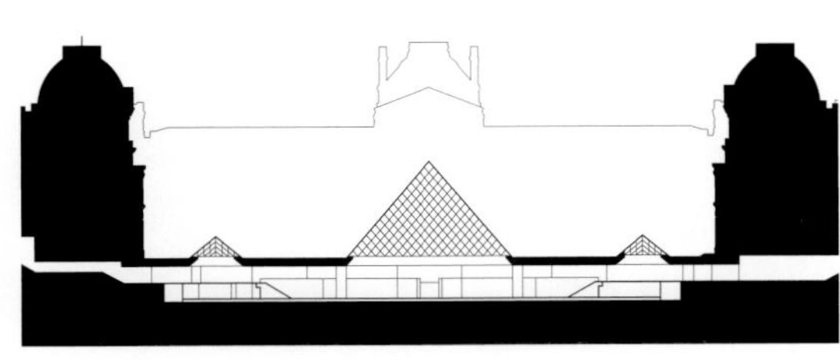
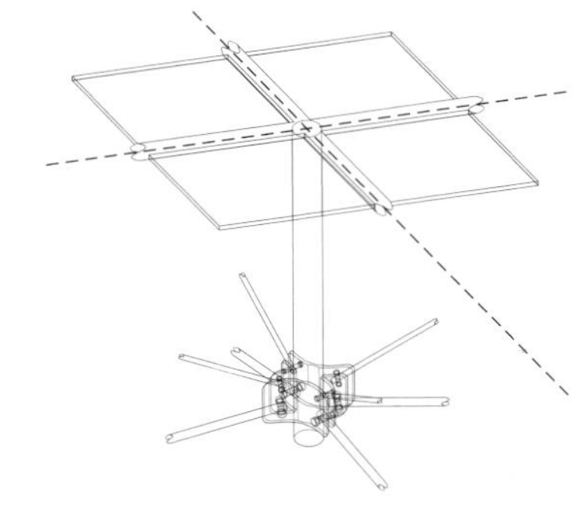

卢浮宫，贝聿铭
巴黎，法国　1989 年
[后现代主义，纪念性的金字塔形式，钢材和玻璃]

Louvre, I.M. Pei
Paris, France　1989
[Postmodernism, monumental pyramidal form, steel and glass]

卢浮宫，无论在建筑意义上还是城市肌理中都是具有历史意义的标志性博物馆建筑，当面对卢浮宫的扩建任务时，贝聿铭采用了金字塔的理想形式，并将这种形式安放在既有空间的主导轴线上。同时，再利用玻璃这种材料的特性创造出一个与原有建筑和谐共存、具有科技感的形体，将传统的建筑实体形态进行视觉和效果上的削弱。通过在卢浮宫广场的中心位置创建一处新的入口，贝聿铭可以通过这个单一的点，重新组织起整个卢浮宫建筑群的交通流线和空间层次。复杂的设计和精细的玻璃表面淡化了金字塔的形体，在白天，这个入口成为明亮的标志，让空间有了延续性；到了晚间，则变为璀璨的灯塔。玻璃表面背后精心布置了拉索网络，保持了玻璃表面的连续性，使表面中的线条变得纤细，具有功能上的深度。玻璃面板中局部的几何形状也都在反复强调建筑整体的外形特征。

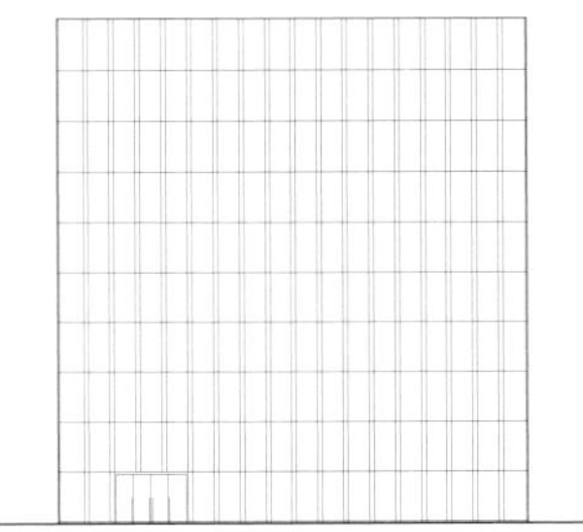
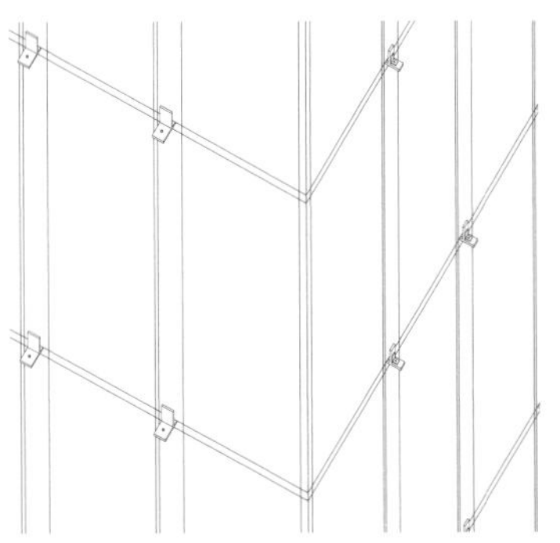

布雷根茨美术馆，彼得·卒姆托
布雷根茨，福拉尔贝格州，奥地利　1997 年
[现代材料主义，方形的堆叠，玻璃和混凝土]

Kunsthaus Bregenz, Peter Zumthor
Bregenz, Vorarlberg, Austria　1997
[Modern Materialism, stacked square, glass and concrete]

布雷根茨美术馆通过一种独特的材料应用来建立建筑的语言与形式。玻璃主导了建筑的外观，形成了材料外表的精致纹理。从某种程度上看，这栋建筑几乎没有细节，显得简约又平静。但如果靠近观察，可以发现精心设计的玻璃细部体系使整个建筑都极富感染力。外墙中的每块玻璃都微微倾斜，形成了朦胧神秘、多面的建筑整体，并使建筑呈现出随观察方向和观察条件而变化的特征。

材料细部 | Material Detail
塑料 | Plastic

塑料是一种最新的材料类型，种类繁多。在颜色、尺寸、延展性和耐久性方面，塑料都具有极为灵活的表现形式，塑料多样化的应用、制作和成型工艺使其能形成动态分布的形式特征。在本书接下来讲述的建筑案例中，描述了塑料材质的三种不同布局和应用：一种是将刚性却又形式复杂的光滑平板用于壳体结构；另一种是使用纤薄的 ETFE 充气枕作为袋状的分割式表面；再一种是在传统的砌块结构中，重复使用由注塑模具生产的重复、模块化、可叠合的材料单元。多样化材料系统和技术工艺展现了塑料材料的广泛灵活性，也展现了由此形成的同样多样化的建筑构造与形式类型。

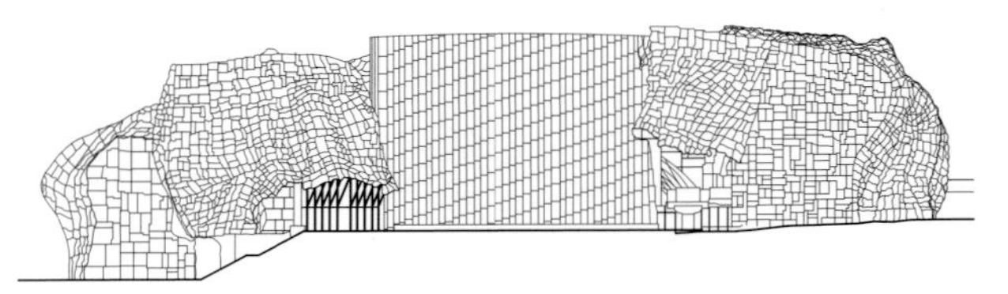

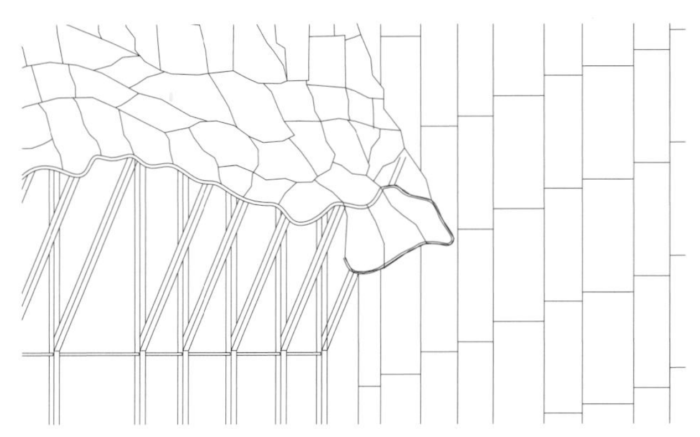

音乐体验博物馆（摇滚音乐博物馆），弗兰克·盖里
西雅图，华盛顿州　2000 年
[后现代主义，四个相互融合的有机形式，多种材料]

Experience Music Project, Frank Gehry
Seattle, Washington　2000
[Postmodernism, four merged organic forms, diverse]

在音乐体验博物馆的设计中，盖里运用了其代表性的外部形式主义的构成手法，通过四种不同材料的并置与拼贴及其各自独特的形状变化完成了进一步的修改与完善。金属材料的灵活处理赋予建筑动态的、呼应其艺术特色的外形，与另一个覆以蓝色塑料的建筑组块拼接在一起。尽管金属可以实现丰富的变化，建筑师也十分注重形式的整体性，但仍然需要对材料进行分割。个性化的建筑形式与特定的板型都依据材料的应用进行分割，便于完成如刷漆涂色、通过外力干预形成预定形状等建设流程。塑料虽然是具有灵活性并可反映固有物质属性的典型代表，但在建筑中的应用也仅此而已。从本质上说，塑料通常被用作一种文化参照，但几乎不会用作建筑形式的生成本源。

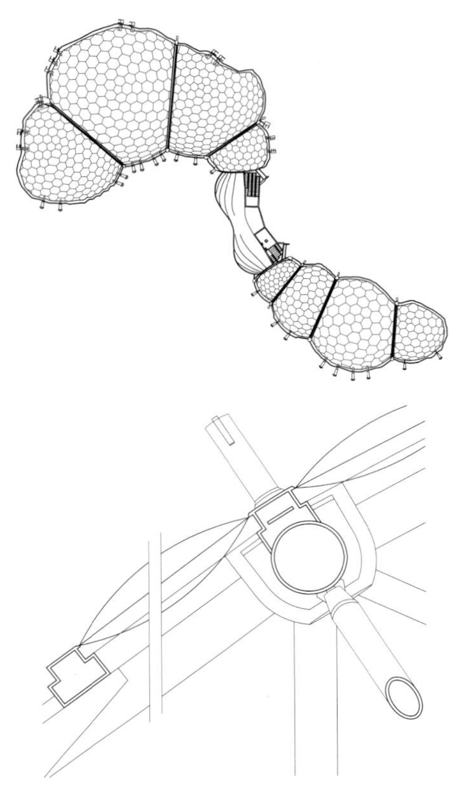

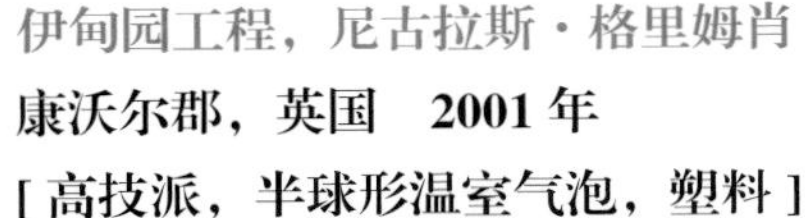

伊甸园工程，尼古拉斯·格里姆肖
康沃尔郡，英国　2001 年
[高技派，半球形温室气泡，塑料]

Eden Project, Nicholas Grimshaw
Cornwall, United Kingdom　2001
[Hi-Tech, truncated spherical greenhouse bubbles, plastic]

伊甸园工程由重复的六边形模块构成，每个模块中间填充的是由 ETFE 材料制成的充气枕。连续的六边形有利于生成重复的、可相互连接的表面，表面的聚集形成了双层空气层叠合的球体，镶嵌在基地的山坡之上。复杂的材料表面和充气的枕形结构连接而成巨大的规模，每一片精巧的部件在结构中连续，也构建了大体量的室内空间。塑料表面所形成的隔热层可以通过精确地控制充气来调节温室气候所需的内部环境。在这里，气泡表面是建筑实际的外立面，同时也是一种有效的形式生成方法，两种不同的理念都是源于材料才得以最终实现。

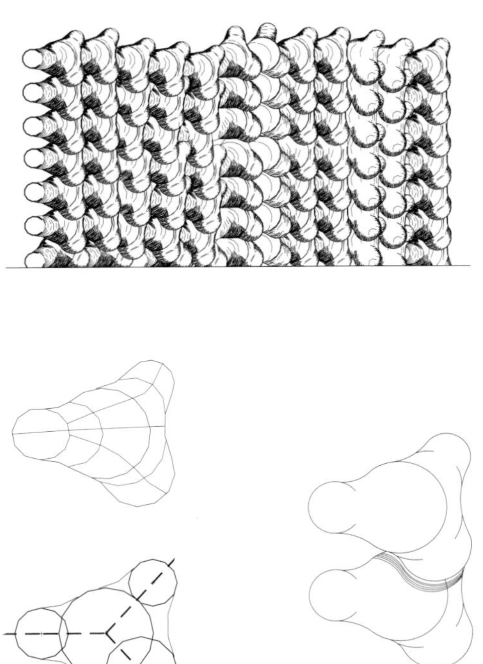

泡状墙，格雷格·林恩
洛杉矶，加利福尼亚州　2008 年
[后现代主义，有机的材料单元，塑料]

Blobwall, Greg Lynn
Los Angeles, California　2008
[Postmodernism, organic unit, plastic]

泡状墙建立于砌体单元构造的悠久传统之上。林恩将单元聚合的建造传统与数字化的设计技术相结合，使用当代的旋转注塑模具制造技术，形成了复杂几何形体与现代塑料材料相融合的建筑形式，最终创造出一种新的构造。该建筑始于对手部尺寸的模拟，有机的形状便于堆叠式的装配体系以轻微变化的顺砖砌筑方式进行组织。颜色和形状的视觉效果形成了高度有机的形式，同时也展现出强烈的无机材料的特征。泡状墙这一建筑与其他流行产品一样受到了质疑，比如不切实际、应用受限，但是它创新性地提出了一种新的材料体系，而且是基于唯一的塑料材质，这也使其成为以塑料结构与构造记入史册的独特案例。

装饰
Ornament

11– 装饰 | Ornament

装饰是建筑为了增添优雅和美丽而进行的衔接和修饰。从定义来看，装饰并不属于建筑项目的主体，也不体现建筑和声与旋律的基本元素。关于装饰，存在两种截然不同的观点：一种认为装饰是积极的设计原则，而另一种观点则将装饰视为多余，这就是分歧所在。作为一种建筑题材，装饰伴随着建筑的发展，一起经历了各个阶段。在某些建筑运动中，人们会根据建筑师使用装饰的能力来评判，相反，也有一些时候，人们会根据建筑师拒绝使用装饰的能力来评判他们。有人说，将建筑与一般的房子区分开来的所有关键因素其实就是装饰。我们将装饰分为许多不同的类型，每种类型都专注于一个特定的主题以及装饰在这个主题中的形式与应用。

材料构造——装饰（Material Construction—Ornament）装饰的结构材料是从建筑自身的实际建造和装配过程中衍生而来的。就其本质而言，建筑可以说是结构体系的记录，而结构体系则是创造建筑物的基础。结构体系通常采用的形式是节点或连接，或其他固有的分段施工的建造方式（如堆叠、分层或接缝），这就不可避免地需要进行手工制造，也因此形成了一种基于构造的装饰类型学。事实上这种类型的装饰是最基本的，从第一个建筑开始就一直在使用。装饰与建筑的关系十分紧密，很难进行任何形式的分割。

附加装饰——宗教性（Applied Ornament—Religious）附加装饰是最具视觉主导意义的装饰类型。而在附加装饰的分类中，宗教装饰又是历史上最具影响力、最广为人知的一种。在过去的文明中，宗教建筑往往被赋予了极大的重要性与宗教意义，宗教装饰也因此具有了悠久、精彩又漫长的历史。这些装饰是建筑的组成部分，与建筑所承担的信息或宣传功能同等重要。宗教建筑上的装饰主要负责将宗教的思想、历史和故事传达给目不识丁的普罗大众。从历史上看，正是因为宗教建筑构成了当时的社会基础，所以其装饰与规模也往往是至高无上、无与伦比的。

附加装饰——表现性——结构（Applied Ornament—Performative—Structural）在附加装饰的类别中，源于功能用途的一些元素，无论是表现性的还是连接性的，都作为建造技术与建筑体系的标志而出现。表现系统的结构性功能有利于将结构体系的应用作为一种直接外露的连接式构成，并形成一种装饰类型。该系统的基本功能原理就是重复，以重复为特征来创建视域以及引发视觉兴趣的集合模式。当直接暴露在外时，结构往往得到强调甚至夸大，使人们认识到结构元素的重要性。人们只需通过裸露在外的那些梁柱的布置，就能理解建筑结构中的表现性装饰，就能感受到它们的表现力与重要性。

附加装饰——表现性——机械（Applied Ornament—Performative—Mechanical）与前文提到的表现性结构装饰十分类似，表现性机械装饰源自机械元件与机械系统的使用以及以外形和观赏性装饰为目的所做的机械开发与应用。建筑物中有不同的被动和主动机械系统。这些系统如何展现、如何操作、如何衔接？依托这些问题就可以形成一种具有主导地位的外形，即装饰的细部设计与表达。有时这种外形可能会采取非常简单的元素形式，如天窗、透气窗或悬挑的屋檐，但有时则会采用非常复杂的技术性解决方式，如可开启的百叶窗、光伏板以及暴露的管道系统等。

附加装饰——参照性——有机主义（Applied Ornament—Referential—Organicism）在附加装饰中，参照性的有机形式主义的应用有着悠久的历史，即使在今天也仍然在建筑中发挥着重要作用。自从建筑师和雕塑家开始在建筑中添加元素以形成装饰以来，对自然世界的描绘与表现便形成了最初级、最原始的内容。几千年来，无论是植物、动物、人类，或是有机环境中的任何其他内容，人们都将其视为神圣的主题。因此，通过在不同文化建筑上使用装饰，这些元素已然得以永生。其中又因为人类的身体也可以包含在这个论题中，所以有机装饰一直具有最重要的地位。建筑形式对人体尺度的呼应与静态材料中的拟人化形象，是人类、艺术和建筑文化史的本源所在。

附加装饰——参照性——结构（Applied Ornament—Referential—Structural）参照结构表现的附加装饰，与表现性的结构装饰直接相关，但在形式的原真性方面具有明显的独特性。参照性的结构装饰代表了结构的外貌，但它不是实际的结构本身。这种装饰通常应用于当建筑师试图利用或歌颂某种被覆盖或被隐藏的结构时，或是当有一个历史事件需要进行参考从而设定某些特定的建筑规则时。虽然这种装饰是有选择性地使用，但它仍然十分常见，这是因为它已经成为几个世纪以来古典建筑语言的一部分。

附加装饰——历史性（Applied Ornament—Historical）带有历史内容的附加装饰与宗教性附加装饰有些类似。这种装饰与宗教装饰一样，主要作为一种途径向观众传达思想或历史事件。这种装饰，可以是文字式的也可以是绘画式的，在信息传递和意义转达的过程中一直是具有代表性的。大多数非宗教类别的纪念馆和纪念碑都属于这一类装饰，都通过这种特殊类型的装饰进行修饰。

材料构造——装饰 | Material Construction—Ornament

建筑尺度与人性化尺度之间的协调与转换，要求进行分段建造。建筑材料的重量、尺寸、可用性、制造及运输条件的限制，也需要使用建筑构件来一步步地装配建筑。这种必需的单元化便导致了大量接缝、节点和连接处的出现。对物质特性及建造系统的相关理解决定了建筑装配过程中的控制管理与参与应用。这种细木工艺，无论是作为一种设计机制加以控制，还是简单地作为建造方法的衍生，都创建出一种有关装饰的模式和视野。虽然是源于功能性的衍生，但作为装饰物，单元化的细分还是十分清晰的。在下列具体案例中，建筑材料（不管是结构还是覆层）都是从实用主义的方法开始，然后逐渐演变成一种系统性材料装饰的图形语言。

新住宅，比达尔夫家族
莱德伯利公园，英格兰　1590 年
[都铎式，直接暴露在外的大木建筑与填充，木材]

New House, Biddulph Family
Ledbury Park, England　1590
[Tudor, exposed heavy-timber construction with infill, wood]

作为研究大木建筑泛化风格的典型案例代表，新住宅采用了大型木材的榫卯结构，并在**木架**（nogging）中进行填充（通常为砖石砌块、黏土或石膏）以保证其承重能力。直接暴露在外的格栅结构发展为一种装饰系统，从而拓展了格栅结构的观赏功能。作为一种建筑文化的代表，格栅的密度和图案模式形成了建筑尺度的视觉分解，并且为建筑表面增添了装饰性图案。

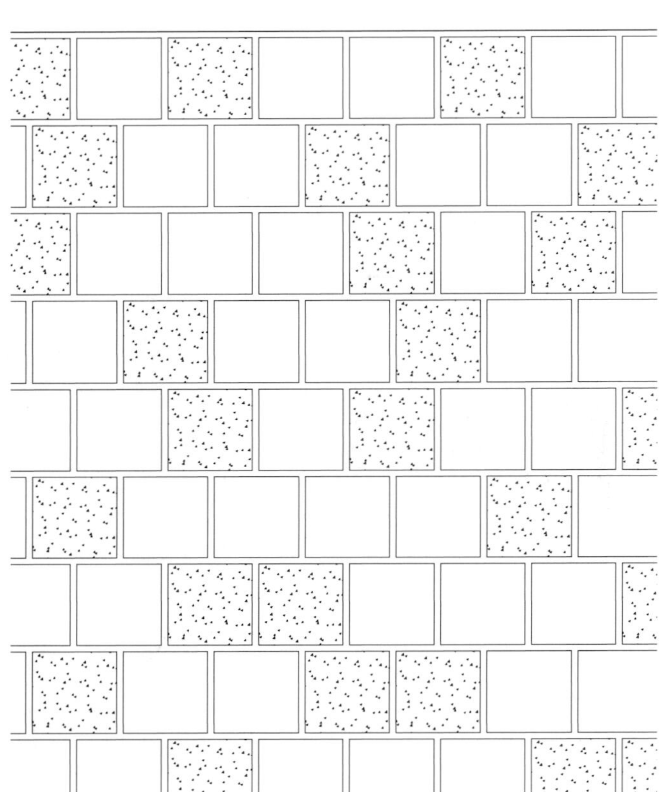

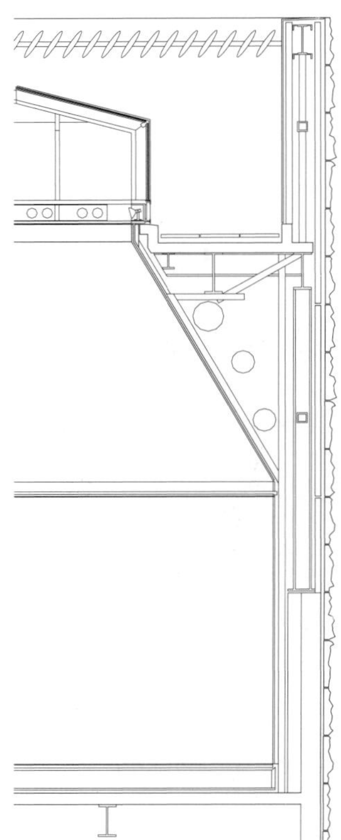

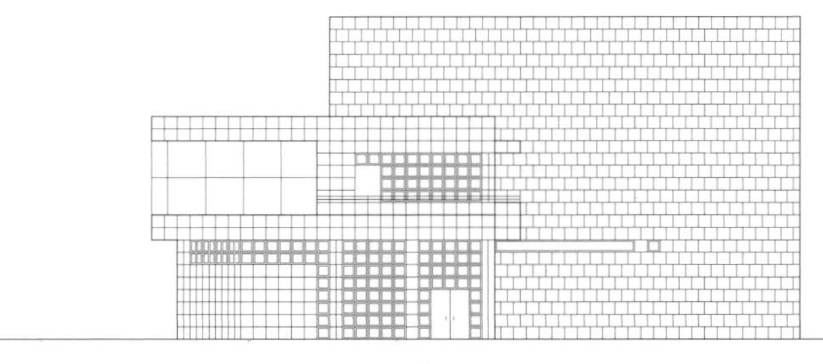

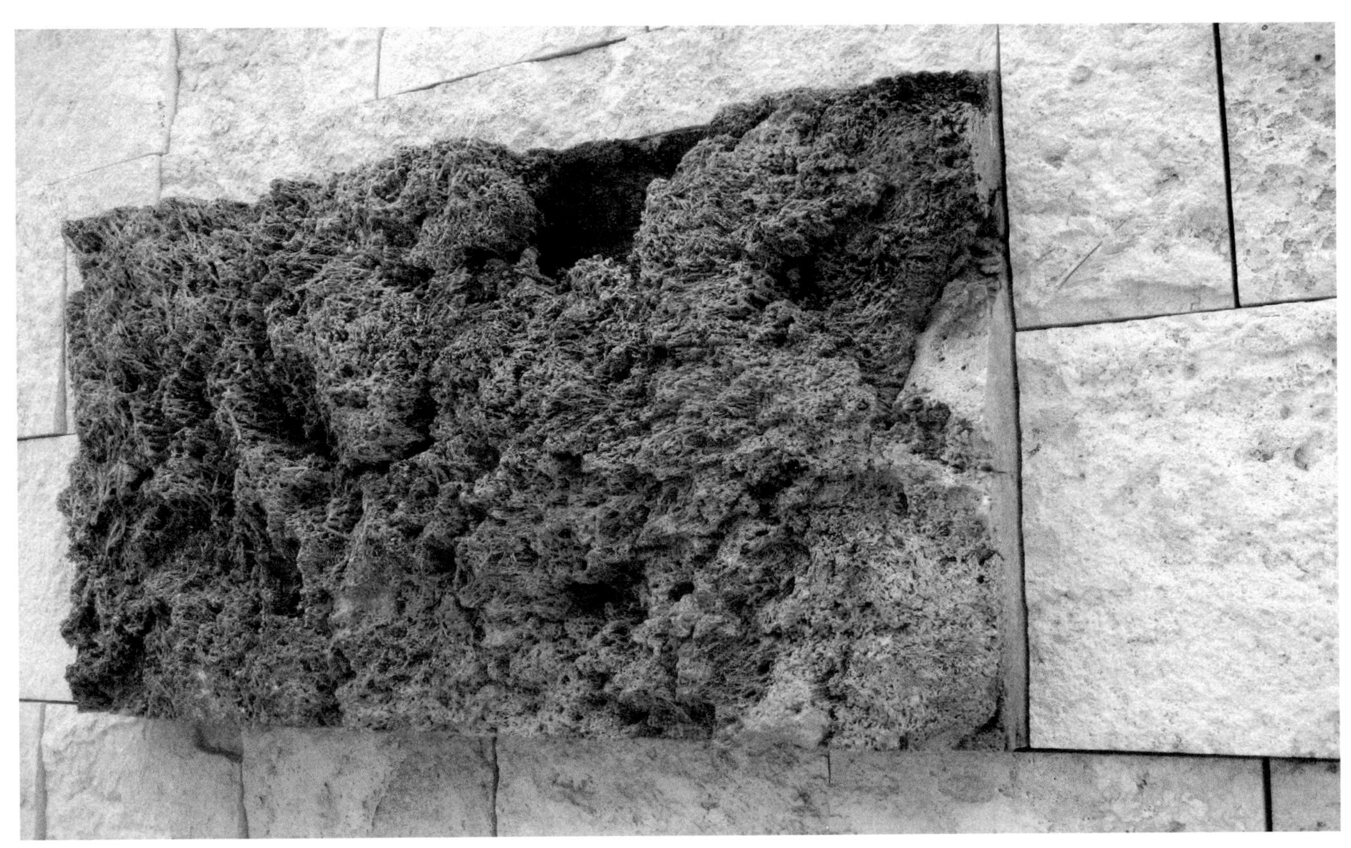

盖蒂中心，理查德 · 迈耶
洛杉矶，加利福尼亚州　1997 年
[后现代主义，博物馆园区，石材、金属和玻璃]

The Getty Center, Richard Meier
Los Angeles, California　1997
[Postmodernism, museum campus, stone metal and glass]

盖蒂中心以**石灰华大理石**砌筑而成，既有巨大的尺度，又具有耐久性。堆叠的砌块是钢结构框架之上的石材饰面。背部支架的使用消除了墙体的承重功能，有助于避免单元的重复使用，也有利于应用各种纹理和饰面，同时还便于将部件单元的尺寸联系起来，实现建筑构成的灵活性。建筑最终完成了单板平面的转变，从简单的标准化层压板外围护转变为一种模式化的表面，即可以进行局部响应、符合建筑审美和构成特征的建筑表面。这种材料形式主义将形状、尺度和色彩等因素特征纳入材料装饰，为盖蒂中心打造了最终的视觉与感知效果。

附加装饰——宗教性 | Applied Ornament—Religious

附加装饰的理念对宗教建筑来说是非常重要的。由于宗教需要与目不识丁的普通大众进行交流，因此装饰逐渐承担起视觉语言的作用，无论在二维或三维尺度。装饰可以是文字、绘画、雕塑，经过精心的组合与特定的宗教故事和信仰联系起来。所有的宗教性装饰都是为了同一个目的：通过节点和细部的复杂性，传达特定的宗教故事并创立不朽的等级制度。装饰赋予建筑细节和美感，以一种人们能够理解的意义与影响及荣誉感将人们吸纳进来。作为一种能引起人们注意的手段，附加装饰与建筑本身具有同等的类型学意义及重要性。

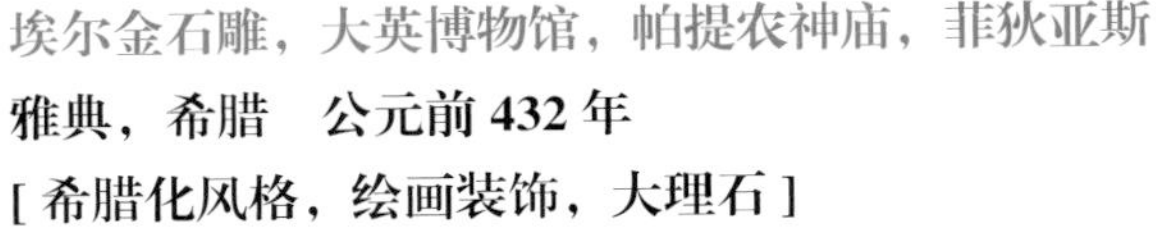

埃尔金石雕，大英博物馆，帕提农神庙，菲狄亚斯
雅典，希腊　公元前 432 年
[希腊化风格，绘画装饰，大理石]

Elgin Marbles, British Museum, Parthenon, Phidias
Athens, Greece　432 BCE
[Hellenistic, pictorial ornament, marble]

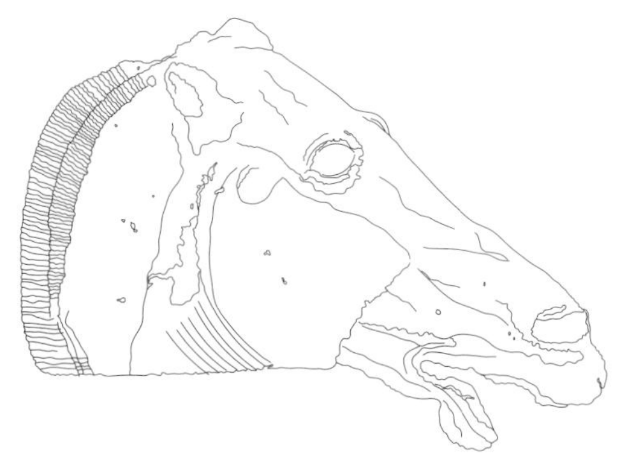

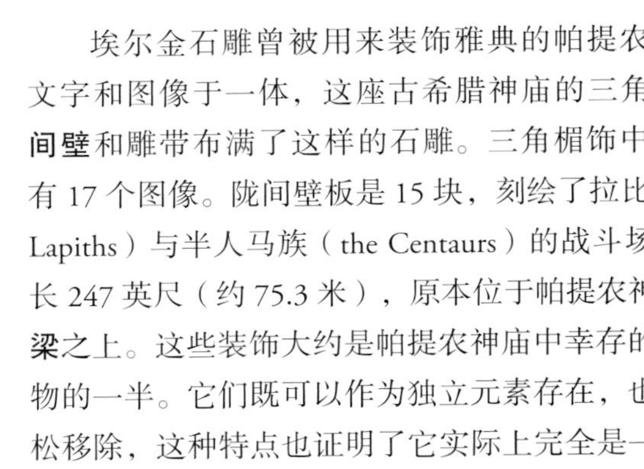

埃尔金石雕曾被用来装饰雅典的帕提农神庙，集文字和图像于一体，这座古希腊神庙的三角楣饰、**陇间壁**和雕带布满了这样的石雕。三角楣饰中的石雕共有 17 个图像。陇间壁板是 15 块，刻绘了拉比傣族（the Lapiths）与半人马族（the Centaurs）的战斗场景。雕带长 247 英尺（约 75.3 米），原本位于帕提农神庙内侧**楣梁**之上。这些装饰大约是帕提农神庙中幸存的所有装饰物的一半。它们既可以作为独立元素存在，也可以被轻松移除，这种特点也证明了它实际上完全是一种附加的装饰。这些大理石雕塑意义重大、价值连城，因此，大英博物馆设立了一个专门的展厅——杜维恩美术馆（the Duveen Gallery），专门用于收藏这些石雕[译注 1]。

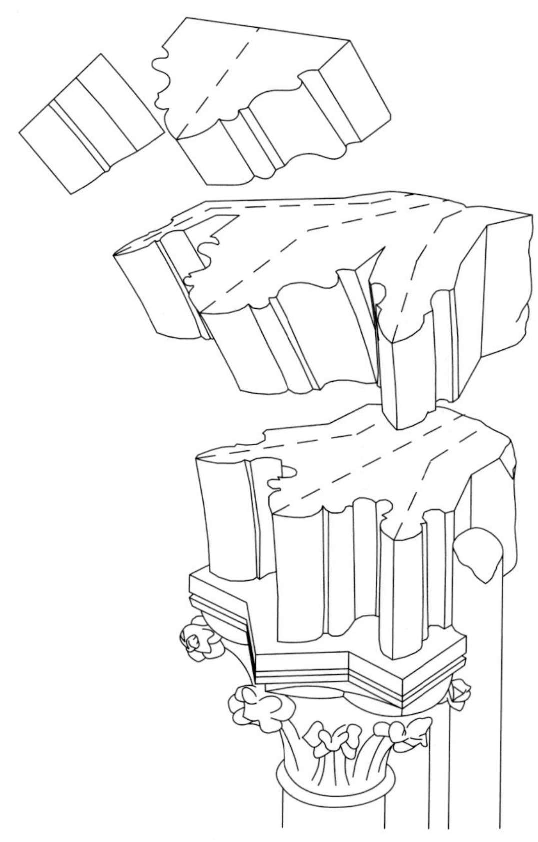

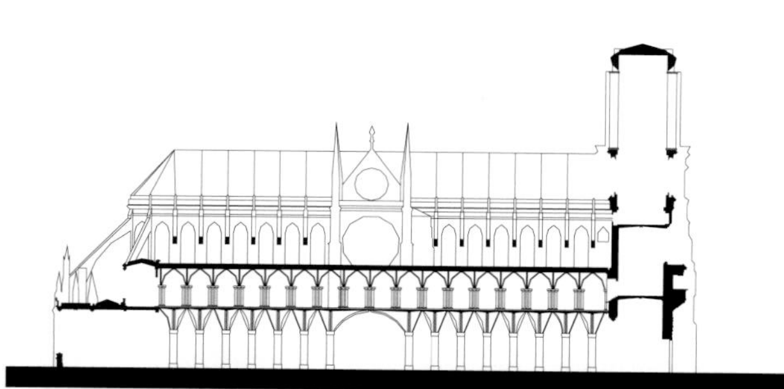

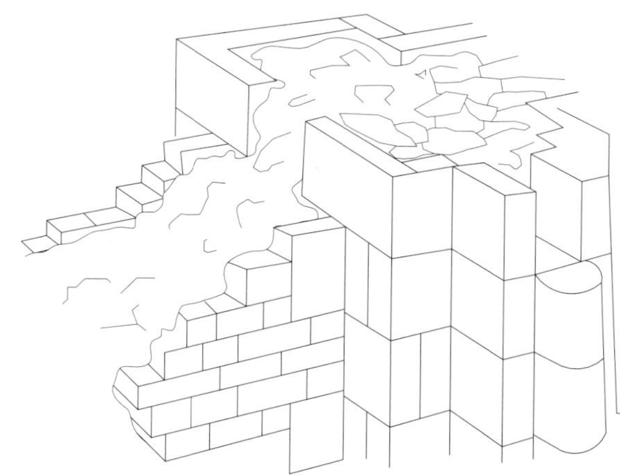

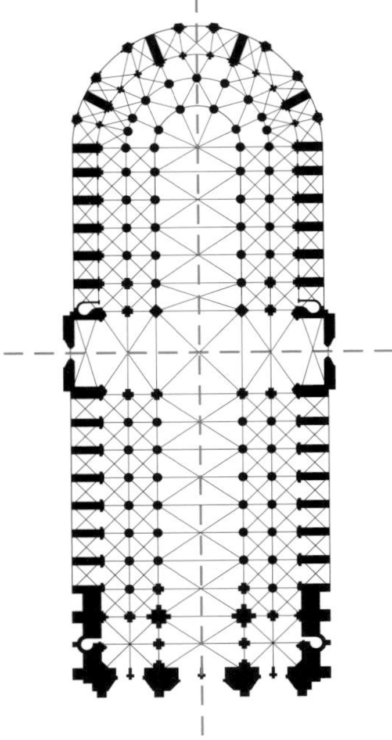

巴黎圣母院，莫里斯·德·苏利和维奥莱·勒·杜克
巴黎，法国　1240 年
[哥特式，主教座堂，砖石砌块]

Notre Dame, Maurice de Sully and Viollet le Duc
Paris, France　1240
[Gothic, Cathedral, masonry]

巴黎圣母院的西立面中呈现了一些令人印象深刻的附加装饰。圣母子雕像占据了立面的中心，亚当与夏娃位于两侧。玫瑰花窗的位置则正好成为圣母玛利亚和耶稣基督的光环。在这些雕像的下面还有一条横向雕带，众王柱廊（the Gallery of Kings），展示的是旧约时期君王的雕像。西立面的底部共有三个入口大门：中央大门（最后审判大门）[The Central Portal （Portal of the Last Judgment）]、圣安娜门（the Portal to Saint Anne）和圣母门（the Portal to the Virgin）。每个大门都装饰有众多的人物雕像。这种装饰的目的是向那些未受过教育的众人传达宗教信息，并为建筑增添更多的细节与美感。

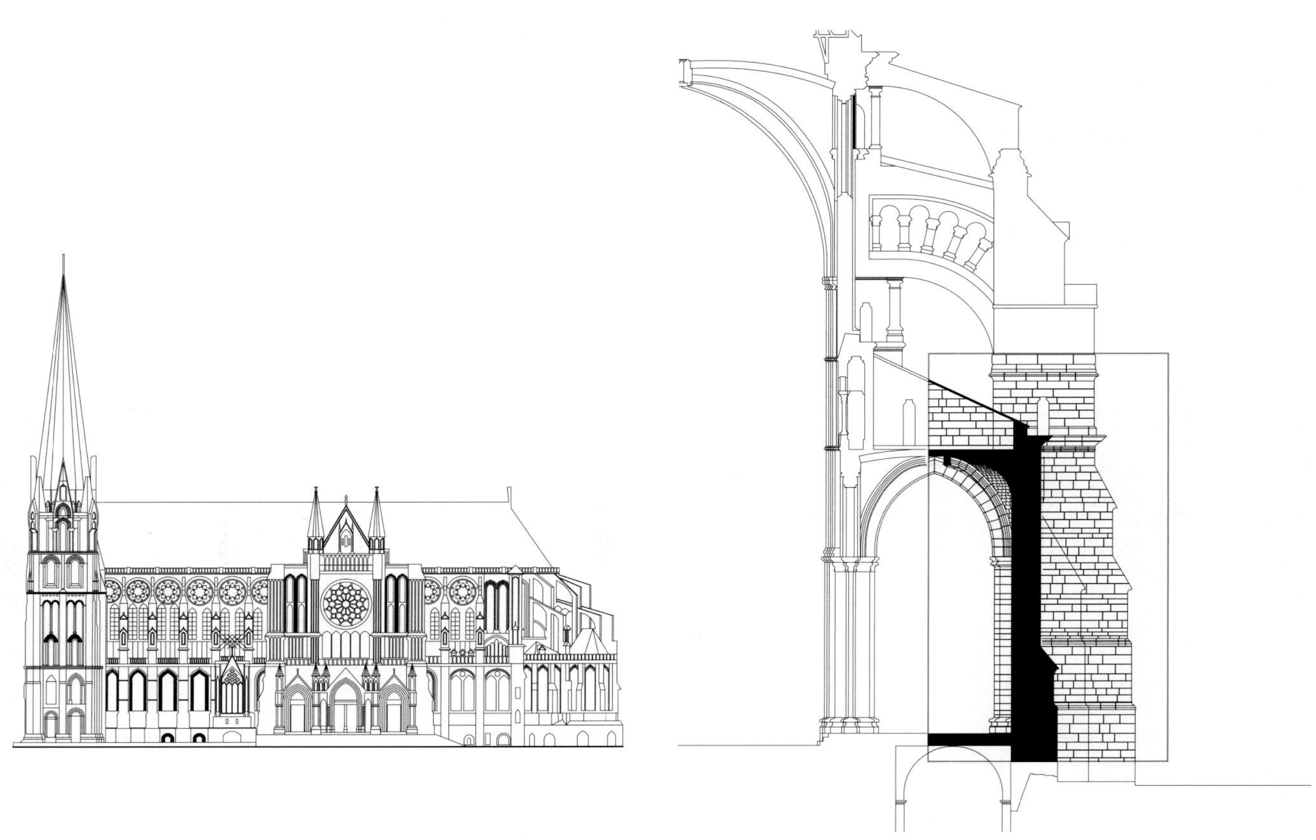

附加装饰——表现性——结构 | Applied Ornament—Performative—Structural

附加装饰是富有表现力的、结构性的外部装饰体系，它形成了另一个植根于结构性功能表现的连接体系。这个体系的出现是经过深思熟虑的刻意为之，是派生出的重叠的装饰系统。从对某个特殊结构需求的功能性响应开始，与材料形式相关的必要物理体系就建立起一套独特的形式操作规则。在这些实用的规范参数中，建筑师引入了建筑组织布局的相关内容，形成了最终装饰效果。对结构表现体系进行富有美学特征的排布创建了这种装饰类型。

沙特尔圣母大教堂
沙特尔，法国　1260 年
[哥特式，拉丁十字形，石材砌块]

Chartres Cathedral
Chartres, France　1260
[Gothic, Latin Cross, stone masonry]

沙特尔圣母大教堂是哥特式建筑高度发展时期的巅峰之作。教堂中殿增加的高度已经达到了建筑结构与风力荷载的极限。因此，作为辅助性的外部结构——飞扶壁，就被设计出来以提供必要的支撑，其后来甚至成为所有哥特式大教堂的标志。在沙特尔圣母大教堂的设计中，墙体只是作为主要的结构骨架，留出更多的墙面面积用于大型玻璃窗，窗上彩色玻璃的广泛使用传达着《圣经》故事，给予人们精神空间的启示。玫瑰花窗设置在耳堂端部，解决了屋顶的拱顶形式，也赋予了三段式教堂立面不同的层次等级。这种重复元素的聚合空间形成了一种装饰性的外部骨架，不仅可以容纳更多的建筑装饰，其本身也成为一种重复性的装饰框架要素。

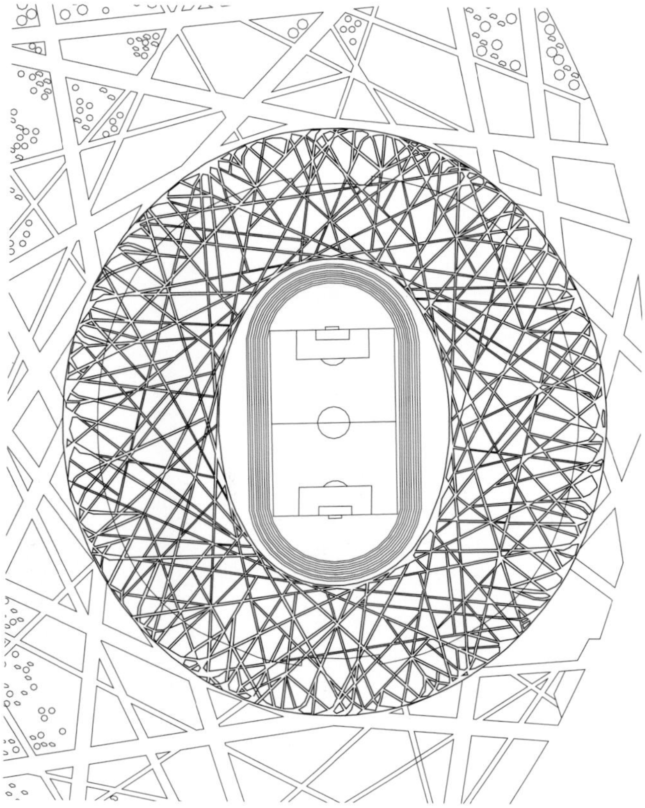

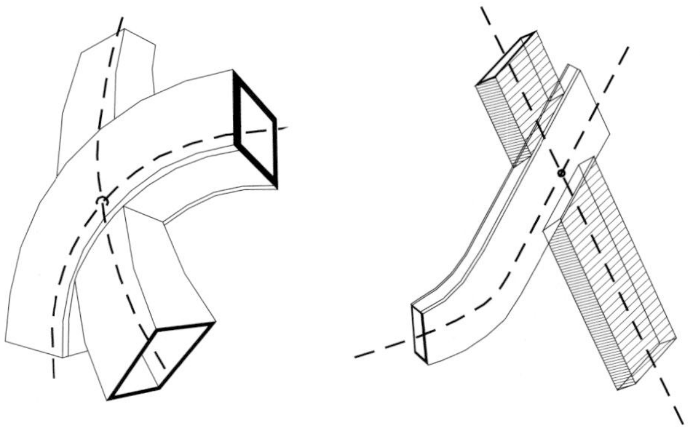

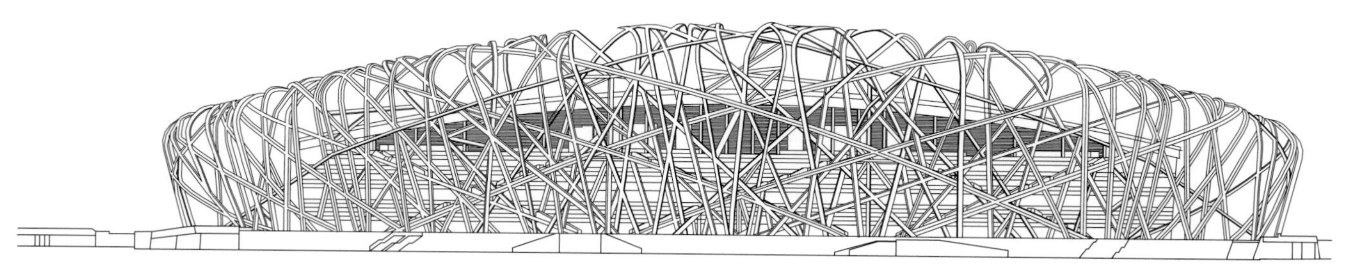

"鸟巢"体育场，赫尔佐格和德·梅隆事务所
北京，中国　2008年
[后现代主义，不规则的格式框架体育场，混凝土和钢材]

The Bird's Nest Stadium, Herzog and de Meuron
Beijing, China　2008
[Postmodernism, irregular lattice frame stadium, concrete and steel]

"鸟巢"体育场是为了2008年北京奥运会而设计建造的，外表主要由一系列看似随意的钢结构将体育场缠绕起来，而体育场也因此得名。这些钢铁梁架形成了建筑的外部骨架，它们不仅作为附加的建筑装饰或饰物，也具有一定的结构性作用表现，帮助支撑体育场边缘的各个部分。从实质上说，它是一种实用的美学解决方案，由建筑创作的感知力所主导，然而，它也证实了钢铁梁架本身确实具有进一步解决静力学问题和结构问题的能力。

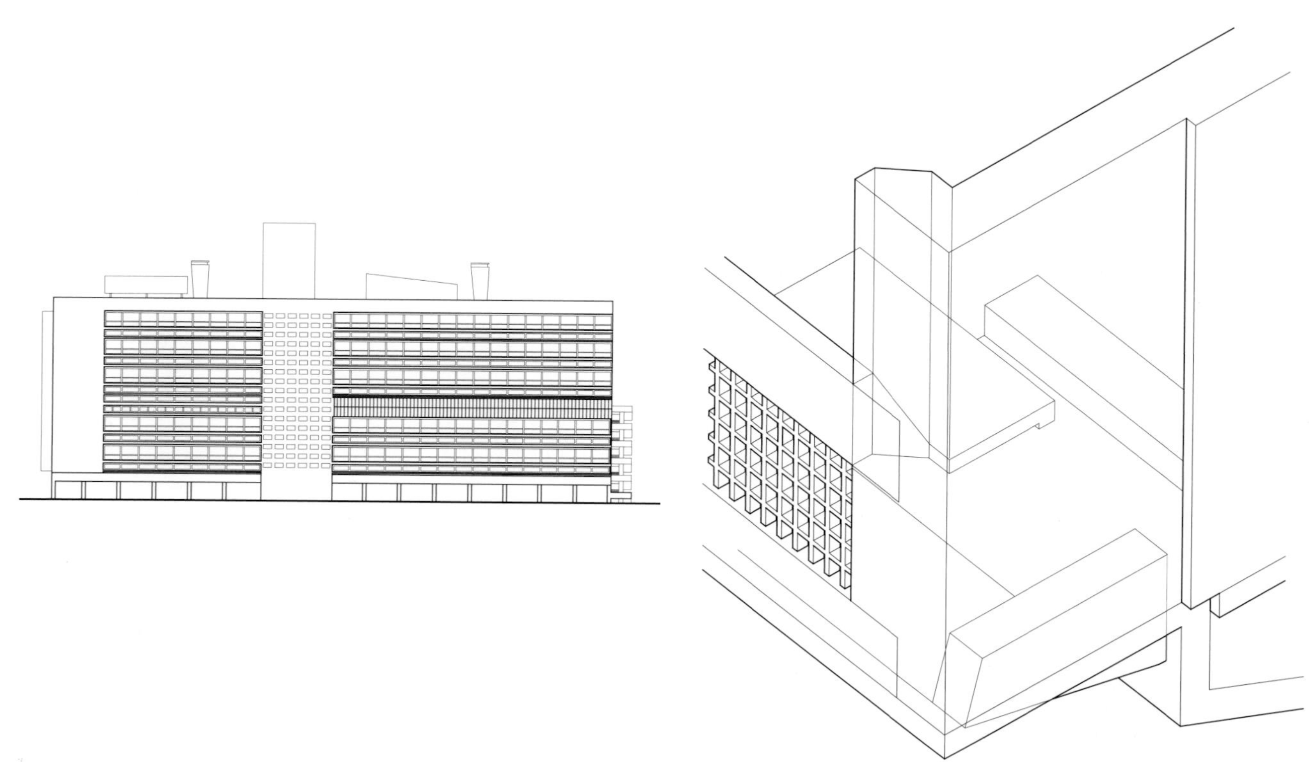

附加装饰——表现性——机械 | Applied Ornament—Performative—Mechanical

与表现性结构装饰的方法相似，表现性机械装饰也是在特定功能系统中运行的，以建立一种基础结构，可以通过综合调节来提供功能性的装饰。源于与场地和气候的表现性互动关系，机械系统可以成为表现主义者用于表达装饰目的的关键点。其表现形式、组织体系以及整体构成等方面均是逐渐探索出的最佳审美形态。

马赛公寓，勒·柯布西耶
马赛，法国　1952 年
[现代主义，双边走廊式，混凝土]

Unite d'Habitation, Le Corbusier
Marseille, France　1952
[Modernism, double-loaded corridor, concrete]

马赛公寓体现了多种形式的附加装饰，这些装饰的特点在于强调其功能作用多过强调其单纯的装饰意义。这座建筑方方面面的每个特点几乎都与混凝土现浇有关，考虑了各种元素与混凝土材料的适应性并最终形成一种整体性的形式表达。遮阳板，或者说遮阳装置，显而易见是附加性的、装饰性的，然而它们也承担了关键的机械功能，阻挡了阳光，有助于实现建筑的被动冷却策略。其他的机械要素，如屋顶上的排气烟囱，也使用了类似的装饰方法进行处理。

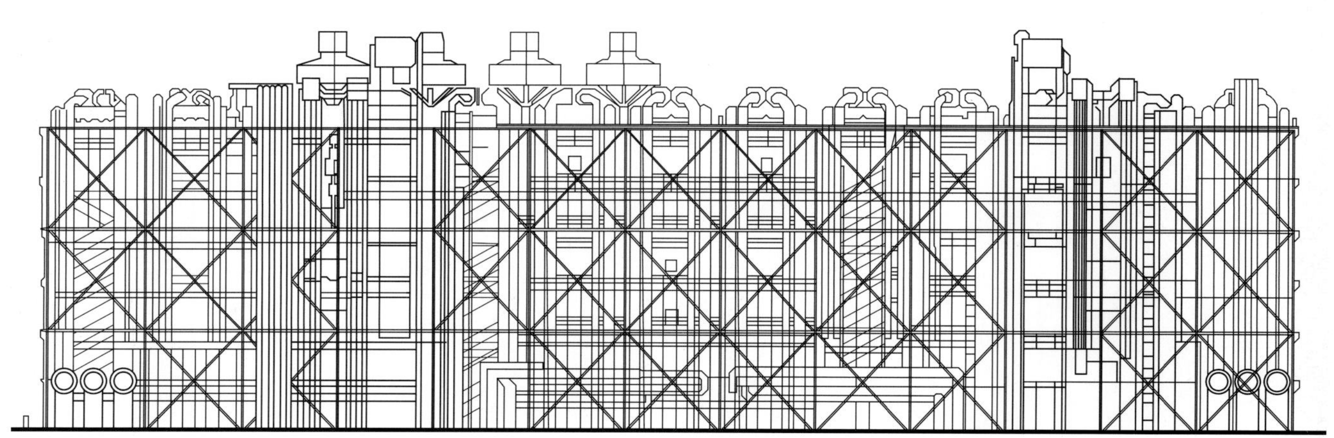

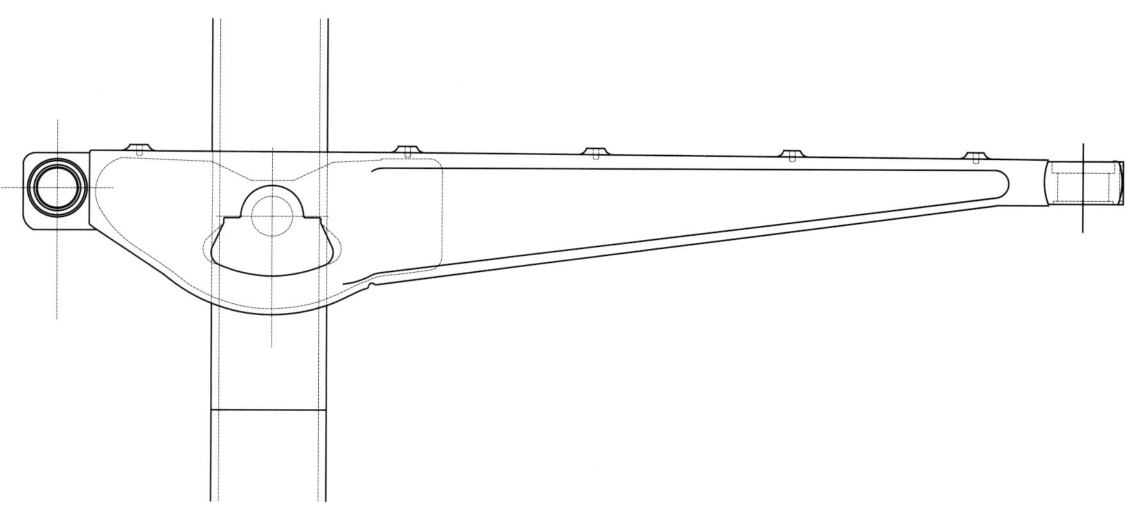

蓬皮杜中心，伦佐·皮亚诺与理查德·罗杰斯
巴黎，法国　1974 年
[现代高技派，自由平面式博物馆，钢材、玻璃和混凝土]

Centre Pompidou, Renzo Piano and Richard Rogers
Paris, France　1974
[Hi-Tech Modernism, free plan museum, steel, glass, concrete]

蓬皮杜中心这座代表着现代高技派顶峰之作的博物馆，展示出了一种新奇的图形化的装饰类型。从本质上讲，建筑由内而外的翻转形成了建筑的机械体系，一般来说机械体系是隐藏在建筑内部的，而现在却直接展现于建筑的外部。每一种机械体系都由颜色进行标记，蓝色表示空调管道，绿色表示供水管道，灰色表示二级结构，红色表示交通流线。这些机械与表现系统已经转变成为建筑的装饰，不可或缺，已然成为建筑中永恒的美丽与平衡。

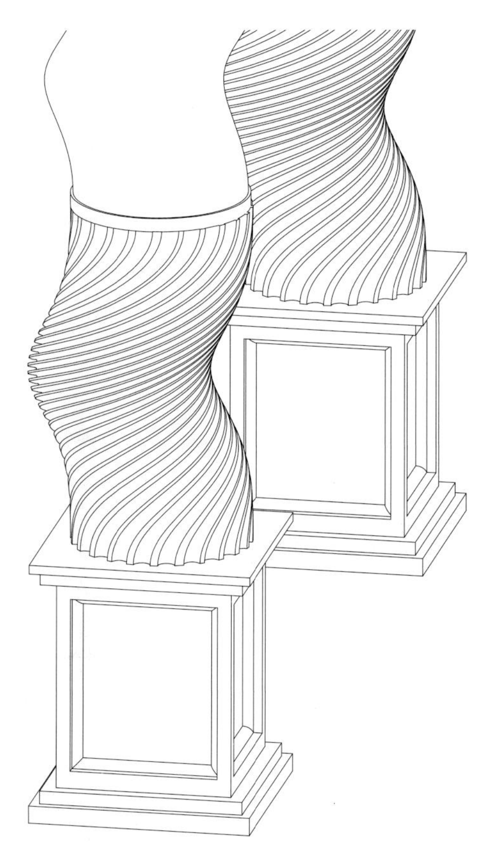

附加装饰——参照性——有机主义 | Applied Ornament—Referential—Organicism

参照性有机主义附加装饰通常以有机形式或天然形式所形成的系统本身或其衍生系统为特征，例如，叶、花或任何其他植物或动物，都可以作为要素纳入此种类型。有机装饰自开创至今已经过了几个世纪，它将建筑形式和自然世界联系起来，在埃及、伊斯兰、希腊和罗马建筑中得到了广泛应用，如科林斯柱头的莨苕叶，或埃及柱式上的莲花纹饰和纸草叶等，都是有机装饰应用的典型案例。有机元素受到如此重视，基本上都雕刻于石质材料上，以材料的永久性来表达其重要性及特殊意义。

青铜华盖，吉安·洛伦佐·贝尔尼尼
圣彼得大教堂，梵蒂冈　1634 年
[巴洛克式，祭坛华盖，青铜]

Baldacchino, Gian Lorenzo Bernini
St. Peter's Basilica, The Vatican　1634
[Baroque, altar baldacchino, bronze]

圣彼得大教堂中，由贝尔尼尼设计的青铜华盖是巴洛克时期的经典作品。巨大的青铜华盖悬于教堂主祭坛之上，其较大的尺度便于融合与协调由米开朗琪罗建造的巨大穹顶与人体尺度之间的关系。华盖的四个螺旋柱上镶嵌着有机主义的附加装饰。月桂叶代表诗歌，蜥蜴象征重生与找寻上帝，蜜蜂则是巴尔贝里尼家族（the Barberini family）的标志。贝尔尼尼创造了一个使用有机装饰的雕塑 / 建筑，并将各种元素的魅力和意义与美学审美等同起来。

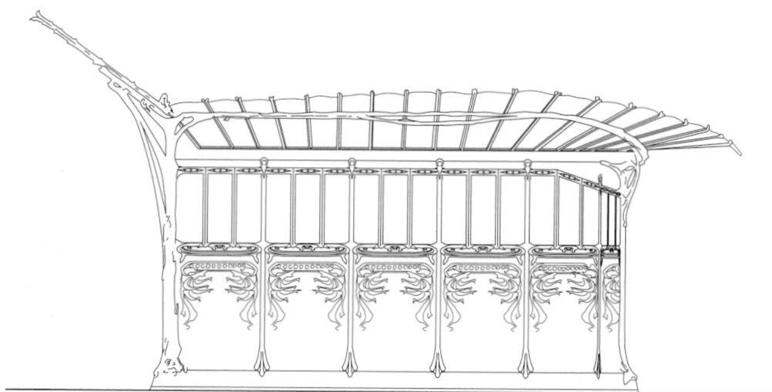

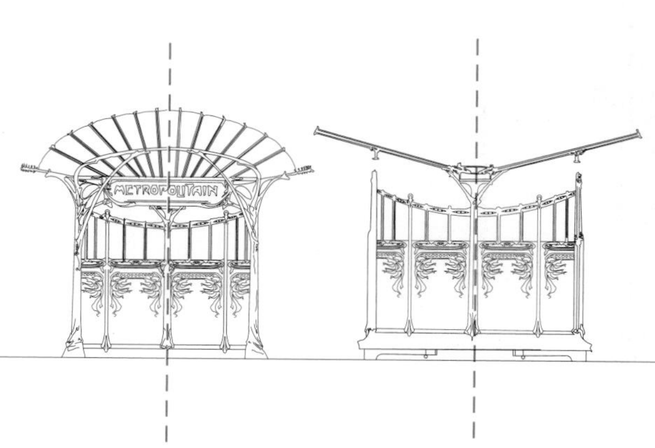
METROPOLITAIN

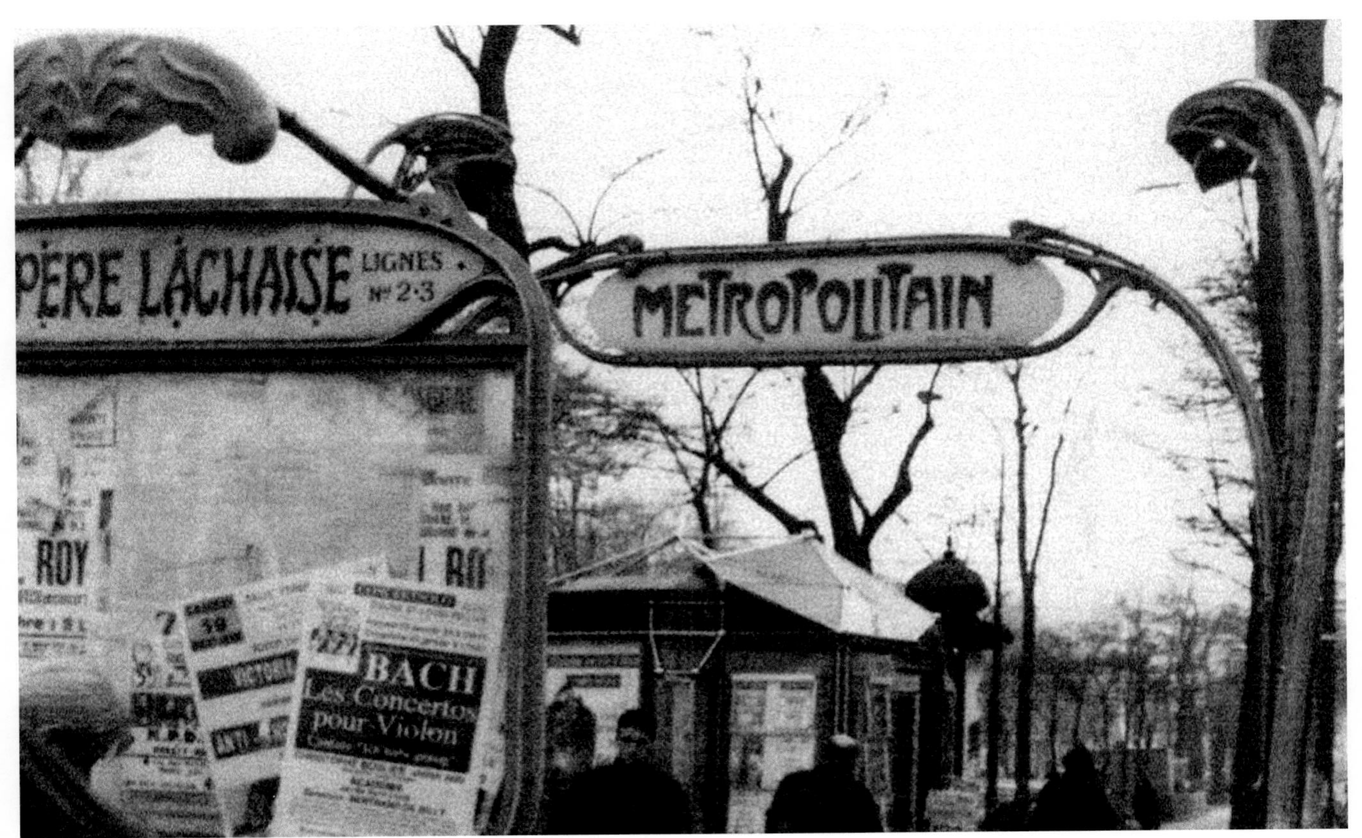

巴黎地铁入口，赫克托·吉马德
巴黎，法国　1905 年
[新艺术运动，雕塑式的入口，铁和玻璃]

Paris Metro Entry, Hector Guimard
Paris, France　1905
[Art Nouveau, sculptural gates, iron and glass]

巴黎地铁入口的落成反映了当时占主导地位的法国新古典主义文化特征。这些大门和入口形成了一系列有机的、几乎是超现实主义的图形，与城市结构中的其他部分形成了强烈对比。这些结构中的铸铁部分都转换为类似于植物形状的有机造型，轮廓分明的曲线和球根状的装饰看起来像是从土地中生长出来的，而不是特意在铸造厂中铸造出来的。

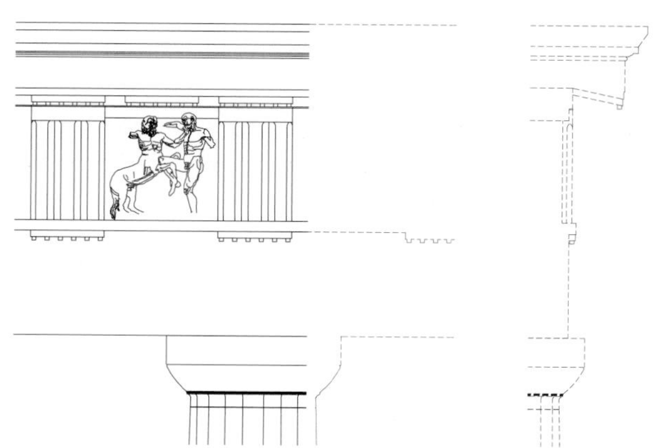

附加装饰——参照性——结构 | Applied Ornament—Referential—Structural

一些最常见的附加装饰会参考建筑物的结构。此种现象的出现是基于这样的现实，许多建筑都是由一种材料建造，而后随着时间推移，又会使用一种新的材料进行重建。当用新材料进行建造时，通常对原来的材料进行装饰。在某些情况下，这种变化需要对整体形式进行改变，但设计和形式原则依然保持一致。装饰与工艺的分离以及装饰形式的再次具象化，随之产生了必要的图形并作为参照性的符号被重新应用。

帕提农神庙之柱上楣构，菲狄亚斯
雅典，希腊　公元前432年
[希腊化风格，结构装饰，大理石]

Entablature at the Parthenon, Phidias
Athens, Greece　432 BCE
[Hellenistic, structural ornament, marble]

作为结构装饰的应用案例，帕提农神庙之柱上楣构被普遍认为是关于建筑材料随时间而变化这一议题最具争议的案例。人们相信，帕提农神庙，事实上所有的希腊神庙最初都是由木材建造的。**三陇板**和陇间壁的组织即是屋顶椽和屋面梁的延伸，这体现的是木结构的做法。当神庙用石头重建时，这个特别的细部处理被保留下来，作为一种对原始结构的参照。后来这一特征几乎成为所有古典楣构的基本形式。

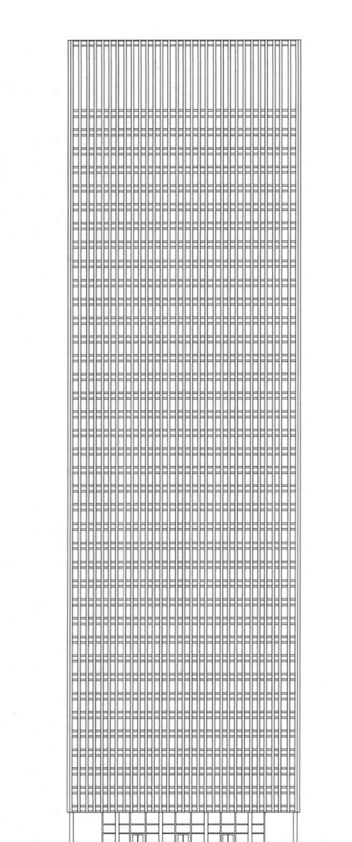

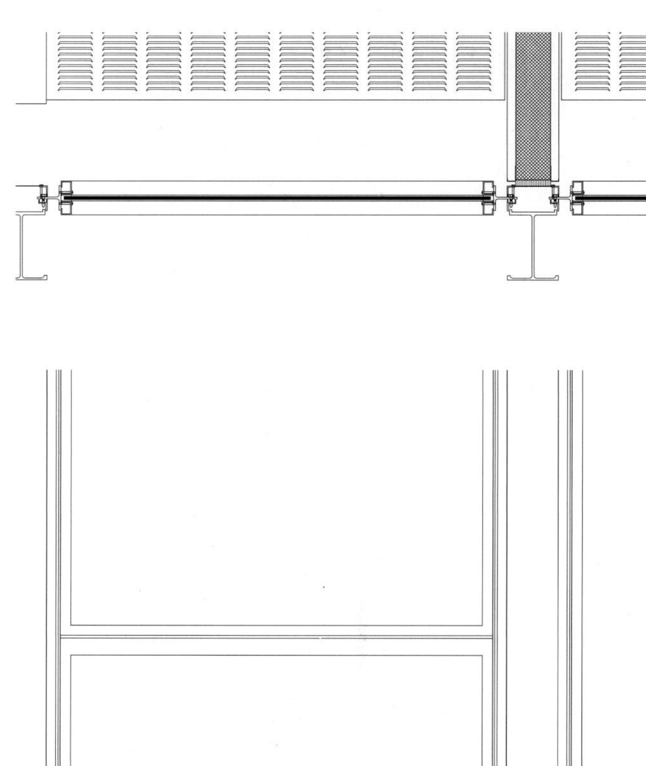

西格拉姆大厦，密斯·凡·德·罗
纽约市，纽约州　1958 年
[现代主义，办公大楼，钢材和玻璃]

Seagram Building, Mies van der Rohe
New York, New York　1958
[Modernism, office building, concrete and steel]

西格拉姆大厦体现了一种独特的参照性，即结构装饰的理念。建筑的实际结构是钢结构，但由于防火规范的要求，钢被包裹在混凝土中，并隐藏在不同的材料层之下。密斯决定用外部的装饰性工字钢代替这个隐藏的钢结构。被隐藏的结构材料以及建筑外部每根柱子的形式，都是通过一种假性应用进行重新解读。这种结构装饰的效果非常显著，它形成了建筑的整体氛围也确立了建筑的标志，然而这似乎与密斯对形式本质主义的推崇相矛盾。

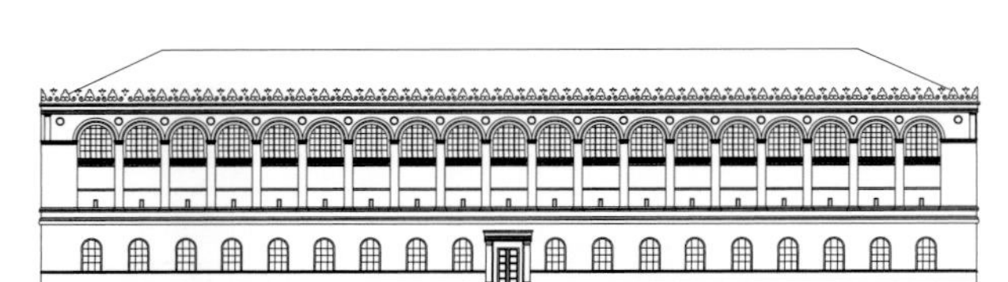

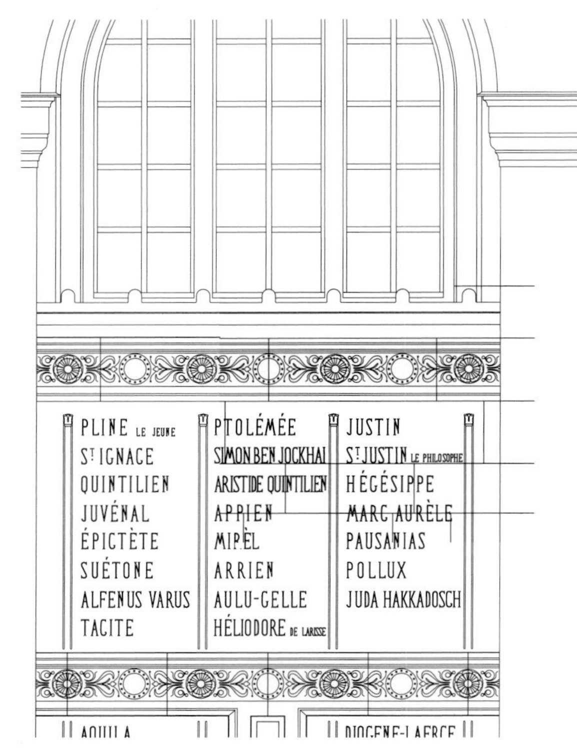

附加装饰——历史性 | Applied Ornament—Historical

在大多数的文化建筑中，历史性附加装饰是最为常见的，与大多数的装饰一样，交流是其首要目标。在这种特定情况下，装饰通常涉及历史事件或使用该特定建筑的组织机构的历史。此类装饰的形式主要是图片、文字或雕塑。无论是直接传达还是隐性比喻，此类装饰都试图用一个故事与使用者相联系，用来阐释相关人物或者机构的历史意义。

圣日内维耶图书馆，亨利 · 拉布鲁斯特
巴黎，法国　1851 年
[文艺复兴，图书馆，砖石砌块和铁]

Bibliothèque St. Geneviève, Henri Labrouste
Paris, France　1851
[Renaissance Revival, library, masonry and iron]

圣日内维耶图书馆中每个窗口的壁龛都以大型石板的形式体现了历史性附加装饰的应用，共有 810 名杰出学者的名字被刻在了这些石板上。这种附加装饰是文字形式的，是对书面文字字形的引用与参照，因此图书馆建筑本身就包含了这些单词信息。有趣的是，真正的书籍直接存储在石板后面的加厚墙壁中，正是这些加厚的墙壁为石板确定了形式。亨利 · 拉布鲁斯特成功地将历史、功能与形式结合在一起，形成了一个引人注目的装饰性要素。

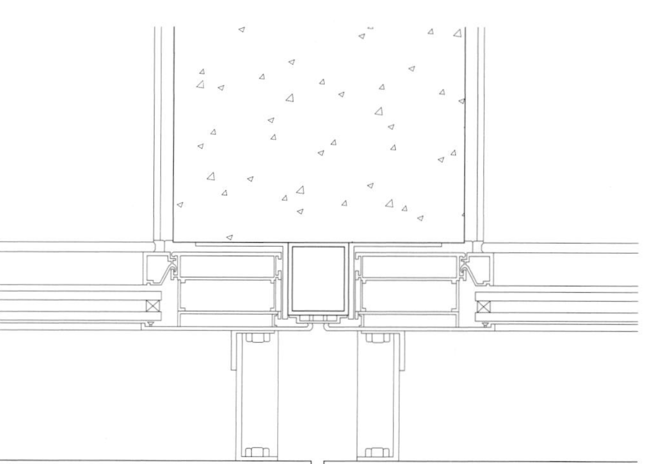

埃伯斯瓦尔德图书馆，赫尔佐格与德·梅隆事务所
埃伯斯瓦尔德，德国　1999 年
[后现代主义，图书馆，混凝土和玻璃]

Eberswalde Library, Herzog and de Meuron
Eberswalde, Germany　1999
[Postmodernism, library, concrete and glass]

埃伯斯瓦尔德图书馆的建筑立面通过在混凝土和玻璃面板上印制一系列的图像，展示了历史性建筑装饰的应用。这些图像源自艺术家托马斯·鲁夫（Thomas Ruff）的收藏，具有新闻纸一般的质感，同时图像所在的墙面位置还代表着不同的理念主题。在入口层，图像代表的是“人与技术”（man and technology）；第二层的一系列图像则代表着“爱与死亡”（love and mortality）；最后一层则代表“历史性的事件、技术与知识”（historical events, technology, and knowledge）。建筑形式的简单性衬托着装饰的复杂性，使其得以被清晰地解读。

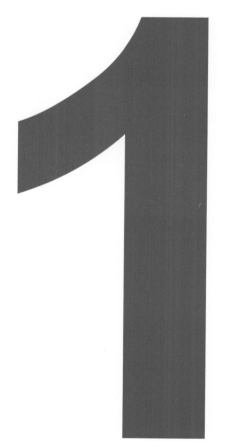

模式
Pattern

12– 模式 | Pattern

模式是指为了进行相关单元的形式组织而采用的体系（既可以是视觉上直观可见的体系，也可以是间接隐含的体系）。模式涉及的变量通常包括形状、材质和色彩，一般通过重复的方式确定下来。这些变量会涉及多种历史元素或自然元素，举例来说，体块 / 单元、局部 / 板块、开间 / 模数或组块的尺寸变化都可以体现这些变量。单元的重复形成了韵律，各部分之间的关系确定了形式的基调，这些相互作用促成了模式本身的形成，因此模式会随着尺寸模数、出现频率和规模尺度的变化而变化。

形状模式（Shape Pattern）形状模式是指个体单元及其几何形式。单个形状在更大范围中的聚合，其结果取决于聚合后的相对形状，包括三角形、正方形、六边形和八边形等。部分与部分的内在关系以及部分对整体的作用，构成了具有多种视觉美学和功能表现意蕴的几何图形。

材料模式（Material Pattern）材料模式有两种辨识尺度。对所有不同的材料类型（木材、砖石砌块、混凝土、金属、玻璃和塑料）来说，首先而且最为重要的即是内在模数。随着制造工序、运输及安装规格的不断融合，所有材料模数都期望能与人体尺度相对应，并在最终的材料产品中明显表现出来。所有类型的灰浆接缝、面板接缝和施工接缝其实都是装配系统的衍生产品，但却得到了清晰的展现，如此可以使材料模式中的“体块”在最终的整体构成中显得更加突出又清晰可辨。这种表现在建筑形式的可识别性上也更具美学意义。第二种尺度对于每种材料来说更加具体，与材料本身的物质属性和制造过程（自然获得或人工制造）均有关联，对形成建筑材料至关重要。石头的颜色和脉络、混凝土的肌理、砌块的尺寸及颜色、木材的纹理等，这些材料本身的视觉触感是完全不同的。无论是对某种材料进行直接应用，还是将其作为组成成分进行聚合，材料之间的相对性和相互关系均是一种有效的模式。

色彩模式（Color Pattern）色彩模式是指颜料所呈现的效果以及通过系统化着色所产生的视觉层次。着色应用是指在材料自然的视觉外观之上进行的人工叠加，因此着色应用需要特定的意图和方法。

参考模式——历史（Referential Pattern—Historical）参考模式是指模式自身蕴含的文化意义和历史意义。通过建筑构造、建筑材料和文化理念等进行模式的建构，产生了不同流派的建筑类别和可识别的历史遗存。特定模式之间的关联关系作为一种历史产物，赋予模式本身以参考价值。历史先例本身的厚重感促进了历史理论及文化意蕴在这些关联关系中不断地更迭、强调，甚至碰撞，抑或是简单地承载和体现。直到后现代主义时期，这种参考方式作为一种正式的建筑语言出现，成为该时代的特别象征。参考模式源自历史传统，通过关联关系在历史上的重复利用体现出来，参考模式通过对历史元素的不断重复和广泛应用，体现了自身的重要性和权威性。

模式——重复——体块/单元（Pattern—Repetition—Piece / Unit）模式概念最早源于对形状的重复。对建筑构成系统和建筑设计效果而言，重复的体块/单元是最基本的建筑组成单位，通过精巧的排布、重复的体块/单元可以形成多种多样的聚合效果，广泛应用于各种建筑体系中。体块/单元可以从多种因素中衍生出来，如人性化的尺度、建筑构造体系、移动载重及装配规格、建筑工具器材及各种其他因素等；也可以通过简单的几何关系推导出来，在图形形状、构成体系甚至单纯的美学原则中得到强调。体块的基本构型可以将重复的构成体系、模式尺度及图案效果组成一个统一整体。体块/单元的重复形成了模式，模式又通过体块/单元的聚合创造出重复的视觉语言。通常，通过单元组合形成的模式具有建造逻辑的实用性，如砖石砌块组合形成的模式，但同时这种模式也可以进行演变、更新，用于建筑装饰或图案形成。每一个具体的体块/单元都是建构基本模式的基本元素，也正是这些具体的体块/单元的有组织排布创建了系统化的集合式统一模式。

模式——重复——局部/板块（Pattern—Repetition—Portion / Panel）当体块被放大为建筑中某个较大的部分或整体表面中的某个局部时，寻求个性和创造变化的理念就可以在这些部分或者局部中得以实施了，这是在特定整体框架下允许的局部操作。此时，体块作为重复性的元素，通过宏观尺度的聚合，形成表面图案或更大的模式。通过局部/板块的重复，模式在更大的尺度中形成了集聚效应。随着制造、运输、装配三者内在细分需求的出现，局部/板块也在不断发展并创建了模式单元。这些元素的重复和变化创造了视觉模式的排布。

模式——重复——模数/开间（Pattern—Repetition—Module / Bay）通过模数/开间的重复来建立模式，是形成建筑韵律的一种传统手法。这种重复的韵律可以是水平的，可以是垂直的，也可以两者兼具，同样其可以是二维的也可以是三维的。开间的尺度通常大于材料模数，几乎专门应用于建筑构成。重复、变化、尺度及接缝组成了开间。模数或开间的聚合形成了宏观尺度的模式，形成了建筑的整体构成。

模式——重复——组块（Pattern—Repetition—Chunk）通过组块重复形成的模式需要每个部件都具有三维特性。对“组块”的深度开发通常都是在较大尺度下进行的，以使预制单元（如67号集合住宅的居住模数）得到充分利用，并通过体积单元建立起一种模式。基本单元的多维特性便于进行更复杂的组合和装配，从而形成非线性的聚合。

模式——韵律——模数（Pattern—Rhythm—Module）基于模数韵律衍生出的模式可运用上述任何尺度的元素来形成重复性的模数，这种模式的建立依赖于可变的频率和韵律。模数可以独立应用，不受材料或构造尺寸的限制，从而可以建立一种建筑构成的基本方法。

模式——韵律——频率（Pattern—Rhythm—Frequency）模式具有可识别性的关键是它的韵律以及最终的重复频率。韵律，无论在视觉体验还是空间体验上，引发了场地的共鸣，展示了整体系统的可识别性。节奏的增量及频率决定了建筑构成的基调并用于其模式的校准。

模式——韵律——尺度（Pattern—Rhythm—Scale）通过有规律的尺度变化建立的模式及韵律的循环，创造了基于尺寸大小的纹理特征。尺寸决定了模式的效果及分辨率，变化本身则可以通过并置排列和差异对比建立模式。

形状 | Shape

形状模式是指通过使用纯粹的几何图案来创造各种各样的设计和图案。圆形、三角形、正方形、六边形和八边形等形状，一直以来都在各种不同文化中用作基本模数。这些形状通常带有组合含义及意义。形状一直是建筑中众多模式的基础，它们至今仍在继续使用。形状模式具有装饰性和观赏性意义并常作为吸引注意力的工具。

阿尔罕布拉宫
格拉纳达，西班牙　1390 年
[伊斯兰风格，宫殿，砖石砌块]

Alhambra
Granada, Spain　1390
[Islamic, palace, masonry]

阿尔罕布拉宫的建造模式或许比之前任何时期的建筑都要复杂。精巧华美的图案仿佛覆盖了这座宏伟建筑的每个角落。建筑中不同的位置采用了不同的模式含义，不同的模式图案也起到了装饰美化作用，使建筑内墙呈现出了光影交错的轻盈之感而非铺陈厚重的沉闷之感。建筑中使用的主要建造模式之一是阿尔摩哈德·撒比卡（Almohad sebka，一种菱形网格），这种对角线模式是过去所有宫殿建造模式中使用最广泛的一种，当阿拉伯风格的纹样与书法笔迹相结合时，便形成了世界上最精美的墙面装饰形式之一。

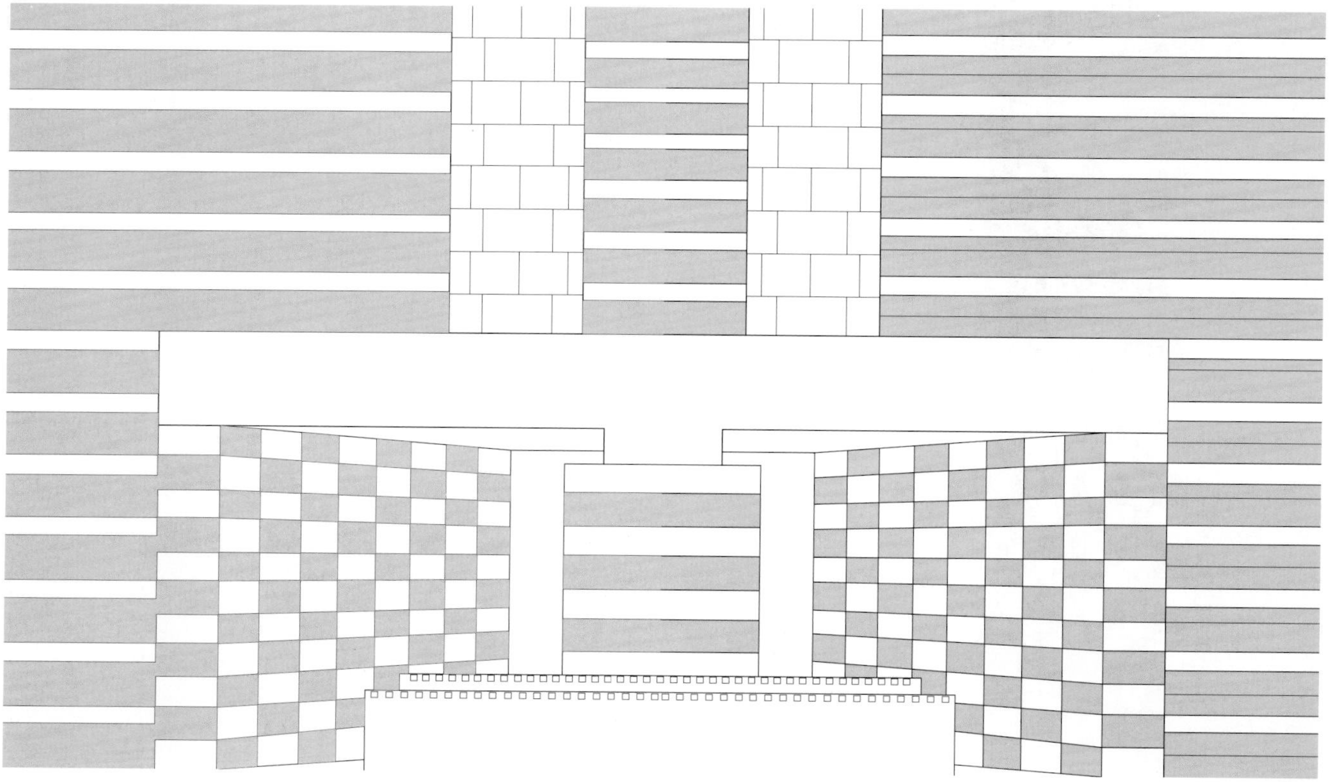

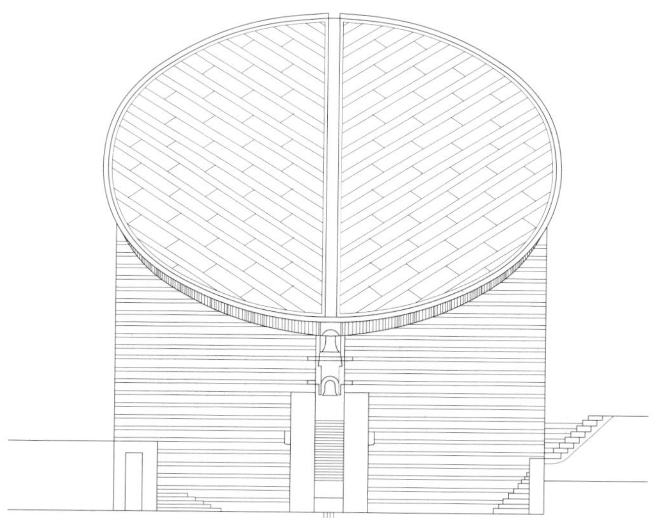

圣乔瓦尼·巴蒂斯塔教堂，马里奥·博塔
瓦尔马吉亚，莫格诺，瑞士　1996 年
[后现代主义，教堂，大理石和花岗岩饰面]

Church of San Giovanni Battista, Mario Botta
Val Maggia, Mogno, Switzerland　1996
[Postmodernism, church, marble and granite facing]

圣乔瓦尼·巴蒂斯塔教堂采用了形状模式作为其装饰类型。这种形式通过在整个建筑中交替使用天然灰色花岗岩和白色大理石来实现。无论室内还是室外，该模式使用的都是简单的条纹形式。这种多彩技术在罗马时期应用非常普遍，在后现代时期又凭借其大胆的图案使用和重要的借鉴意义得以复兴。祭坛背后的拱门为形状模式的生成提供了一个更加错综复杂的因素。拱门中每块花岗岩或大理石都在变小，这让拱门产生了一种假性透视的效果，不禁使人想起文艺复兴早期的那些透视实验。

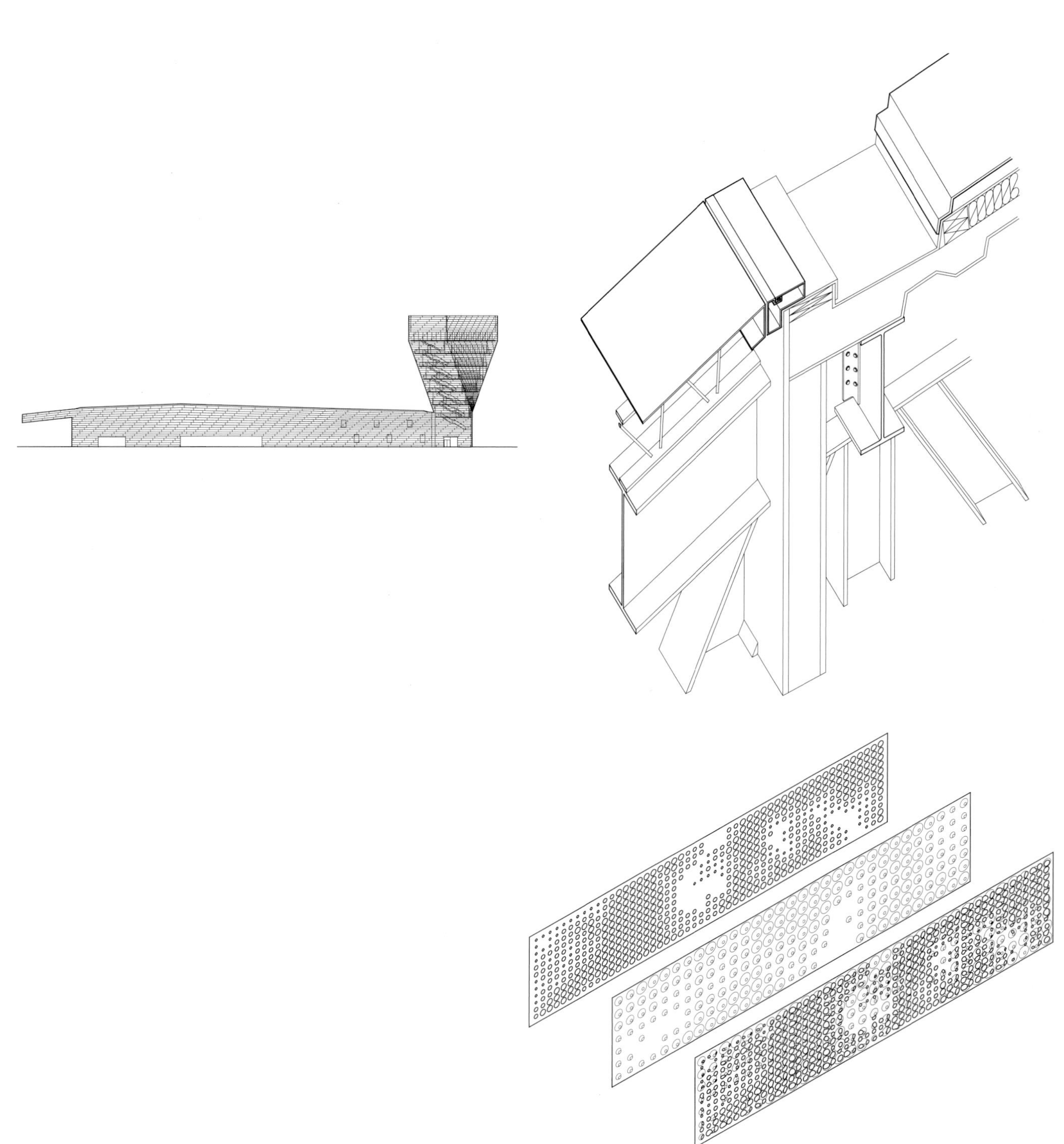

笛洋美术馆，赫尔佐格与德·梅隆事务所
旧金山，加利福尼亚州　2005 年
[后现代主义，带有庭院的自由平面，金属和玻璃]

De Young Museum, Herzog and de Meuron
San Francisco, California　2005
[Postmodernism, free plan with courtyards, metal and glass]

笛洋美术馆以形状和图案的运用作为建筑外部设计的一种方式，建筑表皮有意模仿周边的桉树，以便使建筑与环境更好地结合。建筑以铜质外壳裹覆，其上预留了大小不一的孔洞和凹痕，随着时间推移，铜质外壳在颜色和光感上与林木接近相似。整个建筑外观使用了大小不同、密度各异的圆形，以实现光影效果。同时，建筑表皮被拉离主体结构，当人们环绕或进入建筑时，如外罩般的外墙就会形成相互叠加的波纹状的光影变化。

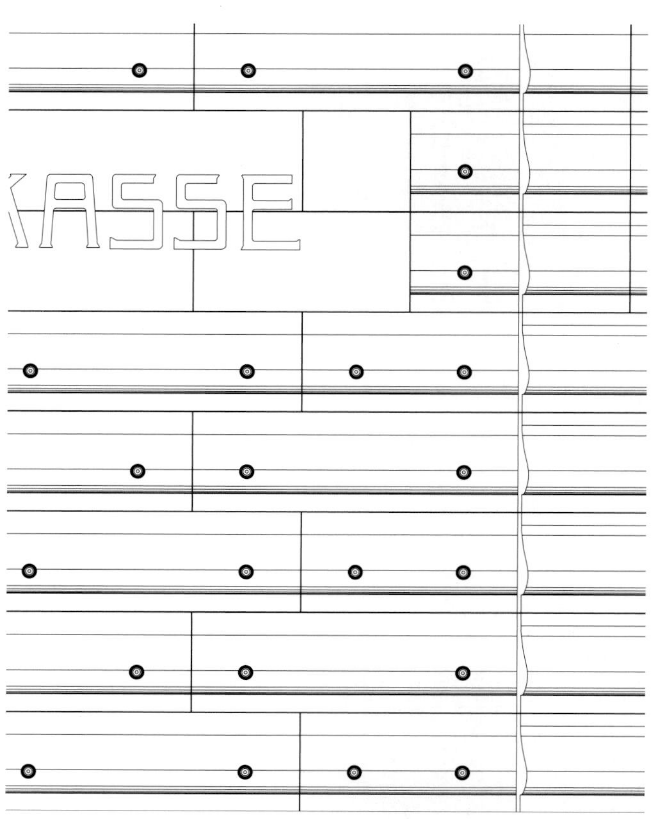

材料 | Material

材料是重要的模式生成因素。不管是将材料有意地在显著位置进行展现，还是仅仅作为施工过程的附属产物，材料及其原始尺寸的模数、细木工与装配体系，都会形成组合模式。这些模式的产生源自人体尺寸（安装工作）、装配尺寸（材料限制和制造过程的优化）以及运输尺寸（叉车、卡车或起重机的物理限制）。这些物理限制组合在一起，形成了一种内在的分段，也因此产生对细木工的需求。材料模式的最终生成取决于材料装配过程中的重复性和系统性。

邮政储蓄银行，奥托·瓦格纳建筑事务所
维也纳，奥地利　1912 年
[现代主义早期，消减的形式与技术的表达，多种建筑材料]

Postal Savings Bank, Otto Wagner
Vienna, Austria　1912
[Early Modernism, reductive form with technical expression, diverse]

维也纳邮政储蓄银行通过运用一种独特的裸露式墙面围护体系展现了一系列的图案模式。建筑物上每块石头、每片大理石贴面以及所有的金属材料都通过铝合金螺栓固定在一起。这些螺栓与它们各自连接的建筑材料构成了整栋建筑的丰富模式。相对于错综复杂的主入口立面，建筑侧面则采取了一种相当直接的方式。建筑的模式和装饰其实都源自连接系统，即每个螺栓组合而成的放大图形。

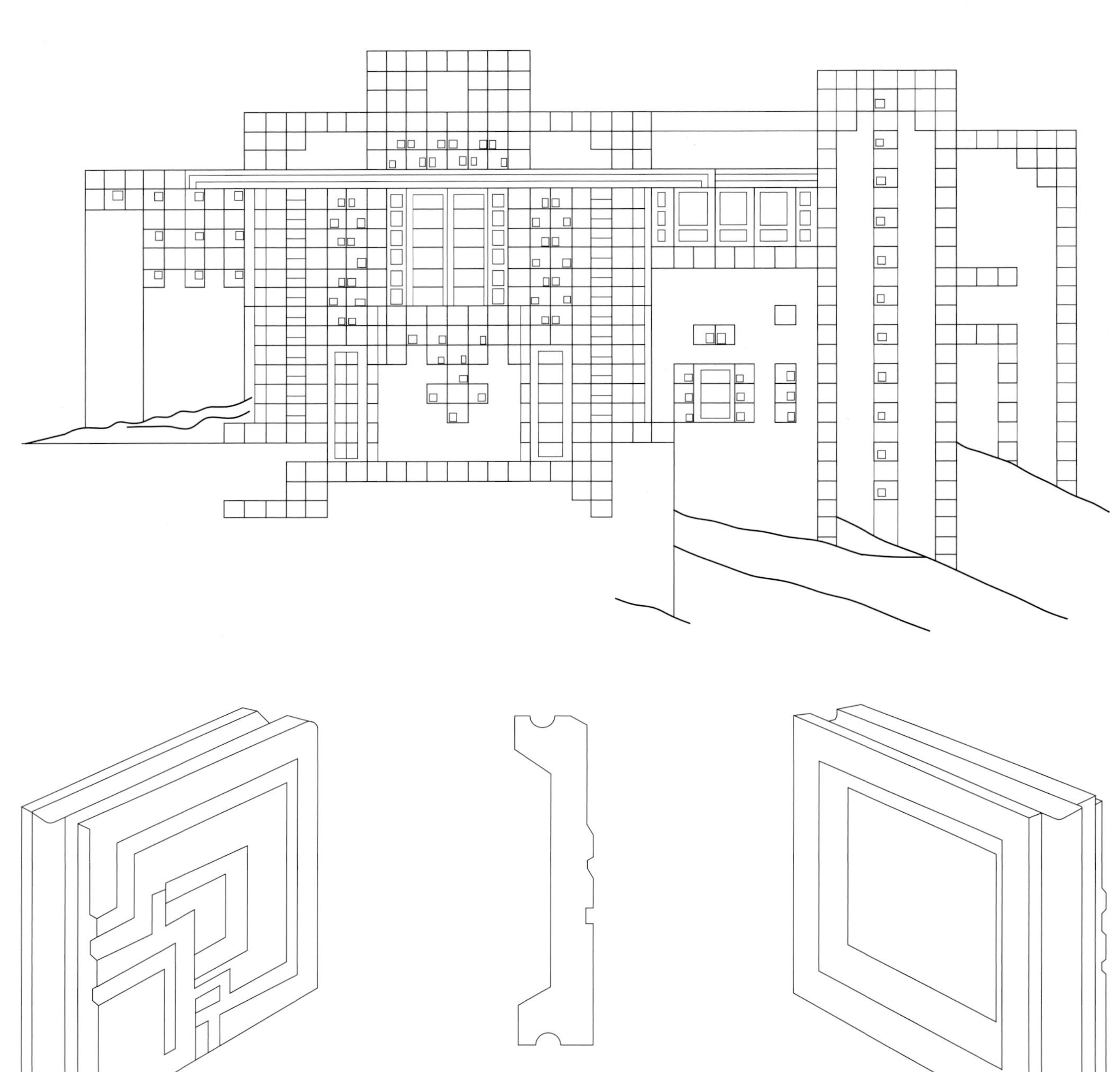

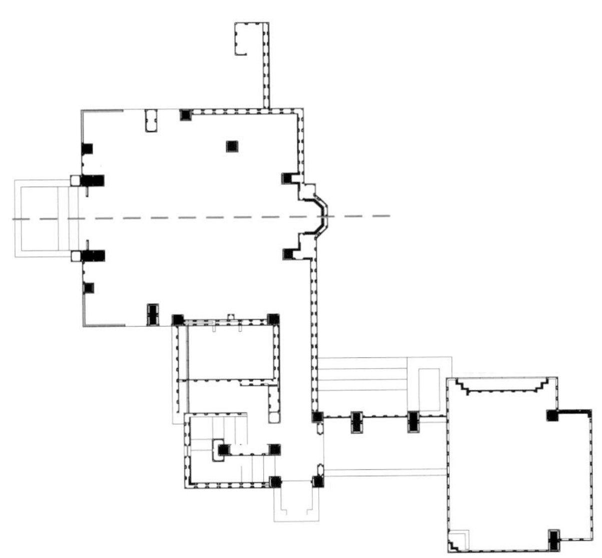

弗里曼住宅，弗兰克·劳埃德·赖特
洛杉矶，加利福尼亚州 1924年
[现代主义，织物块住宅，混凝土砖石砌块]

Freeman House, Frank Lloyd Wright
Los Angeles, California 1924
[Modernism, textile block house, concrete masonry]

弗里曼住宅通过其独特的建造体系，将功能性的构造与高度系统化的形式和有效的图形模式融于一体。单元的尺寸和重复性建立起功能的实用性，图形变化中的重复形式则为建筑赋予了识别性和场所效应。基于现浇混凝土和织物块的单一模数，建筑模式的变化源于大量的细部处理和建筑表面的开口设计。这种形式上重复的模块，结合其系统化的位置关系和应用，创造出一种引人注目的材料模式的场所效应。

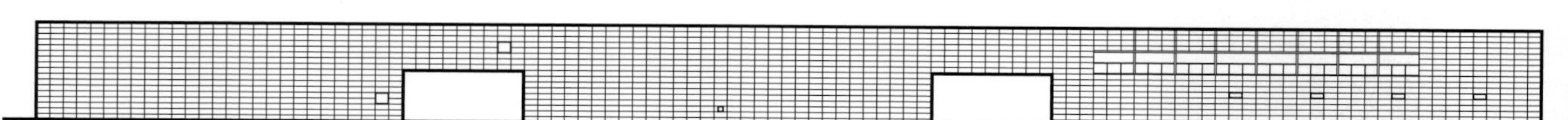

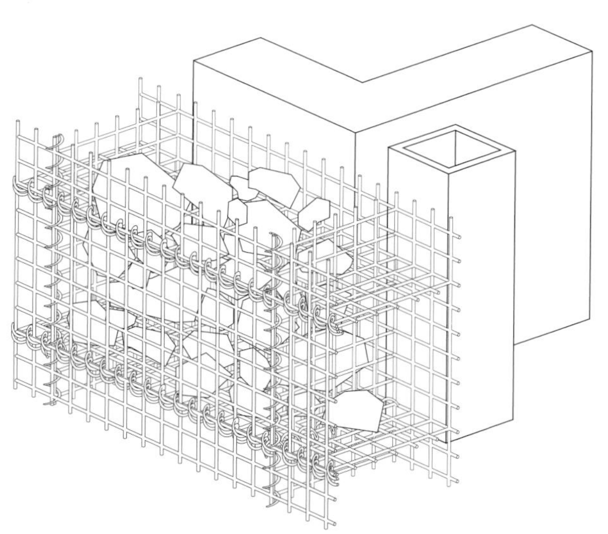

多米尼斯酒庄，赫尔佐格和德·梅隆事务所
扬特维尔，加利福尼亚州　1998 年
[后现代主义，以乱石筑基的酒庄，玻璃和石材]

Dominus Winery, Herzog and de Meuron
Yountville, California　1998
[Postmodernism, rip rap stone bar, glass and stone]

多米尼斯酒庄的设计以简单的形式布局达到了非凡的建筑效果。赫尔佐格和德·梅隆事务所淡化了建筑形式，转而将重点放在整个线性长条式建筑的表皮衔接。建筑的表皮由金属网笼组成，网笼中是不同尺寸的当地石材，而整个金属网笼其实也是玻璃幕墙的外部包裹。这种乱石筑基的墙面体系创造出一系列模式，不仅体现在石材和金属网笼本身，同时也体现在建筑材料所形成的光影关系中。

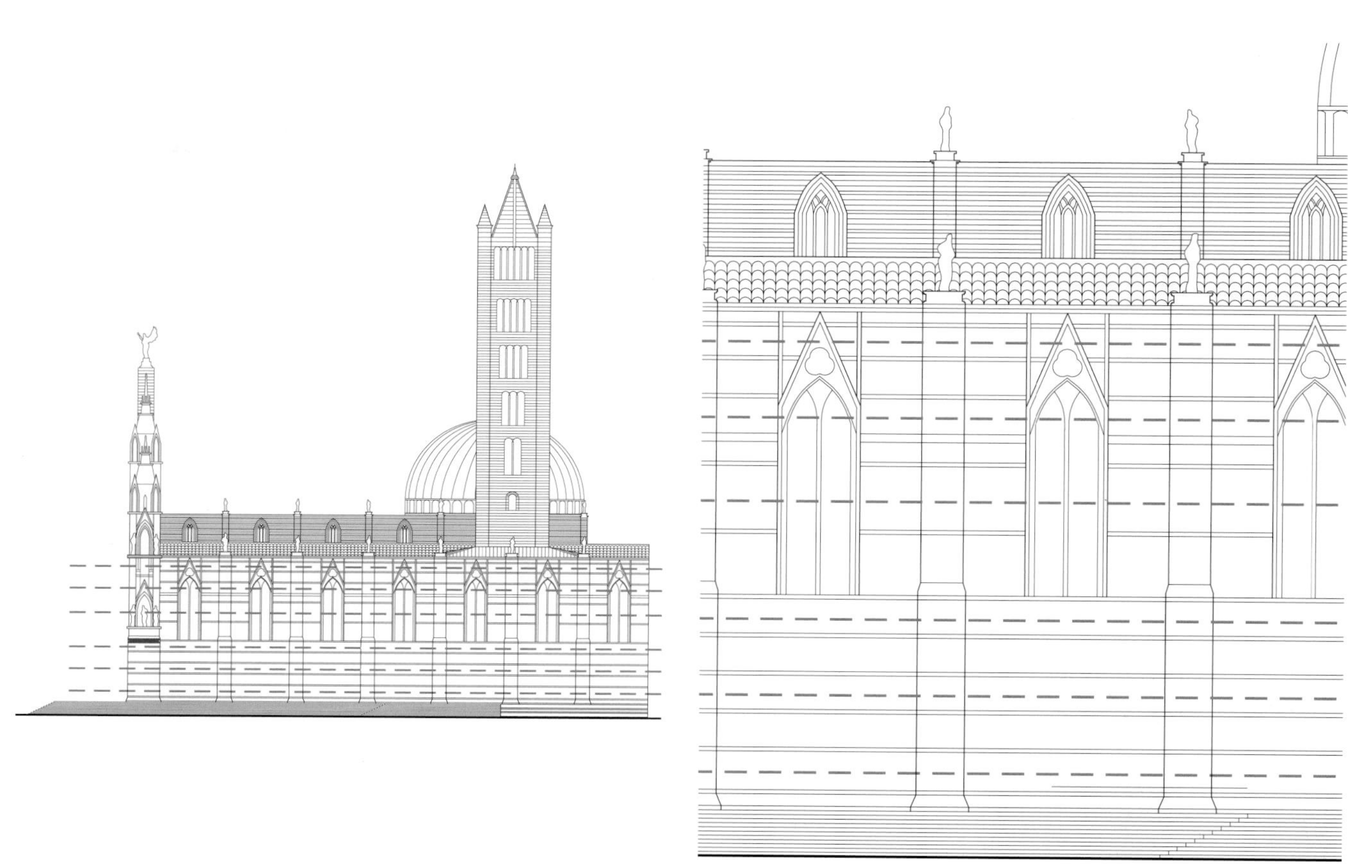

色彩 | Color

色彩是建筑中最主要、最有效的模式生成方式之一。正是因为颜色的丰富多彩，模式体系才能实现多样的变化。色彩模式可应用于许多方面：有时，颜色是解决功能性问题的密码；有时，颜色可以区分结构部件或建筑元素。在模式创建过程中，建筑师还曾经尝试使用颜色作为体现建筑意义和视觉趣味的方式。因此，颜色既可以承载特殊含义，也可以简单地只作建筑装饰。

锡耶纳主教座堂
锡耶纳，意大利　1263 年
[中世纪，主教座堂，黑白大理石]

Duomo
Siena, Italy　1263
[Medieval, cathedral, black and white marble]

锡耶纳主教座堂是一座极具视觉震撼力的建筑，它运用有限的色彩搭配呈现出非凡的视觉效果。锡耶纳主教座堂主要的色彩体系由黑、白两色的大理石条纹构成，黑、白二色相互交织，广泛应用于建筑的内外部设计中。黑色和白色是锡耶纳城市的象征色，它代表着神话传说中城市创建者塞尼乌斯（Senius）和阿斯基乌斯（Aschius）骑乘的黑、白二马。在这种特定情况下，色彩既是一种视觉设计，也是一种带有联想意义的元素，尤其当色彩与建筑和城市存在相互关系时。

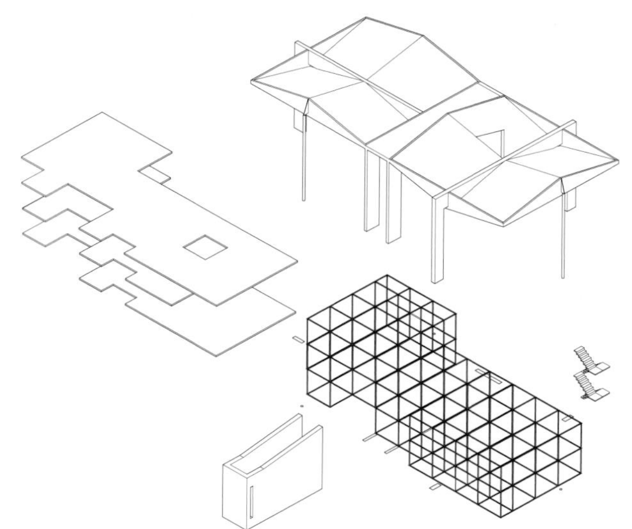

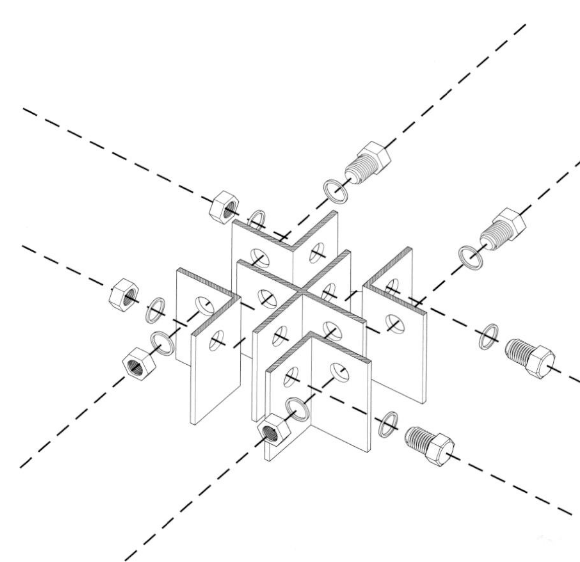

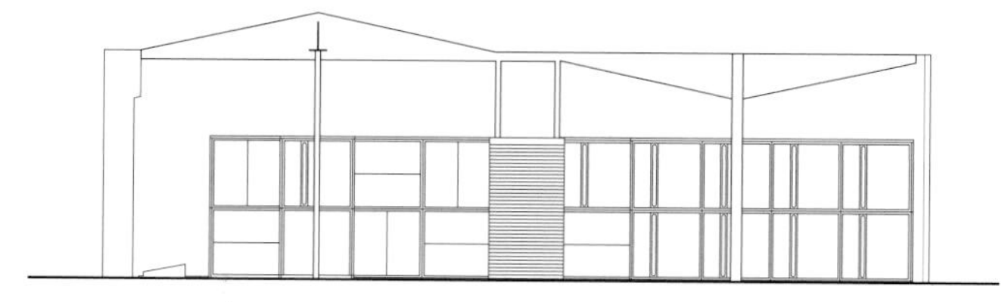

海蒂·韦伯博物馆， 勒·柯布西耶
苏黎世，瑞士 1965 年
[现代主义，多面式独立屋面之下的方盒子建筑，金属]

Heidi Weber Pavilion, Le Corbusier
Zurich, Switzerland 1965
[Modernism, rectilinear cage under independent faceted roof, metal]

海蒂·韦伯博物馆位于瑞士苏黎世，在设计中，勒·柯布西耶通过动态金属板（dynamic metal panels）在建筑立面中的运用进一步探索了色彩模式的实践。博物馆中对色彩进行了大胆的图形应用，参照的是抽象派最初的绘画作品。勒·柯布西耶选用了传统三原色中的红色与黄色，但也应用了绿色与黑色等先锋色彩。色彩的形状和位置完全遵照建筑结构来确定，金属板严丝合缝地嵌入建筑结构框架的十字形柱中。在海蒂·韦伯博物馆中，色彩成为金属板差异性之所在，将直线型的建筑主体与仿佛悬浮其上的巨大多面式灰色金属屋面区别开来。

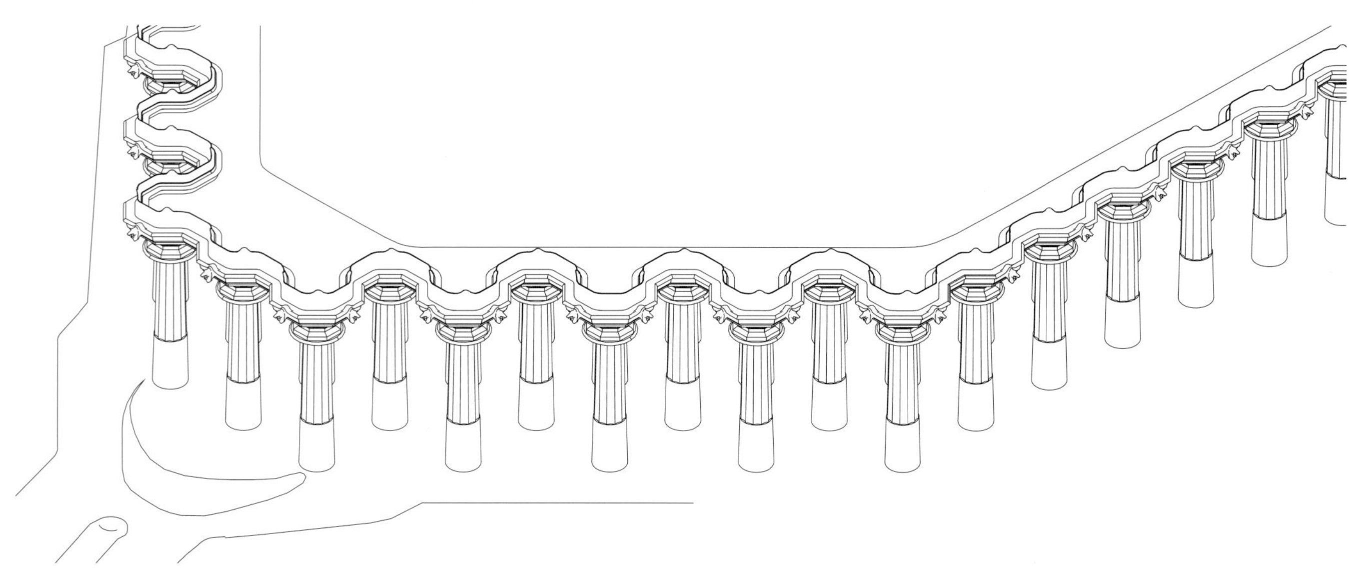

桂尔公园（又译“奎尔公园”“古埃尔公园”），安东尼·高迪

巴塞罗那，西班牙　1914 年

[现代表现主义，极具结构表现力的公园，砖石砌块]

Park Güell, Antoni Gaudi

Barcelona, Spain　1914

[Expressionist Modernism, structurally expressive park, masonry]

高迪在桂尔公园设计中对色彩进行了广泛应用。桂尔公园是一座华美瑰丽的建筑与景观结合的综合体，高迪选用了瓷砖这种材料来表现丰富的色彩。彩色的瓷片延续了加泰罗尼亚陶瓷工艺的传统，成为建筑和景观家具中纯粹图案模式的一部分。同时瓷片也应用于遍布公园的各种动物雕塑上。在桂尔公园设计中，缤纷的色彩形成了斑斓的图案，但实际上这也很难使人在某段时间内将注意力持续集中在某一图案上，更像是形成了一种万花筒般的效果，然而正因如此，高迪设计的趣味性也得到了更好的领会与欣赏。

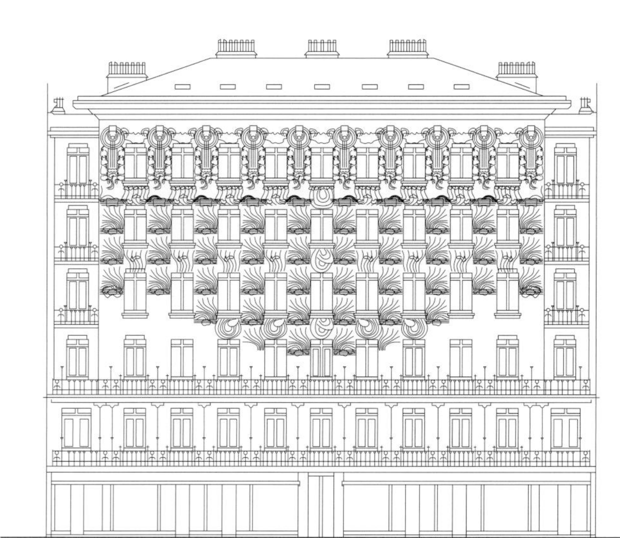

参考（历史）| Referential（Historical）

从抽象意义上说，基于历史的参考模式是将建筑物或历史文化的一部分与建筑形式联系起来。从二维的图案到三维的具象装饰，可以通过多种方式将其实现。历史参考模式中最重要的一点是其所承载的历史意义的转化，这一点适用于任何特定社会的文化环境。

马若里卡公寓，奥托·瓦格纳建筑事务所
维也纳，奥地利 1899年
[新艺术运动，公寓建筑，瓷砖饰面的砖石砌块]

Majolika House, Otto Wagner
Vienna, Austria 1899
[Art Nouveau, apartment building, masonry with tile facing]

在马若里卡公寓设计中，瓦格纳采用了瓷砖技术作为对传统立体装饰的参考。瓷砖在建筑主立面中创建出一种参考模式，代表的是一种有机的新艺术装饰。这些瓷砖在建筑立面的十个结构元素中不断重复，协调着建筑装饰与结构性能的关系。这种重复性创造了图案模式，并避免了装饰的单一性。

维琴察巴西利卡之柱上楣构，安德烈·帕拉迪奥
维琴察，意大利　1614 年
[文艺复兴，敞廊，大理石]

Entablature of Basilica Vicenza, Andrea Palladio
Vicenza, Italy　1614
[Renaissance, loggia, marble]

帕拉迪奥设计的维琴察巴西利卡之柱上楣构包含许多参考模式。其中一个连续又重复的元素是牛头骨，代表着死亡。另一个是柱间壁上的圆形图案，象征着太阳或重生。由此，在巴西利卡之柱上楣构中，同时包含死亡与生命这两种具有关联意义的图案。

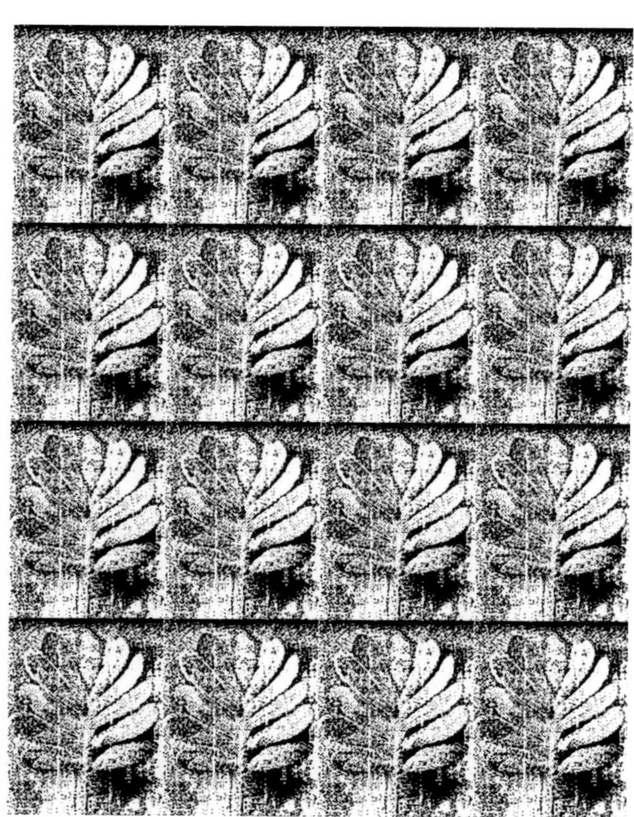

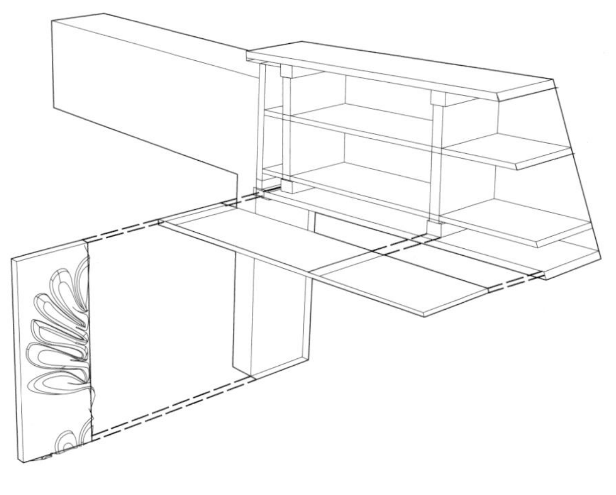

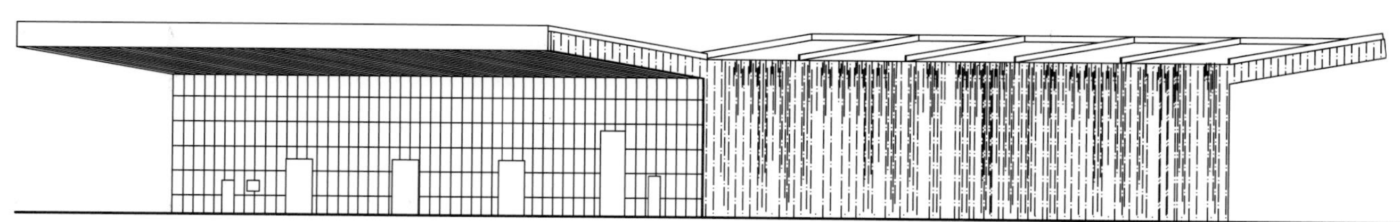

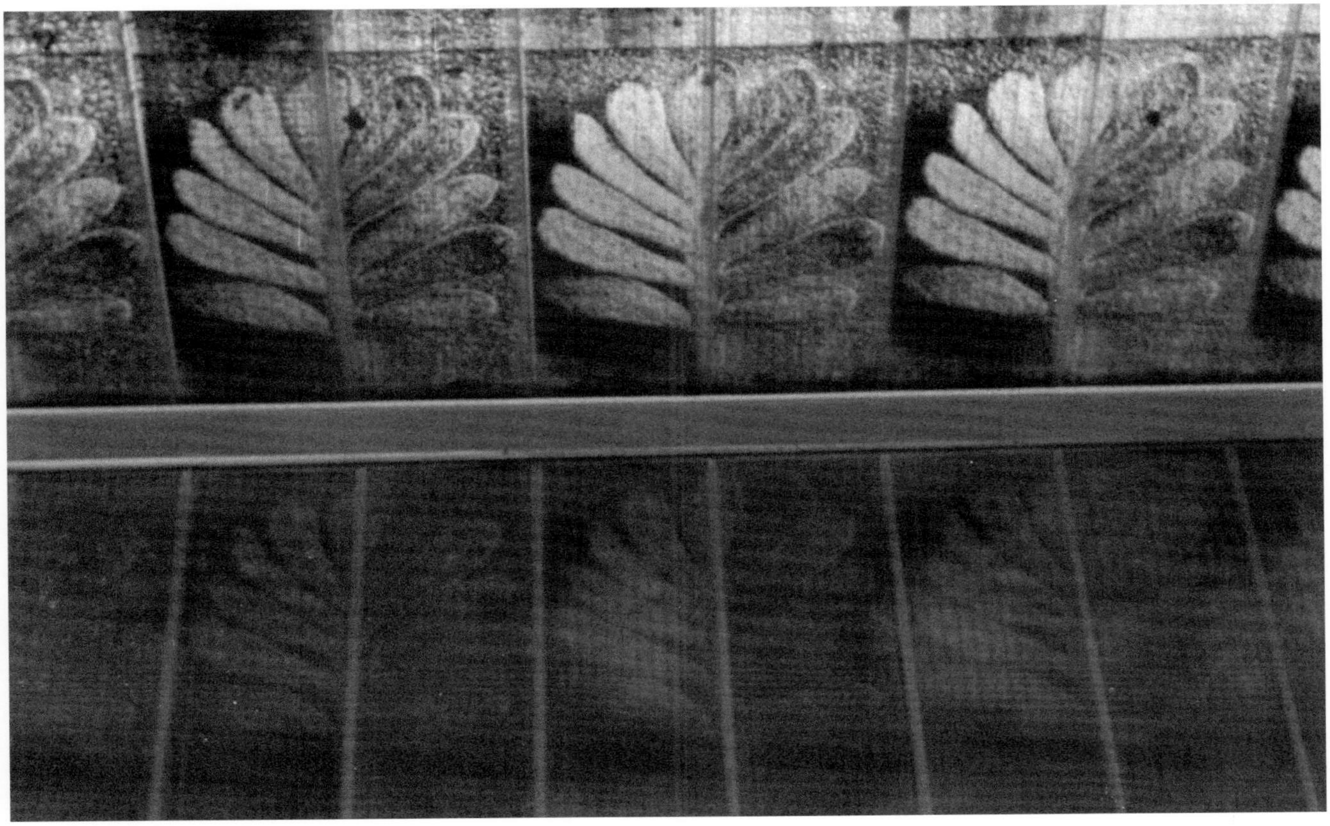

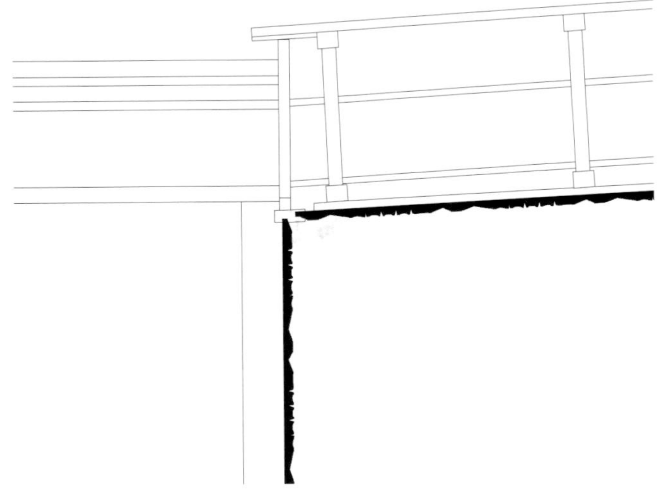

利口乐法国仓库大楼，赫尔佐格和德·梅隆事务所
牟罗兹—布兰斯塔特，法国　1993 年
[后现代主义，仓库，聚碳酸酯板]

Ricola Storage Building, Herzog and de Meuron
Mulhouse-Brunnstatt, France　1993
[Postmodernism, warehouse, polycarbonate panels]

利口乐法国仓库大楼是基于对参考模式的全面研究而进行的具体形象表达。建筑本身是一个极其简单的盒子，完全由半透明的聚碳酸酯板材搭建而成。然后通过丝网印刷工艺，从特定的照片中提取植物图案，进行重复印制并形成板材的图案模式。这种图形参考模式形成了建筑的主要特点，并使建筑的空间感知跟随着一天中时间和光线的变化而持续不断地变化。连续的贴花装饰强调了图案内容的含义，同时也避免了以一种图案主导场地的做法。

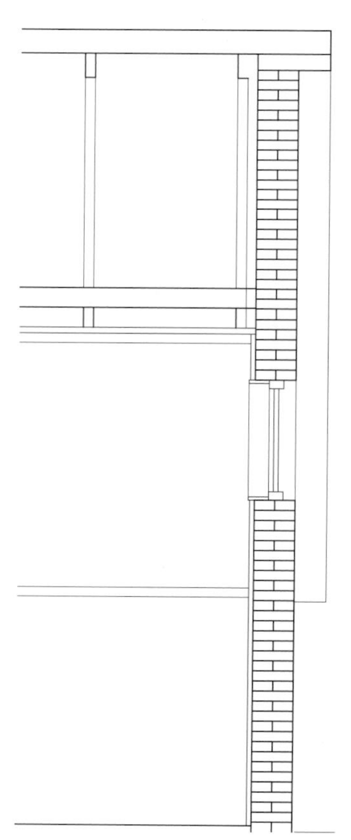

重复（体块 / 单元）| Repetition（Piece / Unit）

重复的体块和单元是创造模式的基础。这种重复手法可以在多种尺度上应用，并且可以多种方式在建筑中表达。在微观尺度上，这种单元可以是真实的建造材料，如建筑施工中砖或板的模数和尺寸。在宏观尺度上，这种单元可以是建筑组件，如窗或柱。以上概念十分基础，几乎任何建筑都在使用。然而，更重要的是必须明确建筑模式的生成到底是无意间偶得还是有意设计。

红屋，威廉·莫里斯和菲利普·韦伯
贝克里斯希斯，肯特郡，英格兰　1859 年
[工艺美术运动，英式浪漫主义住宅，砖石砌块]

The Red House, William Morris and Philip Webb
Bexleyheath, Kent, England　1859
[Arts and Crafts, English romantic house, masonry]

红屋的重复模式是由砖石自身形成的。砖石的砌筑形成了最初的模式，这在建筑外观中明显可见。这些重复的单元被应用于不同的连接结构和水平层次，以形成不同的形式和细部。住宅的形式，无论是建筑外形还是特征，都是由相同的单元构建而成，即红砖砌块。这种显著的建筑细节在多样的窗洞砌砖中随处可见，在平拱和哥特拱的做法中也均有呈现。

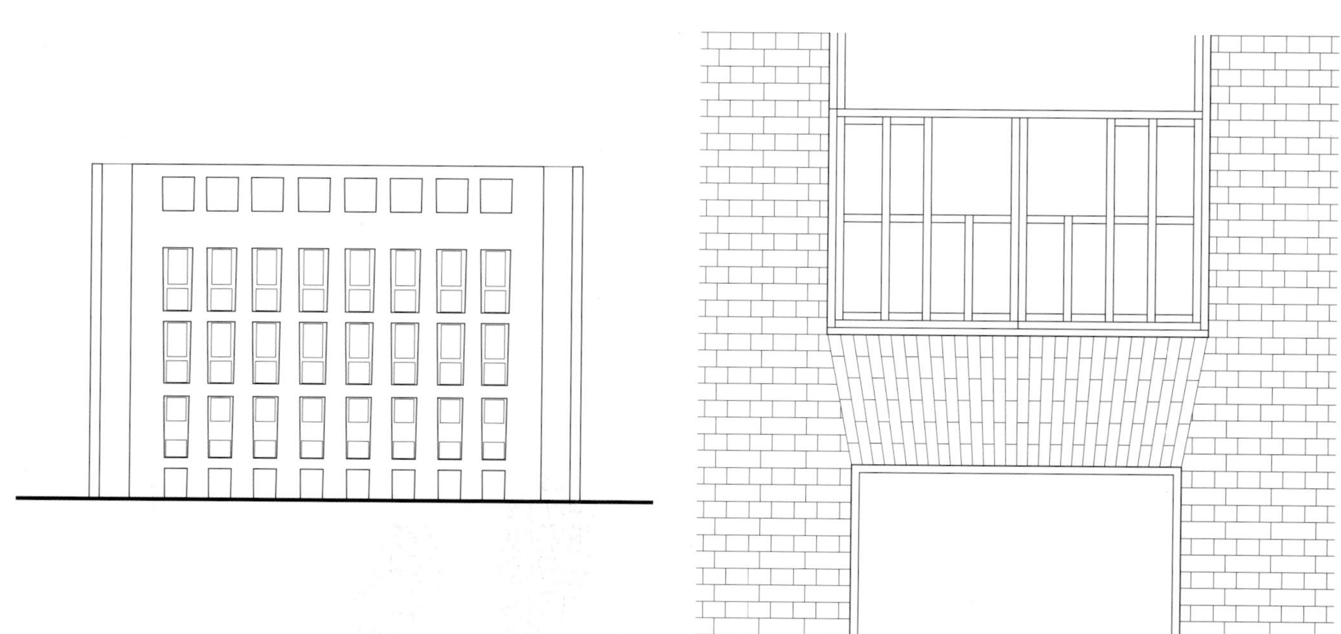

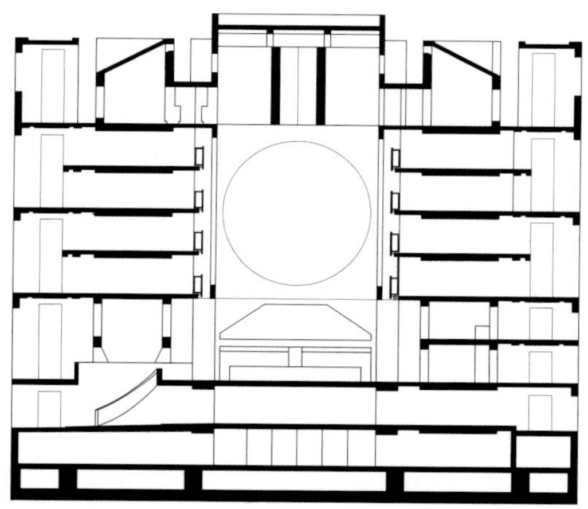

埃克塞特图书馆，路易斯·康
埃克塞特，新罕布什尔州　1972 年
[现代主义后期，中心式的方形，砖石砌块与混凝土]

Exeter Library, Louis Kahn
Exeter, New Hampshire　1972
[Late Modernism, centralized square, masonry and concrete]

在埃克塞特图书馆设计中，路易斯·康利用砖石材料，通过重复的网格立面构成了建筑的外部表皮。垂直方向上的分层处理是为了减轻承重墙的结构自重，竖向上每上升一层，就沿窗洞减少一圈砌块，这种做法的效果是增加了窗洞的高宽尺寸，实现了逐层过渡并减轻了建筑自重。砌块的移除通过结构性的**平拱**得以实现。从整体上看，重复砌块单元形成的逐渐收窄的立面为建筑赋予了庄严性和隐秘性。

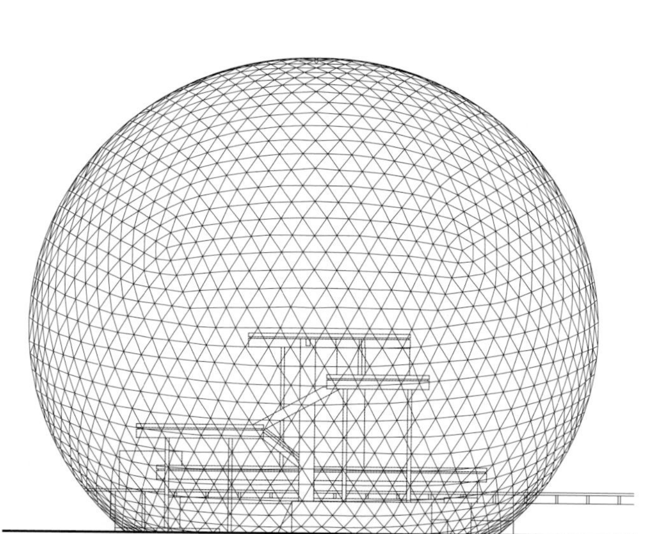

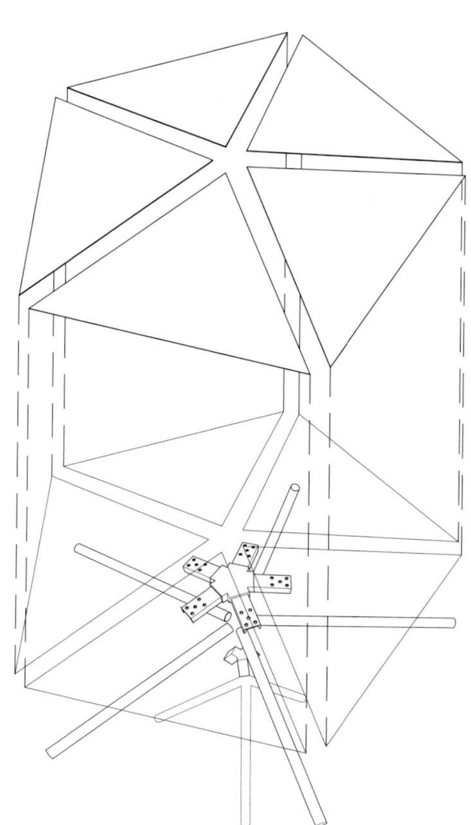

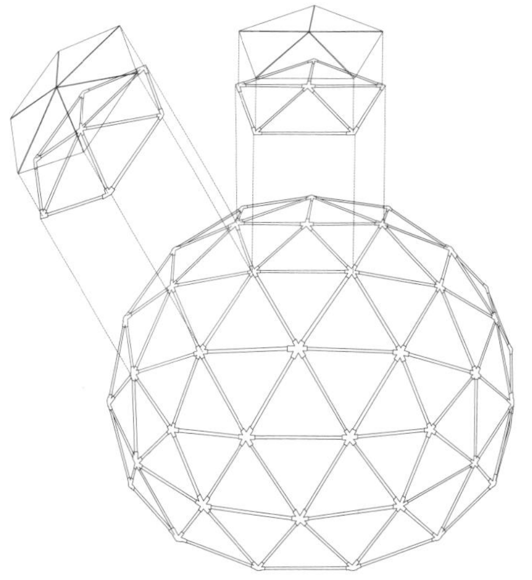

1967 年世博会美国馆（即世博富勒球），巴克敏斯特 · 富勒
蒙特利尔，加拿大　1967 年
[现代主义后期，网格球顶，金属]

U.S. Pavilion at Expo'67, Buckminster Fuller
Montreal, Canada　1967
[Late Modernism, geodesic dome, metal]

1967 年世博会美国馆是以重复的组件作为建筑基本单元，这一点毋庸置疑。这个基本单元，从本质上看是一系列的三角形相互组合形成六边形。同样，六边形又继续连接，形成一个巨大的球体。各种形状的复杂组合形成了一种整体模式，是对新兴形式主义及球顶空间发出的挑战。建筑的整体模式具有完全的视觉冲击力，从任何角度看都是清晰直观的，无论从建筑内部还是外部。

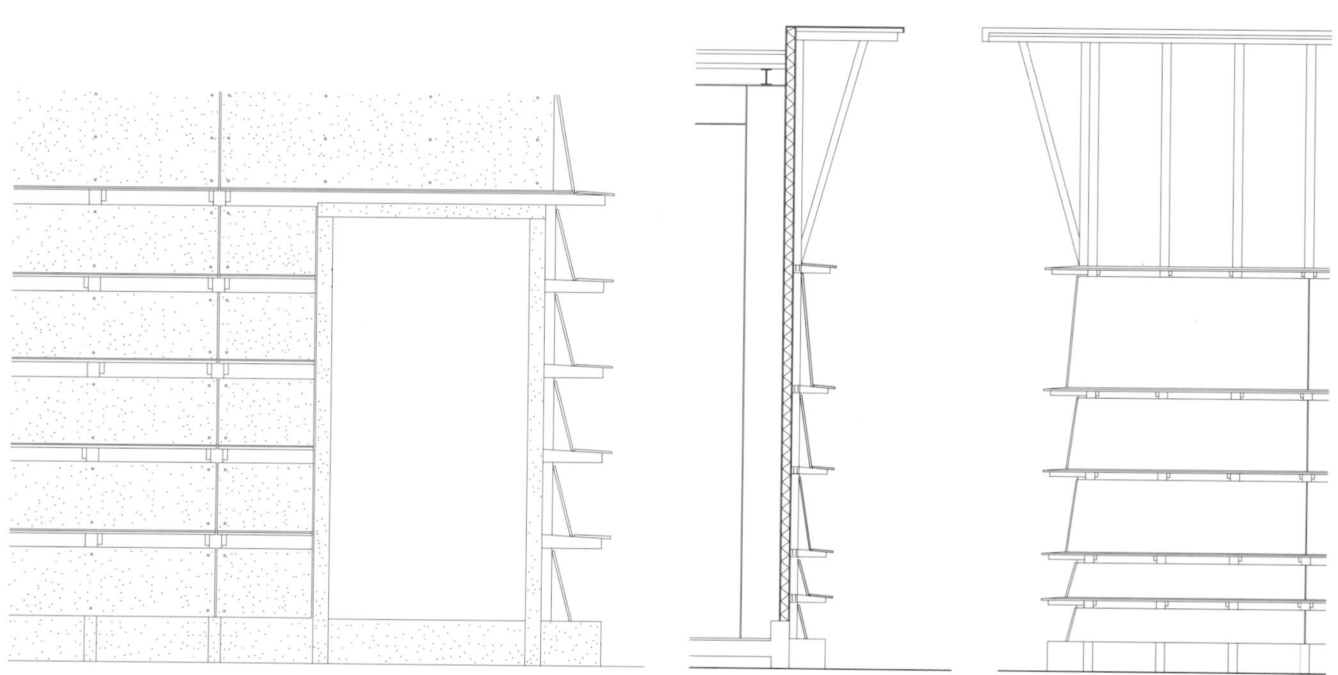

重复（局部 / 板块）| Repetition（Portion / Panel）

通过局部或板块的重复所形成的模式取决于其组合体系。建造方式决定了组件的聚合，进而创建更大的空间。局部 / 板块这种单元，尽管尺寸上的限制要大于简单材料的限制，但仍然可以通过重复（迭代或其他方式）建立起一种模式空间，从而形成基础结构。同时由此产生的模式空间可以创造出一种审美和感知效应，从本质上说，该效应依然根植于组合体系的构造与表现之中。

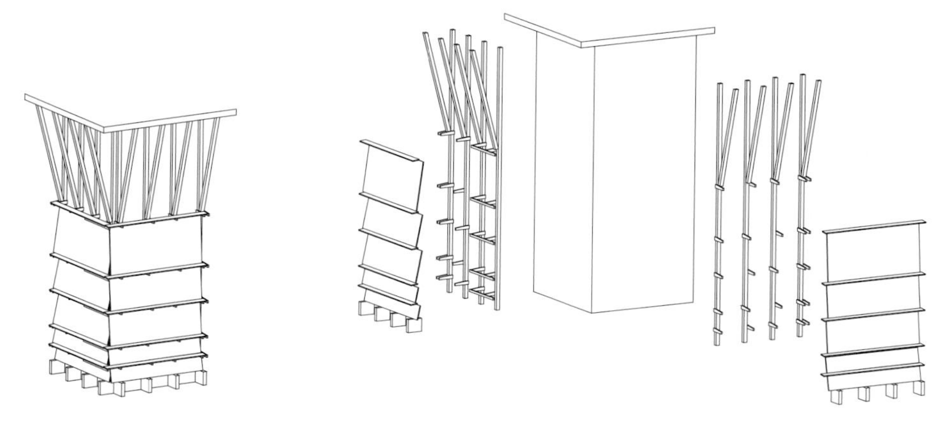

利口乐瑞士仓库大楼，赫尔佐格和德·梅隆事务所
劳芬，瑞士　1991 年
[后现代主义，面板层叠的仓库建筑，混凝土]

Ricola Storage Building, Herzog and de Meuron
Laufen, Switzerland　1991
[Postmodernism, stacked panel storage building, concrete]

在利口乐瑞士仓库大楼设计中，赫尔佐格和德·梅隆事务所采用了传统的楔形护墙板，但是对装饰细部进行了重新诠释，形成了一种截然不同的表现技术。这种技术以混凝土取代木材，将长条板水平层叠，每片都以一定角度敞开，最终形成一整片能够被动通风的分层鳍片，同时还实现了视觉上的不透明性。这种聪明又简单的设计是建立在构造装配的精细化组织基础上的。最终形成的场所效应虽然看似熟悉，却是一种相当独特的重新诠释的模式。

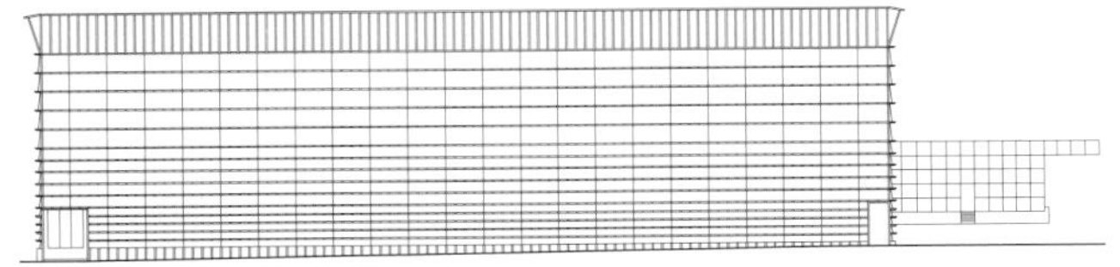

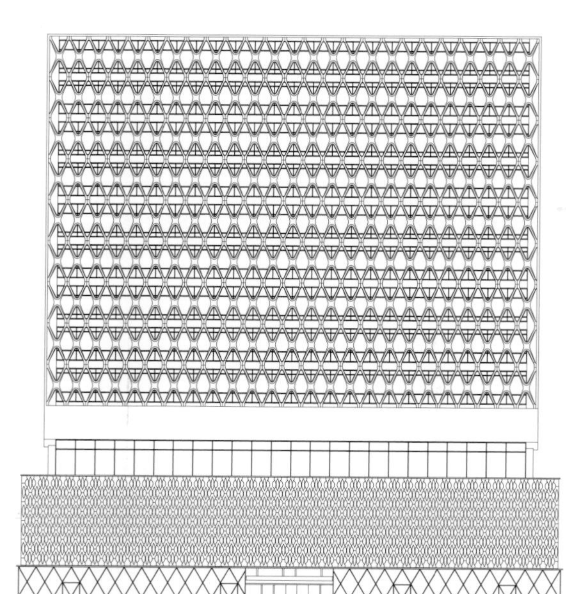

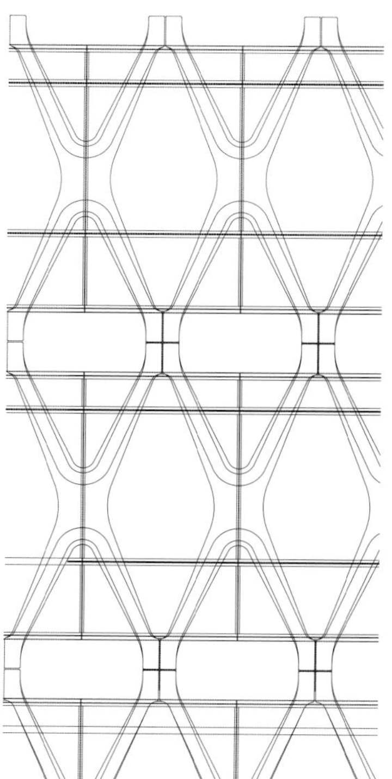

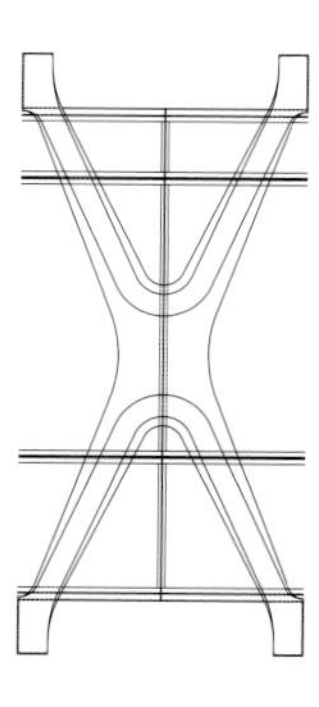

美国水泥大厦，丹尼尔，曼，约翰逊和门登霍尔建筑事务所
洛杉矶，加利福尼亚州　1964 年
[现代主义后期，重复的预制外部支架，混凝土]

American Cement Building, Daniel, Mann, Johnson and Mendenhall
Los Angeles, California　1964
[Late Modernism, repetitive precast external support frame, concrete]

美国水泥大厦是通过其独特的体外骨骼结构组织建立起来的。建筑整体都覆盖在“X”形预制构件之下，立面模式建立的依据是材料的重复性和建造施工的模块。聚合效应的深度和广度衍生出一种图示模式。混凝土材料的应用更加广泛，体现在材料加工过程中重复性浇筑的形式化表现。通过使用精致又重复的模具，材料的形式从材料加工过程中衍生出来，并主导了该建筑模式的整体外观和感知效果。

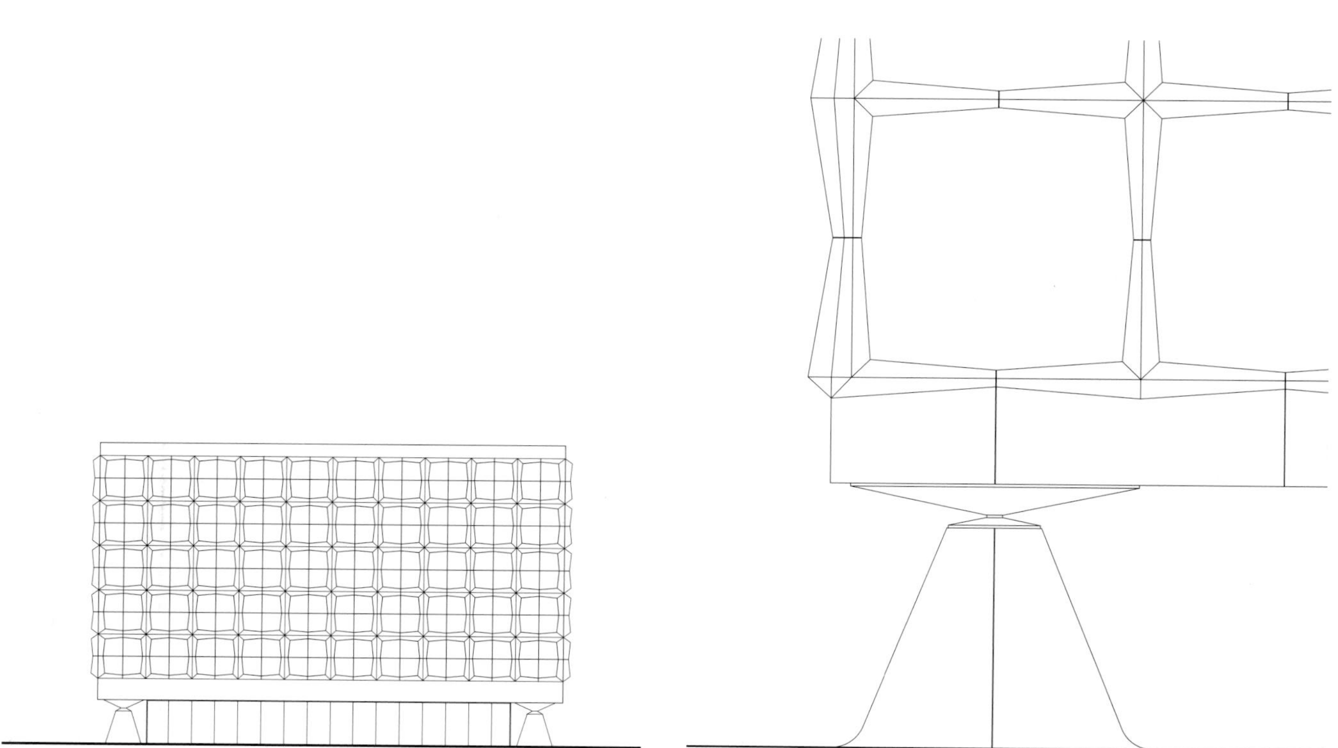

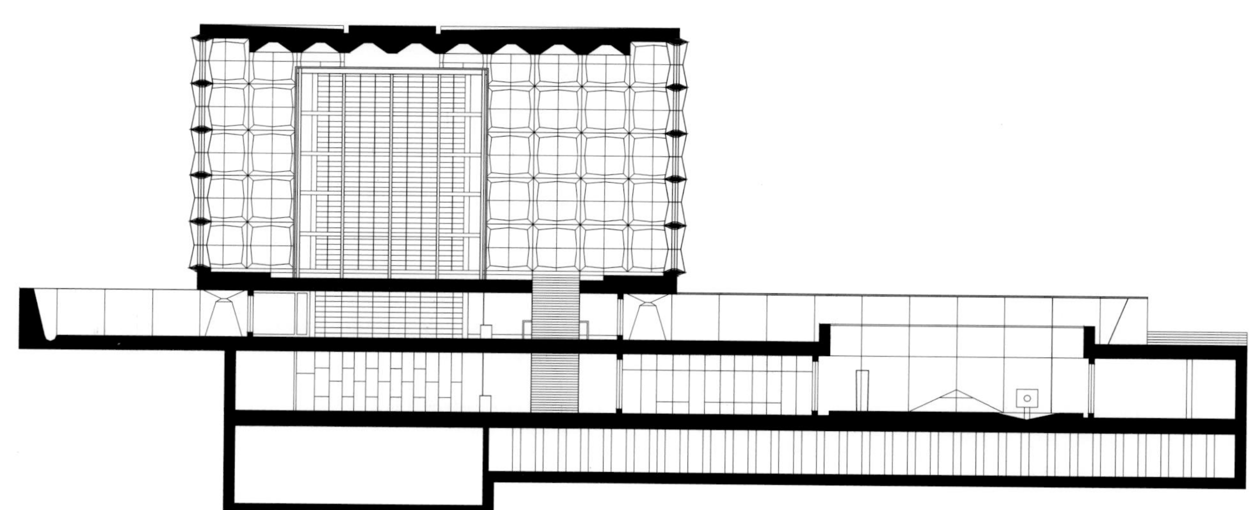

拜内克古籍善本图书馆，戈登·邦沙夫特，SOM
纽黑文，康涅狄格州 1963年
[现代主义，中心式的玻璃堆叠，混凝土和砖石砌块]

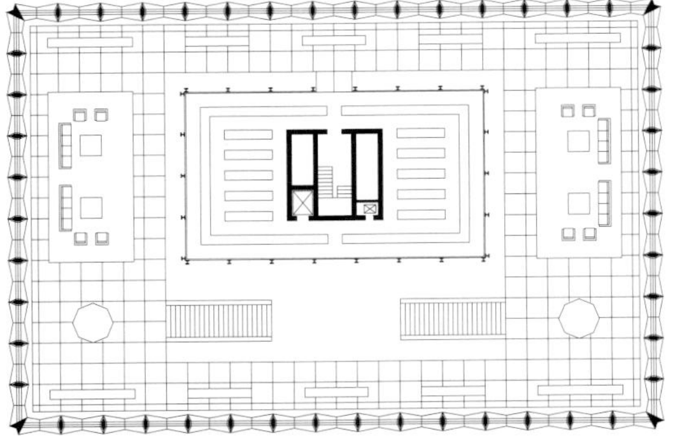

Beinecke Rare Book Library, Gordon Bunshaft, SOM
New Haven, Connecticut 1963
[Modernism, centralized glass stack, concrete and masonry]

拜内克古籍善本图书馆最易辨识的特征是其巨大的混凝土框架结构，框架内部用半透明的大理石板填充。这种建筑体系赋予了它自身独特的建筑语言和基本形式。精致的混凝土框架更像一个外部围护，包裹着内部由玻璃和钢材建造的藏书阁，实际上这里才是古籍善本的藏书处。每块嵌板都是完全相同的正方形，在任何角度观察都十分统一。从外部看，建筑在嵌板的装饰下显得格外沉静，几乎没有任何对建筑功能的表达。而当阳光穿过半透明的大理石板时，图书馆的内部就会瞬间明亮起来，充满了金色的光辉。

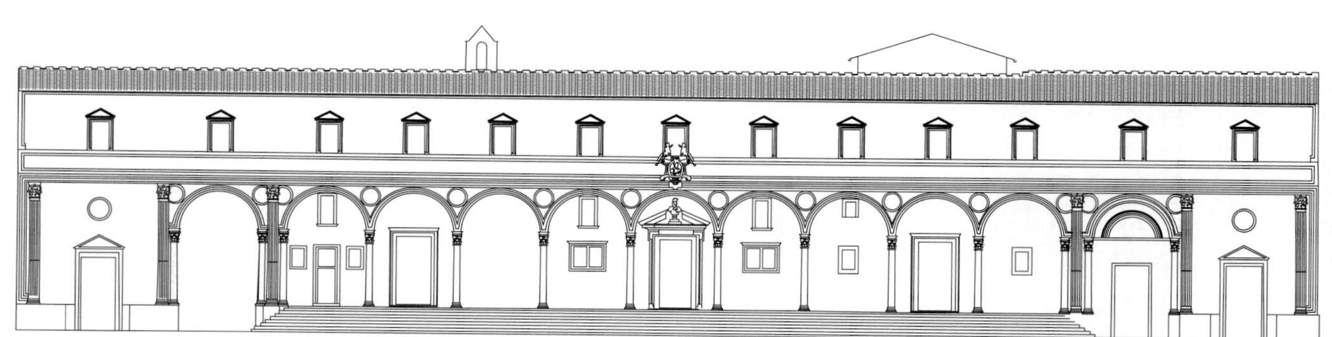

重复（模数 / 开间）| Repetition（Module / Bay）

纵观历史，建筑一直在使用模数或开间系统进行平面的组织。这种体系应用于建筑的整体构成，主导着建筑的方方面面。模数或开间可以看作建筑整体的构成单元，建筑设计就是由这样的构成单元构建而成的。模数可以应用于建筑立面、剖面及三维空间中，抽象地说可以形成建筑元素的几何组织，更具体说，可以形成对重复元素的引用，以实现建筑构成要素的重复与循环。如果一个普通的柱子想要成为帕拉迪奥模数，就需要选择合适的檐部与柱列相接。通过模数单元的重复就可以构成整个立面。建筑师经常使用模数这一理念，因为模数的重复可以同时完成建筑平面的组织与美学特征的建构。

育婴堂，菲利波·布鲁内列斯基
佛罗伦萨，意大利　1445 年
[文艺复兴，医院，砖石砌块]

Ospedale degli Innocenti, Filippo Brunelleschi
Florence, Italy　1445
[Renaissance, hospital, masonry]

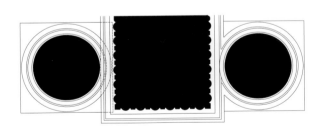

在育婴堂设计中，布鲁内列斯基使用了九个完全相同的模块横贯主立面，一起确立了建筑的秩序和风格。敞廊这种类型在医院建筑中十分常见，但是布鲁内列斯基对其进行了改变，增加了帆拱的使用并对主要的立面装饰进行了重新设计。模块建立起节奏和韵律并对建筑产生了深刻的影响，以至于多年后当走廊的另一侧建设完成时，建筑师以文脉主义中“第二人原则”（principle of the second man）[译注 1] 为参考依据，复制了这些模块，并将其作为建筑的标志以示尊重。

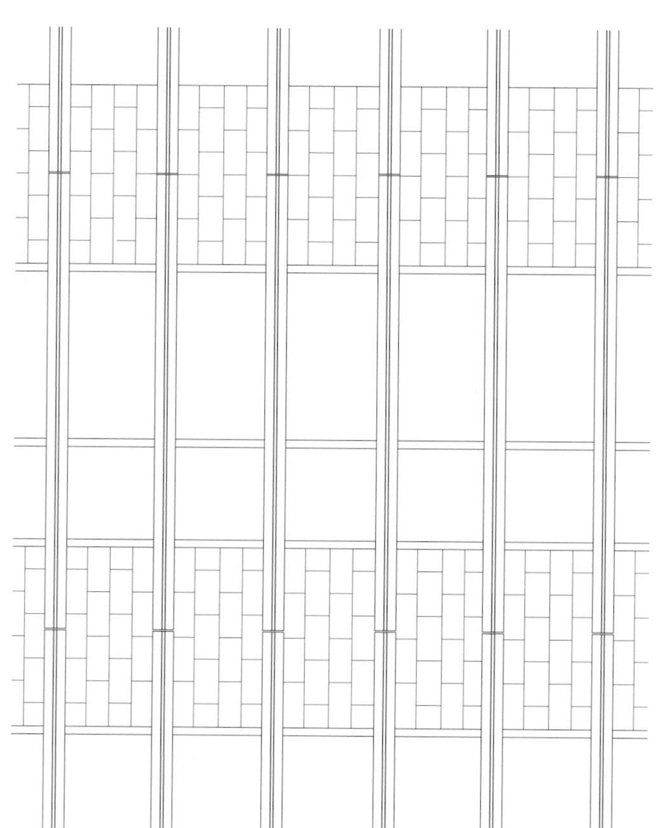

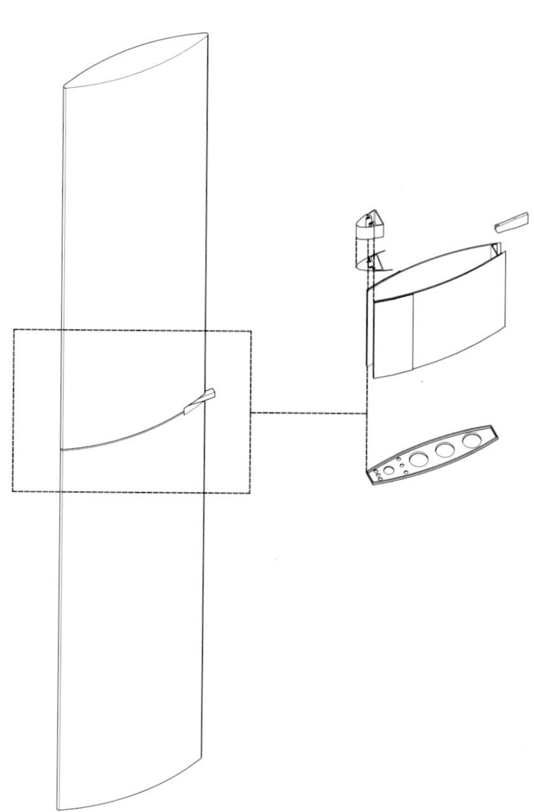

记录大厅，理查德·努特拉
洛杉矶，加利福尼亚州　1962 年
[现代主义，办公建筑，钢材和玻璃]

Hall of Records, Richard Neutra
Los Angeles, California　1962
[Modernism, office building, steel and glass]

记录大厅所采用的模式体系源于建筑的不同功能。其中，最大、最主要的模式是由一系列作为遮阳装置的垂直百叶窗构成的。这些百叶窗可以跟随着太阳移动，遮挡一天中的阳光。还有其他的模式也反映了建筑的不同功能，例如以白色瓷砖铺设的交通塔以及像素化的石基。

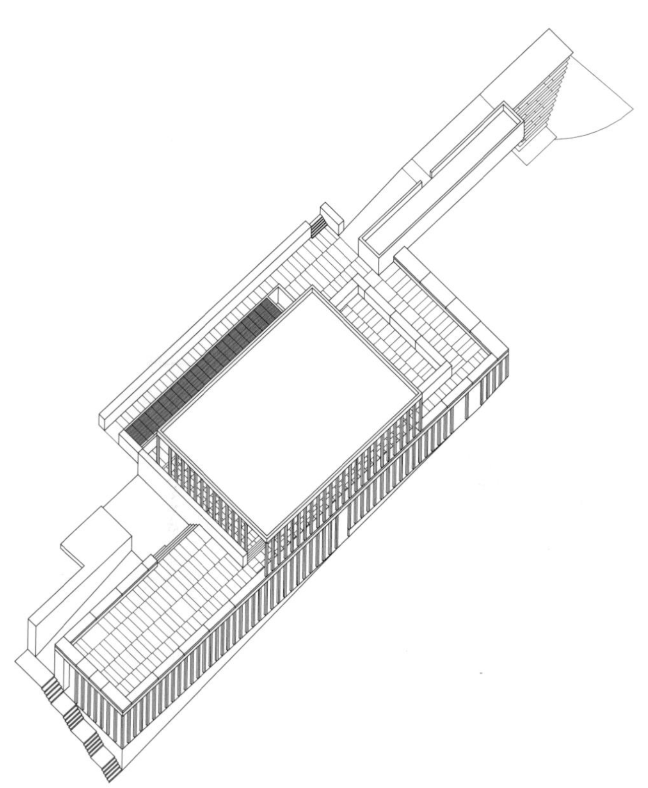

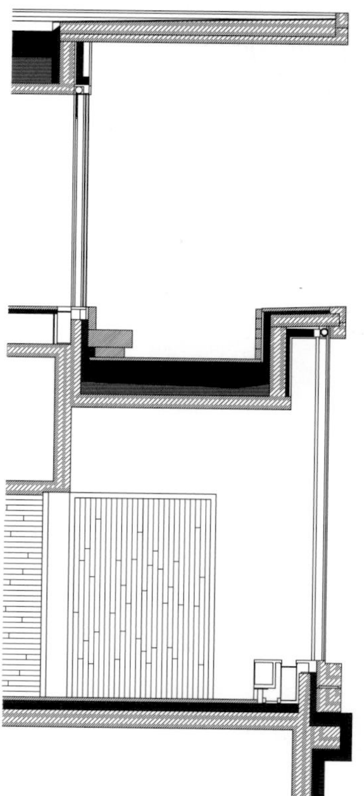

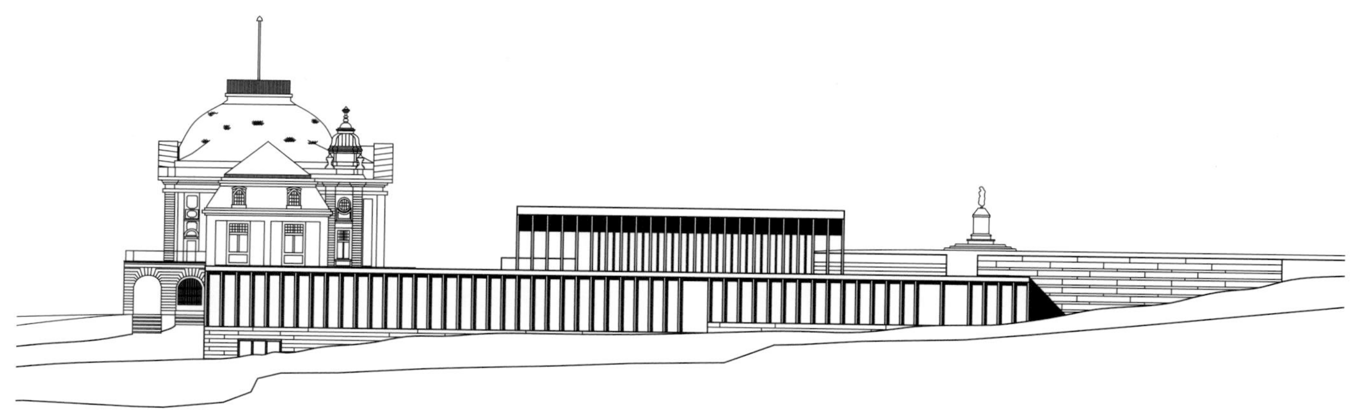

现代文学博物馆，大卫·奇普菲尔德
内卡河畔的马尔巴赫，德国　2007 年
[极简主义，博物馆，混凝土和石材]

Museum of Modern Literature, David Chipperfield
Marbach am Neckar, Germany　2007
[Minimalism, museum, concrete and stone]

现代文学博物馆采用的开间和模数在某种程度上与佛罗伦萨的育婴堂有相似之处。奇普菲尔德确立了结构性的开间并加以重复运用，所呈现的模式不仅形成了可视的建筑表现，同时为建筑赋予了强大的空间特性和有序的视觉语言。极简的垂直列柱在背后深色玻璃的映衬下格外醒目，构成了一种镜面效果，又将这种模式进一步地拓展与强化。

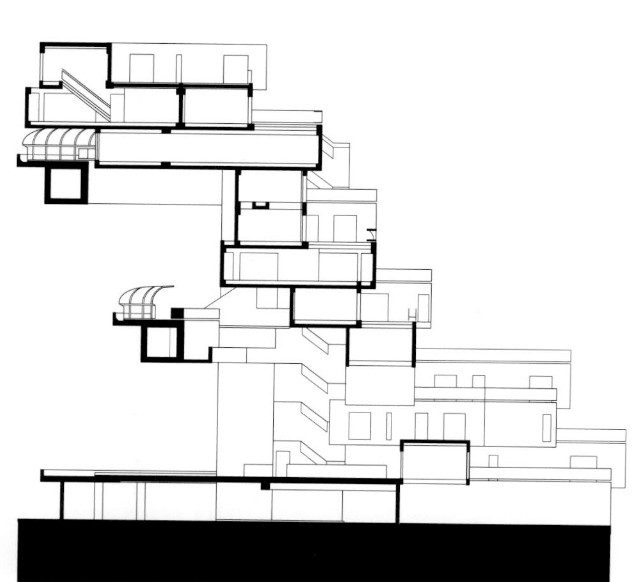

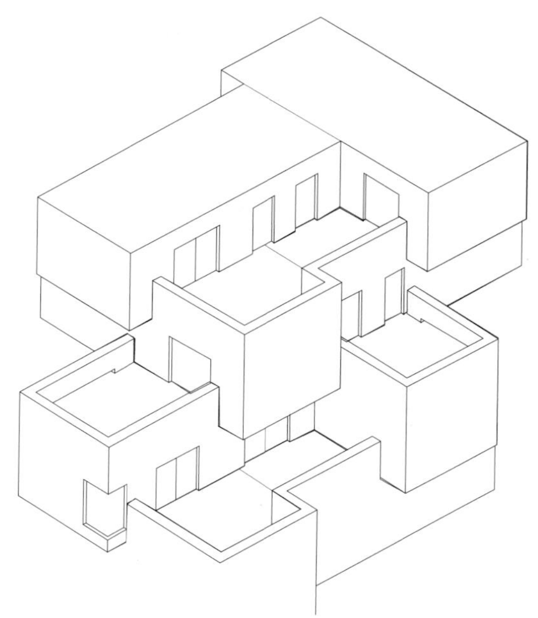

重复（组块）| Repetition（Chunk）

现代运动带来了新材料的迅猛发展，并因此实现了不同的施工方式和新颖的建筑表达。从概念和形式上看（作为一种施工和建造方式），有一种新兴方法是使用更大的体块或组块作为视觉模式或空间装置。这种方法一般用于建筑师应用体块的时候，通过将体块进行有组织的重复，建立起一个建筑体系。这些元素共同形成了重复的图案，最终赋予了建筑空间特征与视觉特征。

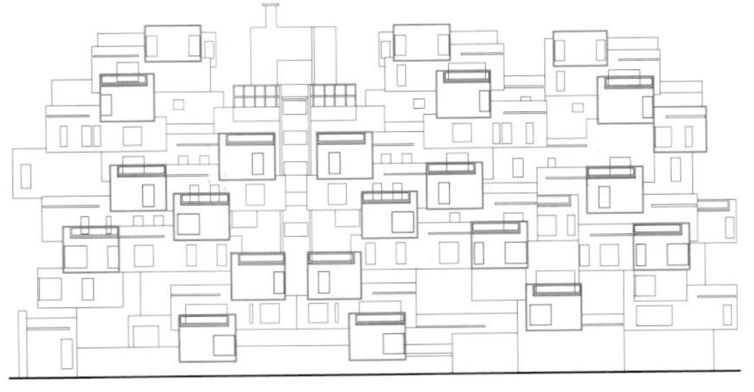

67 号集合住宅，莫瑟·萨夫迪

蒙特利尔，加拿大　1967 年

[现代主义，住宅，堆叠的模数单元]

Habitat 67, Moshe Safdie

Montreal, Canada　1967

[Modernism, housing, stacked modular units]

萨夫迪的 67 号集合住宅是住宅建筑发展进程中一个里程碑式的案例，它由 354 个预制模块组成，模块之间通过钢索的连接形成堆叠的形式。这些组块如此排布是为了形成这样一种生活方式——在相互堆叠的致密模块构成中，每个单元依然可以拥有阳光露台以及良好的景观视野，同时还能保障生活隐私。因此，最终形成的金字塔式的建筑形式看似混乱无序，但实际上这种形式便于在建筑内部实施大量的局部变化，而在整体上依然保持其连续性。67 号集合住宅的形式效果展示出强烈的视觉冲击，这是模式设计手法可以达到的效果，并且是通过不断重复完成的。

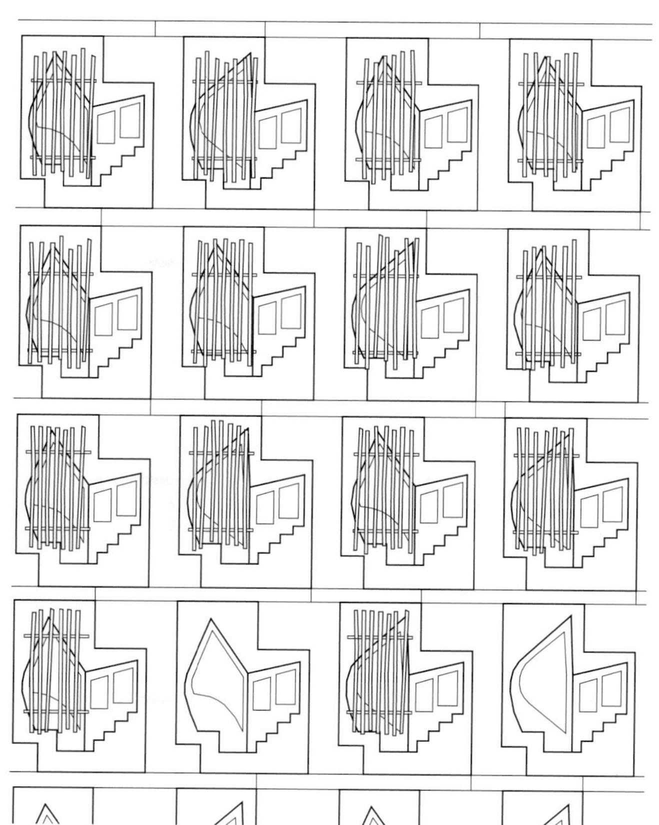

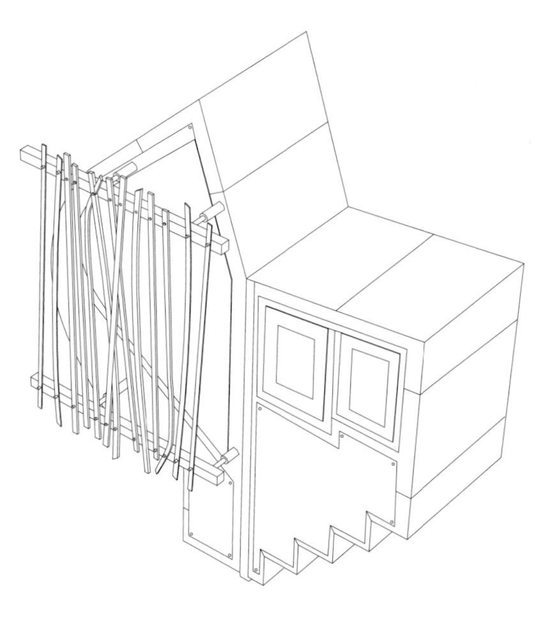

苏格兰议会大厦，恩里克·米拉列斯
爱丁堡，苏格兰　2004年
[后现代表现主义，政府建筑综合体，多种建筑材料]

Scottish Parliament Building, Enrique Miralles
Edinburgh, Scotland　2004
[Expressionist Postmodernism, Government complex, various]

模式，是苏格兰议会大厦的主要设计思想，在设计中有着令人惊叹的应用，主要体现在窗洞开间模数的重复使用上。大胆的造型、图案化的设计、独立的连接、精致的细部，由此生成的各个体块或组成部分从建筑立面中突显出来，构建出生动形象的整体效果，也很好地阐释了这种模式设计手法。从功能上看，这些建筑组块仿佛是临窗的座位，人们可以在此居住、漫步、欣赏周围的景色。评论家认为，苏格兰议会大厦的建筑设计极富表现性，也体现了苏格兰人民所珍视的思想自由与辩论自由。

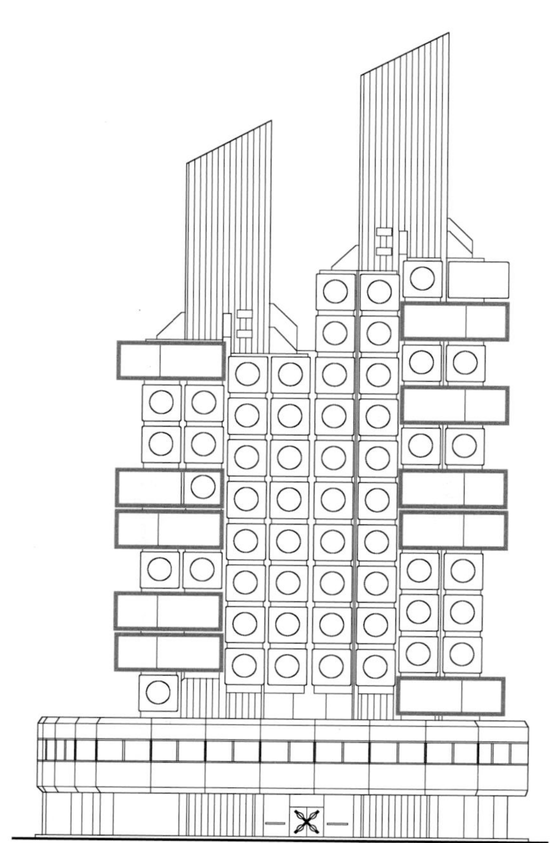

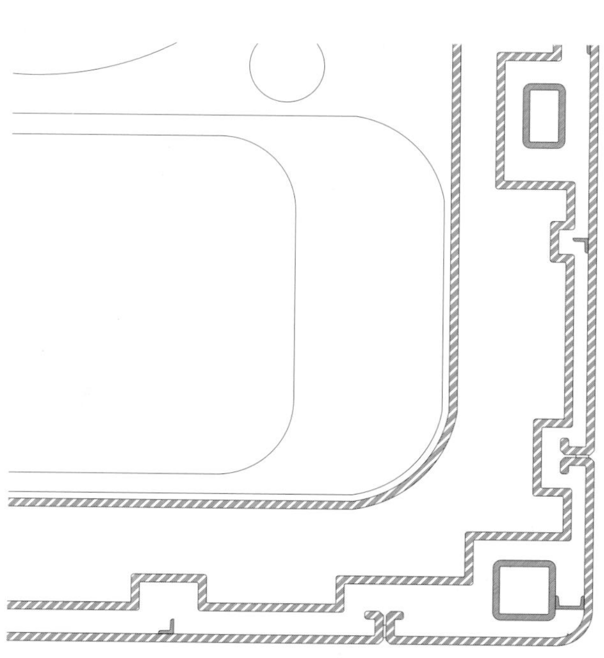

中银舱体大楼，黑川纪章
东京，日本 1972 年
[新陈代谢运动，居住体块，预制混凝土与钢箱]

Nakagin Capsule Tower, Kisho Kurokawa
Tokyo, Japan 1972
[Metabolism, housing pods, pre-fab concrete with steel boxes]

黑川纪章的中银舱体大楼采用了重复模式作为其基本的设计方法，模块化的组件或体块不断重复，体现了其设计思路、图解形式及设计方法，具有很强的辨识度。每个舱体都由轻型钢建造而成，连接在两座混凝土塔楼上。舱体能为住户提供充足的光照，同时兼顾隐私。这种模式的产生完全基于功能主义而非形式主义。这个特别的建筑凭借胶囊舱的形式和功能性的外表，成为许多其他作品的催化剂。这些建筑以适于批量化生产的居住细胞单元为基础，试图推进一种未来主义建筑风格的发展。

韵律（模数）| Rhythm（Module）

建筑设计中往往会形成局部的联系，这一般是通过对建筑某一特定部分进行独特的设计而形成的。这一处特定的组件或模数将不断重复，以建立一种秩序和节奏。重复性的手法及其生成的图案化韵律，可以为整个建筑的形式构成提供调节手段，也可以为建筑可识别性的建立提供主要的形式特征。几乎所有的建筑物都需要使用模数、模数的重复体系以及模数的变化与迭代。这种新兴的模式既可以遍布整座建筑，也可仅在建筑平面或立面的某一部分中进行应用。

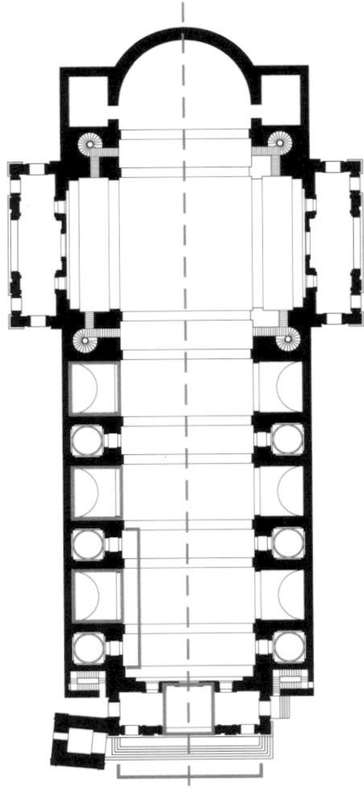

圣安德烈教堂，莱昂·巴蒂斯塔·阿尔伯蒂

曼图亚，意大利　1476 年

[文艺复兴，教堂，灰泥涂抹的砖石砌块]

San Andrea, Leon Battista Alberti

Mantua, Italy　1476

[Renaissance, church, masonry with stucco]

圣安德烈教堂位于曼图亚，是以模数为建筑构成元素的精细又老练的应用案例。阿尔伯蒂利用两种异教符号的混合来构建立面：神庙和凯旋门。它们既组合在一起，又各自分层独立，形成了一个独特的集成式建筑立面。立面的构成也为建筑其余部分确立了基础模数。建筑内部的小教堂也是通过立面模数的不断重复而形成的。通过模数的简单移动，室外和室内以这种夸张的方式联系起来，模数所展现的强大的主导性和影响力，甚至对当今建筑也仍然有效。

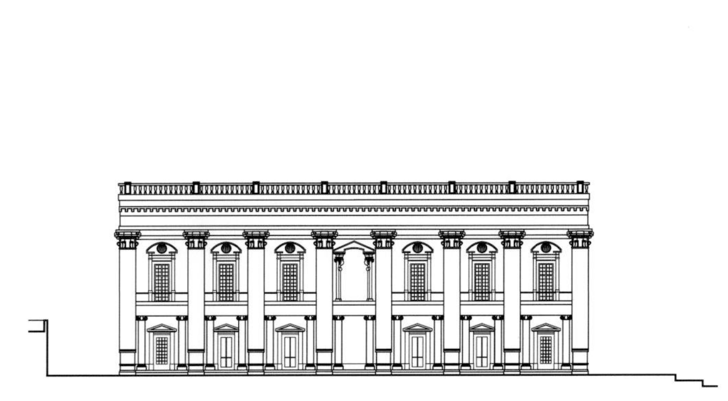

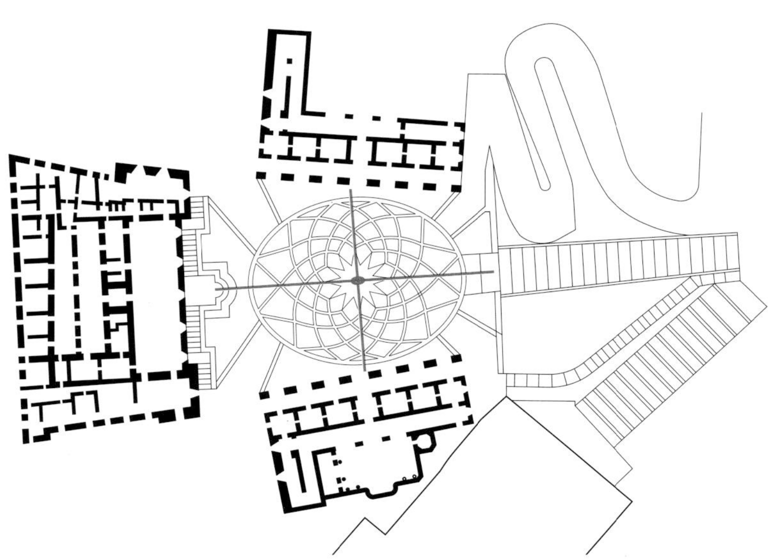

卡比托利欧广场，米开朗琪罗·博纳罗蒂
罗马，意大利　1650 年
[文艺复兴，椭圆形广场，砖石砌块]

Piazza del Campidoglio, Michelangelo Buonarroti
Rome, Italy　1650
[Renaissance, elliptical piazza, masonry]

由米开朗琪罗设计建造的卡比托利欧广场，至今依然是世界上最著名、最具活力的城市开放空间之一。米开朗琪罗利用椭圆形作为广场的几何形式，创造了这个与众不同的空间。椭圆形平面与广场两侧纪念建筑的立面相结合。宏伟的建筑立面由非常复杂的分层系统组成，分层系统建立了模数，并以此在立面中重复。模数通过**巨大的柱式**相连，每个模数（中心建筑位置除外）在构成上是完全相同的。中心建筑的模数在上部包含更多的细节和分层，并借此阐明其具有更高的空间等级。

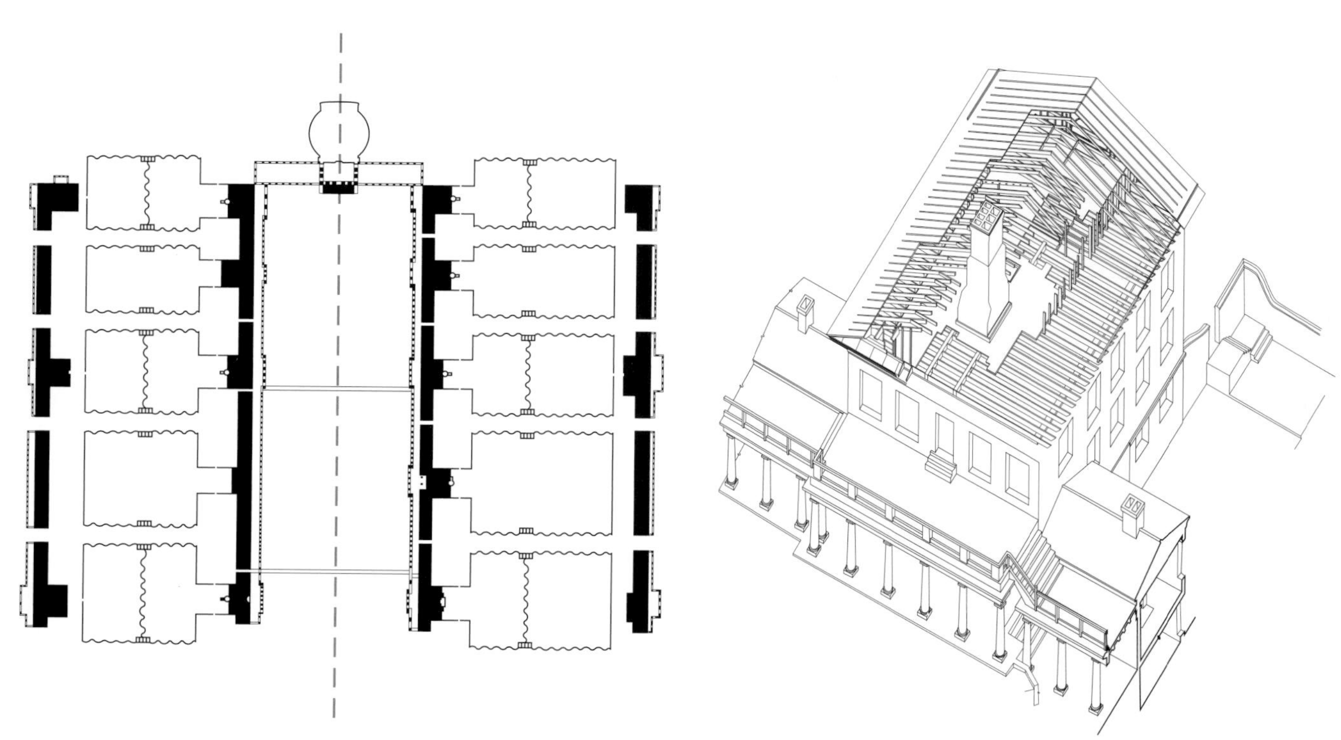

弗吉尼亚大学中央草坪，托马斯·杰斐逊
夏洛茨维尔，弗吉尼亚州　1817 年
[新古典主义，新帕拉迪奥式中央草坪，砖石砌块]

The Lawn at UVA, Thomas Jefferson
Charlottesville, Virginia　1817
[Neoclassicism, Neo-Palladian central grass area, masonry]

弗吉尼亚大学中央草坪的柱廊以简单的砖柱为主，砖柱由灰泥粉刷并涂成白色。这些多立克柱式的砖柱构成了中央草坪的基本模数，沿着草坪的两侧一直延伸开去，只在途经各学院的系馆时让位于建筑立面。而各系馆建筑之间的距离会发生改变，随着人们走近草坪端部的圆形大厅，建筑之间的距离也在不断变短。如此便强调了模数的韵律和柱廊的透视关系以及整体校园环境随着柱廊的转变所表现的多样性和延展性。

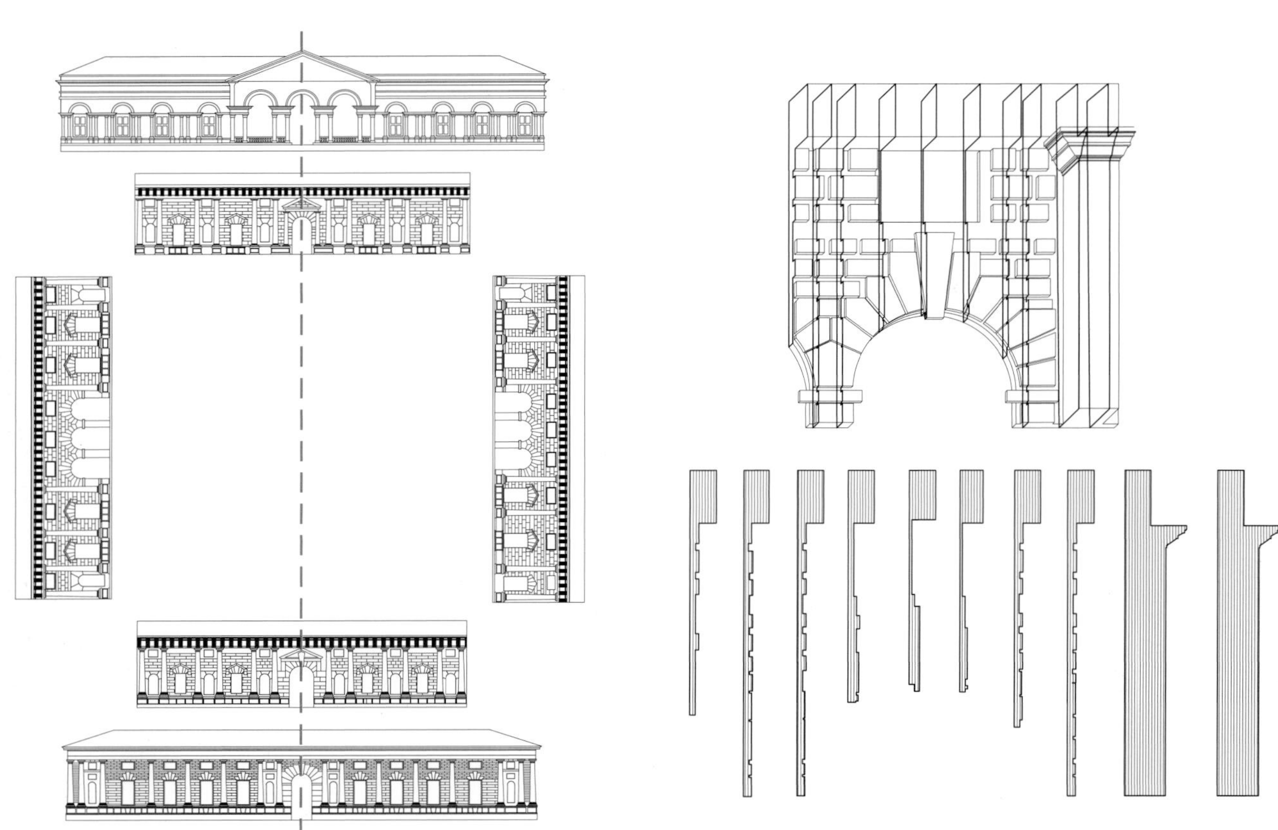

韵律（频率）| Rhythm（Frequency）

以模式的使用形成韵律，不仅可以通过重复，还可以通过频率这一变量进行控制。以频率形成韵律，这种模式类型亦产生于典型的重复，不同的是其允许通过频率和形式的变化来完成最终的造型。这种方法是建筑运动或建筑风格进入复杂阶段的典型应用，传统的重复模式让位于更复杂、更微妙的变化模式，这样的变化基于频率和重现率，而不仅仅是模数的复制。

德泰宫，朱利奥·罗马诺
曼图亚，意大利　1534 年
[矫饰主义，宫殿，砖石砌块 / 灰泥]

Palazzo del Te, Giulio Romano
Mantua, Italy　1534
[Mannerism, palazzo, masonry/stucco]

德泰宫是一次关于建筑装饰的全新尝试，通过韵律和频率的使用来创造和改变模式。德泰宫是矫饰主义宫殿建筑的开创性案例，这一点通过其外部正立面和内部庭院立面的做法就能明显展现出来。在各种不同的情况下，罗马诺建立了一种韵律感，然后改变频率，形成一系列复杂的变化，只有接受过专业建筑教育、具有很强洞察力的人才可觉察。除了改变频率，罗马诺还探索了非对称手法和细部设计，借此脱离那些被认为是典型的宫殿特征。

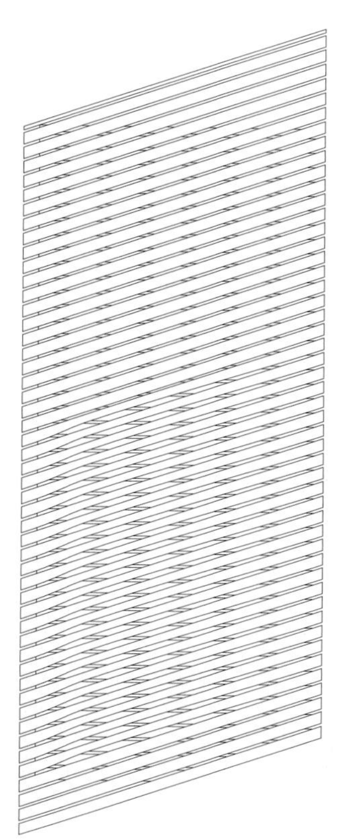

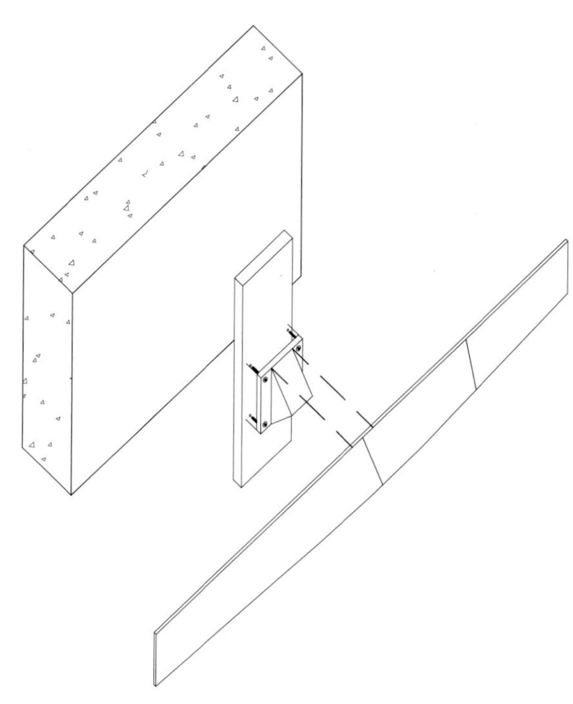

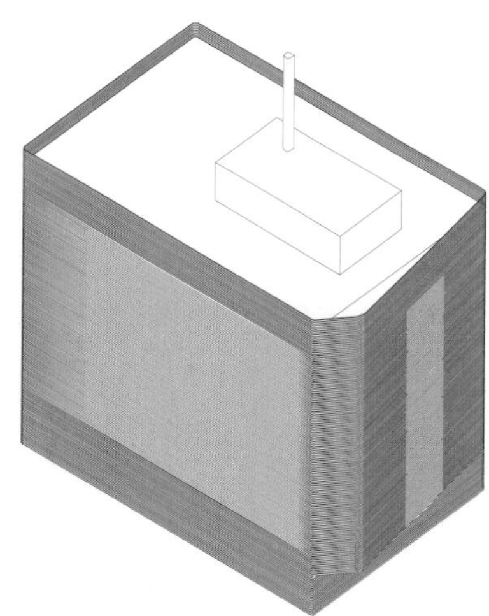

信号站，赫尔佐格和德·梅隆事务所
巴塞尔，瑞士　2000 年
[后现代主义，交通信号站，铜]

Signal Station, Herzog and de Meuron
Basel, Switzerland　2000
[Postmodernism, traffic signal station, copper]

信号站是一个简单的稍微扭曲的方盒子建筑，建筑中安装着巴塞尔火车信号的控制设备。建筑外观由一片片的铜板组成，这些铜板或是水平的，或经过旋转，以创造出模糊的图案模式。水平铜板以略微不同的角度和韵律进行旋转，在视觉上营造出图案模式不断移动的效果。铜板外壳的内部是负责信号控制的电子元件，这些电子元件也通过铜制材料进行保护。建筑的整体材料构成体现了铜这种材料鲜艳醒目又动感多变的特征。

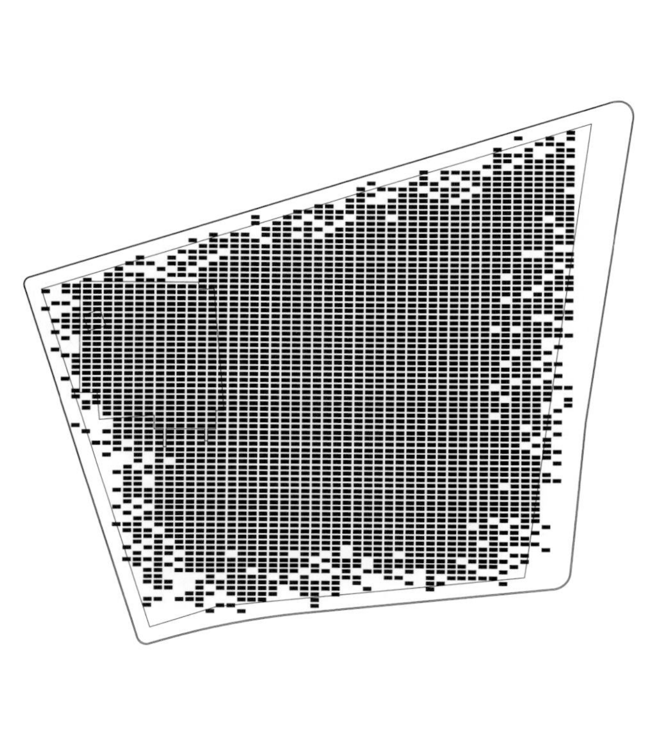

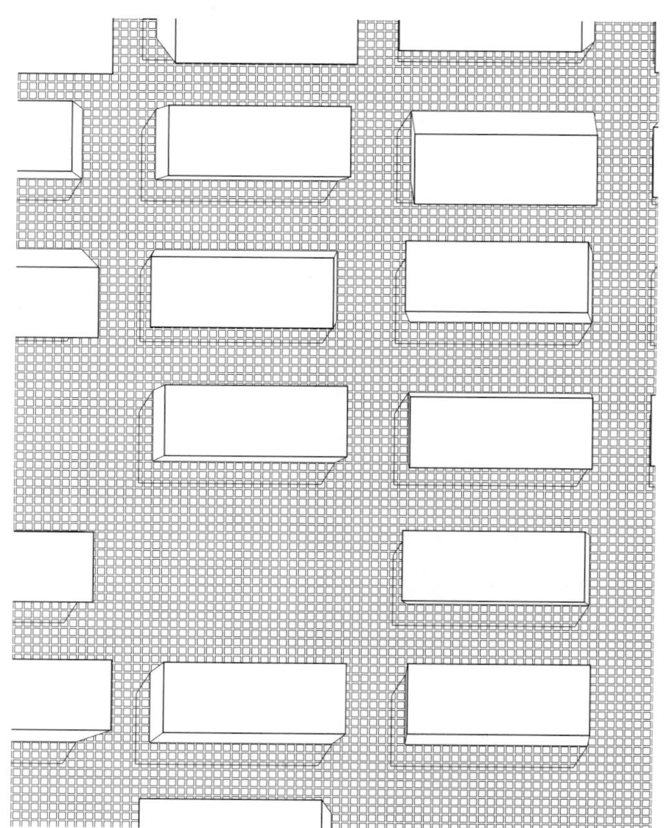

柏林大屠杀纪念馆，彼得 · 艾森曼
柏林，德国　2005 年
[后现代主义，重复性的场地布局，混凝土]

Berlin Holocaust Memorial, Peter Eisenman
Berlin, Germany　2005
[Postmodernism, repetitive field, concrete]

柏林大屠杀纪念馆以连续的混凝土单体在整个场地上形成了网格。以韵律和频率建立的模式控制着这个雕塑式的场地空间。每一块混凝土石碑的高度都略有不同，形成不同的阴影和多变的光影效果，进而使频率和模式产生了变化。除了局部的有组织排布外，整个网格实际上是搭建在一个不等高的地形上，这就要求每块石碑顺应地形做出调整，并重新创造出一种新的网格节奏。

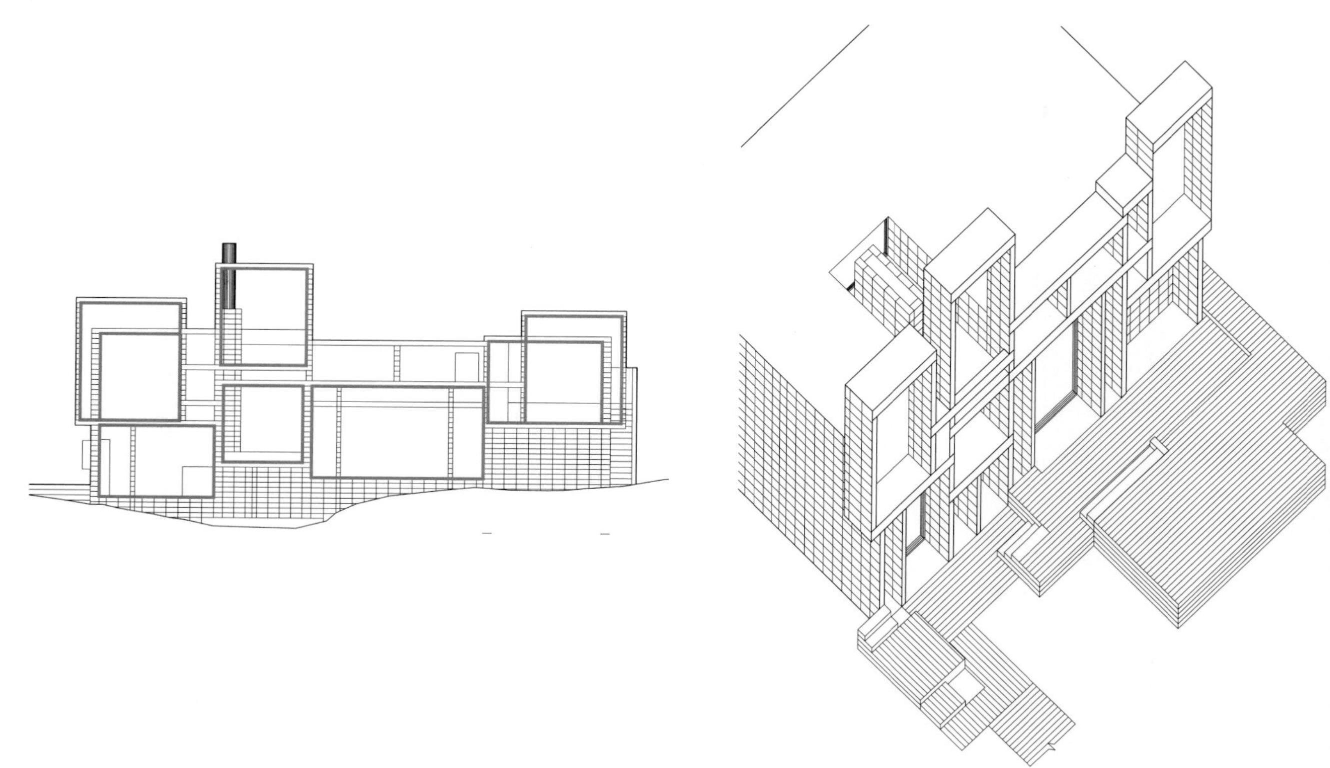

韵律（尺度）| Rhythm（Scale）

通过韵律变化和尺度变化创建的模式，便于一个单一图形通过控制某一方面的变化进行自我迭代。尺度与位置的转变建立起相对的节奏和韵律关系。由于只受一个控制变量系统的规则限制，其效果往往更加明显有效。

米拉姆住宅，保罗·鲁道夫
杰克逊维尔，佛罗里达州　1961 年
[现代主义后期，拉伸而出的混凝土百叶窗，混凝土]

Milam House, Paul Rudolph
Jacksonville, Florida　1961
[Late Modernism, extruded concrete brise-soleil, concrete]

米拉姆住宅最显著的特征就是遮阳板的夸张表达。遮阳板单元其实是加厚的墙面，从建筑主体中拉伸而出，形成了独特的空间。这些各式各样以不同比例出现的矩形形成了重复性的空间，自住宅边缘延展出来。遮阳板单元其实也是加厚的建筑框架，增加的厚度能够有效遮挡佛罗里达州强烈的阳光，并通过次级框架的视线汇聚，形成一幅美丽海景的镶嵌画。基于比例变化而形成的模式提供了一种途径，将同一标准的形式构成与建筑的体验效果结合起来形成一个整体。

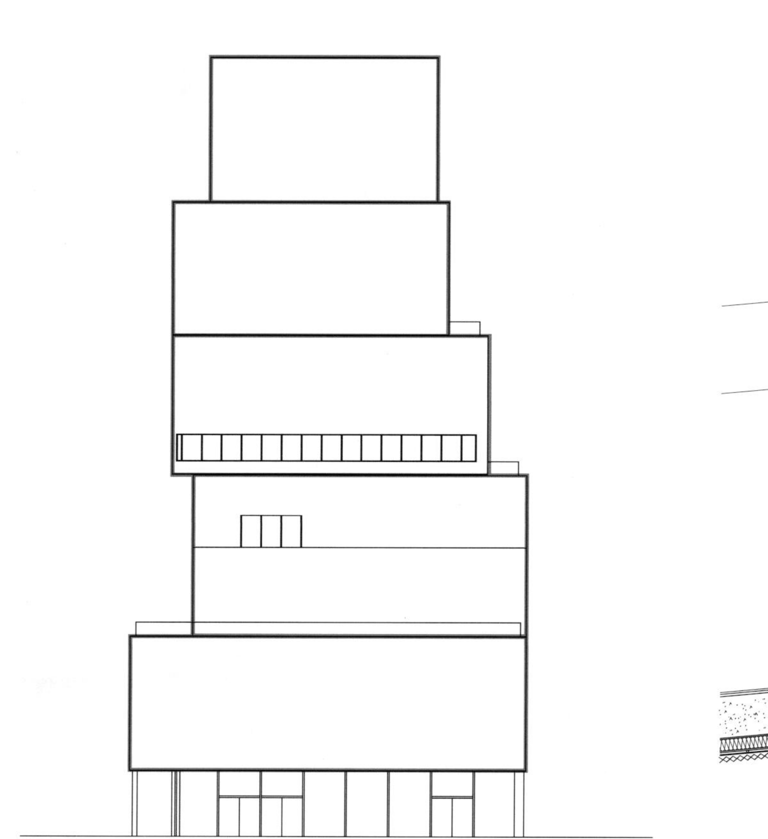

新当代艺术博物馆，SANAA 建筑事务所
纽约市，纽约州　2007 年
[后现代主义，错位叠加的盒式博物馆，金属]

New Museum of Contemporary Art, SANAA
New York, New York　2007
[Postmodernism, shifting stacked gallery boxes, metal]

SANAA 建筑事务所在纽约新当代艺术博物馆的设计中采用了一种独特的简洁形式。建筑像是由一系列盒子堆叠而成，每个盒子相对中心轴都存在着一定的偏移，其立面庄严而抽象又故意缺省了细节，以此强调建筑的对比性和神秘感。重复的盒子造型、简单的迭代模式、单体比例的变化，这三点刻画出建筑的特征，也共同定义了这座建筑。

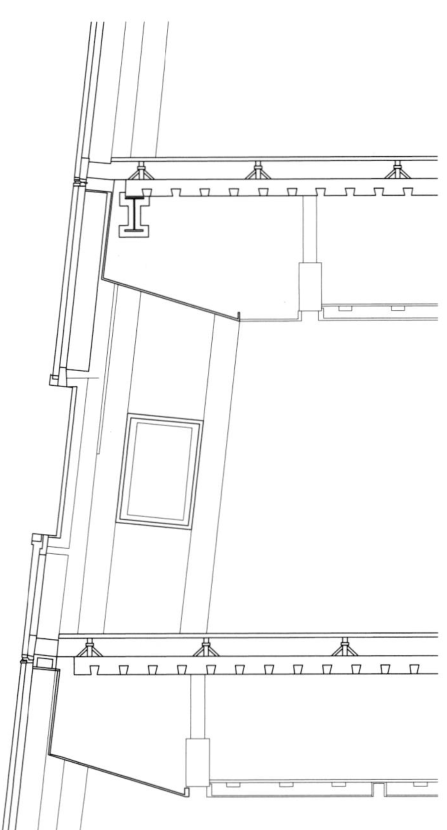

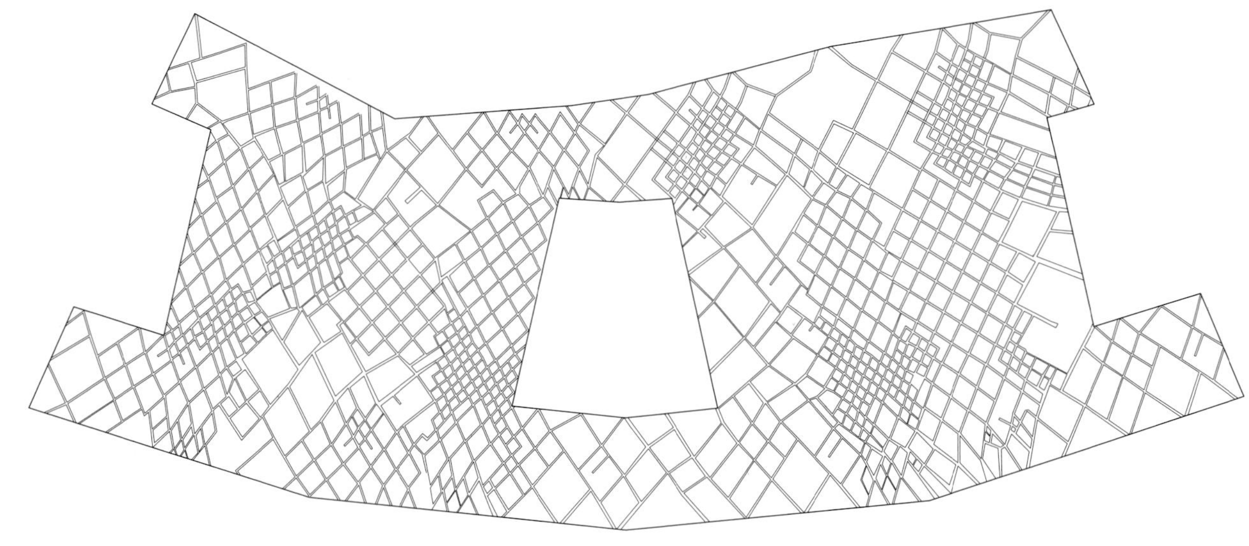

中央电视台总部大楼，雷姆·库哈斯，大都会建筑事务所

北京，中国　2009 年

[后现代主义，连体塔式建筑，金属与玻璃]

CCTV Building, Rem Koolhaas, OMA

Beijing, China　2009

[Postmodernism, linked tower, metal and glass]

中央电视台总部大楼采用了一种外部可见的对角式结构网格，形成了一种变化的比例模式。为了使不规则的建筑形式展现出可变结构的力量，建筑表皮的图案进行了必要的分支加密处理。考虑到建筑的整体形式和物理特征的功能实用性这二者的综合要求，建筑表皮中的图案模式鲜明地表达出各种内在的自然作用力。这种模式以比例作为响应变量进行调节，简单又直接。最终所创造的表面图案既是功能性的反映，又具有装饰效果。

1

感知
Perception

13– 感知 | Perception

感知，既是建筑解读中最重要的因素，又是最难以理解和掌控的因素。感知存在于我们身体的生物性感觉中，也存在于吸引、关联、处理、理性化的认知过程中，因此，只有当我们的身体和心理达到微妙的平衡时，感知才会产生。感知和情绪也具有密切的关联性，感知不仅能够塑造情绪与物质世界的关系，还能重塑各种情绪下我们彼此的关系。基于视觉、嗅觉、听觉、触觉、味觉五大感觉所获得的“信息”（information），被赋予物质实体的相互关系和人类已有的认识经验之后，将会进一步聚合。以下是影响感知的几种主要因素：光、色彩、焦点（基于视觉系统）、透视（包括真透视和假透视）、材料、声音、记忆与环境。

光（Light）光是建筑的基础，因为光线的投射有助于建筑形式的清晰表达。光的应用十分广泛，如光影效果、色彩、视觉照明或环境控制等都会影响感知的形成。为了满足基本的采光要求，需要对这些或自然或人工的光照因素进行思考和设计，这对建筑感知和空间体验是至关重要的。

色彩（Color）色彩的应用和感知也是不可或缺的。既可以利用物质材料的天然原色，也可以利用颜料、着色剂或其他工艺过程来调配人工色素，色彩可以营造某种氛围效果，也可以用作一种标识体系，因此可以通过色彩的设计和系统化处理来影响感知体验。

透视——构建焦点（Perspectives—Constructed Focal Point）视锥是一种基本的知觉工具，通过不同形式在空间中的视觉感知以及人眼透视的局限性共同确定。视觉焦点本身即位于等级体系的顶点，对建立感知的意义和相对关系具有重要价值。

透视——假透视（Perspectives—False）基于人类进行空间和形式感知的典型视觉效应，假透视为实现有意为之的现实投射提供了可能性。通过延长视觉动线而产生了浅空间（shallow space）[译注 1]，假透视这一人工产物延长了现实空间，对原本协调的知觉进行了重新的编排与设计。

材料（Material）材料感知是指源于建筑材料的应用进而产生的心理影响。材料的重量、体量、时效、外观以及材料与空间的关联关系即形成了材料感知。作为空间体验中一种安静温和但不可或缺的因素，材料的选择和运用对于建筑的整体感知来说极为重要。

声音（Sound）空间中的声音感知是一种整体知觉因素。空间的声音体验是多变的，而且通常伴随某个事件的发生，但声音感知仍然是由建筑进行限定，与建成环境融合共存，可以通过设计需求和效果预判来引导并建立声音感知。

记忆 / 历史（Memory / History）历史感知，或是与个人的记忆相关，或是与更宽泛的文化背景相关，依赖人的记忆来建立个人的经验框架。这种感知具有相对性，几乎难以通用，更确切地说，记忆 / 历史感知的应用范围更偏向于单个个体。

环境（Environment）环境感知是指与场所体验有关的关联关系。环境感知的建立依赖于建筑所处的环境（自然环境或人工环境），建筑的形式、空间以及文化内涵都会受到环境的影响。

光 | Light

光的感知对建筑形式的识别至关重要，光照可以使建筑的形式更加具体，还可以营造更好的空间氛围以增强空间体验的效果。作为一个确实有效的实质性元素，光的感知可以形成具象的构成，也可以形成更为抽象的构成。在空间感知中，光可以作为一种主动要素，强调某个客观存在的视觉对象，也可以作为一种被动要素，强调一种可感知的环境氛围。

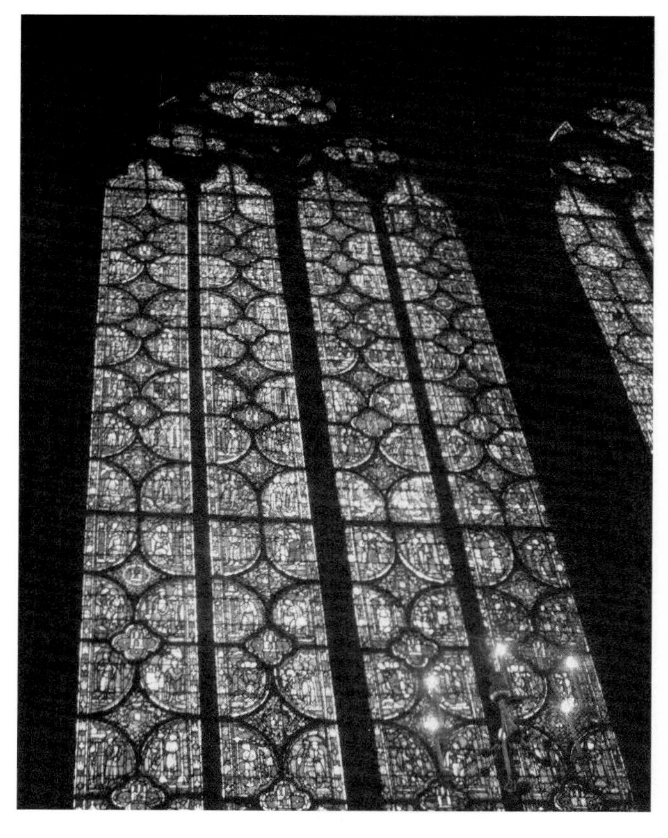

西岱宫圣礼拜堂，皮埃尔·德·蒙特罗
巴黎，法国　1248 年
[哥特式，镶嵌装饰性玻璃的圣殿，砖石砌块和玻璃]

La Sainte-Chapelle, Pierre de Montereau
Paris, France　1248
[Gothic, sanctuary with ornamental glass, masonry and glass]

西岱宫圣礼拜堂是一所私人教堂，尺度亲切宜人，虽然没有夸张的空间，但能营造出强烈的存在感。精致的大面积彩色玻璃窗将光线引入室内，光色质量又反过来界定了教堂中的空间。精细的彩色玻璃、巨大的窗洞，仿佛要将参观者吞没。建筑原本应表达的实体体量被玻璃窗转换成了瞬息万变的光影气氛。西岱宫圣礼拜堂中，光的环绕形成了一片明亮的区域，光的视觉表达既是在展现玻璃窗的客观存在，又是在讲述玻璃上描绘的图画故事。通过光的营造，最终形成了一处启迪人心、浸润心灵的宗教仪式场所。

朗香教堂，勒·柯布西耶
朗香镇，法国　1955 年
[现代表现主义，自由平面式教堂，砖石砌块和混凝土]

Notre Dame du Haut, Le Corbusier
Ronchamp, France　1955
[Expressionist Modernism, free plan church, masonry and concrete]

朗香教堂迷人的空间感知和建筑形式是通过对光的精心组织而形成和限定的。曲线的屋顶悬浮在细小的光缝之上，传递出一种短暂的失重状态。主导教堂空间、营造主要光影效果的是建筑入口加厚的墙体，建造墙体所使用的石材是原先位于该基地的教堂（被战火毁坏）遗留下的。厚实的墙体被充分利用，在其中开设了不同尺寸的漏斗形孔洞[译注 2]，内置彩色玻璃，但传统教堂做法中对彩色玻璃窗的处理在这里被转换为光线的阴影区。建筑的整体构成和氛围效果为教堂空间建立起可感知的环境，同时也强化了建筑的形式，增强了精神上的指引效果。

圣伊格纳斯教堂，斯蒂芬·霍尔
西雅图，华盛顿　1997 年
[后现代主义，造型多变的光孔，混凝土]

St. Ignatius, Steven Holl
Seattle, Washington　1997
[Postmodernism, variably shaped light funnels, concrete]

在圣伊格纳斯教堂设计中，霍尔在建筑形式和光影效果两个方面明显借鉴了柯布西耶的空间感知方式。建筑的理念完全展示在位于建筑顶部的一系列光孔中，光线被引入建筑，限定出独特的矩形边界。各式各样的图形形成了一个连续的空间序列，而序列的排列原则是通过光影关系确定的空间特征。不规则的屋顶造型或弯曲或旋转，既是对光的回应，也是对光的驾驭，屋顶中局部的光影效果为建筑创造出独特的形式和特征，屋顶夸张的造型又将建筑作为一个整体进行了全新的定义。

色彩 | Color

色彩的搭配与体验会深刻影响人们对空间与形式的感知。色彩应用以概念性的理念或简单的情感抒发为基础，目的是增强建筑构成的易读性和可识别性，因此色彩成为有重要影响力的感知因素和设计元素。

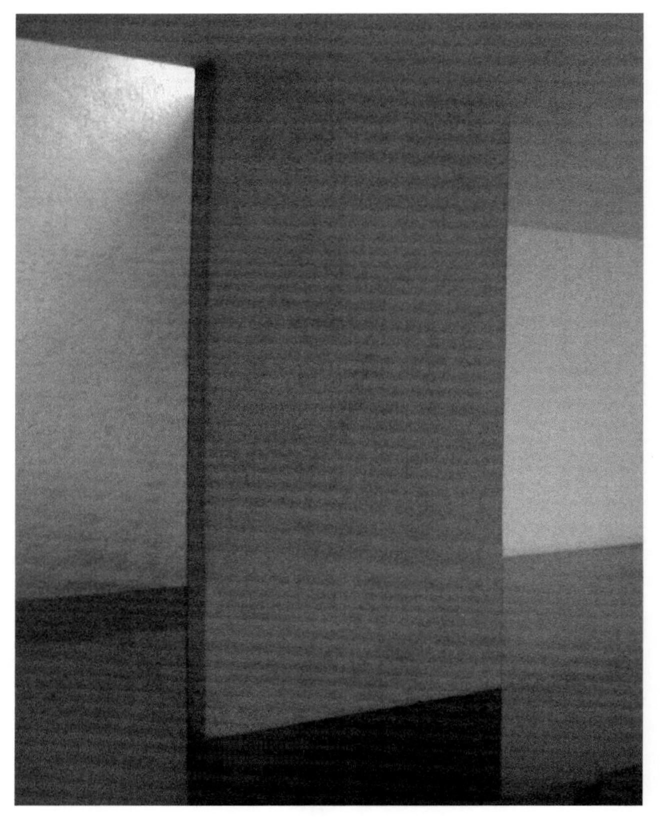

吉拉弟公寓，路易斯·巴拉甘
墨西哥城，墨西哥 1977 年
[现代主义后期，极简的形式与彩色的墙面，砖石砌块]

Casa Gilardi, Luis Barragán
Mexico City, Mexico 1977
[Late Modernism, simplified form with colored walls, masonry]

吉拉弟公寓中色彩的应用将色彩的文化意义扩展到墨西哥的地方文化中。巴拉甘对色彩进行了大胆的个性化应用，使色彩的力量转化为现代主义空间及效能语境下的一种应用机制。大胆的涂色界定了建筑中各类地面、墙面甚至建筑的整体形式，也确立了色彩在建筑中的主导地位。空间是对色彩应用的广泛解读，空间生成的实质是各种有色表面对光的反射，是对光线的有形表达，空间就是光。通过光，色彩为简单的形式赋予了环境的复杂性。

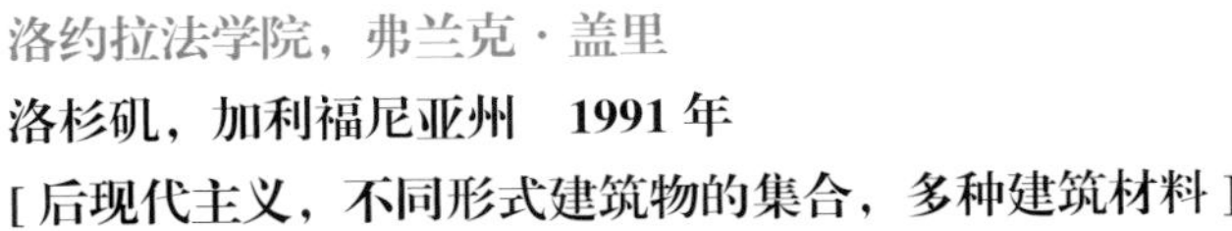

洛约拉法学院，弗兰克·盖里

洛杉矶，加利福尼亚州　1991 年

[后现代主义，不同形式建筑物的集合，多种建筑材料]

Loyola Law School, Frank Gehry

Los Angeles, California　1991

[Postmodernism, collection of disparately formed buildings, diverse]

洛约拉法学院将色彩的独立使用及建筑形式和材料语汇的个性化表达进行结合，从而将相互独立的建筑联系起来，定义了校园中建筑组群的集合。洛约拉法学院坐落于高密度的城市肌理中，但校园的布局却是分散式的，每一栋建筑都选择以独特的个性化建筑形式展现自我。建筑形式的个性化通过不同的建造方式和材料应用得以进一步强调，而最后则由建筑色彩进行贯通来完成校园最终的整体统筹。作为一种具有联系性的符号系统，色彩的使用既能创造鲜明的独特个性，又能便于个体在并行排布时形成统一的整体组合。色彩具有平面式、符号化的自然特性，这就使其应用效果甚至在形象概念上更具有后现代性，而非追求空间效果的生成。

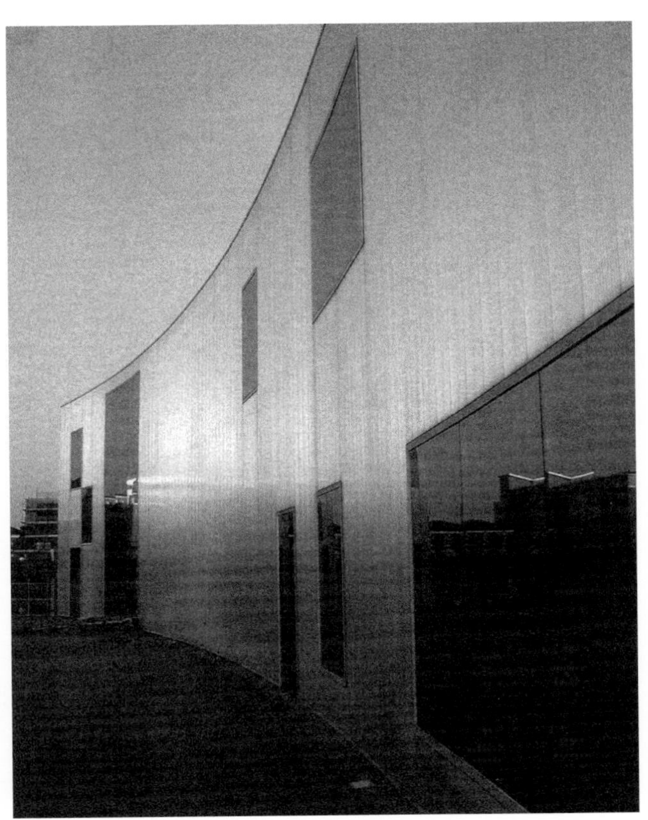

拉班舞蹈中心，赫尔佐格与德·梅隆事务所

伦敦，英国　2003 年

[后现代主义，极简的建筑形式与多彩的建筑表皮，塑料]

Laban Dance Centre, Herzog and de Meuron

London, England　2003

[Postmodernism, simplified form with colored skin, plastic]

拉班舞蹈中心以聚碳酸酯材料包覆，通过色彩的变化展现其表达效果。不同的色调使建筑表面在转向时产生了颜色的变化。通过色彩在建筑材料中的有效运用，极简的建筑形式与坚韧的建筑表皮借助鲜明的色彩应用变得生动活泼。在拉班舞蹈中心设计中，色彩为建筑表层赋予了多样性和生命力，使静态变成动态，凝固变得流动，一成不变变成可变多变。色彩，作为一种感知效果，取决于其应用的位置、光照以及时间条件，色彩的运用可以实现对建筑的多层次解读。反过来，这种解读又从整体构成和环境氛围的角度，将建筑作为一个实体进行了重新定义。色彩的运用，或使建筑消融于环境，或随环境而变化，形成了一种对建筑本身的全新感知。

透视——构建焦点 | Perspectives—Constructed Focal Point

通过构建焦点来感知透视是文艺复兴时期最常见、最广泛的应用方式。利用一个焦点进行透视构建进而创建空间，这种理念在文艺复兴时期广为流行，甚至透视技术和文艺复兴运动被认为是一样的，是同一回事。透视技术这种表现形式最初由画师在进行理想城市图景探索时所开创。随着这种方法的形成和发展，透视关系的构建也逐渐成为空间设计的一种方式。建筑师利用相关方法和技术可以对真实的建筑与城市空间进行布局。如此最终形成了杂糅的绘制技法和基于建造系统的几何秩序所构建的建筑实际。

庇护二世广场，伯纳多 · 罗赛利诺
皮恩扎，意大利 1462 年
[文艺复兴，广场，砖石砌块]

Piazza Pio II，Bernardo Rossellino
Pienza, Italy 1462
[Renaissance, piazza, masonry]

庇护二世广场坐落于皮恩扎城市的最高点，受教皇庇护二世的委托进行建造，用于示范文艺复兴早期的城市设计方法。该广场是对文艺复兴早期绘画作品中流行的理想城市图景的第一次真实的建造尝试。庇护二世广场是一个梯形空间，长边是皮恩扎大教堂，两侧分别是博尔吉亚宫（the Palazzo Borgia）和皮克罗米尼宫（the Palazzo Piccolomini），梯形的短边则是市政宫（the Palazzo Comunale）。庇护二世广场代表了对单一焦点感知应用的早期尝试，而本案例中的单一焦点即是皮恩扎大教堂。

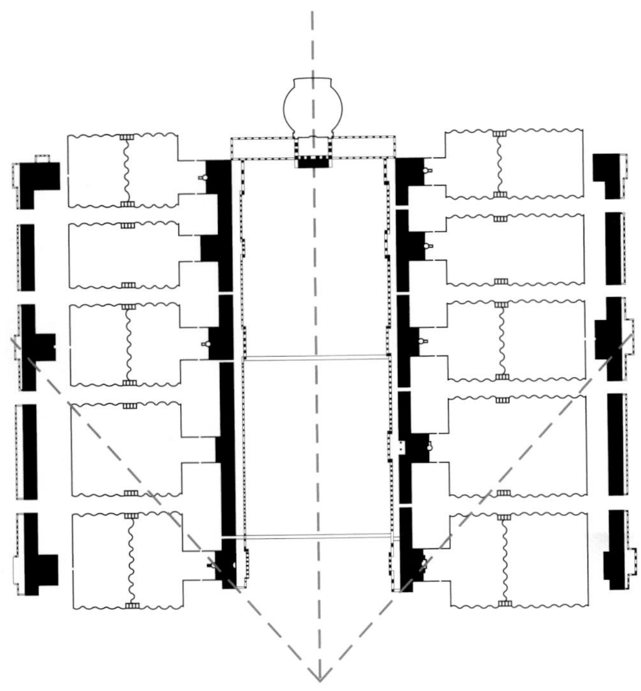

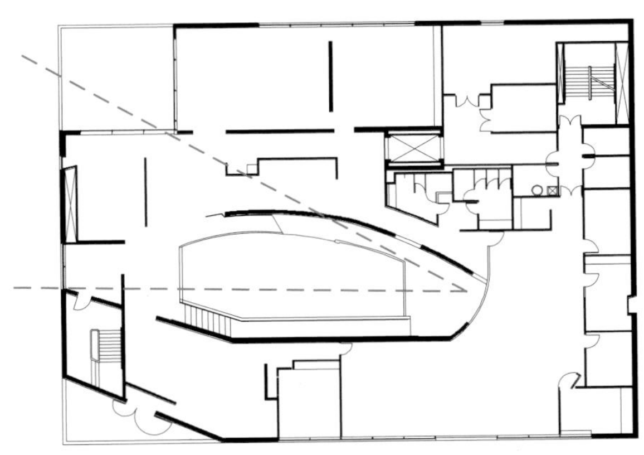

弗吉尼亚大学中央草坪，托马斯·杰斐逊
夏洛茨维尔，弗吉尼亚州　1817 年
[新古典主义，大学，砖石砌块]

UVA Lawn, Thomas Jefferson
Charlottesville, Virginia　1817
[Neoclassicism, university, masonry]

弗吉尼亚大学中央草坪开创性地运用了构建单一焦点的设计手法。中央草坪的透视焦点位于圆形大厅，坐落在草坪的顶端。无论身处草坪的哪一处，圆形大厅都毫无疑问地成为最主要的视线焦点。这主要是通过草坪两侧重复排列的柱廊来实现的，同时，视线焦点也通过十个学院建筑的位置关系加以强调，其建筑之间的空间间距跟随着柱廊的序列逐渐减小，强调了朝向圆形大厅的视角，引导视线集中于圆形大厅。

贝尔维尤艺术博物馆，斯蒂芬·霍尔
贝尔维尤，华盛顿州　2000 年
[后现代主义，博物馆，混凝土、铝和玻璃]

Bellevue Arts Museum, Steven Holl
Bellevue, Washington　2000
[Postmodernism, museum, concrete, aluminum, and glass]

贝尔维尤艺术博物馆由三条整体呈线性、细部稍有弯折的画廊构成，并以光线引导主要的视觉焦点。三个画廊相互靠近、堆叠在一起，所形成的建筑外观其实就是内部布局的外在表现。贯穿三个画廊的漫步长廊是精心设计的空间序列，通过曲率和光线的不断变化引导观众由下往上，往复穿行。贝尔维尤艺术博物馆所呈现的空间特质体现了霍尔设计风格中标志性的构造优势，展示了透视技法与水彩画法相结合的设计流程。整个空间序列的高潮部分设置在位于屋顶的日光小院。

透视——假透视 | Perspectives—False

自文艺复兴时期，建筑师就对假透视表现出了强烈的兴趣。假透视是指通过对焦点进行构图上的处理来构建对空间场域的感知衰减。与舞台设计类似，假透视提供了一种机会，可以通过透视的视觉效果来强调或构建建筑的外观表现。透视技法以及数学的建构能力，在文艺复兴时期都属于新潮的思想，建筑师也一直在探索这些新的应用方式。通常情况下，假透视多应用于视角的扩展或是为了使某个元素看起来比实际距离更远。有时，假透视用来强调某个客观物体或特定空间，而更多时候，它被用作纯粹的娱乐手段来逗弄或娱乐观众。其实不管任何情况，空间错觉的营造都会形成一种视觉效果的建构，而这种视觉效果经过人感知的加工可以使现实世界的边界变得模糊。

圣萨蒂罗圣母堂，多纳托 · 伯拉孟特
米兰，意大利　1482 年
[文艺复兴，教堂，砖石砌块]

Santa Maria presso San Satiro, Donato Bramante
Milan, Italy　1482
[Renaissance, church, masonry]

建造圣萨蒂罗圣母堂是为了替代一个 9 世纪的礼拜堂。因教堂所在的狭窄场地无法容纳典型的拉丁十字形平面，故伯拉孟特选择以一个缩短的“T”形平面取而代之。为了保持中殿的延续性，他使用透视技法作为一种在视觉上扩展空间的手段，也正因此造就了这个最早的建筑错视案例。假透视使中殿看上去好像又向前延伸了三个开间的距离。这种以假透视重塑拉丁十字形教堂空间的手法，真是一个奇妙又了不起的创举。

奥林匹克剧院，安德烈·帕拉迪奥
维琴察，意大利　1584 年
[文艺复兴，剧场，砖石砌块和切割石材]

Teatro Olympico, Andrea Palladio
Vicenza, Italy　1584
[Renaissance, theater, masonry and cut stone]

奥林匹克剧院是文艺复兴时期剧院建筑的遗存之一，是帕拉迪奥基于对古代剧院的研究而设计建造的。他建造了一个巨大的木制舞台作为剧院的中心，舞台本身即为前景，幕布之后以城市景象作为背景。这个城市背景其实是采用假透视技法构建的几套街道场景，以表现城市延伸的假象。奥林匹克剧院中对视觉感知的控制可谓精心又谨慎，以场景秩序形成的整体空间序列醒目又独特，最终形成了非凡又壮观的建筑表现。

皇家楼梯，吉安·洛伦佐·贝尔尼尼
圣彼得大教堂，梵蒂冈　1666 年
[巴洛克式，楼梯连廊，砖石砌块和石膏]

Scala Regia, Gian Lorenzo Bernini
St. Peter's Basilica, Vatican　1666
[Baroque, staircase, masonry and plaster]

皇家楼梯是连接圣彼得大教堂与梵蒂冈宫殿的楼梯连廊，是进入梵蒂冈的正式入口的组成部分。为了创造引人入胜的空间效果，贝尔尼尼运用了一系列巴洛克元素，使楼梯适用于这种狭窄的空间。皇家楼梯从贝尔尼尼设计的巨大君士坦丁骑马雕像开始，直到西斯廷教堂结束，以此将两端建筑中最重要的空间连接起来。皇家楼梯是一个庞大的拱形走廊，贝尔尼尼运用假透视的技巧，迫使透视关系形成了楼梯迅速上升并逐渐缩小的假象。两处空间之间的距离看上去变得更长了，这也正凸显了假透视的重要性。

材料 | Material

材料的感知是非常重要的内容，本书在第 10 章中专门进行了详细探讨。材料的物理特性、触觉感知和外在表现的品质使空间和形式具有了可感知性。建筑形式与空间构成的设计意图与建筑构造二者之间的关系根植于建筑思想，而这种建筑思想正是通过材料的物质性客观表达出来。对材料的感知就是对建筑本身的感知。

巴塞罗那德国馆，密斯 · 凡 · 德 · 罗
巴塞罗那，西班牙　1929 年
[现代主义，自由平面，钢材、玻璃和砖石砌块]

Barcelona Pavilion, Mies van der Rohe
Barcelona, Spain　1929
[Modernism, free plan, steel, glass and masonry]

巴塞罗那德国馆中材料面层的衔接清晰又严格，为其简化的建筑形式和淡化的细部构件补充了丰富的空间变化和无上的空间意义。建筑中著名的大理石墙是拼接而成的，先将石料平行切割成面材，然后像书页一样进行对页的镜像布置。因此在接缝处就会形成一条对称线。在整个建筑空间中，大理石是唯一具有纹理、尺度和细节的材料。因此，大理石的这种镜像主导力就可以代表对整个建筑竖向空间的解读，即从竖向上看建筑是局部对称的均等空间。这种大胆的形式组织让人联想到经典不衰的古典建筑秩序与法则，但又通过轴线的重新定位完成了高度现代化的适应性调整。

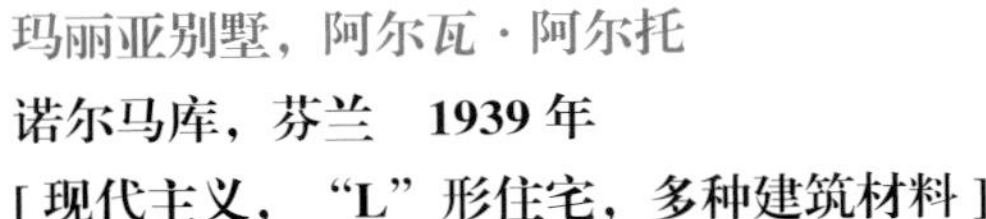

玛丽亚别墅，阿尔瓦·阿尔托
诺尔马库，芬兰　1939 年
[现代主义，“L”形住宅，多种建筑材料]

Villa Mairea, Alvar Aalto
Noormarkku, Finland　1939
[Modernism, L-shaped house, diverse]

玛丽亚别墅对建筑材料进行了精巧的应用，并巧妙地将其并列展现，形成了独特的建筑构成。拼贴木、砖石砌块、玻璃、金属、石膏甚至绳索，这些材料在建筑中都得到了独立展现，同时这些材料相互关联，通过建筑材料的综合感知形成了对建筑空间、形式和体验的动态表达。

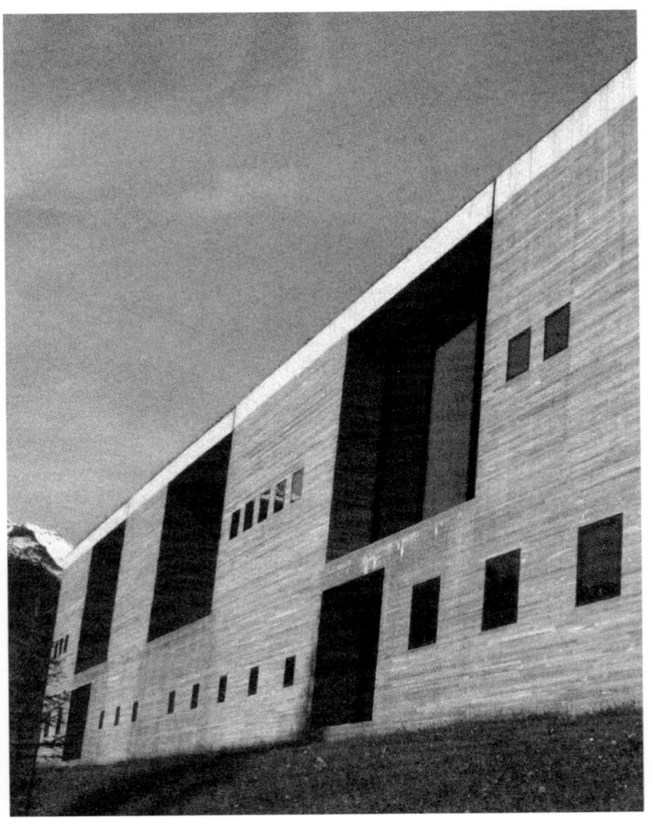

瓦尔斯温泉浴场，彼得·卒姆托
瓦尔斯，瑞士　1996 年
[后现代主义，与场地环境融合的浴池与空间，混凝土和砖石砌块]

Thermal Baths at Vals, Peter Zumthor
Vals, Switzerland　1996
[Postmodernism, field of pools and spaces, concrete and masonry]

瓦尔斯温泉浴场是基于人对水的身体体验而设计的。各个空间通过浴池水温的变化、尺度的不同、光环境的差异，营造出各自的空间气氛，为人体、材料与空间三者建立起一种本质的联系。本土石材的使用增强了对空间品质的关注和感知。建筑中，天然石材以细长的水平带状方式进行应用，结合水的斑驳倒影与温润的环境湿度，形成了一种独特的模式、节奏和尺度，瓦尔斯温泉浴场的整体构成营造出一种强烈的融合效果。材料、功能和空间体验，通过简洁、清晰的建筑布局，共同创造了一个可感知的丰富环境。

声音 | Sound

对声音的感知源于声音的音质，伴随着建筑的空间体验，对声音的感知可以得到扩展与增强，也经常和其他建筑体验交融混合。声音可以与空间和光线建立最基本的效能关系，因此声音可以调控建筑的感知环境，甚至从根本上确定建筑的设计依据。听觉可以建立空间尺度、反映空间功能、响应材料特性、唤醒空间记忆，听觉的应用可以同传统的视觉应用一样充满生气与活力。以下建筑作品是在建筑创作中或主动或被动地进行声音应用的案例。

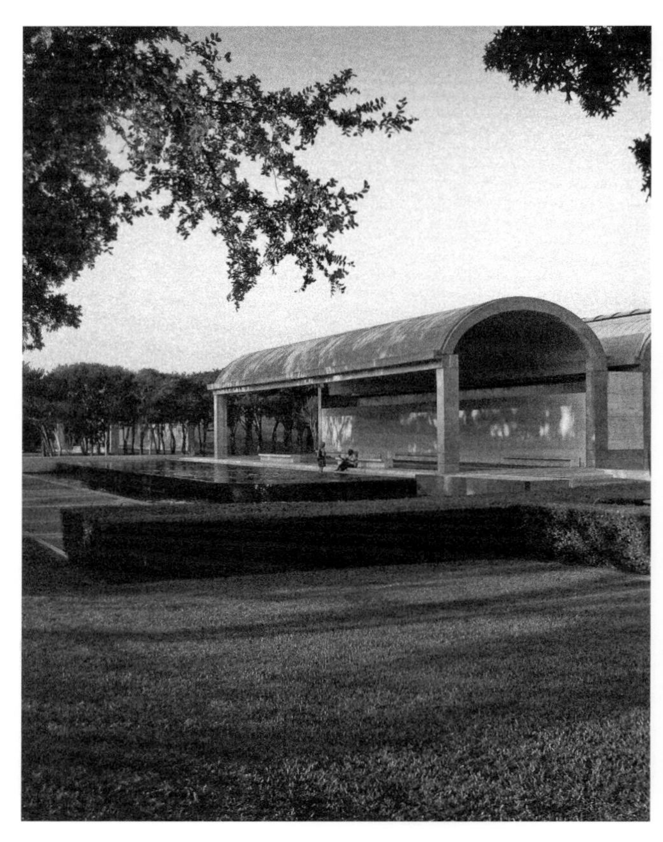

金贝尔艺术博物馆，路易斯 · 康
沃思堡，得克萨斯州　1972 年
[现代主义，平行式画廊，混凝土]

The Kimbell Art Museum, Louis Kahn
Fort Worth, Texas　1972
[Modernism, parallel galleries, concrete]

在金贝尔艺术博物馆设计中，康利用声音来引导并增强入口的序列。当一片树林长到可以提供树荫的时候，树叶的密度就能够抵挡来自城市的噪声。砾石地面上嘎吱作响的脚步声进一步消散了城市的喧嚣。轻轻的、细长的喷泉流水声也能消除平日生活中的压力。跟随这一序列向前，当参观者到达博物馆入口时，就已经调整好心情去经历一场视觉体验、感受建筑的魅力了。

沃斯堡流水公园，菲利普·约翰逊
沃斯堡，得克萨斯州　1974 年
[后现代主义，阶梯状的城市水上公园，混凝土和水]

Fort Worth Water Gardens, Philip Johnson
Fort Worth, Texas　1974
[Postmodernism, terraced urban water park, concrete and water]

沃斯堡流水公园是城市公园中的一片乐土。一层层台阶都是由混凝土制成的，呈阶梯状，形式多变且不规则，流水依台阶而下使整个阶梯变得活泼又生动。流水向下奔腾，水珠四散开来，在台阶表面形成了一片水雾空间，在得克萨斯州炎热的环境和致密的城市中开辟出一片水之绿洲、声之乐园。流水公园中还设有台阶便于游客在水流中漫步或停留观光。这种符合水流自然规律的设计以及对声景的直接应用，引导着空间氛围的营造和材料秩序的形成。

卡尔克里泽遗址公园，吉贡和盖伊
奥斯纳布吕克，德国　2002 年
[后现代主义，为感官而建的建筑，金属]

Kalkriese Archaeological Park, Gigon and Guyer
Osnabruck, Germany　2002
[Postmodernism, pavilions dedicated to the senses, metal]

卡尔克里泽遗址博物馆由一系列展馆建筑组成，每个展馆都致力于表达人的五感之一。因为设计目的是让参观者关注自己周围的环境，所以每个展馆在设计中都着重突出了景观因素。其中，依据声效而建的展馆运用的建筑语汇是垂直正交、使用考顿耐候钢的建筑，其建筑形式和功能布局都是为了听觉感知的最佳表达。一个体量巨大的人耳造型的听筒旋转着，使游客专注于周边环境中这一特殊元素，并通过声音感知体验着公园中的景观。对声学特性的功能性体验结合其夸张的表达形式，形成了一种既被动又主动的声学感知参与。

记忆 / 历史 | Memory / History

记忆是最强大的建筑工具之一。建筑物或构筑物可以通过直接关联标记事件，从而体现与一个地方、时间和事件的连接。作为一种令人信服的建筑策略，历史可以通过形式、物质和概念的谨慎使用得以重现。记忆和历史是感知手段中十分关键的因素，通过记忆和历史触发的情感将是其他设计策略无法涉及的。

罗马艺术博物馆，拉菲尔 · 莫内欧
梅里达，西班牙　1985 年
[后现代主义，博物馆、 砖石砌块]

Museum of Roman Art, Rafael Moneo
Merida, Spain　1985
[Postmodernism, museum, masonry]

莫内欧设计的罗马艺术博物馆通过建筑的形式和材料传达了一种历史感。在建筑设计中，莫内欧提出了“挖掘”（excavation）的概念，以一系列平行的砖墙占据了整个场地，形成了主展览馆的结构体系。这些砖墙使人回想起罗马的砖墙砌筑技术，因此这里砖墙的应用属于自我参照。砖的材料特征和巨大的拱门形式向参观者传达了一种语言，使人立即意识到砖墙正是馆内所展示的罗马艺术的历史参照。

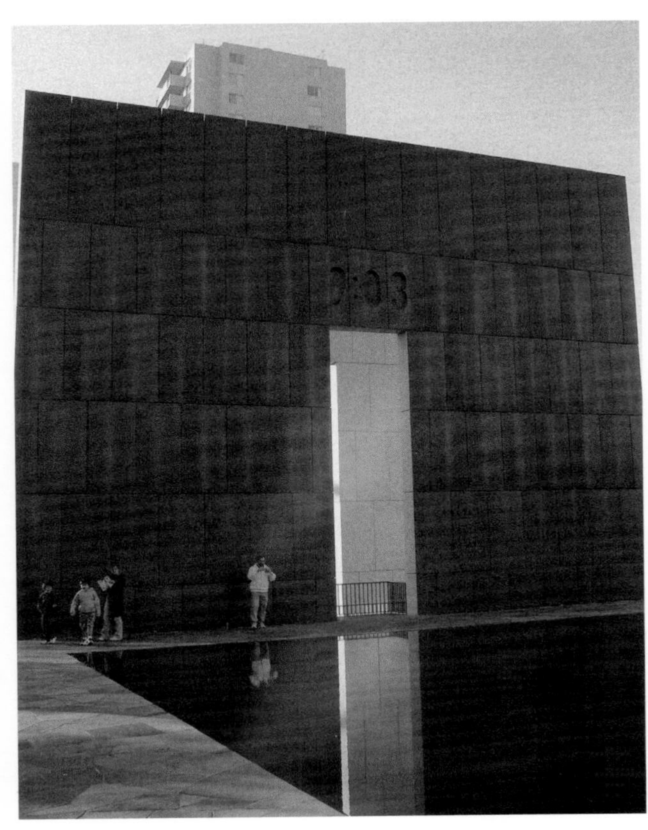

俄克拉荷马城国家纪念馆，汉斯和托里·巴策尔
俄克拉荷马城，俄克拉荷马州　2000 年
[后现代主义，纪念建筑，多种材料]

Oklahoma City Memorial, Hans and Torrey Butzer
Oklahoma City, Oklahoma　2000
[Postmodernism, memorial, various]

俄克拉荷马城国家纪念馆是为了纪念 1995 年阿尔弗雷德·保罗·默拉联邦大厦（Alfred Paul Murrah Federal Building）恐怖袭击事件而修建的。进入纪念馆，两扇时间之门象征着爆炸瞬间之前和之后的各一分钟；倒影池映照着来访者的面庞，轻轻触及这一事件的记忆；最后 168 把由玻璃和青铜制作的椅子代表了爆炸中的受害者。椅子的摆放位置记录了爆炸发生时每个罹难者所处的位置。建筑中所有的设计都是为了纪念该事件和因此失去生命的人，这是一处精心的规划，既令人沉痛又引人反思。

柏林大屠杀纪念馆，彼得·艾森曼
柏林，德国　2005 年
[后现代主义，重复性的场地布局，混凝土]

Berlin Holocaust Memorial, Peter Eisenman
Berlin, Germany　2005
[Postmodernism, repetitive field, concrete]

柏林大屠杀纪念馆是为了纪念在第二次世界大战中被纳粹屠杀的犹太受害者。彼得·艾森曼设计了一个由 2711 块混凝土板及石碑组成的场地，这些混凝土板及石碑以网格形式排列，覆盖了整个场地。每块石板随着基地等高线的起伏形成了高度上的变化。柏林大屠杀纪念馆的设计旨在营造一种不安的感觉，传达出的设计思想即秩序体系毁坏殆尽已然崩塌。博物馆以凝重严肃的建筑尺度和场地布局将大屠杀的暴戾行径传达给了参观者。

环境 | Environment

当人们讨论应如何感知或体会一栋建筑时，环境就是一个关键要素。建筑师常常强调自然要素，比如自然要素是其作品的触发点，或者以自然要素作为建筑项目的侧重点，等等。虽然有多种实现方式，但最常见的是对视觉的精心引导。建筑师可能会利用一系列的景象将人们的注意力吸引到某些要素上，以突出远处视野的自然之美。建筑物则可以将其自身用于取景或框景。同样，设计师还可以运用自然元素，如水、风及其他客观事物的特征，来引导建筑的形式和人的体验。

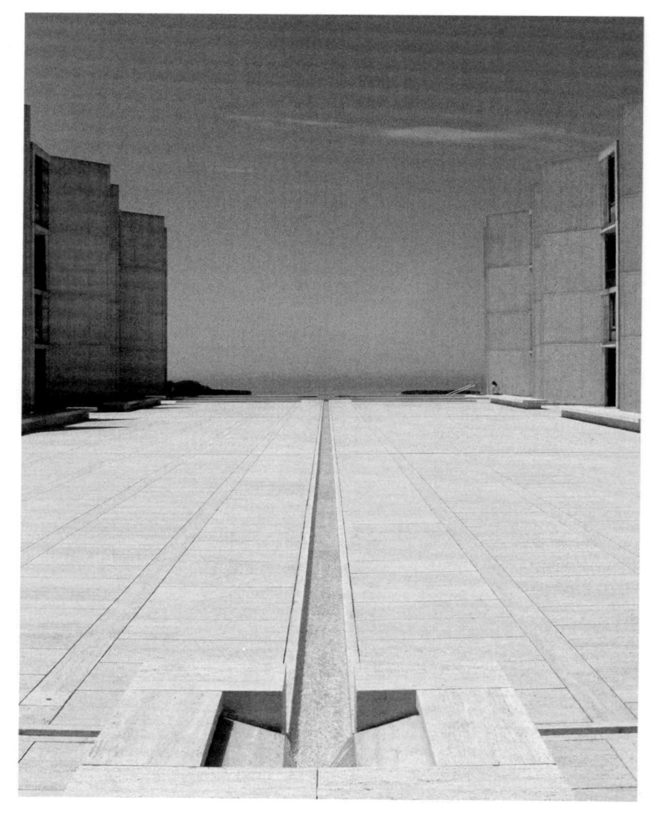

萨尔克生物研究所，路易斯·康
拉霍亚，加利福尼亚州　1965 年
[现代主义后期，对称布局的实验室，混凝土和木材]

Salk Institute, Louis Kahn
La Jolla, California　1965
[Late Modernism, symmetrical laboratories, concrete and wood]

路易斯·康将太平洋的宏大景象作为重要的自然要素，并以此为基础完成了萨尔克生物研究所的设计。该建筑被分成两部分，分立两侧又互相对称，由此，庄严的建筑成为西向地平线的景框。当人们进入基地中央的空地时，瞬间就能建立起对整体环境的感知。这种感知充满整个建筑，引导着人们的空间体验。建筑周边环境及其令人惊叹的影响力通过中央轴线的形式等级建立起来。办公组团为基地中央的空地限定了边界，每一扇窗户都以自己独特的角度面向大海，以自己的方式向自然取景，这体现了建筑对自然环境的认知、适应和对自然力量的顺从。

幕墙住宅，坂茂
东京，日本　1995 年
[后现代主义，住宅，多种建筑材料]

Curtain Wall House, Shigeru Ban
Tokyo, Japan　1995
[Postmodernism, house, various]

在幕墙住宅的设计中充分使用了光、风、视线所及的风景等自然要素，允许以自然环境为主导来影响人的空间感知。这所小房子坐落在东京一条狭窄的街道上，二楼的悬臂一直延伸至路边。为了延续日式住宅中保持空间开放性的传统，坂茂仅使用了一片布帘将建筑的内部空间与眼前的城市分隔开来。日光穿过半透的幕墙，微风拂动轻薄的布帘，当窗帘被风吹起时，城市的风景就被引入室内。以此，自然环境与建筑感知得以完美交融。

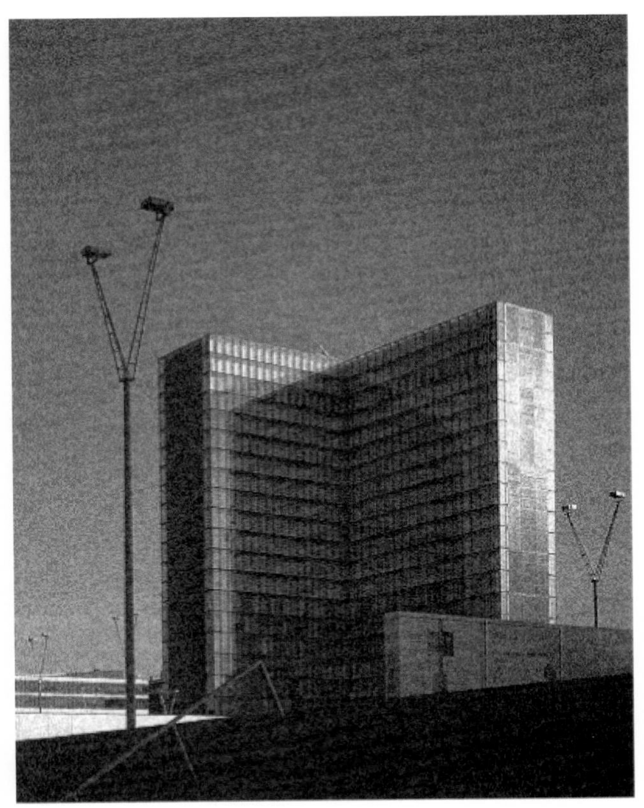

法国国家图书馆，多米尼克 · 佩罗特
巴黎，法国　1997 年
[后现代主义，带有中央庭院的图书馆，玻璃和木材]

Bibliotheque Nationale de France, Dominique Perrault
Paris, France　1997
[Postmodernism, library with central courtyard, glass and wood]

法国国家图书馆对自然景观的利用方式非同寻常，直接在图书馆的中心区域打造了一片真实的原生树林。该建筑的整体构成是在一个大体量的木质基座上升起四栋独立的塔楼。庞大基底的中心是一个下沉式庭院花园，四周由阅览室环绕。这个生态花园难以进入，人迹罕至又清幽静谧，与巴黎高密度的城市结构形成了鲜明对比。平静安宁的花园与忙乱喧嚣的城市，这种强烈的对比赢得了人们对这种具象化环境感知的高度赞赏。

序列
Sequence

14– 序列：流线 | Sequence: Circulation

在建筑及城市的各种流线中所运用的序列，是建筑和城市设计的一项基本原则。在基本术语中，序列 / 流线（sequence / circulation）可以看作穿梭于建筑或城市中的一段旅程。人们按时间顺序体验空间的运动，所感受到的空间上的联系，即可定义为建筑漫步，亦称为“序列”。事件、阶段和感知的发生顺序演变成为对建筑的体验。建筑师将这些不同的体验进行精心编排，营造出对整体设计的理解和解读。对序列的整体理解需要充分意识到一点，即由一系列空间合成的整体比各个部分的加和要大得多。有些序列的形成是以类型学、历史学、模式、功能为基础，有些则更多依托肌理、光影、尺度、材料特征等感官效果。

水平序列——轴向（Horizontal Sequence—Axial）水平轴向序列，无论在建筑尺度还是城市尺度都是一个主要的序列类型，它可以在系统内自然而然地建立起丰富的层次。这种组织类型沿着一条轴线，引导参观者以线性的路径穿越一系列空间（室内或室外），最终以一处令人崇敬的空间作为序列的终点。水平轴向序列一般应用于宗教或政治环境，一般需要介入建筑组群甚至城市尺度才能完成这样一种非凡独特又宏伟有力的组织体系。而在城市尺度中，这种设计手段往往伴随着大面积的城市拆除，只是为了给合适的轴向序列让步。

仪式序列（Ceremonial Sequence）仪式序列通常依据一种宗教仪式或一套特别的以表演为基础并基于经验的思想观念，进行设计并指引空间形成序列。仪式空间几乎可以应用于任何宗教，随着时间的推移形成固定的模式，并能逐渐代表某些特定的仪式，这种对仪式空间的需求体现在每种宗教的引申意义中。考虑到这种引申意义与功能类型学之间的联系，教堂和寺庙建筑群通常具有相似的、共同的序列。当然，其他建筑类型中也能找到仪式序列，但各种建筑类型中的仪式序列的共同点，都是以仪式活动的优先次序为引导完成空间体验。

体验式序列（Experiential Sequence）体验式序列是指在一系列可被感知的空间中，一个空间引导着另一个空间，共同创造的一种动态体验。体验式序列所对应的功能类型几乎涵盖了所有空间功能。该序列中最关键的理念在于，体验是有意义的，因此体验式序列有助于控制、协调以及最终形成对建筑的整体感知。

功能序列（Programmatic Sequence）以空间功能为基础所形成的序列，其惯常的布局条件是建筑的功能需求应清晰明确，以空间功能确定体验顺序，以此促成功能序列的建立。功能序列几乎可以应用于任何建筑类型，然而，一般还是要根据宗教仪式、年代顺序以及典礼礼仪来确定功能序列。比如，建筑师会以建筑的各项功能排布为基础，来完成整体设计决策的意象图示。功能序列超越了单纯的功能主义思想，将其提升到“以功能为基础”的思想高度，功能序列不是以形式为驱动，确切地说是以序列为驱动的一种设计理念。

竖向序列（Vertical Sequence）竖向序列源于将 z 轴纳入设计范畴以进行垂直方向及空间抬升的相关操作。竖向序列的完成需要与应用于平面中的其他序列进行协作，大量使用向上、向下的移动来实现设计目的。竖向序列的概念也包含自然序列，因此它既能应用于一些景观设计，也能应用于摩天大楼建设的全过程。垂直维度为设计方案增添了一层含义，通常会形成丰富又复杂的空间体系。

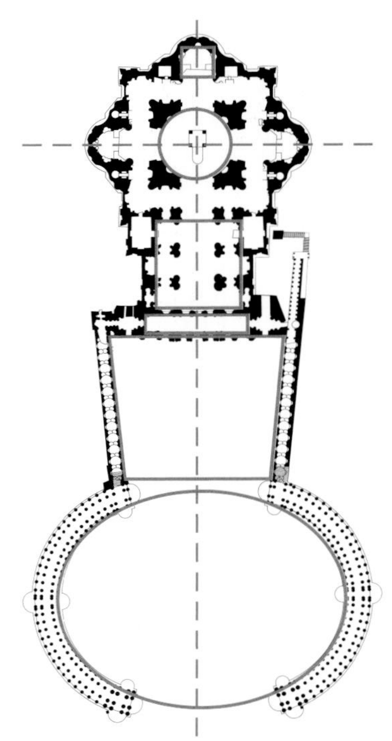

水平序列——轴向 | Horizontal Sequence—Axial

水平轴向序列是一种最普通、最常见的形式流线类型。它自身就能形成层次等级，在空间关系和组织体系中建立主导地位。其几何关系能够有效地确立一系列空间或序列片段，从一个空间到下一个空间，沿着一条水平轴线，最终以一处令人崇敬的空间为终点。水平轴向序列在城市和建筑尺度中均适用，其常用的范围和规模多为由政府或教会力量组织的大型政治、宗教或社会活动的一部分。

圣彼得大教堂，多位建筑师
罗马，意大利　1547 年
[文艺复兴，穹顶与希腊十字形平面，砖石砌块]

St. Peter's Basilica, Various
Rome, Italy　1547
[Renaissance, dome and Greek Cross plan, masonry]

圣彼得大教堂的序列起始于西斯托桥（the Ponte Sisto），该桥一直通向圣天使堡（the Castel Sant Angelo），并沿着马塞洛·皮亚琴蒂尼创建的长轴线继续向前。该序列穿越教皇庇护十二世广场（the Piazza Pio XII），经由贝尔尼尼设计的巨型柱廊半圆臂的环绕，将协和大道（the Via della Conciliazione）的一端与宏伟的圣彼得广场联系起来。该序列首先进入椭圆形的圣彼得广场，再经过教堂和广场之间的前庭，随后进入圣彼得大教堂的前厅，前厅是一个长条形空间，与教堂主体方向呈直角关系。在前厅的一端，矗立着贝尔尼尼设计的君士坦丁骑马像，这里也是皇家楼梯（the Scala Regia）起始位置的标志。序列穿越前厅继续向前，到达圣彼得大教堂的中殿，在米开朗琪罗设计的穹顶之下，位于空间交点的是青铜华盖（the Baldacchino）和教皇祭坛（the papal altar）。序列最终到达的终点是圣彼得宝座(Cathedral Petri），由贝尔尼尼设计，位于教堂耳堂尽端的墙下。

巴黎，乔治-欧仁·奥斯曼
巴黎，法国　1870 年
[法兰西第二帝国风格，相互连接的林荫大道]

Paris, Georges-Eugène Haussmann
Paris, France　1870
[Second Empire, connecting boulevards]

奥斯曼认为巴黎这座城市具有一种实体形态，可以通过开辟一系列的林荫大道使城市以一种崭新的、更有秩序、更尊贵的方式连接起来，同时这种方式也便于拆除城市中更多的破败区域。奥斯曼明白，他需要充分利用那些已经建成的建筑和历史古迹。为此，他精心设计了林荫大道和城市道路，将这些空间巧妙地连接起来，并在巴黎的城市结构中创造了不止一条，而是许多条轴向的水平序列。最终的设计成果是宽阔的道路网络、成环的林荫大道、巨大的南北向与东西向交叉路口以及在每个交叉路口的中心广场、被突出强调的历史古迹和铁路车站以及融入城市的绿地系统。奥斯曼将所有这些要素很好地交织在一起，营造了现代巴黎的城市景象。

EUR 新城 [译注 1]，皮亚琴蒂尼，皮奇纳托，罗西和维埃蒂
罗马，意大利　1936 年
[意大利理性主义，轴向的新城，多种建筑材料]

EUR, Piacentini, Piccinato, Rossi and Vietti
Rome, Italy　1936
[Italian Rationalism, axial new town, diverse]

“EUR”是罗马万国博览会（Esposizione Universale Roma）的缩写，EUR 新城的建设体现了墨索里尼及其建筑师所推崇的理性主义建筑原则，将意大利理性主义思想融入了城市形态之中。EUR 新城整齐有序的对称体系以网格形态为主导，以宽阔的道路为骨架，以南北轴线为主轴，又用大量较短的东西轴线将其打断。白色大理石建筑美丽又肃穆，然而新城建设工程并未完工，1942 年停工后，直到 20 世纪 50 年代才得以重建。EUR 新城的规划和建筑包含了意大利理性主义运动中一些最好的建设成就。

仪式序列 | Ceremonial Sequence

仪式序列与程式化的仪式典礼或历史事件紧密相关，仪式性建筑则完全取决于、依赖于其所容纳的仪式活动与相关的文化传统。仪式序列往往是线性的，仿佛是为仪式纪年赋予了一种有形的形式。仪式性建筑的设计也是为了表达对仪式及其文化含义的参与及理解。通常，特定的房间或空间会具有特定的意义。这些空间沿着一条路径汇集起来，使仪式的体验与空间的体验合而为一，相辅相成。通过建筑空间的运动，完成了一个故事的重演或一条序列的再现，这对其所服务的城市文化来说是至关重要的。

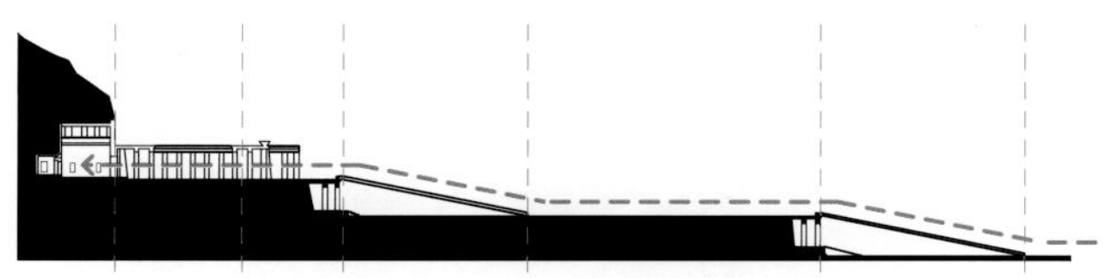

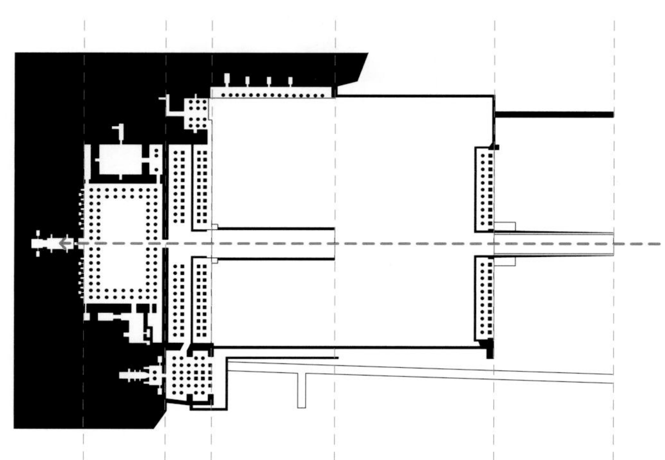

哈特谢普苏特女王[译注 2]神殿，塞内穆特
德尔巴赫里，埃及　公元前 1400 年
[埃及风格，陵庙，砖石砌块]

Temple of Queen Hatshepsut, Senenmut
Deir El-Bahri, Egypt　1400 BCE
[Egyptian, funerary temple, masonry]

哈特谢普苏特女王神殿被认为是埃及人建造的最接近古典主义的一座建筑。神殿分为多层，每一层都以漫长的开敞式柱廊为前导，每一层都由一条长长的坡道连接，并以郁郁葱葱的花园环绕。整个神殿建筑群的第一层空间是中央庭院，由此可以通往“远征朋特”柱廊（the Punt Colonnade）[译注 3]和“从神诞生”柱廊（the Birth Colonnade）[译注 4]。在这个巨大的神殿中，设计有一条空间序列以展现女王的生平和成就，而序列中最重要的空间其实是这座神殿本身。序列结束于上层庭院，其中包括各种祭坛、祭祀厅和最深处的圣所。这座神殿与东西向轴线是完全对齐的，是仪式序列的开创性典范。

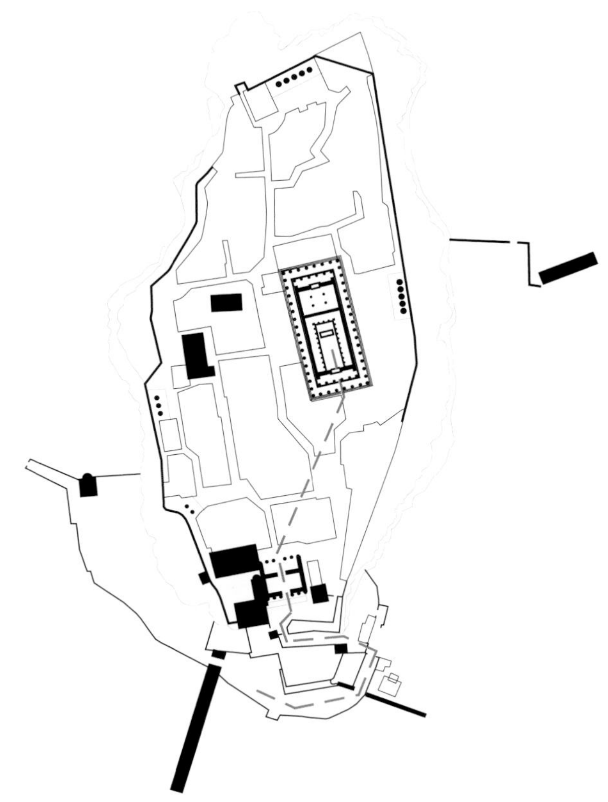

雅典卫城
雅典，希腊　公元前 432 年
[古典主义，环形流线的圆形神庙，砖石砌块]

The Acropolis
Athens, Greece　432 BCE
[Classicism, circular rotunda temple, masonry]

雅典卫城坐落于希腊雅典的一个山顶之上，是城市的圣地，拥有最为重要的建筑和神庙。雅典卫城建在海拔 490 英尺（约 149 米）的平顶岩石上，包含三个主要建筑：山门（the Propylaea）、伊瑞克提翁神庙（the Erechtheum）和帕提农神庙（the Parthenon）。几个世纪以来，这里一直都是专门为雅典娜女神举行宗教仪式的场所。仪式期间，雅典市民会跟随游行队伍拾级而上，到达卫城山门，然后游行路线会经过多次的方向转变，但一直朝向帕提农神庙前进。整个仪式序列虽是线性和轴向的，但并不是一条直线，它由一系列带有方向的路径组成，逐步递进，最终以帕提农神庙的内殿达到序列的高潮。

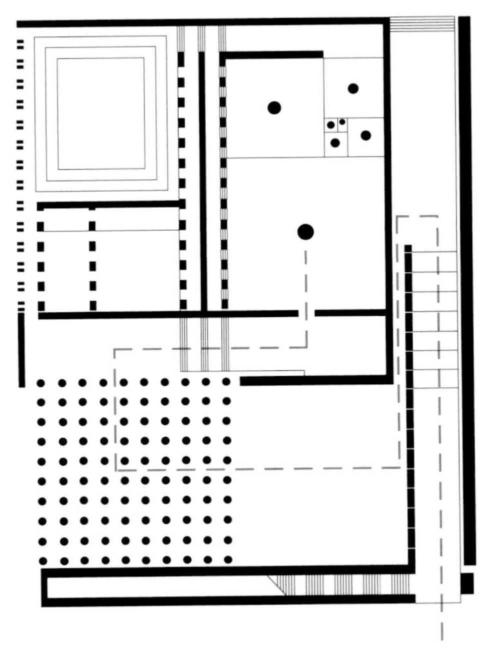

但丁纪念堂，朱塞佩 · 特拉尼
罗马，意大利　1942 年
[意大利理性主义，带有玻璃柱的网格大厅]

Danteum, Giuseppe Terragni
Rome, Italy　1942
[Italian Rationalism, grid hall of glass columns]

但丁纪念堂是但丁《神曲》的建筑演绎。特拉尼参照诗歌中提及的空间布局和交通流线完成了这座建筑的设计，空间序列依次穿过《地狱》《炼狱》和《天堂》。这座只存在于设计中并未真正建成的建筑项目却能成为仪式序列的重要范例，正是因为建筑师以文字为媒介，将书中描绘性的文字具象化，高度还原了这本知名的著作。

体验式序列 | Experiential Sequence

体验式序列是使用者经过一系列空间或场所后形成的一种知觉上的影响，是完全依照使用者自身的行为操作所产生的效果。不同于仪式序列，体验式序列的形成更多依靠情感的或概念性的方式、方法。无论是根据一种抽象结构进行精心设计，还是基于一种基本知觉方法进行演绎，人的体验、所感受到的时间和空间的变换，都能在记忆中形成各种空间的集合体。经过长期对体验的综合训练，人体对空间的感知和认识以及对空间和形式变化的掌握，就可以创造出一个新的空间构成。

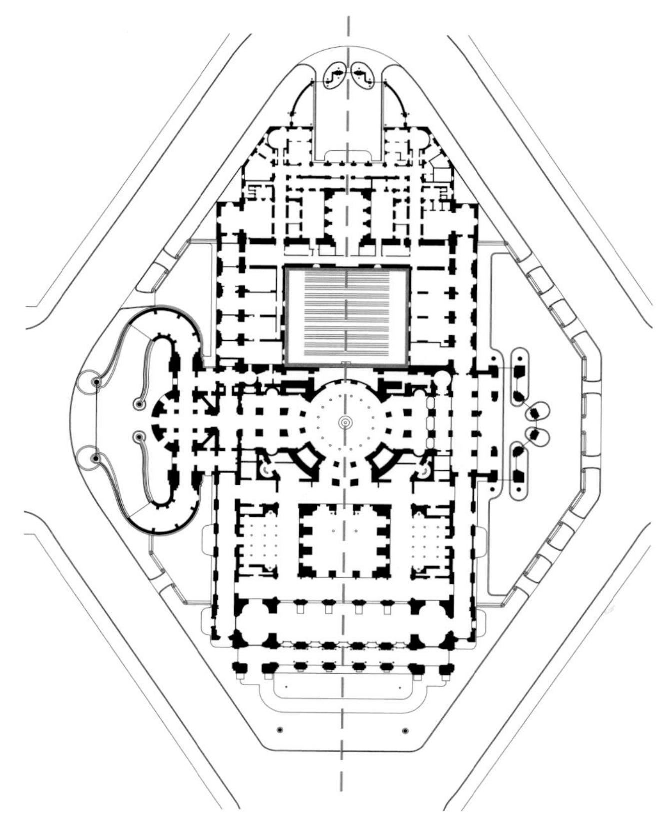

巴黎歌剧院，夏尔·加尼叶
巴黎，法国　1874年
[新巴洛克式，马蹄形的室内剧院，砖石砌块]

Paris Opera House, Charles Garnier
Paris, France　1874
[Neo-Baroque, horseshoe-shaped indoor theater, masonry]

巴黎歌剧院这个奢华的建筑组群是为完善巴黎的城市肌理而建。体验式序列以建筑入口为开端，首先映入观众眼帘的是横跨整个主立面的巨大柱廊，在这里，城市中的忙乱喧嚣与剧院中的梦幻世界就已然完成了过渡。剧院中的第一个大堂仿佛是外部柱廊的镜像，从大堂继续向前，观众可以进入较小的前厅。顺着楼梯拾级而上再穿过走廊，观众才能最终到达剧院中的表演大厅，静静等待演出开始。加尼叶还布置了一系列的空间，与歌剧表演中的场景非常相似，观众除了观看演出外还可以在此进行自己的表演，体验看与被看的关系转变。体验式序列发生在巴黎歌剧院的方方面面，因此其当之无愧地成为体验式序列的杰出案例。

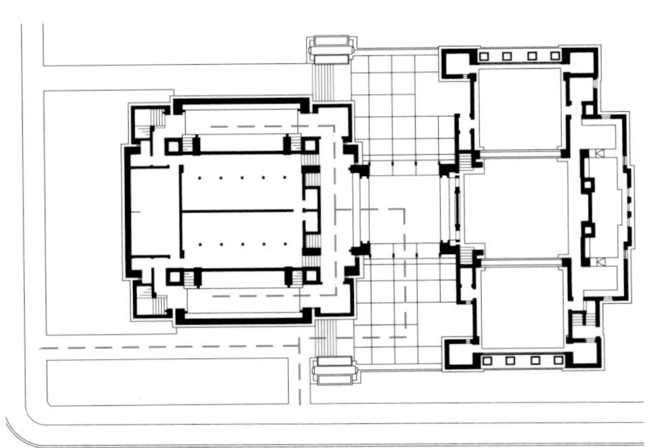

联合教堂，弗兰克·劳埃德·赖特

橡树园，伊利诺斯州　1906 年

[现代主义早期，教堂与教区礼堂 [译注 5]，现浇混凝土]

Unity Temple, Frank Lloyd Wright

Oak Park, Illinois　1906

[Early Modernism, church and parish house, site-cast concrete]

在联合教堂的设计中，赖特采用了一系列综合而复杂的体验式序列让参观者对该教堂形成了自己独特的感知和理解。建筑入口是一条玻璃柱廊，用于将教堂与教区礼堂分隔开来。在进入教堂的过程中，参观者被引导沿着低矮的回廊环绕一周，在此过程中，人们的视线也会一直关注着处于中心的教堂。直到最后，参观者走到回廊尽头，教堂也终于展现出它的入口。在此过程中，赖特巧妙地提高了参观者的心理期望，人们一直期待着真正进入教堂的那一刻。

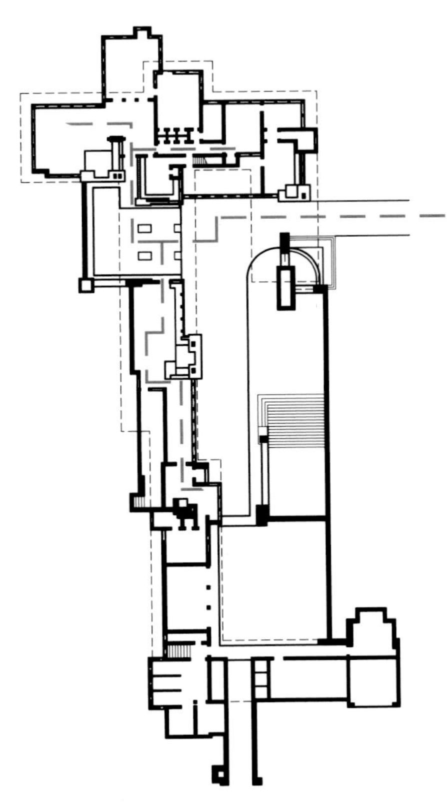

东塔里埃森住宅，弗兰克·劳埃德·赖特

斯普林格林，威斯康星州　1909 年

[现代主义，住宅，石材和木材]

Taliesin East, Frank Lloyd Wright

Spring Green, Wisconsin　1909

[Modernism, house, stone and wood]

东塔里埃森住宅建筑所处的自然环境被设置为体验式序列的焦点。赖特设计这栋住宅的初衷是希望人在建筑的每一处都能欣赏到美好的景致。这种对景观连续不断的引入以及呼应场地和功能需求的建筑外形处理和建筑材料的使用，使每一处分散的局部空间体验都可以代表对建筑整体的完整体验。在东塔里埃森住宅设计中，赖特以夸张的水平线、深远的出挑、固定在墙中的壁炉以及动态的设计手法来吸引参观者进入并跟随这个序列，最终将人与建筑、空间、场地融为一个流动的整体。

功能序列 | Programmatic Sequence

功能序列十分常见，因为它基于这样一种思想，即每个空间的前后都会与另一个空间产生必要的功能上的联系。功能序列这种规划示意图或许源自纯粹的功能主义，或类型学的相关问题，抑或是所应用的图案模式。功能组织的前提条件以及序列建立的实际需求，都是建立在功能基础上的，这个观点对建筑实践具有重要意义。即便是为两个及以上比邻的功能建立简单的体验顺序，也需要多种新的方式、方法来协调功能之间的关联关系。

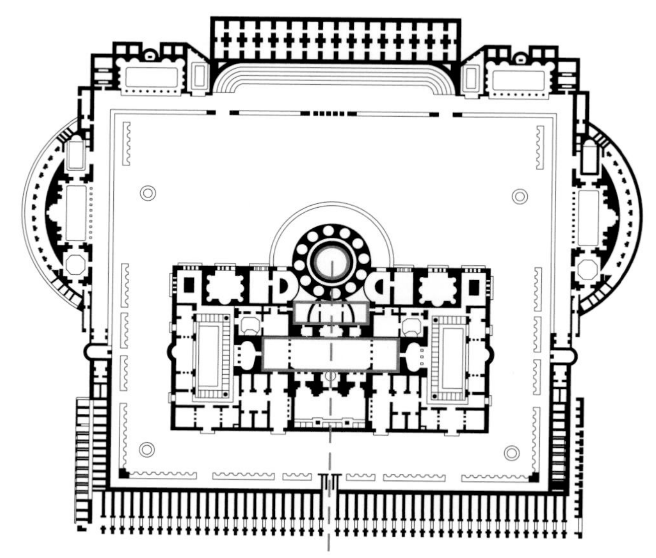

卡拉卡拉浴场
罗马，意大利　公元 216 年
[罗马式，浴场，砖石砌块]

Baths of Caracalla
Rome, Italy　216
[Roman, baths, masonry]

卡拉卡拉浴场是一个大体量的建筑综合体，整个浴场绵延数英亩，包含许多功能和用途，其中最主要的是冷水浴室、温水浴室和热水浴室。无论建筑结构还是建筑功能，这些空间都是浴场的本质所在。每个人都可以按照明确的顺序经过这三个空间。罗马人认为，在三种不同的水温中沐浴对健康十分有益，而且罗马人也确实经常这样做。在卡拉卡拉浴场设计方案中，轴线的使用有利于建立一条线性的序列，串联起各功能节点，既能包容多种空间使用方式，又便于使用者在不同的功能空间中随意行动。

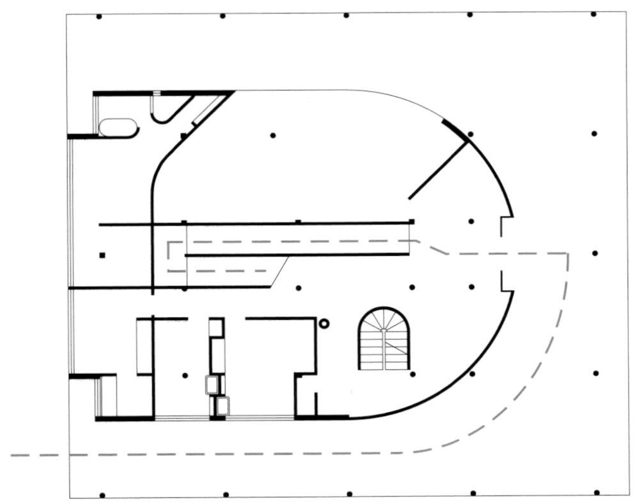

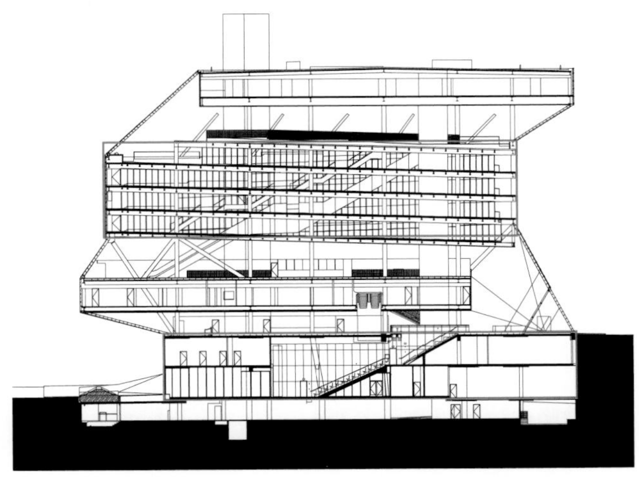

萨伏伊别墅，勒·柯布西耶
普瓦西，法国　1929 年
[现代主义，自由平面，混凝土和砖石砌块]

Villa Savoye, Le Corbusier
Poissy, France　1929
[Modernism, free plan, concrete and masonry]

每当人们提起功能序列，马上就能想到萨伏伊别墅中的坡道，这条坡道在不同楼层有效地分隔了不同的功能。一层平面是入口层，设有门厅，也是别墅中整条坡道的起始层，但入口层仅供佣人和停车使用。第二层是主楼层，除了布置在角落中的厨房，其他部分都是开放的，供所有家庭成员使用。勒·柯布西耶认为门厅是一层平面的干扰项，同样，主楼层中的厨房也是如此，所以他采用了相同的手法将厨房放在了主楼层的角落里。而坡道一直通向屋顶，到达屋顶花园——一个宁静又放松的地方。柯布西耶巧妙地通过一条竖向坡道，在一栋单体别墅中将三层不同功能的平面既联系起来又分隔开来。

西雅图公共图书馆，雷姆·库哈斯，大都会建筑事务所
西雅图，华盛顿　2004 年
[后现代主义，连续的自由平面，混凝土和玻璃]

Seattle Public Library, Rem Koolhaas, OMA
Seattle, Washington　2004
[Postmodernism, continuous free plan, concrete and glass]

西雅图公共图书馆有四个不同的功能区（每个区包含若干楼层），对应着建筑整体形式中的四部分错层空间。这四个功能区的造型主要是为了反映其空间功能，然后通过连续的钢材和玻璃表皮统一起来。不同的功能区均使用了自由平面的空间组织方式，这使得最终对各种形式功能的解读愈发复杂。书库全都位于建筑中的四层空间里，是一条连续的螺旋形坡道，模糊了楼层之间的差异，使多种功能共存于同一个空间。在西雅图公共图书馆设计中，功能序列实现了仅以一条路径贯穿分散又多样的多种功能，最终这条路径形成了一条单一的、有条理的、循环的交通流线。

竖向序列 | Vertical Sequence

竖向序列是指在剖面中采用一系列空间组织或分层组织的方式对空间进程中各重要节点进行区分。竖向序列也可用于自然环境，建筑师可以使用这种方式完成竖向空间体验的过渡或协调。或者，竖向序列也可以完全通过设计建造出来，完全以建筑师对结构空间进行限定和分层的经验为基础。竖向序列为前文讨论的各类序列增加了一个新的 z 轴维度，由此为实际的空间转换或视觉上的空间过渡赋予了内在的复杂性和难度。由于人体在实现向上攀爬这个动作时会有与生俱来的难度，所以在竖向序列的使用中一定要厘清设计意图以及相应的体力支出。几个世纪以来，教堂建筑类型采用的都是简单直白的竖向序列以进行等级制度的灌输及视觉主导。后来，建筑师才开始设计和建造具有强烈垂直感的上升空间，既可以提高空间的利用效率也可以强化建筑的形式效果（比如摩天大楼）。

兰特庄园[译注 6]，贾科莫 · 巴罗齐 · 达 · 维尼奥拉
维泰博，意大利　1568 年
[矫饰主义，住宅与花园，砖石砌块]

Villa Lante, Giacomo Barozzi da Vignola
Viterbo, Italy　1568
[Mannerism, house and garden, masonry]

兰特庄园的游乐花园采用竖向序列对各层平面和台地进行了分隔，同时借助自然重力形成了实用的供水系统，并以流动的水系隐喻时间的流逝。庄园的每一层台地都隐含着一个故事或代表了一种隐喻。兰特庄园的竖向序列起始于方形花园（the Quadrato），这是一处正方形的**花圃**园，还设有摩尔人喷泉（the Fountain of the Moors），这个花园代表的是海洋和湖泊。序列继续向前，较远处是圆形喷泉（the Fountain of the Lamps），代表着文化。第三层台地上坐落着大型石台，代表着农业。再向上是河神喷泉（the Fountain of the River Gods），代表着世界上的河流。再一层则是与众不同的水链阶梯，代表着溪流。整个庄园的最高处是海豚喷泉（the Fountain of the Dolphins）以及末端的洪水喷泉（the Fountain of the Deluge），代表着地球的起源。在兰特庄园中，维尼奥拉精心雕琢了这一条独特的竖向序列，让游园的乐趣与深刻的寓意融会贯通。

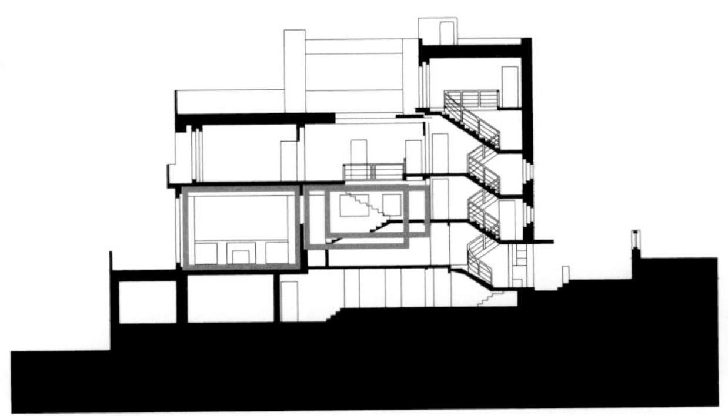

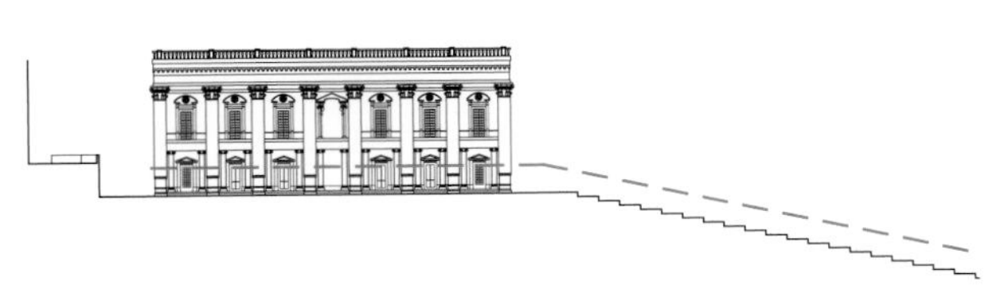

卡比托利欧广场，米开朗琪罗·博纳罗蒂
罗马，意大利　1650 年
[文艺复兴，椭圆形广场，砖石砌块]

Piazza del Campidoglio, Michelangelo Buonarroti
Rome, Italy　1650
[Renaissance, elliptical piazza, masonry]

卡比托利欧广场及其前方狭长的台阶，在罗马的城市结构中创造出一种充满活力和仪式感的序列。米开朗琪罗巧妙地运用透视关系和竖向的抬升，使游人与广场中心的皇帝骑马像建立起连续的空间对话。随着广场坡度的缓缓抬升，骑马像在视野中逐渐显露出来，人物形象逐渐完整，当最终雕塑展现其全貌时也即统领了整个广场空间。透视效果与竖向视线以及游客所在的位置是紧密相关的，透视关系可以为椭圆形广场增添一种宽阔的视觉效果。当游客进入椭圆形的长边时，依靠视觉关系的优势就会打破椭圆形的图形感知而形成一种圆形广场的感知，所感受到的景深也从雕像的实际位置进行了移动。沿着这条竖向序列向前行进，广场两侧围合的建筑、地面上的图案以及中央的雕像都随之移动，就像经过一段光影之路，完成了一种具有仪式感的空间体验。

缪勒住宅，阿道夫·卢斯
布拉格，捷克斯洛伐克　1930 年
[现代主义，运用体积规划法设计的住宅，砖石砌块]

Villa Müller, Adolf Loos
Prague, Czechoslovakia　1930
[Modernism, Raumplan house, masonry]

缪勒住宅依照体积规划法的相关理念进行了建筑平面的布局和空间体验的设计，形成了一条非常强烈的竖向序列。使用者先从外廊进入门厅，然后需要经过一段楼梯才能到达主客厅旁边的楼梯平台。竖向序列就从楼梯平台这里分成了三条路径，一条直接向前进入客厅，一条向右经过一段楼梯通向餐厅，还有一条向左通向女士会客厅。这些竖向的序列是基于体积规划法的层次等级进行组织的，也打通了从客厅到餐厅以及女士会客厅的视线联系。

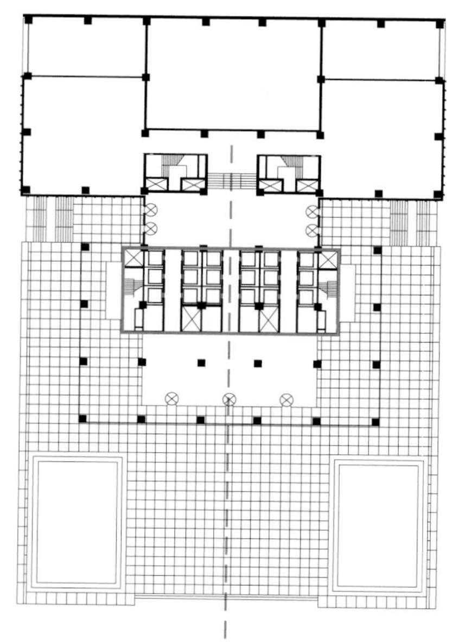

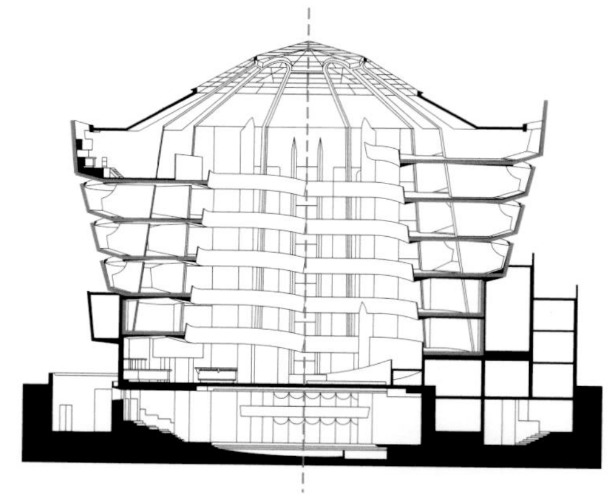

西格拉姆大厦，密斯·凡·德·罗

纽约市，纽约州 1958 年

[现代主义，自由平面与位于中央的服务核心筒，钢材和玻璃]

Seagram Building, Mies van der Rohe

New York, New York 1958

[Modernism, free plan with central service core, steel and glass]

西格拉姆大厦是最符合现代主义特征的高层建筑，是典型的办公写字楼建筑，所有这些评价都源自它对“通用空间”（universal space）这一概念的一致贯彻。它的建筑形式和细部几乎被全世界的城市模仿和借鉴。西格拉姆大厦十分推崇建筑材料本身固有的工业风格，再通过自由平面的组织手法以及位于中央的核心筒将空间进行高度细分。建筑结构中清晰的外部衔接以及大楼自底部、中部直至顶部的一贯到底毫无变化，使建筑外立面的效果均匀又统一，并形成了无限延伸的视觉感知。在建筑内部，竖向序列横穿了中央核心筒，在层与层之间形成直接的跳转，仿佛空间已然突破了实体的界线，然而每层空间均是独立的，并且具有均等的空间次序。

古根海姆博物馆，弗兰克·劳埃德·赖特

纽约市，纽约州 1959 年

[现代主义，围绕中庭旋转的螺旋式美术馆，混凝土]

The Guggenheim Museum, Frank Lloyd Wright

New York, New York 1959

[Modernism, ramping spiral gallery around atrium, concrete]

由赖特设计的古根海姆博物馆中包含着一条既独特又有条理的竖向序列。参观者进入博物馆后，将会立即乘坐电梯到达最上层的画廊。站在这个有利的位置上，参观者可以欣赏中庭的全貌。随后人们开始下降，通过围绕中庭的连续螺旋形坡道穿过整个博物馆，坡道的形式构成了博物馆的外观，也是建筑的理念所在。艺术品通常就陈列在坡道上或沿着坡道挂在墙上；然而坡道也会停顿，在间歇处参观者就可以去往传统的外围画廊区域。这是一个巨大又充满活力的序列，毫无疑问，时至今日它依然是现代主义运动中最具开创性的一个案例。

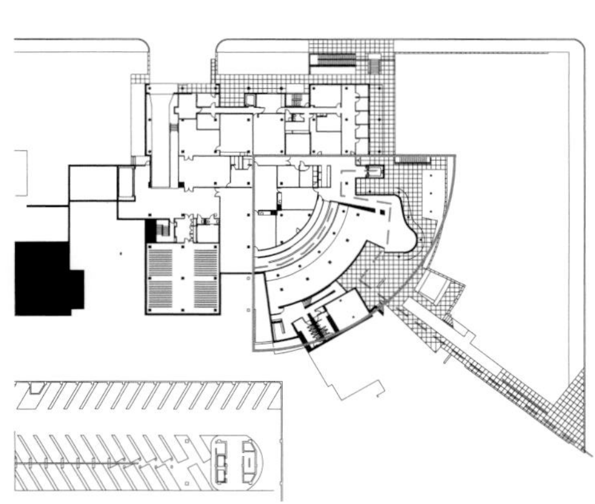

高等艺术博物馆，理查德·迈耶
亚特兰大，佐治亚州 1983 年
[现代主义后期，带有圆形中庭的“L”形艺术馆，金属]

High Museum of Art, Richard Meier
Atlanta, Georgia 1983
[Late Modernism, L-shaped galleries with circular atrium, metal]

高等艺术博物馆完全以竖向序列作为画廊和博物馆的组织方式。整个博物馆是由一个“L”形的建筑构成，其中包含几个主要的画廊和一些辅助空间。这些空间通过上升的坡道相连，参观者也跟随着坡道穿行于各楼层之间。高等艺术博物馆中的坡道呈之字形，对参观者来说，每一次抬升都是一次注意力的重新调整，每一层都可以参观不同的画廊。这个重复却醒目的坡道系统形成了一条竖向序列，无论是视觉上还是空间上都可以让参观者快速理解并确定自己在博物馆中的相对位置。竖向序列将画廊和博物馆组织成一个清晰、简洁并且中心明确的整体，既彰显出艺术的魅力，也增强了观赏的乐趣。

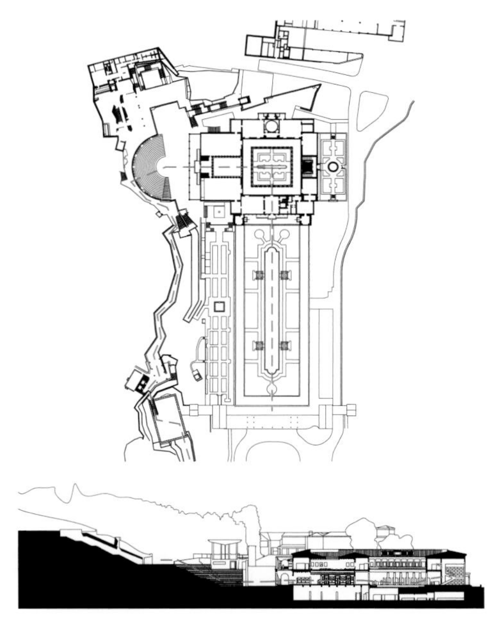

盖蒂别墅，鲁道夫·马查多与乔奇·西尔维蒂
马里布，加利福尼亚州 2006 年
[后现代主义，博物馆的扩建与更新，砖石砌块]

The Getty Villa, Rodolfo Machado and Jorge Silvetti
Malibu, California 2006
[Postmodernism, museum addition and renovation, masonry]

马查多与西尔维蒂主持的盖蒂别墅的扩建与更新工程，采用了一种仪式性的竖向交通序列。该序列以坐落于马里布山坡上的停车场为起点，穿过一系列节点性的室外空间，最终到达依托自然地形而建的露天剧场，而整个景观序列继续向下延伸，直到罗马别墅的现存复制建筑为止，由此将罗马住宅与花园的历史序列也交织其中。各个节点是相互连接的独立空间，采用的是纯粹几何形式并对位置定位进行了专门控制，以呼应复杂多变的地形以及各节点之间的相互关系，最终这些节点在沿着山坡向上抬升的过程中，为复杂的竖向序列增添了许多场景要素。相互连接的土质房屋，采用不同的材料面层并用不同的处理方式连接起来，是为了模拟古罗马遗迹考古中典型的地质分层和纹理特征，当人们从这些房间中穿过时，可以感受到视觉等级的确立已经从地平面延伸到了建筑材料与细部处理。盖蒂别墅案例中，恒定又清晰的场所与感知的相对关系是控制该竖向序列中各个节点位置的最关键因素。

意义与风格

Meaning

15– 意义与风格：理论 / 主题 / 评论 | Meaning: Theory / Themes / Manifestos

建筑风格可以细分为一系列的风格运动或主题变革。本章尝试以独立思想家的研究和建筑评论文章对其概念性思想的详细划分进行解释与说明。每种风格运动或每次主题变革看似独立，但事实上却与对历史的回应以及面向未来的进化有关，并展现出它蕴含的文化、技术和哲学背景。每一种风格运动都能构成一个独特的知识库，有助于建筑整体的意义深化和谱系传承。

古典主义（Classicism）古典主义也许可以算作建筑的发源。它包含若干形式要素和设计原则，这些要素和原则被规范化，并被确认为给定条件。比如，柱式、山花和雕带，在使用中都采用了相似的、互相借鉴的设计手法。它们不是建筑师心血来潮的产物，而是已经形成的一种互通的建筑语言。罗马作家、建筑师维特鲁威（Vitruvius）出版了第一本建筑著作——《建筑十书》（*De Architectura*），书中记录了这些古典主义的既定原则。

罗曼式（Romanesque）罗曼式建筑是古典主义建筑与拜占庭元素的混合。它采用了许多罗马建造技术（以及相关形式），然而它缺少古典主义建筑中典型的装饰性和复杂性。罗曼式建筑本质上是一种大体量建筑，其主要结构形式是墙而不是柱。

哥特式（Gothic）哥特式建筑以其极端的垂直性和结构的突出表现闻名于世。哥特式建筑通常用于宗教建筑，几乎能对应宗教的各个方面，这种关系在后来的建筑风格中没有再次出现。哥特式建筑强调高度和采光，同时也要求提高建筑表现的多样化和建筑装饰的普遍性。

文艺复兴（Renaissance）文艺复兴被证明是建筑史上最具影响力的风格之一。文艺复兴由一系列关键要素所标定，包括劳动分工、对过去的浓厚兴趣（甚至包括古代建筑）、对透视和几何的深刻理解（以对称和比例的纯粹性为特征）以及对扩展建筑结构的外延使其成为一个独立建筑系统的强烈渴望。建筑师布鲁内列斯基和阿尔伯蒂是文艺复兴早期最主要的实践者，他们设定了新的建筑标准。阿尔伯蒂的很多书籍中都记载着这些标准，不仅有建筑标准还涉及绘画领域的一些标准。随后，瑟利奥和帕拉迪奥继续深化，文艺复兴的思想得以最终成型。

矫饰主义（Mannerism）矫饰主义本质上是文艺复兴改良后的延续。矫饰主义使用的建筑语言有非常具体的规则，并利用这些规则产生新的组合条件。因为矫饰主义以已知的建筑语言为基础，所以它并不算彻底的变革，而仅仅是一种更新迭代，生成了新的实验层次，注入了新的活力，同时也做过很多荒唐事。尽管矫饰主义不是很普及，但它也造就了建筑历史上片刻的精彩。

巴洛克式（Baroque）巴洛克时代及其风格是后文艺复兴时期开始的矫饰主义倾向的自然延续。这种风格把建筑推向极限，通过空间、结构、几何和装饰，连接了建筑和艺术。建筑师引入舞台元素，通过反复实践将光与透视的理念发展到一个新的高度。曲线和图形的使用，尤其是椭圆，加速了几何形体的复杂化，对建筑形式和建筑外形产生了深远影响。装饰被赋予了全新的重要意义，这是自哥特式建筑以来从未有过的。总的来说，巴洛克建筑是彰显表现力和活力的建筑，也是戏剧的建筑。

新哥特式（Neo-Gothic）新哥特式风格是随着人们对中世纪建筑形式兴趣的重燃而出现的。对新形式的兴趣以及对新古典主义的反对，催生了融合政治和宗教特色的建筑形式。新哥特式风格与基督教的价值观以及君主制的政体联系在一起，并成为它们的代表。与哥特式不同的是，新哥特式可同时用于普通民用建筑和宗教建筑。与哥特式相同的是，它充满细节、装饰，也体现垂直性。英国建筑理论家约翰·拉斯金（John Ruskin）通过其重要文章来推广这种风格，然而像维奥莱·勒·杜克这样有远见的设计师会把新技术和新材料与之融合，以增强建筑的基础结构和承载能力。

新古典主义（Neoclassicism）新古典主义始于 19 世纪中期，是为了回应巴洛克风格和洛可可风格的过度使用，目的是重现罗马、希腊以及文艺复兴全盛期的显赫与荣耀。新古典主义的基础是对称性和简单性，崇尚符号化的图像。虽然它只是希望与之前的风格建立联系，然而，这一点就能使其很好地适应各种文化和地理环境，也正是因此新古典主义能够流行于世界各地。

新艺术运动（Art Nouveau）新艺术运动源于对 19 世纪诸多复兴主义风格的反对。建筑师试图创建一种新的风格来代表新的建筑语言，并且把自然作为灵感的来源。同样，新艺术运动将建筑理念扩展到整个设计领域，包括家具、织物、装置艺术甚至服装。虽然广受欢迎，但相对而言新艺术运动是短暂的。尽管如此，它对装饰、工艺、想象的精益求精依然激励着建筑师和艺术家。

工艺美术运动（Arts and Crafts）工艺美术运动始于 1851 年的万国工业博览会。这次展览因展示由机械制造的精美物品而闻名于世，然而却忽略了工艺与材料特性。工艺美术运动坚持简单性和物质特性的表达，反对多余的装饰以及任何形式的大规模生产或工业化。工艺美术运动更喜欢传统建筑形式和风土建筑形式，它相信万物皆有本质，而品质至关重要。

工业主义（Industrialism）如果一栋建筑从本质上看是大规模生产完成的产品，那么它即符合工业主义的定义。建筑的组成部分不再只属于某一个特定建筑，相反，可以成为许多建筑的组成部分。工业主义为大众消费主义创造了市场，并延续至今。工业主义建筑是从思想和美学上最早走向现代主义的建筑风格之一。

现代主义（Modernism）现代主义的兴起是对在建筑中复制各种历史风格的一种反抗。这一思潮坚持对建筑结构和建筑材料的诚实表现，主张新的建筑抽象原理和新的工业生产原则。现代主义由不同的人物主导，每个人都有全新的审美感知。勒 · 柯布西耶提出了“新建筑五点”，此外还通过绘画进一步阐释了其建筑风格和形式体系。沃尔特 · 格罗皮乌斯创建了包豪斯大学，赞颂几何形体与功能主义之间的基本关系。阿道夫 · 鲁斯追求的是简洁性与材料特性。密斯主张以极简的形式营造通用空间，展示材料带给人的感知。所有的现代主义建筑师都以独特的方式探索自己的建筑风格。现代主义在几乎所有层面上都是对过去的彻底突破。现代主义建筑通过材料、结构、施工、艺术、工业技术和建筑理论，重新塑造其基本的建筑原则。

理性主义（Rationalism）理性主义主要盛行于 20 世纪初的意大利。其可贵之处在于它不仅拥有现代主义的新理念，还能坚守意大利诺瓦西托运动[译注 1]的历史古典主义思想。正是在这两种思想的作用下，理性主义者发现他们追求的建筑形式既可以解决现代社会中存在的很多问题，同时又能忠实于意大利古典建筑的原真性。

粗野主义（Brutalism）粗野主义是一个建筑术语，指的是体量巨大的几何形式的现浇混凝土建筑。这种风格推崇建筑结构和构造技术，主张直接暴露交通系统和机械系统。粗野主义以毛面混凝土和清水混凝土的开发和使用而闻名。对建筑结构的暴露和推崇其实是对结构的如实反映，但混凝土这种粗糙的材料却因为缺乏温情且不能满足人的尺度和需要而受到批判。

高技派（Hi-Tech）高技派建筑运动强调的是技术组件（结构体系和机械系统）的重要性，并将技术组件作为一套人眼可见的重要建筑语汇整合起来。每个技术元素都得以明确地表现，被直接暴露出来，从而使建筑形式和设计语言完全围绕着技术元素展开。高技派是极端的表现主义，造价极其昂贵，这使得它的体系很难进行复制或再生产。高技派是一次真正与建筑融为一体的运动，仅这一点就能反驳那些单纯针对风格方面的指责。

后现代主义（Postmodernism）后现代主义建筑的发展源于晚期现代运动[译注 2]所倡导的温和与抽象。最值得注意的是，后现代主义是对历史的重新研究，它重新带回了建筑装饰和建筑乐趣，而这些在现代运动中是被整体削弱的。但这些装饰只是装饰品而已，很少甚至几乎没有超越图形图示的范围。最终这种形式的效果及评价不佳，这也预示了一种新的严格意义上的风格集聚建筑时代的到来。

结构主义（Structuralism）结构主义是对极端现代主义（high modernism）[译注 3]所倡导的功能主义和抽象主义的一种反驳。结构主义者认同现代主义的建筑风格；然而他们认为建筑可以从一种更人性化、更感性的角度来探讨。结构主义注重无形的东西，注重寻找新的方法来解决问题，重视用户群体的使用体验，并研究人们如何与建筑和城市环境进行互动。

后结构主义（Post-Structuralism）后结构主义是一场短暂但很有影响力的建筑运动，其标志性的观点是所有的建筑理论都可以被质疑。后结构主义者认为所有的建筑特征都是相对的，没有所谓的真理。同时在这一运动中基层知识分子们相互批判、对彼此极为挑剔，因此没有形成明确的有生存能力的建筑哲学核心观点。后结构主义建筑的特征是几何图形的抽象、密集的理论抨击，为了突出形式忽视物质特性和建筑结构的价值。

解构主义（Deconstructivism）解构主义是 20 世纪后期的主要建筑形式，其发展特征与之前的后现代主义有相似之处。解构主义建筑风格青睐非直线形式，并试图质疑传统建筑思想中的某些绝对真理。建筑外观、结构、功能等问题都受到了审查或挑战。而最终，解构主义沦为单纯的风格运动，就像后现代主义一样，失去了其最初的本质意义。

地域性现代主义（Regional Modernism）地域性现代主义注重对当地环境和社会文化的背景调查，然后将这些原则与现代主义的一般概念相结合，如语言、文化、气候以及建筑物的建造场所等。事实证明，地域性现代主义的建筑风格极为丰富和生动，并且能充分利用当地的传统和形式并将其作为主要触媒。

全球主义（Globalism）全球主义是一种建筑风格，也标志着一场建筑运动，反映出西方思想在全球经济中的主导地位。全球主义的特征体现在“明星建筑师”的概念中。这些建筑师和他们的设计项目成为商品，被认为是品牌或商标，通过客户的认可发展壮大。全球主义建筑是一种典型的形式主义，它存在于作者的个性化风格中，而与功能或地点无关。规模相对较小的建筑师精英团队也可以在世界舞台上实践自己的建筑形式，通过建筑作品逐步提升影响力。

古典主义 | Classicism

古典主义建筑风格是在世界各地普遍存在的一种建筑形式。古典主义起源于古希腊，在随后的历史发展中经历过数次演进，直到古罗马时期达到鼎盛。古希腊时期，古典主义建筑风格的建立基础有四个：多立克、爱奥尼和科林斯三大柱式；其他规范化的建筑元素；几何形体与比例制度；所有元素的综合化、系统化运用。最初的古典主义建筑是纯粹的、真实的。这些建筑物通常是用坚固的大理石建造，一般采用供奉异教神的庙宇形式。寺庙建筑的比例体系经过几个世纪的总结最终确立起来，从那时起就一直为人使用。在古典主义建筑风格中，秩序、对称、等级、比例甚至知觉等概念都得到了充分应用与发展。罗马人将古典主义建筑发展到了一个新水平，丰富了它的建筑语言，拓展了建筑类型和施工技术。古罗马建筑理论学家维特鲁威在其《建筑十书》中，分别论述了建筑与古典主义的概念和原则以及二者密不可分的关系，这本书被认为是第一本建筑学专著。

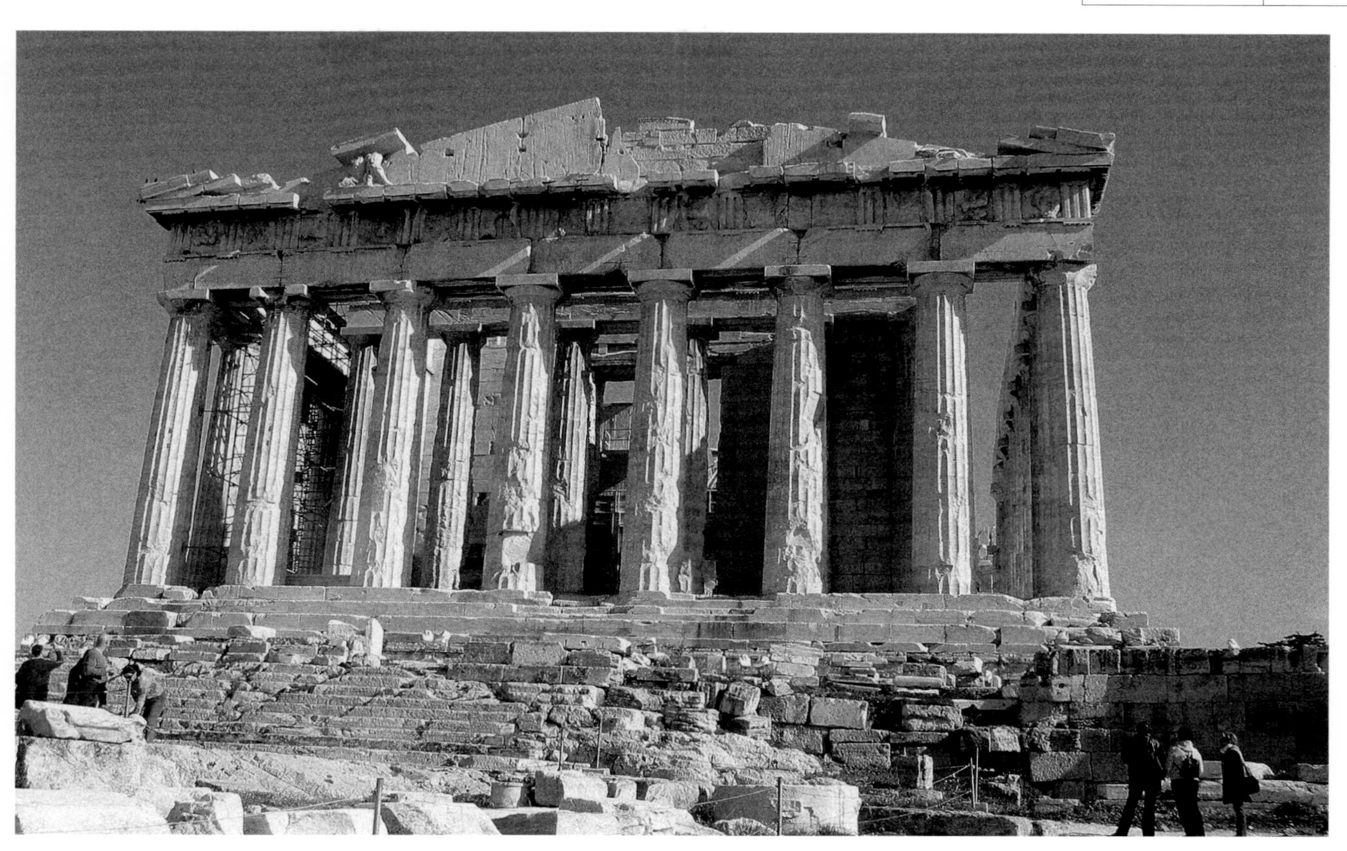

帕提农神庙，菲狄亚斯
雅典，希腊　公元前 432 年
[古典主义，异教神庙，砖石砌块]

Parthenon, Phidias
Athens, Greece　432 BCE
[Classicism, pagan temple, masonry]

帕提农神庙通常被认为是古典主义建筑甚至是所有西方建筑之精髓。由帕提农神庙建立起的理想范式在建筑领域沿用千年，时至今日依然拥有巨大的影响力。作为雅典卫城中最大的建筑，帕提农神庙坐落于高高的山巅，规模宏大、地位崇高，再加上完美的建筑感知，成就了其在雅典城中至高无上的威严，也为其确立了知名度和影响力。但神庙中许多建筑装饰遭英国掠夺，埃尔金石雕曾经在伦敦展出，更提高了帕提农神庙在西方的地位和价值。帕提农神庙对后世的影响深远又重大，自建成以来就被世界各地相继模仿，有成千上万的神庙立面都是仿照帕提农神庙的形象而建。

罗曼式 | Romanesque

罗曼式建筑自公元6世纪兴起，一直延续了整个中世纪。罗曼式建筑风格统治了欧洲近600年，是最普及、最持久的风格之一。在中欧每个国家都能发现罗曼式建筑，这是继罗马帝国的古典主义之后最早的泛欧洲建筑风格之一。从本质上看，罗曼式建筑是由罗马建筑与拜占庭建筑的融合发展起来的。典型的罗曼式建筑采用了许多与罗马建筑相同的建筑技术，却缺乏罗马建筑中普遍应用的改良材料和精致装饰。罗曼式建筑通常由教会与建筑大师合作建造，但是从来不会只由一位建筑师完成。在罗马建筑或古典主义建筑中，柱子是主要的结构元素，而罗曼式建筑则依靠墙体作为主要的结构元素。罗曼式建筑的特点包括：厚重的墙体、拱门、拱顶、钟楼、质朴的形象与对称的平面。在罗曼式建筑中，教会建筑占了多数。但在古典建筑中常见的比例体系在罗曼式建筑风格中却没那么重要。罗曼式建筑也因善于吸收并重复使用其他建筑或风格元素而闻名，并因此创造出大量的混合式建筑风格。

圣米尼亚托教堂
佛罗伦萨，意大利　12 世纪
[罗曼式，矩形巴西利卡，砖石砌块和木材]

San Miniato al Monte
Florence, Italy　12th century
[Romanesque, rectangular basilica, masonry and wood]

圣米尼亚托教堂坐落于佛罗伦萨的制高点，被认为是罗曼式建筑中最具影响力的典范之作。圣米尼亚托教堂建成于罗曼式建筑风格晚期，最出名的是其绿色和白色的大理石饰面以及主导着整个建筑群的绚丽彩饰。其建筑平面是一个简单的矩形，通过两排列柱划分空间，形成教堂的中殿和两侧走廊。小礼拜堂在中殿两侧分散布置，形成一组有趣的外部建筑。这种类型的平面形式常见于罗曼式风格早期，甚至早于拉丁十字式平面，虽然最终依旧是拉丁十字式更受教堂建筑的青睐。正立面中引人注目的多色彩绘一直延续至教堂内部，这种创新性的视觉装饰效果甚至影响了佛罗伦萨几个世纪间的建筑。即使在今天，圣米尼亚托教堂都被认为是佛罗伦萨最经典的教堂，也因此将永远被视为世界上最重要的教堂之一。

哥特式 | Gothic

罗曼式建筑之后是哥特式建筑风格的兴起。这种建筑风格的标志是垂直性，在垂直方向上通过结构、装饰和空间表现出来的高耸形式，是 12—16 世纪欧洲最主要的建筑风格。哥特式建筑风格表现出一种与基督教息息相关的道德元素。建筑要尽可能建造得高一些，并尽量减少结构上的约束。哥特式建筑风格比罗曼式更为精致，特别是在结构骨架上更富表现力。建筑形式的表达要求增加高度并扩大开敞空间，通过复杂的玻璃花窗以图案形式向未曾受过教育的普罗大众传达信息。哥特式建筑举世闻名的独特特征包括尖券、肋顶、塔尖及飞扶壁。其建筑材料也具有极高的辨识度，通常用的都是石头而不是砖。所有这些元素加在一起形成了尖耸峭拔的垂直建筑，使其比之前任何建筑都要接近天空，从而表现出建筑与上帝的联系。许多哥特式教堂的建筑平面都采用十字架形状，再次以基督教的形式来表达对上帝的赞美。

沙特尔圣母大教堂
沙特尔，法国　1260 年
[哥特式，拉丁十字形，石材砌块]

Chartres Cathedral
Chartres, France　1260
[Gothic, Latin Cross, stone masonry]

沙特尔圣母大教堂是世界上保存最完好的哥特式大教堂之一。哥特式教堂的所有常见元素都包含其中，特别是玻璃花窗、尖券和飞扶壁的使用最为充分。如同所有的哥特式大教堂一样，沙特尔圣母大教堂的建造过程也历经了数百年，它并不是某一位建筑师的个人作品，而是教会以及诸多建筑大师共同建造的结果。它展示了哥特式建筑的装饰和窗饰到底会有多少丰富而复杂的用法，石头和玻璃的交织到底能产生何种错综复杂又激动人心的视觉体验。沙特尔圣母大教堂的西立面并不对称，并首次应用了三段式的立面构成手法和$\sqrt{2}$的比例关系。虽然没有巴黎圣母院那么著名（主要由于地理位置不同），但沙特尔圣母大教堂仍然是典型的哥特式大教堂，是哥特式建筑运动的巅峰之作。

文艺复兴 | Renaissance

文艺复兴无疑是所有建筑风格中最具影响力的一项，其中一部分原因是它对建筑、艺术和城市都产生了重要影响。在文艺复兴时期，诸如科学、地理、天文等学科都得到了迅猛发展。也正是在文艺复兴时期，建筑师们开始重新审视古人的建筑作品，这标志着建筑历史和建筑理念进入了教学模式，第一次变得如此重要。阿尔伯蒂和帕拉迪奥等建筑师，在罗马花费数年时间来测量和记录古罗马的遗址和建筑，学习其形式、空间、几何图形和建筑技术。这一时期，建筑中出现了对比例关系的多种处理手法，并进行了广泛应用，使建筑从仅是顺应可用地块形状（中世纪的惯用做法）的理念中解放出来，取而代之的是遵循完美的纯粹几何图形，如正方形或黄金分割。文艺复兴时期的建筑立面是按照既定的类型学和比例原则进行建造的。在文艺复兴时期，艺术发展达到了顶峰，建筑、雕塑和绘画之间的直接联系如雨后春笋般涌现。光学定律的魅力通过透视图展现出来，仿佛架起了一座数学之桥，使建筑表现与形式和空间可以通过感知相互连接起来。布鲁内列斯基被认为是文艺复兴时期的第一位建筑师，提出了“文艺复兴人”（Renaissance man）[译注 4] 的概念，指一个人能够擅长许多领域，能够通过纯粹的意志力和创造力来解决以前被认为是不可能解决的问题。在整个文艺复兴时期，秩序感和优雅感盛行。建筑不再是一些主观意见或个人观点，而是思想和知识的载体，涵盖文化和专业的方方面面。

美第奇·里卡迪宫，米开罗佐·迪·巴多罗米欧
佛罗伦萨，意大利 1460 年
[文艺复兴，带有矩形庭院的宫殿，砖石砌块]

Palazzo Medici Riccardi, Michelozzo di Batolomeo
Florence, Italy 1460
[Renaissance, rectangular courtyard palazzo, masonry]

美第奇·里卡迪宫被认为是文艺复兴早期宫殿设计的原型之一。作为典范，它建立了许多规则用于管理文艺复兴后期宫殿的设计和建造。美第奇·里卡迪宫由石头建造而成，共有三层，每层采用的是不同粗细的石工。基础层或称“底层”用的是粗面石工，而上层则非常细致。建筑外部，三层之间被束带层分隔，整个建筑的顶部是古典主义的檐口。佛罗伦萨的宫殿建筑，外形大多是中世纪晚期和文艺复兴早期风格的结合。美第奇·里卡迪宫内部庭院采用的是正方形的形式，是宫殿的中心和主要元素，各个房间围绕着庭院布局并与庭院连通。这些庭院直接传承了罗曼式庭院的风格，在典型的罗曼式住宅建筑中最为常见。但美第奇·里卡迪宫因其在秩序、历史和比例上的不同特征，与其他罗曼式建筑区别开来。

矫饰主义 | Mannerism

矫饰主义的存在时间较短，虽然只是昙花一现，但其影响力和重要性不可忽视。矫饰主义代表了文艺复兴之后的建筑发展阶段。正是因为矫饰主义与文艺复兴的关系十分紧密，所以外行人很难发现两者的差异。矫饰主义推动了建筑定义的发展、扩展了建筑的深度和广度。矫饰主义贯彻了文艺复兴时期的风格和规则，并在此基础上构建了一个更自由、更动感、更复杂、更有趣的建筑风格。虽然文艺复兴时期的古典主义建筑语言对矫饰主义来说至关重要，但后者依然有权优先使用这种语汇进行试验并有权改变先前的所有概念。这些操作是通过对形式的重新设计来实现的，比如分层、视角和尺度的扭曲、非对称的使用以及寻找整体构图上的动感和可感知的空间活力。这些手法造就了一种不可思议的混合风格，这种风格既保有一丝古典主义色彩，又有一些自由奔放与别出心裁的暗示，这正是即将到来的巴洛克风格。许多历史学家认为，由于与文艺复兴风格存在微妙的关系，矫饰主义风格更为有趣，相比而言，文艺复兴的风格十分完整，但矫饰主义的建筑创新更加巧妙，并需要更细腻的感知力。矫饰主义可以说是古典语汇的延续，而后来的建筑运动却是一种完全的断裂。这也正说明了为什么外行人可以清楚地分辨巴洛克和古典主义，但在矫饰主义和古典主义之间绝对没有如此明显的差异。

德泰宫，朱利奥·罗马诺
曼图亚，意大利　1534年
[矫饰主义，带有矩形庭院的宫殿，砖石砌块]

Palazzo del Te, Giulio Romano
Mantua, Italy　1534
[Mannerism, rectangular courtyard palazzo, masonry]

德泰宫可以说是第一个重新审视传统建筑风格并傲慢地对其发起挑战的建筑。在此之前，建筑一直被视为是非常严肃的事业，通常用来赞美上帝的恩泽或彰显皇室阶层至高无上的权威。朱利奥·罗马诺设计的这座郊区宫殿，却是以一种全新的、具有趣味性的方式诠释了建筑的含义。罗马诺设计的这座建筑，在外行人眼中或许只是一座传统的古典宫殿。然而只要接受过建筑学习或训练的人就能看出，在这座建筑中很多古典语汇的规律和法则遭到质疑甚至被打破和忽视。其实在实际的建筑中，这些改变往往非常微妙，比如拱心石下移、石块之间莫名的缺口、被打断的山花、不甚严谨的对称性、卡通化的粗面砌筑以及并不一致的秩序体系和比例关系等。这些做法足以使这座建筑非常受欢迎，尽管也有很多人认为这是一种反常现象。

巴洛克式 | Baroque

巴洛克风格是动态建筑的缩影，代表了一种自然的延续，这种延续始于矫饰主义（通过对古典主义建筑语汇的运用形成了一种新的建筑风格），充分利用了几何关系的复杂性，并跟随了建筑形式的演变及艺术谱系的发展。与其他风格相比，巴洛克是与各种各样的艺术形式结合在一起的，包括建筑、雕塑和绘画，形成了一种综合的感受。巴洛克与矫饰主义不同，后者在相当大的程度上保持着与文艺复兴的相似性，而前者真正建立起一种建筑语言，拓展了建筑风格的界限。曲线元素在建筑中的使用，以前是例外，现在却变成了规则。这种几何形状的复杂性和动态的灵活性甚至成为巴洛克的定义原则，在巴洛克式建筑中随处可见。建筑秩序变得更加复杂，使建筑看起来像舞蹈般灵动，如海浪般澎湃汹涌。对曲线这种与众不同的几何图形的狂热追求使椭圆形变成了常用的建筑要素。对椭圆形的迷恋还受到了天文学发展的影响。在文艺复兴时期，天文学家发现行星并不像先前推测的那样沿着圆形路径运行，而是椭圆形轨迹。这一发现使人们对形状的复杂性产生了浓厚兴趣，并将其转变为建筑中追求的各种形式。有趣的是，在巴洛克时期也从未停止对对称的追求。不管建筑物如何有机地组合在一起，最终依然可以呈现对称的状态。

四泉圣嘉禄堂（又译“四喷泉圣卡罗教堂”），弗朗西斯科 · 博洛米尼
罗马，意大利　1641 年
[巴洛克式，椭圆形，砖石砌块]

San Carlo alle Quatro Fontane, Francesco Borromini
Rome, Italy　1641
[Baroque, oval, masonry]

四泉圣嘉禄堂尽管尺度很小，但是它将巴洛克风格的建筑原则运用得淋漓尽致。教堂平面由一系列椭圆形相互重叠组合而成，利用几何形的可塑性创造了一个波浪形、富有活力和动感的空间。教堂内的空间是椭圆形和十字形的组合。较小的椭圆形帮助创建了两侧的小教堂空间以及一个较小的教堂前厅和祭坛空间。这些部分相互结合还可以形成一个大空间，而文艺复兴时期的普遍做法却是空间分离。运动感和可塑性在建筑中显而易见，尤其体现在建筑立面上，墙面沿曲线波动起伏，是街道环境与教堂内部空间的灵活过渡。虽然建筑立面与内部空间几乎没有关系，但它营造了一种剧场的氛围，暗示出大幕徐徐拉开后的精彩。

新哥特式 | Neo-Gothic

新哥特式建筑起源于 18 世纪中叶的英国，直到 19 世纪还持续应用于世界各地的建筑中。新哥特式的兴起首先是由于人们对中世纪建筑形式的重新追求，随后发展为对新古典主义的呼应。但新哥特式不是哥特式形式的简单复兴，还有更多的政治内涵和道德价值夹杂其中。新古典主义被视为对自由主义和共和主义的歌颂，而新哥特式则代表了君主制和保守主义。新哥特式逐渐代表了基督教的正确价值观，因此任何使用这种风格的机构组织都会与那些特定的价值观联系在一起。而与哥特式建筑几乎完全专用于宗教建筑不同，新哥特式建筑应用于许多不同的建筑类型，包括宗教建筑和非宗教建筑。新哥特式建筑风格往往更为一致，因为一栋建筑物通常是由一位建筑师负责到底，而哥特式建筑却是古代行会制度的产物。但总体来说，两者的形式非常相似，都有极度繁复的细部和典型的垂直性。

议会大厦（又称“威斯敏斯特宫”），查尔斯·巴里和奥古斯都·普金
伦敦，英格兰　1867 年
[新哥特式，多庭院的毯式建筑，砖石砌块]

Houses of Parliament, Charles Barry and Augustus Pugin
London, England　1867
[Neo-Gothic, multi-courtyard mat building, masonry]

查尔斯·巴里设计的伦敦议会大厦即是术语中所称的“垂直风格”，属于新哥特式的分支。实际上巴里更普遍地被认为是一位新古典主义建筑师，需要依赖著名的哥特风格专家奥古斯都·普金的帮助，在其指导下才能顺利完成新哥特式的建筑细部和室内装饰。巴里精心设计了一栋体量巨大的对称式建筑综合体，即下议院和上议院，并围合出许多庭院。上、下议院分别是综合体两侧的主体建筑。新哥特式风格成为君主制和保守主义的象征，这在当时的英国广泛流行。但这种风格与法国和美国正好相反，这两个国家均采用新古典主义作为其国家建筑的主导风格。议会大厦其实是一个相当有趣的案例，是将古典主义情怀与哥特式的建筑细节相互融合的范例。建筑整体的秩序感、错综复杂的视觉体验以及对细节质量的严格把控，都像极了英国政府和民众的风格。

新古典主义 | Neoclassicism

没有任何一种风格能像新古典主义那样受到前所未有的追捧，具有如此深远的影响力。新古典主义始于18世纪中叶，直到19世纪末依旧占据着主导地位。新古典主义源于对巴洛克风格和洛可可风格过度使用的回应。人们越发觉得这些风格肤浅单薄，又由于过度使用而产生了严重的审美疲劳。而新古典主义是对建筑风格本源的探究，以振兴希腊、罗马和文艺复兴时期建筑的辉煌成就为信念。洛可可风格以强调装饰和动感、过度使用修饰、擅长不对称的建筑为开端，而新古典主义颂扬的却是简单和对称之美。新古典主义在世界各地广泛使用，是第一个真正意义上的国际风格。新古典主义也是一种史诗般的风格，直到20世纪才逐渐被现代主义取代。像许多其他建筑运动或风格一样，新古典主义在音乐和绘画等艺术领域中也有同步发展。在政治上，它象征着自由主义和共和主义，因此最终成为法国和美国政府的首选风格。新古典主义同样是借鉴了传统艺术的精华而不断发展前进。它对新生事物不感兴趣，转而选择古典美学，信任一系列已经成为标志的、毋庸置疑的作品。新古典主义有能力适应几乎任何文化或功能。它曾经是所有风格中最重要、最普遍的建筑风格，或许现在依然还是。

圣玛德莲教堂（又称“巴黎军功庙”），彼埃尔—亚历山大·维尼翁
巴黎，法国　1842 年
[新古典主义，设有柱廊的方形教堂，砖石砌块]

La Madeleine, Pierre-Alexandre Vignon
Paris, France　1842
[Neoclassicism, colonnaded rectilinear church, masonry]

圣玛德莲教堂最初是作为拿破仑军队的纪念丰碑而建，后来才被作为供奉神祇的教堂使用，这座建筑深受世界上保存最完好的罗马建筑之一——位于法国尼姆的卡利神殿的影响。但一个有趣的现象是，维尼翁并不认为建筑室内外的关系与真正的古典建筑结构同等重要。因此圣玛德莲教堂的内部由三个圆形穹顶组成，它们以直线形式排列在祭坛上方。从建筑外观上看，山花没有显示出任何有关这种布局的迹象，也没有像帕提农神庙那样有柱廊围绕着整个建筑。但至关重要的一点是，建筑外部的简单性并没有因为内部的复杂性而做出任何妥协让步。圣玛德莲教堂是巴黎这座城市的历史丰碑，所以作为一栋建筑，它是城市的重要组成部分，并负有更长远的责任。同时，这也完全可以说明在面对较难协调的规划或建筑议题时，新古典主义可以实施多么灵活的操作。

新艺术运动 | Art Nouveau

新艺术运动作为一种建筑风格，从1890年开始仅持续到1905年，然而就在这短短的15年中，它受到空前绝后的追捧并产生了深远的影响。新艺术运动是对普遍存在于19世纪的多种复兴风格的进一步响应。新艺术运动并不是一味地模仿，而是寻求新的灵感以创建一种全新的建筑语言。而新的灵感中有很大一部分来源于自然中的形式。蜿蜒迂回的曲线、球根状的形式以及大自然中精致的细节都在这种全新的表现主义风格中占有一席之地。新艺术运动的建筑平面对古典主义确立的建筑规范发起了挑战，然而它们通常仍然坚决地遵循古典主义的原则。新艺术运动的创造性和主要特征体现在建筑装饰的广泛应用、建筑细部的设计以及对整体设计概念的把控。建筑师务必要注意项目中的每一个细节。亨利·凡·德·威尔德（Henry van de Velde）将这种做法发挥到了极致，甚至为居住在他设计建筑中的女士们设计了裙子和鞋子。固定装置和家具设计在新艺术运动中同样占有很大比重，是它们使这次短暂的建筑运动表现出非同凡响的艺术感。新艺术运动是介于复兴风格和现代主义之间的过渡风格。这是使人们信服于建筑师的关键一步，实际上建筑师可以发明全新的形式，而这些形式预示着现代运动的到来。

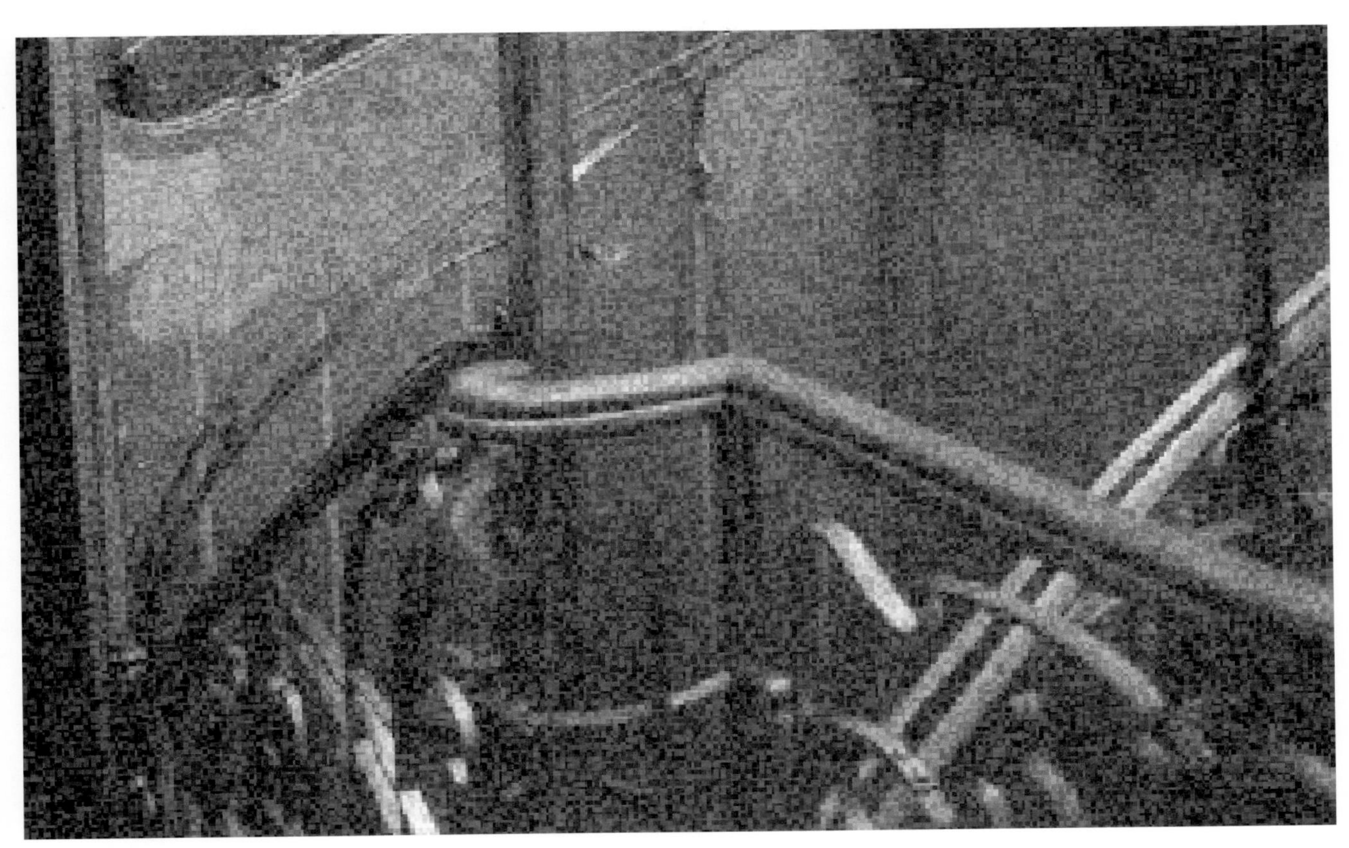

荷塔住宅（现为“荷塔博物馆”），维克多·荷塔
布鲁塞尔，比利时　1898年
[新艺术运动，有机的植物形式，砖石砌块和铁]

Horta House, Victor Horta
Brussels, Belgium　1898
[Art Nouveau, organic vegetal forms, masonry and iron]

荷塔住宅是彰显新艺术运动力量性和创造性的杰出代表作。这座建筑既是住宅，也兼作工作室，其本质上是将两座相邻的别墅巧妙细致地组合在一起。两座建筑的组合，充分体现了荷塔的思维方式和惊人的想象力，他既能将两种功能完美地杂糅在一起，又能同时实现两个实体在空间和形式上保持相对独立。这种个性化的特征在建筑主立面上清晰可见，并且将所有的对称关系都完全打破。两座别墅只在地面层和建筑一层相连。而这座建筑真正的耀眼之处却是建筑装饰和细部设计，这在建筑立面的铁艺和室内主楼梯的造型中都能明显体现出来。这些元素已被证实是现代主义产生的催化剂之一，在现代主义中建筑师不再依赖往昔才能获得灵感，而是根据对自然和社会的观察创造出一种全新的建筑语言。

工艺美术运动 | Arts and Crafts

在 1860 年到 1910 年这大约 50 年的时间里，工艺美术运动蓬勃发展，持续兴盛。英国作家威廉·莫里斯是这场运动的奠基人，建筑理论家约翰·拉斯金的著作对其产生了重要影响。从某种程度上来说，工艺美术运动的兴起是对 1851 年在伦敦举办的“万国博览会”的响应，这场国际工业博览会极力追捧一些异常华丽、由人工制造的项目，但却忽视了材料本身的性质和品质。工艺美术运动宣扬简单的形式和传统的工艺，通常反对任何形式的大规模生产或工业化。他们青睐传统、浪漫的装饰风格以及风土建筑形式。工艺美术运动试图消除任何多余繁复的装饰，转而专注于事物的本质。通常，建筑细部和所使用的天然材料都会暴露在外，作为一种展示建筑构造及材料真实性的方式。他们并非认为装饰有害，只是装饰必须适当而且永远不能喧宾夺主，对装饰的强调永远不能超过建筑本身。和许多艺术运动一样，工艺美术运动影响着生活的许多方面，包括绘画、雕塑、插画、摄影、室内设计和装饰艺术等，还包括家具和木制品、彩色玻璃、编织、珠宝设计和陶瓷工艺等。除此之外，工艺美术运动还对社会哲学和政治产生了巨大影响。

盖博住宅，格林兄弟
帕萨迪纳，加利福尼亚州　1909 年
[工艺美术运动，非对称的带有中央大厅的房子，木材]

Gamble House, Greene and Greene
Pasadena, California　1909
[Arts and Crafts, asymmetrical central hall house, wood]

盖博住宅是工艺美术运动的杰出作品之一。它由 12 名工人历时约一年纯手工打造完成，开创了一种全新的建筑语言 [即南加州平房风格（the southern California bungalow）][译注 5]，也宣告了工艺美术运动的到来。住宅本身可以看作一个大型的木结构，有一种特别随意的感觉，建筑中有较低的天花板、丰富的感官材料、基于中央大厅的松散平面布局，而且多变的天气条件使建筑室内外之间存在着一种非凡的关系。大部分的家具和固定装置也都是格林兄弟设计，进一步阐释了工艺美术运动这种特殊风格带来的影响，并随着格林兄弟的设计又得到了更进一步的延续和拓展。相比古典主义的对称性，非正式的不对称性更受工艺美术运动的青睐，这也导致了住宅平面虽有明确的功能分区，但没有严格的轴线。盖博住宅同样因其对外部空间的利用而闻名，包括数量众多的睡眠阳台（sleeping porches）[译注 6] 和各式各样的露台。总的来说，这所住宅是对工艺技艺和建筑细部完美运用的有力证明。

工业主义 | Industrialism

工业主义时代是指由机械化引领的大规模生产时代。技术时代的到来允许产品和生产资料进行重复生产，允许进行生产调度，增加可用产品的数量，从而降低成本。对建筑的影响主要在于建筑材料的发展，新兴技术使建筑材料突破了传统工艺的生产限制，建筑组件也可以进行机械化的重复生产。生产转型也带来了社会规则的转型，由贸易和农业向制造业和工业转变。工业主义运动中新技术、新生产方式、新知识激发了新的建筑功能类型的产生。中产阶级的出现开创了一种新的消费文化，其主要特征是工人可以购买流水线上生产的产品。材料的生产促使了规模化生产和标准化生产的出现，可以预先确定建筑产品的成品样式，将建筑从手工制作的、基于工艺技术的对象转变为无论形式还是结构均基于机器加工的产品。

法古斯工厂，沃尔特·格罗皮乌斯
莱纳河畔的阿尔费尔德，德国 1913 年
[工业主义，功能主义工厂，钢材、砖石砌块和玻璃]

Fagus Works, Walter Gropius
Alfeld an der Leine, Germany 1913
[Industrialism, functionalist factory, steel, masonry and glass]

法古斯工厂无论在功能上还是形式上都将工业主义表达得淋漓尽致。作为工厂，它将大规模工业化生产的整个流程容纳在建筑的功能布局之中，这正是对工业主义建筑运动号召的响应。其建筑形式明确表达了对手工工艺、功能主义的传统材料和装饰以及流线型形式的否定，又通过钢材、砖材、砌块和玻璃显示出现代材料主义的精神。工业美学所阐释的是一种理性的形式主义，是对建筑材料的诚实表达，并通过对材料的重复性、单元化的表达形成了个性化的建筑立面。最终，无论在精神层面，还是在建筑外观，甚至是建筑材料方面，法古斯工厂都可以称为机械化的产物。

现代主义 | Modernism

现代主义的出现是对保守现实主义和传统历史形式的回应，其中传统历史形式依赖于公开的史学参考。抽象概念的运用、新材料的采用以及新技术的相关形式和结构能力，使带有开放平面的机械形式得以出现，并展现出新的工业化形式主义的个性与特征。新技术的发展淘汰了陈旧的建筑风格，摒弃了传统建筑样式，将形式主义和功能主义作为主导原则。现代主义遵循机械美学的审美观念，否定材料装饰和几何形状。在现代主义中，以物质本身的特性作为装饰的意义得到了充分显现并得以强化和巩固。

萨伏伊别墅，勒·柯布西耶
普瓦西，法国 1929年
[现代主义，自由平面，混凝土和砖石砌块]

Villa Savoye, Le Corbusier
Poissy, France 1929
[Modernism, free plan, concrete and masonry]

萨伏伊别墅是对现代主义建筑原则的完美诠释，不仅因为它运用了勒·柯布西耶提出的“新建筑五点”，还因为它使用了与早期截然不同的建筑感知和建筑语汇。新建筑运动的发展依赖于很多方面，如现代艺术的理念和抽象概念、新材料和新技术以及机械美学的一般概念等。在规划设计、建筑结构和建筑美学等领域，萨伏伊别墅均可以作为主要例证。这幢建筑像是飘浮于一系列柱子之上，这种“飘浮”阐释了一种新的结构技术——多米诺体系[译注7]。在建筑平面设计中还考虑到了汽车的停放问题。萨伏伊别墅的整体形式和建筑语汇虽然是抽象的，但却具象地诠释了新的机械美学理念。历史观念中关于重量、体量及对称的概念被转译在纯粹的简单建筑形态中，建筑看起来像是飘浮在空中，建筑的物质体量被消减削弱，自然环境被引入室内，构成内外部相互贯通的建筑空间。

理性主义 | Rationalism

理性主义指的是一种以理性和逻辑为基础的建筑风格，而非幻想或者想象。20 世纪早期，奥古斯特·佩雷等建筑师开始尝试使用新理念和新材料，采用更加结构化的方法处理结构体系，从而使建筑结构的表达更加直接、真实。在意大利，理性主义运动是通过七人小组（Gruppo Sette）[译注 8] 的艺术作品和著作发展繁荣起来的，这些年轻的意大利现代主义者虽然没有明确理性主义的定义，但是认为自己处于意大利诺瓦西托建筑运动的古典主义和未来主义的工业化建筑风格之间的过渡时期。理性主义者坚信历史的力量，并且愿意在自己作品中加以运用，但他们仍然完全精通现代主义的信条和原则，就像柯布西耶和其他北欧设计师所实践的那样。理性主义可以说是一次特殊的建筑运动，也许比其他任何建筑风格更有能力检验古典主义与现代主义，更有能力在同一栋建筑中实现二者优点的结合，理性主义能着眼现在、放眼未来，也能兼顾过往。作为一次建筑运动，理性主义持续的时间相对较短，却产生了显著效果和深远影响。

法西奥大厦，朱塞佩·特拉尼
科莫，意大利　1936 年
[意大利理性主义，城市实体，砖石砌块]

Casa del Fascio, Giuseppe Terragni
Como, Italy　1936
[Italian Rationalism, urban object, masonry]

法西奥大厦是理性主义运动中最完整、最令人信服的建筑作品。其立方体形式所体现的简单性以及暴露的结构框架所体现的理性主义，使它在现代运动的理论中稳固地占有一席之地；然而，由于它与早期罗马建筑以及文艺复兴时期的宫殿建筑具有对应关系（主要是建筑平面形式的对应关系），因此成为对场所环境和历史传统十分敏感的建筑。法西奥大厦所采用的比例体系、几何形式、建筑材料，甚至构造方式都被视为建筑与基地及环境结合的方式。法西奥大厦通常被认为是政治宣传的杰作，因为它在 20 世纪 30 年代为法西斯的集会提供了优雅的环境。该建筑完美地融合了勒·柯布西耶北方的现代风格与历史悠久南方的诺瓦西托建筑风格。建筑语言是严格现代的，然而建筑感知似乎更具有历史意义，带有一些保守的思想。

粗野主义 | Brutalism

粗野主义建筑的特征是占主导地位的粗糙、块状、有棱角的几何体，其典型形象是暴露在外的、带有加工痕迹的现浇混凝土。粗野主义的表现形式源于对建造和节点的诚实表达。其风格标志是外露的建筑功能以及对简单耐用的建筑材料及结构构造的清晰表达。粗野主义同样是率直的形式、巨大的建筑体量、不透明的建筑外形以及粗糙的材质，却又通过一种简单明显的表达方式展现出粗野却真实的感觉，拓展了对现代主义的感知。

惠特尼博物馆，马赛尔·布劳耶
纽约市，纽约州　1966年
[粗野主义，阶梯式体块的美术馆，混凝土]

Whitney Museum, Marcel Breuer
New York, New York　1966
[Brutalism, terracing massing of galleries, concrete]

惠特尼博物馆是粗野主义的典型代表。建筑采用混凝土现浇而成（以花岗岩覆盖），缺乏对建筑细部的打磨，巨大的不透明形体隐匿其中，只有一扇漏斗形的窗户将外形打破。建筑体量位于开放式的下沉庭院之上，质朴无华的形式和裸露的粗糙混凝土为其塑造了一个独特却也极具争议性的建筑形象。美术馆的基本功能需要不透明的垂直表面，因此建筑自然而然趋向于空白简单的形式，然而建筑所采用的堆叠和阶梯式的形式，展示出剖面中的分层处理，既体现了基地的建筑密度，也在垂直方向上创造出了序列和层级感。

高技派 | Hi-Tech

高技派建筑将科学技术与建筑细部和建筑形式表现性地融合在一起。高技派回归了现代主义对建筑形式和组织布局的一般原则，同时扩展了现代科技的表现形式与结合方式。高技派建筑风格的典型特征是对建筑结构的揭示、建筑系统中对连接方式的精细处理以及对于构造组件自然属性近乎痴迷的追求，因此很明显，高技派与像机器一样的建筑外观密切联系起来。尽管高技派起源于对功能实用性与建筑表现性的回应，但其最终的风格表达拓展了甚至可以说远远超越了建立一种可识别的建筑风格的基本要求。构件的衔接、装配以及整体的建筑系统，为建筑形式建立起一种基于构建和构造的敏感性。通过机械构造的显性表达，形成了易于识别的独特风格。

蓬皮杜中心，伦佐·皮亚诺与理查德·罗杰斯
巴黎，法国　1974年
[现代高技派，自由平面式博物馆，钢材、玻璃和混凝土]

Centre Pompidou, Renzo Piano and Richard Rogers
Paris, France　1974
[Hi-Tech Modernism, free plan museum, steel, glass, concrete]

几乎没有任何建筑比蓬皮杜中心更能精准体现高技派的建筑风格了。这种建筑风格的原则与规范体现在蓬皮杜中心的方方面面。建筑中对各种机械式结构组织的暴露形成了夸张的形式主义表现方式，以此完成建筑的整体表现和语汇表达。建筑中各个系统均以颜色进行编码，并以此作为建筑的组织方法，最终形成独特的语汇和风格。蓬皮杜中心所采用的超功能性和机械化的概念是当时建筑文化的反映，建筑中无处不在的极端复杂度以及新机械美学的审美观都是这些概念的体现。历史建筑及传统建筑的组织理念在蓬皮杜中心是完全消失不见的，取而代之，建筑展现的是关于空间、结构和系统的新理念以及如何通过高度灵活的方式展示这些不同设计的新方法。

后现代主义 | Postmodernism

后现代主义的出现是对现代主义抽象派还原艺术的呼应。后现代主义反对脱离历史参照，反对抽象构图中的非人道主义，公开主张回归到历史参照之中以辅助形式进行构图及装饰。但是，后现代主义以拼贴主义的构图敏感古怪地借鉴历史参照，又将作为形式参考的折中主义与新材料和建筑系统结合，往往使建筑形式的构图处于尴尬境地。回归历史这一理念，虽然可以实现对历史的视觉意义、文化意义及参照意义的更深刻理解，但同时也是对建筑从业者自身提出的更高要求，并以此使外行难于掌握其特征，不易参与其中。因此，这些只有内行才能理解的深奥难懂的形式特征，其实是缺乏历史意义的，又使后现代主义过分注重非功能性的装饰因而疏远了使用者的需求，这其实也违背了后现代主义原本的含义。

波特兰市政大厦，迈克尔·格雷夫斯
波特兰，俄勒冈州 1980 年
[后现代主义，带装饰性立面的大体块建筑，多种建筑材料]

Portland Building, Michael Graves
Portland, Oregon 1980
[Postmodernism, block mass with decorative facades, various]

作为后现代主义代表之一的波特兰市政大厦，采用了最基础的立方体形式，并将历史参照进行抽象以赋予建筑外部造型。因此建筑立面的特征是变化的材料、参照历史的模式以及三维图形的应用。后现代主义在建筑特征的塑造中过于重视建筑表面，使建筑设计归于二维平面的操作而不能对三维空间产生影响。因此，将建筑转译为图形式的贴花，波特兰市政大厦的这一做法极大地促进了后现代主义的发展，因为它更符合企业对肖像化、可识别性的市场需求，并且更容易融入传统的建筑形式和建筑实践当中。但是最终，这些只有内行才能理解的深奥难懂的各种建筑参照，使波特兰市政大厦变得造作和失败。

结构主义 | Structuralism

结构主义开始于20世纪20年代至50年代末国际现代建筑协会（CIAM）的相关会议。结构主义者不再认同国际现代建筑协会宣言中的一些信条，决定摆脱现代主义者的功能主义学说，由此发起了一项与建筑使用者建立情感共鸣、更富人情味的建筑运动。结构主义的重点在于处理建筑标志和建筑系统以及如何将二者结合形成一个既现代又兼有某些无形特质的建筑，而这些特质是功能主义者反对的。结构主义者不相信建筑可以像科学一样被设定，也不认同逻辑无法决定问题该如何解决的观点。第一批结构主义者是从国际现代建筑协会分裂而出的小派别——“十次小组”的成员，形成于20世纪50年代末期。然而这些建筑师后来也由于意见不合而出现分歧。新粗野主义运动由彼得·德纳姆·史密森（Peter Denham Smithson）和艾莉森·玛格丽特·史密森（Alison Margaret Smithson）夫妇发起，结构运动是由荷兰建筑师阿尔多·范·艾克（Aldo Van Eyck）等建筑师发起。结构主义者坚信，城市规划和建筑应注重更加人性化的设计。他们认为勒·柯布西耶和现代主义者对功能主义和逻辑性的追求走入了极端。他们认为，如果建筑师想要有效地为大众做设计，那么场所精神和用户参与至关重要。

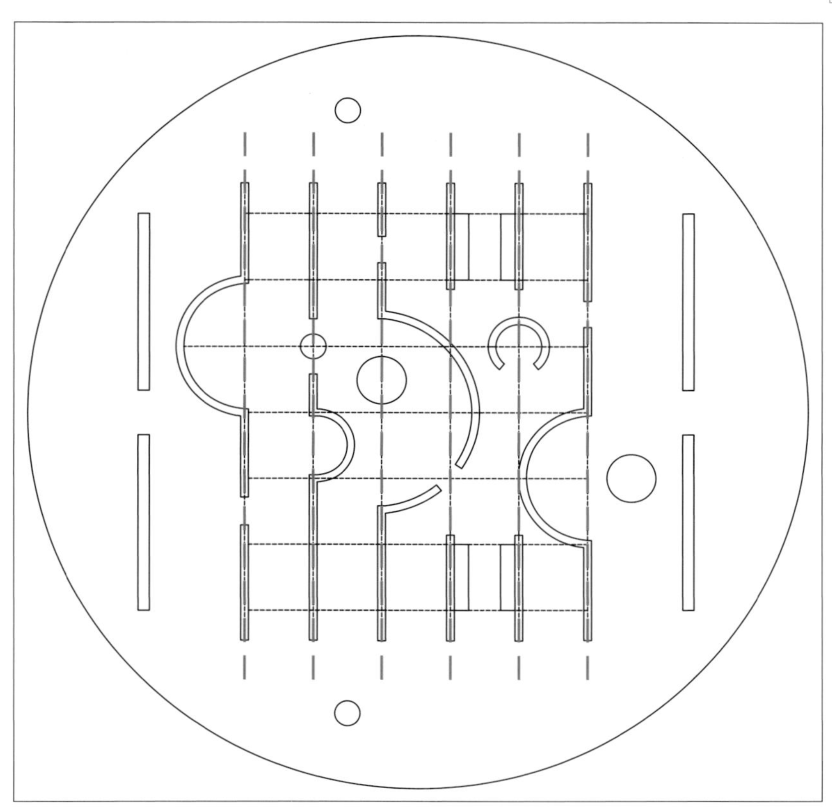

桑斯比克雕塑展览馆，阿尔多·范·艾克
阿纳姆，荷兰　1966年
[结构主义，平行墙面的展厅，砖石砌块]

Sonsbeek Pavilion, Aldo Van Eyck
Arnhem, Netherlands　1966
[Structuralism, parallel-walled pavilion, masonry]

桑斯比克雕塑展览馆是一栋临时性建筑，展示出了结构主义风格的许多原则。其建筑平面最具识别性，平面布局极其有序，在规整的同时又充满空间乐趣。建筑所采用的设计方法主要是秩序和模式的运用，既有自由之感，也成为结构主义的标志之一。桑斯比克雕塑展览馆采用圆形作为整体造型，在中心以矩形进行修正，二者统一，共同达成了上述成就。圆形用作平台，矩形展馆坐落其上。展馆采用了一系列平行的墙面分隔出不同等级的空间，以便容纳雕塑及其他功能。这座建筑之所以举世瞩目，在于它将现代主义的某些方面和新的、更加自由的设计机制结合起来。而在结构主义之前，现代主义演绎的只是一种纯粹的功能性建筑。桑斯比克雕塑展览馆是用混凝土砌块建造起来的，这种材料强调了等级要素中的墙壁曲线。

后结构主义 | Post-Structuralism

在建筑发展进程中，后结构主义运动是对结构主义重新理解和重新重视的过程，但二者的许多宗旨却截然不同。后结构主义者从来没有形成真正的有凝聚力的组织，是因为他们不止崇尚批判思想，还很喜欢批评他人。除了对结构主义的信仰以及在建筑运动中获得的进步之外，没有什么可以让他们团结在一起。后结构主义者认为世上没有对错，一切都是相对的。这种反人道主义的观点，导致大部分建筑作品虽然有趣却生命短暂。对于后结构主义者来说，一切都应承受挑战。建筑理念从建筑产生之初就应融入建筑之中的观点现在受到了质疑。从本质上说，后结构主义更适用于哲学层面的推测和讨论，不适用于建筑实践，因为建筑实践需要依托物质层面的实体才能得以呈现。

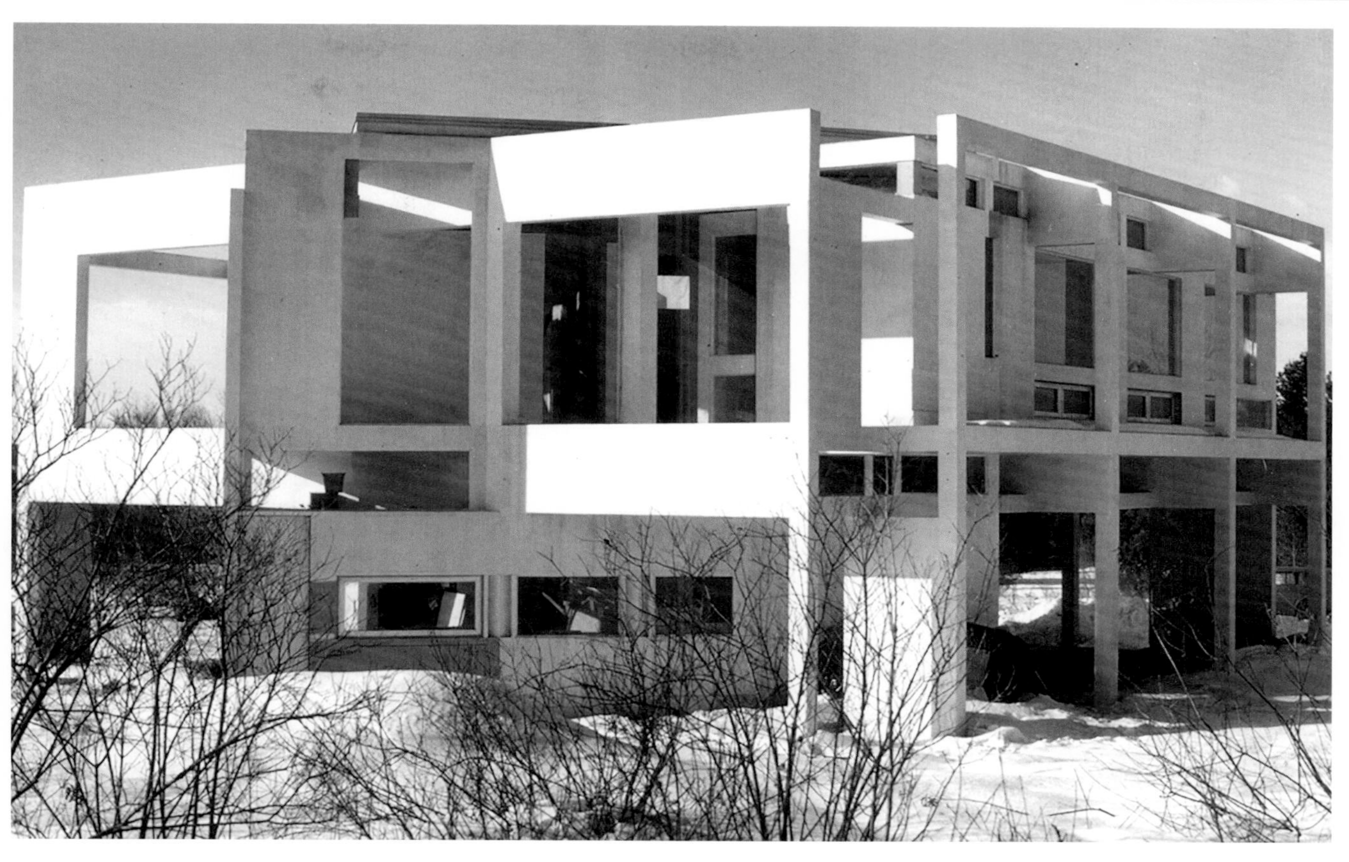

三号住宅，彼得·艾森曼
莱克维尔，康涅狄格州　1971 年
[后结构主义，旋转的几何形，木材和灰泥]

House III, Peter Eisenman
Lakeville, Connecticut　1971
[Post-structuralism, rotated geometries, wood and stucco]

三号住宅是将几何图形运用到建筑组织中的一次尝试，它展示了两种几何图形如何产生碰撞以及如何在碰撞中形成介于二者原始形态之间的第三种形态。在三号住宅的两种几何图形中，其一是方形，分为三个独立的开间；其二为矩形，具有自身独立的图形体系和图形层次。图形之间的意象图示使艾森曼必须协调方形与矩形的冲突，统筹考虑图形间的碰撞及可能产生的结果。由此，在后结构主义向典型的现代主义功能理念和结构理念发起的挑战中，三号住宅起了至关重要的作用。三号住宅是一座意义重大的建筑复合体，打破了现代主义、功能主义对建筑的限制，甚至打破了结构主义对极简形式的追求。

解构主义 | Deconstructivism

解构主义（后现代主义的一个分支）出现在建筑设计领域引入计算机技术之前的最后阶段，以建筑元素的碎片化与扭曲变形为特征。解构主义建筑擅长使用非线性的图形和形式，充满了对建筑典型要素的质疑，如结构、围护、功能和历史等。建筑历史对解构主义者来说并没有什么意义，相反，所有一切都应重新创造，甚至往往需要从最微小的元素开始创造。解构主义与之前的结构主义采取了相同的建筑发展方式，即利用其他领域的优势促进自身建筑的发展从而创造新形式和新思想。解构主义始于 1988 年纽约现代艺术博物馆展出的解构主义建筑展，由菲利普·约翰逊和马克·威格利（Mark Wigley）组织举办。很快，解构主义潮流席卷各大建筑院校，似乎占据了景观建筑学的主导地位。解构主义与之前大多数建筑运动不同，它没有形成特定的某一种建筑结构，而是一直在改变，只要有最微小的理论支撑就可以持续变化，世人难以对其批判，因为它唯一的规则就是没有规则。

拉维莱特公园，伯纳德·屈米
巴黎，法国　1987年
[解构主义，重复的节点和网格空间，金属]

Parc de la Villette, Bernard Tschumi
Paris, France　1987
[Deconstructivism, iterative nodal grid field, metal]

拉维莱特公园由伯纳德·屈米设计，有趣的一点是，直到完成这个项目，伯纳德·屈米一直被认为是一位建筑理论家而非设计师。拉维莱特公园由一组网格状的亮红色展馆组成，与周边环境既有对比又相互融合。这种网格化结构使公园内的展馆各有不同，从而形成了一个复杂的公园综合体。每个展馆都在一定程度上向20世纪20年代的俄罗斯构成主义者致敬，同时也是对解构主义发展历程的推进。红色方块的整体排列秩序和图案模式，似乎同时呈现出结构主义和解构主义的原则。伯纳德·屈米继续坚持着他所认为的建筑的最后巅峰，并为20世纪70年代和80年代早期的一些建筑实验加以辩解。这些亮红色展馆在整个项目与景观的协调中发挥了重要作用，规模之大令人难以置信。其有序的混乱之感使拉维莱特公园成为解构主义的典型作品。

地域性现代主义 | Regional Modernism

地域性现代主义是将现代主义原则与当地的文脉、气候条件、文化回应以及风土形式相结合而形成的。地域性现代主义利用当地可用的资源和传统来解决该地域的需求、环境和传统问题，采用现代主义的全球性原则，并使之适应建筑所处的环境、文化和历史背景。这种融合使现代主义运动的通用形式适应了当地区域的发展，创造了基于地理区位细分的地域性浪潮。全球文化的多样性可以包容地区差异，因为这种差异承载着当地的传统、特殊的气候以及对材料的回应。在美国，有各种各样自然形成的区域，每个区域都适应了当地的特征并在建筑中予以整合。这些本土的历史原则与现代主义情感的融合，形成了基于地理区位的独特的地域性现代主义建筑体系，并继续与更广泛的建筑趋势融为一体。这种融合考虑到了地域的敏感性，同时获得了综合性的而且与时俱进的当代文化和技术伦理。

玛丽卡–奥尔德顿住宅，格伦·莫克特
北领地，澳大利亚　1994 年
[地域性现代主义，风土形式的住宅，木材和金属]

Marika-Alderton House, Glenn Murcutt
Northern Territory, Australia　1994
[Regional Modernism, vernacular formed house, wood and metal]

玛丽卡–奥尔德顿住宅虽然占地面积很小，却采用了一种先进的空间规划方式。形式的简单性反映了对本土文化的理解和对当地气候条件的回应。出于对建筑实用性和回应场地特性的综合考虑，玛丽卡–奥尔德顿住宅以建筑形式作为桥梁将现代主义原则与本地区的地域性需求联系起来。公共空间组织在一个单独的自由式建筑平面中，可实现不同功能的多样化布局与相互连接。而与公共空间的流动性相对的是对私密空间的高度管制，卧室和浴室具有明确的界限，进行了特别的划分，仅通过一条单边式走廊将其连接并作为唯一通路。而公共空间与私密空间二者的组合展示了以下关系的并置共存：公共与私密、白天与夜晚、流动与固定以及开放与封闭。玛丽卡–奥尔德顿住宅虽是简单的独立住宅项目，但基于对场地的呼应，创造出既适应区域又符合建筑要求的复杂设计。

全球主义 | Globalism

全球主义运动是一场将建筑师的个体影响和实践扩展至世界舞台的运动。随着单一全球经济的兴起以及西方建筑观的主导，建筑师的名人效应也随之出现。具有标志性个人风格的建筑师设计出了品牌化的建筑，并将其作为商品向市场供应。单凭建筑师的身份就可以验证其建筑作品，无论建筑质量好坏、是否得体，甚至不管其如何设计，均能保证建筑具有良好的宣传效果、社会关注度及重要意义。由弗兰克・盖里设计的毕尔巴鄂古根海姆美术馆的成功，预示了这样的观点：建筑设计是一种源于个人风格和形式主义的实践理念，个人风格和形式主义一旦形成，不管地理环境、文化背景甚至场所条件如何，其设计总会在另一个地方复现。如今，这种名人效应扩展到了整个建筑师群体，如扎哈・哈迪德、雷姆・库哈斯以及诺曼・福斯特等。其结果是可以预知的，凌驾于共同原则和文化与伦理之上来遴选建筑师及其怪异建筑的风气便更为盛行。全球主义建筑运动的前提是对建筑极端性和差异性的强调和鼓励，无须考虑任何动机、原理或效果。其最终结果是将当代建筑的话语权完全掌握在少数、折中又深奥难懂的建筑师群体手中。这种基于建筑师身份的建筑，相比对场所、空间、体验以及所有建筑基本原则的关注，更加强调建筑的品牌效应。

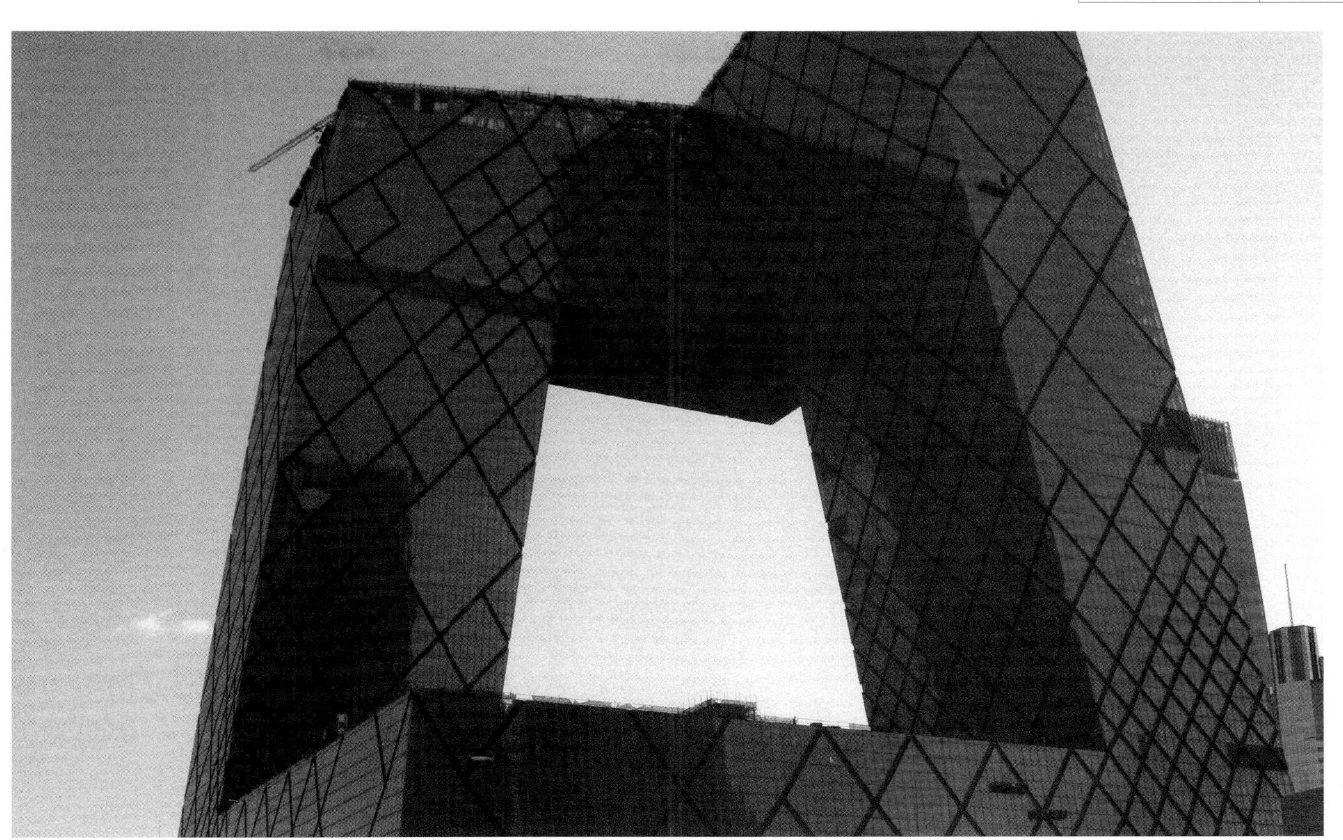

中央电视台总部大楼，雷姆·库哈斯，大都会建筑事务所
北京，中国 2009年
[后现代主义，连体塔式建筑，金属与玻璃]

CCTV Building, Rem Koolhaas, OMA
Beijing, China 2009
[Postmodernism, linked tower, metal and glass]

中央电视台总部大楼是一座动感的塔式建筑，塔体先攀升，再架桥连接，最终折叠再回到起点。建筑外部对角式的结构网格形成了一种可变的比例模式，使不规则的建筑形式展现出可变的结构力量。中央电视台大楼虽然建于中国，却是由国际知名的荷兰建筑师雷姆·库哈斯设计，大楼的形象、含义以及建造都体现了实践性、肖像化、独特性的全球主义原则，并以此作为建筑的商标和品牌。

anthropomorphic scale | **人性化尺度**。人体尺寸在建筑构件或建筑组合中的运用。

architecture parlante | **建筑语言**。一种建筑理念，指建筑能够表达自身的功能或特性，直译为“会说话的建筑”。

architrave | **楣梁**。位于经典柱式柱头之上的门楣或横梁。另请参阅“门楣”。

axis mundi | **宇宙之轴**。一种形式上的等级结构和象征性的联系，代表了上界和下界（天与地）之间的沟通和呼应。通常以具有强烈垂直关系的图形和 / 或空间虚轴作为载体来表达，一般只作为精神追求而非物质存在。

bay | **开间**。建筑形式的基本单元。可以根据建筑布局或材料技术以多种方式进行定义。习惯上将其定义为列柱、壁柱或杆件之间的重复性区域。

belvedere | **观景台**。意大利语，意为“美丽的风景”，指一种建在高处（位于建筑物上部或作为一个独立结构）的建筑结构，用于提供照明和通风，并可欣赏美丽的景致。通常情况下带有屋顶，一面或多面开敞，多采用敞廊或开放式走廊的形式。另请参阅“敞廊”。

béton brut | **粗制混凝土**。法语术语，指模板拆除后混凝土所显现的状态，其表面展现了模板的接缝、木质纹理和浇筑时所环绕的紧固件。另请参阅“模板”。

brise-soleil | **遮阳板**。指与建筑主体一同建造的各种永久性遮阳装置。通常情况下，是基于建筑向阳面向外进行水平延伸，其投影可防止玻璃被阳光直射而过热。

caldarium | **热水浴室**。在罗马浴场建筑群中，设有热水浴池的房间。通常由地暖系统加热（古罗马的火炕供暖系统），是按常规顺序排列的浴室中最热的一间。在热水浴室之后，沐浴者将走过温水浴室再到达冷水浴室。另请参阅“温水浴室”和“冷水浴室”。

cella | **内殿**。指古典庙宇中的主要封闭房间或古典庙宇的整个中心结构。

cladding | **建筑覆层**。建筑外部包覆的材料，通常也作为建筑耐久层和耐候层使用。

columbaria | **骨灰堂**。存放骨灰瓮（火化后存放死者骨灰的瓮）的地方，通常供公众存放。

crenellation | **雉堞**。沿墙面顶部的一种设计模式，通常以多个规则矩形延伸的形式出现，箭或其他武器可以从中射出（特别在欧洲中世纪的建筑中经常使用）。

cross-section | **横截面**。通过一个平面的切割而形成的截面，通常与最长轴垂直。

cupola | **圆顶**。在穹顶或屋顶上的一种轻量结构，用作钟楼、灯笼或观景台。另请参阅“观景台”。

datum | **基准**。任何保持规则的连续性体系，用作测量的参照体系或体验更多不同形式的参考。

dendriform | **树状**。树的形状或形式。

Doric peripheral temple | **多立克围柱式神庙**。一种神庙类型，其矩形平面的每一面都含有一系列矮台阶，并以多立克柱式形成的柱廊延伸环绕整个建筑。

drum | **鼓状建筑**。支撑穹顶的圆柱形结构或多面体结构。

earthworks | **土方工程**。一种军事结构，主要由地下洞穴构成，以防御敌人的炮火和攻击；在进攻和防御作战中均可使用。

ETFE。乙烯—四氟乙烯共聚物（ethylene tetrafluoroethylene）的缩写。一种含氟塑料，耐腐蚀，强度高，是一种重要的新兴建筑材料。

facade | **正立面**。建筑立面中相对最精致的一个面。通常指前立面，多与公共通道或公共空间相连。

fenestration | **配窗法**。指建筑中开口的方法，包括建筑外围护结构中开口的设计和 / 或所有开口的位置。开口包括门、窗、遮光格栅和通风口等。

field | **场域**。一片广阔的空间，通常由单元组合而成，以规则的重复递增排列。

focal cone | **焦锥**。由眼睛或图画显示的与人的正常视力有关的视觉区域。它消除了外围视觉，是视线所及的区域或视线的角度，也被称为“视锥”（cone of vision）。

formwork | **模板**。混凝土或类似的液体材料倾倒其中的临时或永久模具。

frigidarium | **冷水浴室**。在罗马浴场建筑中，设有冷水浴池的房间，在热水浴室和温水浴室之后进入，皮肤毛孔在

热水和温水浴室中打开，在冷水中将收缩关闭。另请参阅“热水浴室”和“温水浴室”。

genius loci | **场所精神**。场所的风气及精神。

giant order | **巨柱式**。柱式的一种，其柱列或壁柱跨越建筑中的两层（或两层以上）。

grain | **纹理**。由一系列具有自相似方向性的元素所创建的集合式图案。

grid | **网格**。由水平线和垂直线组成的等距的网络结构。

hypostyle hall | **多柱式大厅**。由柱子支撑的屋顶。典型做法是在大空间中使用超大尺度的密集柱列，并通过柱列的重复产生一种戏剧情景和层次结构。

iris | **虹膜**。人眼内一种纤薄的圆形结构，负责控制瞳孔的直径和大小，从而控制到达视网膜的进光量。本书中，该术语指的是自然系统在机械式孔洞中的建筑化现象。

jack arch | **平拱**。砌体结构中的一种结构性要素，为结构中的开口提供支撑，也被称为“扁拱”（flat arch）或“直拱”（straight arch）。平拱并非半圆形，从侧面看是平直的，其使用与过梁类似。另请参阅“门楣”。

lintel | **门楣**。建筑结构中一种水平的梁，跨越两个竖向支撑之间的空间或开口。它是梁柱结构的组成部分。

loggia | **敞廊**。建筑主体一侧向外开放的空间，用作户外空间或入口门廊。通常它与至少在一侧向外界开放的画廊或拱廊相关联。

martyrium | **殉道堂**。保存烈士遗骸遗物的地方。

mat building | **毯式建筑**。以空间模块和功能模块在相对平坦的平面上进行组织和扩展所形成的建筑构成。模块的组织和连接都是基于某种规则而进行，模块在基地内的扩展也必然受到该组织规则的影响。尽管可以进行模块化的解析，最终形成的构成聚合体依然具有内聚的水平多向特性。

metopes | **陇间壁**。指填充在多立克柱式中楣的两块三陇板之间的矩形建筑元素，是多立克柱式建筑楣梁之上的装饰带。另请参阅“楣梁”。

module | **模数 / 模块**。一种可分离的组件或单元，用于组装不同尺寸、不同复杂程度或不同功能的组合。

monocoque | **硬壳式构造**。通过运用物体的外部表皮来支撑结构负荷的一种构造技术。

mullion | **竖框**。一种垂直元素，用于形成窗、门或屏风单元之间的划分，也可作为功能性或装饰性的分隔。

multivalent field | **多向空间**。向两个或者两个以上方向延伸的空间。

nogging | **木架**。木框架之间的填充结构。

oculus | **圆顶天眼**。一种圆形孔洞，尤指穹顶顶点的圆孔。

opisthodomos | **后殿**。古典庙宇内殿中的小房间，通常用作金库。又称“后楹廊”（posticum），另请参阅“内殿”。

palimpsest | **变余构造**。一些重复使用或经过改变的事物，但仍带有其早期形式的可见痕迹。允许新旧两种痕迹的多层叠加。

parterre | **花坛**。建在平整平面上的形式化的花园，由几何形式的花圃构成，多以石材砌边或以经过修剪的树篱紧密围合，通常有排列成对称图案的砾石小径横穿而过。

piano nobile | **主层楼面**。宫殿或别墅等大型建筑的主要楼层或主楼。

pilaster | **壁柱**。直接与墙面相接的全嵌入或部分嵌入墙壁表面的柱子。

piloti | **底层架空柱**。一种使建筑物抬升、与地面分离的柱子，并允许墙体的结构功能缺省。

plinth | **柱基**。列柱、底座、雕像、纪念碑或建筑物坐落的基础或平台。

poche | **加粗或涂黑**。源于法语词汇“口袋”，是指一种代表性的表现手法，通常用于地图或平面图中，将实墙、柱子或城市肌理等要素进行完全填充（通常为黑色），形成了一种辨识开放空间与建筑实体之间图底关系的视觉主导。

porte-cochere | **门廊**。位于建筑入口、类似游廊或柱廊的结构，马车或机动车均可通过，以便驾乘人员在有遮蔽物的条件下进入建筑，而不受天气影响。

program | **功能**。特定空间的功能性作用。

proportion | **比例**。（1）一种数量属性的比较关系，例

如大小、尺寸、数量。（2）一种比率。

quoin | **隅石**。砖墙的基石，可以是结构性或装饰性的，通常用于暗示建筑整体轮廓的强度和坚固性。

radial geometry | **径向几何**。使用中心放射这一组织结构的形式或几何形状。

rip rap | **乱石堤**。指岩石或其他材料，用于保护海岸线、河床、桥墩、桩基以及其他岸线结构免受水流冲刷和冰冻侵蚀。这种材料体系能够并且已经应用于建筑的构造和材料中。

sallyport | **隘口**。安全可控的出入口，用于防御工事或监狱。但该术语逐渐演变为建筑中具有仪式感的大型开口，以便为进入复杂或相邻空间创建一个特定的起始点。

spandrel | **拱肩**。在一层以上的建筑物中，一层窗户的顶部和其上一层窗户的窗台之间的空间。拱肩通常应用于带有雕刻嵌板或其他装饰元素的空间，或当窗口之间的空间填充有不透明或半透明玻璃时，在这种情况下则称其为“拱肩玻璃”（spandrel glass）。

stringcourse | **束带层**。水平条纹或横向条纹，比如石材，突出建筑表面或与之齐平，经常为模制，有时带有丰富的雕刻。

tectonic | **构造**。指属于或关于建筑或结构的，在建筑中发挥决定作用的制造和装配技术。

tepidarium | **温水浴室**。罗马浴场中设有温水浴池的浴室，通常由地暖系统（古罗马的火炕供暖系统）加热。温水浴室的特点是恒定的辐射热量，通过墙壁和地板直接作用于人体，使人感觉舒适。另请参阅“热水浴室”和“冷水浴室”。

travertine | **石灰华**。石灰岩的一种形式，具有纤维状或同心状外观，现存有白色、棕褐色和奶油色三个品种。

triglyph | **三陇板**。多立克柱中楣上的三槽板（两个槽是完整的，另一个槽则一分为二）。多立克柱式中楣的两块三陇板之间嵌于墙壁凹陷处的矩形空间称为“陇间壁”。另请参阅“陇间壁”。

voussoir | **拱石**。楔形的石头或砖块，多用于与其他部分一同构成拱或拱顶。

wythe | **砖的厚度**。砖石砌块的连续纵剖面，厚度为一个单位。

作者介绍

[责编注] 博登大学期间曾前往巴黎在伦佐·皮亚诺建筑设计工作室（Renzo Piano Building Workshop）实习一年，而后回到莱斯大学继续完成本科学业。

01

[译注 1] 意象图示（parti），意为基本的设计构思，以图示的形式展现。

[译注 2] masonry 意为“砌体结构，砖石”。现代汉语中多指轻型混凝土砖、空心砖，中世纪之前多指将砖或小石块以水泥黏结作为建筑墙体的主要材料。

[译注 3] 为了建造圣母百花大教堂的穹顶（当时世界上最大的穹顶，直径约 43 米），布鲁内列斯基提出一个极为冒险的不用脚手架就能施工建造的方案。这是百年未有的完美的封顶方案，但他遭到反对后却不屑解释，因其暴躁尖刻、桀骜不驯的态度，他甚至被众人抬出议事厅扔在广场上。最终穹顶仍然按其方案建造完成，由内外两层穹顶相互支撑，使用人字堆砌法建造。但为了防止竞争对手窃密，布鲁内列斯基将所有设计图纸和计算方法付之一炬，未传后世。其与洛伦佐·吉贝尔蒂（Lorenzo Ghiberti）的佛罗伦萨洗礼堂大门（后世称“天堂之门”）之争也是著名的建筑轶事。

[译注 4] 圣彼得大教堂的建造过程历时 120 年，几乎文艺复兴时期的所有著名建筑师都参与其中，但建造过程却历经波折。关于教堂应采取的形制，建筑师与教会存在巨大冲突。富有人文主义情怀的建筑师们坚持采用希腊十字的集中形制，因为正方形与圆形代表了人性与思想的进步。而教会依然要求采用拉丁十字形平面，因为其最能体现神的至高无上，是进行宗教活动最适合的平面。政治局势和教会势力不断影响着圣彼得大教堂的建设，方案经过多人之手多次修改，如今的圣彼得广场是拉丁十字形平面。

[译注 5] pier，意为“柱墩、拱座、壁墩、拱廊或桥中的砖石体量”，拱券发于其上，或指窗间或门间的墙壁，有时又指哥特建筑的束柱。

[译注 6] Basilica，巴西利卡，带有中堂和侧堂的大厅，也指古罗马时期的长方形基督教堂。

[译注 7] 马克·罗斯科，抽象表现主义画家，其作品追寻人生的终极哲学，既赤裸又神圣的宗教体验与感情。罗斯科教堂原本是曼尼家族的八角小教堂，罗斯科为该小教堂创作的油画得到了极高评价，被后人视为具有哲思与诗意的遗嘱。1970 年罗斯科因病自杀后，这所教堂被命名为“罗斯科教堂”，现已成为全世界关心和平、自由、社会公正的人们所热切向往的地方。

[译注 8] 杰斐逊网格，由美国总统托马斯·杰斐逊发明并在美国从东到西殖民地开拓过程中用于土地测绘和组织工作，其一般形制为 1 平方英里（约 2.59 平方千米）的正方形网格。

[译注 9] “hypostyle hall”在但丁纪念堂中称“百柱厅”。建筑评论认为但丁纪念堂的百柱厅是对古埃及卡纳克阿蒙神庙中的多柱式大厅及古希腊厄琉西斯（Eleusis）的特勒斯特里昂神庙（Telesterion）的再现。

[译注 10] 但丁纪念堂的内部空间与但丁的《神曲》有着相同的数理结构。建筑的入口庭院并不属于《神曲》历程的组成部分，但被特拉尼用来隐喻但丁中年“迷失”的生活，而建筑空间的真正开端是庭院一侧幽暗的百柱厅，象征着《神曲》开篇中的“幽暗森林”以及《神曲》的 100 篇章。

[译注 11] “module”在古典建筑中指圆柱下部的半径尺度，也指圆柱本身。

[译注 12] The piano nobile，古典文艺复兴时期大型建筑的主层楼面，比地面高出一层，一般包括主要会客房间和卧室。当建筑设有地面层（a ground floor，也译为“基层”，通常是粗面石工）时，主层楼面指的是其上的建筑二层，包括一些小房间和服务用房。其优点是房间可以获得良好的景观，避免底层的潮气和街道上的不良气味。主层楼面多见于威尼斯的宫殿建筑，大的开窗、露台、开放的敞廊都是主层楼面的特征。

[译注 13] 1926 年，勒·柯布西耶提出了现代建筑的五项原则，即著名的“新建筑五点”。

[译注 14] “void”做名词有“空间、空隙”的意思，建筑学中指“空洞、孔洞或任意多边形的挖空部分”。

[译注 15] mat building，毯式建筑，是指运用重复的平面单元来组织空间布局、交通、采光及通风的建筑，单元可以无

限重复，也可以根据需求进行变化。

[译注 16] 易变性主要体现在建筑表皮的颜色变化中。笛洋美术馆建于旧金山金门公园内，建筑表皮采用铜制材料，7200 片铜板裹覆整个建筑，呈现出与传统建筑立面截然不同的图案。而铜板上预留了大小不一的孔洞，使建筑的光影变化宛如日光穿透树叶映照出的点点亮斑。随着时间推移，铜板会因为氧化表现出不同的颜色，逐渐由亮转暗最终变成深绿色，与周围的环境融为一体，成为金门公园绿色景观的一部分。设计师认为，建筑历经岁月流逝，材料的颜色变化恰是呈现出建筑与大自然的磨合，也演绎了美术馆与大自然及四季的关系。

02

[译注 1] 雕带，古典建筑柱石横梁与挑檐之间的部分，一般为带有图案、人物或动物形象的雕饰。

[译注 2] 古罗马广场，公共性开放空间，是社会、市政活动场所或市场，在每个古罗马市镇中都可以找到。

[译注 3] “attic”本意为“阁楼、屋顶室（间）”。文艺复兴时期第一次用它指代建筑主檐口以上的楼层，也指屋顶里面的房间。

[译注 4] apse，指教堂的半圆形或多角形后殿、半圆壁龛。

[译注 5] 在教堂建筑中，内堂是指祭坛（alter）周围的空间，包括唱诗班（choir）和圣所（sanctuary），一般位于传统基督教堂的东端。

[译注 6] 老圣彼得大教堂最初由君士坦丁大帝在圣彼得墓地上修建，于公元 326 年落成。16 世纪，教皇尤利乌斯二世决定重建圣彼得大教堂，于 1506 年动工，即前文提及的由多位建筑师参与设计修建的圣彼得大教堂。

[译注 7] 花格窗，位于哥特式建筑窗顶部的石制装饰图案，分为盘式（plate）和杆式（bar）两种。盘式花格窗由一个完整的石盘雕刻而成，特别注重透光部分的形状。杆式花格窗则由几何图形组合而成。

[译注 8] 天主教会中，教区正权主教所在的教堂称为“主教座堂”，一个教区只有一位正权主教，即一个教区最多只有一座主教座堂。洛杉矶天神之后主教座堂是拥有 400 万天主教徒的天主教洛杉矶总教区的主教座堂。

[译注 9] 住宅研究 22 号案例为斯塔尔住宅（Stahl House），它被广泛认定为二战后洛杉矶家庭住宅的典范，具有开阔的视野和户外活动空间。

[译注 10] 长屋是日本关西地区一种普遍的住宅形式，空间狭长但充满生活情趣。普通的长屋每户宽度约为 2 间，再将其连续排列而形成长屋。每户住宅里面有中庭或通道及后庭。中庭里设置一些小的带有自然景色的空间，以利于内部房间的采光和通风。

[译注 11] 住吉的长屋中混凝土的模板尺寸为 900 毫米 ×1800 毫米，正是按照榻榻米垫的尺寸设计建造，并以此为模数进行各个墙体的立面构图设计。

[译注 12] 茶庭，源自茶道文化的一种园林形式，一般是在进入茶室的一段空间里，按一定路线布置景观，以拙朴的步石象征崎岖的山间石径，以地上的矮松寓指茂盛的森林，以蹲踞式的洗手钵联想到清冽的山泉，以沧桑厚重的石灯笼营造和、寂、清、幽的茶道氛围。茶庭有很强的禅宗意境。

[译注 13] 巴黎的卢浮宫、伦敦的大英博物馆、纽约的大都会艺术博物馆和圣彼得堡的艾尔米塔什博物馆，并称为“世界四大博物馆”。艾尔米塔什博物馆是由六组宫殿组成的建筑群，冬宫（Winter Palace）自俄国十月革命后即划入艾尔米塔什博物馆，因其是博物馆中最大、最古老、馆藏最丰富的宫殿，所以艾尔米塔什博物馆常被称为“冬宫博物馆”。

[译注 14] 斯特罗齐宫，是位于意大利佛罗伦萨的一座规模庞大的宫殿，始建于 1489 年，设计者是贝内德托·达·米札诺（Benedetto da Maiano），主人是银行家老菲利波·斯特罗齐（Filippo Strozzi the Elder）——美第奇家族的竞争对手。

[译注 15] 勒·柯布西耶设计的昌迪加尔议会大厦，是由核反应堆冷却塔的立面形式与印度传统清真寺的平面布局结合而成的。

[译注 16] 皇家盐场在工业革命和新技术的冲击下于 1895 年关停，1918 年被抢夺焚烧，直到 20 世纪 60 年代法国政府收购盐场后才开始修复，其中一处旧址被改建为勒杜博物馆。

[译注 17] palazzi，palazzo 的变形，指意大利的宫殿、豪华住宅或府邸。

03

[译注 1] 巴别塔，又称“通天塔”，出自《圣经·旧约·创世记》第 11 章。巴别塔为螺旋形，是由人类联合兴建的“能够通天”的高塔。

[译注 2] 埃斯科里亚尔建筑群，包括国王陵墓、宫殿、教堂、修道院和庙宇等建筑。

[译注 3] 雷阿勒地区位于巴黎右岸的城市中心地带，是巴黎的经济、文化、交通中心。因早期的市场建筑和公共花园无法适应现代城市发展的需求，雷阿勒地区进行了多次重要的城市更新改造，最近一次为 2004 年雷阿勒公园的更新。

[译注 4] 芒萨尔屋顶，又译“孟莎屋顶”，即复折式屋顶、折线式屋顶。因最早被朱尔斯·阿尔杜安·芒萨尔广泛使用，故而得名。

[译注 5] 乔治王时代风格是指 18 世纪早期至 19 世纪流行于欧洲，特别是英国的一种建筑风格，既有巴洛克的曲线形态，又有洛可可的装饰要素。这段时间英国完成了工业革命，确立了资本主义政治制度并进行了殖民扩张，所以乔治王时代风格对当时世界建筑风格的形成影响较大。其间英国正值汉诺威王朝乔治一世至乔治四世统治时期，乔治王时代风格由此得名。

[译注 6] 圣依纳爵堂，巴洛克风格的罗马天主教教堂，主保圣人是耶稣会的创始人依纳爵·罗耀拉（St.Ignatius of Loyola），教堂建于 1626—1650 年。圣依纳爵广场是洛可可风格的重要作品。

[译注 7] 巴塞罗那每个八边形街区都被放在边长为 113 米的正方形格子内，四个倒角都是 45°。倒角的灵感来自巴萨老城区，在狭窄的街道中车辆想要拐弯实属不易，倒角腾出了转弯的空间，改善了狭窄街道中的通风和采光问题，还让十字交叉处的街角有了小广场的特点。

[译注 8] “坎波”（Campo）在意大利语中是“场地”的意思。

[译注 9] 布鲁斯·戈夫被视为赖特“有机建筑”风格的继承人，其作品中有很多分形几何的特征。贝维格住宅的螺旋形结构类似鹦鹉螺的螺旋所遵循的对数螺旋曲线结构，该曲线具有自相似的特征。

[译注 10] 古代亚述及巴比伦之金字形神塔，是苏美尔人神祇崇拜的象征性建筑物。金字形神塔由矩形、卵形或者正方形的平台层叠而成，平台下大上小，顶部平坦。

[责编注]“sallyport”是一个军事用语，意思是“突破口、隘口”，也就是古代打仗时设在碉堡上的用于突击的门。隘口从外形上看很像城墙。当城堡被围攻时，部队可以从这里出入，给围攻的敌人出其不意的打击。

[译注 11] 特利滕大公会议，又译“天特会议”“特伦滕会议”，是教会第十九届大公会议，从 1545 年 12 月 13 日开始至 1563 年 12 月 4 日止，含四个阶段共二十五场会议，会议全都在意大利北部小城特利滕召开，期间经历了三位教宗。会议除了规定并澄清罗马公教的教义外，更主要的是进行教会内部的全盘改革。

[译注 12] 巴黎军功庙本来是奉献给圣玛德莲的，但被拿破仑改为军功庙用于陈列战利品。建筑正立面宽 43 米，高 30 米，全长 107 米，体量巨大。建筑的设计灵感来源于希腊与罗马的神庙、神殿，外立面采用希腊科林斯柱式的围柱形式，基部采用罗马神殿的高基坛形式，内部空间采用罗马尺度的拱和穹顶。拿破仑死后，建筑几经易名，现在为“圣玛德莲教堂”。

[译注 13] 庞贝剧院位于罗马城西，是古罗马时期的剧院建筑，并非坐落于庞贝古城。

[译注 14] 猎枪住宅，一种狭窄的矩形住宅，通常不超过 12 英尺（3.65 米）宽，内部房间依次排列，房屋两端各有一扇门。猎枪住宅是从内战结束到 20 世纪 20 年代美国南部最流行的建筑风格。

[译注 15] 狗跑住宅，也常称为“通风道住宅”（breezeway house），是 19 世纪至 20 世纪初美国东南部的一种住宅风格，最初的建筑原型是一处由两个小木屋组成的狗舍，中间由通风道或小狗放风道相连，再由同一个屋顶覆盖。

[译注 16] Faun，古罗马传说中半人半羊的农牧神。

[译注 17] 因苏拉，古罗马时期的一种建筑形式，是平民和骑士阶层的住宅，一般为 6 至 7 层，一层是食堂和商店，上层是住宅。上层的房间比较狭窄，下层则比较宽敞。

[译注 18] taberna（复数 tabernae），塔伯那，古罗马大型室内市场中由桶形拱顶覆盖的单室商店。塔伯那一般都有宽大的入口，顶部开窗可以让光线进入，内部设有木制阁楼用作仓库。罗马帝国的塔伯那（商店）有两种形式：家庭塔伯那和公共场所塔伯那。家庭塔伯那一般是在住宅建筑前面设有商店，如 insula（因苏拉）的一层。

[译注 19] "casino"（赌场）一词起源于意大利，词根是"casa"（房子），原意是乡村小别墅或凉亭，后来指代为娱乐而建的建筑，通常建在更大的别墅或宫殿里，用来举办城镇活动，如舞蹈、音乐和赌博等。在朱利亚别墅中，赌场建筑是指面向西北方向的两层的建筑部分。

[译注 20] 恩尼斯住宅在完工之前就已经被标记为不稳定结构，在较低位置的墙面上许多混凝土模块已经因受力开裂和弯曲。

[译注 21] 在萨伏伊别墅的最初设计中，建筑一层采用绿色，立面中的阳台及屋顶采用红、蓝两色，但实际建造中只有一层保持绿色，以便与周围的绿色环境呼应，红、蓝两色只应用于建筑室内的墙壁上，建筑外部依然保持完整的白色。柯布西耶甚至设计了两种色彩方案以对应建筑的整体生命周期，但第二种没有实施。

[译注 22] 罗曼式复兴风格即理查森式风格，也称理查森式罗曼风格（Richardsonian Romanesque）。

[译注 23] 马拉泰斯提亚诺教堂（Tempio Malatestiano）位于意大利里米尼（Rimini），它是在圣弗朗西斯科教堂（San Francesco）的原址上重建而成，由马拉泰斯提亚诺（中世纪至文艺复兴时期统治里米尼地区的贵族世家）委托阿尔伯蒂建造的，约于 1453 年动工，1468 年停工。教堂采用的是哥特式晚期的大教堂尖顶形式，与其朴素的外表、梁柱结构的大门、圆拱以及古典柱式等简单对称的结构形成了鲜明对比。

[译注 24] 世俗教育是指在世俗政府或政教分离的国家体系中的公共教育。典型案例是法国公共教育系统，学校中禁止使用任何宗教符号。

[译注 25] Alcatraz，阿尔卡特拉斯岛俗称"恶魔岛"，位于美国加州旧金山湾内，距离旧金山市区 1.5 英里(约 2.4 千米)，面积 0.0763 平方千米，四面峭壁深水，对外交通十分不易。早期岛上建有灯塔，是一处军事要塞，后来被选为监狱基地，在 1933—1963 年间设为联邦监狱，关押过不少知名的重刑犯。

[译注 26] 奥林匹克学院成立于 1555 年，源于维琴察古老的文化制度，由多领域的知识分子组成，其中即包括建筑师安德烈·帕拉迪奥。奥林匹克学院负责奥林匹克剧院的保护和使用。现今的奥林匹克学院位于奥林匹克剧院的配楼。

[译注 27] 假透视，也称"强迫透视"，是一种利用视错觉使物体显得比实际上更大、更远或者更近、更小的技术，通常通过将实际物体按距离不同进行缩小、放大来实现。这一手法多见于摄影和建筑等领域。

[译注 28] 宫务大臣剧团是莎士比亚在职业生涯中主要工作的剧团。剧团成立于 1594 年，正值伊丽莎白一世统治时期，当时的宫内大臣掌管着宫廷的娱乐，剧团因此得名。

[译注 29] 威尼斯双年展是一个拥有上百年历史的艺术节，是欧洲最重要的艺术活动之一，与德国卡塞尔文献展、巴西圣保罗双年展并称为"世界三大艺术展"；而且资历在三大展览中排行第一，被喻为"艺术界的嘉年华"。威尼斯双年展在奇数年为艺术双年展，在偶数年为建筑双年展，展览一般分为国家馆与主题馆两部分，展览的主要内容是当代艺术和建筑艺术。

[译注 30] "Town and Gown"直译为"城镇与长袍"，引申为"城市与大学、城镇居民和大学师生（尤指英国牛津和剑桥）"，现在也被用来描述现代大学城与拥有重要公立学校的城镇。该术语既表现了人群的划分，也指代了空间的划分。

04

[译注 1] 塞恩斯伯里展览馆的扩建项目诞生于现代主义阵营与传统主义阵营斗争的夹缝之间，两派曾就英国城市发展方向问题展开激烈争论，因此该展馆扩建项目就成为英国建筑界最具代表性的斗争之地。为了平息两派争斗，文丘里与丹尼斯·斯科特·布朗建筑事务所呈现了一个基于后现代标准设计的，将现代主义、英式古典、象征主义、语境以及钢材、石材和玻璃等建筑材料，空间创造力等相互杂糅的建筑方案，却被两边阵营同时批判为堕落和肤浅。

[译注 2] 尼姆方形艺术中心，又译“卡利艺术中心”或“艺术方屋”，是为了与卡利神殿（又译“尼姆方屋”）的名称相对应。

[译注 3] 依据结构荷载计算构件受力可分别得到力矩图和剪力图，然后应对构件进行选料，所选材料依据自身的承受能力也形成一个力矩图和剪力图。当材料受力的力矩图和剪力图可以完全将结构受力的力矩图和剪力图包围在其中时，就称前者为“包络线”。

[译注 4] 材料与应用展览馆是一家位于洛杉矶的非营利性文化组织，致力于通过建筑实验和关键项目展示建筑和艺术的新思想，其展览和项目免费向公众开放。

05

[译注 1] “pocket”原意为口袋，也指代地图，因地图往往被折叠为口袋大小以便放于衣服口袋中存取查看。

[译注 2] “柏树”的意大利语为“cipresso”，“埋葬”的意大利语为“seplotura”，读音略同。

[译注 3] 奥勒良城墙修建于公元 271 年到 275 年，是罗马皇帝奥勒良和普罗布斯（Probus）在位的时期。

06

[译注 1] 城市性研究，源于城市建筑学派进行的城市研究，内容包括与城市有关的历史、文化、政治、社会等方面的状况。城市性则被描述为城市所有构成要素具有的共性。

07

[译注 1] “沙龙”是法语“Salon”一词的音译，原指法国上层人物住宅中的豪华会客厅。从 17 世纪起，巴黎的名人（多半是名媛贵妇）常把客厅变成著名的社交场所。

08

[译注 1] 木瓦风格，又译“鱼鳞板风格”“雨淋板风格”，是指 19 世纪后期出现的美国住宅建筑风格，这种风格受到简洁的美国殖民建筑影响，源起麦克金，米德和怀特建筑事务所兴建的夏日房屋，有巨大的屋顶、简单的体量与一目了然的细部，屋顶和墙壁都覆盖了木瓦。

[译注 2] “书籍匹配”是指在木材饰面中选择两个或多个木材表面进行匹配，使相邻的两个表面在外观上相互反映，从而产生打开书籍的感觉。这多在装饰华丽的物体上完成，如家具、小提琴、吉他或超级豪华汽车的内部，如劳斯莱斯汽车。现在多称“镜像对称”。

09

[译注 1] 俄国构成主义，又称“结构主义”，是兴起于俄国的艺术运动，指由一块块金属、玻璃、木块、纸板或塑料结构组合成的雕塑，强调的是空间的动态感，而非传统雕塑的体积感。

11

[译注 1] 埃尔金石雕是古希腊时期雕塑家菲狄亚斯及其助手创作的一组大理石石雕，原藏于帕提农神庙和雅典卫城的其他建筑中。1801 年第七代埃尔金伯爵汤姆斯·布鲁斯（Thomas Bruce, 7th Earl of Elgin）将这些浮雕陆续运往英国，收藏于大英博物馆。

12

[译注 1] “第二人原则”由埃德蒙·培根（Edmund Bacon）在其《城市设计》（*Design of Cities*）一书中首次提出，指在设计创造中，第二个人有权力决定如何处置第一个人的创作，是继续保持还是彻底毁灭。

13

[译注 1] 浅空间是指不提供最佳的透视点，没有明确的视线关系，有意让观者产生视觉错位。浅空间的概念出自 1964 年柯林·罗（Colin Rowe）与罗伯特·斯卢茨基（Robert Slutzky）所著《透明性》（*Transparency*）一文，是透明性理论中重要的附属概念。浅空间多见于立体主义绘画及建筑的正立面组合。

[译注 2] 内墙和外墙的开孔尺寸不同，形成了漏斗形的孔洞，参见本书第 263 页对朗香教堂案例的介绍。

14

[译注 1] EUR 是罗马的一个区，位于市中心南部，以住宅和商业为主。1935 年，墨索里尼为准备 1942 年罗马世界博览会在罗马近郊建设新城区，当时的名称为“E42”，即 Esposizione’42（1942 年世博会），后改为“EUR”，并计划将这里打造为罗马的新中心。

[译注 2] 哈特谢普苏特（Hatshepsut）（公元前 1479 年—公元前 1458 年在位），古埃及第十八王朝的女王，在位期间精心治国，使埃及繁华富庶，持续兴旺，并修复了许多古建筑和寺庙。

[译注 3]“远征朋特”柱廊，神殿第二层空间左侧柱廊的壁画上留有哈特谢普苏特女王远征朋特（约今索马里海岸）的经历，画面从左到右描述了阿蒙—拉神（Amun-Ra）交付远征任务、埃及舰船出发、朋特国王迎接、两国交换礼品等场景。此番远征带回了没药、肉桂、象牙、黑檀等珍贵物品，也为提升女王的声望做出了极大贡献。

[译注 4]“从神诞生”柱廊，神殿第二层空间右侧柱廊以浮雕形式展示了诸神关照哈特谢普苏特女王的诞生，繁复的浮雕一再宣告哈特谢普苏特女王为神祇的化身，以证实她继承王位的合法性。

[译注 5] parish house，一般称为“教区礼堂”或“教区建筑”，指教堂的附属建筑物或与教堂相关的社区建筑，一般用作神职人员的住所或进行教区社交活动。本案例中按实际情况译为“教区礼堂”。

[译注 6] 兰特庄园与法尔尼斯庄园（Villa Farnese）、埃斯特庄园（Villa d'Este）并称“罗马三大名园”，是意大利古典园林的代表作，展示了文艺复兴时期西方造园的最高成就。

15

[译注 1] Novecento Italiano，诞生于 20 世纪 20 年代的意大利艺术运动。其产生背景与法西斯主义在意大利的不断扩展有关，主张以墨索里尼的法西斯主义言论为基础进行艺术创作，回归过去伟大的意大利艺术。其风格以古典主义为基础，带有强烈的政治象征。

[译注 2] 晚期现代运动（the late modern movement）继承了现代主义衣钵，着重表现建筑本身的技术美。晚期现代主义建筑主要特征表现在四个方面：极端化倾向、尝试雕塑的形式与夸张的手法、倡导第二代机器美学、探索新颖空间。

[译注 3] 极端现代主义，也称“极端现代性”（high modernity），是现代主义的一种形式，其特点是以科学和技术作为重新安排社会和自然的手段。极端现代主义运动在冷战期间尤其普遍，其特点包括：对科学技术进步的潜力充满信心，试图掌控自然以满足人类的需求，强调复杂的环境或概念联系，擅长空间排序，忽视发展中的历史、地理和社会背景。

[译注 4]“文艺复兴人”一词形容非常聪明、博学多才、擅长许多不同事情的人。最著名的文艺复兴人有：列奥纳多・达・芬奇（Leonardo da Vinci），他是画家、科学家、工程师和数学家；米开朗琪罗，他是雕塑家、画家、建筑师和诗人。

[译注 5] 南加州平房风格，从外观上看，平房是指一层或半层的房屋，带有倾斜的屋顶和屋檐，有未封闭的椽子，通常在房屋的主要部分设有天窗（或看起来像阁楼的通风口）。理想情况下，平房的体量是水平的，并通过使用当地材料与种植植物同周围的自然环境融为一体。

[译注 6] 睡眠阳台，多是在卧室外设置的封闭或带有纱窗的阳台，或是在住宅后面设置的较大的门廊，以便在炎热的夏夜在此入眠。睡眠阳台可以位于地面层或更高的楼层，也可以位于房屋的正面或背面。睡眠阳台的建造历史可以向前追溯近百年，在空调出现之前，人们认为清新的空气可以帮助预防肺结核等呼吸系统疾病。

[译注 7] 多米诺体系是指用钢筋混凝土承重结构取代墙体承重结构，便于建筑师灵活划分室内空间，营造室内空间连通流动、室内外空间相互交融的建筑作品。

[译注 8] 七人小组成立于 1926 年，由意大利建筑师路易吉・费吉尼（Luigi Figini）、乔托・弗列特（Guido Frette）、塞巴斯蒂亚诺・拉科（Sebastiano Larco）、朱塞佩・帕加罗（Giuseppe Pagano）、吉诺・波里尼（Gino Pollini）、卡洛・恩里科・拉瓦（Carlo Enrico Rava）、朱塞佩・特拉尼（Giuseppe Terragni）组成，希望通过理性主义来改革建筑。

A

Aalto, Alvar 阿尔瓦·阿尔托，1898—1976，芬兰建筑师

Abbe, Charles Howson 查尔斯·豪森·阿贝，1907—1993，美国建筑师

Abe, Hitoshi 阿部仁史，1962—，日本建筑师

Abramovitz, Max 马克斯·拉莫维兹，1908—2004，美国建筑师

Adler, Dankmar 丹克马尔·阿德勒，1844—1900，美国建筑师

Agrippa, Marcus Vipsanius 马库斯·维普萨尼乌斯·阿古利巴，约公元前 63—公元前 12 年，著名古罗马将军

Alberti, Leon Battista 莱昂·巴蒂斯塔·阿尔伯蒂，1404—1472，意大利建筑师

Aligheri, Dante 但丁·阿利吉耶，1265—1321，意大利诗人

Andrews, Brian Delford 布莱恩·代尔福德·安德鲁斯，美国当代建筑师

Apollodorus of Damascus 大马士革的阿波罗多洛斯，50—130，罗马帝国时期建筑师

Asplund, Gunnar 古纳尔·阿斯普朗德（又译“古纳·阿斯普伦”），1885—1940，瑞典建筑师

Atticus, Herodes 赫罗迪斯·阿迪库斯，101—177，希腊—罗马政治家

Aurelianus, Lucius Domitius 鲁奇乌斯·多米提乌斯·奥勒里安努斯（奥乐良），214—275，罗马皇帝

B

Bacon, Edmund 埃德蒙·培根，1910—2005，美国建筑师

Baeza, Alberto Campo 阿尔伯托·坎波·巴埃萨，1946—，西班牙建筑师

Ban, Shigeru 坂茂，1957—，日本建筑师

Bardi, Lina Bo 丽娜·柏·巴蒂，1914—1992，巴西建筑师

Barragán, Luis 路易斯·巴拉甘，1902—1988，墨西哥建筑师

Barry, Charles 查尔斯·巴里，1795—1860，英国建筑师

Batolomeo, Michelozzo di 米开罗佐·迪·巴多罗米欧，1396—1472，意大利建筑师

Behrens, Peter 彼得·贝伦斯，1868—1940，德国建筑师

Bernini, Gian Lorenzo 吉安·洛伦佐·贝尔尼尼，1598—1680，意大利艺术家

Bentham, Jeremy 杰里米·边沁，1748—1832，英国哲学家，法学家

Bergstrom, George 乔治·贝格斯特罗姆，1876—1955，美国建筑师

Bilello, Joseph 约瑟夫·比列罗

Bohlin, Peter 彼得·波林，1937—，美国建筑师

Borden, Gail Peter 盖尔·彼得·博登，美国当代建筑师

Borromini, Francesco 弗朗西斯科·博洛米尼，1599—1667，意大利建筑师

Botta, Mario 马里奥·博塔，1943—，瑞士建筑师

Boullée, Étienne-Louis 艾蒂安-路易·布雷，1728—1799，法国建筑师

Bramante, Donato 多纳托·伯拉孟特，1444—1514，意大利建筑师

Bray, Lloyd 劳埃德·布雷，美国当代建筑师

Breuer, Marcel 马塞尔·布劳耶，1902—1981，匈牙利建筑师

Brown, Denise Scott 丹尼斯·斯科特·布朗，1931—，美国建筑师，罗伯特·文丘里的妻子

Bruce, Thomas 汤姆斯·布鲁斯，1766—1841，美国贵族，外交官，第七代埃尔金伯爵

Brunelleschi, Filippo 菲利波·布鲁内列斯基，1377—1446，意大利文艺复兴早期建筑师

Bufalini, Leonardo 列奥纳多·布法里尼，16 世纪意大利建筑师

Bulfinch, Charles 查尔斯·布尔芬奇，1763—1844，美国建筑师

Buonarroti, Michelangelo 米开朗琪罗·博纳罗蒂，1475—1564，意大利建筑师

Burbage, James 詹姆斯·伯比奇，1531—1597，西班牙演员

Burgee, John 约翰·伯奇，1933—，美国建筑师

Burnham, Daniel Hudson 丹尼尔·汉德森·伯纳姆，1846—1912，美国建筑师

Bunshaft, Gordon 戈登·邦沙夫特，1909—1990，美国建筑师

Butzer, Hans 汉斯·巴策尔，美国当代建筑师

Butzer, Torrey 托里·巴策尔，美国当代建筑师，汉斯·巴

策尔的妻子

C

Calvin，Gail 盖尔・卡尔文

Cambio， Arnolfo di 阿诺尔福・迪・坎比奥，1235—1302，意大利建筑师

Candela，Félix 费利克斯・坎德拉，1910—1997，西班牙—墨西哥建筑师

Cerceau，Baptiste du 巴蒂斯特・杜・塞索，1544/1547—1590，法国建筑师

Charreau，Pierre 皮埃尔・夏洛，1883—1950，法国建筑师

Chipperfield，David 大卫・奇普菲尔德，1953—，英国建筑师

Clark，W.G. W.G. 克拉克，美国弗吉尼亚大学建筑学院教授，建筑师

Contino，Antonio 安东尼奥・孔迪诺，1566—1600，意大利建筑师

Cook，Peter 彼得・库克，1936—，英国建筑师

Corbusier，Le 勒・柯布西耶，1887—1965，瑞士—法国建筑师

Corker，Bill 比尔・考克，澳大利亚当代建筑师

Cortona，Pietro 彼得罗・科尔托纳，1596 —1669，意大利建筑师

Cram，Ralph Adams 拉尔夫・亚当斯・克拉姆，1863—1942，美国建筑师

Crowe，Frank 弗兰克 ・克罗，1882—1946，美国土木工程师

Cywinski，Bernard 伯纳德・西万斯基，1940—2011，美国建筑师

D

Daniel，Phillip James 菲利浦・詹姆斯・丹尼尔，1912—，美国建筑师

Denton，John 约翰・丹顿，澳大利亚当代建筑师

Dinkeloo，John 约翰・丁克路，1918—1991，美国建筑师

Dorothy，Frieda 弗丽达・多萝西

Duc，Viollet le 维奥莱・勒・杜克，1814—1879，法国建筑师

E

Eames，Charles 查尔斯・埃姆斯，1907—1978，美国建筑师

Eames，Ray 蕾・埃姆斯，1912—1988，美国建筑师，查尔斯・埃姆斯的妻子

Eiffel，Gustave 古斯塔夫・埃菲尔，1832—1923，法国工程师

Eisenman，Peter 彼得・艾森曼，1932—，美国建筑师

Elam，Merrill 梅里尔・埃拉姆，美国当代建筑师，马克・斯克金的妻子

Ellwood，Craig 克雷格・埃尔伍德，1922—1992，美国建筑师

Erlach，Johann Fischer von 约翰・费舍尔・冯・埃尔拉赫，1656—1723，奥地利建筑师

Eyck，Aldo Van 阿尔多・范・艾克，1918—1999，荷兰建筑师

F

Ferrell，Sir Terry 特里・法雷尔爵士，1938—，英国建筑师

Ficca，Jeremy 杰里米・菲卡

Figini，Luigi 路易吉・费吉尼，1903—1984，意大利建筑师

Filippo Strozzi，the Elder 老菲利波・斯特罗齐，1428—1491，佛罗伦萨银行家

Foster，Norman 诺曼・福斯特，1935—，英国建筑师

Fournier，Colin 柯林・福尼尔，1944—，建筑师

Francis，St. 圣方济各，1182—1226，天主教教士，方济各会创始人

Frette，Guido 乔托・弗列特，1901—1984，意大利建筑师

Fujimoto，Sou 藤本壮介，1971—，日本建筑师

Fuller，Buckminster 巴克敏斯特・富勒，1895—1983，美国建筑师

G

Garnier，Charles 夏尔・加尼叶，1825—1898，法国建筑师

Gaudi，Antoni 安东尼・高迪，1852—1926，西班牙建筑师

Gehry，Frank 弗兰克・盖里，1929—，加拿大—美国建筑师

Ghiberti，Lorenzo 洛伦佐・吉贝尔蒂，1378—1455，佛罗伦萨雕塑家

Gigon，Annette 安妮特・吉贡，1959—，瑞士建筑师

Ginzburg，Moisei 莫伊塞・金兹伯格，1892—1946，苏联建筑师

Goff，Bruce 布鲁斯・戈夫，1904—1982，美国建筑师

Goldberg，Bertrand 伯特兰・戈德堡，1913—1997，美国建筑师

Gonzaga，Federico 曼图亚公爵费德里科・贡扎加，1500—1540，曼图亚市的统治者

Goody，Marvin 马尔文・古迪，1929—1980，美国建筑师

Graham，John，Jr. 小约翰・格拉汉姆，1908—1991，美国建筑师

Graves，Michael 迈克尔・格雷夫斯，1934—2015，美国建筑师

Greene，Charles Sumner 查理・萨姆纳・格林，1860—1957，美国建筑师

Greene，Henry Mather 亨利・马瑟・格林，1870—1954，美国建筑师

Griffen，Craig S. 克雷格・S. 格里芬

Grimshaw，Nicholas 尼古拉斯・格里姆肖，1939—，英国建筑师

Gropius，Walter 沃尔特・格罗皮乌斯，1883—1969，德国建筑师

Guimard，Hector 赫克托・吉马德，1867—1942，法国建筑师

Guyer，Mike 麦克・盖伊，1958—，美国建筑师

Gwathmey，Charles 查尔斯・格瓦斯梅，1938—2009，美国建筑师

H

Hadid，Zaha 扎哈・哈迪德，1950—2016，伊拉克—英国建筑师

Hadrianus，Publius Aelius Traianus 普布利乌斯・埃利乌斯・哈德良，76—138，罗马皇帝

Hamilton，Richard 理查德・汉密尔顿，美国当代建筑师

Harrison，Wallace 华莱士・哈里森，1895—1981，美国建筑师

Hauer，Erwin 埃尔文・豪尔，1926—2017，美国雕塑家

Haussmann，Georges-Eugène 乔治-欧仁・奥斯曼，1809—1891，法国行政官员，巴黎城市改建工程的主要负责人

Heatherwick，Thomas 托马斯・赫斯维克，1970—，英国设计师

Herzog，Jacques 雅克・赫尔佐格，1950—，瑞士建筑师

Holl，Steven 斯蒂芬・霍尔，1947—，美国建筑师

Horta，Victor 维克多・荷塔，1861—1947，比利时建筑师

Hosaka，Takeshi 保坂猛，1975—，日本建筑师

Howe，George 乔治・霍威，1886—1955，美国建筑师

I

Ito，Toyo 伊东丰雄，1941—，日本建筑师

J

Jackson，Jon C. 乔恩・C. 杰克逊，1951—2018，美国建筑师

Jacobsen，Arne 阿恩・杰克布森，1902—1971，丹麦建筑师

Jahn，Helmut 赫尔穆特・雅恩，1940—，德国—美国建筑师

Jefferson，Thomas 托马斯・杰斐逊，1743—1826，美国政治家

Johnson，Dane Archer 戴恩・阿彻・约翰逊

Johnson，Philip 菲利普・约翰逊，1906—2005，美国建筑师

Johnson，Sidney Kenneth 西德尼・肯尼斯・约翰逊，美国当代建筑师

Jones，Fay 费伊・琼斯，1921—2004，美国建筑师

Judd，Donald 唐纳德・贾德，1928—1994，美国建筑师

K

Kahn，Louis 路易斯・康，1901—1974，美国建筑师

Key，Francis Scott 弗朗西斯・斯科特・基，1779—1843，美国律师，作家，美国国歌《星光灿烂的旗帜》的歌词作者

Koenig，Pierre 皮埃尔・柯尼希，1925—2004，美国建筑师

Koolhaas，Rem 雷姆・库哈斯，1944—，荷兰建筑师

Kucker, Patricia 帕特里夏·库克

Kurokawa, Kisho 黑川纪章, 1934—2007, 日本建筑师

L

Labrouste, Henri 亨利·拉布鲁斯特, 1801—1875, 法国建筑师

Larco, Sebastiano 塞巴斯蒂亚诺·拉科, 1901—, 意大利建筑师

Latrobe, Benjamin Henry 本杰明·亨利·拉特罗布, 1764—1820, 英国—美国建筑师

Lautner, John 约翰·劳特纳, 1911—1994, 美国建筑师

LeBlanc, Stephane 斯蒂芬·勒布朗, 美国当代建筑师

Ledoux, Claude Nicolas 克劳德·尼古拉斯·勒杜, 1736—1806, 法国建筑师

Lemercier, Jacques 雅克·勒默西埃, 1585—1654, 法国建筑师

L'Enfant, Pierre 皮埃尔·朗方, 1754—1825, 法国—美国建筑师

Lequeu, Jean-Jacques 让—雅克·勒克, 1757—1826, 法国建筑师

Lescaze, William 威廉·莱斯凯泽, 1896—1969, 美国建筑师

Loos, Adolf 阿道夫·卢斯, 1870—1933, 奥地利建筑师

Low, William G. 威廉姆·G. 洛

Luca, Wili-Mirel 威利-米雷尔·卢卡

Lutyens, Edwin 埃德温·鲁琴斯, 1869—1944, 英国建筑师

Lynn, Greg 格雷格·林恩, 1964—, 美国建筑学者

M

Machado, Rodolfo 鲁道夫·马查多, 美国当代建筑师

MacKay-Lyons, Bryan 布莱恩·麦凯—莱昂斯, 1954—, 加拿大建筑师

Mackintosh, Charles Rennie 查尔斯·雷尼·麦金托什, 1868—1928, 苏格兰建筑师

Maderna, Carlo 卡洛·马尔代诺, 1556—1629, 意大利建筑师

Maiano, Benedetto da 贝内德托·达·米札诺, 1442—1497, 意大利雕塑家

Mann, Arthur Edwin 亚瑟·埃德温·曼, 1911—, 美国建筑师

Mansart, Jules Hardouin 朱尔斯·阿尔杜安·芒萨尔（又译“于勒·阿杜恩·孟莎”）, 1646—1708, 法国建筑师

Marshall, Barrie 巴里·马歇尔, 澳大利亚当代建筑师

McKim, Charles Follen 查尔斯·弗伦·麦克金, 1847—1909, 美国建筑师

Mead, William Rutherford 威廉·卢瑟福·米德, 1846—1928, 美国建筑师

Meduna, Giovanni Battista 乔凡尼·巴蒂斯塔·麦杜那, 1800—1886, 意大利建筑师

Meduna, Tommaso 托马索·麦杜那, 1798—1880, 意大利建筑师, 乔凡尼·巴蒂斯塔·麦杜那的哥哥

Meier, Richard 理查德·迈耶, 1934—, 美国建筑师

Melnikov, Constantine 康斯坦丁·梅尔尼科夫, 1890—1974, 俄罗斯建筑师

Mendelsohn, Erich 埃里希·门德尔松, 1887—1953, 德国建筑师

Mendenhall, Irvan F. 欧文·F. 门登霍尔, 1918—2014, 美国建筑师

Menefee, Charles 查尔斯·梅尼菲, 美国弗吉尼亚大学建筑学院教授, 建筑师

Meuron, Pierre de 皮埃尔·德·梅隆, 1950—, 瑞士建筑师

Mies van der Rohe 密斯·凡·德·罗, 1886—1969, 德国—美国建筑师

Mills, Robert 罗伯特·米尔斯, 1781—1855, 美国建筑师

Miralles, Enrique 恩里克·米拉列斯, 1955—2000, 西班牙建筑师

Moneo, Rafael 拉菲尔·莫内欧, 1937—, 西班牙建筑师

Montereau, Pierre de 皮埃尔·德·蒙特罗, 1200—1267, 法国建筑师

Morris, William 威廉·莫里斯, 1834—1896, 英国设计师, 作家

Murcutt, Glenn 格伦·莫克特, 1936—, 澳大利亚建筑师

Murrah, Alfred Paul 阿尔弗雷德·保罗·默拉, 1904—1975, 美国联邦法官

Mussolini, Benito 本尼托·墨索里尼, 1883—1945, 意大利法西斯党魁

N

Netsch，Walter 沃尔特·纳什，1920—2008，美国建筑师

Neutra，Richard 理查德·努特拉，1892—1970，奥地利—美国建筑师

Newton，Sir Isaac 艾萨克·牛顿爵士，1643—1727，英国物理学家

Nolli，Giambattista 吉安巴蒂斯塔·诺里，1701—1756，意大利建筑师，测量师

Nouvel，Jean 让·努维尔，1945—，法国建筑师

O

Olmstead，Frederick Law 弗雷德里克·劳·奥姆斯特德，1822—1903，美国景观建筑师

P

Pagano，Giuseppe 朱塞佩·帕加罗，1896—1945，意大利建筑师

Palladio，Andrea 安德烈·帕拉迪奥，1508—1580，意大利文艺复兴时期建筑师

Pautre，Antoine le 安托尼·勒·保特利，1621—1679，法国建筑师

Paxton，Joseph 约瑟夫·帕克斯顿，1803—1865，英国建筑师

Pei，I.M. 贝聿铭，1917—2019，美国建筑师

Perrault，Dominique 多米尼克·佩罗特，1953—，法国建筑师

Perret，Auguste 奥古斯特·佩雷，1874—1954，法国建筑师

Perry，Benjamin 本杰明·佩里

Peruzzi，Baldassare 巴尔达萨雷·佩鲁齐，1481—1536，意大利建筑师

Phidias 菲狄亚斯，约公元前 480 年—公元前 430 年，雅典艺术家，建筑师

Piacentini，Marcello 马塞洛·皮亚琴蒂尼，1881—1960，意大利建筑师

Piano，Renzo 伦佐·皮亚诺，1937—，意大利建筑师

Piccinato，Luigi 路易吉·皮奇纳托，1899—1983，意大利建筑师

Piranesi，Giovanni Battista 乔凡尼·巴蒂斯塔·皮拉内西，1720—1778，意大利雕塑家，建筑师

Pollini，Gino 吉诺·波里尼，1903—1991，意大利建筑师

Polshek，James 詹姆斯·波尔夏克，1930—，美国建筑师

Prince Toshihito 智仁亲王，1579—1629，日本战国时代皇族

Prouvé，Jean 让·普鲁维，1901—1984，法国建筑师

Pugin，Augustus 奥古斯都·普金，1812—1852，英国建筑师

R

Radice，Mario 马里奥·雷迪斯，1898—1987，意大利画家

Rava，Carlo Enrico 卡洛·恩里科·拉瓦，1903—1986，意大利建筑师

Richardson，Henry Hobson 亨利·霍布森·理查森，1838—1886，美国建筑师

Rietveld，Gerrit 格里特·里特维尔德，1888—1964，荷兰建筑师

Roche，Kevin 凯文·罗奇，1922—2019，爱尔兰—美国建筑师

Rogers，Richard 理查德·罗杰斯，1933—，意大利—英国建筑师

Romano，Giulio 朱利奥·罗马诺，1499—1546，意大利建筑师

Root，John Wellborn 约翰·威尔伯恩·鲁特，1850—1891，美国建筑师

Rose，Charles 查尔斯·罗斯，1960—，美国建筑师

Rossellino，Bernardo 伯纳多·罗赛利诺，1409—1464，意大利建筑师

Rossetti，Biagio 比亚吉奥·罗塞蒂，1447—1516，意大利建筑师

Rossi，Aldo 阿尔多·罗西，1931—1997，意大利建筑师

Rothko，Mark 马克·罗斯科，1903—1970，美国画家

Rowe，Collin 柯林·罗，1920—1999，美国建筑师

Rudolph，Paul 保罗·鲁道夫，1918—1997，美国建筑师

Ruff，Thomas 托马斯·鲁夫，1958—，德国摄影家

Ruskin，John 约翰·拉斯金，1819—1900，英国建筑理论家

S

Saarinen，Eero 埃罗·沙里宁，1910—1961，芬兰裔美国建筑师

Sacconi，Giuseppe 朱塞佩·萨科尼，1854—1905，意大利建筑师

Sadao，Shoji 贞夫翔二，1927—2019，日本—美国建筑师

Safdie，Moshe 莫瑟·萨夫迪，1938—，加拿大建筑师

Sangallo，Antonio da，the Younger 小安东尼奥·达·桑伽洛，1484—1546，意大利建筑师

Sanzio，Raffaello（Raphael） 拉斐尔·桑齐奥，1483—1520，意大利画家，建筑师

Scamozzi，Vincenzo 文森佐·斯卡莫齐，1548—1616，意大利建筑师

Scarpa，Carlo 卡洛·斯卡帕，1906—1978，意大利建筑师

Scharoun，Hans 汉斯·夏隆，1893—1972，德国建筑师

Schindler，Rudolf 鲁道夫·辛德勒，1887—1953，奥地利—美国建筑师

Schinkel，Karl Friedrich 卡尔·弗里德里希·申克尔，1781—1841，普鲁士建筑师，画家

Scogin，Mack 马克·斯克金，美国当代建筑师

Senenmut 塞内穆特，古埃及第十八王朝时期建筑师

Serlio，Sebastiano 塞巴斯蒂亚诺·瑟利奥，1475—约1554，意大利建筑师

Sert，Jose Luis 何塞·路易斯·塞特，1902—1983，西班牙建筑师

Shchusev，Alexey Viktorovich 阿列克谢·维克多罗维奇·休谢夫，1873—1949，俄罗斯建筑师

Silvetti，Jorge 乔奇·西尔维蒂，1942—，美国建筑师

Slutzky，Robert 罗伯特·斯卢茨基，1929—2005，美国画家

Smirke，Sir Robert 罗伯特·斯默克爵士，1780—1867，英国建筑师

Smithson，Peter Denham 彼得·德纳姆·史密森，1923—2003，英国建筑师

Smithson，Alison Margaret 艾莉森·玛格丽特·史密森，1928—1993，英国建筑师，彼得·德纳姆·史密森的妻子

Soane，John 约翰·索恩，1753—1837，英国建筑师

Speer，Albert 阿尔伯特·斯佩尔，1905—1981，德国建筑师

Stanford，Leland 利兰·斯坦福，1824—1893，美国政治家

St.Ignatius of Loyola 依纳爵·罗耀拉，1491—1556，天主教耶稣会创始人

Stirling，James 詹姆斯·斯特林，1926—1992，英国建筑师

Stone，Edward Durrell 爱德华·德雷尔·斯通，1902—1978，美国建筑师

Sullivan，Louis 路易斯·沙利文，1856—1924，美国建筑师

Sully，Maurice de 莫里斯·德·苏利，1120—1196，巴黎主教

Swift，John 约翰·斯威夫特，1667—1745，爱尔兰作家

T

Tadao，Ando 安藤忠雄，1941—，日本建筑师

Talbot，Rise 瑞思·塔尔伯特

Taut，Bruno 布鲁诺·陶特，1880—1938，德国建筑师

Terragni，Giuseppe 朱塞佩·特拉尼，1904—1943，意大利建筑师

Thompson，Benjamin 本杰明·汤普森，1918—2002，美国建筑师

Thornton，William 威廉·桑顿，1759—1828，美国建筑师

Toledo，Juan Bautista de 胡安·巴蒂斯塔·德·托莱多，1515—1567，西班牙建筑师

Tschumi，Bernard 伯纳德·屈米，1944—，瑞士建筑师

Tullius，Servius 塞尔维乌斯·图利乌斯，公元前6世纪时的罗马国王

Turner，Major Reuben 鲁本·特纳少校，1907年阿尔卡特拉斯岛监狱第一任指挥官

Tzara，Tristan 特里斯坦·查拉，1896—1963，罗马尼亚-法国艺术家

U

Ungers，Oswald Mathias 奥斯瓦尔德·马蒂亚斯·翁格尔斯，1926—2007，德国建筑师

Utzon，Jorn 约恩·伍重，1918—2008，丹麦建筑师

V

Vasari，Georgio 乔治·瓦萨里，1511—1574，意大利建筑师

Vauban，Marquis de 马奎斯·德·沃邦，1633—1707，法国工程师

Velde，Henry van de 亨利·凡·德·威尔德，1863—1957，比利时建筑师

Venturi，Robert 罗伯特·文丘里，1925—，美国建筑师

Vietti，Luigi 路易吉·维埃蒂，1903—1998，意大利建筑师

Vignola，Giacomo Barozzi da 贾科莫·巴罗齐·达·维尼奥拉，1507—1573，意大利建筑师

Vignon，Pierre-Alexandre 彼埃尔–亚历山大·维尼翁，1763—1828，法国建筑师

Vinci，Leonardo da 列奥纳多·达·芬奇，1452—1519，意大利艺术家

Vitruvius 维特鲁威，公元前 1 世纪古罗马建筑师

W

Wagner，Otto 奥托·瓦格纳，1841—1918，奥地利建筑师

Watkins，William Ward 威廉·沃德·沃特金斯，1886—1952，美国建筑师

Webb，Philip 菲利普·韦伯，1831—1915，英国建筑师

Weber，Heidi 海蒂·韦伯，瑞士当代艺术收藏家

White，Stanford 斯坦福·怀特，1853—1906，美国建筑师

Wigley，Mark 马克·威格利，1956—，新西兰建筑师

Wittgenstein，Ludwig 路德维希·维特根斯坦，1889—1951，奥地利哲学家

Wren，Sir Christopher 克里斯托弗·雷恩爵士，1632—1723，英国建筑师

Wood，John，the Younger 小约翰·伍德，1728—1782，英国建筑师

Wright，Frank Lloyd 弗兰克·劳埃德·赖特，1869—1959，美国建筑师

Z

Zumthor，Peter 彼得·卒姆托，1943—，瑞士建筑师